大型储罐基础地基处理与工程实例

徐至钧 主编

许朝铨 黄左坚 等编著

中国标准出版社

北京

图书在版编目（CIP）数据

大型储罐基础地基处理与工程实例/徐至钧主编. —北京：中国标准出版社，2009
ISBN 978-7-5066-5096-0

Ⅰ.大…　Ⅱ.徐…　Ⅲ.大型-储罐-地基处理　Ⅳ.TE972 TU472

中国版本图书馆 CIP 数据核字（2009）第 044356 号

中国标准出版社出版发行
北京复兴门外三里河北街16号
邮政编码:100045
网址 www.spc.net.cn
电话:68523946　68517548
中国标准出版社秦皇岛印刷厂印刷
各地新华书店经销

*

开本 880×1230　1/16　印张 39.75　字数 1 217 千字
2009年5月第一版　2009年5月第一次印刷

*

定价 90.00 元

前　言

随着世界石油工业的迅速增长和能源需求的不断增加，原油和成品油的储备受到了各国的普遍关注，对各类油库储备能力的要求也越来越高。20 世纪 80 年代以来，许多国家相继建起了大型陆上和海上石油储备库，因而使各类储罐的数量剧增。金属储罐是广泛用于油库储运系统的重要设备，在油库建设项目中占地面积最大、投资比例最高，其技术经济性能直接影响到项目的总费用、操作费用和投资效益。

当前，我国已由原油出口国转变为原油进口国，这一转变意味着我国必须建立国家石油储备库。国家石油储备库主要有两个作用：第一，当国际局势恶化时，不会因国际油路的暂时中断而影响国内经济的正常发展以及社会的稳定；第二，当国际油价有较大波动时，储备库可发挥"蓄水池"和"缓冲器"作用，使国内成品油市场价格保持相对稳定。随着国家石油储备库的建立，一大批原油储备库已陆续建设，而且随着石油进口量的增加，储备量也将相应地逐渐加大。

最近三、四十年来，金属储罐向大型化发展的趋势已成定局。例如：1962 年美国首先建成了 10 万 m^3 浮顶罐；1967 年在委内瑞拉建成了 15 万 m^3 浮顶罐；1971 在日本建成了 16 万 m^3 浮顶罐，其直径达 109 m，高度17.8m；在沙特阿拉伯建成了 20 万 m^3 巨型浮顶罐，其直径达 110 m，高度 22.5 m。我国于 1985 年从日本引进 10 万 m^3 浮顶储罐的设计和施工技术，首先在秦皇岛建造了 10 万 m^3 单盘浮顶储罐，其后十余年间，在全国各地相继建成 10 万 m^3 大型储罐近 500 多台，其中除 1999 年在北京燕山石化公司建成投产的 4 台 10 万 m^3 大型储罐采用了国产高强钢板外，其他均是采用的进口高强钢板。目前国内已在江苏仪征、兰州和上海石化建成数台大型储罐 15 万 m^3，储罐直径 100 m，高度 21.8 m，每台用钢量 2 900 多吨。

大型储罐的经济性已经成为人们日益重视的课题。储罐的容积越大，单位容积的钢材耗用指标越低，工程造价也越低，建设投资则越省，同时罐区占地面积越小。通常最经济的大型储罐的容积为 12.5 万 m^3。在油库建设中如何选择储罐的类型，如何尽量提高项目的投资效益和经济效益，是项目设计和实施的出发点和归宿，也是当今石油工程建设(其中包括油库建设)面临的一个不容忽视的问题。这必然要求参与大型储罐工程建设的工程技术人员和管理人员树立经济观念，强化效益意识，充实技术经济专业知识，以便把握提高项目投资效益和经济效益的正确途径，从容应对激烈的市场竞争。

大型储罐的特点是直径大、荷载重，因而对地基和基础设计有特殊的要求。目前,国内应用的最大储罐为 $15\times10^4\ m^3$ 浮顶式油罐和 $20\times10^4\ m^3$ 干式储气罐,其储罐直径可分别达 100 m 和 58 m,高度则分别为 21.8 m 和 85 m。这种“庞然大物”建在土质较差的软土地基上,确实有不少困难和技术问题。

这类特种结构的基础同工业与民用建筑的基础相比,在设计、施工方面截然不同,如按常规的地基基础规范进行设计,则会出现较大的差错。为此,近几十年来,国内不少科技人员为开发这类大型储罐基础的基础设计与地基处理,进行了不少研究,并初步掌握了对不同土质情况下不同地基进行处理的方法。目前应用在大型储罐基础的地基处理方法,有充水预压加固法、砂井预压排水处理法、振冲碎石桩法、爆扩挤密加固法、强夯加固法和强夯置换法、土工织物加固法、预堆土反压加固法、柱锤冲扩桩法、水泥深层搅拌法及桩筏基础等。在诸多的地基加固方法中,充水预压加固法是最经济、最方便的方法,也是目前应用较广泛的一种。

回忆 20 世纪 60 年代初,在上海的新吹填土上,拟建 $2\times10^4\ m^3$ 大型浮顶油罐(1050 号罐当时国内最大浮顶储罐),基础采用充水预压加固方案。由于当时国内还没有先例,故不少科技人员对这种加固方案表示担忧,后来通过储罐地基的预压实践,这一方案终于获得成功。其地基承载力从原先的 50 kPa 提高到 174 kPa。40 多年的实践证明,这个加固法是完全可行的。

应该认识到地基处理在岩土工程技术范围内是一门较新的学科。它的任务在于提高地基承载能力,减少建构筑物的沉降,保证上部结构的安全和正常使用。由于土的力学性质极其复杂,各地地质条件有所差别,使地基处理工作增加了很大难度。到目前为止,我们掌握了一些处理方法,改进了处理工艺,建造起许多建构筑物。但应当承认,地基处理的一些机理还不成熟,仍然是处于发展中的试验性科学。

我们知道任何地基处理技术都有它的适用范围,它与土的自然属性有关。认识土的成因及力学特性是选取处理技术的依据。有一段时间,在推广强夯法时引起较大的争论,关键问题是淤泥在动力性质下的压密性质各家看法不一,解决的办法是现场试验。国家有关规范和相应规程、工程手册和教科书中都对试验作出严格的规定,试验不仅在施工之前,在施工中还要解决大面积处理所带来的问题。如果处理的目的为建构筑物的地基,还要考虑沉降所带来的问题,这时需要进行沉降观测。只有沉降观测数据才能证明哪些地基处理在什么条件下是合适的,哪些是需要改进的。沉降观测还能为解决上部结构与人工地基的相互作用问题提供资料。

本书主要介绍大型储罐基础的设计与地基处理。书中分为:总论;储罐与基础的破坏实例;储罐基础设计与地基承载力计算;圆形储罐地基允许变形的确定;石油化工钢储罐地基与基础设计规范理解与应用;储罐基础地基处理与工程实例,其中包括充水预压、堆土预压、砂井预压、土工织物袋装砂井、强夯与强夯置换、填海区采用强夯处理抛石地基、柱锤冲扩桩、爆扩挤密加固湿陷性黄土、振冲挤密碎石桩、沉管挤密碎石桩、水泥搅拌桩、桩筏基础、国内15万m^3大型储罐的地基处理等；储罐基础的纠偏调正；环墙式基础的内力分析与配筋；储罐基础的原位测试；储罐区防火堤设计；并在附录中附有现浇与预制钢筋混凝土环墙通用图及储罐基础的技术经济分析等。本书可供从事大型储罐设计与施工的工程技术人员、国家石油储备库管理人员、科研人员和大专院校师生参考。

本书由教授级高级工程师徐至钧主编，许朝铨、黄左坚等编著，参加编写的有杨瑞清、陈月娓、李景、赵尧钟、易亚东、张勇、傅细泉、罗利君、张保良、燕一鸣、王海啸、汪国烈、李智宇、徐卓、全科政、张亦农、林婷、宋宏伟、曾庆良、赵勇、魏黎明、肖长生等。

本书在行文写作上也力求做到有的放矢。行文简浅显，做事诚平恒，是作者们追求的目标。衷心希望本书介绍的内容能够推进大型储备库建设的技术进步，对发展地基处理技术、降低建设工程的造价起到一定的作用。如其若此，便是我们最大的荣幸了。书中不妥之处，尚祈各界读者朋友不吝指正。

编著者

2008年8月于深圳

目　录

第一章
总　论

一、节约能源、加快石油储备

石油是工业的血液，也是工业经济发展的动力，随着世界石油工业的迅速增长和能源需求的不断增加，原油和成品油的储备受到了各国的普遍关注，对各类油库储备能力的要求也越来越高。20 世纪 80 年代以来，许多国家相继建起了大型陆上和海上石油储备库，因而使各类储罐的数量剧增。金属储罐是广泛用于油库储运系统的重要设备，在油库建设项目中占地面积最大、投资比例最高，其技术经济性能直接影响到项目的总费用、操作费用和投资效益。

我国是世界油气进口大国，3/4 的进口石油来自外部争夺激烈、武装冲突多发的中东、海湾和非洲热点地区。国际油气市场的任何波动都会对我国能源安全产生直接影响。我国国际能源安全形势近年来虽有所改善，但面临的挑战依然严峻。

国家发展和改革委员会 2007 年 4 月 10 日公布的《能源发展“十一五”规划》(以下简称《规划》)提出，要深化煤炭、石油天然气、电力、可再生能源等领域的体制改革，完善能源价格体系。

“十一五”期间，中国将继续推动煤炭企业完善煤炭企业制度，减轻企业的社会负担，增强竞争力。完善流通体制，建立现代煤炭交易市场。

中国将逐步理顺成品油价格，加大天然气价格调整力度，引导油气资源合理使用，促进资源节约与开发。

(一) 控制能源消费

到 2010 年，我国一次能源消费总量控制目标为 27 亿吨标准煤左右，年均增长 4%。

国家发改委数据显示，2005 年，中国一次能源生产总量为 20.6 亿吨标准煤，消费总量为 22.5 亿吨标准煤，分别占全球的 13.7%和 14.8%，是世界第二大能源生产和消费国。

根据这一规划，到 2010 年，中国煤炭、石油、天然气、核电、水电、其他可再生能源分别占一次能源消费控制总量见表 1-1。从表中可见，与 2005 年比，煤炭、石油比重有所下降，天然气、核电、水电和其他可再生能源比重略升。

表 1-1　“十一五”期间能源消费控制指标

名称	煤炭	石油	天然气	核电	水电	其他可再生能源
百分比/%	66.1	20.5	5.3	0.9	6.87	0.4

规划提出，2010 年，中国一次能源生产目标为 24.46 亿吨标准煤，5 年年均增长 3.5%。

“在落实直接节能与环境保护措施的同时，大力发展循环经济，加快培育高科技产业，扩大现代服务业在国民经济中的比重。通过优化经济结构，提升间接节能和环保贡献率。”

国家发改委有关负责人表示：规划指出，到 2010 年，中国万元 GDP 能耗要由 2005 年的 1.22 吨标准煤下降到 0.98 吨标准煤左右。“十一五”期间年均节能率 4.4%，相应减少排放二氧化硫 840 万吨、二氧化碳 3.6 亿吨。

根据规划，到 2010 年，中国重点耗能行业环保状况和主要产品单位能耗指标总体达到或接近本世纪初国际先进水平，主要耗能设备能源效率达到 20 世纪 90 年代中期国际先进水平，部分汽车、家用电器能效达到国际先进水平。

未来5年我国能源发展的总体蓝图和行动纲领浮出水面。

《规划》针对我国能源以煤炭为主体的结构性矛盾提出，2010年我国一次能源消费总量控制目标为27亿吨标准煤左右，年均增长4%。其中煤炭所占比例66.1%，比2005年相比下降3个百分点。《规划》还提出，2010年中国一次能源生产目标为24.46亿吨标准煤，年均增长3.5%。

《规划》分五章阐明国家能源战略，明确现在至2010年的能源发展目标、开发布局、改革方向和节能环保重点。《规划》要求，有关方面应贯彻落实节约优先、立足国内、多元发展、保护环境，加强国际互利合作的能源战略，努力构筑稳定、经济、清洁的能源体系，以能源的可持续发展支持我国经济社会可持续发展。

2005年，我国一次能源生产总量20.6亿吨标准煤，消费总量22.5亿吨标准煤，分别占全球的13.7%和14.8%，是世界第二能源生产和消费大国。随着国民经济平稳较快发展，城乡居民消费结构升级，资源约束矛盾更加突出。

有专家表示，目前煤炭消费占我国一次能源消费的69%，比世界平均水平高42个百分点，以煤为主的能源消费结构和比较粗放的经济增长方式，带来了许多环境和社会问题。适当降低煤炭消耗，可以有效改善我国能源结构。

为了加快能源建设步伐，《规划》提出“十一五”期间将重点建设能源基地建设工程、能源储运工程、石油替代工程、可再生能源产业化工程和新农村能源工程等五大能源工程。

当前，我国已由原油出口国转变为原油进口国，这一转变意味着我国必须建立国家石油储备库。国家石油储备库主要有两个作用：第一，当国际局势恶化时，不会因国际油路的暂时中断而影响国内经济的正常发展以及社会的稳定；第二，当国际油价有较大波动时，储备库可发挥蓄水池和缓冲器的作用，使国内成品油市场价格保持相对稳定。随着国家石油储备库的建立，一大批原油储备库将陆续建设，而且随着石油进口量的增加，储备量也将相应地逐渐加大。

因此，能源成为重要的国际战略资源。在不可再生资源日益短缺的21世纪，能源已不仅是能量载体和经济资源，而且成为极为重要的战略资源、外交资源、军事资源。现行国际能源秩序不仅受到能源经济因素以及资源国国内政治、经济、社会因素的影响，而且受到国际战略格局变动、国家关系调整以及武装冲突、恐怖活动、自然灾害、国际金融投机的影响，加剧了其不稳定。

（二）加快石油储备建设

加快政府石油储备建设，适时建立企业义务储备，鼓励发展商业石油储备势在必行。国家发展和改革委员会2007年4月10日公布的《能源发展“十一五”规划》明确提出，要逐步完善石油储备体系，提高中国能源安全保障。

《规划》指出，最近几年国际油价大幅震荡、不断攀升，给中国经济社会发展带来多方面影响。中国战略石油储备体系建设刚刚起步，应对供应中断能力较弱；影响天然气、电力安全供应的因素趋多；煤矿安全形势不容乐观，维护能源安全任务艰巨。

根据《规划》，“十一五”期间，中国将制定国家石油储备管理条例，按“西部油气东输、东北油气南送、海上油气登陆”的格局，加强骨干油气管线建设，增加必要的复线和重点联络线，加快中转枢纽和战略储备设施建设，逐步形成全国油气骨干管网和重点区域网络。

中国将以应对大规模电网事故和石油天然气供应中断为核心，建立完善能源安全预警制度和应急机制；以引进先进技术和管理为主要目标，适时修订外商投资产业指导目录，完善能源对外开放政策，按照平等互利、合作双赢原则加强能源国际合作。

“十一五”期间，中国还将加快发展煤基、生物质基液体燃料和煤化工技术，有序建设石油替代重点示范工程，为未来石油替代产业发展奠定基础。

国家发改委提供的情况显示，中国石油、天然气人均资源量仅为世界平均水平的7.7%和7.1%。随着国民经济平稳较快发展，城乡居民消费结构升级，能源消费将继续保持增长趋势，资源约束矛盾更加突出。目前，中国石油对外依存度已超过40%。

战略石油储备体系确定三驾马车：中国战略石油储备体系已经确立三个来源，分别是政府石油储备、企业义务储备和商业石油储备。

国家发改委在《规划》中提到，未来5年内，要加快政府石油储备建设，适时建立企业义务储备，鼓励发展商业石油储备，逐步完善石油储备体系。以应对石油、天然气供应中断为核心，建立完善能源安全预警制度和应急机制。

此前，市场上通常把政府石油储备等同于国家战略储备。目前，浙江镇海、浙江岱山、山东黄岛、辽宁大连四大石油战略储备基地正在密锣紧鼓建设中，镇海基地已经竣工，其他三大基地将在2008年前陆续竣工。届时，将总计形成约10余天消费量的储备能力。

但是，政府石油储备还不能保障国家的能源安全。《规划》指出，最近几年，国际石油价格大幅震荡，不断攀升，给我国经济社会发展带来多方面的影响。我国战略石油储备体系建设刚刚起步，应对供应中断能力较弱。有关金融研究中心专家曾经表示，从世界范围内考虑，政府储备一般都是赔钱的。因此，商业石油储备应当尽快提上议事日程。

发展商业石油储备已经被提上议事日程。政府可能会向三大石油公司提供补贴，以补偿这些企业运营、管理商业石油储备的费用。

此外，相关文件已经为建立企业义务储备制度做好了铺垫。与2004年《成品油市场管理暂行办法》相比，2007年12月出台的《成品油市场管理办法》大幅提高了市场准入门槛。对企业从事成品油批发、仓储经营的油库库容要求由4 000 m^3 调整为10 000 m^3，同时还调整了成品油批发、仓储经营企业注册资金和配套设施的条件。

专家指出，小、散、乱的企业没有能力储备。因此，商务部对资金、油源、库容的高标准要求，使下一步出台企业义务储备制度成为可能。

根据了解，政府石油储备、企业义务储备和商业石油储备的比例将在《国家石油储备管理条例》中确定；企业义务储备和商业石油储备的配套优惠措施也将在该法规中得以明确。

《规划》提出，“十一五”期间，《能源法》、《国家石油储备管理条例》等法规将陆续出台。

《规划》还要求，“十一五”期间，按照“西部油气东输、东北油气南送、海上油气登陆”的格局，加强骨干油气管线建设，增加必要的复线和重点联络线，加快中转枢纽和战略储备设施建设，逐步形成全国油气骨干管网和重点区域网络。

国家发改委证实：中国第一座石油储备库已经开始运行，且已注入了石油。中国战略石油储备问题一向受外界关注，有关专家表示，中国所规划的石油储备建设规模远比其他国家少，储备能力亦仍是相对不足。

有关专家表示，从中国目前情况看，与日本及其他国家相比，中国石油储备起步较晚，所规划的建设规模远比其他国家少。中国人口比较多，国土面积较大，基础相对比较薄弱，将来按照规划建成以后，中国石油储备能力仍是相对不足。

有消息称，中国第二期战略石油储备基地的选址工作亦已提上日程。关于中国未来总体石油储备的发展考虑，中国有关部门正在有序研究及推进中。

按照中国有关部门的预测，今年煤电油运供求总体将趋于平衡，但成品油供应仍处于“紧平衡”状态。国家发改委经济运行部门举行的“2006年经济运行新闻发布会”上指出2006年成品油供应虽然绷得较紧，但在周密组织下基本保证了市场供应。

（三）规划原油产量

“十一五”中国油气开发将按照“挖潜东部、发展西部、加快海域、开拓南方”的原则，通过地质理论创新、新技术应用和加大投入力度等措施，努力增加产量。

发展改革委数据显示，2005年中国原油产量为1.81亿吨、天然气产量为493亿立方米。从“十五”

发展情况看，原油产量以年均2.12%的速度稳定小幅增长，而天然气产量年均增幅为12.63%。

《规划》提出，2010年全国原油、天然气产量要分别达到1.93亿吨和920亿立方米。

“十一五”中国油气开发将按照“挖潜东部、发展西部、加快海域、开拓南方”的原则，通过地质理论创新、新技术应用和加大投入力度等措施，努力增加产量。

发展改革委数据显示，2005年中国原油产量为1.81亿吨、天然气产量为493亿立方米。从“十五”发展情况看，原油产量以年均2.12%的速度稳定小幅增长，而天然气产量年均增幅为12.63%。

“十一五”期间，中国将制定石油天然气法；制定油气资源勘探开发投入激励政策，鼓励尾矿和难动用储量开发利用，逐步建立完善油气区块矿权招标和退出机制。

《规划》提出，要深化煤炭、石油、天然气、电力、可再生能源等领域的体制改革，完善能源价格体系。

“高油价时代”就要到来。不论节能技术的进步还是新能源的开发利用，都难以从根本上改变油气价格螺旋式上升的总趋势。“高油价时代”的到来对油气消费国构成严重安全挑战：为获取油气资源不得不付出更多的经济代价和外交资源；以油气作为主要燃料的成本越来越高；国民经济以原有模式运行越来越困难。

“十一五”期间，中国将逐步理顺成品油价格，加大天然气价格调整力度，引导油气资源合理使用，促进资源节约与开发。

《规划》显示，“十一五”期间，逐步理顺成品油价格，将加大天然气价格调整力度，引导油气资源合理使用，促进资源节约与开发。这也是其对天然气价格调整措辞最严厉的一次表态。这意味着，在天然气供应紧张的背景下，天然气价格上调的幅度和频率都将加大。

《规划》指出，我国能源资源总量比较丰富，但人均占有量较低，特别是石油、天然气人均资源量仅为世界平均水平的7.7%和7.1%。随着国民经济平稳较快发展，城乡居民消费结构升级，能源消费将继续保持增长趋势，资源约束矛盾更加突出。

目前，中国原油价格已实现与国际接轨，但成品油价格仍存在“倒挂”现象。理顺国内成品油价格，实现与国际油价接轨，是改革的方向。

我国经济处在高速发展、能源高消耗阶段，产业结构调整和节能技术的进步，还需要经过长时间的艰苦努力，今后十几年对油气资源的需求仍会持续增长，对进口油气的依存度仍会持续增大。

因此，实施能源企业“走出去”战略不仅非常必要，而且十分紧迫。但我国又是国际能源市场的后到者，“走出去”战略的实施遭遇到世界多数国家不曾遭遇过的困难：国际能源秩序已经形成，我国存在如何融入、利用和改造的难题；霸权国家和非友好国家欲遏制我国的发展，对我国能源企业海外发展设置种种障碍；世界油气资源富集易采区块大多已被瓜分，我国企业不得不到政局动荡地区采油，不得不面对当地错综复杂的社会矛盾和巨大的安全风险。

综上所述，我国能源面临的安全挑战相当严峻。为此，必须尽快提高能源利用效率，加快可再生能源开发，降低对热点动荡地区能源的依赖，建立应对能源危机的预警机制和应急体系；同时还要大力强化能源外交，综合运用国家的软硬实力，广泛发展各种能源伙伴关系，改善我面临的国际能源安全环境。

二、储罐的用途和分类

储罐有很多种类，而各类储罐的结构型式和使用功能有很大差别，因而各类储罐基础的沉降和倾斜的限值也应有所不同，圆形储罐按其使用功能，可分为储油罐和储气罐两大类。

（一）储油罐

1. 储油罐的分类

油罐按其所处位置可分为地上油罐、半地上油罐和地下油罐三种。按罐内所装油品，可分为原油罐、燃料油罐、润滑油罐三种。按用途则分为生产油罐和储存油罐两大类。

钢制金属油罐分为卧式油罐和立式油罐，其中立式油罐绝大多数为圆筒形，主要由罐底、罐体(壁)、罐顶三大部分构成(见图 1-1)。按罐顶的结构又可分为:无力矩顶油罐、拱顶油罐、锥顶油罐、浮顶油罐、内浮顶油罐等五种。

图 1-1　立式储油罐外形图

目前,拱顶油罐及浮顶油罐应用最为广泛,按罐容量有大型、中型和小型的区别。所谓大型油罐,是指公称容积为 20 000～30 000 m^3 平底、固定顶(包括带有内浮顶的固定顶油罐)和公称容积为 20 000～150 000 m^3 的浮顶油罐。小型油罐大多是公称容积小于 500 m^3 的油罐,一般是作为小型容器用的油罐。

下面对目前我国使用最广、技术发展日益成熟的拱顶罐、浮顶罐等予以介绍。

2. 储罐的构造

(1) 拱顶储罐的构造

拱顶储罐是指罐顶为球冠状,罐体为圆柱形的一种容器,其罐顶由厚度 4～6mm 的压制薄钢板和加强筋(通常用扁钢或型钢)构成,或由桁架和薄钢板构成。拱顶荷载通过拱顶周边传递于罐壁上,这种罐顶可承受较高的剩余压力,有利于减少罐内液体介质的挥发损耗。拱顶罐除罐顶板的制作较复杂外,其他部位的制作较易,造价较低,故在国内外石油化工部门应用较为广泛。目前国内拱顶罐的最大容积已达 30 000 m^3,最常用的容积为 10 000 m^3 或再小些。

1) 罐底

罐底由多块薄钢板拼装而成,参见图 1-2。罐底中部钢板称为中幅板,周边的钢板称为边缘板(边板)。边缘板可采用条型板,也可采用弓形板,依储罐的直径、储量及与底板相焊接的第一节壁板的材质而定。一般说来,储罐的内径<16.5 m 时,罐底周边宜采用条形边缘板,如图 1-2(a)所示;储罐内径≥16.5 m 时,罐底周边宜采用弓形边缘板。当储罐内径>30 m 时,沿半径方向最小尺寸应≥1 500 mm;当储罐内径≤30 m 时,沿半径方向最小尺寸不得小于 700 mm,如图 1-2(b)、图 1-2(c)、图 1-2(d)所示。

由于最下圈壁板与罐底边缘板之间必须严密而无间隙,当底板为搭接而无弓形边缘板时,边缘处底板必须设计为对接,其接头型式如图 1-3 所示。

当采用图 1-2(a)时,边缘板的尺寸比中幅板小,厚度比中幅板大,一般为 6～8 mm,大型油罐可达 12 mm。

日本标准 JIS 8501 要求,在壁板最下圈板厚超过 15 mm 或侧板采用高强钢的情况下,要设图 1-2(b)、图 1-2(c)、图 1-2(d)所示的弓形边缘板,其材质为 SM400c 或 SM490 c,但壁板采用 SPV490 Q 钢时,罐底弓形边缘板也应采用同种材质。

当采用图 1-2(a)、图 1-2(b)的排列方式时,对搭接接头处三层钢板重叠部分,应将最上层底板切角,长度应为搭接长度的 2 倍,宽度应为搭接长度的 2/3。在上层底板铺设前,应先焊接上层底板覆盖部分的角焊缝(见图 1-4)。

当采用图 1-2(c)、图 1-2(d)排列方式时,每条焊缝下部应设垫板,垫板宽 100 mm、厚 5～6 mm,并开单面坡口,其角度 60°±5°。

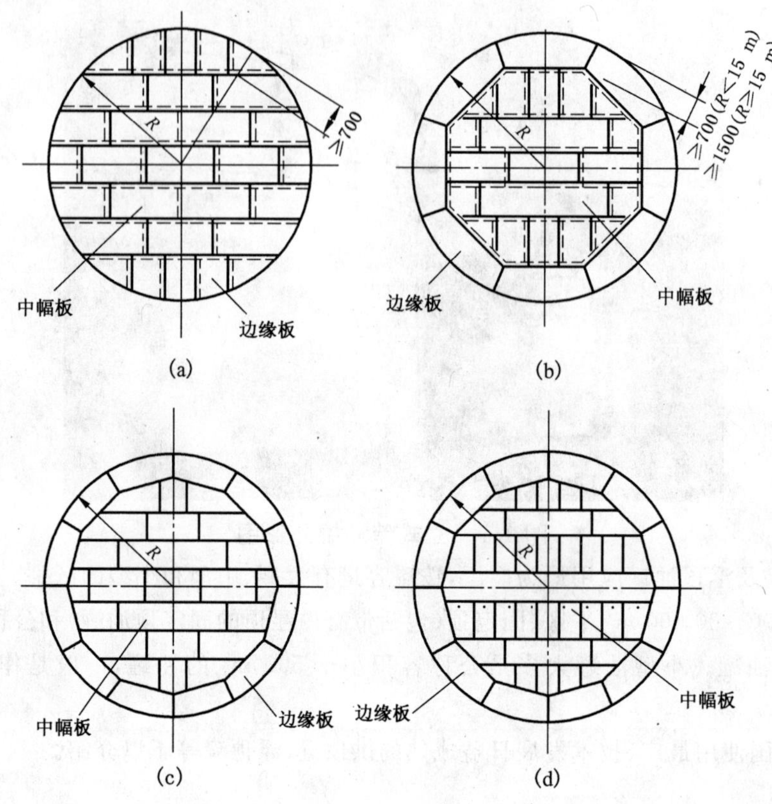

图 1-2　罐底板排列图

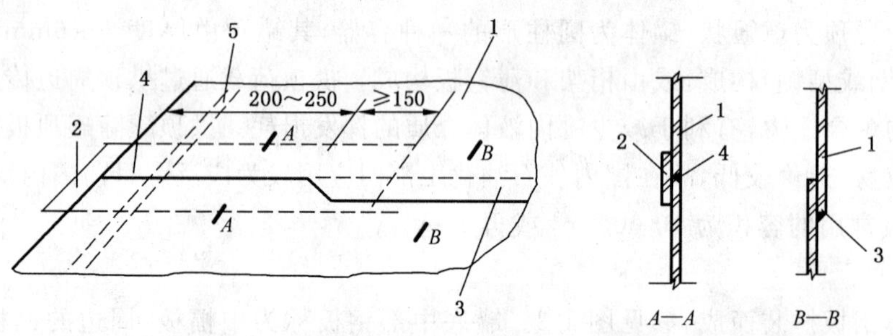

1— 边缘钢板;2—垫板;3—搭接接头;4—对接接头;5—罐壁位置

图 1-3　罐底边缘钢板的对接接头

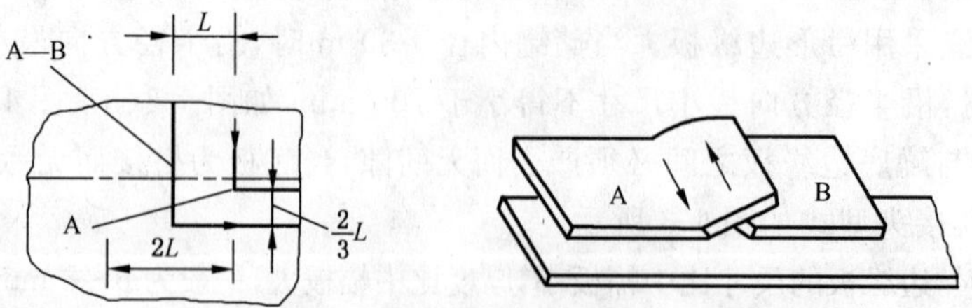

A—上层底板;A—B—板覆盖的焊接接头;L—搭接宽度

图 1-4　底板三层钢板重叠部分切角

罐底板的排列形式,一般已由设计图纸规定,施工时可根据到货钢板实际尺寸作局部调整,一般不再改变其排列方式。

2) 罐壁

罐壁由多圈钢板组对焊接而成，分为套筒式及直线式两种，如图 1-5 所示。套筒式罐壁板环向焊缝采用搭接，纵向焊缝为对接，其优点是便于各圈壁板的对口，特别是采用气吹顶升倒装法施工时十分方便安全；直线式罐壁板环向焊缝为对接，优点是罐壁整体自上而下直径相同，特别适用于内浮顶罐，但组对安装要求较高、难度亦较大。拱顶罐壁板环向焊缝多采用搭接，其搭接环缝外侧采用连续焊缝，内侧采用断续焊。搭接宽度不小于钢板厚度的 5 倍，相邻对接纵焊缝的间距不小于 500 mm。罐壁板与罐底边缘板相联的丁字焊缝（大角缝）内外侧均为连续焊缝。

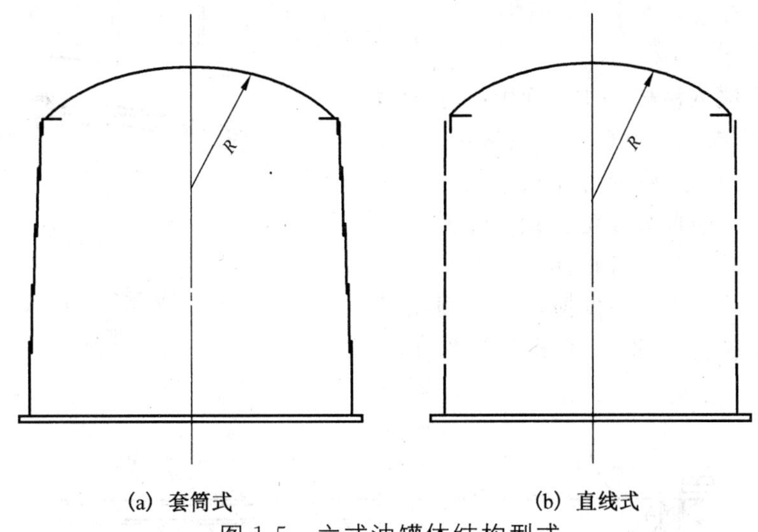

(a) 套筒式　　(b) 直线式

图 1-5　立式油罐体结构型式

近几年随着液压顶升、电动葫芦提升等新的施工方法的普及，气吹顶升施工已逐渐减少，同时因直线式罐壁受力较好，套筒式罐壁亦逐渐被取代。

罐壁钢板的厚度沿罐的高度自下而上逐渐减小，最小厚度为 4～6 mm。最上一层壁板与顶部角钢圈通过两条环缝相联，外侧为连续焊缝，内侧为断续焊缝。但应注意，当为弱顶结构时，顶板与角钢的环形焊缝应严格按设计要求施焊，且内侧不得焊接。

直线式罐壁板焊接接头的坡口型式和尺寸，当图样无规定时，应执行 GB 985 及 GB 986 的规定。纵向气电焊及环向接头埋弧焊的焊接接头型式，宜符合图 1-6 及图 1-7 的要求。

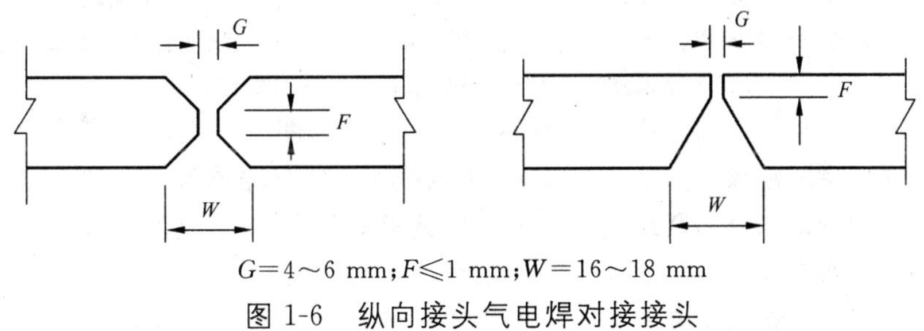

$G=4\sim6$ mm；$F\leqslant1$ mm；$W=16\sim18$ mm

图 1-6　纵向接头气电焊对接接头

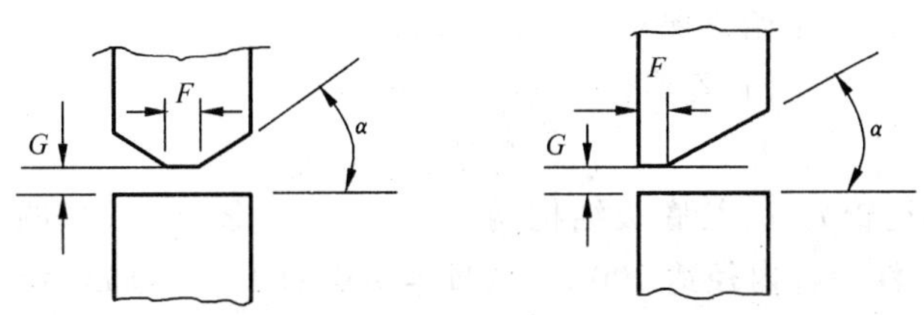

$\alpha=45°\pm2.5°$；$F\leqslant2$ mm；$G=0\sim1$ mm

图 1-7　环向接头埋弧焊的对接接头

3）罐顶

罐顶结构分柜式桁架结构及球冠形拱顶结构。采用桁架结构罐顶的储罐，最大容积已达到5 000 m^3。

拱顶储罐的罐顶是由多块扇形板构成的，为了增加顶板的刚度，在其背面(罐顶内侧)焊如图 1-8 所示的加强筋。各扇形顶板之间采用搭接焊缝，整个罐顶与罐壁板上部的角钢圈相互焊接。

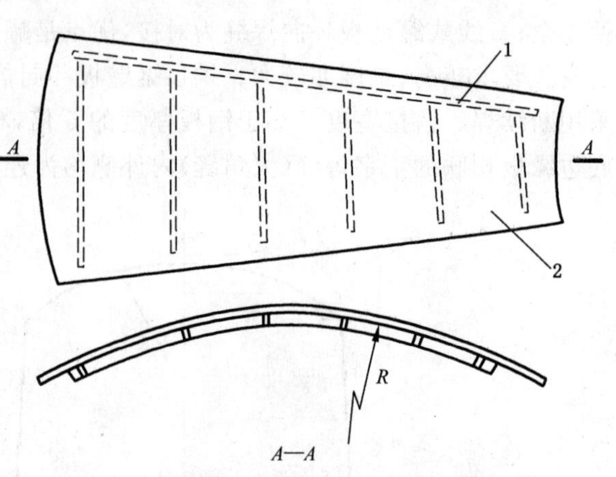

1—扁钢加强筋；2—顶板

图 1-8　拱顶罐罐顶板结构图

(2) 浮顶油罐的构造

1) 种类和构造特点

浮顶油罐由浮在罐内液体介质表面上的浮顶和立式圆筒形罐壁所构成。浮顶直接浮在液面上，罐内储油量增加时浮顶上升，减少时浮顶下降。在浮顶外缘与罐内壁的环形空间加设随浮顶一起升降的密封装置。由于这种罐内油品液面始终被浮顶直接覆盖，从而有效减少了油品的挥发损耗。浮顶储罐的种类有单盘式、双盘式和浮子式等（图 1-9、图 1-10、图 1-11）。

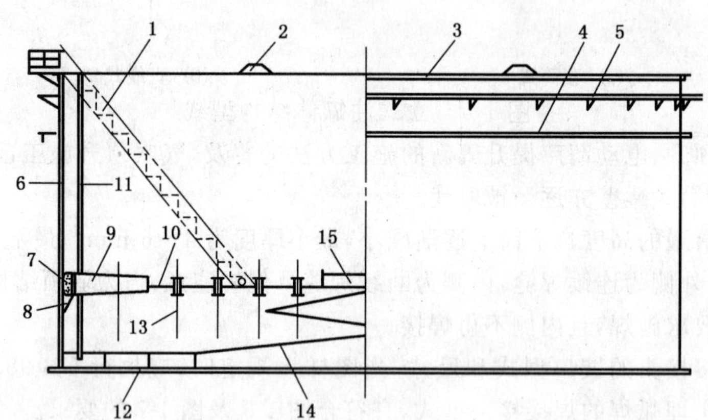

1—转动浮梯；2—泡沫消防挡板；3—包边角钢；4—加强圈；5—抗风圈；
6—罐壁；7—密封装置；8—刮蜡板；9—浮船；10—单盘板；11—量油管 12—罐底板；
13—浮顶立柱；14—中央排水管；15—中央浮船

图 1-9　单盘式浮顶罐示意图

常用的单盘式浮顶罐的浮顶周边是环形浮船，用隔板将浮船分隔成若干个独立密封的舱量，由环形浮船所围起的圆形面积则以与浮船联结为一体的单层钢板覆盖，钢板下设加强槽钢，大直径储罐则在浮顶中心设一中央船舱。双盘式浮顶罐的浮顶为两层全面覆盖液面的钢板，这两层钢板之间由边缘环板、径向与环向隔板隔成若干个密封且互不相通的舱室。浮子式也与单盘式构造相似，只是单盘中央部分均布有若干个密封的浮室。单盘式、双盘式以及浮子式浮顶罐，顶面都装有浮梯、平台和栏杆。浮梯可随浮顶的升降而改变坡度，踏步则始终保持水平状态，保证检修人员上下安全方便，不论哪一种浮顶罐，浮顶与罐壁之闻的密封装置都需进行经常性的维修保养。

2) 罐底

浮顶罐的容积一般都比较大，故其底板结构均如图 1-2(b)、图 1-2(c)、图 1-2(d)所示。目前，我国已自行设计的 150 000 m^3 浮顶罐内径达 100 m，从日本引进的 100 000 m^3 浮顶罐内径达 80 m，罐底中幅板除国内设计的 150 000 m^3 罐采用搭接焊缝外，由日本引进的均采用对接焊缝。

3) 罐壁

为了保证内表面齐平，罐壁均采用对接焊缝，并应将焊缝打磨光滑，以防止划损浮顶密封装置。由于浮顶罐上部为敞口，为增加壁板刚度，根据所在地区的风载大小，罐壁顶部需设置抗风圈和加强圈。

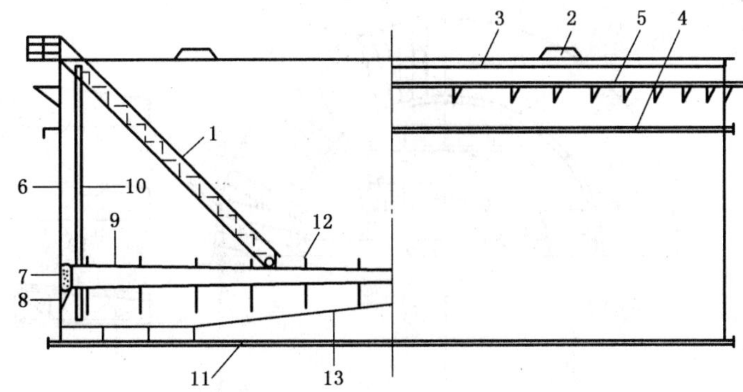

1—转动浮梯；2—泡沫消防挡板；3—包边角钢；4—加强圈；5—抗风圈；
6—罐壁；7—密封装置；8—刮蜡装置；9—双盘顶；10—量油管；
11—罐底板；12—浮顶立柱；13—中央排水管

图 1-10 双盘式浮顶罐示意图

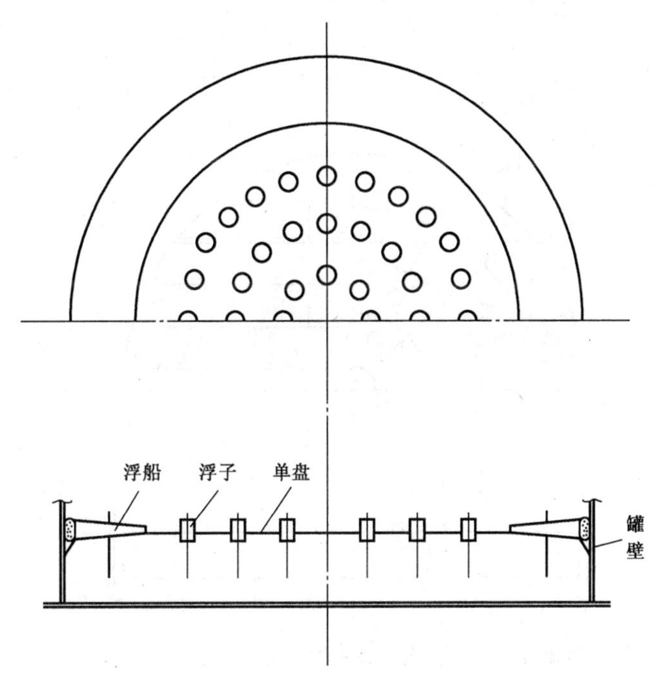

图 1-11 浮子式浮顶罐示意图

4）浮顶

① 单盘式浮顶：由环形顶板和底板、外侧板和内侧板组成一个环形浮船，在该船体内设置径向隔板将其分隔成若干个独立的舱室，每个舱内设有筋板及型钢桁架，起加固作用。浮船内侧板所包围的圆形部分是单盘顶板，单盘顶板与船舱通过环形角钢相联结。顶板底部设多道环形型钢圈加固。每个独立的船舱顶部都设有一个检查人孔，以便施工或正常使用时进入舱内检查、维修。见图 1-12 所示。

由于单盘钢板较薄，一旦受到强风袭击或地震时会产生波动，致使它与刚性较大部分相联结的焊缝产生破裂，所以规定要求该部分的焊缝采用双面焊，大型储罐还需增加环形型钢圈补强。这样在建造时可以控制单盘板的变形，有利于提高单盘的总体强度，能够缓和受强风袭击引起的波动。

② 双盘式浮顶：由上盘板、下盘板和船舱边缘板所组成，在上、下两盘板间设有环形隔板，同时设置径向隔板将环形舱隔成若干个独立的环形舱，即使其中一个舱受到损坏而渗漏，浮船仍能浮升而继续工作。每个小船舱上部均设有检查人孔，可随时检查船舱内情况，见图 1-13 所示。

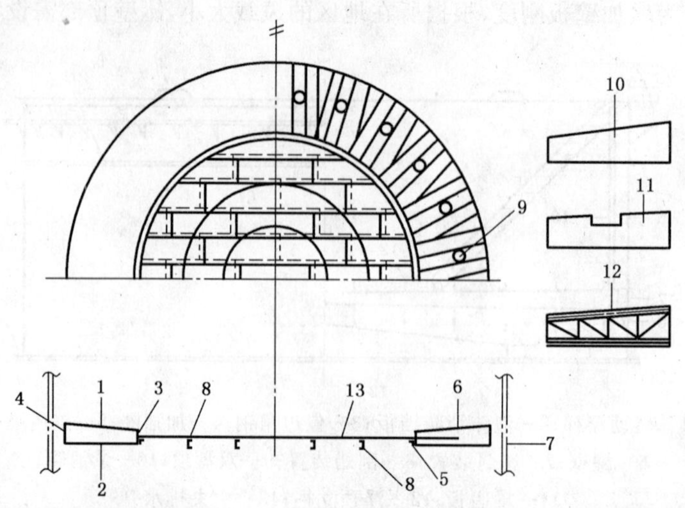

1—船舱顶板；2—船舱底板；3—船舱内侧板；4—船舱外侧板；5—连接角钢；6—船舱；7—罐壁板；8—型钢加强圈；9—船舱人孔；10—船舱隔板；11—船舱筋板；12—船舱桁架；13—单盘板

图 1-12 单盘结构示意图

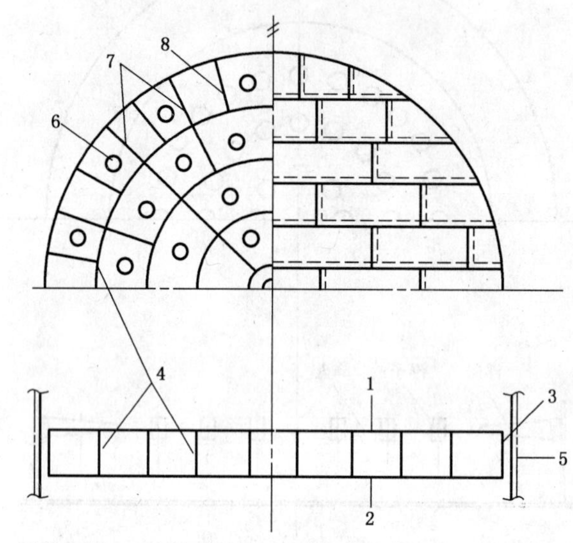

1—浮船顶板；2—浮船底板；3—浮船外边缘侧板；4—环形隔板；5—罐壁板；6—船舱人孔；7—船舱隔板；8—船舱桁架

图 1-13 双盘结构示意图

双盘的优点是浮力大，可耐积雪荷载，而且排水效果良好，由于双层部分绝热效果好，罐内油料的热损失很少（基于条件的不同，多少有所差异，油温为 60 ℃时热损失仅为单盘浮顶罐的 1/3 左右）。北方寒冷地区尤其适合采用双盘浮顶，例如辽河油田及大庆油田等。

浮顶应根据油罐所在地的气象条件、所储存油料的种类、厂区环境条件等因素进行选择。

(3) 内浮顶罐的构造

内浮顶罐是由拱顶罐内部增设浮顶而成见图 1-14 所示。罐内增设浮顶可减少油品的挥发损耗，外部的拱顶又可防止雨水、积雪及灰尘等污物从浮顶与罐壁间的环形空隙处进入罐内，保持罐内油品的清洁。这种储罐主要用于储存轻质油，例如汽油、航空煤油等。对内浮顶罐的罐壁板要求与浮顶罐相同，对其拱顶的要求与拱顶罐相同。内浮顶目前在国内有两种结构：一是与浮顶罐相同的钢制浮顶，多为平顶，有的中间部分亦为拱顶，周围是船舱；二是铝合金材质的、由多块拼装而成的“盘状”见图 1-15，这是一种专利产品。

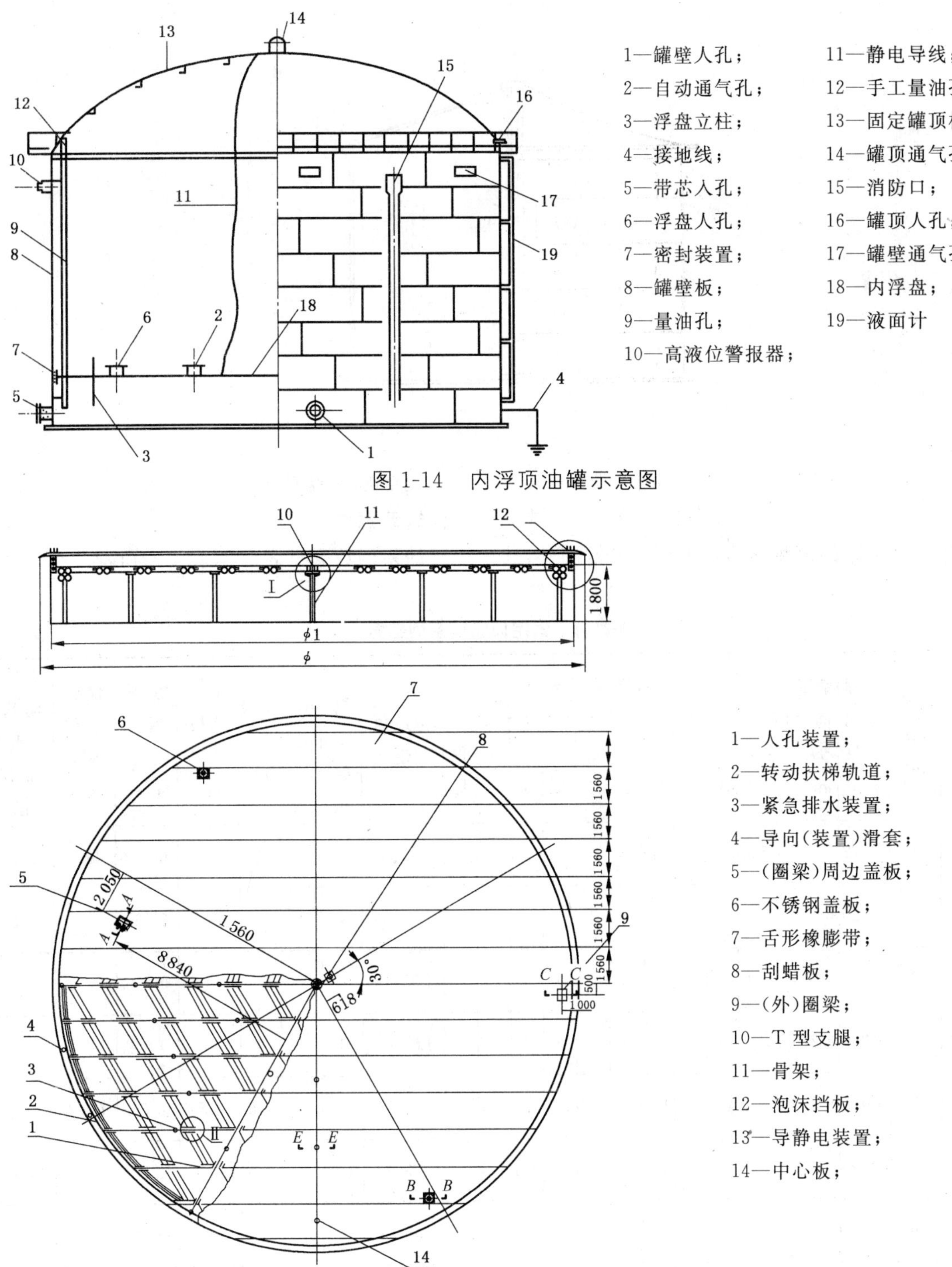

图 1-14　内浮顶油罐示意图

图 1-15　铝制浮盘示意图

(4) 无力矩罐的构造特点

无力矩储罐即通常所说的悬链式油罐。它是根据悬链线理论，用薄钢板制造的顶盖和中心柱构成罐顶。无力矩顶盖的一端支承在中心柱顶部伞形罩上，另一端支承在装有包边角钢或刚性环的罐壁最上端，柔性顶板沿径向形成悬链曲线，如图 1-16 所示。这种悬链式顶板只有拉应力而无弯应力，故称之为无力矩油罐。它的结构简单，施工方便，节约钢材。但是，由于顶板过薄，而易遭破坏，且在悬链形的最低点容易积存雨水而发生锈蚀，故近年逐渐被拱顶储罐所代替，目前几乎很少建造。

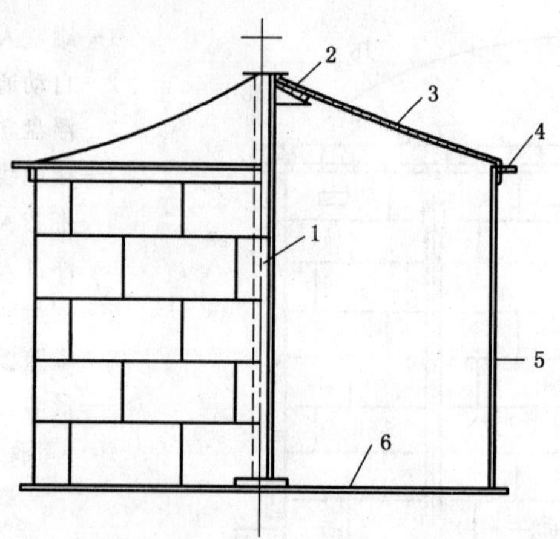

1—中心柱；2—顶部伞形罩；3—悬链板；4—包边角钢；5—罐壁；6—罐底

图 1-16　悬链或无力矩储罐示意图

上述四种类型的储罐除第四种现已不常用外，其余三种的系列数据见表 1-2、表 1-3 和表 1-4。

表 1-2(a)　固定顶储罐系列数据

序号	公称容积/m^3	计算容积/m^3	底圈板内径 D/mm	罐壁高度 H/mm	中心孔直径 d/mm	罐壁厚度/mm									包边角钢规格	底板厚度/mm		顶板厚/mm	中心顶板厚/mm	拱顶板半径尺/mm	储罐总重量/kN	壁传给基底重/(kN/m)
						底层	二层	三层	四层	五层	六层	七层	八层	顶层		中幅板	边缘板					
1	100	110	5 172	5 300	1 500	4	4	4	4	4					L63×6	4		4	4	6 132	42.4	2.5
2	200	220	6 620	6 470	1 500	4	4	4	4	4	4				L63×6	4		4	4	7 860	67.2	3.0
3	300	330	7 750	7 070	1 500	4	4	4	4	4	4	4			L63×6	4		4	4	9 216	88.2	3.3
4	400	440	8 288	8 270	1 500	4	4	4	4	4	4	4			L63×6	4		4	4	9 852	105.9	3.7
5	500	550	8 983	8 810	1 500	4.5	4.5	4.5	4.5	4.5	4.5	4.5	4.5		L63×6	4.5		4.5	4.5	10 668	138.6	4.4
6	700	770	10 263	9 410	1 500	4.5	4.5	4.5	4.5	4.5	4.5	4.5	4.5		L63×6	4.5		4.5	4.5	12 204	173.9	4.7
7	1 000	1 100	11 580	10 580	2 000	6	5	5	5	5	5	5	5	5	L75×8	5		5	5	13 728	254.9	6.1
8	2 000	2 200	15 781	11 370	2 000	8	7	6	5	5	5	5	5	5	L75×8	5		5	5	18 762	438.8	7.5
9	3 000	3 300	18 992	11 760	2 000	9	8	7	6	5	5	5	5	5	L90×8	5	6	5	5	22 608	615.1	8.6
10	5 000	5 500	23 760	12 530	2 000	12	12	9	8	7	6	6	6	6	L100×10	6	8	6	6	28 296	1 102.8	11.9
11	10 000	10 700	31 282	14 070	2 100	18	16	14	12	10	8	7	7	7	L150×14	6	9	6	6	37 272	2 104.5	17.5

注：本表为石化总公司系列储罐数据。

表 1-2(b) 100～30 000 m^3 固定顶储罐系列基本参数和尺寸

序号	标准序号	公称容积	计算容积	储罐内径/ϕ	高度/mm			罐壁厚度/mm												拱顶板厚	罐底板厚		罐体材料	设计温度/℃ 设计压力/kPa	储罐总重量/kN
					罐壁厚度	拱顶高度	总高	底圈	二	三	四	五	六	七	八	九	十	十一	十二		中幅板	边缘板			
		m^3		mm																mm					
1	249 HG 21502.1—92-250 251	100	110	5 200	5 200	554	5 754	6	6	6										5.5	6	6			61.35
2	252 HG 21502.1—92-253 254	200	220	6550	6550	700	7250	6	6	6	6									5.5	6	6			97.6
3	255 HG 21502.1—92-256 257	300	330	7 500	7 500	805	8 305	6	6	6	6	6								5.5	6	6			127.6
4	258 HG 21502.1—92-259 260	400	440	8 250	8 250	887	9 137	6	6	6	6	6								5.5	6	6	Q235-A,F Q235-A	−19～150℃ −0.5～2 kPa	152.9
5	261 HG 21502.1—92-262 263	500	550	8 920	8 920	972	9 892	6	6	6	6	6								5.5	6	6			177.45
6	264 HG 21502.1—92-265 266	600	660	9 500	9 315	1 023	10 338	6	6	6	6	6	6							5.5	6	6			218.4
7	267 HG 21502.1—92-268 269	700	770	10 200	9 425	1 112	9 425	7	6	6	6	6	6							5.5	6	6			236.15
8	270 HG 21502.1—92-271 272	800	880	10 500	10 165	1 132	11 297	7	6	6	6	6	6							5.5	6	6			257.2

续表 1-2(b)

序号	标准序号	公称容积	计算容积	储罐内径/ϕ	高度/mm			罐壁厚度/mm												拱顶板厚	罐底板厚		罐体材料	设计温度/℃ 设计压力/kPa	储罐总重量/kN
		m^3		mm	罐壁厚度	拱顶高度	总高	底圈	二	三	四	五	六	七	八	九	十	十一	十二	mm	中幅板	边缘板			
9	273 HG 21502.1—92-274 275	1 000	1 100	11 500	10 650	1 241	11 891	8	7	6	6	6	6							5.5	6	7	Q235-A,F Q235-A	−19～150℃ −0.5～2 kPa	312.2
10	276 HG 21502.1—92-277 278	1 500	1 645	13 500	11 500	1 468	12 968	10	8	7	6	6	6	6						5.5	6	7			427.4
11	279 HG 21502.1—92-280 281	2 000	2 220	15 780	11 370	1 721	13 091	11	9	8	7	6	6	6						5.5	6	9			561.95
12	282 HG 21502.1—92-283 284	3 000	3 300	18 900	11 760	2 049	13 809	13	11	9	8	6	6	6						5.5	6	9	20R		809.8
13	285 HG 21502.1—92-286 287	5 000	5 500	23 700	12 530	2 573	15 103	17	14	12	10	8	6	6						5.5	7	9			1 356.65
14	288 HG 21502.1—92-289 290	10 000	11 000	31 000	14 580	3 368	17 948	24	21	19	16	14	11	9	9	9				5.5	7	9			2 498.2
15	291 HG 21502.1—92-292 293	20 000	23 500	42 000	17 000	4 546	21 546	29	26	22	19	16	13	10	9	9	9			5.5	7	12	16MnR		5 072.052
16	294 HG 21502.1—92-295 296	30 000	31 300	44 000	20 600	4 788	25 388	36	34	31	28	23	20	17	14	12	10	10	10	5.5	7	12			7 049.1

注：1. 计算容积按罐壁高度和储罐内径计算的圆筒几何容积；
2. 各圈壁板、顶板、底板厚度均包括腐蚀裕量；
3. 储液密度 $P=1\ 200\ kg/m^3$；
4. 本表为化工部系列数据。

表 1-3 浮顶储罐系列数据表

序号	公称容积/m³	计算容积/m³	储罐内径/mm	罐壁高度/mm	罐壁材质及厚度/mm										罐壁钢板设计宽度/mm	底板厚度/mm		浮顶盘板厚度/mm	储罐总重量/kN	备注
					底层	第二层	第三层	第四层	第五层	第六层	第七层	第八层	第九层	第十层		中幅板	边缘板			
1	1 000	1 077	12 000	9 520	A3F、A3、A3R										1 580	5	5	4	369	石油天然气总公司系列
					5	5	5	5	5	5										
2	2 000	2 095	14 500	12 690	A3F、A3、A3R										1 580	5	6	4	549	石油天然气总公司系列
					7	6	5	5	5	5	5	5								
3	3 000	3 051	16 500	14 270	A3F、A3、A3R										1 580	6	6	4	744	石油天然气总公司系列
					9	8	7	6	5	5	5	5	5							
4	5 000	5 424	22 000	14 270	A3F、A3、A3R										1 580	6	8	4	1 236	石油天然气总公司系列
					12	10	9	8	6	6	6	6	6							
5	10 000	10 111	28 500	15 850	A3F、A3、A3R										1 580	6	8	5	1 988	石油天然气总公司系列
					16	15	13	11	10	8	6	6	6	6						
6	20 000	20 419	40 500	15 850	16MnR							A3F			1 580	6	8	5	3 277	石油天然气总公司系列
					16	14	12	11	9	8	8	8	8	8						
7	30 000	32 158	46 000	19 350	16MnR								A3F		1 930	6	10	5	5 087	石油天然气总公司系列
					23	21	18	15	13	11	9	8	8	8						
8	50 000	54 711	60 000	19 350	16MnR								A3F		1 930	8	12	5	8 995	石油天然气总公司系列
					32	28	23	20	18	14	11	10	10	10						
9	100 000	109 520	80 000	21 800	SPV490Q							SS41			2 400	12	21	4.5	18 670	日本提供
					32.5	24.5	21.5	18	15.5	12.5	12	12	12							
10	125 000		85 000 (90 000)	24 000 (21 800)	SPV490Q														22 000 (23 500)	石油天然气总公司系列
					38	28	25	21	18	15	13	13	12							
11	150 000		100 000	24 000	SPV490Q														27 500	石油天然气总公司系列
					42	32	28	25	21	17	14	12	12	12						

注：括号内的尺寸，为另一系列储罐尺寸。

表 1-4　100～30 000 m³ 内浮顶储罐系列基本参数和尺寸

序号	标准序号	公称容积	计算容积	储罐内径/ϕ	高度/mm			罐壁厚度/mm												拱顶板厚	罐底板厚		浮盘板厚	罐体材料	设计温度	储罐总重/kN
					罐壁高度	拱顶高度	总高	底圈	二	三	四	五	六	七	八	九	十	十一	十二		中幅板	边缘板				
		m³		mm																mm						
1	HG 21502.2—92-101 102	100	110	4 500	7 850	477	8 237	6	6	6	6	6								5.5	6	6	5			81.7
2	HG 21502.2—92-103 104	200	220	5 500	10 260	587	10 847	6	6	6	6	6	6							5.5	6	6	5			126
3	HG 21502.2—92-105 106	300	320	6 500	10 650	695	11 345	6	6	6	6	6	6							5.5	6	6	5			159.8
4	HG 21502.2—92-107 108	400	430	7 500	10 650	805	11 455	6	6	6	6	6	6							5.5	6	6	5			192.8
5	HG 21502.2—92-109 110	500	530	8 200	11 000	881	11 881	6	6	6	6	6	6	6						5.5	6	6	5	Q235-A.F	−19～80℃	222.2
6	HG 21502.2—92-111 112	600	635	9 000	11 000	969	11 969	6	6	6	6	6	6	6						5.5	6	6	5			258.35
7	HG 21502.2—92-113 114	700	764	9 200	12 500	991	13 491	6	6	6	6	6	6	6						5.5	6	6	5			287.2
8	HG 21502.2—92-115 116	800	864	1 000	12 000	1 078	13 078	6	6	6	6	6	6	6						5.5	6	6	5			319
9	HG 21502.2—92-117 118	1 000	1 140	11 500	12 000	1 254	13 254	7	6	6	6	6	6	6						5.5	6	7	5			394

续表 1-4

序号	标准序号	公称容积	计算容积	储罐内径/ϕ	高度/mm			罐壁厚度/mm												拱顶板厚	罐底板厚		浮盘板厚	罐体材料	设计温度	储罐总重/kN
					罐壁高度	拱顶高度	总高	底圈	二	三	四	五	六	七	八	九	十	十一	十二		中幅板	边缘板				
		m³		mm																mm						
10	HG 21502.2—92-119 120	1 500	1 650	13 000	13 500	1 405	14 905	8	7	6	6	6	6	6	6					5.5	6	7	5	Q235-A	−19～80℃	
11	HG 21502.2—92-121 122	2 000	2 186	14 500	14 350	1 569	15 919	9	8	7	6	6	6	6	6					5.5	6	7	5			
12	HG 21502.2—92-123 124	3 000	3 360	17 000	15 850	1 841	17 691	11	10	9	8	7	6	6	6	6				5.5	6	9	5			894
13	HG 21502.2—92-125 126	5 000	5 360	21 000	16 500	2 278	18 778	13	12	11	9	8	7	6	6	6				5.5	7	9	5	20R		1 344
14	HG 21502.2—92-127 128	10 000	10 700	30 000	16 500	3 260	19 760	19	17	15	13	11	9	7	6	6	6	6		5.5	7	10	5			2 865
15	HG 21502.2—92-129 130	20 000	22 400	42 000	17 500	4 546	22 046	20	18	16	14	12	10	8	8	8	8			5.5	7	12	5	16MnR		5 108
16	HG 21502.2—92-131 132	30 000	31 300	44 000	22 000	4 788	26 788	28	25	22	20	18	16	13	11	9	9	9	9	5.5	7	12	5			6 902

注：1. 计算容积按罐底上表面到罐壁气孔下沿的圆筒几何容积；

2. 各圈壁板、顶板、底板厚度均包括腐蚀裕量；

3. 内浮盘材料为 Q235-A；

4. 本表为化工部系列数据。

（二）储气罐

根据采用的压力可以分为低压储气罐、中压储气罐和高压储气罐。低压储气罐的压力为(1.47～3.92)×10^{-3} MPa，中压储气罐的压力为(5.88～8.34)×10^{-3} MPa，高压储气罐的压力为0.07～3.04 MPa，而大型储气罐均属于低压储气罐。

低压储气罐按照它自己的工艺和结构特性，可以划分为湿式储气罐和干式储气罐。湿式储气罐下设一固定水池。由于采用水作为密封，所以称湿式储气罐。顶盖像一个倒放杯子的钟罩，连接中间各节活动罐体，充气时它的压力首先将钟罩升起，然后通过挂圈，将其他各节活动罐体逐节上升，当所有活动罐体连接成一个整体时，则罐达到最大容积。当气体从罐内放出时，则活动罐体和钟罩逐节下降。气罐的升或降都是沿着罐壁导轨进行的。根据导轨的型式储气罐又可分为垂直导轨湿式储气罐[图 1-17(a)]和螺旋导轨湿式储气罐[图 1-17(b)]二种。由于导轨必须保持其垂直度或有一定的角度，因此基础的不均匀沉降，可能使罐壁卡住，影响储气罐的上升或降落。目前国内已建的最大湿式储气罐，直径为80m，储气容最为20×10^4 m^3(表 1-5)。

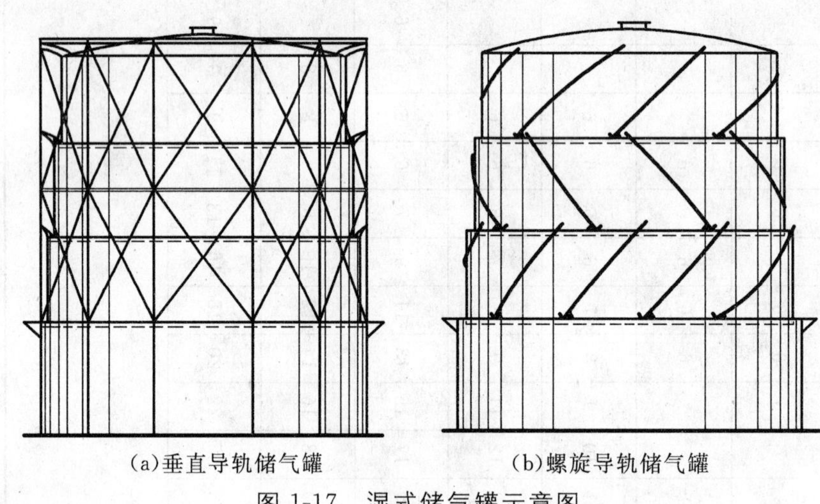

(a)垂直导轨储气罐　　(b)螺旋导轨储气罐

图 1-17　湿式储气罐示意图

干式储气罐不需要水封槽，为了得到可靠的不漏气密封，一般采用圆筒形环，它由围膜、壳体壁板及活塞组成，其间灌入一种在相当低的温度才结冰的防冻液体。一般简称这种储气罐为曼(德文MAN的译音)型罐，由德国人发明，也称稀油密封型干式储气罐[图 1-18(a)和表 1-6]。另一种是柔膜密封型干式储气罐，它在圆筒形储罐内装有顶盖及底板，并设有沿着高度方向移动的垫板。垫板在气体压力的作用下向上升起，在气体排出后就下降，由其本身的重量而对储气罐排出的气体加压力。密封是在壳体及垫板之间设橡胶软性隔板，代替液体接触密封。

这种储气罐是美国Wigguis研制成功的[图 1-18(b)和表 1-7]。

表 1-5　螺旋式储气罐系列数据

序号	公称容积/m^3	计算容积/m^3	有效容积/m^3	塔节数	塔节直径/m					塔节高度/m	水槽尺寸/m		罐全高/m	高径比 H/D	顶板厚/mm	底板厚/mm	罐壁厚/mm	导轨数	总耗钢量/t
					D_1	D_2	D_3	D_4	D_5		直径	高度							
1	2 000	2 675	2 490	2	16.6	15.7				6.7	17.5	7.0	20.15	0.87	3	6	3	8,8	97.03
2	3 000	4 140	3 875	2	19.1	18.2				7.7	20	8.0	23.35	0.86	3	6	3	8,12	127
3	5 000	6 580	6 039	2	24	23				7.7	25	8.02	23.47	1.07	3	6	3	12,12	167.44
4	10 000	13 665	12 870	3	29	28	27			7.7	30	8.02	30.67	0.98	3	6	3	12,12,16	265

续表 1-5

序号	公称容积/m^3	计算容积/m^3	有效容积/m^3	塔节数	塔节直径/m					塔节高度/m	水槽尺寸/m		罐全高/m	高径比 H/D	顶板厚/mm	底板厚/mm	罐壁厚/mm	导轨数	总耗钢量/t
					D_1	D_2	D_3	D_4	D_5		直径	高度							
5	20 000	25 640	23 700	3	39	38	37			7.7	40	8.02	31.37	1.28	3	6	3	16,16,20	405.6
6	30 000	35 400	32 900	3	44	43	42			8.2	45	8.52	33.97	1.33	3	6	3	16,16,24	508.48
7	50 000	57 610	53 570	4	49	48	47	46		8.2	50	8.52	42.57	1.18	3	6	3	16,24,24, 28	696.32
8	75 000	87 180	80 850	4	57	56	55	54		9.0	58	9.32	47.22	1.23	3	6	3	20,24,24,32	1002.1
9	100 000	113 845	105 000	4	64	63	62	61		9.2	65	9.52	48.8	1.33	3	6	3	24,24,32,48	1 223
10	150 000	172 620	160 920	5	71.4	70.3	69.2	68.1	67	9.2	72.5	9.52	57.85	1.25	3	6	3	24,32,32,48,56	1 679.6
11	200 000		206 750	5	78.9	77.8	76.7	75.6	74.5	9.7	80	10.02	61.22	1.31	3	6	3	32,32,48,48,56	845

注:1. 均为钢水槽;
2. 导轨为 24 kg/m 轻轨;
3. 表中总耗钢量未包括配重耗钢量。

表 1-6 稀油密封型干式储气罐系列数据

容积/m^3	角数	边长/m	最大直径/m^2	壁板总高/m	底面积/m^2	密封油循环装置的数量	总耗钢量/t
5 000	8	6.5	16.985	28.3	204	1	0.51
20 000	14	5.9	26.514	43.0	534	2	0.63
50 000	20	5.9	37.715	53.05	1 099	3	0.815
100 000	20	7.0	44.747	73.22	1 547	4	1.219
150 000	24	7.0	53.629	76.53	2 233	4	1.772
200 000	26	7.0	58.073	85.51	2 623	4	1.93
250 000	22	8.824	62.003	94.35	2 979	5	2.21
300 000	24	8.824	67.603	94.87	3 549	5	2.571
400 000	28	8.824	73.206	107.0	4 168	5	2.95

表 1-7 柔膜密封型干式储气罐系列数据

容积/m^3	最大直径/m	总高/m	活塞行程/m	底面积/m^3	类别
100	5.8	6.18	3.96	24.42	A
500	10.62	9.71	5.94	88.58	A
1 000	12.54	12.79	8.49	123.5	B
2 500	15.5	17.2	14.44	188.7	C
5 000	19.3	21.5	17.90	292.5	C

续表 1-7

容积/m^3	最大直径/m	总高/m	活塞行程/m	底面积/m^2	类别
10 000	26.96	21.82	18.63	570.9	C
30 000	38.5	33.0	27.58	1 164.2	C
50 000	45.85	39.0	32.04	1 651	C
70 000	50.13	47.0	37.63	1 974	C
100 000	57.8	47.4	41.04	2 624	C'
150 000	65.23	54.15	47.73	3 342	C'

注：1. A型：容积 500 m^3 以下，活塞的中心设管子，装在顶盖中心套管中随活塞升降上下移动。
2. B型：容积 500～2 500 m^3，活塞是靠装有平衡装置来保持升降。
3. C型：容积 2 500 m^3 以上，构造与B型相同，但具有环状的T型挡板的大型气柜的标准形式。
4. C'型：气柜容积超过 100 000 m^3 时为二段式T型挡板。

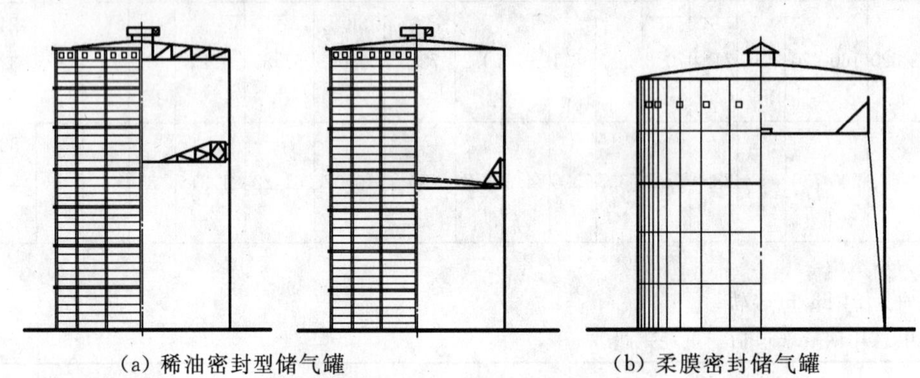

(a) 稀油密封型储气罐　　(b) 柔膜密封储气罐

图 1-18　干式储气罐示意图

图 1-19 是在广州吉山建成的二台 80 000 m^3 干气罐，直径为 41.4 m，高度为 77.6 m。目前国内最大密封干式储气罐的容积是 150 000 m^3，高度为 99.33 m。

图 1-19　80 000 m^3 干气罐在广州建成

三、大型储罐的选形及国产化条件

近 30 多年来，储罐向大型化迅速发展。如 1962 年美国首先建成 100 000 m^3 的大型浮顶油罐；1967 年在委内瑞拉建成了 150 000 m^3 的浮顶油罐；1971 年日本建成了 160 000 m^3 的浮顶油罐，储罐直径达 109 m，高 17.8 m；沙特阿拉伯已建成 200 000 m^3 的巨型油罐，直径达 110 m，高 22.5 m。我国石油天然气总公司于 20 世纪 80 年代中期，从日本引进第一台 100 000 m^3 浮顶储罐，至今已建成

100 000 m^3大型储罐约 500 多台(见表 1-8)。其中除北京燕山石化公司 4 台采用国产高强钢板制造外，其余均采用日本 SPV490Q 高强钢板。近 2 年又建成 15 万 m^3 大型储罐 4 台(见表 1-8)。

表 1-8 国内新建大型储罐一览表

容积	建罐地点	数量/台	容积	建罐地点	数量/台	容积	建罐地点	数量/台	容积	建罐地点	数量/台
10 万 m^3	辽宁铁岭	2	10 万 m^3	江苏仪征	2	10 万 m^3	镇海储备库	100	15 万 m^3	江苏仪征	2
	秦皇岛	7		大连西太平洋	2		浙江岱山储备库	100		兰州石化	2
	大庆	2		上海金山	8		山东黄岛储备库	100		上海石化	8
	北京燕山石化	4		山东黄岛	4		大连储备库	100			
				大连石化公司	2		新疆独山子	60			

(一) 储罐大型化的优点

从表 1-9 储罐壁板的实测应力可以看出，罐壁的最大应力距离储罐底板 2.5 m 到 3.2 m 处，即储罐壁板的最大应力位于第 2 圈储罐壁板上，最大应力的范围为 278 MPa 到 306 MPa。

表 1-9 100 000 m^3 储罐壁板实测应力值

序号	测点距储罐底板的高度 H/cm	储罐外壁环向应力/MPa	
		测点 A	测点 B
1	30	−29	−35
2	100	—	−25
3	200	8.5	7.5
4	400	24.5	59
5	600	—	91
6	800	124	145
7	1 000	201	198
8	1 100	—	227.5
9	1 200	—	243.5
10	1 300	215.5	230
11	1 400	195	191.5
12	1 500	216.5	214.5
13	1 600	251	214
14	1 700	219.5	229.5
15	1 800	224	—
16	1 900	—	233
17	2 000	215	—
18	2 100	234.5	222.5(Ⅳ—2050)
19	2 200	208.5	213(Ⅳ—2250)
20	2 300	235	—
21	2 350	—	—
22	2 360	227	216.5
23	2 430	244	200.5(Ⅳ—2420)
24	2 500	268	258.5

续表 1-9

序号	测点距储罐底板的高度 H/cm	储罐外壁环向应力/MPa	
		测点 A	测点 B
25	2 600	306	279
26	2 800	277	263.5
27	3 000	258	262
28	3 200	267	273.5

储罐大型化有以下优点：

1. 总图布置的占地面积小

储罐与储罐之间按照《石油库设计规范》(GB 50074—2002)要有 24m 的防火间距，而且明确规定，单罐容量大于 50 000 m^3 的浮顶油罐，在一个罐组内可以达到 500 000 m^3。根据这一规定，单罐的容量可以超过 100 000 m^3。现将 100 000 m^3、125 000 m^3 和 150 000 m^3 三种储罐的罐组的占地面积对比如表 1-10。

表 1-10　大型储罐罐组占地面积对比表

容量/m^3	100 000	125 000	150 000
占地面积/m^2	72 000	48 000	53 000
占地百分比/%	100	67	73.6

从表 1-10 分析可以看出储罐愈大，罐组总图布置的占地面积越小。合理的总图布置的储罐容量是 125 000 m^3，罐组占地面积仅是 100 000 m^3 罐组占地面积的 67%，仅是 150 000 m^3 罐组占地面积的 91%。

2. 节省罐区的管网和配件

根据浙江兴中石油转运(舟山)公司岱山油库已建一期工程中的工程投资分析，两台 100 000 m^3 罐区及工艺系统投资总计是 792.2 万元，而 4 台 50 000 m^3 罐区及工艺系统投资总计是 1 212.8 万元，罐区总容量全都是 200 000 m^3，而工程总投资节省费用约 35%，说明储罐越大，管网和配件的投资也越少。

3. 节省钢材

根据日本新日铁公司提供的各种容量大型储罐主要工程量对比见表 1-11。

表 1-11　几种容量储罐的主要工程量对比

容量/m^3	50 000	100 000	125 000	150 000
基础处理面积/(m^2/m^3)	565.2	502.4	508.7	525.5
环墙长度/(m/m^3)	37.7	25.1	22.62	19.5
罐体钢材重量/t	1 050	1 926	2 280	2 741
单位容积耗钢量/(kg/m^3)	21	19.62	18.2	18.3

从表 1-11 分析可以看出，储罐越小单位容积耗钢量越大，容量为 125 000 m^3 的储罐最为经济合理。超过 125 000 m^3 储罐后，单位容积耗钢量下降幅度就不大。

4. 便于生产操作管理

在储库总容量相同的情况下，大储罐罐区要比小储罐罐区的工艺操作简单，在进油、检尺、维护、操作、保安等方面都比较方便。

但随着储罐的大型化，也必然会产生一些新的问题。首先对储罐壁板材料的要求提高了，储罐大型化以后，相应地增加了储罐壁的厚度，提高了对钢材强度和韧性的要求，同时也对施工焊接质量提出更加严格的要求；另外是对防火要求更高，大型储罐的危险性增大，一旦发生火灾，危害性增大，如果事先没有相应的预防措施和技术措施，则容易出现危险。

总之，大型储罐韵选形，目前国内已有 100 000 m^3 储罐比较成熟的设计、施工和使用的经验，钢材生产的国产化也开始实现，所以在建设周期比较紧张的情况下，建议多建 100 000 m^3 的储罐比较合适。但是，作为技术的发展和储备，建议可以采用中外合资的合作方式，逐步发展建造 125 000 m^3 和 150 000 m^3 的大型储罐也是可行的。

（二）大型储罐的国产化条件

国内建成的第一批储罐中有 20 台 100 000 m^3 的，全部采用日本工业标准 JIS B8501《钢制焊接油罐结构》，同时引进原材料和有关的零部件以及全部的自动焊接设备。另外为燕山石油化工公司设计的 4 台 100 000 m^3 储罐，是采用美国石油学会的设计标准 API 650《钢制焊接油罐》，同时采用武汉钢铁公司生产的高强度钢板，开始实现钢材的国产化。

北京石化设计院，在微机上采用微分方程组的计算机程序，对 100 000 m^3 储罐壁板在充水试验的条件，采用美国 API 650 和日本 JIS B8501 分别做了应力分析，其分析结果列在表 1-12 中。从表中对比分析可以得到以下结论：A 组罐壁的环向应力分布比 B 组罐壁的环向应力分布更均匀，并且最大应力值也比较低，B 组在第 2 圈罐壁板上应力最大，有的环向应力已超过 270 MPa。另外，实测应力与计算值对比，其结果也比较接近。

大型储罐的国产化，其内容主要包括以下几个方面：

① 储罐罐体材料，主要是高强钢的国产化；

② 储罐开口接管部位，高强钢壁板的热处理国产化；

③ 储罐所有附属配件的国产化；

④ 储罐施工机具及焊接材料的国产化。

在上述各项国产化中，储罐开口接管的壁板焊接、制造及热处理，已由中国石油天然气管道勘察设计院和燕山机械厂联合攻关，完成了国产化，并取得了日本的技术与质量认可；油罐附件包括中央排水管用回转接头、浮球式单向阀（单盘浮顶储罐中使用）、紧急排水管、呼吸阀、阻火器、浮顶密封材料、挡雨板、刮蜡机构和搅拌器等，采用的是世界上先进技术设计制造的，也都相继实现了国产化，而且都已通过了鉴定；罐壁自动焊机也已研制完成，并经过了产品鉴定，高强钢板的焊接材料，目前尚在试验阶段，自动焊接的焊缝及热影响区的机械性能和冲击性能试验，正在由武汉钢铁（集团）公司、北京燕山石化公司、中国石化北京设计院和合肥通用机械研究所等单位合作攻关（现已完成）。

在大型化储罐的国产化中最主要的是罐体用的高强钢板。冶金部钢铁研究总院和武汉钢铁（集团）公司经过近十年的科研攻关，共同研制了代号为 CF62 的新型高强钢，该钢种的正式名称为 07MnCrMoVR，已于 1985 年通过技术鉴定。该产品的整体性能高于日本产的高强钢 SPV490Q，两者的化学成分和机械性能详见表 1-13 和表 1-14。07MnCrMoVR 高强钢已纳入 GB 150《钢制压力容器》和 JB 4732—1995《钢制压力容器——分析设计标准》之中。

表 1-12　100 000 m^3 储罐壁板的环向应力计算

罐壁板圈号	计算点序号	计算点距底板高度 H/cm	美国 API 650 A 组环向应力/MPa	日本 JIS B8501 B 组环向应力/MPa
1	1	0	5.0	1.0
	4	30	62.9	55.1
	7	60	123.9	110.9
	10	90	175.3	158.5
	13	120	212.8	194.7
	16	150	236.7	220.3

续表 1-12

罐壁板圈号	计算点序号	计算点距底板高度 H/cm	美国 API 650 A 组环向应力/MPa	日本 JIS B8501 B 组环向应力/MPa
1	19	180	250.0	238.0
	21	200	254.6	246.9
	22	210	256.0	250.9
	23	220	256.8	254.5
	24	230	257.3	257.9
2	25	0	257.5	261.1
	27	20	256.8	266.4
	29	40	255.0	269.7
	31	60	252.4	271.2
	33	80	249.6	271.2
	35	100	246.7	270.2
	37	120	244.2	268.6
	39	140	242.3	266.7
	41	160	241.2	265.0
	43	180	241.1	263.6
	45	200	242.1	262.9
	47	220	244.0	262.8
	48	230	245.3	262.9
3	49	0	246.7	263.1
	51	60	253.6	263.1
	53	120	252.7	258.6
	55	180	249.0	255.1
	56	210	248.5	256.0
4	57	0	249.3	258.8
	58	30	250.1	261.9
	59	60	249.2	262.7
	60	90	246.6	260.8

表 1-13 钢材的化学成分 %

钢材标准	C	Si	Mn	P	S	Cr	Mo	V	P cm
国产钢 07MnCrMoVR	≤0.09	0.15～0.40	0.12～1.6	≤0.03	≤0.02	0.1～0.3	0.1～0.3	0.02～0.06	≤0.20
日本钢 SPV490Q	≤0.18	0.15～0.75	≤1.6	≤0.03	≤0.03	—	—	—	<0.28

表 1-14 钢材的机械性能

钢材标准	屈服强度/MPa	拉伸强度肋	延伸率/%	冲击功试验 A_{KV}		1804 冷弯试验
				温度/℃	平均值/J	
国产钢 07MnCrMoVR	≥490	610～740	≥17	−20	≥47	$d=3a$
日本钢 SPV490Q	≥490	610～740	≥18	−10	≥47	$d=3a$
注：表中 d 为弯心直径；a 为钢板厚度。						

同时国产高强钢板已在燕山石化公司的乙烯球罐中使用，目前该公司的 4 台 100 000 m^3 储罐，已

使用国产高强钢板。这标志着大型储罐用的高强度钢板开始实现了国产化。

但目前国产高强钢板仅是批量生产，如果在国家石油储备库几百台大型储罐中应用，还需扩大生产规模；对大批量生产的高强度钢板，要加强质量检验和监督，应该对该产品进行逐张射线探伤，合格后才能使用。总之大型储罐已经实现全方位的国产化，对 150 000 m^3 的储罐，在设计和施工上可以直接采用 100 000 m^3 储罐的经验，因此在大型储罐应用的技术上也是有把握的。

四、罐区场地选择

储库的场地选择是一项政策性、技术性很强的工作，需要考虑的因素是多方面的，例如地形、地质、水文、地震、储库的合理分布和适宜的民用经济布局，与生产厂的联系，产品的流向，进出油品或煤气的运输条件以及环境保护等。储库的场地选择及总体布置是否合理，对施工、使用、经济等问题都有很大影响。下面提出了有关储库场地选择及其有关工程地质勘察，防火、防爆和储罐总体布置设计的一般原则以及总平面布置的安全等方面的要求，以便做到经济合理，生产安全，管理方便，确保产品质量，减少油、气损耗，防止污染环境，节约用地和节约能源等。

(1) 为了确保储罐的工程质量，罐址应尽可能选择在土质较好、地下水位较低、土质均匀坚实的场地。

对于固定顶储罐，由于一般来说容积不大，对地基承载力要求不高，故一般地区的地基强度均能满足建罐的要求，但对储气罐或浮顶储罐、内浮顶罐，特别是储罐向大型化发展以来的大直径、大容量的储罐，对地基不均匀沉降比较敏感，一定要重视土层的不均匀性。选择的罐区地面尽量平坦、无陡坡，库区地形的横向起伏坡度应在 3%以内。而纵向不应有坡度，在有困难的情况下，纵向坡度亦应在 2%以内。罐区应避开Ⅱ级以上自重湿陷性黄土区及 9 度以上地震区。在岩石地基上建罐时一定要求对岩石的性质、走向、倾角、裂隙节理的发育程度、断层等做充分了解。不应把储罐建在断层、崩塌、滑坡、溶洞和受腐蚀介质侵入会风化的岩层上。

(2) 选定罐址时，要考虑生产时的总体布置，使罐址尽可能接近生产装置或水运码头、陆运装卸站台，以免管线输送太远，管理、检修不便，产品损失，蒸汽消耗增大等，造成不经济。

为城市服务的商业煤气库或石油库的库址，在符合环境保护与防火安全要求的条件下，应靠近城市或销售地区，以便库内所需的水、电、汽以及福利设施尽可能多的依靠城市，这样可节省基建投资，解除职工的后顾之忧，且可缩短进出库车辆往返的路程，节省能耗。据调查，煤气站和石油库距城市最近的为 1～3 km，一般为 5～6 km，最远的可达 20 km 以上。所以库址在符合城市发展规划的原则下，宜靠近城市或销售地区。

(3) 企业附属的煤气发生站或石油库的库址，一般宜位于企业厂区围墙以内，应结合该企业主体工程统一考虑，并应符合城市或工业区规划、环境保护与防火安全的要求。

(4) 不受洪水影响。一般来说，储罐区场地应位于洪水线以上。在山区，当要利用山沟和山脚下沟边坡地布置储罐时，设计中必须作好防洪、排洪处理。在罐址查勘时，就应做好山洪调查和防洪、排洪设计资料的收集。据调查，我国沿海城市有不少石油库或储气库靠近江、河、湖、海岸，在码头上进行收、发成品的作业。为了确保库址和罐区的安全，故规定罐区的竖向设计地面应高于按洪水频率 50 年一遇的计算最高洪水位 0.5 m，对小型罐区设计地面低于洪水频率 30 年一遇的最高洪水位时，应设有罐区免受淹没的防洪堤等措施；在技术经济合理时，小型库址可建在低于计算最高洪水位的地段，但必须增加相应措施。

(5) 煤气站与储罐区要靠近水源、电源。水源要可靠，最好有地下水与地表水这两种水源，因地下水水质好，水温低，处理费用小，有利生产。消防用水的取水点应靠近罐区，两者间高差不宜太大。电源离储罐区一般以不超过 6 km 为宜，如线路过长，会增大基建费用和线路电压降损失。

(6) 了解当地及外来建筑材料的供应情况，尽可能利用当地的建筑材料，了解施工期间的水、电、劳动力的供应条件，以及施工组织、施工机械设备等施工条件。

(7) 分期建设储罐区时，必须全面考虑初期建设在生产和技术经济上的合理性；尽量紧凑布置初期工程项目，减少初期用地同时应为后期建设创造良好的施工条件，尽量避免后期施工对先期投产的储罐影响。

修建储罐尤其是大型储罐，特别是浮顶储罐、内浮顶储罐对储罐基础不均匀沉降较敏感时，一定要做好工程地质勘察。除了首先应摸清该场地的地质条件、成因外，还须通过勘探查明地基土的分布范围、厚度及土的物理力学性质、地下水埋藏及冻土深度等。

五、大型储罐岩土工程勘察及环境工程地质

20 世纪 80 年代以来，我国进入了经济快速发展的时代，一大批石油储备库工程建设也持续、高速发展，特别是各省市兴建了许多石油储备库。这些储备库在改善国家石油储备及改革发展的同时，也使得地质环境与工程建设的矛盾再次突出。这其中，建立一套复杂严谨而又经济合理的勘察方法和勘察手段，以取得符合实际的勘察资料和结论，则又是整个工程建设的重中之重。

石油储备库各项工程建设在设计和施工前，必须按基本建设程序进行岩土工程勘察。岩土工程勘察，除应符合岩土工程勘察规范(GB 50021—2001)规定外，尚应符合石油库设计规范(GB 50074—2002)等国家现行有关标准、规范的规定。

(一) 岩土工程勘察分级

划分岩土工程勘察等级，目的是突出重点，区别对待，以利管理。岩土工程勘察等级应在工程重要性等级、场地等级和地基等级的基础上划分。一般情况下，勘察等级可在勘察工作开始前，通过搜集已有资料确定。但随着勘察工作的开展，对自然认识的深入，勘察等级也可能发生改变。

1. 工程重要性等级

根据工程的规模和特征，以及由于岩土工程问题造成工程破坏或影响正常使用的后果，可分为三个工程重要性等级：

(1) 一级工程：重要工程，后果很严重。以大型储罐为例，5 万 m^3 以上的大型储罐，罐顶能上下浮动的 2 万 m^3 以上的浮顶储罐可定为一级。

(2) 二级工程：一般中型储罐，后果严重。一般地，2 万 m^3 以下的储罐划分为二级。

(3) 三级工程：次要小型储罐，后果不严重。1 000 m^3 以下的储罐可定为三级。

2. 场地等级

根据场地复杂程度，可按下列规定分为三个场地等级。

(1) 符合下列条件之一者为一级场地(复杂场地)：

1) 对建筑抗震危险的地段；

2) 不良地质作用强烈发育；

3) 地质环境已经或可能受到强烈破坏；

4) 地形地貌复杂；

5) 有影响工程的多层地下水、岩溶裂隙水或其他水文地质条件复杂，需专门研究的场地。

(2) 符合下列条件之一者为二级场地(中等复杂场地)：

1) 对建筑抗震不利的地段；

2) 不良地质作用一般发育；

3) 地质环境已经或可能受到一般破坏；

4) 地形地貌较复杂；

5) 基础位于地下水位以下的场地。

(3) 符合下列条件者为三级场地(简单场地)：

1) 抗震设防烈度等于或小于 6 度，或对建筑抗震有利的地段；

2）不良地质作用不发育；

3）地质环境在未受到破坏；

4）地形地貌简单；

5）地下水对工程无影响。

从一级开始，向二级、三级推动，以最先满足的为准。

3. 地基等级

根据地基的复杂程度，可按下列规定分为三个地基等级。

（1）符合下列条件之一者为一级地基（复杂地基）：

1）岩土种类多，很不均匀，性质变化大，需特殊处理；

2）严重湿陷、膨胀、盐渍、污染的特殊性岩土，以及其他情况复杂，需作专门处理的岩土。

（2）符合下列条件之一者为二级地基（中等复杂地基）：

1）岩土种类较多，不均匀，性质变化较大；

2）除本条第一款规定以外的特殊性岩土。

（3）符合下列条件者为三级地基（简单地基）：

1）岩土种类单一、均匀，性质变化不大；

2）无特殊性岩土。

4. 岩土工程勘察等级

根据工程重要性等级、场地复杂程度等级和地基复杂程度等级，可按下列条件划分岩土工程勘察等级。

甲级：在工程重要性、场地复杂程度和地基复杂程度等级中，有一项或多项为一级。

乙级：除勘察等级为甲级和丙级以外的勘察项目。

丙级：工程重要性、场地复杂程度和地基复杂程等级均为三级。

建筑在岩质地基上的一级工程，当场地复杂程度等级和地基复杂程度等均为三级时，岩土工程勘察等级可定为乙级。

（二）岩土分类

岩土的工程性质极为多样，差别很大，进行工程分类十分必要。

1. 岩石的分类

岩石分类可以按地质分类和工程分类来划分，地质分类主要根据其地质成因、矿物成分、结构构造和风化程度，用地质名称（即岩石学名称）加风化程度来表达，如强风化花岗岩、微风化砂岩等，这对于工程的勘察设计确是十分必要的，特别在重大工程的选址上。岩石的工程分类主要根据岩体的工程性状，使工程师建立起明确的工程特性概念。地质分类是一种基本分类，工程分类应在地质分类的基础上进行，目的是为了较好地概括其工程性质，便于进行工程评价。

（1）岩石坚硬程度分类

根据岩石饱和单轴抗压强度可将岩石分为五类，如表1-15。

表1-15　岩石坚硬程度分类

坚硬程度	坚硬岩	较硬岩	较软岩	软岩	极软岩
饱和单轴抗压强度/MPa	$f_r>60$	$60\geqslant f_r>30$	$30\geqslant f_r>15$	$15\geqslant f_r>5$	$f_r\leqslant 5$

（2）岩体完整程度分类

根据岩体完整性指数大小可将岩体分为五类，如表1-16。

表 1-16 岩石完整程度分类

完整程度	完整	较完整	较破碎	破碎	极破碎
完整性指数	>0.75	0.75～0.55	0.55～0.35	0.35～0.15	<0.15
注：完整性指数为岩体压缩波速度与岩块压缩波速度之比的平方，选定岩体和岩块测定波速时，应注意其代表性。					

(3) 岩体基本质量等级分类

根据岩石坚硬程度和岩体完整性程度可将岩体基本质量分为五级，如表 1-17。

表 1-17 岩体基本质量等级分类

坚硬程度 \ 完整程度	完整	较完整	较破碎	破碎	极破碎
坚硬岩	Ⅰ	Ⅱ	Ⅲ	Ⅳ	Ⅴ
较硬岩	Ⅱ	Ⅲ	Ⅳ	Ⅳ	Ⅴ
较软岩	Ⅲ	Ⅳ	Ⅳ	Ⅴ	Ⅴ
软岩	Ⅳ	Ⅳ	Ⅴ	Ⅴ	Ⅴ
极软岩	Ⅴ	Ⅴ	Ⅴ	Ⅴ	Ⅴ

(4) 岩石风化程度分类

根据岩石波速比和风化系数可将岩石为分六类，如表 1-18。

表 1-18 岩石波速比和风化系数分类

风化程度		未风化	微风化	中风化	强风化	全风化	残积土
风化程度参数指标	波速比 K_v	0.9～1.0	0.8～0.9	0.6～0.8	0.4～0.6	0.2～0.4	<0.2
	风化系数 K_f	0.9～1.0	0.8～0.9	0.4～0.8	<0.4	—	—
注：波速比 K_v 为风化岩石与新鲜岩石压缩波速度比。 风化系数 K_f 为风化岩石与新鲜岩石饱和单轴抗压强度之比。							

2. 土的分类

土的分类一直是土木工程界关注的焦点，直到 20 世纪 60 年代才有了一套较为完善的科学分类，我国应用得较多的是按地质成因和颗粒级配进行土的分类。

(1) 按地质成因分类

根据地质成因，可划分为残积土、坡积土、洪积土、冲积土、淤积土、冰积土和风积土等。

(2) 按颗粒级配分类

根据土的颗粒级配，地基土可分为五大类，即碎石土、砂土、粉土、黏性土和人工填土，每大类可再按组成及生成条件分成若干亚类。

1) 碎石土

粉粒大于 2 mm 的颗粒质量超过总质量 50%的粗粒土均属碎石土。这类土没有黏性和塑性，属单粒结构，其状态均以密度表示。根据颗粒大小和形状不同，可以进一步分类如表 1-19。

表 1-19 碎石土分类

土的名称	颗粒形状	颗粒级配
漂石	圆形及亚圆形为主	粒径大于 200 mm 的颗粒质量超过总质量的 50%
块石	棱角形为主	

续表 1-19

土的名称	颗粒形状	颗粒级配
卵石	圆形及亚圆形为主	粒径大于 20 mm 的颗粒质量超过总质量 50%
碎石	棱角形为主	
圆砾	圆形及亚圆形为主	粒径大于 2 mm 的颗粒质量超过总质量 50%
角砾	棱角形为主	
注：定名时，应根据颗粒级配由大到小以最先符合者确定。		

2）砂土

粒径大于 2 mm 的颗粒质量不超过总质量的 50%，粒径大于 0.075 mm 的颗粒质量超过总质量的 50%的土，定名为砂土。可按表 1-20 进一步分类。

表 1-20　砂土分类

土的名称	颗粒级配
砾砂	粒径大于 2 mm 的颗粒质量占总质量 25%～50%
粗砂	粒径大于 0.5 mm 的颗粒质量超过总质量 50%
中砂	粒径大于 0.25 mm 颗粒质量超过总质量 50%
细砂	粒径大于 0.075 mm 的颗粒质量超过总质量 85%
粉砂	粒径大于 0.075 mm 的颗粒质量超过总质量 50%
注：定名时应根据颗粒级配由大到小以最先符合者确定。	

3）粉土

粒径大于 0.075 mm 的颗粒质量不超过总质量的 50%，且塑性指数等于或小于 10 的土，定名为粉土。工程上其粒度成分为以 0.005 mm～0.1 mm 和 0.05 mm～0.05 mm 的粒组占绝大多数，性质介于黏性土和砂土之间，其宏观上的许多独特性质主要表现"粉粒"的特性。有人曾概括指出"这类土集中了砂土和黏性土的缺点，工程性质最差"。

4）黏性土

塑性指数大于 10 的土定名为黏性土。黏性土根据塑性指数分为粉质黏性土和黏土如下：

黏土 $I_P>17$；

粉质黏土 $10<I_P\leqslant 17$。

黏性土的分类是个重要而复杂的问题。黏性土的工程性质差异很大，取决于土的组成、土的状态和土的生成条件，因此除了用塑性指数将黏性土分为上述两个亚类外，在《建筑地基基础设计规范》(GB 50007—2002)中还专门列出两类在特定环境下形成的黏性土，一类为淤泥质土，另一类为红黏土和次生红黏土。

淤泥及淤泥质土是指在静水或缓慢流水环境中沉积并在生物化学作用下所形成的黏性土，一般很松软，天然孔隙比 e 大于 1.0，其中 $e>1.5$ 者称为淤泥，$e=1.0\sim1.5$ 之间的称为淤泥质土。这类土的工程性质很差，压缩性高，易受扰动，工程中应特别注意。

红黏土是碳酸盐地区岩石在特定的炎热湿润气候条件下，经化学风化作用（又称红土化作用）所形成的棕红、褐黄色的高塑性黏土，其液限 W_L 大于 50%。这类土强度较高、压缩性较低，分布规律上具有上硬下软的特征，因而应特别注意。

5）人工填土

指人类各种活动而堆填的土。这种土堆积的年代较短，成分较复杂，工程性质较差。人工填土根据其组成物质和成因可分为素填土、杂填土和冲填土。

（三）勘察阶段的划分和基本要求

1. 勘察阶段划分

勘察阶段一般来说应与设计阶段相适应，即初勘系为满足扩初或初步设计需要，详勘是为满足施工图设计需要。但对大型储罐的岩土工程勘察来说，勘察阶段的划分还应考虑两个条件，一是场地已有勘察资料的充分程度，二是大型储罐的安全等级和高层建筑的数量。为此规定了两种极限情况，即当场地已有勘察资料缺乏，大型储罐安全等级为一级或为大型储罐群时，应分初勘和详勘两阶段进行。当已有勘察资料比较充分，且系二级单体的大型储罐时，可按一阶段进行。至于处于中间的两种情况，即资料缺乏，但系二级储罐和资料充分但系一级储罐，没有作具体规定，这要根据建设周期、场地已有建筑拆迁情况、场地复杂程度等具体情况确定。另外，还考虑到大型储罐，建筑场地选择定位往往不决定于地质条件，城市中资料一般均较充分，且有时由于建筑物密集，未拆迁前不能进行勘察，因而有些工程可以根据已有资料或作少量勘察工作后提供初勘报告，满足扩初或初步设计要求，待拆迁具备勘察条件后再进行详勘，以满足施工设计需要。总之，勘察阶段划分要因工程制宜，不过分强调勘察阶段的划分，重点是勘察最终成果必须满足建设中各阶段最关心和最需要解决的岩土工程问题。

由于大型储罐直径大荷载重，勘察工作比较复杂，根据已往的经验教训，有些岩土工程问题在施工过程中才得以暴露，因而勘察单位应参与施工验收，必要时还应进行施工勘察。

2. 勘察目的

大型储罐的岩土工程勘察，应在搜集储罐上部荷载、功能特点、结构类型、基础形式、埋置深度和变形限制等方面资料的基础上进行。其主要目的和任务如下：

（1）判明罐区场地内及其附近有无影响工程稳定性的不良地质现象，如判明全新活动断裂、地裂缝、岩溶（溶洞、溶沟、深槽等）、滑波和高陡边坡的稳定性；调查了解有无古河道、暗槽、暗塘、人工洞穴或其他人工地下设施；在强震区应查明有无可液化地层，并对液化可能性作出评价，判明场地土类型和建筑场地类别，提供抗震设计有关系数。

（2）查明罐区场地的地层结构、均匀性，尤其应查明基础下软弱地层和坚硬地层的分布，以及各层岩土的物理力学性质。

（3）查明地下水类型、埋藏情况、渗透性、腐蚀性以及地下水位的季节性变化幅度：判断基坑开挖降低地下水的可能性和对已有相邻建筑的影响，提供降低地下水位的有关资料，必要时提出降水方案。

（4）对适于采用筏式基础等天然地基的大型储罐，应着重查明持力层和主要受力层内土层分布，对其承载力和变形特性作出评价和预测，提供可采用的承载力并进行变形计算。对地基基础设计方案进行论证分析，提出经济合理的方案，对上部结构和地基基础设计、施工中应注意的问题提出建议。必要时提出深基坑开挖的边坡、支挡方案。

（5）对适于采用各类桩、墩基础的大型储罐，应根据场地条件和施工条件，建议经济合理的桩基类型；选择合理的桩尖持力层，并详细查明持力层和软弱下卧层的分布；分层提出桩周摩擦力及持力层的桩端承载力，预估单桩承载力以及群桩视为实体基础时的承载力和沉降验算。对预制桩判断沉桩的可能性和对相邻建筑的影响，推荐合适的施工设备；对灌注桩应推荐合适的施工方法，提出施工中应注意的问题。

（6）对于大中型储罐基础必须进行沉降观测；对于基础埋深较大或距相邻建筑、管线较近时，应进行基坑回弹、基坑边坡变形或打（压）桩时周围地面隆起，振动影响的监测；若采用浅层和深层地基处理，应进行处理前后的地基对比检验工作。

3. 初步勘察阶段

初步勘察阶段的主要目的是对场地和地基的稳定性作出评价。

场地稳定性有两层含义：一是判明场地及其附近有无断裂带通过，尤其应判明有无全新活动断裂通过；另一是从抗震角度考虑地基的稳定性。如郑州太阳城超高层建筑群的勘察中，专门调查和论证分析了场地及其附近的断层情况，尤其是高度重视断层的活动性问题。该场地部有一条断层通过，走向北西，倾向北东，倾角 60°～75°，垂直断距自南向北，由 200 m 增到 400 m，根据物探资料，第四纪以来仍在活动，Q_2 地层被错断，垂直断距大于 2.0 m。1974 年在本场地以北的断层北端发生过 2.6 级地震，分析后认为该断层切割不深，第四纪以来虽有过活动，但未切割过 Qs、Q。地层，不属于全新活动断裂，7 度地震下不会产生错动。结论是对场地稳定性没有影响。又如上海、南浦、杨浦三座大桥的勘察中，对地基稳定性作了详细工作，地基稳定性问题，地震反映是最大反形式。很多震害是由于场地、地基与工程设施的共振而引起的，为了准确估计和防止这类震害的出现，必须使工程结构的自振周期避开场地的主要周期。为对各桥址进行地震安全性评价，在各场区进行了横波波速及卓越周期的测试，用于对场地土类型、场地类别的划分评价和为地震反应计算提供科学依据。

初步勘察的主要工作内容如下：

(1) 搜集拟建工程的有关文件、工程地质和岩土工程资料以及工程场地范围的地形图；

(2) 初步查明地质构造、地层结构、岩土工程特性、地下水埋藏条件；

(3) 查明场地不良地质作用的成因、分布、规模、发展趋势，并对场地的稳定性做出初步评价；

(4) 对抗震设防烈度等于或大于 6 度的场地，应对场地和地基的地震效应做出初步评价；

(5) 季节性冻土地区，应调查场地土的标准冻结深度；

(6) 初步判定水和土对建筑材料的腐蚀性；

(7) 对可能采取的地基基础类型、基坑开挖和支护、工程降水方案进行初步分析评价。

4. 详细勘察阶段

详细勘察主要是为施工图设计提供资料，具体为提出详细的岩土工程资料和设计施工所需的岩土参数，对建筑地基做出岩工程评价，并对地基类型、基础形式、地基处理、基坑支护、工程降水和不良地质作用的防治等提出建议。详勘阶段主要工作内容如下：

(1) 搜集附有坐标和地形的罐区总平面图，场区的地面整平标高，储罐的性质、规模、荷载、结构特点、基础形式、埋置深度、地基允许变形等资料；

(2) 查明不良地质作用的类型、成因、分布范围、发展趋势和危害程度，提出整治方案的建议；

(3) 查明罐区范围内岩土层的类型、深度、分布、工程特性，分析和评价地基的稳定性、均匀性和承载力；

(4) 对需进行沉降计算的储罐，提供地基变形计算参数，预测储罐的变形特征；

(5) 查明埋藏的河道、沟浜、墓穴、防空洞、孤石等对工程不利的埋藏物；

(6) 查明地下水的埋藏条件，提供地下水位及其变化幅度；

(7) 在季节性冻土地区，提供场地土的标准冻结深度；

(8) 判定水和土对建筑材料的腐蚀性。

(四) 勘察方案布设

1. 天然地基

(1) 勘察点的平面布设

对于采用筏式基础等天然地基的大型储罐，其勘探点的平面布设应考虑储罐类型、荷载的分布、地层结构和均匀性，尤其应满足评价大型储罐横向倾斜的地层均匀性。布设时应符合以下规定：

1) 每一单体的一级大型储罐，勘探点数量不应少于 6 个，二级大型储罐不应少于 4 个；

2) 当构筑物平面为圆形时宜按双排布设，为不规则形时，宜按突出部位角点和中心点布设；

3) 在高度、荷载和构筑物体型变异较大处，宜布置适量勘探点；

4) 勘探点间距一般为 15～35 m，一级大型储罐可取较小值，中型储罐可取较大值，为准确查明暗沟、塘、浜等异常带，勘探点间距还可适当加密；

5) 在岩溶发育地区，勘探点应适当加密，必要时可按每个柱基下布置勘探点；在花岗岩残积土地

区,勘探点间距可取本条四款中的较小值;

6）为降水设计需要,必要时应布置查明地下水流速、流向和进行水文地质参数测试的专门勘探点;

7）控制性勘探点的数量宜为全部勘探点总数的 1/2 以上。

(2) 勘探点的深度控制

勘探点深度控制应遵循两条原则:一是为满足沉降计度需要,控制性孔的深度应适当大于地基压缩层深度;二是一般性钻孔是为满足查清主要受力层的需要,即一般性孔的深度适当大于主要受力层的深度。对于储罐采用筏板式基础,控制孔和一般性孔的深度可按下述计算公式计算确定:

$$d_c = d + \alpha_c b$$

$$d_g = d + \alpha_g b$$

式中：d_c,d_g——控制孔和一般孔的勘探深度;

b,d——筏基的基础宽度和埋置深度;

α_c,α_g——与土的压缩性有关的经验系数,可查表 1-21。

表 1-21　与土的压缩性有关的经验系数 α

土类 值别	碎石土	砂土	粉土	黏性土(含黄土)	软土
α_c	0.5～0.7	0.7～0.9	0.9～1.2	1.0～1.5	2.0
α_g	0.3～0.4	0.4～0.5	0.5～0.7	0.6～0.9	1.0

2. 桩基

(1) 勘探点的平面布设

1）对于端承桩或以端承力为主的桩,勘探点应按柱列线布设,其间距以控制桩端持力层层面和厚度的变化为原则,一般为 12～24 m;当相邻勘探点揭露持力层层面坡度超过 10%时,宜加密勘探点。

2）对于摩擦桩或以摩擦力为主的桩,勘探点对群桩应根据建筑物的体型布置在建筑物轮廓的角点、中心和周边位置上,勘探点间距 20～35 m。

3）对于大直径(直径≥1 000 mm)桩,当地质条件复杂变化较大时,宜每桩布置一个勘探点。

(2) 勘探孔的深度控制

勘探孔的深度应符合下列规定:

1）一般性勘探孔的深度应达到预计桩长以下 3 d～5 d(d 为桩径),且不得小于 3 m;对大直径桩,不得小于 5 m。

2）控制性勘探孔深度应满足下卧层验算要求;对需验算沉降的桩基,应超过地基变形计算深度。

3）钻至预计深度遇软弱层时,应予以加深;在预计勘探孔深度内遇稳定坚实岩土时,可适当减小。

4）对嵌岩桩,应钻入预计嵌岩面以下 3 d～5 d,并穿过溶洞、破碎带,到达稳定地层。

5）对可能有多种桩长方案时,应根据最长桩方案确定。

需要指出的是,根据北京、上海、广州、深圳、西安等许多地区的经验,目前对大型储罐勘探点深度有偏深倾向,工程实践表明在沉积砂层或火山凝灰岩地区,按下述条件控制大型储罐桩基勘探点深度,是经济有效的。

大型储罐≥5 万 m^3 和大型湿式煤气柜,勘探深度至地基承载力≥300 kPa,其余储罐的勘探深度至地基承载力≥200 kPa。

(五) 岩土工程评价

大型储罐岩土工程评价在场址选择、工程投资和设计过程中起着至关重要的作用,它通常包括三个方面:场地稳定性评价、天然地基评价和桩基评价。

1. 场地稳定性评价

(1) 由于大型储罐其破坏后果往往是很严重的,所以在场地的选择上首先避开浅埋的全新活动断裂(埋深不超过 100 m)和正在活动的地裂缝通过地段,避开的安全距离应根据断裂或裂缝的等级、规模、性质、地震基本烈度,覆盖层厚度和工程性质等研究确定。

(2) 位于斜坡地段的大型储罐的建设应着重从以下几点考虑场地稳定性:

1) 储罐基础不应放在滑坡体上;

2) 位于坡顶或岸边的大型储罐应考虑边坡整体稳定性,必要时应验算整体是否有滑动的可能性;

3) 当边坡整体是稳定的,还应符合现行《建筑地基基础设计规范》的规定,验算基础外边缘至坡顶的安全距离;

4) 考虑大型储罐周围高陡边坡滑塌的可能性,确定储罐离坡脚的安全距离。

(3) 大型储罐场地不应选择在对建筑抗震的危险地段,应避开对建筑抗震不利的地段,当无法避开不利地段时,应采取防护治理措施。

(4) 在有塌陷可能的地下采空区,或岩溶土洞强烈发育地段,应考虑地基加固措施,经技术经济分析认为不可取时,应另选场地。

2. 天然地基评价

大型储罐天然地基评价主要包括以下内容:

(1) 分析评价地基的均匀性

地基的均匀性是影响大型储罐是否会产生倾斜的重要因素,因而系评价的首要内容。地基均匀性可从以下几方面进行评价:

1) 持力层的层面坡度。当地基持力层层面坡度大于 10%时,应视为不均匀地基,此时可加深基础埋深使之超过持力层最低的层面深度,当加深基础不可能时,则可采取垫层等措施加以调整。

2) 地基持力层与其下卧层在基础宽度方向上地层厚度的差值。若二者厚度差值$<0.05\,b$(b 为基础宽度)时,可视为均匀地基;当二者厚度差值$>0.05\,b$ 时,应计算横向倾向是否满足要求,若不能满足应采取结构措施或地基处理措施。

3) 地基土的均匀性以压缩层内各土层的压缩模量。

当$\overline{E_{s1}}$、$\overline{E_{s2}}<10$ MPa 时,$\overline{E_{s1}}-\overline{E_{s2}}<\frac{1}{25}(\overline{E_{s1}}+\overline{E_{s2}})$

当$\overline{E_{s1}}$、$\overline{E_{s2}}<10$ MPa 时,$\overline{E_{s1}}-\overline{E_{s2}}<\frac{1}{20}(\overline{E_{s1}}+\overline{E_{s2}})$

式中,$\overline{E_{s1}}$、$\overline{E_{s2}}$分别为基础宽度方向两个钻孔中,压缩层范围内压缩模量按厚度的加权平均值,大者为 $\overline{E_{s1}}$,小者为 $\overline{E_{s2}}$。

当不能满足上述公式要求时,属不均匀地基,应采取结构或地基处理措施。

(2) 分析评价地基承载力

大型储罐地基承载力的确定不同于一般建筑仅按有关规范查表,而主要应根据极限平衡理论公式计算或载荷试验确定。地基承载力的评定应以同时满足极限稳定和不超过容许变形的原则,即地基承载力必须满足在荷载基本组合作用下,地基已出现失稳现象;同时在荷载长期效应组合下,地基变形不致造成承重结构破坏,满足容许变形要求。另起一段当地基承载力不能满足要求时,提出变更基础埋深或持力层的意见。

(3) 分析评价地基沉降和不均匀沉降

核算储罐地基沉降是否超过容许值、不均匀沉降是否满足要求,尤其是大罐与小罐、新建与原有储罐之间差异沉降的影响。必要时应进行地基与基础或上部结构共同作用的沉降分析。

考虑到大型储罐沉降量大一些并不可怕,而最担心的是不均匀沉降引起的倾斜,所以大型储罐以容许倾斜值控制,见本书第四章表 4-14。

(4) 分析评价深基坑开挖边坡的稳定性及其对周边环境的影响

为保证深基坑边坡的稳定性和防止对相邻建筑物造成影响，有时需要作锚杆、板桩等专门支护工程，这一部分工作是典型的岩土工程问题，属于岩土工程范畴，但现在越来越多的勘察单位根据业主委托，承担基坑稳定性及其对周边环境的影响评价任务，向岩土工程设计延伸，是值得肯定的。

(5) 分析评价施工降水止水问题

当地下水位较高时，应评价降水止水旋工的可能性，提供降水止水设计所需参数，必要时提出降水止水方案。

(6) 分析评价地基基础方案的技术经济合理性

对地基基础方案的技术经济合理性作出科学严谨的分析和评价，当不能采用天然地基方案时，应对其他人工地基方案的适宜性作出论证和评价。

3. 桩基评价

桩基是在大型储罐中是不推荐的基础型式，但目前在国家石油储备库中大量采用。不同的桩基类型，直接决定了工程的建设工期和投资规模，因此对桩基的分析评价在大型储罐勘察中占有重要的地位。

桩基评价包括三方面内容：桩型的选择、桩端持力层的选择和单桩承载力估算。现简述如下：

(1) 桩型的选择

适合大型储罐桩基的有两大类桩型，即挤土桩和非挤土桩。其中挤土桩包括打入或压入的钢筋混凝土预制桩（简称预制桩）、预应力钢筋混凝土桩（简称预应力桩）和沉管灌注桩；非挤土桩包括冲、钻、灌注桩及其相应的挤底桩。桩型的选择应根据工程性质、地质条件、施工条件、环境和经济分析等因素综合考虑确定，一般可遵循如下原则：

1) 当持力层层面起伏不大，环境条件允许，可采用预制桩；

2) 当荷载较大，桩较长或需穿越一定厚度的坚硬土层，需要较重的锤和锤击应力较大时，可采用预应力桩；

3) 当周边环境许可且有施工经验时可采用沉管灌注桩；

4) 当持力层起伏较大，桩长不易控制时，或紧贴原有建筑，周边环境复杂时，可采用就地灌注桩，如冲、钻、灌注桩。

(2) 桩基持力层的选择

1) 持力层宜选择层位稳定的硬塑“坚硬状态的低压缩性黏性土和粉土层”，中密以上的砂土和碎石层，微、中风化的基岩。

2) 第四系土层作为桩尖持力层，其厚度宜超过 6～10 倍桩身直径或桩身宽度；扩底墩的持力层厚度宜超过 2 倍墩底直径。

3) 持力层以下没有软弱地层和可液化地层。当不可避免持力层下的软弱地层时，应从持力层的整体强度及变形要求考虑，保证持力层有足够厚度。

4) 对于打(压)入桩，应考虑桩能穿过持力层以上各地层顺利进入持力层的可能性。

5) 持力层为倾斜地层，基岩面凹凸不平或岩土中有洞穴时，应评价桩的稳定性，并提出处理措施的建议。

(3) 单桩承载力估算分析

从全国范围来看，目前单桩承载力的确定较为可靠的方法仍为桩的静载荷试验。虽然各地、各单位有经验方法估算单桩承载力，如理论估算法，静力触探估算法（如下述公式）等方法，也都与载荷试验建立相应关系后采用。

$$R_k = q_p A_p + U_p \sum_{i=1}^{n} q_{si} l_i \qquad \text{(理论估算法)}$$

$$R_k = q_p A_p + U_p \sum_{i=1}^{n} q_{si} l_i \qquad \text{(单桥静力触探法)}$$

$$R_k = \ni q_c A_p + U_p \sum_{i=1}^{n} f_{si} l_i B_i \qquad \text{(双桥静力触探法)}$$

需要指出的是，根据经验确定桩的承载力一般比实际偏低较多，从而影响了桩基技术和经济效益的发挥，造成浪费。但也有不安全不可靠的以致发生工程事故的情况，因此现行岩土工程勘察规范(GB 50021—2001)强调以静载试验为主要手段。

对于承受较大水平载荷或承受上拔力的桩，鉴于目前计算的方法和经验尚不多，建议进行现场试验。

（六）勘探点间距和勘孔深度

1. 初步勘察阶段勘探线、勘探点间距可按 GB 50021—2001《岩土工程勘察规范》，按表 1-22 确定，局部异常地段应予加密。

表 1-22 初步勘察勘探线、勘探点间距 m

地基复杂程度等级	勘探线间距	勘探点间距
一级(复杂)	50～100	30～50
二级(中等复杂)	75～150	40～100
三级(简单)	150～300	75～200
注：1. 表中间距不适用于地球物理勘探。 2. 控制性勘探点宜占勘探点总数的 1/5～1/3，且每个地貌单元均应有控制性勘探点。		

初步勘察勘探孔的深度可按表 1-23 确定。

表 1-23 初步勘察勘探孔深度 m

工程重要性等级	一般性勘探孔	控制性勘探孔
一级(重要工程)	≥15	≥30
二级(一般工程)	10～15	15～30
三级(次要工程)	6～10	10～20
注：1. 勘探孔包括钻孔、探井和原位测试孔等。 2. 特殊用途的钻孔除外。		

2. 当遇下列情形之一时，应适当增减勘探孔深度：

(1) 当勘探孔的地面标高与预计整平地面标高相差较大时，直按其差值调整勘探孔深度；

(2) 在预定深度内遇基岩时，除控制性勘探孔仍应钻入基岩适当深度外，其他勘探孔达到确认的基岩后即可终止钻进；

(3) 在预定深度内有厚度较大，且分布均匀的坚实土层(如碎石土、密实砂、老沉积土等)时，除控制性勘探孔应达到规定深度外，一般性勘探孔的深度可适当减小；

(4) 当预定深度内有软弱土层时，勘探孔深度应适当增加，部分控制性勘探孔应穿透软弱土层或达到预计控制深度；

(5) 对大型储罐应根据结构特点和荷载条件适当增加勘探孔深度。

3. 详细勘察应按单体储罐或储罐区提出详细的岩土工程资料和设计、施工所需的岩土参数；对建筑地基做出岩土工程评价，并对地基类型、基础形式、地基处理、基坑支护、工程降水和不良地质作用的防治等提出建议。主要应进行下列工作：

(1) 搜集附有坐标和地形的罐区总平面图，罐区的地面整平标高，储罐的性质、规模、荷载、结构特点、基础形式、埋置深度、地基允许变形等资料；

(2) 查明不良地质作用的类型、成因、分布范围、发展趋势和危害程度，提出整治方案的建议；

(3) 查明罐区范围内岩土层的类型、深度、分布、工程特性，分析和评价地基的稳定性、均匀性和承载力；

(4) 对需进行沉降计算的储罐，提供地基变形计算参数，预测储罐的变形特征；

(5) 查明埋藏的河道、沟浜、墓穴、防空洞、孤石等对工程不利的埋藏物；

(6) 查明地下水前埋藏条件，提供地下水位及其变化幅度；

(7) 在季节性冻土地区，提供场地土的标准冻结深度；

(8) 判定水和土对建筑材料的腐蚀性。

4. 详细勘察勘探点的间距可按表 1-24 确定。

表 1-24　详细勘察勘探点的间距　m

地基复杂程度等级	勘探点间距	地基复杂程度等级	勘探点间距
一级(复杂) 二级(中等复杂)	10～15 15～30	三级(简单)	30～50

5. 详细勘察的勘探点布置，应符合下列规定：

(1) 勘探点宜按储罐周边线和角点布置，对无特殊要求的其他建筑物可按建筑物或建筑群的范围布置；

(2) 同一罐区范围内的主要受力层或有影响的下卧层起伏较大时，应加密勘探点，查明其变化；

(3) 对大型储罐基础应单独布置勘探点，勘探点不宜少于 5 个；

(4) 勘探手段宜采用钻探与触探相配合，在复杂地质条件、湿陷性土、膨胀岩土、风化岩和残积土地区，宜布置适量探井；

(5) 详细勘察的单个大型储罐勘探点的布置，应满足对地基均匀性评价的要求，且不应少于 4 个；对密集的储罐，勘探点可适当减少，但每个储罐至少应有 1 个控制性勘探点。

6. 详细勘察的勘探深度自基础底面算起，应符合下列规定：

(1) 勘探孔深度应能控制地基主要受力层，当基础底面宽度不大于 5 m 时，勘探孔的深度对储罐不应小于基础底面宽度的 2 倍。对单独柱基不应小于 1.5 倍，且不应小于 5 m。

(2) 对大型储罐和需作变形计算的地基，控制性勘探孔的深度应超过地基变形计算深度；大型储罐的一般性勘探孔应达到基底下 0.5～1.0 倍的基础宽度，并深入稳定分布的地层。

(3) 当有大面积地面堆载或软弱下卧层时，应适当加深控制性勘探孔的深度。

7. 地基变形计算应按现行国家标准 GB 50007—2002《建筑地基基础设计规范》或其他有关标准的规定执行。

8. 地基承载力应结合地区经验按有关标准综合确定。有不良地质作用的场地，建在坡上或坡顶的建筑物，以及基础侧旁开挖的建筑物，应评价其稳定性。

9. 按行业标准 SH 3068—1995《石油化工企业钢储罐地基与基础设计规范》，勘探点数量及勘探孔深度应根据储罐的型式、容积、场地类别等确定。一般布置在储罐基础中心和边缘。初勘阶段，一个罐区不宜少于 3～5 点。详勘阶段可按表 1-25 采用。

表 1-25　储罐勘探点数量

场地类别	储罐公称容积/m^3			
	≤5 000	10 000	20 000～30 000	≥50 000
简单场地	2	2～3	3～4	4～5
中等复杂场地	3～4	4～5	5～7	6～8
复杂场地	4～5	5～7	6～8	8～10

注：1. 浮顶、内浮顶罐，宜采用大值，固定顶罐可采用小值。
2. 5 000 m^3 以下储罐，容积大的宜采用大值，容积小的宜采用小值。
3. 当为储罐群时，罐间勘探点可以共用。

储罐的勘探孔深度，可根据地基情况和储罐的容积确定，一般可按表 1-26 采用。

表 1-26 勘探孔深度

储罐公称容积/m^3	勘探孔深度/m	
	一般地基	软土地基
≤5 000	$0.8D_t \sim 0.9D_t$	$1.0D_t \sim 1.1D_t$
10 000	$0.7D_t \sim 0.8D_t$	$0.9D_t \sim 1.0D_t$
20 000～30 000	$0.6D_t \sim 0.7D_t$	$0.8D_t \sim 0.9D_t$
≥50 000	$0.5D_t \sim 0.6D_t$	$0.7D_t \sim 0.8D_t$
注：D_t 为储罐底圈内直径(m)。		

（七）建筑环境工程地质问题

20 年来，随着大型储罐等一大批工程建设的蓬勃发展，环境工程地质问题已变得愈来愈突出，可喜的是，人们已经认识到在工程评价中应重视对较大范围的自然环境和自然灾害的研究。

在考虑工程建设的环境工程地质问题时，一方面不能局限于工程场址的直接的工程地质条件，而要考虑更大范围的地质环境和本工程的协调；另一方面要从本工程在建设和运行期间可能导致地质环境的次生演化击发，根据变化后的地质环境，考虑本工程和本区工程建设与之是否协调。

1. 城市地面沉降问题

(1) 地面沉降的现状与实例

自从意大利威尼斯城最早发现地面沉降以来，世界上许多国家，如日本、美国、墨西哥、中国、欧洲及东南亚一些国家，位于沿海和低平原上的工业发展速度较快、人口密度较高的城市或地区，均先后发现较严重的地面沉降问题。我国早在 1913 年，对上海的地面沉降就有所察觉，但在 1948 年以前却无可靠的观测资料。20 世纪 60 年代以后，我国对上海和天津地区的地面沉降进行了重点研究，对地面沉降的产生、分布、机制和预测与监测等方面的研究都达到了较高的水平。上海地区是我国的地面沉降发现最早和发展最严重的地区。国内相继出现地面沉降的还有天津、宁波、无锡、苏州、常州、沧州、邯郸、嘉兴、南通、阜阳等以及内陆冲积平原的北京、太原、西安、内蒙古等地。迄今为止，我国有确切资料显示地面沉降的城市已有 50 余座，绝大部分集中在沿海地区及长江三角洲地区，内陆城市占少数，约 7 座。这些城市和地区均不同程度地遭受地面沉降地质灾害的严重威胁和困扰。据统计，西安市区地面下沉面积为 162 km^2，年最大不均匀地面下沉量为 191 mm，最大累积下沉量达 1 827 mm。区内累积下沉量大于 1 000 mm 的面积达 30 km^2，大于 500 mm 的面积达 55 km^2。市区内的明代钟楼，1988 年下降 60 mm，累积下沉量达 394 mm。著明的唐代大雁塔于 1987 年累积下沉量已达 1 198 mm。全球一些大城市的地面沉降情况，列于表 1-27。

表 1-27 世界部分城市地面沉降统计表

国名	地区		沉积环境和年代	压密层浓度范围/m	沉降面积/km^2	最大沉降速率/(cm/a)	最大沉降量/m
	州或省市	具体地点					
中国	上海市	市区及郊区	冲积，湖相与滨海相，第四纪	3～300	121	10.1	2.63
	天津		滨海相，第四纪		135	9	2.16
	台湾	台北盆地	冲积与浅海沉积	10～240	235		1.90
	山西	太原	冲积，第四纪		254		1.23
	江苏	常州	冲积，第四纪		200		0.22
	广东	湛江	冲积，第四纪	30～200	140		0.11

续表 1-27

国名	地区			沉积环境和年代	压密层浓度范围/m	沉降面积/km^2	最大沉降速率/(cm/a)	最大沉降量/m
	州或省市	具体地点						
墨西哥	墨西哥城			冲积,湖相,第四纪和第三纪	0～50	7 560	42	9.00
日本	东京	江东及城北工业区		冲积和浅海相,晚新生代	0～400	2 420		4.60
	大阪			冲积和湖相,第四纪	0～400	630	16.3	2.88
	新泻			浅海和海相,晚新生代	0～1 000	430	57	2.65
	九州	佐贺县白石平原				88	20	
	尼崎							3.10
	兵库			冲积和湖相,第四纪	0～200	100		2.84
美国	加州	圣华金流域	洛斯贝洛斯-开脱尔曼尔市地区	冲积和湖相,晚新生代	60～900	6 200		9.00
			图莱里-华兹科地区	冲积,湖相,浅海相,晚新生代	60～700	3 680		4.30
			阿尔文-马里科地区	冲积和湖相,晚新生代	60～500	1 800		2.80
		圣塔克拉拉流域		冲积和浅海相,晚新生代	50～330	650		4.10
	内华达州	拉斯维加斯				500		1.00
	亚利桑那州	中部						2.30
	得克萨斯州	休斯顿-加尔维新顿				1 200		2.75
	路易斯安那州	巴吞普日				500		0.38
意大利		波河三角洲		冲积,泻湖和浅湖相,第四纪	100～600	2 600		3.20

(2) 地面沉降变形机理

地面沉降环境工程地质问题,是一个多因素综合作用的结果。这些因素大致可分为两类:一是自然动力地质因素,包括新构造作用、地震、火山活动、冻融等;另一类是人类工程活动的作用。前者是地面沉降产生的基本因素,而后者是地面沉降的诱发因素。本节主要讨论后者。

对由于人类工程活动引起的地面沉降的机理,当前比较普遍的认识有两方面:一是地下水的过量开采;二是深基坑的开挖效应。由于过量开采地下水资源,造成地下水承压水头大幅度下降,导致上覆土层浮托力锐减,以及水头差所形成的较强渗透压力,这两种作用叠加,促使饱和土层中孔隙水压力下降,有效压力增加,土层排水固结造成地面沉降。现代建筑物高度随着社会的发展,越修越高,20 世纪末,建筑物最高高度一般在 400～500 m 之间,而美国建筑家预言 21 世纪建筑物高度将向 600 m 进军,所以,随之而带来的深基坑问题也在城市地面沉降中成为很突出的问题。深基坑的开挖将引起一系列的环境问题:① 深基坑支护稳定问题;② 深基坑开挖对地下水的影响;③ 深基坑的开挖对周围建筑物的变形影响。

(3) 地面沉降的控制与防治措施

1) 不断提高全民的防灾减灾意识

地面沉降与基他环境工程地质问题一样,均与人类的工程活动有着密的关系。在此,首先要不断加强环境保护宣传,唤起全民的防灾减灾意识,使防灾减灾和环境保护成为全民的共识,是防治和减少各种人为地质灾害的根本措施。

2）严格依法管理地下水资源

建立健全保护地下水资源的管理机构和管理制度，严格依法做到保护和合理利用地下水资源，防止地面沉降。具体措施有：限制地下水的开采量，尽量以地表水代替地下水源；实行一水多用，充分综合利用地下水；开采地表水人工回灌补给地下水。

3）对高层建筑深基坑降水及桩型选择予以限制

对于高层建筑深基坑开挖，尽量采用基坑止水方案而不采用降水方案；同时限制超深挖孔桩的使用，避免由于桩基施工降水加剧地下水下沉。

2. 地裂隙的环境工程地质问题

（1）地裂缝的危害及研究意义

地裂缝是近年来发育比较普遍的一种环境工程地质问题，即地壳表层呈现的线状开裂现象，是城市主要的地质灾害之一。地裂缝的活动通常与人类的工程活动有着密切的联系，大都发育在人类工程活动较为强烈的地区或都市区。我国目前至少有 13 个省市的部分地区遭受到地裂缝地质灾害的危害和影响，而且以河北、陕西、山西和河南等省受灾面积较大，为我国地裂缝地质灾害的重灾区。据不完全统计，目前在山西、河北、山东、陕西、江苏、安徽和河南 7 省 208 个县市已发现地裂缝 757 处，累计经济损失达数亿元。地裂缝的产生、发展及不断活动严重影响着这此地区的市政建设、工农业生产及人民生活，甚至威胁着人民的财产及其生命安全。如我国闻名中外的西安地裂缝。目前已发现 10 条地裂缝北东向延展分布在整个西安市及其近郊，累计长度超过 55.2 km，其最长的达 12.82 km，短的为 2.1 km，展开范围大于 150 km^2。据不完全统计，西安地裂缝共损坏楼房近 2 000 幢，平房近 500 间，车间及礼堂等 39 座，自来水管和煤气管等地下管道数十处，致使道路变形破坏达数十处，直接经济损失达数千万元。且目前每年仅新发生的建筑物损坏，价值在 100 万元以上，给城市建设及人民生活造成严重危害，特别是地裂缝对高层建筑带来的危害更是致命的。为此，有关部门还专门编制了西安地裂缝带的建筑规程，直接服务于目前西安城市建设。

地裂缝地质灾害研究的目的和意义在于使人们进一步认识到地裂缝地质灾害的产生和发展规律，为有效地预测预防和防治地裂缝地质灾害提供科学的依据和对策。

（2）地裂缝的成因类型

地裂缝按其成因可分为构造地裂缝和非构造地裂缝两类。构造地裂缝主要是在一定地质背景条件下，由于断裂构造的运动等地质作用形成的。人类工程-经济活动的作用只是促成和加剧地裂缝的活动。而非构造地裂缝则主要是人类工程-经济活动和自然重力作用下形成的。无论哪一种类型的地裂缝，均可造成严重的地质灾害，破坏国民经济建设，使人民的财产遭受损失。

（3）地裂缝地质灾害的防治和减灾对策

地裂缝（尤其是区域性发育的构造地裂缝）危害严重，损失巨大。因此必须及时地研究并提出相应的防灾减灾对策。

1）大型储罐拟建工程选址时对地裂缝必须采取相应的避让原则。构造地裂缝是现今正在活动的表层断层，且地裂缝长期蠕动具有单向位移累积的特征，这种位移累积足以使建筑物地基失效，导致建筑物在其使用期内被破坏。

2）对已建跨地裂缝的大型储罐应采取加固局部、保留整体的原则。以避免局部损失危及整体建筑的安全，并注意保留部分及主要裂缝附近建筑物的安全加固。

3）对新建的大型储罐应确定合理的安全距离。为了既保证地裂缝两侧建筑物的使用安全，又不浪费宝贵的城市土地资源，确定合理的安全距离是防治和减轻地裂缝地质灾害的主要措施之一。如西安地裂缝的破裂带宽度一般为 8～10 m，则这条 10 m 宽的带称为避让带，其外侧 10～15 m 为设防带，在设防带内不宜修建高层或永久性建筑物。在设防带以外，可考虑地裂缝破裂效应对各类建筑物的影响。

4）对与人类工程活动有关的地裂缝应适当控制人类工程活动作用的强度，控制和尽量减轻地裂缝灾害的发展。比如限制对深层承压水的开采,达到控制地面沉降和地裂缝活动的影响。

上述两个问题在大型储罐基础设计中应加以注意。

六、储罐区的总平面布置

储罐的平面布置宜分区布置。由于库内各种储罐和构筑物的油气散发量、火灾危险性、操作方式等有较大差别,在总平面布置上要严格分区隔开。从生产操作安全、经营管理方便的要求考虑,应将生产联系密切、工艺流程合理、火灾危险性相近的储罐在平面布置上做到相对集中,有利于安全管理,便于采取有效的消防措施。各类储罐可单独或成组布置。当前新的行业标准正着手编制中,储罐区设计主要依据国家标准 GB 50074—2002《石油库设计规范》执行。储罐区的组成应符合下列要求。

(一)一般规定

(1) 石油库的等级等级划分,应符合表 1-28 的规定。

表 1-28 石油库的等级划分

等　级	石油库总容量 TV/m^3
一级	$100\ 000 \leqslant TV$
二级	$30\ 000 \leqslant TV < 100\ 000$
三级	$10\ 000 \leqslant TV < 30\ 000$
四级	$1\ 000 \leqslant TV < 10\ 000$
五级	$TV < 1\ 000$

注:1. 表中总容量 TV 系指油罐容量和桶装油品设计存放量之总和,不包括零位罐和放空罐的容量。
2. 当石油库储存液化石油气时,液化石油气罐的容量应计入石油库总容量。

(2) 石油库储存油品的火灾危险性分类,应符合表 1-29 的规定。

表 1-29 石油库储存油品的火灾危险性分类

类　别		油品闪点 F_t/℃
甲		$F_t < 28$
乙	A	$28 \leqslant F_t \leqslant 45$
	B	$45 < F_t < 60$
丙	A	$60 \leqslant F_t \leqslant 120$
	B	$F_t > 120$

(3) 石油库内生产性建筑物和构筑物的耐火等级不得低于表 1-30 的规定。

表 1-30 石油库内生产性建筑物和构筑物的最低耐火等级

序号	建筑物和构筑物	油品类别	耐火等级
1	油泵房、阀门室、灌油间(亭)、铁路油品装卸仓库	甲、乙	二级
		丙	三级
2	桶装油品库房及敞棚	甲、乙	二级
		丙	三级
3	化验室、计量室、仪表室、锅炉房、变配电间、修洗桶间、汽车油罐车库、润滑油再生间、柴油发电机间、空气压缩机间、高架罐支座(架)	—	二级

续表 1-30

序号	建筑物和构筑物	油品类别	耐火等级
4	机修间、器材库、水泵房、铁路油品装卸栈桥、汽车油品装卸站台、油品码头栈桥、油泵棚、阀门棚	—	三级
注：1. 建筑物和构筑物构件的燃烧性能和耐火极限应符合现行国家标准 GB 50160—1999《建筑设计防火规范》的规定。 2. 三级耐火等级的建筑物和构筑物的构件不得采用可燃材料建造。 3. 桶装甲、乙类油品敞棚承重柱的耐火极限不应低于 2.5 h；敞棚顶承重构件及顶面的耐火极限可不限，但不得采用可燃材料建造。			

(4) 石油库储存液化石油气时，液化石油气罐的总容量不应大于油罐总容量的 10%，且不应大于 1 300 m^3。

(5) 石油库内液化石油气设施的设计，可按现行国家标准 GB 50160—1999《石油化工企业设计防火规范》的有关规定执行。

(二) 库址选择

(1) 石油库库址选择应符合城镇规划、环境保护和防火安全要求，且交通方便。

(2) 企业附属石油库的库址，应结合该企业主体工程统一考虑，并应符合城镇或工业区规划、环境保护和防火安全的要求。

(3) 石油库的库址应具备良好的地质条件，不得选择在有土崩、断层、滑坡、沼泽、流沙及泥石流的地区和地下矿藏开采后有可能塌陷的地区。

人工洞石油库的库址，应选在地质构造简单、岩性均一、石质坚硬与不易风化的地区，并宜避开断层和密集的破碎带。

(4) 一、二、三级石油库的库址，不得选在地震基本烈度为 9 度及以上的地区。

(5) 石油库场地设计标高，应符合下列规定：

1) 当库址选定在靠近江河、湖泊等地段时，库区场地的最低设计标高，应高于计算洪水位 0.5 m 及以上。

2) 计算洪水位采用的防洪水标准，应符合下列规定：

① 一、二、三级石油库洪水重现期应为 50 年；

② 四、五级石油库洪水重现期应为 25 年。

3) 当库址选定在海岛、沿海地段或潮汐作用明显的河口段时，库区场地的最低设计标高，应高于计算水位 1 m 及以上。在无掩护海岸，还应考虑波浪超高。计算水位应采用高潮累积频率 10% 的潮位。

4) 当有防止石油库受淹的可靠措施，且技术经济合理时，库址亦可选在低于计算水位的地段。

(6) 石油库的库址，应具备满足生产、消防、生活所需的水源和电源的条件，还应具备排水的条件。

(7) 石油库与周围居住区、工矿企业、交通线等的安全距离，不得小于表 1-31 的规定。

表 1-31 石油库与周围居住区、工矿企业、交通线等的安全距离 m

序号	名　　称	石油库等级				
		一级	二级	三级	四级	五级
1	居住区及公共建筑物	100	90	80	70	50
2	工矿企业	60	50	40	35	30
3	国家铁路线	60	55	50	50	50
4	工业企业铁路线	35	30	25	25	25

续表 1-31

m

序号	名称	石油库等级				
		一级	二级	三级	四级	五级
5	公路	25	20	15	15	15
6	国家一、二级架空通信线路	40	40	4	40	40
7	架空电力线路和不属于国家一、二级的架空通信线路	1.5倍杆高	1.5倍杆高	1.5倍杆高	1.5倍杆高	1.5倍杆高
8	爆破作业场地(如采石场)	300	300	300	300	300

注：1. 序号1～7的安全距离，从石油库的油罐区或油品装卸区算起；有防火堤的油罐区从防火堤中心线算起；无防火堤的覆土油罐从罐室内壁算起；油品装卸区从装卸车(船)时鹤管口的位置或泵房算起；序号8的安全距离从石油库围墙算起。

2. 对于有装油作业的油品装卸区，序号1～6的安全距离可减少25%，但不得小于15 m；对于仅有卸油作业的油品装卸区以及单罐容量小于或等于100 m^3 的埋地卧式油罐，序号1～6的安全距离可减少50%，但不得小于15 m，序号7的安全距离可减少为1倍杆高。

3. 四、五级石油库仅储存丙A类油品或丙A和丙B类油品时。序号1、2、5的安全距离可减少25%；四、五级石油库仅储存丙B类油品时。可不受本表限制。

4. 少于1 000人或300户的居住区与二、三、四、五级石油库的距离可减少25%；少于100人或30户的居住区与一级石油库的安全距离可减少25%。与二、三、四、五级石油库的距离可减少50%。但不得小于35 m。居住区包括石油库的生活区。

5. 注2～注4的折减不得叠加。

6. 对于电压35 kV及以上的架空电力线路，序号7的距离除应满足本表要求外。且不应小于30 m。

7. 铁路附属石油库与国家铁路线及工业企业铁路线的距离，可按本规范表5.0.3铁路机车走行线的规定执行。

8. 当两个石油库或油库与工矿企业的油罐区相毗邻建设时，其相邻油罐之间的防火距离可取相邻油罐中较大罐直径的1.5倍，但不应小于30 m；其他建筑物、构筑物之间的防火距离应按(指GB 50074—2002)表5.0.3的规定增加50%。

9. 非石油库用库外埋地电缆与石油库围墙的距离不应小于3 m。

(8) 企业附属石油库与本企业建筑物、构筑物、交通线等的安全距离，不得小于表1-32的规定。

表1-32 企业附属石油库与本企业建筑物、构筑物、交通线等的安全距离

m

库内建筑物构筑物		油品类别	甲类生产厂房	甲类物品库房	乙、丙、丁、戊类生产厂房及物品库房耐火等级			明火或散发火花的地点	厂内铁路	厂内道路	
					一、二	三	四			主要	次要
油罐(TV为罐区总容量)/m^3	$TV \leqslant 50$	甲、乙	25	25	12	15	20	25	25	15	10
	$50 < TV \leqslant 200$		25	25	15	20	25	30	25	15	10
	$200 < TV \leqslant 1\ 000$		25	25	20	25	30	35	25	15	10
	$1\ 000 < TV \leqslant 5\ 000$		30	30	25	30	40	40	25	15	10
	$TV \leqslant 250$	丙	15	15	12	15	20	20	20	10	5
	$250 < TV \leqslant 1\ 000$		20	20	15	20	25	25	20	10	5
	$1\ 000 < TV \leqslant 5\ 000$		25	25	20	25	30	30	20	15	10
	$5\ 000 < TV \leqslant 25\ 000$		30	30	25	30	40	40	25	15	10

续表 1-32　　m

库内建筑物构筑物	油品类别	甲类生产厂房	甲类物品库房	乙、丙、丁、戊类生产厂房及物品库房耐火等级			明火或散发火花的地点	厂内铁路	厂内道路	
				一、二	三	四			主要	次要
油泵房、灌油间	甲、乙	12	15	12	14	16	30	20	10	5
	丙	12	12	10	12	14	15	12	8	5
桶装油品库房	甲、乙	15	20	15	20	25	30	30	10	5
	丙	12	15	10	12	14	20	15	8	5
汽车灌油鹤管	甲、乙	14	14	15	16	18	30	20	15	15
	丙	10	10	10	12	14	20	10	8	5
其他生产性建筑物	甲、乙、丙	12	12	10	12	14	15	10	3	3

注：1. 当甲、乙类油品与丙类油品混存时，丙类油品可按其容量的 20%折算计入油罐区总容量。
2. 对于埋地卧式油罐和储存丙 B 类油品的油罐，本表距离（与厂内次要道路的距离除外）可减少 50%。但不得小于 10 m。
3. 表中未注明的企业建筑物、构筑物与库内建筑物、构筑物的安全距离，应按现行国家标准《建筑设计防火规范》规定的防火距离执行。
4. 企业附属石油库的甲、乙类油品储罐总容量大于 5 000 m^3。丙类油品储罐总容量大于 25 000 m^3 时。企业附属石油库与本企业建筑物、构筑物、交通线等的安全距离。应符合（指 GB 50074—2002）第 4.0.7 条的规定。

（三）总平面布置

(1) 石油库内的设施宜分区布置。石油库的分区及各区内的主要建筑物和构筑物，宜按表 1-33 的规定布置。

表 1-33　石油库分区及其主要建筑物和构筑物

序号	分　区		区内主要建筑物和构筑物
1	储油区		油罐、防火堤、油泵站、变配电间等
2	油品装卸区	铁路油品装卸区	铁路油品装卸栈桥、站台、油泵站、桶装油品库房、零位罐、变配电间等
		水运油品装卸区	油品装卸码头、油泵站、灌油间、桶装油品库房、变配电间等
		公路油品装卸区	高架罐、灌油间、油泵站、变配电间、汽车油品装卸设施、桶装油品库房、控制室等
3	辅助生产区		修洗桶间、消防泵房、消防车库、变配电间、机修间、器材库、锅炉房、化验室、污水处理设施、计量室、油罐车库等
4	行政管理区		办公室、传达室、汽车库、警卫及消防人员宿舍、集体宿舍、浴室、食堂等

注：1. 企业附属石油库的分区，尚宜结合该企业的总体布置统一考虑。
2. 对于四级石油库，序号 3、4 的建筑物和构筑物可合并布置；对于五级石油库，序号 2、3、4 的建筑物和构筑物可合并布置。

(2) 石油库内使用性质相近的建筑物或构筑物，在符合生产使用和安全防火的要求下，宜合并建造。

(3) 石油库内建筑物、构筑物之间的防火距离（油罐与油罐之间的距离除外）不应小于表 1-34 的规定。

表 1-34　石油库内建筑物、构筑物之间的防火距离

m

序号	建筑物和构筑物名称		油罐(V 为单罐容量)/m³				高架油罐	油泵房		灌油间		汽车灌油鹤管		铁路油品装卸设施		油品装卸码头		桶装油品库房		隔油池	
			$V>50\ 000$	$5\ 000<V\leqslant 50\ 000$	$1\ 000<V\leqslant 5\ 000$	$V\leqslant 1\ 000$		甲、乙类油品	丙类油品	甲、乙类油品	丙类油品	甲、乙类油品	丙类油品	甲、乙类油品	丙类油品	甲、乙类油品	丙类油品	甲、乙类油品	丙类油品	150 m³ 及以下	150 m³ 以上
			1	2	3	4	5	6	7	8	9	10	11	12	13	14	15	16	17	18	19
5	高架油罐		19	15	11.5	7.5															
6	油泵房	甲、乙类油品	19	15	11.5	9	12	12													
7		丙类油品	14.5	11.5	9	7.5	10	12	10												
8	灌油间	甲、乙类油品	24	19	15	11.5	10	12	12	12											
9		丙类油品	19	15	11.5	9	8	12	10	12	10										
10	汽车灌油鹤管	甲、乙类油品	24	19	15	11.5	10	15	15	15	15										
11		丙类油品	19	15	11.5	9	8	15	12	15	12										
12	铁路油品装卸设施	甲、乙类油品	24	19	15	11.5	15	8	8	15	15	15	15								
13		丙类油品	19	15	11.5	9	12	8	8	15	12	15	12								
14	油品装卸码头	甲、乙类油品	47	37.5	30	26.5	20	15	15	15	15	15	15	20	20						
15		丙类油品	33	26.5	22.5	22.5	15	15	12	15	12	15	12	20	15						
16	桶装油品库房	甲、乙类油品	24	19	15	11.5	15	12	12	12	12	15	15	8	8	15	15	12			
17		丙类油品	19	15	11.5	9	12	12	10	12	10	15	12	8	8	15	12	12	10		
18	隔油池	150 m³ 及以下	24	19	15	11.5	15	15	10	20	15	20	15	25	20	25	20	15	10		
19		150 m³ 以上	28	22.5	19	15	20	20	15	25	20	25	20	30	25	30	25	20	15		
20	消防泵房、消防车库		33	26.5	22.5	19	20	12	10	12	10	15	12	15	12	25	20	20	15	20	25
21	露天变配电所变压器	10 kV 及以下	19	15	15	15	20	15	10	20	10	20	10	20	10	20	10	15	10	15	20
22		10 kV 以上	29	23	23	23	30	20	15	30	20	30	20	30	20	30	20	20	10	20	30
23	独立变配电间和中心控制室		19	15	11.5	11.5	15	12	10	15	10	15	10	15	10	15	10	12	10	15	20

续表 1-34

m

序号	建筑物和构筑物名称	油罐（V 为单罐容量）/m^3				高架油罐	油泵房		灌油间		汽车灌油鹤管		铁路油品装卸设施		油品装卸码头		桶装油品库房		隔油池	
		$V>50\ 000$	$5\ 000<V\leqslant 50\ 000$	$1\ 000<V\leqslant 5\ 000$	$V\leqslant 1\ 000$		甲、乙类油品	丙类油品	甲、乙类油品	丙类油品	甲、乙类油品	丙类油品	甲、乙类油品	丙类油品	甲、乙类油品	丙类油品	甲、乙类油品	丙类油品	150 m^3及以下	150 m^3以上
		1	2	3	4	5	6	7	8	9	10	11	12	13	14	15	16	17	18	19
24	铁路机车走行线	24	19	19	19	20	15	12	20	15	20	15	20	15	20	15	15	10	15	20
25	有明火及散发火花的建筑物、构筑物及地点	33	26.5	26.5	26.5	30	20	15	30	20	30	20	30	20	40	30	30	20	30	40
26	油罐车库	28	22.5	19	15	20	15	12	15	12	20	15	20	15	20	15	15	10	15	20
27	围墙	14.5	11.5	7.5	6	8	10	5	10	5	15	5	15	5	—	—	5	5	10	10
28	其他建筑物、构筑物	24	19	15	11.5	12	12	10	12	10	15	10	15	10	15	12	12	10	15	15

注：1. 序号 1、2、3、4 的油罐，系指储存甲类和乙 A 类油品的浮顶油罐或内浮顶油罐，储存丙类油品的立式固定顶油罐、容量大于 50 m^3 的卧式油罐。对于储存乙 B 类油品的立式固定顶油罐，序号 1、2、3、4 的距离应增加 30%；对于容量等于或小于 50 m^3 的卧式油罐，序号 4 的距离可减少 30%。

2. 储油区油泵站采用棚式或露天式时，甲、乙、丙 A 类油品泵棚或露天泵应布置在防火堤外，其与序号 1、2、3、4 的油罐间距可不受本表限制，与其他序号的建筑物、构筑物间距以油泵外缘按本表油泵房与其他建筑物、构筑物间距确定。丙 B 类油品露天泵可布置在丙 B 类油品罐组的防火堤内。

3. 灌油间与高架油罐邻近的一侧如无门窗和孔洞时，两者之间的距离可不受限制。

4. 密闭式隔油池与建筑物、构筑物的距离可减少 50%；油罐组内的隔油池与油罐的距离可不受限制。

5. 四、五级石油库内各建筑物、构筑物之间的防火距离，除序号 1、2、3 外，可减少 25%。

6. 序号 1、2、3、4 储存甲、乙类油品的油罐至河（海）岸边的距离：当单罐容量等于或小于 1 000 m^3 时，不应小于 20 m；当单罐容量大于 1 000 m^3 时。不应小于 30 m。储存丙类油品的油罐至河（海）岸边的距离：当单罐容量等于或小于 500 m^3 时，不应小于 12 m；当单罐容量大于 500 m^3 时，不应小于 15 m。其他各序号的建筑物和构筑物（序号 27 号除外）至河（海）岸边的距离不应小于 10 m。

7. 仅用于卸车作业的甲、乙类油品铁路油品装卸线，本表距离可减少 25%。

8. 与油品泵房相毗邻的变配电间至石油库内各建筑物、构筑物的防火距离与油品泵房相同。

9. 上述折减不得叠加。

（四）油罐区设计要求

(1) 石油库的油罐设置应采用地上式，有特殊要求时可采用覆土式、人工洞式或埋地式。

(2) 石油库的油罐应采用钢制油罐。油罐的设计应符合国家现行油罐设计规范的要求。选用油罐类型应符合下列规定：

1) 储存甲类和乙A类油品的地上立式油罐，应选用浮顶油罐或内浮顶油罐，浮顶油罐应采用二次密封装置。

2) 储存甲类油品的覆土油罐和人工洞油罐，以及储存其他油品的油罐，宜选用固定顶油罐。

3) 容量小于或等于 100 m^3 的地上油罐，可选用卧式油罐。

(3) 石油库的地上油罐和覆土油罐，应按下列规定成组布置：

1) 甲、乙和丙A类油品储罐可布置在同一油罐组内；甲、乙和丙A类油品储罐不宜与丙B类油品储罐布置在同一油罐组内。

2) 沸溢性油品储罐不应与非沸溢性油品储罐同组布置。

3) 地上立式油罐、高架油罐、卧式油罐、覆土油罐不宜布置在同一个油罐组内。

4) 同一个油罐组内油罐的总容量应符合下列规定：

① 固定顶油罐组及固定顶油罐和浮顶、内浮顶油罐的混合罐组不应大于 120 000 m^3；

② 浮顶、内浮顶油罐组不应大于 600 000 m^3。

5) 同一个油罐组内的油罐数量应符合下列规定：

① 当单罐容量等于或大于 1 000 m^3 时，不应多于 12 座；

② 单罐容量小于 1 000 m^3 的油罐组和储存丙B类油品的油罐组内的油罐数量不限。

(4) 地上油罐组内的布置应符合下列规定：

1) 单罐容量小于 1 000 m^3 的储存丙B类油品的油罐不应超过 4 排，其他油罐不应超过 2 排。

2) 立式油罐排与排之间的防火距离不应小于 5 m；卧式油罐排与排之间的防火距离不应小于 3 m。

3) 油罐之间的防火距离不应小于表 1-35 的规定。

表 1-35　油罐之间的防火距离

<table>
<tr><th rowspan="2">油品类别</th><th rowspan="2">单罐容量 V/m^3</th><th colspan="3">固定顶油罐</th><th rowspan="2">浮顶油罐、内浮顶油罐</th><th rowspan="2">卧式油罐</th></tr>
<tr><th colspan="2">地上式</th><th>覆土式</th></tr>
<tr><td>甲、乙A类</td><td>不限</td><td colspan="2">—</td><td>0.4D</td><td>0.4D</td><td rowspan="8">0.8 m</td></tr>
<tr><td rowspan="3">乙B类</td><td>V>1 000</td><td colspan="2">0.6D</td><td rowspan="4">0.4D</td><td rowspan="4">0.4D</td></tr>
<tr><td rowspan="2">V≤1 000</td><td>消防采用固定冷却方式</td><td>0.6D</td></tr>
<tr><td>消防采用移动冷却方式</td><td>0.75D</td></tr>
<tr><td>丙A类</td><td>不限</td><td colspan="2">0.4D</td></tr>
<tr><td rowspan="2">丙B类</td><td>V>1 000</td><td colspan="2">5 m</td><td rowspan="2">不限</td><td rowspan="2">—</td></tr>
<tr><td>V≤1 000</td><td colspan="2">2 m</td></tr>
</table>

注：1. 表中 D 为相邻油罐中较大油罐的直径。单罐容积大于 1 000 m^3 的油罐 D 为直径或高度的较大值。
2. 储存不同油品的油罐、不同型式的油罐之间的防火距离，应采用较大值。
3. 高架油罐之间的防火距离，不应小于 0.6 m。
4. 单罐容量不大于 300 m^3、总容量不大于 1 500 m^3 的立式油罐组，油罐之间的防火距离可不受本表限制，但不应小于 1.5 m。
5. 浮顶油罐、内浮顶油罐之间的防火距离按 0.4D 计算大于 20 m 时，特殊情况下最小可取 20 m，但应符合 GB 50074—1999 第 12.2.7 条第 3 款和第 12.2.8 条第 4 款的规定。
6. 丙A类油品固定顶油罐之间的防火距离、覆土式油罐之间的防火距离按 0.4D 计算大于 15 m 时，最小可取 15 m。
7. 浅盘式内浮顶油罐与固定顶油罐等同。

（五）几点说明

(1) 石油库设计除应执行 GB 50074—1999 外，尚应符合国家现行有关强制性标准的规定。这条规定有两方面的含义：

1) GB 50074《石油库设计规范》是专业性技术规范，其适用范围和它规定的技术内容，就是针对石油库设计而制定的，因此设计石油库应该执行 GB 50074《石油库设计规范》的规定。在设计石油库时，如遇到其他标准与 GB 50074—1999 在同一问题上作出的规定不一致的情况，执行 GB 50074—1999 的规定。

2) 石油库设计涉及的专业较多，接触的面也广，GB 50074—1999 只能规定石油库特有的问题。对于其他专业性较强、且已有国家或行业标准规范作出规定的问题，GB 50074—1999 不便再作规定，以免产生矛盾，造成混乱。GB 50074—1999 明确规定者，按 GB 50074—1999 执行；GB 50074—1999 未作规定者，可执行国家现行有关强制性标准的规定。

(2) 关于石油库的等级划分，在规范修订时作了调整，且与原规范的等级划分有了比较大的改变。一级石油库从 50 000 m^3 及以上改为 100 000 m^3 及以上；五级石油库从 500 m^3 以下改为 1 000 m^3 以下；二、三、四级石油库也都适当增加、调整了容量。调整的理由主要是：

随着我国国民经济建设的迅速发展，各地方各部门的用油量都有了很大程度的增长，油罐的单罐容量也在不断地加大，目前最大单罐容量已达到 100 000 m^3。炼油厂的原油处理能力 20 世纪 70 年代 250 万 t/年处理量已是较大的，现在新建炼油厂已提出达到 1 000 万 t/年处理能力的要求。国内几十万吨的原油库已不少见，一个县级石油库也可以达到几千吨到上万吨的容量。国外的大石油库也有相当可观的容量，如日本鹿岛原油储备库，库容量为 694 万 m^3。石油库容量增大了，石油库的等级划分也应随之作适当的调整，以使各级石油库的容量梯度更为合理，更便于对不同库容的石油库提出不同的技术和安全要求。例如，规范对单罐容量和总容量在 50 000 m^3 及以上的油库提出了更为严格的安全要求。

(3) 石油库储存油品的火灾危险性分类没有根本性变化，只是对乙类油品细化为乙 A、乙 B 类，这是为了适应规范中新增条文的要求而提出的。如要求喷气燃料、灯用煤油等油品应选用浮顶或内浮顶油罐，就有必要把乙类油品划分为乙 A、乙 B 类。在条文中的写法是“储存甲类和乙 A 类油品的地上油罐，应采用浮顶油罐或内浮顶油罐”。

(4) 为了减少石油库与周围居住区、工矿企业和交通线在火灾事故中的相互影响，防止油品污染环境，节约用地等，对石油库与周围居住区、工矿企业、交通线等处的安全距离作了规定，并与 GB 50074 的 1984 年版的相关规定基本相同。现对表 1-31 说明如下：

1) 本次修订，安全距离按油库等级划分为 5 个档次，虽然各个级别的石油库的库容增大了，但考虑到本次修订提高了安全和消防标准，如 GB 50074—1999 1984 年版规定：“储存甲类油品的地上油罐，宜采用浮顶油罐或内浮顶油罐。”本次修订改为：“储存甲类和乙 A 类油品的地上油罐，应采用浮顶油罐或内浮顶油罐。”此外，还增加了许多保障石油库安全的规定，所以保留 GB 50074 的 1984 年版各级石油库的对外安全距离是合适的。这样做还有利于现有石油库进行增容改造。

2) 石油库与居住区及公共建筑物的安全距离除了考虑火灾事故的相互影响外，还考虑到石油库储存和装卸油品作业时排出的油气对居住区的空气污染。根据多年实践经验，规定五级油库与居住区及公共建筑物的安全距离为 50 m 是合适的。而随着石油库容量的加大，火灾相互影响也加大，其他级别石油库与居住区及公共建筑物的安全距离依次增为 70 m、80 m、90 m 和 100 m。

居住区的规模有大有小，当居住区规模小到一定程度时，其与石油库的相互影响就很有限了，所以制定了二、三、四、五级石油库与小规模居住区之间的安全距离可以折减的规定。一级石油库库容没有上限，规模可能很大，与小规模居住区之间的安全距离不宜折减。

3) 石油库与工矿企业的安全距离，因各企业生产特点和火灾危险性千差万别，不可能分别规定。

本条所作规定，与同级国家标准对比协调，大致相同或相近。

4）对于石油库与国家铁路线及工业企业铁路线的安全距离，由于国家铁路线的重要性和行驶速度、运输量等远大于工业企业铁路线，因此其安全距离也较大，本条按石油库一、二、三、四、五等级依次规定为 60 m、55 m、50 m、50 m、50 m。工业企业铁路线的安全距离参照现行国家标准 GBJ 16—87（2001 年版）《建筑设计防火规范》第 4.8.3 条“甲、乙类液体储罐距厂外铁路中心线 35 m，距厂内铁路中心线 25 m”。因此，本条规定石油库与工业企业铁路线的安全距离按石油库一、二、三、四、五等级依次为 35 m、30 m、25 m、25 m、25 m。

5）对于石油库与公路的安全距离，由于油罐和油罐车在作业时都散发油气，油罐区和装卸区都属于爆炸和火灾危险场所，公路上可能有明火，为避免它们之间的相互影响，按油库一、二、三、四、五等级分别规定安全距离为 25 m、20 m、15 m、15 m、15 m。

6）对于石油库与架空通信线路的安全距离，主要考虑油罐发生火灾时，火焰可高达几十米，对库外通信线路正常通话威胁较大，参照有关部门规定，确定其安全距离不小于 40 m。

7）对于石油库与架空电力线路和不属于国家一、二级的架空通信线路的安全距离，主要是考虑倒杆事故。据 15 次倒杆事故统计，倒杆后偏移距离在 1 m 以内的 6 起，偏移距离在 2 m～3 m 的 4 起，偏移距离为半杆高的 2 起，偏移距离为一杆高的 2 起，偏移距离大于 1 倍半杆高的 1 起。

8）对于石油库与爆破作业场地安全距离，主要考虑爆破石块飞行的距离。

9）石油库的油品装卸区与油罐区相比危险性要小一些，所以规定其与居住区、工矿企业、交通线等的安全距离可以减少 25%。石油库的油品装卸区在仅用于卸油作业时，油气散发量很小；与装油作业相比安全得多；单罐容量等于或小于 100 m^3 的埋地卧式油罐，容量小，受外界影响小，与油罐区相比也安全得多，发生火灾及火灾造成的损失也小得多，故这两者与居住区、工矿企业、交通线等之间的安全距离减少 50%，是合理的也是安全的。

10）因为石油库内或工矿企业的油罐区，储存、输送的油品均为易燃或可燃油品，性质相同或相近，且各自均有独立的消防系统，故当两个石油库或油库与工矿企业的油罐区相毗邻建设时，它们之间的安全距离可比石油库与工矿企业的安全距离适当减小。“其相邻油罐之间的防火距离不应小于相邻油罐中较大罐直径的 1.5 倍”的规定，“其他建筑物、构筑物之间的防火距离应按本规范表 1-34 的规定增加 50%”是可行的。这样做可减少不必要的占地，为石油库选址提供有利条件。

（5）石油库内各建筑物、构筑物之间防火距离的确定，主要是考虑到发生火灾时，它们之间的相互影响。石油库内经常散发油气的油罐和铁路、公路、水运等油品装卸设施同其他建筑物、构筑物之间的距离应该大些。

1）确定防火距离的原则

① 避免或减少发生火灾的可能性。火灾的发生必须具备可燃物质、空气和火源等三个条件。因此，散发可燃气体的油罐与明火的距离应大于在正常生产情况下油气扩散所能达到的最大距离。

② 尽量减少火灾可能造成的影响和损失。对于散发油气、容易着火、一经着火即不易扑灭且影响油库生产的建筑物和构筑物，其与油罐的距离应大些，其他的可以小些。

③ 按油罐容量及油品危险性的大小规定不同的防火距离。

④ 在相互不影响的情况下，尽量缩小建筑物、构筑物之间的防火距离。

⑤ 在确定防火距离时，应考虑操作安全和管理方便。

2）油罐火灾情况

根据调查材料统计，绝大部分火灾是由明火引起的（炼厂的统计为 67%，商业油库比例更大），而以外来明火引起的较多。如油品经排水沟流至库外水沟，库外点火，火势回窜引起火灾。这种情况以商业库为多。其他原因则有雷击、静电等。

3）油罐散发油气的扩散距离

① 清洗油罐时油气扩散的水平距离，一般为 18～30 m。

② 油罐进油时排放的油气扩散范围：水平距离约为 11 m；垂直距离约为 1.3 m。

4）油罐火灾的特点

① 油罐火灾几率低。

② 起火原因多为操作、管理不当。

③ 如有防火堤，其影响范围可以控制。

5）油罐与各建筑物、构筑物的防火距离

决定油罐与各建筑物、构筑物的防火距离，首先应考虑油罐扩散的油气不被明火引燃，以及油罐失火后不致影响其他建筑物和构筑物。据国外资料介绍，石油库内油罐与各建筑物、构筑物的防火距离均趋于缩小。油罐着火后对附近建筑物和构筑物的影响、扑灭火灾的难易，随罐容的大小、油罐的型式及所储油品性质的不同而有所区别。表 1-34 中的距离是以储存甲、乙类油品的浮顶油罐或内浮顶油罐、储存丙类油品的立式固定顶油罐等为基准，按罐容的大小而制定的。详见表 1-34 备注中说明。

① 油罐与油泵房的距离。油罐与油泵房的距离，主要考虑油罐着火时对泵房的影响，防止油泵损坏，影响生产。油泵房内没有明火，对油罐影响很小。从泵的操作需要考虑，应减少油泵吸入管道的摩阻损失，保证两者之间的距离尽可能小，规定不同容量的油罐与甲、乙类油品泵房的距离分别为 19 m、15 m、11.5 m、9 m；与丙类油品泵房的距离分别为 14.5 m、11.5 m、9 m、7.5 m。

② 油罐与灌油间、汽车灌油鹤管、铁路油品装卸线的距离。三者任一处发生火灾，火势都较易控制，对油罐的影响不大。该三处在操作时散发油气较多，应考虑油罐着火后对它们的影响，故其距离较油罐与油泵之间的距离要适当增大些。

③ 油罐与油品装卸码头的距离。油罐或油船着火后，彼此之间影响较大，油船着火后往往难以扑灭，影响范围更大。油码头所临水域来往船只较多，明火不易控制，油罐与码头的距离应适当增大。

④ 油罐与桶装油品库房、隔油池的距离。桶装油品库房一般不散发油气，其着火几率较小，但库房内储存的油品一经着火即难以扑灭，影响范围也很大，故应与灌油间等同对待。隔油池着火几率较桶装油品库房为大，着火后火势较猛，故大于 150 m^3 的隔油池与油罐的距离应较桶装油品库房与油罐的距离为大。

⑤ 油罐与消防泵房、消防车库的距离。消防泵房和消防车库为石油库中的主要消防设施，一旦油罐发生火灾，消防泵和消防车应立即发挥作用且不受火灾威胁。它们与油罐的距离应保证油罐发生火灾时不影响其运转和出车，且油罐散发的油气不致蔓延到消防泵房和消防车库，距离要适当增大，故按油罐大小分别规定为 33 m、26.5 m、22.5 m、19 m。

⑥ 油罐与有明火或散发火花的地点的距离。主要考虑油气不致蔓延到有明火或散发火花的地点引起爆炸或燃烧，也考虑明火设施产生的飞火不致落到油罐附近。

(6) 油罐建成地上式，具有施工速度快、施工方便、土方工程量小、工程造价低等优点。另外，与之相配套的管道、泵站等也可建成地上式，从而也降低了配套建设费，管理也较方便。但由于地上油罐目标暴露、防护能力差，受温度影响的呼吸损耗大，在军事油库和战略储备油库等有特殊要求时，油罐可采用覆土式、人工洞式或埋地式。

钢制油罐与非金属油罐比较具有造价低、施工快、防渗防漏性好、检修容易、占地小等优点，故要求油库采用钢制油罐。

甲类和乙 A 类油品易挥发，采用浮顶或内浮顶油罐储存甲类和乙 A 类油品可以减少油品蒸发损耗 85%以上，从而减少油气对空气的污染，还减少了空气对油品的氧化，保证油品质量，此外对保证安全也非常有利。浮顶油罐比固定顶油罐投资多，但减少的油气损耗约 1 年即可收回投资。由于覆土油罐和人工洞罐受温度影响很小，又多为部队所采用，周转次数很少，所以可不采用浮顶油罐或内浮顶油罐。

(7) 随着石化工业的发展，油罐的容量越来越大，浮顶油罐单体容量已达 100 000 m^3，固定顶油罐也做到了 20 000 m^3。所以适当提高油罐组总容量有利于采用大容量罐，以减少占地。

一个油罐组内油罐座数越多，发生火灾事故的机会就越多；单体油罐容量越大，火灾损失及危害就越大。为了控制一定的火灾范围和火灾损失，故根据油罐容量大小规定了最多油罐数量。由于丙B类油品储罐不易发生火灾，而油罐容量小于 1 000 m^3 时，发生火灾容易扑救，故对这两种情况不加限制。

(8) 油罐布置不允许超过两排，主要是考虑油罐失火时便于扑救。如果布置超过两排，当中间一排油罐发生火灾时，因四周都有油罐会给扑救工作带来一些困难，也可能会导致火灾的扩大。

(9) 油罐的间距主要是根据下列因素确定：

1) 油罐区约占石油库总面积的 1/3～1/2。缩小油罐间距，可以有效地缩小石油库的占地面积。

2) 节约用地是基本国策之一。因此在保证操作方便和生产安全的前提下应尽量减少油罐间距，以达到减少占地从而减少投资的目的。

3) 根据 1982 年 2 月调查材料的统计，油罐着火几率很低，年平均着火几率为 0.448‰，而多数火灾事故是由于操作时不遵守安全防火规定或违反操作规程造成的。绝大多数石油库安全生产几十年没有发生火灾事故。因此，只要遵守各项安全制度和操作规程，提高管理水平，油罐火灾事故是可以避免的。绝不能因为以前曾发生过若干次油罐火灾事故而将油罐间距增大。

4) 油罐间距也不能太小，因为油罐发生火灾后，必须有一个扑救和冷却的操作场地。消防操作场地要求有二：一是消防人员用水枪冷却油罐，水枪喷射仰角一般为 50°～60°，故需考虑水枪操作人员至被冷却油罐的距离；二是要考虑泡沫产生器破坏时，消防人员要有一个往着火油罐上挂泡沫钩管的场地。对于石油库中常用的 1 000～5 000 m^3 钢制油罐，$0.4D$～$0.6D$ 的距离基本上可以满足上述两项要求；小于 1 000 m^3 的钢制油罐，如果操作人员站的位置避开两个罐之间最小间距的地方，$0.4D$～$0.6D$ 的距离也能满足上述两项操作要求。但是考虑到当前实际的消防操作水平，故对不大于 1 000 m^3 的钢制油罐，当采用移动式消防冷却时，油罐间距可增加到 $0.75D$。

5) 浮顶油罐和内浮顶油罐的浮盘直接浮在油面上，抑制了油气挥发，很少发生火灾；即使发生火灾，基本上只在浮盘周围密封圈处燃烧，比较易于扑灭，也不需要冷却相邻油罐，其间距可缩至 $0.4D$。对于覆土油罐，虽然着火的几率不一定低，但不需要对着火罐的相邻罐进行冷却，场地可以小一些。同时，这种类型的油罐直径大，而高度相对较小，故将间距定为 $0.4D$。

6) 表 1-35 注 5 规定："浮顶油罐、内浮顶油罐之间的防火距离按 $0.4D$ 计算大于 20 m 时，特殊情况下最小可取 20 m。"其"特殊情况"是指储罐区总图布置受地理、地质条件或土地规划的限制，按 $0.4D$ 的罐间距布置油罐会大幅度增加工程投资等情况。该规定主要是针对直径大于 50 m 的大型浮顶油罐而制定的，该规定允许大型浮顶油罐之间的防火距离小于 $0.4D$，但只要不小于 20 m，安全是有保障的。理由如下：

① 就 100 000 m^3 浮顶油罐来说，其可燃面积（罐顶密封圈处）大约为 250 m^2，而 10 000 m^3 固定顶油罐可燃面积约为 615 m^2。就罐本身火灾危险性而言，100 000 m^3 浮顶油罐不比 10 000 m^3 固定顶油罐更危险，而 10 000 m^3 的固定顶罐储存乙类油品时，最小罐间距取 $0.6D$，为 16.8 m；储存丙A类油品时最小罐间距取 $0.4D$，为 11.2 m。均小于 20 m。

② 浮顶油罐和内浮顶油罐发生整个罐内表面火灾事故的几率极小，据国外有关机构统计，浮顶油罐和内浮顶油罐发生整个罐内表面火灾事故的频率为 1.2×10^{-4}/罐·年。即使发生整个罐内表面火灾事故，也不一定能引燃相距 20 m 外的邻近浮顶油罐或内浮顶油罐，到目前为止还没有着火的浮顶油罐或内浮顶油罐引燃邻近浮顶油罐或内浮顶油罐的案例。

七、储罐基础的地基处理

储罐大型化以后，其基础覆盖的面积较大。在储罐建设中经常会遇到不良土质、不均匀土层、沟壑暗浜等非理想土层作储罐的地基，从而需要对之进行地基处理；但地基处理是否恰当关系到整个工程质量、进度和投资。因此，合理地选择储罐地基的处理方法和型式是降低工程造价的重要途径之一。所以当今储罐地基处理日益得到人们重视。

储罐基础的地基处理，从 20 世纪 60 年代初在上海吹填土层上建造大型储罐，采用储罐内充水加荷预压地基开始，经历 50 年的总结，证明：在很厚的软弱土层上，采用控制地基上的加荷速率和基础的沉降速度，充分发挥地基强度，在地基受压荷载超过地基承载力 2～3 倍时，地基仍保持稳定，从而突破了地基设计中的一些旧框框，为地基基础与上部结构共同作用方面探索出了新的经验。20 世纪 70 年代在浙江镇海采用了砂井预压法加固储罐基础的地基，解决软黏土地基的渗透系数小、排水固结时间长这一问题。设置砂井，使孔隙水能够较快地从砂井中排除出去，获得在较短工期内达到要求的土的固结度。20 世纪 80 年代初又在湖南长岭填土地基上首次采用强夯法加固地基建成一批浮顶储罐，尽管地基填土层厚度很不均匀，但采用统一的夯锤落距和夯击标准的强夯法处理地基，从而消除了土层和土质不均匀因素。从该储罐投产使用 30 多年来基础沉降都很均匀看，说明强夯处理由亚黏土夹风化千枚岩组成的填土是成功的。但在上海软土地基上：采用强夯处理地基建储罐时，其实践效果就不明显。后来在河南洛阳的湿陷性黄土地基上采用了爆扩挤密作大型储罐基础下的人工处理地基也获得成功；在上海陈山和浙江镇海软土地基上采用振冲碎石桩处理地基建储罐均取得了预期的加固效果。20 世纪 80 年代末在南京石埠桥采用了土工织物材料处理储罐软基，利用土工织物加筋垫层和排水固结联合处理，工程使用后运转情况良好，说明地基处理效果良好，能满足储罐使用的各项要求。其他还采用深层搅拌、CFG 桩、干振冲碎石桩等复合地基法处理地基，近几年还采用高能量强夯处理大块石抛填围海造地加固处理地基和孔内深层强夯等。以上说明，在储罐基础的地基处理方面已积累了不少的经验，对这些地基处理技术的推广和提高起了很好的作用。当前中国建筑科学研究院地基所会同有关科研和设计施工部门，编写的 JGJ 79—2002《建筑地基处理技术规范》已正式出版，中国石油化工总公司标准《石油化工钢储罐地基处理技术规范》、《石油化工企业钢储罐地基与基础设计规范》也正式颁布实行。总之，近 30 年来，储罐基础在地基处理的发展方面主要表现在以下几点：

(1) 对储罐基础的地基处理方法的适用性和优缺点有了进一步的认识，在根据工程实际选用地基处理方法上减少了盲目性。能够注意从实际出发，因地制宜地选用技术先进、确保工程质量、经济合理的储罐基础地基处理方案。对有争议的技术问题，能够采用科学的态度，注意调查研究，开展试验研究，而在确定地基处理方案时强调持慎重态度。能够综合应用多种地基处理方法，使采用的地基处理方案日臻完善。

(2) 地基处理能力提高。一方面，已有的地基处理技术本身得到发展，如施工机具、工艺的改进，使地基处理能力提高；另一方面，近年来各地在实践中因地制宜发展了一些新的地基处理方法，并取得了很好的经济效益。

(3) 复合地基理论的发展。随着地基处理技术的发展和各种地基处埋方法的推广，复合地基概念在地基处理中得到愈来愈多的应用。所谓复合地基，是指天然地基在地基处理过程中部分土体得到增强或被置换，或在天然地基中设置加筋材料，加固区是由天然地基土体和增强体两部分组成的人工地基。复合地基有两个基本特点。首先它是由基体和增强体组成，是非均质各向异性的；其次，在荷载作用下，基体和增强体共同承担荷载的作用。储罐基础的复合地基，根据增强体的方法，可分为纵向增强体复合地基（如挤密碎石桩等）和横向增强复合地基（如土工织物加筋垫层等）。

当前在国家石油储备库的建设中，储罐基础全部采用了钢筋混凝土桩的桩筏基础，这种地基处理方法，工程造价是昂贵的。

但应该认识到，地基处理在岩土工程技术范围内是一门较新的学科。它的任务在于提高地基承载能力，减少房屋的沉降，保证上部结构的安全和正常使用。由于土的力学性质极其复杂，各地地质条件有所差别，使地基处理工作增加了很大难度。到目前为止，我们掌握了一些处理方法，改进了处理工艺，建造起许多房屋，包括高层建筑、工业厂房、港湾海堤等，但应当承认，地基处理的一些机理还不成熟，仍然是处于发展中的试验性科学。

（一）地基处理的目的和意义

地基处理(ground treatment)的目的是利用人工置换、夯实、挤密、排水、注浆、加筋和热学等方法、手段，对不良地基土进行改造和加固，来改善地基土的剪切特性、压缩特性、渗透特性、动力特性和特殊土地基的不良特性，用以提高不良土地基的强度和稳定性，降低地基的压缩性，减少沉降和不均匀沉降，防止地震时地基土的震动液化，消除区域性土的湿陷性，膨胀性和冻胀性。

不良土地基经过处理，不用再建深基础或设置桩基，防止了各类建筑物倒坍、下沉、倾斜等恶性事故的发生，确保了上部基础和建筑结构的使用安全和耐久性，具有巨大的技术和经济意义。

（二）地基处理技术的发展

近些年来，基本建设规模不断扩大，在建筑、水利、石化、电力、交通和铁道等土木工程建设中，人们愈来愈多地遇到不良地基问题，各种不良地基需要进行地基处理才能满足建造上部构筑物的要求。地基处理是否恰当关系到整个工程质量、进度和投资。合理地选择地基处理方法和基础型式是降低工程造价的重要途径之一。因此地基处理日益得到工程建设部门的重视。

全国土力学及基础工程学术讨论会自第一届(上海宝钢，1986)、第二届(山东烟台，1989)、第三届(河北秦皇岛，1992)、第四届(广东肇庆，1995)、第五届(福建武夷山，1997)、第六届(浙江温州，2000)、第七届(甘肃兰州，2002)、第八届(湖南长沙，2004)全国地基处理学术讨论会之后，又召开了第九届全国地基处理学术讨论会(山西太原)。来自全国各行业的地基处理专家、学者、工程技术人员和有关厂家的代表会聚一堂，交流地基处理工程勘察、设计计算、施工技术、施工机械和现场测试等方面的理论和经验，介绍新材料、新产品和新工艺的开发和应用，讨论如何进一步发展和提高我国地基处理水平，更好地为国家经济建设服务。第九届会议共收到论文 110 篇，经审查后录用 96 篇，内容包括基础理论，排水固结，振密、挤密(强夯、强夯置换、碎石桩、灰土桩)，灌入固化物(深层搅拌法、高压喷射注浆法、灌浆法)，加筋(土工合成材料)，刚性桩复合地基和长短桩复合地基，桩基工程，基坑工程，托换与纠倾及其他共9个专题。论文集的内容反映了当前我国地基处理领域的主要成就和发展水平，可供同行们参考。国内在各种地基处理技术的普及和提高两个方面都得到了较大的发展，积累了丰富的经验。中国建筑学会地基基础学术委员会于 1989 年在南京召开了全国地基基础新技术学术会议。收入论文集的论文，地基处理方面占 1/3 以上。1990 年在承德市召开了复合地基会议，收入论文集论文 77 篇。还有其他兄弟学会也召开了各种形式的地基处理学术讨论会。1988 年中国建筑工业出版社出版了由地基处理学术委员会组织编写的《地基处理手册》，受到广大同行的欢迎。中国土木工程学会学术部以及有关单位还在全国各地举办了各种类型的地基处理技术研讨班。这些活动对地基处理技术的推广和普及起了很好的作用。中国建筑科学研究院会同有关高校和科研单位，组织编写了两版《建筑地基处理技术规范》(JGJ 79—91，JGJ 79—2002)。上海、天津、广东、深圳、浙江、福建等地已经编制了地区性地基和地基处理规范，根据各自的情况，因地制宜，把一些地基处理方法编入规范。应广大同行的要求，中国土木工程学会土力学及基础工程学会地基处理学术委员会和浙江大学土木工程学系共同主办《地基处理》刊物为同行们提供了推广、交流地基处理新技术的园地。

近几年来，地基处理的发展主要表现在以下几个方面：

(1) 对各种地基处理方法的适用性和优缺点有了进一步的认识，在根据工程实际选用合理的地基处理方法上减少了盲目性。能够注意从实际出发，因地制宜，选用技术先进、确保质量、经济合理的地基处理方案。对有争议的问题，能够采取科学的态度，注意调查研究，开展试验研究，在确定地基处理方案时持慎重态度。能够注意综合应用多种地基处理方法，使选用的地基处理方案更加合理。

(2) 地基处理能力的提高。一方面，已有的地基处理技术本身的发展，如施工机具、工艺的改进，使地基处理能力提高。另一方面，近年来，各地在实践中因地制宜发展了一些新的地基处理方法，取得了很好的社会、经济效益。各类地基处理技术的发展情况将在下面(三)中加以介绍。

(3) 复合地基理论的发展。随着地基处理技术的发展和各种地基处理方法的推广使用,复合地基概念在土木工程中得到愈来愈多的应用。工程实践要求加强对复合地基基础理论的研究。然而对复合地基承载力和变形计算理论的研究还很不够,复合地基理论正处于发展之中,还不够成熟,甚至对什么是复合地基无论是学术界还是工程界尚未统一认识。

复合地基是指天然地基在地基处理过程中部分土体得到增强,或被置换,或在天然地基中设置加筋材料,加固区是由基体(天然地基土体)和增强体两部分组成的人工地基。加固区整体是非均质和各向异性的。根据地基中增强体的方向又可分为纵向增强体和横向增强体复合地基。

纵向增强体复合地基根据纵向增强体的性质,可分为散体材料桩复合地基和柔性桩复合地基。

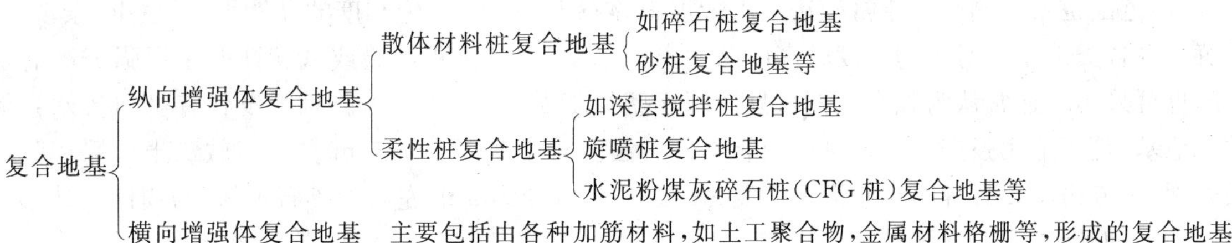

横向增强体复合地基,散体材料桩复合地基和柔性桩复合地基的载荷传递机理是不同的,应该分别加以研究。国内也有人狭义地只把通过以桩柱形式置换形成的由填料与地基土相互作用并共同承担荷载的地基定义为复合地基。

复合地基有两个基本特点:一、它是由基体和增强体组成的,是非均质和各向异性的;二、在荷载作用下,基体和增强体共同承担荷载的作用。后一特征使复合地基区别于桩基础。一般说来,对桩基础,荷载是先传给桩,然后通过桩侧摩阻力和桩底端承力把荷载传递给地基土体的。若钢筋混凝土摩擦桩桩径较小,桩距较大,形成所谓疏桩基础,桩土共同承担荷载,也可视为复合地基,应用复合地基理论来计算。

人工地基中有均质地基、双层地基和复合地基等。事实上,对人工地基进行精确分类是很困难的。大家知道,天然地基也不是均质的、各向同性的半无限体。天然地基往往是分层的,而且对每一层土,土体的强度和刚度也是随着深度变化的。天然地基需要进行地基处理时,被处理的区域在满足设计要求的前提下尽可能小,以求较好的经济效果。各种地基处理方法在加固地基的原理上又有很大差异。因此,将形成的人工地基进行精确分类是很困难的。然而,上述的分类有利于我们对各种人工地基的承载力和变形计算理论的研究。按照上述的思路,常见的各种地基,包括天然地基和人工地基粗略地大致上可分为均质地基、双层地基(或多层地基)、复合地基和桩基四大类。以往对均质地基和桩基础的承载力和变形计算理论研究较多,而对双层地基和复合地基的计算理论研究较小。特别是对复合地基,其承载力和变形计算的一般理论尚未形成,需加强研究。

国内学者对碎石桩复合地基研究较多,通过载荷试验积累了不少资料,并提出了多个碎石桩复合地基承载力计算公式。随着深层搅拌法和高压喷射注浆法形成的水泥土桩的应用,人们开始注意柔性桩复合地基的研究。小桩技术的应用还促使人们注意小桩复合地基设计计算方法的研究。复合地基承载力计算应以增强体和天然地基土体共同作用为基础。对桩体复合地基,人们不仅注意散体材料桩和柔性桩的承载力研究,还注意桩间土承载力的研究。起初用天然地基承载力作为桩间土承载力,现在则已开始考虑由固结引起强度增长,周围桩体的围护,成桩过程中的挤压以及扰动等因素对桩间土承载力的影响。近年来对桩土应力比的确定及影响因素开展了大量研究。试验资料分析表明,桩土应力比与桩体性质、桩距、天然地基承载力、复合地基强度发挥度等因素密切相关,还与施工方法,质量控制等因素有关。桩土应力的确定通常采用现场载荷试验,其测定值也受载荷板尺寸的影响。近几年来,各类复合地基承载力与变形计算的研究工作愈来愈得到人们的重视。然而复合地基计算理论的发展,但还远不能满足工程实践的要求。

（三）各类地基处理技术发展简况

1. 强夯法和强夯置换法

强夯法在国际上称为动力压实法或称动力固结法，这种方法是反复将夯锤提到高处使其自由落下，给地基以冲击和振动的能量，将地基土夯实，从而提高地基的承载力，降低其压缩性，改善地基的性能。

强夯法处理地基首先由法国 Menard 技术公司于 20 世纪 60 年代末创用。我国于 1978 年引进，交通部一航局科研所及协作单位在天津首先开展试验研究。以后在河北廊坊、山西白羊墅、河北秦皇岛进行强夯试验和工程实践，同样取得了较好的加固效果。由于该法设备简单、效果显著、经济和施工快，很快得到推广。除强夯挤密外，近年来，强夯置换得到不少应用。强夯置换和强夯挤密在加固机理上是不同的，应用范围也不相同。强夯挤密法常用来加固碎石土、砂土、低饱和度的黏性土、素填土、杂填土、湿陷性黄土等各类地基。对于饱和度较高的黏性土等地基，如有工程经验或试验证明采用强夯法有加固效果的也可采用。通常认为强夯挤密法只适用于塑性指数 $I_p \leqslant 10$ 的土。对于设置有竖向排水系统的软黏土地基，是否适用强夯法处理目前尚有不同看法。对于厚度小于 6 m 左右的软黏土层采用强夯置换法处理，边夯边填碎石等粗粒料形成深度为 3～6 m，直径为 2 m 左右的碎石桩体，与周围土体形成复合地基，也已取得较好的加固效果。

强夯法至今还没有一套成熟的理论和设计计算方法，还需要在实践中总结和提高。

强夯施工主要设备包括夯锤、起重机、脱钩器和门架等部分。工程实践表明，施工机具和工艺直接影响加固效果和经济效益。近几年来，人们重视强夯机具装置的科学化、系列化和规格化的研究。

强夯置换对厚度小于 6 m 的软弱土层，边夯边填碎石，形成深度 3～6 m，直径为 2 m 左右的碎石桩体与周围土体形成复合地基。

强夯造成的振动、噪音等公害也应引起足够的重视。

2. 排水固结法

排水固结法又称预压法。该法适用于淤泥质土、淤泥、冲填土等饱和黏性土地基。饱和软黏土在载荷作用下，孔隙中的水慢慢被排出，土的孔隙比减小，随着超静孔隙水压力消散，有效应力提高，土的强度增长。通过排水固结法处理地基可以使地基沉降在加载预压期间大部或基本完成，减少建筑物在使用期间的沉降和沉降差，也可提高地基承载力。排水固结法是由排水系统和加压系统两部分共同组合而成的。排水系统通常有普通砂井、袋装砂井和塑料排水带等。加压系统通常有堆载预压法，真空预压法、降低地下水位法、电渗法和联合法。近几年来，排水系统采用塑料排水带和袋装砂井较多，加压系统采用堆载预压和真空预压法较多，也有采用真空加堆载联合预压法，以及利用建筑自重加载法。

袋装砂井和塑料排水带的长细比大，井阻影响得到人们的重视。近年来非理想井的固结理论得到发展，谢康和与曾国熙(1989)为非理想井的设计提供了简易曲线和设计方法。为了消除地基在使用荷载下的主固结变形，减小或消除次固结变形，可以采用超载预压。所谓超载预压就是在预压过程中采用比使用荷载大的预压荷载预压。宁波机场和温州机场都建筑在深厚的软黏土地基上，为满足机场跑道对地基变形和回弹模量的严格要求，采用超载预压处理均取得良好效果。

真空预压法一般能够取得相当于 78～92 kPa 的等效荷载，为了进一步提高加固效果，可采用真空-堆载联合预压法。几年来根据工程要求已获得相当于 130 kPa 的等效荷载。真空-堆载联合预压法先后在天津、上海和福州等地得到应用。对真空预压法的有效加固深度学术界看法不一致。有的学者认为有效深度在 10 m 以内，有的则认为可达 20 m，甚至更深。真空预压的有效深度需引起重视和进一步研究。袋装砂井也存在一个有效深度问题。有的日本学者认为袋装砂井有效深度在 15 m 以内。对于超软弱地基，要注意防止地基固结过程中塑性排水带或袋装砂井的折断问题。要研制柔性塑料排水带以满足工程需要。

3. 振冲法

利用振动和水冲加固地基的方法叫做振冲法。振冲法由德国 S. Steuerman 在 1939 年提出，我国应用始于 1977 年。由于大量工业民用建筑、水利和交通工程地基抗震加固的需要，该法得到迅速推广。振冲法早期用来振密松砂地基，后来也应用于黏性土地基，振冲法演变成两类：振冲密实法和振冲置换法。振冲密实法的加固原理是一方面依靠振冲器的强力振动使饱和砂层发生液化，砂颗粒重新排列，孔隙减少，另一方面依靠振冲器的水平振动力，在加回填料情况下通过填料使砂层挤压加密。振冲置换的加固原理是利用振冲器在高压水流下边振冲在软弱黏性土地基中成孔，再在孔内分批填入碎石等坚硬材料，制成一根根桩体，碎石桩体和原地基构成碎石桩复合地基，以提高地基承载力，减小地基沉降。振冲密实法适用于颗粒含量小于 10% 的松砂地基；振冲置换法适用于不排水抗剪强度大于 20 kPa 的黏性土、粉土和人工填土等地基；有时还可用来处理粉煤灰地基。

振冲法施工需要大量水，并在施工过程中排放泥浆、污染现场。为了克服这一缺点，干法振动加固地基技术得到应用。利用干法振动成孔器在软弱地基中设置碎石桩，干法振动加固地基技术主要适用于松散的非饱和黏土、杂填土和素填土，以及二级以上非自重湿陷性黄土。另外，各地因地制宜应用沉管干夯挤密碎石桩、干振道渣石屑桩、钢渣桩加固地基。为了提高碎石桩桩体本身的刚度，发展了水泥粉煤灰碎石桩技术和低标号混凝土桩技术。这类低标号柔性桩形成的复合地基具有承载力提高幅度大、变形模量高的特点，是一种有发展潜力的地基处理技术。

4. 石灰桩、土桩、灰土桩法

石灰加固地基的传统方法受到了国内外岩土工程工作者的重视。1989 年 3 月我国在上海召开了一次石灰加固软弱地基的专题学术讨论会，交流论文 25 篇。1989 年 7 月第二届全国地基处理学术讨论会上又作了进一步的交流和讨论。会上对石灰桩法加固地基技术的现状和展望作了较全面的综述和总结。

石灰桩法工艺简单，不需复杂的施工机具，应用较广泛。其加固机理包括：打桩时挤密、石灰吸水、膨胀、升温、离子交换、胶凝、碳化和置换等，但基本加固作用则可归纳为打桩挤密、桩周土脱水挤密和桩身的置换作用。从提高承载能力看，在正常情况下置换作用占的份额最大。经验与实践证明只要填充石灰达到必要的密实度则不会出现软心现象。另外采用粉煤灰等适宜的掺合料也有助于避免发生软心现象。杭州和湖北两地挖出的工程桩桩身的抗压强度分别达到 750 kPa 和 564 kPa。桩土应力比是衡量置换作用的主要指标。要满足一般工程要求，不需追求过高的应力比。当需要提高应力比时除了要保证桩身具有较高强度外，桩还必须打穿软土层以免桩尖刺入降低应力比。

目前在实用概念上认为，若加固着眼点为石灰的吸水与膨胀作用，则必须采用新鲜生石灰且不加掺和料，最好采用细桩径小桩距。若放弃石灰熟化的吸水脱水作用（此作用提高地基承载力不超过 5%）则可用熟石灰亦能取得好的加固效果，掺入粉煤灰可节约石灰并可达到与石灰相近的效果，最高掺和量可达 80%～90%，此时称为二灰桩。

当被加固的渗透系数太小时不利于软土脱水固结，脱水加固效果很小；若被加固土的渗透性太大，孔中充水，石灰难以密实，效果不好；工程实例中发生过浓酸碱腐蚀损坏灰土的实例。在考虑采用石灰桩法加固地基时，应注意石灰桩法的适用条件，以及正确的施工方法。采用石灰桩加固地基有成功的经验，也有些达不到预期效果。

此外 Broms(1987)还指出，当用石灰桩处理软土时，如果遇有透水砂层或粉土层时则石灰的膨胀比黏土地基的固结来得快，桩体积增加将会产生软黏土地基的隆起而不是固结和含水量的减小。砂桩法于 19 世纪 30 年代起源于欧洲，20 世纪 50 年代引进我国。起初砂桩法用于处理松散砂地基，视施工方法不同，又可分为挤密砂桩和振密砂桩。后来，也有用来加固软弱黏性土地基，通过砂桩的置换作用，形成砂桩复合地基，对其进行加载预压，也可加快地基固结。土桩和灰土桩法在我国西北和华北地区得到广泛应用。土桩和灰土桩适用于地下水位以上的湿陷性黄土、杂填土和素填土等地基。

近几年在采用土桩和灰土桩加固地基时，已重视工业废料的利用。如采用石灰和粉煤灰二灰桩处理粉煤灰地基和杂填土地基等。为了利用城市渣土，北京地区发展了渣土桩专利技术。它不但消除了渣土对环境的污染，而且为地基处理提供了廉价的原材料。在挤密桩施工中，除了打管挤密、爆扩挤密和冲击锥挤密外，还发展了采用橄榄锤锤击挤密成桩法，该法具有设备简单、施工方便和不需要三材（木材、钢材和水泥）等优点。

5. 深层搅拌法和高压喷射注浆法

深层搅拌法是通过特制机械沿深度将固化剂与地基土强制搅拌，就地成桩加固地基的方法。当固化剂（水泥或石灰）为粉体时又称粉体喷射搅拌法。深层搅拌适用于处理淤泥、淤泥质土和含水量较高的地基承载力标准值不大于 120 kPa 的黏性土、粉土等软土地基。当处理泥炭土或地下水具有侵蚀性的地基时宜通过试验确定其适用性，冬季施工应注意负温对处理效果的影响。深层搅拌法目前在国外特别是日本和美国应用很广，国内近些年发展较快，在房屋地基加固，开挖工程代替板桩支护，铁路软基加固等方面，有大量的工程实践，对整套技术已有一定经验。在机械设备上虽然分别由原冶金工业部的建筑研究总院和交通部规划设计研究院、天津机械化施工公司和交通部一航局料研所、浙江大学岩土工程研究所等单位研制成了双搅拌轴中心管输浆及单轴搅拌叶片输浆的浆体深层搅拌专用机械，铁四院和上海探矿机械厂研制成深层粉喷搅拌专用机械，但与国外同类型机械相比还有一定的差距，深层搅拌法可以根据工程需要作块状、格子状、壁状和圆柱状等形状的加强体，同时具有施工中无振动、无噪音、无地面隆起、不排污、对相邻建筑不会产生有害的影响等优点，该法较受工程界欢迎。深层搅拌桩地基的设计可按复合地基考虑。许多工程实测资料表明，在正确设计和施工的情况下，深层搅拌法处理的地基沉降较小。

高压喷射注浆法是将带有特殊喷嘴的注浆管置于土层预定深度，以高压喷射流使固化浆液与土体混合、凝固硬化加固地基土体的方法。它适用于淤泥、淤泥质土、黏性土、粉土、黄土、砂土、人工填土和碎石土等地基。当土中含有较多的大粒径块石、坚硬黏性土、大量植物根茎或有过多的有机质时，应根据现场试验结果确定其适用程度。遇地下水流速过大和已涌水的工程应慎重使用。注浆形式分旋喷、定喷和摆喷，施工分单管法、二重管法及三重管法。

高压喷射注浆法用于处理新建和原有建筑的地基处理的作为深基挡土结构、坑底加固、防止管涌与隆起、处理隧道坍方和修建地下防水帷幕等都有很多工程实例。例如 1989 年曾成功地应用高压喷射注浆法处理了 18 层近 68 m 高的威海大厦软弱地基。经观测该建筑下沉均匀，沉降量仅 0.7～1.3 cm。哈尔滨松花江江堤应用高压喷射注浆法修建板墙防渗工程 2 km 多，深 25～30 m，板墙面积达 5.1 万 m^2。

为适应隧道、地下工程及深基开挖等施工的需要，水平高压喷射及灌浆加固技术在意大利、日本和西德得到较快的发展。意大利 Radio 公司还开发了可同时在钻进中检测地层土质、机器控制和自动调节设计浆量并收集反馈信息的机械。国内也很重视并已进行过一些探索性试验。

6. 灌浆法和化学处理

灌浆法是沿用至今的一种传统方法，它用于处理黄土、砂土以及洞穴、裂缝等均能获得很好的效果。近些年在改进浆液材料如用超细水泥和其他新掺合剂，以及灌浆对环境的污染等方面作了不少工作。

实践证明在渗透性差的黏土地基中灌浆液难以有效地灌入，加固效果常不理想。新的压密灌浆法（Compaction grouting）的应用，使灌浆加固黏土获得了新的生命力。压密灌浆与一般灌浆法不同之处是采用的浆液稠度大，灌浆压力高，浆液通过挤压形成浆泡，或填充裂隙使土体强化。20 世纪，这种方法于 50 年代不断得到完善（Brown 和 Warner，1969），近些年受到重视。美国和法国已有很多工程实例，在第十二届国际土力学会上法国提出三篇论文讨论了这种灌浆方法的适用条件和工程实例，国内在石油勘探方面与采油方面大量应用这种方法，作为压裂岩层扩大采油量的有效手段。在铁路上用以加固黄土和软土地基的试验取得了效果。早在 20 世纪 70 年代铁路上曾用类似的方法加固桥基：一处由于软土深度大加固后虽初期有效，但却未能解决长时期下沉的问题；另一处为浅层处理，因发生地面隆起影响了加固的效果。可见应用这种方法还必须考虑其适用条件。

7. 水泥粉煤灰碎石桩

（CFG 桩）是在碎石桩基础上加进一些石屑，粉煤灰和少量水泥，加水拌和，用振动沉管打桩机或长螺旋钻管内泵压成桩机具制成的一种具有一定黏结强度的桩，桩和桩间通过褥垫层形成复合地基。

当前由于城市环境治理，大城市烟囱烧煤大量减少，一般电厂烧天然气，所以粉煤灰产量减少，价格上涨，粉煤灰价格接近水泥的价格，所以有的部门用低标号素混凝土桩代替（即 LCG 桩）。

8. 桩锤冲扩桩法

桩锤冲扩法宜用直径 150～120 cm，长度 150～300 cm，质量 8～20 t 的柱状锤进行，孔内可分多次填入碎砖和碎石或生石灰，边冲击边将填料挤入孔内复打冲击成孔和桩。加固机理在成孔及成桩过程对原土的动力挤密作用、动力固结作用、冲扩冲填置换作用和当填生石灰时的水化和胶凝作用等。

近些年来，不少建筑物因地基问题而出现事故，其中很多与勘测资料不足或不准确，设计、施工不当有关，应予以注意。

综上所述，地基加固方法种类很多，而且还在不断发展。这里不可能对所有的地基处理方法加以一一介绍。

但任何地基处理技术都有它的适用范围，它与土的自然属性有关，认识土的成因及力学特性是选取处理技术的依据，有一段时间，在推广强夯法时引起较大的争论，关键问题是淤泥在动力性质下的压密性质各家看法不一。解决的办法是现场试验。国家有关规范和相应规程、工程手册和教科书中都对试验作出严格的规定，试验不仅在施工之前，在施工中还要解决大面积处理所带来的问题。如果处理的目的为建筑物的地基，还要考虑沉降所带来的问题，这时需要进行沉降观测，只有沉降观测数据才能证明哪些处理在什么条件下是合适的，哪些是需要改进的。沉降观测还能为解决上部结构与人工地基的相互作用问题提供依据。

（四）不良地基的分类和特性

根据 GB 50007—2002《建筑地基基础设计规范》的规定，不良地基系指主要由淤泥、淤泥质土、冲填土、杂填土或其他高压缩性土层构成的地基。在建筑地基的局部范围内有高压缩性土层时，也应按局部软弱土层考虑。以下简述这类不良地基土的特性。

1. 淤泥及淤泥质土

它是在静水或缓慢流水环境中沉积的、经生物化学作用形成的、天然含水量高的、承载力（抗剪强度）低的、软塑到流塑状态的饱和黏性土。其含水量一般大于液限 W_L（40%～90%）；天然孔隙比一般大于 1.0 或等于 1.0；当土由生物化学作用形成，并含有机质，其天然孔隙比 e 大于 1.5 时称为淤泥；天然孔隙比小于 1.5 而大于 1.0 时称为淤泥质土，淤泥和淤泥质土总称软土（次黏土）。广泛分布在我国东南沿海，如天津、上海、杭州、宁波、温州、福州、厦门、广州等地区及内陆、湖泊、平原和山区。其工程特性主要是具有触变性、高压缩性、低透水性、不均匀性以及流变性等。在荷载作用下，地基承载能力低，地基沉降变形大；不均匀沉降也大，而且沉降稳定时间比较长。

2. 冲填土（吹填土 ）

系由水力冲填泥砂沉积形成的填土。常见于沿海地带及江河两岸。冲填土的特性与其颗粒组成有关，此类土含水量较大，压缩性较高，强度低，具有软土性质。它的工程性质随土的颗粒组成、均匀性和排水固结条件不同而异，当含砂量较多时，其性质基本上和粉细砂相同或类似，就不属于软弱土；当黏土颗粒含量较多时，往往欠固结，其强度和压缩性指标都比天然沉积土差，则应进行地基处理。

3. 杂填土

系含有大量建筑垃圾、工业废料及生活垃圾等杂物的填土。常见于一些较古老城市和工矿区。它的成因没有规律，成分复杂，分布极不均匀，厚度变化大，有机质含量较多，性质也不相同，且无规律性。它的主要特性是土质结构比较疏散、均匀性差、变形大、承载力低、压缩性高、有浸水湿陷性，就是在同一建筑场地的不同位置，地基承载力和压缩性也有较大差异，一般需经处理才能作建筑物地基。对有机质含量较多的生活垃圾和对基础有浸蚀性的工业废料等杂填土地基，未经处理，不宜作持力层。

4. 其他高压缩性土

饱和的松散粉细砂（含部分粉质黏土），也属于软弱地基的范畴。当受到机械振动或地震荷载重复作用时，将产生液化现象；基坑开挖时会产生流砂或管涌，并且由于建筑物的荷重及地下水的下降，也会促使砂土下沉。其他特殊土如湿陷性黄土、膨胀土、盐渍土、红黏土以及季节性冻土等特殊土的不良地基现象，也属于需要地基处理的软弱地基范畴。

对建在不良地基上的建筑物，在工程设计和地基处理方案确定前，应进行工程地质和水文地质勘察，查明不良土层的组成、地质成因、分布范围、均匀性、不良土层厚度、持力层位置及状况以及地基土的物理和力学性质等。对冲填土还应了解均匀性和排水固结条件；对杂填土尚应查明堆载历史年代，明确自重下稳定性和湿陷性等基本因素；对其他特殊土应查明其特征、工程性质、成层情况等，以作为工程设计和选用地基处理方案的依据。

对不良地基处理方案设计时，应考虑上部结构和地基的共同作用，桩土复合地基的作用，对建筑体型、荷载情况、结构类型和地质条件进行综合分析，确定合理的建筑措施、结构措施和地基处理方法，以确保建筑物的使用安全。

（五）地基处理方法分类及应用范围

地基处理方法的分类多种多样。如按时间可分临时处理和永久处理；按处理深度可分为浅层和深层处理；按土性对象可分为砂性土处理和黏性土处理，饱和土处理和非饱和土处理；也可按照地基处理的作用机理进行分类。应该认为按地基处理的作用机理进行分类的方法较为妥当，它体现了各种处理方法的主要特点。

地基处理的基本方法，无非是置换、夯实、挤密、排水、胶结、加筋等方法。这些方法是千百年以前以至迄今仍然是有效的方法。值得注意的是，很多地基处理的方法具有多种处理的效果。如碎石桩具有置换、挤密、排水和加筋的多重作用；石灰桩又挤密又吸水，吸水后又进一步挤密等，因而一种处理方法可能具有多种处理效果，现将各种地基处理方法汇总于表 1-36。

表 1-36 各种地基处理方法汇总

<table>
<tr><th>名称</th><th>方法</th><th>地基处理的原理</th><th>适宜的土类</th></tr>
<tr><td rowspan="2">换土垫层法</td><td>垫层法</td><td>其基本原理是挖除浅层软弱土或不良土，分层碾压或夯实土，按回填的材料可分为砂（或砂石）垫层、碎石垫层、粉煤灰垫层、干渣垫层、土（灰土、二灰）垫层等。干渣分为分级干渣、混合干渣和原状干渣；粉煤灰分为湿排灰和调湿灰。换土垫层法可提高持力层的承载力，减少沉降量；消除或部分消除土的湿陷性和胀缩性；防止土的冻胀作用及改善土的抗液化性。常用机械碾压、平板振动和重锤夯实进行施工</td><td>浅层较弱地基及不均匀地基的处理</td></tr>
<tr><td>强夯挤淤法</td><td>采用边强夯、边填碎石、边挤淤的方法，在地基中形成碎石墩体。可提高地基承载力和减小变形</td><td>高饱和度粉土与软塑～流塑的黏性土等</td></tr>
<tr><td rowspan="2">振动挤密法</td><td>表层压实法</td><td>采用人工或机械夯实、机械碾压或振动对填土、湿陷性黄土、松散无黏性土等软弱或原来比较疏松表层土进行压实。也可采用分层回填压实加固</td><td>浅层较弱地基及不均匀地基</td></tr>
<tr><td>重锤夯实法</td><td>利用重锤自由下落时的冲击能来夯击浅层土，使其表面形成一层较为均匀的硬壳层</td><td>浅层土填土，疏松无黏性土，非饱和黏性土，湿陷性黄土</td></tr>
</table>

续表 1-36

名称	方法	地 基 处 理 的 原 理	适宜的土类
振动挤密法	强夯法	利用强大的夯击能，迫使深层土液化和动力固结，使土体密实，用以提高地基土的强度并降低其压缩性，消除土的湿陷性、胀缩性和液化性	处理碎石土、砂土、低饱和度的粉土与黏性土及湿陷性黄土、素填土和杂填土等
	振冲挤密法	振冲挤密一方面依靠振冲器的强力振动使饱和砂层发生液化，颗粒重新排列，孔隙比减少：另一方面依靠振冲器的水平振动力，形成垂直孔洞，在其中加入回填料，使砂层挤压密实	处理砂土，粉土粉质黏土，素填土和杂填土等
	土(或灰土、粉煤灰加石灰)桩法	是利用打入钢套管(或振动沉管、炸药爆破)在地基中成孔，通过"挤"压作用，使地基土得到加"密"，然后在孔中分层填入素土(或灰土、粉煤灰加石灰)唐夯实而成土桩(或灰土桩、二灰桩)	地下水位以上的湿陷性黄土、杂填土、素填土等地下水位以下则宜采用水泥土桩
	砂桩	在松散砂土或人工填土中设置砂桩，能对周围土体或产生挤密作用，或同时产生振密作用。可以显著提高地基强度，改善地基的整体稳定性，并减少地基沉降量	松散砂土、粉土、黏性土、素填土、杂填土等
	爆破法	利用爆破产生振动使土体产生液化和变形，从而获得较大密实度，用以提高地基承载力和减小沉降	饱和净砂、非饱和的但经灌水饱和的砂、粉土、湿陷性黄土
排水固结法	堆载预压法	在建造建筑物以前，通过临时堆填土石等方法对地基加载预压，达到预先完成部分或大部分地基沉降，并通过地基土固结提高地基承载力，然后撤除荷载，再建造建筑临时的预压堆载，一般等于建筑物的荷载，但为了减少由于次固结而产生的沉降，预压荷载也可大于建筑物荷载，称为超载预压。为了加速堆载预压地基固结速度，常可与砂井法或塑料排水带法等同时应用。如黏土层较薄，透水性较好，也可单独采用堆载预压法	处理淤泥质土、淤泥和冲填土等饱和黏性土地基
	砂井法	在软黏土地基中，设置一系列砂井，在砂井之上铺设砂垫层或砂沟，人为地增加土层固结排水通道，缩短排水距离，从而加速固结，并加速强度增长。砂井法通常辅以堆载预载压，称为砂井堆载预压法	对深厚软黏土地基设塑料排水带或砂井等排水竖井
	真空预压法	在黏土层上铺设砂垫层，然后用薄膜密封砂垫层，用真空泵对砂垫层及砂井抽气和抽水，使地下水位降低，同时在大气压力作用下加速地基固结	适用于能形成加固区，稳定负压边界条件的软土地基
排水固结法	降低地下水位法	通过降低地下水位使土体中的孔隙水压力减小，从而增大有效应力，促进地基固结	适用于地下水位接近地面而开挖深度不大，特别适用于饱和粉、细砂地基
	电渗排水法	在土中插入金属电极并通以直流电，由于直流电场作用，土中的水从阳极流向阴极，然后将水从阴极排除，且不让水在阳极附近补充，借助电渗作用可逐渐排除土中水。在工程上常利用它降低黏性土中的含水量或降低地下水位来提高地基承载力或边坡的稳定性	适用于饱和软黏土地基

续表 1-36

名称	方法	地 基 处 理 的 原 理	适宜的土类
置换法	振冲置换法	碎石桩法是利用一种单向或双向振动的冲头，边喷高压水流边下沉成孔，然后边填入碎石边振实，形成碎石桩。桩体和原来的黏性土构成复合地基，以提高地基承载力和减小沉降	适用于处理砂土、粉土、粉质黏土、素填土和杂填土等地基
	石灰桩法	在软弱地基中用机械成孔，填入作为固化剂的生石灰并压实形成桩体，利用生石灰的吸水、膨胀、放热作用以及土与石灰的物理化学作用，改善桩体周围土体的物理力学性质，同时桩与土形成复合地基，达到地基加固的目的	处理饱和黏性土、淤泥、淤泥质土，素填土和杂填土等地基
	强夯置换法	对厚度小于 6 m 的软弱土层，边夯边填碎石，形成深度 3～6 m、直径为 2 m 左右的碎石柱体，与周围土体形成复合地基	高饱和度的粉土与软塑～流塑的黏性土等地基
	水泥粉煤灰碎石桩(CFG 桩)，低标号素混凝土桩(LCG 桩)	是在碎石桩基础上加进一些石屑、粉煤灰和少量水泥，加水拌和，用振动沉管打桩机或其他成桩机具制成的一种具有一定黏结强度的桩。桩和桩间土通过褥垫层形成复合地基，当无粉煤灰时可用低等级水泥代替	适用于处理黏性土、粉土、砂土和已自重固结的素填土等地基
加筋法	土工聚合物	利用土工聚合物的高强度、韧性等力学性能，扩散土中应力，增大土体的抗拉强度，改善土体或构成加筋土以及各种复合土工结构	适用于砂土、黏性土和软土，或用作反滤、排水和隔离作用
	加筋土	把抗拉能力很强的拉筋埋置在土层中，通过土颗粒和拉筋之间的摩擦力形成一个整体，用以提高土体的稳定性	适用于人工填土的路堤和挡墙结构
	土层锚杆	土层锚杆是依赖于土层与锚固体之间的粘结强度来提供承载力的，它使用在一切需要将拉应力传递到稳定土体中去的工程结构，如边坡稳定、基坑围护结构的支护、地下结构抗浮、高耸结构抗倾覆等	适用于一切需要将拉应力传递到稳定土体中的工程
	土钉	土钉技术是在土体内放置一定长度和分布密度的土钉体，与土共同作用，用以弥补土体自身强度的不足。不仅提高了土体整体刚度又弥补了土体的抗拉和抗剪强度的弱点，显著提高了整体稳定性	适用预开挖支护和天然边坡的加固
	树根桩法	在地基中沿不同方向，设置直径为 75～250 mm 的细桩，可以是竖直桩，也可以是斜桩，形成如树根状的群桩，以支撑结构物；可用以挡土，稳定边坡	适用于淤泥、淤泥质土、黏性土、粉土、砂土、碎石土、黄土和人工填土等地基
胶结法	注浆法	其原理是用压力泵把水泥或其他化学浆液注入土体，以达到提高地基承载力、减小沉降、防渗、堵漏等目的	适用于处理砂土、粉土、黏性土和人工填土等地基
	高压喷射注浆法	将带有特殊喷嘴的注浆管，通过钻孔置入要处理土层的预定深度，然后将水泥浆液以高压冲切土体，在喷射浆液的同时，以一定的速度旋转、提升，形成水泥土圆桩体；若喷嘴提升而不旋转，则形成墙状固结体。可以提高地基承载力、减少沉降、防止砂土液化、管涌和基坑隆起	适用于处理淤泥、淤泥质土、流塑软塑或可塑黏性土、粉土、砂土、黄土、素填土和碎石土等地基

续表 1-36

名称	方法	地基处理的原理	适宜的土类
胶结法	水泥土搅拌法	利用水泥、石灰或其他材料作为固化剂的主剂，通过特别的深层搅拌机械，在地基深处就地将软土和固化剂(水泥或石灰的浆液或粉体)强制搅拌，形成坚硬的拌和柱体，与原地层共同形成复合地基	适用于处理正常固结的淤泥与淤泥质土、粉土、饱和黄土、素填土、黏性土以及无流动地下水的饱和松散砂土等地基
其他	柱锤冲扩法	柱锤冲扩法宜用直径 50～120 cm，长度 1.5～3 m，质量 8～20 t 的柱状锤进行，孔内可分多次填入碎砖和碎石或生石灰，边冲击边将填料挤入孔壁及孔底，冲击复打成孔，成为加固后的复合地基	适用于处理杂填土、粉土、素填土和黄土、块石填土等地基
	锚杆静压桩	是结合锚杆和静压桩技术而发展起来的，它是利用建筑物的自重作为反力架的支承，用千斤顶把小直径的预制桩逐段压入地基，在将桩顶和基础紧固成一体后卸荷，以达到减少建筑物沉降的目的	适用于加固处理淤泥质土、黏性土、人工填土和松散粉土
	热桩技术解决多年冻土	冻土，严格说应该叫“含冰土壤”，或者叫“温度低于零摄氏度的土壤或岩石，这种土在冻结时，它的强度很大，哪怕再重的负荷都能承载，但是一旦温度上升，土中的冰发生融化，那就会使原先的承载力大大降低，采用热桩处理技术可有效提高多年冻土地基的稳定性和承载力，防止地基发生冻胀和融沉变形。	适用于永冻土
	沉降控制复合桩基	是指桩与承台共同承担外荷载，按沉降要求确定用桩数量的低承台摩擦桩基。目前上海地区沉降控制复合桩基中的桩，宜采用桩身截面边长 250 mm、长细比在 80 左右的预制混凝土小一桩，同时工程中实际应用的平均桩距一般在 5～6 倍桩径以上	适用于较深厚较弱地基土，以沉降控制为主八层以下多层建筑

(六) 地基处理方案的选择

地基处理的方法繁多，合理的选择处理方案对确保工程质量、进度，降低处理费用都具有重要意义。

方案的选择一般应先做好调查研究，详细了解上部结构类型、地质情况、环境影响以及施工条件等。地基处理方案的选定，一般可按以下步骤方法进行：

1. 收集详细的工程地质、水文地质及地基基础的设计资料

根据基础结构类型、荷载大小及使用要求，结合了解的地质资料、周围环境和相邻建筑物等情况，初步选定几种可供考虑的地基处理方案。在选择地基处理方案时，也可考虑采取加强上部结构、基础刚度(整体性)的措施，使其与地基处理共同作用。

2. 对初步选用的几种地基处理方案进行分析对比和筛选

分别从工程、地质、水文状况、加固效果、材料消耗及来源、施工机具、场地条件、工程进度要求、环境影响、地基处理费用等方面进行综合的技术与经济分析比较，根据技术上可行，质量、安全可靠，施工方便，经济上合理，又能满足进度要求等原则，因地、因工程制宜地优选一最佳、合理的地基处理方案。在选用某一方法时，还应注意克服盲目性，因每一种地基处理方案都有其一定的适用场合、优缺点和局限性，没有一种方法是万能的，可以选用一种处理方法，也可选用两种或两种以上地基处理方法组成的综合处理方案。在确定地基处理方法时，还应注意节约能源，注意环境保护，避免因地基处理对地面水和地下水产生污染，振动噪声对周围环境产生不良影响等。

3. 对选定方案的实地检验

对已选定的地基处理方案，应再在有代表性的场地上进行相应的原位现场试验或试验性施工，以检验设计参数、施工工艺的合理性和处理效果，如未达到设计要求，应查明原因，采取措施或修正地基处理方案，直至满足要求为止。

一般讲，当软弱地基的土层厚度较薄时，可选用简单的浅层加固方法，如换填垫层、机械碾压、重锤夯实等；当软弱土层厚度较大时，可按加固土的性状和含水量情况采用挤密桩法、振冲碎石桩法、强夯法或排水堆载预压法等；如遇软土层中夹有砂层，则可直接采用堆载预压法，而不需设置竖向排水井；当遇粉细砂地基，如仅为防止砂土的液化。一般可选用强夯法、振冲法、挤密桩法等；当遇淤泥质土地基，因其透水性差，一般宜采用设置竖向排水井的堆载预庄法、真空预压法、土工合成材料加固法等；当通杂填土、冲填土(含粉细砂层)和湿陷性地基，在一般情况下，可采用深层密实法效果较佳。

在地基处理方案确定后，应搞好施工技术管理，以保证方案的正确实施，使其达到预期的良好效果。

由于地基处理的强度往往需要经过一段时间，才能增长达到设计要求，变形模量才会提高，地基才能获得稳定，因此对地基处理要尽量提早安排施工，以便通过调整施工速度，发挥时间效应，确保地基的稳定安全。

在地基处理前、施工中和处理后，还应定时对被加固的软弱土地基进行现场测试和沉降观测以便及时了解地基土加固效果，有时还应对周围邻近建筑物及地下管线通讯电缆等进行沉降、位移和裂缝等的监测，以保护周围环境。

总之，储罐基础采用柔性基础方案进行地基处理是合理的，基础的工程造价也是经济的，应该采用。

第二章

储罐与基础的破坏实例

储罐是从19世纪60年代发展起来的一种用以储存石油及其他化工产品的设备。自1861年建造成木制油罐(容量为80～160 m^3)以来，随着石油工业、石油化工工业和以石油作为能源或原料的其他工业的发展，储罐建设开始向大型化方向发展。1962年美国芝加哥桥梁公司首先建成10万 m^3 的浮顶油罐，直径87 m，高约21 m；1964年壳牌公司在欧洲建成10万 m^3 浮顶油罐；1967年委内瑞拉建成15万 m^3 浮顶油罐，直径115 m，高14.5 m；1971年日本建成16万 m^3 浮顶油罐多台，直径109 m，高17.8 m。后来世界上又发生了能源危机，使得许多工业发展靠进口原油的国家都增加原油的储备量，迫使这些国家不得不建造更多更大的储罐。至目前为止，世界上最大储罐为30万 m^3 的浮顶罐，我国也建成了15万 m^3 储罐。为了解决储罐的大型化，在工程实践中提出不少新的课题，如钢材、焊接、地基处理、抗震、设计、施工、验收等，供从事储罐设计与施工油工程技术人员进行研究。随着这些课题的解决，储罐设计中采用了新结构和新的高强度材料，于是储罐的壁厚与直径之比值降低，使储罐刚性降低，从而使储罐抵抗风荷载和地震作用的能力也有所降低，更容易使罐壁发生失稳；同时储罐本身也是一种不连续的结构(如浮顶储罐)，在地震作用下也比较容易发生破坏。而储罐储存的原油、中间产品和成品油等，绝大部分为易燃甚至易爆和有毒物质，所以储罐大型化以后一旦发生事故往往是一次大灾难。如1974年12月8日日本三菱公司水岛炼油厂发生一次5万 m^3 油罐破坏事故，油从罐壁与底板之间的角缝处冲出约43 000 m^3，冲跑立梯，冲开防油(火)堤，污染地面148 000 m^2，波及日本冈山县、香川县、德岛县和濑户内海东部一带，大约有7 500～9 600 m^3 油流到海面，使厂方蒙受1.5亿美元以上的损失。

虽然我国储罐破坏所造成的损失并不像国外那么严重，但是破坏事故时有发生。如1976年唐山地震时，天津化工厂的储罐受到了破坏；上海、天津、武汉也有发生过由于储罐内进水或进油过快，导致地基剪切破坏，产生较大的基础倾斜的事例。

综合国内外历次地震对储罐的震害以及其他因素对储罐的破坏所进行的调查和分析，储罐的破坏可分以下主要的几种类型(见图2-1)：

(1) 两台储罐布置距离较近，地震时罐顶互相碰撞而破坏。汉沽的天津化工厂两台1 000 m^3 储罐，罐壁相距为1.5 m，1976年唐山地震时罐顶振动而撞坏，见图2-1(a)所示。

(2) 储罐最下一层壁板局部凸出，或沿壁板圆周形成"象足"式圆环状凸出。1976年唐山地震时，汉沽的天津化工厂两座1 000 m^3 储罐最下一层壁板出现"象足"式的破坏，见图2-1(b)所示。

(3) 储罐壁板与底板间的角焊缝开裂，储存的介质流出。1971年美国圣费尔南德(San Fernando)地震时，1 000 m^3 水罐下部发生"象足"式失稳破坏，壁板与底板间的焊缝断裂，长度为1～2 m，开口宽30 cm，储罐内的水全部流出，见图2-1(c)所示。

(4) 浮顶罐顶盖损坏。1978年日本宫城县海上地震时，东北石油公司仙台炼油厂的浮顶储罐顶盖遭到破坏，见图2-1(d)所示。

(5) 储罐顶部和罐壁上部发生屈曲破坏。1978年日本宫城县海上地震时，东北石油公司仙台炼油厂T-224储罐由于储液流失产生负压力，使罐顶和罐壁发生屈曲戳坏。见图2-1(e)所示。

(6) 地震时由于储液的来回剧烈晃动，浮顶导向杆失灵，扶梯破坏，浮顶沉没。1971美国圣费尔南德(SanFernando)地震时曾出现这种破坏情况。由于同上述原因，固定顶储罐中罐顶支柱倾倒，罐顶破坏，见图 2-1(f)。

(7) 储罐基础的地基液化等造成储罐局部或整体下沉。1978 年日本宫城县海上地震时，泰北石油公司仙台炼油厂 No6 储罐因地基液化造成局部下沉，使罐顶产生较大变形，见图 2-1(f)所示。1964 年日本新泻地震时，造成昭和石油公司新泻炼油厂 5 000 m^3 浮顶罐地基破坏，见图 2-1(g)所示。

(8) 与储罐相连接的管线和其他附属设备以及防油(火)堤等的破坏。1964 年日本新泻地震时，昭和石油公司新泻炼油厂罐区砖砌防火堤遭到破坏，见图 2-1(h)所示。No1105 原油 30 000 m^3 储罐主管阀门和软管遭到破坏，见图 2-1(i)所示。1978 年宫城县海上地震时，东北石油公司仙台炼油厂 7-217 储罐由于重油流失，造成混凝土圈梁和配管破坏，见图 2-1(j)所示。

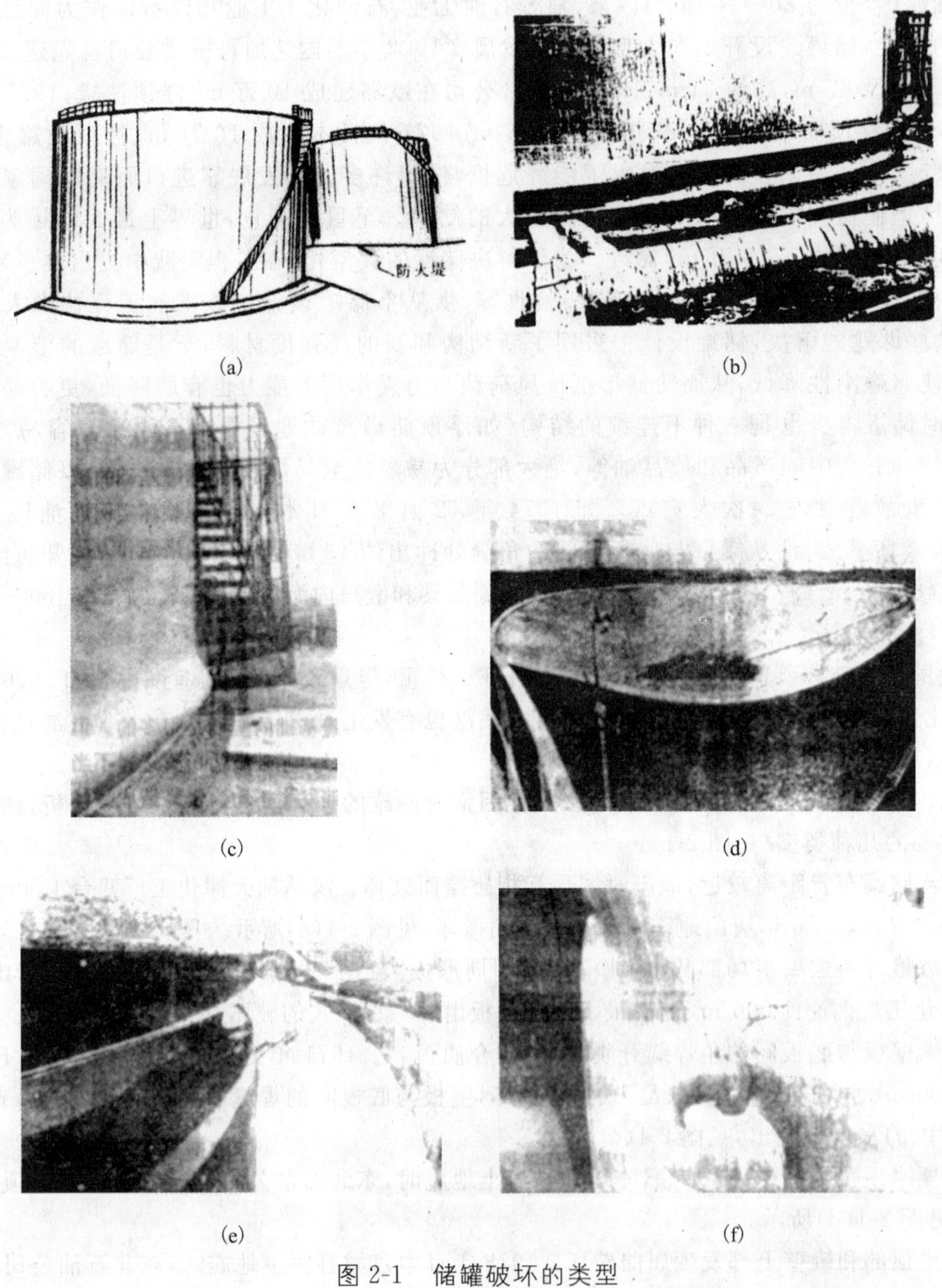

图 2-1 储罐破坏的类型

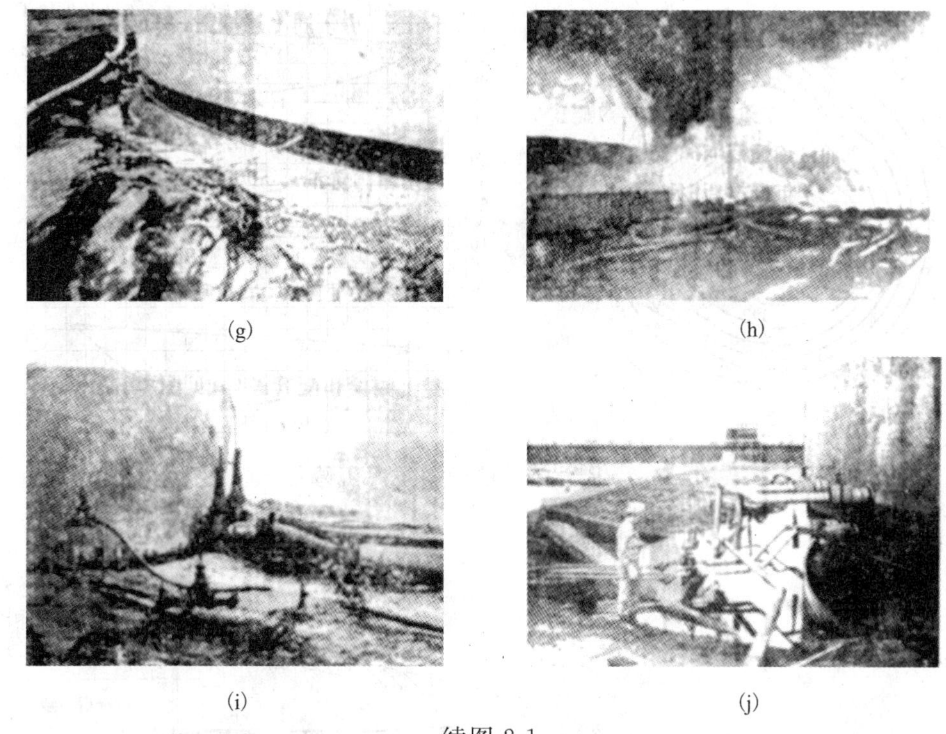

(g) (h)

(i) (j)

续图 2-1

从以上储罐的典型破坏实例可以归纳为三部分情况:第一部分是储罐罐体本身的破坏;第二部分是储罐的附属设备和管线以及防油(火)堤的破坏;第三部分是储罐基础的破坏。

本章主要介绍国内外一些储罐基础工程的典型破坏事故,并对工程破坏实例进行分析研究,找出可能导致储罐基础破坏的原因,从而提出防止储罐基础破坏的措施和方法。

一、储罐基础破坏实例

在现有的工程实践中,成功的或使用效果良好的储罐基础的实例是很多的。但是也有由于储罐场地选择不妥,罐址地基情况不明,地基处理不好,基础结构形式选择不当,充水加荷速度太快等因素的影响,以及在地震作用下使储罐基础发生不均匀沉降造成罐体倾斜、浮顶盖变位、卡住、罐身扭曲等事故,在我国也是不难见到。

例如,1954 年天津某油库 7 台储罐,容积为 1 000~10 000 m^3,由于设计时对地下 10 m 深范围内的高压缩性土层没有采取应有的措施,充水预压时又采用了过快的加荷速度,以致罐基底压力剧增到 130 kPa,7 台储罐基础的平均沉降为 92 cm,不均匀沉降为 22.9 cm,基础倾斜为 12.5‰,如图 2-2、图 2-3所示。由于储罐基础的不均匀沉降,使罐体上的一些附属设备,如钢梯底部和铁箱部分均陷入土中,与罐体相联的输油管线被拉裂,如图 2-4 所示,因此直接影响了储罐的正常使用。

1976 年 7 月 28 日唐山丰南发生了强烈地震后,唐山、天津一带油罐遭到了不同程度的震害。例如 8 度烈度区,有 4 台 5 000 m^3 拱顶的罐,地震时地基喷砂,把罐底顶高,其中一台的罐底中心比周边高出约 50 cm,使底板与基础脱离形成空壳。从 8 度到 11 度区,储罐基础都有不同程度的下沉,其中以位于吹填土上的储罐基础下沉量较大。如一座 1 000 m^3 储罐基础不均匀下沉后,在主震方向东南一侧下沉约 50 cm,并向东南移动 7 cm,储罐倾斜,油品从罐顶上部人孔溢出,幸罐体完好,未引起火灾。又如位于 9 度区的天津化工厂有两座并列布置的 1 000 m^3 分别装满和基本装满渣油(燃料油)的拱顶罐,地震时因产生地裂和基础下沉,储罐兼受纵波和横波的冲击,罐壁底部被压曲,出现两道摺皱,发生了“象足”现象失稳破坏,接管开口处被拉裂,全部存油流出,污染了大片地面,见图 2-5、图 2-6。该厂还有一座 2 000 m^3 的苯储罐在地震后下沉了 50 cm,见图 2-7。另一座 100 m^3 的碱液储罐地震后发生了倾斜,见图 2-8。

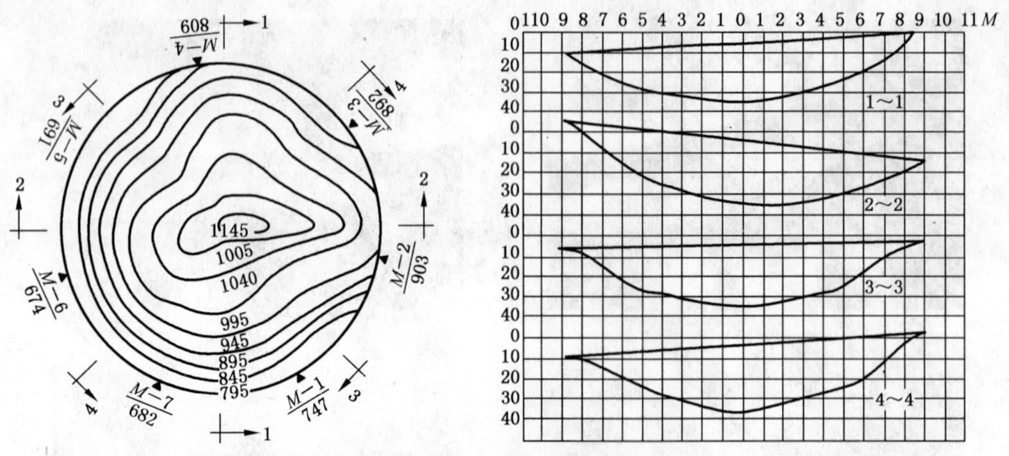

图 2-2　B 号储罐的倾斜及等沉降线

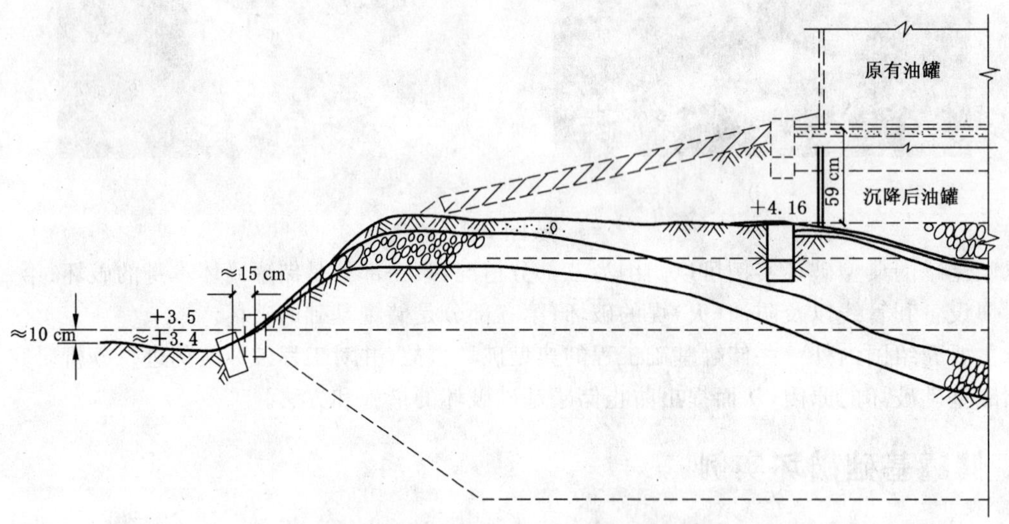

图 2-3　G 号储罐地基变形的描述

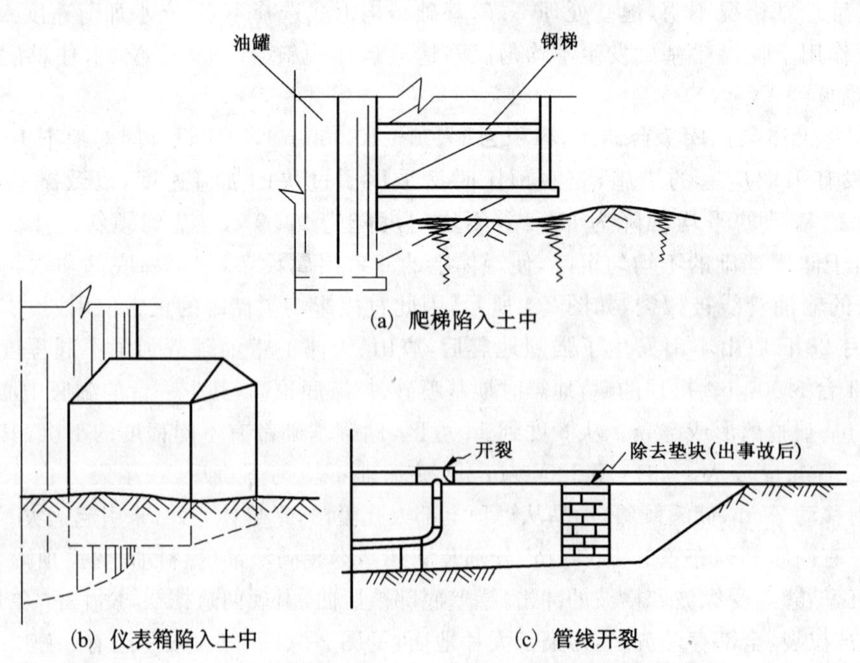

(a) 爬梯陷入土中

(b) 仪表箱陷入土中

(c) 管线开裂

图 2-4　储罐基础沉降后产生的其他灾害

图 2-5　天津化工厂两座 1 000 m^3 拱顶罐地震时严重破坏情况

图 2-6　天津化工厂两座 1 000 m^3 拱顶罐，发生“象足”现象失稳破坏情况

图 2-7　2 000 m^3 苯储罐地震后下沉情况

图 2-8　100 m^3 碱液储罐地震后倾斜情况

1972 年天津新港建造 4 座 5 000 m^3 油罐，罐直径 23 m，罐壁高 11.97 m，采用钢筋混凝土环墙基础。因工程紧急，没有进行钻探，基础根据距罐区 100 m 的钻探资料进行设计。该地区表层为吹填土，以下土层由淤泥质土、黏土、亚黏土等土层组成。油罐建成后，由于水源有问题，投产前没有进行充水预压，而于 1974 年 1 月 1 日一次装油 7 000 多吨，分装在 4 座油罐内。因加荷过快，基础发生突然沉降，4 天后测得沉降量分别为 32.5 cm、18.8 cm、54.8 cm、70.7 cm，40 天后测得沉降量分别为 95.2 cm、91.0 cm、108.5 cm、138 cm。基础地面隆起，周围出现环向裂缝和纵向裂缝。然后油罐放空后在 145 天内测量 4 次，其累计沉降量为 101.5 cm、95.5 cm、118.1 cm、142.9 cm。油罐投产后至 1979 年 4 月，其中一座油罐基础顶面已超沉到地面以下 10 cm，其余 3 座也仅露出地面 5～8 cm。

1978 年武汉建造 4 座 2 000 m^3 油罐，罐直径 15 m，高 13 m。基础做法只在地表沿罐周用片石砌成，高 0.50 m，埋深约 0.5～1.0 m。原勘察报告建议施工时将新填土、植物土层以及个别藕塘淤泥应清除。但到施工时，既未清除，也不做夯实处理。油罐建成后，开始充水预压，一次加荷将油罐充水达 2 000 t，一个月后地面隆起，开裂。当即卸荷，后又第二次加荷预压，一次加荷达 2 000 t，沉降很大，地面继续开裂，地表放射状和环状裂缝到处可见。根据油罐起吊后测得油罐中心总沉降约 91 cm，中心比边缘多沉降约 50 cm。

由于当地储油的紧急需要，对油罐进行就地修复。经分析研究后，对油罐地基进行分级缓慢加荷；每次加荷 400 t，使地基固结以提高承载力。罐基最大沉降为 73 mm，最小沉降为 39.6 mm，罐基最大倾斜为 0.09%。油罐自 1982 年 5 月投产以来，沉降小于 2 cm，生产情况良好。

上海某石化厂自1975年投产以来，曾发生两次油罐基础倾斜事故。一次124号油罐基础倾斜，124号油罐基础位于原有一条贝壳堤的上方，该堤是潮水涨落时，碎贝壳、泥砂等物就地沉积而成的。贝壳砂层下面为湿饱和状态的轻亚黏土层，再往下为重亚黏土和淤泥质亚黏土，也是湿饱和状态。油罐基础南面，原有一条混凝土道路通过。油罐建成后，在进行充水预压时，又在基础北面距离基础5 m处，开挖铺设雨水、污水的排水管道，如图2-9所示。加剧了基础北侧的地基下沉。油罐投产后，不均匀沉降逐年增加，至1980年7月测得基础南北倾斜53 cm。

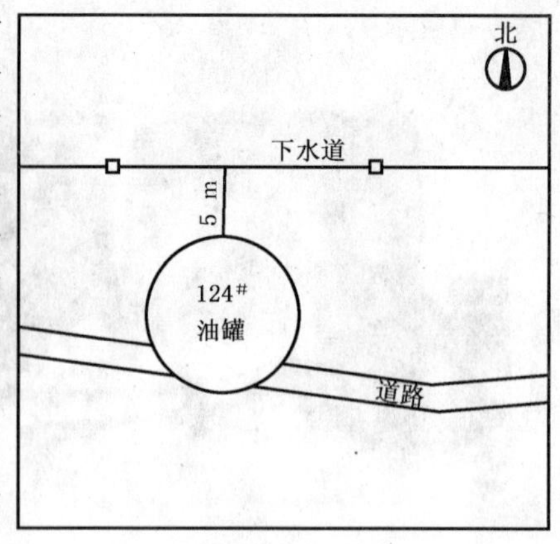

图2-9　124号油罐南边道路与北面下水道位置图

另一次为153号油罐基础的倾斜。153号油罐基础的东北面为天然河沟。基础开挖时，地基未经处理。油罐建成后，在进行充水预压时，就出现不均匀沉降，钢筋混凝土环墙基础产生垂直裂缝，油罐由西南向东北方向倾斜。

储罐基础因地基问题或震害引起破坏事故，在国外也是可见到的。

1952年挪威东南部DE Nordiske Fabriker A/s的炼制厂的鲸油罐区，新建一座直径25 m、容量6 000 m^3的油罐，罐基底部为35 cm厚的砂垫层，其上铺以15 cm厚钢筋混凝土板，地基为不均匀的海相软黏土，抗剪强度很低，根据十字板和触探试验求得的抗剪强度为20～30 kPa。空罐时的重量为5 500 kN，建成后在35 h内将5 000 m^3容积的水放入储罐内进行试验，此时罐总重为55 000 kN，基底的附加压力为112 kPa，在加荷2 h后，地基发生急剧流动而破坏，从而罐基发生局部倾斜破坏。卸荷后测得的沉降量为50 cm，挤出土的隆起高度为40 cm。

荷兰Rotterdam三个油罐建在细砂地基上。1968年夏天，其中两个罐在充水预压时，由于罐底板都有很大的沉降差而遭到破坏。破坏时底板的贴角焊缝在当时温度为50℉条件下发生脆性断裂，开始渗漏，而渗漏的水又冲刷土壤，增加其塑性。当水在土中达到饱和时，细砂的承载力将大部分丧失，以致使罐达到不稳定状态，罐底的一部分和基础受剪破坏。底板在渗漏范围内局部失去支承，促使了裂缝进一步发展。在距罐壁约2.1 m范围内，沉降差达15 cm。在油罐修复中，在罐底板下面挖了安放千斤顶的坑，使这些地方土的密实性减少了约40%～50%，同时又使罐底周围的石墙箍变得不稳定，因而又增大了罐周围的沉降差。

埃克森石油公司三个欧洲大油罐的部分基础和罐底发生了事故。第一座罐装有原油，幸运的是没有发生火灾。其余两座罐是在罐内充水时毁坏的。第三座罐在事故发生后，罐底的部分基础沿罐壁周边被冲毁约20 m宽、5.5 m深。除了油罐损坏外，一大段的防火堤也被冲毁。从该部位倾泻出来的水，还毁坏了几台焊机及其他设备。尽管罐壁没有受到破坏，但底板的环形板严重变形，必须更换。图2-10是沿罐底直径沉降的典型变形图。经调查分析主要由于地基土壤被冲刷，使罐的部分基础受到剪切破坏，失去支承能力，最后导致罐底的角焊缝出现裂缝，进而毁坏了罐底板并泄漏大量的罐内储液。

1964年6月16日日本新泻市北约20 km，粟岛以南附近海面上发生了里氏7.5级地震。这次地震中，石油化工企业受到了严重破坏。昭和石油公司新泻炼油厂在地震中油罐破坏后发生爆炸、火灾等二次灾害，浓烈烟火持续燃烧了15天，烧毁了储罐84座，新泻炼油厂火灾情况见图2-11。在地震中，储罐基础发生沙土液化和地裂，产生不均匀沉降储罐破坏，储油漏出。一台储罐的油流出着火，发生全厂性火灾。有的储罐因基础沉降而倒塌。新泻炼油厂轻油陆上发货站的震害情况见图2-11。

1978年6月12日日本宫城县海上发生里氏7.4级地震。东北石油公司仙台炼油厂有储罐约70座，共计可储油176万m^3。地震时，C-4罐区内三座大型储油罐遭到严重破坏，流出原油约68 100 m^3。由于防油(火)堤(日本称为防油堤)多处遭到破坏，整个厂区和沿岸海域均受到污染。其余储罐也受到不同程度的破坏。C-4罐区内T-217、T-218、T-224号油罐，由于储油流出，靠近储罐破坏处基础的砂垫被冲掉，设在砂垫周围的钢筋混凝土环墙被破坏或变形。以上三座储罐，因为储罐破损，基础又破坏，所以地震后无法测定其下沉量。T-121、T-131、T-221号油罐受到损伤，其下沉量平均值分别为40 mm、100 mm、47 mm，最大下沉量分别为47 mm、110 mm、61 mm，T-131的邻接油罐T-130平均下沉量为141 mm，最大下沉量为154 mm。

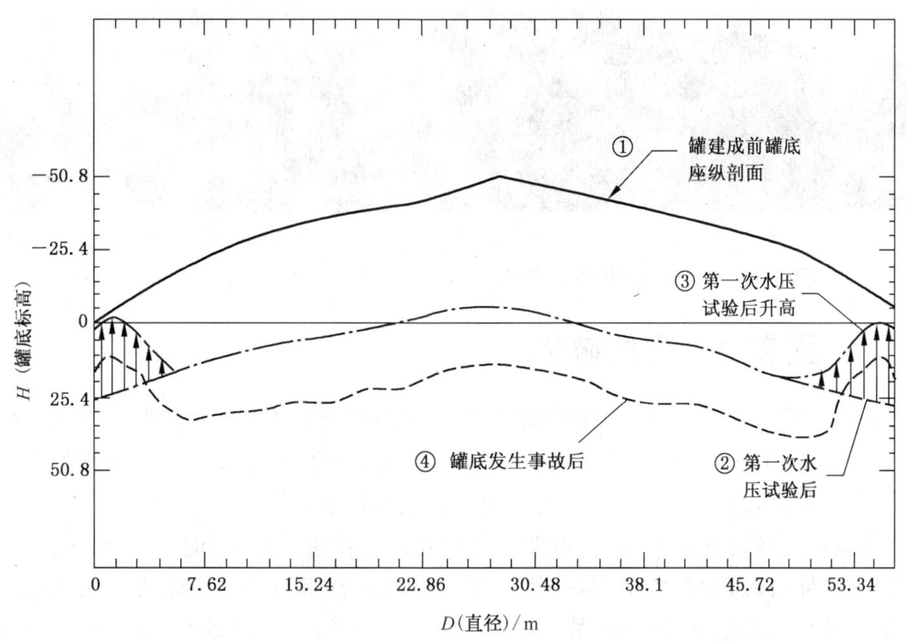

图2-10　埃克森石油公司第三座罐底典型变形图

地震后日本成立一个以奥村敏惠为委员长的委员会，深入到震害现场进行调查，调查了震害的实际情况，做了各种试验，分析了震害的原因。地震后又做6处钻孔调查，与以前钻孔资料进行对比分析。据钻孔资料所得，该地区地层由填筑砂层（地基改造层）层厚5 m、N值12～15（N为触探锤击数），砂层层厚5～20 m、N值10～30，黏性土层层厚10～20 m、N值5～10和10～30，砂砾层层厚2～5 m、N值30～50，凝灰岩层N值≥50等土层组成。地震前储罐基础的地基曾采用射水振捣工作法加固过，在改良地基上铺设压紧填砂层。地震后对该地区地质进行调查，从地质构造和状态来看，找不到储罐破坏的原因；从测定弹性波的结果，也没有能发现在受震害储罐周围发生了特殊地震动力的可能性；从地基N值的测定结果可以看出，地基改造效果是成功的，地震时地基没有发生液化，所以不能认为液化是这次震害的原因。从填砂层来看，加固得很好，很均匀。除了破损储罐外，其他储罐在地震后测得不均匀沉降都不超过$D/500$（D为储罐直径）。但是对沉降量较大的T-130、T-131油罐，观测到在罐侧板下的填砂层四周都有100～150 mm的下沉量，使罐的环形板一部分大大弯曲，这种下沉量同油罐在地震时储油水平之间有关，与通过地震动力试验造成下沉现象相吻合。

图2-11　昭和石油公司新泻炼油厂第一次火灾和第二次火灾情况（1964年6月16日18时左右）

图 2-12　昭和石油公司新泻炼油厂轻油陆上发货站的震害情况

二、储罐在强震中产生的破坏

石油化工企业的特点是设备林立，管线纵横，生产介质具有易燃性、易爆性、有毒性和腐蚀性。生产工艺是在高温、高压、低温或负压等条件下连续生产。因此，石化企业生产本身就潜在着极大的危险性。一旦遭受地震灾害，除直接震害外，尚可导致跑油、火灾、爆炸和溢毒等严重的次生灾害。设备抗震的目的不仅是避免或减轻设备的直接震害，更重要的是防止次生灾害的发生和扩展。

常压立式储罐(储液罐)为壳体结构，一般放置于基础面上，而不加锚固。储液罐充液后罐壁产生环向拉应力，由于储液压力是随深度增加，故罐壁设计成变壁厚的。从设备结构上看，常压立式储液罐承受液体静压力是非常有效的，能充分发挥金属抗拉能力。节省钢材耗量，减少设备投资。但其弱点为抗震性能较差。

1. 储液罐的振动极为复杂

它是由弹性储罐及储液的振动组成。地震时，储液罐出现两种类型的振动，即长周期振动和短周期振动。

(1) 储液和储罐耦连振动(短周期振动)，其基本周期在 0.1～0.5 s 间为加速度型地震所激发。振动引起的液体动压力称为脉冲压力。

(2) 储液晃动(长周期振动)，其基本周期在 3～15 s 的范围内系由远震的位移型所激发。振动引起的液体动压力称为对流压力。

由于过去的地震加速仪的频率特性所限，所记录到的地震波长周期分量失真，所以在各国的建筑物抗震规范中给出的地震反应谱限于 3 s 下的周期，而且通常采用 0.5 的阻尼为基准。而储液晃动的阻尼很小，如果储液是水，阻尼比约为 0.05，远远小于一般的结构阻尼；显然，这种地震反应谱不能计算储液罐的晃动反应。

我们所采用的反应谱，周期小于 3.0 s 谱值，采用 GB 50011—2001《建筑抗震设计规范》的条款，并将周期由 3.0 s 延长到 3.5 s。3.5 s 以上的谱值，则由国内科研单位参照国内外有关地震资料规定了长周期(T=3.5 s 到 15 s)的加速度谱值。据此谱值，提出了有关抗震验算的方法。

日本的设备抗震规范中提出了两种设计用地震力。第一设计地震力采用地震动加速度作为设计参数，适用于短周期的耦合振动；第二设计地震力采用地震动的速度或位移，适用于长周期的储液晃动。在美国和日本的储油罐抗震设计规范中还给出了长周期的反应谱，但数值及形式上均不同。

由于长周期地震反应计算还存在问题，各国规范规定的谱值，计算方法及有关系数各异，故在进行抗震计算时，应注意其计算结果：①要符合实际储液罐的震害情况；②切莫因抗震计算不当，而增加能满足抗震要求的壁厚。

储罐是石油化工厂用于储存石油和石油化工产品的主要设备。这种储罐从结构上看，是稳定性较差的薄壁圆筒，罐内盛有易燃易爆的介质。如果在地震时发生破坏，就可能造成灾难性的后果。1964

年美国阿拉斯加地震和日本新泻地震中，都发生过油罐破坏起火、爆炸的实例。其中日本的昭和石油公司新泻炼油厂因油罐破坏，厂区大火燃烧了 15 天之久。1978 年日本宫城县地震，因三座大型油罐破坏，流失原油 6.8 万 m^3，厂区及沿海地区污染严重。所以，对于处在地震设防区内的储罐，特别是油罐，应进行抗震计算必要时应采取加固措施。这不但是为了储罐本身的安全，以便在震后能够很快的恢复使用，更重要的是为了确保储罐所在地区的安全，防止发生火灾、爆炸等严重的次生灾害。

2. 在国内外历次较大地震中，储罐多次遭受损坏。储罐的主要震害为

(1) 在罐壁下部出现局部或整圈壁板的皱曲（“象足”现象）。它是在地震作用下，由于倾覆力矩使罐壁一侧轴向压应力超过临界应力而失稳，或是动液压力作用使罐壁在环向应力和压应力共同作用而屈服。

(2) 罐底环板和底部壁板连接处贴角焊缝断裂。由于罐内液体在地震时的冲击压力，液面晃动的影响，使贴角焊缝处的剪应力超过剪切强度而拉断，或因罐底基础不均匀下陷而使角焊缝破裂。

(3) 浮顶及附属设备的损坏。由于液体晃动，使浮船倾斜弯曲，脱轨沉没，罐顶滑梯折断变形。

(4) 因储液晃动及底部破坏而大量漏油造成负压，使顶部壁板失稳破坏。

(5) 因储罐产生横向位移，使连接管线避雷，接地设施破坏，由雷击、静电、浮顶撞击引起火灾或爆炸。

(6) 由于储罐基础土层液化，或储罐、管线破坏以后液体的冲撞，使储罐地基失去承载力，因而造成储罐的破坏。

储罐在地震中的可能损坏形式见图 2-13。

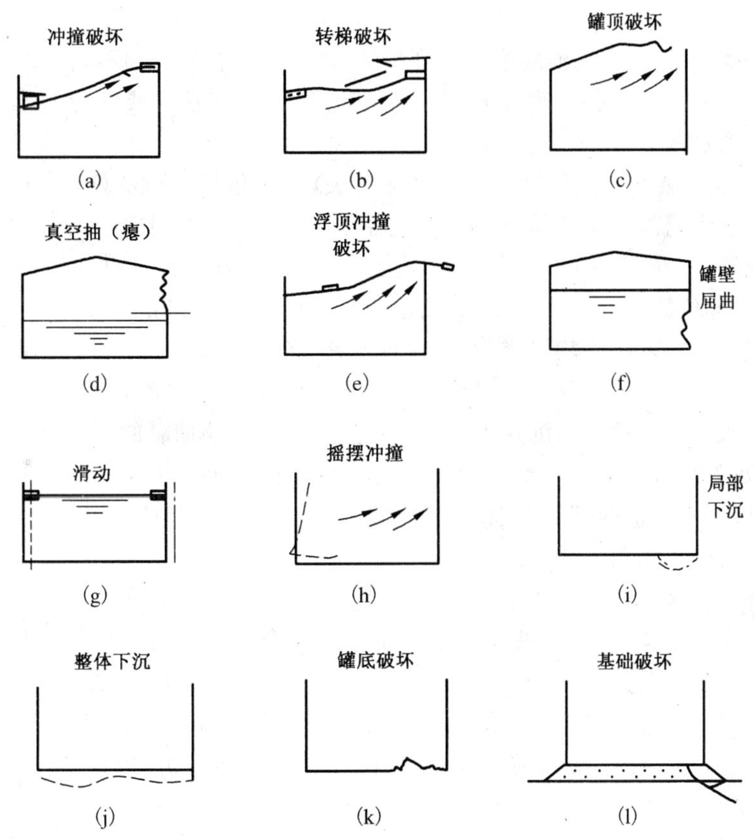

图 2-13　储罐在地震中的损坏形式

1976 年唐山地震中，储罐破坏情况如下：

1976 年唐山地震时，处于烈度 9 度区的天津化工厂，有两台并列布置的 1 000 m^3 储罐，两罐净距 1 m。当时有一座储罐装满油；另一座存油约 1/2。地震时，两罐顶部相互碰撞，装满油的罐破坏严重，在罐底以上约 0.5 m 范围内，沿罐壁周围产生二道折皱（一般称之为“象足”），罐壁出现裂口达 3～4 处，最大裂口长约 100 mm，宽 450 mm。油罐顶部接管拉脱，底部接管与罐壁接合处断裂，罐内储油全部溢出，污染了大片厂区[见图 2-1(b)和图 2-14]。

处于烈度为 11 度区的唐山高各庄油库的一座 1 000 m^3 汽油罐，基础周围大量喷水冒沙，底板被拉开长 2.25 m、宽 0.15 m 的裂口，罐内储存的 300 多吨汽油全部漏掉。

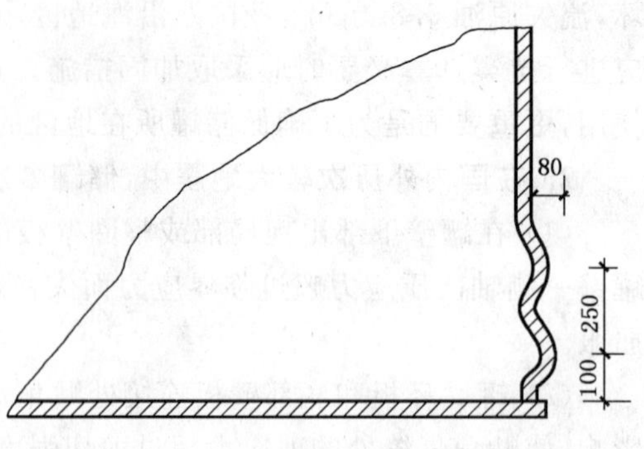

图 2-14 天津化工厂 1 000 m^3 储罐罐壁折曲详图

三、储罐基础破坏分析

储罐与基础破坏事故实例说明，储罐这类构筑物，一旦遭到地基较大不均匀沉降、地震或其他原因引起的破坏，不但储罐不能正常使用，而且往往会引起管道断裂，大量泄漏油品，污染环境甚至发生火灾、爆炸等次生灾害，不仅在经济上蒙受损失，而且危及生命。因此储罐设计特别是储罐基础一定要安全牢靠。

导致储罐基础破坏的主要因素是地基土层的不均匀以及地基液化等。储罐基础的地基变形特征，主要包括基础的沉降量、相对倾斜、周围土的地面沉降、地基土的深层沉降及土的侧向变形等。直接影响储罐使用的是基础的不均匀沉降和倾斜。根据工程实例调查研究，在地基土质较差的地区，建造储罐的实测资料的分析说明，影响储罐基础的不均匀沉降与倾斜的因素是多方面的，概括起来主要有以下几点：

(1) 储罐基础破坏由于罐内进油或进水速度较快，地基局部软弱引起不均匀沉降，造成局部边缘剪切破坏。如上海某厂的 124 号油罐、武汉某厂 4 座油罐及 1952 年在挪威新建的 6 000 m^3 油罐基础破坏，均属于这类原因所造成。

(2) 储罐基础倾斜主要与建造储罐场地的好坏有关，其中包括土质的好坏，土层是否均匀，是否存在地质缺陷，如地层内有暗浜或墓穴、防空洞、大直径下水道等。例如上海某工程 4 台 54 000 m^3 的大型储气罐，每台总荷载为 166 240 kN，基底平均压力为 107 kPa，相邻储气罐的净距均为 44.5 m(一倍储气罐直径)，其中 2 号储气罐在充水试压后，实测基础平均沉降是 44.9 cm，最大沉降是 52.3 cm，倾斜为 10 cm，投产两年多后，实测基础平均沉降为 62.4 cm，最大沉降达 107 cm，基础倾斜达到 20%。影响了储气罐的正常使用。据调查证明，靠近 2 号储气罐北面在地下 5 m 多深处，有一条老河道，使地基抵抗变形的能力降低，导致 2 号储罐北侧沉降较大。类似这种场地影响储罐的例子是不少的。

(3) 储罐基础处在饱和粉土或砂土上，在地震作用下，地基土发生液化，导致储罐基础大量沉降。如 1976 年唐山地震时，有的满罐基础的地基喷砂。1964 年日本新泻地震时，不少储罐基础发生砂土液化，造成储罐基础大量的不均匀沉降。

(4) 储罐的平面布置往往小于一倍储罐基础的直径，造成相互之间的影响。很多实测资料分析说明，单个储罐的底板变形是中间大、边缘小，但从成群布置的储罐实测沉降资料来分析，有不少底板变形是中间小、边缘大，而且基础沉降量也比单个储罐的沉降大。这主要是基础的相互影响所造成的，储罐之间布置越近，相互影响的沉降就越大。例如上海某工程 6 台储罐，基础直径为 44.74 m，相邻储罐的净距为 7 m，实测结果 6 台储罐底板变形均是中间小、边缘大。经分析，由相互影响产生的沉降占储罐本身的沉降约 40%左右。

其他如单面降低地下水进行井点降水，邻近基础的土方大开挖以及气动打桩施工等都是造成储罐基础产生大量沉降和倾斜或破坏的原因，其结果是上部储罐的焊缝拉断、壁板屈曲、连接管线断裂等。

因此，对储罐的防震抗灾对策必须立足于以防为主，做到事故前预防，发生事故抢救，事故后抢修，特别要防止次生灾害的发生和蔓延，将地基或地震造成储罐破坏的损失减少到最低限度。

为了避免储罐基础的破坏，在储罐基础设计前，应按本书第一章有关场地选择和工程地基勘察规定进行罐区场地选择和详细工程地质勘察工作，提供准确全面的工程地质资料。对大型储罐在工程地质勘察时，要查明场地不良地质，了解其分布情况和成因，以及对场地稳定性的影响，防止储罐基础下有未探明的旧河道、墓穴等情况。一般要求大型储罐作区域性的工程勘察，应尽量避免在容易产生地基液化，不均匀的软弱土层，以及河岸滑移等地段建造储罐；尽量避免一部分基础落在岩石上、坚硬原状土层上，而另一部分落在软弱土层或回填土上，如果不能避开应采取有效措施，防止基础的不均匀沉降。对于建在软弱地基上的储罐，可根据工程地质具体情况按储罐基础采用各种地基处理的经验中选用一种或两种方法进行地基处理和加固工作。要根据储罐类型、工程地质条件等因素选择合适的储罐基础型式。在软弱地基上建储罐，如采用钢筋混凝土环墙基础，对防止储罐基础不均匀下沉和罐体倾斜，可以收到良好的效果，这一点已经唐山地震证明。如 8 度区的塘沽某食油库，5 000 m^3 油罐建在吹填土上，储罐基础采用环墙基础，效果较好，未发生震害现象。

储罐基础要免遭破坏，除了精心做好的储罐基础设计外，还必须认真做好基础的施工，基础必须按规范有关规定进行施工和验收，确保基础的施工质量，满足罐体的安装要求。

对罐体充水试验时，进水不能太快，严格控制进水速度，以便对地基进行预压加固，并要坚持进行基础沉降观测等工作。

第三章

储罐基础设计与地基承载力计算

一、储罐基础设计

1. 储罐对基础的设计要求

石油储罐类型很多，目前立式圆筒形钢制储罐最为广泛采用。下面简单介绍这种类型储罐基础的特点与设计原则，基础型式的选择，以及环墙式基础设计的要点等问题。

储罐作为一种结构，它必须能够经受得住所储存油品的液体压力或煤气的气体压力，并且必须具备有足够的密闭性，以存装气体或各类的油品或化工产品。

储罐是由钢板焊成的薄壁容器结构，具有柔性大、刚度小的特点，因而能经受起一般建筑物、构筑物所不能经受的地基沉降变形。有的储罐基础即使产生较大的沉降，只要是均匀沉降，仍然不影响储罐的使用。

储罐的底板是用很薄的钢板焊制而成，当沉降发生时，仍能和下面的基础保持接触，能够使荷载均匀地分布在地基土壤上，所以对基础和地基的受力情况比较明确。

储罐的自重与满载时的重量相比要轻得多。而油品的重度和气体的重度都要小于水的重度。如果地基的承载力不足，就要利用试水阶段的荷载采用分阶段进水来预压地基。因此，储罐基础有时出现事故，常常是因没有经过事先试水预压，而产生基础的较大的不均匀沉降。

储罐的外形是直径大、高度低的“矮胖”型结构，所以受风力的影响很小，只有在台风或地震作用下且它又是空罐时，才可能产生移动。所以在风力大于10级地区或9度地震区建罐时，才考虑储罐与基础的锚固问题。

总之，对储罐基础进行设计时，应考虑以下要求：

(1) 地基应首先满足储罐的自重和试水重量的总荷重，不能满足必须通过储罐试水来预压地基；或对地基进行处理，提高复合地基的承载力。

(2) 储罐地基的总沉降和不均匀沉降都必须满足储罐允许沉降和倾斜的要求，有时虽可能超过这一规定，但也不能影响储罐的正常使用。

(3) 储罐的底板一定是中间高，四周低的预起拱，以便底板变形后不致于拉裂焊缝或造成角焊缝破坏。如果储罐底板变形后，出现凹形罐底，就会使这部分储存的液体成为“死角”。

(4) 在地基沉降变形较大的地区建储罐时，基础必须预抬高安装标高，以使最终沉降稳定后的罐基础必须高出四周地面，以免积水，影响储罐的使用。

(5) 储罐基础建在土质较差地区，可能会出现较大的沉降，因此储罐与管线的连接必须采取措施，最好是采用柔性管接头或波纹管连接。

2. 储罐基础的特点与设计原则

储罐基础的特点不同于一般建筑物的基础，下面简单说明储罐基础的特点和储罐基础的设计原则。

(1) 罐基础的特点

罐基础的特点主要是：

1) 对于地基承载力的要求不高。容量为2万～15万 m^3 的储罐，罐壁高度从6～21.8 m；因此，根据储罐容量不同，地基承载力达到250 kPa即可满足要求。

2) 工艺生产对基础沉降的要求不很严格。储罐基础均匀沉降50 cm～1 m时，对工艺生产操作没有什么影响，有的储罐甚至沉降达1.5～2 m还在继续使用。

3）储罐自重与满载时的重量相比，要轻得多。因此，基础的沉降往往要在试水后或投产经过相当一段时间才能完成。如果地基承载力不足，而在试水期或投产初期加荷太快，就有可能产生太大的地基变形，甚至破坏。因此，储罐基础事故往往发生在试水期或投产初期。

4）储罐本身是柔性结构，在一定程度上能够适应地基的不均匀沉降。但在设计时要十分重视不均匀沉降对罐体结构的影响。

（2）储罐基础的设计原则

1）地基应能支承罐体和贮油的重量；

2）地基不均匀沉降不应超过储罐容许值；

3）基础最终沉降量必须满足工艺管道的使用要求；

4）罐基础应高出地面，以免积水，甚至可能影响使用；

5）基础沉降较大的地区，设计应考虑储罐基础的预抬高基底标高的措施。

各种储罐可分为大型、中型、小型三类，这三类储罐对地基承载力的要求也不同，见表 3-1。

表 3-1 储罐分类表

序号	储罐类型	储罐公称容积/m³	地基承载力/kPa
1	大型	2 万～15 万	≥250
2	中型	＜2 万～1 千	≥200
3	小型	＜1 千	≥120
注：储罐分浮顶、内浮顶、拱顶（固定顶）三大类。			

3. 护坡式基础

护坡式基础一般用于地基较好、固定顶盖的拱顶罐基础，以及容积较小即使用于中型与小型储罐，且为活动顶盖的浮顶罐基础。若地基土的承载力能够满足油罐荷载的要求，且沉降量较小时，可选用护坡式基础，见图 3-1(a)～图 3-1(d)，材料可采用碎石灌浆护坡、石砌护坡、混凝土护坡等。

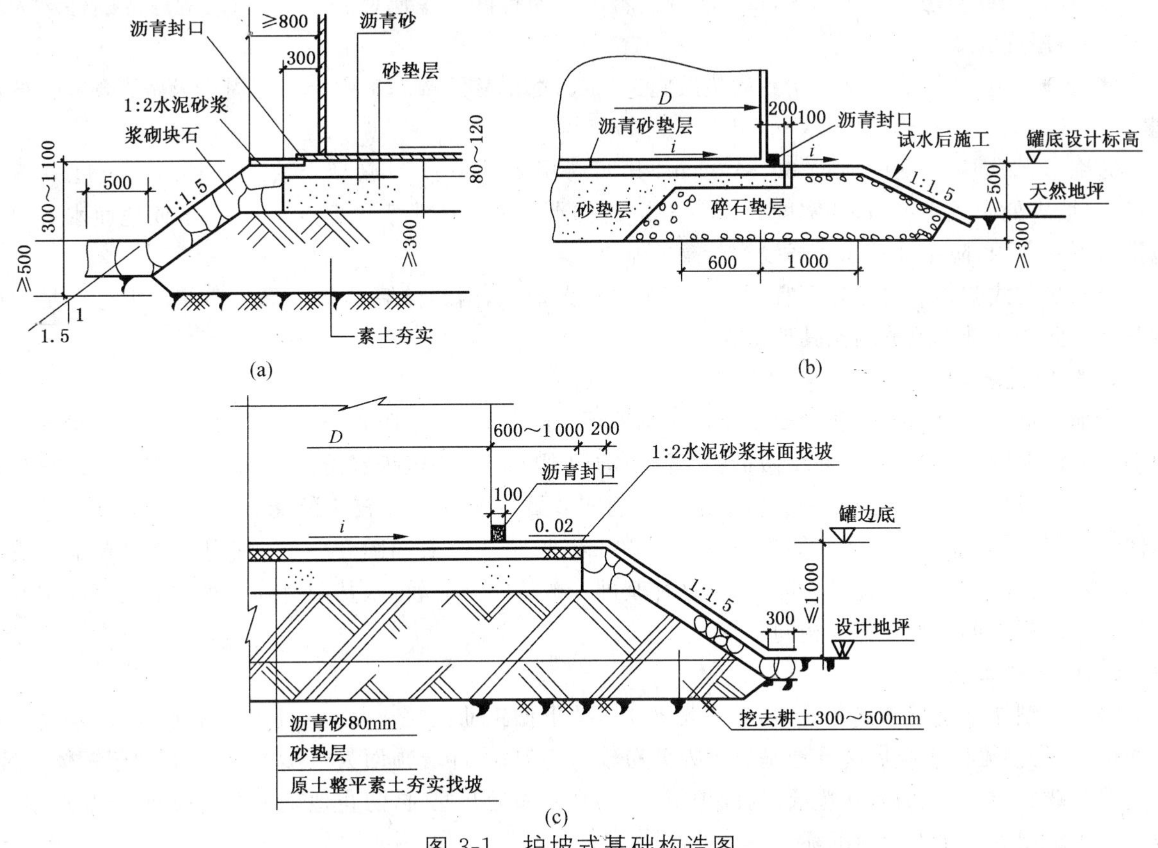

图 3-1 护坡式基础构造图

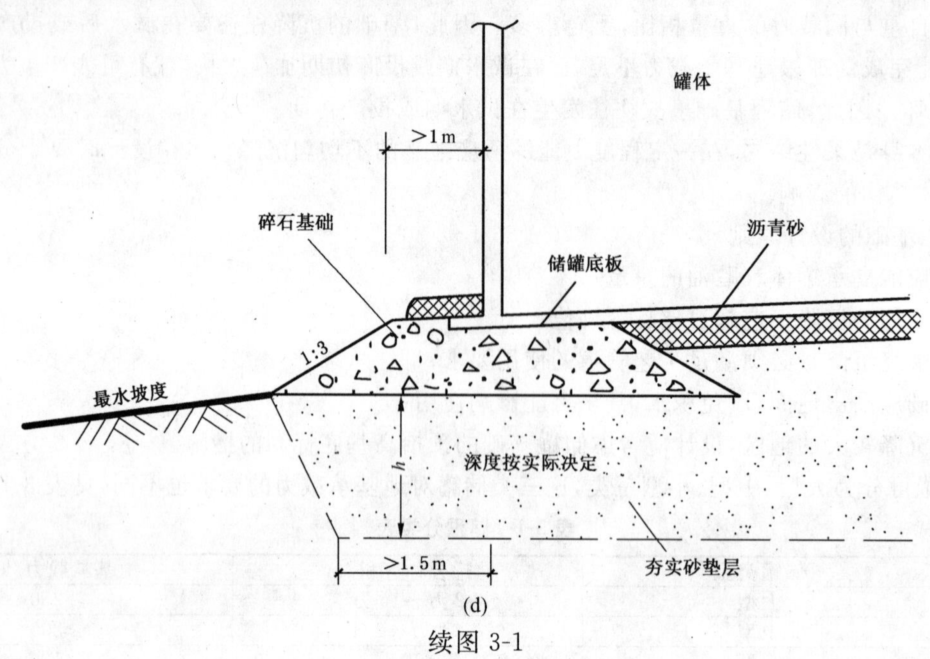

(d)

续图 3-1

护坡式基础的一般做法：首先挖掉场地内地基表面的耕土层和有机物之后，再压实基层的地基土，这时要特别注意雨水的排泄，绝不能让水浸泡储罐的地基土。然后根据工艺安装设计标高决定基础填实的材料；当基础填实高度小于 1 m 时，基础可直接做砂垫层；当基础填实高度超过 1 m 时，可按回填土施工的要求，施工一部分土垫层、灰土垫层或碎石垫层，这层的总厚度最好不超过 1 m，之后在这层垫层上直接施工砂垫层；如果当地建筑砂很便宜，也可把全部厚度直接做砂垫层，砂垫层上施工沥青砂绝缘层。有时为了防止施工沥青砂绝缘层时将砂垫层表面的砂扰动得很乱，可以在砂垫层上先铺一层 2～5 cm粒径的碎石层（厚度 5～8 cm），然后接着再做沥青砂绝缘层（沥青砂绝缘层的厚度随储罐大小而定，一般厚度为 8～10 cm）。

储罐基础施工时，从挖土开始到砂垫层施工完成，都要从储罐基础中心向四周边缘做成预起拱的坡度，该坡度根据储罐直径的大小一般定为 1.5%～5%。

储罐基础应高出设计地面 30～50 cm，其四周用毛石或预制混凝土块铺砌护坡。坡度一般为 1：1.5，坡脚处砌成排水沟，其宽度为 50～80 cm，排水坡度不得小于 1.5%，以将雨水或地面水有组织地排入下水井内，防止排水不通畅浸泡储罐的基础。

采用护坡式基础的缺点是不宜用于地基沉降较大地区，因为储罐基础沉降大会使周围毛石护坡砌体开裂。此种基础占地范围比其他型式的大。

4. 护圈式基础

当地基地基土能满足承载力要求及建罐场地不受限制时，为了阻止土层侧向变形，须设置护圈。国外常用钢筋混凝土环墙、板桩环墙做护圈。国内的护圈式基础一般用红砖砌护圈墙，厚度为 24～37 cm（也有用钢筋混凝土现浇的）。一般用于生产车间或装置内部容积比较小的储罐（100～500 m^3 的固定顶储罐）。其特点是护圈墙离开储罐壁板 10～20 cm，见图 3-2(a)和图 3-2(b)，宜用于储存高温介质的储罐，能使储罐底板处的温度局部降低。这种基础一般用于土质较好、基础沉降较小的地区。而护圈内的材料铺设与护坡式基础基本相同。

5. 环墙式基础

对于大型储罐或罐壁较高的储罐，一般要在罐壁下做钢筋混凝土环墙（环墙式基础）。环墙式基础的作用是：①使罐体荷载传递给地基的压力分布较为均匀；②环墙顶面为坚实的水平面，便于罐体安装；③环墙为罐底回填土（例如砂垫层）的围护结构，在罐的邻近开挖时，防止地基土流失；④起防潮作用；⑤防止产生罐周过大的不均匀沉降。

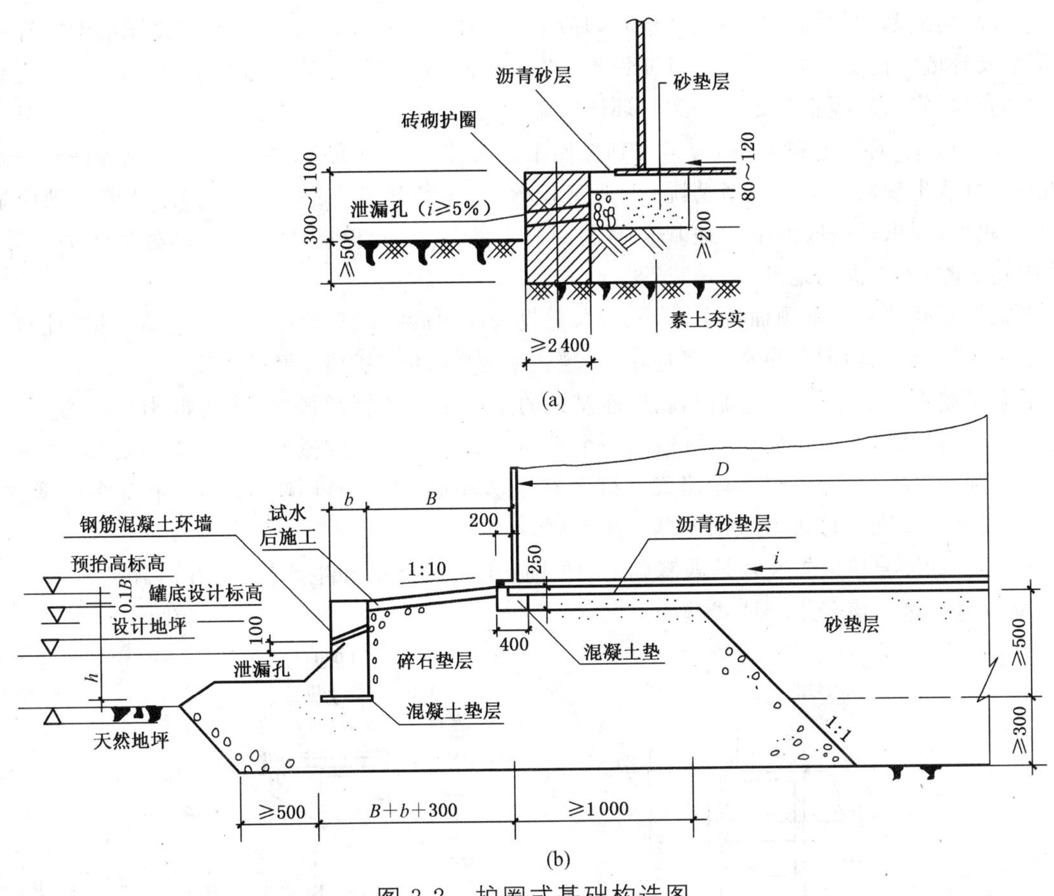

图 3-2　护圈式基础构造图

土质较差、地基承载力不足、基础沉降较大的储罐基础，均采用环墙式基础，其特点是将储罐壁板直接搁置在环墙上，环墙一般采用钢筋混凝土结构。环墙内铺设的砂垫层和沥青砂等材料的构造和做法，与护坡式基础的基本上相同[图 3-3(a)、图 3-3(b)]。环墙设计时合理地选择截面尺寸，是很关键的问题。环墙高度除按工艺安装标高和考虑基础沉降采用预抬高标高外，尚须考虑环墙基础刚度能不能适应可能出现的基础不均匀沉降的情况。对土质均匀性差或沉降较大的地基，环墙基础刚度应适当加大；

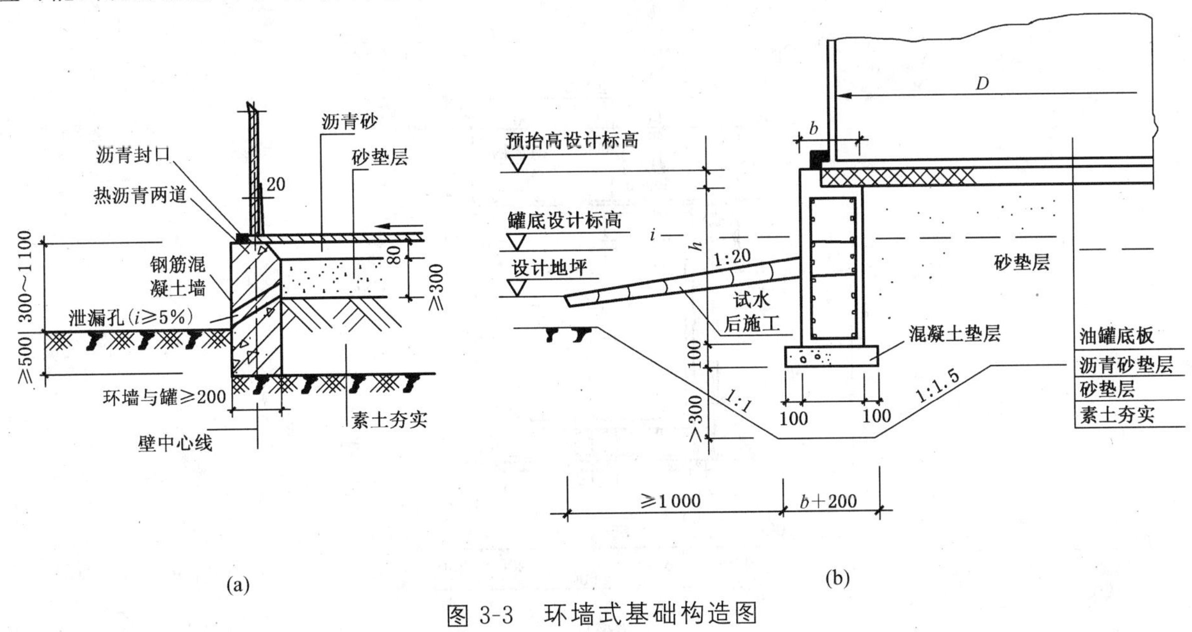

图 3-3　环墙式基础构造图

而对土质较均匀或基础的沉降又不大的地基，环墙基础的刚度可设计得较小。有关详细确定环墙的厚度、配筋率及环墙上荷载计算等问题，可详见本书“第八章环墙式基础的内力分析与配筋”。但设计时环墙中心线的直径宜与储罐直径尽量一致。环墙基础中心线的直径应与储罐的公称直径相同。环墙厚度应不小于 300 mm。环墙基础高度，应考虑到按照工艺安装标高和沉降预抬高量，还应考虑到环墙基础刚度能适应可能出现的不均匀沉降情况；当地基较软、均匀性较差，或沉降较大时，环墙基础应适当加高、加大。此外，要求环基底面下的地基土单位面积上的压力，与储罐下面同深度处的压力大致相等。储罐基础施工时，不应扰动地基土。

关于施工期间油罐基础顶面找平，以及试水与投入使用后的调整油罐不均匀沉降，都要注意到使基础顶面平整，罐壁荷载均匀分布在环墙基础上，罐底板防腐，环墙基础能经久耐用。

为了避免储罐底板变形后，壁板和底板连接处的角焊缝与环墙顶面接触，可能出现应力集中，产生危险性破坏，所以环墙顶面内侧边角宜做成一个不小于 20°的斜角，或做成 $\beta=1:2$ 的斜面，并可把沥青砂绝缘层铺到罐底板边缘。此外，环墙式基础还有矩形环墙、工字形环墙、箱形环墙等多种形式，如图 3-4 所示。这类大截面的环墙一般用于储气罐基础。

实践证明，储罐直接放置在环墙式基础上，便于施工安装储罐和生产操作，并可降低维修费用。因此，大型储罐基础都应该采用环墙式基础。

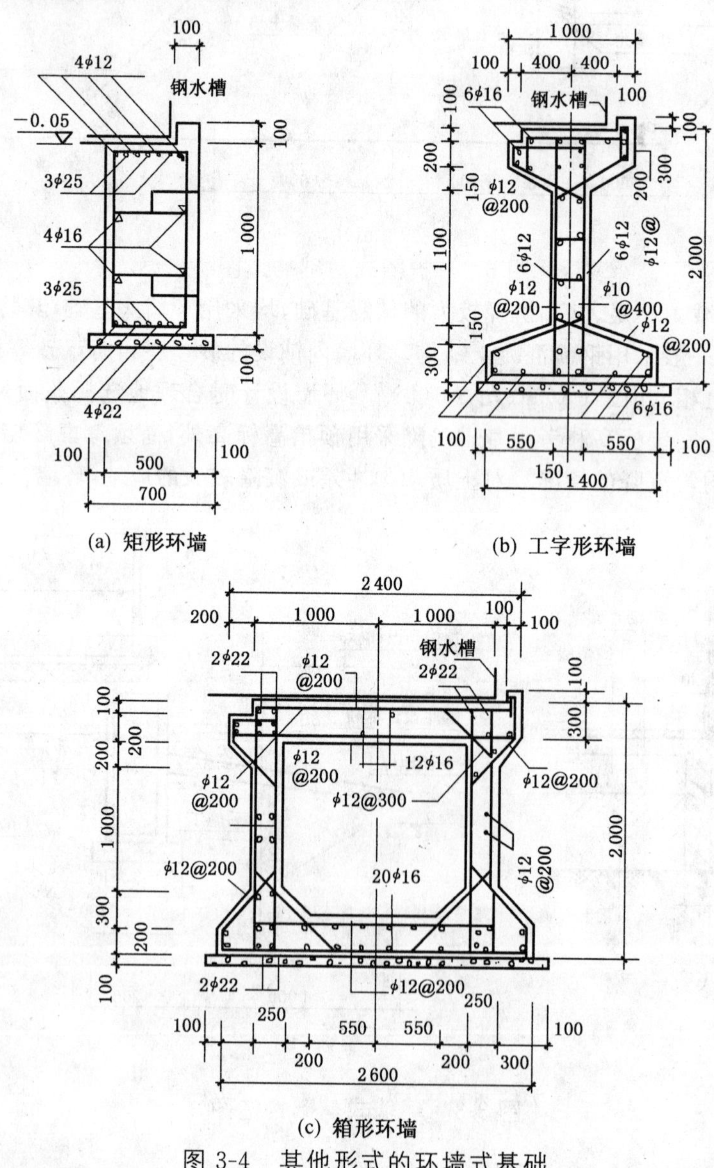

图 3-4　其他形式的环墙式基础

6. 装配式环墙基础

大型储罐环墙的周长超过 100 m,属薄壁超长结构若施工不当容易在环墙上产生裂缝,为了解决混凝土温差收缩等引起的裂缝,因而改为装配式环墙基础。

储罐基础采用装配环墙式基础,其主要优点是能加快工程进度,节省模板,解决了现浇钢筋混凝土环墙因薄壁超长结构容易由温差与收缩应力引起环墙的裂缝问题。

采用装配环墙式基础时,首先根据储罐基础的直径 D 确定预制环墙的分块大小及数量,然后预留出环墙的接头缝,缝宽一般采用 20～30 cm;钢筋锚入缝内,形成暗柱配筋;环墙板安装就位后支模,浇灌接缝处采用高一级标号混凝土(图 3-5),以便将环墙连成整体。

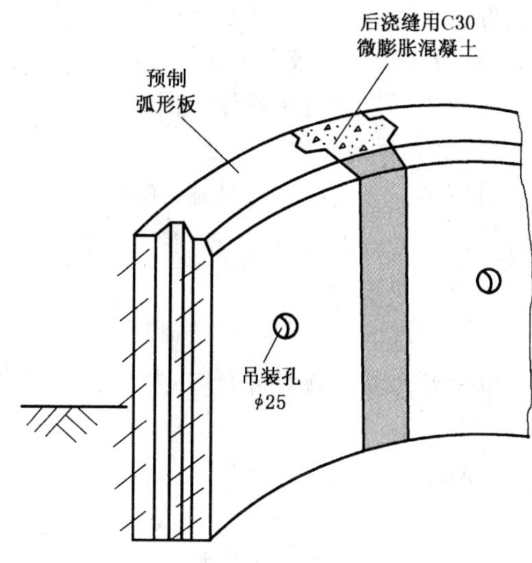

图 3-5 装配环墙式基础

7. 其他基础形式

除了上述介绍的 4 种储罐基础的形式外,其他的基础形式还很多,这里不一一介绍。下面只介绍两种特殊构造的基础。

(1) 第一种是抗风抗震的储罐基础。在台风较多的地区建中小型储罐,当储罐内没有介质储存时易发生储罐的整体位移。这种情况的储罐往往是容积比较小(500 m^3 以下),而台风特别大,接近于飓风时易发生,因此在储罐基础四周用预埋地脚螺栓加以锚固(图 3-6)。预埋螺栓的直径 ϕ 至少要≥20 mm,间距不大于 4 m。

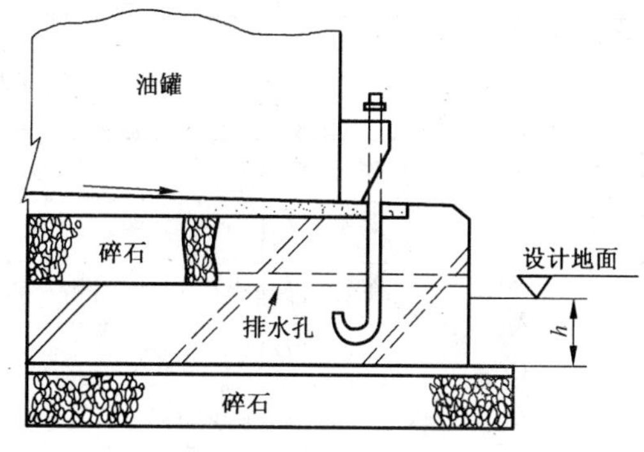

图 3-6 储罐基础四周预埋地脚螺栓

在地震设防地区建储罐,由于炼油和石油化工企业的生产过程具有严格的条件,原料和产品的储存都具有易燃、易爆等特性,又经受不起强烈地震的袭击,所以如果储罐的抗震能力不足,或者由于处置不当,都可能引起着火、爆炸、溢毒等严重事故;出事后若不及时扑救、制止蔓延,则可能给整个企业造成毁灭性的破坏,这在国内外震害史上是不乏先例的。正是基于这样的情况,所以在储罐区整个设计中,都要考虑抗震设防,包括储罐与管线的连接、储罐基础、防火堤等全套设施的抗震设防措施,详细可见《石油化工企业抗震防灾对策》(1988,地震出版社)。

(2) 第二种是储存高温油品的储罐基础。储罐内储存介质温度大于 80～120 ℃,在与储罐底板接触的表面,应采取隔热措施,其做法见图 3-7,要求在储罐底板下先平铺一层浸过沥青的砖,再做一层砂垫层,其厚度要大于或等于 25 cm,其目的是降温隔热。在上述二层以下的做法,与普通储罐基础的做法基本相同。

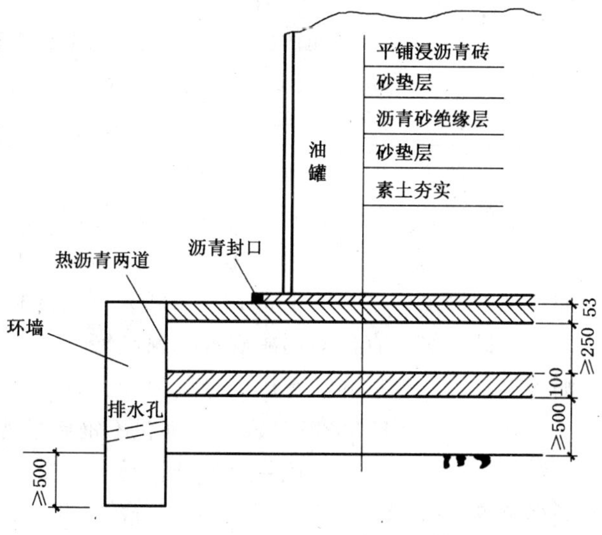

图 3-7 储存高温油品的储罐基础

8. 基础的材料与构造要求

储罐基础不论采用哪种基础形式,都离不开铺填砂垫层和沥青砂绝缘层这两种基础材料,现介绍这两种基础材料的基本要求。

砂垫层是储罐基础中普遍采用的一种铺垫材料,砂宜采用质地坚硬的中、粗砂,亦可采用最大粒径不超过 20 mm 的砂石混合物,不宜采用细砂,不得采用粉砂或其他含水冰结砂石。当地如果缺少砂源，也可采用粉细砂加石屑、工业废渣等材料代替，其最大粒径及级配宜通过试验确定。

砂中不得含植物残体、垃圾等杂质，应级配良好。当使用粉、细砂时，应掺入25%～30%的碎石或石屑，最大粒径不宜大于20 mm。对湿陷性黄土地基的储罐基础，不得选用砂石等渗水材料。对掺入的石屑一定要在施工前过筛，不得掺用石粉。工业废渣，主要是高炉矿渣及铜矿渣，是很好的铺垫代用材料。但钢渣因其具有膨胀性及不稳定性，使用前必须经过结构稳定性试验，掌握其性能并满足设计要求后方可使用。

对于有的储罐基础因垫砂厚度太大需要填素土时，土料中有机质含量不得超过5%，亦不得含有冻土或膨胀土。当含有碎石时，其粒径不宜大于50 mm。用于湿陷性黄土地基的素土垫层，在土料中不得夹有砖、瓦和石块。

对于在湿陷性黄土地基上建储罐，其基础中的砂垫层可改用灰土垫层，灰土的体积配合比宜为2∶8或3∶7。土料宜用黏性土及塑性指数大于4的粉土，且不得含有松软杂质，并应过筛，其颗粒不得大于15 mm。灰土宜用新鲜的消石灰，其颗粒不得大于5 mm。

经夯实后的砂垫层或其他土垫层处理后的地基，由于理论计算方法至今还不够完善，或由于较难选取有代表性的计算参数等原因，而难于准确确定其垫层的承载力。对大型储罐基础可通过现场试验确定；对一般储罐，当无现场试验资料时，可参考表3-2选用。

表3-2　各种垫层的承载力

施工方法	铺填材料的类别	压实系数λ_c	承载力标准值f_k/kPa
碾压或振密	碎石、卵石	0.94～0.97	200～300
	砂夹石(其中碎石、卵石占全重的30%～50%)		200～250
	土夹石(其中碎石、卵石占全重的30%～50%)		150～200
	中砂、粗砂、砾砂		150～200
	黏性土和粉砂($8<I_p<14$)		130～180
	灰土	0.93～0.95	200～250
重锤夯实	土或灰土	0.93～0.95	150～200

注：1. 压实系数小的垫层，承载力标准值取低值，反之取高值；
2. 重锤夯实土的承载力标准值取低值，灰土取高值；
3. 压实系数λ_c为土的控制干密度ρ_d与最大干密度ρ_{dmax}的比值；土的最大干密度宜采用击实试验确定，碎石或卵石的最大干密度可取2～2.2t/m^3；
4. 本表取自JGJ 79—2002《建筑地基处理技术规范》。

上述各种垫层的承载力主要参照了JGJ 79—2002《建筑地基处理技术规范》中按压实系数控制的压实填土的地基承载力取值。表3-2所列的压实系数资料主要是根据GB 50007—2002《建筑地基基础设计规范》中规定的击实试验方法取得的。因此，在计算换填垫层的压实系数时，采用的最大干密度可参照相似的国家标准GB/T 50123—1999《土工试验方法标准》中规定的轻型击实试验方法求得。

沥青砂绝缘层直接与储罐底板接触，起到隔潮和减少土壤电化学腐蚀钢板的作用。沥青绝缘层又分沥青混凝土绝缘层和沥青砂绝缘层两种。而目前在储罐底板下铺设的绝大部分是沥青砂绝缘层，其施工方法可参照SH 3528—1993《石油化工钢储罐地基与基础施工及验收规范》。

沥青砂绝缘层的配合比一般为(质量比)7∶93，即沥青7∶中砂93(并掺一部分滑石粉)。当储罐内介质温度低于80 ℃时，宜采用60号甲(或60号乙)道路石油沥青或30号甲(或30号乙)建筑石油沥青配制；当储罐内介质温度高于或等于80 ℃时，宜采用30号甲(或30号乙)建筑石油沥青配制。石油沥青的技术指标见表 3-3。

表 3-3　石油沥青的技术指标

名称及标准号码	标号	针入度(25 ℃，100 g)/(1/10 mm)不小于	延伸率(25 ℃)/cm 不小于	软化点(环球法)/℃ 不低于	溶解度(三氯甲烷、三氯化碳或苯)/% 不小于	蒸发损失(160 ℃，5 h)/% 不大于	闪点(开口)/℃ 不低于	水分/% 不大于
道路石油沥青	200 号	200～300	—	—	99	1.0	180	0.2
	180 号	161～200	100	25	99	1.0	200	0.2
	140 号	121～160	100	25	99	1.0	200	0.2
	100 号甲	81～120	80	40	99	1.0	200	0.2
	100 号乙	81～120	60	40	99	1.0	200	0.2
	60 号甲	41～80	60	45	98	1.0	230	痕迹
	60 号乙	41～80	40	45	98	1.0	230	痕迹
建筑石油沥青	30 号甲	21～40	3	70	99	1.0	230	痕迹
	30 号乙	21～40	3	60	99	1.0	230	痕迹
	10 号	5～20	1	95	99	1.0	230	痕迹
普通石油沥青	75 号	75	2	60	98		230	痕迹
	65 号	65	1.5	80	98		230	痕迹
	55 号	55	1	100	98		230	痕迹

注：1. 石油沥青材料统一标号是按针入度来划分的；
2. 新疆原油生产的 10 号沥青软化点允许不高于 130℃。

沥青砂绝缘层可采用热搅拌及冷搅拌两种方法施工。其中热搅拌用得较普遍。沥青砂绝缘层厚度不得小于 80 mm，采用中砂，砂中含泥量不得超过 5%。

当罐内介质最高温度高于 95 ℃时，罐基础表面应采取隔热措施。

护坡式基础的护坡坡度宜为 1∶1.5，护坡可用混凝土预制板或块石砌体灌浆，其厚度不宜小于 10 cm。

环墙式基础的环墙，一般采用钢筋混凝土制作。不论采用现浇或预制装配，采用的混凝土强度等级均不低于 C20，预制装配式的环墙接头的混凝土至少应高于环墙混凝土强度等级一级。对小型储罐的环墙式基础，可采用红砖砌，厚度不小于 24 cm，用 MU10 红砖、M5 水泥砂浆砌筑，并用 1∶2 水泥砂浆抹面(厚 20 mm)。

环墙内的环向钢筋宜采用Ⅱ级钢筋，竖向钢筋宜采用Ⅰ级钢筋。环向钢筋接头应采用焊接连接或机械连接，如没有条件的话也可采用搭接，但搭接长度不应小于 $1.2L_a$(L_a 为搭接钢筋的锚固长度)，钢筋搭接位置应互相错开；在该区段内有接头的受力钢筋截面面积占受力钢筋总截面面积的百分率，在受拉区不宜超过 50%，在受压区和钢筋连接处则不限制。

环墙内竖向钢筋可采用焊接网片进行组装，旋工比较方便见(图 3-8)。

钢筋保护层厚度不应小于 35 mm，水泥宜采用不低于 425 号的普通水泥，采用现浇环墙时，最好采用 425 号矿渣水泥；控制水泥用量在 330 kg/m³ 以内，并使混凝土的养护龄期达 60 天；用 60 天强度的目的是减少水泥用量。也可采用环墙预留后浇缝(水平钢筋不断)的办法来消除因温差与收缩应力引起的裂缝，后浇缝的预留宽度约 300～500 mm，待 28 天后用高一级强度等级细石微膨胀混凝土浇灌密实。

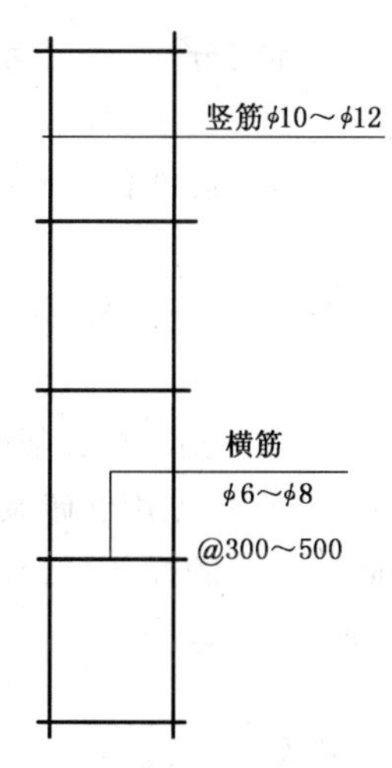

图 3-8　环墙竖向钢筋焊接网片

对钢筋混凝土环墙顶面，在环墙内侧应做成一个斜角，并不小于20°(图3-9)，或做成1∶2斜面以防止储罐底板变形后搁住底板，使储罐底板角部应力增加。

环墙四周在砂垫层高度方向每隔10～15 m应均匀设置泄漏管，直径为ϕ50 mm(可埋设DN50钢管)，预埋管向外形成的坡度不得小于10%。在环墙内侧预埋管入口处应设粒径为20～40 mm的卵石过滤层(图3-10)，但预埋管出口宜高出设计地面。如低于设计地面，就要设排水井，通往罐区竖向的排水管网系统。

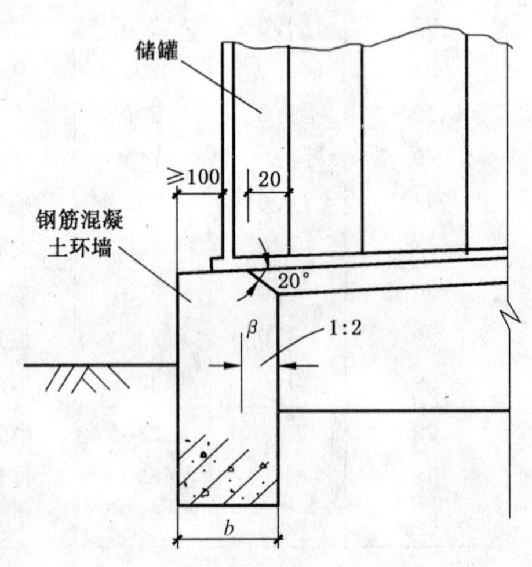

图3-9　环墙顶设斜角图

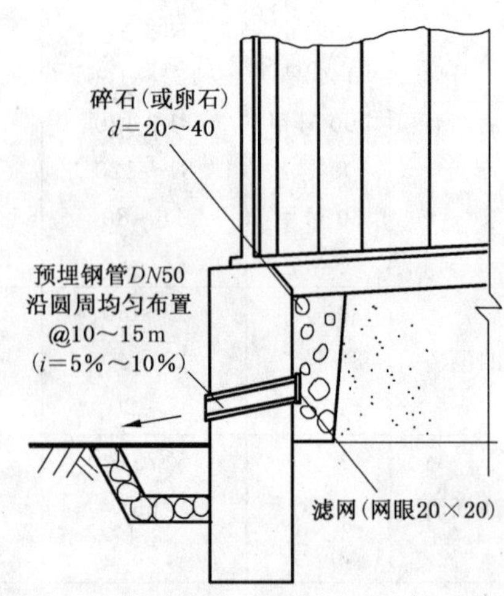

图3-10　环墙基础预埋泄漏管

装配式环墙是根据储罐基础直径的大小，确定预制板的分块大小及弧形板的数量。预制环墙最小截面与构造配筋要求及预制装配式环墙的最大重量见表3-4。

表3-4　预制装配式环墙尺寸与配筋

环墙尺寸/cm			环墙配筋/mm		预制环墙的最大重量/kg
环墙厚度 b	环墙高度 h	板宽 L(弧长)	环向水平筋	竖向垂直筋	
最小20 cm以5进位	最小80 cm以20进位 最高不超过240 cm	最小100 cm以20进位	12@150 最大25@100	≤1.8m用ϕ10@200 ≥1.8m用ϕ12@200	≤300

预制环墙分块时，要考虑板缝的后浇缝，缝宽一般为200～300 mm，其节点的连接见图3-11。

为了便于吊装，环墙在预制时可在环墙上预留ϕ25 mm孔洞，吊装时可在孔内穿一根M22螺栓直接挂钢丝绳吊装就位(图3-12)。

根据储罐生产和检修、清罐的需要，每个储罐基础边缘要设置一个排污井，排污井的平面尺寸根据工艺安装确定，一般排污井要求进入罐底1～1.5 m(图3-13)。排污井壁板可用混凝土浇筑，也可用红砖砌筑，表面抹1∶2水泥砂浆20 mm厚。当储罐修建在软土地基地区，排污井不能与基础同时修建时，要等储罐充水预压、基础大量沉降完成后再修建排污井。一定要在环墙上按排污井尺寸预先留出孔洞，这部分孔洞先用红砖砌筑，以便日后拆除再修建排污井。

储罐边上的操作平台的基础一定要与储罐基础分开，管线的连接也要待试水预压完成后再施工。

储罐环墙基础四周应做出80 cm宽的散水护坡或人行道，以便罐区的排水和生产操作。

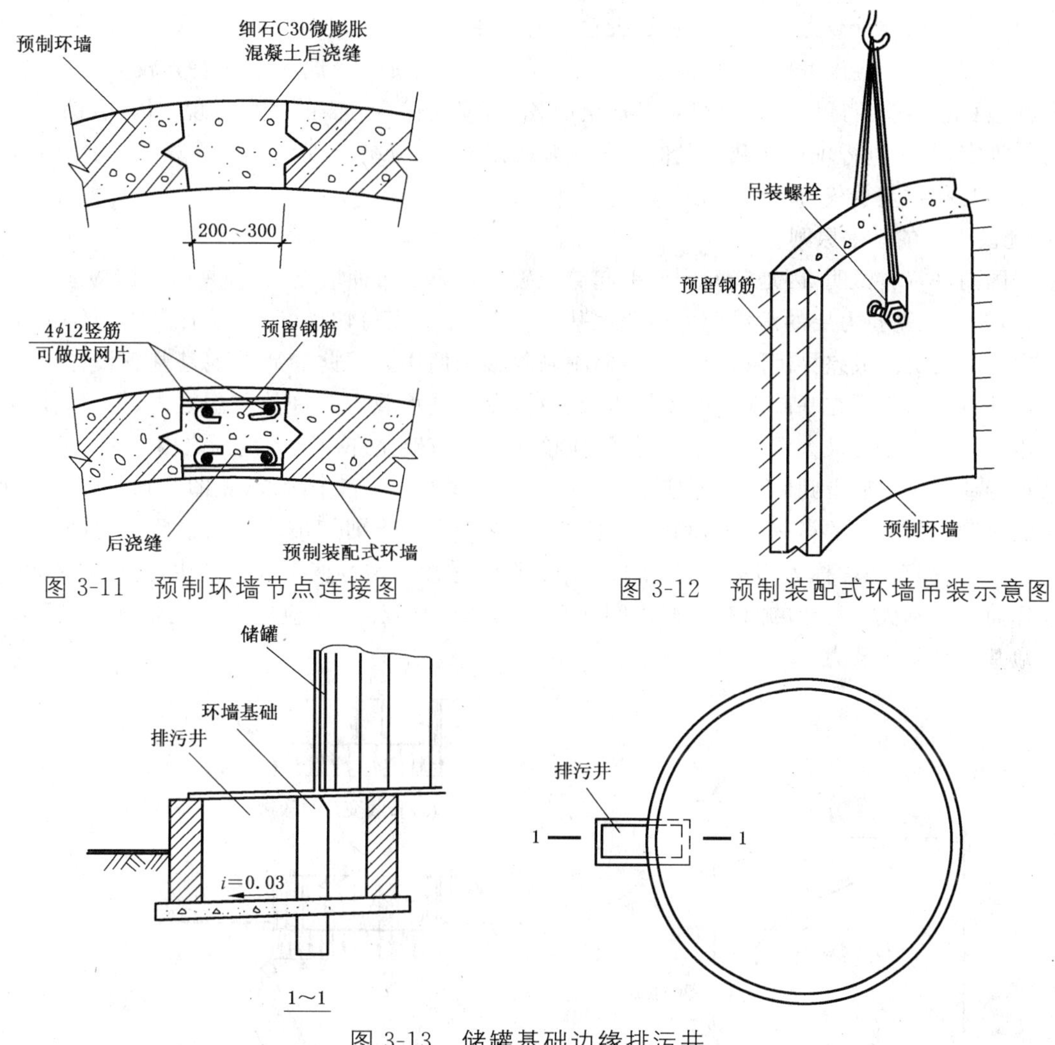

图 3-11　预制环墙节点连接图

图 3-12　预制装配式环墙吊装示意图

图 3-13　储罐基础边缘排污井

二、地基承载力计算

储罐建在软土地基上，首先碰到的问题是地基承载力不足。例如 20 世纪 60 年代初，在上海的吹填土层上建 20 000 m^3 的储罐，当时按照地质勘察报告，储罐地基的承载力只有 50 kPa，而实际设计荷载则达到 173 kPa，两者相差悬殊；又如 20 世纪 80 年代，上海金山两座 50 000 m^3 储罐，地基实际承载力是65 kPa，而设计荷载则达到 230 kPa，实际工程都是通过在储罐内充水荷载进行分期预压地基的方法获得成功。而且至今已建成储罐 100 多台，上述事实说明，地基承载力不是一成不变的。主要在于坚持因地制宜的原则，尊重客观事实而不要单纯被理论计算所束缚，在综合考虑上部结构、材料情况、施工条件等因素的基础上，在保证地基稳定、安全的前提下，采用经济合理、切实可行的措施达到工程建设的目的。

当前还有不少工程技术人员，在工程上对地基承载力如何合理地确定还有不同的认识，往往按地质勘察报告提出的地基承载力，就决定地基处理方案这种不全面的观念和方法。决定地基是否要加固处理，不能只凭地基承载力不足，而应该了解土的性质，从土层构造、上部结构的类型、地基允许变形等多方面因素去考虑。同时也要详细了解地质勘察报告，提出地基允许承载办的途径和方法。例如在上海地区大部分勘察设计单位在确定拟建工程的地基承载力，对中、小型工程是利用《上海市工程地质图集》的地基土的承载力值，或拟建工程附近已有的成果资料，再辅以简易勘察来提供勘察报告；有的勘察单位是根据土的抗剪强度指标，来确定地基土承载力的，而目前绝大部分勘察单位是根据土样试验结果，按土的物理力学性质如：塑性指数 I_P、液限 W_L、液性指数 I_L、含水量 W、含水比 α_W、孔隙比 e 等，进行地基承载力查表。该类承载力表仅限于在二级建筑物上使用，而实际上不少勘察单位对储罐或其他重要建筑还是采用了它。应该考虑到，我国幅员辽阔，同类土的性质随着地区不同差异较大，单凭收集整理几十份甚至百余份载荷试验资料也很难概括全国各地，难免有不全面的情况出现。因此，储罐基础地基承载力的确定，除了进行现场荷载试验的原位试验确定外，还应结合理论公式计算等综合确定，下面分别扼要介绍几种地基承载力的确定方法。

1. 地基设计的基本原则

根据国内外资料说明，因地基问题而引起储罐破坏一般有两种情况：一种是由于储罐地基上作用的荷载过大，超过地基持力层的承载能力而使地基失去稳定，造成剪切破坏；另一种是由于储罐在荷载作用下产生过大的沉降或差异沉降，致使上部储罐倾斜影响使用。因此储罐的地基基础设计必须满足下列两个条件：第一，作用在基础底面的平均压力，应该在地基承载力允许的范围之内；第二，储罐基础在荷载作用下可能产生的最大沉降或差异沉降，应该在储罐基础允许变形的范围之内。

从现场荷载试验所得到的荷载-变形关系曲线上，通常可分为三个阶段(见图 3-14)，存在 2 个拐点。在以土的压密变形为主的第一阶段，和塑性区逐步开展产生局部剪切破坏的第二阶段之间出现的第一拐点，其对应的荷载通常称为临塑荷载 p_{cr}，；从第二阶段过渡到塑性变形大量产生，连续成片，形成整体剪切破坏而使地基失去稳定的第三阶段之间出现的第二个拐点，其对应的荷载通常称为极限荷载 p_u，或称为地基的极限承载力。

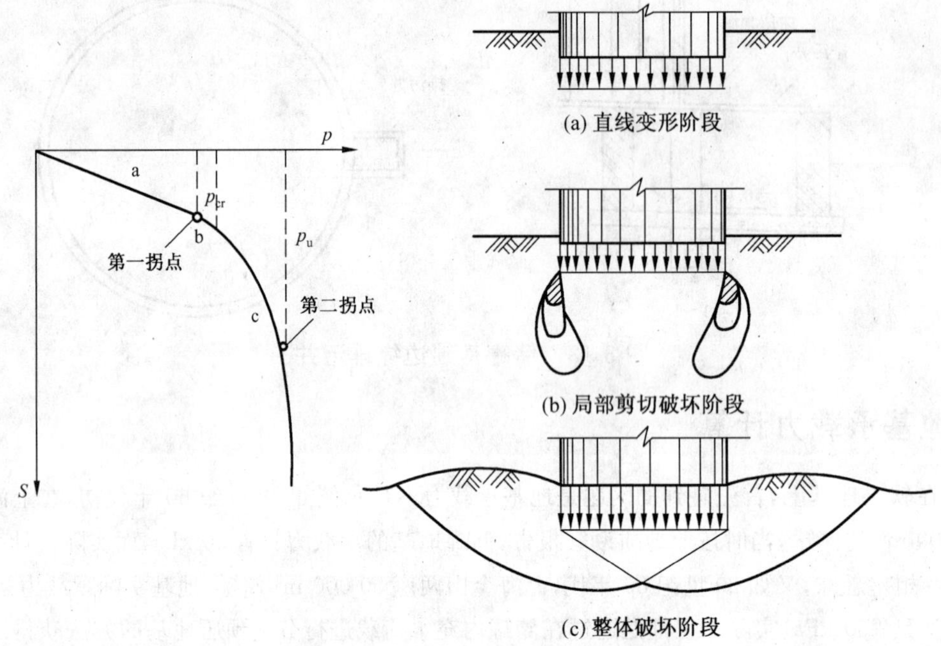

图 3-14　地基试验的 p-S 变形曲线

在储罐的荷载作用下，地基必须是稳定的，相对于地基失稳的状态必须具有一定的安全度。目前对地基承载力的确定通常有以下两种：

(1) 根据 p-S 变形曲线上取第一拐点附近的数值，作为土的承载力(即取临塑荷载 p_{cr}或临界荷载 $p_{\frac{1}{4}}$)。

(2) 根据 p-S 变形曲线上的第二个拐点，即极限荷载 p_u 除以一定的安全系数，所得到的值称为地基承载力。

像储罐这类特种结构的地基承载力的确定，主要依据上述二条，而很少按地质勘察报告提供的按承载力表查得的承载力来作为设计依据，因为这种查表确定的承载力，实际上是图 3-14 中的第一阶段即直线变形阶段。如果设计采用这个阶段的地基承载力来设计储罐基础，在软土地基就会增加很大费用来处理地基，而实际上采用临塑荷载 p_{cr}或临界荷载 $p_{\frac{1}{4}}$已经是很安全的。

2. 计算地基承载力的理论公式

计算地基承载力的理论公式，基本上可分假定滑动形状，按相应于地基达到破坏而失去整体稳定时的极限承载力和相应于塑性变形区开展到某一深度的临界承载力这两种。

(1) 临界承载力

当上部荷载超过第一阶段进入第一拐点时，基础两侧边缘将出现塑性区并不断向深部发展。如假定上部为储罐这类均布的柔性荷载，两侧埋深上的土重亦按均布荷载考虑，根据弹性理论中的平面问题计算地基中的附加应力，并按库仑破坏条件，验算各点的剪应力，当等于或大于抗剪强度时，则该点位于塑性区内，如此求出对应于塑性区开展到基础底面下某一深度范围内时，对应的荷载为：

$$p=\frac{\pi(\gamma_0 d+c\cdot\cot\varphi+\gamma z_{\max})}{\cot\varphi-\frac{\pi}{2}+\varphi}+\gamma_0 d \tag{3-1}$$

式中：d——基础埋深；

$z_{\max}$——塑性区开展的某一深度；

γ_0——基础底面以上土的加权平均重度图 3-15 地基临界承载力示意图；

γ——基础底面以下土的重度；

c、φ——基底下土的黏聚力和内摩擦角。

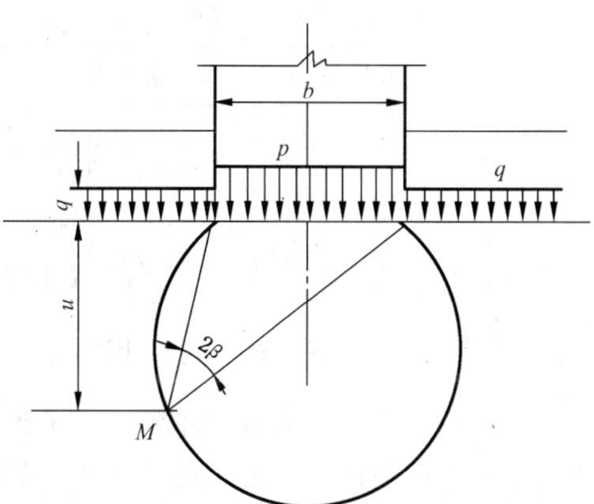

图 3-15 地基临界承载力示意图

在前苏联建筑法规 CHNП2. 02. 01—83《房屋及建筑物地基》中采用的是当塑性区在基础边缘下的深度开展到相当于$\frac{1}{4}$基础底面宽度时的临界承载力 $p_{\frac{1}{4}}$，即：

$$p_{\frac{1}{4}}=\frac{\pi(\gamma_0 d+c\cdot\cot\varphi+\frac{1}{4}\gamma b)}{\cot\varphi-\frac{\pi}{2}+\varphi}+\gamma_0 d \tag{3-2}$$

式中：b——基础底宽。

并以下列的统一形式表示：

$$f_{va}=M_b\gamma b+M_d\gamma_0 d+M_c C \tag{3-3}$$

式中：f_{va}——地基土承载力的垂直分力；

M_b、M_d、M_c——承载力系数，与土的内摩擦角 φ_k 有关，已制成表格见表 3-5。

我国 GB 50007—2002《建筑地基基础设计规范》中的承载力系数 M_b 值，根据砂土的荷载试验资料，在内摩擦角 $\varphi_k=24°$以上作了调整，都有所提高，但表 3-5 中的承载力系数是按条形基础的情况推导出的，然而储罐基础都是圆形基础。因此在其他条件相同的情况下，圆形基础比条形基础的承载力要大，详见表 3-5 中的有关数值。表 3-5 中适用于圆形基础的承载力系数是按照以下公式求得的。

表 3-5 临界承载力系数 M_b、M_d、M_c

内摩擦角 φ_k/(°)	M_b		M_d		M_c		内摩擦角 φ_k/(°)	M_b		M_d		M_c	
	GB 50007—2002	圆形	GB 50007—2002	圆形	GB 50007—2002	圆形		GB 50007—2002	圆形	GB 50007—2002	圆形	GB 50007—2002	圆形
0	0	0	1.00	1.00	3.14	3.37	10	0.18	0.20	1.73	1.80	4.17	4.51
2	0.03	0.03	1.12	1.12	3.32	3.56	12	0.23	0.26	1.94	2.02	4.42	4.81
4	0.06	0.06	1.25	1.26	3.51	3.77	14	0.29	0.32	2.17	2.28	4.69	5.12
6	0.10	0.10	1.39	1.42	3.71	4.00	16	0.36	0.39	2.43	2.56	5.00	5.46
8	0.14	0.15	1.55	1.60	3.93	4.25	18	0.43	0.47	2.72	2.90	5.31	5.84

续表 3-5

内摩擦角 $\varphi_k/(°)$	M_b		M_d		M_c		内摩擦角 $\varphi_k/(°)$	M_b		M_d		M_c	
	GB 50007—2002	圆形	GB 50007—2002	圆形	GB 50007—2002	圆形		GB 50007—2002	圆形	GB 50007—2002	圆形	GB 50007—2002	圆形
20	0.51	0.57	3.06	3.28	5.66	6.25	32	2.60	1.55	6.35	7.19	8.55	9.80
22	0.61	0.68	3.44	3.71	6.04	6.71	34	3.40	1.79	7.21	8.18	9.22	10.64
24	0.80	0.80	3.87	4.21	6.45	7.20	36	4.20	2.11	8.25	9.43	9.97	11.61
26	1.10	0.94	4.37	4.78	6.90	7.75	38	5.00	2.50	9.44	1.98	10.80	12.78
28	1.40	1.11	4.93	5.45	7.40	8.36	40	5.80	2.93	10.84	12.70	11.73	13.95
30	1.90	1.30	5.59	6.20	7.95	9.00							
注：φ_k—基底下一倍短边宽深度内土的内摩擦角标准值。													

$$\left.\begin{aligned}&M_b=\frac{\sin\varphi_k}{2M};M_a=1+4M_b;M_c=\frac{2\cos\varphi_k}{M}\\&M=R^2\sqrt{\left(S_2-\frac{S_1{}^2}{2Rt}\right)+S_5{}^2-\left(\frac{2S_1}{R}-\frac{S_4}{2Rt}\right)\sin\varphi_k}\end{aligned}\right\}\tag{3-4}$$

式中：$t=\dfrac{X}{R}$；S_1、S_2、S_4、S_5 用完全的椭圆积分表示。

例如：某罐区 5 万 m^3 储罐基础，$D=60$ m 油罐充水高度 $H=17.5$ m 则场地土根据工程地质勘察报告，持力层粉质黏土的承载力为 120 kPa，试验得到抗剪强度 $\varphi=16°$，$c=26.1$ kPa，土的天然重度 $\gamma=18.3$ kN/m^3，按公式(3-3)计算地基土的临界承载力。

依据 $\varphi=16°$查表 3-5 得：

$M_b=0.39$，$M_d=2.56$，$M_c=5.46$ 代入公式(3-3)计算时取 $M_b=0$ 即不考虑基础宽度修正。

得 $f_{va}=2.56\times8.3\times1.5+5.46\times26.1=174.4$ kPa

即$\dfrac{174.4}{120}=1.45$，土的临界承载力比地质资料提供的承载力提高了 1.45 倍，用临界承载力设计储罐基础是安全的。

上述计算公式中，均同土的抗剪强度 c、φ_k 直接有关，对于软土一般宜采用固结快剪试验确定土的黏聚力和内摩擦角，并按峰值抗剪强度的 70%计算，对于快速加荷的储罐地基，应进行快剪试验，快剪试验应尽量采用现场十字板剪切试验或室内三轴不排水快剪试验。

(2) 极限承载力

当地基土达到承载能力极限状态时，其压力-变形曲线的性状并不都是相同的，这主要与基础埋深、荷载施加的速率和土的压缩性等有关。

当地基中达到极限平衡发生整体剪切破坏时，作用在地表上的荷载即为极限荷载。关于极限承载力的理论公式，首先是在 1920 年，由普朗特尔(L. prandtl)根据塑性理论推导出无重量介质($\gamma=0$)的极限承载力公式，然后，在他的研究成果的基础上，太沙基(K. Terzaghi)考虑到基础底面摩擦力对地基变形的约束作用，修正了普朗特尔解得的滑动面形状，推导出极限承载力公式。J. B. 汉森(J. B. Hansen)研究了水中荷载对滑动面的影响，提出了倾斜荷载作用下滑动面的形状及相应的极限承载力公式。魏锡克(A. S. Vesic)对承载力公式又做了改进。

这些公式的推导都是先对均质地基中心荷载条件下的条形基础假定滑动面的形状，并认为在全部滑动面上土体均达到极限平衡，然后分别考虑由于基础底面下土的自重、土的黏聚力 c 和基础两侧超载 q 的作用下所引起的土抗力，根据脱离体的静力平衡条件下求解后进行叠加，得出地基极限承载力的理论计算值，它的基本形式是：

$$f_{vu}=cN_c+qN_g+\frac{1}{2}\gamma_b N_\gamma \tag{3-5}$$

式中：　f_{vu}——地基土极限承载力的竖向分力；

N_c、N_g、N_γ——地基承载力系数，为土的内摩擦角 φ 的函数；

q——基础两侧超载，一般即为 $\gamma_0 d$。

由于各个公式在推导时所作的假设、考虑的因素是不同的，由此得出的承载力系数 N_c、N_g、N_γ 的值也不相同，使用时必须注意，将工程实际与拟采用的理论公式的假设、考虑因素等相对比，是否较为相符，根据土的性质与施工、使用等时期的工作条件，采用合适的抗剪强度指标和与之配套的安全系数，在考虑对该式实践使用中的经验后，确定地基承载力的理论计算值。

现将各个公式的假设，考虑因素和使用条件等综述如下：

1）普朗特尔公式。目前，国外应用最广的计算公式便是普朗特尔公式。推导公式时假设基土滑裂面形成了两个对称的被动状态区Ⅲ、一个主动状态区Ⅰ，在中间夹着两个对数螺旋的过渡区Ⅱ，并且不计滑裂面内土体的重量（见图 3-16），从而可以推导得：

$$f_m=cN_c+qN_q \tag{3-6}$$

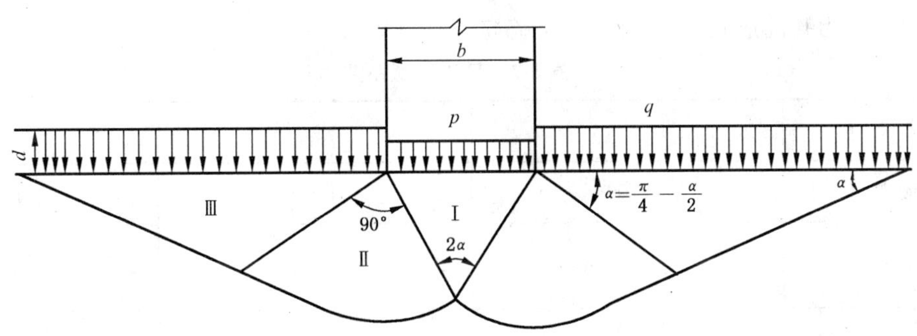

图 3-16　浅基础的普朗德尔课题

式中 N_c、N_q 的承载力系数为：

$$\left.\begin{aligned}N_d&=e^{\pi\tan\varphi}\tan2\left(\frac{\pi}{4}+\frac{\varphi}{2}\right)\\N_c&=(N_d-1)\cot\varphi\end{aligned}\right\} \tag{3-7}$$

当 c 及 d 接近为零时，对于非黏性土地基为：

$$f_{vu}-\frac{1}{2}\gamma_b N_\gamma \tag{3 8}$$

魏锡克（A. S. Vesic）在 20 世纪 70 年代在上述公式的基础上，提出近似算式为：

$$N_\gamma\approx2(N_q+1)\tan\varphi \tag{3-9}$$

对于所有 $c\neq0$，$q\neq0$，$\gamma\neq0$ 的普遍情况，将上述公式（3-5）与公式（3-8）二式叠加，合成极限承载力公式的基本形式：

$$f_{vu}=cN_c+qN_q+\frac{1}{2}\gamma_b N_\gamma \tag{3-10}$$

该公式中的 N_c、N_q、N_γ 值如表 3-6 所示。

上式为美国 H. F 温特科恩主编的《基础工程手册》中所推导的魏锡克公式。

汉森（1970）提出：

$$N_\gamma=1.5(N_q-1)\tan\varphi \tag{3-11}$$

显然，汉森提出的 N_γ 值较魏锡克提出的值为低。

表 3-6 魏锡克公式中承载力系数 N_c、N_q、N_γ

$\varphi/(°)$	N_c	N_q	N_γ	$\varphi/(°)$	N_c	N_q	N_γ
0	5.14	1.00	0.0	25	20.72	10.66	10.88
5	6.49	1.57	0.45	30	30.14	18.40	22.40
10	8.35	2.47	1.22	35	40.12	33.30	48.03
15	10.98	3.94	2.65	40	75.31	64.20	109.41
20	14.83	6.40	5.39				

从以上介绍可以看到，对于极限承载力公式中的 N_c、N_q 值，目前国际上普遍倾向于采用普朗特尔的解答，认为它的系数较可靠，实际上尽管这个课题的解答很多，但各种方法所给出的 N_c、N_q 值的差值都是不大的。但各种方法中所给出的 N_γ 值的差别都是相当大的，究竟何者接近实际，目前并没有解决。确定承载力时，安全系数一般要求大于 2。

对于考虑到基础的形状并非条形而需考虑的形状系数，汉森和魏锡克等又作了补充，形成了目前国内外常用的极限承载力的公式见式(3-12)。

$$f_{vu}=cN_c\xi_c+\gamma_0 dN_q\xi_d+\frac{1}{2}\gamma bN_\gamma\xi_b \tag{3-12}$$

式中，ξ_c、ξ_d、ξ_b 为基础形状系数，按表 3-7 确定。

表 3-7 基础形状系数

基础形状	ξ_c	ξ_d	ξ_b
条 形	1.00	1.00	1.00
矩 形	$1+\frac{b}{L}\frac{N_q}{N_c}$	$1+\frac{b}{L}\tan\varphi$	$1-0.4\frac{b}{L}$
圆形和方形	$1+\frac{N_q}{N_c}$	$1+\tan\varphi$	0.60
注：L——基础底面长度，m。			

前苏联已将该式列入了 1985 年出版的建筑法规 CHNП2.02.01—83《房屋及建筑物地基》。北京市将该式列入了 1992 年的 DB 101—501—92《北京地区建筑地基基础勘察设计规范》，其他如丹麦 DS 415—1977《基础工程实用规范》和 DIN 4017 —79《联邦德国规范》都已列入。

2）太沙基公式。太沙基根据普朗德尔相似的假定，提出的半经验半理论公式(图 3-17)，过去在西方国家使用较广，对我国也有影响，它的假定为：

a）基底是粗糙的，基底下弹性楔体的斜面同水平面的交角为 φ，滑动区的曲线部分为对数螺旋线。

b）当基础埋深小于基底宽度时，基础底面以上的两侧土体用等值的均布超载 $q=\gamma d$ 置代，不考虑土体抗剪强度的影响。

当基础形状不为条形时，太沙基建议用经验的形状系数加以修正：

对于地基土压缩性较小的情况：

圆形基础 $$f_{vu}=1.3cN_c+qN_q+0.6\gamma RN_\gamma \tag{3-13}$$

式中：R——圆形基础的半径。

对于地基土压缩性较大的情况：

圆形基础 $$f_{vu}=0.8cN_c+qN_q+0.6\gamma RN_\gamma \tag{3-14}$$

式中的承载力系数 N_γ、N_q、N_c 可由下表 3-8 查得。

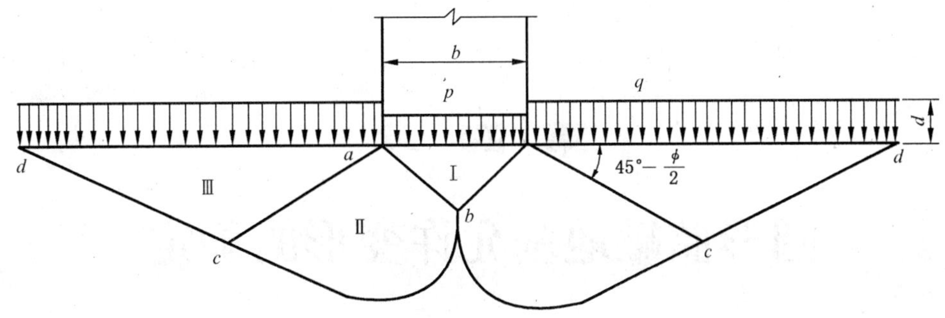

(a) 太沙基假设的滑动面形状

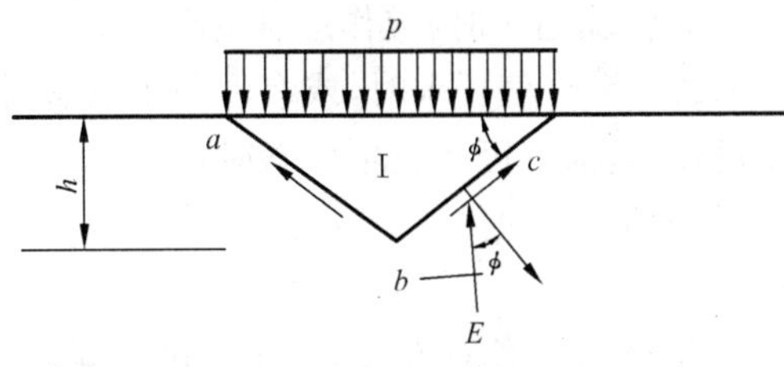

(b) 静力平衡条件

图 3-17　太沙基课题

表 3-8　太沙基公式承载力系数 N_γ、N_q、N_c

φ/(°)	N_γ	N_q	N_c	φ/(°)	N_γ	N_q	N_c
0	0	1.0	5.7	25	10	13	25.2
5	0.2	1.7	7.3	30	20	22	37
10	0.6	2.7	9.5	35	42	42	58.2
15	1.6	4.5	12.8	40	130	81	95
20	4.0	7.5	18.0				

公式中的假定条件为整体剪切破坏。对于疏松的或压缩层很大的土，可能为局部剪切破坏，太沙基建议采用降低土的抗剪强度指标的方法加以修正，即将 $c \cdot \tan\varphi$ 值先各乘以$\frac{2}{3}$，然后用此降低了的 φ 值查表，代入公式计算，作为局部剪切破坏下的极限承载力，其安全系数一般取 2～3。

采用几种方法确定的地基承载力，得到的数值必然有所出入，这就需要科技人员根据自己的经验判断，从储罐的大小及其重要性，场地土质的好坏，地下水位有无可能升降，测定土性的试验条件与可靠程度，邻近工程的承载力取值与其后的使用情况等等综合分析后加以确定。正如本节一开始介绍 20 世纪 60 年代初，上海吹填土层上建 20 000 m^3 的储罐，在地基承载力相差悬殊的情况下，地基采用分层进水预压获得成功的经验，说明我国已经有了一套成熟的经验，兴建了大量的储罐，收到了既安全又经济的效果。

第四章

圆形储罐地基允许变形的确定

储罐的地基允许变形(包括基础沉降和倾斜),在我国的《建筑地基基础设计规范》中至今还没有作出明确的规定。储罐基础当处于下列情况之一时,应作地基变形计算:

(1) 当天然地基土不能满足承载力设计值要求时,或有软弱下卧层时;

(2) 当罐基础与相邻基础较近,罐基础有可能发生倾斜时;

(3) 当罐基础下有厚、薄不均匀的地基土时;

(4) 有特殊要求的储罐基础。

许多科技人员认为对储罐的地基允许变形值的确定,虽然同储罐直径大小、基础底面压力的高低、储罐内加荷速率的快慢、地基土质的好坏以及土层构造是否均匀等因素有关外,更重要的应该同储罐的结构型式和使用功能直接有关。

为了补充在储罐方面的数据,从 20 世纪 60 年代起陆续对石油和炼油化工厂、煤气供应站的各类储罐基础的倾斜和沉降进行了实测,观测时间一般为 3～12 年,实测了 115 台大型储罐基础的沉降和倾斜,并选用了 98 台储罐的实测资料为依据进行分析,同时对不同的地基处理方法建成的储罐基础进行了观测,初步提出了适用于我国建造大型储罐地基的允许变形值。这对于总结经验,为促进我国在地基基础方面的技术进步和提高科研成果的经济效益都是有益的。提出的储罐地基的允许变形值,可供工程设计和工程建设部门应用。

一、地基变形计算

关于储罐地基的沉降分析,有不少学者已作过许多有意义的研究,并提出了一些具有实用价值的计算方法和计算经验。由于储罐地基的变形计算是地基设计中的一个重要组成部分,要求储罐地基在荷载作用以后,不致于产生过大的沉降和倾斜,不能危及到储罐的正常应用。

地基变形计算的内容要涉及土体内的应力分布、土的应力-应变关系、变形计算指标的选择、土体的侧向变形、次固结变形、上部结构和基础的刚度及其与地基的共同作用等复杂的因素。从目前土力学的发展水平来看,很多问题至今尚没有很好解决。实际使用时是以采取简化的手法,忽略一些次要的影响因素,采用实测资料加以分析并总结出理论相与经验相结合的变形计算方法。

GB 50007—2002《建筑地基基础设计规范》中的分层总和法是国内至今普遍应用的一种方法,在一般工程中应用能获得一定的效果。但是,应用于软基上储罐基础的沉降计算,往往未能得到满意的效果,因为与大直径储罐存在差别较大。为此,根据上述储罐基础的沉降实测,为了确定比较适用的沉降计算方法,我们在同一地区选择了不同直径的几十台储罐,用下列几种方法进行了分析和计算:

——单向压缩分层总和法(包括前苏联 НиТY-127—55 法、前苏联 СНипд 02、01—83 法和上海市标准 DB J08—11—1999);

——耶戈罗夫(K. E. ЕПОРОВ)法;

——等值层法(崔托维奇法);

——三向变形分层总和法(即黄文熙法);

——BN OC 侧向自由膨胀法;

——三维沉降计算法(在软土地基上考虑土的三向压缩)。

在各类地基上进行建设，为防止上部建筑物或构筑物的开裂和损坏，保证建筑物的正常使用，控制地基的变形和不均匀变形是非常重要的。近50年来国内外学者提出的地基变形计算方法很多，但分层总和法是计算建筑物或构筑物最终沉降量常用和较为简便的方法，所以GB 50007—2002《建筑地基基础设计规范》也采用了这个方法。

规范在计算地基变形时，地基内的应力分布，可采用各向同性均质线性变形体理论。其最终变形量可按式(4-1)计算：

$$s=\psi_s s'=\psi_s\sum_{i=1}^{n}\frac{p_0}{E_{si}}(z_i\bar{a}_i-z_{i-1}\bar{a}_{i-1}) \tag{4-1}$$

式中：s——地基最终变形量(mm)；

s'——按分层总和法计算出的地基变形量；

ψ_s——沉降计算经验系数，根据地区沉降观测资料及经验确定，无地区经验时可采用表4-1的数值；

n——地基变形计算深度范围内所划分的土层数(图4-1)；

p_0——对应于荷载效应准永久组合时的基础底面处的附加压力(kPa)；

E_{si}——基础底面下第 i 层土的压缩模量(MPa)，应取土的自重压力至土的自重压力与附加压力之和的压力段计算；

z_i、z_{i-1}——基础底面至第 i 层土、第 i-1层土底面的距离；

$\bar{a}_i$、$\bar{a}_{i-1}$——基础底面计算点至第 i 层土、第 i-1层土底面范围内平均附加应力系数，可按规范采用。

表4-1　沉降计算经验系数 ψ_s

$\bar{E}_s$/MPa 基底附加压力	2.5	4.0	7.0	15.0	20.0
$p_0 \geqslant f_{ak}$	1.4	1.3	1.0	0.4	0.2
$p_0 \leqslant 0.75\ f_{ak}$	1.1	1.0	0.7	0.4	0.2

注：$\bar{E}_s$ 为变形计算深度范围内压缩模量的当量值，应按下式计算：

$$\bar{E}_s=\frac{\sum A_i}{\sum \frac{A_i}{E_{si}}}$$

式中：A_i——第 i 层土附加应力系数沿土层厚度的积分值。

地基变形计算深度 z_n(图4-1)，应符合式(4-2)要求：

$$\Delta s'_n \leqslant 0.025\sum_{i=1}^{n}\Delta s'_i \tag{4-2}$$

式中：$\Delta s'_i$——在由计算深度范围内，第 i 层土的变形值；

$\Delta s'_n$——在由计算深度向上取厚度为 Δz 的土层计算变形值，Δz 见图4-1并按表4-2确定。

表4-2　Δz

b/m	$b\leqslant 2$	$2<b\leqslant 4$	$4<b\leqslant 8$	$8<b$
Δz/m	0.3	0.6	0.8	1.0

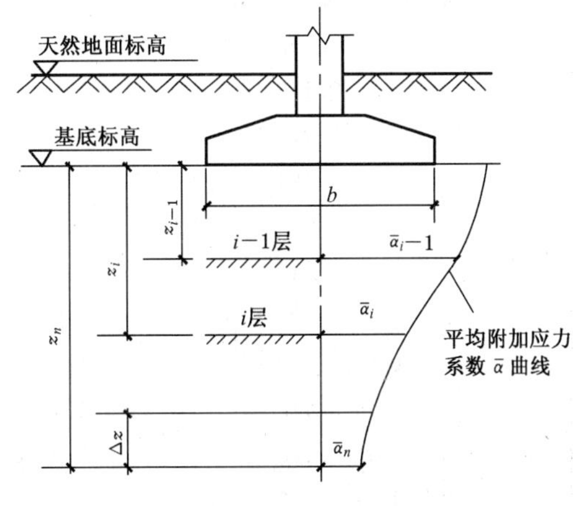

图4-1　基础沉降计算的分层示意图

如确定的计算深度下部仍有较软土层时，应继续计算。

地基压缩层厚度自基础底面算起，以地基附加应力对土自重应力之比为0.2或0.1(软土地基)作为控制计算深度的标准(简称为应力比法)。

当需要计算地基附加应力时，可按下列公式计算：

(1) 基础底面中心下深度 Z 处土的附加应力 σ_z 可按式(4-3)计算：

$$\sigma_z=(\alpha_1 \text{ 或 } \alpha_3)p_0 \tag{4-3}$$

式中：α_1——矩形基础中心压力系数；

α_3——圆形基础中心压力系数；

p_0——基础底面附加压力(MPa)。

(2) 相邻基础对土中某点产生的附加应力可用角点法计算，并可采用应力迭加的方法求代数和。计算地基变形时，可不考虑由风荷载引起的附加应力。

表 4-3 圆形面积上均布荷载作用下各点附加应力系数 α_i

Z/r \ r/R	0.0	0.1	0.2	0.3	0.4	0.5	0.6	0.7	0.8	0.9	1.0
0.0	1.000 00	1.000 00	1.000 00	1.000 00	1.000 00	1.000 00	1.000 00	1.000 00	1.000 00	1.000 00	0.500 00
0.1	0.999 01	0.998 97	0.998 85	0.998 61	0.998 16	0.997 31	0.995 49	0.990 94	0.975 90	0.900 30	0.482 65
0.2	0.992 45	0.992 19	0.991 32	0.989 62	0.986 56	0.980 97	0.970 06	0.946 58	0.889 93	0.746 77	0.467 21
0.3	0.976 27	0.975 51	0.973 06	0.968 36	0.960 24	0.946 28	0.921 72	0.876 87	0.793 89	0.650 27	0.451 11
0.4	0.948 77	0.947 32	0.942 72	0.934 13	0.919 89	0.896 97	0.860 37	0.802 18	0.712 51	0.585 95	0.434 46
0.5	0.910 55	0.908 38	0.901 57	0.889 18	0.869 44	0.839 56	0.795 48	0.732 39	0.646 23	0.537 91	0.417 45
0.6	0.863 80	0.861 02	0.852 38	0.837 02	0.813 43	0.779 46	0.732 39	0.669 99	0.591 26	0.498 90	0.400 25
0.7	0.811 41	0.808 20	0.798 36	0.781 20	0.755 62	0.720 21	0.673 55	0.614 66	0.544 38	0.465 39	0.382 98
0.8	0.756 21	0.752 80	0.742 40	0.724 57	0.698 60	0.663 74	0.619 41	0.565 65	0.503 41	0.435 57	0.365 76
0.9	0.700 62	0.697 19	0.686 79	0.669 18	0.644 00	0.610 97	0.570 04	0.521 70	0.467 21	0.408 67	0.348 69
1.0	0.646 44	0.643 12	0.633 13	0.616 36	0.592 72	0.562 22	0.525 13	0.482 14	0.434 43	0.383 75	0.332 23
1.1	0.594 87	0.591 76	0.582 42	0.566 87	0.545 17	0.517 51	0.484 33	0.446 33	0.404 62	0.360 62	0.315 96
1.2	0.546 62	0.543 76	0.535 22	0.521 07	0.501 46	0.476 69	0.447 21	0.413 81	0.377 36	0.339 04	0.300 16
1.3	0.502 03	0.499 45	0.491 75	0.479 04	0.461 52	0.439 52	0.413 53	0.384 19	0.352 32	0.318 88	0.284 91
1.4	0.461 17	0.458 87	0.452 00	0.440 69	0.425 16	0.405 73	0.382 87	0.357 14	0.329 27	0.300 02	0.270 25
1.5	0.423 96	0.421 92	0.415 83	0.405 83	0.392 13	0.375 04	0.354 96	0.332 42	0.308 01	0.282 39	0.256 23
1.6	0.390 20	0.388 40	0.383 03	0.374 23	0.362 17	0.347 16	0.329 56	0.309 80	0.288 40	0.265 90	0.242 86
1.7	0.359 64	0.358 05	0.353 34	0.345 60	0.335 02	0.321 85	0.306 41	0.289 08	0.270 28	0.250 49	0.230 16
1.8	0.332 01	0.330 62	0.396 48	0.319 68	0.310 40	0.298 84	0.285 29	0.270 07	0.253 55	0.236 10	0.218 12
1.9	0.307 03	0.305 81	0.302 18	0.296 22	0.288 07	0.277 93	0.266 02	0.252 64	0.238 08	0.222 67	0.206 74
2.0	0.284 45	0.283 38	0.280 19	0.274 96	0.267 80	0.258 89	0.248 41	0.236 62	0.223 77	0.210 13	0.195 99
2.1	0.264 02	0.263 08	0.260 28	0.255 68	0.249 38	0.241 54	0.232 31	0.221 90	0.210 54	0.198 44	0.185 87
2.2	0.245 51	0.244 69	0.242 22	0.238 17	0.232 63	0.325 71	0.215 76	0.208 36	0.198 28	0.187 54	0.176 33
2.3	0.228 72	0.227 99	0.225 82	0.222 25	0.217 36	0.211 24	0.204 04	0.195 88	0.186 94	0.177 38	0.167 37
2.4	0.213 47	0.212 82	0.210 90	0.207 75	0.203 42	0.198 01	0.191 62	0.184 38	0.176 42	0.167 89	0.158 94
2.5	0.199 58	0.199 01	0.197 32	0.194 52	0.190 69	0.185 89	0.180 21	0.173 77	0.166 67	0.159 05	0.151 02
2.6	0.186 93	0.186 42	0.184 91	0.182 43	0.179 03	0.174 76	0.169 71	0.163 96	0.157 62	0.150 79	0.143 59
2.7	0.175 36	0.174 91	0.173 58	0.171 37	0.168 34	0.164 54	0.160 03	0.154 89	0.149 22	0.143 09	0.136 60
2.8	0.164 78	0.164 38	0.163 19	0.161 23	0.158 52	0.155 13	0.151 10	0.146 50	0.141 40	0.135 89	0.130 05
2.9	0.155 09	0.154 73	0.153 66	0.151 91	0.149 49	0.146 45	0.142 84	0.138 71	0.134 13	0.129 17	0.123 89
3.0	0.146 18	0.145 86	0.144 91	0.143 33	0.141 17	0.138 44	0.135 20	0.131 49	0.127 36	0.122 88	0.118 10
3.1	0.137 98	0.137 70	0.136 84	0.135 43	0.133 49	0.131 03	0.128 12	0.124 77	0.121 05	0.116 99	0.112 67
3.2	0.130 43	0.130 17	0.129 41	0.128 14	0.126 38	0.124 18	0.121 54	0.118 52	0.115 16	0.111 48	0.107 56
3.3	0.123 46	0.123 23	0.122 53	0.121 39	0.119 81	0.117 82	0.115 44	0.112 71	0.109 65	0.106 32	0.102 75
3.4	0.117 01	0.116 80	0.116 18	0.115 14	0.113 71	0.111 91	0.109 76	0.107 28	0.104 51	0.101 48	0.098 23
3.5	0.111 04	0.110 85	0.110 28	0.109 35	0.108 05	0.106 42	0.104 46	0.102 21	0.099 70	0.096 94	0.093 97
3.6	0.105 49	0.105 32	0.104 81	0.103 96	0.102 79	0.101 30	0.099 53	0.097 48	0.095 19	0.092 67	0.089 96

续表 4-3

Z/r \ r/R	0.0	0.1	0.2	0.3	0.4	0.5	0.6	0.7	0.8	0.9	1.0
3.7	0.100 34	0.100 19	0.099 72	0.098 95	0.097 88	0.096 54	0.094 92	0.093 05	0.090 96	0.088 66	0.086 17
3.8	0.095 55	0.095 41	0.094 98	0.094 28	0.093 31	0.092 08	0.090 61	0.088 90	0.086 99	0.084 88	0.082 61
3.9	0.091 08	0.090 95	0.090 57	0.089 93	0.089 04	0.087 92	0.086 57	0.085 01	0.083 26	0.081 33	0.079 24
4.0	0.086 91	0.086 79	0.086 44	0.085 86	0.085 05	0.084 02	0.082 79	0.081 36	0.079 75	0.077 98	0.076 06
4.1	0.083 02	0.082 90	0.082 58	0.082 05	0.081 31	0.080 37	0.079 24	0.077 93	0.076 45	0.074 82	0.073 05
4.2	0.079 37	0.079 27	0.078 97	0.078 48	0.077 80	0.076 94	0.075 90	0.074 70	0.073 34	0.071 84	0.070 21
4.3	0.075 95	0.075 86	0.075 59	0.075 14	0.074 51	0.073 72	0.072 77	0.071 66	0.070 41	0.069 02	0.067 52
4.4	0.072 74	0.072 65	0.072 41	0.072 00	0.071 42	0.070 69	0.069 82	0.068 79	0.067 64	0.066 36	0.064 97
4.5	0.069 73	0.069 65	0.069 42	0.069 04	0.068 52	0.067 84	0.067 03	0.066 09	0.065 03	0.063 84	0.062 56
4.6	0.066 90	0.066 82	0.066 61	0.066 26	0.065 78	0.065 16	0.064 41	0.063 54	0.062 55	0.061 46	0.060 27
4.7	0.064 23	0.064 16	0.063 96	0.063 64	0.063 19	0.062 62	0.061 93	0.061 13	0.060 21	0.059 20	0.058 09
4.8	0.061 71	0.061 65	0.061 47	0.061 17	0.060 76	0.060 23	0.059 59	0.058 84	0.058 00	0.057 06	0.056 03
4.9	0.059 34	0.059 28	0.059 11	0.058 84	0.058 45	0.057 97	0.057 37	0.056 68	0.055 90	0.055 02	0.054 07
5.0	0.057 10	0.057 04	0.056 88	0.056 63	0.056 28	0.055 83	0.055 28	0.054 63	0.053 90	0.053 09	0.052 20
5.1	0.054 98	0.054 92	0.054 78	0.054 54	0.054 22	0.053 80	0.053 29	0.052 69	0.052 01	0.051 26	0.050 43
5.2	0.052 97	0.052 92	0.052 78	0.052 57	0.052 26	0.051 87	0.051 40	0.050 85	0.050 22	0.049 51	0.048 74
5.3	0.051 07	0.051 02	0.050 89	0.050 69	0.050 41	0.050 05	0.049 61	0.049 10	0.048 51	0.047 85	0.047 13
5.4	0.049 27	0.049 22	0.049 10	0.048 91	0.048 65	0.048 32	0.047 91	0.047 43	0.046 88	0.046 27	0.045 59
5.5	0.047 56	0.047 51	0.047 40	0.047 23	0.046 98	0.046 67	0.046 29	0.045 84	0.045 33	0.044 76	0.044 13
5.6	0.045 93	0.045 88	0.045 78	0.045 62	0.045 40	0.045 11	0.044 75	0.044 33	0.043 86	0.043 32	0.042 73
5.7	0.044 39	0.044 34	0.044 24	0.044 09	0.043 88	0.043 62	0.043 29	0.042 90	0.042 45	0.041 95	0.041 40
5.8	0.042 92	0.042 87	0.042 78	0.042 64	0.042 45	0.042 19	0.041 89	0.041 52	0.041 11	0.040 64	0.040 12
5.9	0.041 52	0.041 47	0.041 38	0.041 25	0.041 07	0.040 84	0.040 55	0.040 21	0.039 82	0.039 38	0.038 90
6.0	0.040 18	0.040 14	0.040 06	0.039 93	0.039 77	0.039 55	0.039 28	0.038 96	0.038 60	0.038 19	0.037 73
6.1	0.038 91	0.038 86	0.038 79	0.038 67	0.038 52	0.038 31	0.038 06	0.037 77	0.037 43	0.037 04	0.036 61
6.2	0.037 70	0.037 65	0.037 58	0.037 47	0.037 32	0.037 14	0.036 90	0.036 63	0.036 30	0.035 94	0.035 54
6.3	0.036 54	0.036 49	0.036 42	0.036 32	0.036 18	0.036 01	0.035 79	0.035 53	0.035 23	0.034 89	0.034 51
6.4	0.035 43	0.035 38	0.035 32	0.035 22	0.035 09	0.034 93	0.034 73	0.034 48	0.034 20	0.033 88	0.033 53
6.5	0.034 37	0.034 32	0.034 26	0.034 17	0.034 05	0.033 90	0.033 71	0.033 48	0.033 32	0.032 92	0.032 58
6.6	0.033 35	0.033 31	0.033 25	0.033 16	0.033 05	0.032 91	0.032 73	0.032 52	0.032 27	0.031 99	0.031 68
6.7	0.032 38	0.032 33	0.032 28	0.032 20	0.032 09	0.031 96	0.031 79	0.031 60	0.031 36	0.031 10	0.030 80
6.8	0.031 45	0.031 40	0.031 35	0.031 27	0.031 17	0.031 05	0.030 90	0.030 71	0.030 49	0.030 24	0.029 97
6.9	0.030 56	0.030 51	0.030 45	0.030 38	0.030 29	0.030 18	0.030 03	0.029 86	0.029 66	0.029 42	0.029 16
7.0	0.029 70	0.029 65	0.029 60	0.029 53	0.029 45	0.029 34	0.029 20	0.029 04	0.028 85	0.028 63	0.028 39

续表 4-3

Z/r \ r/R	1.1	1.2	1.3	1.4	1.5	1.6	1.7	1.8	1.9	2.0
0.0	0.000 00	0.000 00	0.000 00	0.000 00	0.000 00	0.000 00	0.000 00	0.000 00	0.000 00	0.000 00
0.1	0.083 56	0.017 47	0.005 59	0.002 34	0.001 15	0.000 64	0.003 80	0.000 24	0.000 16	0.000 11
0.2	0.201 31	0.076 81	0.032 07	0.015 20	0.008 03	0.004 62	0.002 84	0.001 84	0.001 24	0.000 86
0.3	0.261 41	0.136 53	0.070 79	0.038 34	0.022 00	0.013 34	0.008 49	0.005 83	0.003 87	0.002 74
0.4	0.289 84	0.179 46	0.107 95	0.065 36	0.040 59	0.026 03	0.017 25	0.011 78	0.008 28	0.005 96
0.5	0.302 22	0.207 22	0.137 82	0.090 93	0.060 44	0.040 85	0.028 17	0.019 85	0.014 28	0.010 47
0.6	0.305 68	0.224 08	0.159 84	0.112 52	0.079 10	0.055 98	0.040 07	0.029 09	0.021 44	0.016 04
0.7	0.303 80	0.233 38	0.175 12	0.129 55	0.095 28	0.070 14	0.051 93	0.038 77	0.029 24	0.022 30
0.8	0.298 57	0.237 44	0.185 07	0.142 28	0.108 55	0.082 62	0.062 99	0.048 25	0.037 20	0.028 90
0.9	0.291 17	0.237 81	0.190 92	0.151 33	0.118 95	0.093 11	0.072 83	0.057 08	0.044 90	0.035 47
1.0	0.282 12	0.235 58	0.193 64	0.157 32	0.126 75	0.101 60	0.081 17	0.064 91	0.052 01	0.041 80
1.1	0.272 32	0.231 21	0.193 76	0.160 66	0.132 13	0.108 07	0.088 10	0.071 74	0.058 44	0.047 69
1.2	0.262 00	0.225 72	0.192 23	0.162 13	0.135 70	0.112 93	0.093 62	0.077 46	0.064 05	0.052 99
1.3	0.251 41	0.219 31	0.189 35	0.162 04	0.137 67	0.116 30	0.097 85	0.082 11	0.068 81	0.057 66
1.4	0.240 76	0.212 30	0.185 47	0.160 73	0.138 33	0.118 40	0.100 92	0.085 76	0.072 75	0.061 66
1.5	0.230 21	0.204 92	0.180 87	0.158 46	0.137 94	0.119 43	0.102 98	0.088 51	0.075 90	0.065 01
1.6	0.219 84	0.197 34	0.175 77	0.155 48	0.136 70	0.119 58	0.104 16	0.090 44	0.078 33	0.067 74
1.7	0.209 76	0.189 69	0.170 33	0.151 96	0.134 80	0.118 99	0.104 61	0.091 66	0.080 11	0.069 88
1.8	0.200 00	0.182 08	0.164 68	0.148 05	0.132 38	0.117 82	0.104 44	0.092 27	0.081 30	0.071 49
1.9	0.190 61	0.174 59	0.158 93	0.143 87	0.129 57	0.116 17	0.103 75	0.092 35	0.081 99	0.072 62
2.0	0.181 62	0.167 27	0.153 17	0.139 51	0.126 47	0.114 15	0.102 64	0.091 99	0.082 23	0.073 33
2.1	0.173 03	0.160 16	0.147 44	0.135 06	0.123 16	0.111 84	0.101 19	0.091 26	0.082 09	0.073 66
2.2	0.164 85	0.153 29	0.141 81	0.130 57	0.119 71	0.109 31	0.099 47	0.090 23	0.081 62	0.073 67
2.3	0.157 08	0.146 67	0.136 30	0.126 10	0.116 18	0.106 63	0.097 53	0.088 94	0.080 89	0.073 40
2.4	0.149 70	0.140 33	0.130 94	0.121 67	0.112 60	0.103 84	0.095 44	0.087 46	0.079 93	0.072 89
2.5	0.142 72	0.134 26	0.125 76	0.117 32	0.109 03	0.100 98	0.093 22	0.085 81	0.078 97	0.072 17
2.6	0.136 11	0.128 46	0.120 75	0.113 06	0.105 48	0.098 09	0.090 92	0.084 05	0.077 50	0.071 29
2.7	0.129 86	0.122 94	0.115 93	0.108 92	0.101 99	0.095 18	0.088 57	0.082 19	0.076 08	0.070 27
2.8	0.123 95	0.117 68	0.111 31	0.104 91	0.098 55	0.092 30	0.086 19	0.080 27	0.074 58	0.069 14
2.9	0.118 37	0.112 67	0.106 87	0.101 03	0.095 20	0.089 44	0.083 80	0.078 31	0.073 01	0.067 92
3.0	0.113 10	0.107 92	0.102 63	0.097 29	0.091 94	0.086 64	0.081 42	0.076 33	0.071 39	0.066 63
3.1	0.108 12	0.103 41	0.098 58	0.093 68	0.088 77	0.083 88	0.079 06	0.074 33	0.069 73	0.065 28
3.2	0.103 42	0.099 12	0.094 71	0.090 22	0.085 70	0.081 20	0.076 73	0.072 34	0.068 06	0.063 89
3.3	0.098 98	0.095 05	0.091 01	0.086 89	0.082 74	0.078 58	0.074 45	0.070 37	0.066 37	0.062 48
3.4	0.094 79	0.091 20	0.087 49	0.083 71	0.079 88	0.076 03	0.072 21	0.068 42	0.064 70	0.061 06
3.5	0.090 82	0.087 54	0.084 14	0.080 65	0.077 12	0.073 57	0.070 02	0.066 50	0.063 03	0.059 62
3.6	0.087 08	0.084 06	0.080 94	0.077 73	0.074 47	0.071 18	0.067 89	0.064 62	0.061 38	0.058 19
3.7	0.083 54	0.080 77	0.077 89	0.074 93	0.071 92	0.068 88	0.065 82	0.062 77	0.059 75	0.056 77
3.8	0.080 10	0.077 64	0.074 99	0.072 26	0.069 47	0.066 65	0.063 81	0.060 97	0.058 15	0.055 36
3.9	0.077 01	0.074 67	0.072 22	0.069 70	0.067 12	0.064 50	0.061 86	0.059 22	0.056 58	0.053 97
4.0	0.074 01	0.071 85	0.069 59	0.067 26	0.064 87	0.062 43	0.059 98	0.057 51	0.055 05	0.052 60
4.1	0.071 16	0.069 17	0.067 08	0.064 92	0.062 70	0.060 44	0.058 15	0.055 85	0.053 55	0.051 25
4.2	0.068 47	0.066 62	0.064 69	0.062 69	0.060 63	0.058 52	0.056 39	0.054 24	0.052 08	0.049 94
4.3	0.065 91	0.064 20	0.062 41	0.060 55	0.058 74	0.056 68	0.054 69	0.052 68	0.060 66	0.048 64
4.4	0.063 48	0.061 90	0.060 24	0.058 51	0.056 73	0.054 90	0.053 04	0.051 17	0.049 28	0.047 38
4.5	0.061 18	0.059 71	0.058 16	0.056 56	0.054 90	0.053 20	0.051 46	0.049 70	0.047 93	0.046 15
4.6	0.058 99	0.057 82	0.056 19	0.054 69	0.053 14	0.051 55	0.049 93	0.048 29	0.046 62	0.044 95
4.7	0.056 90	0.055 64	0.054 30	0.052 91	0.051 46	0.049 98	0.048 46	0.046 92	0.045 36	0.043 79
4.8	0.054 92	0.053 74	0.052 50	0.051 20	0.049 85	0.048 46	0.047 04	0.045 59	0.044 13	0.042 66
4.9	0.053 04	0.051 94	0.050 78	0.049 56	0.048 30	0.047 00	0.045 67	0.044 31	0.042 94	0.041 55
5.0	0.051 24	0.050 22	0.049 14	0.048 00	0.046 82	0.045 60	0.044 35	0.043 08	0.041 78	0.040 47
5.1	0.049 53	0.048 58	0.047 56	0.046 50	0.045 40	0.044 26	0.043 08	0.041 88	0.040 66	0.039 43
5.2	0.047 91	0.047 01	0.046 06	0.045 07	0.044 03	0.042 96	0.041 86	0.040 73	0.039 58	0.038 42
5.3	0.046 35	0.045 51	0.044 63	0.043 69	0.042 72	0.041 72	0.040 68	0.039 62	0.038 54	0.037 44
5.4	0.044 87	0.044 08	0.043 25	0.042 38	0.041 46	0.040 52	0.039 54	0.038 54	0.037 53	0.036 49

续表 4-3

Z/r \ r/R	1.1	1.2	1.3	1.4	1.5	1.6	1.7	1.8	1.9	2.0
5.5	0.043 45	0.042 71	0.041 93	0.041 11	0.040 26	0.039 37	0.038 45	0.037 51	0.036 55	0.035 57
5.6	0.042 10	0.041 41	0.040 67	0.039 90	0.039 10	0.038 26	0.037 40	0.036 51	0.035 60	0.034 67
5.7	0.040 80	0.040 15	0.039 47	0.038 74	0.037 98	0.037 19	0.036 38	0.035 54	0.034 68	0.033 81
5.8	0.039 57	0.038 96	0.038 31	0.037 63	0.036 91	0.036 17	0.035 40	0.034 61	0.033 80	0.032 97
5.9	0.038 38	0.037 81	0.037 20	0.036 56	0.035 88	0.035 18	0.034 45	0.033 71	0.032 94	0.032 16
6.0	0.037 25	0.036 71	0.036 13	0.035 53	0.034 89	0.034 23	0.033 54	0.032 84	0.032 11	0.031 37
6.1	0.036 16	0.035 65	0.035 11	0.034 54	0.033 94	0.033 31	0.032 66	0.032 00	0.031 31	0.030 61
6.2	0.035 12	0.034 64	0.034 13	0.033 59	0.033 02	0.032 43	0.031 82	0.031 18	0.030 53	0.029 87
6.3	0.034 13	0.033 67	0.033 19	0.032 68	0.032 14	0.031 58	0.031 00	0.030 40	0.029 78	0.029 15
6.4	0.033 17	0.032 74	0.032 28	0.031 80	0.031 29	0.030 76	0.030 21	0.029 64	0.029 06	0.028 46
6.5	0.032 25	0.031 84	0.031 41	0.030 95	0.030 47	0.029 97	0.029 45	0.028 91	0.028 35	0.027 78
6.6	0.031 37	0.030 98	0.030 57	0.030 14	0.029 68	0.029 21	0.028 71	0.028 20	0.027 67	0.027 13
6.7	0.030 53	0.030 16	0.029 77	0.029 36	0.028 92	0.028 47	0.028 00	0.027 52	0.027 02	0.026 50
6.8	0.029 72	0.029 36	0.028 99	0.028 60	0.028 19	0.027 76	0.027 32	0.026 86	0.026 38	0.025 89
6.9	0.028 93	0.028 60	0.028 25	0.027 88	0.027 49	0.027 08	0.026 66	0.026 22	0.025 76	0.025 30
7.0	0.028 18	0.027 86	0.027 53	0.027 18	0.026 81	0.026 42	0.026 02	0.025 60	0.025 17	0.024 72

注：R——圆形面积的半径(m)；
Z——计算点离基础底面的垂直距离(m)；
r——计算点距圆形面积中心的水平距离(m)。

表 4-4　圆形面积上均布荷载作用下各点平均附加应力系数 $\bar{\alpha}_i$

Z/r \ r/R	0.0	0.1	0.2	0.3	0.4	0.5	0.6	0.7	0.8	0.9	1.0
0.0	1.000 00	1.000 00	1.000 00	1.000 00	1.000 00	1.000 00	1.000 00	1.000 00	1.000 00	1.000 00	0.500 00
0.1	0.999 75	0.999 74	0.999 71	0.999 65	0.999 54	0.999 32	0.998 84	0.997 62	0.993 34	0.966 98	0.491 86
0.2	0.998 08	0.998 01	0.997 78	0.997 32	0.996 50	0.994 96	0.991 84	0.984 61	0.964 39	0.891 80	0.483 91
0.3	0.993 81	0.993 59	0.992 91	0.991 57	0.989 20	0.984 97	0.976 97	0.960 56	0.923 02	0.825 77	0.475 80
0.4	0.986 23	0.985 78	0.984 39	0.981 73	0.977 15	0.969 33	0.955 58	0.930 14	0.880 05	0.773 23	0.467 59
0.5	0.975 08	0.974 35	0.972 08	0.967 84	0.960 75	0.949 16	0.929 99	0.897 37	0.839 59	0.730 70	0.459 27
0.6	0.960 53	0.959 49	0.956 30	0.950 44	0.940 88	0.925 85	0.902 22	0.864 51	0.802 59	0.695 18	0.450 88
0.7	0.943 02	0.941 69	0.937 62	0.930 25	0.918 52	0.900 64	0.873 67	0.832 66	0.768 94	0.664 67	0.442 42
0.8	0.923 13	0.921 54	0.916 71	0.908 05	0.894 55	0.874 50	0.845 19	0.802 26	0.738 24	0.637 86	0.433 93
0.9	0.901 49	0.899 68	0.894 22	0.884 55	0.869 69	0.848 09	0.817 29	0.773 46	0.710 09	0.613 86	0.425 42
1.0	0.878 68	0.876 70	0.870 76	0.860 33	0.844 51	0.821 89	0.790 27	0.746 26	0.684 12	0.592 07	0.416 93
1.1	0.855 20	0.853 10	0.846 82	0.835 87	0.819 42	0.796 20	0.764 27	0.720 58	0.660 04	0.572 07	0.408 49
1.2	0.831 47	0.829 29	0.822 79	0.811 51	0.794 71	0.771 24	0.739 36	0.696 34	0.637 59	0.553 53	0.400 12
1.3	0.807 82	0.805 60	0.798 97	0.787 52	0.770 58	0.747 12	0.715 70	0.673 44	0.616 59	0.536 25	0.391 88
1.4	0.784 50	0.782 25	0.775 57	0.764 09	0.747 18	0.723 92	0.692 87	0.651 80	0.596 88	0.520 04	0.383 64
1.5	0.761 68	0.759 44	0.752 77	0.741 34	0.724 59	0.701 66	0.671 25	0.631 31	0.578 32	0.504 77	0.375 65
1.6	0.739 50	0.737 28	0.730 67	0.719 36	0.702 86	0.680 36	0.650 68	0.611 91	0.560 80	0.490 35	0.367 76
1.7	0.718 04	0.715 85	0.709 33	0.698 20	0.682 00	0.660 00	0.631 09	0.593 52	0.544 24	0.476 69	0.360 04
1.8	0.697 35	0.695 19	0.688 79	0.677 88	0.662 03	0.640 58	0.612 46	0.576 07	0.528 54	0.463 72	0.352 49
1.9	0.677 45	0.675 34	0.669 07	0.658 40	0.642 92	0.622 02	0.594 72	0.559 50	0.513 66	0.451 38	0.345 12
2.0	0.658 36	0.656 29	0.650 17	0.639 75	0.624 85	0.604 33	0.577 84	0.543 75	0.499 52	0.439 63	0.337 93
2.1	0.640 06	0.638 04	0.632 07	0.621 91	0.607 22	0.587 46	0.561 76	0.528 77	0.486 07	0.428 42	0.330 93
2.2	0.622 54	0.620 58	0.614 75	0.604 86	0.590 57	0.571 37	0.546 45	0.514 51	0.473 26	0.417 72	0.324 11
2.3	0.605 78	0.603 86	0.598 19	0.588 56	0.574 67	0.556 02	0.531 85	0.500 92	0.461 06	0.407 49	0.317 49
2.4	0.589 74	0.587 88	0.582 36	0.572 99	0.559 49	0.541 38	0.517 93	0.487 97	0.449 41	0.397 70	0.311 06
2.5	0.574 41	0.572 60	0.567 23	0.558 12	0.544 99	0.527 40	0.504 65	0.475 61	0.438 30	0.388 34	0.304 82
2.6	0.559 75	0.557 98	0.552 76	0.543 90	0.531 13	0.514 04	0.491 96	0.463 81	0.427 67	0.379 35	0.298 76
2.7	0.545 72	0.544 28	0.538 92	0.530 30	0.517 89	0.501 29	0.479 85	0.452 54	0.417 51	0.370 74	0.292 88
2.8	0.532 30	0.530 63	0.525 68	0.517 30	0.505 23	0.489 09	0.468 26	0.441 76	0.407 79	0.362 48	0.287 18
2.9	0.519 46	0.517 84	0.513 02	0.504 86	0.493 12	0.477 42	0.457 18	0.431 44	0.398 48	0.354 55	0.281 66

续表 4-4

Z/r \ r/R	0.0	0.1	0.2	0.3	0.4	0.5	0.6	0.7	0.8	0.9	1.0
3.0	0.507 16	0.505 58	0.500 89	0.492 95	0.481 52	0.466 26	0.446 58	0.421 56	0.389 55	0.346 93	0.276 30
3.1	0.495 39	0.493 85	0.489 28	0.481 54	0.470 42	0.455 56	0.436 42	0.412 09	0.380 99	0.339 61	0.271 11
3.2	0.484 10	0.486 20	0.478 15	0.470 61	0.459 78	0.445 31	0.426 68	0.403 02	0.372 78	0.332 57	0.266 08
3.3	0.473 27	0.471 81	0.467 47	0.460 13	0.449 57	0.435 48	0.417 34	0.394 31	0.364 89	0.325 79	0.261 20
3.4	0.462 89	0.461 46	0.457 23	0.450 07	0.439 78	0.426 05	0.408 37	0.385 94	0.357 30	0.319 26	0.256 48
3.5	0.452 92	0.451 53	0.447 40	0.440 42	0.430 39	0.417 00	0.399 77	0.377 91	0.350 01	0.311 40	0.251 90
3.6	0.443 35	0.441 99	0.437 96	0.431 15	0.421 36	0.408 30	0.391 50	0.370 19	0.343 00	0.306 92	0.247 45
3.7	0.434 15	0.432 82	0.428 89	0.422 24	0.412 68	0.399 94	0.383 54	0.362 75	0.336 24	0.301 07	0.243 15
3.8	0.425 30	0.424 00	0.420 16	0.413 67	0.404 34	0.391 89	0.375 89	0.355 60	0.329 73	0.295 43	0.238 97
3.9	0.416 78	0.415 52	0.411 77	0.405 42	0.396 31	0.384 15	0.368 52	0.348 71	0.323 46	0.289 99	0.234 92
4.0	0.408 59	0.407 35	0.403 69	0.397 48	0.388 58	0.376 70	0.361 43	0.342 08	0.317 41	0.284 73	0.230 98
4.1	0.400 70	0.399 49	0.395 90	0.389 84	0.381 13	0.369 51	0.354 59	0.335 67	0.311 58	0.279 65	0.227 17
4.2	0.393 09	0.391 91	0.388 40	0.382 47	0.373 95	0.362 59	0.347 99	0.329 50	0.305 94	0.274 74	0.223 47
4.3	0.385 75	0.384 60	0.381 16	0.375 36	0.367 02	0.355 91	0.341 63	0.323 54	0.300 50	0.269 99	0.219 87
4.4	0.378 68	0.377 54	0.374 18	0.368 50	0.360 34	0.349 46	0.335 48	0.317 78	0.295 24	0.265 39	0.216 38
4.5	0.371 84	0.370 74	0.367 44	0.361 88	0.353 89	0.343 23	0.329 55	0.312 22	0.290 15	0.260 94	0.212 99
4.6	0.365 25	0.364 16	0.360 94	0.355 48	0.347 65	0.337 22	0.323 81	0.306 84	0.285 23	0.256 63	0.209 69
4.7	0.358 87	0.357 81	0.354 65	0.349 30	0.341 63	0.331 40	0.318 27	0.301 64	0.280 47	0.252 45	0.206 49
4.8	0.354 71	0.351 66	0.348 56	0.343 32	0.335 80	0.325 78	0.312 90	0.296 60	0.275 86	0.248 40	0.203 30
4.9	0.346 74	0.345 72	0.342 68	0.337 54	0.330 17	0.320 34	0.307 71	0.291 73	0.271 39	0.244 48	0.200 35
5.0	0.340 97	0.339 97	0.336 99	0.331 95	0.324 71	0.315 07	0.302 68	0.287 01	0.267 06	0.240 67	0.197 41
5.1	0.335 19	0.334 40	0.331 48	0.326 53	0.319 43	0.309 97	0.297 81	0.282 43	0.262 87	0.236 87	0.194 54
5.2	0.329 93	0.329 01	0.326 14	0.321 28	0.314 31	0.305 02	0.293 09	0.278 00	0.258 79	0.233 38	0.181 76
5.3	0.324 73	0.323 78	0.320 96	0.316 19	0.309 35	0.300 23	0.288 52	0.273 70	0.254 84	0.229 90	0.189 04
5.4	0.319 65	0.318 72	0.315 95	0.311 26	0.304 54	0.295 58	0.284 08	0.269 52	0.251 00	0.226 51	0.186 40
5.5	0.314 72	0.313 80	0.311 08	0.306 48	0.299 87	0.291 07	0.279 77	0.265 47	0.247 28	0.223 22	0.183 83
5.6	0.309 93	0.309 03	0.306 36	0.301 83	0.295 34	0.286 69	0.275 59	0.261 53	0.243 66	0.220 02	0.181 32
5.7	0.305 29	0.304 40	0.301 77	0.297 33	0.290 94	0.282 44	0.271 52	0.257 71	0.240 14	0.216 91	0.178 88
5.8	0.300 78	0.299 91	0.297 32	0.292 95	0.286 67	0.278 31	0.267 58	0.254 00	0.236 72	0.213 89	0.176 50
5.9	0.296 40	0.295 54	0.293 00	0.288 70	0.282 52	0.274 30	0.263 74	0.250 39	0.233 40	0.210 94	0.174 18
6.0	0.292 14	0.291 30	0.288 80	0.284 56	0.278 49	0.270 40	0.260 01	0.246 87	0.230 16	0.208 07	0.171 91
6.1	0.288 00	0.287 17	0.284 71	0.280 54	0.274 57	0.266 61	0.256 39	0.243 46	0.227 01	0.205 28	0.169 70
6.2	0.283 97	0.283 16	0.280 73	0.276 63	0.270 75	0.262 92	0.252 86	0.240 13	0.223 94	0.202 55	0.167 55
6.3	0.280 06	0.279 26	0.276 87	0.272 83	0.267 04	0.259 32	0.249 42	0.236 89	0.220 96	0.199 90	0.165 45
6.4	0.276 26	0.275 46	0.273 10	0.269 13	0.263 43	0.255 83	0.246 07	0.233 74	0.218 05	0.197 32	0.163 39
6.5	0.272 53	0.271 76	0.269 44	0.265 52	0.259 91	0.252 42	0.242 82	0.230 67	0.215 21	0.194 80	0.161 39
6.6	0.268 92	0.268 15	0.265 87	0.262 01	0.256 48	0.249 11	0.239 64	0.227 67	0.212 45	0.192 34	0.159 43
6.7	0.265 40	0.264 64	0.262 39	0.253 59	0.253 14	0.245 87	0.236 55	0.224 75	0.209 76	0.189 94	0.157 52
6.8	0.261 97	0.261 22	0.259 01	0.255 26	0.249 88	0.242 72	0.233 53	0.221 91	0.207 13	0.187 60	0.155 65
6.9	0.258 62	0.257 89	0.255 70	0.252 01	0.246 71	0.239 65	0.230 59	0.219 13	0.204 56	0.185 31	0.153 82
7.0	0.255 36	0.254 64	0.252 48	0.248 84	0.243 61	0.236 66	0.227 72	0.216 42	0.202 06	0.182 29	0.152 04

Z/r \ r/R	1.1	1.2	1.3	1.4	1.5	1.6	1.7	1.8	1.9	2.0
0.0	0.000 00	0.000 00	0.000 00	0.000 00	0.000 00	0.000 00	0.000 00	0.000 00	0.000 00	0.000 00
0.1	0.027 97	0.004 86	0.001 48	0.000 60	0.000 30	0.000 16	0.000 10	0.000 06	0.000 04	0.000 03
0.2	0.088 70	0.025 35	0.009 38	0.004 20	0.002 15	0.001 21	0.000 74	0.000 47	0.000 32	0.000 22
0.3	0.137 79	0.053 06	0.023 38	0.011 56	0.006 29	0.003 68	0.002 29	0.001 50	0.001 02	0.000 72
0.4	0.172 84	0.079 79	0.040 09	0.021 67	0.012 50	0.007 64	0.004 89	0.003 26	0.002 25	0.001 60
0.5	0.197 74	0.102 79	0.056 85	0.033 06	0.020 14	0.012 79	0.008 44	0.005 75	0.004 04	0.002 91
0.6	0.215 58	0.121 78	0.072 33	0.044 60	0.028 46	0.018 75	0.012 72	0.008 87	0.006 33	0.004 62
0.7	0.228 39	0.137 17	0.086 02	0.055 60	0.036 91	0.025 11	0.017 49	0.012 46	0.009 05	0.006 70
0.8	0.237 52	0.149 51	0.097 85	0.065 70	0.045 08	0.031 55	0.022 51	0.016 35	0.012 07	0.009 06
0.9	0.243 91	0.159 34	0.107 91	0.074 75	0.052 74	0.037 84	0.027 57	0.020 39	0.015 30	0.011 63
1.0	0.248 19	0.167 09	0.116 37	0.082 74	0.059 78	0.043 81	0.032 53	0.024 47	0.018 63	0.014 34

续表 4-4

Z/r \ r/R	1.1	1.2	1.3	1.4	1.5	1.6	1.7	1.8	1.9	2.0
1.1	0.250 85	0.173 13	0.123 42	0.089 69	0.066 13	0.049 37	0.037 29	0.028 47	0.021 96	0.017 12
1.2	0.252 21	0.177 75	0.129 24	0.095 69	0.071 80	0.054 49	0.041 77	0.032 33	0.025 25	0.019 89
1.3	0.252 56	0.181 21	0.133 99	0.100 81	0.076 81	0.059 13	0.045 93	0.035 99	0.028 43	0.022 63
1.4	0.252 11	0.183 69	0.137 81	0.105 15	0.081 19	0.063 30	0.049 76	0.039 42	0.031 46	0.025 28
1.5	0.251 00	0.185 36	0.140 85	0.108 79	0.085 00	0.067 02	0.053 25	0.042 61	0.034 33	0.027 82
1.6	0.249 38	0.186 35	0.143 19	0.111 81	0.088 28	0.070 31	0.056 41	0.045 55	0.037 01	0.030 24
1.7	0.247 35	0.186 77	0.144 96	0.114 28	0.091 08	0.073 19	0.059 23	0.048 23	0.039 50	0.032 51
1.8	0.244 99	0.186 72	0.146 21	0.116 27	0.093 44	0.075 71	0.061 76	0.050 67	0.041 79	0.034 64
1.9	0.242 37	0.186 28	0.147 04	0.117 84	0.095 42	0.077 89	0.063 99	0.052 87	0.043 89	0.036 61
2.0	0.239 56	0.185 52	0.147 49	0.119 03	0.097 06	0.079 76	0.065 95	0.054 83	0.045 81	0.038 43
2.1	0.236 60	0.184 48	0.147 63	0.119 90	0.098 38	0.081 31	0.067 67	0.056 59	0.047 54	0.040 11
2.2	0.233 52	0.183 22	0.147 49	0.120 49	0.099 43	0.082 67	0.069 16	0.058 15	0.049 11	0.041 64
2.3	0.230 37	0.181 78	0.147 13	0.120 84	0.100 24	0.083 78	0.070 44	0.059 52	0.050 51	0.043 03
2.4	0.227 16	0.180 18	0.146 56	0.120 96	0.100 83	0.084 67	0.071 52	0.060 71	0.051 75	0.044 28
2.5	0.223 92	0.178 47	0.145 84	0.120 91	0.101 23	0.085 38	0.072 44	0.061 75	0.052 86	0.045 41
2.6	0.220 67	0.176 66	0.144 97	0.120 69	0.101 46	0.085 93	0.073 20	0.062 65	0.053 83	0.046 43
2.7	0.217 42	0.174 77	0.143 98	0.120 33	0.101 55	0.086 33	0.073 81	0.063 41	0.054 69	0.047 33
2.8	0.214 19	0.172 82	0.142 90	0.119 85	0.101 51	0.086 59	0.074 30	0.064 04	0.055 43	0.048 13
2.9	0.210 98	0.170 84	0.141 73	0.119 27	0.101 35	0.086 74	0.074 67	0.064 57	0.056 06	0.048 84
3.0	0.207 81	0.168 82	0.140 50	0.118 60	0.101 09	0.086 79	0.074 93	0.065 00	0.056 60	0.049 45
3.1	0.204 67	0.166 78	0.139 22	0.117 86	0.100 74	0.086 74	0.075 10	0.065 33	0.057 05	0.049 99
3.2	0.201 58	0.164 74	0.137 89	0.117 05	0.100 32	0.086 61	0.075 19	0.065 58	0.057 42	0.050 44
3.3	0.198 54	0.162 69	0.136 52	0.116 18	0.099 84	0.086 41	0.075 21	0.065 76	0.057 72	0.050 83
3.4	0.195 55	0.160 64	0.135 13	0.115 28	0.099 29	0.088 14	0.075 15	0.065 87	0.057 95	0.051 15
3.5	0.192 62	0.158 60	0.133 72	0.114 33	0.098 70	0.085 82	0.075 04	0.065 91	0.058 12	0.051 42
3.6	0.189 74	0.156 58	0.132 30	0.113 36	0.098 06	0.085 44	0.074 87	0.065 90	0.058 23	0.051 63
3.7	0.186 91	0.154 58	0.130 87	0.112 36	0.097 39	0.085 03	0.074 65	0.065 84	0.058 30	0.051 79
3.8	0.184 15	0.152 60	0.129 44	0.111 34	0.096 69	0.084 57	0.074 39	0.065 74	0.058 32	0.051 90
3.9	0.181 44	0.150 64	0.128 01	0.110 30	0.095 96	0.084 09	0.074 10	0.065 60	0.058 29	0.051 97
4.0	0.178 80	0.148 70	0.126 58	0.109 26	0.095 21	0.083 57	0.073 77	0.065 42	0.058 23	0.052 00
4.1	0.176 21	0.146 79	0.125 16	0.108 20	0.094 45	0.083 03	0.073 41	0.065 20	0.058 14	0.052 00
4.2	0.173 67	0.144 92	0.123 75	0.107 15	0.093 67	0.082 47	0.073 03	0.064 96	0.058 01	0.051 97
4.3	0.171 20	0.143 07	0.122 35	0.106 09	0.092 88	0.081 89	0.072 62	0.064 69	0.057 86	0.051 91
4.4	0.168 78	0.141 25	0.120 97	0.105 03	0.092 08	0.081 30	0.072 19	0.064 40	0.057 68	0.051 82
4.5	0.166 41	0.139 46	0.119 59	0.103 98	0.091 27	0.080 70	0.071 75	0.064 09	0.057 48	0.051 71
4.6	0.164 10	0.137 71	0.118 24	0.102 93	0.090 46	0.080 08	0.071 29	0.063 77	0.057 25	0.051 57
4.7	0.161 84	0.135 98	0.116 90	0.101 88	0.089 66	0.079 46	0.070 83	0.063 42	0.057 01	0.051 42
4.8	0.159 64	0.134 29	0.115 57	0.100 84	0.088 84	0.078 83	0.070 34	0.063 07	0.056 76	0.051 25
4.9	0.157 47	0.132 63	0.114 27	0.099 81	0.088 03	0.078 19	0.069 86	0.062 70	0.056 49	0.051 06
5.0	0.155 37	0.131 00	0.112 98	0.098 79	0.087 22	0.077 56	0.069 36	0.062 32	0.056 21	0.050 86
5.1	0.153 31	0.129 40	0.111 72	0.097 78	0.086 41	0.076 92	0.068 86	0.061 93	0.055 91	0.050 65
5.2	0.151 30	0.127 83	0.110 47	0.096 78	0.085 61	0.076 28	0.068 35	0.061 53	0.055 61	0.050 42
5.3	0.149 34	0.126 29	0.109 24	0.095 80	0.084 81	0.075 64	0.067 84	0.061 13	0.055 30	0.050 19
5.4	0.147 42	0.124 78	0.108 03	0.094 82	0.084 02	0.075 00	0.067 33	0.060 72	0.054 98	0.049 94
5.5	0.145 54	0.123 30	0.106 84	0.093 85	0.083 24	0.074 36	0.066 81	0.060 31	0.054 65	0.049 69
5.6	0.143 71	0.121 85	0.105 67	0.092 90	0.082 46	0.073 73	0.066 30	0.059 89	0.054 32	0.049 43
5.7	0.141 91	0.120 43	0.104 52	0.091 96	0.081 69	0.073 09	0.065 78	0.059 47	0.053 99	0.049 17
5.8	0.140 16	0.119 03	0.103 39	0.091 03	0.080 93	0.072 47	0.065 26	0.059 05	0.053 65	0.048 89
5.9	0.138 44	0.117 67	0.102 28	0.090 12	0.080 17	0.071 84	0.064 75	0.058 63	0.053 30	0.048 62
6.0	0.136 77	0.116 33	0.101 18	0.089 22	0.079 43	0.071 22	0.064 24	0.058 21	0.052 96	0.048 34
6.1	0.135 13	0.115 01	0.100 11	0.088 33	0.078 69	0.070 61	0.063 73	0.057 79	0.052 61	0.048 05
6.2	0.133 52	0.113 72	0.099 05	0.087 46	0.077 96	0.070 00	0.063 22	0.057 37	0.052 26	0.047 77
6.3	0.131 95	0.112 46	0.098 02	0.086 59	0.077 24	0.069 40	0.062 72	0.056 94	0.051 91	0.047 48
6.4	0.130 42	0.111 22	0.097 00	0.085 75	0.076 53	0.068 80	0.062 21	0.056 52	0.051 56	0.047 18
6.5	0.128 91	0.110 01	0.095 99	0.084 91	0.075 83	0.068 21	0.061 72	0.056 10	0.051 21	0.046 89
6.6	0.127 44	0.108 82	0.095 01	0.084 09	0.075 13	0.067 63	0.061 22	0.055 69	0.050 85	0.046 60
6.7	0.126 00	0.107 65	0.094 04	0.083 27	0.074 45	0.067 05	0.060 73	0.055 27	0.050 50	0.046 30
6.8	0.124 59	0.106 51	0.093 09	0.082 48	0.073 78	0.066 48	0.060 25	0.054 86	0.050 15	0.046 01
6.9	0.123 21	0.105 38	0.092 16	0.081 69	0.073 11	0.065 91	0.059 76	0.054 45	0.049 80	0.045 71
7.0	0.121 86	0.104 28	0.091 24	0.080 92	0.072 45	0.065 35	0.059 29	0.054 04	0.049 46	0.045 42

注：R——圆形面积的半径(m)；
Z——计算点离基础底面的垂直距离(m)；
r——计算点距圆形面积中心的水平距离(m)。

当无相邻荷载影响，基础宽度在10～50 m范围内时，基础中点的地基变形计算深度也可按下列简化公式计算：

$$z_n=b(2.5-0.4\ln b) \quad (4\text{-}4)$$

式中：b——基础宽度(m)。

在计算深度范围内存在基岩时，z_n 可取至基岩表面；当存在较厚的坚硬黏性土层，其孔隙比小于0.5、压缩模量大于50 MPa，或存在较厚的密实砂卵石层，压缩模量大于80 MPa时，z_n 可取至该层土表面。

计算地基变形时，应考虑相邻荷载的影响，其值可按应力叠加原理，采用角点法计算。

上述建筑物的地基变形是采用简化的单向压缩分层总和法，在软土地基上土层的单向压缩实际上有很大的差异，从上海储罐基础的实测分析中可以看出，软土地基要考虑三向变形的计算与实测比较接近见表4-5。

表4-5　储罐基础沉降计算与实测对比表　　cm

序号	油罐容积/m^3	计算荷重/kPa	基础中心沉降								基础边缘沉降	实测沉降	
			单向压缩分层总和法			ВиОС侧向自由膨胀法	三向变形分层总和法（黄文熙法）	K、E、耶戈罗夫法	等值层法（崔托维奇法）	三维沉降法	三维沉降法	基础中心	基础边缘
			苏联（HNTY 127—55）法	苏联（CHNп Ⅱ-Bl-62）法	上海地基规范法（取K=1.2）								
1	1 000	11.9	59	87.6	77.6	109.3	148.7	64	105	89.3	54.4	—	51
2	2 000	115	71	106	93	132.4	178.3	82	112	107.3	65.4	—	66.4
3	3 000	104	72.4	110	95	137	182.8	91	119.5	109.2	67.1	—	59.1
4	20 000	162	123	195	170	244	273.0	122	210	190.4	108.5	184	1 05

注：1. 表中所列的几台储罐均位于20 000 m^3 储罐附近，其地基情况与20 000 m^3 储罐相仿，故采用统一的计算指标。

2. 上海地基规范中的压缩模量 E_c 和苏联规范法中的变形模量 E 是分别按照室内测定的 m_v 和 μ 推算出来的。

3. 20 000 m^3 的实测沉降系用目前沉降推算得出的最终沉降量。

4. 1 000 m^3 和3 000 m^3 储罐的沉降是在基础完工后才开始观测的，故实际的沉降应稍大于表中列出的实测值。

从表4-5看出，考虑三维沉降计算法得出的结果与实测值比较接近。并且，根据此法计算，三维和单维沉降的比值$\frac{S_3}{S_1}$=1.2～1.4(见表4-6)，与上海地基规范中规定的经验系数K=1.2～1.5相符。

表4-6　三维和单维沉降计算值之($\frac{S_3}{S_1}$)

储罐容量/m^3	1 000	2 000	3 000	20 000
基础中心	1.4	1.4	1.4	1.3
基础边缘	1.3	1.3	1.3	1.2

因此，三维沉降法不仅从理论上证明了上海规范中总结得出的软土地基的地区性经验，还弥补了该规范中在选取系数K时带有人为性的缺点。

这样上述三维沉降计算方法和上海地基规范分别从理论上和经验上证明，在软弱地基上采用只考虑单向压缩的分层总和法计算时，得出的结果往往偏小。

三向变形分层总和法(即黄文熙法)，改进了苏联B. A. 弗洛林法，使三维沉降计算大为简化，但由于在推导公式时沿用了B. A. 弗洛林的方法及其定义因此仍保留了B. A. 弗洛林法中的一些缺点，在有关压缩性指标的概念上比较模糊，容易使人误用而得出偏大的结果。

黄文熙法的公式推导如下：

$$\lambda_z=\frac{1}{E}[(1+\mu)\sigma_z-\mu\Theta] \tag{4-5}$$

$$\lambda_x=\frac{1}{E}[(1+\mu)\sigma_x-\mu\Theta] \tag{4-6}$$

$$\lambda_y=\frac{1}{E}[(1+\mu)\sigma_y-\mu\Theta] \tag{4-7}$$

式中：Θ——全应力$=\sigma_x+\sigma_y+\sigma_z$（三向）。

将上 3 式相加，得微分土体在三向应力作用下的单位体积变形 Δv 为：

$$\Delta v=\lambda_z+\lambda_x+\lambda_y=\frac{1}{E}(1-2\mu)-\Theta \tag{4-8}$$

另按土体压缩时孔隙比的变化关系，此时的 Δv 又可表示为：

$$\Delta v=\frac{e_1-e_2}{1+e_1} \tag{4-9}$$

代入式(4-8)得：

$$E=(1-2\mu)\frac{1+e_1}{e_1-e_2}\Theta \tag{4-10}$$

以上这一步公式推导，引入了容易混淆的地方，因为没有明确的定义 e_1-e_2 是在什么应力条件下产生的。在式(4-8)中尚可看出，Δv 是由 Θ 引起的，但在式(4-9)中就看不出。

将式(4-10)代入式(4-5)即得：

$$\lambda_z=\frac{1}{1-2\mu}[(1+\mu)\frac{\sigma_z}{\Theta}-\mu]\frac{e_1-e_2}{1+e_1} \tag{4-11}$$

由于式(4-9)中引入的不明确性，致使有人甚至作者本人以后也把上式中的$\frac{e_1-e_2}{1+e_1}$误认为是不考虑侧向变形的单维沉降。

实质上可以看出$\frac{e_1-e_2}{1+e_1}$是对应于法向应力之和 Θ 的变化，因此应在 e-Θ 曲线上查出。

在利用一般的常规压缩试验资料时，必须将 e-P 曲线的应力轴(坐标)换算成 $\Theta=P(1+2K_0)$，然后按照附加荷重引起的 $\Delta\Theta$ 确定 e_1-e_2 的数值，或者直接利用 $e-P$ 曲线，只是将附加荷重引起的 Θ 除以 $1+2K_0$ 而得出 P_K，然后按照 $P_H=\sum\gamma z$ 和 $P_K=\frac{\Theta}{1+2K_0}$确定 e_1-e_2 的数值。

为了直接利用常规的压缩曲线，而避免以上的混淆，建议作如下的公式推导。

因为在有侧限的压缩仪中测定的体积压缩系数 m_v 和在无侧限条件下测定的变形模量 E 之间的关系如下：

$$E=\frac{\beta}{m_v}=\frac{(1+\mu)(1-2\mu)}{1-\mu}\times\frac{1}{m_v} \tag{4-12}$$

代入式(4-5)得：

$$\lambda_z=\frac{(1-\mu)}{(1+\mu)(1-2\mu)}[(1+\mu)\sigma_z-\mu\Theta]m_v=\frac{1-\mu}{1-2\mu}[\sigma_z-\frac{\mu}{1+\mu}\Theta]m_v \tag{4-13}$$

所以

$$S=\sum(\lambda_z\Delta Z)=\sum\frac{1-\mu}{1-2\mu}[\sigma_z-\frac{\mu}{1+\mu}\Theta]m_v\Delta Z \tag{4-14}$$

$$=\sum\frac{1-\mu}{1-2\mu}[1-\frac{\mu}{1+\mu}\times\frac{\Theta}{\sigma_z}]m_v\sigma_z\Delta Z=\sum(K_3)_i(S_1)_i$$

式中：$(S_1)_i=m_v\sigma_z\Delta Z$ 各分层土中的单维沉降。

$(K_3)_i=\frac{1-\mu}{1-2\mu}[1-\frac{\mu}{1+\mu}\times\frac{\Theta}{\sigma_z}]$将单维沉降化为三维沉降时的换算系数。

为了说明误用黄文熙法时可能引起的误差，我们以几个实际工程为例，进行了对比分析，见表 4-7。

表 4-7

序号	计算方法	舟山冷藏库	宁波冷藏库	1050 号储罐
1	单向沉降（不考虑侧胀）	108 cm	125 cm	123 cm
2	黄文熙法	178 cm（取 μ=0.35）	287 cm（取 μ=0.42）	278 cm
3	自由侧胀时的沉降	196 cm（取 μ=0.375）	227 cm（取 μ=0.375）	244 cm
4	本资料推荐的三维沉降计算法	142 cm（取 μ=0.375）	154 cm（取 μ=0.375）	190.4 cm
5	根据实测推算最终沉降	140 cm	150 cm	184 cm
注：1050 号储罐是按试水荷重计算基础中心的最终沉降（取 μ= 0.35～0.40）。				

从表 4-7 中可以看出，误用黄文熙法时，使计算沉降大大偏大，甚至超过自由侧胀时的情况，这显然是不合理的，而采用本书推荐的三维沉降计算法时，则算得的数字与实测比较接近，特别是采用恰当的 μ 值时。

为了便于应用，我们将公式(4-14)中的系数 K_3 在各种荷重条件下的数值编成圆形柔性基础的系数表，见表 4-8、表 4-9，这样就使得三维沉降的计算一点也不比单维沉降计算复杂。

表 4-8　圆形柔性基础中心下的三维沉降系数表

Z/R	K_1	$K_3=\frac{1-\mu}{1-2\mu}(1-\frac{\mu}{1+\mu}\times\frac{\Theta}{\sigma_z})$					
		μ=0.20	μ=0.25	μ=0.30	μ=0.35	μ=0.40	μ=0.45
0	1.000	0.80	0.75	0.70	0.65	0.60	0.55
0.1	0.999	0.85	0.82	0.80	0.80	0.84	1.02
0.3	0.976	0.94	0.95	0.98	1.06	1.25	1.89
0.5	0.911	1.01	1.04	1.11	1.24	1.54	2.49
0.7	0.811	1.05	1.11	1.20	1.37	1.74	2.90
0.9	0.701	1.08	1.15	1.25	1.45	1.87	3.16
1.1	0.597	1.10	1.17	1.29	1.50	1.94	3.32
1.3	0.506	1.11	1.19	1.31	1.54	2.00	3.44
1.5	0.424	1.12	1.20	1.33	1.57	2.05	3.53
1.7	0.368	1.13	1.21	1.34	1.58	2.07	3.59
1.9	0.312	1.13	1.22	1.35	1.59	2.09	3.63
2.1	0.267	1.14	1.22	1.36	1.60	2.11	3.67
2.3	0.234	1.14	1.23	1.37	1.61	2.13	3.70
2.5	0.200	1.14	1.23	1.37	1.62	2.14	3.73
2.7	0.178	1.14	1.23	1.38	1.63	2.15	3.74
2.9	0.157	1.15	1.24	1.38	1.63	2.15	3.75
3.1	0.140	1.15	1.24	1.38	1.63	2.16	3.76
3.3	0.128	1.15	1.24	1.38	1.64	2.16	3.77
3.5	0.117	1.15	1.24	1.38	1.64	2.16	3.78
3.7	0.105	1.15	1.24	1.39	1.64	2.17	3.78
3.9	0.093	1.15	1.24	1.39	1.64	2.17	3.79
4.5	0.072	1.15	1.24	1.39	1.65	2.18	3.81
5.0	0.057	1.15	1.25	1.39	1.65	2.18	3.82
5.5	0.049	1.15	1.25	1.39	1.65	2.19	3.82
6.0	0.040	1.15	1.25	1.40	1.65	2.19	3.83
7.0	0.030	1.15	1.25	1.40	1.66	2.19	3.83
8.0	0.023	1.15	1.25	1.40	1.66	2.19	3.84
9.0	0.018	1.15	1.25	1.40	1.66	2.19	3.84
10.0	0.015	1.15	1.25	1.40	1.66	2.20	3.84

表 4-9 圆形柔性基础边缘下的三维沉降系数表

Z/R	K_1	$K_3=\frac{1-\mu}{1-2\mu}(1-\frac{\mu}{1+\mu}\times\frac{\Theta}{\sigma_z})$					
		μ=0.20	μ=0.25	μ=0.30	μ=0.35	μ=0.40	μ=0.45
0	0.500	0.80	0.75	0.70	0.65	0.60	0.55
0.1	0.484	0.86	0.83	0.82	0.82	0.87	1.10
0.3	0.451	0.93	0.93	0.95	1.01	1.17	1.73
0.5	0.417	0.97	0.99	1.04	1.14	1.38	2.16
0.7	0.384	1.01	1.04	1.11	1.24	1.54	2.48
0.9	0.349	1.04	1.08	1.16	1.32	1.66	2.73
1.1	0.316	1.06	1.11	1.20	1.38	1.75	2.92
1.3	0.286	1.07	1.13	1.23	1.42	1.82	3.07
1.5	0.256	1.08	1.15	1.26	1.46	1.88	3.19
1.7	0.232	1.09	1.16	1.28	1.49	1.92	3.28
1.9	0.208	1.10	1.17	1.30	1.51	1.96	3.36
2.1	0.187	1.11	1.18	1.31	1.53	2.00	3.43
2.3	0.169	1.12	1.19	1.32	1.55	2.02	3.49
2.5	0.151	1.12	1.20	1.33	1.56	2.04	3.54
2.7	0.138	1.13	1.21	1.34	1.57	2.06	3.57
2.9	0.125	1.13	1.21	1.35	1.58	2.08	3.60
3.1	0.114	1.13	1.21	1.35	1.59	2.09	3.62
3.3	0.105	1.13	1.22	1.35	1.59	2.10	3.64
3.5	0.097	1.13	1.22	1.36	1.60	2.11	3.66
3.7	0.088	1.14	1.22	1.36	1.60	2.11	3.67
3.9	0.080	1.14	1.22	1.36	1.61	2.12	3.68
4.5	0.064	1.14	1.23	1.37	1.62	2.14	3.72
5.0	0.052	1.15	1.24	1.38	1.63	2.15	3.75
5.5	0.045	1.15	1.24	1.38	1.64	2.16	3.77
6.0	0.038	1.15	1.24	1.39	1.64	2.17	3.79
7.0	0.028	1.15	1.24	1.39	1.65	2.18	3.80
8.0	0.022	1.15	1.24	1.39	1.65	2.18	3.81
9.0	0.018	1.15	1.25	1.39	1.65	2.19	3.82
10.0	0.014	1.15	1.25	1.39	1.65	2.19	3.83

上述分析中提出用三维沉降分析法计算储罐的沉降，并通过工程实测结果的验证，获得满意的结果。但是，这一方法在计算中采用的泊松比 μ 值对沉降计算结果影响很大，而 μ 值是不容易准确确定，因此，常从土的侧压力系数推算而得，试验证明：土的侧向应变 ξ_x 与竖向 ξ_z 同样有一定的比值关系，同样随土的种类与状态而不同。该比值叫做土的泊松比 μ（即土的侧膨胀系数），它与侧压力系数 ξ 的关系可用弹性理论推出即：

$$\mu=\frac{\xi}{1+\xi} \tag{4-15}$$

二、储罐地基允许变形的有关规定

在软土地基上建造的储罐，突出的问题是地基的不均匀沉降和倾斜，它会影响正常使用，甚至出现罐体破裂造成大事故。例如日本水岛油罐跑油大事故和埃克森石油公司所属的三个欧洲大油罐失事，都说明基础倾斜和底板变形过大，会造成底板焊缝破裂泄漏，或活动顶盖卡住，不能上下浮升等事故。

但对于储罐允许倾斜控制值，到目前还没有一个统一标准，另外，圆形储罐的结构形式不同，它的允许倾斜也应有所不同，现将收集到的国内外有关储罐允许倾斜值的规定列于表 4-10 中。

在表 4-10 中的 SH 3068—1995《石油化工企业钢储罐地基与基础设计规范》，对储罐直径等于或小于 60 m 的基础沉降差允许值有明确规定，根据这个规定画成储罐直径与基础沉降差允许值的关系线（见图 4-2 中实线部分）。但对于储罐直径大于 60 m 的大型储罐，规范中还没有明确基础沉降差的允许值。100 000 m^3 及其以上的储罐直径均大于 60 m，作者按图 4-2 中曲线延伸，得出大型储罐

100 000 m^3、125 000 万 m^3、150 000 m^3 基础沉降差允许值为 0.003 7 D(即图 4-2 中虚线部分)。说明储罐越大,基础沉降差允许值越小。

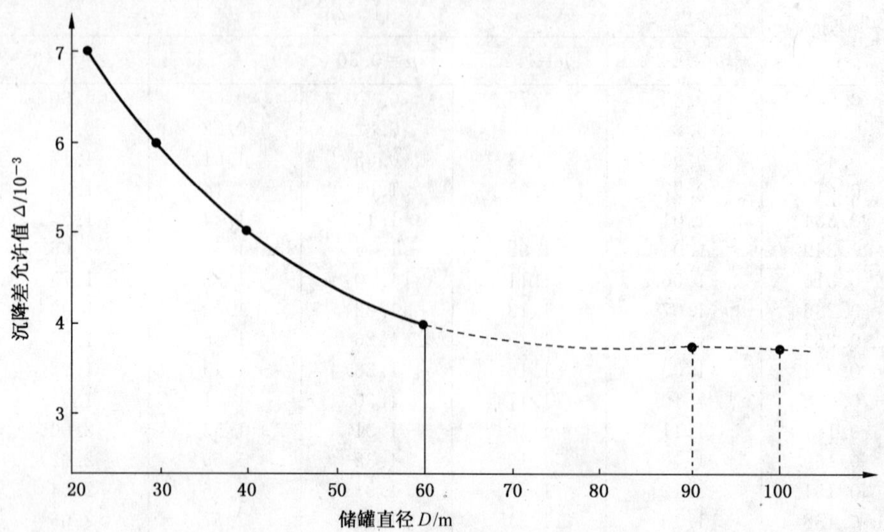

图 4-2　储罐直径 D 与基础沉降差允许值 Δ 的关系线

表 4-10　国内外有关圆形储罐地基允许变形的建议与准则

序号	建议与准则	地基允许变形标准			备　注
		浮顶储罐	固定顶储罐	储气罐	
1	HG 20548—1992 化工建筑软弱地基处理设计规定	油罐基础(中心)600 mm 气柜基础(中心)350 mm			
2	DB J08—11—1989 地基基础设计规范	0.004～0.006	0.006～0.010	0.002 0.0006(桩基)	上海市标准 1989 年
3	SH 3068—1995 石油化工企业钢储罐地基与基础设计规范	$D\leqslant22$ m　0.007 D $22<D\leqslant30$　0.006 D $30<D\leqslant40$　0.005 D $40<D\leqslant60$　0.004 D	$D\leqslant22$　0.015 D $22<D\leqslant30$　0.010 D $30<D\leqslant40$　0.009 D $40<D\leqslant60$　0.008 D		中华人民共和国行业标准 1995 年
4	SHJ 1058—1984 炼油厂钢油罐基础设计技术规定(试行)	$D\leqslant22$ m　0.007 D $D=23\sim30$ m　0.006 D $D=31\sim40$ m　0.005 D $D=41\sim60$ m　0.004 D	$D\leqslant22$ m　0.015 D $D=23\sim40$ m　0.010 D $D=41\sim60$ m　0.008 0 D		中华人民共和国行业标准 1984 年
5	日本土质工程学会	差异沉降 $\Delta S\leqslant\frac{D}{500}$			1978 年
6	国内炼油化工建筑设计技术措施(结构部分)	$\leqslant5\ 000\ m^3$ $S\leqslant60$ cm,$K\leqslant0.006$ $>5\ 000\ m^3$ $S\leqslant100$ cm,$K\leqslant0.004$	$S\leqslant80$ cm,$K\leqslant0.01$ D $S\leqslant120$ cm,$K\leqslant0.008$ D		
7	轻工部贮罐基础通用图集(QTG103)	$D\leqslant22$ m,0.007 D $D=23\sim30$ m,0.006 D	$D\leqslant22$ m,0.015 D $D=23\sim30$ m,0.010 D		1990 年 4 月
8	建筑结构构造资料集(上册)	$D\leqslant22$ m,0.007 D 22 m$<D\leqslant30$ m 0.006 D 30 m$<D\leqslant40$ m 0.005 D 40 m$<D\leqslant60$ m 0.004 D	$D\leqslant22$ m,0.015 D 22 m$<D\leqslant40$ m 0.010 D 40 m$<D\leqslant60$ m 0.008 D		1990 年

续表 4-10

<table>
<tr><th rowspan="2">序号</th><th rowspan="2">建议与准则</th><th colspan="3">地基允许变形标准</th><th rowspan="2">备　注</th></tr>
<tr><th>浮顶储罐</th><th>固定顶储罐</th><th>储气罐</th></tr>
<tr><td>9</td><td>日本甲阳实施标准</td><td>$\Delta S \leqslant \frac{3.33\sim 5}{1\ 000}D$</td><td>$\Delta S \leqslant \frac{5}{1\ 000}D$</td><td></td><td></td></tr>
<tr><td>10</td><td>英国工程标准
(BS 2054—73)</td><td colspan="3">$\frac{D}{250}$　$I_{min}=\frac{D}{120}$</td><td>I—底板起拱度</td></tr>
<tr><td>11</td><td>美国工程标准
(API 650—80)</td><td colspan="3">$\frac{D}{360}$或<15 cm</td><td></td></tr>
<tr><td>12</td><td>钢制大型原油和液化天然气储罐的设计</td><td colspan="3">基础直径方向不大于 50 cm
壁板垂直度不大于 30 mm</td><td>荷兰 J. MI. amgeveLd 国防焊接协会，1974 年布达佩斯年会的报告</td></tr>
<tr><td>13</td><td>美国 Swllivan 和 Nowicki 等人
(1974 年)</td><td colspan="3">基础最大沉降 $S_{max} \leqslant 30\sim 45$ mm</td><td>具有 21 个浮顶储罐的经验</td></tr>
<tr><td>14</td><td>英国 Green 专 voSd
(1974 年)</td><td colspan="3">$D \leqslant 50$ m　　$S_{max} \leqslant 40$ mm
$D > 50$ m　　$S_{max} \leqslant 50$ mm</td><td>具有 27 个固定顶储罐和 21 个浮顶储罐的经验</td></tr>
<tr><td>15</td><td>日本工程标准
(JIS B 8501—76)</td><td colspan="3">$\frac{D}{250}$　$I_{min}=\frac{D}{120}$</td><td></td></tr>
<tr><td>16</td><td>比利时 DeBeer
(1969 年)</td><td colspan="3">$\frac{1}{200} > \frac{\Delta S}{D} > \frac{1}{600}$小的损毁
$\frac{\Delta S}{D} > \frac{1}{300}$小的损毁</td><td></td></tr>
<tr><td>17</td><td>日本消防厅规定
JFDA(1977 年)</td><td colspan="3">试水：$\Delta S \leqslant \frac{2D}{1\ 000}$且$\leqslant 30$ cm
储油：$\Delta S \leqslant \frac{5D}{1\ 000}$　　$I \leqslant \frac{D}{100}$
$\Delta S = \pm 20\sim 50$ mm $\Delta S = \pm 50\sim 200$ mm</td><td>日本水岛油罐事故后修改规定</td></tr>
<tr><td>18</td><td>低压湿式贮气罐设计与施工</td><td></td><td></td><td>0.002 5</td><td>翁开庆编著
中国建筑工业出版社
1981 年</td></tr>
<tr><td>19</td><td>上海市工程建设规范地基基础设计规范(DB J08—11—1999)</td><td>0.004～0.007</td><td>0.008～0.015</td><td></td><td></td></tr>
<tr><td>20</td><td>徐至钧《关于确定大型储罐基础允许变形的探讨》</td><td>$D<20$ m
80 cm　0.006
$D>20$ m
120 cm　0.004</td><td>100 cm　0.010
150 cm
0.006</td><td>60 cm　0.003
80 cm　0.002</td><td>石油工程建设 1987 年第 2 期 98 台储罐实测资料</td></tr>
<tr><td rowspan="2">21</td><td rowspan="2">贾庆山建议值</td><td>0.004～0.006</td><td>0.008～0.010</td><td rowspan="2"></td><td rowspan="2">具有 29 座拱顶储罐和 31 座浮顶储罐的经验</td></tr>
<tr><td colspan="2">$i=\frac{D}{90}\sim\frac{D}{100}$</td></tr>
<tr><td colspan="6">注：表中 D 为储罐底圈内直径(m)；i 为储罐底板起拱度；
ΔS 为罐周边(直径方向)测点的沉降差(mm)。</td></tr>
</table>

人们应该总结前人的经验，从而提出更加符合实际的资料数据，以利于大型储罐的建设。

三、导致储罐地基变形和倾斜的主要因素

圆形储罐基础的地基变形特性，应包括基础的最大沉降量、最小沉降量、平均沉降量、相对倾斜、周围土的地面沉降、地基土的深层沉降及土的侧向变形、圆形储罐底板变形等。但直接影响大型储罐的使用功能是沉降量和倾斜。储罐如果事先估计会产生较大的沉降，一般可以采取预先抬高基础安装标高，或采用事先在储罐内充水，预压地基，使大量的基础沉降在未投产前完成，同时可采用柔性管道连接储罐等方法获得解决。但基础的倾斜是直接影响到储罐的生产使用，在不得已的情况下，往往只好采用顶升调整法来纠正大型储罐的倾斜(见本书第七章)。所以对大型储罐来说，控制基础的倾斜是关键。根据大量的实际观测，了解到影响大型储罐基础倾斜的因素是多方面的，概括起来不外乎以下几个原因所引起的：

1. 储罐内充水预压时加荷速率的快慢，直接影响基础的倾斜。从表 4-11 对比中可见，三个地区不同容量的大型储罐，由于加荷速率的快慢，直接反映在控制基础沉降速率的大小，其实测结果是加荷速率快的，其沉降量和倾斜较大。由于放宽了控制的沉降速率，其结果是基底设计压力虽然是小的，而地基又作了砂桩处理，反而出现沉降和倾斜较大。

表 4-11　三台储罐实测成果对比

序号	储罐容积/m^3	顶盖型式	基底计算压力/kPa	控制加荷速率时的基础沉降速率/(mm/d)	实测基础平均沉降/cm	实测基础倾斜	地基处理情况
1	20 000	浮顶	171	5	111.7	0.003 3	砂垫层及充水预压
2	10 000	固定顶	164.3	18	167.2	0.010 8	采用砂桩，直径 35 cm，桩长 18 m，共 253 根
3	10 000	固定顶	164.3	16～18	84.2	0.015 3	砂垫层及充水预压

2. 建造场地土质的不均匀性，其中包括土层厚薄的不均匀以及地基土质的不均匀，或存在其他地质缺陷，如暗浜或墓穴等。例如某工程有 4 台 54 000 m^3 的大型储气罐(见图 4-3)，每台总荷重 1 662 40 kN，基底平均压力为 107 kPa，储气罐间相邻的净距均为 44.5 m。其中 2 号储气罐在充水试压后，实测基础平均沉降是 44.9 cm，最大沉降是 52.3 cm，倾斜为 10 cm，投产 2 年多后，实测基础平均沉降 62.4 cm，最大沉降已达 107 cm，沉降差较大，倾斜达 0.020，影响了正常使用。据了解，贴近 2 号储气罐北面，在地下 5 m 多深处，有一条老河道，使地基抵抗变形的能力降低，导致 2 号储气罐北侧沉降较多。类似场地土质的不均匀，影响上部储罐倾斜的例子是较多的。

3. 大型储罐群中，相邻荷载的相互影响。实测证明，单个大型储罐的底板变形是中间大边缘小，但从成组储罐的实测资料来分析，都是中间小边缘大，而且沉降量也比单个储罐大。这主要是储罐基础的相互影响作用，这种影响是随储罐之间距离起作用，基础之间距离越近，沉降的相互影响就越大。例如某工程 6 台大型储罐(见图 4-4)，两台相邻储罐之间的净距为 11m，实测 6 台储罐的沉降均是中间小边缘大，由于相互影响产生的沉降占储罐本身沉降的 40％左右。说明在储罐群中，相邻荷载的相互影响是导致基础倾斜的一个因素。

4. 储罐基础邻近工程施工工地，如地面单面降水，基础土方的大开挖或气动打桩等；或因储罐基础施工时，不严格遵守施工操作规程，如严重破坏基坑的原状土，造成大型储罐的倾斜等，由于这些方面影响，使储罐倾斜的例子也是不少的。

综上所述，大型储罐基础的倾斜是受许多因素的影响，但主要因素是地基土层的不均匀，因此，在设计和施工前都应该查明储罐范围内的地层构造和地质情况。

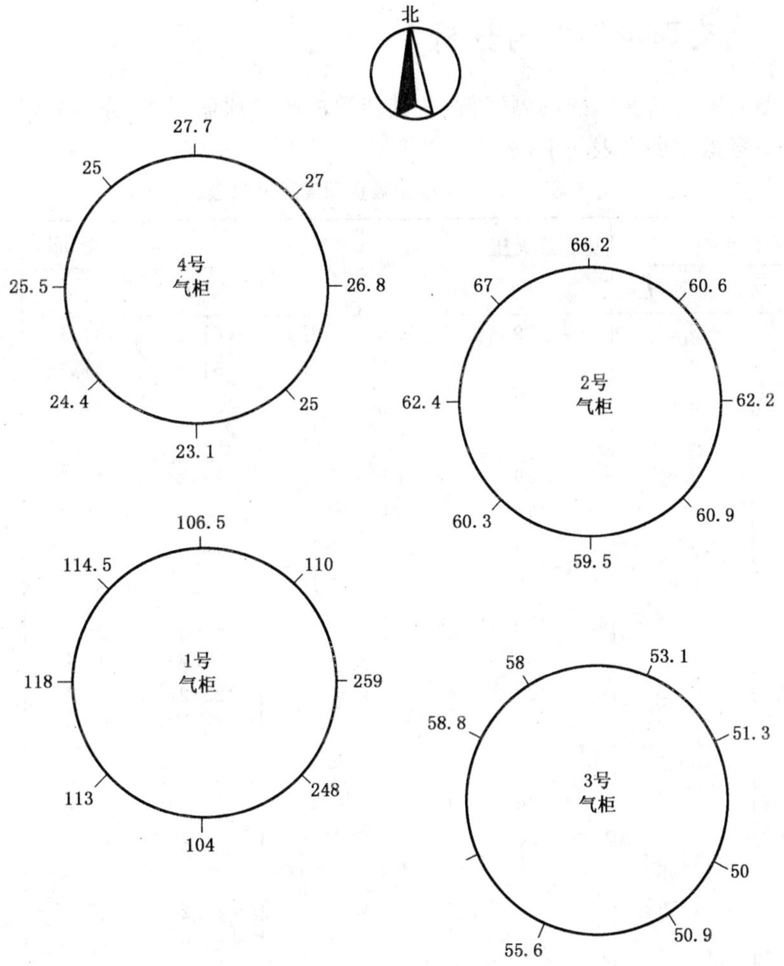

图 4-3　气柜群建造平面(图中实测沉降以 cm 为单位)

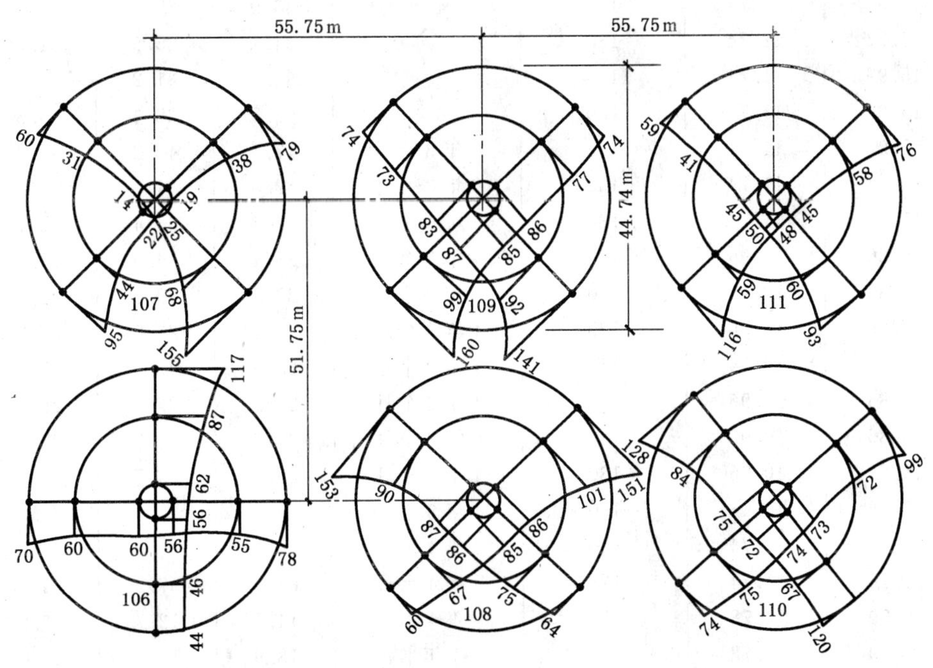

图 4-4　成组储罐的底板变形实测

四、储罐地基变形的实测与分析

根据 98 台大型储罐地基变形的实测资料，按其使用功能和顶盖型式，分为固定顶盖、活动顶盖和储气柜 3 类，并按储罐容积大小列表如下（表 4-12）。

表 4-12　98 台储罐基础实测沉降表

序号	储罐尺寸/m		基底最大压力/kPa	观测时间	基础边缘沉降/cm			基础倾斜/‰
	直径 D	高度 H			最大	最小	平均	
1	12.01	9.6	119	3 年 2 个月	61.4	41.5	51.0	16.5
2	12.01	9.6	119	3 年 2 个月	51.0	41.2	45.6	8.2
3	12.01	9.6	119	5 年 3 个月	34.5	29.8	27.5	3.6
4	12.01	9.6	119	5 年 3 个月	61.3	42.2	51.7	13.8
5	12.01	9.6	119	6 年 1 个月	22.3	13.7	19.1	7.0
6	12.01	9.6	119	6 年 1 个月	38.3	20.6	29.5	14.4
7	12.01	9.6	119	6 年 1 个月	19.6	10.0	14.5	6.0
8	12.01	9.6	119	6 年 1 个月	40.5	30.8	35.4	7.9
9	11.61	10.58	128	4 年半	27.8	22.0	24.9	4.99
10	11.61	10.58	128	4 年半	29.8	23.8	26.7	5.16
11	11.61	10.58	128	4 年半	25.2	20.5	23.1	4.04
12	11.61	10.58	128	4 年半	45.6	29.9	37.7	13.5
13	11.61	10.58	128	4 年半	37.1	19.3	27.1	15.3
14	11.61	10.58	128	4 年半	35.8	14.4	24.7	18.4
15	11.61	10.58	128	4 年半	29.7	25.8	27.7	3.36
16	11.61	10.58	128	4 年半	29.7	27.8	28.9	1.63
17	11.61	10.58	128	4 年半	22.2	21.0	21.8	1.03
18	15.97	11.74	130	5 年 11 个月	66.2	63.0	64.2	2.0
19	15.97	11.74	130	5 年 11 个月	71.0	62.9	66.4	5.0
20	15.97	11.74	130	4 年	54.8	49.4	51.7	3.4
21	15.97	11.74	130	4 年	66.9	55.6	60.8	7.0
22	15.97	11.74	130	4 年	34.7	25.5	31.2	5.8
23	15.97	11.74	130	4 年	36.1	31.2	34.2	2.4
24	15.97	11.74	130	6 年	52.5	38.4	45.3	9.0
25	15.97	11.74	130	6 年 3 个月	47.1	40.2	43.9	4.4
26	15.97	11.74	130	6 年 3 个月	52.5	44.1	48.9	5.4
27	15.97	11.74	130	6 年 3 个月	47.4	36.4	42.1	7.0
28	15.86	10.96	130	4 年 3 个月	28.1	26.9	27.2	0.75
29	15.86	10.96	130	4 年 3 个月	33.9	28.0	31.1	3.72
30	15.86	10.96	130	4 年 3 个月	29.2	26.5	27.8	1.70
31	15.86	10.96	130	4 年 3 个月	35.4	27.9	31.4	4.73
32	15.86	10.96	130	4 年 3 个月	29.7	26.2	28.4	2.21
33	15.86	10.96	130	4 年 3 个月	31.6	26.9	28.8	2.96
34	15.86	10.96	130	4 年 3 个月	29.2	23.5	26.4	3.59
35	15.86	10.96	130	4 年 3 个月	29.2	25.4	27.0	2.39
36	19.18	11.74	128	6 年 4 个月			56.9	
37	19.18	11.74	128	6 年 4 个月	61.2	57.2	59.1	2.10
38	19.09	11.78	137.5	4 年半	14.5	12.7	13.2	0.94
39	19.09	11.78	137.5	4 年半	18.9	17.0	18.0	0.99
40	19.09	11.78	137.5	4 年半	19.1	17.6	18.4	0.78

续表 4-12

序号	储罐尺寸/m		基底最大压力/kPa	观测时间	基础边缘沉降/cm			基础倾斜/‰
	直径 D	高度 H			最大	最小	平均	
41	19.09	11.78	137.5	6 年	50.9	48.8	49.8	1.10
42	19.09	11.78	137.5	6 年	43.8	35.1	38.5	4.55
43	19.09	11.78	137.5	6 年	46.7	39.3	43.8	3.87
44	23.88	12.53	151.5	4 年半	38.0	34.8	36.1	1.34
45	23.88	12.53	151.5	4 年半	39.2	33.9	36.7	2.22
46	23.88	12.53	151.5	4 年半	36.4	36.0	36.2	0.17
47	23.88	12.53	151.5	4 年半	41.7	38.2	40.0	1.46
48	23.88	12.53	151.5	4 年半	45.2	40.4	42.9	2.01
49	23.88	12.53	151.5	4 年半	37.9	36.2	36.4	1.13
50	23.88	12.53	151.5	4 年半	51.8	41.2	45.8	4.43
51	23.88	12.53	151.5	4 年半	33.8	27.0	33.0	2.84
52	23.88	12.53	151.5	4 年半	48.4	41.5	45.1	2.89
53	23.88	12.53	151.5	4 年半	41.6	37.4	39.3	1.76
54	23.88	12.53	151.5	4 年半	21.7	15.6	17.15	2.56
55	31.38	14.07	175	3 年	45.3	42.2	43.74	0.99
56	31.38	14.07	175	5 年 3 个月	47.1	23.9	35.9	7.41
57	31.38	14.07	175	8 年	45.7	24.6	35.9	6.74
58	31.38	14.07	175	4 年 10 个月	60.8	35.1	47.6	8.21
59	31.38	14.07	175	7 年	39.5	33.2	36.3	2.01
60	31.38	14.07	175	4 年 10 个月	91.4	78.9	84.4	3.99
61	34.3	11.9	129	9 年 3 个月	50.1	47.3	48.8	0.80
62	44.5	47.68	105	5 年 4 个月	118	104	111.1	2.25
63	44.5	47.68	105	5 年 4 个月	149.1	126.6	137.8	5.13
64	44.5	47.68	105	5 年 4 个月	108.1	102.2	105.1	2.10
65	44.5	47.68	105	5 年 4 个月	78.7	71.7	75.2	1.59
66	44.5	47.68	106	5 年 4 个月	107.1	96.6	101.8	1.14
67	34.0	31.7	83				70.2	2.34
68	17.0	19.0	78				40.8	2.05
69	26.4	30.7	84	预压 98 天	22.5	19.5	21.0	1.14
70	40	34.17	87				42.8	3.18
71	44.5	47.68	105				50.6	1.93
72	42.0	34.17	87.8	预压 42 天	36.5	25.3	30.9	2.67
73	44.0	47.68	105	预压 72 天	33.7	23.2	28.6	2.39
74	40.65	15.89	1.71	12 年	122.7	105	111.7	3.30
75	40.23	16.08	206	2 年	57.7	53.7	55.7	0.99
76	40.23	16.08	206	2 年	60.8	52.2	56.44	2.13
77	40.23	16.08	206	2 年	80.4	63.1	69.5	4.30
78	23.0	11.7	128	2 年	81.3	57	73.2	3.35
79	19.15	11.7	128	2 年	73	50.7	65.6	1.20
80	19.15	11.7	128	3 年			33.3	3.56
81	19.15	11.7	128	3 年			27.1	5.89
82	19.15	11.7	128	3 年	—	—	28.0	8.20
83	31.28	14.07	176.1	7 个月	188.1	147.4	167.2	10.8
84	31.28	14.07	176.0	7 个月	171.5	167.5	169.1	1.40
85	31.28	14.07	175.8	6 个月	160	154.6	157.3	1.70

续表 4-12

序号	储罐尺寸/m		基底最大压力/kPa	观测时间	基础边缘沉降/cm			基础倾斜/‰
	直径 D	高度 H			最大	最小	平均	
86	31.28	14.07	175.9	8个月	166.3	157.9	162.1	2.70
87	31.28	14.07	175.5	9个月	166.6	155.1	160.8	2.10
88	31.28	14.07	176.8	5个月	161.6	137.5	145.7	7.70
89	31.28	14.07	175.3	5个月	170.1	152.8	161.4	5.30
90	31.28	14.07	177.7	3个月	160.3	154.6	157.4	2.30
91	31.28	14.07	176.3	3个月	172.8	151	161.9	7.30
92	31.28	14.07	176	3个月	165.3	151.6	158.4	4.60
93	31.28	14.07	164.3	6个月	88.2	86.3	87.3	0.54
94	31.28	14.07	164.3	5个月	81.4	78.5	79.8	0.89
95	31.28	14.07	164.3	6个月	99.3	80.5	85.5	2.50
96	31.28	14.07	164.3	5个月	64.8	42.3	54.8	7.0
97	31.28	14.07	164.3	5个月	65.2	18.4	41.8	15.3
98	46.02	19.35	21.0				131.2	3.5

注：表中83～92号储罐是试水预压时的实测沉降。

根据表4-12的实测沉降和倾斜，进行统计分类，绘出的大型储罐地基变形的实测统计图，见图4-5。从图中可见，各类储罐的实测沉降与倾斜有着密切关系，往往基础的沉降越大，倾斜也随着增大。因此要控制基础倾斜，首先应控制基础的沉降。统计分析时，曾先后绘制出相对倾斜 K 和高宽比 $\frac{H}{D}$，和平均沉降 S；以及相对倾斜指标 $\frac{K}{S}$、高度 H 和高宽比 $\frac{H}{D}$ 的三元网络图，分析结果都很离散。但从实测资料的分析中发现，储罐基础平均沉降 S 和基础相对倾斜 K 尚有一定关系，统计规律表明，允许相对倾斜和储罐直径成反比。而在同一直径的条件下，只要保证平均沉降小于某一数值，相对倾斜就可以减小；控制储罐地基变形的关键是倾斜，沉降是次要的。但它们之间又是相互联系相互影响的，一般只要平均沉降 S 不超过一定数值，相对倾斜 K 也就不会超过一定数值。因此根据储罐的不同类型和储罐的直径大小进行分类统计，提出各类储罐基础地基的允许变形值。表4-13是国外几台储罐基础的实测沉降表。

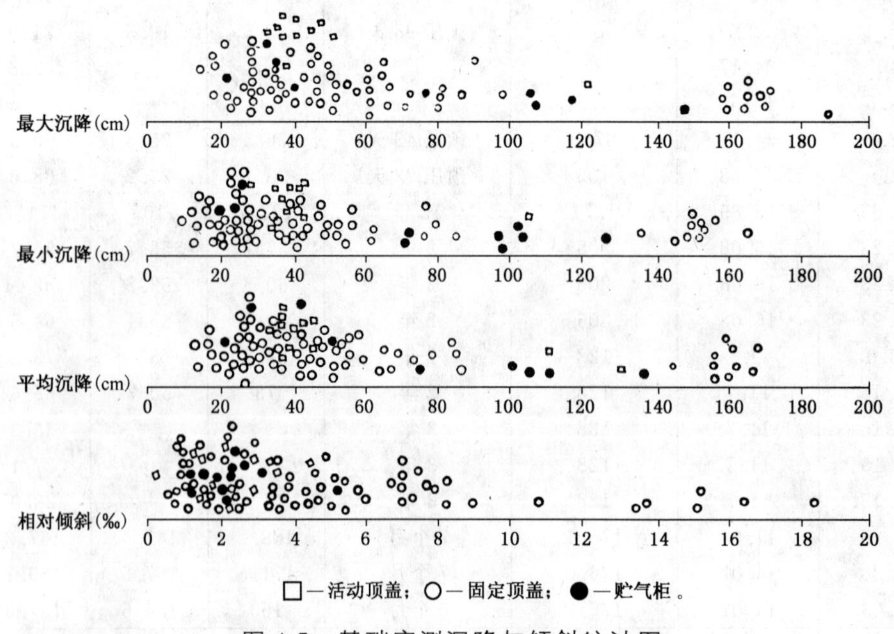

图4-5 基础实测沉降与倾斜统计图

表 4-13 国外储罐基础实测沉降表

序号	储罐编号	储罐尺寸/m		储罐型式	基础平均沉降/cm	基础倾斜/‰	备注
		直径 D	高度 H				
1	650	42.67	14.63	浮顶	6.1～18.29	2.8	美国潮水石油公司亚冯炼厂，该罐影响使用顶升调正
2	3 000	39.01	16.46	浮顶	27.12	1.0	美国蒂斯河口
3	159	51	14.8	浮顶	37	2.2	意大利
4		58.14	18.3	浮顶	45	4.55	日本东京是储油 5 年后的数字
5		18.29	12.19	浮顶	39.6～64	13.3	巴拿马炼油厂该罐中途放空进行调正
6	39	39	16.5	拱顶	79	8	英国 Canv Y 岛

五、储罐基础的地基允许变形值

根据储罐的不同类型和储罐的直径大小，按图 4-2 和表 4-12 进行统计分类，然后从统计规律中，经调整后，它的数学表达式可写成如下形式：

1. 固定顶盖储罐

$D\leqslant 20$ m，$K\leqslant 1\times 10^{-4}$ S(cm)；

$D>20$ m，$K\leqslant 4\times 10^{-5}$ S(cm)。

2. 浮顶顶盖储罐

$D\leqslant 20$ m，$K\leqslant 0.75\times 10^{-4}$ S(cm)；

$D>20$ m，$K\leqslant 0.33\times 10^{-4}$ S(cm)。

3. 储气罐

$D\leqslant 20$ m，$K\leqslant 0.5\times 10^{-4}$ S(cm)；

$D>20$ m，$K\leqslant 0.25\times 10^{-4}$ S(cm)。

根据上述数学表达式，可列出大型储罐地基允许变形值见表 4-14。

表 4-14 储罐基础的地基允许变形值

序号	储罐类型	储罐直径			
		$D\leqslant 20$ m		$D>20$ m	
		沉降量 S/cm	相对倾斜 K/‰	沉降量 S/cm	相对倾斜 K/‰
1	固定顶盖储罐	100	0.010	150	0.006
2	浮顶顶盖储罐	80	0.006	120	0.004
3	储气罐	80	0.004	100	0.003

经工程实践证明，按表 4-14 要求控制大型储罐基础的地基允许变形值是可行的。但必须指出，按表 4-14 要求，在软弱地基上建储罐时，还应该采取下列一些相应的措施：

(1) 在设计储罐时，按基础的计算沉降值采取基础的预抬高安装标高；

(2) 在储罐的充水试压和试漏(检查储罐的焊缝质量)时,要求分层进水,每次进水量控制在总进水量的10%左右;

(3) 分层进水对地基预压时,要严格控制基础的沉降速率,一般控制沉降速度在每天小于5～10 mm时,然后再加下级水;

(4) 充水预压完成后,每次放水卸荷也不宜太快,一般控制放水量每次为总水量的20%左右;

(5) 在充水预压和投产使用阶段,储罐的进水管线设计时,考虑基础产生较大沉降量的要求,对进出口管线要采用柔性连接。

上述根据实测资料的分析,经过调查研究和统计,初步提出了圆形储罐基础的地基允许变形值,补充了目前我国GB 50007—2002《建筑地基基础设计规范》中,没有储罐的地基允许变形值的规定。但由于各处的地基条件不同,各类储罐的结构型式也不相同,所以要求也就不同。在同一规定中难以列举所处的各种条件。当列入规定、规程中以后,也不要抑制科技人员发挥主动性和创造性,所以必须提倡在有充分依据时,不必受本书所推荐的地基允许变形值的约束。希望积累更多的现场实测资料,加强理论研究,为圆形储罐基础的地基变形研究做出更多的贡献。

六、模糊数学在研究圆形储罐地基变形中的应用

随着科学技术的发展,在圆形储罐地基变形的分析研究中,处理变量众多,结构复杂的相互缠绕的系统问题时,采用过去那种单独的考虑因果关系或分割处理的方法,已很难解决实际工程中的问题。要解决大型储罐地基变形中的问题,就需要借助于模糊数学的理论和方法,现作如下分析和探索。

根据98台大型储罐基础的实测资料,采用回归分析来尝试能否达到预测和控制的目的,经电算结果列表如表4-15。

表4-15 电算回归分析结果表

分析方法	储罐种类		回归方程	方差分析 F	相关检验 R	剩余标准差 S	备注
第一种	油罐	固定顶盖	$Y=7.789-1.617D+1.248S$	22.082	0.243	4.166	储罐直径 D 与基础平均沉降 S 及倾斜 K 的回归分析
		浮顶顶盖	$Y=1.678-1.79D+2.212S$	1.642	4.491	1.144	
	储气柜		$Y=1.3714-7.24D+9.863S$	8.031	3.891	1.079	
第二种	油罐	固定顶盖	$Y=11.7014-1.042P-5.07S$	6.459	4.045	4.352	储罐基底压力 P 与基础沉降 S 及倾斜 K 的回归分析
		浮顶顶盖	$Y=177.13+3.497P-9.94S$	2.056	1.751	116.55	
	储气柜		$Y=2.322+1.446P-1.128S$	1.738	5.279	0.995	

从表4-15分析可见,采用回归分析应用于大型储罐的沉降和倾斜的规律性较差,求得的回归系数也有很大离散。所以必须寻求其他方法。

自扎德翰(L. A. Zadeh)于1965年发表模糊集合以来,模糊数学已得到了十分迅速的发展。模糊数学是研究和处理以FUZZY性事物为对象的一门新兴的数学,模糊数学的基础是模糊集。它用隶属函数来研究和处理问题,隶属函数建立的方法可采用经验法、统计法或直接采用常用的隶属函数(分为戒

上型、戒下型、对称型）。因此，通过对大型储罐基础的地基沉降和倾斜的问题，用模糊数学在这方面的应用作初步探讨。

模糊数学是将许多经验性的数据用数学表达出来，再作分析，这样使地基变形特性的制定更为客观，考虑到确定大型储罐地基变形结果的模糊性，采用模糊评价模型是比较恰当的。

现将三类大型储罐基础的沉降和倾斜绘出它们的典型分布柱状图。

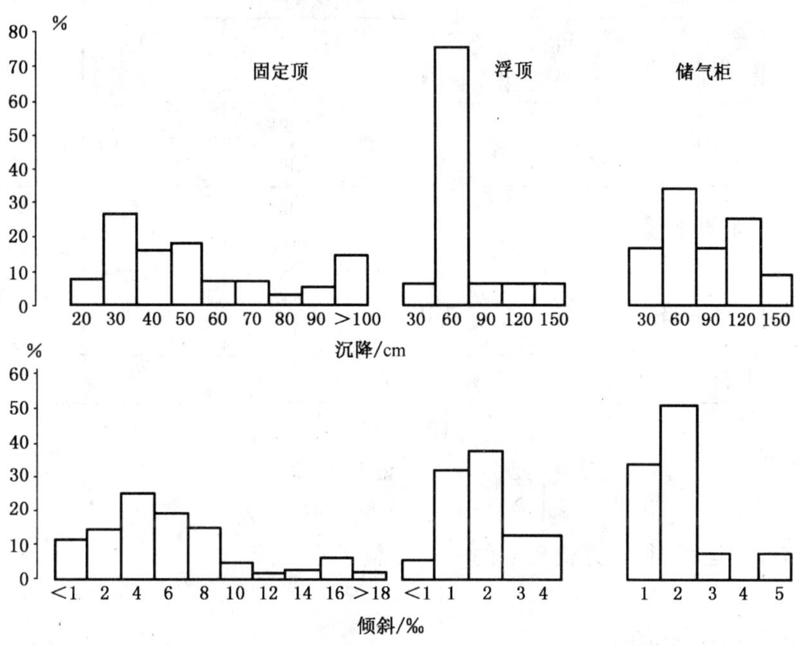

图 4-6　储罐基础沉降和倾斜分布柱状图

从图 4-6 可见，研究三类不同储罐的地基变形，在很大程度上依赖于对它的评价结果。因此，评价模型的正确设计，选择是很重要的，评价大型储罐基础的地基变形，主要表现在地基变形的大小（或基础的倾斜）和场地土质的好坏这两个方面。另外，对各类储罐的使用效果也是评价模型应考虑的方面。下面对以上介绍的几种模型分别建立模糊等价关系，加以介绍。

1. 储罐地基变形（或地基倾斜）的模糊评价子模型

我们将各类储罐基础的沉降（或倾斜）作为考察目标。

令：u_i——t_i 时间内基础沉降（或倾斜）职能目标；

V_1——评价等级 α_1 为最优；

V_2——评价等级 α_2 为优；

V_3——评价等级 α_3 为良；

V_4——评价等级 α_4 为合格；

V_5——评价等级 α_5 为不合格。

计算权重分配向量：

各类储罐在总体中的要求是不同的，一般浮顶盖储罐的基础沉降和倾斜比固定顶盖储罐要求高，而储气柜又比浮顶盖储罐的要求更高，因此各类储罐要给予权重。

故得出权重的模糊向量矩阵 A：

固定顶　浮顶　储气柜

$A=(0.5,0.3,0.2)$

上式中系数越小，说明对基础的沉降和倾斜要求越高。现将各类储罐的评价等级数列于表 4-16。

表 4-16 各类储罐基础沉降或倾斜的评价等级

序号	评价集 V	评价等级	各类储罐的评价数据					
			固定顶盖油罐		浮顶盖油罐		储 气 柜	
			S/cm	K/‰	S/cm	K/‰	S/cm	K/‰
1	V_1	α_1 最优	<50	<2	<30	<1	<30	<1
2	V_2	α_2 优	>50 <80	>2 <4	>30 <60	>1 <2	>30 <60	>1 <2
3	V_3	α_3 良	>80 <100	>4 <6	>60 <90	>2 <3	>60 <90	>2 <3
4	V_4	α_4 合格	>100 <120	>6 <8	>90 <120	>3 <4	>90 <120	>3 <4
5	V_5	α_5 不合格	>150	>10	>120 <150	>4	>120 <150	>4

注：表中 S 为基础沉降，K 为基础倾斜。单因素评价矩阵：

$$\underset{\sim}{R}=\begin{Bmatrix}\gamma 11 & \gamma 12 & \gamma 13 & \gamma 14 & \gamma 15\\ \gamma 21 & \gamma 22 & \gamma 23 & \gamma 24 & \gamma 25\\ \gamma 31 & \gamma 32 & \gamma 33 & \gamma 34 & \gamma 35\end{Bmatrix}$$

经过模糊矩阵乘法运算，得出评价集上的一个模糊子集：

$$\underset{\sim}{B}=\underset{\sim}{A}\cdot\underset{\sim}{R}$$

2. 场地土质模糊评价子模型

在分析储罐的地基变形时，另一个因素是场地土质的好坏。关于场地土质的分类，按地基基础设计规范，分为低压缩性土、中压缩性土和高压缩性土三类。

则评价集为：

$$V=(V_1,V_2,V_3)$$

式中：V_1——评价等级为低压缩性土，$p\geqslant 200$ kPa；

V_2——评价等级为中压缩性土，$200>p\geqslant 130$ kPa；

V_3——评价等级为高压缩性土，$p<130$ kPa。

根据场地土质分类，评定场地土质的权重分配向量 A 为：

低压缩性　中压缩性　高压缩性

$A=(0.433,0.333,0.233)$

单因素评价矩阵：

$$\underset{\sim}{R}=\begin{Bmatrix}\gamma 11 & \gamma 12 & \gamma 13\\ \gamma 21 & \gamma 22 & \gamma 23\\ \gamma 31 & \gamma 32 & \gamma 33\end{Bmatrix}$$

经过模糊矩阵乘法运算，得出综合评价向量。

$$\underset{\sim}{B}=\underset{\sim}{A}\cdot\underset{\sim}{R}$$

3. 使用效果模糊评价子模型

评价集为 $V=(V_1,V_2,V_3,V_4)$

式中 V_i 表示第 i 个评语等级，对储罐的使用效果可评为很好、好、一般、不好四级，评价矩阵 R 为

$$\underset{\sim}{R}=\begin{bmatrix}0.5 & 0.4 & 0.1 & 0.0\\ 0.4 & 0.3 & 0.2 & 0.1\\ 0 & 0.1 & 0.3 & 0.6\end{bmatrix}$$

经计算后，得出评价向量 $\underset{\sim}{B}=\underset{\sim}{A}\cdot\underset{\sim}{R}$

式中权重分配向量 A，根据三类储罐提出：

固定顶　浮顶　储气柜

$A=(0.2,0.35,0.45)$

4. 储罐模糊综合评价模型

综合考虑圆形储罐的基础沉降（或倾斜），场地土质条件和上部储罐的使用效果，可以作出比较全面、客观的评价。

因素集　　$U=(u_1,u_2,u_3)$

式中：u_1——地基变形（或地基倾斜）；

u_2——场地土质；

u_3——使用效果。

评价集　　$V=(V_1,V_2,V_3,V_4,V_5)$

式中：V_1——一级 1.4；

V_2——二级 1.2；

V_3——三级 1.0；

V_4——四级 0.8；

V_5——五级 0.5。

权分配集　　$A=(P_1,P_2,P_3)$

根据三种类型储罐的评价集，提出下列五种权分配方案

$$\underset{\sim}{A_1}=(0.2,0.5,0.3)$$
$$\underset{\sim}{A_2}=(0.5,0.3,0.2)$$
$$\underset{\sim}{A_3}=(0.2,0.3,0.5)$$
$$\underset{\sim}{A_4}=(0.6,0.3,0.1)$$
$$\underset{\sim}{A_5}=(0.7,0.25,0.05)$$

求出相应的综合评价向量

$$\underset{\sim}{B_1}=\underset{\sim}{A_1}\cdot\underset{\sim}{R}$$
$$\underset{\sim}{B_2}=\underset{\sim}{A_2}\cdot\underset{\sim}{R}$$
$$\vdots\quad\vdots\quad\vdots$$
$$\vdots\quad\vdots\quad\vdots$$
$$\underset{\sim}{B_5}=\underset{\sim}{A_5}\cdot\underset{\sim}{R}$$

综合评价系数

$$K=\sum_{i=1}^{n}b_iU_i/\sum_{i=1}^{n}b$$

调整后的综合评价

$$\underset{\sim}{D}=C\times K$$

式中：C——储罐地基变形的允许标准（见表 4-14）。

通过上述分析，说明开始我们曾采用概率回归方法分析圆形储罐的地基变形特性，发现相关性较低，这主要是概率研究有随机性。随机性是因果律的一种破缺，它要使研究事物的本身有明确的含义。像地基变形这类的研究，由于条件不充分，使得条件与事物之间不能出现决定性的因果关系，因此采用模糊数学研究要比用回归分析合理得多，这也是今后研究土类基本性状的一个发展方向，我们相信，运用模糊数学来处理这类问题有广阔的发展前景。

第五章

石油化工钢储罐地基与基础技术规范理解与应用

一、规范修订概况

中国石油化工总公司1995年7月7日中石化(1995)建字293号发布行业标准SH 3068—1995《石油化工企业钢储罐地基与基础设计规范》(以下简称设计规范),中国石油化工总公司1993年2月26日中石化(1993)建字121号发布行业标准SH 3528—1993《石油化工钢储罐地基与基础施工及验收规范》(以下简称施工规范),这两个行业标准是钢储罐地基与基础设计与施工的指导性规范。其中设计规范主编单位为中国石化北京设计院,参编单位为中国石化高桥石化公司设计院和中国石化洛阳石化工程公司;施工规范主编单位为中国石化第四建设公司,参编单位为中国扬子石油化工公司。以后中国石油化工总公司于1997年9月26日,中石化(1997)建字518号发布行业标准SH/T 3083—1997《石油化工钢储罐地基处理技术规范》(以下简称地基处理规范)。这三个规范,当时作为指导钢储罐基础设计的第一稿规范。随着时间的延伸,规范的指导与应用已经经历了十多年,储罐基础设计与施工也有不少改进和发展,主要有以下几个方面:

1. 最近十多年,国内金属储罐向大型化发展,原先最大的储罐是5万 m^3,而现时建设的储罐大部分是10万 m^3,同时也建了一些15万 m^3,储罐直径从60 m增加到100 m。大型储罐的特点,不仅是直径大,而且荷载增大,对基础的沉降和倾斜有更高的要求。

2. 地基处理方法有了新的发展,原先规范中介绍了充水预压法、垫层法、排水固结法、振冲法、强夯法、灰土挤密桩法、砂石桩法外,在储罐基础的地基处理中,又增加了堆土预压法、土工织物与袋装砂井法,大能量强夯法和强夯置换法,填海区采用强夯处理抛石地基、柱锤冲扩桩法、爆破挤密加固湿陷性黄土地基、水泥搅拌桩法、夯扩桩处理地基等。

3. 对大型储罐这类特种结构的基础同工业与民用建筑的基础相比,在设计、施工方面截然不同,如按常规的地基基础进行设计,则会出现较大的差错。为此近十多年来,国内不少科技人才为开发这类大型储罐基础的地基设计与基础处理,进行了不少研究,并初步掌握了一些规律性的东西,也积累了大量的储罐基础充水试压时的沉降观测资料,只有沉降观测数据才能证明哪些储罐基础的地基处理在什么地质条件下是合理的,哪些是不合理的,是需要改进的。沉降观测资料的积累,为编制规范提供了可信的依据。

针对上述情况,中国石化总公司于2003年～2005年组织对第一稿规范进行补充修改工作。现已于2005年经发改委批准颁布了SH/T 3528—2005《石油化工钢储罐地基与基础施工及验收规范》。对设计规范也已完成修改稿,正在进行报批,预计2008年可以批准使用。原设计规范是石油化工行业标准,现钢制储罐地基基础设计规范为国家标准。

二、《钢制储罐地基基础设计规范》解析

(一) 总则

1.0.1 为保障钢制储罐地基基础的设计做到经济合理、安全适用、技术先进和保护环境,制定本规范。

1.0.2 本规范适用于储存介质自重不大于10 kN/m^3 的原油、石化产品及其他类似液体的常压

（包括微内压）立式圆筒形钢制储罐地基基础（以下简称：储罐地基基础）的设计。

本规范不适用于储存低温、介质毒性程度为极度或高度危害介质、酸或碱腐蚀介质及高架储罐地基基础的设计。

1.0.3　储罐地基基础的设计除应执行本规范外，尚应符合国家现行有关标准的规定。

说明

立式圆筒形钢制储罐包括固定顶、浮项和内浮顶储罐，罐底板由中心向周边的锥面坡度一般为15‰，用以储存原油、成品油和其他类似液体。

储罐基础类型分为护坡式、环墙式、外环墙式和桩基基础。各种基础均由沥青砂绝缘层、砂垫层、填料层和钢筋混凝土环墙、桩基承台或护坡共同组成储罐基础。一般钢储罐基础均设计为柔性基础。

本规范不适用于储存低温、介质毒性程度为极度或高度危害介质、酸或碱腐蚀介质及高架储罐地基基础的设计。对储存以上介质的储罐基础有可能出现以下情况：

——对储存低温介质的储罐，因为低温介质会导致罐基土的冻胀，在储罐基础的结构、材料和填料上应进行特殊的处理。

——对储存毒性程度为极度和高度危害介质、酸、碱腐蚀介质的储罐，因上述介质会对储罐基础产生腐蚀破坏，为了进行渗、漏的观察，这类储罐基础一般均设计为架空基础。

本规范对操作压力超常压和储存介质自重大于 10 kN/m^3 的储罐有可能出现以下情况：

对储存操作压力超常压的储罐，因为操作压力超常压的储罐设计要求储罐基础与储罐共同工作，在储罐基础的结构、材料和填料上应进行特殊的处理。

因储罐（本规范所包括的）在试压和储罐基础在地基处理时均采用充水来试压和预压的，而水的重度为 9.80 kN/m^3。对储存介质自重大于 10 kN/m^3 的储罐，还应按有关要求进行特殊的处理。

（二）术语和符号

2.1　术语

2.1.1　固定顶储罐　fixed roof tank

罐顶周边与罐壁顶端刚性连接的储罐。

2.1.2　浮顶储罐　floating roof tank

浮顶随液面变化而上下升降的储罐，包括外浮顶储罐和内浮顶储罐。

2.1.3　护坡式基础　slope protected foundation

由罐壁外的混凝土护坡或碎石护坡和护坡内的填料层、砂垫层、沥青砂绝缘层等共同组成的储罐基础。

2.1.4　环墙式基础　ringwall foundation

由罐壁下的钢筋混凝土环墙和环墙内的填料层、砂垫层、沥青砂绝缘层等共同组成的储罐基础。

2.1.5　外环墙式基础　outside ringwall foundation

由罐壁外的钢筋混凝土环墙和环墙内的填料层、砂垫层、沥青砂绝缘层等共同组成的储罐基础。

2.1.6　桩基基础　pile foundation

由灌注桩或预制桩和连接于桩顶的钢筋混凝土桩承台及承台上的填料层、砂垫层、沥青砂绝缘层等共同组成的储罐基础。

2.2　主要符号

2.2.1　作用和作用效应

F_t——环墙单位高环向力设计值；

F_{t0}——外环墙单位高环向力设计值；

f_a——修正后的地基承载力特征值；

F_k——相应于荷载效应标准组合时，上部结构传至基础顶面的竖向力值；

G_k——基础自重和基础上的土重的合重；
g_k——罐壁底端传至环墙顶端的竖向线分布荷载标准值；
M_R——抗滑力矩；
M_S——滑动力矩；
P_k——相应于荷载效应标准组合时，基础底面平均压力值；
P_0——对应于荷载效应准永久组合时罐基础计算底面处的附加压力；
S——地基最终沉降量；
$\Delta S'_i$——在计算深度范围内，第 i 层土的计算沉降量；
$\Delta S'_n$——在由计算深度向上取厚度为 ΔZ 的土层计算沉降量。

2.2.2 计算指标

E_{si}——储罐基础底面下第 i 层土的压缩模量；
$E_{s0.1-0.2}$——地基土在 100 kPa～200 kPa 压力作用时的压缩模量；
f_{ak}——地基承载力特征值；
f_y——普通钢筋的抗拉强度设计值；
γ_c——环墙的重度；
γ_L——罐内使用阶段储存介质的重度；
γ_m——环墙内各层填充材料的平均重度；
γ_w——水的重度。

2.2.3 几何参数

A——储罐基础底面面积；
A_s，A_{s0}——墙、外环墙单位高环向钢筋的截面面积；
b——环墙厚度；
b_1——外环墙内侧至罐壁内侧距离；
D_1——储罐罐壁底圈内直径；
H——罐底至外环墙底高度；
h——环墙高度；
h_L——环墙顶面至罐内最高储液面（介质）高度；
h_w——环墙顶面至罐内最高储水面高度；
i——坡度；
R——环墙、外环墙中心线半径；
R_h——外环墙内侧半径；
R_t——储罐底圈内半径。

2.2.4 计算系数及其他

K——环墙侧压力系数；
$\bar{\alpha}_i$——平均附加应力系数；
β——罐壁伸入环墙顶面宽度系数；
γ——罐体自重分项系数；
γ_0——重要性系数；
γ_{QM}——环墙内各层填充材料自重分项系数；
γ_{QW}——水自重分项系数；
Ψ_S——沉降计算经验系数。

（三）基本规定

3.1 一般规定

3.1.1　储罐地基基础工程在设计前，应对建筑场地进行岩土工程勘察。

3.1.2　储罐地基基础设计等级应按现行国家标准《建筑地基基础设计规范》(GB 50007—2002)中有关要求确定。

3.1.3　当储罐基础地基为特殊性土及地震作用地基土有液化时，或地基土的承载力及沉降差不能满足设计要求时，应对地基进行处理或采用深基础等措施；当有不良地质作用和地质灾害时，应进行专门的岩土工程勘察以确定拟建场地建罐的适宜性。

3.1.4　建筑场地岩土工程勘察应符合现行国家标准《岩土工程勘察规范》(GB 50021—2001)中的有关规定，并应满足下列要求：

1. 储罐中心及边缘宜布置勘探点，勘探点数量应根据储罐的型式、容积、地基复杂程度等确定。详细勘察阶段每台储罐地基勘探点数量也可按表 3.1.4-1 采用，其中控制性勘探点的数量宜取勘探点总数的 1/5～1/3。

表 3.1.4-1　每台储罐地基勘探点数量

地基复杂程度	储罐公称容积/m^3					
	≤5 000	10 000	20 000～30 000	50 000	100 000	150 000
简单场地	3	3～5	5	5～9	10～13	13～16
中等复杂场地	3～4	5～7	5～9	9～13	13～21	16～25
复杂场地	4～5	6～9	9～12	13～18	21～25	25～30

2. 勘探孔深度应符合下列要求：

1) 一般性勘探孔深度：可根据地基情况和储罐的容积按表 3.1.4-2 确定，或到基岩顶面；

2) 控制性勘探孔深度：土质地基按一般性勘探孔的深度加 10 m；岩质地基按一般性勘探孔的深度加 5 m，并宜进入中风化基岩不小于 1 m。

表 3.1.4-2　一般性勘探孔深度

储罐公称容积/m^3	一般地基/m	软土地基/m
≤5 000	$1.0D_t$～$1.2D_t$	$1.2D_t$～$1.5D_t$
10 000	$1.0D_t$～$1.2D_t$	$1.2D_t$～$1.5D_t$
20 000～30 000	$0.9D_t$～$1.0D_t$	$1.0D_t$～$1.1D_t$
50 000	$0.7D_t$～$0.8D_t$	$0.8D_t$～$0.9D_t$
≥100 000	$0.6D_t$～$0.7D_t$	$0.7D_t$～$0.8D_t$

3. 岩土工程勘察报告应包括下列内容：

1) 一般地基：应包括场地地形地貌、地质构造、场地的地震效应、不良地质作用、地层成层条件、各岩土层的物理力学性质、场地的稳定性、岩土的均匀性、岩土的承载力特征值、压缩系数、压缩模量、地下水、土和水对建筑材料的腐蚀性、土的标准冻结深度，以及由于工程建设可能引起的工程问题等的结论和建议，并附勘探点平面布置图、工程地质剖面图、地质柱状图以及有关测试图表等；

2) 软土地基：除按一般地基要求外，尚应包括土层的组成、土的分类、分布范围、垂直方向和水平方向的渗透系数和固结系数、固结压力和孔隙比的关系、三轴固结不排水抗剪强度、无侧限抗压强度、不固结不排水三轴抗剪强度和有效内摩擦角、内聚力、十字板原位抗剪强度、灵敏度，以及地基处理方法的建议等；

3) 山区地基：除按一般地基要求外，尚应探明建筑场区地基的滑坡、岩溶、土洞、崩塌、泥石流等不良地质现象，并对场地的稳定性作出评价，确定地基的不均匀性的分布范围，以及对地基处理方法的建议等；

4）特殊性土地基：除按一般地基要求外，尚应按相关国家现行标准提供对特殊土地基的利用、整治和改造的建议。

3.1.5 储罐基础下的耕土层、软弱土、暗塘、暗沟及生活垃圾等均应清除，并应采用素土、级配砂石或灰土分层压（夯）实，压（夯）实后地基土的力学性质宜与同一基础下未经处理的土层相一致，当清除有困难时，应采取有效的处理措施。

3.1.6 储罐基础不宜建在部分坚硬、部分松软的地基上，当无法避免时，应采取有效的处理措施。

3.1.7 当储罐不设置锚固螺栓时，储罐基础设计可不计入风荷载作用。

3.1.8 当储罐不设置锚固螺栓时，非桩基基础设计可不计入地震作用，但应满足抗震措施要求。

3.1.9 当场地土、地下水对混凝土有腐蚀性时，应对储罐基础采取防腐蚀措施，并应符合现行国家标准《工业建筑防腐蚀设计规范》(GB 50046—1995)中的有关要求。

说明

1. 随着国民经济的发展，储罐的容量也越来越大，特别是大型储罐，直径、高度大，对地基土的承载能力和变形要求高，影响深度大，尤其是软土地基、山区地基以及特殊性土地基，地层复杂。对于储罐基础，如不均匀沉降过大，将导致储罐的倾斜或失稳，使浮顶罐的浮船（盘）不能升降，甚至产生储罐破裂，并造成严重的次生灾害。因此本规范中特别强调了储罐基础的设计，必须进行建筑场地的岩土工程地质勘察。

2. 软土一般是指天然含水量大（接近或大于液限）、孔隙比大（一般大于 1）压缩性高（$\alpha_{1-2}>0.5\ \text{MPa}^{-1}$或$\alpha_{1-3}>1\ \text{MPa}^{-1}$）、承载能力低、渗透系数小的一种软塑到流塑状态的黏性土。如淤泥、淤泥质土以及其他高压缩性饱和黏性土、粉土等。淤泥和淤泥质土是指在静水或缓慢的流水环境中沉积，经生物化学作用形成的黏性土。这种黏性土含有机质，天然含水量大于液限（$W>W_1$），天然孔隙比e大于 1.5时称为淤泥。天然孔隙比e小于 1.5 而大于 1.0 时，称为淤泥质土。当土的灼烧量大于 5%时，称为有机土，大于 60%时称为泥炭。

3. 储罐基础不宜建在部分坚硬，部分松软的地基上，因为储罐是由钢板组成的圆柱体，油罐底为上凸圆锥状。储罐基础过大的不均匀沉降，将导致储罐的倾斜或失稳，使浮顶罐的浮船（盘）不能升降，甚至产生储罐破裂，并造成严重的次生灾害。

4. 不设锚固螺栓的储罐基础，因为钢储罐直接坐落在基础上，钢储罐与基础之间无固定连接，靠钢储罐底与基础顶面的摩擦维持相对稳定，当有风荷载和地震作用时，其作用效应较之竖向荷载产生的效应要小得多，为计算简便，该类储罐基础设计可不考虑风荷载和地震作用。当设置锚固螺栓时，储罐基础设计则应考虑与钢储罐共同承担风荷载和地震作用。

3.2 基础选型

3.2.1 储罐基础的型式可分为护坡式基础、环墙式基础、外环墙式基础和桩基基础。

3.2.2 储罐基础选型应根据储罐的型式、容积、场地地质条件、地基处理方法、施工技术条件和经济合理性等综合确定。

3.2.3 储罐基础根据场地和地质条件选型时，应符合下列规定：

1. 当天然地基承载力特征值大于或等于基底平均压力，地基变形满足本规范第 6.1.3 条规定的允许值且场地不受限制时，宜采用护坡式基础，也可采用环墙式或外环墙式基础（图 3.2.3-1～图 3.2.3-3）；

2. 当天然地基承载力特征值小于基底平均压力，但地基变形满足本规范第 6.1.3 条规定的允许值，经过地基处理后或经充水预压后能满足承载力的要求时，宜采用环墙式基础，也可采用外环墙式基础、护坡式基础（图 3.2.3-1～图 3.2.3-3）；

3. 当天然地基承载力特征值小于基底平均压力、地基变形不能满足本规范第 6.1.3 条规定的允许值、地震作用下地基有液化土层，经过地基处理或充水预压后能满足承载力的要求和本规范第 6.1.3 条规定的允许值要求或液化土层消除程度满足有关规定时，宜采用环墙式基础(图 3.2.3-2)；当地基处理有困难或不做处理时，宜采用桩基基础(图 3.2.3-4)；

4. 当建筑场地受限制及储罐设备有特殊要求时，应采用环墙式基础(图 3.2.3-2)。

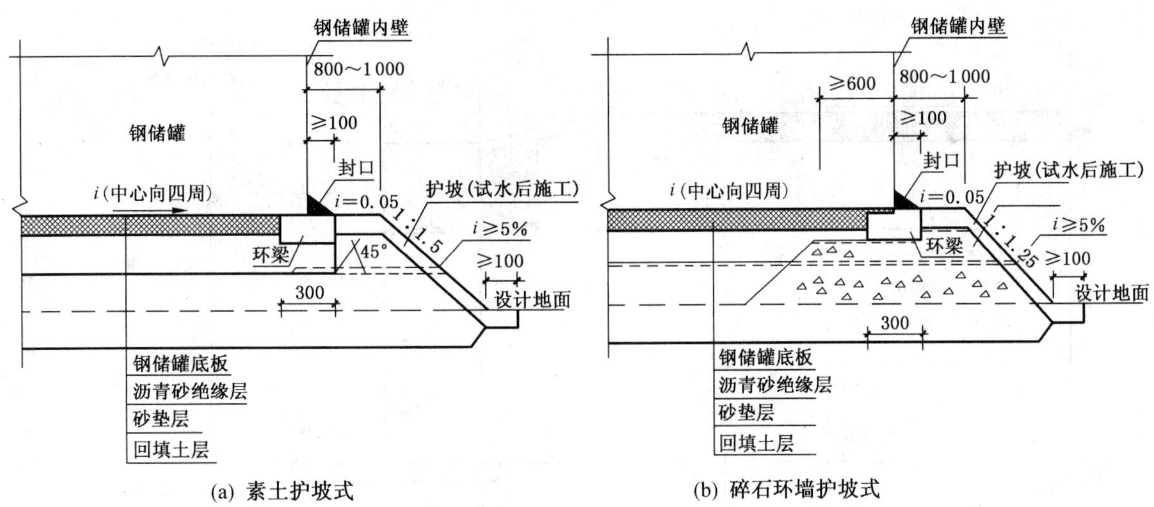

图 3.2.3-1 护坡式基础

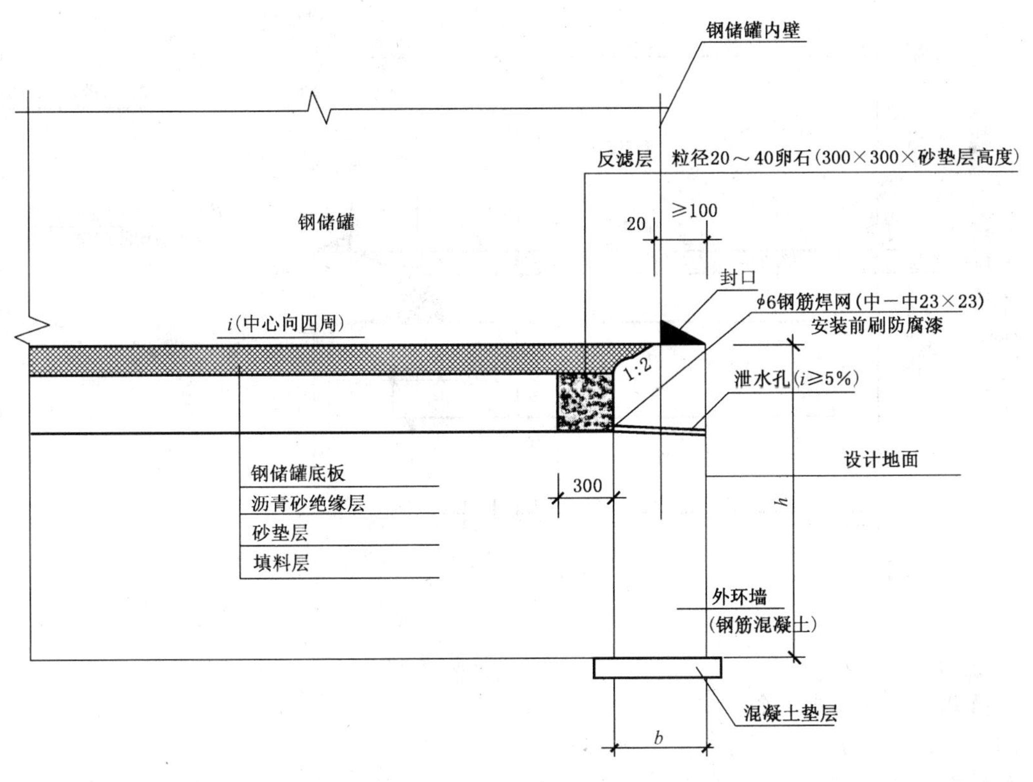

b—环墙厚度(m)；h—环墙高度(Ⅲ)。

图 3.2.3-2 环墙式基础

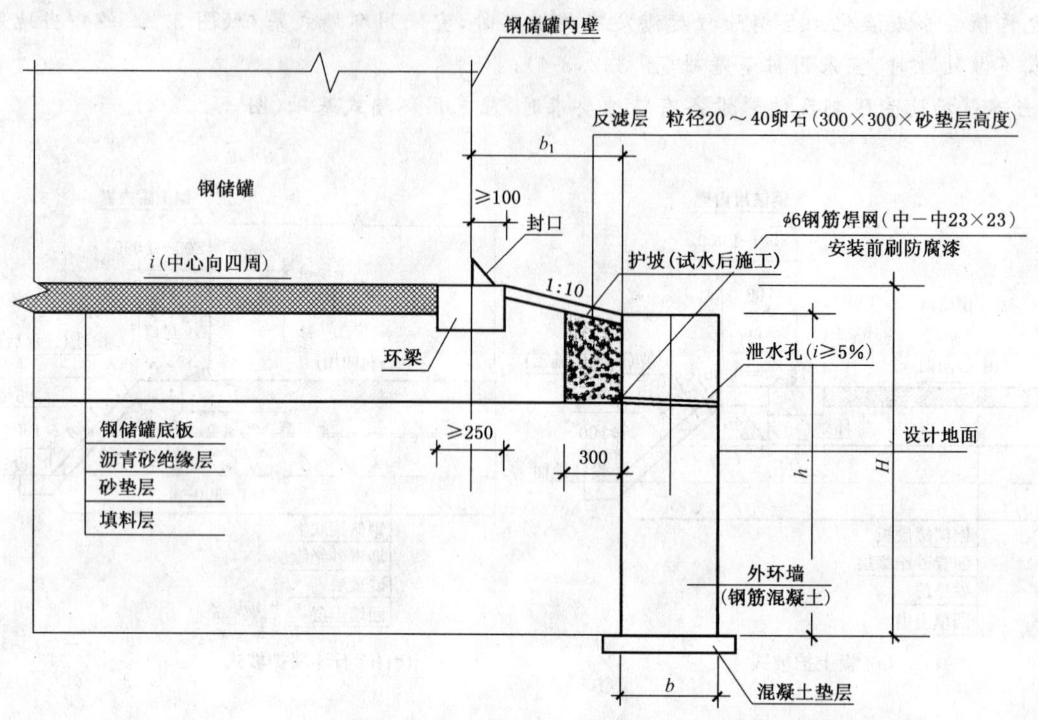

b—环墙厚度(m);h—环墙高度(m);

b_1—外环墙内侧至罐壁内侧距离(m);H—罐底至外环墙底高度(m)。

图 3.2.3-3 外环墙式基础

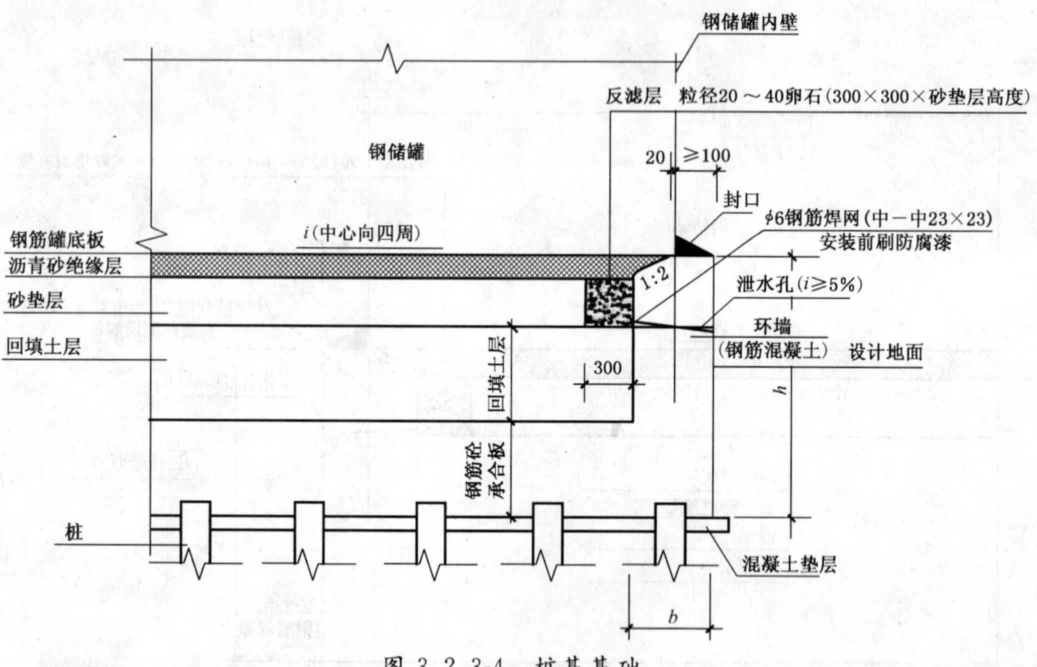

图 3.2.3-4 桩基基础

3.3 荷载及荷载效应组合

3.3.1 储罐基础上的荷载可分为下列二类:

1. 永久荷载:储罐自重(包括保温及附件自重)、基础自重和基础上的土重等;

2. 可变荷载:储罐中的储液重或储罐中充水试压的水重,风荷载。

3.3.2 储罐基础设计时,荷载效应最不利组合与相应的抗力限值应符合下列规定:

1. 验算地基承载力或按单桩承载力确定桩数时，传至基础或承台底面上的荷载效应应按正常使用极限状态下荷载效应的标准组合。相应的抗力应采用特征值。

2. 计算地基变形时，传至基础底面上的荷载效应应按正常使用极限状态下荷载效应的准永久组合，不应计入风荷载和地震作用。相应的限值应为储罐地基变形允许值。

3. 计算地基稳定时，荷载效应应按承载能力极限状态下荷载效应的基本组合，但其分项系数均为1.0。

4. 在计算环墙环向力和承台内力以确定配筋和验算材料强度时，上部结构传至基础的荷载效应组合，应按承载能力极限状态下荷载效应的基本组合，采用相应的分项系数。当需要验算基础裂缝宽度时，应按正常使用极限状态下荷载效应的标准组合。

3.3.3　基本组合永久荷载分项系数应按下列规定采用：

1. 储罐自重(包括保温及附件自重)应取1.2；

2. 基础自重和基础上的土重应取1.2。

3.3.4　基本组合可变荷载分项系数应按下列规定采用：

1. 储罐中充水试压时水重应取1.1；

2. 储罐中储液应取1.3；

3. 储罐的风荷载应按现行国家标准《建筑结构荷载规范》(GB 50009)的相关规定执行。

3.3.5　准永久值系数应按下列规定采用：

1. 储罐充水试压时水重应取0.85；

2. 储罐中储液应取1.0。

3.4　抗震设防

3.4.1　对大型罐区工程应按国家相关规定对建筑场地进行地震安全性评价。

3.4.2　容积大于50 000 m^3的储罐基础抗震设防分类应为乙类；容积小于或等于50 000 m^3的储罐基础抗震设防分类应为丙类。

3.4.3　饱和砂土和饱和粉土的液化判别和地基处理应符合下列要求：

1. 抗震设防烈度为6度时，容积小于或等于50 000 m^3的储罐可不进行判别和地基处理，容积大于50 000 m^3的储罐应按7度的要求进行判别和地基处理；

2. 抗震设防烈度为7度、8度时，应进行判别和地基处理，并根据储罐基础的抗震设防类别和地基的液化等级采取抗液化措施。

3.4.4　储罐基础的地震作用计算应按现行国家标准《构筑物抗震设计规范》(GB 50191—2002)中的相关规定执行。

3.5　环境保护

3.5.1　当储罐基础座落在静流水源地或储存不可降解介质，并且储罐存储介质泄漏会污染地下水或附近环境时，储罐基础部分应采取防渗漏措施。

3.5.2　储罐基础设计时，应设置渗漏检测措施。

3.5.3　储罐基础可采用下列防渗漏措施：

1. 可采用压实系数不小于0.97、厚度大于500 mm的黏土层；

2. 在经济条件允许及对环境保护要求严格的情况下，也可采用防渗土工膜及相关的配套设施。

说明

1. 基础选型

(1) 罐基础的选型是至关重要的，作用于储罐基础上的主要荷载是罐体及储存介质的重量，该作用荷载的特点是荷载强度大、分布面积大，对地基的影响深度大。特别是对软弱地基产生的沉降和不均匀沉降大。储罐基础主要是支撑罐体，在建造和正常操作状态下保证储罐的安全可靠，一旦地基基础失稳，其严重后果将不堪设想，并将带来严重的次生灾害。因此在对储罐基础的选型中，应认真考虑地质条件，对地基土的稳定性要有足够的重视，基础必须具有足够的安全性、适用性（满足业主的使用要求）和耐久性。

罐基础的型式很多，各类基础有其各自的特点和适用条件，因此在选型时应根据储罐的型式、容积、地质条件、材料供应情况、业主要求和施工技术条件、地基处理方法和经济合理性进行综合考虑。按照地质条件并参考国内外常用的基础型式，规范中提出的四种储罐基础型式。

（2）护坡式基础一般用于硬和中硬场地土，多用于固定顶储罐，其优点是省钢材、水泥、工程投资小。缺点是基础的平面抗弯刚度差，因而对调整地基不均匀沉降作用小，效果较差，且占地面积大。

（3）环墙式基础一般用于软和中软场地土，多用于浮顶罐与内浮顶罐，罐壁下设置钢筋混凝土环墙，这种型式的罐基础，在国内用的较多。它的优点是：①可减少罐周的不均匀沉降。钢筋混凝土环墙平面抗弯刚度较大，能很好地调整在地基下沉过程中出现的不均匀沉降，从而减少罐壁的变形，避免浮顶罐与内浮顶罐发生浮顶不能上浮的现象。②罐体荷载传递给地基的压力分布较为均匀。③增加基础的稳定性，抗震性能较好。防止由于冲刷、浸蚀、地震等造成环墙内各填料层的流失，保持罐底下填料层基础的稳定。④有利于罐壁的安装。环墙为罐壁底端提供了一个平整而坚实的表面，并为校平储罐基础面和保持外形轮廓提供了有利条件。⑤有利于事故的处理。当罐体出现较大的倾斜时，可用环墙进行顶升调整，或采用半圆周挖沟纠偏法。⑥起防潮作用。钢筋混凝土环墙顶面不积水，减少罐底的潮气和对罐底板的腐蚀。⑦比护坡式罐基础占地面积小。缺点是：①由于环墙的竖向抗力刚度比环墙内填料层相差较大，因此罐壁和罐底的受力状态较外环墙式罐基础差。②钢筋水泥耗量较多。

（4）外环墙式罐基础一般多用于硬和中硬场地土。它的优点是：①由于罐体坐落在由砂石土构成的基础上，其竖向抗力刚度相差不大，因此对罐壁和罐底的受力状态较环墙式罐基础好。②由于设置外环墙式基础具有一定的稳定性，因此其抗震性能也较好。③较环墙式罐基础省钢筋和水泥。缺点是：①外环墙式罐基础的整体平面抗弯刚度较钢筋混凝土环墙式基础差，因此调整不均匀沉降的能力较差。②当罐壁下节点处的下沉量低于外环墙顶时易造成两者之间的凹陷。

（5）桩基基础，有一定的应用范围，但要注意桩基承台板的设计。缺点是投资规模较大。

2. 荷载及荷载组合

（1）按现行国家标准 GB 50009—2001《建筑结构荷载规范》及 GB 50007—2002《建筑地基基础设计规范》中的相关要求制定。其中将储罐中的储液重或储罐中充水水重划为可变荷载考虑。

（2）地基基础设计时，所采用的荷载效应最不利组合和相应的抗力限值的规定是依据现行国家标准 GB 50007—2002《建筑地基基础设计规范》中的有关条文。

（3）可变荷载分项系数的取值按现行国家标准 GB 50009—2001《建筑结构荷载规范》中 3.2.5 条中对标准值大于 $4kN/m^2$ 的活荷载分项系数取 1.3。

3. 抗震设防

（1）本节明确地震区作场地和地基的地震效应评价按国家防灾法及相应的现行国家标准GB 17741《工程场地地震安全性评价》执行。但对大型罐区的定义，可按单罐容积或罐区库容及储罐储存的介质等参照现行国家标准 GB 50074—2002《石油库设计规范》的有关规定确定。即：原油储罐库容不小于 100 000 m^3、其余石化产品储罐库容不小于 30 000 m^3 的为大型罐区。

（2）依据即将颁布的现行国家标准《建、构筑物抗震设防分类标准》中的相关规定，提出储罐容积大于 50 000 m^3 的基础抗震设防分类为乙类；小于或等于 50 000 m^3 的储罐基础为丙类。

（3）对场地液化判别和处理按现行国家标准 GB 50191《构筑物抗震设计规范》执行等。

4. 环境保护

（1）由于环境保护日益受到重视，提出了储罐基础部分应采取防渗漏措施。关于静流水源地的确定是依据建设场地的有关环境的评价报告；防止储存的不可降解介质（如经 MTBE 调节出来的汽油）渗漏措施等。

（2）防渗漏措施一般采用黏土、防渗土工膜（如 HDPE 膜）或相应的材料铺设，并设检查井等配套设施。

（四）基础环墙设计

4.1　环墙厚度及环向力计算

4.1.1　基础环墙宜按本章的有关规定进行内力计算，也可根据实际地基情况进行整体结构分析。

4.1.2　当罐壁位于环墙顶面时（图 4.1.2），环墙的厚度可按下式计算：

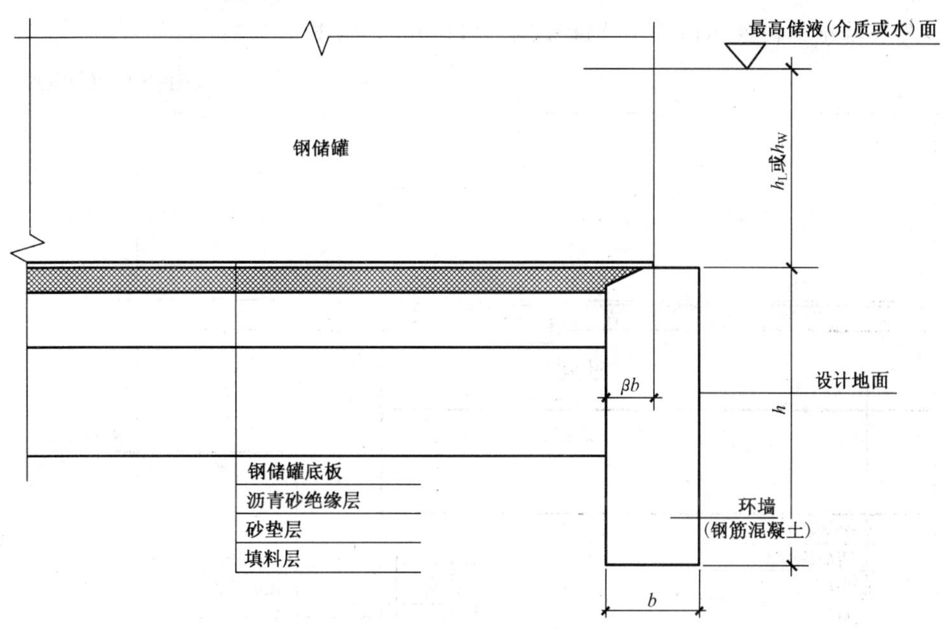

图 4.1.2　环墙示意图

$$b=\frac{q_k}{(1-\beta)\gamma_L h_L-(\gamma_c-\gamma_m)h} \tag{4.1.2}$$

式中：b——环墙厚度（m）；

q_k——罐壁底端传至环墙顶端的竖向线分布荷载标准值（当有保温层时，尚应包括保温层的荷载标准值）（kN/m）；

β——罐壁伸入环墙顶面宽度系数，可取 0.4～0.6；

γ_c——环墙的重度（kN/m^3）；

γ_L——罐内使用阶段储存介质的重度（kN/m^3）；

γ_m——环墙内各层材料的平均重度（kN/m^3）；

h_L——环墙顶面至罐内最高储液面高度（m）；

h——环墙高度（m）。

4.1.3　环墙单位高度环向力设计值可按下列公式计算（图 4.1.2）：

1. 充水试压时：

$$F_t=(\gamma_{QW}\gamma_W h_W+\frac{1}{2}\gamma_{QW}\gamma_W h)KR \tag{4.1.3-1}$$

式中：F_1——环墙单位高度环向力设计值（kN/m）；

γ_{QW}、γ_{Qm}——分别为水、环墙内各层材料自重分项系数，γ_{QW} 可取 1.1，γ_{Qm} 可取 1.2；

γ_W、γ_m——分别为水的重度、环墙内各层材料的平均重度（kN/m^3），γ_W 可取 9.8，γ_m 宜取 18.0；

h_w——环墙顶面至罐内最高储水面高度（m）；

K——侧压力系数，一般地基可取 0.33，软土地基可取 0.5；

R——环墙中心线半径（m）。

2. 正常使用时：

$$F_t = (\gamma_{QL}\gamma_L h_L + \frac{1}{2}\gamma_{Qm}\gamma_m h)KR \tag{4.1.3-2}$$

式中：F_1——环墙单位高度环向力设计值(kN/m)；

γ_{QL}——使用阶段储存介质分项系数，取1.30；

γ_L——使用阶段储存介质的重度(kN/m³)；

h_L——环墙顶面至罐内最高储液面高度(m)。

4.1.4 外环墙单位高度环向力设计值可按下列公式计算(图4.1.4)：

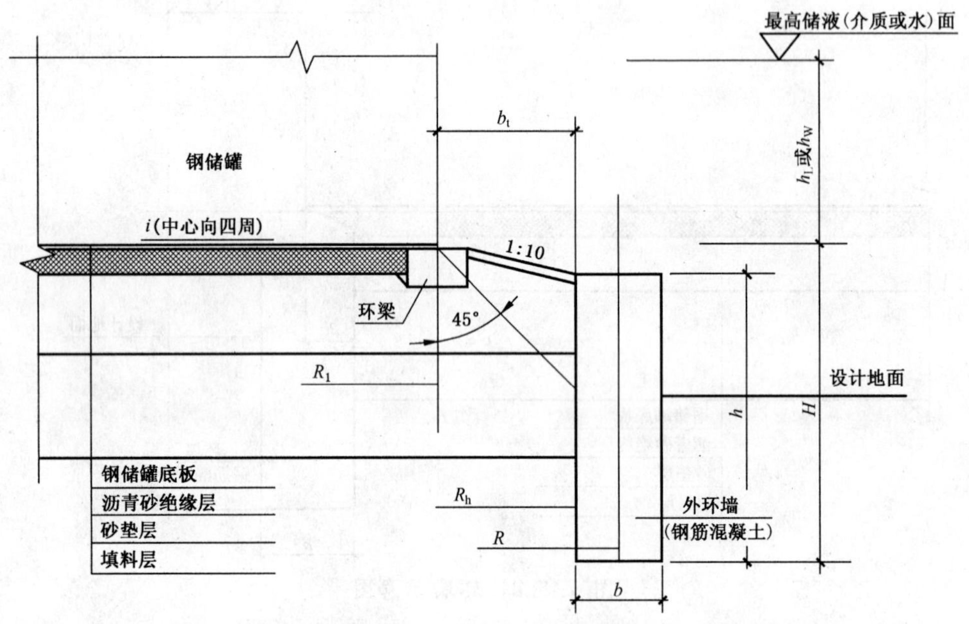

图4.1.4　外环墙示意图

1. 当$b_1 \leqslant H$时

1) 在45°扩散角以下的部分，可按下式计算：

充水试压时：

$$F_{to} = \left(\frac{1}{2}\gamma_{Qm}\gamma_m H + \gamma\frac{g}{2b_1} + \gamma_{QW}\gamma_W h_W \frac{R_1^2}{R_h^2}\right)KR \tag{4.1.4-1}$$

正常使用时：

$$F_{to} = \left(\frac{1}{2}\gamma_{Qm}\gamma_m H + \gamma\frac{g}{2b_1} + \gamma_{QL}\gamma_L h_L \frac{R_1^2}{R_h^2}\right)KR \tag{4.1.4-2}$$

2) 在45°扩散角以上的部分，可按下式计算：

$$F_{to} = \left(\frac{1}{2}\gamma_{Qm}\gamma_m b_1\right)KR \tag{4.1.4-3}$$

2. 当$b_1 > H$时

$$F_{to} = \left(\frac{1}{2}\gamma_{Qm}\gamma_m\right)HKR \tag{4.1.4-4}$$

上述式中 F_{to}——外环墙单位高度环向力设计值(kN/m)；

γ_m——罐体自重分项系数，可取1.2；

b_1——外环墙内侧至罐壁内侧距离(m)；

R_h——外环墙内侧半径(m)；

R_1——储罐罐壁底圈内半径(m)；

H——罐底至外环墙底高度(m)；

R——外环墙中心线半径(m)。

4.2　环墙截面配筋

4.2.1　环墙单位高度环向钢筋的截面面积可按下式计算：

$$A_s = \frac{\gamma_O F_t}{f_y} \tag{4.2.1}$$

式中：A_s——环墙单位高度环向钢筋的截面面积(mm^2)；

γ_O——重要性系数，取1.0；

f_y——钢筋的抗拉强度设计值(kN/mm^2)；

F_1——环墙单位高度环向力设计值(kN/m)，取式4.1.3-1和式4.1.3-2的较大值。

4.2.2　外环墙单位高度环向钢筋的截面面积可按下式计算：

$$A_{so} = \frac{\gamma_O F_{to}}{f_y} \tag{4.2.2}$$

式中：A_{so}——外环墙单位高度环向钢筋的截面面积(mm^2)；

F_{to}——外环墙单位高度环向力设计值(kN/m)，当 $b_1 \leqslant H$ 时，在45°扩散角以下的部分取式4.1.4-1和式4.1.4-2的较大值。

说明

1. 环墙厚度及环向力计算

(1) 环墙式罐基础等截面环墙的宽度计算式是按环墙底压强与环墙内同一水平地基土压强相等(标准值)的条件而求得的，即 $p_1 = p_2$(见图5-1)。

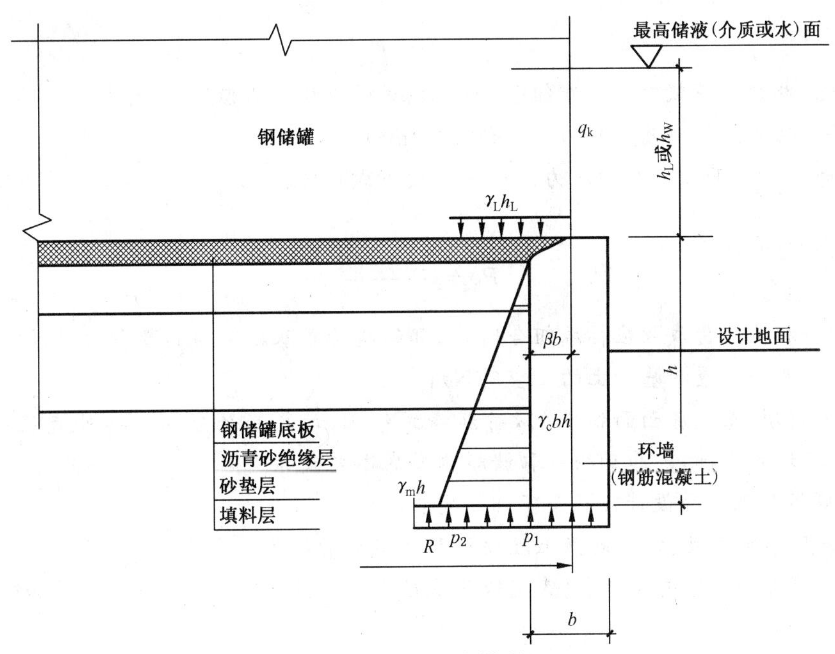

图5-1　环墙计算简图

如下式以 β 作为应变量可得：

$$\beta = 1 - \frac{q_k}{\gamma_L h_L} - \frac{h}{h_L}\left(\frac{\gamma_c - \gamma_m}{\gamma_L}\right)$$

式中：β——罐壁伸入环墙顶面宽度系数；

q_k——罐壁底端传给环墙顶端的线分布荷载标准值(当有保温层时尚应包括保温层的荷载标准值)(kN/m)；

b——环墙厚度(m)；

γ_L——罐内使用阶段储存介质的重度(kN/m^3)；

h_L——环墙顶面至罐内最高储液面(介质)高度(m);

γ_c——环墙的重度(kN/m^3);

γ_m——环墙内各填料层的平均重度(kN/m^3);

h——环墙高度(m)。

关于罐壁底端传给环墙的线分布荷载标准值(q_k),当为浮顶罐时,仅为罐壁的重量(包括保温层重量);当为固定顶罐(包括内浮顶罐)时,应为罐壁和罐顶的重量(包括保温层重量)。

(2) 外环墙的环向力主要考虑三种荷载作用在外环墙上,即填料层荷载,罐体自重(固定顶罐和内浮顶罐除罐壁保温重外还应包括固定顶盖重)和充水水重。外环墙式罐基础,其罐壁和底板均为柔性支承,因此对基础的竖向抗力刚度应有较高的要求。

2. 环墙截面配筋

影响环墙环向力计算的主要因素是环墙侧向压力系数和储罐的半径。而近几年来建造的100 000 m^3的储罐越来越多,储罐的半径为40 m,而150 000 m^3 的储罐半径为50 m,相应的环向力也很大。在实际工程中,仅几个100 000 m^3 的储罐和150 000 m^3 的储罐进行了相关的监测,其实测的结果与计算的结果有一定的差异:但由于试验数据偏少,且通过有限元分析,得出的结论与按规范公式计算的结果比较接近。因此环墙环向力的计算可按本规范给出的公式进行。

(五) 地基承载力及稳定性计算

5.1 承载力计算

5.1.1 对天然地基或处理后的地基上的储罐基础,其底面(持力层顶面)处的压力应符合下式要求:

$$P_k \leqslant f_a \tag{5.1.1}$$

式中:P_k——相应于荷载效应标准组合时,基础底面平均压力值(kN/m^2);

f_a——修正后的地基承载力特征值(kN/m^2)。

5.1.2 储罐基础底面处的平均压力设计值可按下式计算:

$$P_k = \frac{F_k + G_k}{A} \tag{5.1.2}$$

式中:F_k——相应于荷载效应标准组合时,上部结构传至基础顶面的竖向力(kN);

G_k——基础自重和基础上的土重(kN);

A——储罐基础底面面积(m^2),对环墙式基础,计算直径应取环墙外直径;对护坡式、外环墙式基础,计算直径应取储罐罐壁底圈内直径。

5.1.3 储罐桩基基础的设计应符合下列规定:

1. 基桩可采用预制方桩、钢筋混凝土灌注桩和预应力管桩等;

2. 桩基设计应符合现行国家标准《建筑地基基础设计规范》(GB 50007—2002)和《建筑桩基技术规范》(JGJ 94)中的相关规定;

3. 挤土桩的桩筏基础,应采取有效措施减少挤土效应对储罐基础的不利影响。

5.2 稳定性计算

5.2.1 对于采用预压排水固结法加固的软土地基和位于斜坡、陡坎边缘、已填塞或掩埋的旧河道,以及深坑边缘地带的地基,应对整体和局部地基进行抗滑稳定性计算。

5.2.2 地基抗滑稳定性可采用圆弧滑动面法进行验算,最危险的滑动面上诸力对滑动中心所产生的抗滑力矩与滑动力矩应满足下式要求:

$$\frac{M_R}{M_S} \geqslant 1.2 \tag{5.2.2}$$

式中:M_R——抗滑力矩(kN·m);

M_S——滑动力矩(kN·m)。

说明

储罐桩基础由桩、桩承台和环墙三部分组成。桩的设计按国家现行标准 JGJ 94《建筑桩基技术规范》中的具体要求考虑;桩承台的设计按国家现行标准 JGJ 94《建筑桩基技术规范》及现行国家标准 GB 50007—2002《建筑地基基础设计规范》中的相关规定执行;储罐环墙部分的计算可按实际受力状态进行。

(六) 地基变形计算

6.1 一般规定

6.1.1 地基变形特征可分为储罐基础沉降、储罐基础整体倾斜(平面倾斜)、储罐基础周边不均匀沉降(非平面倾斜)及储罐中心与储罐周边的沉降差(储罐基础锥面坡度)。

6.1.2 计算地基变形时,应符合下列规定:

1. 由于荷载、地基不均匀等因素引起的地基变形,对不同型式与容积的储罐应按不同允许变形值来控制;

2. 储罐基础应根据在充水预(试)压期间和使用期间的地基变形值,考虑储罐基础预抬高及与管线的连接形式和施工顺序;对于外环墙式基础,应验算地基变形稳定的储罐罐壁底端标高,使其高于外环墙顶标高并满足走道向外坡度不小于 0.1。

6.1.3 储罐地基变形允许值应按表 6.1.3 规定采用。

表 6.1.3　储罐地基变形允许值

储罐地基变形特征	储罐型式	储罐底圈内直径/m	沉降差允许值
整体倾斜(任意直径方向)	浮顶罐与内浮顶罐	$D_t \leqslant 22$	$0.007\,0D_t$
		$22 < D_t \leqslant 30$	$0.006\,0D_t$
		$30 < D_t \leqslant 40$	$0.005\,0D_t$
		$40 < D_t \leqslant 60$	$0.004\,0D_t$
		$60 < D_t \leqslant 80$	$0.003\,5D_t$
		$80 < D_t \leqslant 100$	$0.003\,0D_t$
	固定顶罐	$D_t \leqslant 22$	$0.015D_t$
		$22 < D_t \leqslant 30$	$0.010D_t$
		$30 < D_t \leqslant 40$	$0.009D_t$
		$40 < D_t \leqslant 60$	$0.008D_t$
罐周边不均匀沉降	浮顶罐与内浮顶罐	—	$\Delta s/l \leqslant 0.002\,5$
	固定顶罐	—	$\Delta s/l \leqslant 0.004\,0$
储罐中心与储罐周边的沉降差	沉降稳定后≥0.008		

注:1. D_t 为储罐罐壁底圈内直径(m);

2. Δs 为储罐周边相邻测点的沉降差(mm);

3. l 为储罐周边相邻测点的间距(mm)。

6.1.4 储罐安装前,基础正锥形顶面自中心向周边的坡度宜为 15‰～35‰。

6.2 变形计算

6.2.1 当储罐基础处于下列情况之一时,应做变形量计算:

1. 当储罐地基基础设计等级为甲级或乙级时;

2. 当天然地基承载力不能满足要求或地基土有软弱土层时;

3. 当储罐基础有可能发生倾斜时;

4. 当储罐基础持力层有厚薄不均匀的地基土时。

6.2.2 地基沉降量可采用分层总和法进行计算，最终沉降量可按下式计算：

$$S = \Psi_s S' = \Psi_s \sum_{i=1}^{n} \frac{P_O}{E_{si}}(Z_i\bar{\alpha}_i - Z_{i-1}\bar{\alpha}_{i-1}) \qquad (6.2.2)$$

式中：S——地基最终沉降量(mm)；

S'——按分层总和法计算出的地基沉降量(mm)；

Ψ_s——沉降计算经验系数，根据国家现行标准采用；

n——储罐基础沉降计算深度范围内所划分的土层数(图 6.2.2)；

P_O——对应于荷载效应准永久组合时罐基础计算底面处的附加压力(kPa)，见 6.2.3 条注；

E_{si}——储罐基础底面下第 i 层土的压缩模量(MPa)，应取土的自重压力至土的自重压力与附加压力之和的压力段计算；

Z_i、Z_{i-1}——储罐基础底面至第 i 层土、第 $i-1$ 层土底面的距离(m)；

$\bar{\alpha}_i$、$\bar{\alpha}_{i-1}$——储罐基础底面计算点至第 i 层土、第 $i-1$ 层土底面范围内平均附加应力系数，可按附录 A 采用；

Z_n——地基变形计算深度(m)。

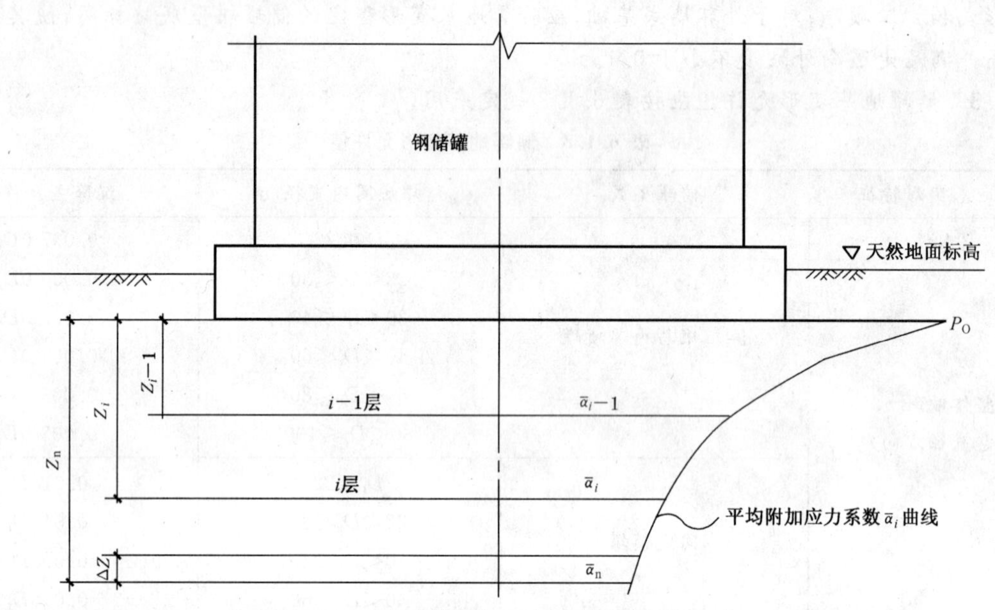

图 6.2.2 储罐基础沉降计算的分层示意

6.2.3 地基变形计算深度 Z_n(图 6.2.2)，应符合下式要求：

$$\Delta S' \leqslant 0.025 \sum_{i=1}^{n} \Delta S'_i \qquad (6.2.3)$$

式中：$\Delta S'_i$——在计算深度范围内，第 i 层土的计算变形值；

$\Delta S'_n$——由计算深度向上取厚度为 ΔZ 的土层计算变形值，ΔZ(图 6.2.2)按表 6.2.3 确定。

表 6.2.3 ΔZ 值

D_t/m	$8<D_t\leqslant15$	$15<D_t\leqslant30$	$30<D_t\leqslant60$	$60<D_t\leqslant80$	$80<D_t\leqslant100$	$D_t>100$
ΔZ/m	0.92～1.11	1.11～1.32	1.32～1.53	1.53～1.62	1.62～1.68	1.68

如确定的计算深度下部仍有较软土层时，应继续计算。

注：地基变形计算深度 Z_n；当为环墙式储罐基础时，储罐周边和储罐中心处均自环墙底面算起，P_O 值为环墙底面处的附加压力，当环墙底至填料层之间的原土层较厚时，尚应考虑该土层的附加变形值；当为护坡式、外环墙式储罐基础时，储罐周边和储罐中心处均自填料层底面算起，P_O 值为填料层底面处的附加压力。

6.2.4　桩基础变形计算应按现行国家标准《建筑地基基础设计规范》(GB 50007—2002)的相关要求执行，变形允许值应满足表6.1.3的要求。

6.3　地基变形观测

6.3.1　地基变形观测应符合下列要求：

1. 在储罐充水预(试)压和投产使用期间，应对罐基础的地基变形进行观测；变形观测应在储罐基础完工后、储罐充水前、充水过程、充满水稳压阶段、放水过程、放水后及投产使用等各个时段进行；

2. 充水预压地基应进行沉降观测，软土地基尚宜进行水平位移观测、倾斜观测及孔隙水压力测试等；

3. 变形观测应设专人定期进行，在充水预压阶段每天不少于一次并作好记录，测量精度宜采用Ⅱ级水准测量；

4. 充水预压过程中如发现储罐地基基础沉降有异常，应立即停止充水，待处理后方可继续充水；

5. 充水预压的监测与监测报告的编制尚应符合国家现行标准《石油化工钢储罐地基充水预压监测规程》(SH/T 3123—2001)中的有关规定。

6.3.2　每台储罐基础应设置沉降观测点，沉降观测点的布置应符合表6.3.2的要求。

表6.3.2　沉降观测点设置数量

储罐公称容积/m^3	沉降观测点数量/个	储罐公称容积/m^3	沉降观测点数量/个
1 000及以下	4	20 000	16
2 000	4	30 000	24
3 000	8	50 000	24
5 000	8	100 000	26
10 000	12	150 000	32

说明

1. 一般规定

(1) 按现行国家标准GB 50341—2003《立式圆筒形钢制焊接油罐设计规范》中，钢储罐按结构形式分为三种型式，即固定顶式(拱顶)储罐、浮顶式储罐和内浮顶式储罐(具有固定顶和浮顶两种特点)。近年来我国石油化工工业发展很快，兴建了一大批不同容积的储罐，从建造地点来看，大部分在沿海或临海回填地区，这些地区地基松软。而大型储罐的特点是荷载大、面积大，压缩层影响深，因此对地基的不均匀沉降要求高。如100 000 m^3、150 000 m^3的储罐，直径80 m、100 m，高21.80 m，地基承载力要求达250～280 kPa。从国内外储罐工程事故分析表明，多由于储罐产生差异沉降导致了储罐的破坏。从储罐工程实例来看，尽管不均匀沉降有多种形式，但基本上可分为三种模式：即(a)平面倾斜——罐基整体倾斜；(b)非平面倾斜——罐基周边不均匀沉降；(c)罐基础锥面坡度——罐中心与储罐周边的沉降差(见图5-2)。

(2) 由于差异沉降引起储罐破坏主要有两种类型：① 罐壁扭曲导致浮顶失灵；② 罐壁与底板或罐壁与底板连接处的破坏。根据国内60座储罐的沉降观测资料表明，凡采用钢筋混凝土环墙的，通常呈平面倾斜，仅呈平面倾斜的储罐基础，罐壁不至于遭到破坏；而非平面倾斜通常使罐壁径向扭曲或罐壁产生过大次应力引起径向扭曲(即椭圆度)而使浮顶失灵，次应力还可引起储罐破裂。经研究结果表明，储罐对于不均匀沉降的适应能力与罐底的结构，包括罐底边缘板的宽度、厚度、角焊缝的韧性等有关。由于罐壁在垂直方向的刚度很大，当下部基础出现不均匀沉降时，就会使罐底与罐壁间的角焊缝和罐底的边缘板受力产生很大的次应力。罐基础锥面坡度，鉴于圆形均布荷载作用下的地基附加应力分布特性，将导致罐底易成蝶形，罐底中心的过大沉降，使罐底的拉应力增大，同时影响罐内的清扫。

(3) 地基变形允许值的规定，主要是根据现行国家标准GB 50341—2003《立式圆筒形钢制焊接油罐设计规范》，附录E"油罐对基础和基础的基本要求"和大量的实测数据并参考国外标准而制定的。本规范增加了100 000 m^3和150 000 m^3储罐的具体要求。

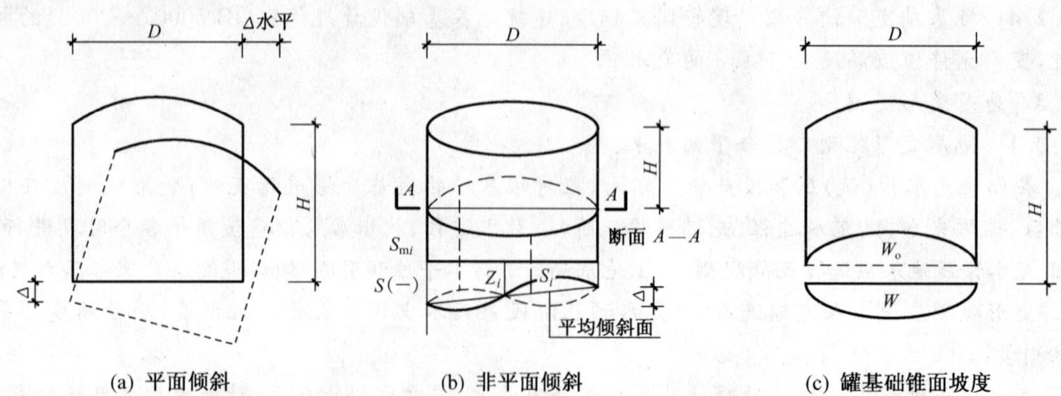

(a) 平面倾斜 (b) 非平面倾斜 (c) 罐基础锥面坡度

S_{mi}——在点 i 的总的实测沉降，即自罐建成时起测出的该点高程变化；

Δ——直径方向上点间沉降之差；

Z_i——点 i 由平面倾斜引起的沉降分量；

S_i——点 i 由平面外扭曲倾斜引起的沉降分量；

D——罐直径；

H——罐高度；

W_o——罐底原始中心与边缘高度差；

W——罐底实际中心与边缘高度差。

图 5-2 储罐基础变形示意

1）现行国家标准 GB 50341—2003《立式圆筒形钢制焊接油罐设计规范》中规定对平面倾斜，即储罐基础直径方向上的沉降差不应超过表 5-1 所列的沉降差许可值。

表 5-1 储罐基础沉降差许可值

浮顶罐与内浮顶罐		固定顶罐	
罐内径 D/m	任意直径方向最终沉降差许可值	罐内径 D/m	任意直径方向最终沉降差许可值
$D\leqslant 22$	$0.007D$	$D\leqslant 22$	$0.015D$
$22<D\leqslant 30$	$0.006D$	$22<D\leqslant 30$	$0.010D$
$30<D\leqslant 40$	$0.005D$	$30<D\leqslant 40$	$0.009D$
$40<D\leqslant 60$	$0.004D$	$40<D\leqslant 60$	$0.008D$
$60<D\leqslant 80$	$0.0035D$		
$80<D\leqslant 100$	$0.003D$		

对非平面倾斜，沿罐壁圆周方向任意 10 m 弧长内的沉降差应不大于 25 mm。

对基础锥面坡度，一般地基为 15‰；软弱地基应不大于 35‰，基础沉降基本稳定后的锥面坡度不小于 8‰。

2）罐体本身平面倾斜相对来说不是最重要的(除非大的倾斜)。由于罐体倾斜改变了液面形式，从而使罐壁增加了附加应力，由罐体应力分析表明，只要罐壁在无次应力情况下，保证储罐的正常工作即可。

(4) 储罐基础的锥面坡度一般为 15‰，但在软弱地基条件下，由于罐基础中心沉降量比罐周沉降量大，为了满足基础沉降基本稳定后的锥面坡度不小于 8‰的要求，可将基础锥面坡度从 15‰提高到不大于 35‰，并与现行国家标准 GB 50341—2003《立式圆筒形钢制焊接油罐设计规范》中规定基础锥面坡度不得大于 35‰一致。

2. 变形计算

规范中验算地基变形时所规定的项目包括储罐基础的变形量、储罐地基的整体倾斜、罐周边不均匀沉降、罐中心与罐周边沉降差等，设计时最基本的计算是计算地基的最终变形量。储罐建造地区若有相关规定更能准确地反映实际情况，则按相关的规范采用。

（七）基础构造与材料

7.1　构造

7.1.1　当选用护坡式、外环墙式基础时，宜在罐壁底面位置设置一道钢筋混凝土环梁。环梁可采用矩形截面梁，环梁宽可按式 4.1.2 计算确定，且不宜小于 250 mm；环梁高可同环梁宽。钢筋混凝土环梁的配筋可按构造要求配置。

7.1.2　储罐基础顶面周边高出设计地面高度（不包括考虑最终沉降量而预抬高的高度）不宜小于 300 mm。

7.1.3　储罐基础顶面应设置沥青砂绝缘层，其厚度宜为 80 mm～150 mm，压实系数不应小于 0.95。中砂与石油沥青的重量配比宜为 93∶7；基础表面的沥青砂绝缘层在任意方向上不应有突起的棱角，从中心向周边拉线测量基础表面凹凸度不应超过 25 mm。

7.1.4　沥青砂绝缘层下面，应设置中粗砂垫层，其厚度不宜小于 300 mm。压实系数不应小于 0.96。

7.1.5　中粗砂垫层下回填土层的压实系数不应小于 0.96。

7.1.6　护坡式基础顶面的人行道宽度宜为 800 mm～1 000 mm。

7.1.7　护坡式基础的护坡坡度宜为 1∶1.5，当采用混凝土或碎石灌浆护坡时，其厚度不宜小于 100 mm；当采用浆砌毛石护坡时，其厚度不应小于 200 mm。护坡施工应待储罐充水试压后方可进行。

7.1.8　除基岩地基外，环墙式基础的埋深（以沉降基本稳定为准）不宜小于 600 mm，在地震区，当地基土有液化可能时，埋深不宜小于 1 000 mm；在寒冷地区储罐基础埋深宜满足冻土深度要求，否则须采取防冻胀措施。

7.1.9　钢筋混凝土环墙厚度不宜小于 250 mm，环墙顶面应在罐内壁向中心 20 mm 处做成 1∶2 的坡度，罐内壁至环墙外缘尺寸不宜小于 100 mm（图 7.1.14）。

7.1.10　储罐基础应设置泄漏孔，泄漏孔应沿储罐周均匀设置，其间距宜为 10～15 m，孔径宜为 Φ50，其进口处孔底宜与砂垫层底标高相同，并以不小于 5%的坡度坡向环墙外侧；泄漏孔出口处应高于设计地面，进口处应设置由砾石和粒径为 20～40 mm 的卵石组成反滤层和钢筋滤网（图 3.2.3-1～图 3.2.3-4）。

7.1.11　钢筋混凝土环墙顶面宜设置厚度为 20～30 mm 的 1∶2 水泥砂浆或 50 mm 厚 C30 细石混凝土找平层，环墙顶面的水平度在表面任意 10 米弧长上应不超过 ±3.5 mm，在整个圆周上，从平均的标高计算不超过 ±6.5 mm。

7.1.12　钢筋混凝土环墙不宜开缺口，当罐体安装要求必需留施工缺口时，环向钢筋应错开截断，待罐体安装结束后，应采用比环墙混凝土强度等级高一级的微膨胀混凝土立即将缺口封堵密实，钢筋接头应采用焊接。

7.1.13　钢筋混凝土环墙的环向受力钢筋的混凝土保护层最小厚度不应小于 40 mm。

7.1.14　钢筋混凝土环墙的配筋（图 7.1.14）应符合下列要求：

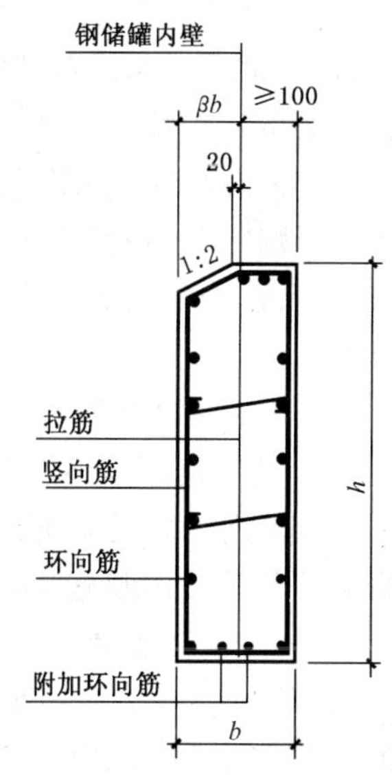

图 7.1.14　环墙配筋

1. 环向受力钢筋的截面最小总配筋率不应小于 0.4%，且应按环墙的全截面面积计算。对于公称容积不小于 10 000 m^3 或建在软土、软硬不一地基上的储罐，环墙顶端和底端宜各增加两根附加环向钢筋，其直径应与环墙的环向受力筋相同；

2. 环墙每侧竖向钢筋的最小配筋率不应小于 0.15%，钢筋直径宜为

12 mm～18 mm，间距宜为 150 mm～200 mm，竖向钢筋宜为封闭式。

7.1.15 环向受力钢筋接头应采用机械连接或焊接连接。

7.1.16 钢筋混凝土环墙弧长大于 40 m 时，宜留宽度为 900 mm～1 000 mm 后浇带，在保证钢筋连续的原则下分段浇灌，后浇带应采用提高一个强度等级的微膨胀混凝土浇灌并捣实或采取其他有效措施。当有成熟的经验和可靠的保证措施时，后浇带的间距可适当放宽。

7.1.17 储罐前操作平台的基础应与钢筋混凝土环墙基础分开。

7.1.18 当储罐内储存介质最高温度高于 90 ℃时，与罐底接触的罐基础表面，应采取隔热措施。

7.1.19 储罐底板外周边应封口，封口应采用能适应罐底板变形的构造措施及材料，并应在储罐充水试压完毕和罐体未保温前进行。

7.2 材料

7.2.1 填料层的回填土宜采用黏性土，不得采用淤泥、耕土、膨胀土、冻土，以及有机杂质含量大于 5%的土料。

7.2.2 砂垫层宜采用质地坚硬的中、粗砂，亦可采用最大粒径不大于 20 mm 的砂石混合料，不得含有草根等有机杂质，含泥量不得大于 5%，不得采用粉砂和冰结砂。

7.2.3 沥青砂绝缘层应采用中砂配制，含泥量不得大于 5%。

7.2.4 沥青砂绝缘层所用沥青材料，当罐内介质温度低于 80 ℃时，宜采用 60 号甲、乙道路石油沥青，或 30 号甲、乙建筑石油沥青；当罐内介质温度等于或高于 80 ℃时，宜采用 30 号甲、乙建筑石油沥青。

7.2.5 储罐基础环墙的混凝土强度等级不应低于 C25；环向钢筋宜采用 HRB335 级或 HRB400 级钢筋，竖向钢筋宜采用 HPB235 级或 HRB335 级钢筋。

说明

1. 构造

(1) 罐基础顶面设置沥青砂绝缘层，其主要作用为防止潮气、砂石土填料层中的有害化学物质及杂散电流等对罐底板的腐蚀；使其下面的砂石土填料层稳固，并减少其透水性；便于罐底板的铺设和安装，保持罐基顶的形状和基础锥面坡度和平整度。关于沥青砂绝缘层的压实系数是指按规定方法采取的沥青砂垫层试样的体积密度与标准密度之比。

(2) 设置砂垫层的作用，主要是使压力分布均匀，调整和减少地基的不均匀沉降；当厚度不小于 300 mm 时，可防止地下毛细管水的渗入，当底板开裂时，可作为漏油显示信号的通道。

(3) 护坡式罐基础，均应待储罐充水试压后施工，因罐在充水试压时，产生地基沉降，为避免护坡的开裂，因此不应与罐基础同时施工。但应特别注意，储罐在充水试压时，应防止罐顶上雨水的冲刷，或其他人为的对护坡的破坏，可采取临时的防护措施。否则易造成严重的滑坡事故。

(4) 借鉴日本三次强震资料，“储罐凡是用钢筋混凝土环墙、而埋深不小于 1 m 时，地震作用时地基液化，罐体虽出现倾斜，但经修复仍能满足继续使用”。根据储罐许可有较大变形的特征，综合考虑震害影响情况，规定当储罐建在地震区，地震时地基土有液化的可能时，采用埋深不小于 1 m 的钢筋混凝土环墙。

(5) 储罐基础设置泄漏孔，埋设漏油信号管，当底板漏油时经过砂垫层和反滤层沿该管流出，便于安全人员检查，及时采取对策。

(6) 钢筋混凝土环墙当留缺口后，将环向受力钢筋切断，对环墙的受力是极为不利的。另外，当储罐采用气吹法倒装施工时，也要在环墙上留人孔。因此本条规定环墙不宜开缺口，当必需留施工缺口时，其尺寸应尽量减小，并必须采取加强措施。

(7) 对公称容积不小于 10 000 m^3 或建在软土、软硬不一地基上的储罐，主要是考虑在上述条件下的储罐在充水试压时，环墙有不均匀下沉的现象，设置附加环向钢筋和封闭式竖向钢筋，一是防止环墙顶的应力集中，二是起到抵抗不均匀下沉对环墙的受力作用。

(8) 现行国家标准 GB 50010—2002《混凝土结构设计规范》中第 9.4.2 条规定“轴心受拉及小偏心

受拉杆件的纵向受力钢筋不得采用绑扎搭接接头”。故本条规定环向受力钢筋接头，应采用机械连接或焊接连接。

(9) 钢筋混凝土环墙均采用现浇钢筋混凝土结构，而现浇钢筋混凝土环墙大多在早期出现裂缝，特别是在施工条件多变，环墙内外侧回填料不及时，养护较差等产生温差和混凝土的收缩情况下，更容易在储罐投入使用或刚投入使用初期，环墙就出现裂缝的现象。由温度和收缩变形引起的应力比较复杂。按一般规定当圆周(中心圆)长度超过 40 m 时宜设置后浇带。

(10) GB 50341—2003 现行国家标准《立式圆筒形钢制焊接油罐设计规范》对储罐基本要求中提出“当储罐的设计温度大于 90 ℃时，储罐的基础应适应储罐在高温下工作的要求”。因此本条规定，与罐底接触的罐基础表面，应采取隔热措施。主要是由于高温介质破坏沥青砂绝缘层。目前用的较多的方法只按储存介质的不同温度采取平铺的红砖进行隔热。也可采用其他行之有效的隔热材料。

(11) 储罐底板外周边封口，是为了防止雨水渗入而腐蚀罐底板。封口防水层过去一般采用灌沥青或沥青砂。但由于罐底板的变形，沥青或沥青砂材料均不能适应而产生裂缝。储罐在充水试压完后，已完成基础的大部分沉降，再进行封口防水层的施工是有利的。底板封口防水层的施工时期有两种情况：一种是空罐时施工，一种是储罐使用时期施工。关于底板封口防水层在国外普遍采用弹性橡胶质材料(多数为橡胶沥青)封口的做法。但这种材料使用后由于溶剂的蒸发，时间长了也不能避免表面龟裂。为了解决这种缺欠，国外也有采用橡胶沥青-玻璃丝布复合防水层的做法。

2. 材料

沥青砂绝缘层所用的沥青材料，主要是根据储罐内储存介质的温度，按沥青的软化点来选用。60 甲、乙道路石油沥青其软化点为不低于 45 ℃，30 甲、乙建筑石油沥青其软化点为不低于：30 甲为 70 ℃，30 乙为 60 ℃。为了与现行标准 SH/T 3528—2005《石油化工钢储罐地基与基础施工及验收规范》中的规定取得一致，故本条中取用了 30 甲或 30 乙。

(八) 附录

附录 A　圆形面积上均布荷载作用下各点，平均附加应力系数 $\bar{\alpha}_k$。(从略)

三、施工规范 SH/T 3528—2005《石油化工钢储罐地基与基础施工及验收规范》的理解与应用

(一) 规范范围及内容

规范包括一般规定、地基处理、充水预压地基、桩基础、罐基础沉降观测、罐基础修复、罐基础验收共 7 个部分及 8 个附录(附录均为资料性附录)。

本规范与 SH 3528—1993《石油化工钢储罐地基与基础施工及验收规范》相比，主要修改了以下内容：

1. 增加了对储罐基础所用材料的质量要求；
2. 增加了石屑地基和级配碎石地基；
3. 取消了储罐底板下沥青砂绝缘层采用冷拌沥青砂的施工工艺；
4. 将强夯处理地基、振冲地基施工机具、储罐基础采用挖沟纠偏法等相关条文内容作为附录加以刊出；
5. 取消了原规范附录 F、附录 G 关于罐基础沉降观测记录(格式表)及储罐基础检查验收记录的格式表。

(二) 地基与基础施工

1. 一般规定

(1) 地基与基础施工，施工单位应具有相应的专业资质，并建立完善的质量管理体系，且应做好下

述准备工作：

a）设计交底、图纸会审，编制施工技术文件；

b）施工定位桩和水准点的测量布点工作，并采取保护措施，且有明显标识；

c）查清地下隐蔽工程的分布；

d）施工道路和排水措施等施工设施。

（2）砂、石子、水泥、钢材、石灰等原材料的质量、检验项目、批量及检验方法应符合相应材料标准和检验试验标准的规定。

（3）罐基础工程施工中，对地基处理、砂垫层、沥青砂绝缘层、砖砌体、钢筋混凝土环墙（梁）、底板等分项工程，应及时进行中间验收，合格后方可进行下道工序的施工。

（4）对素土地基、灰土地基、砂和砂石地基、强夯地基、石屑地基、级配碎石地基、预压地基等，其地基承载力应达到设计文件要求。检验数量，每台罐基不应少于3点；1 000 m^2 以上，每100 m^2 至少应有1点；3000 m^2 以上，每300 m^2 至少应有1点。

（5）对砂桩地基、振冲桩地基，其承载力应达到设计文件要求。检验数量为桩总数的0.5%～1%，但不应少于3处。有单桩强度检验要求时，数量为总数的0.5%～1%，但不应少于3根。

（6）规范所述地基的质量检查应分层进行，填料压实后宜采用环刀法取样测定干密度，取样应位于2/3深度处，也可用贯入测量法检查。砂石地基还可在地基中设置纯砂检查点进行检查，强夯地基还可用静力触探法进行检查。砂桩地基、振冲桩地基的质量检查宜采用贯入测量法或静力触探法在桩施工完成后间隔一定时间进行。

（7）主控项目及一般项目可随意抽查，但复合地基中的振冲桩、砂桩至少应抽查20%。

（8）地基与基础施工应执行设计文件和本规范的规定。

（9）地基与基础冬期施工应执行建筑工程冬期施工规程（JGJ 104）的规定。

（10）地基与基础施工的安全技术和劳动保护应执行石油化工施工安全技术规范（SH 3505）的规定。

地基与基础工程为隐蔽工程，工程检测与质量见证试验的结果具有重要影响，只有具有专业资质水平的单位才能保证其结果的可靠与准确。

每道工序在完成过程中，应强调施工质量，明确验收标准，采取切实可行的方法进行施工，以保证各分项工程及时验收或采取分段验收。

各类地基处理，应按设计文件明确的检验标准和相应的检验方法，由具有检测资质的单位进行检测并出具检验报告。

检验数量是至少应达到的数量，复合地基中的桩的施工是主要的，应保证20%的抽查量。

2. 土方开挖及回填

（1）土方开挖必须在测量放线定位，并经复测确认后开工。

（2）基础土方的开挖宜连续进行，在地下水位较高或雨季开挖土方时，应采取降水及排水措施。

（3）土方开挖宜采用机械施工，机械开挖时，应随挖随人工找平清底或在基底标高以上预留一层用人工清理，其厚度应根据机械确定，预留100～300 mm为宜，基坑不得超挖。

（4）冬、雨期基坑开挖后不能及时进行下道工序时，应在基坑底标高以上预留150～300 mm厚土不挖，待下道工序开始前在挖除。冬期基坑土防冻应符合规范的规定。

（5）土方开挖工程的质量标准应符合表5-2规定。

（6）土方开挖后，出现下列情况之一时，应进行地基处理：

a）土质不良或不均匀；

b）局部有软土或孔穴；

c）有拆除建筑物的基础；

d）局部超挖。

表 5-2　土方开挖工程质量标准　mm

项	序	项　目	允许偏差或允许值		检验方法
			基　槽	路面基层	
主控项目	1	标高	0 −50	0 −50	水准仪
	2	中心线位移	20	20	经纬仪，用钢尺量
一般项目	1	长度、宽度或直径	+200 −50	+200 −50	用 2 m 靠尺和锲形塞尺检查
	2	基底土性	设计文件要求		观察土或土样分析

(7) 土方回填前应清除基底的杂物和杂土，排除积水。

(8) 填方施工过程中应检查排水措施。填方应分层进行，当设计文件无要求时，每层厚度及压实遍数应符合表 5-3 的规定。

(9) 回填土不得用淤泥、泥炭、耕土、膨胀土、冻土及有机杂质含量超过 5%的土料，回填土宜为最优含水量，填料若用碎石，碎石粒径不宜大于 50 mm。

(10) 填方施工结束后，应检查标高、压实程度等，质量标准应符合表 5-4 的规定。

表 5-3　填土每层的铺设厚度及压实遍数

压实机具	分层厚度/mm	每层压实遍数/遍
平　碾	250～300	6～8
振动压实机	250～350	3～4
柴油打夯机	200～250	3～4
人工打夯	<200	3～4

表 5-4　填土工程质量标准　mm

项	序	项　目	允许偏差或允许值		检验方法
			基　槽	路面基层	
主控项目	1	标高	0 −50	0 −50	水准仪
	2	分层压实系数	设计文件要求		按规定方法
一般项目	1	回填土料	设计文件要求		取样检查或直观鉴别
	2	分层厚度	设计文件要求		水准仪及抽样检查
	3	表面平整度	20	20	用靠尺或水准仪

在土方开挖及回填施工时，测量放线已决定了工程所处的位置，必须准确。土方施工要根据当地气候条件，土质情况，地下水位情况综合考虑，尽可能保持连续施工，避免重复作业，特别是地下水位较高及雨季施工时，非作业面或基坑四周要充分考虑排水措施。冬期施工基坑土不能在冻结情况下进行下道覆盖工序施工，否则待土层溶化后势必造成基坑下沉。

地下工程，在有勘探资料或在无勘探资料情况下，经常会遇到异常情况，致使工程不能顺利进行，为避免不必要的损失，施工单位或建设单位不应根据经验进行处理，应由设计提出处理方案。

罐基础土方回填，不得采用冻土、膨胀土和盐渍土等活动性较强的土料，并尽早进行回填，使土方自然沉降稳定有更充足的时间，对减少罐体加荷后的沉降量有一定的好处。

3. 砂(石屑)垫层

(1) 砂垫层宜采用颗粒级配良好质地坚硬的中、粗砂，但不得含有草根、垃圾等杂质，含泥量不得超过5%。可用混合拌匀的碎石和中、粗砂，不得用粉砂或冻结砂。若用石屑，含泥量不得超过7%。

(2) 砂垫层每层铺设厚度为200～250 mm，分层厚度可用标桩控制。砂垫层的捣实，可选用振实、夯实或压实等方法进行。用平板震动器洒水振实时，砂的最优含水量为15%～20%，亦可用水撼法夯实。

(3) 砂垫层捣实后，质量检验应按规范有关要求执行。

(4) 砂垫层完工后应注意保护，保持表面平整，防止践踏。

上述在砂(石屑)垫层中原材料宜用中砂、粗砂，细砂应同时掺入25%～35%碎石或卵石。石屑中因含有较多石粉和少量的土粒，在含水量为5%～12%的情况下，经过压实数月后能够固结，形成较好的垫层，较砂垫层有一定的优点。

不同的压实方法对砂的含水量要求不一，不论采取何种施工工艺，最终要达到检测标准要求。

4. 沥青砂绝缘层

(1) 沥青砂绝缘层用沥青砂宜采用商品热沥青砂，也可现场拌制。

(2) 沥青砂热拌时，应将砂加热至100～150 ℃，沥青加热至160～200 ℃，并将其在热态下拌和均匀，且应符合下列要求：

a) 用砂应为干燥的中、粗砂，砂中含泥量不得大于5%；

b) 当罐内介质温度低于80 ℃时，宜采用60号甲道路石油沥青，也可用30号甲建筑石油沥青；

c) 当罐内介质温度在80～95 ℃时，宜采用30号甲建筑石油沥青；

d) 沥青砂配合比应按体积比，宜为8%～10%的沥青与92%～90%的中、粗砂。

(3) 沥青砂绝缘层应分层铺设，每层虚铺厚度不宜大于60 mm，同层可按扇形(扇形最大弧长不宜大于12 m，见图5-3)，或环形分格(环带每带宽宜为6 m，见图5-4)。上、下层接缝应错开，错缝距离不应小于500 mm。

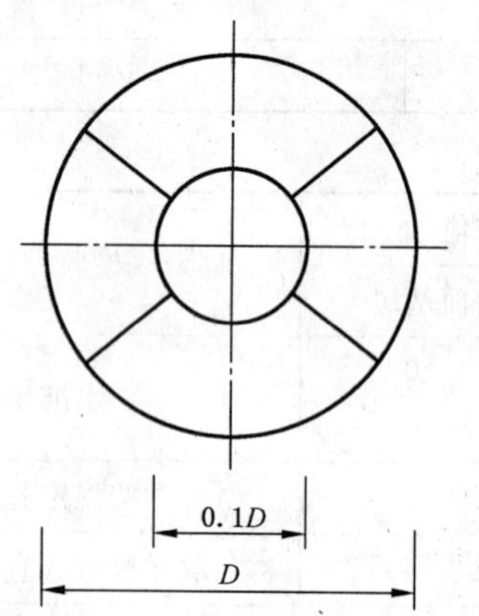

图5-3 沥青砂绝缘层扇形分块示意

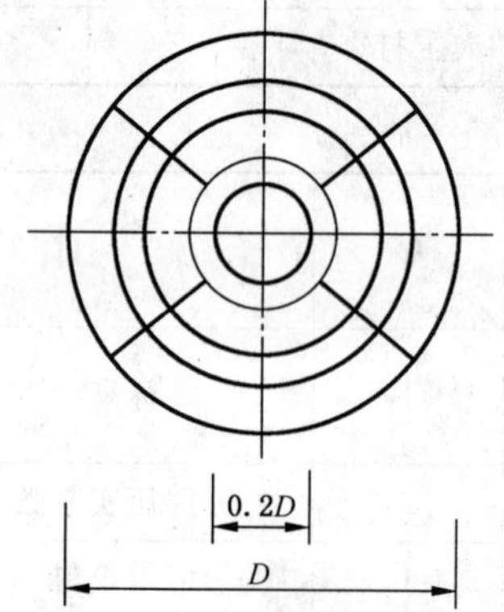

图5-4 沥青砂绝缘层环形分块示意

(4) 热沥青砂铺设温度不低于140 ℃，并摊铺平整，宜用压路机碾压密实或平板振动器振实，也可用火滚滚压，然后用加热的烙铁烙平。

(5) 热沥青砂施工间歇后继续铺设前，应将已压实的面层边缘加热，并涂一层热沥青，接缝处应碾压平整，无明显接缝痕迹。

(6) 沥青砂绝缘层应按设计文件规定坡度铺设平整，表面平整度应符合规范的规定。

(7) 沥青砂绝缘层用抽样法检验压实后的密实度，不得小于设计文件规定。抽检数量为每200 m^2不少于1处，但每个罐基不少于3处。

(8) 沥青砂绝缘层不得在雨天施工。

在沥青砂的底层为了防止滚压施工沥青砂时将砂垫层松动，一般在沥青砂的底层铺一层碎石。

沥青砂绝缘层的作用，主要是防止罐底板的腐蚀，防止水渗入侵蚀罐底板，同时也便于罐底板的铺设和安装。目前广泛采用的商品沥青砂，可满足储罐施工要求的各项技术指标。

原油罐的大型化，为沥青砂绝缘层的施工提供了机械化施工场所，使沥青砂绝缘层施工质量更加可靠。

5. 储罐基础钢筋灌凝土环墙(环梁)

(1) 钢筋混凝土环墙(环梁)用钢筋必须有质量证明文件，并按批进行复检，代用时应经设计同意。

(2) 钢筋工程施工完成后，必须经隐蔽工程验收后方可进行下道工序施工。

(3) 钢筋混凝土环墙(环梁)施工，设计文件无要求时宜按下列规定进行：

a) 钢筋混凝土环墙(环梁)圆周(中心圆)长度大于 40 m 时，在钢筋连续的原则下，宜留后浇缝分段浇注；

b) 环墙(环梁)上表面混凝土应一次压光，不得二次抹灰；

c) 环墙上设排水孔的排水坡度不小于 3%，由里向外，收水口采用粒径不小于 30 mm 的卵石滤水；

d) 后浇缝宽度宜为 500～900 mm(见图 5-5)，待环墙(环梁)混凝土养护 28 d 后，将接缝处混凝土表面凿毛或均匀涂刷粘结剂；

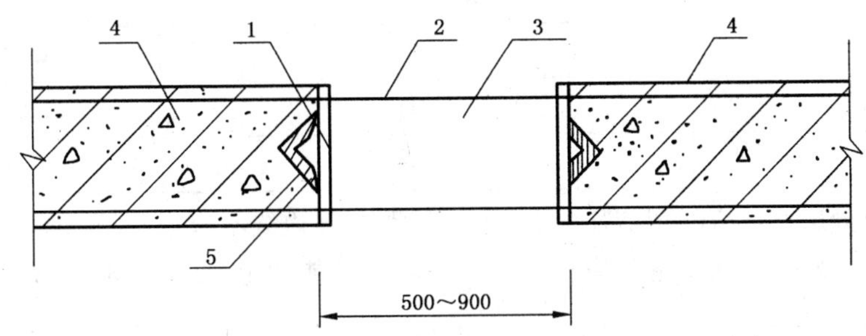

1—模板；2—环向筋；3—后浇缝；4—混凝土环墙；5—角钢

图 5-5　后浇缝留设示意图

e) 后浇缝浇注混凝土前应清扫干净，并用水充分润湿，且应采用同强度等级的微膨胀混凝土浇注。

(4) 罐前操作平台及踏步的基础应与钢筋混凝土环墙分开，待充水预压(试验)沉降完毕后再施工。

(5) 混凝土试块制做、养护应符合 GB 50204—2002《混凝土结构工程施工质量验收规范》的规定。

(6) 钢筋混凝土环墙(环梁)表面高差应符合规范的规定。

储罐基础钢筋混凝土环墙(环梁)应保证施工质量，是储罐基础达到设计文件要求的重要环节，保证罐体均匀受力于基础上，达到整体受力，均匀沉降。为保证环墙的外观质量，方便罐体的安装，环墙表面混凝土一次抹平压光。若造成环墙表面高差较大，需二次抹砂浆找平，则环墙与砂浆无法牢固结合，最终裂缝破坏，因此，在混凝土环墙施工中应严格控制环墙顶标高。

环墙后浇缝应尽可能晚些浇筑，不得少于 28 d，后浇缝施工时，环向钢筋必须连成整体，采用焊接形式连接，新旧混凝土必须结合良好，混凝土内应掺加适量膨胀剂。

储罐基础外露部分的环墙，应适当增加温度钢筋，防止温差产生的裂缝。

环墙是薄壁超长结构，应合理设计混凝土的配合比，减少水泥用量，控制水泥用量在 300 kg/m^3 以内，使单位混凝土水化热明显减少。

6. 散水、护坡与封口

(1) 护坡应在充水预压(试验)完毕后施工，施工前应对基土进行保护。

(2) 护坡施工应在夯实并经检验合格的基层上进行，基层坡度应按护坡坡度要求施工。

(3) 混凝土散水与环墙之间应留 10 mm 缝隙，散水沿周长宜每隔 10 m 设 10 mm 宽伸缩缝，缝内填塞沥青玛蹄脂。

(4) 防水油膏封口应在储罐充水预压(试验)完毕罐体未保温前进行。

(三) 地基处理

地基处理在岩土工程技术范围内是一门较新的学科。它的任务在于提高地基承载能力，减少建构筑物的沉降，保证上部结构的安全和正常使用。由于土的力学性质极其复杂，各地地质条件也有所差别，使地基处理工作增加了很大难度。到目前为止，我们掌握了一些处理方法，改进了处理工艺，建造起许多建构筑物，但应当承认，地基处理的一些机理还不成熟，仍然是处于发展中的试验性科学。

规范中列出的地基处理分为素土地基、灰土地基、砂和砂石地基、强夯地基、石屑地基、砂桩、振冲地基等七种，现分述如下。

1. 素土地基

(1) 地基用土的有机质含量不得超过8%，不得含有冻土或膨胀土，不得夹有砖和瓦块，土料最大粒径不得大于 50 mm。当含有碎石时，碎石粒径不得大于 50 mm。填土应为最优含水量，各种土的最优含水量和最大干密度见表 5-5。

表 5-5　土的最优含水量和最大干密度

土的种类	最优含水量(质量比)/%	最大干密度/(g/cm^3)
砂土	8～12	1.80～1.88
粉土	16～22	1.61～1.80
粉质黏土	18～21	1.65～1.74
黏土	19～23	1.58～1.70

(2) 素土回填应分层回填夯实或碾压，回填土边线距基础边线不应小于填土厚度的 1.2 倍。

(3) 填土每层铺土厚度和压实遍数应根据土质和机具性能确定(见表 5-3)。碾压(打夯)时，轮(夯)迹应相互搭接，不得漏压。

(4) 填土压实后应测定其干密度，压实系数符合设计文件规定后，方可进行上层土料的铺设。

(5) 每层填土压实后，应按规范规定取样测定其干密度，取样数量和部位按表 5-6 进行。

(6) 素土地基质量标准应符合表 5-7 的规定。

表 5-6　罐基础土压实取样部位

罐公称容积/m^3	取样点数	取样部位
1 000	3	罐中心附近
2 000	3	罐中心附近
3 000	6	距离罐中心 $R/2$ 处均布取点
5 000	6	距离罐中心 $R/2$ 处均布取点
10 000	9	距离罐中心 $R/2$ 处均布取点
20 000	9	距离罐中心 $R/2$ 处均布取点
30 000	12	距离罐中心 $R/2$ 处均布取点
50 000	15	距离罐中心 $R/2$ 处均布取点
100 000	18	距离罐中心 $R/2$ 处均布取点

注：规范中规定 10 万 m^3 及以下储罐基础的土压实取样部位，而实际上已建 150 000 m^3 储罐多台，取样点数 20 点，距离罐中心 $R/2$ 处均布取点。

在素土地基中含水量是影响素土地基填土压实质量的重要因素，在同一压实机械作用下，填土的含水量对压实质量有直接影响(见图 5-6)。

对于直接承重的素土地基，在保证最优含水量情况下，宜采用重型机械进行素土压实。大型储罐地基素土回填，应采用压路机或振动压路机，分层回填压实。人工打夯或小型打夯机只能用于压路机无法施工的局部或小面积的回填土。

表 5-7 素土地基质量标准

项	序	项 目	允许偏差或允许值		检验方法
			单位	数值	
主控项目	1	地基承载力	设计文件要求		按规定方法
	2	压实系数	设计文件要求		现场实测
一般项目	1	素土颗粒粒径	mm	≤50	筛选法
	2	有机质含量	%	≤8	焙烧法
	3	含水量(与最优含水量比较)	%	±2	烘干法
	4	分厚度偏差(与设计文件要求比较)	mm	±50	水准仪

2. 灰土地基

(1) 灰土地基宜用不含松软杂质的粉质黏土及塑性指数大于 4 的粉土,使用前应过筛,其粒径不得大于 15 mm。

(2) 石灰应选用熟化后的石灰粉,其粒径不得大于 5 mm,且不得夹有未熟化的生石灰块。

(3) 灰土地基雨期施工应有防雨措施,遭雨淋的灰土应重新晾干后使用。

(4) 灰土的配合比除设计有要求外,其体积配合比宜采用石灰∶土为 2∶8 或 3∶7。

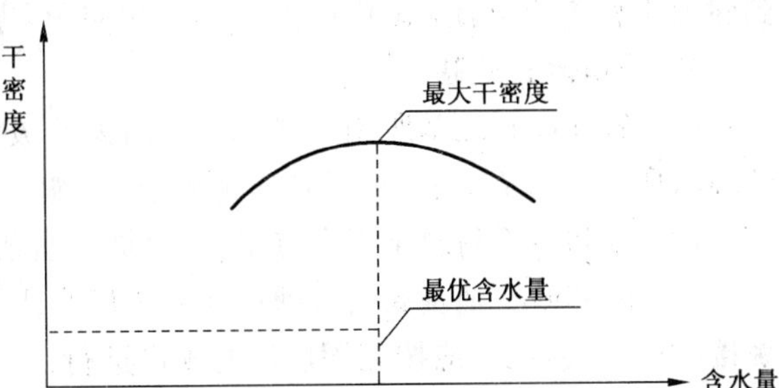

图 5-6 填土含水量与干密度关系

(5) 灰土施工时,应根据不同的土料控制其施工含水量,并控制在最优含水量±2%,如含水量过高或不足时,应晾干或洒水润湿。

(6) 灰土应拌合均匀,颜色一致,分层铺平,层铺厚度参见表 5-8,各层厚度应在基坑侧壁设标桩控制。分段施工时,上、下两层灰土的接缝错开距离不得小于 500 mm。

表 5-8 灰土最大虚铺厚度

夯实机具种类	质量/t	厚度/mm	备 注
压路机	6～10	200～300	双轮
轻型夯实机械	0.12～0.3	200～250	蛙式打夯机,柴油打夯机
石夯、木夯	0.04～0.08	≤200	人工送夯、落距 400 mm～500 mm,一夯压半夯

(7) 灰土的铺设应随铺随夯实,不得隔日夯实,夯实方法宜采用机械碾压,辅以人工夯实。夯实后的灰土在 7 d 内不得受水浸泡。

(8) 灰土地基压实后,应按规范的规定检测灰土干密度,每罐基灰土垫层,应分层取样,取样数量和部位执行规范表 5-6 的规定。

(9) 灰土地基表面应平整,无松散、起皮和裂缝现象,灰土地基质量标准应符合表 5-9 的规定。

表 5-9 灰土地基质量标准

项	序	检 查 项 目	允许偏差或允许值		检验方法
			单位	数值	
主控项目	1	地基承载力	设计文件要求		按规定方法
	2	配合比	设计文件要求		按拌和时的体积比
	3	压实系数	设计文件要求		现场实测

续表 5-9

项	序	检 查 项 目	允许偏差或允许值		检验方法
			单位	数值	
一般项目	1	石灰粒径	mm	≤5	筛分法
	2	土料有机质含量	%	≤5	试验室焙烧法
	3	土颗粒粒径	mm	≤15	筛分法
	4	含水量(与要求的最优含水量比较)	%	±2	烘干法
	5	分层厚度偏差(与设计要求比较)	mm	±50	水准仪

灰土地基灰土的拌和质量、含水率、压实方法是决定灰土成型质量的三大要素。灰土地基广泛应用到建设工程各个方面，施工工艺成熟，效果良好，节省费用，多数储罐地基回填仍采用灰土施工。

3. 砂和砂石地基

(1) 砂和砂石地基所用材料优先采用天然级配的砂石，采用人工级配砂石时，宜选用中砂、粗砂、砾砂、碎(卵)石、砾石、石屑或其他质地坚硬、性能稳定和无侵蚀性的工业废渣，且应拌合均匀。

(2) 砂和砂石材料不得含有草根、垃圾等有机杂物，石子(碎石或卵石)粒径宜不大于 50 mm。

(3) 砂和砂石地基底面宜铺设在同一标高上，如深度不同时，基坑底土面应挖成踏步或斜坡搭接，搭接处应夯实，施工应按先深后浅的顺序进行。

(4) 分段施工时，接头处应做成斜坡，每层错开 500～1 000 mm，并应碾压密实。

(5) 砂和砂石地基施工应分层铺筑，每层铺筑厚度和最优含水量控制应符合表 5-10 的规定。施工时分层厚度可用标桩控制，并分层压实。可选用振实、夯实和压实等方法，并优先采用振动碾压法。在下层密实度经检验合格后，方可进行上层施工。

表 5-10　砂和砂石地基每层铺筑厚度及最优含水量

捣实方法	每层铺筑厚度/mm	施工时的最优含水量/%	适 用 范 围
平振法	200～250	15～20	不宜使用于细砂或含泥量较大的砂所铺筑的砂地基
水撼法	250	饱和	湿陷性黄土，膨胀土地区不得使用
夯实法	150～200	8～12	任意
碾压法	250～350	8～12	适用于大面积砂地基，不宜用于地下水位以下的砂地基
在地下水位以下的地基，其最下层的铺筑厚度，可比表中数值增加 50 mm。			

(6) 砂和砂石地基碾压密实后，按规范的规定测定其干密度，取样数量和部位执行表 5-6 的规定。

(7) 砂和砂石地基质量标准应符合表 5-11 的规定。

表 5-11　砂和砂石地基质量标准

项	序	检 查 项 目	允许偏差或允许值		检查方法
			单位	数值	
主控项目	1	地基承载力	设计文件要求		按规定方法
	2	配合比	设计文件要求		检查拌和时的体积比或重量比
	3	压实系数	设计文件要求		现场实测

续表 5-11

项	序	检查项目	允许偏差或允许值		检查方法
			单位	数值	
一般项目	1	砂石料有机质含量	%	≤5	焙烧法
	2	砂石料含泥量	%	≤5	水洗法
	3	石料粒径	mm	≤50	筛分法
	4	含水量(与要求的最优含水量比较)	%	±2	烘干法
	5	分层厚度(与设计要求比较)	mm	±50	水准仪

(8) 对砂和砂石地基要提高砂和砂石地基的承载力,减少地基沉降的关键在于采取措施提高砂和砂石的回填密实度,直径在 30～100 m 储罐地基回填砂或砂石时,建议采用 10～16 t 振动压路机碾压,砂石比例为砂 1 石 2 较为合理,但必须拌和均匀,目的在于回填物充分密实。

4. 强夯地基

(1) 强夯作业场地应碾压平整,能承受夯击机械重量,并具有良好的地面排水设施。强夯场地地下管线等障碍物已全部清除或已采取必要的措施。强夯施工机具选择参见规范附录。

(2) 强夯的振动对现场周围或正在施工的建(构)筑物及设施有影响时,应采取可靠的防振措施,并在强夯过程中对其进行连续观测。

地基含水量宜按最优含水量控制,当地下水位距地表面 2 m 以下,且表面为非饱和土时,可直接进行夯击。当地下水位较高或表层为饱和黏性土时,应先降水或填铺一定厚度的中粗砂、砂砾、片石或碎石等材料后进行夯击。

(3) 强夯施工应通过试夯确定。夯击点的布置、间距及夯击顺序、遍数、试夯要求参见规范附录 B。每遍夯击点的夯击次数应按现场试夯得到的夯击次数和夯沉量关系曲线确定,设计文件无要求时应符合下列规定:

a) 落距不宜小于 6 m;

b) 最后两击平均沉降量不大于 200 mm;

c) 夯击坑周围地面不应发生过大的隆起;

d) 不因夯坑过深而发生提锤困难。

两遍夯击之间间歇时间取决于土中超静孔隙水压力的消散速度,宜为 1 周～4 周。地下水位较低和地质条件较好时,可连续夯击。

(4) 强夯施工前,应在平整好的罐基场地上放出夯点位置及强夯场地的边线,在场地边线外应设若干水准控制点。

强夯施工应按试夯确定的各项技术参数进行,每个夯击点的击数不少于最佳夯击数,也可采用试夯时最后二击沉降量及试夯后所确定的场地平均沉降量进行控制。

夯击落锤应保持平稳,夯位应准确,如错位或坑底倾斜过大,应将坑填平,方可继续夯击。每夯击一遍后,应测量场地平均下沉量,然后用土将坑填平,再进行下一遍夯击,最后一遍的场地平均下沉量应符合设计文件规定。

(5) 强夯施工应有专人负责下列监测工作,确保单击夯击能量,及时纠正夯点偏差或漏夯,并对各项参数按规定做好记录:

a) 施工前检查夯锤重量、尺寸、落距控制手段;

b) 施工中检查落距、夯击遍数、夯点位置、夯击范围;

c) 在每遍夯击前应对夯点位置进行复核;

d) 夯击中检查每击的沉降量。

(6) 强夯地基应进行承载力检验,按规范的规定测定其干密度,取样数量和部位执行规范表 5-6 的规定。

(7) 质量标准应符合表 5-12 的规定。

表 5-12 强夯地基质量标准

项	序	检查项目	允许偏差或允许值		检验方法
			单位	数值	
主控项目	1	地基强度	设计文件要求		按规定方法
	2	地基承载力	设计文件要求		按规定方法
一般项目	1	夯锤落距	mm	±300	设标志
	2	夯锤重	kg	±100	称重
	3	夯击遍数与顺序	设计文件要求		计数法
	4	夯点间距	mm	±500	钢尺量
	5	夯击范围	设计文件要求		钢尺量
	6	前后二遍间歇时间	设计文件要求		查阅施工记录
	7	夯击点中心位移	mm	150	经纬仪和尺量
	8	顶面标高	mm	±20	经纬仪和尺量

由于储罐工程向大型化方向发展，强夯地基的应用高能量的强夯较为广泛，且技术要求高，规范只对 10～25 t 以下重锤的强夯提出规范要求。

为避免强夯振动对周边设施的影响，施工前必须对附近建筑物进行调查，采取相应的防振或隔振措施，影响范围约 10～15 m，施工时应由邻近建筑物开始夯击逐渐向远处移动。

如无经验，宜先试夯取得各类施工参数后再正式施工，对透水性差，含水最高的土层，前、后两遍夯击应有一定间歇期，一般 2～4 周。夯点超出需加固的范围(为加固深度的 1/2～1/3)，且不小于 3m，施工时要有排水措施。

强夯地基的质量检验应在夯后一定的间歇期之后进行，一般为 2 周。

5. 石屑地基

(1) 石屑地基所用石渣的料径宜为 0.5～10 mm，可含有 5%～15%的石粉和土。

(2) 石屑地基施工应执行规范的规定。分层铺筑，虚铺厚度见表 5-13，并按测定的用水量洒水，湿润后进行夯实或碾压，最优含水量宜为 5%～12%。

(3) 石屑地基压实后，应按规范的规定取样测定干密度，并符合下列规定：

a) 分层取样，每层不少于 3 点；

b) 面积大于或等于 2 000 m^2 时，每层取样不少于 9 点。

(4) 石屑地基质量标准应符合下表 5-13 的规定。

表 5-13 石屑地基质量标准

项	序	检查项目	允许偏差或允许值		检验方法
			单位	数值	
主控项目	1	地基承载力	设计文件要求		按规定方法
	2	压实系数	设计文件要求		现场实测
	3	配合比	设计文件要求		检查拌和时的体积比或质量比
一般项目	1	石屑有机质含量	%	≤5	焙烧法
	2	含泥量	%	≤7	水洗法
	3	石屑粒径	mm	≤10	筛分法
	4	分层厚度	mm	±50	水准仪

石屑作为地基回填料时，不宜先用石粉含量小于5%的净石料，主要考虑石料颗粒与黏土颗粒在一定湿度条件下能够形成包裹石子颗粒的结合体，地基承载力明显优于砂石地基、碎石地基等。

6. 级配碎石地基

(1) 级配碎石采用质地坚硬密致、未风化的工程石料，并符合下列规定：

a) 粒径宜为5～40 mm；

b) 吸水率不大于5%；

c) 含泥量不大于5%。

(2) 级配碎石不宜直接从基坑底部铺起，应先铺设150～300 mm砂垫层或做一层厚200 mm的灰土(质量比为3∶7)防渗层。

(3) 级配碎石的颗粒级配范围应符合规范附录的规定。

(4) 级配碎石地基施工应符合规范的规定。

(5) 级配碎石地基质量检查，可用直径不小于150 mm、长度为150～200 mm的封底钢管或钢盒预埋于垫层中，碾压后取出烘干，测定其干密度或压实系数。碎石地基施工质量标准应符合表5-14的规定。

表5-14　级配碎石质量标准

项	序	检查项目	允许偏差或允许值		检验方法
			单位	数值	
主控项目	1	地基承载力	设计文件要求		按规定方法
	2	配合比	设计文件要求		检查拌和时的体积或质量比
	3	压实系数	设计文件要求		现场实测
一般项目	1	有机质含量	%	≤5	焙烧法
	2	含泥量	%	≤7	水洗法
	3	石料粒径	mm	≤40	筛分法
	4	分层厚度	mm	±50	水准仪

级配碎石地基较多的用于地基处理和地基施工，主要考虑取材方便，较经济实用，连续级配碎石较单粒级配碎石稳定性好，受荷载作用时沉降量小。

级配碎石施工质量主要靠重力碾压使其密实，宜采用振动式压路机碾压，当压路机行走困难时，可在石料表面铺设50～100 mm石屑或砂垫层引路。级配碎石铺设厚度不宜大于400 mm，应根据所选用的压实机械选择每层铺设厚度。

7. 砂桩

(1) 砂桩宜用中粗砂，含泥量不大于5%，并应清除草根等杂物。

(2) 砂桩成孔宜用锤击沉管或振动沉管等方法，振动沉管时宜用活瓣式桩靴。锤击与振动套管成孔机械性能见规范附录。

(3) 砂桩施工顺序应符合下列要求：

a) 在砂土中由外围向中间进行；

b) 在黏土中由中间向外围进行；

c) 成型困难时可隔行施工，各行中也可间隔施工。

(4) 套管成孔可采用预制钢筋混凝土桩尖或活瓣钢桩靴。预制桩尖的混凝土强度等级不低于C35，活瓣钢桩靴应有足够强度和刚度，活瓣之间的缝隙应紧密。桩管下端与预制桩尖接触处，应垫置缓冲材料，桩尖中心应与桩管中心线重合。

(5) 砂桩应保证单位长的灌砂量，整桩的灌砂量应按孔的体积和砂在中密状态时的干密度计算，其实际灌砂量不得小于设计计算量的95%。

(6) 砂桩的质量标准应符合表5-15的规定，检测数量应不少于桩孔总数的2%。

(7) 桩身及桩与桩之间挤密土的质量，应按规范的规定进行承载力检验。检验应在砂桩施工完成后间隔一定时间进行，并符合下列规定：

a) 对饱和黏性土间隔时间宜为28 d；

b) 对其他土宜为7 d。

(8) 当砂桩灌砂量有10%达不到设计文件要求时，可采用全复打桩，复打时，管壁上的泥土应先清除，前后两次沉管轴线应重合。

砂桩施工宜采用振动沉管工艺，砂桩施工的间歇期为7 d，饱和黏性土间隔时间为28 d，在间歇期后才能进行质量检验。

表5-15　砂桩质量标准

项	序	检查项目		允许偏差或允许值		检验方法
				单位	数值	
主控项目	1	灌砂量		%	95	实际用砂量与计算体积比
	2	地基强度		设计文件要求		按规定方法
	3	地基承载力		设计文件要求		按规定方法
一般项目	1	砂料含泥量		%	≤3	试验室测定
	2	砂料有机质含量		%	≤5	焙烧法
	3	桩中心位移		mm	≤50	钢尺量
	4	标高		mm	±150	水准仪
	5	垂直度		%	≤1.5H	经纬仪检查桩管
	6	桩体直径	锤击法	mm	+100 −50	钢尺量
			振动法	mm	−20	钢尺量
	7	成孔深度日	锤击法	mm	±200	钢尺量
			振动法	mm	±100	钢尺量

8. 振冲地基

(1) 振冲施工的填料应用碎(卵)石、砾石、中粗砂、砾砂等无侵蚀性质地坚硬、级配良好和性能稳定的硬骨料，其粒径宜为20～50 mm，填料的含泥量宜不大于5%，且不得含黏土块。

(2) 振冲施工在基坑中定位，造孔时水压宜保持0.3～0.8 MPa，振冲器贯入速度宜为1～2 m/min。每贯入500～1 000 mm宜悬留振冲5～10 s扩孔，待孔内泥浆溢出时再继续贯入。振冲器应自由悬垂，使造孔垂直，当造孔接近加固深度时，振冲器应在孔底适当停留并减小射水压力。孔位上部有硬层时，应先挖孔后振冲。振冲桩施工机具选择见规范附录。

(3) 振冲填料时宜保持小水量补给，采用边振边填且应对称均匀。在振冲过程中如发现邻近振冲完的桩冒水时，应对该桩进行补振。

粉细砂地基宜采用连续下料法，即填料在水平振动力作用下，依靠自重沿护筒周壁下沉至孔底，造孔后不得提出振冲器；在软弱黏性土地基宜把振冲器提出孔口，往孔内倒入约1 m堆高的填料，然后下降振冲器使填料振实；对较软的土层宜采用先护壁、后制桩的方法施工。

(4) 振冲成孔可选用下列的施工方法：

a) 排孔法，由一端开始，逐步造孔到另一端结束；

b）跳打法，同一排孔隔一孔造一孔，反复进行；

c）围幕法，先造外围 2～3 圈孔，然后采用隔一圈造一圈或依次向中心区造孔。

（5）振冲制桩桩顶部分地基的密实度宜采用在距地面 500～1 000 mm 深度范围内加填碎石的保证措施；也可采用预留 500～1 000 mm 的桩顶，制桩完工后截去的保证措施。

（6）振冲地基的质量检验应符合规范的规定，除砂土外应间隔一定时间后进行：

a）粉土宜在 2～3 周；

b）黏性土宜在 3～4 周。

c）振冲地基质量标准应符合表 5-16 的规定。

表 5-16　振冲地基质量标准

<table>
<tr><th rowspan="2">项</th><th rowspan="2">序</th><th rowspan="2" colspan="2">检　查　项　目</th><th colspan="2">允许偏差或允许值</th><th rowspan="2">检验方法</th></tr>
<tr><th>单位</th><th>数值</th></tr>
<tr><td rowspan="5">主控项目</td><td>1</td><td colspan="2">填料粒径</td><td colspan="2">设计文件要求</td><td>抽样检查</td></tr>
<tr><td rowspan="3">2</td><td rowspan="2">30 kW 振冲器密实电流</td><td>黏性土</td><td>A</td><td>50～55</td><td>电流表读数</td></tr>
<tr><td>砂性土或粉土</td><td>A</td><td>40～50</td><td>电流表读数</td></tr>
<tr><td colspan="2">其他类型振冲器</td><td>A</td><td>$1.5A_0 \sim 2.0A_0$</td><td>电流表读数</td></tr>
<tr><td>3</td><td colspan="2">地基承载力</td><td colspan="2">设计文件要求</td><td>按规定方法</td></tr>
<tr><td rowspan="11">一般项目</td><td>1</td><td colspan="2">填料含泥量</td><td>%</td><td><10</td><td>抽样检查</td></tr>
<tr><td>2</td><td colspan="2">振冲器喷水中心与孔径中心偏差</td><td>mm</td><td>≤50</td><td>用钢尺量</td></tr>
<tr><td>3</td><td colspan="2">成孔中心与设计孔位中心偏差</td><td>mm</td><td>≤100</td><td>用钢尺量</td></tr>
<tr><td>4</td><td colspan="2">成孔中心位移</td><td>mm</td><td>50</td><td>用钢尺量</td></tr>
<tr><td>5</td><td colspan="2">成孔垂直度</td><td>mm</td><td>$1.5H/100$</td><td>用钢尺量</td></tr>
<tr><td rowspan="2">6</td><td rowspan="2">桩体直径</td><td>沉管法</td><td>mm</td><td>+50
−20</td><td>用钢尺量</td></tr>
<tr><td>冲击法</td><td>mm</td><td>+100
−50</td><td>用钢尺量</td></tr>
<tr><td rowspan="2">7</td><td rowspan="2">成孔深度</td><td>沉管法</td><td>mm</td><td>±100</td><td>量钻杆或重锤测</td></tr>
<tr><td>冲击法</td><td>mm</td><td>±200</td><td>量钻杆或重锤测</td></tr>
<tr><td>8</td><td colspan="2">振冲桩顶中心位移</td><td>mm</td><td>$d/5$</td><td>用经纬仪或钢尺量</td></tr>
<tr><td colspan="5">H 为成孔深度。
d 为桩径。
A_0 为空振电流。</td></tr>
</table>

为确切掌握好填料量、振动和留振时间，使各段桩都符合规定的要求，应通过现场试成桩确定这些施工参数。填料应选择不溶于地下水或不受侵蚀影响，且本身无侵蚀性和性能稳定的硬粒料。对粒径控制的目的，是确保振冲效果及效率。粒径过大，在边振边填过程中难以落入孔内；粒径细小，在孔中沉入速度太慢，不易振密。

振冲造孔的方法有排孔法，即自一端开始到另一端结束；跳打法，即每排孔施工时隔一孔造一孔，反复进行；帷幕法，即先造外围 2～3 圈孔，再造内圈孔，此时可隔一圈造一圈或依次向中心区推进。振冲施工必须防止漏孔，因此要做好孔位编号和施工复查工作。

振冲施工对原土结构造成扰动，强度降低。因此，质量检验应在施工结束后间歇一定时间，对砂土地基间隔 1～2 周，对粉土、杂填土地基间隔 2～3 周。黏性土地基间隔 3～4 周。桩顶部位由于周围约束力小，密实度较难达到要求，检验取样应考虑此因素。对振冲密实法加固的砂土地基，如不加填料，质量检验主要是地基的密实度，可用贯入测量法或静力触探法进行，但选点应有代表性。为此，应在有代表性的地段做质量检验。在具体操作时，宜由设计、施工、监理共同确定位置后，再进行检验。

地基处理在储罐基础中应用方法很多，见本书第六章与表6-129。

我们知道任何地基处理技术都有它的适用范围，它与土的自然属性有关，认识土的成因及力学特性是选取处理技术的依据，有一段时间，在推广强夯法时引起较大的争论，关键问题是淤泥在动力性质下的压密性质各家看法不一。解决的办法是现场试验。国家有关规范和相应规程、工程手册和教科书中都对试验作出严格的规定，试验不仅在施工之前，在施工中还要解决大面积处理所带来的问题。如果处理的目的为大型储罐的地基，还要考虑沉降所带来的问题，这时需要进行沉降观测，只有沉降观测数据才能证明哪些地基处理在什么条件下是合适的，哪些是需要改进的。沉降观测还能为解决上部结构与人工地基的相互作用问题提供资料。

（四）充水预压地基

1. 一般规定

(1) 罐基预压施工应优先采用充水预压法，加速排水固结措施可采用砂井或塑料排水带。

(2) 采用塑料排水带施工时，塑料排水带应有良好的透水性，足够的湿润抗拉强度和抗弯曲能力。塑料排水带需要接长时，应采用滤膜内芯板平搭接的连接方式，搭接长度宜大于200 mm。

(3) 采用砂井充水预压工艺时，应保证砂并连续、密实，避免颈缩现象，并对周围土的扰动最小。

(4) 砂井成孔应根据加固软土地基的特性和施工条件选用机具，也可选用灌注桩的成孔机具。

(5) 制作砂井的砂，宜用中粗砂，其含泥量宜不大于5%，砂井的灌砂量，应按井孔的体积和砂在中密状态时的干密度计算，其实际灌砂量不得小于设计计算值的95%。

(6) 罐基砂井位置的允许偏差为该井的直径；垂直度的允许偏差为井深的1.5%。

2. 充水预压

(1) 罐基充水预压应在储罐达到充水条件，且充水预压方案已按文件管理程序审批后进行，并符合下列要求：

a) 完成充水、排水设施和事故紧急排水设施；

b) 完成下列沉降观测点设置：

1) 垂直沉降观测点；

2) 观测水平位移边桩；

3) 埋设测斜仪及孔隙水压力计。

(2) 充水预压加载应按批准的充水预压方案规定进行，并控制下列沉降差：

a) 储罐中心和边缘沉降差；

b) 储罐直径两端沉降差；

c) 沿圆周方向的沉降差。

(3) 充水预压地基每级荷载的沉降速度应不大于10～20 mm/d，当日沉降速率小于该值且沉降稳定时，方可进行下一次充水，直到地基沉降速率小于上述值为止，再继续充水，并应符合下列要求：

a) 孔隙压力增量不宜超过预压加载增量的60%；

b) 罐基础直径两端相对倾斜率：

1) 拱顶罐不宜大于1%；

2) 浮顶罐(内浮顶)不宜大于0.6%。

c) 边桩位移不应大于5 mm/d。

(4) 罐充满水后，地基恒压时间不应少于两个月。

(5) 当罐基充水预压消除的变形量达到设计文件要求，且受压土层的平均固结度达到80%以上时，方可放水。放水速度不应大于 1.5 m/d。

(6) 充水预压地基施工标准见表 5-17。

表 5-17　充水预压地基质量标准

项	序	检查项目	允许偏差或允许值		检验方法
			单位	数值	
主控项目	1	预压载荷(与设计文件要求比较)	%	≤2	水准仪、钢尺
	2	地基承载力	设计文件要求		按规定方法
	3	固结度(与设计文件要求比较)	%	≤2	按规定方法
一般项目	1	沉降速率(与控制值比较)	mm	±10	水准仪
	2	砂井或塑料排水带位置	mm	±100	钢尺量
	3	砂井或塑料排水带插入深度	mm	±200	插入时用经纬仪检查
	4	砂井或塑料排水带高出砂垫层距离	mm	≥200	钢尺量
	5	插入塑料排水带时回带长度	mm	≤500	钢尺量
	6	插入塑料排水带时回带根数	%	<5	目测

充水预压具有施工方便，造价低，可与储罐充水试验结合一起进行。但近几年来，大型储罐地基处理都在基础施工前进行，完整的设计方案已充分考虑储罐地基应承受的荷载，预压法的目的是土内孔隙水逐渐排出，孔隙体积逐渐减小以及土骨架和孔隙水所受压力逐渐转移和调整，达到地基土的固结效果，满足储罐受力要求。充水预压地基，由于地区土质不同，罐体充水速度和沉降速度不能准确控制，如果储罐中心和边缘沉降差、半径两端沉降差和沿周长方向沉降差较大时，宜造成过大的倾斜和失稳破坏，因此大型储罐(大于 3 万 m^3 储罐)进行充水预压，只是为了调整地基与基础达到均匀受力，沉降稳定的目的。

但充水预压与采用塑料板排水带或砂井联合使用时，储罐基础沉降比单一采用充水预压的基础沉降要大 30%～40%。

(五) 桩基础

1. 一般规定

(1) 桩基轴线的测量控制桩及水准点应进行保护，施工中应对桩基轴线和标高进行检查。

(2) 打桩前应对高空和地下障碍物进行处理，场地应平整，保证桩机的垂直度并应具有打桩机械所需的地面承载力。

(3) 打桩宜重锤轻击，锤重的选择见规范附录 D。

(4) 打桩的控制应符合下列原则：

a) 摩擦桩以深度控制为主，贯入控制为辅；

b) 端承桩以贯入度控制为主，深度控制为辅；

c) 摩擦端承桩对贯入度和深度进行双控制；

d) 贯入度应通过试桩确定。

2. 钢筋混凝土打入桩

(1) 预制桩的制作质量及吊装运输和堆存应符合 JGJ 94—1994《建筑桩基技术规范》的规定。

(2) 打桩施工应考虑因打桩挤土、振动对周边建筑物、构筑物的影响，打桩应在桩的侧面或桩架上设置标尺，并做好记录。吊桩起吊点应正确，桩插入土中时的垂直度偏差不得超过 0.5%桩长。

打桩时，桩帽与桩周边间隙宜为 5～10 mm，桩锤与桩帽、桩帽与桩之间应加弹性衬垫。锤击不得偏心，开始打桩时的落距应小，等桩入土一定深度并稳定后，方可提高落距。

(3) 打桩顺序应按下列规定进行：

a) 根据桩的密集程度从中间想四周施打；

b) 根据基础设计标高先深后浅进行施打；

c) 根据桩的规格先大后小、先长后短进行施打。

(4) 打桩过程中应做好施工记录。打桩时，应记录桩身每沉入 1 m 所需锤击次数，并测量桩锤下落的平均落距。当桩下沉接近设计标高时，应在一定落距下以每落锤 10 击为一阵击阶段，测量其贯入度。接桩时，记录接桩方法及技术参数。

(5) 打桩施工出现下列异常现象之一时，应暂停打桩并及时处理：

a) 贯入度剧变；

b) 桩身突然发生倾斜、移位或有严重回弹；

c) 桩顶或桩身出现严重裂缝或破碎。

(6) 接桩时，上、下节桩的中心线允许偏差不得大于 10 mm，节点弯曲矢高不得大于 0.1%桩长，接桩方法宜采用焊接，也可采用硫磺胶泥。硫磺胶泥的配合比见规范附录。

(7) 密集群桩施工时，应密切注意挤土位移现象，并应及时复测桩位、校正偏差。

(8) 打入桩的桩位偏差应符合表 5-18 的规定。斜桩倾斜度不得大于桩的纵向中心线与铅垂线间夹角正切值的 15%。

3. 混凝土灌注桩

(1) 灌注桩成孔机械技术性能及适用范围、成桩工艺见规范附录。

(2) 成孔设备就位后应平正、稳固，确保在施工中不发生倾斜，移动允许垂直度偏差为 0.5%，桩架或桩管上应有控制深度的标尺。

(3) 混凝土的粗骨料卵石粒径不宜大于 50 mm、碎石粒径不宜大于 40 mm。配筋的桩粗骨料粒径不宜大于 30 mm，且不大于钢筋最小净距的 1/3。

(4) 每浇注 50 m^3 混凝土，应有一组试件，小于 50 m^3 的桩，每根桩应有一组试件。试件的制作、养护应符合 JGJ 94—1994《建筑桩基技术规范》的规定。

(5) 混凝土灌注桩质量标准应符合表 5-19、表 5-20、表 5-21 的规定。

表 5-18　打入桩桩位质量标准　mm

序	项	目	允许偏差	检验方法
1	盖有基础梁的桩	垂直基础梁的中心线	$100+0.01H_1$	经纬仪和钢尺量
		沿基础梁的中心线	$150+0.01H_1$	经纬仪和钢尺量
2	桩数小于或等于 16 根桩基中的桩		1/2 桩径或边长	经纬仪和钢尺量
3	桩数大于 16 根桩基中的桩	罐外边的桩	1/3 桩径或边长	经纬仪和钢尺量
		中间桩	1/2 桩径或边长	经纬仪和钢尺量
注：H_1 为施工现场地面标高与桩顶设计标高的距离。				

表 5-19　灌注桩钢筋笼质量标准

项	序	检查项目	允许偏差或允许值/mm	检验方法
主控项目	1	钢筋材质	设计文件要求	质量证明文件、抽样送检
	2	主筋间距	±10	钢尺量
	3	长　度	±100	
一般项目	1	直　径	±10	
	2	箍筋间距	±20	

表 5-20　灌注桩的桩位、垂直度质量标准

序	成孔方法		桩径允许偏差值/mm	垂直度允许偏差值/%	桩位允许偏差/mm	
					群桩基础的边桩	群桩基础的中间桩
1	泥浆护壁桩	$D\leqslant 1\ 000$ mm	±50	<1	$D/6$ 且不大于 100	$D/4$ 且不大于 150
		$D>1\ 000$ mm	±50	<1	$100+0.01H$	$150+0.01H$
2	套管成孔桩	$D\leqslant 500$ mm	−20	<1	70	150
		$D>500$mm	−20	<1	100	150
3	干成孔桩		−20	<1	150	150
4	人工挖孔桩	混凝土护壁	+50	<0.5	50	150
		钢套管护壁	+50	<1	100	200

桩径允许偏差的负值是指个别断面。
D 为设计桩径。
H 为施工现场地面标高与桩顶设计标高的距离。

表 5-21　混凝土灌注桩质量标准

项	序	检查项目		允许偏差或允许值		检　验　方　法
				单位	数量	
主控项目	1	桩位		见表 5-20		基坑开挖前量护筒，开挖后量桩中心
	2	孔深		mm	+300	用重锤测或测钻杆、套管长度，嵌岩桩应确保进入设计要求的嵌岩深度
	3	桩体质量		按基桩检测技术规范		按基桩检测技术规范
	4	混凝土强度		设计文件要求		试件报告或钻芯取样送检
	5	承载力		设计文件要求		按基桩检测技术规范
一般项目	1	垂直度		见表 5-20		测套管或钻杆，或用超声波探测，干施工时吊垂球
	2	桩径[1]	泥浆护壁桩	见表 5-20		井径仪或超声波检测。干施工时用钢尺量
			套管成孔桩			
	3	泥浆比重(黏土或砂性土中)		kg/m^3	1.15～1.20	用比重计测，清孔后在距孔底 500 mm 处取样
	4	泥浆面标高(高于地下水位)		m	0.5～1.0	目测
	5	沉渣厚度	端承桩	mm	≤50;	用沉渣仪或重锤测量
			磨擦桩	mm	≤150	
	6	混凝土坍落度	水下灌注	mm	160～220	坍落度仪
			干施工	mm	70～100	
	7	钢筋笼安装深度		mm	±100	用钢尺量
	8	混凝土充盈系数			>1	检查每根桩的实际灌注量
	9	桩顶标高[2]		mm	+30 −50	水准仪

1）人工挖孔桩不包括内衬厚度。
2）需扣除桩顶浮浆层及劣质桩体。

4. 桩基础检查及验收

(1) 灌注桩的成桩质量检查包括：

a) 水泥、钢材实行出厂合格证与复检质量双控；

b) 混凝土搅拌应对原材料质量与计量、混凝土配合比、坍落度等进行检查；

c) 钢筋笼的制作应对钢筋规格、焊条型号、焊缝外观质量、主筋和箍筋的制作偏差等进行检查；

d) 灌注混凝土前应对已成孔的中心位置、孔径、孔深及垂直度、孔底沉渣厚度、钢筋笼安放的实际位置等进行检查。

(2) 预制桩成桩质量检查包括：

a) 预制桩的制作应符合设计文件和规范的要求；

b) 沉桩过程中应对每米进尺锤击数，最后 1 m 锤击数，最后三阵击贯入度及桩尖标高、桩架垂直度等进行检查；

c) 按标高控制的桩顶标高。

(3) 桩基工程应进行成桩质量检测，检测数量和方法由设计文件确定。

(4) 当桩顶设计标高与施工场地标高相近时，桩基工程的验收应待成桩完毕后验收；当桩顶设计标高低于施工场地标高时，可在每根桩沉入场地标高时进行中间验收，待开挖至设计标高后再进行最终验收。

(5) 基桩验收应包括下列资料：

a) 图纸会审纪要、设计变更单及材料代用通知单；

b) 施工方案及施工记录；

c) 桩位测量放线图，包括工程桩位线复核签证单；

d) 成桩质量检查报告，包括桩身混凝土报告、桩身完整性及承载力检测报告；

e) 基桩竣工图。

桩基础由于施工技术和施工工艺的发展与完善，用于储罐基础桩的类型较多，规范中只对预制桩基础，钢筋混凝土灌注桩基础提出要求和规定。

打入式预制桩要考虑打桩噪音对周围环境的影响；灌注桩要考虑泥浆对环境的污染。

在储罐基础中不用人工挖孔桩，而建设部规定 2006 年后全国禁止使用人工挖孔桩。

在储罐基础中尽量不采用桩基，而工程造价很高占储罐造价的 58%，而充水预压后实测沉降很小，一般为 30～50 mm，"高价格买来小沉降"。当地基必须采用桩基处理时，也应该优先采用预制预应力管桩。

目前桩基础的底板厚度采用 0.45～1.2 m 差别很大，一般采用 40～50 cm 已满足工程要求。

储罐大型化出现大直径底板，15 万 m^3（底板直径 $D=100$ m）施工钢筋混凝土底板要留后浇缝，有的单位采用底板中心为后浇带是不妥的，因圆形底板中心受力最大，变形也最大，后浇缝应留在 $R/2$（R 为储罐底板的半径）的部位。

（六）罐基础沉降观测

1. 一般规定

(1) 罐基础应按设计文件要求进行沉降观测。

(2) 罐基础沉降观测点设置应符合规范规定。垂直测沉降观测点应沿圆周方向均匀设置，当设计文件无要求时按表 5-22 设置。

(3) 罐基础沉降应设专人定期观测。充水开始后，每天不少于 2 次，并将观测过程延至交工前。沉降观测应包括基础完工后、储罐充水后，放水过程中、放水后的全过程，且应进行记录。

(4) 沉降观测测量器具宜采用精密水准仪和铟钢尺，并在有效鉴定期内，测量精度宜为Ⅱ级水准测量。

表 5-22　罐基础沉降观测点设置数量

罐公称容积 V/m^3	沉降观测点数量/个	罐公称容积 V/m^3	沉降观测点数量/个
≤2 000	4	30 000<V≤50 000	24
2 000<V≤5 000	8	50 000<V≤100 000	24
5 000<V≤10 000	12	100 000<V≤150 000	24
10 000<V≤30 000	16	>150 000	32

(5) 沉降观测过程中发现有异常时，应停止充水、放水，待处理后方可继续进行。

2. 充水预压地基

(1) 充水预压地基基础应进行垂直沉降观测、水平位移观测、倾斜观测及孔隙水压力测试。沉降观测点的设置应符合规范规定。

(2) 当储罐采用充水顶升法安装时，罐基础预压及沉降观测可结合施工过程一并进行。

3. 非充水预压地基

(1) 非充水预压地基基础沉降观测，当设计文件无要求时，储罐可一次充水到 1/2 罐高进行沉降观测，当不均匀沉降量小于 5 mm/d 时，可继续充水到罐高的 3/4，经观测不均匀沉降量仍小于 5 mm/d 时，继续充水到最高液位，经观测沉降量无明显变化即可放水。

(2) 当罐区第一台罐基础沉降量符合要求，且其他罐基础构造和施工方法与第 1 台罐完全相同，对其他储罐的充水试验可取充水至罐高 1/2 和 3/4 的两次观测。

(3) 当沉降量有明显变化，则应保持最高操作液位，每天进行定期观测，直至沉降稳定为止。

(4) 罐充水试验完成，放水时应控制放水速度，液面下降每天不大于 3 m。

4. 沉降观测结果

(1) 沉降观测结束后，基础不均匀沉降值不应超过设计文件规定。

(2) 基础顶面高出地坪不得小于 300 mm，排水管应在地坪以上。

(3) 任意直径方向的沉降差允许值不得超过表 5-23 的规定。

表 5-23　罐基础沉降允许值　　mm

任意方向最终沉降差		
罐内径 D	浮顶罐与内浮顶罐	固定罐顶
≤22 000	0.007D	0.015D
22 000<D≤30 000	0.006D	0.01D
30 000<D≤40 000	0.005D	0.009D
40 000<D≤60 000	0.004D	0.008D
60 000<D≤80 000	0.003D	0.007D
注：15 万 m^3 浮顶储罐基础直径 D=100 m，沉降差为 0.003D。		

储罐基础非充水预压地基对基础沉降观测做出要求和规定，罐充满水 48 h 后，经观测确认最大沉降值和不均匀沉降值未超过允许的数值时，认为基础沉降试验合格便可放水，若不均匀沉降超过允许偏差值，则应立即分析原因，采取措施，停止充水或紧急向外排水，防止地基失稳，同时要观查罐体是否有渗漏情况。

（七）罐基础修复

1. 储罐基础试水沉降完成后，出现下述情况之一时，应分析原因并进行修复处理：

a) 基础不均匀沉降值大于表 5-23 的规定；

b）基础最终沉降量超过设计允许值或环墙顶面高出周围地面小于 300 mm；

c）罐底板碟形沉陷超过允许值。

2. 储罐基础修复处理应由设计确定处理方案，可采用下述方法之一，将罐内水放净后进行：

a）整体或局部顶起（吊起），罐底板下喷射或灌注施工法；

b）整体移位修复法；

c）基础半圆周挖沟纠偏法（见规范附录）。

3. 整体或局部顶起罐体宜采用千斤顶进行，千斤顶规格及所需数量根据罐体重量计算确定。

4. 当用千斤顶将罐顶起，人工在罐底进行修复工作时，顶起高度宜不小于 1.5 m，且应有可靠的安全措施（如搭道木垛等）。

5. 当采用起重机械将罐吊起移位时，吊耳应经过计算，起吊方式不致使罐体产生整体或局部变形。

6. 罐基础修复完毕观测 5～7 d，沉降差稳定在允许范围内时，由建设/监理单位组织验收。

规范对罐基础修复的规定是从罐基础本身的沉降变形超过允许值考虑的，未对罐底板因腐蚀或漏油进行的修复提出规定，充水试压的罐基础因产生超差沉降，必须采取措施立即修复，充水试压合格后的罐基础，待正常运行时，半年或几年后，出现基础沉降超过了验收时要求的允许值，也应该分析原因，及时修复。由于这种情况的实际存在，在储罐使用过程中应保持连续的沉降观测，并与储罐验收时的沉降观测进行比较，超过允许偏差时，应及时组织修复或采取半负荷运行等措施。

顶升纠偏的千斤顶要大于储罐罐体总重的 20%，即 $1.2P$（千斤顶出力总重）$>N$（储罐自重）。

罐基础修复处理的方法主要依据罐基础沉降的情况，分析当前罐体的受力状态和基础的受力情况，选择经济可靠、方便施工、减少影响的方法。本规范只提供一些原则性的修复方案，具体实施时需做计算、验算，保证修复方案的安全、可靠。

（八）罐基础验收

1. 罐基础施工完毕后，应按主控项目和一般项目进行检查验收（见表 5-24），合格后交付安装。

表 5-24　罐基础验收标准

项	序	检查项目	允许偏差或允许值		检验方法
			单位	数值	
主控项目	1	混凝土强度	设计文件要求		查试块记录或取芯试压
	2	基础表面高差	见下文第 2 条		水准仪或拉线测量
	3	沥青砂绝缘层表面平整度	见下文第 3 条		水准仪或拉线测量
一般项目	1	罐基础直径	mm	+30 0	钢尺测量
	2	罐基础中心标高	mm	20	水准仪测量
	3	环墙宽度	mm	+20 0	钢尺测量
	4	环墙最大允许裂缝宽度	mm	0.3	塞尺测量

2. 基础表面高差，在（罐壁内、外 100 m 处）应符合下列规定：

a）有环墙（环梁）时，每 10 m 周长内任意两点的高差不得大于 10 mm，整个圆周长度任意两点的高差不得大于 15 mm；

b）无环墙（环梁）时，每 10 m 周长内任意两点的高差不得大于 6 mm。整个圆周长度内任意两点的高差不得大于 12 mm。

3. 沥青砂绝缘层表面应平整密实、无裂纹、无分层，沥青砂表面平整度应符合下列要求：

a）当罐直径小于 25 m 时，可从基础中心向基础周边拉线测量，表面凹凸度不得大于 25 mm，测点数为基础表面每 100 m^2 范围内不少于 10 点（小于 100 m^2 的基础按 100 m^2 计）；

b）当罐直径等于或大于 25 m 时，以基础中心为圆心，以不同半径作同心圆，在各圆周等分点测量沥青砂层的标高，同一圆周上的测点，其测量标高与计算标高之差不得大于 10 mm，同心圆直径和各圆周上最少测量点数应符合表 5-25 的规定。

表 5-25　检查沥青砂层表面凹凸度的同心圆直径及测量点数

罐直径 D	同心圆直径 D/m					测量点数/个				
	Ⅰ圈	Ⅱ圈	Ⅲ圈	Ⅳ圈	Ⅴ圈	Ⅰ圈	Ⅱ圈	Ⅲ圈	Ⅳ圈	Ⅴ圈
$D\geqslant76$	$D/6$	$D/3$	$D/2$	$2D/3$	$5D/6$	8	16	24	32	40
$45\leqslant D<76$	$D/5$	$2D/5$	$3D/5$	$4D/5$	—	8	16	24	32	—
$25\leqslant D<45$	$D/4$	$D/2$	$3D/4$	—	—	8	16	24	—	—

4. 施工单位应提交下列技术文件：

a）材料质量证明文件及检验试验报告；

b）合格焊工登记表；

c）地基验槽记录；

d）工程定位测量记录；

e）储罐基础允许偏差项目复测记录；

f）基础沉降记录；

g）隐蔽工程记录；

h）桩基施工记录；

i）钢筋焊接试验报告；

j）混凝土试块报告；

k）竣工图。

5. 若合同无规定时，宜按 SH 3503—2001《石油化工工程建设交工技术文件规定》编汇交工技术文件，当表格不能满足要求时，可采用工程所在地建设行政主管部门规定的用表格式。

罐基础验收前，施工单位应组织自检，对存在质量缺陷的部位应及时修复，直到符合本规范所规定的验收标准，方可交付建设/监理单位验收，验收分两个方面进行，一是技术资料符合相关规定，二是现场实测数据应符合规范规定。

当罐基试水沉降后，将沉降记录等一同汇入技术资料内，按合同规定或 SH 3503—2001《石油化工工程建设交工技术文件规定》交付建设单位。

第六章

储罐基础地基处理与工程实例

一、大型储罐地基处理技术

1. 概述

随着我国现代化建设事业的发展，越来越多的工程需要对天然地基进行人工处理，以满足储罐对地基的要求。因此在实际工程中，判断是否需要对天然地基进行人工处理和采用何种处理方法，已成为日益突出的问题。

地基问题的处理恰当与否，关系到整个工程质量、投资和进度。因此其重要性已越来越多地被人们所认识。

我国地域辽阔，从沿海到内地，由山区到平原，分布着多种多样的地基土，其抗剪强度、压缩性，以及透水性等，因土的种类不同而可能有很大差别。各种地基土中，不少为软弱土和不良土，主要包括：软黏土、杂填土、冲填土、饱和粉细砂（包括部分粉土）、湿陷性黄土、泥炭土、膨胀土、多年冻土、炭溶洞土等。山区的土在某种条件下也可能是不良的土。而我国新建储罐工程越来越多地遇到不良地基，因此地基处理的要求也越来越迫切和广泛。

各种类型储罐对地基的要求也不同。各地区天然地层的情况差别很大，即使在同一地区，地质情况也可能有很大差别，这就决定了地基处理问题的复杂性。采用人工地基时选用何种地基处理方案？这是建设储罐时首先需要解决的问题。处理是否恰当，不仅影响储罐的安全和使用，而且对建设速度、工程造价也有影响，甚至成为工程建设中的关键。

2. 地基处理方法分类

地基处理的目的是采用适当的措施，以改善地基土的强度、压缩性、透水性、动力特性、湿陷性和胀缩性等。

地基处理方法，可以按地基处理原理、地基处理目的、处理地基的性质、地基处理的时效、动机等不同角度进行分类。其中最本质的是根据地基处理原理进行分类。下面据此作简要介绍，具体的各种处理方法见图 6-1。

当软土地基不能满足沉降或稳定要求，且采用桩基等深基础在技术经济上不可取时，对地基进行加固是有效的措施。加固的方法很多，大体可分成两类：第一类方法的原理是减少土体中的孔隙，使土颗粒尽量紧密，从而减少压缩性，提高强度，例如充水预压法、排水固结法、振冲法等。由于黏性土的渗透系数较小，饱和黏性土中孔隙水的排走、孔隙的缩小、土粒的紧密需要较多的时间，因此除强夯外，加固期较长。第二类方法的原理是用各种胶结剂把土颗粒胶结起来，例如旋喷法、电硅化法等。

如上所述，软土的加固方法很多，而且尚在发展，各种方法都有其适用范围和局限性，选用何种方法，必须根据地基条件、储罐的重要性、对地基的要求、材料来源、施工机具和期限、加固费用等技术经济因素综合考虑，因地制宜，防止生搬硬套，造成损失。

3. 地基处理方法的选用原则

本节介绍的各种方法仅供在选用地基处理方法时参考。地基处理方法很多，各种处理方法都有其适用范围、局限性和优缺点，没有一种方法是万能的。具体工程很复杂，工程地质条件千变万化，各个工程的地基差别很大，具体工程对地基的要求也不同。而且机具、材料等条件也会因工作部门不同、地区不同而有较大差别。因此，对每一具体工程都要进行具体分析，应从地基条件、处理要求（包括经处理后地基应达到的各项指标，处理范围，工程进度等）、工程费用以及材料、机具来源等各方面进行综合考虑，以确定合适的地基处理方法。

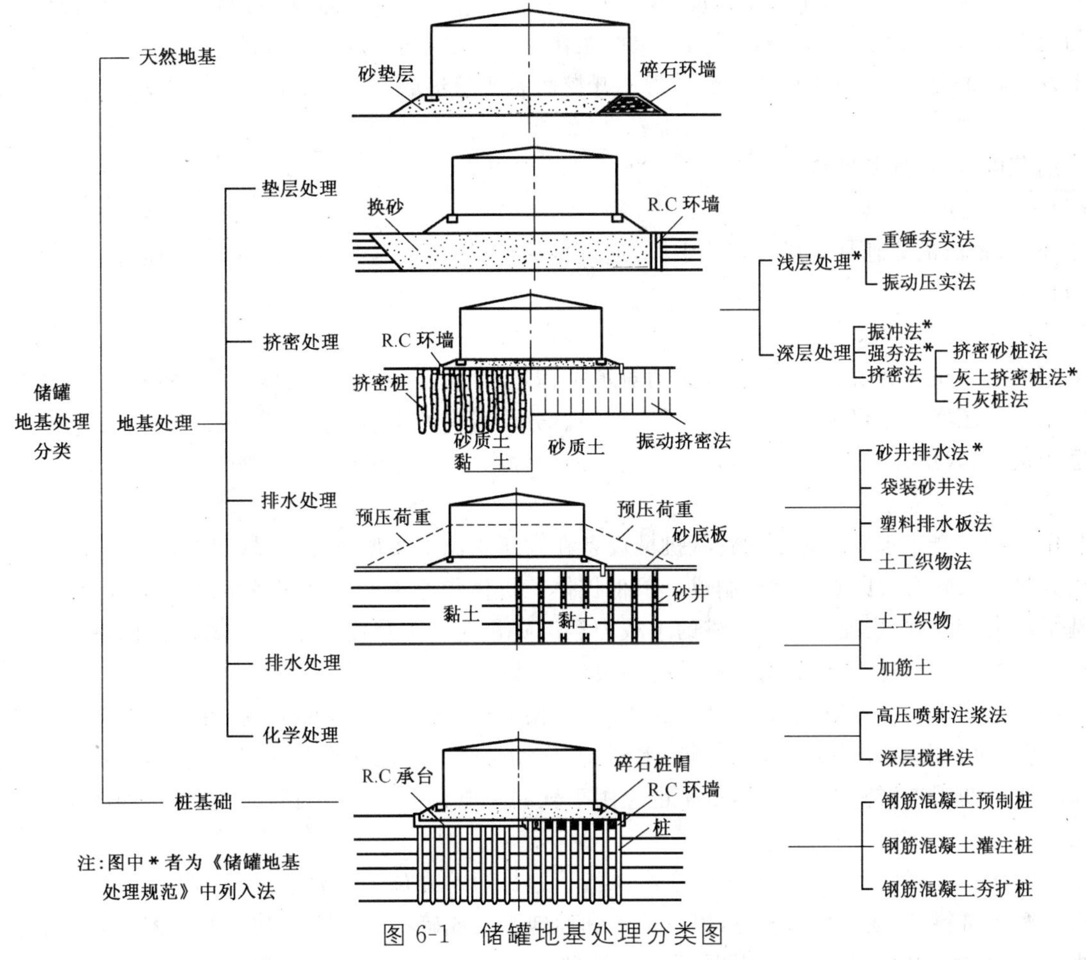

图 6-1 储罐地基处理分类图

在确定地基处理方法时，可根据工程的具体情况对几种地基处理方法进行技术、经济以及施工进度等方面的比较。合理的地基处理方法，原则上一定要是技术上可靠、经济上合理，又能满足施工进度的要求。通过比较分析，可以采用一种地基处理方法，或采用两种或两种以上的地基处理方法组成综合处理方案。

在选择不同的地基处理方案时需要考虑：土的类别、处理后土的加固深度、上部结构的要求、当地能提供的材料和机械设备、周围环境因素、对施工工期要求、施工队伍的技术素质、施工技术条件和经济指标比较等因素进行综合分析后，根据安全可靠、施工方便、经济合理等原则，选择一个最优的地基处理方案。

对储罐地基进行稳定分析或沉降计算不满足设计要求时，必须用地基处理、打桩或其他方法处理。地基处理方法的选择，应适合于储罐的类型与规模、工程地质条件、施工工期等，同时要求不仅技术经济合理，而且必须安全可靠。

4. 储罐地基处理方法适用范围

（1）垫层处理

在天然地层上铺设垫层，作为人工填筑的持力层。同时将储罐基底压力扩散到下卧天然地层中，使其应力减少到下卧层的容许承载力范围内，从而满足地基稳定性的要求。同时由于垫层材料的压缩性低于天然的软黏土层，采用垫层法也可减少地基的沉降量。

当软弱土地基的承载力与变形满足不了储罐的要求，而软弱土层的厚度又不很大时，采用垫层法能取得较好的效果。

目前，在软弱土地区经常采用的是做换土垫层，简称垫层法或换土法，如砂垫层、砂卵石垫层、碎石垫层、灰土或素土垫层、煤渣垫层、矿渣垫层以及用其他性能稳定、无侵蚀性的材料做的垫层等。

开挖置换法就是将基底下一定深度的软弱土层挖除(如软弱土层较薄，可将其全部挖除)然后加填较好的土石料，例如砂土、碎石、石渣等，分层夯实作为持力层，达到地基处理的目的。

上述两法的差别在于：垫层法一般系指不开挖而做成的垫层，而开挖置换法系指先开挖然后回填并夯实。

适用范围：浅层地基处理。

(2) 挤密处理

振冲、挤密法的原理是采用一定的手段，通过振动、挤压使地基土孔隙比减小，强度提高，达到地基处理的目的。

1) 振动压实法

采用人工或机械夯实、机械碾压或振动对填土、湿陷性黄土、松散无黏性土等软弱土或原来比较疏松表层土进行压实。也可采用分层回填压实加固。分层压实的填料也可适量填加石灰、水泥等。

适用范围：浅层疏松黏性土其含水量接近于最佳含水量；松散砂性土；湿陷性土及杂填土。

2) 振冲法

利用一种能产生水平向振动的管状机械设备在高压水流下边振边冲，在软弱黏性土地基中成孔，再在孔内分批填入碎石或卵石等材料制成一根根桩体。桩体和原来的黏性土构成所谓的复合地基，以提高地基承载力，并减少压缩性。碎石桩的承载力和沉降量在很大程度上取决于周围土体对碎石桩的约束作用。如周围的土过于软弱，对碎石桩的约束作用就差。

利用振动和水冲加固地基的方法叫做振冲法。振冲法由德国 S. Steuerman 在 1939 年提出，我国应用始于 1977 年。由于大量工业民用建筑、水利、石化和交通工程地基抗震加固的需要，该法得到迅速推广。振冲法早期用来振密松砂地基，后来也应用于软黏土地基。振冲法演变成两类：振冲密实法和振冲置换法。

振冲置换的加固原理是利用振冲器在高压流下边振边冲在软弱黏性土地基成孔，再在孔内分批填人碎石等坚硬材料，制成一根根桩体，碎石桩体和原地基构成碎石桩复合地基。振冲密实法适用于黏粒含量小于 10% 的松砂地基；振冲置换法适用于不排水抗剪强度大于 20 kPa 的黏性土、粉土和人工填土等地基，有时还可用来处理粉煤灰地基。

适用范围：软弱黏性土地基，但对于抗剪强度较低的黏性土，采用碎石桩时务必慎重从事。

振冲挤密法通常用于加固砂层。其原理是：一方面依靠振冲器的强力振动使饱和砂土发生液化，砂颗粒重新排列，孔隙减少；另一方面振冲器的水平振动力，在加回填料情况下还通过填料使砂层挤压密实。

适用范围：砂性土，粒径小于 0.005 mm，黏粒含量小于 10% 的黏性土，若黏粒含量大于 30%，效果明显降低。

3) 强夯法

将重锤从高处自由落下，反复多次夯击地面，给地基冲击力和振动，从而提高地基土的强度，降低其压缩性。

强夯法处理地基首先由法国 Menard 公司于 20 世纪 60 年代末创用。我国于 1978 年引进，交通部一航局科研所及协作单位在天津首先开展试验研究。由于该法设备简单、效果显著、经济和施工快，很快得到推广。除强夯挤密外，近年来，强夯置换得到不少应用。强夯置换和强夯挤密在加固机理上是不同的，应用范围也不相同。强夯挤密法常用来加固碎石土、砂土、低饱和度和黏性土、素填土、杂填土、湿陷性黄土等各类地基。对于饱和度较高的黏性土地基，如有工程经验或试验证明采用强夯法有加固效果的也可采用。通常认为强夯挤密法只适用于塑性指数 $I_p \leqslant 10$ 的土。对于设置有竖向排水系统的软黏土地基，是否采用强夯法处理目前有不同看法。对于厚度小于 6.0 m 左右的软黏土层采用强夯置换法处理，边夯边填碎石等粗颗粒形成深度为 3.0～6.0 m；直径为两米左右的碎石桩体，与周围土体形成复合地基，已经取得较好的加固效果。

强夯施工主要设备包括夯锤、起重机、脱钩器和门架等部分。工程实践表明，施工机具和工艺直接影响加固效果和经济效益。

适用范围：无黏性土、杂填土、非饱和黏性土以及湿陷性黄土等。

4）石灰桩法

在软弱地基中用机械成孔，填入作为固化剂的生石灰并加以搅拌或压实形成桩体，利用生石灰的吸水、膨胀、放热作用和土与石灰的离子交换反应、凝硬反应等作用，改造桩体周围土体的物理力学性质，石灰桩和周围被改良的土体一起组成复合地基，达到地基加固的目的。

石灰桩法工艺简单，不需复杂的施工机械，应用较广泛。其加固机理包括：打桩时挤密、石灰吸水、膨胀、升温、离子交换、胶凝、碳化和置换等。但基本加固作用则可归纳为打桩紧密、桩周土脱水挤密和桩身的置换作用。从提高承载能力看，在正常情况下置换作用占的份额最大。经验与实践证明只要填充石灰达到必要的密实度则不会出现软心现象。另外采用粉煤灰等适宜的掺合料也有助于避免发生软心现象。杭州和湖北两地挖出的工程桩桩身的抗压强度分别达到 750 kPa 和 564 kPa。桩土应力比是衡量置换作用的主要指标。要满足一般工程要求，不需要求过高的应力比。当需要提高应力比时，要保证桩身具有较高强度外，桩还必需打穿软土层以免桩尖刺入降低应力比。

Broms(1987)还指出，当用石灰桩处理软土时，如果遇有透水砂层或粉土层时，则石灰的膨胀比黏土地基的固结来得快，桩体积增加将会产生软黏土地基的隆起而不是固结和含水量的减小。

适用范围：软弱黏性土。

5）砂桩

在松散砂土或人工填土中设置砂桩，能对周围土体产生挤密作用，或同时产生振密作用，可显著提高地基强度，改善地基的整体稳定性，并减少地基沉降量。

砂桩法于 19 世纪 30 年代起源于欧洲，20 世纪 50 年代引进我国。起始砂桩法用于处理松散砂地基，视施工方法不同，又可分挤密砂桩和振密砂桩。后来，也有用来加固软弱黏性土地基，通过砂桩的置换作用，形成砂桩复合地基，对其进行加载预压，也可加快地基固结。

适用范围：松砂地基或杂填土。

6）灰土挤密桩

灰土桩挤密地基是由桩间挤密土和填夯的桩体组成的人工“复合地基”。灰土桩主要适用于消除湿陷性黄土地基的湿陷性，即用于提高人工填土地基的承载力。

适用范围：湿陷性黄土、人工填土、非饱和黏性土。

灰土桩法在我国西北和华北地区得到广泛应用。灰土桩适用于地下水位以上的湿陷性黄土、杂填土和素填土等地基。

在采用灰土桩加固地基时，近几年来重视工业废料的利用。

(3) 排水处理

排水固结法的原理是软黏土地基在荷载作用下，土中孔隙水慢慢排出，孔隙比减小，地基发生固结变形，同时随着超静水压力逐渐消散，土的有效应力增大，地基土的强度逐步增长。

排水固结法常用于解决软黏土地基的沉降和稳定问题，可使地基的沉降在充水预压期间基本完成或大部分完成，使储罐在使用期间不致产生过大的沉降和沉降差。同时可提高地基土的抗剪强度，从而提高地基的承载力和稳定性。

排水固结法是由排水系统和加压系统两部分组成的。排水系统可在天然地基中设置竖向排水体（如普通砂井、袋装砂井、塑料排水板带等），以及利用地基土层本身的透水性。加压系统通常有充水预压法、堆载预压法、真空预压法等。近几年来，排水系统采用塑料排水板带和袋装砂井较多，加压系统采用充水预压法、堆载预压法、真空预压法，也有采用真空加堆载联合预压法。

袋装砂井和塑料排水板带的长细比大，井阻影响得到人们的重视。近年来非理想井的固结理论得到发展，谢康和曾国熙(1989)为非理想井的设计提供了简易曲线和设计方法。为了消除地基在使用荷载下的主固结变形，减小或消除次固结变形，可以采用超载预压。所谓超载预压就是在充水预压过程中采用比使用荷载大的预压荷载预压。

袋装砂井和塑料排水板带还存在一个有效深度问题。有的日本学者认为袋装砂井有效深度在15 m以内。对于超软弱地基，要注意防止地基固结过程中塑料排水板带或袋装砂井的折断问题。要研制柔性塑料排水板带以满足工程需要。

根据一维固结理论，黏性土达到一定固结所需的时间与排水距离的平方成正比(如按砂井固结理论达到一定固结度所需的时间与排水距离的2.3次方成正比)，因此，减少排水距离是缩短固结时间的最有效方法。在软黏土地基中，设置一系列砂井，在砂井之上铺设砂垫或砂沟，人为地增加土层固结排水通道，缩短排水距离，从而加速固结，并加速强度的增长，这种方法常辅以充水预压，通常称充水预压排水固结法。

适用范围：透水性低的软弱黏性土，对于泥炭土等有机质沉积物不适用。

(4) 加筋处理

通过在土层中埋设强度较大的土工聚合物、拉筋等达到提高地基承载力，减小沉降，或维持储罐稳定的地基处理方法称为加筋法。

利用土工聚合物(或称为土工合成物，或土工织物)的高强度、韧性等力学性能，扩散土中应力，增大土体的刚度模量或抗拉强度，改善土体或构成加筋土以及各种复合土工结构。土工聚合物除了上述加固强化作用外，还可以用作反滤、排水和隔离材料。

对土工聚合材料作为加筋垫层加固软基的应用提出了不少新的成果。通过室内模型试验和数值分析得出加筋垫层有四种破坏类型，相应提出了实用计算方法。实测和理论分析认为加筋垫层的作用为增强垫层的刚度和整体性、调整不均匀沉降、扩散应力和约束侧向变形等。保证垫层有一定的厚度，同时加筋材料在具有大的刚度对发挥垫层的作用十分重要。

适用范围：加固软土地基，或用作反滤、排水和隔离材料。储罐地基处理常用几种方法选择见表6-1，各种地基处理方法的主要使用范围和加固效果见表6-2。

表6-1　储罐地基处理方法选择表

地基处理方法	充水预压法	垫层法	排水固结法	振冲法	强夯法	灰土挤密桩法	砂石桩法	桩　基
常用的几种地基处理施工法	黏土				加固范围 良好的持力层			桩 良好的持力层
地基加固机理	在建罐前(后)加载(充水)进行预压，以增加地基强度和完成沉降，经过一段时间之后将预压荷载卸去再建筑罐体。或罐内充水预压后再放水	将软弱土开挖一定深度，加填性质较好的土，为砂、砾、石渣等，分层夯实。坚硬的垫层能减少其下软弱土层的附加应力，从而减少沉降，提高承载力	增加软黏土层的排水通道，缩短主固结阶段沉降。同时加速强度增长	利用振冲器在高压水流作用下边振边冲在地基成孔，在孔内填入碎石、卵石等粗粒料且振密成桩体。碎石桩与桩间土，成复合地基。能提高承载力，减少沉降	利用重锤从高处自由落下，使地基受冲击力和振动力，从而使土体密实	挤密桩与土体，形成土桩或灰土桩一土复合地基。在填充土料中还可添加粉煤灰	疏松挤密桩间土。形成砂桩一土复合地基	把罐体建在钢筋混凝土承台板上，用桩承受罐整体

续表 6-1

地基处理方法	充水预压法	垫层法	排水固结法	振冲法	强夯法	灰土挤密桩法	砂石桩法	桩　基
适用范围	软黏土，粉土，有机质沉积物，杂填土	软黏土、有机质土、杂填土等软弱地基	主要适用于黏土层，不适用于有机质沉积物（含沉炭等）	多类软黏土，对于饱和软黏土，要求其不排水抗剪强度不少于 20 kPa	低饱和粉土、杂填土低饱和黏性土、湿陷性黄土	地下水位以上的湿陷性黄土、杂填土、素填土等，地基水位以下则用水泥桩	砂性土、杂填土、非饱和黏土	适用于桩尖持力层特别深的地区。以及比其他方法有利的情况
评价	简易可行，效果显著。有成熟理论。处理土质较均匀。需要时间长，但对软黏土可用竖向排水措施（如袋装砂井、塑料排水板等）则可大大缩短时间	简易可靠。置换的深度不可能很大。垫层本身强度和压缩性较原来为好	有成熟的设计与施工经验以及计算理论常与加载预压结合，施工与设计都需要数个月	效果显著，尚经济。但不能用于强度过低的黏土，因碎石桩成败取决于周围的约束力，振冲时会冒出大量泥浆，应考虑其出路	需要一套强夯设备，操作尚简单，大面积处理，较为经济。对于上述适宜土类，处理效果显著	效果显著，尚经济。处理深度有限，常用处理地基，承载力可达 100 kPa 左右	属于简易处理，效果显著。经济。不适宜于饱和软黏土，因为此类土不能挤密	安全、可靠、沉降量小、造价高。预制桩、打桩速度快。灌注桩不需要预制场地，要解决排泥问题

表 6-2 为常用地基处理方法的适用土质情况、加固效果和所能达到的最大有效处理深度，可供参考应用。

表 6-2　各种地基处理方法的主要适用范围和加固效果

按处理深浅分类	序号	处理方法	适用情况						加固效果				最大有效处理深度/m
			淤泥质土	人工填工	黏性土 饱和	黏性土 非饱和	无黏性土	湿陷性黄土	降低压缩性	提高抗剪性	形成不透水性	改善动力特性	
浅层加固	1	换填垫层法	*	*	*	*		*	*	*		*	3
	2	机械碾压法		*		*	*	*	*	*			3
	3	平板振动法		*		*	*	*	*	*			1.5
	4	重锤夯实法		*		*	*	*	*	*			1.5
	5	土工合成材料	*		*				*	*			
深层加固	6	强夯法		*		*	*	*	*	*		*	30
	7	矿桩挤密法	慎重	*	*	*	*		*	*		*	20
	8	振动水冲法	慎重	*	*	*	*		*	*		*	18
	9	灰土（土、二灰）桩挤密法		*		*		*	*	*		*	20
	10	石灰桩挤密法	*		*	*			*	*			20

续表 6-2

按处理深浅分类	序号	处理方法	适用情况						加固效果				最大有效处理深度/m
			淤泥质土	人工填工	黏性土		无黏性土	湿陷性黄土	降低压缩性	提高抗剪性	形成不透水性	改善动力特性	
					饱和	非饱和							
深层加固	11	砂井(袋装砂井、塑料排水带)堆载预压法	*		*				*	*			15
	12	真空预压法	*		*				*	*			15
	13	降水预压法	*		*				*	*			30
	14	电渗排水法	*		*				*	*			20
	15	水泥注浆法	*		*	*	*	*	*	*	*	*	20
	16	硅化注浆法			*	*	*	*	*	*	*	*	20
	17	电动硅化法	*		*				*	*	*		
	18	高压喷射注浆法	*	*	*	*	*		*	*	*		20
	19	深层搅拌法	*		*	*			*	*	*		18
	20	粉体喷射搅拌法	*		*	*			*	*	*		13
	21	热加固法				*		*	*	*			15
	22	冻结法	*	*	*	*	*	*		*	*		
* 表示适用土层													

一般讲，当软弱地基的土层厚度较薄时，可选用简单的浅层加固方法，如换填垫层、机械碾压、重锤夯实等；当软弱土层厚度较大时，可按加固土的性状和含水量情况采用挤密桩法、振冲碎石桩法、强夯法或排水堆载预压法等；如遇软土层中夹有砂层，则可直接采用堆载预压法，而不需设置竖向排水井；当遇粉细砂地基，如仅为防止砂土的液化，一般可选用强夯法、振冲法、挤密桩法等；当遇淤泥质土地基，因其透水性差，一般宜采用设置竖向排水井的堆载预庄法、真空预压法、土工合成材料加固法等；当通杂填土、冲填土(含粉细砂层)和湿陷性地基，在一般情况下，可采用深层密实法效果较佳。

在地基处理方案确定后，应搞好施工技术管理，以保证方案的正确实施，使达到预期的良好效果。

由于地基处理的强度往往需要经过一段时间，才能增长达到设计要求，变形模量才会挺高，地基才能获得稳定，因此对地基处理要尽量提早安排施工，以便通过调整施工速度，发挥时间效应，确保地基的稳定安全。

在地基处理前、施工中和处理后，还应定时对被加固的软弱土地基进行现场测试和沉降观测以便及时了解地基土加固效果，有时还应对周围邻近建筑物及地下管线通讯电缆等进行沉降、位移和裂缝等的监测，以保护周围环境。

5. JGJ 79—2002《建筑地基处理技术规范》对地基处理方法的适用土层(见表 6-3)

表 6-3 地基处理方法及适用土层一览表

序号	地基处理方法	地基适用的土层	说　明
1	换填垫层法	浅层软弱地基及不均匀地基的处理	
2	预压法(包括堆载预压法和真空预压法)	适用于处理淤泥质土、淤泥和冲填土等饱和黏性	
3	强夯法和强夯置换法	强夯法适用于处理碎石土、砂土、低饱和度的粉土与黏性土、湿陷性黄、素填土和杂填土	

续表 6-3

序号	地基处理方法	地基适用的土层	说　明
3	强夯法和强夯置换法	强夯置换法适用于高饱和度的粉土与软塑～流塑的黏性土对变性控制要求不严的工程	强夯置换法在设计前必须通过现场试验确定其适用性和处理效果
4	振冲法	适用于处理砂土、粉土、粉质黏土、素填土和杂填土。对于处理不排水抗剪强度不小于 20 kPa 的饱和黏性土和饱和黄土地基，应在施工前通过现场试验确定其适用性。对不加填料振冲加密适用于处理黏粒含量不大于 10％的中砂、粗砂地基	
5	砂石桩法	适用于挤密松散砂土、粉土、黏性土、素填土、杂填土等地基。对饱和黏性土地基上对变形控制要求不严的工程也可采用砂石桩置换处理。砂石桩法也可用于处理可液化地基	(1) 对黏性土地基，应有地基土的不排水抗剪强度指标。 (2)对砂土和粉土地基应有地基土的天然孔隙比、相对密实度或标准贯入击数、砂石料特性、施工机具及性能等资料
6	水泥粉煤灰碎石桩法	适用于处理黏性土、粉土、砂土和已自重固结的素填土，对淤泥质土应按地区经验或通过现场试验确定其适用性	
7	夯实水泥土桩法	适用于处理地下水位以上的粉土、素填土、杂填土、黏性土等地基。处理深度不宜超过 10 m	
8	水泥土搅拌法	分为深层搅拌法(湿法)和粉体喷搅法(干法)。适用于处理正常固结的淤泥与淤泥质土、粉土、饱和黄土、素填土、黏性土以及无流动地下水的饱和松散砂土等地基。当地基土的天然含水量小于 30％(黄土含水量小于 25％)大于 70％或地下水的 pH 值小于 4 时不宜采用干法	当用于处理泥炭土、有机质土、塑性指数 I_P 大于 25 的黏土、地下水具有腐蚀性时以及无工程经验的地区，必须通过现场试验确定其适用性
9	高压喷射注浆法	适用于处理淤泥、淤泥质土、流塑、软塑或可塑黏性土、粉土、砂土、黄土、素填土和碎石土等地基。 当土中含有较多的大粒径块石、大量植物根茎或有较高的有机质时，以及地下水流速过大和已涌水的工程，应根据现场试验结果确定其适用性	
10	石灰桩法	适用于处理饱和黏性土、淤泥、淤泥质土、素填土和杂填土地基。用于地下水位以上的土层时，宜增加掺合料含水量并减少生石灰用量，或采取土层浸水等措施	

续表 6-3

序号	地基处理方法	地基适用的土层	说　明
11	灰土挤密桩法和土挤密桩法	适用于处理地下水位以及的湿陷性黄土、素填土和杂填土等地基。可处理地基的深度为5～15 m	当以提高地基土的湿陷性为主要目的时,宜选用土挤密桩法。当以提高地基土的承载力或增强其水稳性为主要目的时,宜选用灰土挤密桩法。当地基土的含水量大于24%、饱和度大于65%时,不宜选用灰土挤密桩法或土挤密桩法
12	柱锤冲扩桩法	适用于处理杂填土、粉土、黏性土、素填土和黄土等地基,对地下水位以下饱和松软土层,应通过现场试验确定其适用性。地基处理深度不宜超过 6 m,复合地基承载力特征值不宜超过 160 kPa	
13	单液硅化法和碱液法	适用于处理地下水位以上渗透系数为0.10～2.0 m/d的湿陷性黄土等地基。在自重湿陷性黄土场地,当采用碱液法时,应通过试验确定其适用性	单液硅化法应由浓度为10%～15%的硅酸钠($Na_2O \cdot nSiO_2$)溶液,掺入2.5%氯化纳组成,其相对密度宜为1.13～1.15,并不应小于1.10
14	其他地基处理方法	(1) 注浆法适用于处理砂土、粉土、黏性土和人工填土等地基。 (2) 锚杆静压桩法适用于淤泥、淤泥质土、黏性土、粉土和人工填土等地基。 (3) 树根桩法适用于淤泥、淤泥质土、黏性土、粉土、砂土、碎石土、黄土和人工填土等地基。 (4) 坑式静夺桩法适用于淤泥、泥质土、人工填土和湿陷性黄土等地基	

6. 对今后地基处理发展的几点意见

随着基本建设规模的发展,人们将愈来愈多地遇到不良地基的处理问题。我们认为在今后地基处理发展中应重视下述几个方面的问题:

(1) 地基处理的设计和施工应符合技术先进、确保质量、安全适用和经济合理的要求。各种地基处理方法都有一定的适用范围,在选用时一定要特别重视。提倡用多因素法优选地基处理方案。根据前些年发展情况看,因地制宜特别重要。对大、中型工程,要强调通过现场试验提供设计参数,检验处理效果。

(2) 注意发展能消纳工业废料的地基处理技术,把地基处理和工业废料的消纳结合起来。在地基处理中注意环境保护,向因地制宜,充分利用废料,减小环境污染的方向发展。

(3) 注意研究基本建设中遇到的新的地基处理问题。例如:城市改建中的地基处理问题,工业区粉煤灰地基的利用问题,城市垃圾处理问题等。

(4) 重视复合地基理论的研究。与均质地基和桩基承载力和变形计算理论相比,复合地基计算理论还很不成熟,正在发展之中。为了满足工程实践的要求,应重视复合地基一般理论的研究。开展复合材料以及各类复合土体基本性状的研究。

(5) 在发展地基处理技术理论的同时,还应重视研制先进的地基处理机械设备,开发多功能的地基加固机械。因地制宜,广泛发展适用于各地、各种条件下地基处理施工技术,避免片面性。

(6) 进一步重视地基处理过程中的监测工作,进行质量控制,保证地基处理施工质量。努力研究开发新的可靠的检测地基处理效果的方法。

(7) 在地基处理的研究工作中应重视科研、高校、设计和施工单位的协作,共同努力,不断提高磁基处理水平。

(8) 既要重视普及工作,又要重视在普及基础上提高。今后应结合执行 JGJ 79—2002《建筑地基处理技术规范》进一步做好普及教育工作。提高从事地基处理工作队伍的整体素质,特别是乡镇企业施工队伍。提高不仅包括人们对现有地基处理技术的认识,还包括现有各种地基处理技术的发展,包括机具、施工工艺的提高,还包括新的地基处理技术的发展。

7. 地基处理实施的基本步骤

地基处理的核心是处理方法的正确选择与施工实施。而对某一具体工程来讲,在选择处理方法时需要综合考虑各种影响因素,如建筑物的体型、刚度、结构受力体系、建筑材料和使用要求,荷载大小、分布和种类,基础类型、布置和埋深,基底压力、天然地基承载力、稳定安全系数、变形容许值;地基土的类别、加固深度、上部结构要求、周围环境条件、材料来源、施工工期、施工队队伍技术素质与施工技术条件、设备状况和经济指标等。对地基条件复杂、需要应用多种处理方法的重大项目还要详细调查施工区内地形及地质成因、地基成层状况、软弱土或不良土层厚度、不均匀性和分布范围、持力层位置及状况、地下水情况及地基土的物理和力学性质;施工中需考虑对场地及邻近建筑物可能产生的影响、占地大小、工期及用料等。只有综合分析上述因素,坚持技术先进、经济合理、安全适用、确保施工质量的原则拟订出地基处理方案,才能获得最佳的处理效果。

地基处理方案的确定可按下列步骤进行:

(1) 搜集详细的工程地质、水文地质及地基基础的设计资料。

(2) 根据结构类型、荷载大小及使用要求,结合地形地貌、地层构造、土质条件、地下水特征、周围环境和相邻建筑物等因素,初步选定几种可供考虑的地基处理方案。另外,在选择地基处理方案时,应同时考虑上部结构、基础和地基的共同作用;也可选用加强结构措施(如设置圈梁和沉降缝等)和处理地基相结合的方案。

(3) 对初步选定的各种地基处理方案,分别从处理效果、材料来源及消耗、机具条件、施工进度、环境影响等方面进行认真的技术经济分析和对比,根据安全可靠、施工方便、经济合理等原则,从而因地制宜地选择最佳的处理方法。值得注意的是,每一种处理方法都有一定的适用范围、局限性和优缺点。没有 种处理方法是万能的。必要时也可选择两种或多种地基处理方法组成的综合方案。

(4) 对已选定的地基处理方法,应按建筑物重要性和场地复杂程度,可在有代表性的场地上进行相应的现场试验和试验性施工,并进行必要的测试以验算设计参数和检验处理效果。如达不到设计要求时,应查找原因、采取措施或修改设计以达到满足设计的要求为目的。

(5) 地基土层的变化是复杂多变的,因此,确定地基处理方案,一定要有有经验的工程技术人员参加,对重大工程的设计一定要请专家们参加。当前有一些重大的工程,由于设计部门的缺乏经验和过分保守,往往使很多方案确定的不合理,浪费也是很严重的,必须引起有关领导十分重视。

地基处理在岩土工程技术范围内是一门较新的学科。它的任务在于提高地基承载能力,减少建构筑物的沉降,保证上部结构的安全和正常使用。但由于土的力学性质极其复杂,各地地质条件又有所差别,使地基处理工作增加了很大难度。到目前为止,我们虽然掌握了一些地基处理方法,改进了处理工艺,建造起许多大型储罐,和其他一些建构筑物,但应当承认,地基处理的一些机理还不成熟,仍然是处于发展中的试验性科学。

下面结合工程实例,介绍在大型储罐基础设计中采用各种地基处理的经验,供同行者参考与应用。

二、预压加固软土地基的工程实例

1. 工程概况

在软弱的吹填土上建造钢储罐，当荷载迅速施加时，地基土可能发生急剧的流动而导致地基的破坏。例如挪威费特列斯塔市圆形油库的地基为不均匀的海相软黏土，十字板和触探试验求得的抗剪强度为 20～30 kPa。油罐的直径为 25 m，容积 6 000 m^3，底部为 15 cm 厚的钢筋混凝土板，空罐时的重量为 5 500 kN。建成后在 35 小时内将 5 000 m^3 容积的水放入罐内进行试验，此时总重为 5 550 kN，基底的附加压力为 112 kPa。地基在加荷两小时后发生急剧流动而破坏，卸荷后测得的沉降量为 50 cm，挤出土波的隆起高度为 40 cm。类似这种情况，国内外都发生过。

20 世纪 60 年代在上海高桥石化总厂，新建储罐区因地势低洼，必须填高 3～4 m，但在上海要找到大量的土是很困难的。所以上海都是用泵把黄浦江疏浚河道的稀泥抽上来作填土，这种土上海称为吹填土。上海地基规范又明文规定，吹填土必须经过 5 年以上，才能作为天然地基，而地基承载力也只有 80 kPa。当时吹填土的时间还不到一年，要在这种地基上建造 2 万 m^3 大型浮顶储罐（当时国内最大），设计荷载达到 173 kPa，两者相差悬殊，如果采用桩基或深基础换砂的办法，工程造价很高，而工期也不允许。最后决定利用储罐充水检查焊接质量的过程对地基进行预压加固，并在其他几台中小型储罐基础上先做试验（见图 6-2）。

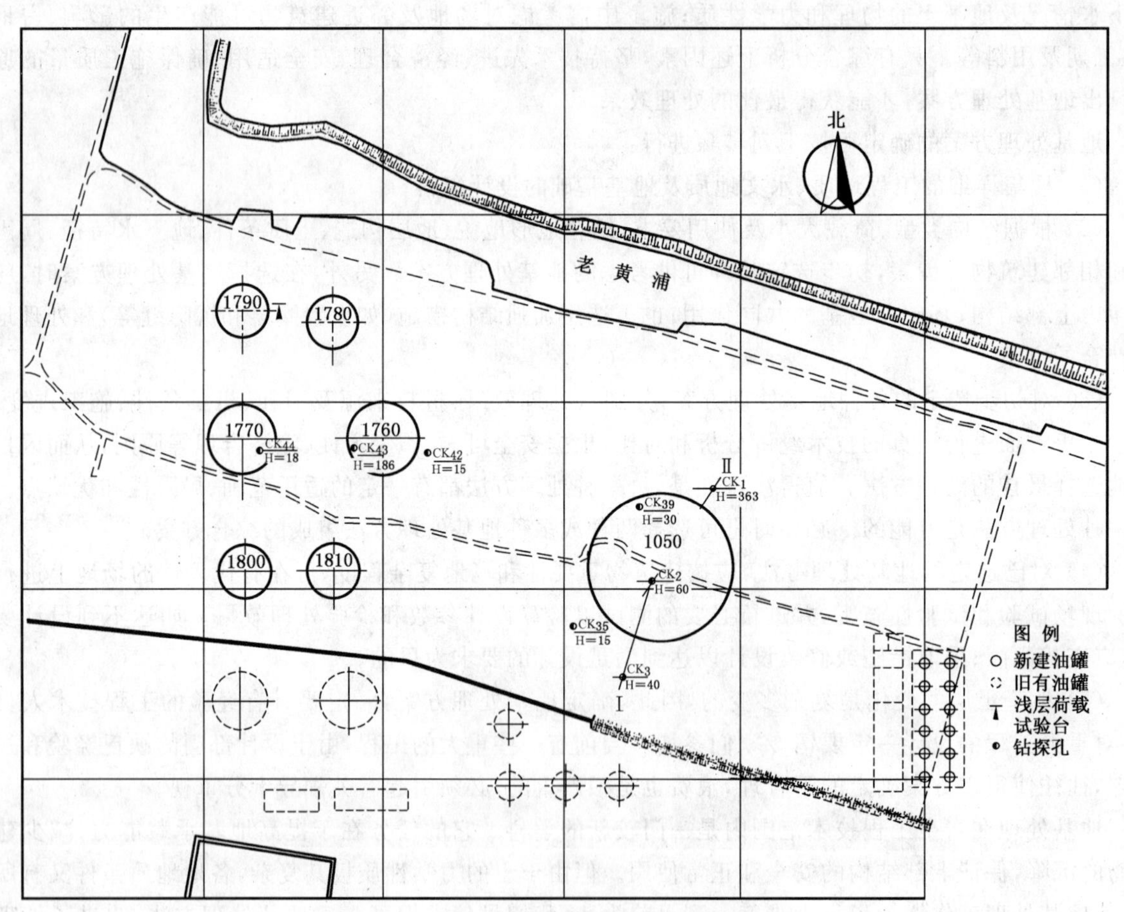

图 6-2　1050 号油罐区钻孔平面位置图

这次我们设计 2 万 m^3 大型储罐(编号为 1050 号罐),建造在软弱的吹填土上,基础直径、附加压力和基础的沉降都要比其他储罐大,矛盾也比较突出,其主要特点是存在着三大、一高。

三大——油罐直径大(D=40.63 m);基础沉降大(按计算沉降基础中心沉降约 2 m 左右);设计地基的附加压力大(按正常生产时荷重,计算附加压力达 173 kPa)。

一高——浮顶罐的密封要求高,如有较大的不均匀沉降就会影响罐浮顶的上下降落和生产使用。

这次在设计和施工储罐基础时,特别是在 1050 号罐基础中我们采取了下列几条措施;

(1) 边施工边试水预压地基,并严格控制基础上的加荷速度和地基的沉降速率,待半数以上的沉降观测点小于 5 mm/d,并控制孔隙水压力消散无特殊变化时,再进行下一级充水,使罐基础的部分沉降在试水预压期间完成。

(2) 按基础的计算沉降量,施工时采用预先抬高基础标高的措施,1050 号罐基础中心预抬高 2.4 m,基础边缘预抬高 1.7 m。

(3) 罐基础钢筋混凝土环墙上预留 24 个调整孔,当基础有较大的不均匀沉降时,在调整孔内安装油压千斤顶,以调整罐的倾斜。

(4) 为了控制罐的充水速度和地基的沉降速率,在地基内埋设观测地基变形、孔隙水压力、土的侧向位移、基础环墙的接触应力和侧压力等量测仪器和设备。时刻进行监测。

2. 工程地质条件

炼油厂新建油罐区的场地,位于黄浦江古河道上。古河道于 1911 年后由自然和人为淤积充填而成,地势低洼,天然地面绝对标高+3.0 m 左右。按工厂竖向设计的要求,厂区地面标高定为+6.12 m,高于原有地面 3 m 左右。填土工程量仅油罐区即达 15 万 m^3。而建设地区处于长江三角洲冲积平原,无法取得大量填土,因此在 1962 年底利用疏浚黄浦江挖出的泥砂,用大口径泵水力吹填,形成 4～5 m 左右的吹填土表土层,经日晒及蒸发后,表面呈龟裂状态,但表土下部因水分未能排出,仍呈流动状淤泥,稍加扰动即形成所谓“橡皮土”。

第二层为黄褐色淤泥质亚黏土,含云母腐植物,夹多量层状粉砂,厚度 9～10.2 m,呈可塑状态,具有中等压缩性。

第三层为深灰色淤泥质黏土,含云母腐植物,夹有薄层粉砂及少量贝壳,厚度约 12.15～13.3 m,呈软可塑以至流动状态,高压缩性。

第四层为灰绿色到黄褐色亚黏土,厚度 4.2～5.6 m,含有云母及镁锰氧化铁结构,夹有多量粉砂及高岭土条带,呈硬可塑至坚硬状态,中等压缩性。

第五层为淤泥质亚黏土,厚度大于 24 m,土的性质同第三层土相接近,压缩性高。

炼油厂储罐区内,进行过地质勘察,1050 号油罐区场地内曾进行较细致的地质勘察,根据工程地质勘察报告,其钻孔平面位置见图 6-2,工程地质剖面见图 6-3。

另外在 1050 号罐区的吹填土层内进行了荷载试验,承压板面积为 100×100 cm=10 000 cm^2,每级加荷重为 1.25 MPa,其荷载与沉降关系 $s=f(P)$ 曲线见图 6-4。按图 6-4 曲线,当 p=5 MPa 时,求得 E_0= 1.9 MPa,吹填土的的临塑荷载 p_{KP}=50 MPa。

同时在埋设量测仪器时,取土样进行室内三轴剪切试验和三向固结试验,现将综合分析后的各层土的主要物理力学性能指标见表 6-4。

总之,吹填土的特征是:压缩性高,扰动后抗剪强度急剧降低,根据地质勘察和土工试验资料可以归结出下述规律:

(1) 距离吹泥口较近的吹填土,各项指标比远处的指标为好,愈接近排水口处愈差。

(2) 吹填土的强度和密实度随着龄期增长很快。龄期十个月的吹填土表层指标,将接近当地一般上层土的性能。

(3) 同期吹填的土层,其组成结构及物理状态基本上是均匀的,变化不大且有规律。

(4) 由于挖土筑堤及吹泥中间停顿间歇之故,吹填土厚度变化较大。取土坑中的吹填土由于排水困难，虽然较长时间其性质仍然很差。

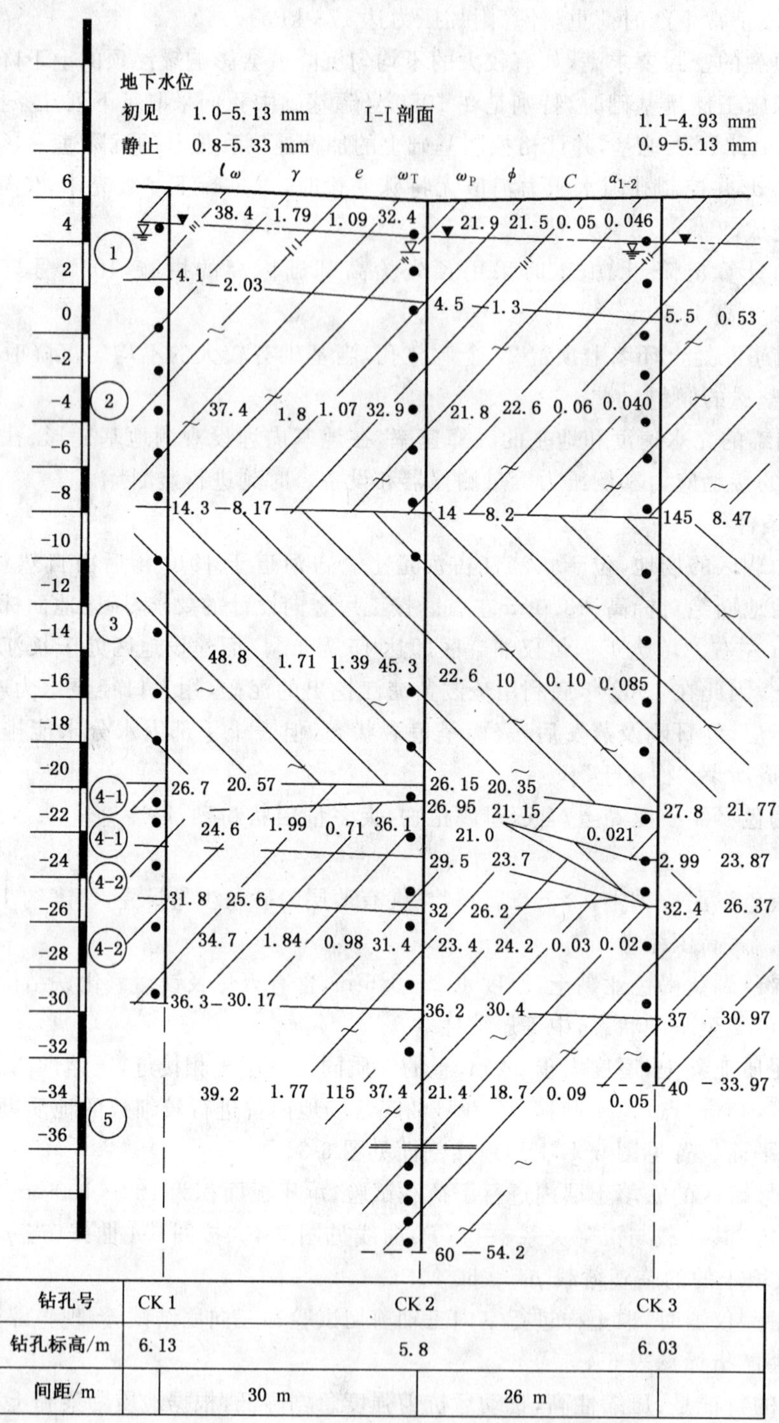

钻孔号	CK 1	CK 2	CK 3
钻孔标高/m	6.13	5.8	6.03
间距/m	30 m		26 m

图 6-3　1050 号罐区工程地质剖面图

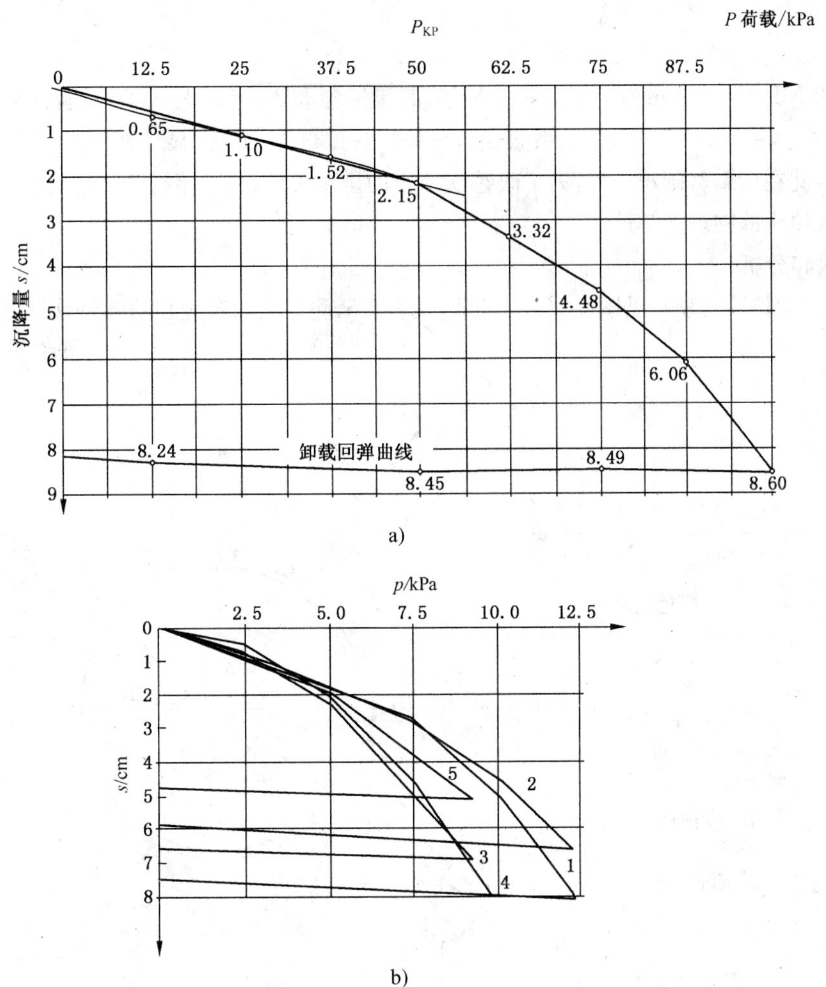

注：1、2 荷载板 10 个月龄期，3、4、5 荷载板是 6 个月龄期，压板面积为 1×1 m，加荷等级每次 12.5 kN/m²。

图 6-4　1050 号罐区荷载与沉降关系 $S=f(p)$ 曲线图

表 6-4　1050 号罐区土的主要物理力学指标

层次	名称	土层厚度/m	含水量 ω/%	土的重度 γ/kN/m³	孔隙比 e	抗剪强度 固结快剪 φ/(°)	固结快剪 C/MPa	有效应力法 φ'/(°)	有效应力法 C'/MPa	压缩性质 压缩系数 α_{1-2}/MPa	体积压缩指数 $\frac{C_c}{1+e}$	泊桑比	渗透系数 K/(cm/s)	备注
1	吹填土	4.0	38.4	17.9	1.09	21.5°	0.5	32°	0	0.46	0.10	0.35	2.53×10^{-6}	地下水静止水位埋藏深度为 0.8 m，根据地质资料地下水无侵蚀性
2	淤泥质亚土	10.2	37.4	18.0	1.07	22.6°	0.6	32°	0	0.40	0.10	0.35	2.35×10^{-5}	
3	淤泥质黏土	12.0	48.8	17.1	1.39	10°	1.0	28°	0	0.85	0.20	0.40	10.24×10^{-8}	
4-1	灰绿色亚黏土	3.1	24.5	19.8	0.72					0.19	0.06			
4-2	褐黄色亚黏土	2.5	33.5	18.5	0.96	24.2°	0.3			0.19	0.06			
5	淤泥质亚黏土	>24	39.2	17.7	1.15	1.8°	0.9			0.50	0.14			

注：1. 表中所列压缩系数 α_{1-2} 数值，仅供定性地鉴别各层土的压缩性用，沉降计算中按实际应力在压缩曲线上查用。

2. 泊桑比 μ 是在三向固结仪中，摸拟现场实际的应力路线（以弹性理论计算）而测定的。

(5) 吹填土的物理力学性能与排水条件有显著关系。从10个月龄期的吹填土分析，在深度2 m以上，天然含水量一般为 $\omega=33\sim34\%$，土的天然重度 $\gamma=18.2\sim18.5\ kN/m^3$，孔隙比 $e=0.97\sim0.99$，压缩系数 $\alpha_{1-2}=0.23\sim0.30\ MPa^{-1}$，而2 m以下由于排水较慢，其天然含水量 $\omega=51\%\sim58\%$，土的天然容重 $\gamma=15.9\sim16.4\ kN/m^3$，孔隙比 $e=1.24\sim1.53$，压缩系数 $\alpha_{1-2}=1.14\sim1.33\ MPa^{-1}$。显然在同一层吹填土内，表层土比底层土好一些，因此在储罐基础设计时，为了改善吹填土的排水条件，利用储罐试水进行分级充水预压地基的方法，以便提高吹填土的物理力学性能。

3. 实测成果和分析

(1) 1050号罐原位测试项目见图6-5(a)、6-5(b)及表6-5，测点平面布置和基础设计见图6-5(c)。

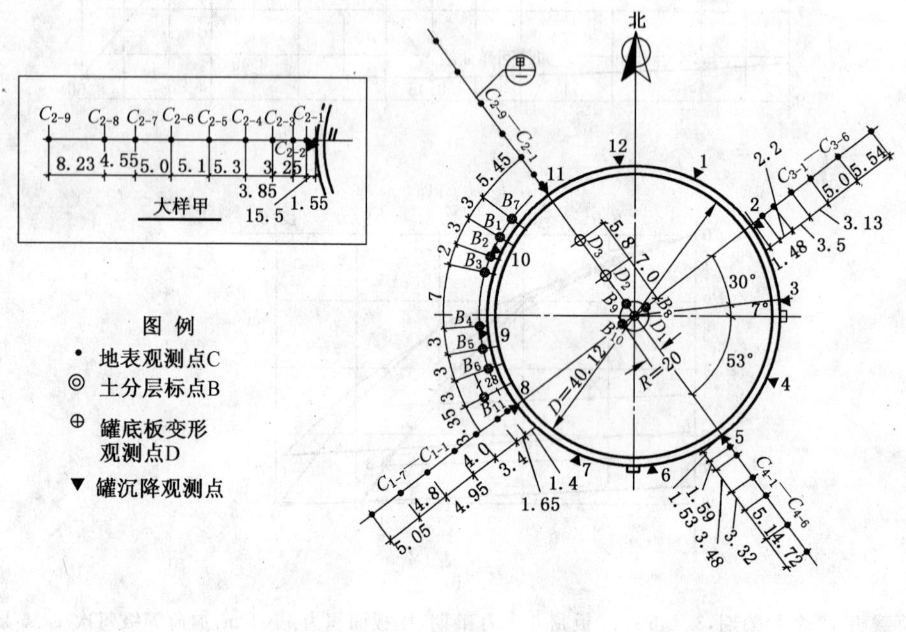

(a)

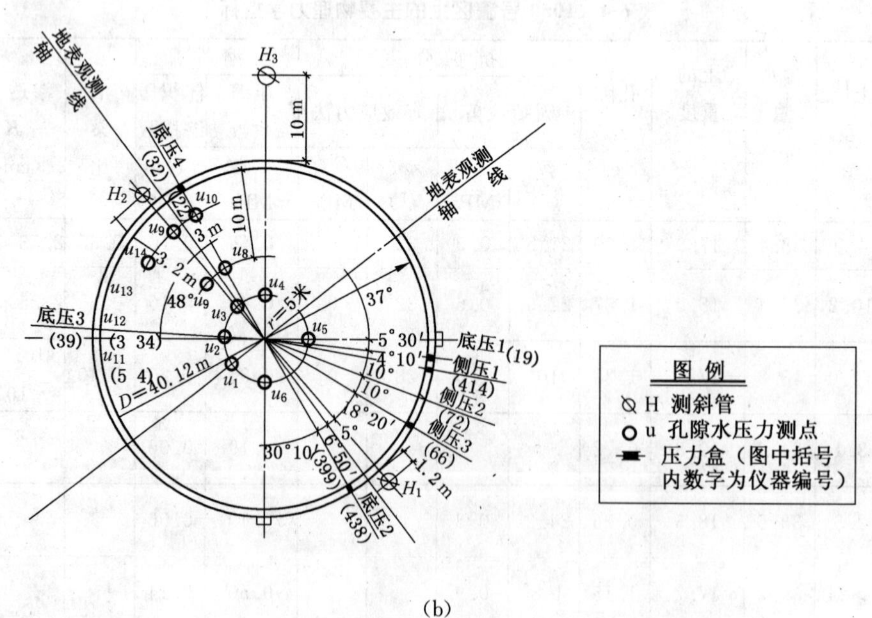

(b)

图6-5 1050号罐测点平面布置和基础设计图

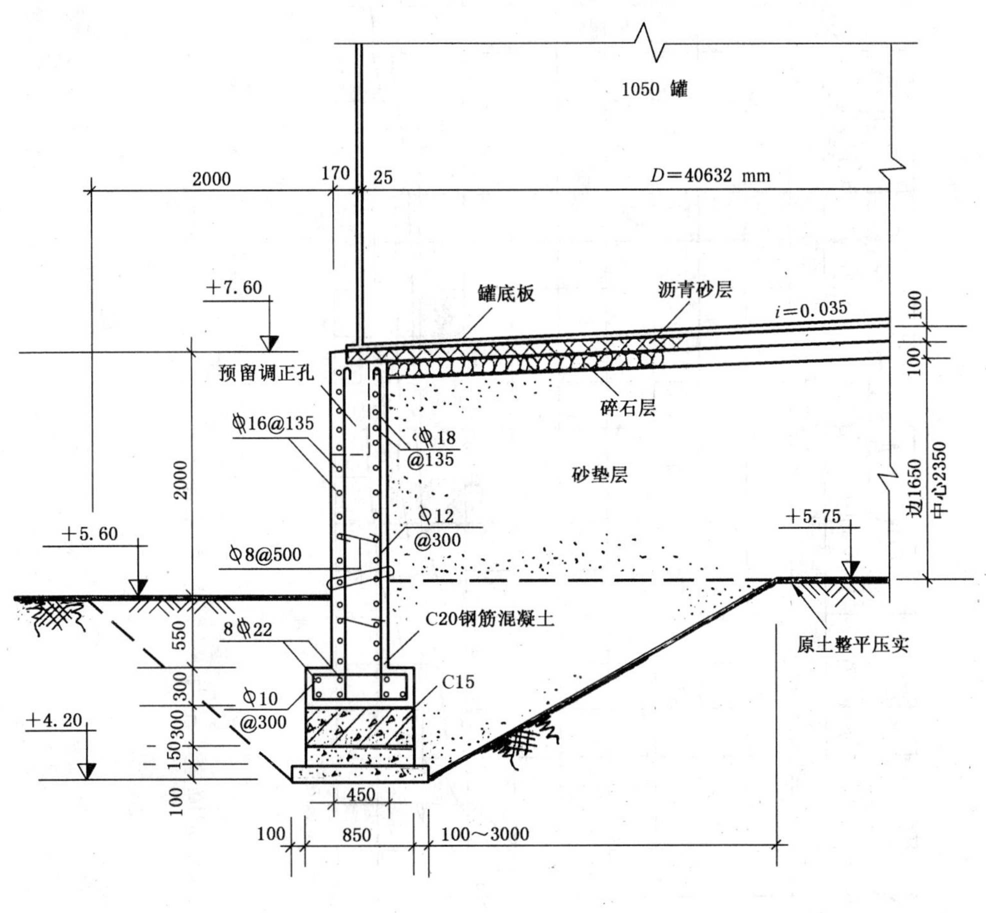

(c)

续图 6-5

表 6-5 1050 号罐基础原位测试项目表

序　　号	实　测　项　目
1	罐基础边缘沉降观测
2	基础地基的深层土变形观测
3	罐底板变形观测
4	罐基础中心深层土变形观测
5	孔隙水压力量测
6	土的侧向位移观测
7	罐基础四周地面土变形观测
8	环墙侧压力观测
9	环墙钢筋应力测量
10	环墙底接触压力量测

(2) 罐基础沉降实测及分析

1050 号罐基础沉降的实测结果见图 6-6～图 6-8 和表 6-6，其他储罐基础沉降的实测结果见图 6-9(a)～图 6-9(i)和表 6-7。

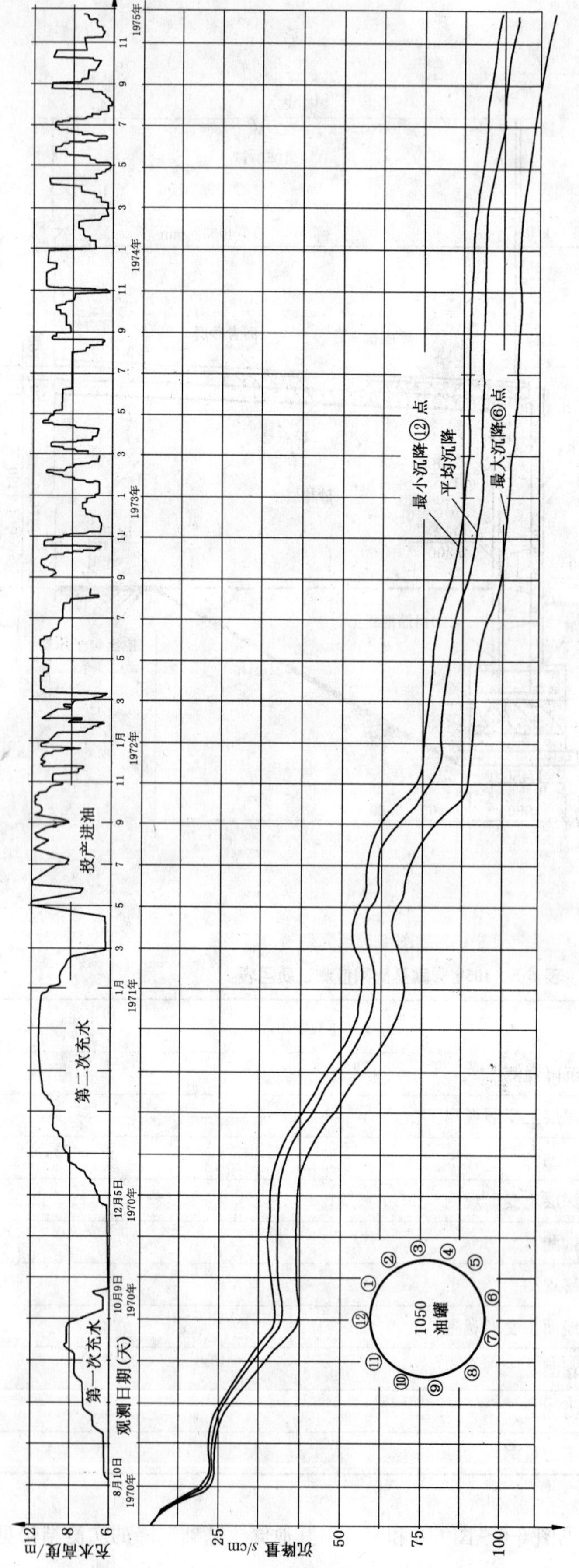

图 6-6 1050 号罐基础实测沉降量 s-压力 p-时间 t 关系曲线图

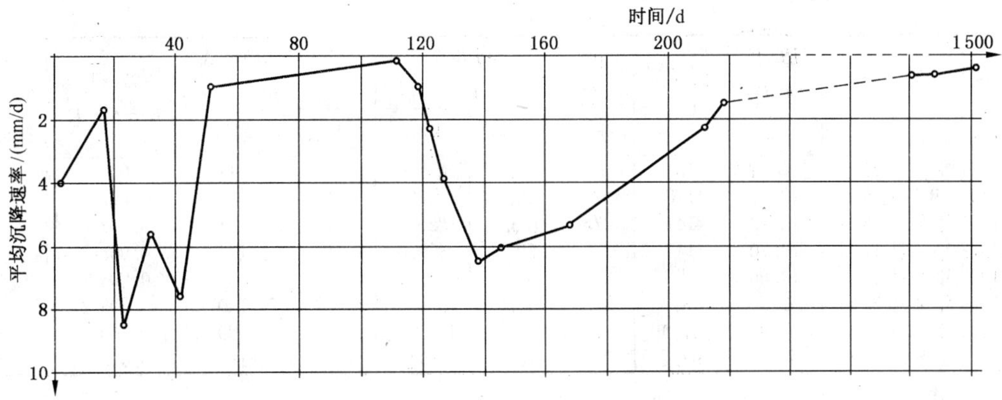

图 6-7　1050 号储罐基础沉降速率图

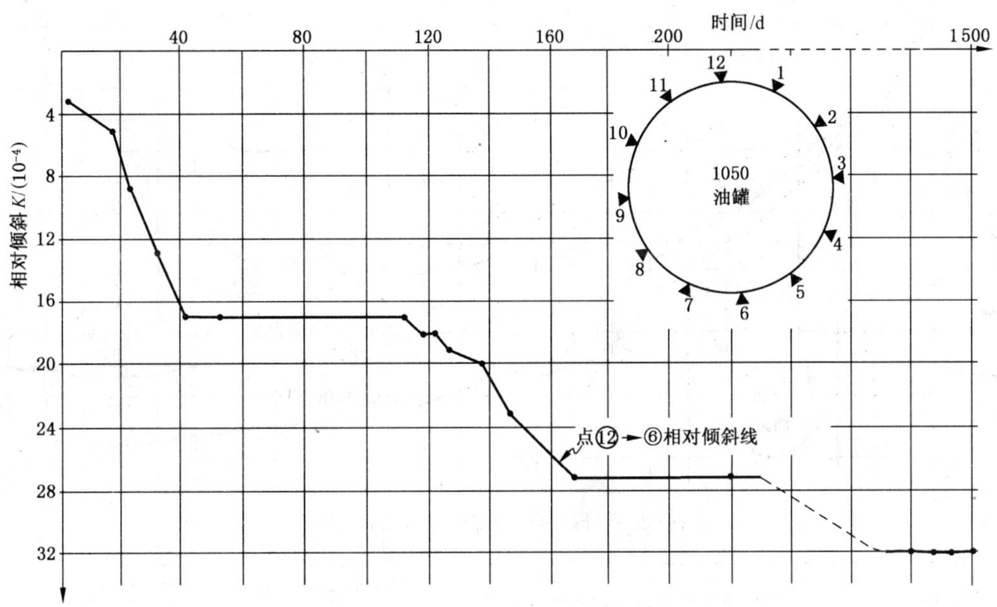

图 6-8　1050 号储罐基础相对倾斜图

表 6-6　1050 号储罐基础沉降实测成果表

程序	日　期	加水高度/m	荷重/kPa	间隔日期/天	平均沉降/mm 本次	平均沉降/mm 累计	不均匀沉降/mm 本次	不均匀沉降/mm 累计	倾斜/ $K=\Delta s/D$	平均沉降速率/(mm/d)
第一次充水	1970 年 8 月 18 日	第一次加水前				159		11	0.000 27	
	8 月 20 日	1.65	28.5	2	8	167	2	13	0.000 32	4.00
	9 月 4 日	3.65	45.0	15	26.4	193.4	8	21	0.000 51	1.76
	9 月 10 日	5.55	65.0	6	50.6	244	15	36	0.000 88	8.46
	9 月 19 日	7.33	84.0	9	50.4	304.4	17	53	0.001 30	5.60
	9 月 28 日	8.94	101.8	9	67.2	371.6	18	71	0.001 70	7.46
	10 月 9 日	放水完	117.9	11	−7.6	364	−1	70	0.001 70	
第二次充水	1970 年 12 月 8 日	第二次加水前	28.5			372.1		70	0.001 7	
	12 月 14 日	3.02	58.7	6	5.7	377.8	4	74	0.001 8	0.95
	12 月 18 日	5.68	85.3	4	9.3	387.1	0	74	0.001 8	2.32
	12 月 23 日	8.07	109.2	5	19.4	406.5	3	77	0.001 9	3.88
	1971 年 1 月 3 日	10.49	133.4	11	69.6	476.1	6	83	0.002 0	6.32
	1 月 11 日	12.36	152.1	8	48.5	524.6	12	95	0.002 3	6.06
	2 月 2 日	13.17	162.0	22	118	642.6	16	111	0.002 7	5.36
	2 月 15 日	放水完	2.85	13	−19.1	623.5	0	111	0.002 7	

续表 6-6

程序	日 期	加水高度/m	荷重/kPa	间隔日期/天	平均沉降/mm		不均匀沉降/mm		倾斜/$K=\Delta s/D$	平均沉降速率/(mm/d)
					本次	累计	本次	累计		
投产进油	1971年2月27日	进油14.7	154	12	27.1	651.6	0	111	0.002 7	2.26
	1971年3月6日	12.80	138	7	10.4	662	0	111	0.002 7	1.49
	1971年12月6日	13.73	141	275	158.5	820.5	0	131	0.003 2	0.57
	1972年7月17日	13.70	141	223	59.1	879.6	0	131	0.003 2	0.27
	1973年2月14日	14.55	152	212	51.5	931.1	0	131	0.003 2	0.24
	1974年2月22日	2.3	48.5	373	43.4	974.5	0	130	0.003 2	0.12
	1974年12月2日	7.8	97.4	304	44.1	1 018.6	0	129	0.003 2	0.14
	1975年8月22日	7.15	92.2	242	16.4	1 035	3	133	0.003 3	6.007

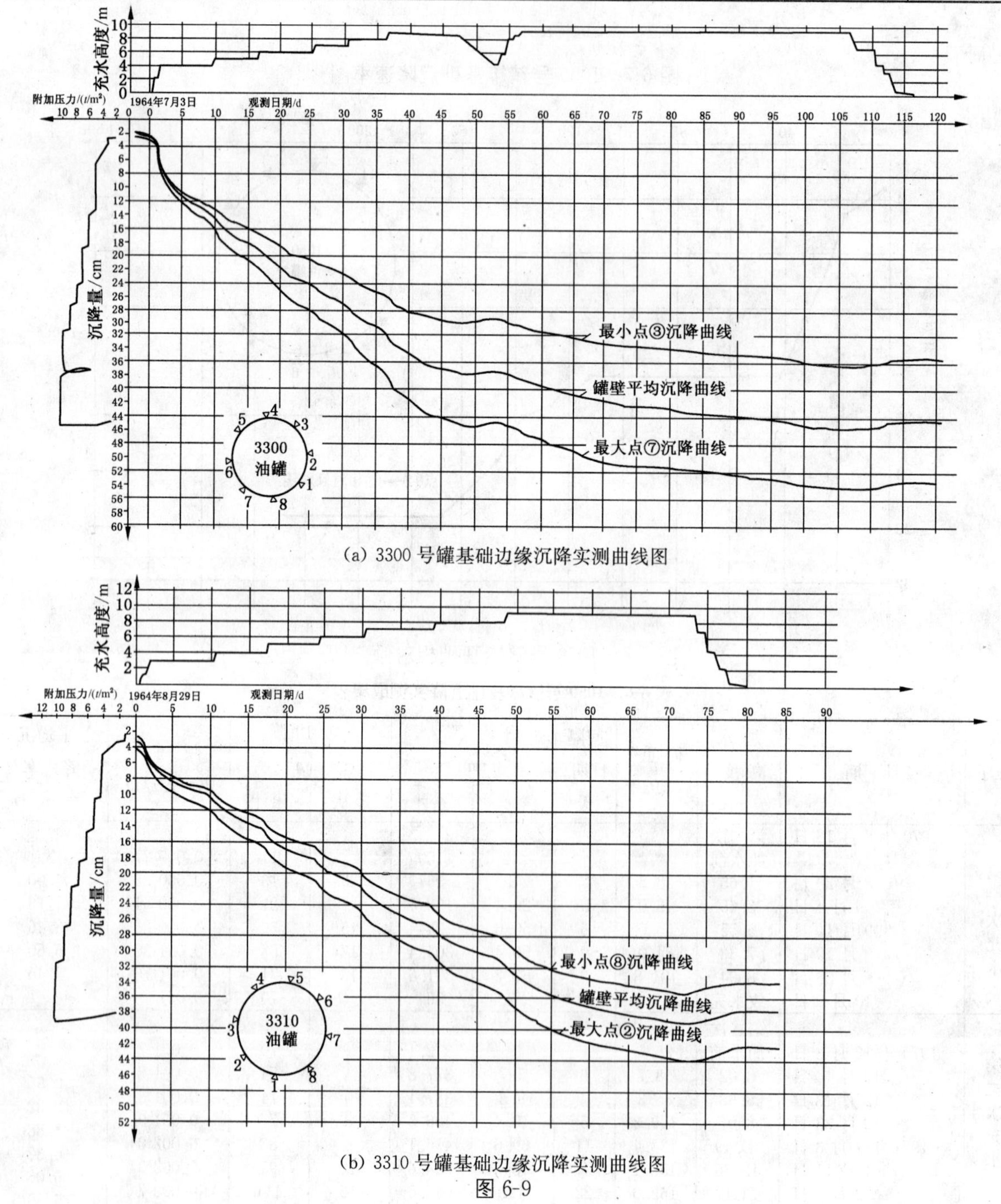

(a) 3300 号罐基础边缘沉降实测曲线图

(b) 3310 号罐基础边缘沉降实测曲线图

图 6-9

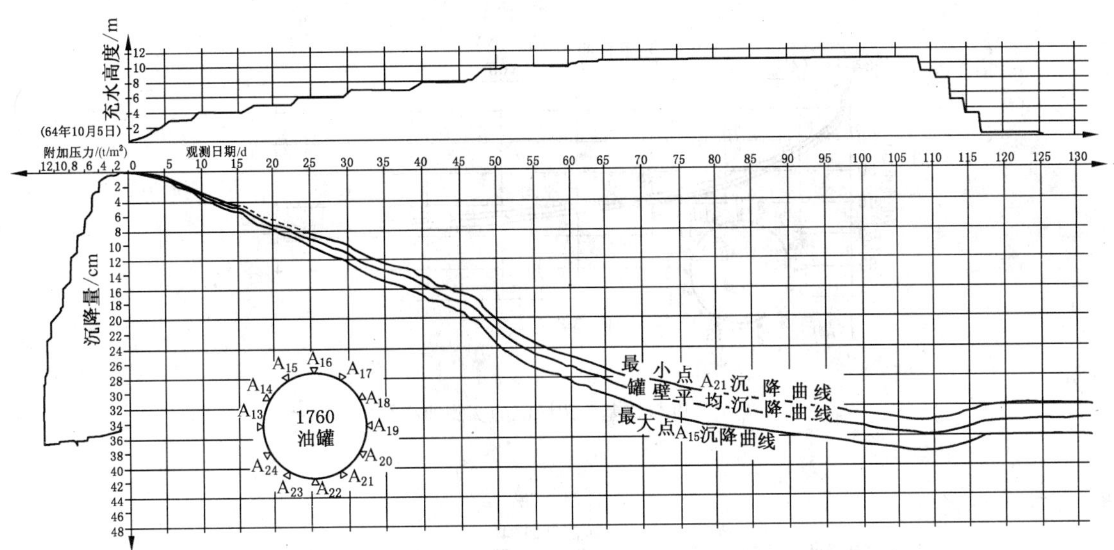

（c）1760 号罐基础边缘沉降实测曲线图

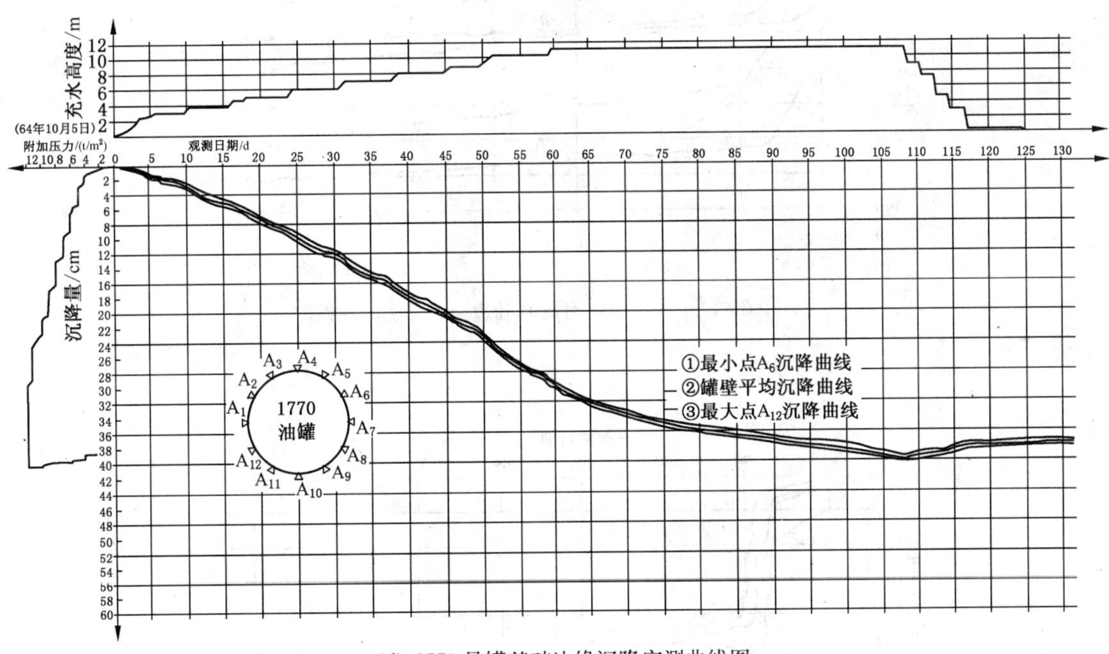

（d）1770 号罐基础边缘沉降实测曲线图

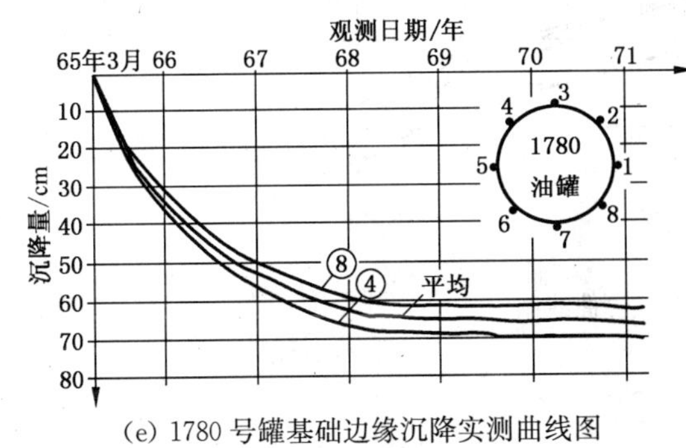

（e）1780 号罐基础边缘沉降实测曲线图

（f）1790 号罐基础边缘沉降实测曲线图

续图 6-9

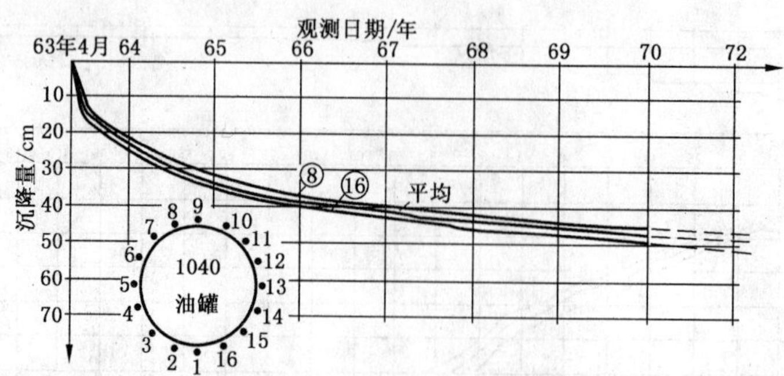

(g) 1040 号罐基础边缘沉降实测曲线图

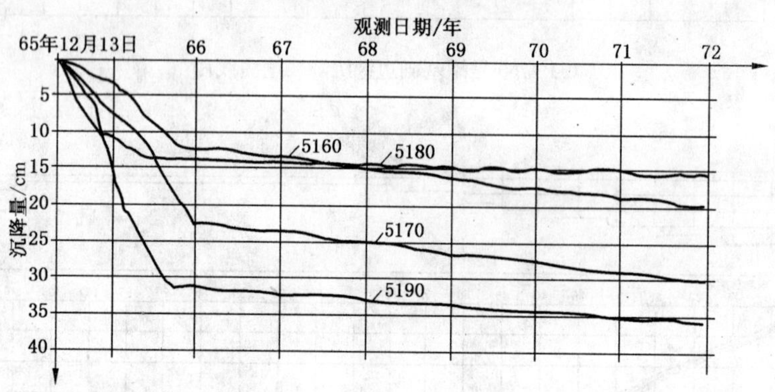

(h) 5160、5170、5180、5190 号罐基础边缘沉降实测曲线图

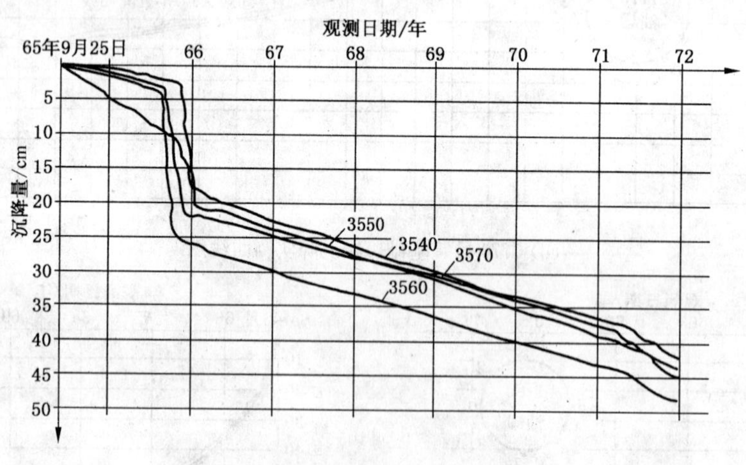

(i) 1040 号罐基础边缘沉降实测曲线图

续图 6-9

表 6-7　22 台储罐基础沉降实测汇总表

序号	储罐编号	油罐容积/m^3	油罐尺寸/m		最大荷重/kPa	观测时间	基础边缘沉降			基础倾斜	充水后/稳定沉降/沉降/%	备注
			直径 D	高度 H			最大	最小	平均	$K=\Delta s/D$		
1	3 300	1 000	12.01	9.6	119	3 年 2 个月	61.4	41.5	51.0	0.016 5	86	无力矩顶
2	3 310	1 000	12.01	9.6	119	3 年 2 个月	51.0	41.2	45.6	0.008 2	82	无力矩顶
3	1 770	3 000	19.18	11.74	128	6 年 4 个月	61.2	57.2	59.1	0.002 1	66	无力矩顶
4	1 760	3 000	19.18	117.4	128	6 年 4 个月	—	—	56.9	—	63	无力矩顶
5	1 780	2 000	15.97	117.4	130	5 年 11 个月	66.2	63.0	64.2	0.002 0	27	拱 顶
6	1 790	2 000	15.97	117.4	130	5 年 11 个月	71.0	62.9	66.4	0.005 0	20	拱 顶
7	1 800	2 000	15.97	117.4	130	4 年	54.8	49.4	52.7	0.003 4	67	拱 顶
8	1 810	2 000	15.97	117.4	130	4 年	66.9	55.6	60.8	0.007 0	44	拱 顶
9	3 420	1 000	12.08	9.6	119	5 年 3 个月	34.5	29.8	27.5	0.003 6	68	拱 顶
10	3 430	1 000	12.08	9.6	119	5 年 3 个月	61.3	42.2	51.7	0.013 8	65	拱 顶
11	3 500	2 000	15.97	11.74	115	4 年	34.7	25.5	31.2	0.005 8	56	拱 顶
12	3 510	2 000	15.97	11.74	115	4 年	36.1	31.2	34.2	0.002 4	67	拱 顶
13	3 540	2 000	15.97	11.74	115	6 年	52.5	38.4	45.3	0.009 0	44	无力矩顶
14	3 550	2 000	15.97	11.74	115	6 年 3 个月	47.1	40.2	43.9	0.004 4	48	无力矩顶
15	3 560	2 000	15.97	11.74	115	6 年 3 个月	52.5	44.1	48.9	0.005 4	55	无力矩顶
16	3 570	2 000	15.97	11.74	115	6 年 3 个月	47.4	36.4	42.1	0.007 0	53	无力矩顶
17	5 160	1 000	12.08	9.6	112	6 年 10 天	22.3	13.7	19.1	0.007 0	62	无力矩顶
18	5 170	1 000	12.08	9.6	112	6 年 10 天	38.3	20.6	29.5	0.014 4	70	无办矩顶
19	5 180	1 000	12.08	9.6	112	6 年 10 天	19.6	10.0	14.5	0.006 0	83	无力矩顶
20	5 190	1 000	12.08	9.6	112	6 年 10 天	40.5	30.8	35.4	0.007 9	83	无力矩顶
21	1 040	10 000	34.3	11.9	129	9 年 3 个月	50.1	47.3	48.8	0.000 8	/	桁架顶
22	1 050	20 000	40.65	15.89	171	7 年 7 个月	112.3	99	103.5	0.003 3	60	浮 顶

注：1050 号罐基础的中心沉降是 160.7 cm，基础边缘平均沉降为中心沉降的 0.64 倍。

从这些图和表中可知，由于各台储罐基础的直径不同，荷载有大小，土质有差异，储罐充水预压的控制加荷速率也不一致，所以各台储罐基础的实测沉降量有显著差别，目前这些储罐基础经过 4～9 年时间的沉降观测，绝大部分基础已逐步趋向稳定。各储罐基础的实测边缘平均沉降量是 14.5～103.5 cm，基础的相对倾斜为 0.000 8～0.016 5。1050 号储罐在充水予压后，基础中心沉降为 96.1 cm，边缘沉降为 64.26 cm，到 1973 年 2 月 19 日储罐经过 2 年的装油投产使用，基础的中心沉降为 132.6 cm，边缘沉降为 93.1 cm，直至 1975 年 8 月实测（装油使用 4 年 6 个月），基础中心沉降达 160.7 cm，边缘平均沉降达 103.5 cm，实测基础沉降尚未最后稳定。根据实测推算，基础最终沉降在中心处为约为 184 cm，边缘沉降约为 105 cm，故充水预压期的基础沉降约为稳定沉降的 50%～60%，投产四年六个月，基础沉降已完成最终沉降的 80%～90%。这些储罐的使用完全正常。实践说明在软弱的吹填土上，采用充水予压和控制沉降速率的方法，使储罐这类构筑物可以不受地基强度的限制，可按变形设计基础，不但在计算沉降小于允许沉降时，可以采用比地基强度大的基础底面计算压力，就是在计算沉降大于允许沉降，但经过分析不致于危害上部构筑物，控制好预压加荷的速度和基础沉降的速率，同样可以采用比地基强度大得多的基础底面计算压力。这次 1050 号储罐基础的设计地基压力是 171 kPa，比现场勘察试验提供的地基临塑强度大 2.4 倍，其他储罐基础的设计地基压力也比临塑强度大 1～2 倍。

根据实测分析，储罐基础沉降和不均匀沉降的发展，同土层构造密切有关，例如表 6-7 中两台3300、3310 号油罐基础，容积 1 000 m^3，基础直径 12.2 m，地基计算压力为 109 kPa，罐址原系池塘，在 1962 年间用水力吹填。储罐基础完全置于吹填土层上。经钻探查明，吹填土底部有一层软弱的塘底污泥，西面厚，东面薄，因而基础沉降比其他罐大，而基础的倾斜也是由东边向西边发展。又如 1050 号储罐基础，建在黄浦江古河道上，于 1911 年后由自然和人为淤积充填，在 1962 年又经水力吹填表层形成了厚度为 4～5 m 的吹填土层。在吹填前，原有地面表层为一层黄褐色亚黏土。在储罐基础南面，此层土大部分均因吹填时筑堤围堰而挖去，但在北面地基内则仍保留着，因而形成吹填土在北面薄而南面厚。所以1050号储罐基础的沉降是南边大而北边小，基础的倾斜也是由北向南发展。

另外，从各储罐基础的实测沉降曲线中可以看出，最大最快的沉降量产生在充水加荷时，充水一经停止，沉降速率迅速降低，如1050号储罐基础在第一次充水时，充水高度从5.55 m加到7.33 m后，第一天沉降速率是24.5 mm/d，到第三天显著减少到8.05 mm/d，这次1050号罐基础，由于边安装油罐边充水预压地基，地基未按控制的沉降速率进行加荷，因而储罐投产十个月后的基础沉降就比充水预压时的沉降增加了30%左右，又如1780、1790号罐基础，由于当时未按控制沉降速率的要求进行加荷，所以充水予压时的沉降仅为基础稳定沉降的20%～27%。3300、3310号罐由于按控制沉降速率进行加荷(控制罐壁沉降有半数以上小于5 mm/d时，再加下一级荷载)，所以充水预压时的沉降为基础稳定沉降的82%～86%，说明充水预压效果显著。实测证明对充水过急和控制沉降速率放宽，都会造成基础早期的过大沉降和不均匀沉降的开展，也直接影响到后期不均匀沉降的发展。在充水预压完后卸荷时，也不宜卸荷太快，否则将使地基产生较大的回弹变形，也影响预压数果。

(3) 深层土变形实测及分析

1050号储罐基础深层变形实测成果见图6-10和表6-8。从图和表中可知，随着上部荷载的增加，各分层土的沉降也随之增加，当上部卸荷时各分层土的沉降也随之减小。在储罐充水预压期间上部新吹填土层的实测压缩量达20.36 cm，占基础边缘总沉降的37%，在吹填土层以下的压缩量是43.9 cm，占基础边缘平均沉降的63%。实测在地面下36 m左右的各层土均有不同的压缩变形，根据罐充水预压到投产3年10个月后的实测成果，绘制了地基变形的分布曲线(见图6-11)。从表6-9可见，随着时间的延长，各层土的变形均有增加，但地基变形的影响深度没有向更深的土层发展。

根据实测成果进行分析说明(见表6-9)。充水预压到投产进油4年6个月，地基内土的压缩变形。在上部土层中的变形占基础边缘沉降的百分比减小，而下部土层中土的变形占基础边缘沉降的百分比增大。随着时间的推移各层土的变形稍有增加，变形的实际影响深度到基础底面下36.2 m左右为止，到第四层灰绿色和褐黄色亚黏土层内变形就很小，说明1050与罐地基变形的影响深度不到一个D(D为基础的直径)。按照实测我们认为地基内压缩层的影响深度主要同土层构造和土的压缩特性，以及基础尺寸和附加压力的大小等因素密切有关。到目前为止还没有一个合理的确定方法。一般常用的以附加压力与土的自重压力的比例关系，即在软土上以$p_z=0.1\ p_a$来确定压缩层深度的方法，是一个纯经验公式，缺乏理论依据，它的最大缺点是没有考虑到土层构造和性质。根据我们对一般大直径储罐基础的实测，在上海地区，可以考虑以第四层暗绿色和褐黄色亚黏土附近，为地基的有效压缩层深度的下限。

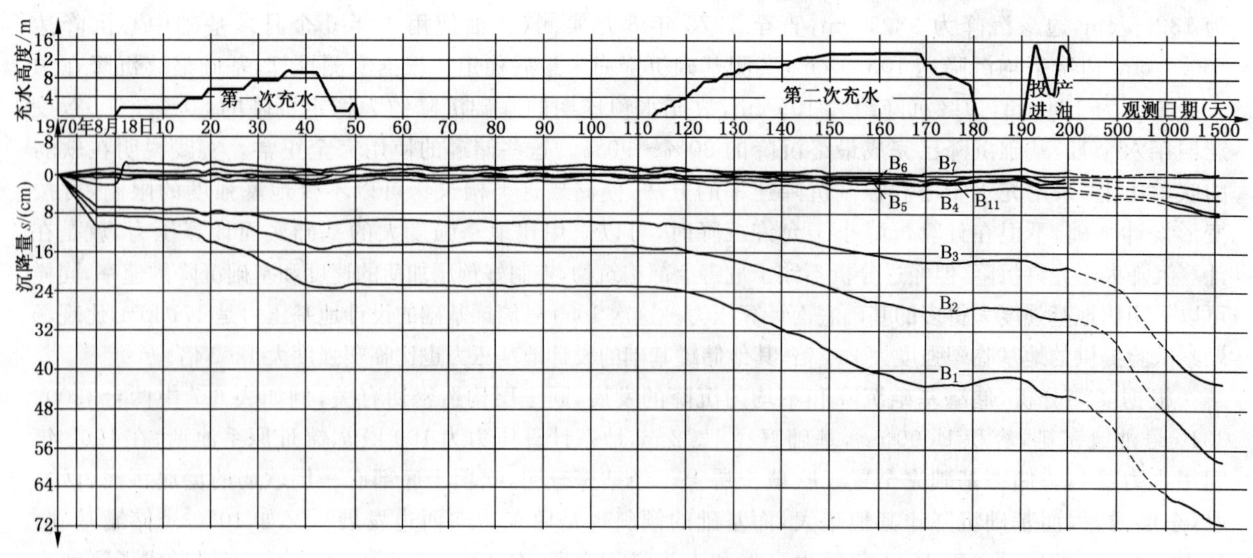

图6-10　1050号储罐基础深层土变形实测图

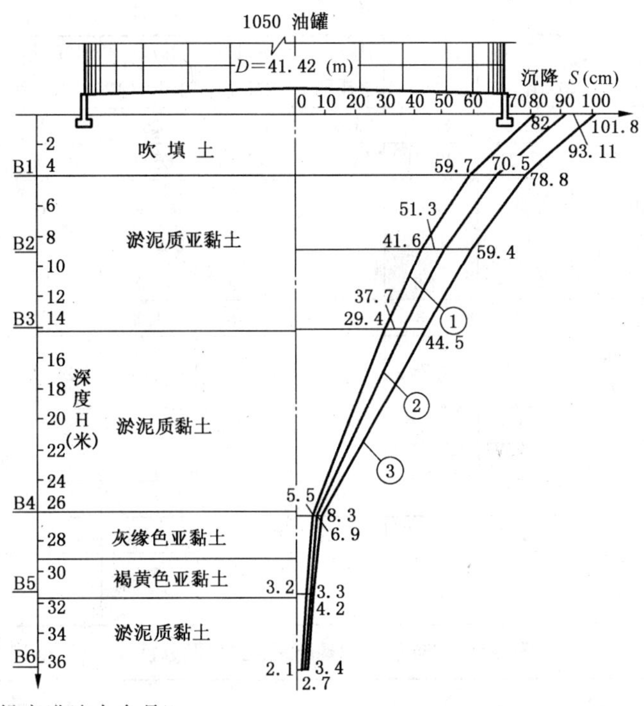

① 1971 年 12 月 6 日(投产进油十个月)；

② 1973 年 2 月 14 日(投产进油二年)；

③ 1974 年 12 月 23 日(投产进油三年十个月)。

图 6-11　1050 号罐地基变形分布曲线图

表 6-8　1050 号储罐基础深层土变形实测成果表

日期				1970年12月8日	1970年12月18日	1970年12月23日	1971年1月3日	1971年2月27日	1971年12月6日	1973年2月14日	1974年12月23日	1975年8月22日
荷载/kPa				28.5	85.3	109.2	133.4	154	141	152	97.4	92.2
基础边缘平均沉降/cm				37.21	38.71	40.65	47.61	65.16	82.05	93.11	101.86	103.5
分层标杆沉降实测	编号	项目	埋深/m									
	B1	实测/cm	4	23.4	24.7	26.3	31.2	45.3	59.7	70.5	78.8	80.1
		占基础平均沉降/%		63	64	64.6	65.5	69.4	72.6	75.6	77.5	77.5
	B2	实测/cm	9	15.2	16.1	17.1	20	29.5	41.6	51.3	59.4	60.7
		占基础平均沉降/%		40.8	41.6	42	42	45.2	51.6	55.1	58.4	58.6
	B3	实测/cm	14	10.3	11.0	11.6	13.1	19.4	29.4	37.7	44.5	45.7
		占基础平均沉降/%		27.6	28.4	28.5	27.5	29.7	36.5	40.4	43.7	44.1
	B4	实测/cm	26.3	1.3	1.7	2.0	2.2	4.0	5.5	6.9	8.3	8.6
		占基础平均沉降/%		3.5	4.4	4.9	4.6	6.1	6.8	7.4	8.1	8.3
	B5	实测/cm	31.2	0.6	0.8	1.0	1.2	2.2	3.2	3.3	4.2	4.4
		占基础平均沉降/%		1.60	2.06	2.45	2.50	3.37	3.98	3.5	14.1	4.25

续表 6-8

日期				1970 年 12 月 8 日	1970 年 12 月 18 日	1970 年 12 月 23 日	1971 年 1 月 3 日	1971 年 2 月 27 日	1971 年 12 月 6 日	1973 年 2 月 14 日	1974 年 12 月 23 日	1975 年 8 月 22 日
荷 载/kPa				28.5	85.3	109.2	133.4	154	141	152	97.4	92.2
基础边缘平均沉降/cm				37.21	38.71	40.65	47.61	65.16	82.05	93.11	101.86	103.5
分层标杆沉降实测	编号	项目	埋深/m									
	B6	实测/cm	36.2	0.2	0.3	0.5	0.6	1.3	2.1	2.7	3.4	3.6
		占基础平均沉降/%		0.54	0.78	1.23	1.26	2.00	2.60	2.9	3.3	3.47
	B7	实测/cm	41.8	−0.7	−1.0	−0.2	−0.3	−0.1	0.1	—	—	—
		占基础平均沉降/%		—	—	—	—	—	—	—	—	—
	B11	实测/cm	61.2	−1.2	−1.1	−0.5	−0.1	−2.5	2.5	—	—	—
		占基础平均沉降/%		—	—	—	—	—	—	—	—	—

表 6-9　1050 号储罐基础深层土变形分析表

日期	阶　段	项目	地　基　深　度				
			地面～4 m	4～9 m	9～14 m	14～26.3 m	26.3～31.2 m
1971 年 2 月 2 日	第二次充水结束	每米厚度的土层内垂直压缩/(cm/m)	5.09	3.07	1.02	1.19	0.35
		占基础边缘沉降的百分比/%	31.7	23.6	15.7	22.7	2.6
1971 年 12 月 6 日	投产进油十个月	每米厚度的土层内垂直压缩/(cm/m)	5.59	3.62	2.44	1.94	0.47
		占基础边缘沉降的百分比/%	27.3	22.1	14.9	29.1	2.8
1973 年 2 月 14 日	投产进油二年	每米厚度的土层内垂直压缩/(cm/m)	5.66	3.84	2.72	2.50	0.774
		占基础边缘沉降的百分比/%	24.3	20.6	14.6	33.1	3.86
1974 年 12 月 23 日	投产进油三年十个月	每米厚度的土层内垂直压缩/(cm/m)	5.78	3.88	2.98	2.94	0.84
		占基础边缘沉降的百分比/%	22.7	19.1	14.65	33.6	4.03
1975 年 8 月 22 日	投产进油四年六个月	每米厚度的土层内垂直压缩/(cm/m)	5.78	3.88	3.00	3.01	0.86
		占基础边缘沉降的百分比/%	22.4	18.8	14.50	35.9	4.06

为了校核三维沉降法与实测结果是否一致，我们将 1050 号罐的分层土沉降实测与计算结果进行对比，见图 6-12。从图中可见 1050 号罐基础，经过充水预压之后，上部土层（第一层吹填土和第二层淤泥质亚黏土）的固结已基本完成。因此从 1971 年 12 月 6 日（投产装油十个月）到 1974 年 12 月 23 日（投产装油三年十个月），在此期间上部土层已基本没有沉降，而且和三维沉降法计算一致，目前反映出来的基础沉降，主要是下部土层的压缩和固结，这充分说明充水预压的效果较好。

（4）基础周围地表土变形实测及分析

1050 号罐基础周围地表土变形实测成果见图 6-13、图 6-14 和表 6-10。

从图 6-13、图 6-14 和表 6-10 中可见，随着与储罐基础距离的增加，地表土变形逐渐衰减，当地表土变形观测点距离储罐基础 0.5 倍 D 以内时(D 为基础直径)，变形随距离的衰减很快，曲线很陡，而当距离储罐基础 0.5 倍 D 以上时，变形随距离的衰减就较慢，变形曲线就平缓了。根据实测，当 l/D(l 为地表土变形观测点离储罐基础边的距离)在 0.5 范围以内时，地表土变形占基础边缘沉降的 58.8%～2.84%，而当 l/D 在 0.5～1.0 范围内时，地表土变形占基础边缘沉降的 4.4%～2.7%。另外，3310 号和 1760 号储罐基础以外的实测地表土变形也示出上述规律，见图 6-15～图 6-17 和表 6-11。从图和表中分析可知，储罐基础的影响范围，与基础荷重的大小、基础的尺寸、土质条件以及基础之间的距离等许多条件有关。例如 3310 号储罐基础 D=12.01 m，当 l/D 在 0.054 至 0.22 范围内，地表土变形占罐壁沉降百分比是 42.7%～14.6%；而 1760 号罐基础 D=19.18 m，当 l/D 在 0.052 至 0.26 范围内，地表土变形占罐壁沉降百分比是 59%～19.5%。显然是荷重愈大、基础的直径愈大，则表土变形的影响也大。1050 号储罐比 1760 号储罐大，故地表土变形的绝对值也比 1760 号储罐的大。根据我们实测的地表土变形规律，在吹填土上，当相邻储罐基础的净距在1 倍基础宽度以上时，相邻基础的影响所引起基础的不均匀沉降就不大，可以不予考虑。

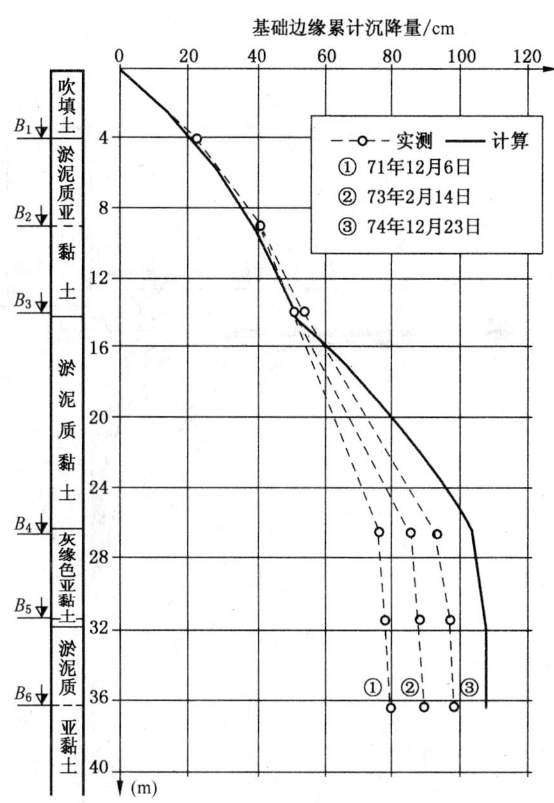

图 6-12　1050 号储罐基础边缘实测沉降与理论计算对比图

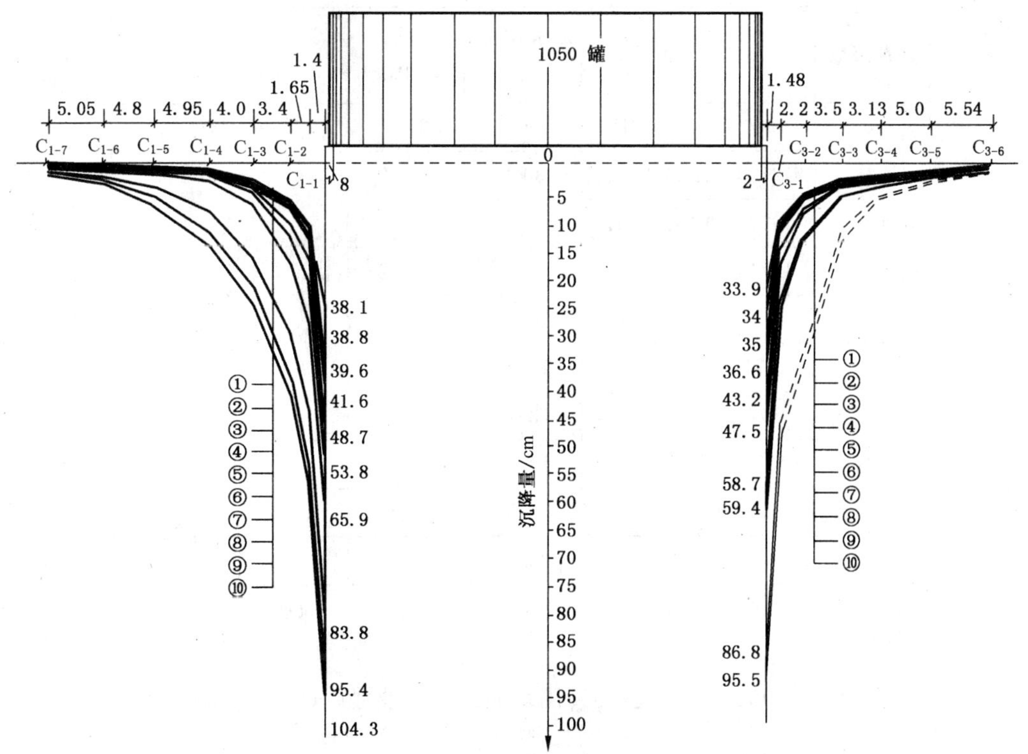

图 6-13　1050 号储罐基础周围地表土变形曲线图(C_1～C_3 轴线)

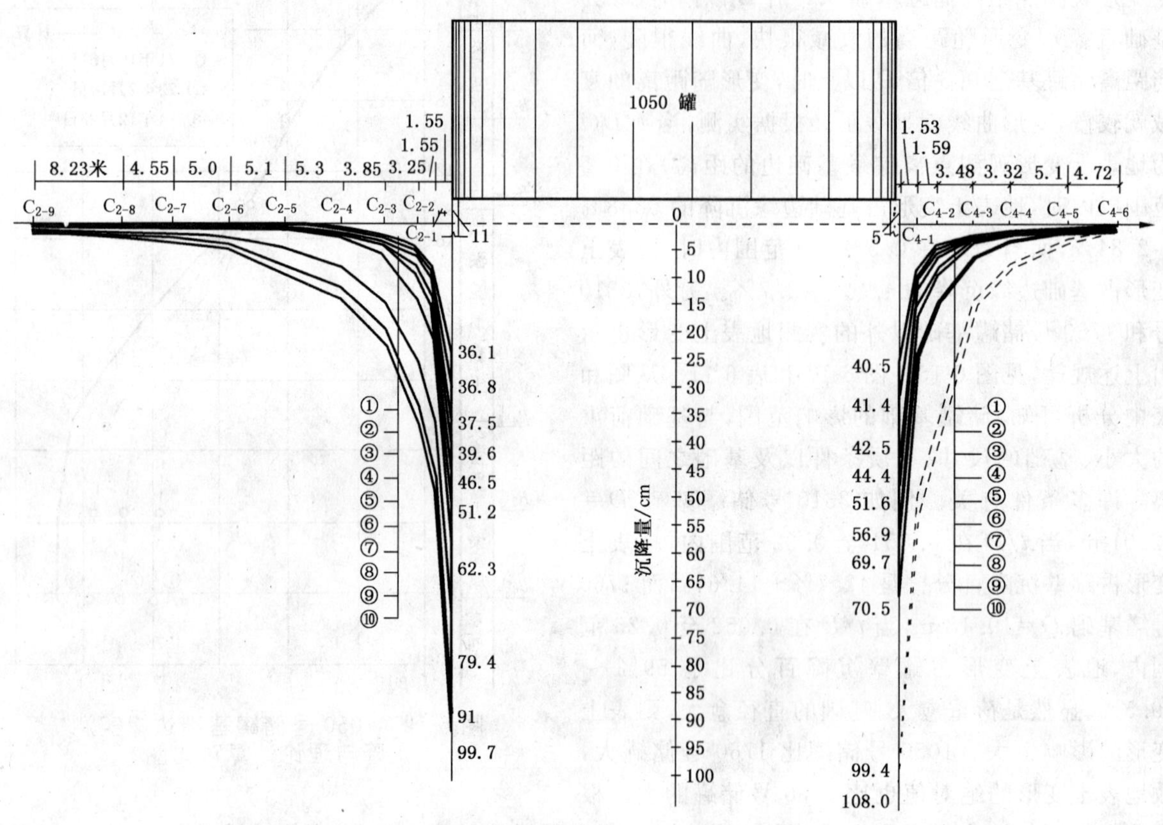

说明

加荷级数	日　期	加水高度/m	荷重/kPa	备　注
1	1970 年 12 月 8 日	0	28.5	第一次试水完
2	1970 年 12 月 14 日	30.2	58.7	第二次试水
3	1972 年 12 月 18 日	5.68	85.3	
4	1971 年 12 月 23 日	8.07	109.2	
5	1971 年 1 月 3 日	10.49	133.4	
6	1971 年 1 月 11 日	12.36	152.1	
7	1971 年 2 月 2 日	13.17	160.2	
8	1971 年 12 月 6 日	13.73	141	投产 10 个月
9	1973 年 2 月 4 日	14.55	152	投产 2 年
10	1974 年 2 月 22 日	2.3	48.5	投产 3 年
11	1974 年 12 月 23 日	7.8	97.4	投产 3 年 10 个月

图 6-14　1050 号储罐基础周围地表土变形曲线图(C_2～C_4 轴线)

表 6-10　1050 号储罐基础地表土变形实测成果表

mm

地表测点编号			C_{2-1}～C_{2-9}										C_{1-1}～C_{1-7}							
			罐壁点⑪	C_{2-1}	C_{2-2}	C_{2-3}	C_{2-4}	C_{2-5}	C_{2-6}	C_{2-7}	C_{2-8}	C_{2-9}	罐壁点⑧	C_{1-1}	C_{1-2}	C_{1-3}	C_{1-4}	C_{1-5}	C_{1-6}	C_{1-7}
离基础边距离 L/m				1.55	3.1	6.35	10.2	15.5	20.6	25.6	30.16	38.38		1.4	3.05	6.45	10.45	15.4	20.2	25.25
L/D				0.038	0.076	0.155	0.25	0.38	0.5	0.625	0.735	0.934		0.034	0.075	0.157	0.255	0.375	0.492	0.616
日　期	加水高度/m	荷重/kPa																		
1970 年 12 月 8 日	第一次试水完	28.5	36.1	8.1	4.4	2.4	1.2	0.8	0.4	0.3	0.3	0.3	38.1	10.4	6.1	2.5	0.9	0.4	0.2	0.1
1970 年 12 月 18 日	5.68	85.3	37.5	8.9	5.2	2.6	1.3	1.0	0.6	0.8	0.6	0.3	39.6	11.7	6.7	3.0	1.4	0.7	0.2	0.1
1970 年 12 月 23 日	8.07	109.2	39.6	10.1	5.9	3.0	1.5	1.2	0.8	0.8	0.6	0.4	41.6	13.1	7.6	3.5	1.6	0.9	0.3	0.3
1971 年 1 月 3 日	10.49	133.4	46.5	13.6	7.8	3.8	1.8	1.2	0.8	0.6	0.7	0.5	48.7	17.1	10.1	4.0	1.6	0.9	0.3	0.3
1971 年 1 月 11 日	12.36	152.1	51.2	15.5	9.0	4.0	1.9	1.3	0.5	0.6	0.5	0.3	53.8	20.1	12.0	4.6	1.6	0.9	0.3	0.3
1971 年 2 月 27 日	投产进油 14.7	154	63.4	22.6	14.0	6.4	2.8	1.6	0.7	0.6	0.5	0.4	67.1	28.8	18.3	7.6	2.8	1.5	0.9	0.6
1971 年 12 月 3 日	13.73	141	79.4	36.1	25	14.3	8.1	4.4	2.7	2.1	1.8	1.4	83.8	43.7	30.5	16.0	8.1	4.1	2.2	1.6
1973 年 2 月 14 日	2.3	48.5	91	45.2	32.9	19.6	11.7	8.8	3.9	2.6	2.2	1.4	95.4	53.1	38.6	21.9	11.9	5.8	2.5	1.4
1974 年 12 月 23 日	7.8	97.4	99.7	53	39.9	25.2	16.1	12.4	6.2	5.6	3.5	2.4	104.3	61.1	45.8	27.4	16.3	9.0	4.6	2.8
1975 年 8 月 22 日	7.15	92.2	101	54	40.9	25.9	16.8	13	6.6	5.7	3.8	2.5	105.4	62.1	46.7	28.3	16.8	9.3	5.0	3.0

续表 6-10

mm

地表测点编号 / 日期	加水高度/m	荷重/kPa	C_{4-1}～C_{4-6}							C_{3-1}～C_{3-6}						
			罐壁点⑤	C_{4-1}	C_{4-2}	C_{4-3}	C_{4-4}	C_{4-5}	C_{4-6}	罐壁点②	C_{3-1}	C_{3-2}	C_{3-3}	C_{3-4}	C_{3-5}	C_{3-6}
离基础边距离 L/m				1.53	3.12	6.6	9.92	15.02	19.74		1.48	3.68	7.18	10.31	15.31	20.85
L/D				0.037	0.076	0.16	0.24	0.367	0.48		0.036	0.09	0.175	0.252	0.374	0.51
1970年12月8日	第一次试水完	28.5	40.5	8.8	4.5	1.8	1.1	0.5	0.3	33.9	9.2	4.5	2.2	1.5	1.0	0.5
1970年12月18日	5.68	85.3	42.2	9.8	5.4	2.3	1.4	0.7	0.5	35.0	9.8	5.1	2.6	1.8	1.2	0.6
1970年12月23日	8.07	109.2	44.4	11.2	6.1	2.6	1.6	0.8	0.5	36.6	10.7	5.5	2.7	1.8	1.2	0.6
1971年1月3日	10.49	133.4	51.6	14.6	8.1	3.2	1.7	0.8	0.5	43.2	14.7	7.2	3.1	1.8	1.3	0.6
1971年1月11日	12.36	152.1	56.9	17.0	9.4	3.3	1.7	0.8	0.5	47.5	17.2	8.2	3.5	2.7	1.3	0.6
1971年2月27日	投产进油 14.7	154	70.5	24.7	14.9	5.9	3.2	1.6	1.2	59.4	24.8	12.5	5.4	8.5	2.2	1.3
1971年12月6日	13.73	141	88.5	40.5	28.3	—	—	—	—	75.9	—	24.9	—	—	—	—
1973年2月14日	2.30	48.5	99.4	49.2	35.7	—	—	—	—	86.8	—	31.6	—	—	—	—
1974年12月23日	7.80	97.4	108.0	57.1	42.5	—	—	—	—	95.5	—	38.3	—	—	—	—

表 6-11 储罐基础周围地表土变形分析表

油罐编号	项目	地表土变形分析																	
3310号罐	地表测点编号	罐壁点⑤	5^1	5^2	5^3	5^4	5^5	5^6	5^7	5^8	罐壁点⑦	7^1	7^2	7^3	7^4	7^5			
	离基础边距离 L/m	33.5	0.65	1.6	2.7	4.7	7.95	10.95	14.2	17.2	33.9	0.65	1.56	2.8	4.8	7.9			
	L/D(D=12.01 m)		0.054	0.13	0.22	0.39	0.65	0.9	1.17	1.4		0.054	0.13	0.23	0.4	0.65			
	试水时沉降/cm		15.15	8.75	5.15	2..65	0.6	0.4	0.25	0.35		15.4	9.0	4.9	2.25	1.2			
	地表变形占罐壁沉降的百分比/%		42.7	24.8	14.6	7.5	1.7	1.13	0.71	−1		45.6	2.6.7	14.5	6.7	0.93			
1760号罐	地表测点编号	罐壁点①	C_1^1	C_1^2	C_1^3	C_1^4	C_1^5	C_1^6	C_1^7	C_1^8	罐壁点④	C_2^1	C_2^2	C_2^3	C_2^4	C_2^5	C_2^6	C_2^7	
	离基础边距离 L/m	37.9	1.0	2.0	3.0	5.0	7.0	10	16	20	37.9	1.0	2.0	2.0	5.0	7.0	10	15	
	L/D(D=19.18 m)		0.052	0.104	0.157	0.26	0.365	0.52	0.78	1.04		0.052	0.104	0.157	0.26	0.365	0.52	0.78	
	试水时沉降/cm		22.4	15	10.9	7.4	—	3.8	1.6	9		21.5	13.7	10.0	6.9	5.5	4.0	3.6	
	地表变形占罐壁沉降的百分比/%		59	39.6	28.8	19.5	—	10	4.2	2.4		57	36.3	26.5	18.3	14.5	10.6	9.5	
1050号罐	地表测点编号	罐壁点⑩	C_{2-1}	C_{2-2}	C_{2-3}	C_{2-4}	C_{2-5}	C_{2-6}	C_{2-7}	C_{2-8}	C_{2-9}	壁罐点⑧	C_{1-1}	C_{1-2}	C_{1-3}	C_{1-4}	C_{1-5}	C_{1-6}	C_{1-7}
	离基础边距离 L/m	101	1.55	3.1	6.35	10.2	15.5	20.6	25.6	3.16	88.38	105.4	1.4	3.05	6.45	10.45	15.4	20.2	25.25
	L/D(D=40.63 m)		0.038	0.076	0.155	0.25	0.38	0.5	0.625	0.735	0.935		0.034	0.075	0.167	0.255	0.375	0.492	0.616
	试水时沉降/cm		54	40.9	25.9	16.8	13	6.6	5.7	3.8	2.5		62.1	46.7	28.3	16.8	9.3	5.0	3.0
	地表变形占罐壁沉降的百分比/%		53.4	40.4	25.6	16.6	12.9	6.54	5.65	3.76	2.47		58.8	44.2	26.8	15.9	8.84	4.74	2.84

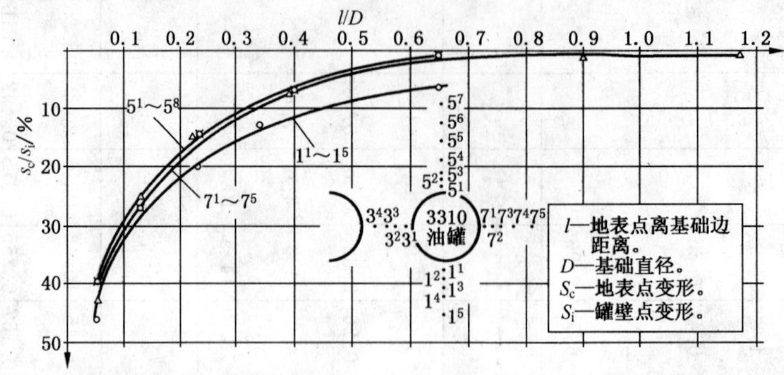

图 6-15　3310 号储罐基础地表土变形占罐壁沉降的百分比分析图

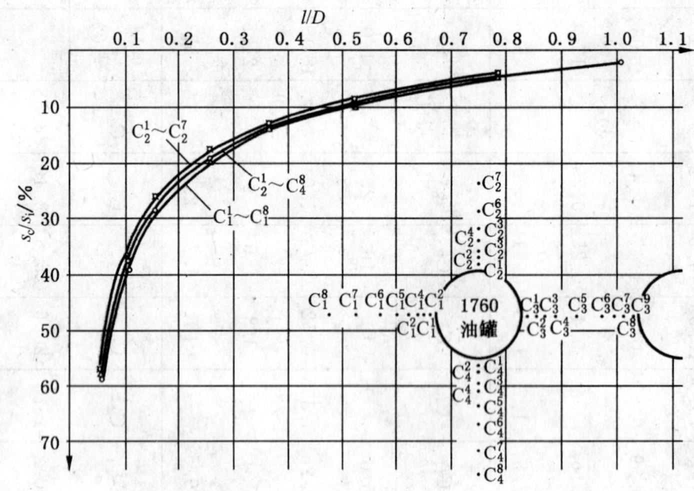

图 6-16　1760 号储罐基础地表土变形占罐壁沉降的百分比分析图

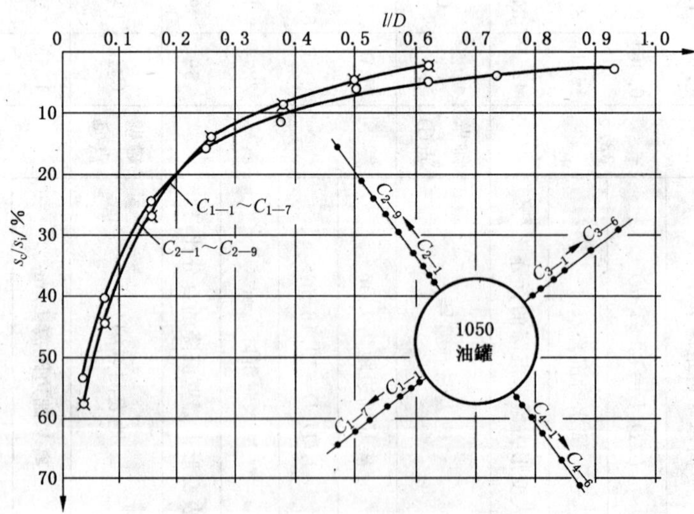

图 6-17　1050 号储罐基础地表土变形占罐壁沉降的百分比分析图

（5）储罐底板变形实测及分析

在 1050 号储罐底板上埋设了 3 个测点（D_1、D_2、D_3），利用远视沉降仪测量底板变形。在罐充水试验时，因为有的管道堵塞，所以只有 D_2 点测到罐底板变形的数据。以后，我们在储罐第一次及第二次充水试验后，利用罐浮顶的降落，用水准仪进行了底板变形的测量。同时又在储罐第二次充水试验和投产进油时，利用储罐顶板上的人孔，直接用量油钢尺测量底板的变形。此法比较精确，现根据储罐底板实测的变形，选择几个具有代表性的数据列于下表 6-12，并将其实测成果画成储罐底板变形曲线见图 6-18。

表 6-12　1050 罐底板变形实测成果表

编号	日　　期	加水高度/m	荷重/kPa	油罐底板各点变形/cm							
				罐壁⑪	a	b	a′	c	c′	中央人孔	d
①	1970 年 12 月 8 日	0	28.5	36.1	47.6	53.9	70		57.6	53.8	56.2
②	1971 年 1 月 15 日	13.2	160.5	54.3						86.5	
③	1971 年 2 月 19 日	0	28.5	60.3	78.3	88.1		91.8		95.6	96.1
④	1971 年 12 月 6 日	进油 13.73	141	79.4						122.7	
⑤	1975 年 8 月 22 日	7.15	92.2	101	113.2	130.0		145.1		160.7	
测点离罐中心距离（m）				20.59	14.32	9.32	5.9	5.12	4.1	2.3	1.87

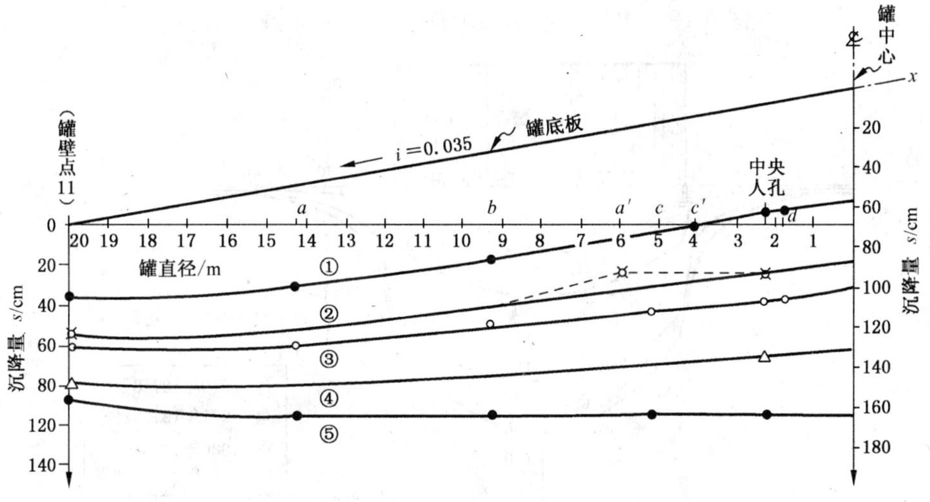

图 6-18　1050 号储罐底板变形实测曲线图

从图 6-18 可知，罐底板各点的变形值随压力的增加而增大，罐放空后略有回弹。根据各级荷重下的罐底板变形曲线，可以认为罐中心点沉降到边缘点的沉降是中间大而边缘小，底板变形曲线大体上具有一个向下凹的形状，从罐中心到边缘，变形曲线有逐渐递减的趋势。

根据图 6-18 中 4 条变形曲线，得出罐底板边缘的沉降量与罐底中点沉降量的比值分别为 0.67、0.62、0.63 及 0.64，这同按弹性理论计算得出的圆形均布荷载下周边上的沉降与中点的沉降比值为 0.637 的数值甚为接近，说明像储罐这类的底板变形，可以按柔性基础计算。

我们对 1050 号罐底板变形的实测资料进行分析，可以进一步说明罐地基变形的分布规律与直线变形体理论基本符合。储罐地基土层在相当深度内都是比较均匀的具有高压缩性的饱和黏土与亚黏土，可以看作半空间无限体。根据实测数值得出罐底板与周围地表的变形分布曲线见图 6-20（实线）。根据直线变形体理论，柔性圆形基础加荷时地基土的表面变形可按图 6-19 中公式计算求得，其结果见图 6-20中虚线所示。

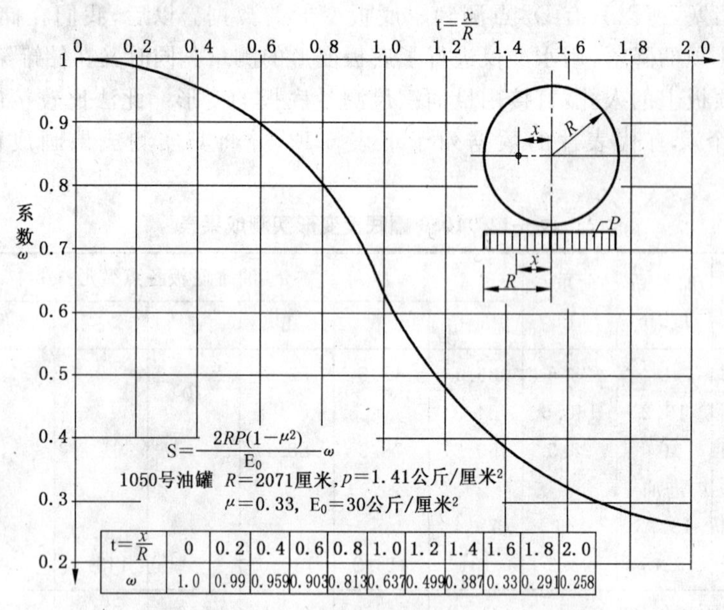

t=x/R	0	0.2	0.4	0.6	0.8	1.0	1.2	1.4	1.6	1.8	2.0
ω	1.0	0.99	0.959	0.903	0.813	0.637	0.499	0.387	0.33	0.291	0.258

(1050 号储罐 $R=2071$ cm，$p=14.1$ MPa，$\mu=0.33$，$E_0=30$ MPa)

图 6-19 柔性圆形基础地基表面变形计算曲线图

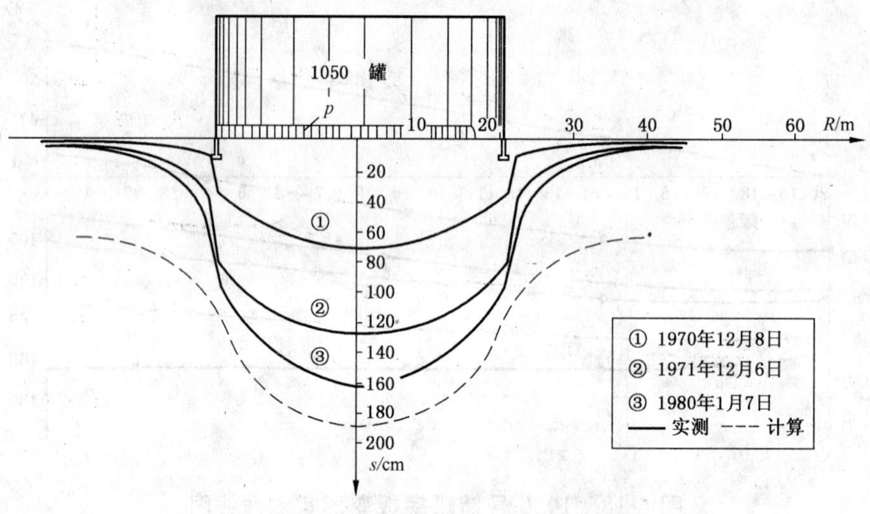

实测—实线；理论分析—虚线

图 6-20 储罐基础表面变形分布曲线实测和理论计算对比图

由图 6-20 中可见，储罐基础底面理论计算曲线与实测曲线的变形规律几乎一致，这就证明这部分的地基变形规律基本上和直线变形体理论符合。基础边缘部分的理论值与实测变形规律不符，这主要是由于储罐基础的环墙刚度影响的结果。

(6) 孔隙水压力实测及稳定分析

1) 观测结果和预压结果的分析：1050 号储罐在第一、第二次充水预压过程中的实测孔隙水压力变化分别见图 6-21 和图 6-22 中。

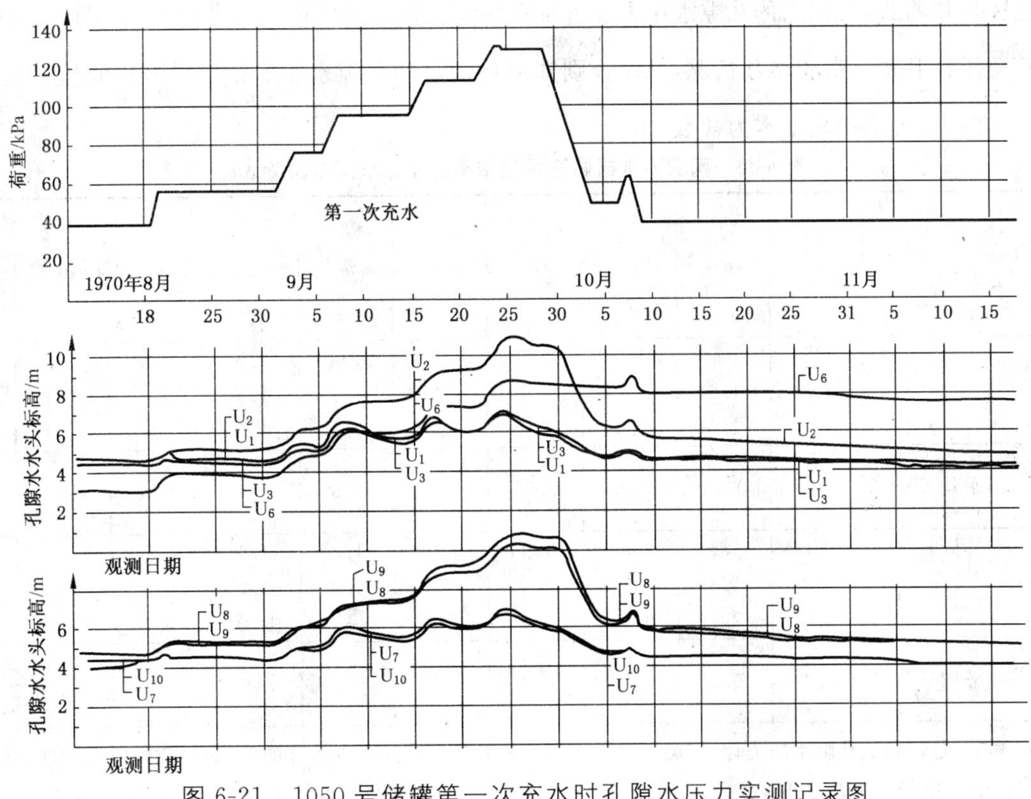

图 6-21　1050 号储罐第一次充水时孔隙水压力实测记录图

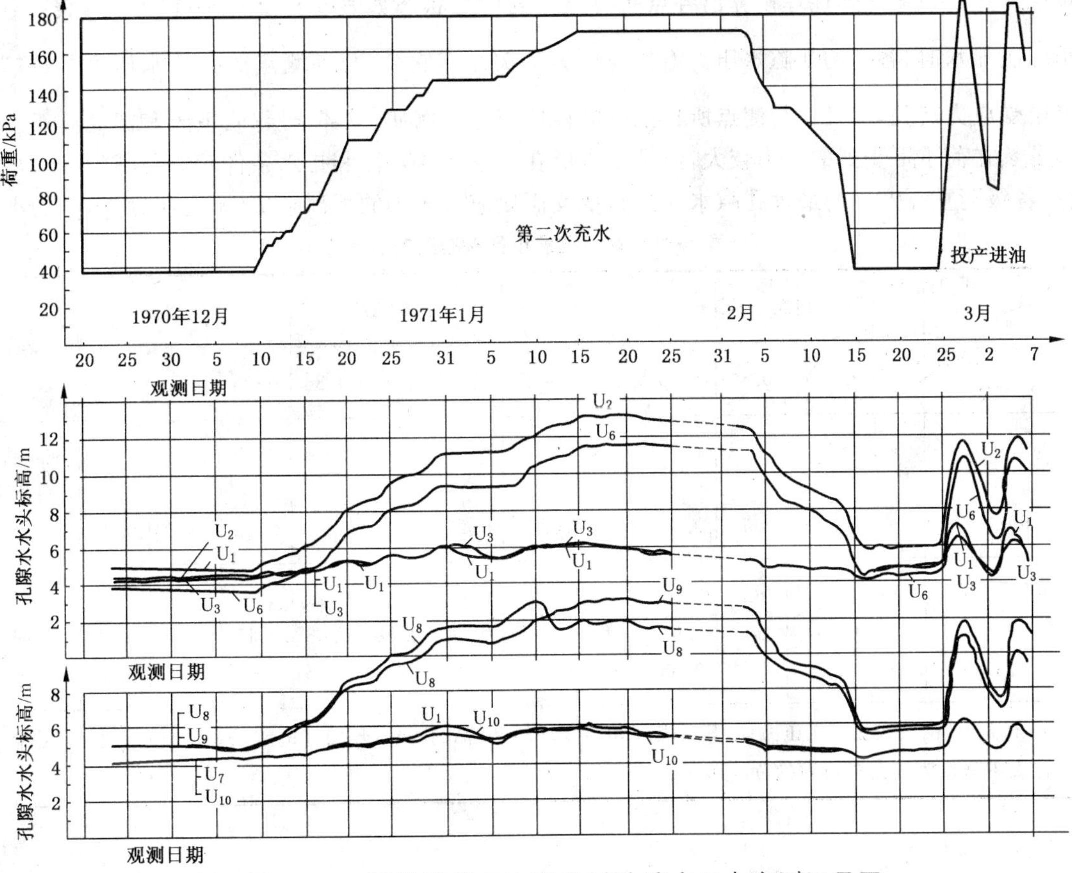

图 6-22　1050 号储罐第二次充水时孔隙水压力实测记录图

从图中可以看出，各测点的孔隙水压力随外加荷重而有规律地增长。从表 6-13 所示两次充水的最后三级荷重下的孔隙水压力增长情况，可以分别算出各测点的孔隙水压力系数$\frac{\Delta u}{\Delta p}$，它们随各点的位置而变，但是在同一测点中则基本为常数。

表 6-13　两次充水最后三级荷重下的孔隙水压力增量 Δu

m

充水阶段 \ 加水高度 Δp \ 测点		u_1	u_2	u_3	u_6	u_7	u_8	u_9	u_{10}	u_{11}1)	u_{12}1)
第一次	1.8	1.3	—	1.0	1.3	1.0	1.4	1.3	0.8	—	—
	1.8	1.2	1.6	1.1	1.2	1.0	1.7	1.4	0.8	1.0	1.3
	1.6	1.0	1.6	1.1	1.4	0.9	1.6	1.3	0.7	1.0	1.2
	平均$\frac{\Delta u}{\Delta p}$	0.65	0.95	0.6	0.75	0.55	0.9	0.75	0.45	0.60	0.80
第二次	1.6	0.6	1.3	0.5	1.1	0.30	1.3	1.1	0.2		
	1.6	0.7	1.3	0.6	1.2	0.40	1.3	1.2	0.5		
	2.7	1.0	2.1	0.95	2.0	0.75	—	2.0	0.7		
	平均$\frac{\Delta u}{\Delta p}$	0.4	0.8	0.35	0.7	0.25	0.8	0.7	0.25		

1) u_{11}和u_{12}是钢弦式孔隙水压力计，其灵敏度和精度均较水管式孔隙水压力计的差，测出数值的规律性也较差，列在表中只作为辅助资料供参考。

按照测点的位置用弹性理论算出各点在荷重下的应力状态如表 6-14 和表 6-15 所示，表 6-16 中则列出第一次充水时，各点的孔隙水压力增量与应力的关系。它表明，各测点的孔隙水压力系数$\frac{\Delta u}{\Delta p}$不仅与各点所受应力有关，而且还与测点所在土层的性质有关。例如，上部土层（吹填土和淤泥质亚黏土）的各测点虽然在荷重下受到的应力较大，但是由于所在土层的透水性和排水条件较好，孔隙水压力消散较快，故在各级荷重下产生的最大孔隙水压力增量反而比应力较小的下部土层（淤泥质黏土）中的小。

表 6-14　测点位置和各点的应力增量

项目	测点位置			$\Delta\sigma_z/\Delta p$			$\Delta\sigma_\theta/\Delta p$			$\Delta\sigma_r/\Delta p$			备　注
Z/R \ r/R	0.25	0.50	0.85	0.25	0.50	0.85	0.25	0.50	0.85	0.25	0.50	0.85	
0.25	u_1	—	—	0.98	—	—	0.63	—	—	0.63	—	—	在不排水条件下采用μ=0.5
0.60	u_3	u_7	u_{10}	0.84	0.77	0.54	0.28	0.25	0.16	0.29	0.27	0.25	
0.75	—	—	u_{12}1)	—	—	0.48	—	—	0.11	—	—	0.20	（同上）
0.90	u_2	u_8	u_9	0.68	0.61	0.44	0.14	0.12	0.08	0.15	0.15	0.16	
1.20	u_6	—	u_{11}1)	0.53	—	0.36	0.07	—	0.05	0.08	—	0.10	

1) u_{11}和u_{12}是钢弦式孔隙水压力计，其灵敏度和精度均较水管式孔隙水压力计的差，测出数值的规律性也较差，列在表中只作为辅助资料供参考。

表 6-15 各测点上的主应力分量

<table>
<tr><td rowspan="2">项目 / r/R / Z/R</td><td colspan="3">$\Delta\sigma_1/\Delta p$</td><td colspan="3">$\Delta\sigma_2/\Delta p$</td><td colspan="3">$\Delta\sigma_3/\Delta p$</td><td colspan="3">主应力轴偏转角 α
（以度计）</td><td rowspan="2">备 注</td></tr>
<tr><td>0.25</td><td>0.50</td><td>0.85</td><td>0.25</td><td>0.50</td><td>0.85</td><td>0.25</td><td>0.50</td><td>0.85</td><td>0.25</td><td>0.50</td><td>0.85</td></tr>
<tr><td>0.25</td><td>0.98</td><td>—</td><td>—</td><td>0.63</td><td>—</td><td>—</td><td>0.63</td><td>—</td><td>—</td><td>3.3</td><td>—</td><td>—</td><td rowspan="2">吹填土和淤泥质亚黏土</td></tr>
<tr><td>0.60</td><td>0.85</td><td>0.82</td><td>0.07</td><td>0.28</td><td>0.25</td><td>0.16</td><td>0.28</td><td>0.22</td><td>0.12</td><td>6.2</td><td>14.6</td><td>28.9</td></tr>
<tr><td>0.75</td><td>—</td><td>—</td><td>0.59</td><td>—</td><td>—</td><td colspan="2">0.11</td><td>—</td><td>0.00</td><td>—</td><td>—</td><td>28.2</td><td rowspan="3">淤泥质黏土</td></tr>
<tr><td>0.90</td><td>0.69</td><td>0.64</td><td>0.54</td><td>1.14</td><td>0.12</td><td colspan="2">0.08</td><td>0.12</td><td>0.06</td><td>7.9</td><td>14.7</td><td>26.6</td></tr>
<tr><td>1.20</td><td>0.54</td><td>—</td><td>0.43</td><td>0.07</td><td>—</td><td colspan="2">0.05</td><td>—</td><td>0.03</td><td>8.0</td><td>—</td><td>24.5</td></tr>
</table>

表 6-16 第一次充水时各测点的孔隙水压力增量与应力的关系

<table>
<tr><td rowspan="2">项目 / r/R / Z/R</td><td colspan="3">$\Delta u/\Delta p$</td><td colspan="3">$\Delta u/\Delta\sigma_z$</td><td colspan="3">$\Delta u/\Delta\sigma_1$</td><td colspan="3">$\frac{(\Delta u-\Delta\sigma^3)}{(\Delta\sigma_1-\Delta\sigma_3)}$</td><td rowspan="2">备 注</td></tr>
<tr><td>0.25</td><td>0.50</td><td>0.85</td><td>0.25</td><td>0.50</td><td>0.85</td><td>0.25</td><td>0.50</td><td>0.85</td><td>0.25</td><td>0.50</td><td>0.85</td></tr>
<tr><td>0.35</td><td>0.65</td><td>—</td><td>—</td><td>0.70</td><td>—</td><td>—</td><td>0.70</td><td>—</td><td>—</td><td>0.10</td><td>—</td><td>—</td><td rowspan="2">吹填土和淤泥质亚黏土</td></tr>
<tr><td>0.60</td><td>0.60</td><td>0.55</td><td>0.45</td><td>0.70</td><td>0.75</td><td>0.85</td><td>0.70</td><td>0.70</td><td>0.70</td><td>0.55</td><td>0.55</td><td>0.60</td></tr>
<tr><td>0.75</td><td>—</td><td>—</td><td>0.80</td><td>—</td><td>—</td><td>1.65</td><td>—</td><td>—</td><td>1.3</td><td>—</td><td>—</td><td>1.4</td><td rowspan="3">淤泥质黏土</td></tr>
<tr><td>0.90</td><td>0.95</td><td>0.00</td><td>0.75</td><td>1.4</td><td>1.45</td><td>1.75</td><td>1.35</td><td>1.40</td><td>1.4</td><td>1.45</td><td>1.5</td><td>1.5</td></tr>
<tr><td>1.20</td><td>0.75</td><td>—</td><td>0.00</td><td>1.4</td><td>—</td><td>1.60</td><td>1.40</td><td>—</td><td>1.35</td><td>1.45</td><td>—</td><td>1.4</td></tr>
<tr><td colspan="14">此系数相当于室内常规三轴压缩试验（σ_3＝常数）中的孔隙水压力系数 $A=\frac{\Delta u}{(\Delta\sigma_1-\Delta\sigma_3)}$（假设土是完全饱和的，故孔隙水压力系数 $\overline{B}=1$）。</td></tr>
</table>

从表 6-16 还可看出，在孔隙水压力增量与应力的各种关系中，以$\frac{\Delta u}{\Delta\sigma_1}$的规律性较强。在上部土层中，各测点$\frac{\Delta u}{\Delta\sigma_1}$均为 0.7；在下部土层中则平均等于 1.4。应该指出，这是在充水试验所用的较快的加荷速率（指施加每级荷重增量 Δp 时的充水速率，不是指整个加荷过程包括间歇时间的速率）下的情况。如果加荷速率较慢，则孔隙水压力消散较多，上述$\frac{\Delta u}{\Delta\sigma_1}$的数值应较小。

以上得出的关于$\frac{\Delta u}{\Delta\sigma_1}$的规律很有实用价值，特别是对于上海地区，今后在工程设计中可以按照荷重下的地基应力利用上述经验数值，事先估计地基中可能发生的孔隙水压力，就能充分发挥有效应力稳定分析方法的优点，进行各种方案比较，估计预压效果并制订施工控制措施等。

为了验证现场观测资料，并与室内试验进行比较，表 6-16 还列出孔隙水压力系数$\frac{\Delta u-\Delta\sigma_3}{\Delta\sigma_1-\Delta\sigma_3}$。此系数与室内常规三轴压缩试验（$\sigma_3$＝常数或 $\Delta\sigma_3=0$）中的孔隙水压力系数 $A(=\frac{\Delta u}{\Delta\sigma_1-\Delta\sigma_3})$相当[1)]，表 6-17 示出室内测出的孔隙水压力系数 A。可以看出，在上部土层中，现场观测值约为室内试验值的 60％左右，其原因可能由于上部土层透水性较好，而现场加荷速率较慢，故不能保持完全不排水的条件。在孔

1）一般室内测定的所谓孔隙水压力系数是用公式 $A_f=\frac{u_f}{(\sigma_1-\sigma_3)_f}$计算的（其中 f 指破坏时的数值）。由于我们在现场的孔隙水压力系数中采用了瞬时的（或增量的）数值，故在计算室内的孔隙水压力系数时也采用相应以增量的概念，即 $A=\frac{\Delta u}{\Delta\sigma_1-\Delta\sigma_3}$这样表 6-16 中列出的数值就与通常所谓的 A_f 值不一样。

隙水压力的发展过程中,一方面随着荷重增加而升高,另一方面又随时间而消散。因此,在现场不可能出现室内不排水试验中那样的初始孔隙水压力最大值,所以孔隙水压力系数就偏低。这种影响在最上面靠近上面处的测头 u_1 中尤为明显,此处的现场观测值仅为室内试验值的10%左右。在下部土层中,两者十分相近,室内试验值比现场观测值低10%左右,这主要是取土扰动的影响。

表 6-17 1050号储罐地区土层的土样在室内固结不排水试验中测出的孔隙水压力系数 $A=\frac{\Delta u}{\Delta\sigma_1-\Delta\sigma_3}$

土层 / 土样编号 / 固结压力/MPa	吹填土和淤泥质亚黏土				淤泥质黏土			
	1#	7#	8#	10#	11#	16#	18#	20#
0.1	0.7	—	—	—	—	—	—	—
0.15	0.7	0.6	1.3	0.9	1.2	—	—	—
0.20	0.8	0.8	1.0	1.1	1.2	1.4	1.0	1.3
0.25	—	0.6	1.1	1.1	1.2	1.3	1.4	1.5
0.30	—	—	—	—	—	1.3	1.3	1.6
平均值	0.9				1.3			

为了便于在稳定分析中应用,表6-18中列出两次充水过程中各种荷重下的孔隙水压力系数 $\overline{B}(=\frac{u}{p})$。应该说明,表6-18所列数值代表充水试验的加荷条件下的情况,即分级间歇地加荷的情况,如果不经试水预压直接投产使用而达设计荷重(即用每级加荷时的充水速率一次充水到设计荷重,也就是将全部设计荷重作为一级荷重一次加上)则设计荷重下 $\overline{B}$ 的应该与试水时每级荷重下发生的 $\frac{\Delta u}{\Delta p}$ 相等,在分析试水预压的效果时应与此值相比较。

从试水前后土层在荷重下的孔隙水压力系数的变化也可看出试水预压的效果,表6-19、表6-20和表6-21列出试水后投产进油时的孔隙水压力系数。可以看出,经过试水预压后,上部土层中的孔隙水压力系数降低很多。例如 $\frac{\Delta u}{\Delta p}$ 降低了75%左右,$\frac{\Delta u}{\Delta\sigma_1}$ 降低了70%左右,$\overline{B}$ 也降低了75%(与不经试水预压而直接投产时将发生的平均值 $\overline{B}=0.6$ 相比较)。由于储罐基础的稳定性主要受到上部土层的强度控制,故上部土层的孔隙水压力系数的降低将大大提高地基的安全因数。

表 6-18 两次加水过程中相似荷重下孔隙水压力系数 $\overline{B}(=\frac{u}{p})$ 的比较

加水阶段	荷重 P(水头,以m计)	吹填土和淤泥质亚黏土					淤泥质黏土				
		u_1	u_3	u_7	u_{10}	平均	u_2	u_8	u_9	u_6	平均
1	5.55	0.35	0.30	0.30	0.25	0.30	0.55	0.50	0.50	0.55	0.55
2	5.65	0.10	0.10	0.10	0.10	0.10	0.45	0.45	0.45	0.45	0.45
1	7.35	0.30	0.30	0.30	0.25	0.30	0.65	0.60	0.60	0.60	0.60
2	7.30	0.10	0.10	0.10	0.10	0.10	0.50	0.50	0.50	0.50	0.50
1	8.95	0.25	0.30	0.30	0.25	0.30	0.70	0.70	0.65	0.65	0.65
2	8.90	0.15	0.15	0.15	0.15	0.15	0.55	0.60	0.55	0.55	0.55
—	—	—	—	—	—	—	—	—	—	—	—
2	10.5	0.15	0.15	0.15	0.15	0.15	0.60	0.65	0.55	0.55	0.60
—	—	—	—	—	—	—	—	—	—	—	—
2	13.2	0.10	0.15	0.15	0.10	0.15	0.65	0.65	0.60	0.60	0.60

表 6-19　1050 号储罐初次投产进油时的孔隙水压力增量和应力的关系

项　目		荷重增量 Δp (水头,以 m 计)	吹填土和淤泥质亚黏土					淤　泥　质　黏　土				
			u_1	u_3	u_7	u_{10}	平均	u_2	u_8	u_9	u_6	平均
Δu	第一次进油 第二次进油	12.6 8.7	2.3 1.8	1.6 1.0	1.5 1.1	1.4 1.1		5.8 4.1	5.2 3.1	5.9 4.3	6.3 4.5	
$\frac{\Delta u}{\Delta p}$	数值 比第一次试水时减小		0.20	0.15	0.15	0.10	0.15 0.40	0.45	0.40	0.45	0.50	0.45 0.40
$\frac{\Delta u}{\Delta \sigma_1}$	数质 比第一次试水时减小		0.20	0.20	0.20	0.20	0.20 0.50	0.7	0.6	0.9	0.9	0.8 0.6

表 6-20　1050 号储罐初次投产进油时的孔隙水压力系数 $\overline{B}(=\frac{u}{p})$

项　目		荷重增量 Δp (水头,以 m 计)	吹填土和淤泥质亚黏土					淤　泥　质　黏　土				
			u_1	u_3	u_7	u_{10}	平均	u_2	u_8	u_9	u_6	平均
u	第一次进油 第二次进油	12.6 12.4	2.6 2.3	1.9 1.7	1.8 1.7	1.7 1.6		6.8 6.8	5.9 5.0	6.9 6.8	7.2 7.1	
$\overline{B}=\frac{u}{p}$	数值 比第一次试水时减小 比第二次试水时减小		0.20	0.15	0.15	0.15	0.15 0.15 0	0.55	0.50	0.55	0.55	0.55 0.10 0.05

表 6-21　1050 号储罐投产 10 个月后的孔隙水压力观测与试水阶段和初次进油时的比较

项　目		吹填土和淤泥质亚黏土					淤　泥　质　黏　土				
		u_1	u_3	u_7	u_{10}	平均	u_2	u_8	u_9	u_6	平均
$\frac{\Delta u}{\Delta p}$	数值 比第一次试水时减小 比初次进油时减小	0.15	0.15	0.15	0.10	0.15 0.40 0	—	0.40	0.35	0.35	0.35 0.50 0.10
$\frac{\Delta u}{\Delta \sigma_1}$	数值 比第一次试水时减小 比初次进油时减小	0.15	0.15	0.15	0.20	0.15 0.55 0.05	—	0.60	0.65	0.65	0.65 0.75 0.15
$\overline{B}=\frac{u}{p}$	数值 比第一次试水时减小 比初次进油时减小	—	0.05	0.10	0.10	0.10 0.20 0.05	—	0.35	0.35	0.35	0.35 0.30 0.20

注:1. 本次进油从 1971 年 12 月 5 日开始到 6 目止,油位从 2.8 m 升到 13.73 m。

2. 因为在此次观测过程中荷重从未减少到零,故在计算孔障水压力系数 $\overline{B}$ 时,零荷重时的孔隙水压力零读数只能借用试水前的数值。

1975 年 3 月(投产进油四年一个月)实测上部土层中孔隙压力盒 $u_1=0.33$，$u_3=0.36$，$u_7=0.42$，计算得孔隙水压力系数 $\overline{B}$(平均)=0.08。

2) 稳定分析

这次 1050 号储罐基础测量现场孔隙水压力的目的之一，是为了在充水过程中控制加荷速率，保证储罐地基的稳定。也就是说，要在保证安全的前提下尽可能加快加荷速率，使地基强度能够随着土层的固结而迅速提高。为此，我们首先作了少量三轴试验测定土的有效应力强度指标(试验成果见图 6-23)，并设想了一些孔隙水压力和荷重情况，进行稳定分析，并将计算结果绘成曲线，以备在充水过程中控制加荷速率时参考查用。后来由于储罐充水试验是同储罐罐体施工同时进行的(即边施工储罐边充水预压地基)，因此，加荷等级和间歇时间主要根据施工需要而决定，原来设想的一套方法并未起到作用。但是，通过实测，我们觉得按照孔隙水压力实测资料来控制加荷速率还是一种较好的方法，如果与施工密切配合，则也是一种可行的方法。

观测过程中，根据实际的荷重条件和实测的孔隙水压力又作了一些稳定分析，证明地基在加水过程中始终是稳定的，在充水的最后阶段，即充水高度最大($p=171$ kPa，$\overline{B}=0.15$)时，安全因数也达 1.4 左右(见图 6-23 和表 6-22)。

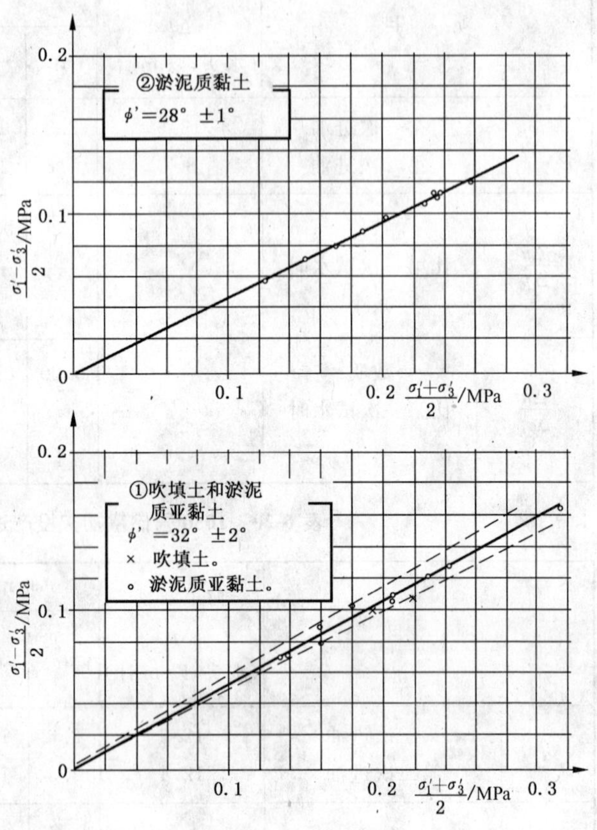

图 6-23　土层的有效应力强度指标试验成果图

表 6-22　1050 号储罐试水时的稳定分析结果

充水阶段	充水高度/m	孔隙水压力系数 $\overline{B}=\dfrac{u}{p}$	安全因数
1	8.95	0.30	1.5
2	13.20	0.30	1.3
	13.20	0.15	1.4

图中根据修正的克雷(Krey)公式计算：

$$F=\frac{1}{\sum(\overline{W}_{rh}+\overline{W}_o+\overline{W}_i)\sin\alpha}\sum\left[\{\tan\varphi'[\overline{W}_{rh}+\overline{W}_o+\overline{W}_i(1-\overline{B}_i)]\}\frac{\sec\alpha}{1+\tan\alpha\tan\varphi'}\right]=1.4$$

式中：$\overline{W}_{rh}$——各土条重，kPa；

$\overline{W}_o$——基础自重，kPa；

$\overline{W}_i$——外荷载；

α——各土条中心与圆弧滑动面中心的夹角，(°)；

$\overline{B}_i$——孔隙水压力系数；

φ'——有效内摩擦角(°)；

F——安全因数。

如果不经试水预压而一次加荷到最大充水高度($P=171$ kPa，$\overline{B}=0.6$)，则安全因数为 1.1(见表 6-23)。上述分析说明储罐地基经过充水预压，安全因数提高了 0.3 左右。

表 6-23　1050 号储罐如不经试水预压而投产(一次加荷至相应于最大试水高度)时的稳定分析结果

进油荷重 P	孔隙水压力系数 $\overline{B}=\frac{u}{P}$	安全因数
89.5 kPa	0.6	1.3
132 kPa	0.6	1.1

从图 6-24 中看出,对于 1050 号储罐地基最危险的是局部滑动,其滑动面在地面下 3 m 深度范围内。如果按照原设计在储罐基础钢筋混凝土环墙外填土反压,则最危险的圆弧的半径虽增加一倍,滑动面仍未超出 3 m 深度范围以外。但是,在我们的孔隙水压力的测点布置中,在地面附近并未设置仪器,最浅者也在深度 5.5 m以下。在分析地基稳定时,采用上部土层中的实测孔隙水压力的平均值。实际上,最危险滑动面是通过地面附近的浅层土中,应力很大而排水条件也很好,其孔隙水压力性状可能与较深土层有所不同。因此在今后的现场观测工作中应该注意,即使在基础直径很大的情况下,在地面附近也应设置一定数量的观测点,以便考察局部稳定问题。

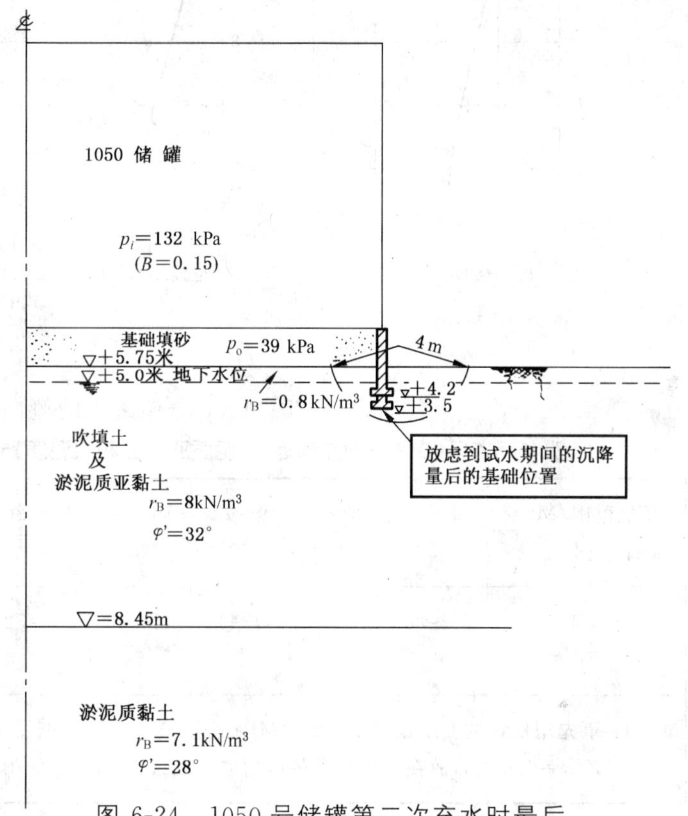

图 6-24　1050 号储罐第二次充水时最后一级荷重下的稳定分析

(7) 土的侧向位移实测及分析

在距离 1050 号储罐基础边缘 10 m 处,埋设了测斜管 H_3,在其中用 703 号和 704 号测斜仪测出储罐基础在第一次和第二次充水预压时土层侧向位移的结果见图 6-25 中所示。从图中可以看出,虽然测斜仪还存在一些问题,但观测结果还很有规律。为了便于分析,并弥补观测资料残缺不足,我们试用弹性理论进行计算。为此,首先必须确定土层韵变形常数(变形模量 E 和泊桑比 μ)。根据以往填土过程中边桩位移的观测经验,施加每级荷重后土层内侧向位移在短时间(一、二天)内即趋于稳定,而黏性土的透水性又很低,故这种变形接近于不排水状态下的或体积不变时的变形。所以在理论计算中不能采用上述三向固结试验中测出的排水条件下的变形常数。

根据浙江某砂井预压工程的观测资料反推,得出该处的软黏土的泊桑比 μ=0.473～0.482。我们参考此经验取其平均值 μ=0.475。关于变形模量,由于我们只进行了固结不排水三轴试验,未作不固结不排水三轴试验,也只能参考上海地区类似土层的试验资料。参照张华浜地区(在高桥石化厂对岸附近)淤泥质亚黏土和淤泥质黏土层的 232 个不排水变形模量的数据,采用其平均值 $E_{u(0.5)}$=1.8 MPa(表 6-24 中采用变形为 0.5%时的变形模量的理由见表下的附注说明)。

按照以上确定的变形常数 μ=0.475,E_u=1.8 MPa,利用弹性理论计算圆形柔性基础下的侧向位移,并与第一次充水时的实测结果相比较。从图 6-26(a)和图 6-26(b)中看出,第一次充水时用二个不同仪器得出的实测结果均与理论计算大致相符。

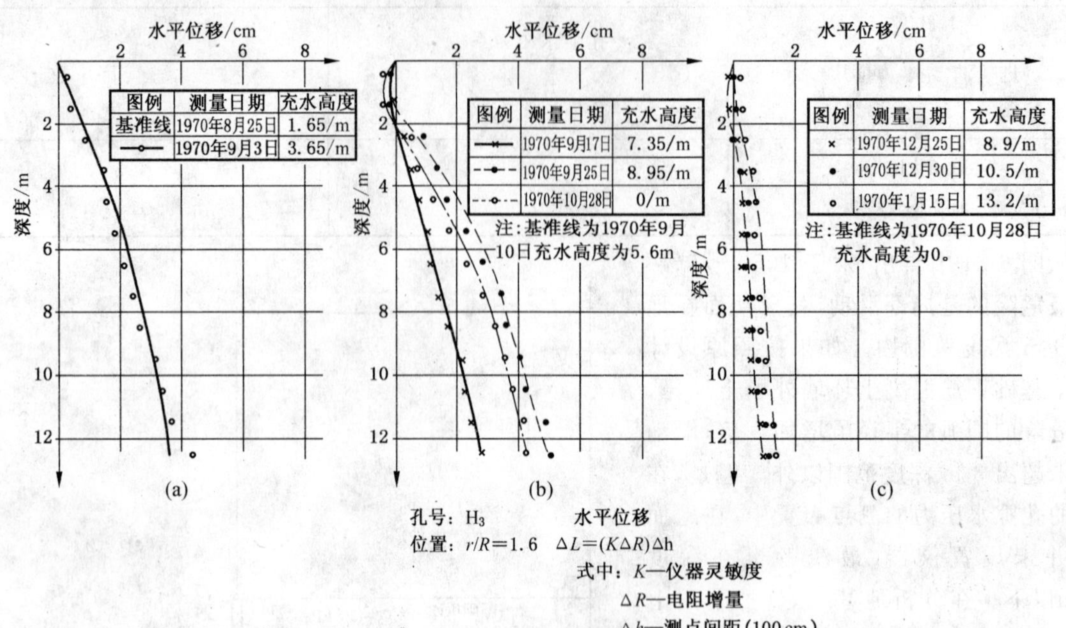

图 6-25 1050 号储罐土的侧向位移实测记录图

表 6-24 张华浜地区（炼油厂对岸附近）淤泥质亚黏土和淤泥质黏土层的不排水变形模量（$(E_u)_{0.5}$[1]）的试验资料统计

E值范围/MPa 出现次数	1～4 15	5～8 32	9～12 59	13～16 23	17～20 20	21～24 33	25～28 9	29～32 8	总数	平均
E值范围/MPa 出现次数	33～36 6	37～40 9	41～44 5	45～48 5	49～52 3	53～56 2	56～60 2	>60 1	232	18

1）事先用估计的变形模量 $E=2.0$ MPa 计算第一次充水时油罐边缘下最大侧向应变约为 0.5%（在 $r/R=1.0$，$Z/R=0.6$ 处），故在三轴试验的应力应变曲线上取应变在 0.5% 范围内的变形模量，即割线模量 $(E_u)_{0.5}$。

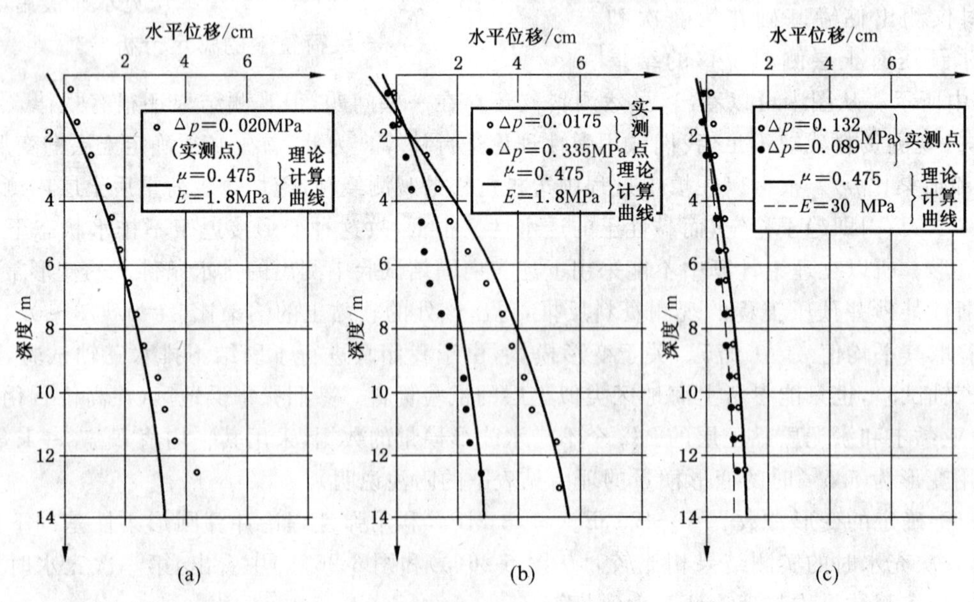

图 6-26 测斜仪实测位移与理论计算的比较图（孔号：H_3——$r/R=1.6$）

从图 6-26 中可以看出，经过第一次充水预压后，第二次充水时土层的侧向位移显著减小，不仅在小于第一次预压的荷重下，位移大为减小，而且在荷重超过预压荷重后，水平位移也减小很多，在同样的荷重下，两者相差将达十余倍，这充分说明了充水预压的效果极佳。

从分层沉降记录和沉降计算结果看出，在储罐基础试水期间，上部土层(吹填土和淤泥质亚黏土)的固结也基本完成。所以可以认为经过第一次充水预压后，油罐基础下的土层，特别是上部土层，已发生相当大程度的固结。在将第二次充水时的实测结果与理论计算进行比较时，我们利用本次试验所作的固结不排水资料，得出淤泥质亚黏土和淤泥质黏土的固结不排水变形模量的平均值$(E_{cu})_0=30.0$ MPa(表中采用切线模量 E_0 的理由见表下附注说明)。利用 $\mu=0.475$ 和 $E_{cu}=30.0$ MPa 计算的侧向位移与第二次充水时的实测结果的比较如图 6-26(c)所示。可以看出，侧向位移数值较小时，实测值的相对误差较大，但是基本上仍均落在理论计算曲线的范围内。

表 6-25 1050 号储罐区淤泥质亚黏土和淤泥质黏土层的固结不排水变形模量$(E_{cu})_0$[1)]的试验资料

固结压力/MPa \ 土样编号	1#	7#	8#	10#	11#	16#	18#	20#
0.01	33.0	—	—	—	—	—	—	—
0.015	33.0	30.0	30.0	20.0	14.0	—	—	—
0.020	40.0	30.0	38.0	25.0	14.0	28.0	28.0	16.0
0.025	—	30.0	38.0	30.0	20.0	40.0	28.0	28.0
0.030	—	—	—	—	—	40.0	33.0	40.0
平 均 值	30.0 MPa							

1) 事先用估计的变形模量 $E_{cu}=30.0$ MPa 计算第二次充水时储罐边缘下最大侧向应变小于 0.05%，因应变极小，应力应变曲线上应蔓在 0.05%范围内的割线模量与通过零点的切线模量基本相等，故取切线模量 E_0。

应该说明，观测孔口在地面附近 0.5 m 深度范围内是用套管将其与土层隔离开的。在充水过程中，曾经两次实测证明孔口(和其他一些有套管保护的地表土变形观测标点)离罐壁的相对位移位置不变。因此，我们在绘制实测水平位移时，以孔口作为基准点。但是，理论计算表明。当泊桑比 $\mu\neq0$ 时，地面附近发生向内(负值)的水平位移。实测结果也定性地证明了此点，图 6-25(b)和(c)示出，在地面下深度 1.5 m 的范围内经常出现负值。但是，由于孔口位置不变，故地面附近测出的负值往往小于计算值(指绝对值)。

由于利用上述变形常数计算得出的侧由位移与实测值十分一致，故可以利用这些常数进行一系列计算以弥补实测数据的不全。图 6-27 示出第一第二次充水后 H_1、H_2 和 H_3 孔处的计算侧向位移曲线。从图中可以看出，充水后 H_1 和 H_3 孔中的总位移最大可达 21 cm 和 17 cm 左右，最大位移分别发生于地面以下深度为 14 m 和 20 m 处。

必须说明，侧向位移的理论曲线一直计算到 80 m 深度处(此深度为储罐直径的两倍)，但是计算所用的变形常数则来自于 30 m 深度以内的试验资料，在此深度以下的变形模量可能逐渐增大，故实际上侧向位移随深度的衰减可能要比计算曲线示出的快得多。

(8) 环墙侧压力和基底接触应力的量测和分析

1050 号储罐基础钢筋混凝土环墙侧压力和基础底面接触压力的量测成果见图 6-28。

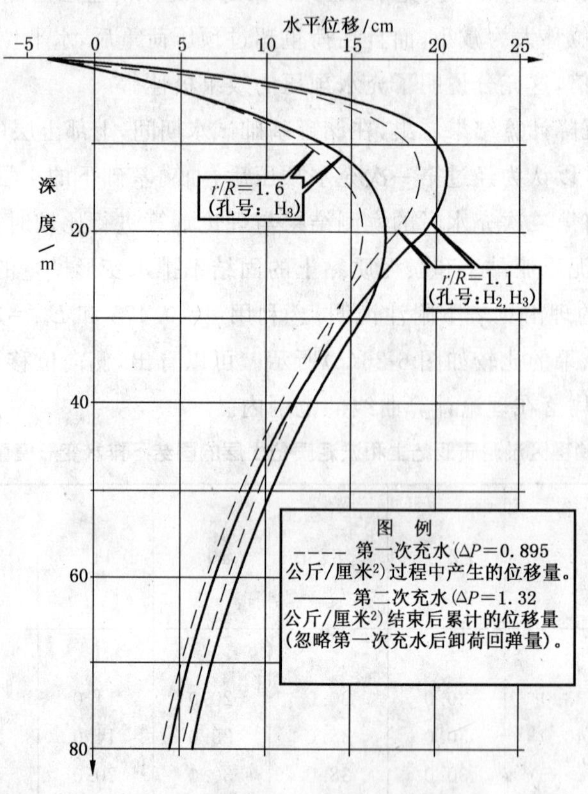

图 6-27 土层侧向位移的计算值

(μ=0.475，第一次充水时 E=1.8 MPa

第二次充水时 E=30 MPa)

1）基础环墙侧压力分析，在储罐第一次和第二次充水预压和储罐投产进油时用钢弦压力盒实测环墙侧压力见表 6-26 所示。

表 6-26 1050 号储罐基础环墙侧压力实测成果表

压力盒编号	进度	第一次充水				第二次充水				投产进油	
	日期	1970 年 8 月 18 日	9 月 4 日	9 月 19 日	9 月 28 日	12 月 18 日	12 月 25 日	1971 年 1 月 3 日	1 月 15 日	2 月 27 日	1971 年 12 月 7 日
	充水高度/m	0	3.65	7.33	8.94	5.65	8.91	10.49	13.22	进油 14.7	进油 12.55
	垂直压力/kPa	29.7	75.8	112.6	128.7	95.8	128.4	144.2	171.5	167.3	165.8
侧压 3 (66 号)	实测侧压力 p_H/kPa	10	12	14	12	19	24	32	28	22	
	侧压力系数 ξ	0.35	0.16	0.12	0.09	0.20	0.19	0.22	0.16	0.13	
侧压 2 (72 号)	实测侧压力 p_x/kPa	8	28	61	68	45	72	87	98	73	47
	侧压力系数 ξ	0.27	0.37	0.54	0.53	0.47	0.56	0.60	0.57	0.44	0.28

注：侧压 1(414 号压力盒)，在储罐充水前失灵，所以表中未列入。

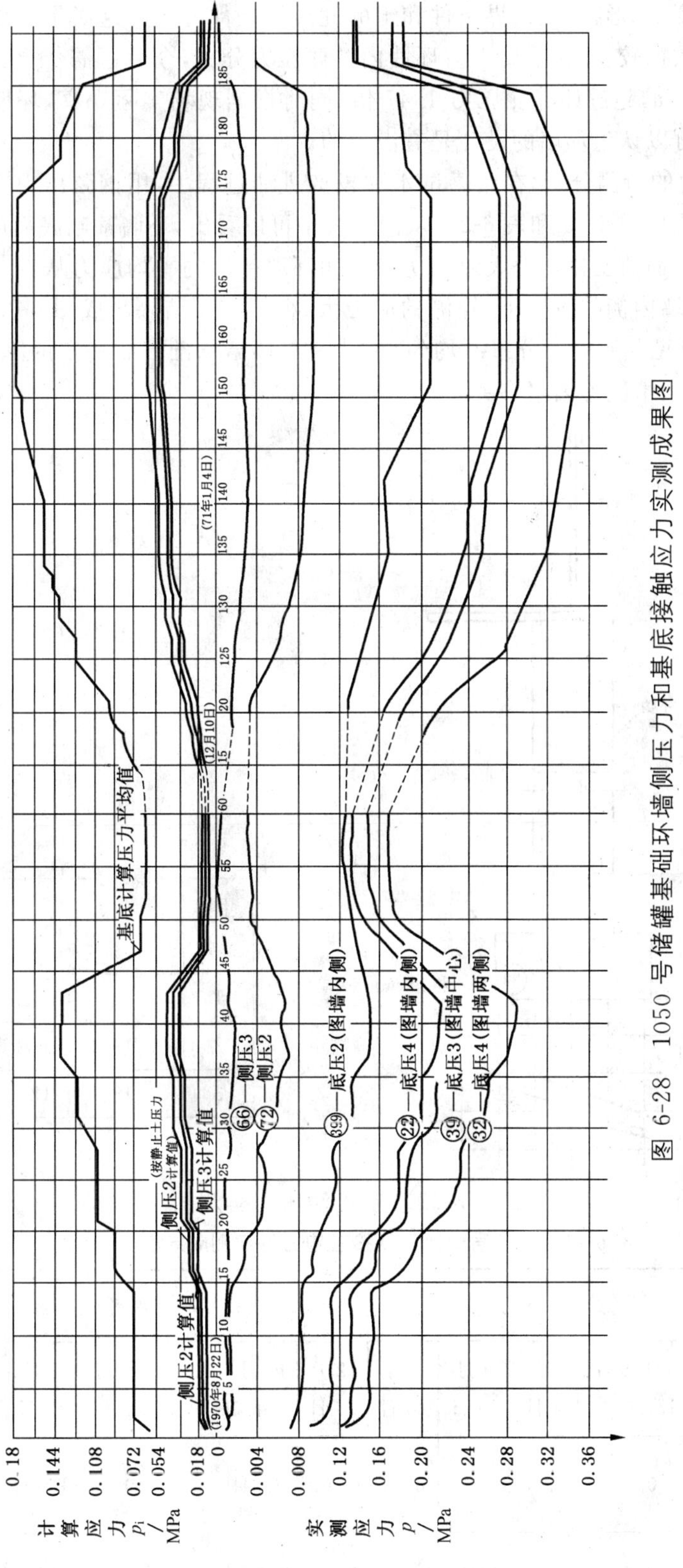

图 6-28　1050 号储罐基础环墙侧压力和基底接触应力实测成果图

从表 6-26 和图 6-28 中可以看出环墙侧压力随储罐充水荷载的增加而增加，当储罐放水卸荷时侧压力也相应减少，侧压力在环墙的竖向截面上的分布是上部小、中部大(底部因压力盒失灵无法判定)，实测测压力为 0.8～9.8 kPa，而侧压力系数为 0.09～0.6。从量测结果来看基础环墙的侧压力和许多因素有关，如与环墙的刚度，变形特性、边界条件和土的性质等条件有关。这次量测由于压力盒埋设较少，因此环墙侧压力测得数据较少，为了要弄清环墙内的侧压力分布，今后还需作更为全面的量测。根据实测最大侧压力为 98 kPa，超过计算侧压力 1.47 倍，同时根据现场实际观察，环墙的安全和正常使用并没有受到影响，因此可以认为环墙的设计是有潜力的。

2）环墙基底接触应力的量测分析，在储罐试水和投产进油过程中，用钢弦压力盒量测环墙基础底面的应力变化，其实测成果见图 6-29 和表 6-27，从图和表中可以看出，环墙基础底面应力随油罐充水荷载的增加而增加，其变化和加荷变化情况大致相仿。实测环墙基底的平均应力从 0.110～0.307 MPa，基础底面应力的分布是环墙内侧的应力小，外侧的应力大，根据实测结果画成图 6-29 所示的基底实测应力分布图。从图 6-29 可见基底应力分布不均匀，估计这与环墙基础具有一定的刚度，储罐基础的大面积和基础的倾斜以及土质情况等因素有关。

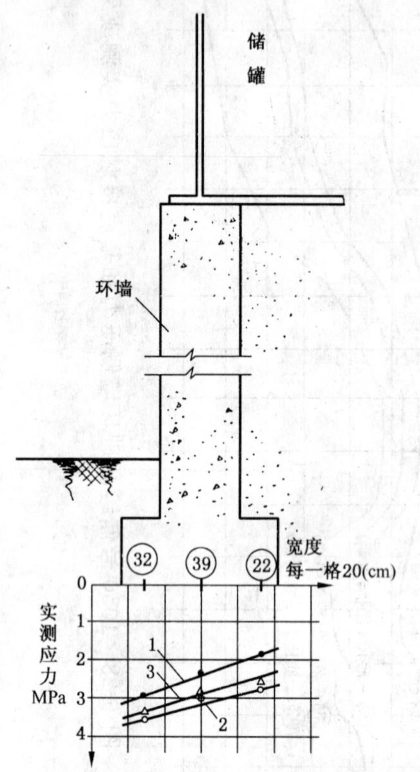

图例	日期	荷载/kPa
1	1970 年 9 月 28 日	128.7
2	1971 年 1 月 15 日	171.5
3	1971 年 12 月 7 日	165.8

图 6-29　环墙基底接触压力实测图

表 6-27　1050 号储罐基底接触应力的实测成果表　　MPa

进度			第一次充水				第二次充水				投产进油	
日期			1970 年 8 月 18 日	9 月 4 日	9 月 19 日	9 月 28 日	12 月 18 日	12 月 5 日	1971 年 1 月 3 日	1 月 15 日	1971 年 2 月 27 日	12 月 7 日
充水高度/m 压力盒编号			0	3.65	7.33	8.94	5.65	8.91	10.49	13.22	进油 14.7	12.55
底压 1	19 号	基底中心	0.246	0.317	0.435	0.473	0.399	0.484	0.532	0.561	0.563	0.58

续表 6-27 MPa

进度			第一次充水				第二次充水				投产进油	
日期			1970 年 8 月 18 日	9 月 4 日	9 月 19 日	9 月 28 日	12 月 18 日	12 月 5 日	1971 年 1 月 3 日	1 月 15 日	1971 年 2 月 27 日	12 月 7 日
充水高度/m 压力盒编号			0	3.65	7.33	8.94	5.65	8.91	10.49	13.22	进油 14.7	12.55
底压 2	399 号	环墙内侧	0.072	0.096	0.134	0.150	0.138	0.157	0.168	0.210	0.180	0.170
	438 号	环墙外侧	—	—	—	—	—	—	—	—	—	—
底压 3	39 号	基底中心	0.120	0.158	0.215	0.235	0.203	0.241	0.263	0.295	0.292	0.284
底压 4	22 号	环墙内侧	0.088	0.144	0.200	0.218	0.186	0.225	0.246	0.276	0.270	0.257
	32 号	环墙外侧	0.124	0.193	0.263	0.292	0.175	0.299	0.327	0.350	0.351	0.350
油罐底面荷载 P/kPa			29.7	75.8	112.6	128.7	95.8	128.4	144.2	171.5	167.3	165.8
环墙基底平均应力 σ_{CP}/kPa			11.1	16.5	22.6	24.8	18.8	25.5	27.9	30.7	30.4	29.7

注：1. 表中压力盒实测值单位为 MPa。

2. 底压 2(438 号压力盒)在油罐充水前失灵，所以表中未列入。

3. 环墙基底平均应力 $\sigma_{Cf}=1/3(\sigma_{22}+\sigma_{39}+\sigma_{32})$。

根据量测的结果，当环墙基础外侧应力达到 0.35 MPa 时，基底平均应力是 0.307 MPa，经过分析，基底应力并无明显的应力重分布现象。

这次由于在基底上埋设的压力盒较少，有的仪器稳定性不够，使量测数据较少，有待今后进一步实测。

4. 结语

(1) 在软弱地基上建造储罐工程时利用试水荷重进行预压是一种经济而有效的方法，值得推广。它可以应用于范围很广的不同软土情况。即使储罐必须进行顶升调整时，采用充水预压仍然可以大量地节省储罐基础造价及缩短建设工期。

(2) 按照地质勘探报告，储罐地基的承载力只有 50 kPa，而设计荷重则达 173 kPa，两者相差悬殊。但是在充水试验的逐步加荷过程中，地基始终保持稳定，在充水的最高一级荷重下，安全因数为 1.4 左右，这种情况充分说明试水预压的效果极佳。

(3) 试水预压的效果还可以从测斜仪和孔隙水压力的实测资料看出：

1) 经过试水预压地基，土层内在荷重下的侧向位移显著减小，在同样的荷重下，预压前后两者相差达 15 倍以上。

2) 经过试水预压后，$\frac{\Delta u}{\Delta P}$、$\frac{\Delta u}{\Delta \sigma_1}$和 $\overline{B}=\frac{u}{P}$ 等孔隙水压力系数分别降低 70%～75%左右，相应于稳定安全因数提高 0.2。

(4) 只要安排合理，配合密切，结合储罐施工进行试水可以缩短工期，提前投产使用。本次试验中由于经验不足；配合不好，试水过程安排不够合理。例如整个试水时间拖延长达六个月，而其间由于施工需要而间断了二个月。如果事先安排合理，则前期的加荷速率可适当加快，而有效的预压时间反可以增加，整个试水的过程可能缩短，而预压效果还可进一步提高。

(5) 按照实测孔隙水压力控制充水的加荷速率是一种较好的方法。

(6) 本次试验中测出的上海地区上部土层(吹填生和淤泥质亚黏土)中$\frac{\Delta u}{\Delta \sigma_1}=0.7$和$\overline{B}=\frac{u}{P}=0.3$的经验数值很有实用意义，可在以后的工程设计中用来事先估计地基在荷重下可能产生的孔隙水压力。

(7) 测斜仪是测量土层在荷重下的侧向位移的有力工具，但现有仪器及倾斜管埋设方法尚需进一步改进。

(8) 根据实测，储罐地基的压缩层深度，主要与土层的构造和土的压缩性密切有关。上海地区确定有效压缩层深度，可以以第四层暗绿色和褐黄色亚黏土层附近为下限。

(9) 根据实测和分析，储罐底板变形与弹性理论中圆形均布荷载下柔性基础相符。储罐基础周围在0.5 D(D为基础直径)的距离以内时，地表土变形较大，因此，为了减小相邻基础的影响，最好能控制基础间的净距不小于D(D为储罐基础直径)。

(10) 在软土地基中采用常规的单维沉降计算方法得出的结果往往偏小，建议用三维沉降计算方法得出结果与实测比较符合。为了简化计算，已编制了三维沉降系数表(见本书第四章)。

总之，20世纪70年代，在上海新吹填土层上建成大型储罐，采用以充水荷载进行分层预压地基的方法，控制地基始终保持稳定，虽然地基沉降达到1.5 m以上，但地基承载力逐步增长，达到设计要求。储罐竣工后已40多年使用情况良好，打破了以往在这种地基上设计承受大荷载的基础，必须采用桩基或挖土换砂的旧观念，在软土地基中创出了新的业绩。

三、滚动堆土预压处理5万m^3储罐软弱地基

本节介绍了长江下游岸边河漫滩地段，因地制宜，就地取材用滚动式堆土预压的方法成功地连续处理了6台5万m^3储罐下深达31 m的软弱地基的实例。通过该工程实例在技术上取得了有价值的数据和资料，在经济上节约了大量资金，为我们今后在客观条件允许的情况下用堆载预压的方法处理大型储罐下深厚软弱地基提供了成功的经验。

1. 概述

金陵石化公司炼油厂石埠桥原油中转库位于长江下游南岸、栖霞山北麓，距炼油厂东侧约3.5 km。地处长江河谷及漫滩地段。根据中石化总公司的计划在该库区再建6台5万m^3浮顶储罐，即914#～919#罐。平面位置见图6-30。

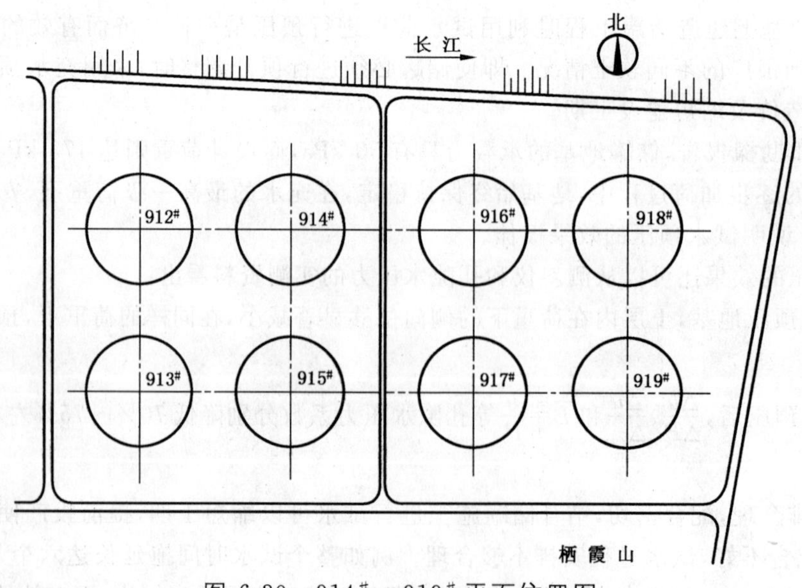

图6-30 914#～919#平面位置图

由于储罐体积大、荷载重，对地基承载力要求高，对不均匀沉降要求严格，但库区地基为冲积层，有20～27 m厚的淤泥质黏土层，该土层强度低，压缩性高，深度不均匀又处地表，因此地基处理就成了该库区设计中首先要解决的问题。如果采用桩基，每台罐要打数百根桩，投资在上千万元；如果用挤密碎石桩或强夯置换，都不能完全解决地基强度及沉降问题。经多种方案比较，最后确定用堆土预压排水固结法处理该处地基。这主要由于炼油厂地处丘陵地带，厂内有许多土山，在生产装置扩建过程中，需要平整场地，有大量的土方要运出去，这样就可用这些运出去的土作为预压软地基的荷载，从而一举两得，减少了地基处理费用，为确保安全，通过一系列土工测试来检验地基加固效果。

2. 工程地质及场地概况

石埠桥油库区地基上部土层为第四系冲积成因的灰褐色淤泥质粉质黏土及青灰色粉细砂等组成，靠近山麓还有洪积、坡积形成的含砾黏土与砾石、块石夹土；底部基岩为上侏罗凝灰质砂岩与凝灰质砾砂岩。构成本场地岩土层可分为5层：

① 填土层，厚1.0～2.0 m。

② -1 粉质黏土层，厚16～27 m。

③ 砂土层，厚10～18 m。

④ 含砾黏土层及卵砾石夹土层，厚5～17 m。

⑤ 基岩，强～中等风化，砂岩坡度10%～12%。

地质剖面觅图6-31。各土层物理力学性质指标，固结系数，渗透系数，强度指标见表6-28～表6-30。

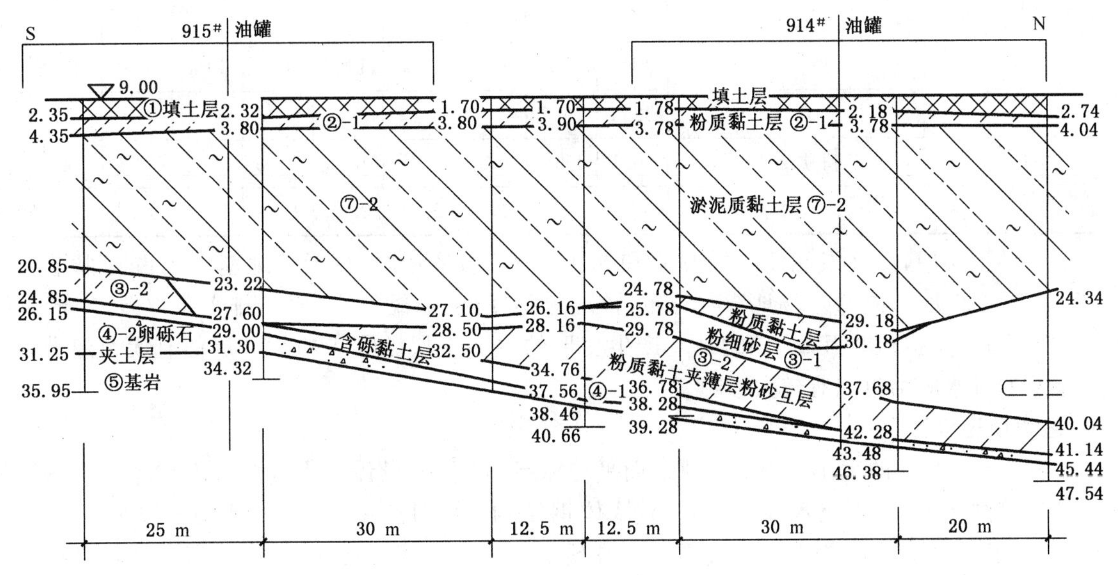

图 6-31 914#～915#罐地质剖面图

表 6-28 各土层物理指标统计表

土层号	土层名称	W	γ	S_r	e	W_L	W_p	I_p	I_L	$a_{1\text{-}2}$	$E_{s1\text{-}2}$	f_k
		%	g/cm³	%		%				MPa⁻¹	MPa	kPa
①	填土	27	1.95	98	0.78	36	21	15	0.5	0.327	5.0	
②-1	粉质黏土	30	1.93	99	0.84	37	22	15	0.64	0.371	4.8	120
②-2	淤泥质土	44	1.75	99	1.25	39	25	14	1.44	0.769	2.9	80
②-3	粉土	29	1.91	98	0.85	32	23	9	0.77	0.118		140
③-1	粉、细砂	31										160

续表 6-28

土层号	土层名称	W	γ	S_r	e	W_L	W_p	I_p	I_L	a_{1-2}	E_{s1-2}	f_k
		%	g/cm³	%		%				MPa^{-1}	MPa	kPa
③-2	粉质黏土	34	1.85	96	0.97	32	20	12	1.2	0.363	5.3	95
④-1	含砾黏土	24	2.01	97	0.70	32	18	14	0.43	0.186	8.9	270
⑤	基岩	凝灰质含砾砂岩，凝灰质砂岩，中等风化										600

表 6-29 固结系数（$\times10^{-3}$ cm²/s）与渗透系数（$\times10^{-6}$ cm/s）统计表

土层号	土层名称	100～200kPa		200～300kPa		300～400kPa		400～500kPa		500～600kPa		渗透系数	
		C_V	C_H	C_V	C_H	C_V	C_H	C_V	C_H	C_V	C_H	K_V	K_H
②-1	粉质黏土	13.6	20.8	13.0	10.5	9.3	8.0	8.1	5.4	7.5			
②-2	淤泥质土	11.2	14.6	9.4	13.6	7.9	12.4	6.8	10.7	6.4	9.3	1.45	4.23
②-3	粉土			7.2		7.0		6.7		4.5			
③-1	粉、细砂	26.5		25.8		17.5		14.6		11.8			
④-1		36.9		30.8		26.1		21.1					

表 6-30 抗剪强度统计表

土层号	土层名称	直接块剪		三轴 UU		三轴 CU				无侧限	
		C	φ	C	φ	C	φ	C'	φ'	Q_U	S_t
		kPa	(°)	kPa	(°)	kPa	(°)	kPa	(°)	kPa	
①	填土	32.4	16.2								
②-1	粉质黏土	26.1	17.5			40.8	24.5			340	
②-2	淤泥质土			26.4	2.02	26.2	18.2	17.3	38.5	50.4	5.2

以上 5 种土层中，②-2 淤泥质粉质黏土和③-1 粉砂、细砂互层，在天然地基土中占有很重要的地位，尤其②-2 淤泥质土，在整个场地皆有分布，该层土强度低、压缩性高、固结排水条件差、变形时间长且各点沉降不均，是拟建 5 万 m³ 储罐地基产生变形的主要土层。③-1 粉细砂层的有无及厚薄对②-2 淤泥质土层的排水固结时间有较大影响。

3. 超载预压设计

(1) 确定预压荷载的大小。该罐区原地面平均标高 7.00 m，设计场地地坪标高 10.50 m，场地地坪以上罐基环墙高 2 m，储罐充水高 17.50 m，罐体钢结构自重 1 000 t。则设计场地以上设计荷载为 211 kPa。由于软弱土层太厚，且生产需要不允许预压时间太长，故决定进行超载预压，超载大小是实际荷载的 1.2 倍。堆土容重取 18 kN/m³，则堆土高度 $H=211\times1.2/18=14$ m。堆土预面标高为 10.50 +14=24.50 m。

(2) 堆土荷载作用下最终沉降量计算。最终沉降量包括瞬时沉降量、固结沉降量及次固结沉降量。瞬时沉降是由于土的剪切变形引起的侧向挤压而产生的附加沉降，影响因素很多，目前尚无合适计算公式，一般是以固结沉降量乘以大于 1 的修正系数来处理。而次固结影响，由于本处土夹含有较多的粉粒及砂粒而未给特别考虑。按 GBJ 7—1989 地基规范中公式计算最终沉降量：

$$s=\psi_S\cdot s'=\psi_S\sum_{i=1}^{n}\frac{p_0}{E_{si}}(Z_i\cdot\bar{a}_i-Z_{i-1}\cdot\bar{a}_{i-1})$$

p_0 为对应于实际堆土荷载标准值时的原地面标高即 7.00 m 处的附加应力。

$p_0=(24.5-7)\times18=315$ kPa

现以 914# 及 915# 油罐地基为例，计算得：

914# 罐基：$s'=3.19$ m，$\overline{E}=5.44$，$\psi=1.14$，$S=3.60$ m。

915# 罐基：$s'=2.425$ m，$\overline{E}=5.19$，$\psi=1.12$，$S=2.716$ m。

(3) 固结时间计算。若直接在天然地基上进行堆载预压，可用一维固结理论计算，由《地基处理手册》公式导得：

$$t=\frac{T_v \cdot H^2}{C_v}$$

当固结度 $U_z=80\%$时，查双面排水条件下竖向固结度 $\overline{U}_Z$ 与时间因数 T_v 关系曲线得 $T_v=0.56$。

$$C_v=7.9\times10\ \text{cm}^2/\text{s}。$$

由于淤泥质黏土层下是粉细砂层，该层透水性好，故按双面排水考虑，排水长度 H 按淤泥质黏土层厚度的一半计算。

914# 罐基固结时间：$H=\frac{30}{2}\text{m}=1\ 500\ \text{cm}$，$t=\frac{0.56\times1\ 500^2}{7.9\times10^{-3}}=1.594\ 9\times10^8\text{s}\approx5.05$ 年

915# 罐基固结时间：$H=\frac{23.4}{2}\text{m}=1\ 170\ \text{cm}$，$t=\frac{0.56\times1\ 170^2}{7.9\times10^{-3}}=9.703\ 6\times10^7\text{s}\approx3.077$ 年

这样天然地基堆载预压所需时间 3～5 年太长，生产上不允许。为缩短预压时间，决定打塑料排水板。由于所建储罐重量大，充水重超过 5 万 t，面积大，罐体直径达 60 m，沉降影响深度按 0.6 倍直径计算达36 m。为保证固结效果，排水板必须穿过淤泥质黏土层，打到细砂层，长度最深达到 31 m。根据当时资料，国内排水板深到 20 m，尚未见到超过 20 m 深的实例。30 m 深时，井阻及涂沫作用对排水固结效果有多大的影响或排水在 30 m 深的情况下排水效果如何，起不起作用，还无法做结论。另外，目前的施工机械可否能将塑料排水板打到 31 m 深，还必须立即做试验来确定，若不能打，该方案将无法实施，后经大家努力，对现有的机械作了可靠的改进，再到现场进行试打，解决了这个机械问题，施工可行。

为了减小井阻，排水板选用当时排水通量最大的 SPB-IC 型塑料排水板。当量直径取 70 mm，边长为 1 200 mm正三角形布置。对于局部淤泥质黏土层下无细砂层的地方则改边长为 90 mm 的正三角形布置。

根据地质勘察报告，淤泥土层当 $p=300$ kPa 时，水平向固结系数 $C_h=1.3\times10^{-2}\text{cm}^2/\text{s}$，$C_v=0.865\times10^{-2}\text{cm}^2/\text{s}$。

$d_e=1.05\ L=126$ cm，　$n=\frac{d_e}{d_w}=\frac{126}{7}=18$

砂井地基以径向固结为主，可忽略由竖向排水引起的固结度。塑料排水板地基固结时间计算，根据《地基处理手册》公式 $T_h=\frac{C_h \cdot t}{d_c^2}$，再查径向固结度 $\overline{U}_r$ 与时间因数 T_h 及井径比 n 的关系图，当 $\overline{U}_r=80\%$时，$T_h=0.43$，

$$t=\frac{T_h \cdot d_c^2}{C_h}=\frac{0.43\times126^2}{1.3\times10^{-2}}=525\ 129\ 秒=6.1\ 天$$

按此计算预压荷载堆载完毕后，经过 6～7 天时间，固结度就可达 80%。这样塑料排水板地基固结时间完全可以满足生产建设要求。

(4) 水平排水砂层处理

根据地勘报告，此处各层土基本处于饱和状态，因此软土在堆土荷载作用下的固结，主要靠水的排出，即水排出多少沉降量就为多少。以两台储罐基础为一堆土单元，取平均沉降量为 2.5 m，若按径向排水固结度等应变公式计算，6～7 天就可结束，这实际上对排水板上、下两头水平方向排水条件要求很高，若水不能及时排出，则固结度达不到。如果按常规做法，仅在排水板上铺 500～600 mm 厚砂层，那么该砂层将很快随着地基下沉被淹没在周围的淤泥质黏土层中，而起不到排水作用。为解决这一问题，我们利用罐区附近有较好的吹填砂的条件，把 914#～917# 四台罐基做一圈 5 m 高的土堤围起来，在靠长江一边预留好排水管，向其中吹填砂，吹填范围 $176\times158\ \text{m}^2$，厚约 4 m，共约吹填 11 万 m^3 砂，这些砂经测定质量很好，砂径均匀，含泥量小，排水很快。

由于是从自然地面开始吹填，吹高 4m，故即使地基下沉 3.7m，砂层顶面仍高于周围自然地面，这样罐基排水还是非常顺利的。当吹填砂完毕后，让其休止 2 个月，使得吹填砂沉积排水、淤泥质黏土层逐步固结，提高强度，保证大规模堆土时不发生地基局部剪切及至整体破坏。

对于 918#、919# 两罐基，由于条件改变，不可能再先吹填 4 m 高的砂层，于是就按常规在排水板上端铺 600 mm 砌厚粗砂层，然后在其边沿设置几条道渣盲沟，将水引至罐四周专门设置的 4 座排水井，井中水用泵抽出排到江中，保证地基下沉后，固结排水的路径始终顺畅。

(5) 堆土速度即加荷速率及间歇期

由于原场地地基强度软弱，抗剪强度低，必须采用分级加荷的办法。

设吹填砂为第一级荷载，第一级允许施加荷载 $P_1=5.52C_u/K$。K 为安全系数，取 1.1。C_u 为天然地基土不排水剪切强度，本处取 20 kPa。$P_1=100$ kPa，吹填砂容重 $\gamma=16\ \mathrm{kN/m^3}$，则堆截高度 $h_1=P_1/\gamma=6.27$ m，实际堆 4 m，故安全。

在 P_1 作用下，$U_r=70\%$，地基强度提高后的强度值 $C_{u1}=\eta(C_u+\Delta\sigma\cdot U_r\cdot\tan\varphi C_u)=27$ kPa，第二级允许施加荷载 $P_2=5.52C_{u1}/K=135$ kPa，堆截高度 $h_2=135/18=7.5$，取 7 m，则 $C_{u2}=\eta/(C_{u1}+\Delta\sigma\cdot U_r\cdot\tan\varphi C_u)=43.3$ kPa。

第三级允许施加荷载 $P_3=5.52C_{u2}/K=217$ kPa，$h_3=217/18=12$ cm，$C_{u3}=\eta(C_{u2}+\Delta\sigma\cdot U_r\cdot\tan\varphi C_u)=71.8$ kPa。

第四级允许施加荷载 $P_4=5.52\,C_{u3}/K=360\ \mathrm{kPa}>$ 预压荷载 315 kPa，经此计算，本工程可分四级加载即可达到设计总荷载的要求。

经向施工单位调查及与厂基建处协调，运输及堆载能力以每月 3 $\mathrm{m^3}$ 土计。

第一级荷载所需时间 T_1，第一级荷载每天加荷载速率控制在 2 kPa，由此得 $T_1=16\times4/2=32$ 天。

第二级荷载间歇期 $T_2=t+(T_0+T_1)/20$

式中 t 为瞬时加荷达到 U_{r2} 所需的时间，按下式计算，U_{r2} 取 70%。

$$t=\frac{1}{\beta}LU\frac{8}{\pi^2(1-U_{r2})}$$

$$\beta=\frac{8C_h}{Fde^2}+\frac{\pi^2C_v}{4H^2}=2.46\times10^{-6}$$

$t=404\ 318$ s$=4.7$ 天，这说明固结所需时间很短。

$T_2=4.7+32/2=20.7$ 天。

第三级荷载间歇 T_3 计算方法同 T_2。

根据计算及施工力量设计堆载计划如下：

第一级荷载吹填砂 1 个月完成，预压 2 个月，尔后开始堆土，从 10.500 m 设计地面起算每堆高 1 m 为一级，共分 14 级，每级间堆土歇 2 天，每级堆土时间由下面面积大而上面面积小从 14 天/m 依次递减到 5 天/m。计划用 5 个月时间堆完，恒压 1 个月。实际固结度按 R·A·巴隆(Barron)公式 $\overline{U}_r=1-e^{8C_H\cdot t/Fd_e^2}$ 算得近 100%。

上述步骤仅是估算求得的加荷控制进程，实际的加荷进程还要考虑施工条件并通过现场观测加以修正。

(6) 堆土的方法

按照理论计算预压荷载堆载完毕后，所需恒压时间很短，故重要的问题是如何把土顺利地堆上去。现有 6 台 5 万 $\mathrm{m^3}$ 储罐地基需要预压处理。自然地面和设计地面高差就有 3.5 m 要填土。每座罐堆土设计成圆台型，顶标高 24.5 m，顶面处直径为 58～60 m，计算按 1：1.5 放坡，到设计地面 10.5 m 底面处堆土直径为 100～102 m，计算下来需要堆土 50 多万 $\mathrm{m^3}$，上百万吨重，这确非易事。据此实情，为减小工程量、节约投资决定 2 台罐为一堆土单元，分成 3 次堆土，即 914# 和 915# 罐基先堆，预压完后，将其土卸到 916# 和 917# 储罐基础上，缺少的部分用新土补足，进行预压。916# 和 917# 罐基预压完后，再将土卸到 918# 和 919# 罐基上，并先将 919# 罐基的土堆到位，缺土先缺在 918# 罐基上，不补运新土，待 919# 罐基预压完后，再将 919# 罐基上的土卸到 918# 罐基上，将其所缺的土补足，最后进行预压。这样可减少 1/2 的从厂区到库区的运土工程量和 2/3 的出库区的卸土工程量。

(7) 测试仪器的布置及堆土期间的控制。

为了及时准确掌握堆土预压过程中地基的变化情况，确保施工安全，根据 GBJ—1983《地基与基础工程施工及规范》的要求：地基预压前，应设置垂直沉降观测点、水平位移观测桩，测斜仪及孔隙水压力计。以 914# 和 915# 两台罐基础为例，埋设：

① 孔隙水压力计 33 只，监测地基土在堆土预压过程中的超静孔隙水压力变化。位置分别在罐中心 O、$R/3$、$2R/3$ 和 R 处，埋深结合土层分布，从地表下 6.8 m 到 33 m。

② 深层沉降管 4 根，在每座罐中和外缘各埋设 1 根，埋深 25～36 m，每隔 2～3 m 安装放沉降标一只。

③ 深层水平位移管 7 根，在每罐中心和两侧和埋设测斜管 1 根，测斜管底达到基岩，深 25～43 m。

④ 沉降标 10 只，在每台罐基东南西北外缘及中心分别埋设钢质沉降标 1 根。

⑤ 土压力盒 18 只，在每罐南北直径方向均布 7 只，东西罐壁各布 1 只。

⑥ 罐底地表沉降管 2 根，埋于每台罐底板下，用活动式水平测斜仪，连续测出导管下的下沉量。

⑦ 环墙沉降观测点每台罐沿外圆周长设置 16 点。此外，还在堆土区域处埋设一根地下水位管和 1 只孔压计。见图 6-32。

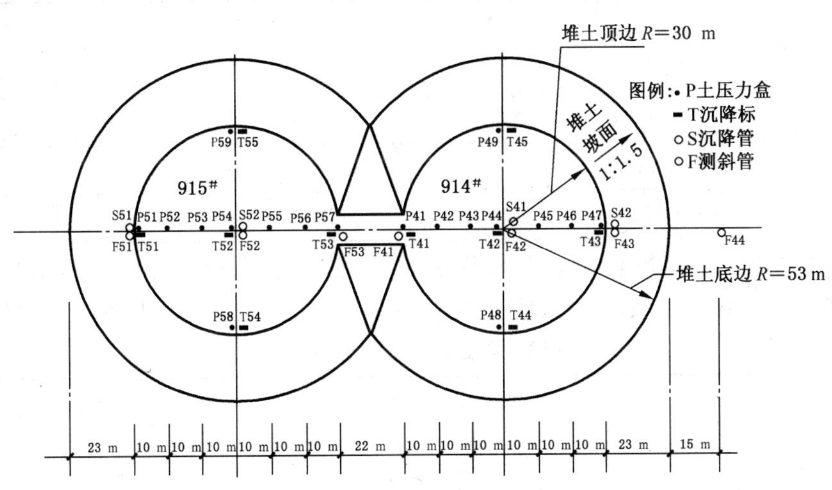

图 6-32　914# ～919# 堆土及测试仪器平面布置图

设计规定施工时日堆土高度不大于 300 mm，沉降速率不大于 15 mm/d，每堆高 1 m 土停 2 天，孔压系数不超过 0.4，水平位移不大于 2 mm/d，堆土过程中，跟踪监测，上述任何一项超标，立即停止堆土，待恢复正常后，继续堆土。

但在实际堆土过程中，外界条件很不理想，遇到许多困难，如天气一下雨就得停，天晴就得抢进度。曾发生过 2 天时间堆土厚达 0.9～1.1 m，沉降速率骤升至 20～28 mm/d，超静孔压值也有 30～40 kPa 的突升，水平位移升至 3～4 mm/d，说明此时已产生了较大的塑性剪切变形，因此，停止堆土 8 天，8 天后恢复正常，说明排水板地基固结快，强度增长迅速，继续按原要求速度堆土。所以设计、施工、监测、基建各单位要全身的投入，共同努力，控制好。

(8) 卸土后表面填土的处理

吹填砂层顶面标高在堆土开始时为 11.900 m，堆土到标高 24.500 m，并预压结束后经测量该处下沉 2.7 m，即吹填砂层顶标高降到 9.200 m。根据建罐基础需要，堆土卸到标高 12.2 m 即可，从标高 9.2 m到 12.2 m 的 3 m 高这一层土为新近堆积的，是未经分层碾压的非饱和土且不能排水固结。经钻探，该层土密实度低均匀性差，承载能力不能满足储罐对地基强度的要求，需要处理。决定对此层 3 m

厚堆土进行强夯处理，因该层土为低饱和度粉质黏土，适于强夯法处理。夯击点布置采用 3 m×3 m 正方形布置，分两遍夯击，夯击能量用 80 t·m 左右，即用 12 t 锤落距 7 m，击数 6 击，以最后两击下沉量≤6 cm 控制，要求不扰动吹填砂层，夯时分两遍夯击。914# 和 915# 两罐基就是用以上强夯法处理剩余填土基础的。

对于 916# 和 917# 两罐基，当 914# 和 915# 两罐基堆土预压结束，并开始卸土时，由于当时吹填砂层顶面标高平均为 11.900 m，堆土预压沉降估算平均为 2.2 m，为了满足罐基环墙内土面标高 12.200 m的要求，从 11.900 m 到 14.400 m 的回填土可继续采用强夯方案，也可将该层 2.5 m 厚的回填土用分层碾压的方案，经比较认为分层碾压工期较短，而且经济上也节约。分层碾压可请堆土施工单位一家施工，而强夯还要请一家施工单位，经济上也可节约近 20 万元。因此，决定用第二方案即将吹填砂层顶面 2.5 m 厚的这层填土分层碾压，每层为 250 mm，压实系数 0.96，碾压半径每罐皆为 35 m，这样堆土预压结束后，碾压过的这层土可直接作储罐基础，而不需再行处理。

4. 堆土预压监测及成果分析

限于篇幅，现以 914#、915# 两罐基为例，进行说明。

(1) 加荷过程及土压力

914#、915# 罐基加卸荷过程见表 6-31，整个堆土过程基本上都以每层 30 cm 连续不停直到设计要求高度。

表 6-31　914#、915# 罐基加卸荷过程表

阶段	时间	天数	顶面高程/m	厚度/m	备注
吹填砂	1994.1.26～1994.3.6	39	11.9	3.3	地面高程 8.700 m
堆土	1994.5.7～1994.11.24	201	24.500	12.6	
恒压	1994.11.24～1995.4.8	135			
卸土	1995.4.8～1995.8.14	128	12.200	12.3	

堆土到顶时各测点土压值基本接近，与理论相符，因堆土荷载平均半径达 42 m，比储罐半径 30 m 大得多，荷载在各测点的压力系数均为 1，堆土到 24.5 m 时，土压力实测值与堆土荷载值见表 6-32：

表 6-32　堆土荷载与土压力实测表

kPa

罐号	实测值										堆土荷载	实测/堆土荷载
	P_1	P_2	P_3	P_4	P_5	P_6	P_7	P_8	P_9	平均		
914	364	344	374	343	342	364		339	329	349	344	1.01
915	331	369	346	340	360	360	350	348		348	337	1.03

(2) 地基沉降

原地表沉降：914#、915# 两罐基打设塑料板水板历时 3 个月，插板完时土中水就沿排水板头溢出，并引起地面成锅底形下沉，平均沉降分别为 331 mm 和 281 mm，原因为插板时饱和土挤压，使孔隙水压力排出，地基固结所致，此沉降未纳入以后的分析中。各点实测的地表沉降量及由此实测沉降-时间曲线用指数曲线拟合法推算出的地基最终沉降见表 6-33：

表 6-33　推算地基最终沉降表

mm

标高	914# 罐		标高	915# 罐	
	卸前沉降	最终沉降 s_∞		卸前沉降	最终沉降 s_∞
T_{41}	2 812	2 965	T_{51}	1 587	1 724
T_{42}	3 362		T_{52}	2 286	2 356
T_{43}	2 290	2 380	T_{53}	2 652	2 804

续表 6-33

mm

标 高	914# 罐		标 高	915# 罐	
	卸前沉降	最终沉降 s_∞		卸前沉降	最终沉降 s_∞
T_{44}	2 719	2 874	T_{54}	1 823	1 896
T_{55}	2 509	2 645	T_{55}	1 836	1 936
平均	2 738		平均	2 037	

各点实测的沉降-时间过程线如图 6-33。914# 罐基最大沉降发生在罐中点，为 3 362 mm。最小点为罐北侧。915# 罐最大沉降发生在罐北侧，为 2 652 mm，最小沉降发生在罐南侧为 1 587 mm。由此算下来，两罐基对应于 340 kPa 的堆土荷载固结度都达 95%，对设计要求的 250 kPa 使用荷载来说，固结度已大于 100%，属超固结。所以在以后的建罐使用期，地基除卸土回弹的再压缩外，不应出现附加应力压缩沉降，也就不会产生使储罐倾斜的不均匀沉降。914# 罐基在堆土和卸土过程实测地表沉降见图 6-33。

堆土预压期的差异沉降：914# 和 915# 罐南北直径两端的沉降差分别为 522 mm 和 1 065 mm，倾斜度高达 8.7‰和 17.8‰。

加荷速率和沉降速率：两罐基堆土时基本上是 3～4 天一层，每层厚为 300 mm，加荷速率折算为 1.5～2.0 kPa，沉降速率 914# 罐基 8～18 mm/d，915# 罐基 6～15 mm/d。

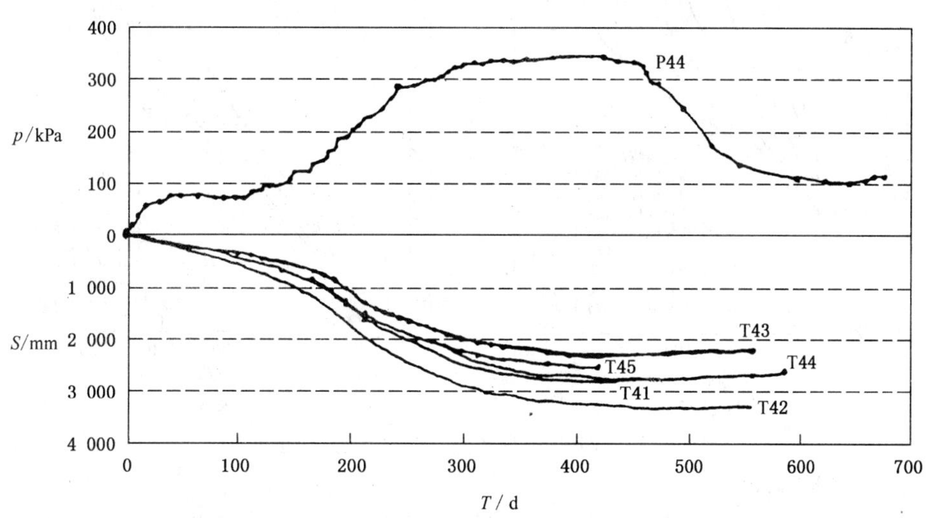

图 6-33 914# 罐堆土和卸土过程中的原地表沉降

分层沉降：淤泥质黏土层的沉降在整个地表沉降中占 82.3%～89.9%，压缩率为 9.1%～11.0%，是影响土体变形的主要土层。粉细砂层及以下层的沉降占 4.9%～7.6%，说明大型罐沉降影响深度超过罐体半径，见图 6-34。

卸土回弹：914# 和 915# 罐在卸土期的 4 个月中回弹值分别为 94 mm 和 90 mm，卸土完成后一个月，两罐基仍有 74～114 mm 的回弹量。

(3) 深层土侧向水平位移

7 根测斜管测量的深层土侧向水平位移如图 6-34，卸土前，914# 罐基最大水平位移在罐北侧标高 −2.5 m处为 325 mm，915# 罐基最大侧向水平位移在罐南侧标高 2.0 m 处为 249 mm，水平位移速率基本为 0.5～1.8 mm/d。

(4) 孔隙水压力

与堆土荷载相比，超静孔隙水压力值均不大，两罐基础最大值分别为 83.5 kPa 和 62.8 kPa。到卸土时，孔隙水压力已很小，仅 5 kPa 左右。通过埋设位于淤泥质黏土中的两个相距 8 m 的三层孔隙水压力计测定，孔压很接近，表明了在夹有“千层饼”粉砂结构的淤泥质黏土中，塑料排水板的有效作用深度可达 27 m 甚至更深，其过水断面不会因侧向土压力的增大而明显减小，通水量也不会因土体沉降过大造成弯折而显著降低。堆土期两罐基孔压系数 B 值分别这 0.1～0.4 和 0.1～0.3，处在安全监控标准 0.4 以下，见图 6-35。

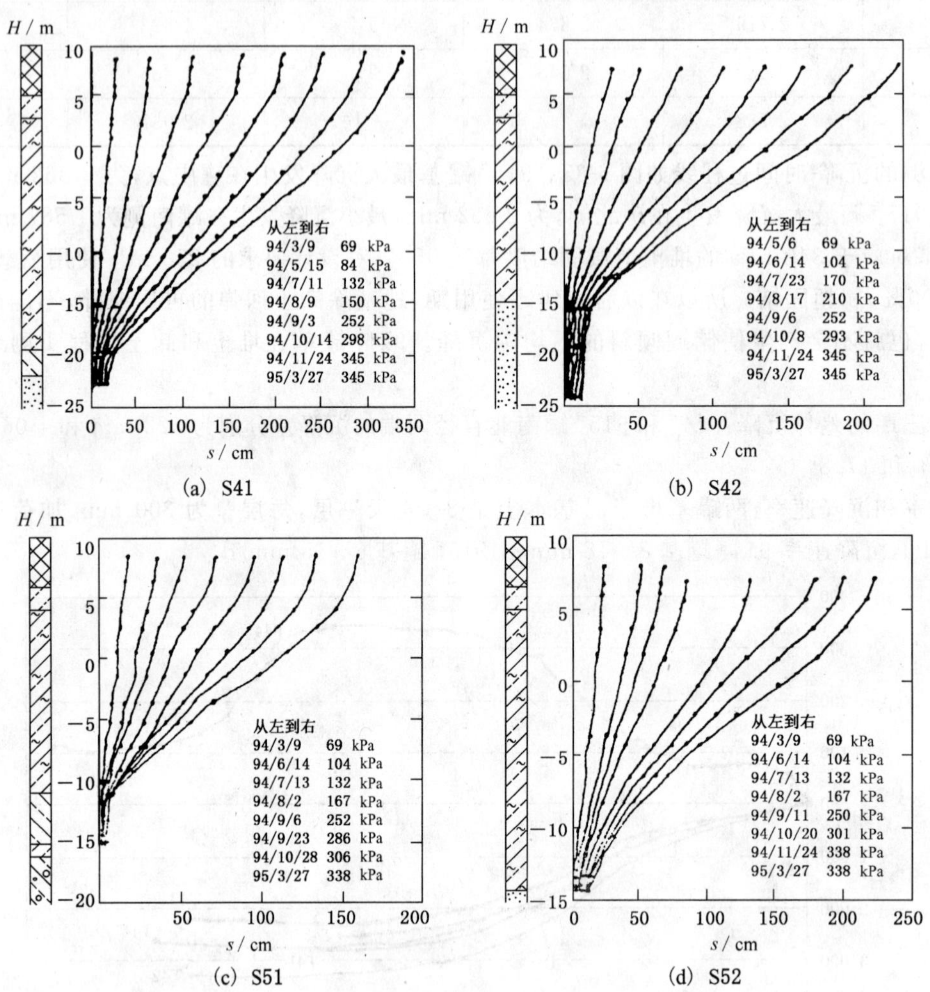

(a) S41　(b) S42　(c) S51　(d) S52

图 6-34　堆土预压过程中各土层分层沉降

(5) 堆土预压效果检验

堆土卸荷后，在现场钻取原状土样，进行室内试验，结果与加固前土性指标比较如表 6-34：

表 6-34　堆土卸荷后原状土室内试验土性表

取土时间	取土深度/m	物理指标						压缩性		无侧限抗压强度/kPa
		含水量/%	土重度/(kN/m³)	孔隙比	液限/%	塑限/%	塑性指数	系数/MPa⁻¹	模量/MPa	
加固前		44	17.5	1.25	39	25	14	0.769	2.9	50.4
加固后	13.2	38.7	18.2	1.07	41	28	12.8	0.340	6.08	150
	15.6～15.8	37.3	18.5	1.02	41.2	28	13.2	0.240	8.41	186

(6) 储罐建成充水复压监测成果

建罐充水期的孔隙水压力变化值仅上部测头有 2～5 kPa 的微弱变化，且随升随散，说明厚度达 27 m的淤泥质黏土地基，在堆土预压后，已固结完毕，相对于充水荷载来说，地基已属超固结。

储罐环墙上均匀设 16 个沉降观测点，测得数据说明沉降很均匀。914# 罐充水高 17.2 m16 个支沉降分别为：73 mm、71 mm、73 mm、74 mm、70 mm、71 mm、65 mm、62 mm、59 mm、61 mm、59 mm、

63 mm、66 mm、65 mm、70 mm、71 mm，平均 67 mm。最大 74 mm 最小 59 mm，倾斜 0.25‰。915# 罐充水高 16.4 m，16 个点沉降量分别为：50 mm、51 mm、坏、50 mm、50 mm、48 mm、43 mm、44 mm、43 mm、47 mm、50 mm、50 mm、54 mm、53 mm、52 mm、47 mm，平均 48.8 mm。最大 54 mm，最小 43 mm，倾斜 0.18‰。大大低于规范允许值 4‰。这再次说明，堆土预压后，已将储罐在使用荷载下的地基沉降减至零，即地基超固结，充水沉降皆为卸土回弹之压缩且只相当于回弹值的 1/2～1/3，故预压处理非常成功。

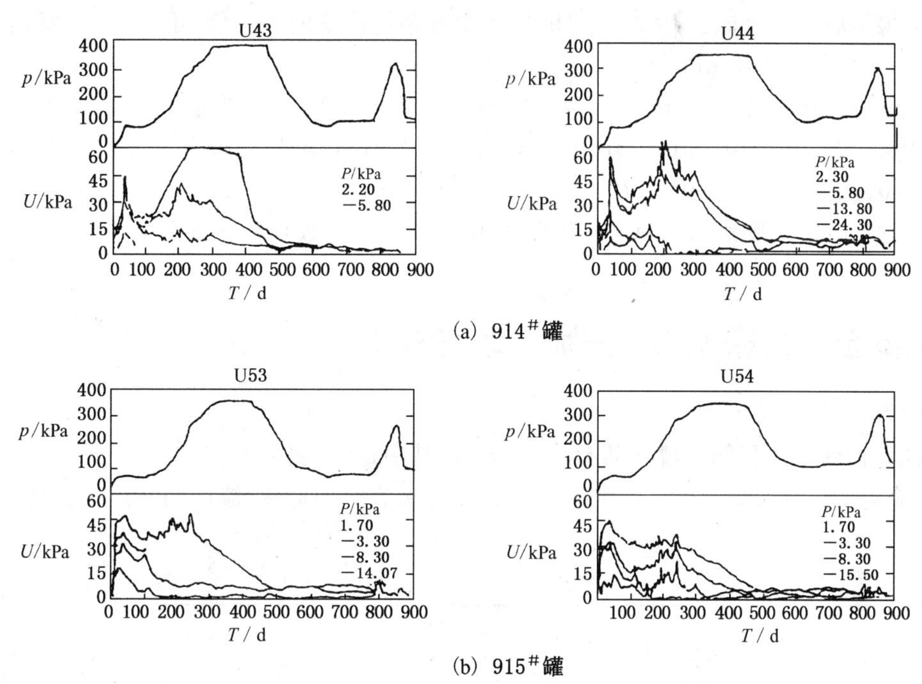

图 6-35　堆土预压过程中的超静孔隙水压力

其他两组罐基即 916#、917# 两罐基和 918#、919# 两罐基的堆土预压监测及成果分析的内容是基本相同的，它总体上是上一组罐基预压完进行卸土的过程就是下一组罐基开始进行堆土预压的过程，是连续的，所以称之为滚动式预压，各自预压完建好罐后，充水复压后效果基本相同。916#、917# 罐基分别在 19.4 m 和 18.2 m 堆土高度下，地基最大沉降量高达 3.10 m 和 2.43 m。建罐后充水 18 m 复压显示，环墙沉降仅 30～83 mm，罐径方向倾斜率分别为 0.60‰和 0.35‰，都大大低于规范要求值 4‰。情况都感到满意。

5. 结语

(1) 用塑料排水板结合堆土预压法处理厚达 28 m 的淤泥质黏土是可行的，在含有“千层饼”薄层粉砂结构的淤泥质黏土中，塑料排水板的有效作用深度可达 31 m，并且排水通道顺畅。

(2) 在深厚淤泥质黏土中，打排水板，必须做好板顶的砂滤水层，其厚度必须保证土层产生最大沉降时水平排水仍通畅。若地基水平向层理发育，堆土荷载可以一次施加到顶面不间歇，但须按每层堆土不超过 300 mm，每天堆土荷载控制在 1～2 kPa，最大沉降速率可控制在 20 mm/d。

(3) 在厚度为 16～28 m，承载力只有 70 kPa 的淤泥质黏土中使用塑料排水板堆土预压，可以达到 340 kPa 的地基承载力，地基固结度可达 93%。这些效果超过了设计当初期望的地基承载力 310 kPa 及固结度 90%，特别是有效解决了沉降倾斜率，堆土预压沉降倾斜率为 6.7‰～27.9‰，建成罐充水复压沉降倾斜率都在 0.7‰以内，说明采用这一加固方案是很成功的。

(4) 在堆土预压总沉降中，淤泥质黏土层的压缩量占 82.3%～89.9%，在 20～30 m 下的粉细砂等下卧层沉降量仍占有 4.0%～7.6%，不容忽视。淤泥质黏土层的压缩率为 9.0%～11.0%，设计计算沉降量与实测沉降量相差不大，设计计算值略大。

(5) 各组罐罐壁处地基在堆土预压结束时的侧向水平位移分别达北面 325～453 mm，南边 220～248 mm，东西边 220 mm～340 mm，最大位移均发生在淤泥质黏土层顶面以下 3～5 m 处。堆土时最大水平位移速率可控制在 4 mm/d。

(6) 地基中的超静孔隙水压力吹填后多在 40～60 kPa，随着堆土荷载的增大，其值只是略有增高，并趋于稳定，这主要是地基中的纵横向排水通道顺畅所致。充水复压过程中，地基中的超静孔隙水压力几乎无升高，环墙沉降非常均匀，罐底各点沉降差异不大，充水产生的沉降主要为卸土回弹的再压缩。

(7) 堆土预压后经取土试验，地基土的抗剪强度为天然地基的 3.2 倍，达到 85.7 kPa，地基承载力为天然地基的 4.2 倍，达 342 kPa。

(8) 经济造价分析：6 台 5 万 m^3 储罐地基堆土卸土共约 1 千万元，排水板 200 万元，吹填砂 200 万元，强夯 36 万元，最后卸土 100 万元，合计 1 536 万元，平均每台罐基处理费 256 万元，比桩基础每台罐要节约 500～600 万元。

该罐区 1997 年建成交工投入使用，至今已 10 年，各方面数据都满足了生产要求和国家规定的标准。

四、上海金山储罐充水预压加固软弱地基

1. 概况

上海金山石油化工一厂第一罐区共有储罐 35 台，其中最大的储罐容量为 10 000 m^3，共有 7 台，都是拱顶罐，其余有 5 000 m^3、3 000 m^3 和 1 000 m^3 等各种容量的储罐，罐区的平面布置见图 6-36。

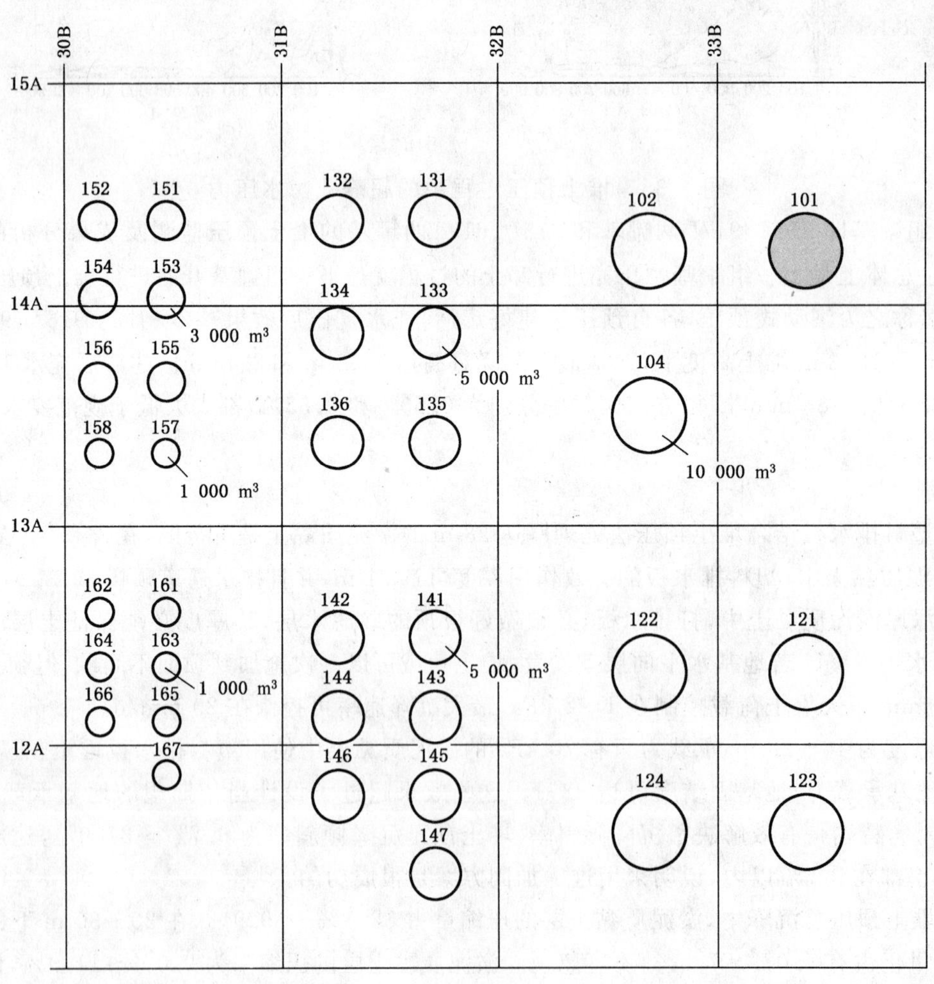

图 6-36　储罐区平面布置图

建造这类大型储罐比较突出的问题是储罐基础直径大，以 10 000 m³ 储罐为例直径为 31.4 m，充水预压时基底压力达 164.3 kPa，而罐区的地基土层为河口滨海相沉积的软黏土，厚度达 30 m 左右，要在这类较弱的地基上建造大型储罐，无论是地基的承载力还是沉降和沉降差等，都是设计中的突出问题。

为解决这类地基问题，首先进行地基的勘察试验工作，根据地质资料和理论计算，并经过反复分析研究，决定罐区内 35 台储罐都采用天然地基，并采用预压加固地基和预先采用预抬高基础标高的方法，选择了 10 000 m³ 容量的 101 号罐作为试验观测的重点，以便依据观测结果来指导其他储罐的设计与施工。

2. 工程地质构造

整个储罐区位于杭州湾滨海围垦滩地上，土层属于河口滨海相沉积，以 101 号储罐为代表，其钻孔的各土层分布及各土层代表性的物理力学性质试验指标见表 6-35。

表 6-35 101 号储罐地基土层分布及土的主要物理力学性质

层次	土类	土层厚度/m	含水量 W/%	土的重度 γ/(kN/m³)	孔隙比 e	液限 W_L	塑限 W_P	塑性指数 I_P	压缩系数 α_{1-2}/MPa⁻¹	固结系数 $C_{v1-2}\times10^{-3}$/(cm²/s)		抗剪强度 直剪固结快剪 φ_{cu}/(°)		三轴固结快剪		十字板、灭侧限抗压试验
										$C_{v1-2}\times10^{-3}$/(cm²/s)	$C_{h1-2}\times10^{-3}$/(cm²/s)	φ_{cu}/(°)	C_{cu}/MPa	φ'/(°)	C'/MPa	S/kPa
1_a	亚黏土	2	27	19.2	0.80	29.8	18.6	11.2	0.27			20.0	1.0			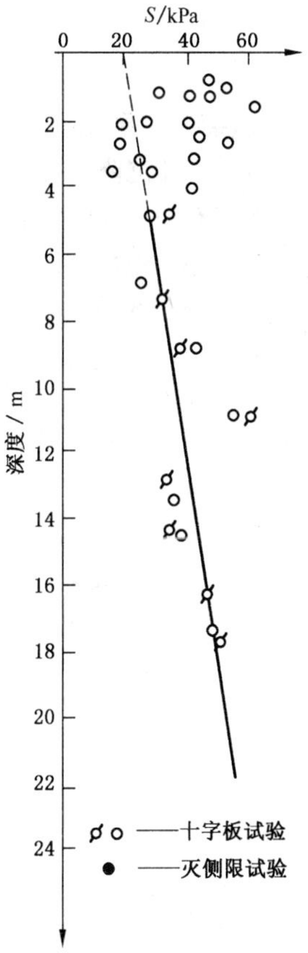
2	亚黏土	3.4	32.9	18.6	0.95	36.9	20.1	16.8	0.49	2.67	2.33	15.5	0.9	22	2.43	
3_a	淤泥质亚黏土	2.6	42.3	18.0	1.15	33.8	20.3	13.5	0.71	1.73	2.18	18.5	0.7	28	0	
3_b	淤泥质亚黏土与粉砂互层	3.0	36.8	18.4	1.07	35.0	21.1	13.9	0.53	5.37	8.14	19.5	0.7	30	0	
4	淤泥质黏土	1.8	38.5	18.0	1.10	—	—	17.5	0.70	1.51	1.79	15.0	0.7	29	0	
5_a	淤泥质黏土	2.2	50.0	17.1	1.40	48.3	26.2	22.1	0.99	0.72	1.00	7.5	1.0	26	0	
5_b	淤泥质亚黏土	3.8	36.1	1.78	1.08	33.8	19.8	14.0	0.60	1.03	1.26	14.2	0.8	32	0	
6_a	淤泥质亚黏土	1.0	33.5	18.1	1.00	—	—	11.0	0.5	8.6	—	19.5	0.7	—	—	
6_b	粉砂夹淤泥质亚黏土	4.8	33.6	1.81	1.00	29.4	21.0	8.4	0.45	8.6	—	22.0	0.6	—	—	
6_c	淤泥质亚黏土	1.9	41.2	17.7	1.18	—	—	16.5	0.70	1.79	4.34	14.5	0.8	—	—	
7	黏土	0.7	25.3	19.3	0.77	41.6	20.1	21.5	0.19	2.69	—	16.0	3.9	20	1.28	
7_b	亚黏土	2.7	33.2	18.4	0.96	33.4	24.8	8.6	0.20	7.97	—	—	—	—	—	
8	粉砂	3.0														

S/kPa
0 20 40 60
深度/m
2 4 6 8 10 12 14 16 18 20 22 24
十字板试验
灭侧限试验

总的来看，虽然罐区软土层的厚度达 30 m 左右，但表层有 4 m 厚的超压密的黏性土，通常称为硬壳层，地表 30 m 以下有粉砂层作为边界，整个软土中又夹有许多粉砂薄层，在充水预压过程中，地基的强度会比较快的提高，因此在软土地区来说，采用充水预压加固法是有利的。

3. 基础设计

储罐结构为钢板就地焊接拼装而成的拱顶钢罐，101 号储罐直径 $D=31.4$ m，高度 $H=17.5$ m。沿着罐壁周边下面设置钢筋混凝土环墙式基础(以下简称环墙)，储罐之壁直接搁置在环墙顶面。罐底板下面铺设沥青砂层和砂垫层，施工时将砂垫层浇水分层振实。环墙底部做 70 cm 厚砂垫层，在本工程中主要是作为罐底范围内地基固结的排水出路。为了减少充水预压后罐底板下凹的程度，根据沉降计算，把罐底板预先从中心沿径向铺成 2.5% 坡度。环墙的高度也是按沉降计算确定的，要求沉降稳定后环墙仍可高出周围的地面，以便进出管线的安装。基础的设计与构造见图 6-37。

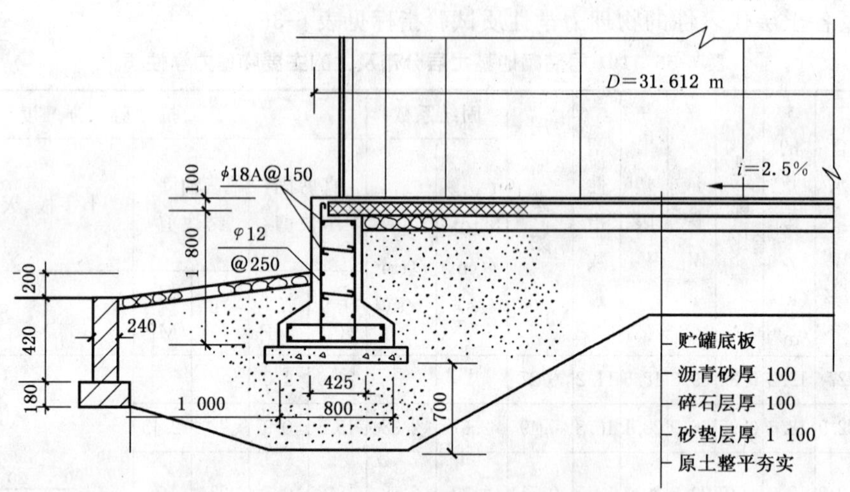

图 6-37　101 号储罐环墙基础图

4. 实测成果和分析

(1) 基础沉降观测成果

为了及时掌握储罐基础在充水预压过程中的沉降情况，在环墙外侧埋设了 16 个测点，在储罐底板上埋设了 3 个测点，储罐外原地面上埋设了 6 个边桩，在储罐外侧土层中埋设了 6 个深层标(见图 6-38)。沉降观测采用 004 精密水准仪。

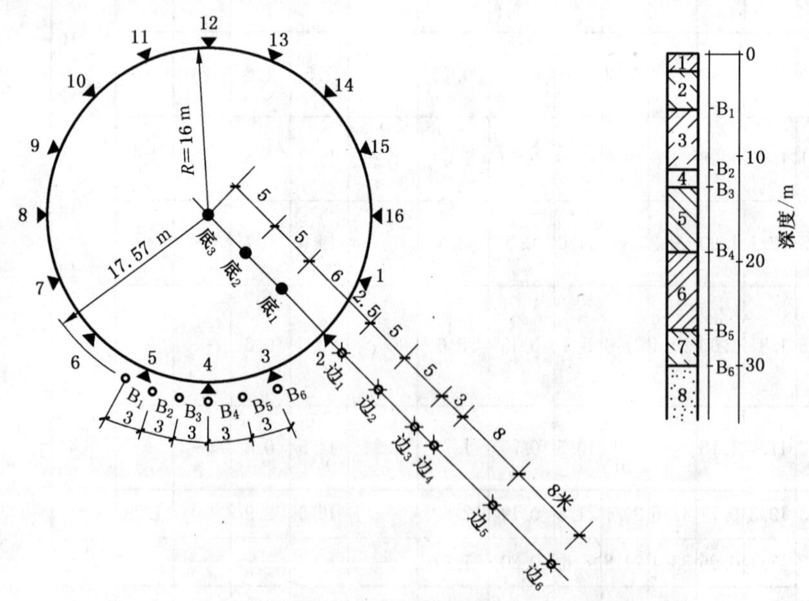

图 6-38　101 号储罐沉降观测点布置图

从 101 号储罐实测的 s-t 曲线，推算基础最终沉降 s_∞；地基由于侧向变形而引起的沉降 s_d；验算预压地基后的固结度 U_v 所需的时间因数 T_v。分析时选用了环墙上 16 个测点的平均沉降以及中心点沉降，也包括环墙上2、5、10、13号测点，图6-39表示101号储罐两个代表性测点的s-t曲线，推算结果列于表6-36。表中还列出其他的一些有关数据。

表6-36　101号储罐从实测沉降-时间曲线推算 s_∞、s_d、T_v 值

测点编号	2	5	10	13	16个测点的平均值	罐中心点
实测 $s_{148.8天}$/cm	87.0	87.5	79.5	79.4	84.2	131.9
时间因数 $T_v=\frac{C_v}{H^2}t$	0.0166	0.0174	0.0174	0.0151	0.0159	0.0188
最终沉降 s_∞/cm	93.4	93.6	84.9	85.1	91.0	138.9
固结度 $U_v=s_t/s_\infty$	0.906	0.915	0.915	0.886	0.897	0.930
侧向变形因起的沉降 s_d/cm	26.4	22.4	23.5	23.7	25.2	38.4
s_d/s_∞	0.283	0.239	0.277	0.273	0.277	0.276
s_C/s_∞	0.717	0.761	0.723	0.722	0.723	0.724
$s_\infty-s_d=s_C$	67.0	71.2	61.4	61.4	65.8	100.5
理论计算的 s_C/cm	—	—	60.3	57.8	—	103
推算的 $m_s=s_\infty/s_C$	1.39	1.32	1.38	1.39	1.38	1.38
$s_{148.8天}/s_\infty$	0.932	0.935	0.936	0.932	0.925	0.945
卸荷后的回弹量/cm	3.50	3.63	2.85	3.56	3.24	—

注：表中 s_c 为地基的竖向固结而引起的沉降。

从表6-36可以看出地基经预压后固结较快，地基的侧向变形 s_d 比其他工程大，推算的 s_d 占总的最终沉降量 s_∞。多数大于1/4，因而沉降计算的经验系数 m_s。在1.38左右，沉降量根据实测推算结果和理论计算较接近，可以认为是合理的。

储罐基础的边缘沉降，101号储罐实测的基础边缘对边沉降差随荷载和时间的变化见图6-39。实测各对边沉降差在加荷期间都有不同程度的变化，基础产生摇摆下沉的现象，但在预压结束以后，对边沉降差随时间而发展，储罐基础不再出现摇摆下沉。产生这种下沉的原因主要是上部结构与地基产生共同作用的结果，经分析认为，在直径为31.4 m这样大的荷载面积下的地基本身是不可能均匀的，在受力变形过程中，使变形较大的部位逐渐传递给变形较小的部位，而上部结构主要起调整沉降差的作用，即所谓"应力重分布"。

实测说明，储罐边缘上的最大沉降和最小沉降之间的关系都成良好的直线关系，也就是基础边缘的最大沉降、最小沉降与平均沉降成正比，5台10 000 m³储罐的实测边缘沉降差见表6-37。101号储罐边缘对称沉降差过程线见图6-40。

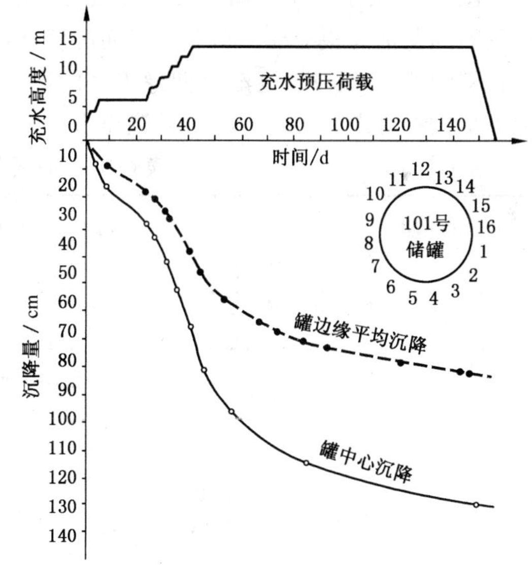

图6-39　101号储罐实测沉降-时间曲线图

表6-37　5台10 000 m³储罐边缘沉降差实测

储罐编号	101	102	121	123	124
边缘最大沉降 s_{max}/平均沉降 s	1.05	1.01	1.02	1.18	1.65
预压结束时边缘最大沉降差 Δs/cm	8.10	1.73	2.85	22.5	49.1
最大沉降差 Δs/储罐直径 D‰	2.5	0.54	0.89	7.0	15.3

从表6-37的对比中可以看出，124号储罐的沉降差最大，为罐直径的15.3%。造成较大不均匀沉降的原因，是该罐在预压开始时就在储罐一侧挖沟，另外在最后一级加荷时，进水速度过快也扩大了沉降差，尽管有这样大的沉降差，也不影响储罐的使用。

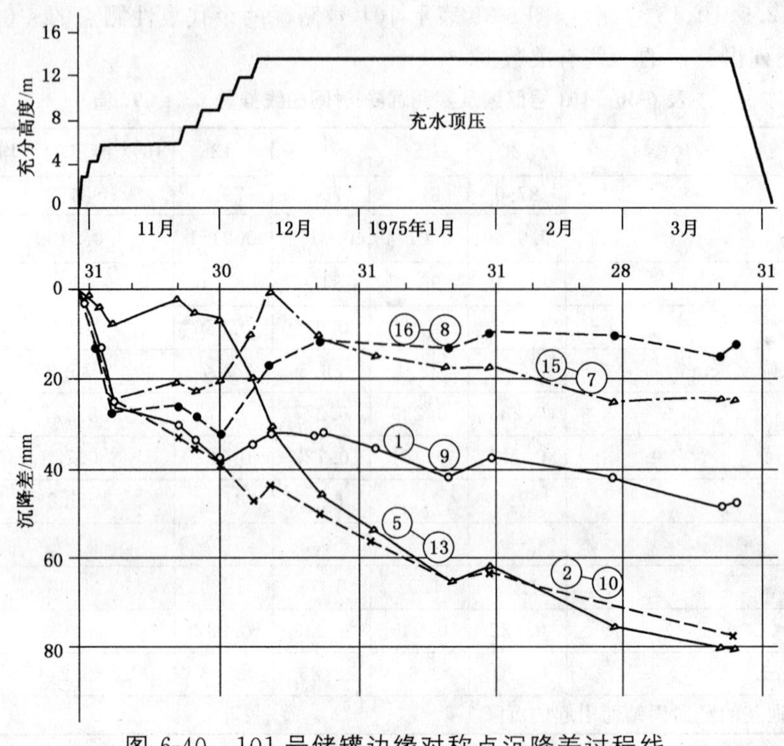

图 6-40　101 号储罐边缘对称点沉降差过程线

(2) 储罐底板的变形和罐中心与边缘的沉降差

图 6-41 表示 101 号储罐实测底板与周围地表土的变形分布曲线。图 6-42 表示 101 号储罐从充水预压至卸荷前底板变形随荷载和时间的变化过程。在充水预压期间，随着荷载及沉降的增加，底板由原来预留的 2.5%起拱，逐渐下凹像锅底的形状，下凹最大点是在距离罐中心约 1/3 半径处，曲度最大的地方是在中心点。现将 101 号储罐充水预压结束时罐中心与边缘的沉降差见表 6-38。

表 6-38　101 号储罐底板中心与边缘的沉降差

观　测　日　期	$s_{边}/s_{中}$	$(s_{中}-s_{边})$/cm	$\left(\frac{s_{中}-s_{边}}{R_{(罐半径)}}\right)$/%
148 d(即充水预压结束时)	0.64	47.7 (原底板中心比边缘高出 40)	3.04

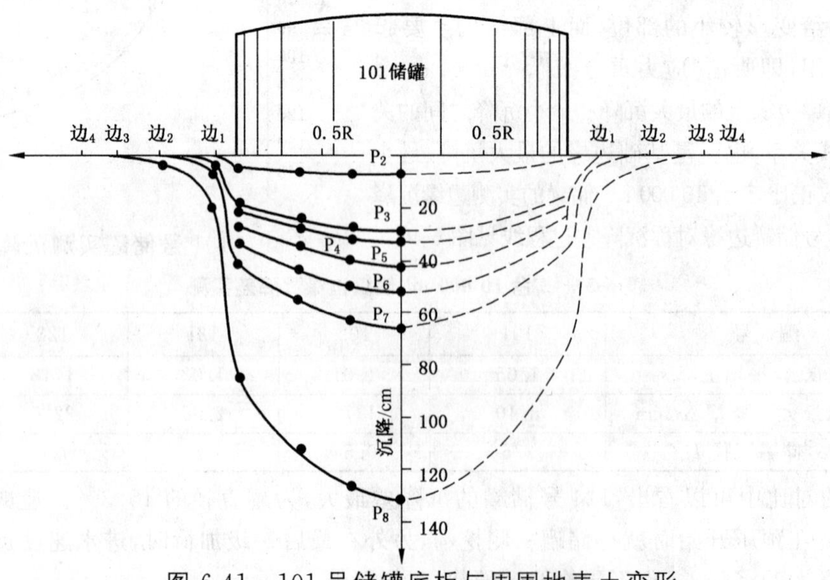

图 6-41　101 号储罐底板与周围地表土变形

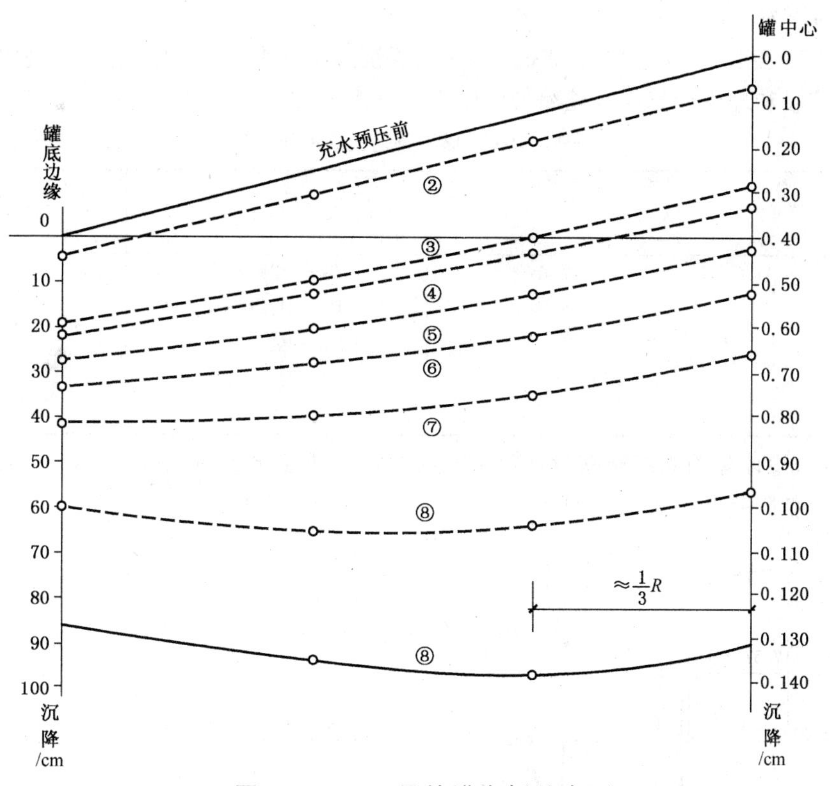

图 6-42 101 号储罐底板的变形

(3) 储罐外侧地面的隆起与沉降

图 6-43 表示 101 号储罐在环墙外原地面上各边桩升降随荷载和时间的变化过程。由图可见,在每一级预压荷载作用时,地面有少量隆起,荷载停止后有少量下降。直至最后一级荷载后的第 4 天达最大值,此时地面隆起的形状如图 6-44 所示。隆起以测点边(距环墙外缘 12.5 m,约 0.4 直径)最大(5.9 mm),隆起的影响范围离环墙边缘 31.5 m(约 1 倍直径)的测点边。也有 1 mm 的微小隆起。

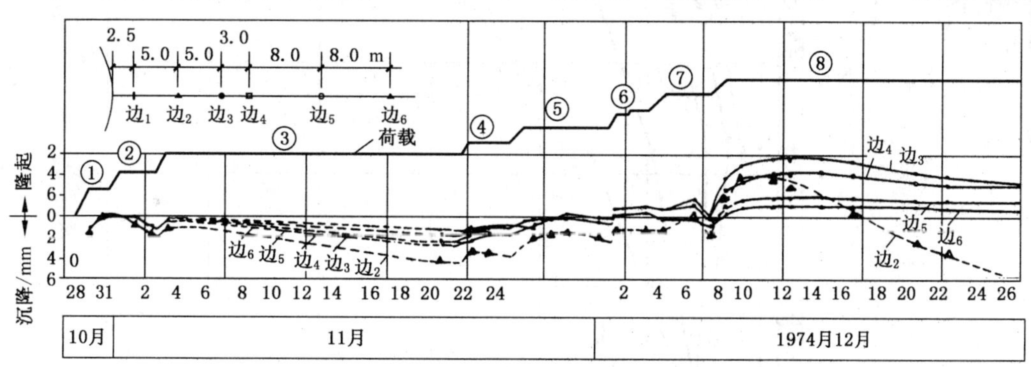

图 6-43 预压期间罐外侧地面隆起与沉降

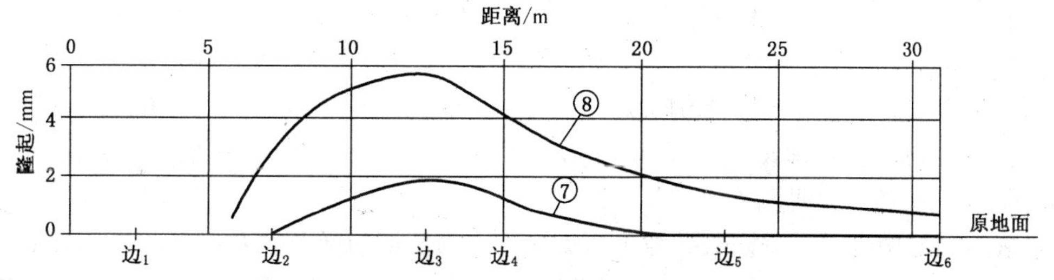

图 6-44 101 号储罐地面隆起的形状

(4) 深层土的压缩

图 6-45 表示罐外侧距环墙边缘 1.57 m 处,各土层沉降随荷载和时间的变化。现将各土层在预压荷载下的最终压缩量和理论计算固结压缩量的结果列于表 6-39 以便比较。

表 6-39　101 号储罐外各土层的压缩量

土层编号	土层厚度/m	实测结果/cm	理论计算/cm
③	5.7	B1—B2=6.7	13.9
④	1.8	B2—B3=6.4	3.2
⑤	6.0	B3—B4=7.0	12.2
⑥、⑦	11.1	B4—B6=5.7	4.5
⑧	22.6	B6=3.5	3.6

从表中可见,理论计算的固结压缩量,特别是第③、第⑤两层比实测大得多,这一差距主要是由于罐外侧地基侧向变形和隆起所产生的影响。

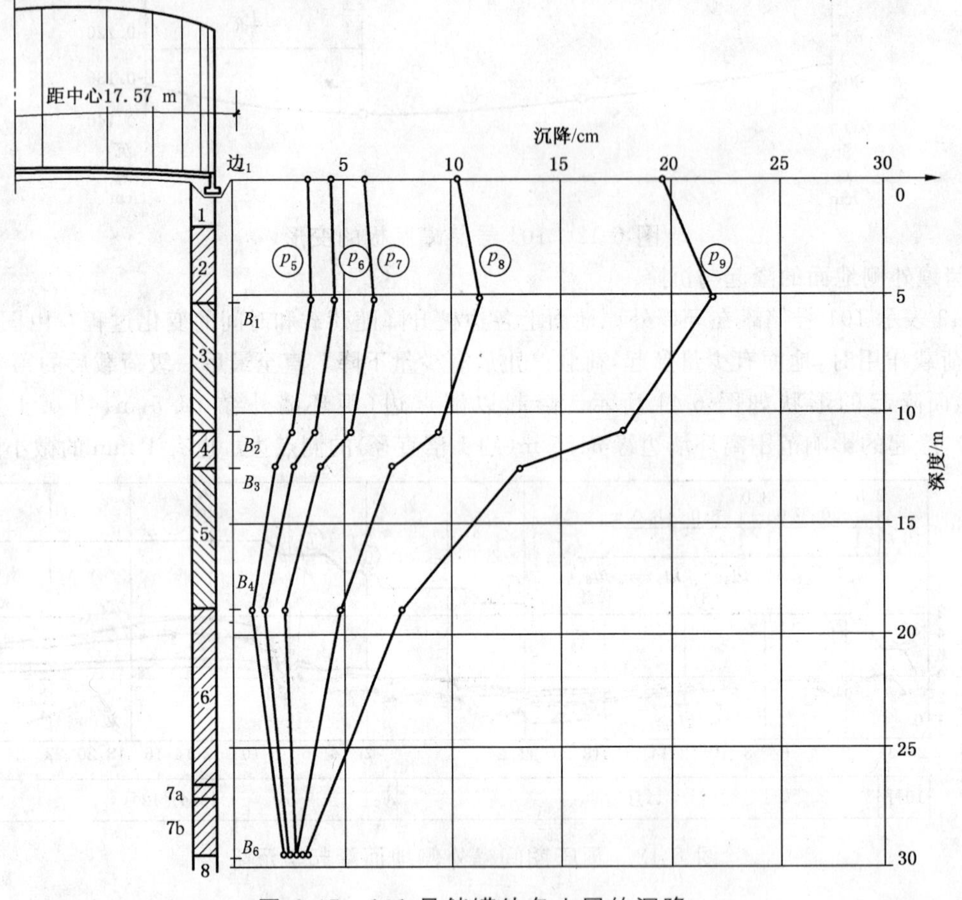

图 6-45　101 号储罐外各土层的沉降

(5) 孔隙水压力的观测成果

在 101 号储罐地基内埋设了 18 个测头,在水平面上布置在 p=0、0.4 R、0.8 R、1.2 R 的竖线上;在竖向主要考虑各土层的构造,埋设在 z/R=0.1、0.4、0.7、0.9、1.2、1.4 深度上。测头 u_{17}、u_{18} 是用来量测地下水位的,其测头的布置见图 6-46。

图 6-47 表示储罐中心上三个测头孔隙水压力在充水预压期间随荷载和时间的变化过程(以下简称为 u-z 曲线)。由图可以看出:每级荷载旅加时孔隙水压力增长,荷载停止后孔隙水压力就消散,规律性很明显。每级荷载停止后一、二天至三天内,孔隙水压力仍在继续发展,最后一级荷载(p_8)最为显著,

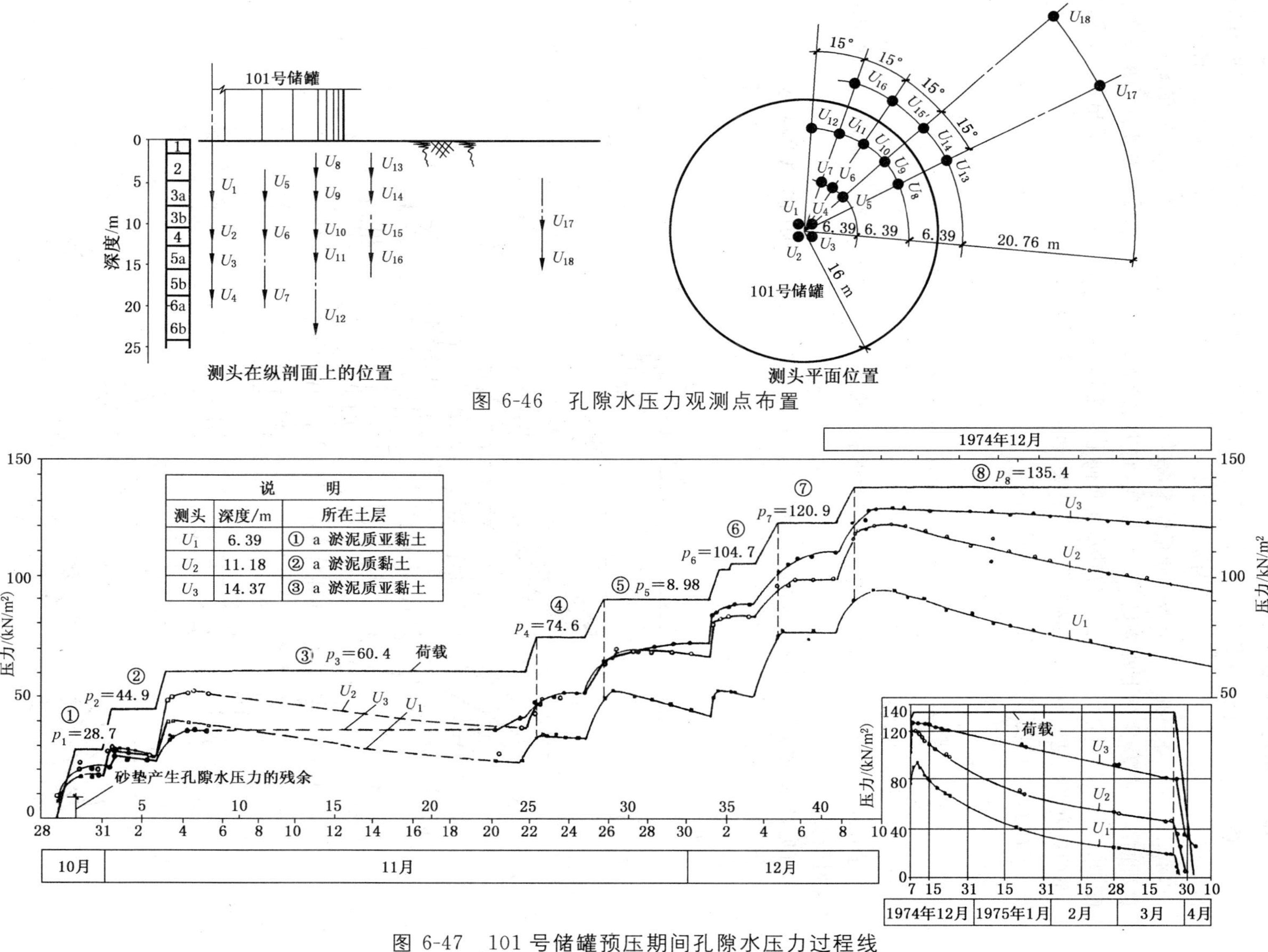

图 6-46　孔隙水压力观测点布置

图 6-47　101 号储罐预压期间孔隙水压力过程线

尤其是测头 U_3，这一时间滞后现象，其原因主要有两方面：第一是量测系统的影响，第二是因剪切作用而引起土结构的相对移动乃至某一部分土体的蠕动。经分析第二方面原因可能是主要的，特别是当地基处在塑性变形阶段，剪切蠕动是很显著的。

图 6-48 和图 6-49 表示各不同位置线上的 U 分布曲线来看，其形状同按上下有排水边界的一维固结理论解，绘成的 U 分布曲线很相似，特别是在轴线（$P=0$）上的分布曲线更相似。另外，从图 6-50、图 6-51可以看出在水平面上孔隙水压力的分布规律，在储罐底部范围内相当平缓，特别是在 $z/R=0.4$ 平面上，这种曲线的坡度，实际上就是 U 的水力坡度，它决定水流的方向。从总的孔隙水压力的实测分析，在深度 18.7 m 范围内整个软土层固结排水在竖向上是主要的，它分别向上下边界排出。这种孔隙水压力分布曲线的形状是同荷载面积的直径大小有关，也同土层构造密切有关。

各测点在 t 时的固结度 U_t。可按下式计算：

$$U_t = 1 - \frac{W_t}{u_0}$$

式中，U_0——各级荷载在该点产生的起始孔隙水压力（所谓“起始”是指未经消散的）；

U_t——t 时实测孔隙水压力。

根据上述公式，以图 6-49 中的曲线 a，作为起始的孔隙水压力 U_0，来计算预压卸荷前一天的固结度，其结果列于表 6-40。

从表中可见，储罐经预压后表层土的固结较快，随着土层深度的增加，土的固结性能减小。

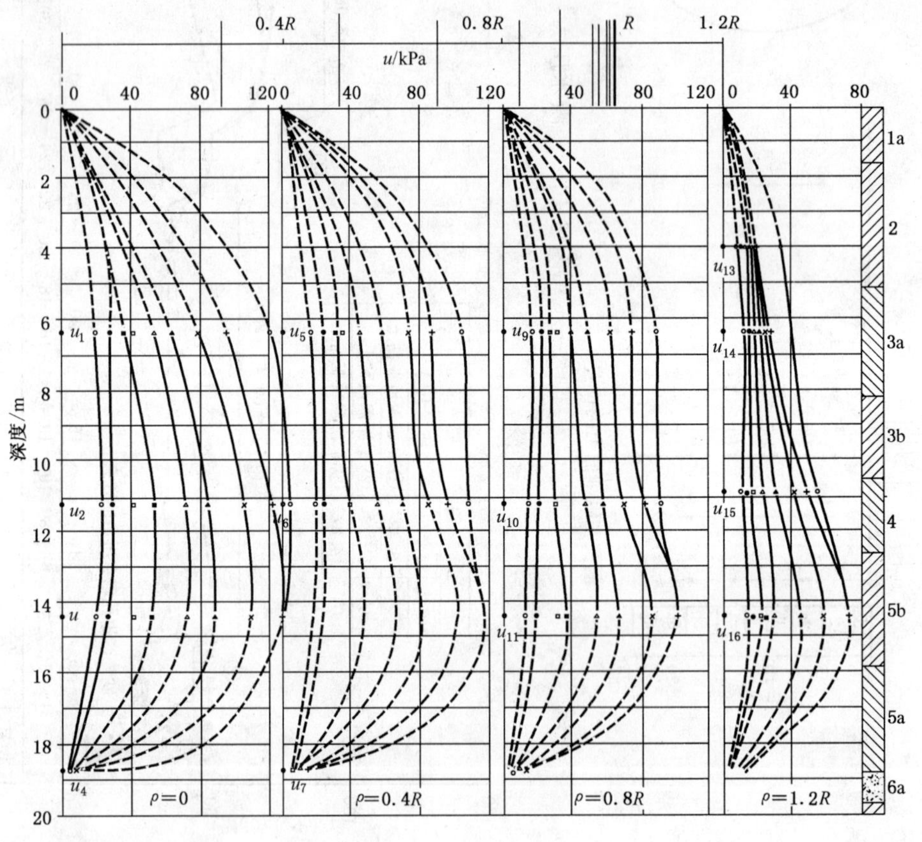

图 6-48　孔隙水压力增长在纵剖面上的分布

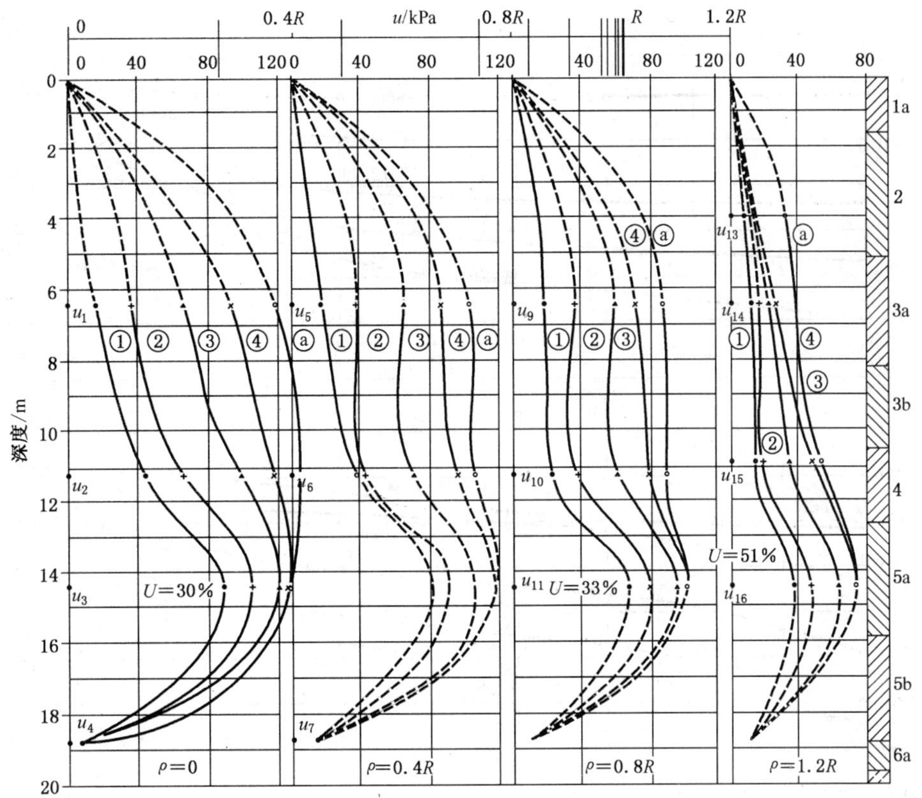

图 6-49 孔隙水压力消散在纵剖面上的分布

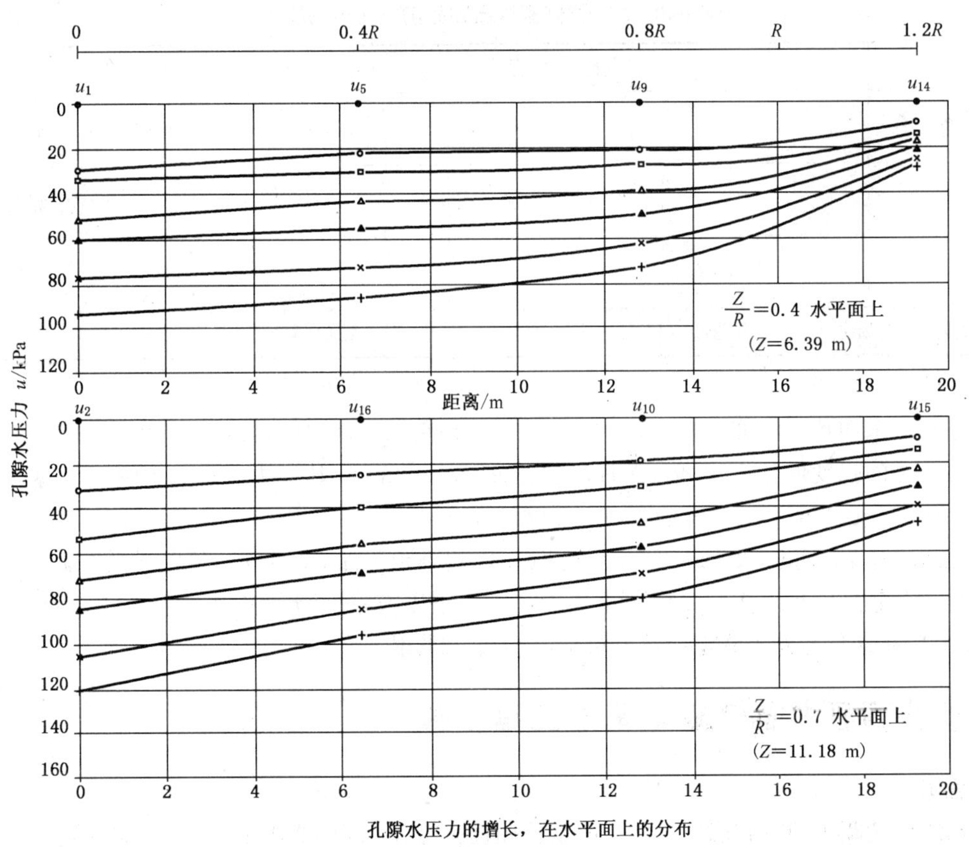

图 6-50 孔隙水压力的增长，在水平面上的分布

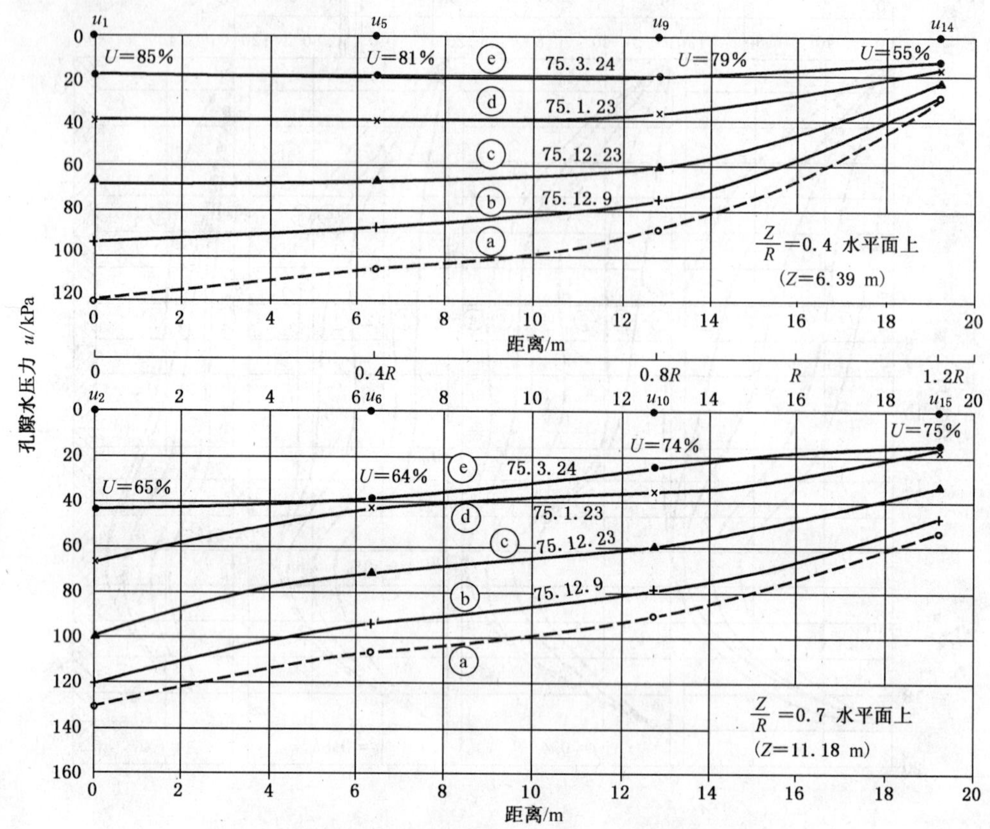

图 6-51　孔隙水压力的消散在水平面上的分布

表 6-40　101 号储罐预压卸荷前各测点的固结度

项　目	各测点的固结度				平均值	测点所在土层
测点固结度/%	u_1 85	u_5 81	u_9 79	u_{14} 55	75	③a 淤泥质亚黏土
测点固结度/%	u_2 65	u_6 64	u_{10} 74	u_{15} 75	69.5	④淤泥质黏土
测点固结度/%	u_3 30		u_{11} 33	u_{16} 51	38	⑤b 淤泥质黏土
注：实际上，起始孔隙水压力曲线 a 已有一定程度消散，因此，表中数值偏小。						

5. 小结

从上述实例采用预压法加固软土地基，建造的上百台不同容积的储罐来看，效果是很显著的，根据实测预压前后土的强度增长 2～8 倍，而且浅层比深层土提高多，基础中心比边缘提高显著。在上海地区采用预压加固法已积累了比较丰富的实测数据。但必须强调，采用预压加固法，在储罐试水阶段，一定要严格控制罐内的充水速度和地基的沉降速率，以达到预压加固的目的，使基础的沉降和不均匀沉降都比不控制加荷速度时小得多。采用预压加固法不仅可以节省大量的基础处理费用，还可以加速工程进度，值得今后在这类地基上建造储罐基础时在设计中采用。

五、砂井预压加固储罐地基的工程实例

1. 工程概况

浙江炼油厂储罐，1976 年建造。厂区位于杭州湾南岸海涂上，地势平坦，属于第四纪滨海相沉积的软黏土。厂内罐区由近 60 台储罐组成，其中 10 000 m^3 容积的储罐有 10 台(见图 6-52)。钢储罐的直

径 D=31.282 m，高 H=14.07 m，钢储罐自重为 221.45 t。储罐全部为固定式顶盖，根据工艺操作要求，储罐底面标高，设计高出地面 0.9 m，考虑基础下沉预抬高 1.4 m，实际高出地面为 2.3 m。基础为钢筋混凝土环墙式基础，厚 0.5 m。环墙内填砂，并考虑储罐底板在预压充水荷载下出现下凹现象，除了在储罐底板中心预留起拱度 3.5%坡度外，在环墙填砂中夹一层加筋土，厚 1～1.5 m。加筋材料采用竹筋，使加筋土与环墙共同作用，基础底板的应力和变形相互协调，见图 6-53。

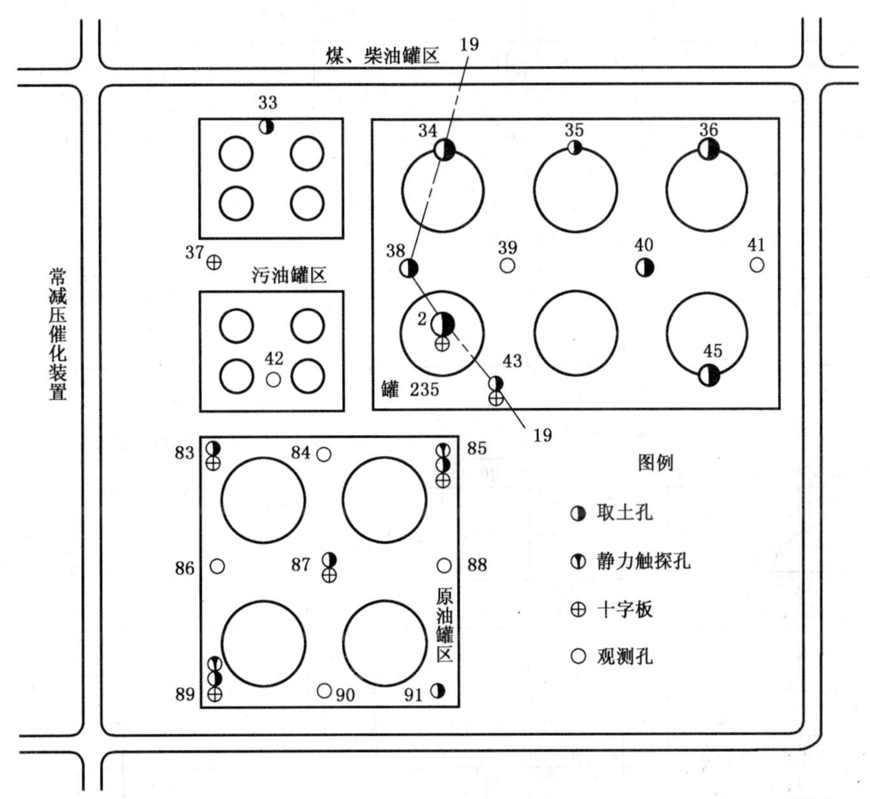

图 6-52　储罐区及试验罐(G235)平面位置及地质钻孔布置图

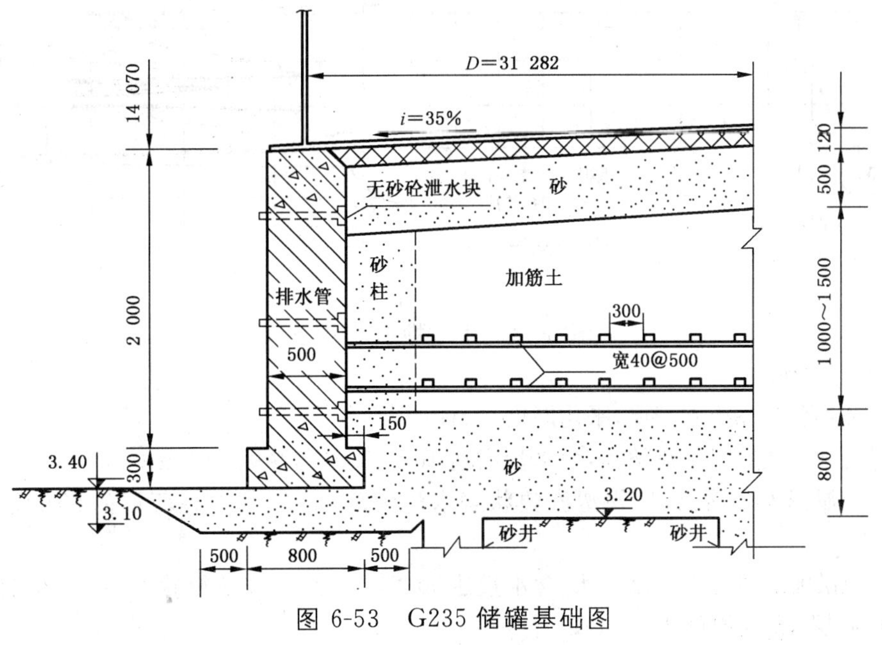

图 6-53　G235 储罐基础图

2. 工程地质构造

储罐区钻孔平面布置见图 6-52，土层的地质剖面见图 6-54，各层土的主要物理力学指标见表 6-41。

表 6-41 层土的主要物理力学指标

层序	土层名称	含水量 W/%	天然重度 γ/(kN/m³)	孔隙比 e	液限 W_L/%	塑限 W_P/%	塑性指数 I_P	液性指数 I_L	α 压缩系数/MPa^{-1}	固结系数 (10^{-3}cm²/s) 竖向 C_v	固结系数 水平 C_h	三轴有效强度指标 黏聚力 C/kPa	三轴有效强度指标 φ'	十字板强度/kPa
1	亚黏土	31.3	19.1	0.87	34.7	19.3	15.5	0.78	0.36					
2	淤泥质黏土	46.7	17.7	1.28	40.4	21.3	19.1	1.33	1.14					
3	淤泥质亚黏土	39.1	18.1	1.07	33.1	19.0	14.1	1.42	0.66	1.57	1.82			
4	淤泥质黏土	50.2	17.1	1.40	41.4	21.3	20.1	1.43	1.02	1.12	0.91		26.67	17.5
5	细粉中砂	30.1	18.4	0.90	23.5	16.3	7.2	1.91	0.23	3.40	4.81	1.14	28.537	24.8
6a	亚黏土	32.3	18.4	0.90	29.0	17.9	11.1	1.29	0.38	0.81	3.15		25.39	41.0
6b	淤泥质黏土	41.2	17.6	1.20	41.0	21.3	19.7	1.01	0.61					
7	黏土	44.4	17.3	1.28	46.7	25.3	21.4	0.89	0.45	3.82	6.28			
8	亚黏土	32.4	18.3	0.97	33.8	20.7	13.1	0.89	0.28					

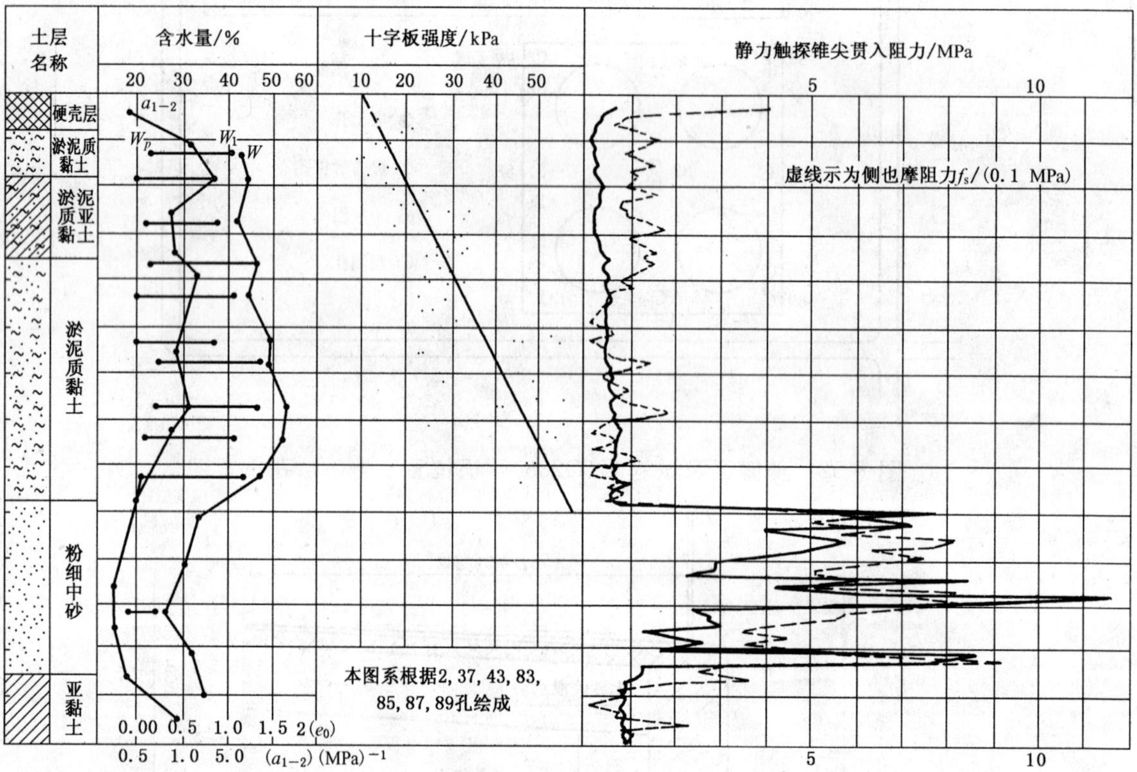

图 6-54 土层地质剖面图

土层自上而下分别为：

① 表层系黄褐色亚黏土硬壳层，平均厚度 1 m；

② 第二层为淤泥质黏土呈流塑状，含水量高达 46.7%，平均厚度为 8 m；

③ 第三层为淤泥质亚黏土，呈软塑流塑状含水量为 39.1%，其中夹薄层的粉砂层，平均厚度为 4 m；

④ 第四层为淤泥质黏土层呈流塑状，含水量达 50.2%，其中含有薄粉砂夹层，下部粉砂夹层逐渐增多，而过渡到粉砂层，平均厚度为 9.3 m；

⑤ 第五层细粉中砂的混合层，其中以细砂为主并混有黏土，典型土样的含水量约有30.1%，平均厚度约8 m；

⑥ 第五层以下为黏土、亚黏土及淤泥质黏土层，含水量逐渐减至32%左右，厚度较大，距地表面50 m深才遇到厚砂层，还有数十米才到达基岩。

从土层的成因看，储罐区土层形成的沉积环境是经过多次变化非连续的间断沉积，以第五层粉细中砂层为界。在这层以前，海面逐渐上升，沉积了黏土及淤泥质黏土，后来海面下降，沉积物变粗而形成粉细中粗砂层，此后海面又复上升，沉积了一、二、三、四层的淤泥质黏土，到了近代海面退出形成海涂。二、三、四层的沉积环境基本上是近似的，只是海面的升降略有波动，所以在第三层中分别有不同程度的粉砂夹层。第五层以前的土层历史上曾受过二次以上海面升降的影响，受到历史重复荷载的压密，所以土质比第五层以后的土层较为密实，而二、三、四层只有是在上复土层的自重作用下基本固结的淤泥质黏土层，所以一般性质较为软弱，通常称为软土。软土层的特点是含水量大于液限，压缩性高，属于高压缩性土，天然状态下地基强度较低。而第五层以下的土层的特点是含水量中等，小于液限，孔隙比小于1。综观上层土的成因及其性质，可以认为对储罐的稳定和沉降具有决定影响的是第一至第四层，即深度17.5 m以上的淤泥质黏土层。

土的固结系数采用加权平均值。竖向水平固结系数分别采用以下两式计算其平均值：

$$C_V = \frac{\sum h_i}{\sum \frac{h_i}{C_{vi}}}$$

$$C_V = \frac{\sum h_i C_{hi}}{\sum h_i}$$

式中：C_{vi}、C_{hi}——分别为第 i 层土的竖向及水平向固结系数；

$\sum h_i$——压缩层范围内各土层厚度的总和。

按上式计算得平均值 $Cv=1.1\times10^{-3}\,cm^2/s$；$C_h=3.24\times10^{-3}\,cm^2/s$。

取现场十字板强度作为地基土的天然强度，用最小二乘法整理后得地表（高程为+3.4 m）下深度 Z 的关系，可用下式表示，即

$$C_0=9.2+2.73Z \quad (kPa)$$

地表硬壳层的天然强度，根据现场十字板试验得 $S_V=39$ kPa。

3. 砂井地基设计

砂井的作用主要是增加地基土的排水途径，缩短排水距离，加速软土地基的固结，加速地基强度的增长，从而提高地基的稳定性和使基础沉降在短期内完成。G235储罐的砂井地基布置见图6-55，设计参数见表6-42。

表6-42　砂井设计参数表

<table>
<tr><td>项　目</td><td>布置形式</td><td>砂井直径</td><td>砂井间距</td><td>砂井长度</td><td>每台储罐砂井总数</td><td>砂井加固范围</td></tr>
<tr><td>设计参数</td><td>梅花形</td><td>D=40 cm</td><td>2.5 m</td><td>18 m</td><td>253 根</td><td rowspan="2">储罐基础外超打二排砂井，增加二排砂井帷幕，减少侧向变形</td></tr>
<tr><td>说明</td><td>最紧凑的形式</td><td colspan="2">n=6.6 固结效果</td><td>加固主要软土层</td><td></td></tr>
</table>

4. 实测成果

G235储罐的观测成果有：储罐壁周边的沉降；储罐底板的变形；储罐地表土的沉降；储罐地基中的孔隙水压力；储罐基础环墙底面的地基反力、环墙侧压力及环墙的钢筋拉力等。

（1）储罐壁的沉降观测成果及分研

G235储罐壁预压期间沉降与时间关系曲线如图3-56所示，各阶段的实测沉降值见表6-43。从图6-56和表6-43可以看出，经过半年左右时间的预压所完成的沉降量是可观的，罐边缘平均沉降约1.7 m，罐中心沉降约1.8 m，边缘沉降是不均匀的，最大与最小沉降差达390 mm，相对倾斜达1.25%，

倾斜较大，以后采用了挖沟调整沉降，挖沟后相对沉降差显著降低。其余 9 台 10 000 m³。储罐基础的实测沉降见表 6-44。

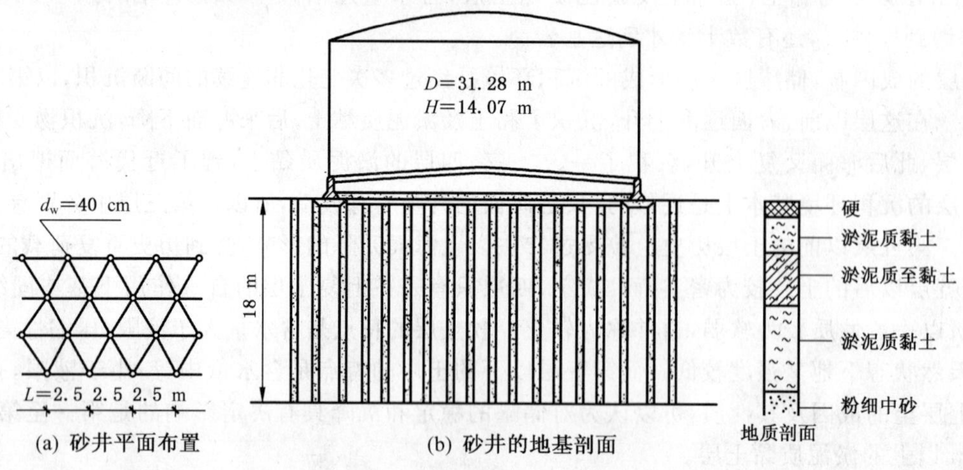

图 6-55 储罐地基的砂井布置图

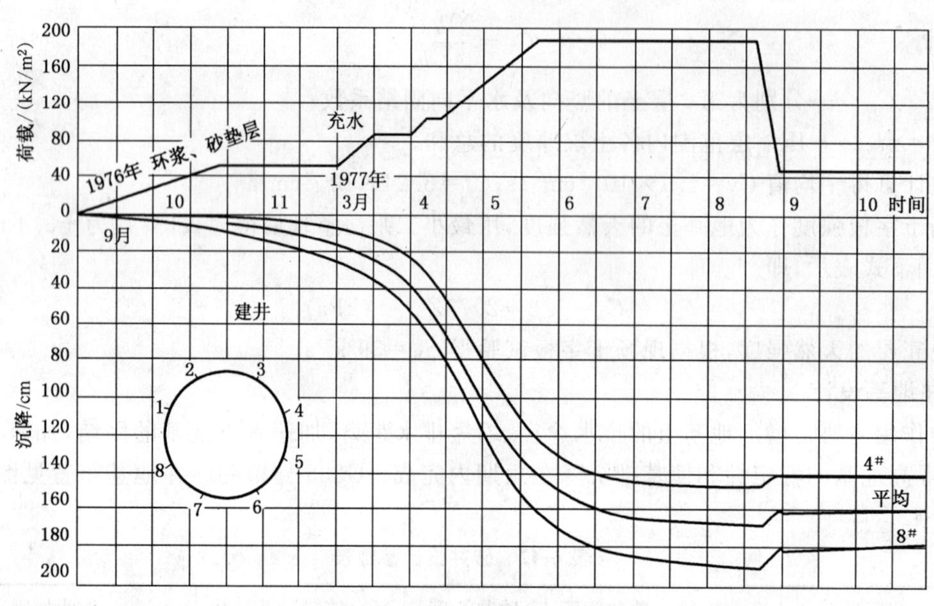

图 6-56 G235 储罐实测沉降-时间曲线图

表 6-43 G235 储罐实测基础沉降表

工程进度	时　间	罐边缘实测沉降/mm		罐中心实测沉降/mm
		最大(8 号点)	最小(4 号点)	
储罐内试水前	1977 年 3 月 2 日	231	81	156
试水结束	5 月 22 日	1 630	1 240	1 526
放水前	8 月 16 日	1 881	1 474	1 797
放水后	10 月 27 日	1 817	1 412	—

表 6-44　10 台 10 000 m³ 储罐充水预压后实测沉降表

序　号	储罐编号	充水预压周期/d	实测沉降/mm				相对倾斜/%
			周边最大	周边最小	储罐中心	周边沉降差	
1	G234	92	1 547	1 507		40	0.13
2	G235	80	1 630	1 240	1526	390	1.02
3	G236	137	1 364	1 123		241	0.77
4	G237	84	1 455	1 371		84	0.27
5	G238	115	1 448	1 383		65	0.21
6	G239	107	1 398	1 344		54	0.17
7	G201	73	1 468	1 293		175	0.56
8	G202	60	1 424	1 367		57	0.18
9	G203	73	1 551	1 333		218	0.7
10	G204	60	1 477	1 340		137	0.44

注：G235 是重点试验砂井充水预压的储罐。

从表 6-44 实测基础沉降的数据可以看出，通过挖沟调正，基础周边沉降差最大的是 G235 储罐，相对倾斜从 1.25%降到 1.02%，最小的是 G239 储罐，相对倾斜 0.17%，其原因除主要同土层构造密切有关外，还同充水预压周期和砂井施工时的质量等因素有关。

(2) 孔隙水压力观测成果及分析

根据实测的孔隙水压力，分别整理成孔隙水压力与时间的关系曲线（见图 6-57），各层孔隙水压力沿水平向分布和沿土的深度分布见图 6-58。从图中可见：孔隙水压力是随荷载的增加而逐渐上升，停荷后即迅速消散，消散是比较快的；土层的渗透性能对孔隙水压力的增长与消散有显著的影响，例如在淤泥质黏土层消散较慢，而在淤泥质亚黏土层（该层还含薄粉砂夹层）中孔隙水压力消散很快，由此可见这层土对砂井的固结效果特别显著；孔隙水压力沿深度的分布是不均匀的，土层的中部较大两头较小，在排水层里的测点（$K_{6\text{-}1}$）基本上是不变化的（数值接近于零），最大点为（$K_{3\text{-}1}$）相当于地基中八面体剪应力最大值的点，除（$K_{3\text{-}1}$）点是埋置在透水性较强的夹粉砂层的土层中外，基本上是符合理论上沿深度分布规律的；第一层孔隙压力沿水平方向的分布为马鞍形，靠近储罐周边较大，中心较小，罐周边外测定的孔隙水压力又逐渐变小，这也是与八面体剪应力分布规律相似。第二层孔隙水压力沿水平面分布略与第一层不同，最大孔隙水不是靠近周边，而转移到离中。0.4R（R 是基础的半径）点上，然后向内向外逐渐衰减。

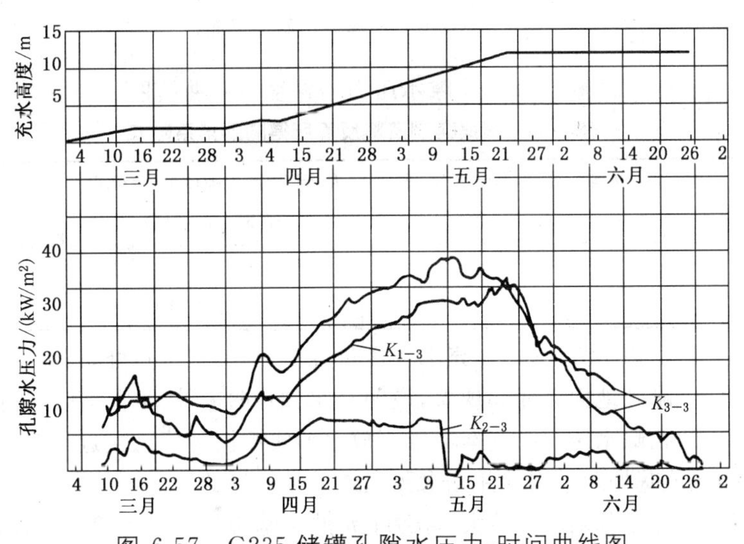

图 6-57　G235 储罐孔隙水压力-时间曲线图

(3) 从实测资料反算固结系数

根据沉降与时间、孔隙水压力与时间关系曲线反算的固结系数值列于表 6-45。为便于比较，室内试验所得的结果也列于表中。从表中可以看出，由实测资料反算的固结系数约为室内试验的1.5～2倍。

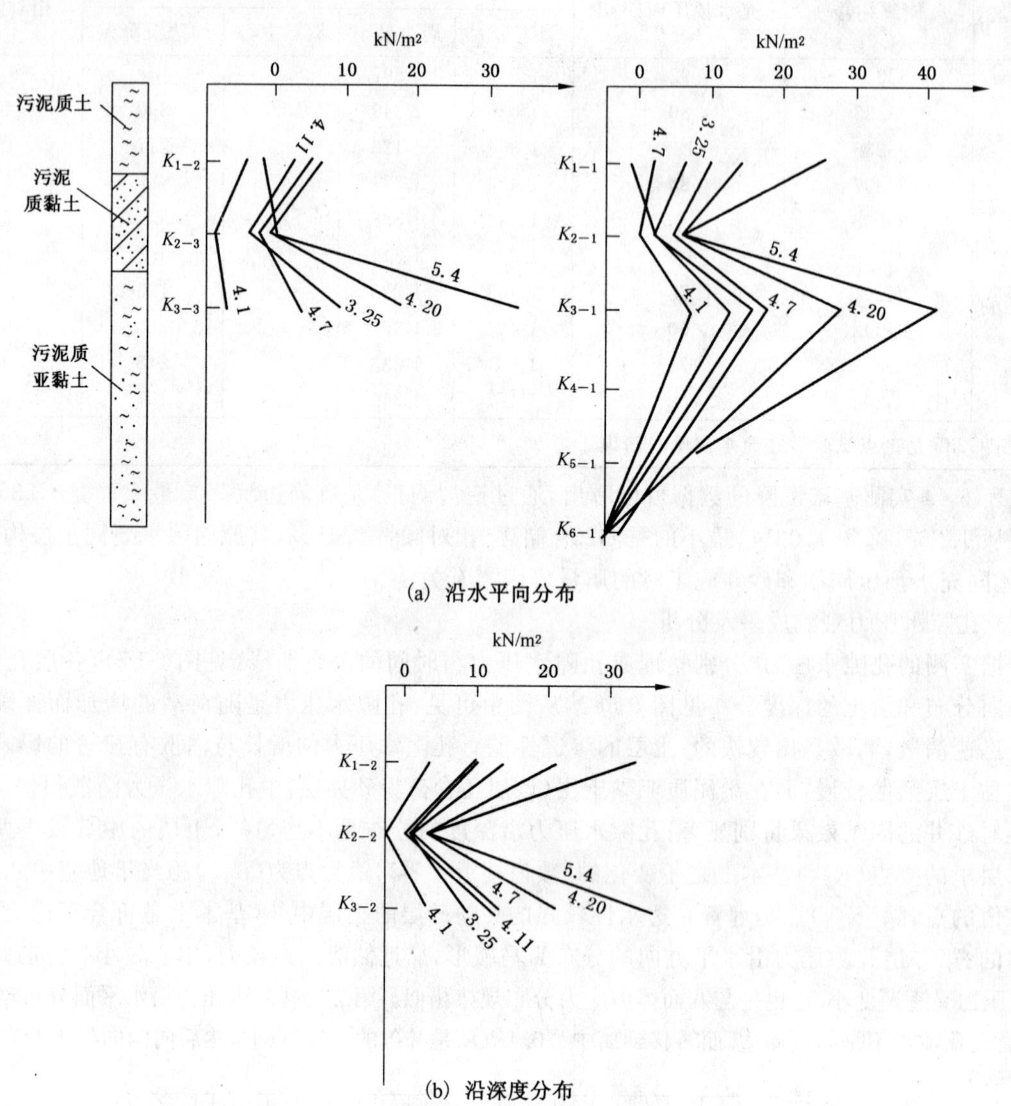

图 6-58　孔隙水压力沿深度分布曲线图

表 6-45　根据实测资料反算所得的固结系数 C_h

计算方式 荷载分级	应用沉降曲线反算结果/(cm^2/s)	应用实测孔隙水压力反算结果/(cm^2/s)	实验室试验结果/(cm^2/s)
第一级停荷载	4.61×10^{-3}	6.3×10^{-3}	3.24×10^{-3}
第三级停荷载	4.86×10^{-3}	$5.1\sim6.5\times10^{-3}$	3.24×10^{-3}

纵观现场观测结果，从稳定方面看，在充水预压过程中，除个别测点外，孔隙水压力和沉降速率实测结果均未超过控制标准，罐外地面无隆起现象，说明充水预压过程中地基是稳定的。从固结效果看，从充水预压开始后110天，孔隙水压力已基本消散。放水前实测沉降值已接近最终值，说明固结效果是显著的。可以认为该工程地基处理采用砂井充水预压效果是较好的。

不足之处，是采用砂井后基础沉降偏大，导致个别储罐基础的倾斜也较大，以致采用挖沟纠偏调正。

5. 小结

根据上述工程实例的土层构造中，含较多薄粉砂夹层的软土层，当预计固结速率能满足工期要求时，可不设置竖向砂井排水体，因这种土层通常具有良好的透水性能，如再设置竖向排水砂井，势必会加大沉降和不均匀沉降。根据上海石化总公司和上海高桥石化公司上海炼油厂的几台储罐基础，经充水预压的实测和推算结果见表 6-46。

表 6-46 从实测 s-t 曲线推算之 β、S_t 等值

上海石化总厂炼油厂 10 000 m^3 储罐							上海高桥石化公司上海炼油厂 20 000 m^3 储罐				
测点	2	5	10	13	16 个测点之平均值	基础中心	测点	1	7	12 个测点之平均值	基础中心
实测沉降 (t=148 d)/mm	87	87.5	79.5	79.4	84.2	131.9	实测沉降 (t=125 d)/cm	62.6	79.8	69.83	105.4
$\beta(I/d)$	0.0166	0.0174	0.0174	0.0151	0.0159	0.0188	$\beta(I/d)$	0.0241	0.0212	0.0217	0.0279
最终沉降 S_t/cm	93.4	93.6	84.9	85.1	91	138.9	S_f/cm	67.1	86.8	76.26	111.12
瞬时沉降 S_d/cm	26.4	22.4	23.5	23.7	25.2	38.4	S_d/cm	10.39	21.12	13.27	34.81
固结度 U/%	90.4	91.4	91.5	88.6	89.7	93	固结度 U/%	82.8	90.1	92	95

从表 6-46 中可见，上海石化总厂和高桥炼油厂的地基土层中，均有一层含粉砂薄层的淤泥质黏性土，呈“千层糕”状构造。排水固结较快，地基未作处理，经 125～148 d 充水预压后固结度已达到 82%～90%，说明预压效果也很好。因而对浙江炼油厂这类地基，是否要打砂井是值得商榷的。实际反映出现的问题是基础沉降大，而不均匀沉降也大，其原因之一，是砂井直径小，且砂井很深回填砂不易密实，这是造成沉降大的主要原因，今后采用砂井一定要注意砂的回填质量；另一个原因可能是基础排水条件较好所以加大了基础沉降，另外，砂井施工时可能扰动了地基土，因而基础的沉降和不均匀沉降均比不采用砂井处理的要大，这些问题均值得今后研究和分析。

六、土工织物加固储罐地基的工程实例

1. 工程概况

金陵石化公司炼油厂石埠桥原油罐区，座落在长江防护堤外，北邻长江，南邻防护堤的河漫滩地带。场地平坦，地势低洼，原有地面标高为 6.7～7.1 m，因此，每年夏、秋两季被长江水淹没半年有余。

该场地上 1988 年建成油罐区，共建 5 座 20 000 m^3 浮顶罐，编号为 1～5 号罐(见图 6-59)储罐内径 40.5 m，高 15.8 m。设计场地标高为 9.8～10.2 m。储罐重量、罐内充水及场地填土、基础预抬高等总荷载共计为 288 kN/m^2。浮顶罐对地基的要求比较严格。不但要求地基能承受较大的荷载，而且不容许产生过大的沉降和不均匀沉降。如果对地基不加处理，那就很难满足储罐对地基的要求，因此，地基处理已成为在软基上建造储罐的一个关键技术问题。

2. 工程地质条件

场地土层分布情况，根据工程地质勘察、钻探及室内土工试验结果，该场地地基土可分八层。

第一层表层土：含杂草芦苇根，系新沉积的淤泥质土，土层厚 0.3～0.5 m。

第二层黏土：土层厚度 1.3～2.3 m，可塑～软塑，湿～很湿。

第三层淤泥质黏土：土层厚度 12～18 m，灰色流塑下部略带褐色，上层中含有植物根茎和木质类腐植物，含少量云母片，土层中存在薄粉砂夹层，呈“千层状”结构，该层厚度由西向东，其厚度递增率约为 2.3%。

第四层淤泥黏土与粉砂层：土层厚度 2.2～0.3 m，灰色，流塑，含少量腐植物，水平层理发育，互层结构变化较大，“迭层状”与“千层状”结构都有出现。

第五层细砂：土层厚度 6.1～11.50 m，饱和，稍密～中密，分层性良好，该层顶层埋深由西向东逐增。

第六层淤泥质亚黏土与粉砂：土层厚度 16.2～28.3 m，流塑、稍密，饱和，水平层理发育，该层可分为两个亚层。

第七层碎石土夹黏土：土层厚度 0.5～5.7 m。

第八层基岩：未钻透，为侏罗纪下流泉山组石英砂岩，表面 0.6～0.7 m 厚强风化层，埋深 45～60 m。

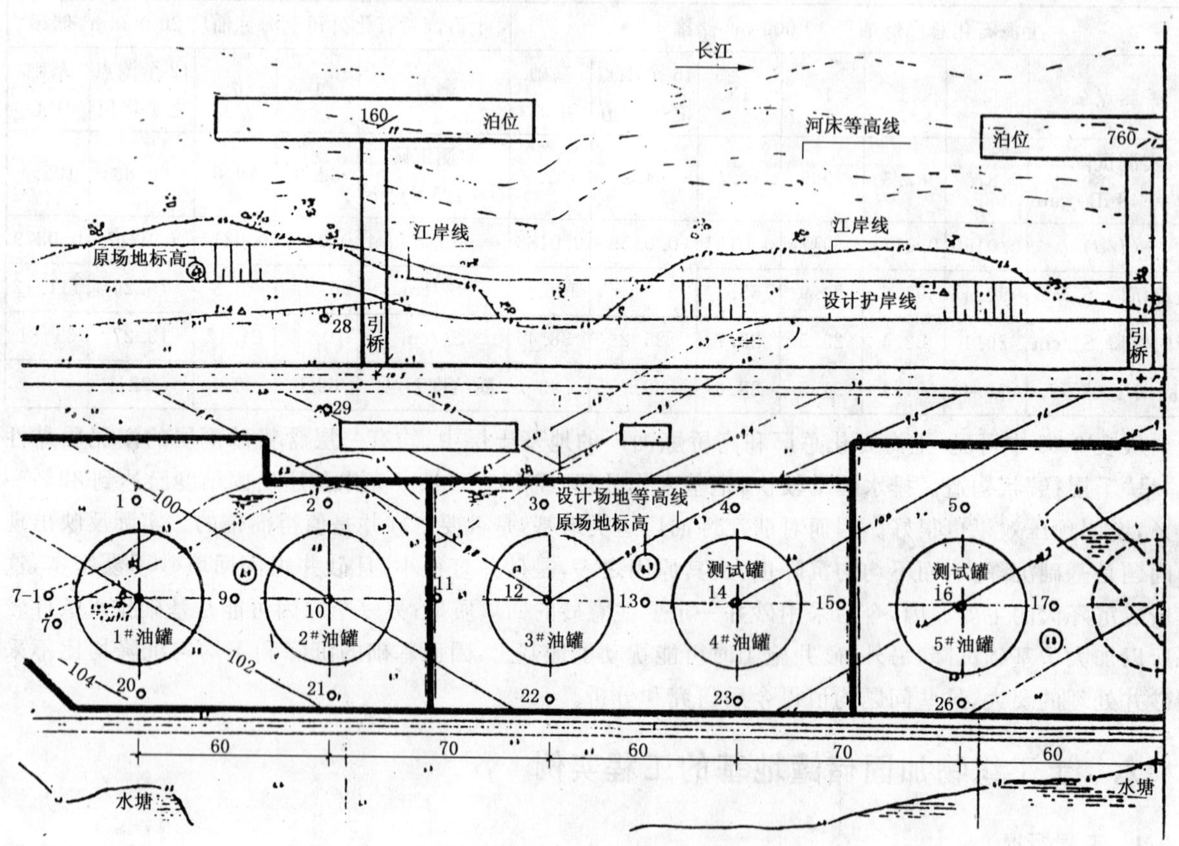

图 6-59　储罐区平面布置和地形图

各层土的物理力学指标见表 6-47，淤泥质黏土的抗剪强度指标见表 6-48。

表 6-47　各层土的物理力学指标

土层名称	层号	厚度/m	天然重度 γ/(kN/m³)	天然含水量 W_L/%	孔隙比 e	液限 W_L/%	塑限 W_P%	塑性指数 I_P	液性指数 I_L	压缩模量 E_{s1-2} N/cm²	固结系数/(cm²/s) C_T $p=3$	C_H $p=3$
黏土	②	1.60～2.20	18.60	31.30	0.91	41.0	22.2	18.8	0.48	530	4.8×10^{-3}	5.0×10^{-3}
泥质黏土	③	16.2～17.8	17.50	46.6	1.32	43.8	24.6	19.2	1.17	280	4.8×10^{-3}	6.0×10^{-3}
淤泥质亚黏土与粉砂互层	①	0.50～2.00	17.60	41.4	1.10	36.7	21.9	14.8	1.47	440		
细砂	⑤	5.30～10.00	18.50	31.2	0.88					1180		
粉砂夹淤泥质亚黏土薄层	⑥-1	3.50～10.00	17.80	35.7	1.09	32	21.3	10.7	1.42	660	2.9×10^{-3}	6.2×10^{-3}
淤泥质亚黏土夹粉砂薄层	⑥-2	7.80～12.30	17.60	35.1	1.06	33.3	22.3	11.0	1.18	640	6.9×10^{-3}	5.3×10^{-3}

注：1. ③层土指标保证率为 0.99，其他层各指标取平均值。

2. 表中各土层厚度为 5#、4# 两座试验罐所在地层之值。

表 6-48　淤泥质黏土的抗剪强度

试验方法			C/kPa	φ/(°)
直　剪	快剪		6	18
	固结快剪		10	22.5
三轴剪切	不固结不排水剪		12～47	0～1
	固结不排水剪	总应力法	21	15
		有效应力法	0	30～32
注：现场十字板强度随深度变化，其相关方程为：$C_{cu}=(12.8+1.2z)$kPa，式中 z—深度，m。				

通过工程地质勘察可知，储罐区场地软土层厚，好土层埋藏深，含水量高，压缩性大，抗剪强度低。地基主要压缩层的第三层淤泥质黏土，其天然含水量均超过液限值，有的区域高达 54.8%。压缩系数高达 0.117，压缩模量小至 190 N/cm²，属高压缩性土。由此可知：该场地土在天然状态下的强度、变形、稳定等性能均远远不能满足建造 20 000 m³ 浮顶储罐的要求，是很不理想的建罐场地，因此，必须对该地基进行人工加固处理。

3. 基础设计与地基处理

储罐基础采用钢筋混凝土环墙，墙厚 0.5 m，墙高 2.5～2.7 m。5 号罐需填土 4 m，1～4 号罐需填土 3.8 m，才能作为设计场地标高。所以本工程 1～4 号罐地基处理采用土工织物垫层 3.2 m 厚和砂井排水固结的方案；5 号罐地基处理采用土工袋垫层(厚度定为 3.9 m)和天然地基排水固结的方案，见图 6-60和图 6-61。

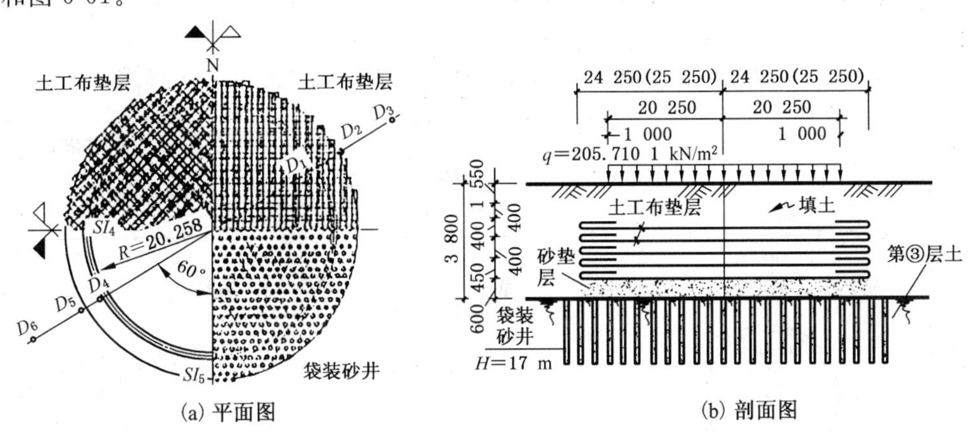

图 6-60　4 号罐基土工布垫层加砂井平、剖面图

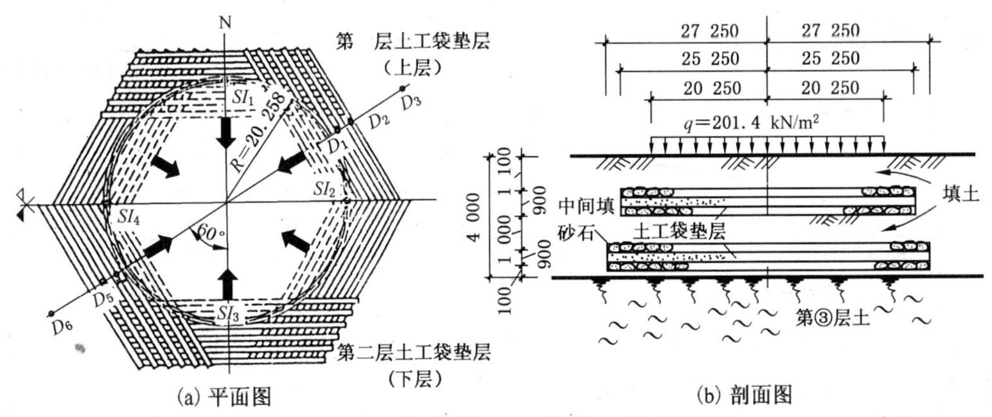

图 6-61　5 号罐基土工袋垫层平、剖面图

4 号罐基础地基处理，采用土工布垫层加袋装砂井，井径 $d=70$ mm，井距 1.2 m，井深 $H=15$～17 m，梅花形布置形式，土工布垫层厚度 $h=3.8$ m(见图 6-60)。其做法为基层铺 0.6 m 砂垫层，上部铺土工布共 5 层，各层均为 50 条土工布，分上下片铺于砂中，土工布上铺压实填土，每层间距为 0.4 m，顶

层压实填土厚 1.55 m。

5 号罐基地基处理，采用土工袋垫层厚度 $H=4$ m，基础平面为六边形，加筋垫层由二层土工编织袋装入碎石而成，土工袋直径 0.3 m，每层土工袋砂石垫层厚 0.9 m，放置二排土工袋，中间压实填土厚 1 m，顶层压实填土厚 1.1 m。环墙基础墙高为 2.5 m。

为了观测储罐充水加荷过程中，地基中的应力和应变动态，确保安全，在 4 号、5 号储罐的地基中埋设了大量的测试仪器和仪表。具体有以下观测项目：

① 储罐基础周边沉降观测；

② 储罐底板的沉降观测；

③ 垫层底面沉降观测；

④ 地基分层沉降观测；

⑤ 地基侧向变形观测；

⑥ 基底及垫层压力观测；

⑦ 地基孔隙水压力观测和地下水位观测等。

加荷速率控制在 6 kN/m² · d 以下；沉降速率控制在 $s_{max}<18$ mm/d；水平位移控制在 $s_{nd}\leqslant 3$ mm/d。

4. 实测成果和分析

(1) 储罐基础沉降

根据实测结果，4 号、5 号储罐在充水预压和投产进油阶段的沉降发展过程曲线见图 6-62 和图 6-63。

基础施工、填土及各级充水过程中各阶段的沉降和基础周边沉降差见表 6-49 和表 6-50。

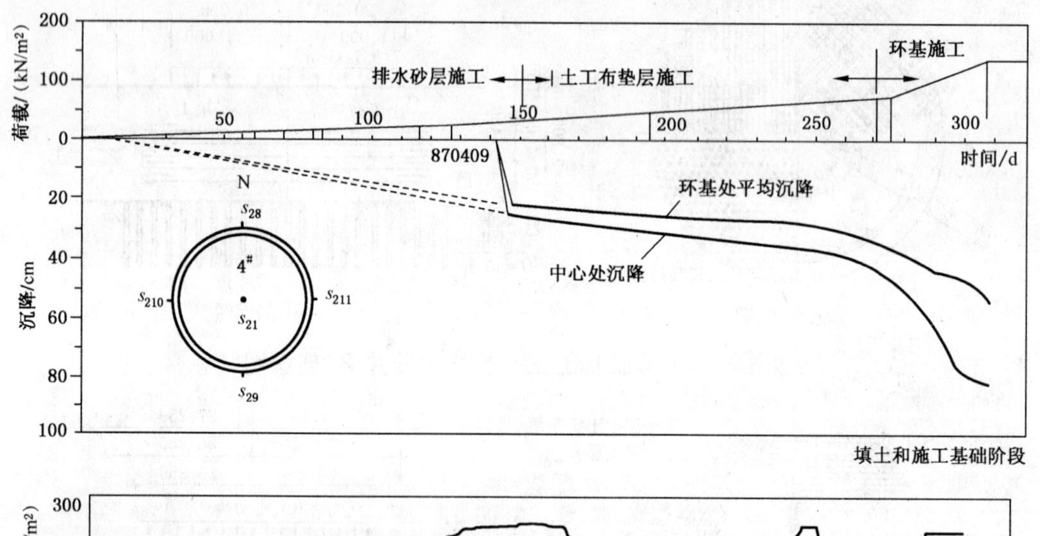

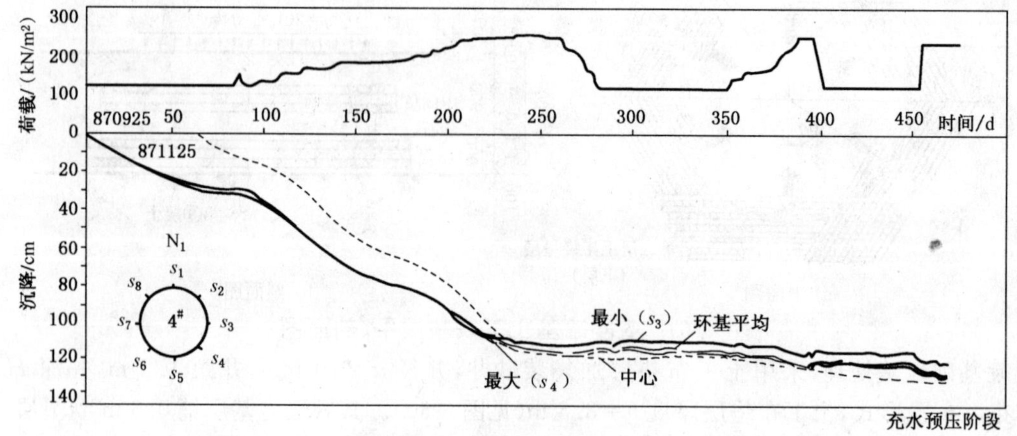

图 6-62 4 号储罐实测基础沉降与时间关系线表

表 6-49　5# 罐和 4# 罐实测沉降与计算值对比表

位置 \ 沉降/mm		填土期	基础施工	充水试压期/mm				实测*总沉降	推算*最终沉降	计算*最终沉降	罐基总沉降
				第一次	第二次	第三次	充油投产				
5#罐	罐中心	264	315	1 544	158	33	10	2 324	2 447	2 584	1 745
	罐周边(平均值)	178	201	1 082	84	90	10	1 645	1 780	1 780	1 266
	荷载/(kN/m²)	80.0	130.0	279.6	279.1	279.0	253.8				
	持续时间/d	219	72	349 (147)	65 (41)	60 (2)	1 (1)				
4#罐	罐中心	539	297	1 465	125		29	2 455	2 391	2 571	1 619
	罐周边(平均值)	412	154	1 117	77		29	1 789	1 810	1 676	1 223
	荷载/(kN/m²)	76.0	130.0	275.1	273.1		255.6				
	持续时间/d	142	38	340 (145)	106 (40)		1 (1)				

注：1. 表中有(　)中数值为充水及恒压所用的时间；
　　2. 表中有 * 者指垫层底面总沉降；罐基总沉降指储罐基础总沉降。

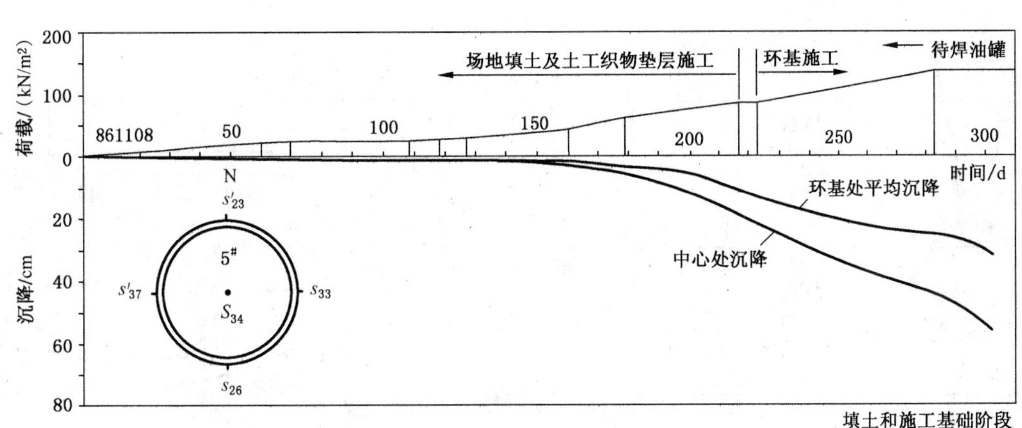

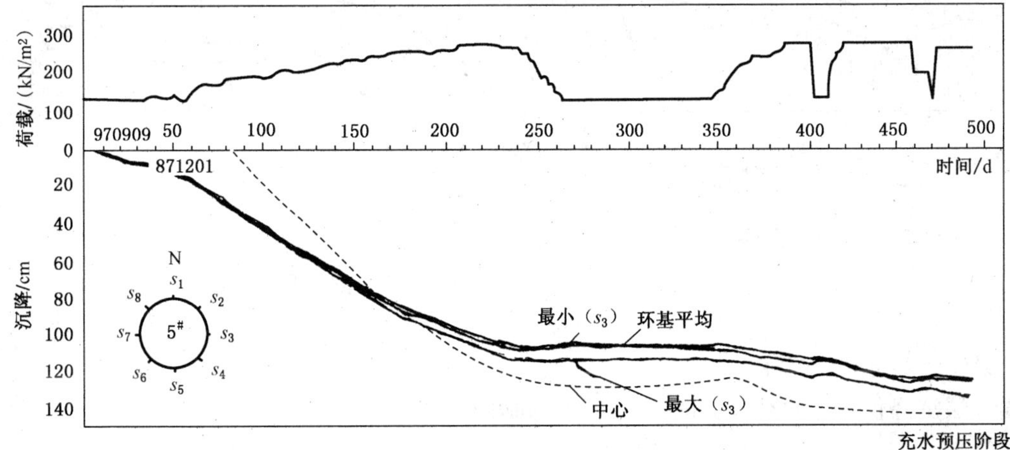

图 6-63　5 号罐实测基础沉降与时间关系线

表 6-50 5#和 4#罐周边沉降差实测

mm

储罐编号	充水和投产阶段实测沉降差					
	充水前	第一次充水	第二次充水	投产前	投产后	倾斜
5#罐	24(向西)	76(向东)	91(向东)	95(向东)	52(向东)	1.27‰
4#罐	24(西北)	57(向东)	86(向东)	100(向东)	99(向东)	2.41‰

从图和表中可见，地基总沉降 4 号罐周边达 1.789 m，5 号罐为 1.645 m；罐基底面总沉降 4 号罐 1.223 m，5 号罐 1.266 m；地基总沉降为 4 号罐 1.619 m，(5 号)罐 1.745 m；罐基周边沉降差为 4 号罐 2.41‰，5 号罐 1.27‰。经过 5～6 年时间的重复充油、正常生产运转，虽然基础沉降未达到最终沉降，但已渐趋于稳定。

(2) 储罐底板沉降

储罐基础底面的底板沉降沿水平面的分布如图 6-64 所示。底板沉降剖面的形状如平锅底，储罐底板下沉较环墙基础下沉大，两储罐的中心与边缘的沉降差 Δs 分别为 4 号罐 39.6 cm 和 5 号罐47.9 cm，与半径之比 $\Delta s/R$ 分别为 1.96%(4 号罐)和 2.22%(5 号罐)，底板原预留拱度分别为 2.5%和 3%，故底板中心略高于周围，实测底板边缘与中心的沉降差比值为 0.75(4 号罐)和 0.72(5 号罐)，与弹性理论计算均布荷载下圆形柔性板的变形曲线甚为接近，但底板的拱度明显减小，说明土工织物垫层处理地基有一定的效果。

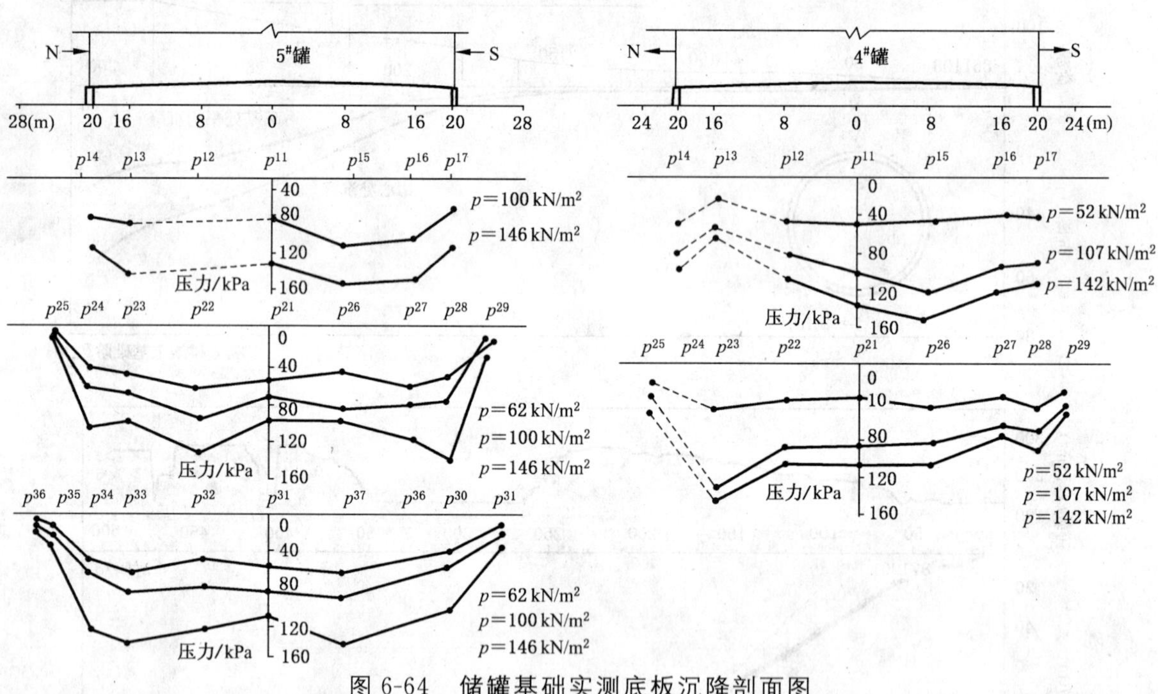

图 6-64 储罐基础实测底板沉降剖面图

(3) 储罐地基土分层沉降

根据分层沉降仪测定的结果见图 6-65 所示，并列表 6-51。

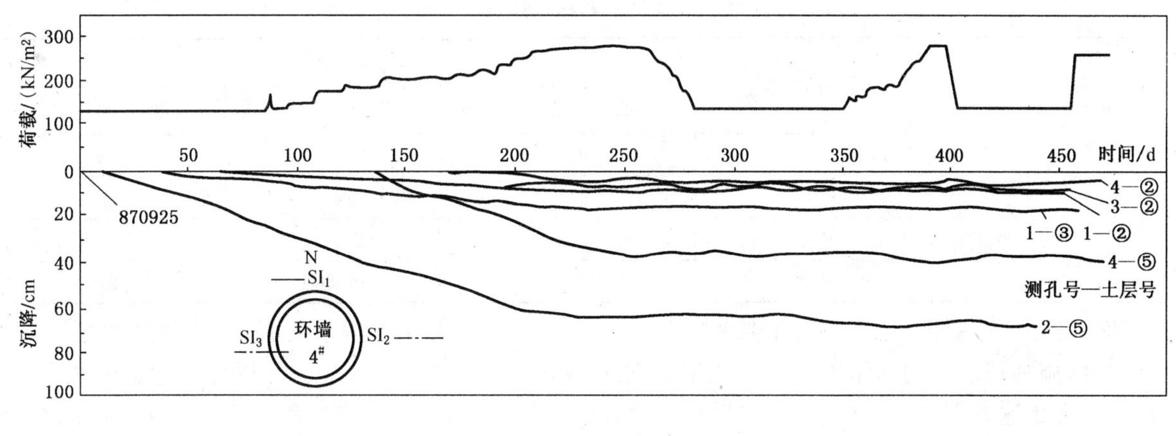

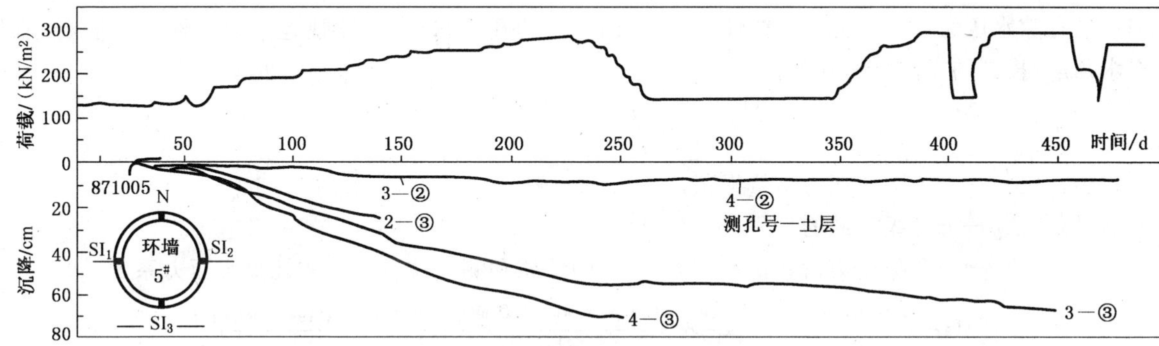

图 6-65 地基土分层沉降实测图

表 6-51 地基土分层沉降实测表

编号 \ 项目		历时/d	分层沉降/mm 沉降百分数				附 注
			表层黏土 h_2	淤泥质土 h_3	下层土	总沉降	
5# 罐	SH_2^5	140	50 8.33%	250 41.67%	300 50%	600	$h_2=1.8$ m $h_3=16.60$ m
	SH_3^5	450	110 9.4%	700 60%	360 30.6%	1 170	$h_2=1.7$ m $h_3=17.10$ m
	SH_4^5	250	100 9.30%	730 68%	250 23.15%	1 080	$h_2=2.2$ m $h_3=15.2$ m
4# 罐	SH_2^4	440	80 6.7%	680 56.7%	440 36.7%	1 200	$h_2=2.3$ m $h_3=15.7$ m
	SI SH_4^4	130	60 9.1%	4.70 71.20%	130 19.7%	660	$h_2=2.0$ m $h_3=14.2$ m
注：SH_2^5 和 SH_2^4 埋设深度分别为 1.57 m 和 17.56 m，未达到第三层土的底面。							

从表中可以看出：淤泥质黏土层的沉降点占总沉降约 70%左右，下卧粉砂层约占 20%左右。可见上部软土层是主要的压缩层，然而下卧层仍然占一定的比例，这是不可忽视的。这一比例与按影响深度为 1.2D 的分层总和法计算结果的比例是类似的。

(4) 孔隙水压力实测

根据实测的孔隙水压力，绘制了充水过程的孔隙水压力的变化曲线见图 6-66 和图 6-67，三次充水的固结度见表 6-52。

表 6-52　三次充水 4# 罐(434d)、5# 罐(357d)之固结度

编号	测点位置	固结度 $U/\%$		
		第一次充水	第二次充水	第三次充水
4# 罐	中心	97	98	98
	边缘	94	95	98
5# 罐	中心	67.2	80.6	95.55
	边缘	86.4	86.85	98.0

从实测中可以看出，地基中的孔隙水压力是比较复杂的，它受很多因素的影响，这些因素包括排水固结条件，施加荷载前的固结压力，土的超固结比和施加荷载的应力路线等。分析与计算地基中的孔隙水压力应考虑这些因素；根据实测的结果早期地基的固结速率，4# 罐比 5# 罐快，但两储罐的固结度都能满足地基稳定的要求，充水结束后，两储罐的固结度都大于 90%；由实测资料整理得到，荷载增量与各测点的孔隙水压力增量成良好的线性关系；可用实测的孔隙水压力，监视地基稳定性的发展，控制储罐充水预压，控制的方法见下列公式：

$$\left[\frac{\sum\Delta u}{\sum\Delta p}\right]_{实测}\leqslant[K_u]_{控}$$

式中：$\sum\Delta u$ ——孔隙水压力增量累积；

$\sum\Delta p$——各级荷载的累积；

K_u——孔隙压力荷载比的参数，与土的性质和测点位置有关的孔隙水压力系数。

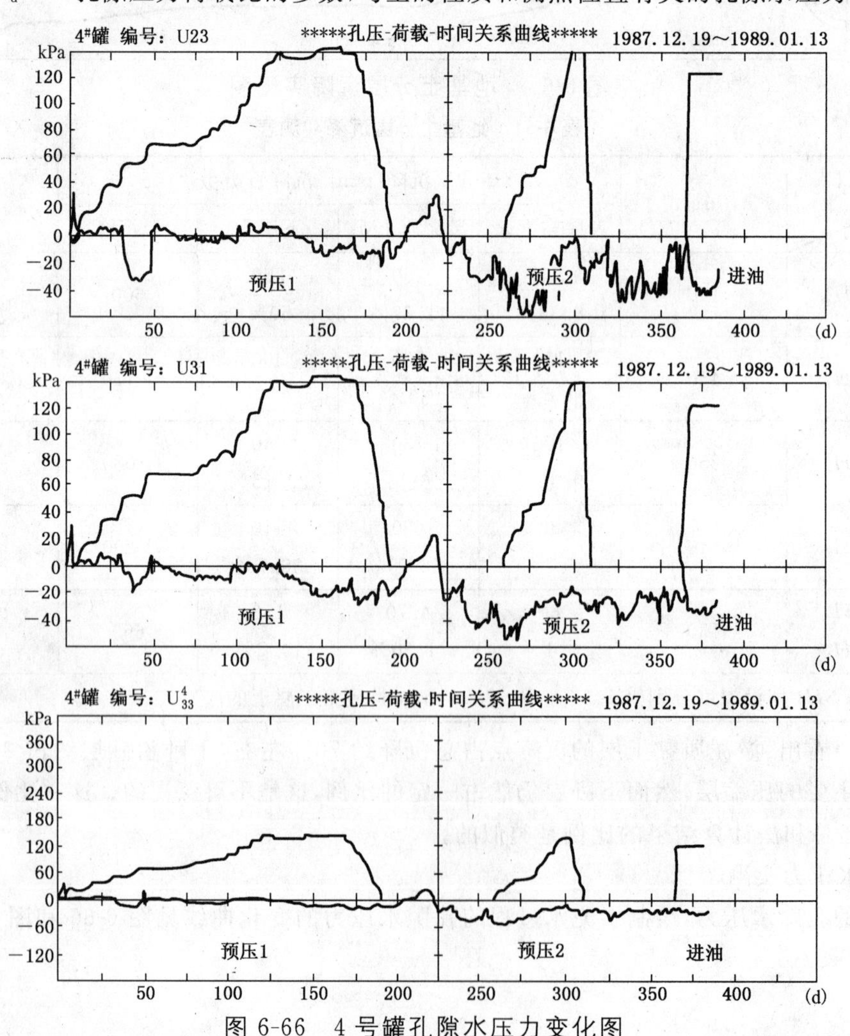

图 6-66　4 号罐孔隙水压力变化图

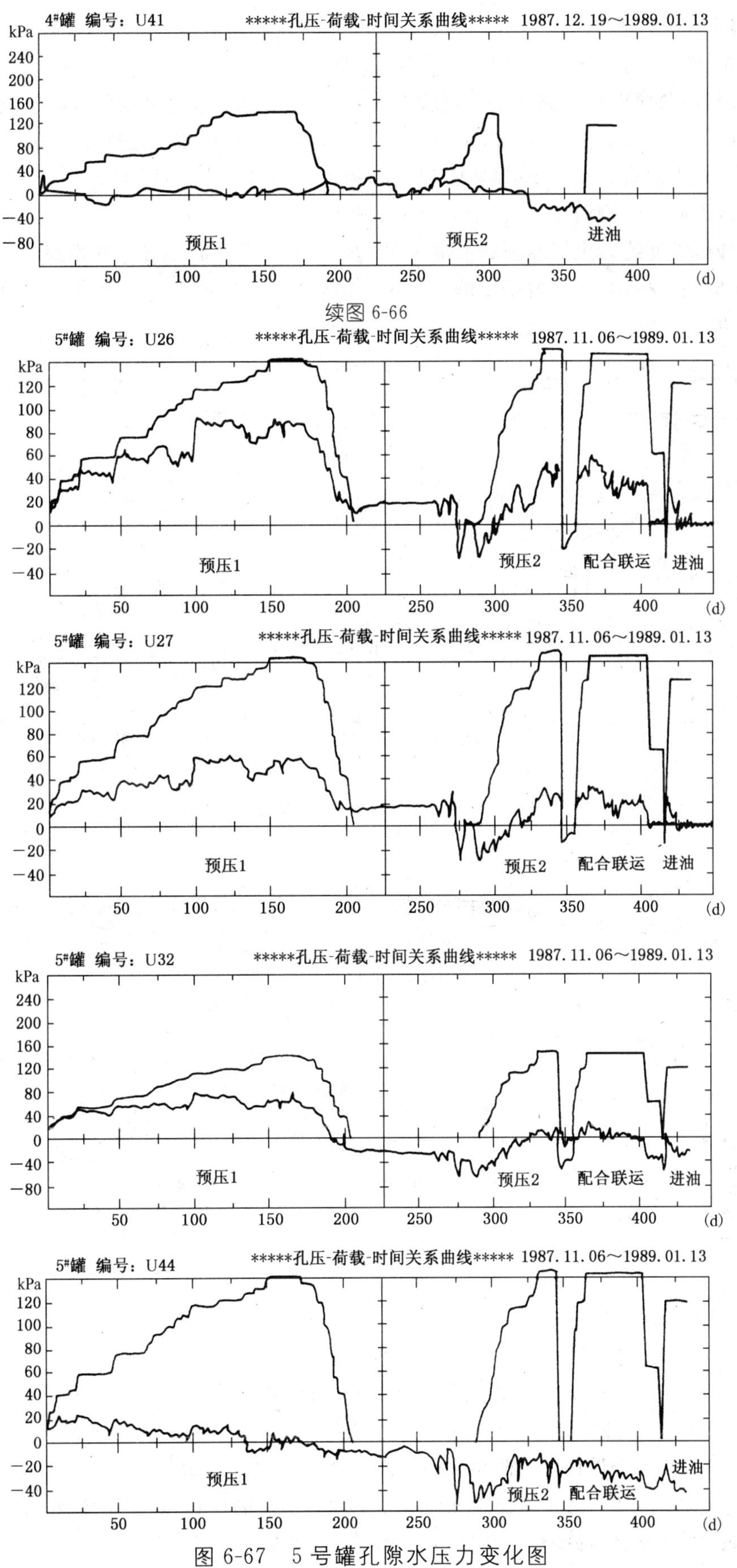

图 6-67　5 号罐孔隙水压力变化图

(5) 地基侧向变形实测

根据4#和5#罐实测的结果,侧向变形随深度的变化见图6-68、图6-69所示。

从图中可以看出侧向变形随充水荷载的增大而增大;在充水加荷的间歇期,由于地基的排水固结,侧向变形向里收缩,当充水荷载至75 kN/m² 间歇18 d,最大位移向里收缩26.18 mm;经过1~2次充水预压之后,继续充水加载,侧向变形基本上稳定不变;变形模量大小不同的土层,它们的侧向变形各自形成独立的体系,土质差的侧向变形大,土质较好的侧向变形小;每一土层的侧向变形随深度的变化呈抛物线,最大位移的深度约为土层厚度的1/3~2/5处;侧向变形具有明显的界面反应特征,在土工织物加筋垫层上出现负的位移,在下卧地基土的介面出现向外位移,在淤泥质黏土层与细粉砂的介面上,侧向变形出现转折。

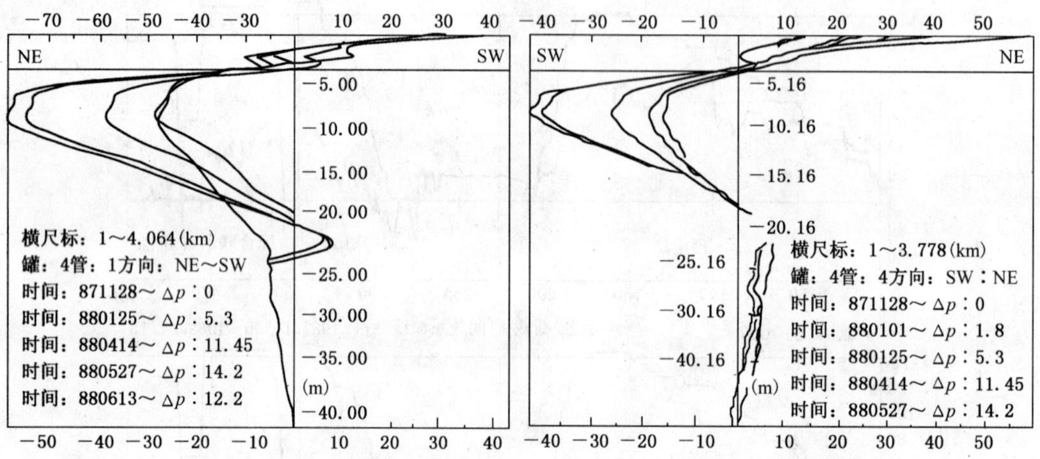

图6-68　4#罐侧向变形随深度变化图

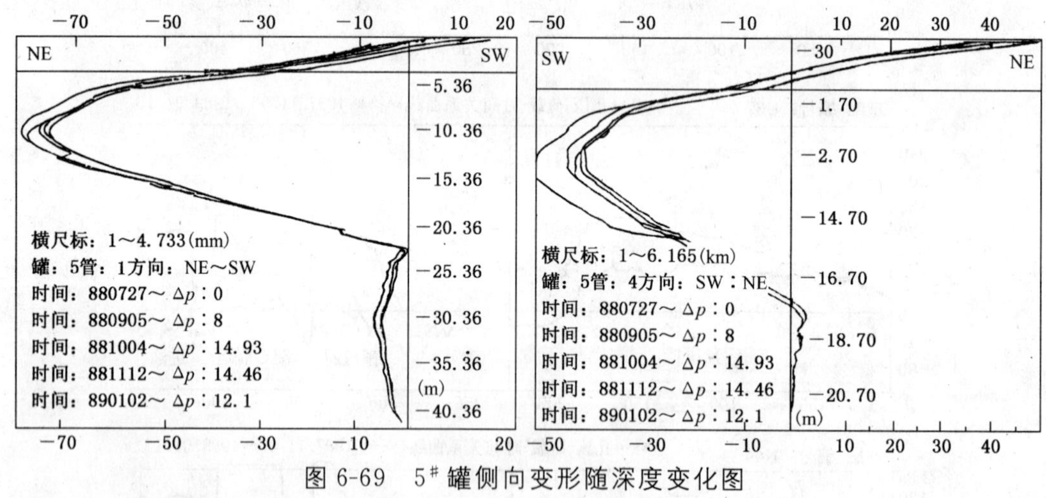

图6-69　5#罐侧向变形随深度变化图

(6) 土工织物加筋垫层的作用机理

1) 储罐基础荷载通过垫层产生应力扩散,均化应力分布,基础荷载通过加筋垫层后,作用于加筋垫层表面的应力降低至73%~77%,扩散角约为40°,基底和垫层底面应力均匀分布。

2) 加筋垫层调整了基础的不均匀沉降。根据实测储罐基底和底板沉降比较平缓,形如碟形,无锅底现象,基础边缘至储罐外地面的沉降也比较平缓,无明显的突变现象。

3) 土工织物垫层约束了地基的侧向变形,改变了浅层地基的位移场,根据实测(图6-68、图6-69)在土工织物垫层内,侧向位移向储罐中心收缩,相应的约束地基土的侧向位移。

4) 加筋垫层具有较好的整体性和刚度。由于土工织物加筋,提高了垫层的抗拉断裂性能,保证垫层的整体性，使垫层具有一定的挠曲刚度。由侧向位移的实测结果可以看出，加筋垫层内的侧向位移土向里收缩，而地基土层则向外位移，两者的最大位移量约为 30 cm。如果在垫层中不加筋的话，就可能被拉断裂，不可能有效地扩散应力和调整不均匀沉降。

总之，土工织物加筋垫层具有较好的整体性和刚度，从实测成果看，采用土工织物加筋垫层和排水固结联合作用处理储罐软基，不论是 4 号罐和 5 号罐方案，均取得良好的效果，环墙和基础底面沉降都比较均匀，满足了储罐基础设计和工程建设的要求。

5. 小结

土工织物用于储罐软基处理，在国内是首次，并随工程进行了系统的实测，积累了大量的第一性资料，取得了如下成果：

(1) 按设计研究方案建成了 5 台 20 000 m^3 浮顶储罐，至今投产已 10 多年，证明地基稳定性好，变形满足设计的要求。

(2) 组织了系统观测，包括地面与深层沉降、侧向变形、地基压力、孔隙水压力等项目观测，得到了包括施工阶段的全过程的实测资料是丰富可贵的。

(3) 从理论上研究了一整套复合地基的分析方法，考虑了地基的非线性，各向异性和固结效应，并与实测成果作了对比，有助于今后进一步提高对类似地基的设计水平，有利于推广应用。

(4) 根据孔隙水压力观测成果，提出了几种控制土层结构稳定性的准则和计算方法，可用于有效地控制施工加荷速率。

(5) 以实测成果为依据，提出了这类地基设计中对于地基稳定性和变形的控制准则，为今后制定这类地基的设计标准提供了参考数据。

(6) 采用这类地基处理方案的经济性十分明显，与同类储罐以往的其他地基处理方法相比，每座储罐基础与振冲置换碎石桩可节省投资 30%～40%。土工织物除用于储罐软基处理、储气柜工程之外，还可用于公路、铁路路基、机场跑道、土坝、堤坝等工程，也可用于一般建、构筑物的软基处理。实践表明：它对于提高地基的承载力、均化应力，增强稳定性、减少地基的沉降和不均匀沉降的作用是十分明显的，建议今后在条件相同的情况下，可推广应用。

七、预堆土反压法加固储罐地基的工程实例

1. 预堆土反压法原理

对土在承受各种荷载时承载力的研究表明，土体的破坏都表现为一部分土体对其余部分土体发生剪切，剪切沿着称作滑动面的面进行。图 6-70 表示储罐地基中土体在各级荷载作用下，地基发生破坏的图形。从图中可见，地基破坏时导致储罐基础边缘地基隆起，为了防止罐底软土局部失稳，即在储罐环墙外侧坡脚处，预先堆置一定厚度和宽度的填土，以增加坡面正下方或坡脚部位的地基抗剪强度，起着镇压软十防剪抗滑作用(见图 6-71)，这种预堆土反压法又称为坡趾反压法、镇压层法等。

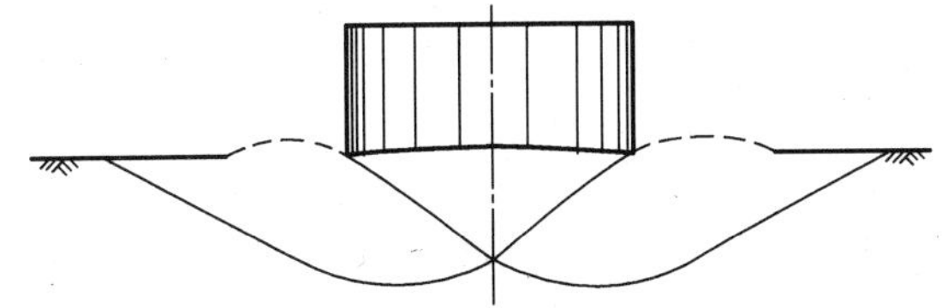
图 6-70　储罐地基土挤出的图形

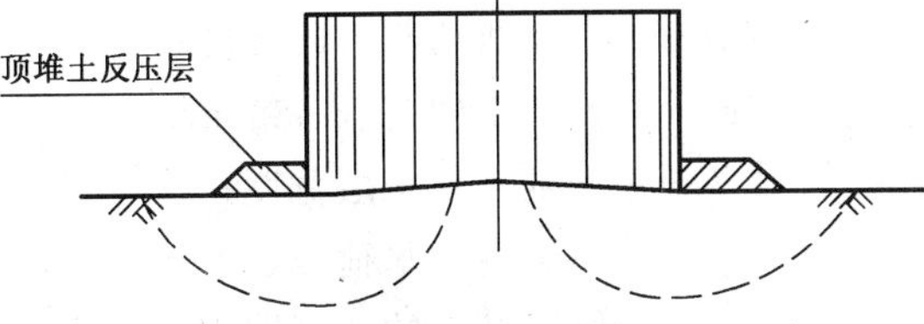

图 6-71　预堆土反压法加固地基示意图

采用预堆土反压法在实际工程应用中，显示出良好的经济效果，采用这种方法加固地基与其他地基处理方法在经济方面比较见表 6-53。

在同一个厂内用预堆土反压法与非预堆土反压法在充水预压时间方面进行比较见表 6-54。

表 6-53　预堆土反压法与其他地基处理方法经济比较表

序号	地基处理方法	每台储罐基础造价/万元	充水预压时间/d	备　注
1	桩基加固法	36.1	立即使用	桩的间距以 5 倍桩直径计算。
2	挖土换砂法	24.3	立即使用	换土垫砂至硬土层,有环基。
3	砂井充水预压法	14.54	共 10 台储罐最长 166 d,最短 59 d。	砂井 D=0.4 m,砂井间距梅花形,一台储罐砂井数 250 根,并深 20 m。
4	薄砂垫层充水预压法	3.61	约 365 d	充水预压时间太长。
5	预堆土反压法	9.01	共 4 台罐最长 72 d,最短 59 d	在环墙外预堆土反压

表 6-54　储罐充水预压时间比较表

序号	储罐容积/m³	数量/台	地基处理方案	充水预压时间/d	预压时间百分比/%	备　注
1	20 000	1	地基未经过处理	137	100	上海高桥炼油厂
2	10 000	4	预堆土反压法	最长 72 d 最短 59 d	53～43	同上

从上表分析说明,采用预堆土反压法在一定的条件下具有良好的经济效果,而且建设工期亦有所缩短。

2. 预堆土反压法对地基的稳定分析

按圆柱形滑动面计算的方法,是任意假定滑动面形式中广泛应用的一种方法。在预堆土反压法对地基的稳定分析中,可采用圆弧法、极限荷载法、简化极限荷载法等几种,现分述如下:

(1) 圆弧法

预堆土反压法稳定分析计算简图如图 6-72。

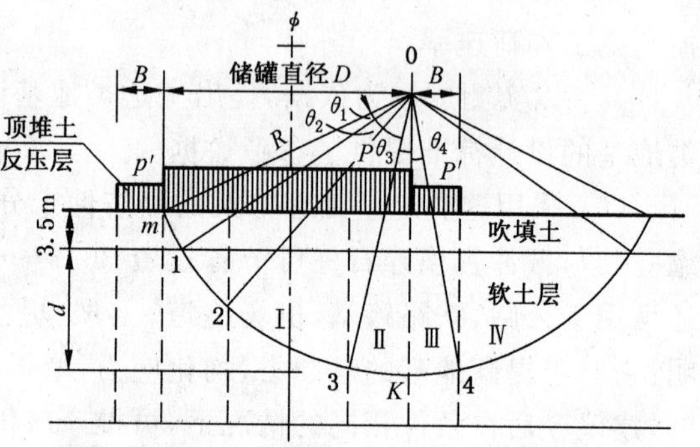

图 6-72　预堆土反压法稳定分析

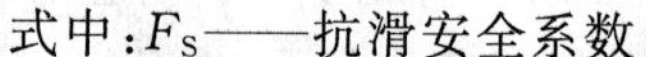

$$F_s=\frac{M_{抗}}{M_{滑}}=\frac{\sum R^2\bar{\theta}_i C_{ui}+\frac{1}{2}p'b^2}{\frac{1}{2}pB^2}$$

式中:F_S——抗滑安全系数;

$M_{抗}$——为圆弧的抗滑力矩;

$M_{滑}$——为储罐的滑动力矩;

R——圆弧滑动面半径;

$\bar{\theta}_i$——圆弧切割各区所对应的圆心角(以弧度表示);

C_{ui}——圆弧所切割区的强度;

p'——预堆土的荷载,kN/m²;

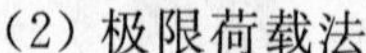

b——预堆土反压层宽度;

p——储罐内充水荷载,kN/m²;

B——储罐基础的宽度即 $B=D$(D 为储罐的直径)。

根据上述原理,分别计算储罐地基的总体稳定(破坏圆弧切过储罐基础边线)和局部稳定(破坏圆弧切过罐底板),局部稳定分别计算圆弧切过 0.2B、0.4B、0.6B 和 0.8B 处。

(2) 极限荷载法

预堆土反压法的稳定计算采用斯凯普顿(A. W. skemptom)极限荷载计算法,来检验储罐基础的稳定性。

斯凯普顿提出一个适用于饱和软土地基($\varphi=0$)上的浅基础的极限承载力半径的经验公式:

$$P_u = N_c C_u \left(1 + 0.2\frac{B}{L}\right)\left(1 + 0.2\frac{Z}{B}\right) + \gamma_z$$

式中：B、L——地基破坏圆弧切割罐底的宽度和长度；

p_u——基础的极限承载力；

C_u——地基土的抗剪强度，采用现场十字板强度，或采用固结快剪试验指标，换算成地基土的平均强度；

Z——基础的埋置深度；

γ——土的重力密度（重度），地下水位以下为有效重度；

N_c——承载力系数。按照斯凯普顿的原建议 N_c 值取用为 5，在实际工程中略小，太沙基(K. Terzaghi)作了发展，采用某些不同假设条件如 $\varphi = 0$，$N_c = 5.14$。

目前国内外建造的储罐，无论是环墙基础还是砂垫层基础，一般基础埋深比较浅，因此可假定基础砌置深度 $Z = 0$，则上式简化为：

$$p_u = 5.14 C_u \left(1 + 0.2\frac{B}{L}\right)$$

上述极限承载力公式是在基础为条形情况下推导出来，而储罐基础是圆形，故要进行面积当量换算再用。

必须指出，上述的圆弧法与极限荷载法的当量面积换算都是很繁琐的。

(3) 简化极限荷载法

储罐这种柔性基础的底面，基础整体破坏这种情况极少，有可能发生局部底宽破坏的情况比较多，因此必须试算储罐不同底宽的极限承载力，在试算中，其中最小的一个值就是最危险的情况。对于局部底宽的破坏，此时底面为一弓形面积，如图 6-73 所示。

当采用上式时，应将弓形面积 B/L 值化为当量矩形，即图 6-73 中斜线部分所示，即当量矩形宽为 B'，矩形长度为 L'。通过计算比较，采用 B/L（弓形面积）与 B'/L'（当量矩形面积）二者相差甚微。因此不必再将弓形面积换算为矩形面积而直接采用 B/L 计算。

验算"堆土反压"稳定性时，必须试算储罐不同底宽 B 的极限承载力，即试算不同底宽的滑弧（见图 6-74）。

将储罐底宽 B/L 分为 1.0、0.8、0.6、0.4、0.2 五个区进行计算，以其中最小的一个值即为最危险的情况。经试算结果当 B/L 为 0.2 时，p_u 值最小即为最危险的情况。

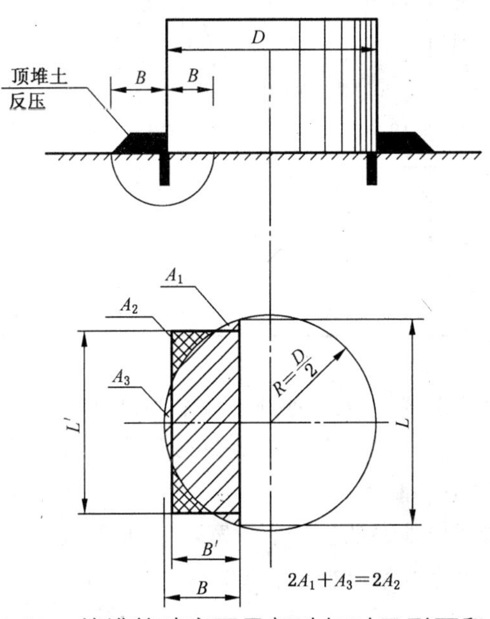

图 6-73　储罐基础底面局部破坏时弓形面积图

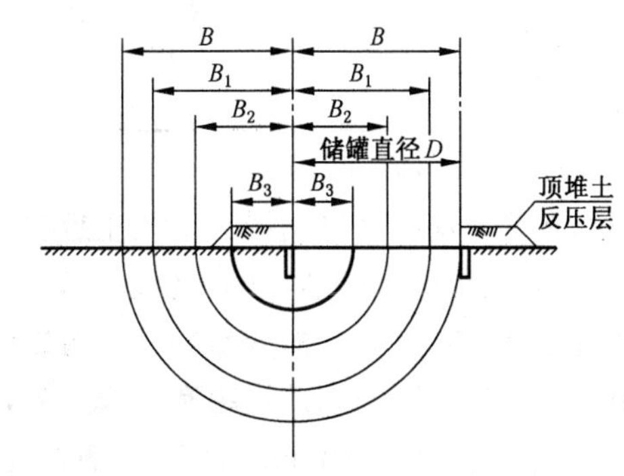

图 6-74　不同底宽滑弧示意图

3. 工程实例

(1) 工程及地质概况

上海高桥石化炼油厂位于黄浦江下游，于1976年建造油罐。其江东岸稻田、菜地、池塘等海拔标高为3.08～4.10 m。而工程需要建大型储罐的底标高为5.7～6.0 m，工程需填土，因此采用"吹填土"对场地进行填高。由于填土的时间短，土的特点是含水量大、强度低、固结度极差，土的临塑强度值为50 kPa，因表土下部水分未能排出，仍呈流动性淤泥状。新建储罐区新建4台10 000 m^3拱顶罐，储罐直径D=31.282 m，罐高H=14.07 m，罐区场地位于原黄浦江古河道上，系河口滨海相沉积，在地面以下60 m深度内分为7层，各层土的主要物理力学性能指标见表6-55。

表6-55 储罐区土层构造及土的物理力学性质表

土层剖面	土层名称	天然含水量 w/%	土的重力密度 γ/(kN/m^3)	孔隙比 e	塑限 W_P	黏聚力 C/kPa	内摩擦角 φ(°)	压缩系数 α_{1-2}/MPa^{-1}	土的压缩模量 $E_s=\frac{1+e}{a}$/MPa
4.53m	吹填土	34.4 31	18 18.6	1.03 0.89	13.1	0.9	30	0.441 0.12	4.6
3.5	淤泥质	35.3	17.9	1.06	11.0	0.8	31	0.28	7.36
	亚黏土	34.8	18	1.06	14.7			0.33	6.25
9.2	夹粉砂								
11.0	石坝								
14.7	杂泥层	34	18.3	0.99	12.3			0.32	6.23
	淤泥	50.6	17.2	1.41	23.6	1.4	16.5		
	质黏土	37 49.8	18.5 17.1	1.02 1.41	14.9 22.4	1.4	11.0	0.48	4.2
55.6		46.3	17.7	1.26	18.0			0.61	3.71
78.10	交接褐灰色亚黏土	24.9	19.8	0.72	15.7	4.2	23.5	0.189	9.1

(2) 缩短充水预压时间

根据沉降实测123号储罐充水预压后沉降比较小，平均沉降40 cm，曲线比较缓和，根据图6-75 p-s曲线可以缩短充水时间，预压时间仅59 d，实践证明采用预堆土反压后，可以在逐步提高垂直承载力的同时还可以减小地基的侧向变形，从而可以缩短充水预压的时间。

根据沉降观测控制加荷速率和沉降速率，可以比一般预压地基的控制值放宽，一般地基处理的控制最大沉降速率为16～18 mm/d，而采用预堆土反压法，其加荷速率可控制在20～30 mm/d。控制最大沉降一是使预压地基能达到较高的密实度；二是合理缩短充水预压的时间。

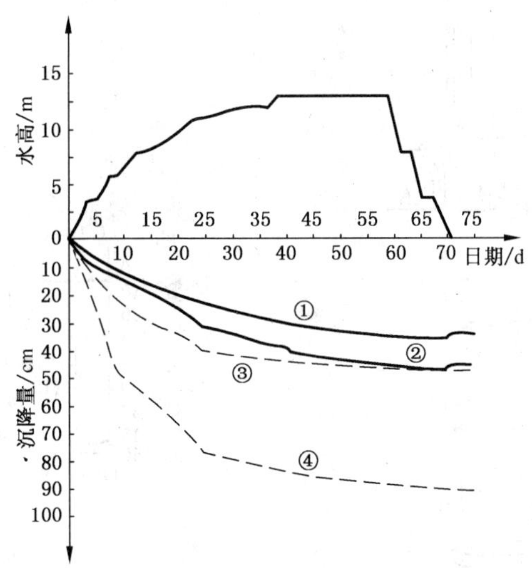

① 充水预压时实测基础边缘 12 点平均值；
② 充水时实测基础中心点沉降；
③ 计算基础边缘的最终沉降；
④ 计算基础中心的最终沉降。

图 6-75 123 号储罐实测 p-s 曲线

（3）减少储罐的沉降量

图 6-76 是储罐充水预压后底板变形实测，从图中可以明显看出以下几个特征：

1）采用预堆土反压法在充水预压后，储罐底板变形，实测值小于理论计算值（见表 6-56），这与其他工程的储罐底板实测变形的情况不同。

表 6-56 123 号储罐底板变形实测与理论推算对比表

底板实测点 实测与推算对比	底板中心	T_1	T_2	T_3	T_4
实测 59 d 充水后沉降/cm	45.8	45.6	45.3	39.6	35.2
理论推算沉降/cm	59.3	58.6	54.8	41.9	37.8

2）环墙外侧土壤变形曲线急骤直下，证明罐周地面变形很小，同其他地基处理的方法相比差别较大。

3）堆土反压后使储罐底板变形呈“上凸”状，以往储罐底板的变形是中间大而边缘小，底板变形曲线大体上是有一个向下凹的锅底形状。采用堆土反压后，使被动土压力增大，起到明显的防止地基的侧向塑性变形。

4）采用预堆土反压后不能避免储罐周边的不均匀沉降。从图 6-77 罐壁各点的沉降差展开图可以看出，123 号储罐基础属于平面倾斜，且接近正弦曲线。这与其他储罐的实测沉降资料相同。从实测数据算出倾斜度见表 6-57。

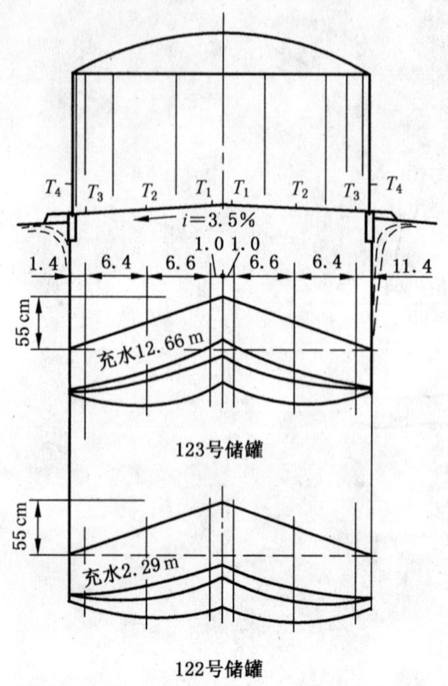

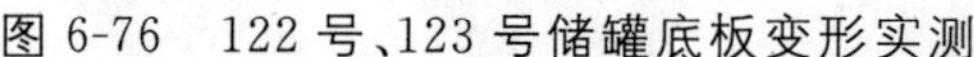
图 6-76　122 号、123 号储罐底板变形实测

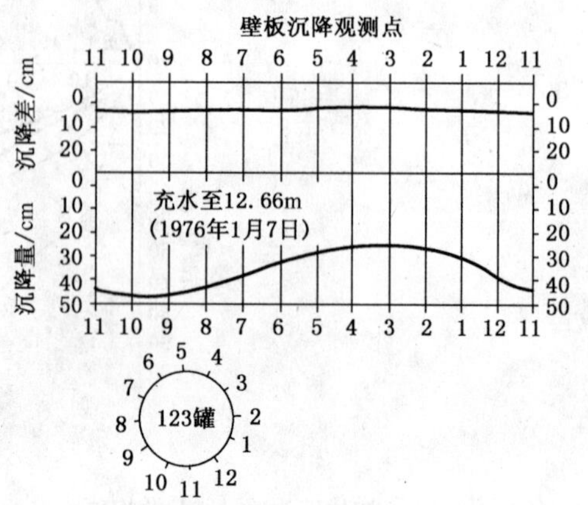

图 6-77　123 号储罐沿罐壁实测各点的沉降差展开图

表 6-57　123 号储罐实测基础倾斜表

日　期	测点位置	倾斜度/‰
1976 年 1 月 7 日	4 点与 10 点	6.57
	3 点与 9 点	6.64
1979 年 1 月 19 日	4 点与 10 点	7.45
	3 点与 9 点	4.69

从实测倾斜说明整体储罐基础是摇摆下沉的现象，证明环墙是起了应力调整的作用。

4. 小结

通过实践体会，采用预堆土反压有以下几点特点：

(1) 防滑抗剪。在环基外预堆土反压，作为增加软土抗滑的镇压层，防止地基因剪切破坏，造成局部圆弧滑动使地基失稳，同时使罐周地面变形减少。

(2) 由于在环墙外侧预堆土反压层的加高，则环墙的埋置深度相对加深，使地基土的极限承载能力有所提高。

(3) 由于沉降量的减少，可以使充水预压时间明显缩短，工期可以提前。

(4) 预堆土反压使环墙外侧被动土压力增大，主动土压力减小。环基的侧压力随其下沉深度不同，主、被动土压力作用情况不断改变，当环基下沉大于 50～60 cm，被动土压力开始大于主动土压力，被动土压力随深度增加而增加。其增加幅度比主动土压力大得多，从而可以节约环墙截面的配筋。

(5) 在充水预压完毕后，由于土壤压密使强度增加，预堆土反压层的作用显著减小，这时可撤一部分土，也可削土整理成护坡或做罐区的竖向，避免二次搬运，使经济效果显著。

八、强夯加固储罐地基的工程实例

1. 工程概况

强夯加固地基，20 世纪 80 年代初在我国刚刚推广采用，所以当时绝大部分是用于工业厂房、民用建筑、码头堆场等工程，对荷载较大，工艺要求较高的构筑物很少采用。1982 年首次在石油化工厂荷载密集的大型内浮顶储罐群，采用强夯加固地基，并取得了良好的效果。本例主要介绍位于巴陵石化公司长岭炼油厂 1982 年建造的油罐作为强夯加固浮顶储罐地基的工程实例，内容包括夯点布置、夯击次数、强夯加固效果等。

该工程是建造两组大型内浮顶储罐的基础，其中一组包括 9 台(131 号～139 号储罐)直径为 21 m，储罐高为 18.15 m 的内浮顶罐，每台储罐充水试压时的总荷载为 5 150 t；另一组包括 7 台(141 号～147 号)直径为 17 m，高度为 17.7 m 的内浮顶储罐，每台储罐的总荷载为 3 100 t。布置储罐之间的净距为 0.4D(D 为储罐的直径)即 6.8～8.4 m。该场地建两组大型内浮顶储罐群的总荷载达 68 000 多吨，其平面布置如图 6-78。

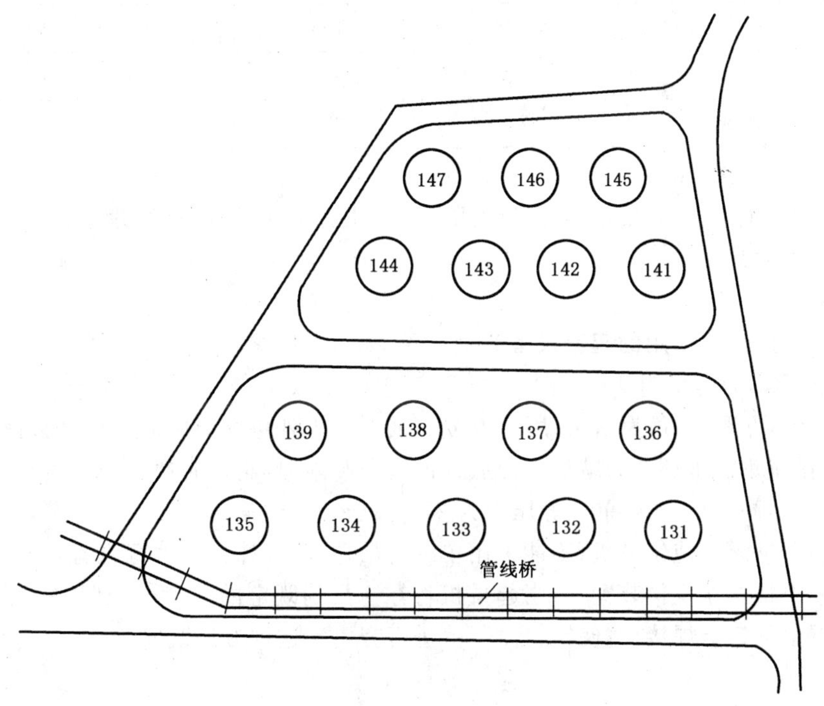

图 6-78　储罐群的平面布置图

从图中可见大型内浮顶储罐群荷载密集，重量大，地基承载力要求在 196 kPa 以上。对基础的倾斜要求较高，如基础倾斜超过 0.004，就要影响储罐浮顶的上下浮动。因此，要求基础的倾斜度应小于 0.004D(D 为储罐的直径)。

储罐基础的设计，考虑建在强夯加固的填土地基上，可能出现大量沉降，影响浮顶的升降，所以沿罐壁圆周作一钢筋混凝土环墙。环墙厚度是按照环墙底部与罐底土壤压力相等的条件而求得。环墙厚度为 30 cm，其配筋及基础构造见图 6-79。

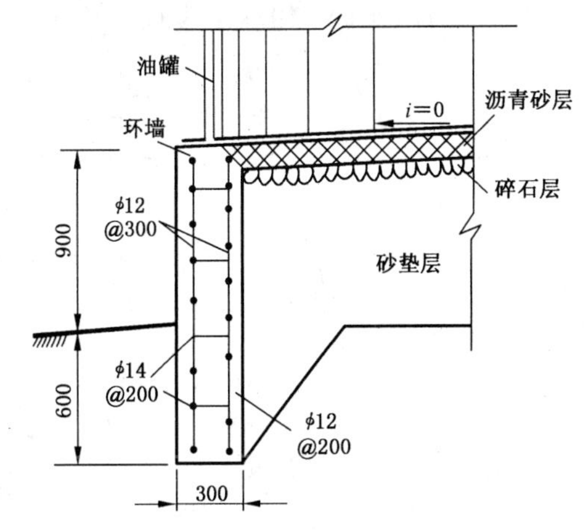

图 6-79　储罐基础图

2. 工程地质条件

在储罐地基范围内，第一层是由亚黏土夹 40%风化干枚岩块组成的回填土。根据原始地形图和静力触探 p_s 曲线分析，填土厚度为 3～11 m，而绝大部分填土厚度在5～6 m左右，是将丘陵山坡挖方后回填的。填土时未经压实。因此，填土层的结构松散、软硬不一、均匀性差。填土层底部有厚约 30～50 cm 耕植土。第二层是亚黏土，可塑，厚度为 4～9 m 不等。第三层是黏土、硬塑、厚度未测到底。在人工填土层中赋存有上层滞水，其水位变化幅度较大。勘察单位提供的工程地质勘察资料见表 6-58。

工程上做静力触探采用的是 YJC-2 型双缸液压静力触探车，其活塞行程为 1.2 m，贯入压力 15 t，提升起拔力 20 t，贯入速度控制在 1.0 m/min 左右，采用单桥电阻应变式探头，锥底面积 15 cm^2，侧壁长度 70 mm。用 JC-1 型自动数字记录仪记录，强夯前填土层的最小比贯入阻力 $p_s=49$ kPa，局部地段 $p_s=0$，其 10 倍最小 p_s 值范围内的算术平均值为 294～588 kPa。根据承压板(1.2 m×1.2 m)载荷试验资料，强夯前填土层的承载力 $f=58.8$ kPa，变形模量 $E_s=147$ MPa，沉降量 $s=49.8$ mm。

表 6-58 土层力学性能指标

序号	土层名称	土层厚度/m	静力触探比贯入阻力 p_s/kPa	变形模量 E_o/MPa	地基承载力 f/kPa	备 注
1	填土层	3～11	294～588	196	39～59	E_s 是在 4 m 以下的
2	亚黏土	4～9	980～1 471	539	118～147	
3	黏土	未测到底	1 961～2 942	882	196	

3. 强夯设备与夯点布置

采用强夯法加固地基，一定要根据实际地质条件和工程使用要求，来合理选用强夯设备，制定施工程序，才能取得良好效果。

(1) 夯击设备

这次储罐基础施工，所采用的起重设备为国产 W1001 履带式起重机，吊车能力为 15 t，起重臂长为 18 m，吊臂升角为 70°，净落距为 9 m。

夯锤总重为 8 t，方形，四角为圆角，用 C30 号钢筋混凝土外包钢板制成。根据夯锤结构和起吊要求设置钢筋网和起吊用钢筋吊环。为减少夯锤底面的真空吸附力，制作时预留孔道，作为通气孔。夯锤面积为 1.7 m×1.7 m，高 1 m，锤底单位静压力为 27.5 kPa。

脱钩装置：由于缺乏大吨位吊机，不能采用单缆起吊，为此设计了一种行之有效的自动落锤方法，即在夯击操作时，将夯锤挂在脱钩装置上，当起重机将夯锤吊到既定的高度时，利用吊机上副卷扬机的钢丝，吊起脱钩装置上的锁卡焊接件，使锤自由下落进行夯击。这种方法既安全，效果又好。

(2) 夯点布置

夯点之间的距离，应根据构筑物的结构特点和外形尺寸、土的性质、夯击遍数、土的加固深度以及孔隙水压力消散等几方面的情况综合分析确定。工程实践说明，第一遍夯点之间的距离宜大不宜小，一般取夯锤宽度的 3～5 倍。这样可使夯击应力向纵深传递。如果夯点太近，相邻夯点的应力传递将在土的浅层重叠，土表面形成硬壳，影响夯击应力向深层传递。储罐的夯点布置见图 6-80，夯点间距为 4.25～5.25 m，为保证整个储罐地基的稳定，在储罐基础外 3.5～4 m 范围布置了一圈夯点。

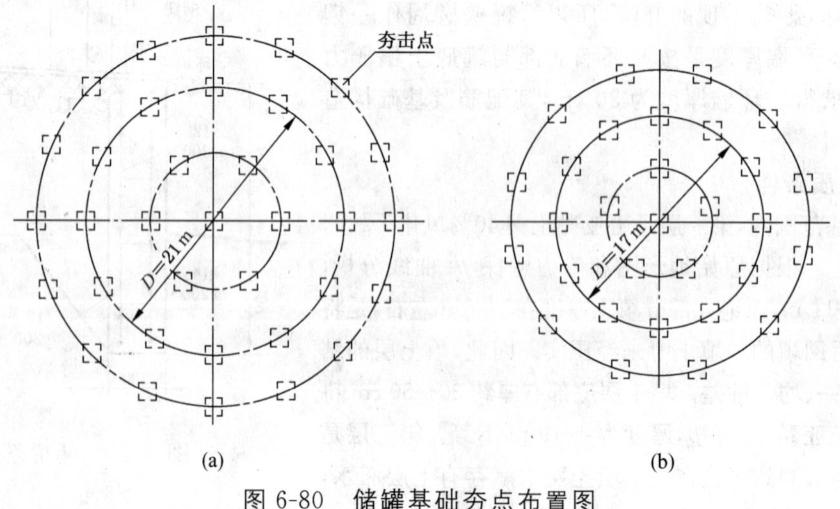

图 6-80 储罐基础夯点布置图

(3) 夯击次数

当夯锤重 8 t，落距 9 m，每坑夯击次数最少 18 击，最多 59 击，平均每坑夯击次数达 27～41 击，分两遍夯成。每台储罐平均夯击总数达 1 400～1 800 夯，以最后夯击的夯沉量小于 7 cm 为标准，第一罐区(131 号～139 号储罐)平均夯沉量达 3.34 m，第二罐区(141 号～147 号储罐)平均夯沉量达 4.04 m，夯击坑中最大夯沉量为 9.44 m。

总的夯击能用下式计算：

$$W=\frac{Q \cdot H \cdot N}{A}$$

式中：W——总夯击能；

Q——锤的重量；

H——锤下落的距离；

N——夯击次数；

A——强夯加固面积。

储罐区平均夯击能达 166.8～222.4 t·m/m²。但从经济利益考虑，宜选择一个加固效果最佳，而夯击次数又较少的参数。根据强夯施工实践，对非饱和的亚黏土或黏土，在一定的夯击次数下，测定土的含水量与土的干密度的关系，见图 6-81，从图中可见，土的含水量在最佳范围时，增加夯击次数，土的干密度增加，当土的含水量偏低或偏高时，增加夯击次数，土的干密度反而会减小。以夯击次数和夯沉量建立的关系曲线来判断最佳夯击效果(见图 6-82)。从图可见开始曲线逐渐下降，即图中 AB 段，但过 B 点以后，曲线趋于平行横坐标轴，也就是每次夯沉量 Δs 接近常量，说明夯击效果已达到最佳状态。如果再继续夯击，则用于加固土层的夯击能将越来越小，损耗的能量会越来越大。所以合理掌握强夯中土的最佳加固效果，是强夯中必须注意的问题。

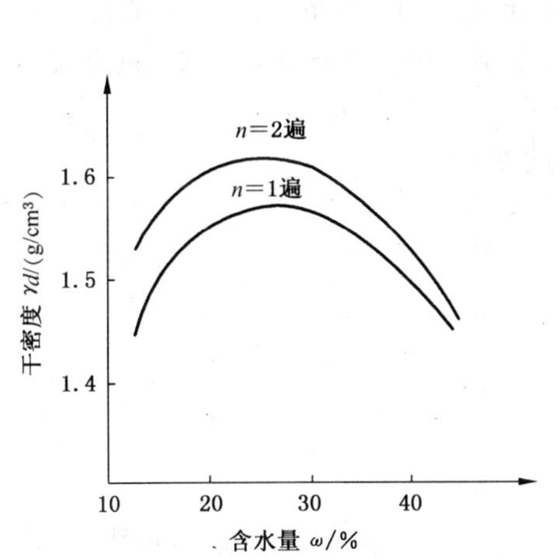

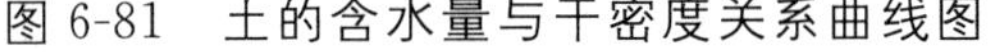

图 6-81　土的含水量与干密度关系曲线图

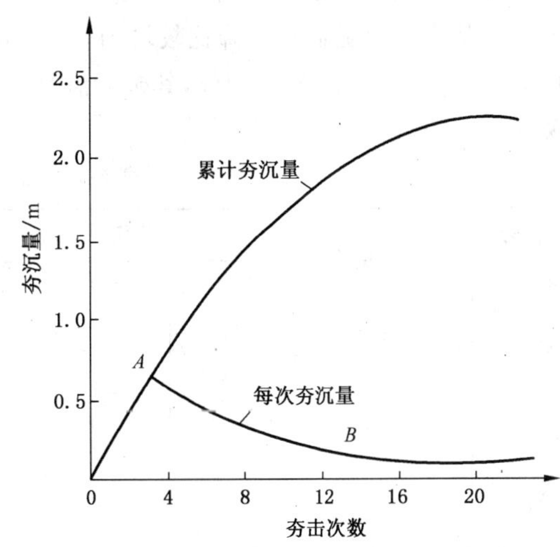

图 6-82　夯击次数与夯沉量关系曲线图

经储罐区试夯后，确定最佳的夯击遍数，每个夯击坑分两遍夯，每遍夯 10～15 击。每遍夯击的间隔时间，主要取决于孔隙水压力消散情况，孔隙水压力消散快，间隔时间就短，反之间隔就长。一般孔隙水压力消散时间只有 5～8 h，因此，夯击间隔很短，一般可连续施工。

最后采用落距为 5 m 的低能量满夯一遍，将表层松土夯实。

4. 强夯加回效果的检验

(1) 强夯后的 p_s 值

储罐区地面平均夯沉量达 3.69 m，从强夯前后同一深度标高处 p_s 值的统计见表 6-59 可知，其强夯效果：在深度 3 m 以内效果最佳；深度 3～5 m 强夯效果也较好；在深度 5 m 以下强夯后，p_s 值稍有增加。实测说明，强夯后的有效加固深度在地面下 5.5 m 左右。

(2) 地基承载力检验

在第一、第二罐区强夯场内，进行了两个载荷试验，试验深度在地面下 0.8 m 处，采用 1.2 m×1.2 m的方形刚性承压板，用钢储罐加水作反力，用千斤顶逐级增加荷载，压力表观测荷载，千分表观测沉降量，地基稳定标准为 0.1 mm/h。试验结果地基强度在 245～294 kPa，比夯前增加 4～5 倍，变形模量 E_0＝58.84～87.27 kPa，比夯前增加 4～6 倍，满足了工程对地基土强度要求。

表 6-59 强夯前后 p_s 值对比表

罐区	土层厚度/m	夯前最小 p_s 值/kPa	夯后最小 p_s 值/kPa	p_s 值夯后比夯前提高/%	备注
第一区	3 m 以内 3～5 m 5 m 以下	392.3 387.4 2 912.6	2 490.9 1 824 4 001.1	100～300 60～250 20～50	夯后 24 d 进行触探
第二区	3 m 以内 3～5 m 5 m 以下	1 388.6 2 820.4 4 055.1	4 481.6 4 697.4 4 713.1	200～400 100～250 20～70	夯后 35 d 进行触探

(3) 孔隙水压力的变化情况

在同一地点将孔隙水压力计埋设在填土层内两个不同深度处。从实测结果可以看出，超孔隙水压力的峰值愈在浅层愈高，在地面下 5 m 处为 34.3 kPa，在地面下 7.0 m 为 14.7 kPa。该孔隙水压力经过 5～6 h 左右，即基本消散。这是因为土层经强夯以后，使夯坑四周的土产生孔隙，加快了孔隙水压力的消散，所以要比用正常压密理论推算出来的结果快 4～6 倍。

(4) 储罐基础沉降量

在施工过程中和投产使用后，对强夯加固地区的储罐基础进行了沉降观测，现将实测沉降结果列于表 6-60。从表中可见储罐沉降比较均匀，最大沉降 13.3 cm，最小沉降 1 mm，倾斜最大的是 4.9‰，最小的 0.14‰，表中除 142 号储罐外，其余均满足要求，投产 20 多年储罐与基础都很正常，说明强夯加固地基效果是好的。

表 6-60 储罐基础沉降和倾斜实测

储罐容积/m^3	储罐编号	实测沉降/mm			实测倾斜/‰	备注
		最大	最小	平均		
5 000	131	31	17	22.5	0.66	已投产使用 12 年，基础沉降已经稳定
	132	33	20	25.1	0.61	
	133	20	8	16	0.56	
	134	30	20	23.4	0.47	
	135	51	24	40.1	1.3	
	136	8	5	6.6	0.14	
	137	34	26	30.6	0.18	
	138	34	26	30	0.38	
	139	25	17	20.8	0.23	
3 000	141	21	1	9.6	1.45	已投产使用 12 年，基础沉降已经稳定
	142	133	21	45.7	4.9	
	143	36	18	27.6	0.92	
	144	28	6	18.1	1.27	
	145	29	17	23.3	1.33	
	146	50	19	34.6	1.5	
	147	26	2	12.7	1.39	

5. 大能量强夯

强夯另一种方法是在坑内回填 10～30 cm 的大块石，或在大块抛石地基上，用 20～40 t 的重锤，大夯击能进行单击夯击能为 3 000～8 000 kN 的强夯施工，分不同的夯击遍数，将大块石强行夯入土中并排挤软土，最终形成夯坑内的碎石桩与软土的复合地基，这种强夯称为强夯置换(或称强夯挤淤)。这种大夯击能的关键，是起重机的起重能力要有大幅度的提高。因此，不少施工单位对起重机进行了技术革新，在起重机臂杆端部增设辅助门架，从而使我国强夯施工，由过去只能做低能量夯击，提高到能进行大能量级夯击的水平。例如大连石化公司石油七厂、大连西太平洋炼油厂、惠州威宏石化仓储油罐等地基，都是围海造地将开山爆破的石块或开山填石的地基，不加选择直接抛填而成，抛石层厚度一般在 8～14 m，有的最深处达 20 多米，由于抛填的块石较大，级配差，堆填层又厚，所以整个场地非常疏松，且极不均匀，而采用大夯击能的强夯处理大块抛石地基，其效果均很好，造价又不高，目前已有不少建大型储罐的经验，详见表 6-61。

表 6-61　强夯法处理大块抛石地基应用一览表

单位名称	工程内容	强夯处理范围	设计要求	土的性质	强夯施工参数	处理效果
大连西太平洋炼油厂	100 000 m^3 原油罐 D=80 m H=20 m	8 000 m^2	f_k≥300 kPa E_0≥20 MPa 加固深度 H≥12 m	(1)人工填土厚度为 4～9 m (2)耕植土厚度 0.5 m (3)粉质黏土 0.5～7.3 m W=19.4%～24.2% f_k=280 kPa E_S=6.8 MPa (4)强风化灰绿岩 W=26.7%～33% f_k=250 kPa	强夯四遍 (1)第一、二遍 7 200 kN 8×8 m 布点 (2)第三遍 3 000 kN 4×4 m 布点 (3)第四遍 满夯 1 000 kN 锤重 40 t　D=3.1 m	f_k>500 kPa
秦皇岛泵站	100 000 m^3 原油罐 D=80 m H=20 m	8 000 m^2	f_k≥350 kPa E_0≥20 MPa 加固深度 H≥10.4 m	(1)花岗岩残废积物 0.3～0.5 m 建筑垃圾 0.5～1.8 m (2)主要强风化岩碎屑 1～7.8 m (3)淤泥粉质土 2.2～2.5 m (4)强度化花岗岩 3.5～17.5 m	强夯四遍 (1)第一、二遍 8 000 kN 8×8 m 布点 (2)第三遍 3 000 kN 4×4 m 布点 (3) 第四遍满夯 1 000 kN 锤重 40 t　D=3.1 m	f_k>500 kPa
大连石化公司石油七厂	20 000 m^3 柴油浮顶罐 4 台 10 000 m^3 渣油催化原料罐 4 台	25 600 m^2	f_k≥200 kPa	根据地形 (1)罐区填土层厚度为 9.5～18 m 开山爆破的大石块进行回填 (2)淤泥层厚 0.9～3.7 m (3)碎石黏土层 0.6～1.6 m (4)风化石灰岩。	强夯分二层回填，第一层填至+4 m，填土 5～9 m，分二层夯击；图纸二层填土至+8.5～9.5 m，填土深度 5.5～6.5 m，分三层夯击，锤重 15 t　D=2.52 m 夯击能 3 000 kN	f_k>500 kPa

续表 6-61

单位名称	工程内容	强夯处理范围	设计要求	土的性质	强夯施工参数	处理效果
广东惠州马鞭州输油站	50 000 m^3 原油罐 8 台	140 000 m^2	(1)$f_k \geqslant$ 150 kPa (2)沉降量 f_s<5 cm	(1)爆破开山抛石回填，块石粒径大小不一。 (2)海积层，细粉砂及淤泥。 (3)残积层	强夯四遍 第一、二遍 7 200 kN 10×10 布点 第三遍 3 000 kN 第四遍 满夯 1 000 kN	f_k>250 kPa 加固深度>8.6 m
北京燕山石化总公司炼油厂	100 000 m^3 浮顶罐 3 台	90 000 m^2	(1)$f_k \geqslant$ 150 kPa (2)$E_O \geqslant$ 40 MPa (3)加固深度 H>6 m	爆破山体回填，其回填为灰岩中粗砂	强夯三遍 第一遍 5 000 kN 第二遍 3 000 kN 第三遍满夯 1 500 kN	f_k>250 kPa E_O>40 MPa
广东惠州威宏石化仓储油罐	5 000 m^3 6 台 10 000 m^3 浮顶罐 4 台	30 000 m^2	(1)$f_k \geqslant$ 250 kPa (2) $E_O \geqslant$40 MPa 加固深度 H>10 m	(1)碎石块填上 (2)淤泥 (3)中粗砂 (4)强风化岩	强夯四遍 第一、二遍 8 000 kN 9 m×9 m 布点 第三遍 3 000 kN 4 m×4 m 布点 第四遍 满夯 1 500 kN	f_k>300 kPa 加固深度 H>10 m

采用大能量强夯处理厚度 10～15 m 的填石地基，过去均采用圆饼状平夯锤，其夯锤直径 D 远大于锤高 H，这种夯锤在强夯时，基本上是把 65%左右的夯击能，以面波形式沿地表面向外传播，对周围的干扰振动大、噪声大，而仅有 35%左右的能量是沿竖向向下用于地基加固，因而加固影响深度小。目前采用大能量处理大块抛石地基，其夯击能采用 6 000～8 000 kN，夯锤采用圆筒状，圆筒锤直径 D=1.5 m，高度 H=2.9 m，H/D=1.93，自重为 40 t，(圆块平锤 D=3.0 m，高度 H=0.72～1.5 m，H/D= 0.24～0.5，自重也为 40 t)，这种圆筒状夯锤，锤高 H 远大于锤直径 D，它具有聚能作用，其 70%的夯击能以压缩波形式向地基深处传播，加固了地基，只有 30%左右的夯击能才是以瑞利波形式向外围扩散。圆筒锤向下夯击，冲切块石层体，使夯锤下的块石向下沉降，使块石密实形成夯坑，再向坑中填入块石，继续冲切压密，如此循环反复以形成极为密实的圆柱形状石墩，其加固深度可达 15 m 以上，夯击过程中同时对四周的土体也产生强力振动挤密作用。通过上述大能量强夯施工，将使原先极为松散的、相互点接触的块石通过冲切达到密实状态，今后在大型储罐自身静荷载作用下，就不可能再产生大量沉降和差异沉降。在已形成块石墩的顶部，再用大能量进行满夯，形成表层一块厚度为 8～10 m 的整体密实块石垫层。目前我国的大容积储罐的填海抛石地基，都是采用这种方法加固处理地基的。

6. 小结

实践证明，强夯加固地基的方法用于这类亚黏土夹40%风化千枚岩块组成的回填土和大块抛石填海效果都很好，它同其他地基处理方案比较，造价低，施工设备简单，操作方便，施工速度快，质量容易保证；尽管地基填土层厚度很不均匀，但采用统一的夯锤、落距和夯击标准来强夯处理地基，就可以消除土层和土质的不均匀因素。从储罐试水到投产多年的实测沉降说明，基础沉降都很均匀；强夯处理地基的有效加固深度，经实测分析约 5.5～10 m 左右，若按梅那公式确定强夯加固深度，会得出偏大的结果；强夯处理后，地基的沉降计算不能按地基规范中有关公式来计算，因为强夯后土的性质有了复杂的变化，所以实测沉降比计算沉降少得多；在密集荷载下储罐基础之间的相互影响，是不容忽视的问题，而这次经实测，几乎没有基础相互影响所产生的沉降。总之，强夯处理后的机理，还有待今后进一步积累资料，总结经验。

九、填海区采用强夯处理抛石地基建成大型储罐

本例介绍采用中等能量级的强夯，处理抛石填海地基建造 5 万 m^3 大型储罐，经 4～5 年的长期监测，基础沉降和倾斜均满足了生产使用的要求。

1. 概述

石化系统从 20 世纪 80 年代初就开始推广应用了强夯法加固地基。但在填海区采用大块抛石填海，经强夯处理后的地基建造大型储罐，这是近几年才发展起来的一项工程实践。

本文介绍大连某石化企业，为了解决原油储存问题，从 1990 年起至 1992 年，陆续在南侧接陆海域填海造地，并在其上建成 5 万 m^3 大型原油储罐 4 座，其编号为 21#、22#、23#、24#。罐体直径 60 m，高 18 m，设计要求地基承载力为 250 kPa，罐基沉降差要求小于 0.004D 即 24 cm，基础设计为钢筋混凝土环墙式，平面布置见图 6-83。

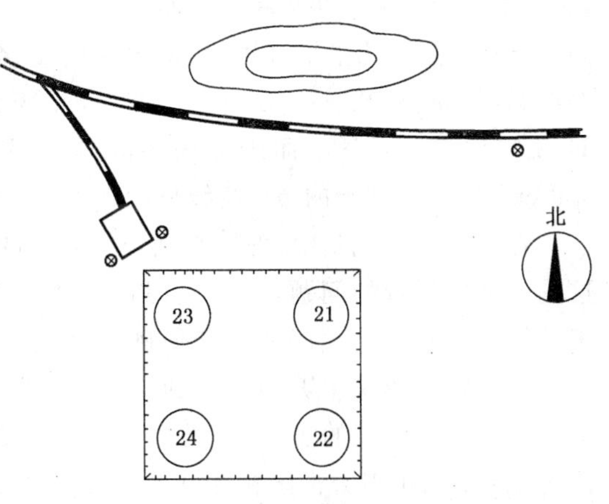

图 6-83　储罐平面布置图

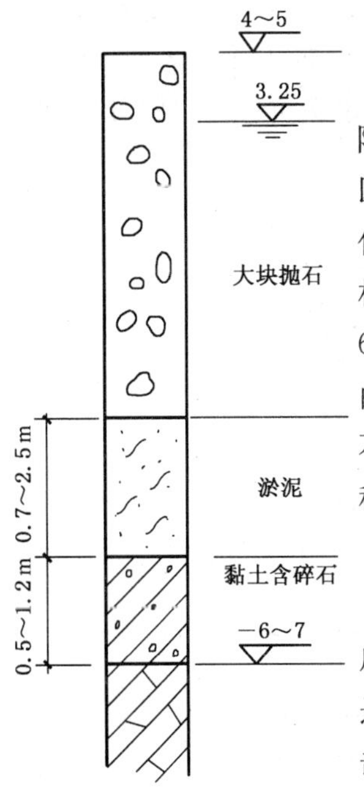

图 6-84　钻孔柱状图

2. 场地工程地质条件

罐区地形由原堤岸向海湾深处倾斜延伸，标高由沿岸的 4.0～5.0 m 下降到 10～12 m，即基岩标高 −6～−7 m，设计最高潮位标高为 3.25 m，罐区内有0.7～2.5 m厚的淤泥层和 0.5～1.2 m 厚含碎石黏土层，再下为风化石灰岩。罐区的钻孔柱状图见图 6-84。罐区填石层厚为 10～12 m，堆填材料主要用开山爆破后的块石所组成，块石粒径不等，最大的粒径约 50～60 cm，个别块石的尺度达 1 m 左右，由自卸卡车运往现场，倾倒堆填而成。由于块石粒径大，级配差，堆填层又厚，所以整个场地的地基非常疏松，且极不均匀。而新建大型储罐对地基沉降与不均匀沉降要求严格，因此，采用何种方法处理地基，就成为该项目建设中的首要问题。

3. 抛石填海地基上的强夯试验

根据该厂 1989 年在二催化、气分、烷基化和 1 万 m^3 及 2 万 m^3 储罐的成功经验，浅海回填抛石地基上采用强夯试验，强夯面积达 10 万多 m^2，通过现场强夯试验目的，要求提出工程用各项强夯设计参数，探讨采用中等夯击能量级的夯击能，是否能达到有效的加固深度，并验证经强夯处理后的抛石地基容许承载力能否达到 250 kPa，基础不均匀沉降小于 4/1 000 的

要求。

试验由中国建筑科学研究院地基所参加，试验区长 80 m、宽 20 m，试验场地全部是抛石填海的大块石，块石粒径相差很大，试验采用中等能量级 3 000 kN·m 的夯击能，夯锤重 15 t，直径 2.3 m，落距 20 m。试验内容包括：单点夯击、不同强夯方法的比较、有效加固深度、地基土的水平位移、夯坑周围地表变形、地基土的容许承载力和变形模量的确定等。

为比较不同夯击遍数的加固效果，试验区分为：第一试验区夯三遍，地面夯沉量为 112.7 cm；第二试验区夯二遍，夯沉量为 94 cm 和第三试验区夯一遍，夯沉量为 98.1 cm，平均夯沉量是 101.6 cm，这说明夯前场地非常疏松，同时也说明三者的加固效果显著。

抛石填海地基，无法取得土的代表性的物理力学指标，来确定地基的容许承载力，只能通过现场载荷试验，为此，强夯后在第 1、3 试验区内及第 1 试验区南侧，未经强夯的抛石地基上分别进行了大型载荷试验，压板面积 3 m×3 m，用废钢锭加载。在强夯加固地基上最大加载到 4 500 kN，底板压力为 5 000 kPa，沉降仅 2～2.5 cm；在未加固地基上进行载荷试验，最大加载到 2 250 kN，底板压力为 250 kPa，沉降达 10.6 cm，两者承载力仅差 1 倍而沉降差 4～5 倍。而强夯加固后的 p-s 曲线几乎呈直线状，未出现明显拐点，且压板的差异沉降分别为 0.87 cm 和 0.41 cm，变形模量分别为 64.3 MPa 和 50 MPa；而未加固区的试验，压板差异沉降达 6.9 cm。静载荷试验的 p-s 曲线见图 6-85。

在块石抛填地基中，怎样来确定强夯后的有效加固深度，这是一个比较难的问题，不能应用目前强夯工程中常用公式来估算。但对抛石填海地基如何确定修正系数，也尚无经验可借鉴。经现场采用美国进口的桑达克斯沉降仪(SINCO)，进行深层变形测管的实测，其结果在深度 6.8 m 的地基变形值为 3.8 cm，单点夯击区在深度 6.2 m 处的变形值为 1.8 cm (见图 6-86)，说明强夯的有效加固深度可以满足工程要求。

为监测强夯施工对原海堤有无影响，在距强夯试验区边缘 2 m、5 m、10 m、18 m、20 m 处分别埋设测斜管，实测结果见图 6-87。在离强夯试验区边缘 2 m 处，其最大水平移值为 3.3 cm；5 m 处最大水平位移为 1.4 cm，10 m、18 m、20 m 处地基均未发生水平位移。由此可见，强夯施工造成的地基水平位移在抛石地区影响范围很小。

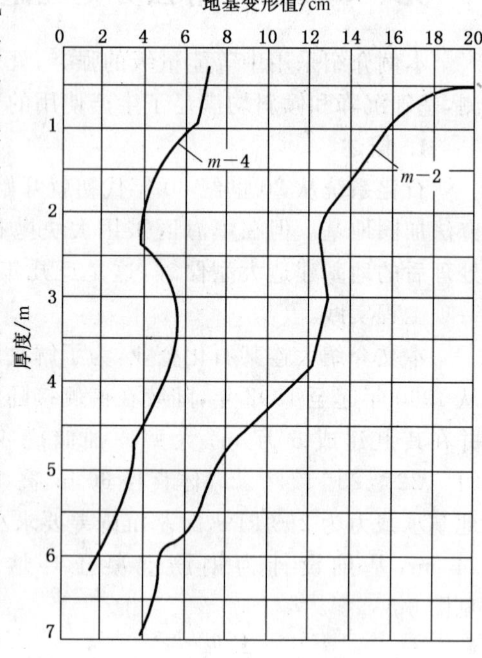

图 6-85　静载荷试验 p-s 曲线

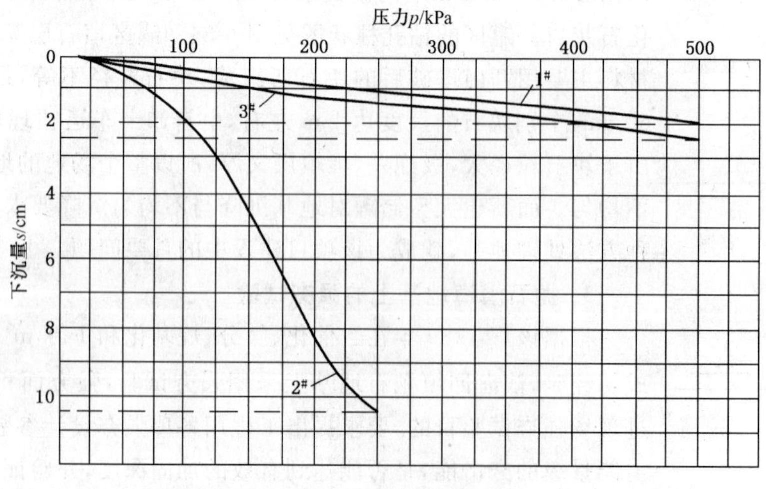

图 6-86　实测不同深度地基变形值

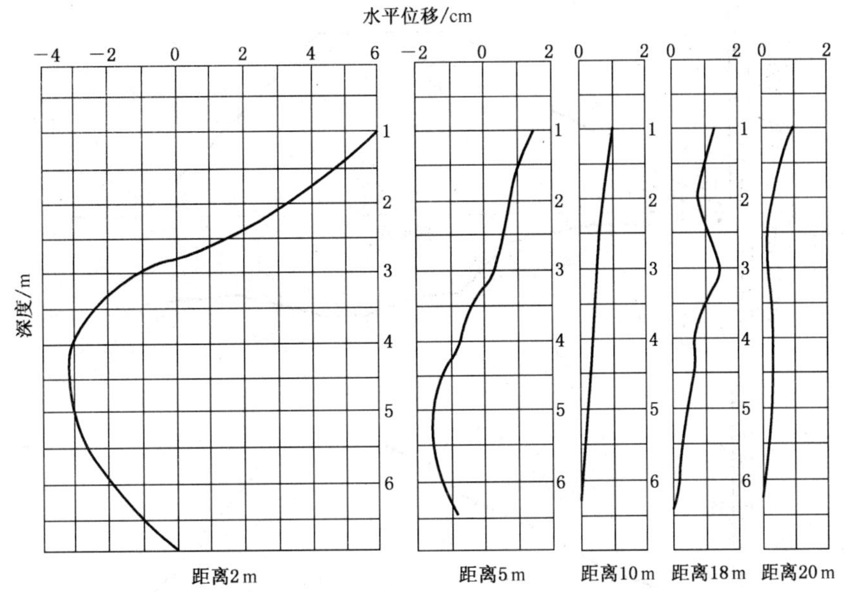

图 6-87 离强夯试验区不同距离处地基土的水平位移

4. 设计与施工要求

根据试验区强夯试验情况，说明抛石填海地基经强夯处理后效果较好。为了优化选择夯击能，我们对夯击能大小与工程造价进行分析，发现当单击夯击能从 3 000 kN·m 提高到 4 000 kN·m 时，施工费要增加 30～50 元/m^2，这说明单击夯能量超过 3 000 kN·m 时，施工费用将升到可观数值。

但由于强夯处理地基的施工费主要是用于机械台班费，所以选择合理的强夯机械是降低施工费的主要措施。但对大块抛石地基的处理如采用较低的夯击能加固效果就不明显，根据强夯试验区的试夯，储罐区采用了 20 t 夯锤，落距为 15 m，强夯施工采用一台 K—1252 履带起重机和一台"布尼茶"电起重机，强夯普遍采用 3 000 kN·m 夯击能强夯两遍，最后再以低能量满夯一遍，考虑大块石地基渗透很好，故每遍夯击间不需时间间隔，采用连续夯击施工方法。

强夯施工的质量关系到工程的安全可靠性，因此必须严格按照设计要求和施工规程进行施工，不得任意减少夯锤击数和降低落锤高度。每遍夯完后，应用推土机及时整平或填料填平场地，方可进行下一遍的测量放线及强夯施工。夯点间距为 4.5 m，为保证整个储罐地基的稳定，在储罐基础边缘外 3.5～4 m范围布置了一圈夯点，控制最后两击的平均夯沉量不大于 10 cm。

5. 工程应用实例的监测

在抛石填海地基上，经过强夯处理，建设 4 台 5 万 m^3 大型储罐，为了检验加固地基的施工质量，首先对第一批建成的 21 号、23 号储罐进行了充水试压监测（见图 6-88）。从图中可见，储罐在充水预压期间，最大沉降不到 5 cm，说明强夯加固抛石填海地基效果较好。并对投产使用后的 4 台储罐进行了长期监测。并及时取得了每台储罐基础上设置的沉降测量标志上的所有观测数据进行计算和分析，并定期向有关部门反馈了信息，保证了生产的正常进行。

4 台储罐（21 号～24 号）从投产使用至 1995 年 4 月，坚持 4～5 年的长期观测，各观测点的沉降展开曲线（见图 6-89）。从图中可见 21 号、23 号、24 号 3 台储罐基础的不均匀沉降较小，最大达 30～40 mm；22 号储罐的不均匀沉降较大也只有 45 mm。

另外，将 4 台储罐 5 年的长期实测沉降绘制成图 6-90。从图 6-90 可见，4 台储罐的最大沉降是 7.87 cm，最小沉降是 1.38 cm，平均沉降 21～23 号储罐为 5.21～5.68 cm；24 号储罐为 2.44 cm，基础倾斜最大的是 22 号储罐为 0.73/100，21 号、23 号、24 号储罐 0.41/1 000～0.52/1 000（见表 6-62）均小于规范的要求，说明填海区采用强夯处理抛石地基施工质量是符合设计和生产的要求。

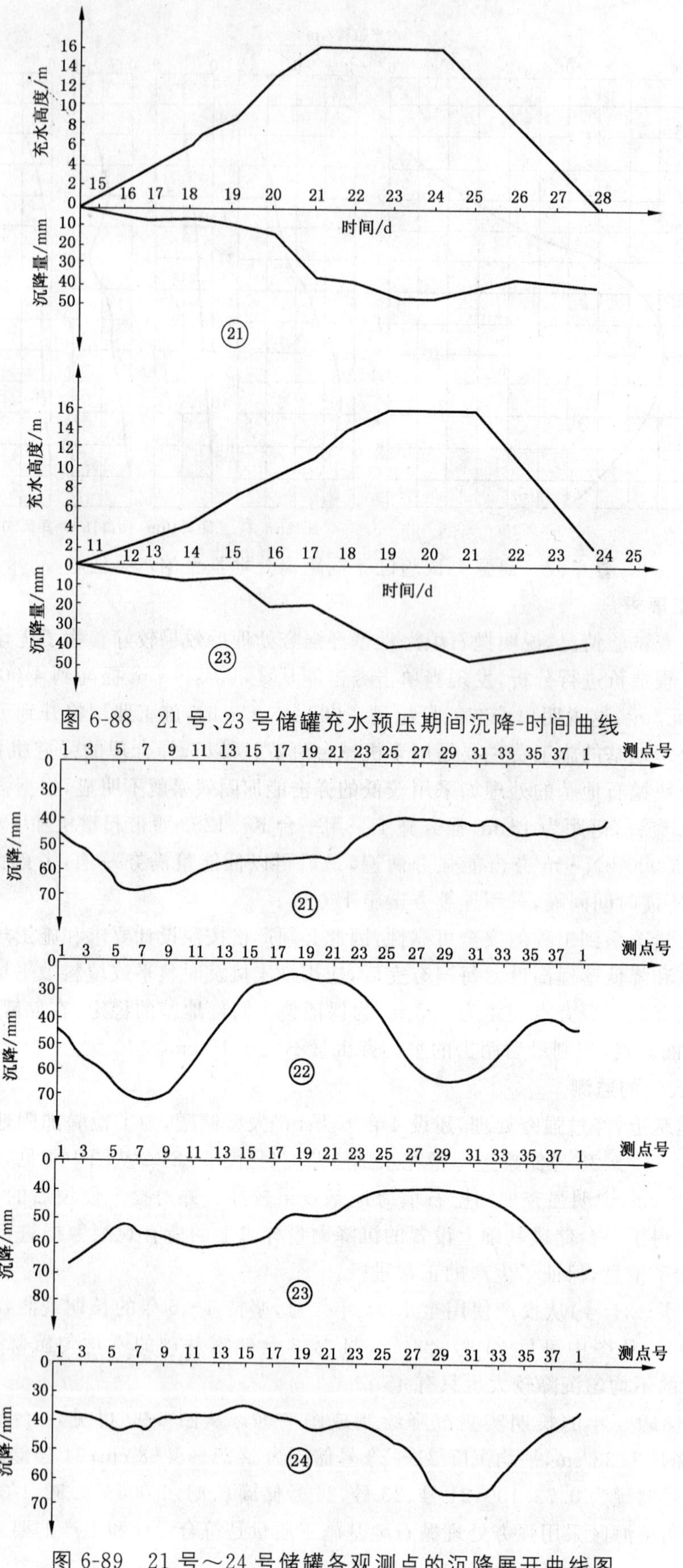

图 6-88　21 号、23 号储罐充水预压期间沉降-时间曲线

图 6-89　21 号～24 号储罐各观测点的沉降展开曲线图

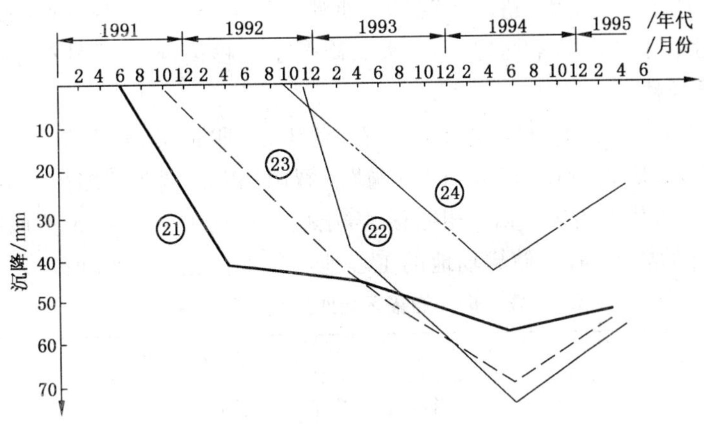

图 6-90　21 号～24 号储罐历年沉降实测图

表 6-62　21 号～24 号储罐基础实测沉降与倾斜表

序号	储罐编号	观测日期（年、月）	基础沉降/cm			基础倾斜/%
			最大	最小	平均	
1	21 号	1991.6～1995.4	6.66	4.23	5.21	0.41
2	22 号	1992.11～1995.4	7.87	3.48	5.68	0.73
3	23 号	1991.10～1995.4	7.03	4.06	5.30	0.49
4	24 号	1992.9～1995.4	4.47	1.38	2.44	0.52

6. 小结

大型储罐的地基处理，目前国内外方法很多而且尚在不断发展之中，每一种处理方法都有各自的适用范围和一定的局限性。在抛石填海地基上采用中等能量级强夯，建成 5 万 m^3 大型储罐，成功地解决了储罐基础的沉降和不均匀沉降问题，取得了良好的工程效果。

今后，对一个具体的储罐基础工程，究竟采取什么样的地基处理方案，要作具体分析。应该在掌握了场地的工程地质报告以及相关调查资料后，明确地基处理的目的，处理后要求达到的技术经济指标，并考虑上部储罐结构型式、基础和地基的共同作用，选出几种可供考虑的地基处理方案，进行技术经济分析对比，最后确定一种或多种最佳地基处理方案。切忌在场地地质条件不明的情况下，盲目推广采用某种地基处理技术或片面追求技术经济指标，结果出现工程质量事故或造成建设资金的浪费，这方面的经验和教训也是屡见不鲜。

强夯处理抛石填海地基上建成大型储罐的实例，再次说明在市场竞争机制中，强夯处理大块抛石地基必将以其独特的优点和经济效益领先于其他传统的地基处理方法。

十、柱锤冲扩桩法处理大型储罐地基

柱锤冲扩桩法应用在 10 万 m^3 大型油罐基础的地基处理，在复杂地基上取得了成功。本例从工程概况、场地工程的地质条件、柱锤冲扩桩法作用机理及夯击布点、工程检测等方面加以总结。

1. 工程概况

北京燕山石化公司拟建 4 台 10 万 m^3 大型储罐，储罐底面积很大，直径 81 m，对地基不均匀沉降控制严格。场地位丁山地与平原接壤处，地形起伏较大，岩性复杂，土层交错。为此，通过方案对比最后确定用柱锤冲扩桩法技术处理地基，该方法通过 120～150 kN 的锥形锤冲击成孔，其影响深度比 8 000 kN·m强夯法更深，在这种复杂的地质条件下，即可以解决“强夯影响深度不够”的问题，又可避免“橡皮土”的出现，还可以解决承载力低以及地基不均匀的难题，由于柱锤冲扩桩法桩体由下而上的超压强的固结桩体及桩间土，所以它的桩型根据地基土层强度软硬而变，一般桩呈“糖葫芦”状，地基软则桩径大，技术效果好，通过有效使用“超压强”夯击，使整个复杂场地，经过处理比较均匀，而且承载力高，变形模量大，有效地控制了油罐的不均匀沉降，大大降低了工程造价，经实践效果很好。

2. 场地工程地质条件

场地内地层主要有：粉质黏土、粉质黏土夹碎石、角砾、砂卵石层、燕山期花岗岩、奥陶系灰岩、矽卡岩等，岩性风化差异大，裂隙发育明显，并有“溶洞”、“裂隙”以及“泉眼”多处存在，天然地基承载力为140 kPa，储罐基础设计承载力为300 kPa相差很大，土层变化约1～15 m，天然地基不均匀性，无法满足10万 m^3 大型储罐设计的要求，各台储罐场地的工程地质条件详见表6-63所示。

表6-63 油罐区场地工程地质条件

储罐编号	V-301A	V-301B	V-301C	V-301D
地质条件	位于Ⅰ区和Ⅱ区两个地质单元上，当场地平整标高达到64 m以后，位于Ⅰ区部分的罐基将露出⑧层矽卡岩，位于Ⅱ区将露出⑥层全风化花岗岩，最大厚度约12 m左右	位于Ⅱ区，当场地平整标高达到64 m以后，地基土自上而下依次分布②层粉质黏土，厚度1.5～5.3 m；④层粉质黏土夹碎石，仅在罐基北部分布，最大厚度6 m；⑥层全风化花岗岩分布普遍，厚度1.4～10 m	位于Ⅱ区，当场地平整标高达到62 m以后，地基土自上而下依次分布人工填土，厚度0～2.4 m，分布在罐基东部；②层粉质黏土，厚度1.5～7.4 m；④层粉质黏土夹碎石，仅在罐基北部分布，厚度0～7 m；⑥层全风化花岗岩分布普遍，厚度1～9.7 m	位于Ⅱ区，当场地平整标高达到62 m以后，地基土自上而下依次分布②层粉质黏土，在罐基周围分布，厚度0～3.75 m；③层粉角砾，在罐基中心部位分布，厚度0～2.13 m

由于场地的地质条件十分复杂，地基土分布不均匀，需要进行地基处理。本场地需处理的主要土层为②层粉质黏土和④层粉质黏土夹碎石层，其次为⑥层全风化带花岗石。

由此可见，4台10万 m^3 储罐的最大处理深度除V-301D储罐局部处理深度达17 m外，其余3台储罐均在13 m以内。

3. 地基处理方案的选择

由于首次采用国产钢板焊接这类大油罐，油罐地基设计要求：①不均匀沉降小于直径的3‰；②复合地基承载力大于300 kPa；③变形模量大于28 kPa；④地基刚度均匀。本着节约投资，处理效果好的原则，设计选择了4种方案进行了比较。

方案一：大直径人工挖孔灌注桩。该方法是比较可靠的地基处理方法，桩端进入基岩，桩身强度高，抗震、抗剪性能均较好，工期较快。但其造价高，又因地基基岩起伏变化大，桩长不一，承载力大小不均，再加上桩身遇到大块孤石时桩位会产生偏移，从而使设计无法达到预期的设计效果。

方案二：振冲碎石桩。采用此法后，碎石桩与桩间土共同作用，形成复合地基。总体变形可以大幅度减少，本工程由于地质条件复杂，基岩起伏、高低不平，会造成承载力不均，并且采用该方法会产生大量的泥浆污染，给施工现场的管理造成一定困难。

方案三：强夯方案。采用8 000 kN·m能级重锤强夯。本工程场地基岩埋深达到15 m，且深浅不一，无法达到地基处理深度，并在20%～27%的含水量较高的黏性土地基极易夯成橡皮土，影响工程质量，难以施工。

方案四：柱锤冲扩桩法。该方法具有8 000 kN·m“强夯”所不具备的优点，通过12～15 t的锥形锤“超压强”冲击成孔，直至基岩或采用贯入控制至满足设计要求，其影响深度比8 000 kN·m强夯法大大加深，在这种复杂的地质条件下，既可以解决“强夯影响深度不够”的问题，又可以避免“橡皮土的出现”，还可以解决承载力低以及地基刚度不均的难题。由于柱锤冲扩桩法桩体由下而上的超压强的固结桩体及桩间土，所以它的桩型根据地基土层强度软硬而变，一般桩呈串珠状，地基越软则桩径越大，技术效果越好，通过有效使用“超压强”夯击，能使整个场地地基经过处理后，不但承载力高，变形模量大，而且刚度均匀，有效地控制了油罐的不均匀沉降，降低了工程造价，由于它的独特性对环境不造成任何污染，并可消纳渣土垃圾。这种具有绿色工程的专利技术，是其他方法所没有的。

上述四种方案的技术经济社会效益比较如表 6-64 所示。综合上述四种方案的优缺点及经济的比较：柱锤冲扩桩法方案为本工程的首选方案。经请国内著名专家论证，最终确定采用柱锤冲扩桩法为本工程的地基处理方案。

表 6-64　四种方案的技术经济社会效果对比

方法名称	技术效果	地基处理费用		社会效益	施工效率	经济效益
		需投资/万元	与柱锤冲扩桩法相比节约/万元			
人工挖孔灌注桩	桩长不一、承载力不均、刚度不一	800	−401	0	速度慢成孔难	费用高
振冲碎石桩	承载力低、变形模量小、刚度不均匀	500	−201	0	造成现场泥浆	费用高
8 000 kN·rn 强夯	无法处理 15 m 及高含水量地基	390	9	0	含水量高无法施工	强度低无法施工
柱锤冲扩桩法	承载力高、变形模量大、压缩变形小、地基刚度均匀	399	0	消纳工业废料碎石 8.0 万 m^3	有效工期 23 d/一台罐	节约 201～401 万元

4. 柱锤冲扩桩作用机理及夯击特点

柱锤冲扩桩是以高动能、超压强、强挤密的机理对地基进行动力固结处理，以强夯重锤 15～20 t 冲击成孔，从孔底深层开始分层填碎石强夯至地面，其噪音小公害小，在重量大、压强高的重锤作用下，形成“糖葫芦”状的桩体。这种夯锤的锤高 h 远大于其夯锤直径 D(h/D=1.5～3)，它具有聚能作用，强夯时约 70%的夯击能以压缩波的形式向深处传播加固地基，只有 30%左右的夯击能以瑞利波形式向四周扩散，可使夯锤下的块石向下与向四周压实形成高压强区，直接加固深层的不良下卧层，这种自下而上的柱锤冲扩桩法加固，深度可达 15～25 m，而普通强夯法的有效加固深度一般不到 10 m，图 6-91 为开挖后的成桩直径图。

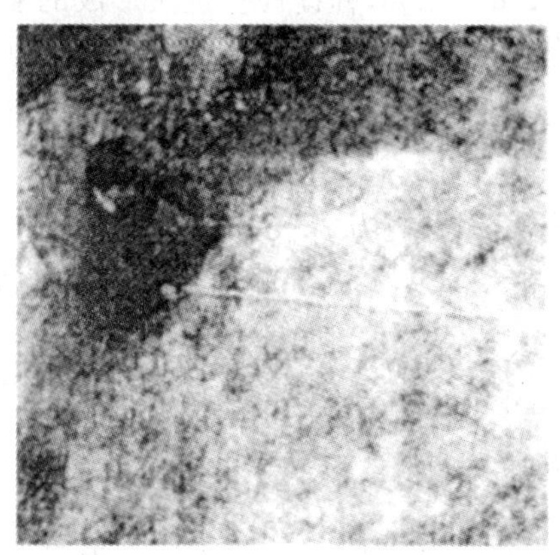

图 6-91　开挖后的成桩直径图

在加固的复杂地基中，桩体的强度要比桩间土的强度大 5 倍左右，在荷载作用下，桩体中的竖向应力将远远大于桩间土中的竖向应力。在夯击过程中，在桩周土侧面产生很大的动态被动压力，迫使碎石向桩周边挤出，而桩间土同时被挤密加固。本工程采用的设计桩距较小（见表 6-65），其复合地基的承载力比天然地基的承载力提高 4～6 倍，桩间土的承载力已接近桩的承载力，地基沉降大大减小。施工时孔内每次填料 2～3 m^3，成孔成桩均以 18 000 kN · m/m^2 的高动能冲击挤压强夯，成桩直径达到 2.4 m左右，油罐基础采用 2.7 m 厚的碎石垫层，使上部荷载更加均匀地分布在桩及桩间土上。

表 6-65　桩间距与处理深度表

名　　称	油　罐　编　号		
	V-301A 罐	V-301B 罐	V-301D 罐
桩成孔直径/m	1.7	1.7	1.7
桩间距/m	3.3	3.8	3.3
平面处理范围/m	101	95	95
桩处理深度/m	15	9.5	11
注：V-301 C 罐基因土质较好，所以没有采用柱锤冲扩桩法加固地基。			

柱锤冲扩桩法是以高动能、超压强、强挤密的机理对地基进行动力固结处理，它的特点具有强夯所不具有的优点，强夯的缺点主要是：噪音大、单位面积夯击能量小、公害显著。夯击时仅是动力纵向压密，加固深度有限。提高承载力、变形模量、解决地基的不均匀等都有缺陷，而柱锤冲扩桩法是以大能量的特异重锤的冲击成孔（或用螺旋钻成孔），从孔底深层开始分层填料以超压强强夯至表面，其噪音小、公害小。"超压强"的重锤作用下，使桩体形成串珠状，由于"超压强的独特机理"，夯击时产生的能量其压强在同等条件、同样的设备下比普通强夯大 10 倍左右，在超压强的动能强夯过程中，使桩间土侧面产生很大的动态被动压力，迫使填料向下和周边压密挤出，以使桩间土物理力学指标得到了充分的改善，这是柱锤冲扩桩法具有的独特的高动能、超压强、强挤密的特点，这是其他技术所没有的。在复合地基中，桩体的强度要比桩间土的强度大 5 倍左右。在荷载作用下，桩体的竖向应力将远远大于桩间土中的竖向应力，在刚性基础下，桩体与桩间土沉降相等，比在柔性基础下应力集中程度还要高，应力集中的现象使刚度较大的桩体承担较大比例的荷载，一般桩土应力比为 1 : 5，在工程的实践中载荷均有桩体承担，桩体将荷载传递给较深的土层和桩间土，桩间土上的荷载相应地减少了许多。其复合地基的承载力比天然地基的承载力提高 4 倍左右，（本工程设计桩距小，桩间土的承载力已接近桩的承载力），地基沉降量相应地减少，一般为规范值的 1/8～1/30，柱锤冲扩桩法形成的复合地基"桩"，由于其高动能、超压强、强挤密的动力固结，使桩径可达 2.4 m 左右，这是其他地基处理方法无法比拟的。承载力计算如下：

（1）单桩承载力公式

按 Brauns（1978）公式计算碎石单桩承载力：

$$p_{pf}=2C_u/\sin2\delta(\tan\delta_p/\tan\delta+1)\tan^2\delta_p$$

夹角 δ 可按下式用试算法求得：

$$\tan\delta_p=1/2\tan\delta(\tan^2\delta-1)$$

设桩体材料内摩擦角 38°，则 $\delta_p=64°$。

由上式试算得 $\delta=61°$，可得：

$$p_{pf}=20.8C_u$$

由工程地质报告得出　$C_u=68.3$ kPa

单桩承载力

$$p_{cf}=68.3\times20.8=1\ 420.6\ \text{kPa}$$

本次储罐基础设计中采用 2.7 m 高碎石垫层，使储罐荷载更加均匀地分布在桩及桩间土上。由于作用在桩间土上的荷载和作用在相邻桩体上的荷载两者对桩间土的作用造成对桩体的侧压力提高，这就使得复合地基单桩承载力比一般方法承载力要高的多。不仅如此，由于柱锤冲扩桩法在成桩过程中的超压强的夯砸挤密，使得在成桩后很长一段时间内，桩、桩间土内应力在不停地缓慢释放。这样桩、桩间土就对桩周和桩产生了很强的侧向约束力，使得单桩以及桩间土承载力得以提高，从而使复合地基的承载力大大提高。根据以往工作经验，本次设计中单桩承载力按 1 000 kPa 设计。

(2) 复合地基承载力可按《建筑地基处理技术规范》中的公式计算：

$$\begin{aligned} f_{sp,k} &= mf_{p,k} + (1-m)f_{s,k} \\ &= 0.4\times 1\,400 + 0.6\times 250 = 710\ \text{kPa} \end{aligned}$$

单桩标准承载力 $f_{p,k}=1\,400$ kPa(工程试验数据)

桩间土标准承载力 $f_{s,k}=250$ kPa(按最小测试值)

面积置换率 $m=0.4$

5. 柱锤冲扩桩法处理地基按碎石桩的设计

本次工程桩体材料采用开山后的碎石，要求含土量小于 30%，最大粒径小于 500～1 000 mm，成孔深度至基岩。如达不到基岩面以最后三击落锤度小于 150 mm，动能 $E=18\,000$ kN·m/m^2，主要参数如表 13-8。

(1) 复合地基 $f_k \geqslant 300$ kPa；

(2) 变形模量 $E_0=28$ MPa；

(3) 地基刚度均匀。

6. 地基处理的施工

柱锤冲扩桩法处理本工程地基，是采用石料混土桩，它的使用动能单位压强是 18 000 kN·m/m^2，施工设备是采用柱锤冲扩桩法专用设备，成孔及成桩均以 18 000 kN·m/m^2 的高动能、超压强和强挤密的机理对地基先成孔，待成孔深度达到设计标准后，每次填料 2～3 m^3 再以同样方法对孔内填料进行高动能、超压强的冲击挤压的强夯，使对桩孔填料得到超压强的冲击挤压固结和对桩间土进行强扩充的挤密，从而达到对桩体和桩间土进行动力固结处理地基的目的。

本工程地质不论是 V-301A、V-301B、V-301D，其构造是极为复杂，从实际的施工地质特征和补探结论来看，它是与原勘察报告不符的。

它的特征不但在基岩种类变化多、内含夹石层以及软弱黏土，而且在其深度也不一样，更重要的是其含水量变化大，在 3 个罐基的处理中均发生地下水涌出，尤其 V-301A、V-301B 更为严重，当地农民称为："马抱泉"以及农灌水系多年跑水，从而给罐基施工带来一定难度。对罐区牛口峪这类工程地质，人们称它为"中国地质博物馆"。它的特征具有"岩土种类杂乱，构造层次多变、软硬程度不一、五颜六色罕见，溶洞隐水泛滥"，从上述五大特征就可知本地基处理的难度。当时设计、监理、建设单位都感到难度很大，如何保证设计质量心中无底。对柱锤冲扩桩法技术来说，由于它的创造性和适用性，经过工艺设计参数的调整，都一一给予解决。通过检测其技术效果，均大大的满足了设计要求的指标。

从检测设备"承压板"在 V-301A 及 V-301D 两个罐的检测中，从各种检测数据得知，其检测数据都满足了设计要求，其复合地基承载力在 600 kPa 左右，干重力密度 $\gamma_d=16$～18.6 kN/m^3，孔隙比在 0.55 左右。这充分说明柱锤冲扩桩法技术处理地基质量可靠，并有足够的安全系数。

7. 地基处理效果

(1) 检测方法

载荷试验、标准贯入、重型动力触探、室内取土实验及瑞利波测试。

1) 载荷试验。这种方法是最直观及最具有代表性的试验，单位压力 600 kPa，总堆载 2 400 kN。由于桩径大，采用压板大，按规范相对沉降变形 2%压板直径取值；承载力见表 6-66、表 6-67、表 6-68 及图 6-92、图 6-93、图 6-94。

表 6-66　V-301A 油罐载荷试验(2 m×2 m 压板)

点　号	最大加载/kPa	总沉降量/mm	按规范 2%取值/mm	承载力标准值/kPa
3# 桩	1 389	28.20	40	>1 000
5# 桩	972	60.87	40	>900
2# 桩间	600	19.058	40	>600
4# 桩间	540	56.148	40	>500
1# 复合	675	22.09	40	>675
8# 复合	600	24.24	40	>600
6# 复合	662	62.735	40	<600
7# 复合	662	51.008	40	<600

表 6-67　V-301B 油罐载荷试验(2 m×2 m 压板)

点　号	最大加载/kPa	总沉降量/mm	按规范 2%取值/mm	承载力标准值/kPa
1# (复合)	600	14.75	40	>600
2# (复合)	600	11.03	40	>600
3# (复合)	600	25.50	40	>600
4# (复合)	600	13.05	40	>600
5# (单桩)	700	10.31	40	>700
6# (桩间)	600	15.45	40	>600

表 6-68　V-301D 油罐载荷试验(2 m×2 m 压板)

点　号	最大加载/kPa	总沉降量/mm	按规范 2%取值/mm	承载力标准值/kPa
5# 复合	600	42.68	40	>600
6# 桩间	600	37.48	40	>600
7# 单桩	1 250	32.76	40	>1 250
8# 复合	675	60.28	40	>300
1# 复合	750	32.76	40	>600
4# 复合	600	60.28	40	<600
3# 桩间	500	32.24	40	>750
2# 单桩	1 111	43.48	40	>1 000

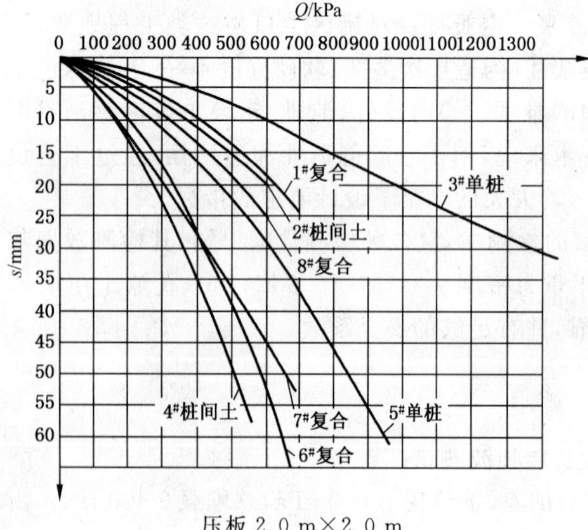

压板 2.0 m×2.0 m

图 6-92　Q-s 图(V-301A)

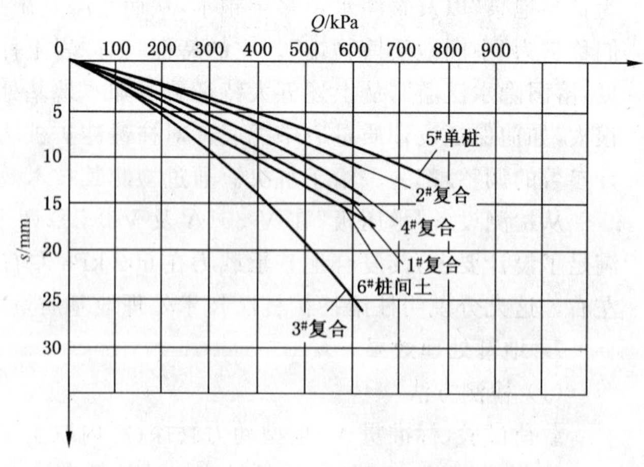

2#、3#、4# 压板 2.0 m×2.0 m，5#、6# 压板 1.0 m×1.0 m

图 6-93　Q-s 图(V-301B)

2）标准贯入测试：以 V-301B，30 个标准测试，在地基处理范围内“桩间土”N 均在 30 击，桩间土承载力 $f_k=886$ kPa。从 $N_{63.5}$ 标准贯入测试（见表 6-69）基本表明桩间土的地层剖面和各层在水平方向和垂直方向的均匀性、承载力、变形模量和物理力学指标等。

3）瑞利波。为了了解深层地基土的性状，利用波频散和传播速度与岩土物理力学性质的相关性了解各土层的加固性状。

4）土工测试（见表 6-69）

（2）检验结果及分析

1）复合地基标准承载力（见表 6-66～表 6-68）

① 瑞利波检测结果

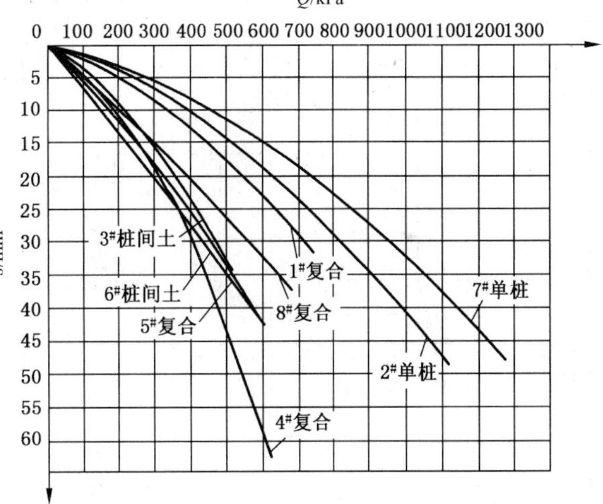

压板 2.0m×2.0m

图 6-94　Q-s 图（V-301D）

从 V.301B 罐基 52 个点实测瑞利波速度测试结果得知，最小波速：158 m/s，最大波速 285 m/s，平均波速 222 m/s。桩间土承载力最小值 301 kPa，最大值 397 kPa，平均值为 352 kPa，变导系数为 0.07。

② 标准贯入测试

从 V-301B，$N_{63.5}$ 标准贯入值可以看出，在地基处理的范围和深度内，其桩间土测试击数均在 30 左右，承载力 $f_k \geqslant 886$ kPa。

从以上①和②测试结果看出它们各自均反映了本工程地基处理后的桩间土承载力和均匀性。

③ 载荷试验测试结果

从图 6-92、图 6-93、图 6-94 的曲线上看，柱锤冲扩桩法技术处理后的地基不但承载力大大的超过了设计指标，而且承载力均匀，压缩变形小。

④ 变形模量

通过载荷试验按 $E_0=\omega(1-\mu_2)Q\cdot B/s$ 计算，3 个罐基的变形模量是：

V－301A　$E_0=51.40$ MPa

V－301B　$E_0=66.44$ MPa

V－301D　$E_0=41.96$ MPa

以上 3 个变形模量，均满足设计要求。

从上述载荷试验、动测、标贯、土工、瑞利波测试结果得知：不论地基土如何多变，但柱锤冲扩桩法碎石桩处理地基 V－301A、V－301B、V－301D 的复合地基承载力均在 600 kPa 左右，变形模量大于 28 MPa，地基刚度均匀，均已完全满足了设计要求。由于地基（V-301A、V-301B）含水量高达 27％以及滞水层存在，导致局部软弱，挤压冒水。但经过柱锤冲扩桩法补桩后也均达到和超过设计标准。

2）沉降变形的计算与实际压缩变形的测试结果

① 沉降变形的计算

$$s = pB\eta\sum_{i=1}^{n}\frac{\delta_i-\delta_{i-1}}{E_{0i}}$$

式中：s——沉降量；

p——基础地面处平均压力；

B——基础底面宽度；

E_0——载荷实验所得变形模量；

δ——与 L/B 有关的无因次系数；

η——修正系数。

表 6-69 V-301B 油罐地基土的物理力学指标及标贯试验实测表

统计分层	含水量 w/%		湿重度 γ/(kN/m³)		干重度 γ_d/(kN/m³)		饱和度 S_r		孔隙比		液限 W_L/%		液性指数 I_L		压缩系数 α_{1-2}/MPa^{-1}		压缩模量 E_0/MPa 1～2		压缩模量 E_0/MPa 2～3		压缩模量 E_0/MPa 3～4		压缩模量 E_0/MPa 4～5		标准贯入 N	
	max min	x n	max min	x n	max min	x n	max min	x n	max min	x n	max min	x n	max min	x n	max min	x n	max min	x n	max min	x n	max min	x n	max min	x n	max min	x n
0～0.5	23.4	19.8	22.1	19.6	17.9	16.7	100	83	0.732	0.621	27.3	25.4	0.7	0.45	0.54	0.42	5.07	3.95	9.82	7.2	14.3	10.2	19.4	16.8		
	17.2	5	18.9	5	15.7	5	68	5	0.513	5	22.2	5	0.3	5	0.31	5	3.11	5	4.67	5	7.64	54	12.5	5		
0.5～1.0	21.6	18.8	20.5	19.9	17.5	16.7	95	82	0.682	0.624	28.3	24.8	0.6	0.43	0.66	0.41	5.75	4.19	9.14	7.63	12.9	10.4	28.2	17.8	19	13.3
	16.3	9	18.9	9	16.2	9	66	9	0.595	9	21.7	9	0.3	9	0.29	9	2.54	9	5.24	9	6.21	9	8.79	9	9	3
1.0～1.5	18.9	16.3	21.7	20	19.1	17.3	89	77	0.641	0.576	25.1	23.2	0.47	0.33	0.50	0.37	5.84	4.5	12.6	8.7	16.4	12.9	22.5	18.8	35	11.5
	13.9	4	19.3	4	16.5	4	63	4	0.422	4	21.7	4	0.20	4	0.29	4	3.21	4	5.27	4	10.9	4	16.1	4	5	6
1.5～2.0	19.6	1.84	22.1	19.8	18.6	16.8	100	80	0.715	0.623	25.1	24.7	0.54	0.39	0.82	0.33	9.53	5.16	14.5	8.73	18.3	12.2	28.9	18.8	6	5.5
	14.9	8	18.6	8	15.8	8	65	8	0.457	8	23.4	8	0.17	8	0.27	8	2.03	8	3.63	8	5.89	8	9.25	8	5	2
2.0～2.5	21.6	20.2	21.8	20.2	18.1	16.9	100	88	0.681	0.598	26.5	25.2	0.65	0.51	0.55	0.41	5.09	4.10	8.37	6.39	13.2	10.5	23.1	18.7	45	26.5
	18	5	19.4	5	16.4	5	75	5	0.498	5	23.4	5	0.33	5	0.32	5	2.72	5	4.83	5	7.64	5	13.3	5	16	4
2.5～3.5	19.9	18.3	21.1	20.5	17.9	17.3	94	86	0.593	0.564	25.1	24.1	0.49	0.44	0.48	0.39	5.69	4.24	9.96	7.67	13.3	10.8	21.4	17.5	28	22.4
	17.4	4	20.2	4	17	4	83	4	0.514	4	22.7	4	0.37	4	0.34	4	3.3	4	5.46	4	8.33	4	13.1	4	9	5
3.0～4.0	20.2	19.7	19.8	19.5	16.6	16.3	82	80	0.71	0.67	24.4	24.2	0.58	0.55	0.39	0.37	4.87	4.53	7.75	1.14	10.7	9.93	17.4	16.4	13	13
	19.1	2	19.1	2	15.9	2	77	2	0.63	2	23.9	2	0.53	2	0.35	2	4.18	2	6.52	2	9.26	2	15.3	2	13	1

注：max——最大值；min——最小值；x——平均值；n——土样个数。

$$Z_n=(Z_m+\xi_d)\beta$$

$$L/B=1.0 \quad Z_m=11.6\ \text{m}$$

式中：Z_m——与基础长宽比有关的经验值；

ξ——折减系数；

β——调整系数；

d——基础底面直径。

$\xi=0.42$　$\beta=0.30$　$Z_n=13.4$　$Z_n^2/b=0.34$　$\eta=1.0$

上述系数可查行业标准 JGJ 79—2002《建筑地基处理技术规范》。

土层厚度 $H=9$ m(仅 V-301B)

将上述数值代入公式中可得 $S=0.028$ m。

② 实际沉降变形量的检测：沉降观测的结果来看 V-301B 注水试验沉降值仅为 30 mm，与计算所得基本吻合，不均匀沉降为 18 mm。实测 3 台储灌投产 3 年后的沉降量见表 6-70。

表 6-70　储罐基础实测沉降量

序号	油罐编号	最大沉降/mm	最小沉降/mm	差异沉降/mm	倾斜
1	V-301A	90	65	25	0.00031
2	V-301B	120	90	30	0.00038
3	V-301D	100	65	35	0.00044

按规范规定对本工程实际压缩沉降量 10 万 t 满载注水检测，其规范要求，均匀沉降小于 800 mm，不均匀沉降 240 mm 的规定。本试验沉降量仅为规范均匀沉降量的 1/26.6 和不均匀沉降量的 1/8。由此可见：采用柱锤冲扩桩法处理本次油罐地基是非常成功的。

3）对于这种地质条件非常复杂、号称“地质博物馆”的地理位置，虽然地质构造极为复杂，但以柱锤冲扩桩法处理的地基技术效果是非常成功的，这是柱锤冲扩桩法创造性与适用性的精华所在。也是其他地基处理技术难以达到的。

8. 柱锤冲扩桩法技术的技术经济和社会效益

（1）柱锤冲扩桩法技术处理的粉质黏土、饱和性黏土内含碎石、角砾、砂卵石层、花岗岩、奥陶系灰岩、砍卡岩等，“岩土种类杂乱、构造层次多变、软硬强度不一、五颜六色罕见、溶洞隐水泛滥”的特种地基处理是非常成功的。达到复合地基承载力高，变形模量大，地基刚度均匀的技术效果，大大的满足设计要求。

（2）通过柱锤冲扩桩法处理的疑难地基，经通过注水运转试验在十万吨满载标准下，地基沉降量仅为 30 mm，其沉降量仅为规范规定值的 1/26.6 均匀沉降值和 1/8 不均匀沉降值，大大满足设计标准。

（3）柱锤冲扩桩法处理本工程疑难地基，其经济指标与碎石桩、钢筋混凝土桩费用比，节约 200 万～400 万元。根据工程现场实际施工概况，该节约数据将在 600 万元左右。

（4）本工程地基处理，消纳（开山石）约 8 万多 m^3 工业废料对社会的污染。这一技术效果显示了柱锤冲扩桩法绿色工程技术的特征。

（5）柱锤冲扩桩法处理本工程大厚软弱、砸填（开山石）强风化“特种疑难地基”取得如此“高承载力”、“地基刚度均匀”、“压缩变形小”、“变形模量大”的技术效果，显示了柱锤冲扩桩法技术的创造性和适应性，这一成果的取得将对“大厚度石料堆填”，特种疑难地基的处理，提供了一个新方法。

（6）地基处理速度快，机械化程度高，三个罐基的施工，每天以五台柱锤冲扩桩法专用设备进行，全机械化的施工，每锤点处理地基面积约 10 m 左右，每个罐基平均 30 天左右完成地基处理任务。

（7）由于 V-301A 及 V-301B 罐基范围内有泉水及滞水的存在，从而导致厂区内部分土层含水量高达 27%左右，给施工中带来了一定难度，但柱锤冲扩桩法以它独特的技术特征处理了这一疑难地基，在“超压强”的动能作用下迫使桩、桩间土在纵深和桩间土强力挤密，从而使桩、桩间土内的隐水急速的向地表面涌出。虽然本工程的岩土物理力学指标变化不一，构造极为复杂，但以该技术的特殊功能处理后的地基土力学指标均发生了显著改良，孔隙比 $e=0.55$ 左右。干重力密度 $\gamma_d=17\ kN/m^3$ 左右，地基刚度均匀，压缩变形小的技术效果，多快好省的完成了这类甲类构筑物的地基处理任务，其工程质量达到优良标准。

9. 小结

柱锤冲扩桩法技术在燕山 10 万 m^3 储罐、牛口峪的山坡上所谓“中国地质博物馆”特种疑难工程上的应用，取得了如此好的技术、经济和社会效果，除柱锤冲扩桩法的独特特征外，更重要的是与燕山石化集团公司的各级领导以及各工程、设计管理部的同志、岩土工程界的专家在北京燕山石化设计院大力支持和有力的帮助分不开的，在此，让我们向各位专家领导同志们表示深深的感谢。让这一伟大的奇迹为我国的建设作出重大贡献，让我们为这一伟大的奇迹而高兴。

十一、爆扩挤密处理湿陷性黄土建大型储罐

河南洛阳炼油厂 1979 年～1986 年首次应用爆扩挤密地基，处理湿陷性黄土，应用在两台 50 000 m^3 大型浮顶储罐基础下，该工程至今建成投产已达十余年，通过予压、投产和检修等生产全过程的实际检验和沉降观测，情况良好，使用正常，现总结如下。

1. 概述

两台 50 000 m^3 浮顶油罐，储罐区地基属Ⅰ～Ⅱ级非自重湿陷性黄土场地，地形平坦，湿陷性土层厚度 13.08～15.00 m，下部为亚粘土层及卵石层，场地地层见图 6-95，罐区地下水埋深于 15.1～19.3 m左右，在勘察深度内未见地下水。

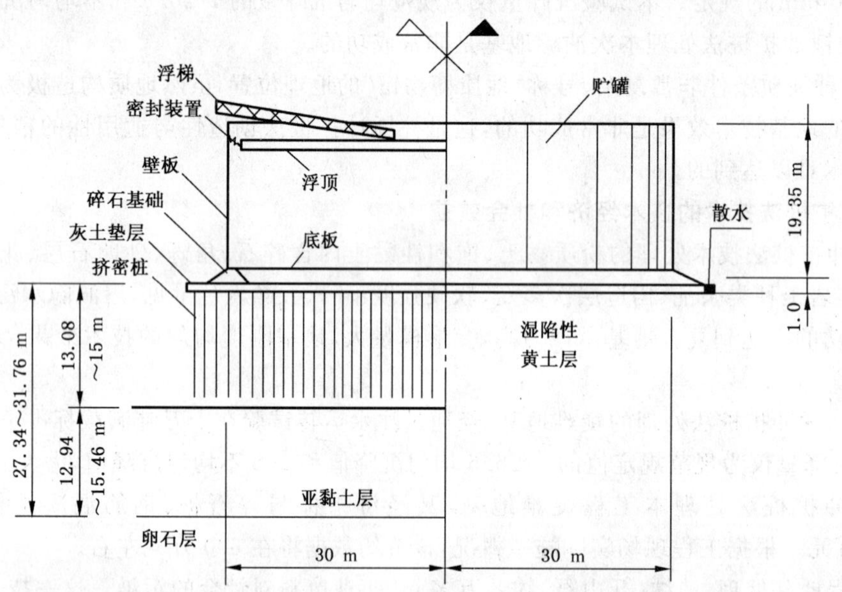

图 6-95　50 000 m^3 储罐基础地层构造与挤密加固地基范围

两台 50 000 m^3 浮顶油罐下的地下坑穴，包括近代墓、砂石坑、活土坑、路沟、原勘察探井等，共 42 个。其中近代墓埋深 2.0～5.6 m，勘察探井深 16.0～19.8 m。

储罐内径 $D=60$ m，罐壁高 $H=19.35$ m。罐壁重 5 040 kN，罐自重 9 000 kN。储罐底板边缘高出地面 1 m。对地面总的外荷重为 220 kN/m^2。

储罐对地基不均匀沉降的主要要求为：

① 沿罐壁的圆周方向上任意 10 m 周长内的沉降差不应大于 25 mm；

② 任意直径方向上两边的沉降差不得大于 0.003 5 D；

③ 支承罐壁的基础部分与其内侧的基础之间不应发生沉降突变。

储罐的基础型式采用碎石基础。即：罐壁下用碎石环形基础，罐底下作砂垫层和灰土垫层，基础下地基压缩层厚度为 30 m，即到卵石层顶面。储罐下黄土层的沉降量和湿陷量经计算约 $\Delta s=82$ cm。

2. 设计方案

在应用爆扩挤密地基的设计构思中，主要设想采用跳爆的方法多次挤密湿陷性黄土和坑穴土，并使用对周围地层具有横向挤压作用的橄榄锤，除夯实桩孔土外，并再次挤密桩间土。且使桩孔土与桩间土紧密整体结合。使地基获得最佳挤密效果。从而将具有大孔性、多孔性、湿陷性和不均匀性的土壤地基，改造成为密实的、非湿陷性的。较为均匀的人工地基，从根本上消除产生地基不均匀湿陷沉降的内因。保证储罐的安全和基础的正常使用。

3. 挤密试验

根据爆扩挤密地基工程设计的要求，在浮顶储罐区附近进行了四个阶段的现场试验。

第一阶段：进行 22 根单桩爆扩挤密试验，桩长 6.20～12.90 m。通过这个阶段的试验研究结果，确定适合该地土质的最佳桩径为 450 mm 左右。

第二阶段：进行 4 组群桩联爆挤密试验，每组 6 根桩，桩距分别为 2 d；2.5 d；3 d；3.5 d，平面按等边三角形排列布置，桩径 450 mm 左右，桩长 13 m，采用 6 桩同时起爆成孔，桩孔土采用二八灰土，使用平底铁锤分层夯实；

第三阶段：进行 3 组群桩间隔跳爆挤密试验。每组 6 根桩，桩距分别为 2.5 d；3 d；3.5 d，等边三角形布置。桩径 450 mm 左右，桩长 12 m，采用 6 桩间隔跳爆的成孔挤密次序，桩孔土采用 2∶8 灰土，使用橄榄锤分层夯实。

通过第二、三两阶段试验的对比研究结果：浮顶储罐下爆扩挤密地基中土桩采用的最佳桩距为3 d；采用纵横双向间隔跳爆的成孔挤密次序和使用橄榄锤夯实回填桩孔土可得到桩间土和桩孔土的最佳整体挤密效果。

第四阶段：进行 1 组群桩间隔跳爆挤密墓穴土试验。该组 5 根桩，桩距 3 d，根据墓室和墓道的平面形状，按等边三角形成组排列布置，桩径 450 mm 左右，桩长 4.5 m，采用 5 桩间隔跳爆的成孔挤密次序，桩孔土采用素土，使用橄榄锤分层夯实。通过该项试验进一步证实，应用爆扩挤密的方法，不仅可用于挤密湿陷性黄土，同样也可用于挤密墓穴土。

经以上爆扩挤密试验可得出以下结果：

(1) 湿陷性黄土和墓穴土经爆扩挤密后，可使其物理力学性质有较大改善，其主要特点表现在密实度增加，孔隙比减小，湿陷性消除，干密度大于 15 kN/m^3，湿陷系数 $\delta_{s2}<0.015$，符合规范和设计的要求。

其中，桩距 3 d 湿陷土干密度的变化见图 6-96。

湿陷土湿陷系数 δ_{s2} 的变化见图 6-97。

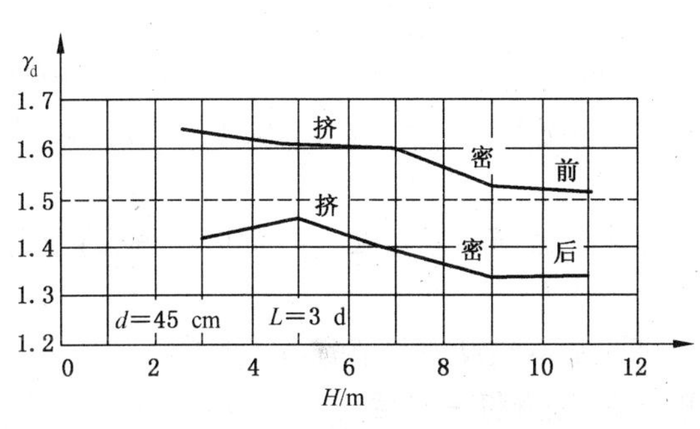

图 6-96　湿陷性土挤密前后干密度 γ_d 的变化

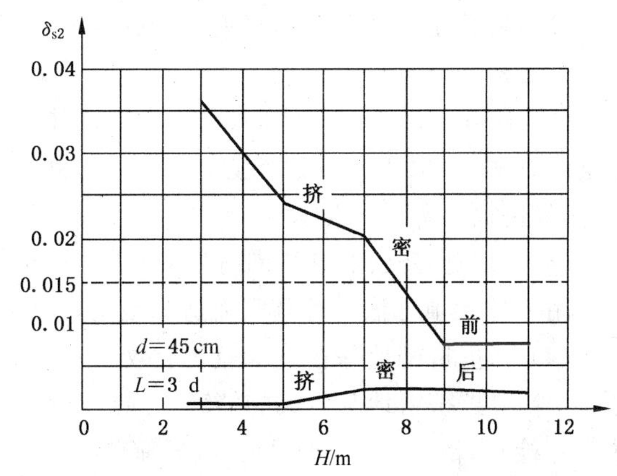

图 6-97　湿陷性土挤密前后湿陷系数 δ_{s2} 的变化

(2) 桩孔土成形完整,整体性好,密实度符合设计要求,平均干密度 γ_d=16 kN/m^3。与同深度桩距 2.5 d～3 d,桩间土 γ_d=15.3～15.8 kN/m^3 相比,两者的密实度基本接近。

(3) 桩孔土与桩间土的结合处土质密实,整体性好,结合成一个较为均匀的整体。

4. 地基设计

储罐地基由上部灰土垫层和下部挤密地基两部分组成。储罐基础直接置放在整片灰土垫层之上,见图 6-98。

灰土垫层主要将储罐罐壁基础与罐底基础上的全部荷载均匀传给挤密地基,并起到隔水作用,直径 72 m,厚度 500 mm,材料采用 2∶8 灰土。

挤密地基由被挤密的、已消除湿陷性的桩间土和被夯实的桩孔土组成。桩孔土采用 2∶8 灰土,桩孔直径 450 mm 左右,桩距 3 d=1 400 mm,行距 1 210 mm,平面布置按等边三角形排列。整个挤密地基直径 66.43 m,深度 12 m。

5. 地基施工

每台储罐桩孔按纵横间隔一个桩位分四批施工。导孔用小洛阳铲打成,直径 60～80 mm。条形药包用 2[#] 岩石炸药,药管直径 27.5 mm 左右。药包在导孔内放置后处于自由伸直状态,其与孔壁间的空隙,用于细砂进行充填。药管顶部置于离地面 1.5～2 m 左右处,上部用松土封口,采用电力起爆后,形成地下闷爆。爆扩在土壤最佳含水量下进行。

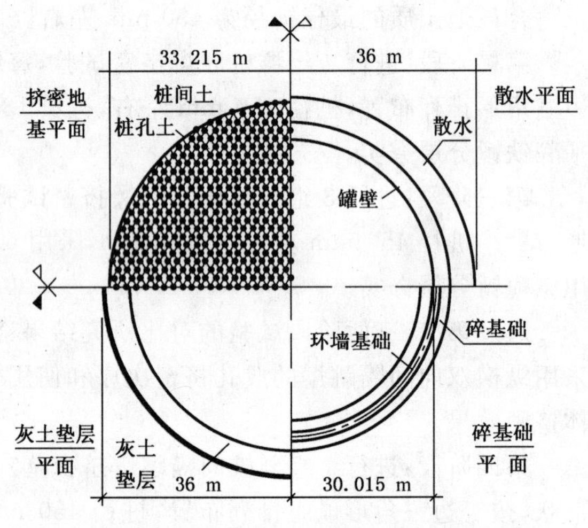

图 6-98 储罐基础与地基处理平面图

孔底落土及回填 2∶8 灰土均采用夯实机进行夯实。铁夯锤采用直径 ϕ320 橄榄锤,重量大于 3.5 kN。落锤高度控制在 2.5 m 以上。回填料每层虚填厚度不大于 50 cm,夯击次数不少于 15 次,直至夯实为止。

在灰土垫层施工前,对位于其下部的挤密地基顶部土层,用蛙式夯进行不少于 3 遍的夯打。

6. 储罐基础的沉降观测

对 1 号罐基础充水以预压后,基础最大沉降 146 mm,最小沉降 62 mm,在直径方向,不均匀沉降差最大值为 57 mm。2 号罐基础最大沉降 86 mm,最小沉降 44 mm,在直径方向,不均匀沉降差最大值为 31 mm,均小于规范要求。

7. 小结

(1) 湿陷性黄土和墓穴土经爆扩与橄榄锤击挤密后,消除了原有土质的湿陷性,变成非湿陷性土,由于它与桩孔土密实度基本接近,相互结合也好,可共同受力工作,所以,从整体上看,它是一个较为均匀的人工地基。

(2) 在湿陷性黄土地区,大型浮顶储罐对地基的要求,主要是避免产生不均匀的差异沉降。用挤密土壤的方法,从根本上消除产生地基不均匀湿陷沉降的内因,不论在设计和施工实践上,都是一个比较简易,经济而可靠的方法。

(3) 用爆扩挤密的方法同时处理湿陷性黄土和墓穴土,能大大降低墓穴处理的费用和劳力,并避免由于用大挖大填方法处理墓穴而造成地基软硬不等的情况。

(4) 爆扩挤密地基在技术经济上效果十分显著,在当时的基本建设中曾节省不少投资。

(5) 爆扩挤密地基建成的储罐已通过投产 10 年来的长期观测和在试运、操作、检修等过程各阶段的实际检验,情况良好,使用正常,沉降很小。证实爆扩挤密地基这项技术的可靠性。

十二、大型储罐应用挤密碎石桩加固地基

1. 工程概况

上海金山石化总厂陈山储罐1988年建造两座50 000 m^3储罐，是上海金山石化总厂为30万吨乙烯配套工程的储罐，建在浙江平湖县陈山南麓，南濒钱塘江畔，场地于1986年4月围滩造地而成，西北、东南环山，地形北高南低，标高为3.4～2.6 m，由北向南呈5%坡度倾于钱塘江，其储罐平面布置见图6-99。

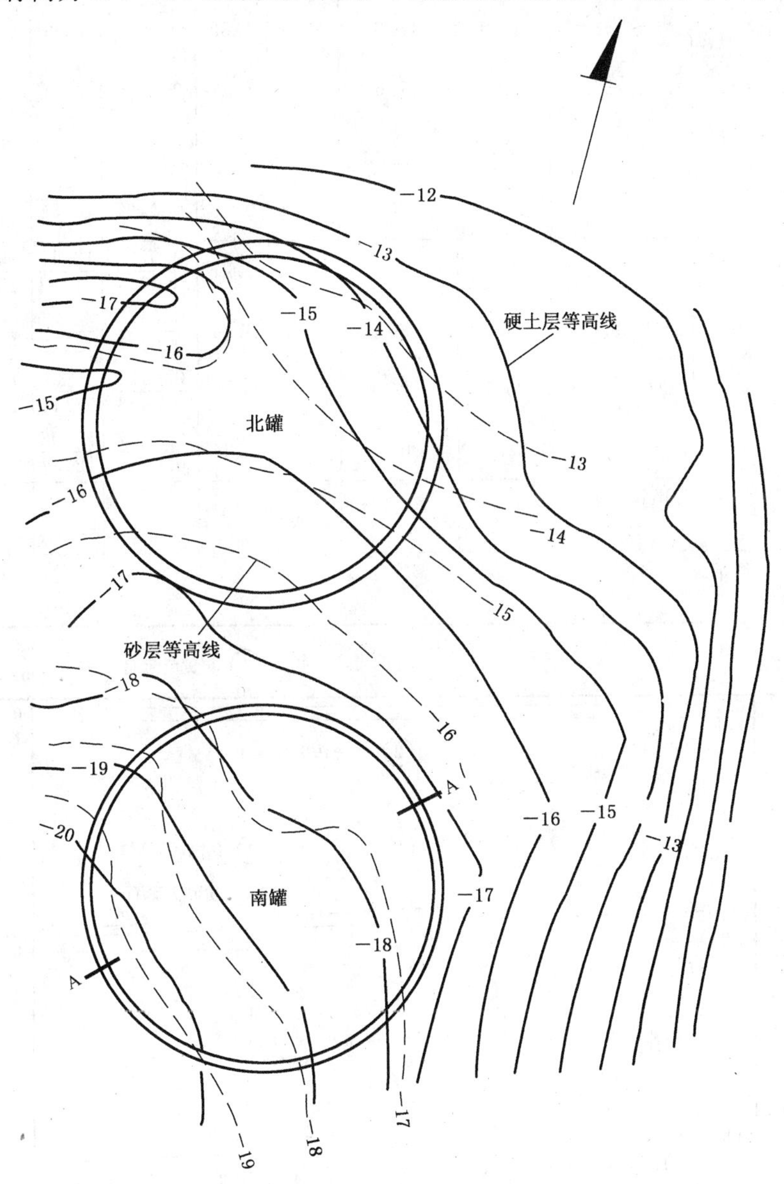

图6-99　陈山储罐平面布置图

储罐直径60 m，罐总高19.35 m，储罐自重9 000 kN，总荷载达518 000 kN，由于储罐荷载大、要求高、工期急，对地基加固提出如下要求：

(1) 地基承载力由天然地基65 kPa提高到230 kPa；

(2) 减少基础的沉降及差异沉降，要求储罐基础整体相对倾斜小于4‰D的要求；

(3) 工期必须满足总工程进度的要求。

2. 场地工程地质条件

土的物理力学性指标见表6-71，按工程地质勘察资料南罐A—A地质剖面见图6-100。

表 6-71　土的主要物理力学性质表

层序		土层描述	土层厚度/m	含水量 ω/%	重力密度 γ/(kN/m³)	孔隙比 e	液性指数 I_L	压缩系数 α/MPa	压缩模量 E_S/MPa	内摩擦角 φ/(°)	黏聚力 C/kPa	地基承载力 f/kPa
1		灰黄色淤泥	0.3～1.2				—	—	—	—	—	—
2		灰色淤泥质亚黏土	0～1.85	38.9	18.3	1.05	1.32	0.0435	4.54	19/15.3	0.74/0.89	70
3		灰色淤泥质黏土	13.2～20.05	44.9	17.6	1.26	1.17	0.0859	2.65	7.1/10.5	1.37/1.19	65
4		暗绿色粉砂夹砾石	0.35～1.4	28	19.4	0.79	—	0.028	6.48	/21	/0.78	18
5		暗绿色黏土、亚黏土	1.1～8.3	25.6	20	0.72	0.20	0.0167	10.86	15.6/14.7	3.49/4.05	22
6	1	褐黄色黏土、亚黏土	1.55～9	25.9	20	0.73	0.27	0.0186/0.0118	10.17/14.62	16.1/13.2	3.25/3.90	13
	2	草黄色亚黏土	0～9.6	23.9	20	0.70	0.24	0.0197/0.0145	9.34/12.12	20/13.2	3.93/3.89	24
	3	褐色黏土	0～10.35	25.1	20	0.71	0.22	0.0195/0.0111	9.38/17.11	16.7/14.7	3.84/4.28	23
	4	草黄色亚黏土	2.65～11.85	22.9	20.1	0.68	0.24	0.0117/0.0146	15.08/12.57	17.8/14.4	4.57/3.74	24
7		风化破碎岩	0.35～3.6									
8		斜长岩	穿									

注：$\frac{\alpha_{1-2}}{\alpha_{2-3}}$ $\frac{E_{1-2}}{E_{2-3}}$ $\frac{快剪}{固块}$ $\frac{快剪}{固块}$

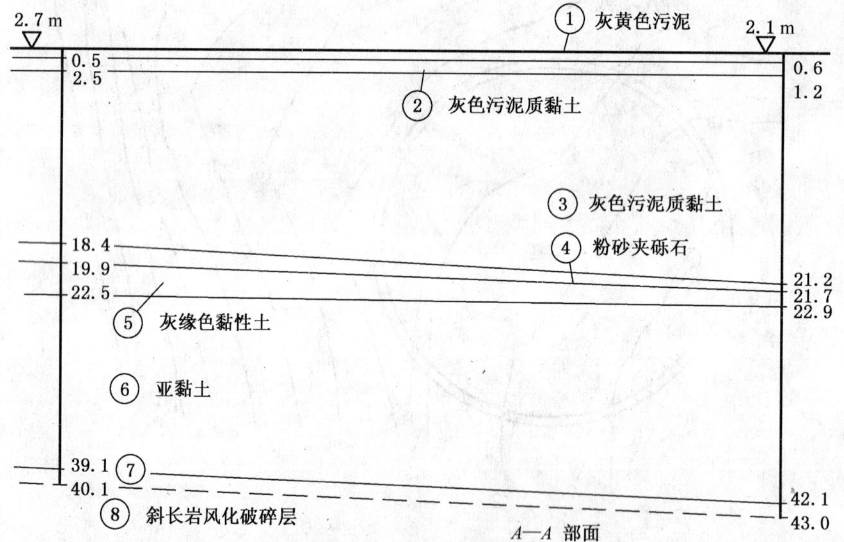

图 6-100　南罐 A—A 地质剖面图

(1) 第①～③层均为饱和软土层，其中①层为近期江滩淤泥，第③层受下卧层顶板标高控制，故厚度变化较大，相差达 3 m 以上。故该土层(①～③层)既是储罐地基的持力层，又是储罐地基产生不均匀沉降的主要层位，所以该层系是本次地基加固的主要土层。

(2) 第④层为粉砂夹砾石层，该层为承压含水层，水头距地表 4.5 m，相应水头压力为 13 m。

(3) 第④层粉砂层、第⑤层硬土层的等高线见图 6-99。

(4) 第⑧层斜长岩基岩在储罐基础范围内起伏较大，尤以南罐其顶层标高为－30～－46 m，倾向西，坡度达 27%，但考虑本层埋深相对较深，在地表 33 m 以下，并且该层上复有第④～⑦层均为坚硬密实土层，故第⑧层对储罐地基稳定性影响未考虑。

3. 储罐地基挤密碎石桩加固设计

根据 50 000 m^3 储罐设计，对加固地基的要求，根据现场的地质条件以及土的固结理论，对挤密碎石桩的加固范围、桩距、桩长、设计如下：

(1) 桩距

经现场的成桩试验，按不同桩距进行储罐充水预压试算，初步确定采用 1.65 m 桩距，但由于第①～③层软土层厚度有差异，为了调整储罐基础的不均匀沉降，储罐基础加固范围局部桩距适当加密和放宽为 1.5～1.8m 桩距，呈方形布置，桩距布置见图 6-101。

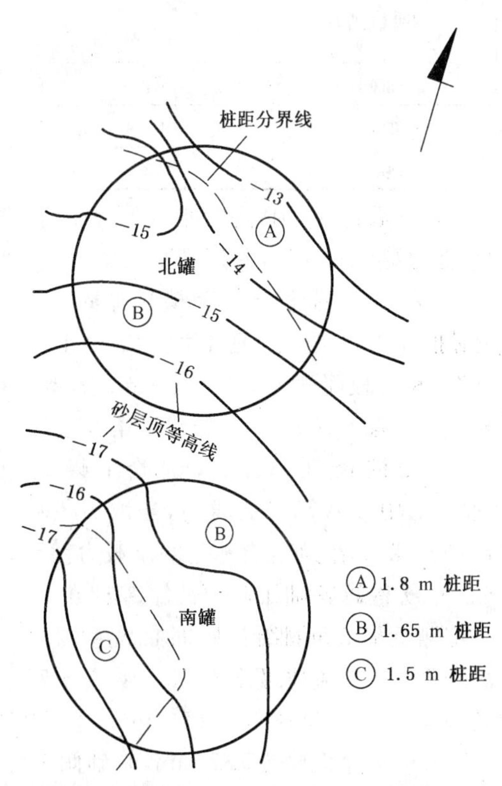

图 6-101　储罐基础三种桩距分布图

(2) 桩长

根据第①～③层软土的埋藏条件及打桩机具的设备能力，碎石桩可以贯穿软土层达到第④砂层，但由于粉砂层为承压含水层，承压水头值 $\Delta h=13$ m，为了不使承压水进入碎石桩内，影响地基土的固结速率，故桩长均距第④层土层顶面 1 m 作为加固深度，实际桩长由北向南为 15～21 m。

(3) 桩径

考虑打桩机沉管内径为 37.7 cm，设计挤密扩径到 60 cm，按图 6-101 三种桩距置换率 m 分别为 12.6%(1.8 m桩距)、10.4%(1.65 m 桩距)、8.7%(1.5 m 桩距)。

(4) 加固范围及加固工程量

挤密碎石桩为散体柔性桩，为了减少地基土在预压荷载作用下产生较大的侧向位移和增强地基的稳定性，在储罐 60 m 直径加固外，增加三排围护桩，所以加固直径为 70 m。另外由于两个储罐相距为 20 m，为了减少相邻影响和应力叠加产生的不均匀沉降，故在储罐之间增加了 5 排屏蔽桩。详见图 6-102。

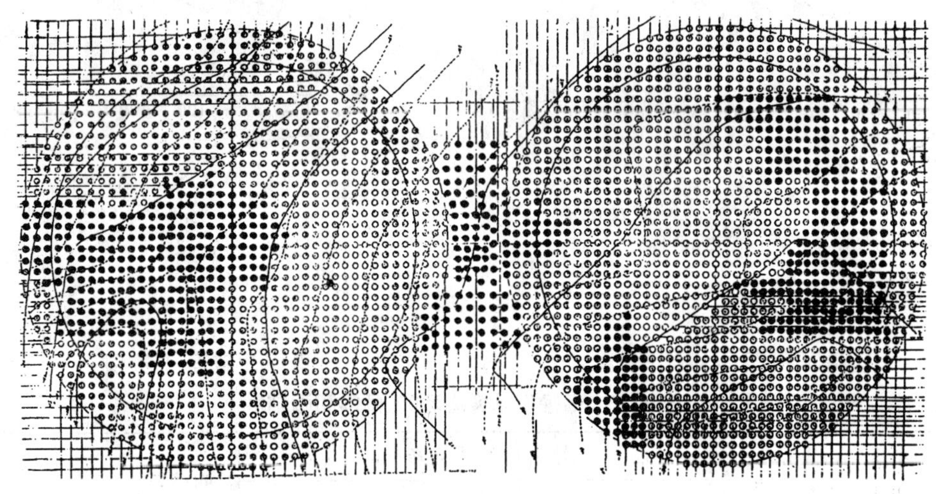

图 6-102　储罐桩位平面图

注：图中○和●均表示桩位，考虑制版效果而区分二种图例表示。

总加固面积 8 000 m^2，共布置桩 2 951 根，总桩长达 55 830 m，平均桩长 18.92 m，成桩用碎石量 25 504 t，即每米平均用石量达 0.46 t。

4. 地基加固检测

(1) 为了解挤密碎石桩在第③层软土加固后恢复情况,在加固后2个月,选在1.65 m桩距区,布置了取土、触探以及载荷试验检测,并与加固前土工指标对比,见表6-72。

表 6-72 加固前后土工指标对比表

项目名称	含水量 w/%	土的重力密度 γ/(kN/m³)	孔隙比 e	压缩模量 E_s/MPa	静触比贯入阻力 p_s/MPa
加固前	46.6	17.3	1.34	2.65	5.3
加固后	45.4	17.8	1.25	3.68	5.68
增减率/%	−2.5	+2.9	−6.7	+38.8	+7.2

表中数据为加固前后平均值,从加固前后资料对比,说明挤密碎石桩加固后经2个月时间的恢复期,土的结构已恢复,并且比原天然土质有所改善。

(2) 静载荷试验。为检测加固后复合地基情况,在北罐抽取1067号桩,是加固后第90 d,进行复合地基载荷试验,承压板面积为1.5×1.5 m²,试验处标高为2.2 m,相应深度为1.7 m,承压板置于第③层灰色淤泥质黏土层上,实测桩径为55 cm,试验结果见图6-103。根据图6-103中 $p=f(s)$ 曲线图,当取 $S/b=0.03$ 时,对应的 $p=115$ kPa,作为复合地基的承载力。

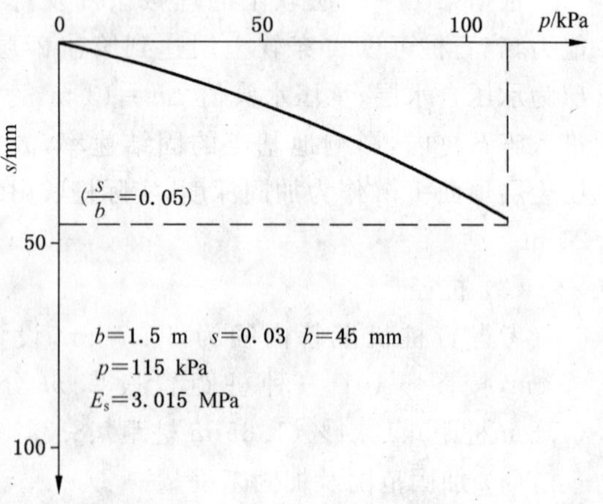

图 6-103 1067号桩复合地基 $p=f(s)$ 曲线图

(3) 储罐基础沉降。储罐基础在充水预压荷载作用下实测沉降 S 和固结度 U 的曲线见图6-104、图6-105,实测和理论计算对比见表6-73。从表6-73可见,两台储罐实测基础中心沉降为1 050 mm,基础边缘最大沉降为795 mm,最小沉降为587 mm,基础倾斜北罐是东北倾向西南;南罐是北倾向南,储罐底板的实测拱度为1.9%~2.5%,比预留拱度小,故储罐底板仍保持向上凸起的拱度,未形成凹底形(见图6-106)。

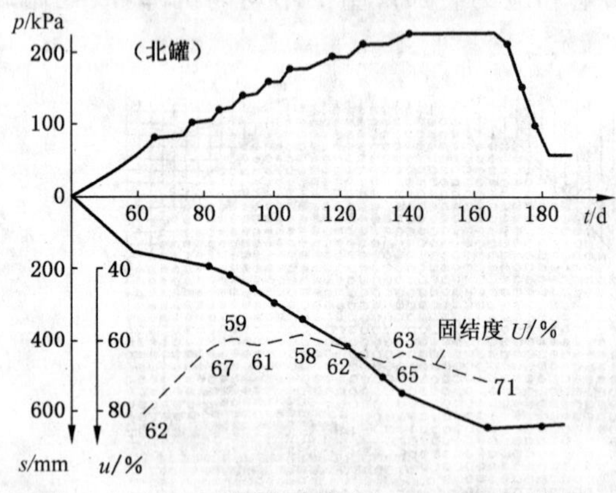

图 6-104 南罐基础实测 s-p-t-U 曲线图

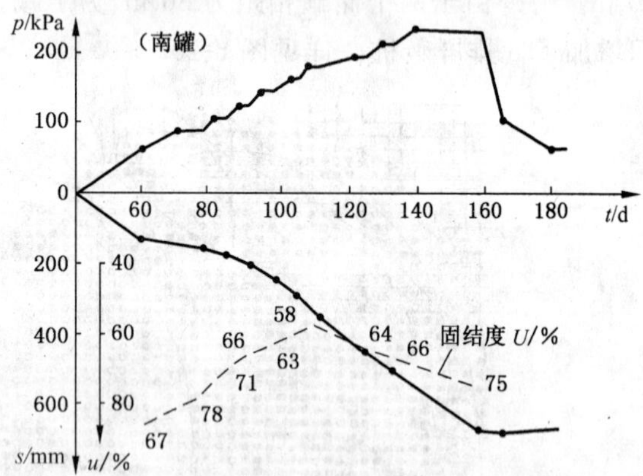

图 6-105 北罐基础实测 s-p-t-U 曲线图

表 6-73 储罐基础实测沉降、倾斜和固结度

储罐位置	充水荷载 p/kPa	时间 t/d	储罐基础实测沉降/mm				固结度 u/%	基础倾斜/‰	储罐底板实测拱度/%
			基础中心	基础边缘最大	基础边缘最小	基础边缘平均			
北罐	226	106	950	795	636	637	71	2.65	2.5
南罐	229	100	1 050	716	587	676	75	2.15	1.9

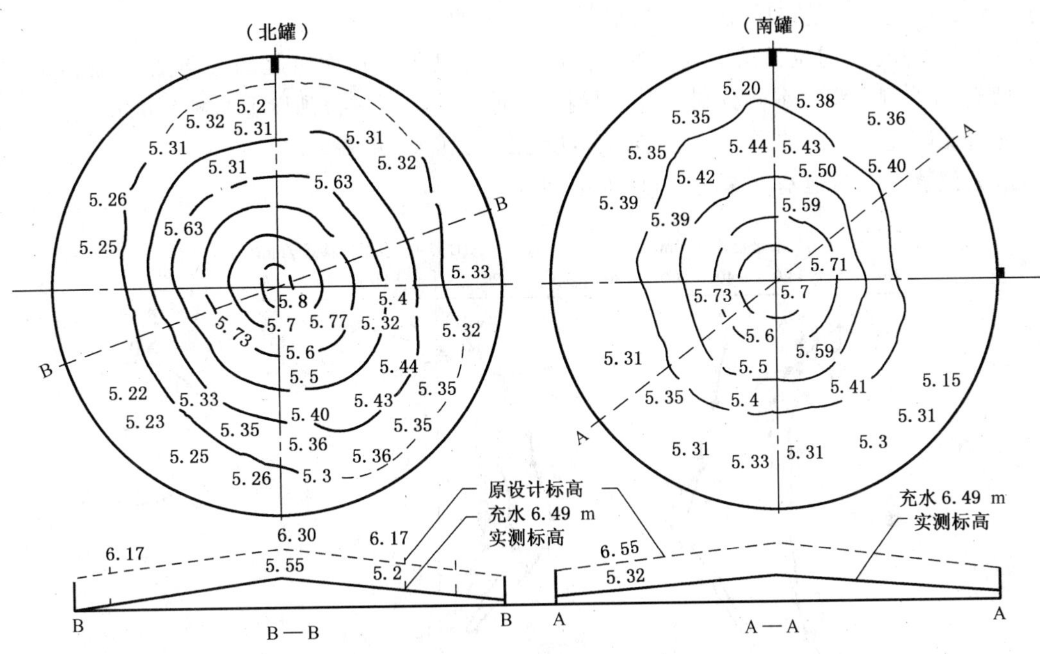

图 6-106 储罐底板变形实测等高线图

实测预压 100～106 d 的固结度已达 71%～75%。

(4) 储罐地基的孔隙水压力变化。在南罐设 3 组、北罐设 5 组孔隙水压力计，每组均为 5 个孔隙水压力测头。

随着储罐分级充水荷重的增加，各点孔隙水压力亦随之而升高，在充水的间隙，孔隙水压力能缓慢消散，反应在充水荷载曲线和孔隙水压力曲线的形态上成相互相似关系。我们任取北罐中心下孔隙水压力孔号 u_1 的实测曲线分析（图 6-107），在每次充水加荷（150～190 kPa）2～3 天内孔隙水消散较快，其孔隙水压力的增量 Δu 和充水的增量 Δp 相比一般为 35%～40%（$\frac{\Delta u}{\Delta p}\approx 35\%\sim 40\%$），亦即固结度 U 达到 60 %～65%，而后孔隙水压力消散很缓慢，反映在孔隙水压力曲线较平缓。

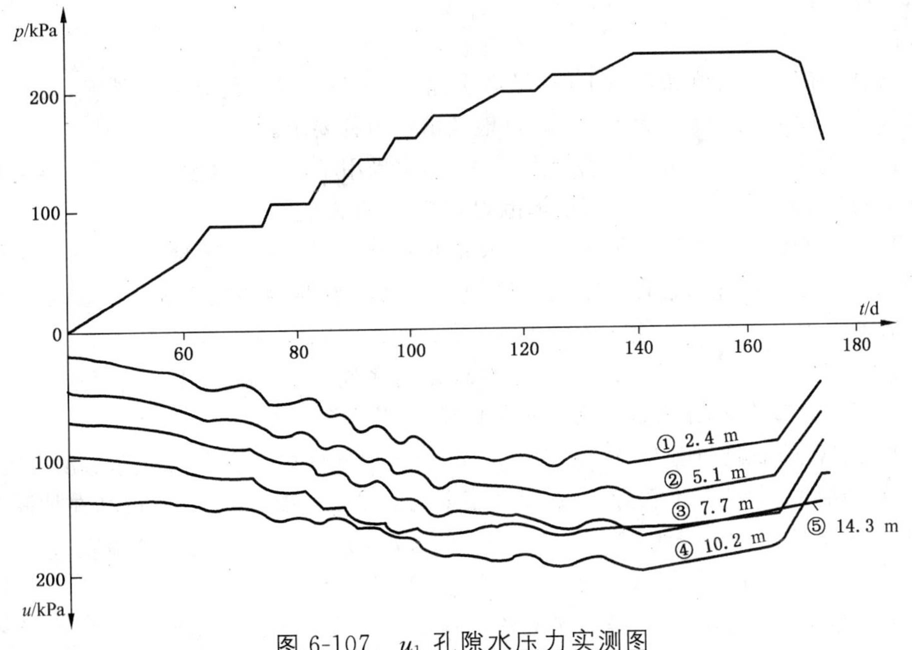

图 6-107 u_1 孔隙水压力实测图

如北罐充水荷载 $p=226$ kPa，固结度 U 开始为 63%，以后经过 27 d 时，$U=71\%$，仅增加 8%，可知

前者的 $u=63\%$，基本上是在储罐充水的同时固结完成的。

(5) 储罐地基土侧向位移的实测。为了控制储罐地基因剪切而引起的侧向变形，根据现场条件在南、北两罐环墙外侧和南罐东侧分别布置了测斜孔，通过实测可以得到以下几种情况：

1) 随着储罐充水荷载的增大，其侧向位移量也随之加大(见图 6-108)。

2) 最大位移发生在地基下深度 7～9 m 范围内。

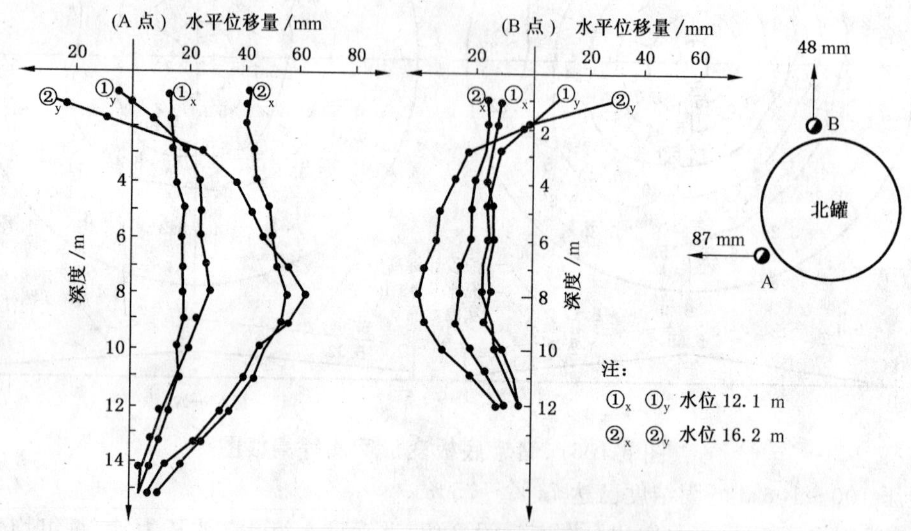

图 6-108 实测地基土水平位移曲线

3) 在深度 8 m 处土层侧向位移量为 48～87 mm，平均为 58 mm。

4) 储罐环墙基础沉降最大的一侧，亦是侧向位移最大的部位，如北罐沉降最大的西面，侧向位移为 87 mm，南罐的侧向位移为 57 mm，随着与储罐距离的加大，侧向位移明显减小，如距南罐东边 15 m 的测点，侧向位移仅 20 mm，在距 28 m 的测点，侧向位移仅 3 mm。

5) 在 8 m 深处，通过理论计算，侧向应变量是 136 mm，大于实测值。现按实测的侧向位移平均值 58 mm，反算土的泊松比 μ 很小，接近砂性土。说明碎石桩加固的地基土变形以垂直向固结为主，侧向剪切变形大为改善。

5. 小结

(1) 陈山油库有很厚的饱和软黏土层，经本次加固及充水预压，使原天然地基承载力从 65 kPa 在短期内提高到 230 kPa，满足了 5 万 m^3 储罐对地基承载力的要求。

(2) 被加固的饱和软黏土，虽然厚度变化较大，本次采用不同桩长及桩距调节差异沉降，南、北罐平面倾斜度分别为 2.15‰和 2.65‰，均满足规范规定≤4‰允许值。

(3) 由于碎石桩改变了地基土的排水方向及缩短排水路径。在充水预压中，每级荷载所形成的孔隙水压力 60%～65%能在充水过程中迅速消散，地基土的固结度及强度迅速提高。在三个月的充水预压时间内完成了天然地基数年才能完成的地基承载力增长和固结度，大大缩短了工程周期。

(4) 储罐罐底板设计坡度 $i=3\%$(向上起拱)，经充水预压后，南、北两罐罐底坡度分别为 1.9%、2.5%，仍保持向上穹起坡度，未形成有害的向下凹的“锅底”形。

(5) 本次的挤密碎石桩加固大型储罐软土地基，是上海地区第一次使用。充水预压实践证明，加固效果较为理想。加固后的地基承载力、倾斜以及工期均满足工程要求。另一方面，在加固费用上与预制桩、灌注桩等方案相比，节约资金 200 万～300 万元。故该方案为今后大型储罐软基加固开创了新的路径。

(6) 气压管内投料挤密碎石桩，是项先进的投料工艺。该工艺是挤密碎石桩加固方案的根本质量保证，既能保证碎石投到孔底的设计深度，又确保桩身密实度及桩体连续性。故使本方案能取得预期的加固效果。

十三、沉管挤密碎石桩处理储罐软土地基

1. 概述

目前，许多石化厂的储罐区建设在沿海软土地区，而软土具有含水量高、压缩性高、承载力低等特点，如何充分挖掘地基承载力、经济有效地处理储罐软基一直是一个难题。沉管挤密碎石桩是处理软基的方法之一。该方法能使地基承载力提高一倍左右，而大型储罐直径大、荷重大，对承载力和沉降的要求较高。但应注意到碎石桩是良好的排水通道。可加速土体固结，提高土体强度，由于建造储罐采用浮顶式储罐，这样可充分利用罐体边安装边充水的施工特点，以充水时充当预压荷载，对地基进行预压加固，工程实践表明，通过充水预压后的碎石桩复合地基的承载力和沉降均能满足大型储罐软基的要求。

2. 沉管挤密碎石桩加固软基的机理

挤密碎石桩，其成孔方法是用沉管桩机将桩管挤入到土层中，成孔过程中使土体受到挤压，孔隙比有所减小，使土体得到初步密实，填以碎石后，碎石置换了同体积的土体，因此碎石桩起到了挤密置换的作用。

挤密碎石桩与土体共同作用，形成复合地基，其中桩体具有较高强度，受到上部荷载作用后，在桩体上发生应力集中，土体所受的压力比桩体小得多，桩土共同作用的结果使地基得到加固，可获得较高承载力并减少基础沉降量。

挤密碎石桩复合地基具有比原土体较高的压缩模量，形成复合垫层，对上部荷载具有扩散作用，使下卧层所受附加压力减小，下卧层的沉降量也随之减小。

碎石桩是散体材料桩，是良好的竖向排水体，它缩短了土体固结排水的距离，改善了透水条件，可加速土体的固结，使地基沉降快速完成。另外，储罐施工时随着罐壁安装可同步进行分级充水，对地基施加预压荷载，使土体逐步固结，地基强度逐步提高，最终满足储罐对承载力和沉降的要求。

总之，碎行桩具有挤密、置换、桩体、垫层及排水作用，它可提高地基充水预压的初期荷载，且具有良好的固结排水效果。

3. 沉管挤密碎石桩加固软基的优点

沉管挤密碎石桩是将带活瓣的桩管沉到预定深度，填以碎石，并通过反插形成密实桩体，桩体与地基土构成复合地基，该方法适用于黏性土、粉土等，其施工工艺为：①桩管就位；②沉管达到要求的深度；③打开活瓣、填以碎石；④上提桩管与反插交替进行；⑤形成桩体。

该方法与振冲法比，场地无污染，不破坏地层结构，所形成的碎石桩体排水效果好。

4. 工程应用实例

(1) 工程概况

工程位于天津大港，场地拟建 6 台 2 万 m^3 和 7 台 5 万 m^3 储罐，直径分别为 40 m 和 60 m，要求地基承载力分别为 190 kPa、240 kPa。储罐采用柔性基础，基础埋深 0.5 m。

场区地层属沿海软土类型，自上而下由陆相冲积层及海相沉积层组成，其地基土柱状图如图 6-109，各土层的主要物理力学指标如表 6-74。

(2) 挤密碎石桩的参数

由于⑦层为粉细砂层强度较高也是良好的排水层，碎石桩应尽量打到该层，便形成双面排水条件所以桩长定为 18.0 m。由于储罐基础为柔性基础，中心沉降大而边缘沉降小，所以桩距布置采用变置换率设计，置换率平均为 14.4%。桩沿环向均布，基础边缘外设两排护桩，桩径为 400～450 mm。

(3) 充水预压

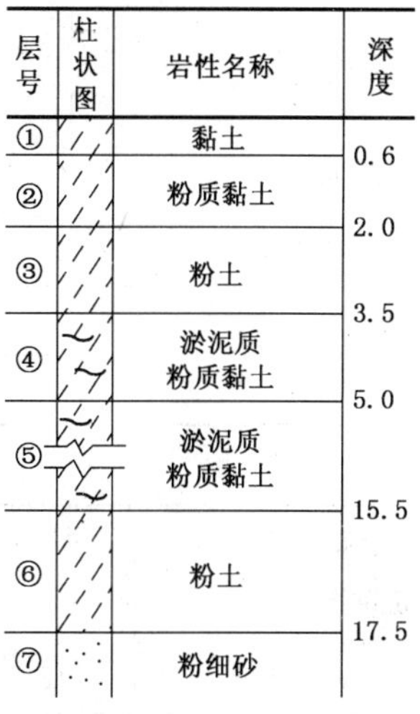

层号	柱状图	岩性名称	深度
①		黏土	0.6
②		粉质黏土	2.0
③		粉土	3.5
④		淤泥质粉质黏土	5.0
⑤		淤泥质粉质黏土	15.5
⑥		粉土	17.5
⑦		粉细砂	

图 6-109　钻孔柱状图

充水预压的目的就是控制充水的速率，在保持地基稳定的前提下，使

软土尽快固结，强度逐步提高，沉降提前完成。充水预压应满足如下要求：

充水应分级进行，每级充水速率 200～450 mm/日，其荷载分级加荷图如图 6-110 所示。沉降速率控制在 8 mm/日，最大不超过 12 mm/日。孔隙水压力增量与荷载增量之比不大于 0.6。储罐基础沿罐壁 10 m 周长内最大沉降差不大于 25 mm。

表 6-74 土层的主要物理学指标

地层编号	地层名称	天然重度 $\gamma/(\mathrm{kn/m^3})$	孔隙比 e	含水量 $W/\%$	塑性指数 l_p	液性指数 I_L	压缩指数 $a_{1-2}/\mathrm{MPa^{-1}}$	压缩模量 $E_{1-2}/\mathrm{MPa^{-1}}$	承载力 f/kPa
②	粉质黏土	18.8	0.93	33.1	14.3	1.01	0.61	3.2	90
③	粉 土	19.8	0.70	24.5	7.8		0.15	6.5	140
④	淤泥质粉质黏土	18.4	1.00	34.1	11.6	1.26	0.43	4.5	120
⑤	淤泥质粉质黏土	18.4	1.04	37.3	14.5	1.13	0.60	3.3	85
⑥	粉 土	20.3	0.73	24.7	8.8		0.17	7.5	160
⑦	粉细砂			20.0				16.0	

(4) 挤密碎石桩复合地基充水预压加固后的效果

1) 基础最终沉降量

储罐基础在天然地基条件下的沉降量可用地基处理规范中公式求得，与碎石桩处理后当地基土的固结度大于 90%(经 5～6 个月的充水预压)时的沉降实测值的比较见表 6-75。由表 6-75 可知，复合地基加固效果明显，罐中心沉降可减少 40%以上，而罐边沉降减少 6%～13%。

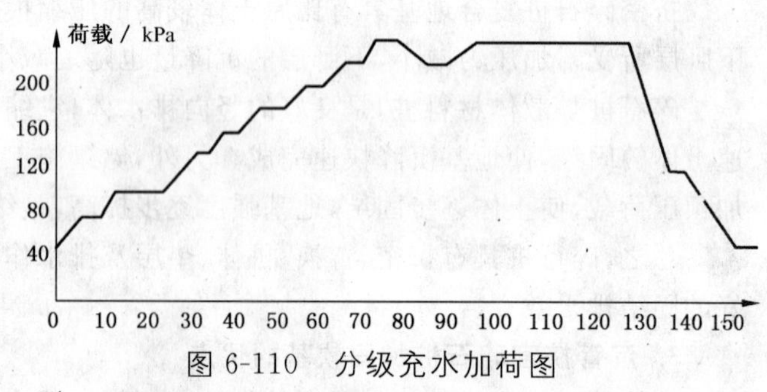

图 6-110 分级充水加荷图

2) 差异沉降及倾斜值

由于浮顶储罐，对差异沉降和基础倾斜较为敏感，在充水预压过程中发现问题应及时调整，各罐基础最终实测 10 m 弧长内最大差异沉降 δ_{max} 及倾斜值 K 如表 6-76(表中 G－1～G－6 为 2 万 $\mathrm{m^3}$ 储罐，G－7为 5 万 $\mathrm{m^3}$ 储罐)。由表 6-76 可知 K 值不大于 4‰，δ_{max} 不大于 25 mm，满足设计要求。

表 6-75 储罐基础沉降量比较

油罐容积/$\mathrm{m^3}$	测点位置	天然地基预估沉降/mm	实测沉降/mm	减小百分数
2 万	罐中心	1 192	665	44%
	罐 边	571	538	6%
5 万	罐中心	1 696	928	45%
	罐 边	817	709	13%

表 6-76 各储罐基础的差异沉降和倾斜值

储罐编号 / 沉降指标	G－1	G－2	G－3	G－4	G－5	G－6	G－7
	2 万 $\mathrm{m^3}$						5 万 $\mathrm{m^3}$
δ_{max}/mm	18.7	17.4	21.5	10.8	25.0	16.5	21.4
K/‰	1.2	0.5	1.0	1.0	1.8	0.8	1.1

(5) 罐底板变形

2 万 m^3 与 5 万 m^3 储罐底板起拱分别为 19.8‰、14.8‰，经加固后拱度分别为 12.90‰、7.5‰，沉降最大测点不在罐中心面，在距罐中 0.7R（R 为储罐半径）处，5 万 m^3储罐的底板变形如图 6-111 所示。由图 6-111 可知，沿直径方向沉降发展不对称，是由于环墙内土石屑垫层不均匀所致。

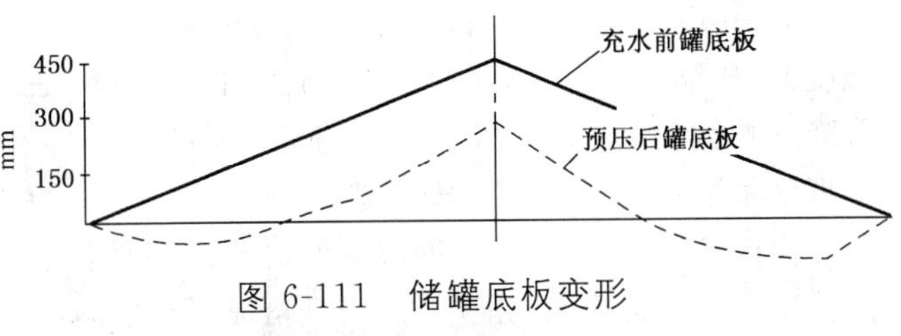

图 6-111　储罐底板变形

(6) 充水预压过程中孔隙压力的变化

如图 6-112(5 万 m^3 储罐）是处于 12.0 m 深度处的淤泥质粉质黏土中的孔隙水压力变化规律。

由图 6-112 可知在充水预压过程中，由于黏土的渗透性差，随充水荷载的增加孔隙水压力迅速积累，但在荷载稳定时间，孔压又迅速消散，足见碎石桩体具有明显的排水作用。通过对孔隙水压力变化的监测，可保证地基的稳定，使充水预压分级进行，直到满足储罐使用荷载的要求。

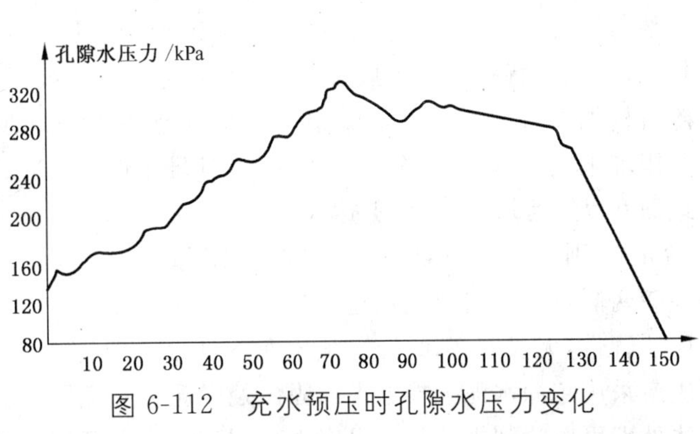

图 6-112　充水预压时孔隙水压力变化

(7) 桩体与桩间土的压力分配

在充水荷载作用下，碎石桩体发生应力集中，那么应力集中的程度如何，可通过土压力盒观测得到，如图 6-113 所示为 5 万 m^3 储罐充水过程中桩土应力比的变化规律，实测桩土应力比 n 平均值为 2.14，这与国内工程经验 $n=2\sim4$相近。桩土应力比峰值出现在预压前复合地基容许承载力(约 120 kPa)附近，然后缓慢降低。

(8) 预压后复合地基的承载力

5 万 m^3 储罐最终充水高度 18.2 m，而实测基底压力达 250 kPa，而不进行预压的挤密碎石桩复合地基，其允许承载力只有 120 kPa，可见通过充水预压，可大幅度提高地基承载力。

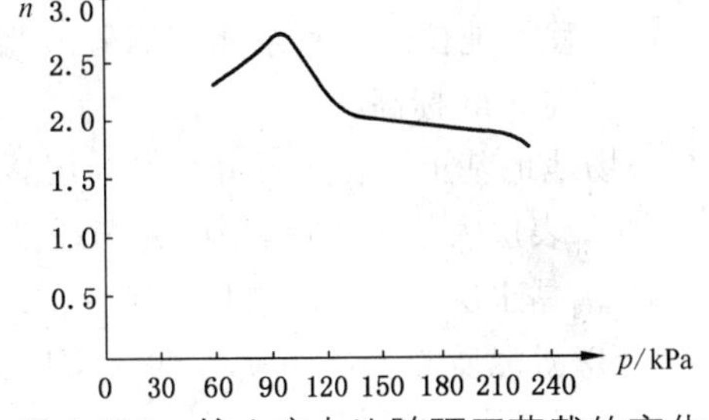

图 6-113　桩土应力比随预压荷载的变化

5. 结论

(1) 采用沉管挤密碎石桩加固软基，并利用建造储罐的施工过程中进行充水预压，可使碎石桩复合地基的承载力进一步提高，从而满足建设大型储罐的需要。

(2) 碎石桩可与垫层及地层中的排水层组成排水系统，加速了软土的固结；缩短了沉降稳定时间，充水预压后的沉降可满足生产要求。

(3) 与混凝土桩相比较，采用复合地基时可采用柔性基础，可节省大量钢材，水泥。挤密碎石桩施工简单、工艺成熟、无污染，易实现文明施工，且在建造储罐的施工过程中，充水预压和罐体安装可同步进行，采用挤密碎石桩处理储罐软土地基是比较适宜的。

十四、水泥搅拌桩处理大型储罐深软地基

1. 概述

金陵石化炼油厂石埠桥原油中转库是一座大型油库。由于炼油厂规模的不断扩大，根据总公司的批文，1995 年在该库区扩建 2 座 5 万 m^3 大型储罐即 $912^{\#}$、$913^{\#}$ 罐，位置见图 6-114。

该库区所在地段地貌上属长江下游河漫滩单元，地层为第四系全新统河流相冲积层，从南到北有

18～27 m 厚人工填土及淤泥质黏土层。该土层强度低、压缩性高、含水量大、厚度全在油罐地基沉降影响深度范围之内，故必须进行加固处理。根据地基情况、技术标准、经济造价、施工可行等各方面因素，我们进行了 4 种方案的对比：如用钢筋混凝土预制桩或钻孔灌注桩，安全可靠，但共需打 2 000 根桩，数量大，投资多，估算每台罐要 1 200万元，超过罐体造价；若用碎石桩，虽然可减少部份造价，但本处软土太厚太弱，施工困难，投料难以控制，特别是软土底部倾斜，坡度达 12%，碎石桩加固后的地基沉降差很难满足规范要求；若用堆土预压，虽则安全且造价低，但其堆土时占地面积大，因堆土高度要达 15 m，放坡比例为 1∶1.5，则从罐壁边要扩出去 22.5 m，该两座罐罐壁两侧仅 6 m 处就是已建成的并正在运行中的原油管带，无法停产，故堆土预压亦不可行。最后决定采用超深水泥搅拌桩来加固该处淤泥质黏土层（注：超深指超过当时国内资料最深为 20 m），用该法处理可以达到把地基土强度提高到满足建大型储罐要求的标准，水泥搅拌桩的桩长可以随着淤泥质黏土的深度而变化，将该层土全部进行加固，完全解决储罐地基中主要压缩层的沉降及沉降差的问题，经计算造价为每台罐 600 万元，约为桩基础的一半。

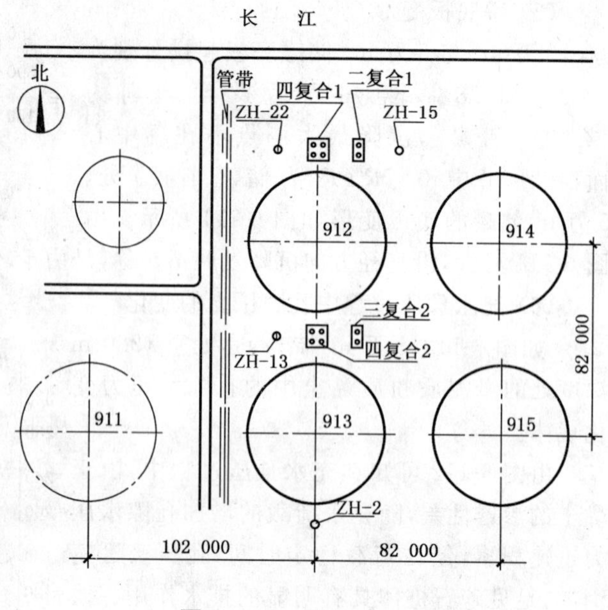

图 6-114　平面布置图

2. 场地概况及工程地质

工程场地位于南京东北郊栖霞山北麓的长江南岸地带，地基处理前地面标高为 5～7 m，芦苇荡地，后回填到 9 m 标高。

场地地基土的构造可分为 8 大层，依次为：

① 表层人工填土层，一般为场地平整而填筑的素填土，厚 4～5 m，密实度不均匀。

② 黏土层，软～流塑，厚 0.5～0.9 m，分布不均匀，部份地段缺失。

③ 淤泥质黏土层，一般为灰色，下部略带褐色，流塑，饱和，该层水平层理发育，即淤泥质黏土中夹薄层粉砂，形成“千层饼”结构，厚度 13.3～21 m。

④ 淤泥质黏土夹薄层粉砂，灰色，流塑，饱和，厚度 0.7～2 m。

⑤ 细砂层，灰色饱和，稍密～中密。厚度 6～12 m。

⑥ 粉质黏土与粉砂层，褐灰色，软～流塑、饱和、稍密，分布不均匀，部份地段缺失，厚度 3.5～6 m。

⑦ 粉质黏土夹碎石，该层可分为两个亚层：(7—1)层粉质黏土夹角砾中粗砂层，粉质黏土可塑～硬塑，土层属稍密～中密状态，层厚 1～4.7 m。(7—2)层碎石土，碎石主要为灰白色石英砂岩，为中密～密实状态，粉质黏土为硬塑，厚度 0.5～1.7 m，分布不均。

⑧ 基岩风化层，岩性主要为侏罗系上统灰紫、暗紫～紫红色砂岩，基岩面起伏较大：由南到北逐渐加深，坡度达 10%～12%，剖面见图 6-115。

3. 室内优化配比及现场载荷试验

深层水泥搅拌桩是用水泥作为固化剂，通过特制的深层搅拌机械，在地基深处就地将软土和固化剂强制搅拌，利用固化剂和软土之间所产生的一系列物理-化学反应，使软土硬结成具有整体性、水稳定性和一定强度的水泥土桩并与天然地基组成优质复合地基。为了最大限度的利用原土，经过最适当的改性，成为直径 60 m 的 5 万 m^3 大型储罐的地基，我们请南京水利科学研究院土工所和东南大学进行了室内水泥土优化配比试验和现场超深水泥搅拌桩在垂直荷载作用下应力应变试验。

(1) 室内试验

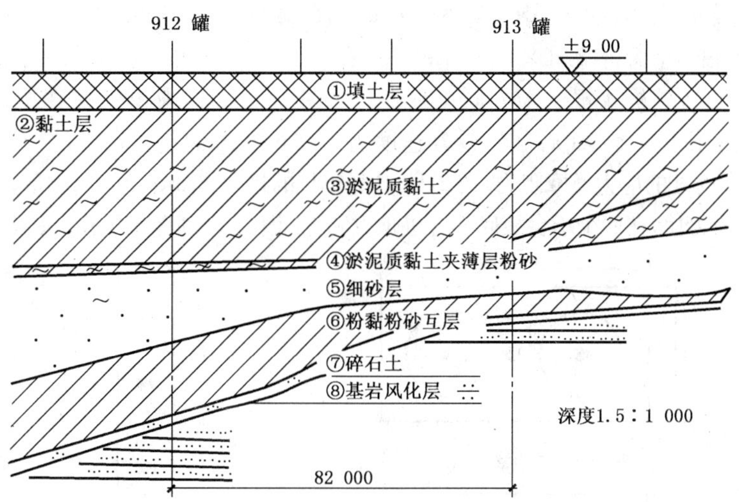

图 6-115 地层剖面图

试验用土取之工地现场地勘报告最弱处。进行了二种水泥即普硅水泥和矿渣水泥，二种标号即#425和#525，二种水泥土配比即15%和18%，6种方案3个平行试验及三种龄期即7天、28天、90天的试验。试验表明、#525水泥比#425水泥同配比同外掺剂强度高近一倍，故决定下面试验只有#525水泥；18%的水泥土比15%的水泥土强度略高，但水泥用量大，整个工程要增加一百多万元投资，故决定用15%。

各项试验数据整理见表6-77。

表 6-77 水泥搅拌桩试验配比表

试样编号	水泥品种	水泥掺入比	外掺剂	无侧限抗压强度/kPa		
				7d	28d	90d
1	#525 普硅	15%	生石膏4%(水泥重) 木钙0.2%(水泥重)	763	1 580	2 091
1a	#525 矿渣	15%		734	1 871	2 929
2	#525 普硅	15%	生石膏2%木钙0.2% 三乙醇胺0.05%	719	1 911	3 031
2a	#525 矿渣	15%		841	2 160	3 476
3	#525 普硅	15%	增强剂 (水科院材料结构所配)	580	1 116	1 531
3a	#525 矿渣	15%		646	1 505	2 735
4	#525 普硅	15%	催化剂 (水科院材料结构所配)	633	1 095	1 970
4a	#525 矿渣	15%		662	1 464	2 326
5	#525 普硅	15%	木钙0.2% 三乙醇胺0.05%	524	1 778	1 946
5a	#525 矿渣	15%		910	2 160	3 488
6	#525 矿渣	15%	生石膏2%木钙0.2%	1 375	2 135	2 820
注：本表内强度值为3组平行试验平均值。						

试验表明：水泥土强度随龄期而增长；矿渣水泥土试块强度比普硅水泥土试块强度要高约34%；最优外掺剂水泥品种掺入比为2a及5a方案和6，但考虑到三乙醇胺价格较贵，施工时配比操作太严格，其主要作用是早强，后期强度并不提高。经分析研究，决定采用同期由东南大学土工实验室所做的无三乙醇胺的试验数据，即表中第6方案，该方案结果满足设计要求。工程桩采用#525矿渣水泥，水泥掺入比为15%，水灰比为0.5，外掺剂生石膏为水泥重的2%，木质素磺钙为水泥重的0.2%。

(2) 现场静载荷试验

1) 试桩布置:在罐区北部、中部、南部共打 16 根 ϕ700 试桩,桩长约 26 米,皆进入第⑤层细砂层。其中 4 桩复合 2 组 8 根桩,承台 2.4×2.4 m;2 桩复合 2 组 4 根桩,承台 1.2×2.4 m;桩间距皆为 1.2 m,置换率为 26.7%;单桩 4 根。配方同工程桩。试桩所用机具为单轴搅拌机,电机功率 37 W,搅拌叶片 2 层 4 片,喷浆压力 0.5 MPa,制桩提升速度为 1.0 m/s。

为测得桩在不同深度处的应力及摩阻力,在 2H—B 号单桩的桩顶、2 m、4 m、7 m、12.5 m 深处各埋入一只桩身应力计;为测得桩土应力比,在四个承台板底面各桩顶上和桩间土上分别埋设了 24 只土压力计,见图 6-116。

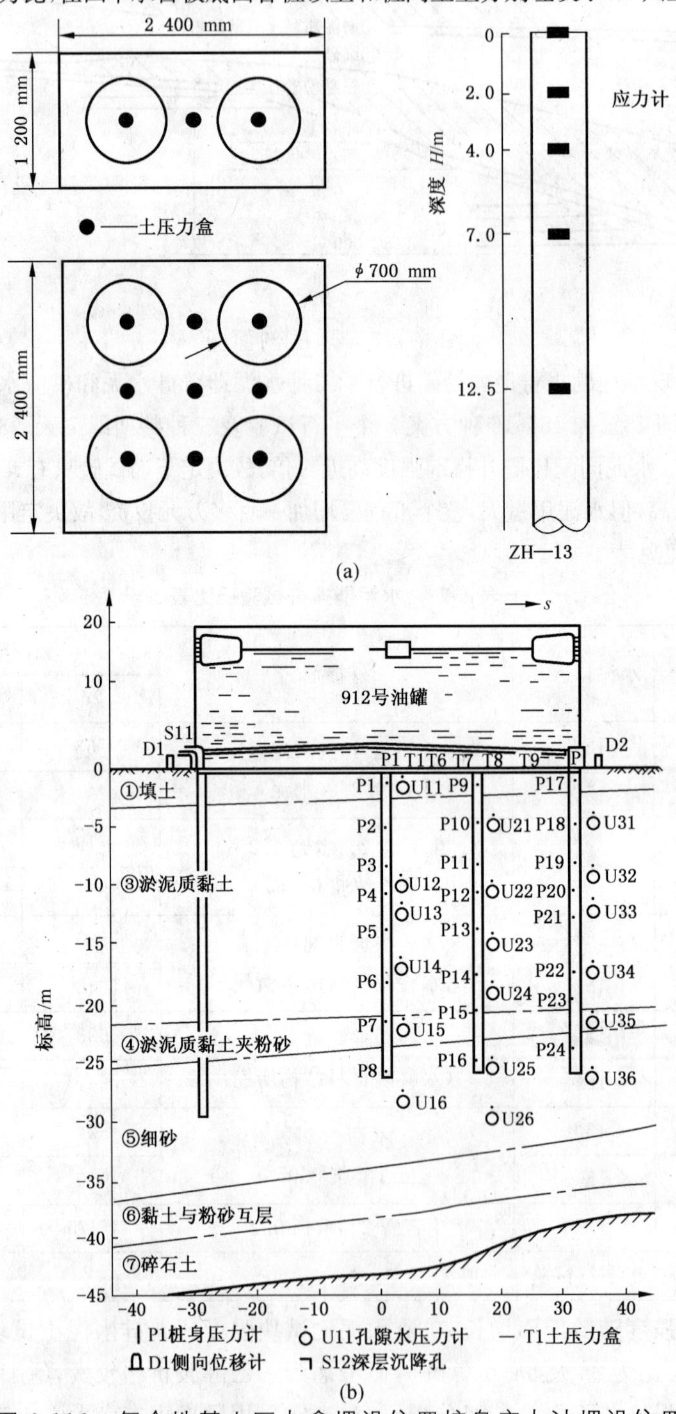

图 6-116　复合地基土压力盒埋设位置桩身应力计埋设位置

2) 单桩及复合地基承载力标准值的确定和计算

① 荷载试验确定单桩及复合地基承载力。根据实测,8 组试验的 p-s 曲线见图 6-117。由 p-s 曲线

确定承载力标准值采用3种方法：极限荷载法，拐点法，相对沉降法取沉降量与荷载承压台直径之比等于1%所对应的荷载作为承载力标准值。各法所定承载力标准值见表6-78。

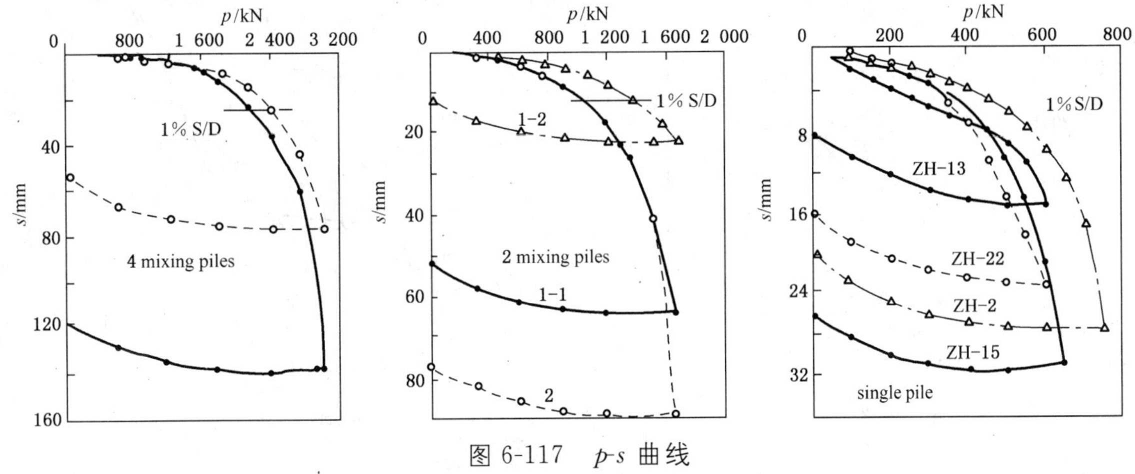

图6-117　p-s 曲线

表6-78　试桩复合地基承载力标准值

组别	序号	最大荷载/kN	最大沉降/mm	沉降回弹/mm	承载力标准值 1 logp-s/kN	2 P-Δs/Δp/kN	3 第一拐点 p_0/kN	4 1～3平均/kN	5 1～3平均 f_k/kPa	6 0.01s/D/kN	7 0.01s/D f_k/kPa
四复合	1	3 000	138	19	1 200	1 200	1 300	1 233	214	2 150	373
	2	3 000	76	23	1 300	1 350	1 500	1 383	240	2 400	417
二复合	1	1 650	65	12	650	650	700	667	232	1 000	347
	2	1 600	89	11	675	675	700	683	237	1 050	365
单桩	1	650	31	5	250	260	300	270		450	
	2	600	19	6	225	275	250	250		380	
	3	600	15	7	275	275	250	267		350	
	4	750	27	6	300	263	270	278		550	

从表中看出复合地基承载力标准值在214～240 kPa之间，平均为231 kPa；单桩承载力标准值在250～278 kN之间，平均为266 kN。

② 复合地基承载力计算，规范公式一般为 $f_{sp,k}=m\dfrac{R_k^d}{A_p}+\beta(1-m)f_{s,k}$，$R_k^d=266$ kN，$A_p=0.385$ m²，$\beta=1$ 即表示桩与土共同承受荷载。$m=0.267$，$f_{s,k}=70$ kPa，则 $f_{sp,k}=0.267\times\dfrac{266}{0.385}+(1-0.267)\times70=229$ kPa。此值与双桩复合与四桩复合荷载试验所得的复合地基承载力和标准值231 kPa非常接近。从而说明了水泥搅拌桩是柔性的，在荷载作用下，桩与土同时受力，土所承受的荷载是桩的$\dfrac{1}{3}$左右。

3）复合地基应力分析

① 桩顶应力和桩间土应力。把荷载试验时测得的应力变化数据绘制成 $p-\sigma_p$，σ_s 曲线（图6-118）。图中 σ_p 为桩顶应力，σ_s 为桩间土应力。应力随荷载而变化的过程分为三个阶段：第一阶段为荷载由零增加到160 kPa时，桩顶应力与桩间土应力均随荷载的增加而增加，复合地基处于弹性变形阶段。第二阶段为荷载由160 kPa增加到400 kPa，桩间土处于极限或接近于极限状态，桩间土应力不随荷载增加而增加，此时荷载增量大多由搅拌桩所承担。在图上表现为 p-σ_s 曲线趋平，p-σ_p 曲线陡。最后阶段即地基接近破坏，沉降量不断增大，桩间土侧向挤出，使得桩间土应力下降，更多的荷载由桩来承担，图上

表现为 p-σ_s 曲线呈下降趋势，p-σ_p 曲线段更陡。

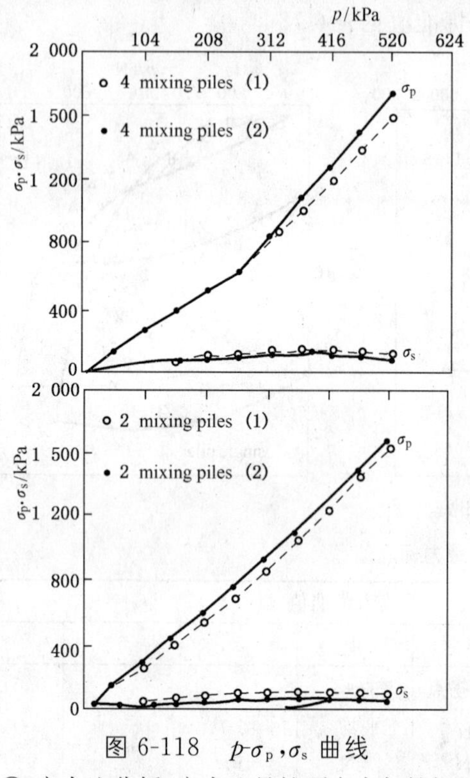

图 6-118　p-σ_p，σ_s 曲线

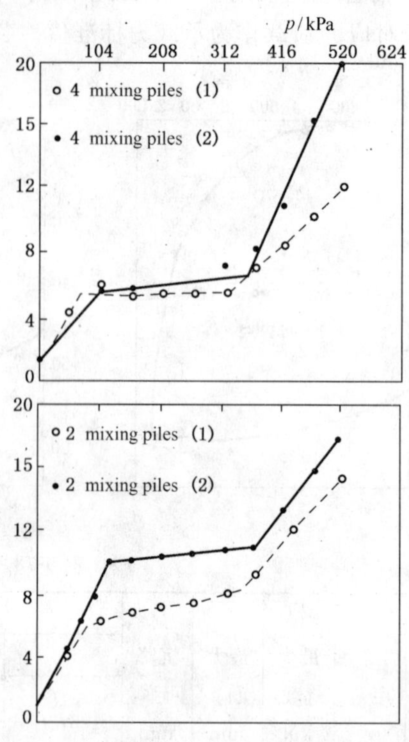

图 6-119　p-n 曲线

② 应力比分析，应力比是桩顶应力与桩间土应力之比值，用 n 表示，$n=\sigma_p/\sigma_s$。图 6-119 是四复合与双复合地基应力比 n 随荷载 P 的变化曲线，图中显示：当荷载由零增至 100～150 kPa 时，n 值在 6～7 之间；当荷载由 150 kPa 增加到 350 kPa 时 n 值变化不大；当荷载由 350 kPa 往上时，n 值急速增大，最大值达 20 左右。上述表现在 p-n 曲线上为上升、走平、再上升的过程。说明水泥搅拌桩复合地基中桩与桩间土不是同时达到屈服状态的，首先达到屈服限和破坏的是桩间土，然后才是搅拌桩。这是因为桩间土是饱和软黏土，在快速加荷下，只要有一定的沉降量，桩间土中的孔隙水压力很快达到极限。由于软黏土的排水缓慢，无法在短时间内完成固结，桩间土比桩先达到极限状态，产生水平向位移，这在 p-σ_s 曲线上表现为桩间土应力增加到一定范围后，不再随荷载增加而增加，致使试验后期的应力比过大。这种现象只是在荷载试验这种极短时间快速加荷时才会产生。当使用荷载为 250 kPa 时，桩土应力比为 6～8。

③ 桩体应力传递规律及桩侧摩阻力分布

水泥搅拌桩属柔性桩范畴，但又与碎石桩等散体桩不同，散体桩其单桩承载力主要取决于土能提供的侧限力，而水泥搅拌桩本身具有一定的强度，对周围土的依赖性比碎石桩要小得多，搅拌桩本身的可压缩性远大于刚性桩。因此，水泥搅拌桩的承载力虽然与桩周土的围压有一定关系：但主要取决于桩侧壁摩阻力的发挥。图 6-120 是荷载试验时各深度各测点应力增量随荷载变化的曲线。

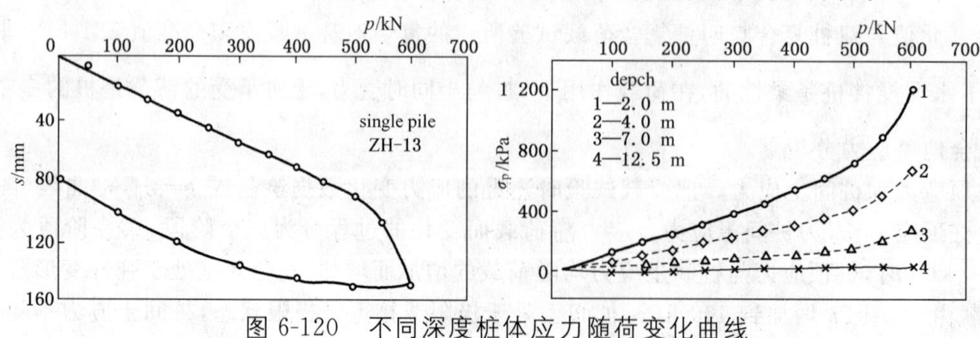

图 6-120　不同深度桩体应力随荷变化曲线

沉降与桩体应力的关系，绘制桩顶沉降 S 与桩体应力 σ_p 的关系曲线图 6-121，可看出，桩体应力的变化与桩顶沉降量基本上呈直接关系，当沉降陡增时，桩体应力也相应增加。

桩体应力沿深度的分布，图 6-122 是桩体应力随深度变化曲线及相应的侧壁摩阻力分布曲线。由图左侧看出，桩身应力分布在深度方向是非线性的，桩体应力主要集中在 7 m 以上部位，桩深 7 m 处的应力仅为桩顶应力的 17%。随着荷载的增加，桩体应力也不断增大，应力影响深度也不断向深处发展，当荷载 250 kN 时，应力传递深度约 8 m，荷载 450 kN 时，应力传递深度约 10 m，荷载 600 kN 桩体接近极限荷载时，桩体应力传递深度约 12 m。

由图 6-122 右侧图看出桩侧摩阻力分布，摩阻力极限值约 50 kPa。从深度方向看，主要发生在 6.0 m以上部位，6 m 以下摩阻力均小于 8 kPa，且变化不大。当桩体承载力达到极限 600 kN 时，侧壁摩阻力最大值的分布范围主要在 1.0 m～5.0 m 的深度内。

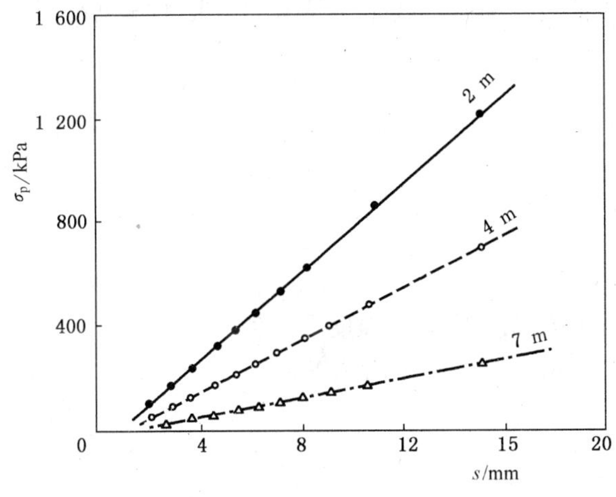

图 6-121　桩体应力与沉降变化曲线

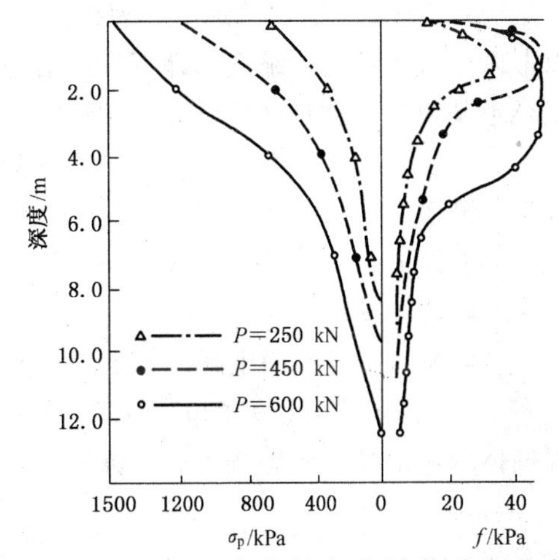

图 6-122　不同深度桩体应力随荷载变化曲线

④ 重复加荷对地基变形的影响

在复合地基上进行了两次静载试验，以了解重复加荷对复合地基变形的影响。试验的间隔时间为 7 天，使地基有一个恢复过程。

两次试验的 p-s 曲线参见图 6-117 和 6-123，在同等荷载条件下，最大沉降量第二次比第一次减少 68%，按设计荷载 250 kPa 所对应的沉降量比第一次减少 54%。第二次的回弹沉降占总沉降的 51%，而第一次的回弹沉降仅为 18%。另外，如果按相对沉降法取值，所对应的荷载作为承载力标准值，则第一次试验时的荷载为 347 kPa，第二次试验为 461 kPa，承载力提高 33%。由此可见，重复加荷不仅能减少沉降量，还可以提高地基的承载能力。

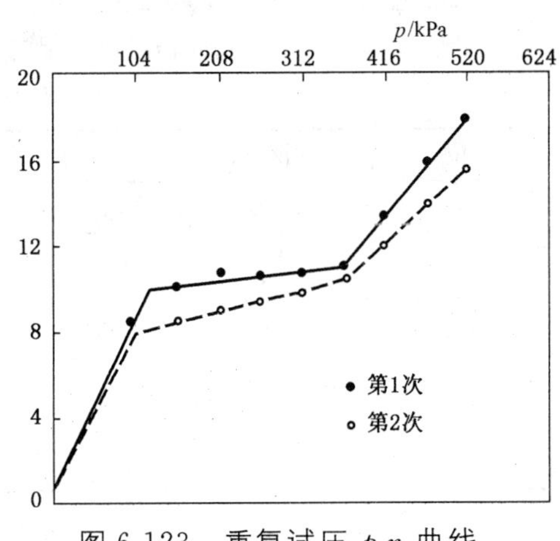

图 6-123　重复试压 p-n 曲线

总之，通过现场试桩得出单桩承载力标准值为 266 kN，当桩径为 ϕ700，间距为 1 200，即置换率为 0.267 时，复核地基承载力标准值为 231 kPa，是天然地基 3.5 倍。桩的摩阻力最大值 50 kPa。

4. 设计计算及工程桩布置

深层水泥搅拌桩与被加固土相比，强度较大、压缩性较小，从这点来看，水泥搅拌桩的设计与混凝土桩类似，但水泥搅拌桩本身具有蜂窝状结构，有一定的压缩性，这就应该考虑它与被加固土组成复合地基作用。

(1) 荷载计算

计算参数：储罐内径 $D=60$ m，储罐壁高 $H=19.35$ m，罐体自重 $Q=12\ 000$ kN，充水高度 17.500 m，设计地面标高 10.500 m，自然地面标高 9.000 m，环墙顶面标高 12.500 m。

设计地面以上荷载：$P_1=17.5+19\times2+12\ 000/\pi\cdot30^2=217$ kPa

自然地面(即搅拌桩顶面)与设计地面间垫层荷载：$P_2=(10.5-9)\times18=27$ kPa

水泥搅拌桩复合地基表面即标高 9.000 m 处平均压力 $P=P_1+P_2=244$ kPa

(2) 复合地基强度计算

$$f=f_k+\eta d\gamma d(d-0.5)=231+1.1\times18(1.5-0.5)=251\ \text{kPa}$$

$$p=244\ \text{kPa}\quad\therefore f>p\ \text{故安全}$$

(3) 地基最终沉降计算

根据 JGJ 79—2002《建筑地基处理技术规范》，搅拌桩复合地基的变形包括复合土层的压缩变形和桩端以下未处理土层的压缩变形即下卧层的压缩变形。

复合地基或者说群桩体压缩模量的计算公式取下式：

$$E_{ps}=ME_p+(1-m)E_s$$

M——置换率；

E_p——搅拌桩压缩模量，可取$(100\sim120)f_{cu.k}$；

E_s——桩间土压缩模量；

$f_{cu.k}$——与搅拌桩身加固土配比相同的室内加固土试块的无侧限抗压强度平均值。

$$E_{ps}=0.267\times120\times2820+(1-0.267)\times2.8=92.1\ \text{MPa}$$

群桩体的压缩变形 s_1。按下式计算：

$$s_1=\frac{(p_o+p_{oz})L}{2E_{ps}}$$

p_o——群桩体顶面处的平均压力，取 244 kPa；

p_{oz}——群桩体底面处的附加压力。

为便于计算，本处把搅拌桩与桩间土假设为一座实体深基础，不考虑沿桩身的压力扩散角，仅计算对减去实体深基础的周边摩阻力，实体直径取 64.8 m，深度取各点设计桩长，摩阻力经①～④层加权平均取 18 kPa，以及减去罐底处底面积与群桩体底面积之比引起的附加压力的差值。每座罐分东、南、西、北、中五点计算。

表 6-79　北罐(912#) s_1 沉降量表

方位	桩深/m	群桩体顶平均压力/kPa	群桩体底附加压力/kPa	沉降量/mm
东	25.3	244	181	58
南	24.7	244	182	57
西	23.2	244	183	54
北	24.7	244	182	57
中	26	244	180	60
东北	27.4	244	179	63

表 6-80　南罐(913#) s_1 沉降量表

方位	桩深/m	群桩顶平均压力/kPa	群桩体底附加压力/kPa	沉降量/mm
东	23.4	244	183	54
南	16.2	244	191	38
西	24.5	244	182	56
北	24.4	244	182	56
中	23	244	184	53

(4) 桩群体下卧层压缩变形 s_2 计算

搅拌桩端头要求座落在第⑤层细砂层上，并入内 300。沉降量 s_2 按下式计算：

$$s_2 = \psi_s \sum_{i=1}^{n} \frac{p_o}{E_{si}}(Z_i\bar{\alpha}_i - Z_{i-1}\bar{\alpha}_{i-1})$$

计算时根据地勘报告每罐分 5 点计算，列表如下：

表 6-81 北罐(912#)东点计算值

土层	Z_i/m	Z_i/r	$Z_i\bar{\alpha}_i$	$Z_i\bar{\alpha}_i - Z_{i-1}\bar{\alpha}_{i-1}$	E_{si}/MPa	P_o/kPa	$\frac{p_o}{E_{si}}(Z_i\bar{\alpha}_i - Z_{i-1}\bar{\alpha}_{i-1})$/mm
S 细砂层	9.6	0.296	4.54	4.54	14.7	181	56
6—1 粉砂夹粉黏	16.1	0.497	7.33	2.79	6.9	181	73
6—2 粉黏夹粉砂	19.6	0.605	8.76	1.43	6.5	181	40
7—1 粉黏夹角砾	21	0.648	7.29	0.53	9.2	181	11
5 细砂层	9.3	0.287	9.24	9.24	14.7	180	108
6—1 粉砂夹粉黏	14.5	0.448	14.21	4.96	6.9	180	129
6—2 粉黏夹粉砂	17.6	0.543	17.04	2.83	6.5	180	79
7—2 碎石土	18.4	0.568	17.74	0.7	15.0	180	14

沉降计算深度范围内压缩模量当量值按下式计算：$\bar{E}_s = \dfrac{\sum A_i}{\sum \dfrac{A_i}{E_{si}}}$，$A_i = Z_i \cdot \bar{a}_i$

东点 $\bar{E}_s = \dfrac{4.54+7.33+8.76+9.29}{\dfrac{4.54}{14.7}+\dfrac{7.33}{6.9}+\dfrac{8.76}{6.5}+\dfrac{9.29}{9.2}} = 8.02\ \text{MPa}$

按规范取经验系数 $\psi_s = 0.92$

中点 $\bar{E}_s = \dfrac{9.24+14.21+17.04+17.74}{\dfrac{9.24}{14.7}+\dfrac{14.21}{6.9}+\dfrac{17.04}{6.5}+\dfrac{17.74}{9.2}} = 8.97\ \text{MPa}$，$\psi_s = 0.85$

东点 $s_2 = 0.92\times(56+73+40+41) = 166$ m

中点 $s_2 = 0.85\times(108+129+79+14) = 330$ m

其余各点 s_2 沉降量计算方法皆同，见表 6-82。

表 6-82 储罐沉降量计算表

北罐(912#)				南罐(913#)			
方位	$\bar{E}_s$/MPa	ψ_s	s_2/mm	方位	$\bar{E}_s$/MPa	ψ_s	s_2/mm
东	8.02	0.92	166	东	14.87	0.41	19
南	8.03	0.92	131	南	10.99	0.7	43
西	8.12	0.916	169	西	14.86	0.41	21

续表 6-82

北罐(912#)				南罐(913#)			
方位	$\bar{E}_s$/MPa	ψ_s	s_2/mm	方位	$\bar{E}_s$/MPa	ψ_s	s_2/mm
北	9.08	0.84	144	北	10.57	0.73	61
中	8.97	0.852	281	中	10.9	0.71	83

各罐每点最终沉降量 $S=S_1+S_2$,列表 6-83。

表 6-83 储罐计算沉降量汇总表

北罐(912#)				南罐(913#)			
方位	s_1/mm	s_2/mm	s/mm	方位	s_1/mm	s_2/mm	s/mm
东	58	166	224	东	54	19	73
南	57	131	188	南	38	43	81
西	54	169	223	西	56	21	77
北	57	144	201	北	56	61	117
中	60	281	341	中	53	83	136

相邻罐体对沉降的影响计算:为便于计算圆形化为等面积方形,则边长=53.2 m,如图 6-124:

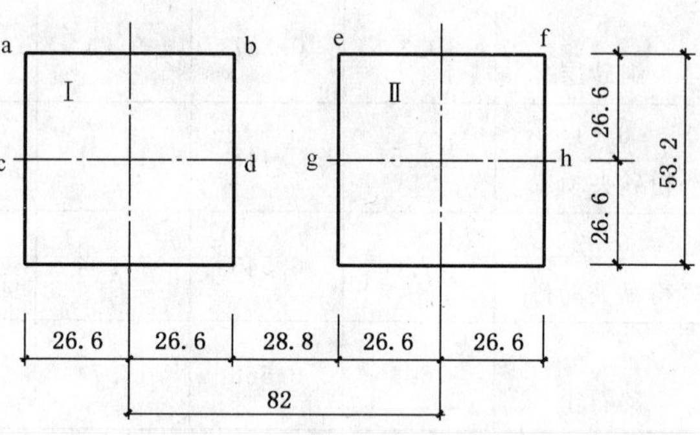

图 6-124 圆形化为等面积方形计算图

罐体Ⅰ对罐体Ⅱg 点沉降影响最大,深度取 25 m,计算 g 点应力。

在矩形 a、e、c、g 中 l/b=82/26.6=3.08 Z/b=25/26.6=0.94

查(GB 50007—2002)规范附录 K 表,$\bar{\alpha}=0.247$

在矩形 bedg 中,l/b=28.8/26.6=1.08,Z/b=25/26.6=0.94

查表得 $\bar{\alpha}=0.229$

影响应力 $\sigma_z=2\times(0.247-0.229)\times244=8.8$ kPa 这与桩群体底附加压力相比所占比例很小,约 5%,对相邻罐不会产生明显沉降影响。

这样计算结果,罐基础环墙处最大沉降量为 224 mm,满足贮运专业配管要求,罐基础沉降差最大值是南罐(#913)南北向 36 mm,远小于《储罐地基与基础设计规范》0.004D=240 mm 的要求。

(5) 工程桩布桩形式

桩径定为 D=700 mm,1 200×1 200 方格网布置,罐体直径外加二排桩,桩群体直径为 64.8 m。为提高抗地震水平荷载能力,加强水泥搅拌桩群体的整体刚度,减小压缩变形,采用格栅状布桩形式见图 6-125。具体做法是,在方格网圆形平面上沿东西、南北 2 条直径方向上分别在每两根桩间加一根桩,使桩与桩间互相搭接 100 mm,从而形成四条连续的长壁;再沿半径为 3.6 m、16.8 m 及 30 m 圆环上桩与桩也各加一根桩,形成三圈圆环壁,其中半径为 16.8 m 及 30 m 的二圈为双层壁,这些径向壁与环向壁相互交错,将每座罐的搅拌桩半面分割成 16 个扇形格栅和 4 个 11/4 圆形格栅。这些格栅将未被加固的软土一块块地包围起来,限制了搅拌桩间的软土的侧向变形,从而大大减少了垂直沉降。一座罐基共布 3 189 根桩。

(6) 施工要求

在 27 米软地基上建造 5 万 m³ 油罐,在国内尚属首例,为此设计直接对施工工艺和机械要求提出了具体措施。规定其搅拌机电机功率为不少于 55 kW,搅拌轴转速 60 r/min,提升速度 0.8~1.0 m/min,搅拌叶片 3 层,每层 2 片,每层叶片径向水平投影夹角 60°,层距 300 mm,每片叶片宽 100 mm,水平夹角 30°,

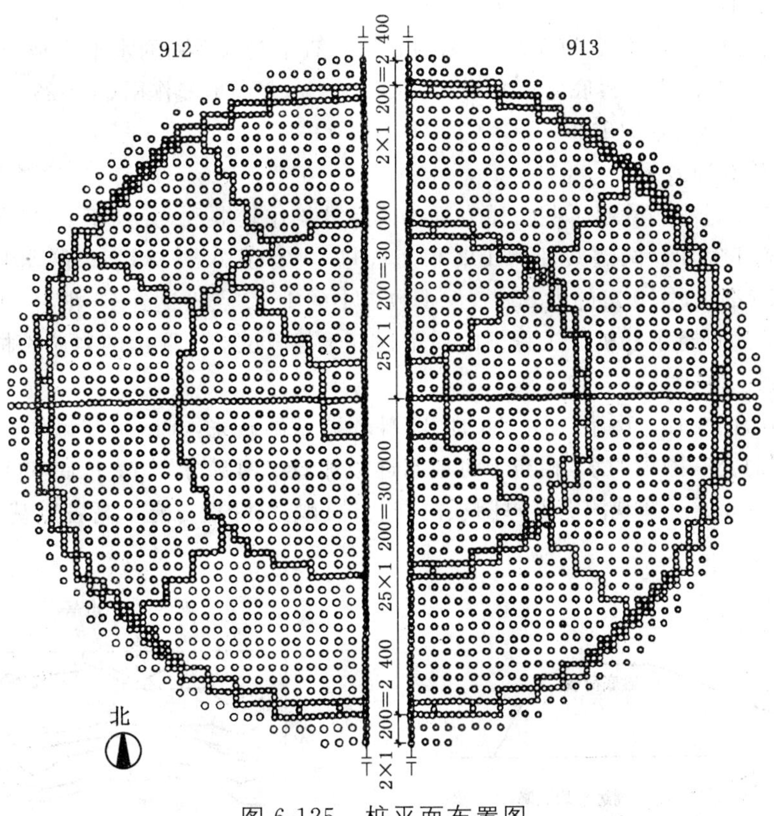

图 6-125　桩平面布置图

目的是保证水泥土搅拌均匀，桩体内每点搅拌不少于 20 次。水泥搅拌桩每根桩的用料严格计量，水泥、生石膏，木质素磺酸钙都用镑称称准，水泥浆的水灰比严格控制为 0.5，水绝不允许过量。每根桩必须搅至细砂层并入内 300 mm，控制方法是参考地勘剖面图、细砂层顶面标高等高线图并用电机电流变化及搅拌轴进尺速度变化来复核。

质量检验方法：①是严格按照设计要求和批准的旋工工艺施工，严格施工记录，重点检查每根桩的水泥用量，水灰比、喷浆搅拌过程中有否断浆现象，喷浆搅拌下沉提升的时间是否均匀及复搅次数。②是随机抽取 1%左右的桩体进行龄期 10 天的 N63.5 标贯试验，位置在桩身的 2 m、5 m、8 m、11 m、14 m、18 m、24 m 深处，其最低击数为 10 击（注：后改为 9 击）。并在每处标贯的上段取水泥土芯做外观检查，要求水泥土颜色一致，搅拌均匀，没有大量水泥浆富集成未被搅匀的土团。详细施工优化见本章实例十五“超深水泥搅拌桩施工工艺的优化试验研究”。

（7）构造措施

1）清桩头，估计搅拌桩顶有 600 mm 高左右的隆起，实际隆起达 1 m 多，要求将此隆起土全部清除干净，场地仍保持在 9 m 标高。

2）桩顶平整后铺二层土工布，中间间隔为 150 mm，环墙外扩出去 6 m 再回包头，作为群桩体的封顶，其作用是阻止搅拌桩可能对上部填土的楔入破坏，另外搅拌桩顶面上尚有 3 m 高左右的填土，利用土工布承受拉力和与土的摩擦作用而增大侧向限制，阻止填土的侧向挤出，从而减少变形特别是侧向变形，增大地基的稳定性。

3）为节约开支，土工布上到罐底砂垫层下填土，分层碾压，密实度 $\lambda \geqslant 0.96$，严格控制。环墙底至土工布上周圈铺 2 m 宽砂石垫层，目的仍为限制填土侧向变形。填土分层碾压完后，再挖环墙基槽。目的是确保环墙内侧填土质量。

4）为防止意外，沿环墙顶部均匀设置 48 个放千斤顶的沉降调整孔。

(8) 抗地震作用计算

本处抗震设防烈度为7°,储罐为5万 m^3 浮顶储罐。查钢储罐系列的水平及竖向地震作用计算表得,水平地震作用 $S=12\ 408$ kN。罐底弯矩 $M=81\ 032$ kN·m,竖向地震作用 $S_V=23\ 080$ kN,(取8°时)。

地震作用不会引起地基的破坏。

5. 水泥搅拌桩处理效果

两座罐基在施工过程中除出了些机械方面的问题外均比较顺利,分别于1995年12月上旬和1996年3月下旬全部施工完毕。两罐共抽测108根工程桩,进行了 $N_{63.5}$ 标贯试验,同时抽岩芯观察,其中10天龄期击数每点都超过10击的占85%,仅少数桩中的1~2点没达到10击,但也在6击以上。特殊差的几根桩在其旁边进行了补桩。工程桩的质量远好于静载试桩。取出的岩芯长桩状、坚硬,标贯击数明显提高,平均值达20击。

北罐(912#)8月20日。南罐(913#)6月20日环墙基础做完,开始组装罐体。罐体采用浮板正装法,即焊一圈板同时充一圈板的水,相当于对地基逐级加载。两罐分别11月底和11月初组装完毕,同时也充水到位17.5 m。沉降观测随着每圈板的安装进行。沉降量与充水高各点基本都呈线性变化(见图6-126)。

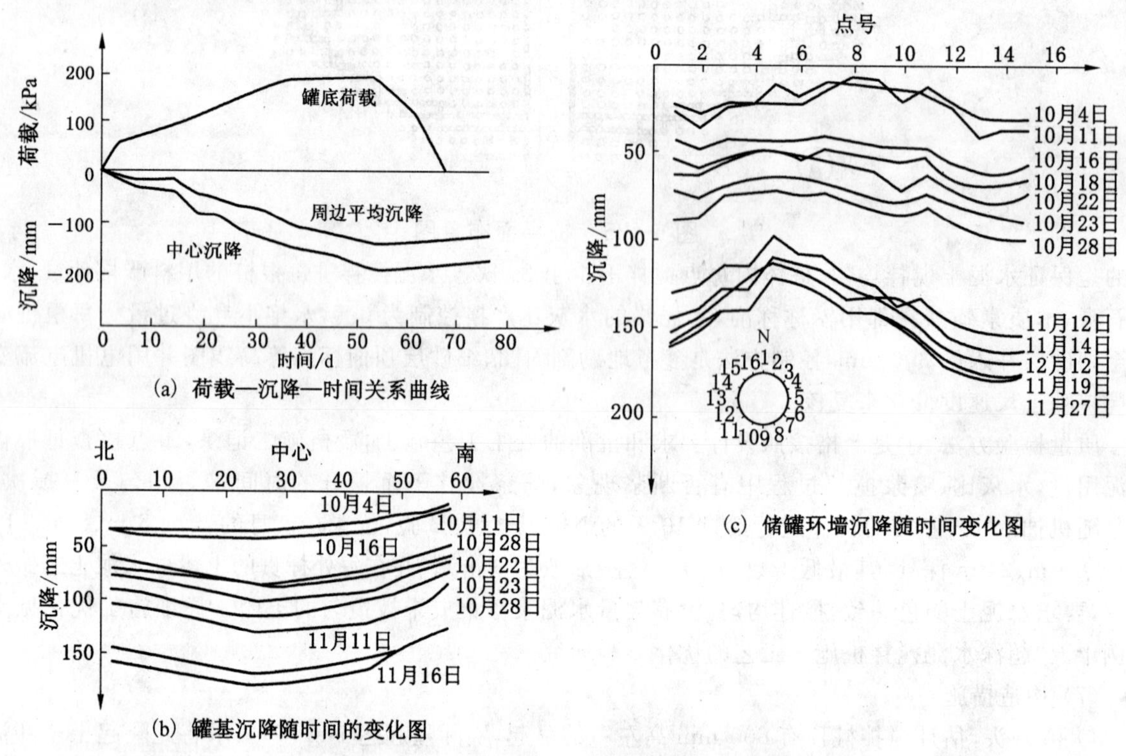

图6-126 北罐912#储罐实测沉降曲线

从建罐开始到罐体建成充水预压半个月,两罐各点累计沉降量如表6-84。

表6-84 储罐实测沉降汇总表

南罐913#	北	东北	东	东南	南	西南	西	西北
累计沉降量/mm	67	42	33	32	30	44	45	65
北罐912#	北	东北	东	东南	南	西南	西	西北
累计沉降量/mm	152	123	104	124	141	144	143	148

6. 小结

用水泥搅拌桩处理大型储罐的深厚软弱地基是一种可靠的方法。只要设计合理,并且严格控制施工工艺和施工质量,完全可以获得理想的效果。在本处把地基承载力提高近4倍,由70 kPa提高到250 kPa;

地基的压缩模量提高 30 多倍，由 2.8 MPa 提高到 92 MPa；地基最大沉降量消除近 90%，本处原天然软土在 244 kPa 的荷载作用下，最大沉降量可达 2 600 mm 左右，而搅拌桩处理后的地基最大沉降量仅 340 左右。工期与其他方法相比也较短，造价仅为钢筋混凝土桩基的二分之一。

本工程的实践说明，现有搅拌桩复合地基理论及计算方法适用于深度为 27 m 左右的搅拌桩，同时在足够大的面积荷载下，搅拌桩的应力完全可以传至 27 m，甚至更深。

十五、超深水泥搅拌桩施工工艺的优化试验研究

南京金陵石化公司炼油厂石埠桥中转油库区内建设的 912 号，913 号 2 台 5 万 m^3 大型储罐。储罐区内软土地基承载力标准值为 70 kPa，软土层厚达 25 m。储罐地基采用水泥搅拌桩进行加固处理，搅拌桩长 27 m。为确保水泥搅拌桩承载能力和变形达到设计要求，施工中对水泥搅拌工艺、质量检验与质量判定进行了大量的试验研究。在此基础上确定超深层水泥搅拌桩的优化施工工艺。

1. 搅拌机械的选择

（1）桩机：采用 SJB-DS37 改进型单轴深层搅拌机。搅拌主轴电机功率 55 kW，转速 60 r/min。

（2）搅拌头：将浅层搅拌配置的 2 层 4 刀片改为 3 层 6 刀片，使 3 层均匀错开交叉布置。搅拌刀片与水平呈 30°切入角。喷浆孔设在第 2 层刀片处（见图 6-127）。

（3）配套桩架：ZH-17 型改装轨道式塔式起重机，机高 33 m，电机功率 21 kW。

（4）灰浆搅拌器：HB6-3 型，拌和容量 400 L。泵出口压力 0.3～0.5 MPa；输浆管直径为 2 in（5.08 cm）。

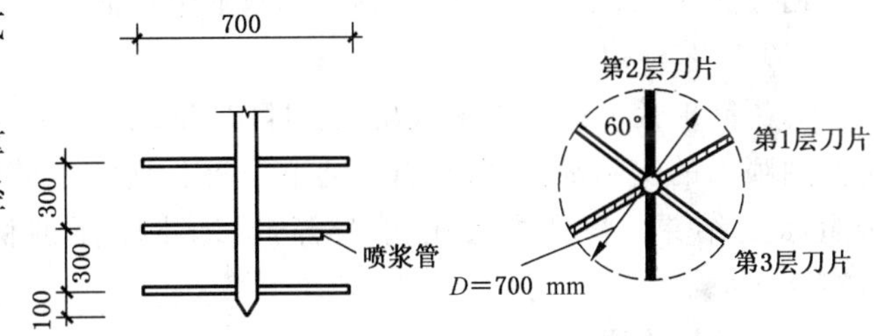

图 6-127　改进后的搅拌头

2. 试桩工艺的标定和分析

（1）试桩基本数据

试桩直径 0.7 m，桩长 25.5 m，土重度按 18 kN/m^3，水泥掺量为土重度的 15%，单方水泥土水泥含量 270 kg/m^3，单位桩长水泥掺量为 103.91 kg/m，单根试桩水泥计算用量 2 650 kg。

（2）试桩工艺标定

采用 2 in 输浆管，输浆泵出口压力 0.3～0.5 MPa 时喷出 100 kg 水泥用量用时 76 s。按 15%水泥掺量施工 1 m 桩喷浆用时 79 s 即 1 m/79 s。换算搅拌主轴提升速度为 0.75 m/min。按照不同水泥掺量的比率关系得到：水泥掺量 18%、15%、14%、13%、12%、10%、8%时搅拌主轴提升控制速度为 0.625 m/min、0.75 m/min、0.804 m/min、0.865 m/min、0.938 m/min、1.125 m/min、1.406 m/min。

（3）各试桩的搅拌工艺过程

1）试桩工艺 1：喷浆下沉（水泥掺入比 12%）→提升复搅（25 min）→搅拌下沉（其中上部 1/2 桩长喷浆 8%）→提升复搅（1 m/min）。

2）试桩工艺 2：将桩自上而下分成 0～5 mA 段，5～15 mB 段，15～20 mC 段，20 m～桩底（25.5 m）D 段。

流程为：预搅下沉→提升喷浆（D 段 12%，C 段 14%，B 段 18%，A 段 13%）→搅拌下沉（9 min）→提升复搅（0.4～0.5 m）/min。

3）试桩工艺 3：将桩自上而下分成 0～5 mA 段，5～15 m B 段，15 m～桩底（25.5 m）C 段。

流程为：预搅下沉→提升喷浆（C 段 13%，B 段 10%，A 段 13%）→搅拌下沉（6 min）→C 段提升复搅，B 段提升喷浆 8%→下沉到 B 段→提升复搅 0.5 m/min。

（4）试桩搅拌工艺评定

1）通过试桩检验看到，水泥土的强度提高与原土的物理性质密切相关。本工程土层深度自基底向

下 0～5 m 填土；5～7.65 m 为淤泥质粉质黏土，w=41.9%，e=1.21；7.65～15.65 m 为淤泥质土，w=50.25%，e=1.41；15.65～21.65 m 为淤泥质、淤泥质粉质黏土，w=43.73%，e=1.23；21.65～23.65 m为粉土，w=37.9%。由上可见 7.65～15.65 m 平均天然含水量、平均天然孔隙率二值均高于其他桩段土的相应值，其天然密度则较其他桩段低。可见搅拌桩 5～15m 之间应加大水泥掺量，以提高桩身强度。

2）比较各试桩搅拌工艺发现，桩的任一空间点水泥土的搅拌遍数达到 30 次以上时效果较好，如试桩工艺 2。试桩工艺 1 的第 2 次喷浆（a_w=6%）搅拌少于 20 次时明显不够，因而 5m 以下桩身强度很低，后期强度也不高。

3）根据土层软土性质的变化，采用变掺量工艺对 5～15m 桩段加强后，在提高桩身强度方面起到了很好的效果，如试桩工艺 2、3 。

4）在水泥掺量相同的前提下，分 2 次喷浆搅拌其效果要比 1 次喷完好（试桩工艺 3）。

综上所述，为了使水泥搅拌桩强度沿桩身均匀、合理地分布，关键在于水泥土搅拌的均匀性和沿桩身水泥掺量的合理调整。前者通过足够的搅拌遍数来实现；后者则根据不同土层采取变配比的水泥掺量（变掺量）来实现。本工程以试桩工艺 3 为基础制定了工程桩的施工工艺方案。

3. 工程桩施工工艺的调整与优化

通过试桩获得基本搅拌工艺后，在施工中还需根据搅拌效果对工艺进行调整与优化，其过程如下。

（1）工艺标定

为了能够控制搅拌桩掺入比，通过随班记录下搅拌桩完整的操作过程来标定不同搅拌桩机在单位时间内喷出的实际水泥量，转而得到单位桩长所需的喷浆时间并最终以搅拌主轴提升速度进行控制。按照标定结果，水泥掺入比为 15% 时 1 号搅拌桩机、2 号搅拌桩机单位桩长喷浆时间分别取值77 s、88 s。

（2）工艺的调整与优化

以试桩工艺 3 为基础制定施工工艺一（见图 6-128）。由图 6-128 可见，地面以下 5 m 桩段和 D 点到桩底段搅拌遍数、水泥掺量相同但其桩身标贯击数相差 4 倍之多。显然在桩深 15～20 m 段为搅拌桩薄弱段。这表明，桩上段水泥掺量可调减用于加强下段。按照设计初定标准 10 d 标贯击数（修正值）不应小于 10 击判定，检测 3 根桩中有 1 根桩在 15～20 m 桩段小于 10 击不符合要求，因此将施工工艺一调整为施工工艺二（见图 6-129）。由图 6-129 可见，按施工工艺二施工的搅拌桩下部 20 m～15 m 段标贯击数明显增加，整个桩身强度趋于均匀，消除了桩中下部的软弱段。桩上部 5 m 段水泥虽调减了 0.73%，但水泥土标贯击数未见降低。将桩的水泥掺入量由 3 段变化改为 4 段变化，这种调整优化使搅拌桩的水泥掺入量沿桩身各土层趋于合理，最终逐步实现桩身质量均匀。据此设计的 912 号罐基础 5 号搅拌桩机施工工艺，通过深层标贯检测后证明效果理想。定义为施工工艺三（见图 6-130）。比较施工工艺三、施工工艺二不难发现：在 20 m 以下桩段前者比后者深层标贯击数增加了 1/4～1/3，使沿桩身各段的强度更趋均匀。2 个工艺最大的区别在于在桩 20 m 以下施工工艺三增加了一次复搅，使搅拌遍数达到 67 次。而前者的该段水泥掺量还略低于后者。从中可以看出水泥搅拌桩搅拌均匀性的重要性。

（3）搅拌工艺调整与优化的原则

1）单桩成桩时间的控制：从理论上讲搅拌机械对水泥土搅拌的遍数越多就越均匀。但增加搅拌时间会受到水泥初凝期的限制。水泥初凝时限应控制在 120 min 以内，本工程施工工艺一至施工工艺三自喷浆开始到最后成桩用时依次为 96 min、102 min、117 min。施工工艺一搅拌时间偏短，应加大搅拌遍数，这样对桩身质量有利。

2）单桩水泥总掺量的控制：当对搅拌桩各段水泥掺量调整时，按下列公式核算单桩总水泥掺入比。

$$a=(a_1 L_1+a_2 L_2+a_3 L_3+\cdots a_n L_n)/L$$

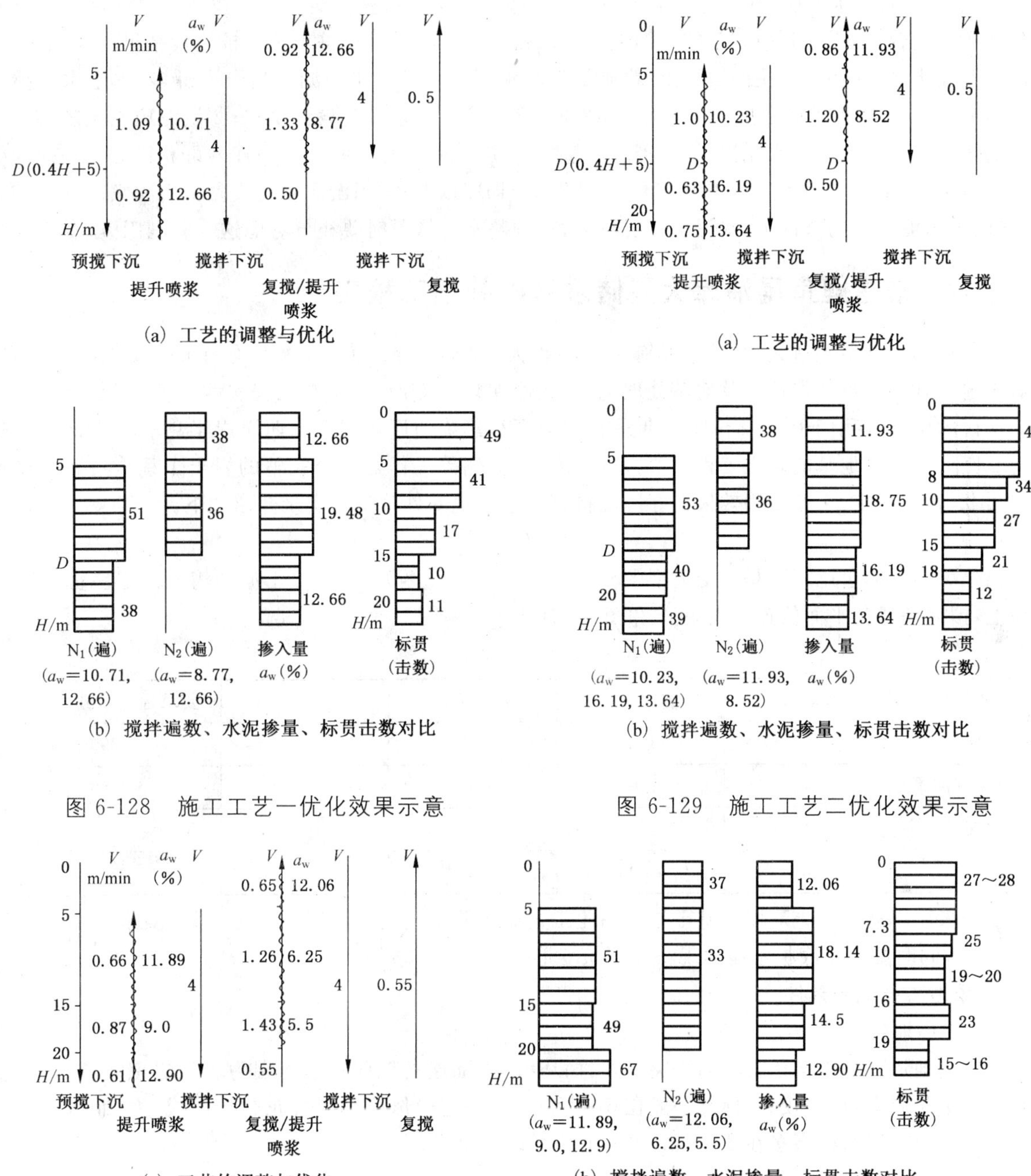

图 6-128　施工工艺一优化效果示意

图 6-129　施工工艺二优化效果示意

图 6-130　施工工艺三优化效果示意

式中：a——单桩总的水泥掺入比，%；

L——搅拌桩总长，m；

$L_1, L_2, \cdots L_n$——搅拌桩各掺量段的长度，m；

$a_1, a_2, \cdots a_n$——各桩段水泥掺入比，%。

依据总的水泥掺量控制调整各桩段水泥掺入比，使总水泥量不超用。一般水泥实际用量应控制在理论用量的 1.05 倍以内。

3）搅拌工艺调整的依据：调整施工工艺的依据是桩身质量的实际检测结果。本工程的桩身质量检验方法是采取沿桩身通长钻孔深层标贯的方法。检验水泥土龄期为 10 d、30 d、90 d 的标贯击数以了解桩身强度的分布情况。在标贯过程中还能将不同深度的水泥土芯样取出，直观地分析、判断水泥土的强度和均匀性，使工艺调整具有明显的针对性和目的性。

4）不同土质对水泥掺量的要求：工艺中对水泥掺量的不断调整其实质是寻找适合各土层不同土质的最佳水泥配合比，以达到所期望的水泥土无侧限抗压强度。前期试桩与工程桩检验结果均表明：①桩上部以亚黏土、轻亚黏土为主的素填土、粉质黏土其水泥掺入量要比淤泥质黏土小得多，填土水泥掺入比在12%左右水泥土无侧限抗压强度可达3 000 kPa以上，完全满足设计要求；②淤泥质黏土随着土含水量的增大应相应提高其水泥掺入量，当含水量超过50%时掺入比在18%～19%可获得较为理想的桩身质量效果，一般90 d无侧限抗压强度能达到2 000 kPa以上；③当淤泥质粉质黏土中粉细砂含量较大时，在同等水泥掺量的条件下，水泥土强度较高，在调整水泥掺量时要充分考虑这一有利因素。

十六、福建鲤鱼尾油库大型储罐基础处理工程实录

在非均匀地基上建造大型储罐，具有基底面积大，地基附加压力大，对不均匀沉降要求严等特点。这对于地基勘察评价与设计以及地基处理施工，无论在理论方面，还是在工程实践方面，都是有待于研究与探讨的课题。我们于1988～1992年承担完成厂福建炼油厂在湄洲湾西海岸半岛非均匀地基上建造十二座大型储罐地基的岩土工程勘察、设计、施工、监测等工作是一个完整的岩土工程全过程。储罐建成至今，地基稳定，生产使用效果良好。现将该工程的地基处理工程实录介绍如下。

1. 工程概况

福建炼油厂鲤鱼尾罐区是一个大型中转库，库容量为20多万 m^3。位于湄洲湾西海岸三面环海的半岛上，拟建储罐与平面位置见表6-85和图6-131。

表6-85 油库区拟建油罐

油罐类型	数量/台	容积/m^3	罐直径/m	高度/m	要求地基承载力/kPa
浮顶原油罐	4	3万	46	19	250
内浮顶汽油罐	4	1万	28	17	200
拱顶柴油罐	4	1万	28	17	200
燃料油罐	3	1 000			

油罐采用钢筋混凝土环墙式基础。石油化工企业钢储罐地基与基础设计规范要求罐体最大平面倾斜为40‰，同时要求罐底板不能出现“锅底”状变形。

2. 场地工程地质条件

（1）地形地貌

油库区地形呈东南向条带状向海突出，三面环海，属陆连岛地貌。东南端为岩丘岩礁缓坡台地，呈北东向条带状展布，地势较高，标高一般在5～17 m，由三迭—侏罗系混合花岗岩组成。西北部为海积Ⅰ级阶地，低洼平坦，标高多在2～5 m，主要由四系地层组成。

（2）地层

上部地层为第四系海积、冲洪积、坡残积与残积形成的砂土，黏性土及黏性土含砂。下部基岩为中生代混合花岗岩。按其工程性质划分为7层（含亚层），自上而下依次为：

①层中、粗砂部分砾砂；褐黄～浅黄色，很湿～饱和，松散～稍密。成分以石英为主，少量长石、云母，局部见有黏性土与贝壳残片。

②－1层淤泥质黏土、粉质黏土部分砂含黏性土：灰～灰褐色，饱和，软塑～流塑。局部夹淤泥层呈稀糊状。

②－2层粉质黏土、黏土部分砂含黏性土：灰～深灰色，很湿～饱和，可塑～硬塑。

②－3层粉质黏土、部分粉土含砂：灰～黑灰色，饱和，软塑～流塑。

③层砂含黏性土、部分中、粗砂：灰绿～褐黄色，很湿～饱和，稍密～中密。

④层砂含黏性土：砖红～褐红色，很湿，硬塑。

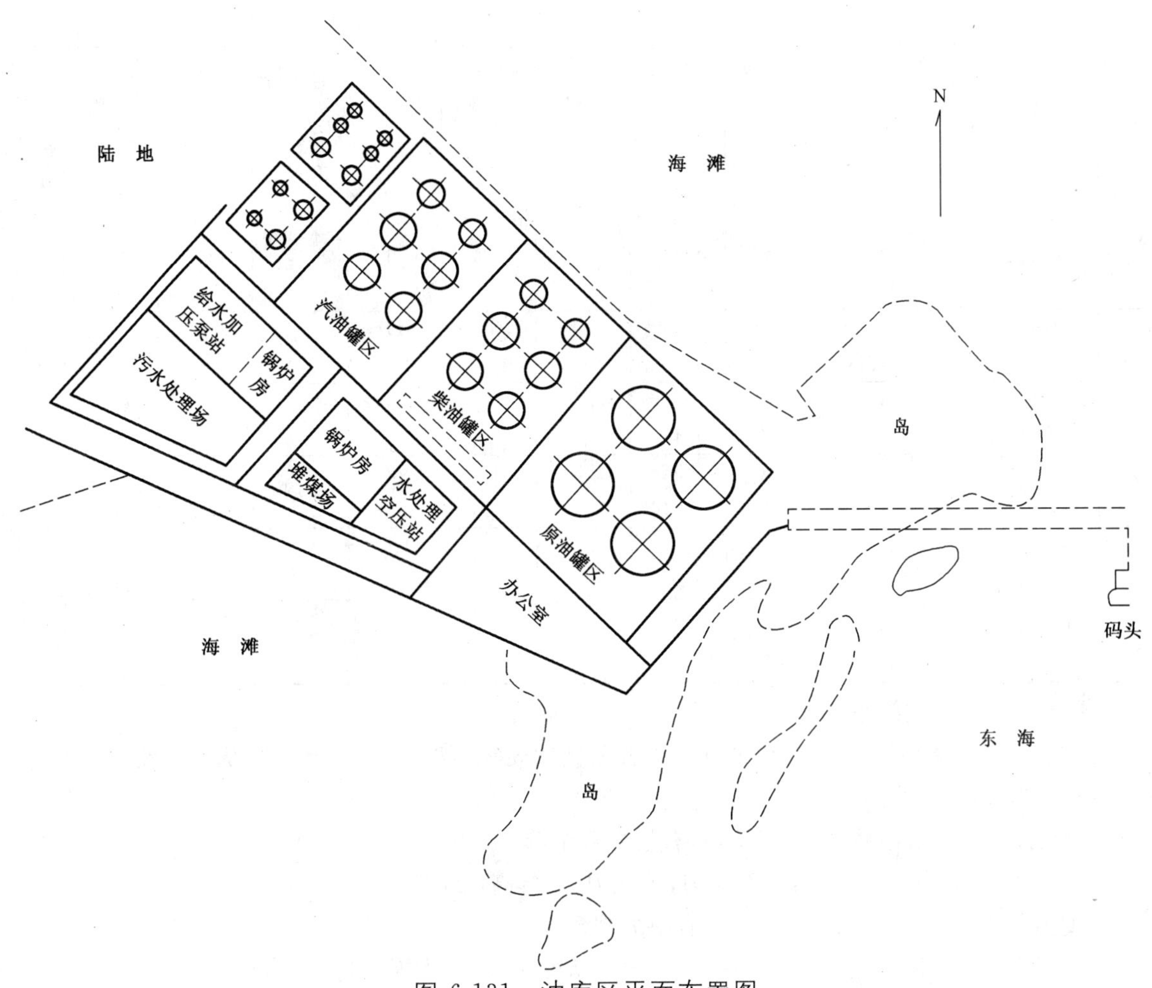

图 6-131 油库区平面布置图

⑤层花岗岩强风化层:浅灰~褐黄色,质地紧密,上部风化剧烈多呈土状,可见原岩结构,成分有石英、长石、云母及少量暗色矽物。随深度增加风化程度减弱,岩质变硬,花岗结构明显。在残丘顶部与冲沟入海口底部花岗岩裸露,致密坚硬。

(3) 地基土物理力学性质

各层土物理力学性质如表 6-86 所示。

本场地地下水位深 0.90~1.70 m,地震设防烈度为 7 度。

表 6-86 各层土物理力学性质

地层号	地层名称	含水量 w/%	湿重度 γ/(g/cm^3)	孔隙比 e	塑性指数 I_p	液性指数 I_t	压缩系数 a_{1-2}	黏聚力 C/kPa	内摩擦角 φ/(°)	标贯击数 N/击	比贯入阻力 p_s/MPa
①	粗、中砂部分砾砂	9.39~3.3								2.0~15.0	3.04~9.50 0.4~2.5
②-1	淤泥质黏土、物质黏土	57.7~16.2	2.04~1.60	1.621~0.608	27.7~10.1	2.79~0.27	1.32~0.22	33~24	1.5~5.8	2.9~1.7	0.20~0.59 1.14~3.09

续表 6-86

地层号	地层名称	含水量 w/%	湿重度 γ/(g/cm^3)	孔隙比 e	塑性指数 I_p	液性指数 I_t	压缩系数 a_{1-2}	黏聚力 C/kPa	内摩擦角 φ/(°)	标贯击数 N/击	比贯入阻力 p_s/MPa
②－2	粉质黏土部分砂含黏性土	45.4～11.9	2.20～1.72	1.139～0.492	25.6～10.0	0.50～0.20	0.51～0.11	54～31	22.3～11.5	7.3～5.5	0.55～0.73 3.18～7.19
②－3	粉质黏土部分粉土含砂	38.2～15.9	1.94～1.76	1.123～0.764	17.0～10.0	1.37～0.50	0.41～0.18	16	7.6	3.4～2.6	0.33～0.59
③	砂含黏性土部分中、粗砂	44.9～10.2	2.10～1.79	1.035～0.476	30.3～5.4	0.62～0.22	0.34～0.22	61	17.8	14.5～7.1	1.40～16.60
④	砂含黏性土	27.7～10.1	2.05～1.71	0.904～0.546	22.5～10.5	0.17～<0	0.47～0.08	90～54	25.1～8.7	10.8	3.08～0.85
⑤	花岗岩强风化层(残积土)									27.4～14.2	15.13～12.08
⑥	花岗岩强风风化层									>35	

(4) 主要工程地质问题

由于地层成因类型复杂，所形成的地层岩性及其软硬等工程性质差异较大，从而导致油库区内具有下述不良工程地质现象：

1) ①层砂土，松散～稍密，强度低，具有轻微～中等(Ⅰ-Ⅱ级)液化。

2) ②－1、②－3层土质软弱且不均匀，承载力低，具高压缩性。

3) 地层层位不稳定，厚薄变化大，并有缺失现象。

4) 基岩埋深，风化程度与厚度不一，基岩面起伏变化大，最大坡降达65%。

因此，作为大型储罐地基，主要工程地质问题是土层承载力低，沉降与不均匀沉降大以及砂土液化。

3. 储罐地基处理方案设计

(1) 地基处理方案

该场地地基处理的首要任务是消除地震液化，提高地基承载力，降低土层压缩性，以减少储罐基础的沉降量和沉降差。处理此类地基的方法很多，经方案比较可归纳为以下几种：

1) 钢筋混凝土预制桩。此方法可将上部的全部荷载直接传递给基岩，对处理软弱土克服砂土液化减少沉降量和沉降差都具有良好的效果，但是需要大量木材，水泥和钢筋，造价高。约为罐体造价的3倍，且施工工序多，尤其是预制桩长度很难确定，还会造成一定的浪费。

2) 强夯法处理地基：造价比较低，但存在以下问题，①强夯影响深度有限，对埋藏较深的淤泥质土和6.0 m以下的土层无法处理，处理深度不能满足要求。②施工期为雨季，对于填土和黏性土采用强夯常受天气限制，且地下水位较高会造成橡皮土。

3) 振冲碎石桩复合地基，振冲碎石桩是一种柔性桩，桩体强度比桩间土大，受力后在桩体上发生应力集中，土体所受压力比桩体小得多，桩土共同作用，形成复合地基，可获得较高的承载力和减少沉降量。振冲碎石桩虽比强夯造价高，但有以下优点：

① 碎石桩适应性强，长短可随意调整，如④层土和①层强风化岩能满足要求，桩可直接打在这些土层上。施工时可随时掌握。

② 桩身直径可依据土层的软硬，通过控制密实电流，投料量和留振时间来调整。

③ 本场地有较厚的砂层，是碎石桩加固效果最好的地层。

④ 可消除砂层的地震液化。

⑤ 本场地土层坡度大，振冲碎石桩有一定的抗滑能力。

⑥ 仅用碎石料，可就地取材，节约三材，造价较低。

经上述三种加固方案比较，最终确定采用振冲碎石桩复合地基方案。

(2) 布桩方案设计

为了地基处理加固方案更落实，可靠，采取先试桩，通过试桩提出合适的桩径和制桩施工工艺参数。

1) 针对振冲碎石桩对不同土层加固效果不同，采用了不同土层桩体分层变径的设计。这样可以缩小不同土层实际加固效果之间的差别，使复合地基更趋均匀，减少由于土层分布不均匀带来的沉降差异。

2) 桩长为由地面进入①层强风化岩内 0.5～1.0 m。

3) 采用辐射状渐增桩距布桩形式，由于罐直径大，罐底是柔性的，在均质土层条件下，罐中心沉降量要比罐边大，不仅增大环墙拉力，罐底还会形成锅底状，影响生产使用。这样布桩使罐边到罐中心面积置换率逐渐均匀增大，使其沉降尽量趋于一致，避免形成锅底。

4) 在有代表性土层的 1 万 m^3 G—1013 罐和 3 万 m^3 G—1006 罐各取两组试桩，每组 6 根，共24 根，试桩布置详见图 6-132。

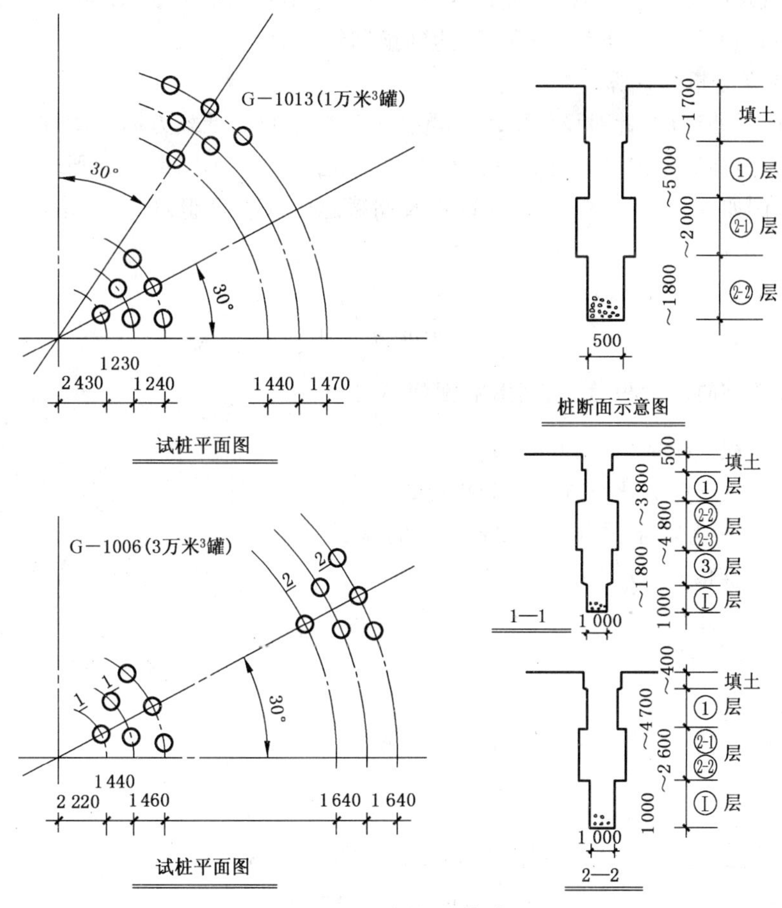

图 6-132　试桩桩位布置图

4. 试桩试验

(1) 第一次试制桩

根据试桩技术要求，在 1 万 m^3 G—1013 罐外围进行了试制桩。按常规振冲碎石桩施工工艺制桩，经过多次振冲试验，在①层粗、中砂部分砾砂层振冲不下去，尔后采取移位再振冲亦振不下去，表明按常规施工工艺制桩与场地地层等客观条件不相适应，造成制桩困难。暂停试制桩进行分析研究后再试桩，至此第一次试制桩未成功。

(2) 第二次试制桩

在总结了第一次试制桩未成功的教训之后，认为①层砂土颗粒大小不均匀，分选性差，厚度亦大是试桩不成功的主要因素。经多方面分析研究，决定改变常规施工工艺，采取加大泵压及水量和适当造浆等措施，仍在 G—1013 罐外围进行了第二次试制桩取得了成功。

(3) 成桩情况

试制 11.5 m 长碎石桩耗时 48 min～56 min，8.0 m 长碎石桩为 37 min～48 min。具体施工工艺控制为：

1) 振冲器下沉速度控制在 1.2 m/min。

2) 水压一般为 0.8～1.2 MPa

3) 投料方法主要采用"边振边填"和对称均匀投料，每次提升 0.5～0.8 m 分段振密。

4) 投料量每次控制在使孔增高 0.7～1.0 m 左右。

5) 密实电流即制桩密实度控制电流一般在 40～60A，少数地段大于 60 A。

6) 填料水压下部控制在 0.4～0.6 MPa，上部一般为 0.3～0.5 MPa。

7) 留振时间，一般约 10～15 s。

根据试桩试验结果计算，上部碎石桩直径为 0.8～0.9 m，中部桩径为 1.00～1.09 m，下部桩径为 0.80～0.85 m。碎石桩径形成上下细、中间粗，达到预期效果。

(4) 试桩资料成果分析与计算

场地经振冲法加固处理后，针对设计要求着重分析复合地基的承载力标准值，沉降模量和抗剪强度等。通过钻探取样和多种原位测试取得有关计算参数，按各试桩组不同地层分别统计计算，尔后综合一储罐试桩组的计算，例如：G—1006 罐 C 组和 D 组及储罐总体(C+D 组)进行计算，其结果详见表 6-87。

计算选用公式如下：

1) 复合地基承载力标准值 $f_{sp,k}$

$$f_{sp,k}=[1+m(n-1)]f_{s,k}$$

式中：$m=\dfrac{A_p}{A}$——桩的截面积 A_p 与其影响面积 A 之比称面积置换率(见图 6-133)；

n——桩土应力比或称应力分担比；

$f_{s,k}$——原地基土或试桩后桩间土的承载力标准值。

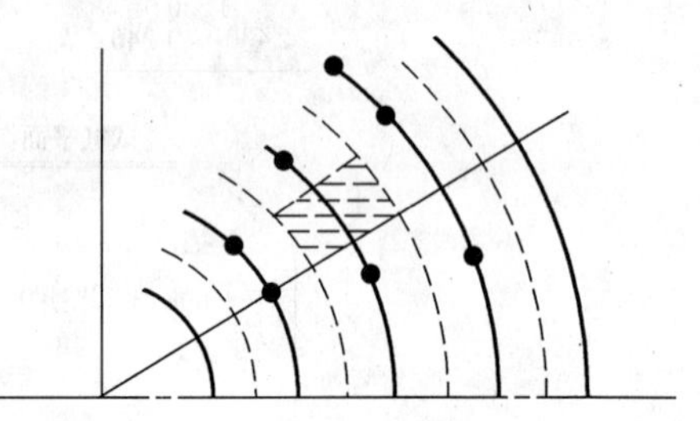

图 6-133 面积置换率

2) 复合地基变形模量 E'_{sp}

$$E'_{sp}=[1+m(n-1)]E'_s$$

式中：m、n 同上。

E'_s——桩间土的变形模量，可由地基压缩模量 E_s 按 $E_s=\dfrac{1-2\mu}{(1-\mu)^2}E_s$ 计算，其中 μ 为土的泊松比。

3) 复合地基抗剪强度指标 φ_{sp}(内摩擦角)和 C_{sp}(内聚力)

$$\varphi_{sp}=\arctan[\omega\tan\varphi_p+(1-\omega)\tan\varphi_s]$$

$$C_{sp}=(1-\omega)C_s$$

式中：φ_s、C_s——为桩间土的内摩擦角和内聚力；

φ_p——碎石桩体碎石内摩擦角；

ω——参数，$\omega=m\cdot\mu_p$；

μ_p——应力集中系数，按 $\mu_p=\dfrac{n}{1+m(n-1)}$ 计算。

4) 桩位布置有关参数计算

① 桩的(罐)中心距 R_i(单位为 m)

$$R_i=\left[r_0+\frac{\Delta r}{2}(i-2)\right](i-1)$$

② 桩的圈距

$$r(i+1)\sim i=r_0+\Delta r(i-1)$$

$$r_i\sim(i-1)=r_0+\Delta r(i-2)$$

③ 布桩角度 Q_i[单位为(°)]

$$Q_i=\frac{360°}{a(i-1)}$$

④ 单桩加固影响面积 A_i(单位为 m^2)

$$A_i=\left[\left(\frac{R_{i+1}+R_i}{2}\right)^2-\left(\frac{R_i+R_{i-1}}{2}\right]^2\pi/(360°/Q_i)$$

⑤ 桩的总根数 N

$$N=1+\frac{a}{2}(i-1)\cdot i$$

式中：i——布桩序号，圈数；

r_0——基本桩距，m；

a——基本桩根数；

Δr——桩距增量，m；

$r(i+1)\sim i$——桩的圈距[第$(i+1)$圈到第 i 圈桩距]。

G-1006 罐 C 组和 D 组及储罐总体(C+D)计算参数。

表 6-87 G-1006 储罐(C+D)组计算表

储罐 / 试桩组 / 地层号 / 计算值参数	3 万 m^3 G1006 储罐													
	C 组					D 组			C+D(按油罐总体)					
	(1)	(2-2)	(2-3)	(3)	(1)	(1)	(2-1)	(1)	(1)	(2-1)	(2-2)	(2-3)	(3)	(1)
碎石桩径 D_0/m	0.810	0.906	1.087	0.833	0.859	0.851	1.130	0.902	0.833	1.130	0.906	1.037	0.833	0.890
桩载面积 A_p/m^2	0.515	0.645	0.928	0.545	0.597	0.573	1.003	0.683	0.545	1.003	0.645	0.928	0.545	0.622
平均加固面积 A/m^2	2.174	2.174	2.174	2.174	2.174	2.643	2.643	2.463	2.499	2.499	2.499	2.499	2.499	2.499
$i=*$ 时最小加固面积 A/m^2	2.115	2.115	2.115	2.115	2.115	2.578	2.578	2.578	2.075	2.075	2.075	2.075	2.075	2.075
$i=*$ 时最大加固面积 A/m^2	2.203	2.203	2.203	2.203	2.203	2.676	2.676	2.676	2.726	2.726	2.726	2.726	2.726	2.726
平均面积置换率/m	0.237	0.297	0.427	0.251	0.266	0.217	0.397	0.241	0.218	0.401	0.258	0.371	0.218	0.249
$i=*$ 时最大面积置换率/m	0.243	0.305	0.439	0.258	0.274	0.222	0.389	0.247	0.263	0.483	0.311	0.447	0.263	0.300
$i=*$ 时最小面积置换率/m	0.234	0.293	0.421	0.247	0.263	0.214	0.375	0.238	0.200	0.368	0.237	0.340	0.200	0.228
碎石桩体承载力标准值 $f_{p,k}$/kPa	670	250	230	260	470	630	290	400	630	290	250	230	260	410
原土承载力标准值 f_k/kPa	130	120	90	160	260	140	90	240	110～150	80～90	120～160	90～100	160～180	220～300

续表 6-87

储罐 / 试桩组 / 地层号 / 计算值参数	3 万 m^3 G1006 储罐													
试桩组	C 组					D 组			C+D(按油罐总体)					
地层号	(1)	(2-2)	(2-3)	(3)	(1)	(1)	(2-1)	(1)	(1)	(2-1)	(2-2)	(2-3)	(3)	(1)
桩土应力比 n_1	5.154	2.183	2.556	1.625	1.808	4.500	3.222	1.667	5.727～4.200	3.625～3.222	2.083～1.563	2.556～2.300	1.625～1.444	1.864～1.367
桩间土承载力标准值 $f_{s,k}$/kPa	210	130	100	170	280	220	110	260	210	110	130	100	170	270
桩土应力比 n_2	3.190	1.932	2.300	1.529	1.679	2.864	2.636	1.538	3.000	2.636	1.923	2.300	1.529	1.519
原土压缩模量 E_{s1}/MPa	9.2	5.8	3.7	7.7	11.5	9.5	3.5	10.5	8.5～10.1	3.2～3.5	6.0～6.5	3.7～4.0	7.7～8.3	10.0～13.0
桩间土压,缩模量 E_{s2}/MPa	12.5	6.0	4.0	8.0	12.0	13.0	4.0	11.5	12.5	4.0	6.2	4.0	8.0	12.0
泊松比 μ	0.28	0.30	0.35	0.30	0.25	0.28	0.35	0.25	0.28	0.35	0.30	0.30	0.30	0.25
碎石桩体内摩擦角中 φ_p/(°)	42	36	35	36.5	40	42	38	40	42	38	36	35	36.5	40
桩间土内摩擦角 φ_s/(°)	27/33	8/9	5.2/5.5	9/11	—	27/33	7/7.5	—	27/33	7/7.5	8/9	5.2/5.5	9/11	—
桩间土内聚力 C_s/kPa	0/0	22/26	17/18	26/31	—	0/0	16/20	—	0/0	16/20	22/26	17/18	26/31	—

注：1. i—布桩字号。

2. * 最小加固面积(对应于最大面积置换率)C 组 $i=3$ $i=5$ 总体分析 $i=2$；最大加固面积(对应于最小面积置换率)D 组 $i=13$ $i=15$ 总体分析 $i=16$。

3. 桩间土内摩擦角 φ_s 和内聚力 C_s 值,分子为原土的和分母为制桩后的。

根据表 6-87 中的试桩试验参数,经计算①层砂土 $f_{sp,k}=290\sim320$ kPa,强度提高 1.10～1.63 倍。其他各层土 $f_{sp,k}=180\sim200$ kPa,提高一倍左右。①层砂土平均标贯击数提高到 25.5 倍,远大于液化临界贯入击数(5.8 击)已消除了地震液化。

5. 地基处理及其效果检测

(1) 地基处理

地基处理范围,按各个罐地基土层厚度与基岩埋深,其中 1021# 与 1003# 两个罐不做地基处理。1005# 与 1004# 两个罐部分地基处理,部分天然地基。

其余罐全部地基处理。为减少侧向变形造成的差异沉降在罐外打 2～3 排护桩(见图 6-134)。

地基处理深度(即桩长)2.0～15.0 m,多为 10.0～12.0 m。碎石桩直径与所处地层性质有关,上部砂层与下部强风化岩碎石桩径一般为 0.80～0.90 m,中部土层为 1.0～1.10 m。

碎石桩施工顺序。从罐外护桩开始,逐渐向罐中心推进和环向从硬土向软土方向推进的施工流程,进一步增强罐中心和软土的加固效果。

该工程总计完成碎石桩 6 433 根,累计桩长 539 565.0 m,投碎石料 41 051.3 m^3。

（2）效果检测

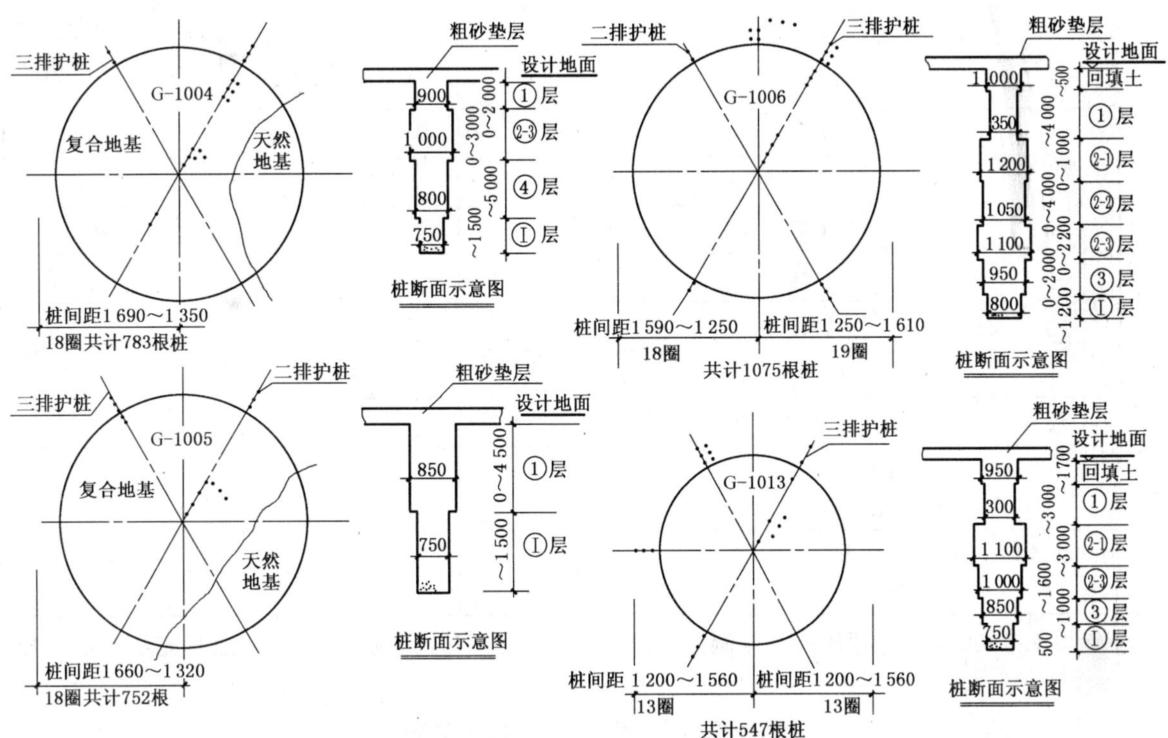

图 6-134　各罐桩位布置及加固范围

施工完成后 40 d，采用钻探、标贯、静力触探和超重型动力触探及土工试验等手段检测碎石桩加固地基的效果。检测结果表明，在加固深度范围内，各层土均得到有效的振密和挤密，土的性能大为改善。①层砂土静探 p_s 值提高 57.9%，标贯 N 值增长 118.2%，按有关规范判定，全部消除了地震液化。黏性土层 w、e、a_{1-2} 等指标值均有不同程度减少，ρ、N、p_s 值等均有不同程度提高。同时还反映出软黏性土的加固效果较硬黏性土稍好。各层土承载力都有显著提高，压缩性普遍减小。如 G-1006 罐加固后复合地基承载力 $f_{sp,k}$ 见表 6-88。

表 6-88　G-1006 罐加固后复合地基承载力 $f_{sp,k}$

地层编号	①	②-1	②-2	②-3	③
$f_{sp,k}$/kPa	309	182	163	142	197

从表 6-88 可知，除①层砂土外，各层土 $f_{sp,k}$ 仍满足不了 3 万 m^3 罐地基承载力 250 kPa 的要求，还需要通过储罐充水预压进一步加固提高其复合地基承载力。

6. 充水预压及其效果

为了进一步提高复合地基承载力利用充水预压加速地基固结，以保证储罐生产稳定。于 1991 年 7 月各储罐相继开始充水预压，对储罐地基来说充水预压固结土壤，是继碎石桩处理后的第二步加固，充水至最高液面是罐的最大荷载。充水预压过程中地基监测设计要求控制指标值详见表 6-89。

表 6-89　充水预压各项监测控制指标

项目 \ 罐号 \ 储罐类型		30 000 m^3 原油罐	10 000m^3 柴油罐	10 000 m^3 汽油罐
		G-1003～G-1006	G-1011～G-1014	G-1021～G-1024
充水荷载分级		10	7	7
充水荷载/kPa	第一级	约 40	40	40
	以后各级	约 20	20	20

续表 6-89

项目 \ 储罐类型		30 000 m³ 原油罐	10 000m³ 柴油罐	10 000 m³ 汽油罐
罐号		G-1003～G-1006	G-1011～G-1014	G-1021～G-1024
充水加荷速度/kPa/d	下部	5.0	5.0	5.0
	中部	4.5	5.0	4.5
	上部	4.0	4.5	4.0
环基沉降速率/mm/d	一般值	6.0	6.0	6.0
	最大值	10.0	9.0	9.0
	稳定值	1.0～2.0	1.0～2.0	1.0～2.0
环基直径两端沉降差/mm		150	150	100
沿罐壁圆周方向 10 m 弧长内最大沉降差/mm		2.5	25	25
放水卸荷前地基土的平均固结度/%		90	90	90

下面以 G-1006 罐充水预压地基监测测试结果(详见表 6-90)为例,分析复合地基充水预压的加固效果。

表 6-90　3 万 m³ 原油罐监控测试结果

参数 数据 罐号	充水荷载分级	充水荷载/kPa		充水加荷速度/(kPa/d)		加荷之间		充水满载后稳定时间/d	充水加荷环基沉降速率/(mm/d)		罐中心沉降量/mm	基础平均沉降量/mm	基础直径两端最大沉降差/mm	基础相邻观测点最大沉降差/mm	基础直径两端最大倾斜 $K/10^{-3}$	基础相邻两点最大倾斜 $\delta_{max}/10^{-3}$	满载稳定后地基平均固结度/%	地基固结度参数 β_1/d	变形后罐底板拱度/%	地基土孔隙水压力系数 $A=\frac{\Delta\mu}{\Delta p}$
		第一级	以后各级	一般值	总平均值	统计级数	平均稳定时间/d		一般值	总平均值										
G1006	10	32	9～20	1.5～9.0	4.5	2～8	6.0	33	0.03～2.90	0.50	163.9	93	85.6	17.8	1.86	1.36	97.9	3.88	2.6	0.000～0.171

(1) 储罐基础的沉降

G-1006 储罐基础座落在复杂的不均匀地基上,如图 6-135(a)所示,基底地层分布很不均匀,基岩埋深变化大,顶面高差达 9.0 m,地基处理深度一边桩长为 14.0 m,另一边为 5.0 m 左右。由基础实测沉降曲线和采用分层总合法计算天然地基的基础沉降曲线及复合地基(按不同置换率和平均置换率计算)的基础沉降曲线,如图 6-135(b)所示,从曲线可以看出,采用天然地基的基础沉降量最大且曲线很不均匀,差异沉降大。而分级充水预压复合地基的基础实测沉降量最小,且曲线较为平缓,沉降差小。实测基础沉降量约为天然地基沉降量的 1/3,复合地基沉降量的 3/5。天然地基沿基础直径两端最大沉降差为 270 mm,而实测沉降差为 160 mm,减少 1/3 还多。说明储罐地基采用振冲碎石桩处理后,再利用建罐时,充水预压进一步加固,不仅减少了沉降量,而且能有效地控制基础的不均匀沉降。

(2) 环墙基础的沉降

由地基最复杂的 G-1006 罐沿罐周边各沉降观测点的实测沉降展开图(见图 6-136),可以看出,实测沉降曲线只出现一个峰,接近理论的正弦曲线,基础沉降 $K>\delta_{max}$ 呈平面倾斜,但在曲线个别部位稍有偏离,表明罐周尚有不均匀沉降,但未出现非平面倾斜,故不会造成罐体扭曲变形。G-1006 罐环基平面倾斜值 K 为 1.86‰(<4‰),环基周长任意 10 m 两点间最大沉降差为 17.8 mm(<25 mm),满足设计要求。

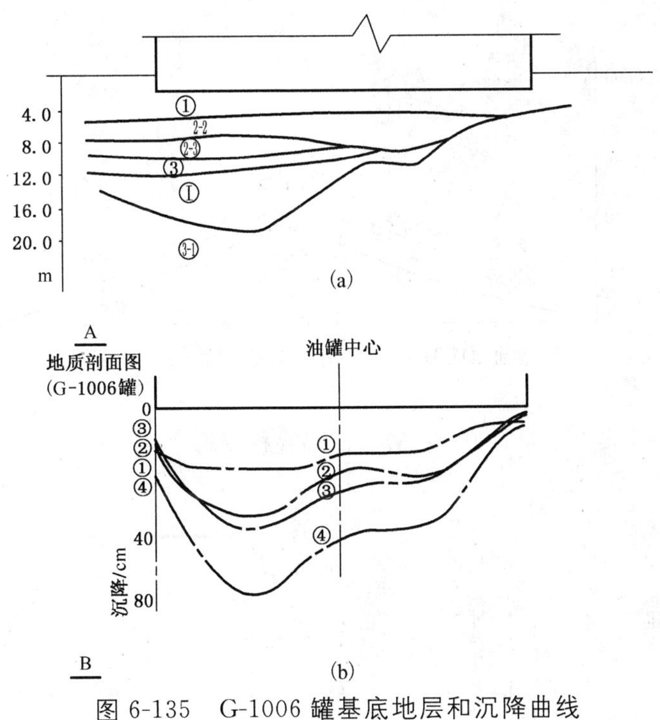

图 6-135　G-1006 罐基底地层和沉降曲线

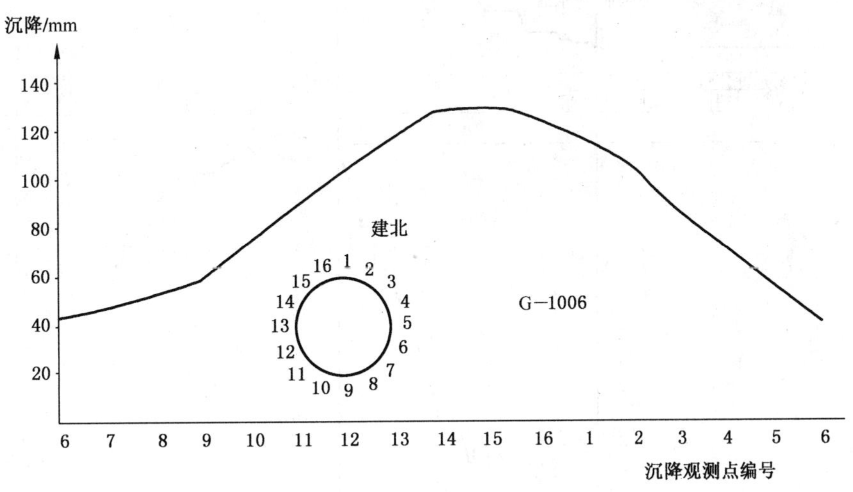

图 6-136　环基沉降观测点实测沉降展开图

(3) 罐底板变形

在储罐顶部设置观测孔,采用"水深差值法"直接量测罐底板变形,由实测沉降变形后的罐底板剖面图(见图 6-137)可以看出,虽然罐基底地层很不均匀,但实测的罐底板变形还是比较均匀。原基础顶面设计坡降为 0.02,变形后的坡降为 0.019,未产生锅底状变形。采用辐射状变置换率布桩和从罐边向罐中心,从硬土向软土方向推进的合理施工流程等措施,对减少罐中心与罐边的沉降差,收到了良好的效果。

(4) 环基内侧侧向土压力

由于压力试验点的“荷载-土压力-时间”过程曲线(见图 6-138),反应在充水预压时,当新加一级荷载后土压力变化规律与基础的沉降发展和稳定的过程相似,基础沉降有一个较长的稳定时间,土压力也会有一个较长的稳定时间,反之基础沉降稳定时间短,土压力稳定时间也短。在放水卸荷过程中,土压力随放水荷载减少而逐渐减小,充水荷载卸完后,土压力也随之逐渐恢复也短。在放水卸荷过程中,土压恢复到充水前的压力。

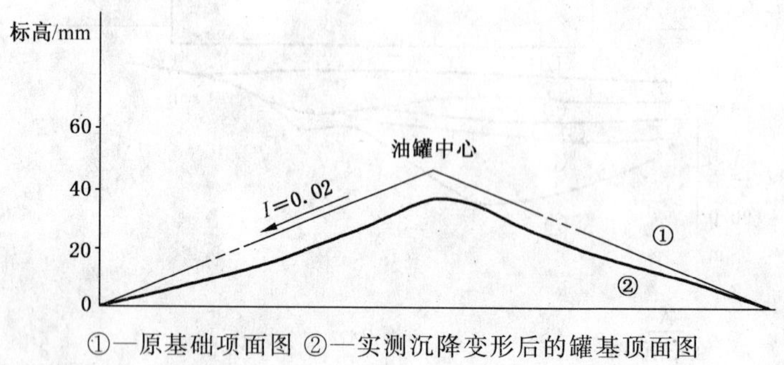

图 6-137 储罐底板变形

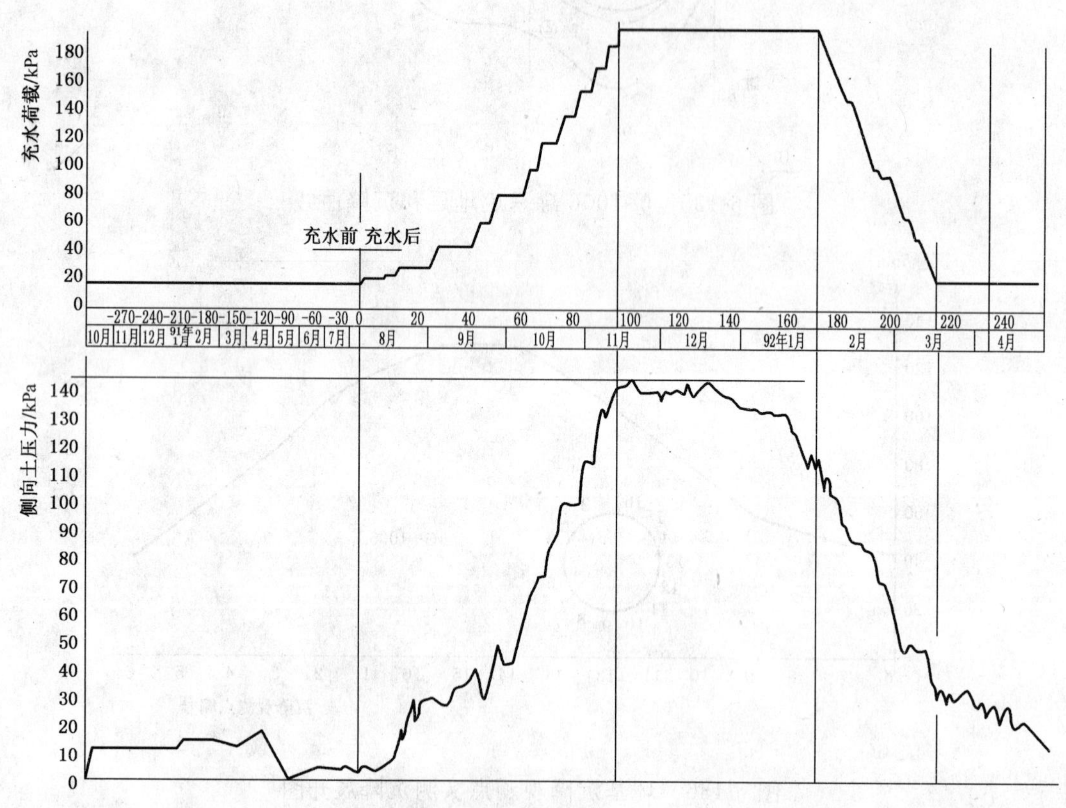

图 6-138 土压力试验测点荷载-土压力-时间过程曲线

(5) 地基土孔隙水压力

由孔隙水压力试验测点实测充水荷载-孔隙水压力增量-时间过程曲线(见图 6-139)可知孔隙水压力随充水荷载增加而增加,曲线变化较平缓,仅个别点的部分曲线段,随荷载增加峰值较明显,但幅度小,亦无压力叠加现象,停止充水,荷载稳定期间,孔隙水压力很快消散。在软弱地基土上建造储罐,一般以实测孔隙水压力系数 $A=0.5\sim0.6$ 作为地基稳定控制标准。本次试验实测 $A=0.00\sim0.171$,远小于控制标准,说明黏性土中的碎石桩体,是土壤固结排水的良好通道,并随荷载增加而增大的孔隙压力很快消散,加速了土体排水固结,保持地基稳定。

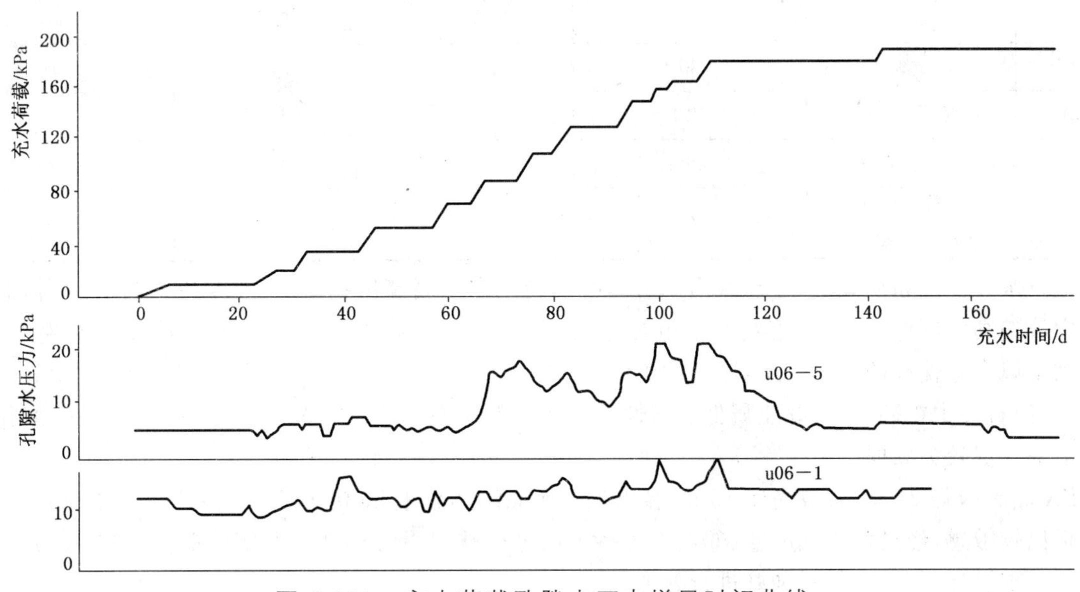

图 6-139　充水荷载孔隙水压力增量时间曲线

7. 小结

该工程从库区工程地质勘察,选择地基处理方案,试桩试验,地基处理设计与施工,效果检验到充水预压地基监测,是一个完整的岩土工程全过程,其特点有:

(1) 采用变径碎石桩,以不同的置换率或填料量使不同的软弱土层获得相同的加固效果,对不均匀地基处理有所创新。

(2) 用辐射状渐增桩距的布桩形式,减少罐中心与罐边的沉降差,避免储罐底形成锅底状。

(3) 利用碎石桩在打桩过程中经过数次的振动叠加,增强了土的强度及桩体的排水作用,增强地基的抗液化能力。

(4) 采用合理的施工工艺和施工顺序,提高加固效果。

(5) 振冲碎石桩用于加固非均匀地基,针对不同地质条件,对同一储罐地基可部分处理,部分不处理,采用天然地基,也可采用不同桩长来调整不均匀地基引起的差异沉降,碎石桩改变了原土体的结构,其复合地基在充水预压过程中,地基土强度得到进一步提高,满足了罐体的要求。本工程实例拓宽了振冲碎石桩复合地基的应用范围。

(6) 本工程节省三材,与钢筋混凝土桩基方案相比(1990 年定额),节省地基处理投资 1 192.7 万元,钢材 1 545 吨,水泥 6 999 吨,木材 140 m^3,具有显著的经济效益和社会效益。

十七、储罐振冲碎石桩复合地基

1. 工程概述

江苏仪征化纤股份有限公司化工厂 PTA 装置改扩建工程,需在码头中间罐区扩建一个 5 000 m^3 PX储罐,拟建场地地形平坦,场地属长江漫滩地地貌,场地内所揭露土层上部为新近沉积的软土(Q_4),下部为老黏性土(Q_{2-3})和砂卵石层(Q_1)。场地抗震设防烈度为 7 度。

根据仪化集团公司设计院提供的岩土工程勘测报告,储罐所在位置地基土的承载力标准值及压缩模量值见表 6-91。

表 6-91　地基土承载力标准值及压缩模量

地层编号	岩　性	综合给定的承载力标准值 f_k/kPa	压缩模量 E_s/MPa	极限侧阻力标准值 q_{sk}/kPa	极限端阻力标准值 q_{pk}/kPa
②	粉质黏土	100	3.5	52	
③	粉土	100	5.0	55	
④	粉质黏土	80	3.0	25	
⑤	粉质黏土	140	5.5	62	
⑥	粉质黏土	260	11.0	85	1 200
⑦	卵石夹中粗砂,粉质黏土	300	16.0	150	2 000

地下水在②层粉质黏土之上,属潜水型。②层粉质黏土属高压缩性土,厚度约 1.3 m 左右,③层粉土属中等偏高的压缩性土,厚度约 2.0 m 左右,④层粉质黏土属高压缩性土,厚度约 2.0 m 左右,⑤层粉质黏土属中等偏高的压缩性土,厚度约 1.8 m、左右,⑥层粉质黏土属中压缩性土,厚度约 14.5 m 左右,⑦层卵石夹中粗砂、粉质黏土属低压缩性土。③层粉土在 7 度地震烈度作用下,不会发生液化。该场地上部土层较为软弱。

PX 储罐内径 21 m,充液高度 16 m,自重加上所储液体总重 56 000 kN,且储罐为内浮顶罐,对不均匀沉降比较敏感,经过对②、③、④、⑤层作为持力层进行软弱下卧层强度和沉降验算,采用天然地基满足不了基础设计要求,必须对地基进行处理。

2. 地基处理方案选择

根据上述地基土层的特点,在进行储罐基础设计时,其地基处理可采取下述几种方案:

(1) 充水预压

储罐基础施工完后,对储罐进行充水预压。每次充水高度为储罐高度的 1/3,每天早晚各测一次沉降,待沉降速率不大于 5～10 mm/d 时,再充下一次水,按此进行直至满罐之后,待沉降速率达到上述要求后,方可放空。间隔两个月左右,再进行第二次充水。

采用此方法,经济可行,不须对地基进行其他处理,但时间须 3 个多月至半年。

(2) 复合地基

采用较为经济的水泥粉煤灰碎石桩(CFG 桩)或振冲碎石桩(或其他复合地基处理方案),使处理后的复合地基承载力 f_k=180 kPa,然后按处理后的复合地基进行储罐基础设计。

采用复合地基方案,施工速度较快,但需对地基进行处理,较充水预压方案要增加一定的地基处理费用。

(3) 钻孔灌注桩

此方案也是仪化集团设计院在岩土工程勘测报告中建议的地基处理方案。此方法采用钢筋混凝土钻孔灌注桩支承钢筋混凝土圆形大承台,承台上放置储罐。采用钻孔灌注桩方案,费用较高。

综上所述,若时间许可,宜采用充水预压方案,否则,可采用复合地基方案。经与建设单位协商,最后决定采用复合地基——振冲碎石桩进行地基处理。

3. 振冲碎石桩复合地基设计

振冲碎石桩复合地基处理范围采用满堂处理,且在基础外缘扩大 1～2 排桩,桩位布置采用等边三角形布置,桩间距取 1.5 m,桩的直径取 0.8 m,桩顶部铺设一层 0.3 m 厚的碎石垫层,桩长为 6.0～8.0 m,且桩端须进入⑥层粉质黏土 0.2～0.3 m,处理后的复合地基承载 f_k=180 kPa。桩位布置情况详见图 6-140 桩位布置图,桩体情况详见图 6-141 桩详图。

振冲碎石桩施工时,基础范围内的杂填土应全部挖除清净,振冲碎石桩的碎石垫层施工完后,再用素土回填,素土垫层应严格分层碾压压实,其压实系数不得小于 0.95。应严格控制桩体材料碎石的含泥量，碎石的粒径为 20～50 mm。

施工应严格按中华人民共和国行业标准 JGJ 79—2002《建筑地基处理技术规范》规定进行。当施工单位具有在本地区的施工实践经验时，可直接施工工程桩，否则应进行现场制桩试验。

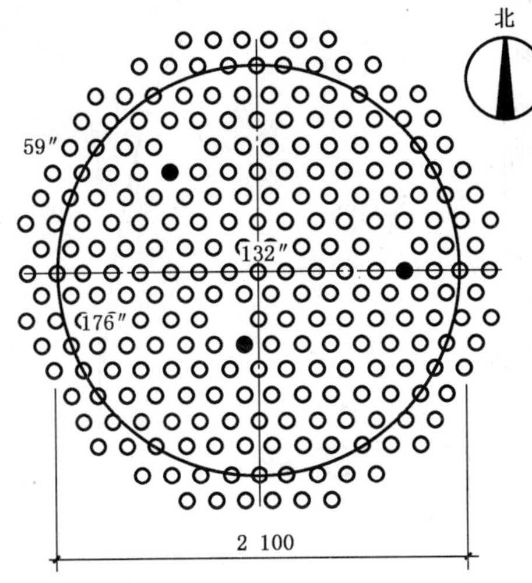

图 6-140　桩位布置图

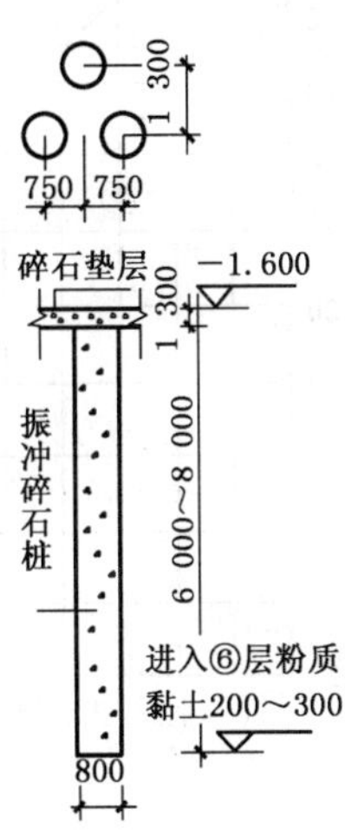

图 6-141　桩详图

复合地基的承载力标准值应按现场复合地基载荷试验确定。本工程振冲碎石桩由国化学工程南京岩土工程公司施工。

振冲碎石桩施工结束后，间隔 3～4 周，委托江苏省工程勘测研究院于 1999 年 7 月 26 日～8 月 3 日进行单桩复合地基载荷试验，来检验复合地基的处理效果，共进行 3 组(所检测的桩位和组数均由建设单位确定)，所测桩位分别为 59# 桩、132# 桩、176# 桩，详见图 6-140 桩位布置图中带“•”的桩。

静载荷试验采用堆载法，分级加荷慢速维持荷载法，稳定标准为 0.25 mm/h，总荷载为 180 kPa，分 10 级施加。(荷载曲线见图 6-142、图 6-143 和图 6-144)

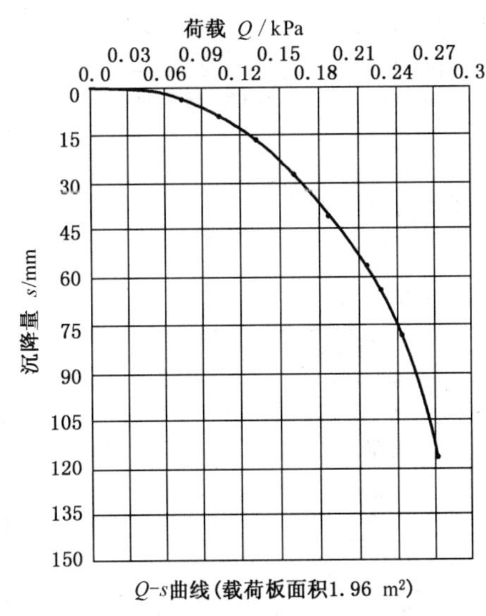

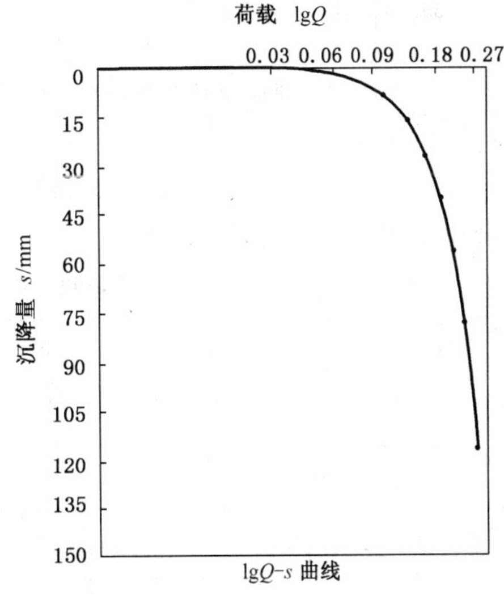

图 6-142　59# 桩曲线图

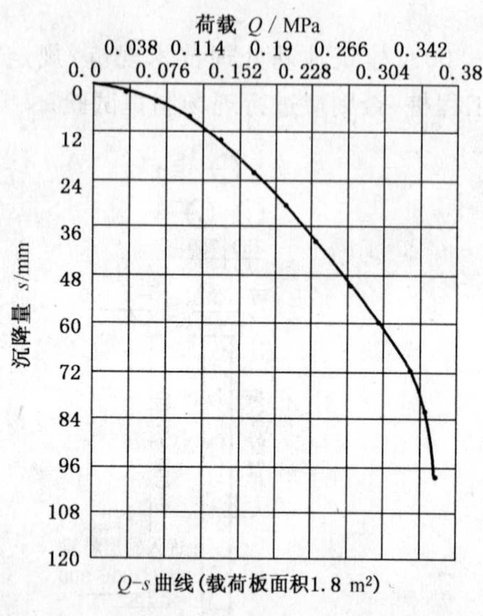

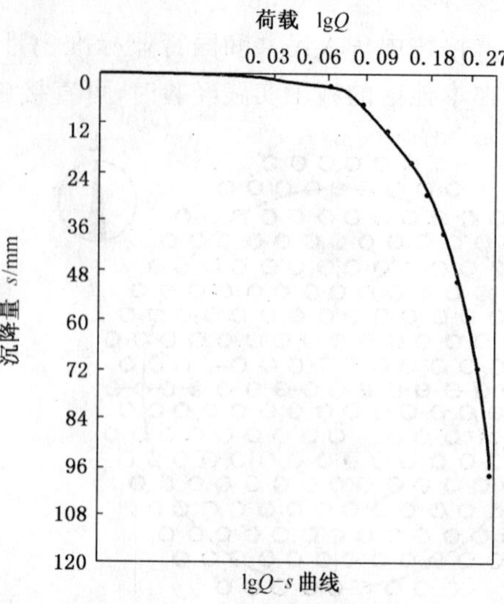

图 6-143 176# 桩曲线图

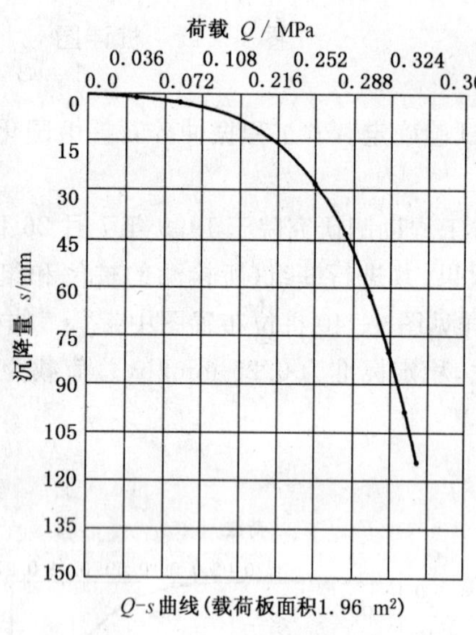

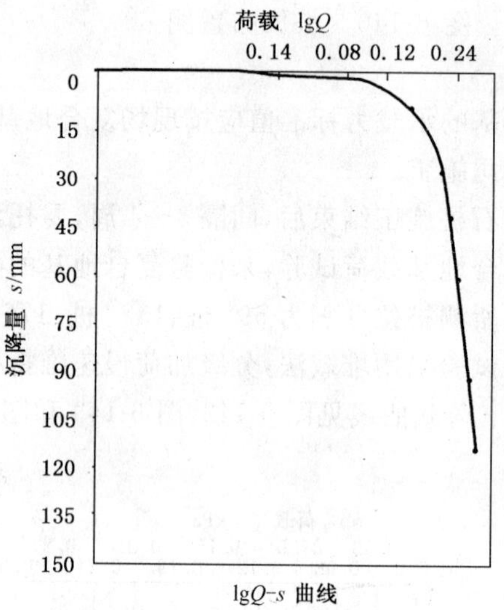

图 6-144 132# 桩曲线图

单桩复合地基载荷试验结果详见表 6-92。

表 6-92 静载荷试验成果表

桩号	设计参数			施工日期	施工桩长/m	测试日期	试桩桩长/m	试验结果				备注
	桩径	桩长	复合地基承载力标准值/kPa					试验终止荷载/kPa	累计沉降/mm	复合地基承载力试验值/kPa	复合地基承载力标准值/kPa	
59#(北)	800	6.0至8.0	180	6.24	8.5	7.29	7.7	271.40	116 87	160	182.7	继续加荷,沉降迅速增大,压力稳不住,试验终止
176#(南)	800		180	7.2	8.7	7.30	7.7	358.30	99.35	182		
132#(东)	800		180	6.29	8.9	8.2	8.1	314.29	115.54	206		

注:试桩开挖深度自然地面下 0.8~1.0 m。

从上述试验结果可以看出，此工程振冲碎石桩复合地基达到设计要求，取得了预期效果。

由于本工程的PX储罐为内浮顶罐，另根据振冲碎石桩复合地基处理的实际情况，决定PX储罐基础设计成钢筋混凝土环墙式基础。为了使储罐投入使用后正常运行，储罐建成后应进行充水试压，充水试压应按规定采用分级加荷，每次注水量为总量的1/3，并控制沉降速率。生产装料时，亦应遵照此分级加荷的规定进行。与储罐相接之管道还应采取可调整管道标高的连接方法，保证生产过程中的及时调整。

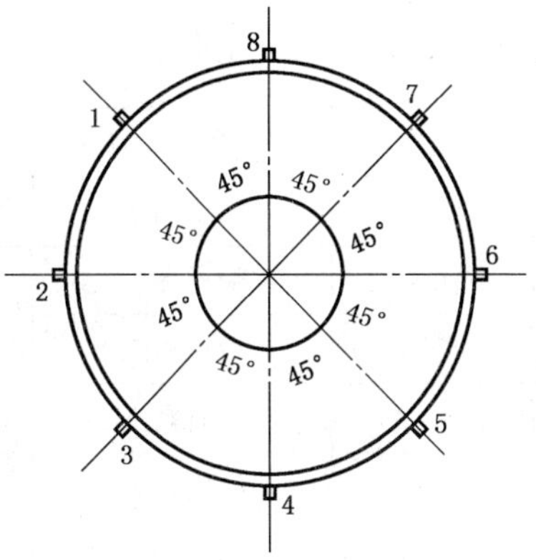

为了掌握储罐建成投入使用后的沉降发展情况，在储罐基础上对称设置了8个沉降观测点（详见图6-145沉降观测点布置图），并要求分阶段作好沉降观测，以便发现异常时及时研究处理措施。

本工程的PX储罐1999年12月建成投入使用，并于2000年6月1日进行了PX储罐的沉降观测，观测结果详见表6-93。

图6-145　沉降观测点布置图

表6-93　沉降观测结果表

点号	1	2	3	4	5	6	7	8
沉降量/mm	14	11	13	11	10	11	11	12

从表6-93可以看出，PX储罐投入使用半年多，运行情况正常，完全满足中华人民共和国行业标准SH 3068—1995《石油化工企业钢储罐地基与基础设计规范》对地基变形的要求。

4. 小结

该工程采用振冲碎石桩复合地基对PX储罐进行地基处理，除了满足工程设计要求外，还做到了因地制宜、就地取材、保护环境和节约资源等。虽然与充水预压方案相比，增加了一定的地基处理费用，但其施工速度快，大大缩短了整个PX储罐工程建设周期，使PX储罐能尽快投入使用；而与采用钻孔灌注桩方案相比，不但具有上述优点，而且节省了大量的地基处理费用和基础工程费用。

十八、预应力管桩在储罐基础工程中的应用

1. 工程概况

该工程位于浙江省绍兴市，包括4座5 000 m^3大型储罐。经工程地质勘察，在地基埋深的45 m范围内，可分为13个工程地质层，各土层的物理力学性质指标见表6-94。根据相关规范判断，本场地为软弱地基，场地类别为Ⅲ类。①层素填土层均匀性很差，地基承载力较低，地基土在2.5～21.4 m范围内为高压缩性软弱土层，在储罐荷载下将产生过大的压缩变形。按规范5 000 m^3钢质储罐的复合地基承载力特征值应大于200 kPa，环梁最大沉降不大于24 cm，储罐任意直径方向允许沉降差不大于0.01 D（D是储罐直径），沿储罐环梁周边任意10 m弧长的沉降差不大于25 mm，沉降稳定后储罐底板反拱坡度不小于8%（5 000 m^3储罐直径为24 m，高度H为15.85 m）。因此，本场地浅基础天然地基条件极差，①～④—1层土层未经处理不能直接作为基础持力层使用。

表6-94　场地土层物理力学性质指标

层序号	土层名称	土层厚度/m	极限侧阻力标准值/kPa	极限端阻力标准值/kPa	地基承载力标准值/kPa
①	素填土	0.10～1.40			
②—1	粉质黏土	0.40～2.50	20		90
②—2	淤泥质粉质黏土	0.00～2.50	14		65
②—3	黏质粉土	0.00～2.50	20		85

续表 6-94

层序号	土层名称	土层厚度/m	极限侧阻力标准值/kPa	极限端阻力标准值/kPa	地基承载力标准值/kPa
③	淤泥质粉质黏土	3.10～21.40	13		60
④—1	粉质黏土	0.00～2.70	32	1 500	140
④—2	粉质黏土	0.00～6.70	50	17∞	200
④—3	粉质粉土	0.00～6.300	36	1 700	160
④—4	粉质黏土	1.20～12.10	44	1 800	180
⑤	粉质黏土	7.30～18.20	24		110
⑥—1	粉质黏土混粉砂	0.00～6.10	50		170
⑥—2	中砂	0.00～6.30	70	6 000	300
⑥—3	圆砾	未揭穿	120	8 000	500

根据地基情况、技术标准、经济造价、工期和施工可行性等几个方面因素进行综合方案对比分析，本工程中储罐的基础采用预应力管桩。

2. 大型储罐基础的受力特点

大型储罐地基基础之所以复杂，主要是因为其特有的工程特性：①储罐的荷载为竖向均布荷载；②储罐的直径较大，荷载影响较深；③储罐地基的变形独特，允许在控制中心点最大沉降量的条件下，自圆心沿径向逐渐减少的渐变沉降方式。

在软土地基上建造大型储罐，大多数是将储罐的壁地板直接放置在钢筋混凝土环墙上。实践证明，采用这种形式的基础可以防止环墙内砂垫层的侧向变形，增强地基抵抗塑性区开展的能力，防止地基边缘局部剪切破坏或冲切破坏，减少罐周的不均匀沉降，并便于调整贮罐基础中心和边缘的差异沉降。但本工程地基承载力特征值远小于储罐所要求的地基承载力特征值应大于：910 kPa，不能满足规范对地基承载力和沉降的要求。采用预应力管桩可以有效提高地基承载力，减小地基沉降，满足规范要求。

3. 单桩承载力的确定

(1) 桩身承载力的确定

本工程采用预应力 AB500(100)管桩，其技术参数为外径 500 mm，壁厚 100 mm，抗裂弯矩 121 kN·m，极限弯矩 200 kN·m，允许桩身竖向极限承载力标准值 3 970 kN。所以桩身竖向承载力特征值为 1 985 kN。

(2) 单桩竖向承载力标准值的经验估算

桩端持力层为⑥—3 层圆砾层，桩型号选用预应力 AB500(100)。桩端进入持力层长度为 500 mm。按预应力混凝土管桩基础技术规程计算单桩承载力设计值。本工程通过 4 个钻孔的工程地质柱状图和相应的侧阻力、端阻力，对桩进行了承载力的经验计算，采用公式如下：

$$Q_{uk}=u_p\sum q_{sik}l_i+q_{pk}A_p$$

4 个钻孔处计算的单桩极限承载力标准值分别为：4 168 kN、3 986 kN、4 124 kN 和 4 035 kN，平均值为 4 078 kN，单桩承载力特征值为 2 039 kN。

(3) 按静载试验确定单桩承载力

JGJ 94—1994《建筑桩基技术规范》规定采用现场静载试验确定单桩竖向极限承载力标准值时，在同一条件下的试桩数量不宜少于总桩数的 1%，且不应少于 3 根。本工程总桩数约 230 根，所以抽 3 根工程桩进行非破坏性静载试验。本次加载最大试验荷载为 3 900 kN，试验安全系数为 $K=2.0$。加载分 10 级，每级 1/10 荷载；卸载分 5 级，每级 1/5 荷载。试验结果如表 6-95。

表 6-95　竖向静载试验结果

工程桩号	桩长/m	桩径/mm	单桩承载力特征值/kN	极限承载力标准值/kN	最大沉降量/mm	残余沉降量/mm	承载力特征值对应沉降量/mm
26	42.8	500	1 950	3 900	20.56	4.58	5.26
138	42.5	500	1 950	3 900	22.32	3.92	5.68
235	43.3	500	1 950	3 900	18.69	4.42	4.68

其中承载力标准值对应的沉降量仅为 4.68～5.68 mm，沉降量较小，满足设计要求。同时各桩的 *Q-s* 曲线基本一致，极限承载力及设计承载力标准值对应的沉降量基本一致，沉降量差很小。可见检测结果满足设计要求。

根据上面三种确定单桩承载力方法的结果，并结合本地区相似地质条件的承载力取值情况及不可预见因素，最终确定单桩承载力特征值为 1 900 kN。

4. 布桩及确定桩的数量

根据工艺专业提供的油罐充料重为 85 100 kN。承台埋深 1.5 m，环墙高出地平 1.0 m，承台、环墙自重和承台上土总重 9 868 kN。桩顶总荷载标准值为 94 968 kN。依据前面确定的单桩承载力特征值 1 900 kN。所以每个储罐的桩数为 n=94 968/1 900 =50 根。根据《建筑桩基技术规范》的规定，桩的中心距要求：挤土预制桩最小中心距不小于 3.5 倍直径。实际每个储罐布桩 57 根，储罐桩位布置图见图 6-146。

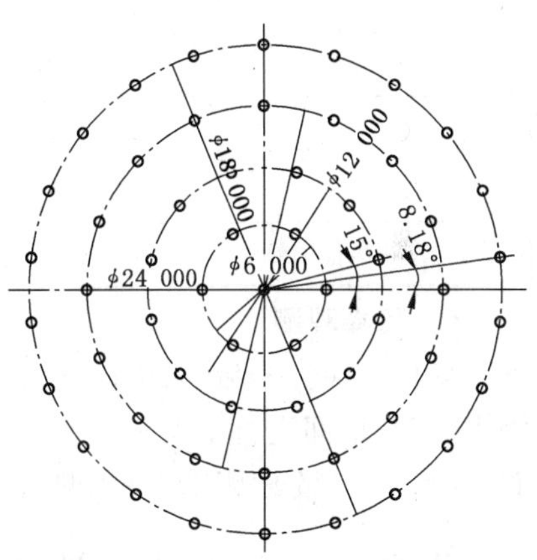

图 6-146　桩位布置图

5. 施工中应注意的问题

预应力桩施工方法有锤击法与静压法两种。由于静压法施工时无噪音、无震动、无油烟污染，适合在医院、学校、旧房以及居民密集地区进行施工，同时每根桩的承载力可通过压桩力反映出来，因此静压法颇受欢迎。本工程结合以上特点，采用静压法施工。下面是施工过程中应注意的几个问题。

(1) 合理确定压桩顺序

结合储罐地基的变形特点，压桩顺序应由中心向外、对称和逐圈完成。均匀地向四周挤土，减少孔隙水压力，减少先沉桩的涌起量。

(2) 严格控制抱压压桩力

本工程采用抱压的静压压桩的施工方法。但由于抱压压桩力较大且随着施加力的增大而增大，易引起桩身竖向裂缝。为了保证桩身不受损，应通过控制压桩力来控制抱压力。允许抱压力应满足下式要求：$P_{jmax}=0.45(f_{ce}-\sigma_{pc})A_p$，式中：$f_{ce}$为管桩离心混凝土抗压强度，取 $f_{ce}=80$ MPa。

还要特别注意配置的夹具应具有足够的强度和刚度，夹片内圆弧与桩径严格匹配。

(3) 控制每天的沉桩数量

本文工程地下水埋深较浅(地下 0.5～0.8 m)，土层大部分为饱和土层。在沉桩过程中饱和土层受到挤压而产生的附加孔隙水压力将迅速增大，若附加孔隙水压力不能得到有效地消散，可能会造成桩四周的土向上隆起和使先沉桩涌起。所以每个罐基础只安排一台压桩机，控制每个储罐每天的沉桩总数不超过 12 根。

(4) 控制接桩焊缝质量

焊前清理接口处砂浆、铁锈和油污等杂质，坡口表面要呈金属光泽，加上定位板。接头处如有孔隙，应用锲形铁片全部填实焊牢。焊接坡口槽应分 3～4 层焊接，每层焊渣应彻底清除，焊接采用人工对称堆焊，预防气泡和夹渣等焊接缺陷。焊缝应连续饱满，焊好接头自然冷却 15 min 后方可施压，禁止用水冷却或焊好即压。

(5) 适当提高施工现场地基承载力

由于施工现场表层土比较软，大吨位静压桩机易发生沉陷，机械行走困难，本工程采用了碎石进行铺垫，铺垫厚度可取300～500 mm，并预先用机械平整压实。

表 6-96　各罐基础沉降观测结果

mm

观测点 \ 罐号	T11	T12	T13	T14
1	15	26	23	16
2	16	25	23	17
3	14	27	18	20
4	18	24	20	19
5	20	22	18	22
6	16	25	16	16
7	15	23	22	18
8	13	19	25	17
平均值	15.9	23.9	20.6	18.1

6. 沉降观测

罐体安装完毕后，采用连续加水，达到设计液面后以稳压的方式试水，每个环墙布置了8个沉降观测点，试水期间进行了观测。各罐各观测点的总沉降量如表6-96，可以看出地基沉降均匀，最大沉降只有26 mm，相邻观测点沉降差只有7.0 mm，远小于规范允许值。

十九、大型商业石油库的地基处理

1. 商业石油库的自然概况

浙江兴中公司岙山商业石油库地处我国东南沿海中部，杭州湾外缘，是长江、钱塘江、甬江入海口，也是中国唯一以群岛组成的港口。海域辽阔，港湾棋布，航道纵横，水深浪微，泊稳条件好，作业时间长，是我国屈指可数的天然深水良港。历史上曾是东南沿海对外交往的重要口岸之一。目前可通行10万t以上的油轮，有10多条航道，水深稳定，终年不冻，各种航标设施完善能够适应港口全面开发及大型船舶通航。15万t船舶自由进出，20万～25万t船舶可乘潮进港。

得天独厚的海上运输和深水良港条件，根据石油储备随着国际、国内形势发展需要而不断发展的特点，决定了在该区建立大型商业石油库的必要性，并从1993年开始建设。

2. 石油库总体规划和平面布置

石油库总占地面积1.5 km^2（计2 249亩），其中虾塘46.96万m^2，水稻田8.39万m^2；山地59.8万m^2，海涂34.85万m^2，总开山量为702万m^2，总填方466万m^3，余渣236万m^3，可造地29.5万m^2。

规划总体思路采用“总体规划，分期实施”的方针，把总体规划分4期实施，每期工程既有自己独立的系统，又同现有共用设施相互利用，相互依托，目前该商业石油库基地已开发了一、二期，正在施工三期，现将一、二期油库的储罐基础设计与地基处理实施方案作一介绍。

3. 石油库区地质情况

储罐基础的设计和施工是大型石油库建设的重要环节，它对控制工程投资、加快工程进度，保证工程质量具有十分重要的意义。因此，从库址选择，项目可行性论证、地质勘察、扩初设计直至施工阶段，都十分重视储罐基础的地基处理工作。

一期工程有 10 万 m^3 和 5 万 m^3 储罐各 2 座；一期扩建工程是一期工程的补充和完善，建 4 座 5 万 m^3 浮顶储罐，一期工程油库储存量共 50 万 m^3。

二期工程为 10 座 5 万 m^3 储罐，总计原油储量共 100 万 m^3(地质剖面见图 6-147)。

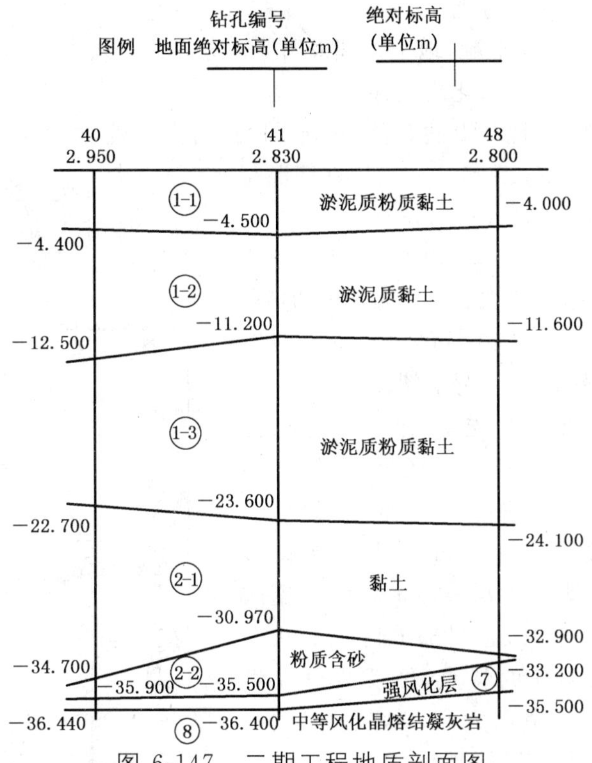

图 6-147　二期工程地质剖面图

成品油库工程共 20 万 m^3，计有 3 万 m^3 储罐 2 座，2 万 m^3、1 万 m^3、0.5 万 m^3 储罐各 4 座。油库位于海堤里侧，原为虾塘，地势低洼，地质差，平板荷载试验表明：天然地基承载力标准值仅为 40 kPa，各土层主要物理力学指标如表 6-97。

表 6-97　成品油库各层土的主要物理力学指标

序号	土名	含水量 W/%	土的天然重度/ $kg \cdot m^{-3}$	孔隙比	塑性指数	液性指数	压缩系数/ MPa^{-1}	压缩模量/ E_s/MPa	桩周摩阻力/ kPa	地基承载力/ kPa	备　注
1a	淤泥质黏土	45.5	17.6	1.269	20.2	1.20	1.12	2.06	8	50	流塑、高压缩性、厚度10～30 m
2a	淤泥质黏土	45.0	17.6	1.268	24.2	0.86	0.67	3.39	13	80	软塑、高压缩性
3a	黏土	28.0	19.7	0.78	18.5	0.44	0.26	6.85	30	180	可塑、硬可塑
4a	黏土	34.2	18.9	0.946	20.3	0.64	0.30	6.49	25		可塑、局部软塑
5a	黏土	27.4	19.8	0.762	19.2	0.39	0.20	8.92	36		硬可塑

4. 储罐基础的地基处理

由于油库沿海边一带，地质系山前海岸的海滨相地貌，受古地形和沉积环境等多种因素的影响，上部土层众多，且厚度、分布范围及工程地质等都差异很大，土中含水量高，孔隙比大，有很厚的欠固结淤泥质软土，具有高压缩性。其下部基岩沟谷多变，起伏不平，属于复杂场地。为此，地基处理不能期望采用单一的基础形式来解决千差万别的地质问题。

一期工程的 10 万 m^3 和 5 万 m^3 储罐各 2 座，经反复研究将储罐布置在岩基上，并将开山土石方填筑海涂，作为生产辅助设施和民用建筑用地，在填土区，作了强夯处理地基。

一期扩建工程为节约用地和缩短工艺管线。将4座5万 m^3 浮顶储罐紧靠一期的10万 m^3 罐区。岩面深浅不等，采用钢筋混凝土嵌岩灌注桩，桩直径 $D=80$ cm，嵌岩深度进入中风化岩 $1D$，每台罐布桩132根。采用钢筋混凝土板式承台板厚75 cm。

二期工程为10座5万 m^3 原油罐，地基处理采用3种方案：

第一种：储罐基础直接建在中风化岩上共4台；

第二种：储罐基础建在软土地基上共5台，基础采用嵌岩灌注桩，桩身直径 $D=80$ cm，桩间距采用4.8 m，水下混凝土采用C25，桩长约40 m，采用钢筋混凝土无梁楼盖式，承台板厚55 cm（见图6-148）；

第三种：储罐基础约有1/3建在基岩上，储罐基础绝大部分座落在软基上，基础采用第二种大直径灌注桩外，上部承台改为梁板式，梁截面为40 cm×150 cm，板厚15 cm，此种基础处理仅处理1台15号储罐。

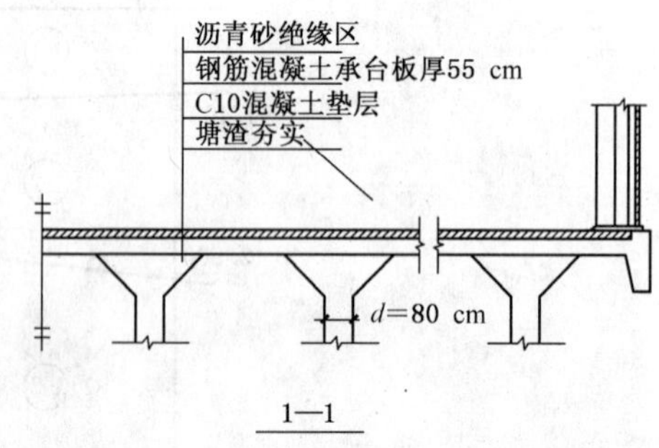

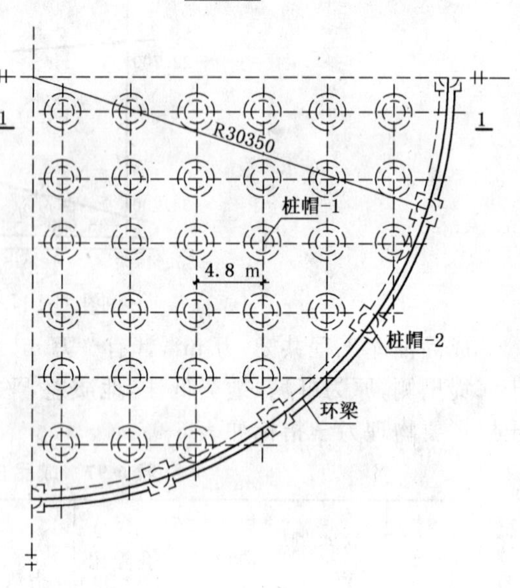

图6-148　桩与承台板平面剖面图

成品油库工程，场区第1、2层软土总厚度约为25～40 m，压缩性高：强度低，工程地质条件差，第3层宜作桩基持力层，但顶面起伏不平，0.5万 m^3 罐区局部缺失第3层，软土层总厚度在35～47 m；3万 m^3 罐区基岩埋深－20～－45 m，岩面坡度17°～30°；2万 m^3 罐区为一古冲沟，第3层土埋深较大，且局部地区土的状态较差。根据地质条件复杂多变的特点，经反复研究将0.5万 m^3 罐基础由于预制桩费用太高，改为水泥搅拌桩；将1万 m^3 罐基础也改为水泥搅拌桩；2万 m^3 罐基仍采用钢筋混凝土预制桩；3万 m^3 罐基改用嵌岩灌注桩。

总之，基础方案的选择是一个相当细致和慎重的工作，对工程造价影响很大，是工程建设的重要环节。

5. 储罐基础的沉降观测

对0.5万 m^3 罐基础采用干法粉喷桩和1万 m^3 罐基础采用水泥搅拌桩，根据设计要求在充水试压过程中都作了基础的沉降观测工作。

0.5万 m^3 罐分级充水，其中1号、3号罐充水时间超过1个月，满载后保持1个月，1号罐实测最大沉降量为399 mm，最大沉降差为420 mm，倾斜2.0‰；3号罐最大沉降量为307 mm，最大沉降差为125 mm，倾斜5.9‰；沉降差满足规范（SH 3068—1995）要求。2号、4号罐在充水试压过程中沉降速率较大，不均匀沉降明显，后放缓充水速度，充水时间达2个月，满载后又保持1个月预压地基，沉降渐趋稳定。实测2号罐基础沉降最大沉降量为496 mm，沉降差达320 mm，倾斜达15.2‰；4号罐实测最大沉降量为430 mm，沉降差为220 mm，倾斜达10.5‰，这两台2号、4号罐基础均超过规范（SH 3068—1995）允许储罐倾斜的要求。经研究后，采用顶升储罐，罐底喷砂垫平的方案进行了纠偏扶正。其倾斜原因经分析，2号、4号罐靠近海边，地质条件差，同时海堤加固及堤边消防通道的形成增加了附加边荷载，对罐基础产生不利影响，使罐基础外边的沉降过大。

1万 m^3 储罐充水试压，其中1号罐充水时间为24天，满载时间为12天，实测最大沉降量为57 mm，沉降差仅12 mm；2号罐充水时间为27.5天，满载时间为17.5天，实测最大沉降量为82 mm，最大沉降差26 mm；3号罐充水时间为47天，满载时间为14.5天，实测最大沉降量为156 mm，沉降差57 mm；4号罐除实测基础沉降外，还对桩顶和桩间土应力进行实测，对土的孔隙水压力也进行了观测，

4 号罐充水时间为 32 天，满载时间为 34 天，实测基础边缘最大沉降为 105 mm，最小沉降为 79 mm，沉降差仅为 26 mm。

储罐基础中心沉降实测为 316 mm。各项数据均满足了规范与设计的要求，工程取得良好的效果。

二期工程第二阶段的 6 台 5 万 m^3 储罐，基础采用全钢模管护壁嵌岩灌注桩，淤泥采用专用设备取土，人工孔底风镐凿岩扩底，监理人员进入桩底，逐根进行检查验收嵌岩深度和清除扩底范围的碎石等。其中东南角 13 号储罐基础的嵌岩桩平均桩长超过 40 m，实测 6 台 5 万 m^3 储罐充水预压后的基础沉降见表 6-98，目前已全部投产进油。

表 6-98　5 万 m^3 储罐基础的实测沉降表

序号	油罐编号	实测沉降/mm			备　注
		最大	最小	平均	
1	9 号	5	1	1.7	基础采用嵌岩桩经充水预压至投产进油，实测沉降均很小
2	10 号	4	1	2.2	
3	11 号	4	1	0.7	
4	12 号	4	1	2.1	
5	13 号	13	4	8.3	
6	14 号	14	6	9.9	

从表实测可见，5 万 m^3 储罐实测最大沉降 14 mm，最小沉降 1 mm，平均沉降最大 9.9 mm，最小 0.7 mm，说明基础沉降很小，基础方案采用嵌岩灌注桩过于安全，值得研究。

6. 技术经济分析

在本石油库基地的各类储罐采用多种基础型式和地基处理方案，经实践分析，采用钢筋混凝土承台及预制桩造价最高(见表 6-99)，一台 2 万 m^3 储罐基础达 442.3 万元，单方造价达 221.1 元/m^3 超过罐体本身的造价，嵌岩灌注桩及钢筋混凝土承台，5 万 m^3 储罐基础 6 台平均价达 435.6 万元，其中 13 号罐的基础造价达 655.9 万元，单方造价达 131 元/m^3，基础造价太高。实践证明大型储罐基础设计和地基处理，没有必要采用钢筋混凝土桩和刚性承台(包括预制桩、嵌岩桩等)，甚至使基础和地基处理的工程费用要超过钢储罐本身的工程造价，所以这种方案应该少采用。目前比较成熟的地基处理的方案应该是复合地基和柔性基础，这种方案比较经济，已在国内不少大型储罐基础工程中应用，并取得良好的工程效果。

表 6-99　储罐基础地基处理费一览表

序号	储罐容量/万 m^3	基础设计方案	每罐基础造价/万元	单方造价/元 · m^{-3}
1	0.5	干法粉喷桩，钢筋混凝土承台	72.1	144.2
2	1	水泥搅拌桩(湿法)柔性承台	118.2	118.2
3	2	钢筋混凝土承台及预制桩	442.3	221.1
4	3	嵌岩灌注桩及钢筋混凝土承台	350.5	116.8
5	5	嵌岩灌注桩及钢筋混凝土承台	435.6	87.1

二十、强夯法在海南炼化大型储罐地基处理中的应用

1. 工程概况

海南炼化续建项目罐区，场地浅部为多次火山喷发的玄武岩经风化作用后形成，地表层为残坡积土层，并有孤石不均匀分布，直径最大达 2m 以上，平均黏土覆盖层层厚 5～10 m，地下水位埋深 5 m 以上，其下卧层强—中风化玄武岩层面埋深有较大变化。针对这一特殊的地质情况，经过方案对比、分析，

对罐区大部分储罐基础采用强夯法进行处理，达到了很好的实际效果。

根据国内外试验资料，在强夯的过程中，由于巨大的冲击力远超过土体的强度，土体发生冲击破坏，侧向挤压力增大，随着夯击次数的增加，加固区水平扩展逐渐减小而仅垂直向下移动，近似形成一个柱体的加固区。坑底土在侧向挤出时，坑侧土在侧向分力作用下将隆起，形成被动破坏区。夯坑越深，土固化内聚力越大，则被动土压力越大，土越不易破坏隆起。

强夯加固深度等于夯坑深度加锤底加固深度。一般来讲，夯坑深，加固深度也相应大。在保持一定的夯击能量时，锤底面积大，动应力影响深度大，加固深度大。锤的面积过小，静压力过大，使锤对地基土体的作用以冲切力为主，夯击效果不理想；而锤的面积过大，静压力偏小，又使单位面积上的冲击能过小，对地基的影响也就不大。因而必须根据地基土的原始强度的大小选择恰当的锤面积和静压力。实践经验表明，一般填土和非饱和土地基加固，采用锤底面积为 3～4.0 m^2 较为合适，对于饱和的软土地基加固时，宜采用 4～6.0 m^2 较为适宜。

2. 工程地质概况

海南炼化新建原油罐区位于海南省西北部的洋浦半岛上的洋浦经济开发区内，场地为经多次火山喷发而形成，地表覆盖层为经风化而形成的粉质黏土层平均厚度 5～10 m。场地范围内大部分区域地形较平坦。地质报告揭示的场地内地层分布自上而下分为：

① 层素填土：以粉质黏土和细砂为主，土质不均，层厚 1.40 m。

② 层粉质黏土：局部砂粒成分含量较高，个别地段可见大块孤石。该层干时强度较高，遇水强度降低较明显。根据地区经验，该层有膨胀性。硬塑～可塑，层厚 0.30～6.70 m。天然含水量(W) 15.2%～43.7%，中～高压缩性。承载力特征值 130 kPa。

③ 层含碎石粉质黏土：含有未完全风化玄武岩碎块，直径约 1～3 cm，土质稍好，局部有纵向直径为 0.5～2.3 m 的大块孤石分布，可塑～硬塑，层厚 0.3～8.00 m。承载力特征值 180 kPa。

④ 层强风化玄武岩：隐晶结构，微气孔或大气孔状构造，风化裂隙较发育，岩芯呈 5～15 cm 碎块状，层厚 0.50～8.40 m。

⑤ 层中～微风化玄武岩(βQ31)：隐晶结构，微气孔或大气孔状构造。有少量裂隙发育，个别岩芯有裂隙发育，层厚 1.5～22.7 m。

⑥ 层含碎石粉质黏土：碎石含量 10%～25%，塑性较高，该层为两次火山喷发间歇形成的风化残积物，部分钻孔缺失，层厚 0.30～11.4m，该层常以夹层形式出现，层位极不稳定。

报告特别揭示了地表层残坡积土遇水有明显的软化现象，具弱膨胀性。②层土在天然状态下承载力特征值 175 kPa，浸水后 138 kPa；③层土在天然状态下承载力特征值 233 kPa，浸水后 140 kPa。上部含水层受大气降水补给，透水性不均匀，在玄武岩内裂隙发育地段，透水性大，含水量较高，其他地段较低。勘察期间地下水位埋深 8.45～9.74 m，受季节性降雨影响较大，夏季降雨期间地下水位有 4～6 m 的变化。

3. 场地处理方案的确定及试夯

该工程共建造 8 个储罐，其中 6 个 10 万 m^3，两个 5 万 m^3，均为外浮顶罐。10 万 m^3 储罐直径 80 m，5 万 m^3 储罐直径 60 m。本工程 5 万、10 万罐基底压力分别约为 210 kPa 和 240 kPa。显然，整个场地的主要覆盖层②、③层无法满足承载力和变形的要求，且属于含砂性的不饱和粉质黏土，平均层厚 5～10 m，适合于采用强夯法进行处理。由于在海南没有成熟的大型罐基强夯处理的经验，希望通过试夯试验，确定夯击能、夯击击数、夯击遍数、夯点布置等主要设计参数，为正式施工提供合理的施工参数和施工方案。强夯参数的确定与下列因素有关。

(1) 单击夯击能和处理深度

强夯深度估算的方法很多，有 Menard 公式系数修正法和能量守恒法等，有很多经验公式，由于当地缺乏经验，我们采用最常用的 Menard 公式系数修正法，即 $D=K\sqrt{W\cdot H/10}$。式中，D 为理论有效加固深度；K 为影响深度折减系数。根据对我国四十项强夯工程和试验的整理发现：K 值范围为 0.2～

0.95，$K=0.40\sim0.70$ 的频数约为 80%，其概论曲线成正态分布，均值为 $\overline{K}=0.579$。先假设考虑 3 种单击夯击能：$W\cdot H=2\ 000,4\ 000,6\ 000$ kN·m。这里取值 $K=0.5$，可分别计算出 $D=7.1$ m，10.0 m、12.2 m。如果按照《建筑地基处理技术规范》(JGJ 79—2002)中表 6.2.1 建议加固深度，按黏土取值分别为：$D=5.0\sim6.0$ m，7.0～8.0 m，8.5～9.0 m。

由于覆盖层沿深度方向呈波浪型不均匀变化，因此按深度分别进行了三组试夯：2 000 kN·m 中低能量级用于 4 层埋深较浅处，处理深度约 3～4 m；4 000 kN·m 中等能量级，处理深度约 5～6 m；6 000 kN·m 高能量级，处理深度约 7～8 m。要求强夯处理后地基土应满足 $f_{ak}\geqslant$ 250 kPa，$E_s\geqslant16$ MPa。

根据以往试验文献，在相同单击夯击能的条件下，重锤低落距较轻锤高落距加固效果更好。因而在有条件的情况下，应采用较重的夯锤。结合当地的机械起吊能力和强夯设备情况，实际夯锤质量选用 $M=23.0$ t、落距分别为 $H=9.0$ m，18 m，26.1 m，实际单击夯击能为 $W\cdot H=10\ M\cdot H=$ 2 070，4 140，6 003 kN·m。

(2) 夯击遍数

由于地下水位埋深较深，勘测期间在 8m 以下，基本超出强夯处理深度范围，原则上不再考虑孔隙水压力的消散问题，夯击遍数因此适当减少。试夯时选用的夯击遍数为 3 遍，其中点夯为两遍，满夯一遍。

(3) 夯击击数和夯点的布置

确定单击夯击能后如何合理选择夯击击数是关于最佳夯击能设计方法问题，按照常规的设计方法是根据孔隙水压力与夯击击数的关系而确定的，一般的方法是：

1) 在测试夯点下不同深度埋设土压力盒，由土压力盒测定冲击压力和历时。

2) 在测试夯点的不同深度埋设孔隙水压管，根据各夯点的孔隙水压力的增幅情况来确定最佳夯击能。

3) 进行强夯沉降观测以观测出每个夯点的每一击夯沉量及总夯沉量、夯坑周围的沉降量及夯坑的体积。

但由于考虑到处理范围内含有大量的孤石，若采用方法(1)和方法(2)在每个夯点下埋设仪器之后回填，为能准确测定数据必填埋小粒土体，这样势必使测定的数据缺乏客观性，且本工程地下水埋深较深，因此方法(1)和方法(2)不适用。

现采用方法 3)确定夯点的夯击击数，按现场试夯得到的夯击击数和夯沉量关系确定，且同时满足下列条件：

① 最后两击的平均夯沉量：2 000 kN·m 能量级不大于 50 mm、4 000 kN·m 能量级不大于 100 mm，6000 kN·m 能量级不大于 150 mm；

② 夯坑周围地面不发生过大的隆起；

③ 不因夯坑过深而发生起锤困难。

试夯形式采用群夯试验，夯点按正方形布置，布置间距：2 000 kN·m 能量级为 5.0 m，4 000 kN·m能量级为 8.0 m，6 000 kN·m 能量级为 9.0 m。

4. 强夯施工方案的确定

试夯结果显示，2 000 kN·m、4 000 kN·m、6 000 kN·m 能力级均能影响到 4 层土，基本达到 $f_{ak}\geqslant250$ kPa，$E_s\geqslant11$ Mpa。的设计要求。其中以 4 000 kN·m 能力级加固效果最好；2 000 kN·m 能力级在平板载荷试验时总沉降量约是 4 000 kN·m 能力级的 2 倍；6 000 kN·m 能力级由于夯前暴雨使试夯区积水，造成沉降量偏大，且主夯点夯坑较深，局部有隆起，导致回填较厚夯实效果较差，承载力没能满足设计要求($f_{ak}\geqslant240$ kPa)。

最终的强夯施工方案确定为：

(1) 为保证强夯效果，根据试夯结果进行了如下几个方面的调整：

a) 2 000 kN·m 能量级改为 3 000 kN·m 能量级;

b) 4 000 kN·m 和 6 000 kN·m 能量级满夯前增加一遍加固夯;

c) 6 000 kN·m 能量级满夯能量级由 1 500 kN·m 改为 2 000 kN·m;

d) 强夯要求为 $f_{ak} \geqslant 250$ kPa, $E_s \geqslant 11$ MPa。

(2) 强夯施工时停夯标准:采用最小夯击数和最后两击的最大平均夯沉量双重指标控制;

(3) 考虑施工进度要求,且地下水位埋深较深,勘测期间在 8 m 以下,已经超出强夯处理范围,可以不需考虑孔隙水压力消散问题,因此施工期间不下雨时可采取连续夯击。

4 000 kN·m 能量级夯点布置如图 6-149。

另外,强夯处理范围内局部有大的孤石,并且深浅不等,有的单个存在,有的成片存在,使场地均匀性变的非常差。如果处理不好,不仅大的孤石不能把夯击能有效地传递到下面的土层中,影响强夯效果,还有可能会因为有大的孤石存在而使储罐底板形成局部应力集中,造成储罐钢底板存在安全隐患,影响到储罐的正常使用。由于大孤石的分布没有任何的规律可言,要完全探明浅层孤石的分布,基本上只能先开挖再回填,费用会非常高,从工程上讲这显然是不可能的。

因此,我们主要从以下两个方面采取措施来保证储罐安全:

1) 采取边施工边探明的办法(钎探),在施工过程中尽量清除大孤石。即对夯锤下落中发生偏锤的地方和夯击深度异常的地方要马上停止并探明是否有孤石,如有则应予挖除。每遍夯击完成后,在把土推平过程中有露出地面的大石块也应清除。考虑到试夯中第一遍和第二遍夯坑的深度均在 1.0 m 左右,平均夯沉量在 350 mm,这样浅层 1.5 m 以内的大孤石应基本能够清除干净。

图 6-149 4 000 kN·m 能量级夯点布置

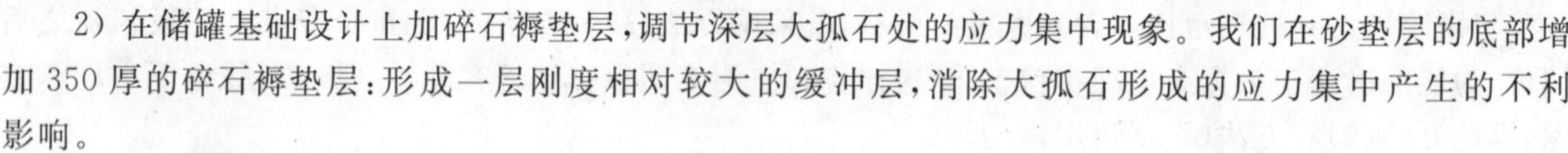

2) 在储罐基础设计上加碎石褥垫层,调节深层大孤石处的应力集中现象。我们在砂垫层的底部增加 350 厚的碎石褥垫层:形成一层刚度相对较大的缓冲层,消除大孤石形成的应力集中产生的不利影响。

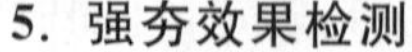

5. 强夯效果检测

根据相关规范的要求,并参阅已看的设计文献,本着保证安全、节约费用的原则,本工程进行了标准贯入、动力触探及载荷板试验等检测和常规的实验和室内土工试验。

强夯处理前后地基加固效果参见表 6-100,由表可以看出经过强夯处理后干密度有明显提高;孔隙比有明显降低;压缩模量也有所提高。由于 2 层粉质黏土、3 层含碎石粉质黏土中均含有较多的砂粒、碎块和碎石,使室内土工试验的压缩模量数值比由静载试验、标准贯入试验等得到的数值偏低。以 T-102罐为例进行说明。

表 6-100 T-102 储罐强夯前后地基加固效果表

层号	干密度 ρ_d/(g/cm³)		孔隙比 e_0		压缩模量 E_{s1-2}/MPa		标准贯入试验 N/击		动力触探试验 $N_{63.5}$/击	
	夯前	夯后	夯前	夯后	夯前	夯后	夯前	夯后	夯前	夯后
②	1.25	1.39	1.186	1.136	3.3	6.8	4.9	12.6	2.9	6.4
③	1.12	1.24	1.418	1.240	2.7	8.3	12.7	19.3	8.1	11.0

静载试验成果见图 6-150。试验面为 2 层粉质黏土层，压板面积：0.5 m^2，试验深度：0.5 m。

6. 结论

通过该工程的实践，说明处理象海南这样由多次火山喷发的玄武岩并经风化作用形成的场地，当土性合适、埋置深度适当，采用强夯法施工是大型储罐基础地基处理较理想的方案。工程实践表明：

(1) 从动力触探结果看，处理后垂直向地基各土层强度的均匀性较好，水平向各点的地基强度也相差不大，基本消除了玄武岩下卧层埋深分布极不均匀的不利影响。可以说根据动测和平板载荷试验均可看出，处理后的地基的强度、变形模量及地基的均匀性都有了较大的提高，均能满足设计要求；

(2) 强夯法地基处理不仅大大节约建设成本，而且缩短了建设周期；

(3) 从最终的质量检测报告中反映出的有石块处与没有石块处的夯后效果基本一致来看，采用强夯处理基本能达到消除场地内局部存在大孤石带来的不利情况。

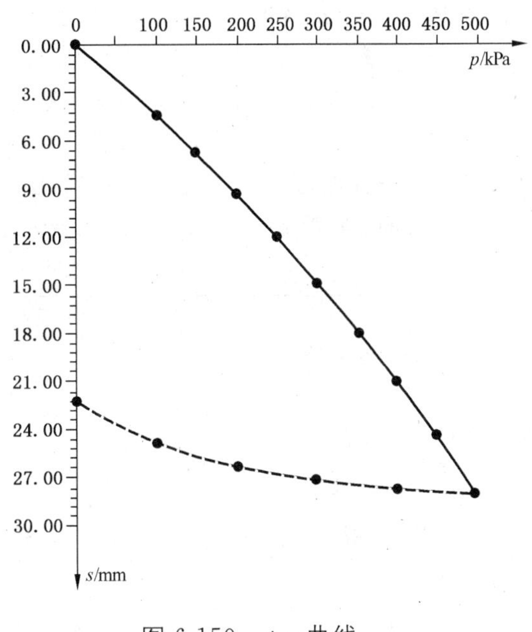

图 6-150　p-s 曲线

二十一、5 万 m^3 储罐采用夯扩桩基础产生突发沉降后的诊断与处理

1. 工程概况

石埠桥原油码头位于长江下游的南京栖霞山地区，码头储罐区建在长江岸滩地带。1993 年新建成 4 台 5 万 m^3 储罐，单罐高度 19.35 m，直径 60 m，罐体加环墙基础荷重达 200 kN/m^2。由于该地区土质软弱，且持力层土质分布不均匀。储罐建成后，在罐内经充水加荷试验，基础未能达到设计承载力。基础在加荷载过程中急剧沉降，同时又发展为基础的不均匀沉降。为此，停止了储罐内进水并对设计采用的夯扩桩承载力、储罐底板变形及储罐基础沉降等进行了全面诊断与处理。储罐平面布置见图 6-151。

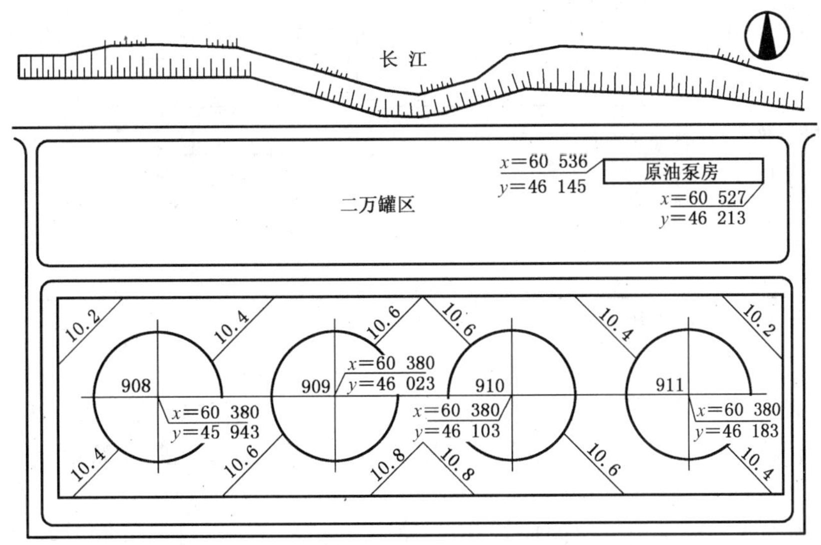

图 6-151　5 万 m^3 储罐平面布置图

图中新建 4 台，其中 908 号罐未采用夯扩桩方案。

2. 场地土质条件

地基土在 50 m 深度内分为八大土层：表层为经分层碾压的填土和表层耕土，厚度为 0.8～1.7 m；二层为黏土，厚度为 0.5～0.9 m，且不均匀；三层土为淤泥质软黏土，厚度自 908# 罐向 911# 罐增大，为 11.6～15 m，最厚处达 17.6 m，此层土为基础处理的主要对象；四层土为夹粉砂层软弱过渡层；第五层为稍密到中密的细砂层且不均匀，该层土为本基础夯扩桩的持力层，厚度为 14.4～17.5 m；六层土为粉质黏土与粉砂互层，强度不高且分布不均，层位不稳，分布在罐基北部，厚度在 3.0～4.0 m；七层土为粉质黏土夹碎石，强度较高；八层土为风化岩。地层分布以及各土层土力学指标详见表 6-101。

表 6-101 土的物理力学指标

层号	土层名称	层厚/m	天然重度 γ/kN/m³	天然含水量 w/%	孔隙比 e	压缩系数 α_{1-2}/MPa⁻¹	压缩模量 E_{a1-2}/MPa	塑性指数 I_p	液性指数 I_L
②	粘土	0.5～0.8	35.5	35.5	1.00	0.49	4.7	17.5	0.89
③	於泥质黏土	13～15	17.2	47.3	1.34	0.83	2.8	18.0	1.27
④	於泥质黏土夹粉砂	0.8～1.5	17.5	42.7	1.18	0.60	3.9	17.3	1.07
⑤	细砂	11～14	18.3	29.8	0.91	0.14	14.7		
6-1	粉砂夹粉质黏土	3～4(北部)	18.1	34.1	1.00	0.29	6.9	10.5	1.01
6-2	粉质黏土夹粉砂	3(北部)	18.0	34.3	1.00	0.31	6.5	15.0	0.94
7-1	粉质黏土夹碎石	1～3	19.8	25.7	0.73	0.20	9.2	13.0	0.5
7-2	碎石夹粉质黏土	0.5～1.5							

层号	土层名称	固结系数（P=200 kPa）cm²/s		渗透系数（P=200 kPa）cm²/s		不排水抗剪强度 c_u/kPa	承载力标准值/kPa
		C_H	C_V	K_H	K_V		
②	黏土						100
③	於泥质黏土	1.2×10^{-2}	0.8×10^{-2}	4.5×10^{-7}	3.1×10^{-7}	20	70
④	於泥质黏土夹粉砂						80
⑤	细砂						150
6-1	粉砂夹粉质黏土						100
6-2	粉质黏土夹粉砂						100
7-1	粉质黏土夹碎石						150
7-2	碎石夹粉质黏土						200

3. 基础设计与充水预压地基

（1）基础设计

1）基础型式：储罐基础采用低承台式夯扩桩基础。基础承台到储罐底设计填土层厚 4.6～5.05 m。储罐壁支承在钢筋混凝土环墙上。填土层采用分层碾压方法施工，土压实密实度≥96%。基础构造做法详见图 6-152。

2）基础夯扩桩平面布置采用方格网形式，网格尺寸为 2.25 m×2.25 m，见图 6-153。

3）夯扩桩设计：单桩容许承载力为 1 370 kN。每个罐基设计总桩数为 629 根。桩埋深：夯扩桩穿过③层淤泥质土、④层淤泥质黏土夹粉砂层，以⑤层土即细砂层为桩端持力层。要求桩端进入细砂层内不小于 0.8 m。各个基础桩设计长度范围见表 6-102。

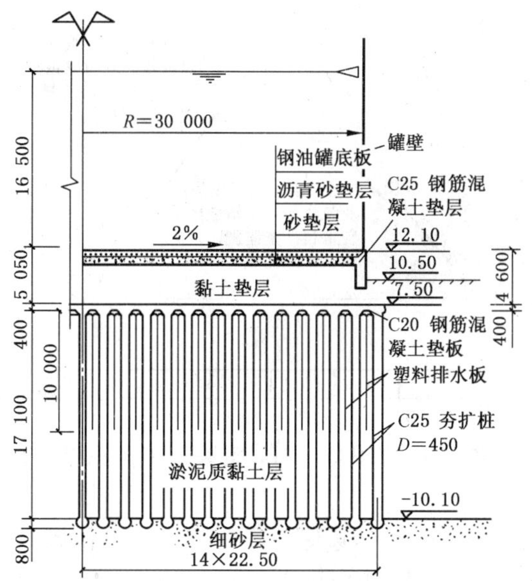

图 6-152　储罐及夯扩桩基础剖面示意图

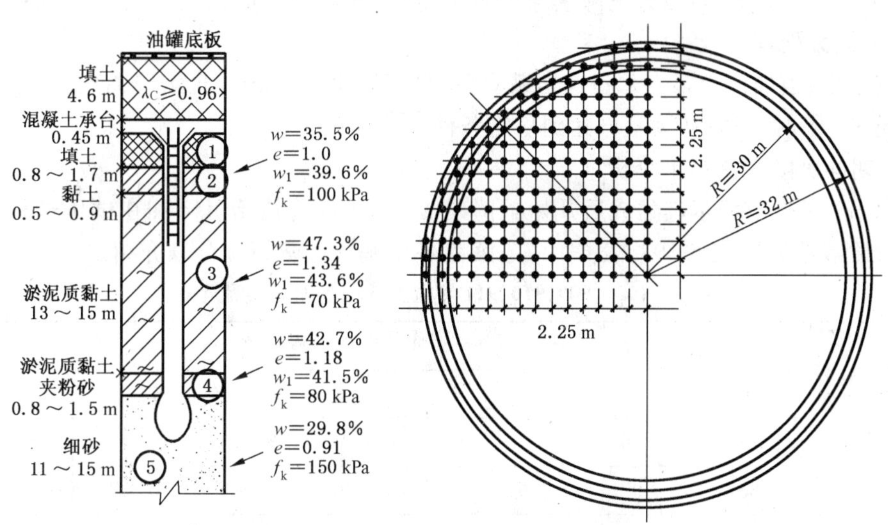

图 6-153　储罐基础采用夯扩桩平面布置

表 6-102　储罐基础夯扩桩设计长度表

罐基础编号	909	910	911
桩长范围/m	17.5～19.0	17.4～20.6	18.1～21.5

桩的截面及构造：

桩采用 C25 混凝土，截面为直径 450 mm 圆桩，夯扩端直径为 100 mm。桩内自顶向下 6.0 m 设置钢筋笼，纵向筋 6 根直径 12 mm，箍筋直径 6 mm，间距 200 mm。

施工要求：最后十击贯入度不大于 3.0 cm，大头灌注量不小于 0.5 m^3。

施工夯扩桩设备为 DD25 型走管式柴油打桩机，夯灌重 2.5 t，采用二次夯扩工艺。

(2) 充水预压地基

1) 试压方法

储罐利用水泵抽取长江水加荷，设计充水高度为 16.5 m，本次试压计划最大充水高度 17.8 m。由于本基础型式为刚性桩基，因此充水计划按照有关安装规范进行，充水加荷曲线见图 6-154。

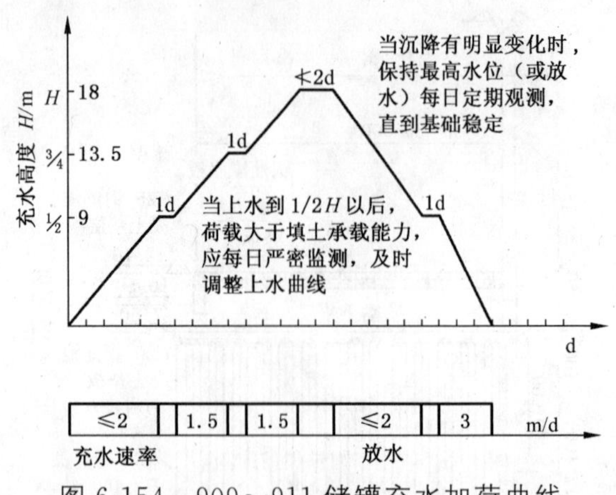

图 6-154　909～911 储罐充水加荷曲线

2）基础沉降控制标准

基础预估沉降量为：中心沉降 300 mm，边缘沉降 150 mm，整体倾斜 1.5‰。沉降控制标准如下：

① 继续充水加荷的条件：日沉降量≤10 mm，并且沉降曲线无明显转折变化；日偏沉量≤5 mm，且罐基累计整体倾斜＜3‰。

② 停止充水加荷的条件：当日沉降量＞15 mm，同时沉降观测曲线发生突变；日偏沉量＞5 mm 时应停止加荷，并研究处理措施。

基础稳定条件：当加荷至最高水位经恒载观测，日沉降量≤2 mm，且沉降曲线趋于平缓，并且基础整体倾斜不超过 4‰时，可以认为基础达到稳定条件。

（3）试水期间沉降观测结果分析

909、910、911 罐自环墙基础建成后开始沉降观测，将充水前初始沉降和在试压过程中各级荷载下的沉降变化分阶段绘制成表 6-103、表 6-104 下面就各个基础实测情况分别介绍。

表 6-103　909、910、911 储罐基础试水期间实测沉降

罐编号	充水高度/m	实测基础各点沉降/mm															
		1	2	3	4	5	6	7	8	9	10	11	12	13	14	15	16
909	0	14	20	26	18	7	11	9	10	23	17	18	11	13	13	20	17
	14	85	92	97	89	72	76	75	80	94	90	90	79	83	82	86	86
	15	92	99	104	94	78	82	81	88	102	100	101	93	100	102	101	95
	16	99	100	104	98	79	82	81	93	106	100	109	116	156	178	167	124
	10.15	100	98	103	94	76	78	79	89	10B	100	105	118	166	207	197	137
910	0	17	42	36	25	21	15	12	12	19	15	17	19	20			
	9	67	121	134	92	65	56	55	56	66	57	60	57	57			
	10.3	70	144	160	103	65	56	52	55	59	56	54	50	51			
	12	132	243	240	147	86	76	69	70	75	73	70	66	72			
	9.15	151	273	269	152	80	70	69	70	75	71	68	64	73			
911	0	54	69	70	71	73	63	39	24	34	18	13	24	19	36	35	55
	9.5	147	170	179	185	180	167	130	109	110	93	84	94	87	108	110	138
	10	151	178	196	209	214	190	138	111	113	95	87	98	92	107	109	139
	10	158	189	208	224	228	199	141	111	115	94	87	100	93	108	112	145

表 6-104　909、910、911 储罐基础实测沉降观测结果汇总

基础编号	充水高度/m	最大沉降		沿直径方向偏沉值/mm	整体倾斜率/‰	最大日沉降速度/m/d	不均匀沉降部位	极限充水高度/m
		本次充水累计/mm	累计/mm					
909	0		26	11	0.2		北半部	15
	14	72	97	11	0.2	2.25	均布	
	15	89	104	22	0.4	6.67	西北象限	
	16	165	178	96	1.6	38	西北象限	
	10.15	194	207	129	2.2		西北象限	
910	0		42	27	0.5		东北象限	10.3
	9	98	134	68	1.1	6.8	东北象限	
	10.3	124	160	101	1.7	12.9	东北象限	
	12	204	243	173	2.9	33	东北象限	
	9.15	233	273	203	3.4		东北象限	
911	0		73	60	1		东北象限	9.5
	9.5	114	185	96	1.6	4.2	东北象限	
	10	141	214	127	2.1	6.9	东北象限	
	10(恒压)	155	228	141	2.4		东北象限	

909 罐基：由表 6-103、表 6-104 可见，当充水到 14 m 时基础沉降是均匀的。从 13 m 水位加荷到 14 m 最大日平均沉降为 2.25mm。当充水到 15m 时，最大日均沉降加大到 6.67 mm。充水到 16 m 时，环墙基础突然出现大幅度下沉，最大日平均沉降达到 38 mm，储罐紧急放水卸荷。放水后基础继续下沉，当放水到 10.15 m 时达到本次试压的最大沉降值 194 mm，整体偏沉超过 2‰。不均匀沉降主要分布于储罐西北象限的 12 点位～16 点位（储罐的西北象限见图 6-155）。

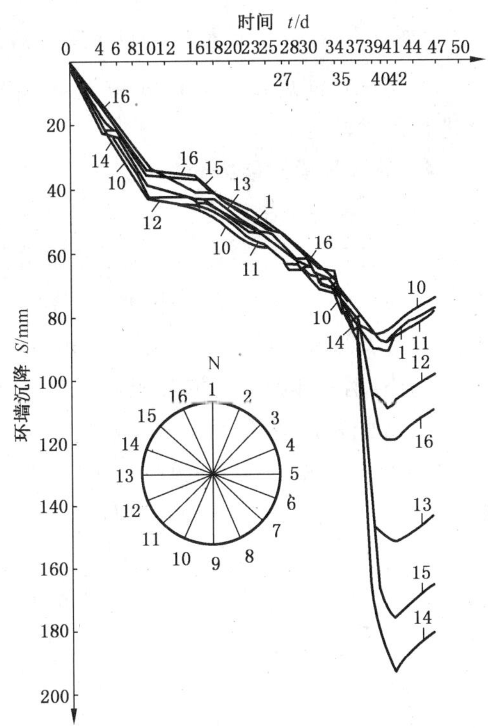

图 6-155　909 罐基础各点沉降曲线图

910 罐基：由表 6-103 可见，当充水到 9.0 m 时，罐基础环墙沉降的分布基本上是均匀的，但沉降速率较大，已显示出东北象限较弱。从沉降速率上看，充水加荷到 8.2 m水位时，最大日平均沉降为 6.8 mm，自 8.2 m 加荷到 10.3 m 水位最大日平均沉降达到 12.9 mm，当水位自 10.3 m 充到 12 m 时，最大日平均沉降大幅度增加，达到 33 mm。此时，储罐紧急放水卸荷。卸荷后沉降继续发展。当放水到 9.15 m 时，基础沉降达到本次试压的最大值 233 mm，整体偏沉近 3‰。

不均匀沉降的分布主要集中在罐基的东北象限，1 点位～4 点位，见图 6-156。

911 罐基：（见表 6-103）该基础初始沉降较大，基础一周均匀下沉的试压荷载只达到 9.0 m 水位。当充水到 9.5 m 时，基础的不均匀沉降明显，此时最大日平均沉降为 4.2 mm。之后由 9.5 m 充水加荷

到 10 m，其最大日平均沉降达到 6.9 mm，整体偏沉量为 6.4 mm。

不均匀沉降的部位主要集中在 1～5，14，15 点位(储罐的东北象限见图 6-157)。

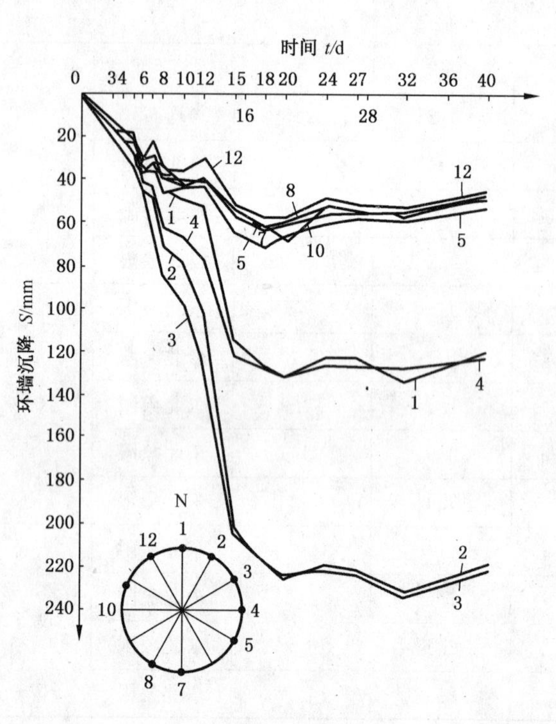

图 6-156　910 罐基础各点沉降曲线图

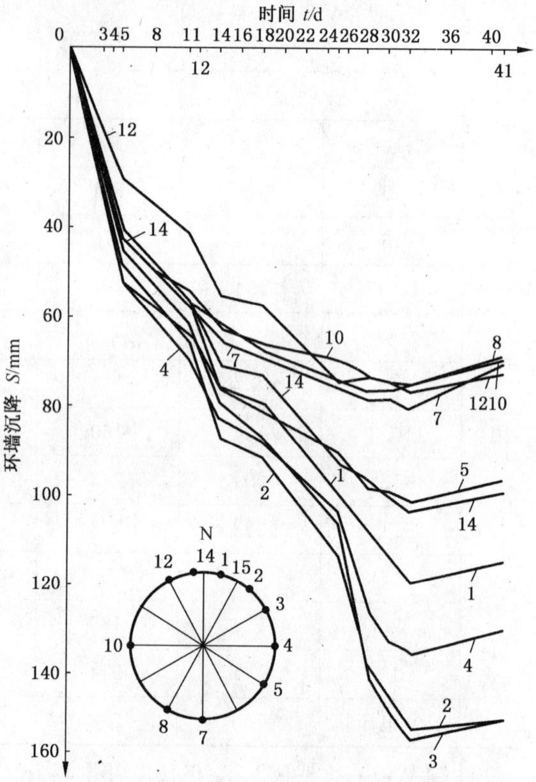

图 6-157　911 罐基础各点沉降曲线图

上述三台油罐在充水期间，在基础未达到设计承载力的情况下产生急剧下沉是有一定原因的。为此进行了诊断与处理。

4. 桩极限承载能力分析

(1) 夯扩桩单桩受力分析与桩的极限承载力

夯扩桩自下而上承受的上部荷重分为：0.5 m 厚钢筋混凝土承台：$q_1=12.5$ kN/m^2；环墙以下 2.5 m厚压实填土：$q_2=50$ kN/m^2；环墙内 2.325 m 厚压实填土：$q_3=48.06$ kN/m^2；储罐充水荷载(*H* 为充水高度)：$q_4=10$ m 高充水 kN/m^2。

此外，钢罐体与钢筋混凝土环墙自重沿环墙一周产生局部线荷载：$q_5=58.7$ kN/m^2。

当充水高度达到使用荷载水位 16.5 m 时，罐基础所设的 629 根夯扩桩承受的总重量为 814 250 kN，其中基础自重 $G_1=347\ 790$ kN，充水荷重 $G_2=466\ 455$ kN，环墙一周局部荷载总重 $G_3=11\ 060$ kN。充水 16.5 m 时桩顶承受的均布荷载为 263.06 kN/m^2。

1) 工程桩、试桩单桩极限承载力，见表 6-105。

表 6-105　工程桩、试桩单桩极限承载力

基础编号	极限充水高度/m	工程桩		静载试桩			设计单桩承载力/kN
		极限承载力 p'_j/kN	容许承载力/kN	桩位	极限承载力/kN	容许承载力/kN	
909	15	1 355.4	677.7	试桩 1	2 560	1 380	
910	10.3	1 144.2	572.1	试桩 1	2 520	1 340	1 370
911	9.5	1 108.2	554.1	试桩 1	2 500	1 475	

注：试桩极限承载力系河海大学试验报告提供。

2）单桩承载力取值方法分析比较

静载试桩：试桩报告中（以下简称“报告”）所提供的单桩极限承载力实际并未试到。最大试桩荷载为：试桩1为2 560 kN，试桩2为2 520 kN，试桩3为2 500 kN。但“报告”认为：三根试桩的压载试验均未达到试桩终止条件，因此不能采用常规的规范方法确定单桩极限荷载。“报告”中采用“波兰规范法”、百分率法、斜率倒数法三种推算极限荷载值，然后取其均作为单桩极限荷载值，分别为：试桩1为2 760 kN，试桩2为2 740 kN，试桩3为2 950 kN。

上述推算方法按行业标准JGJ 94—1994《建筑桩基技术规范》并无认可，因而不足以作为工程桩的设计依据。

现将各种方法确定的单桩极限承载力比较列于表6-106。

表6-106 各种方法确定的单桩极限承载力比较

桩位或基础号	试桩报告提供/kN	按（JGJ 94—1994）S-lgP曲线分析试桩/kN	按地质资料施工记录（进行估算）/kN	充水加荷后基础局部破坏时/kN
1# 试桩/909	2 760	2 040	2 114	1 355
2# 试桩/910	2 740	1 920	1 850	1 144
3# 试桩/911	2 950	1 870	1 892	1 108

3）施工因素对桩承载力的影响

从动测结果分析可以认为桩身基本完好。从施工记录看，桩底部夯扩端的罐注量都符合设计要求，且各个基础之间相差不大，因而这里主要将施工桩长、贯入度与承载力进行比较，详见表6-107，从表中可见，夯扩桩桩底的夯实程度即贯入度大小对单桩承载力起着至关重要的作用。试桩桩端持力层（细砂）要比工程桩桩端的夯击密实得多。

表6-107 桩深、贯入度对承载力的影响

基础或试桩	平均施工桩长/m	最后十击贯入度/mm	桩埋深≥细砂层向下800 mm占/%	基础或试桩极限承载力/kN
909	18.41	25.6	98.8	1 355
910	18.44	28.2	78.5	1 144
911	20.47	30.5	91.7	1 108
试桩1	18.3	20	100	2 040
试桩2	17.2	10	100	1 920
试桩3	21.5	15	100	1 870

（2）诊断分析

1）如前所述，本工程施工夯扩桩的桩身是完好的，当桩长达到设计持力层及以下时，工程桩和静载试桩报告中所提供的单桩极限承载力相差甚远。实际上工程桩仅为试桩报告推荐值的38%～40%。因而，工程桩在使用荷载下已无安全系数。使用荷载下基础处于极限破坏状态。单桩设计使用荷载以试桩报告中推荐值为依据，采用1 370 kN显然过大。桩实际上满足不了设计要求。

2）试桩报告所提供的单桩极限承载力偏大。首先，按照非规范方法推算所得的极限荷载不能应用于工程桩设计。此外，其所提供的单桩承载力过大，平均为按规范s—lg$p$方法确定值的1.45倍（见表6-106）。

通过比较表6-106中s—lg$p$曲线法和按地质资料估算两种方法，可以认为：按照s—lg$p$曲线方法确定试桩的单桩极限承载力是合适的，能代表试桩的实际承载水平。

3）作为大面积的桩基础施工，其单桩承载力的大小与试桩所得到的数值，由表6-106可知，各个基础发生破坏时的单桩荷载仅为按规范 $s—\lg p$ 曲线极限值的 60%左右。其影响因素是由基础受力的局部效应、群桩效应、试桩与工程桩工艺的不同、细砂层的不均匀性和试桩对整个基础所具的代表性等 5 个方面组成，这里后 3 个方面是造成工程桩承载力大幅度低于试桩的主要因素。

4）对夯扩桩持力层的分析：以细砂层作为夯扩桩桩端持力层，细砂层的密实度将直接影响桩端承载力的发挥。本工程经地质资料判定：细砂层自地表向下，由稍密到中密。修正后的标贯击数为 9 击到 22 击，其中 909、910 罐基细砂层的上部 2.0～4.0 m 范围内实测标贯击数为 6～10 击，呈饱和松散状态。

由上可知，细砂层强度低且很不均匀。砂层经夯管击实后桩端土的强度差别很大。若试桩与工程桩对细砂层的击实程度不同，将会使单桩承载力相差甚远。从本工程看，持力层上部细砂层稍密，再加上长夯扩桩工艺本身难以将其击实到中密，这便使工程中的夯扩桩端承载力明显不足。由于细砂层密度在整个基础平面范围内分布不均匀，必然造成单桩承载力差别很大，从而使整个基础不能保持均匀下沉，最终导致储罐基础在某个局部发生破坏。

总而言之，对于强度较低且分布不均匀的砂层来说，将其作为持力层，采用以端承载为主的夯扩桩方案难以克服基础不均匀沉降问题。

5. 储罐底板变形分析

由表 6-103 实测可见，909 罐基础不均匀沉降发生在西北象限基础环墙上；910 罐、911 罐不均匀下沉则发生在东北象限环周上。当充水加荷达到极限高度即 909 罐 16 m，910 罐 12 m，911 罐 10 m 后，环墙下沉急剧发展。对于大面积荷载下储罐基础内部沉降如何变化？为此，将储罐水放空后对罐底板沉降进行了测量，得到基础内部各点沉降。

(1) 罐底板各点沉降分布的特点

各罐环基内部沉降分布等高线详见图 6-158。

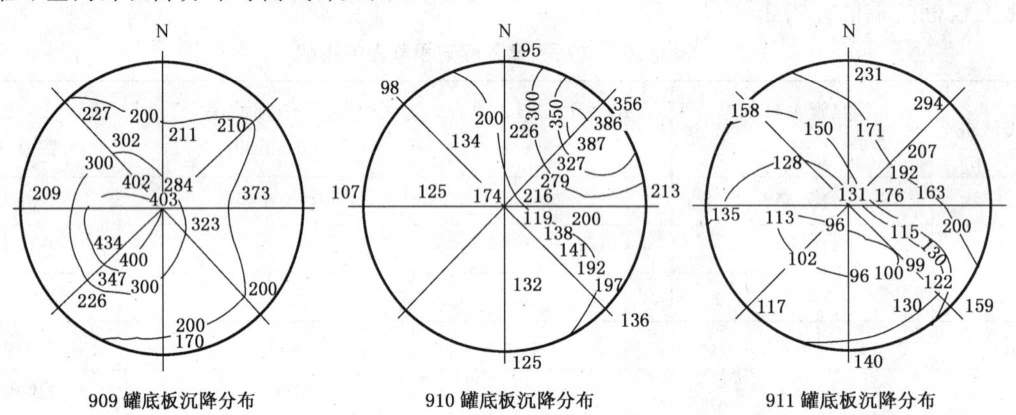

909 罐底板沉降分布　　910 罐底板沉降分布　　911 罐底板沉降分布

图 6-158　909、910、911 罐底板实测沉降分布图

分析：909 罐基

由图 6-158 可见，罐底不均匀下沉发生在基础西半部，最大不均匀沉降区域（锅底）在罐基西南象限内，呈梨形分布，并逐步扩展到西北象限。从数值上看，基础内部最大沉降约为基础边缘沉降的 2 倍。由于边缘部位基础布桩薄弱和成桩的不均匀性，致使西北象限首先出现破坏。由图 6-158 可看到沉降沿某个直径方向的分布情况。值得注意的是：沿东西向直径的沉降曲线 S13～S5，沿东北到西南向直径的沉降曲线 S11～S3 显示出明显的锅底特征，其最大沉降发生在 1/2 半径处，并非按理论分析结果出现在圆形荷载中心部位。

分析：911 罐基

基础底面自正北逆时针转 45°方向直径为界，半个基础平面整体向东北方向倾斜下沉，其沉降值与罐外侧环墙沉降值相当（见图 6-158）。这种区域性特征与 909 罐的局部突发性不同。说明有某种倾向性因素使基础下沉。这与前面所述细砂层的不均匀性和 911 罐成桩贯入度偏大有很大关系。基础的最大沉降区域分布在东北象限边缘，呈月牙形分布。不难看出，桩基的不均匀下沉首先自边缘开始再向基础内部扩展（见图 6-158）。

分析：910 罐基

不均匀下沉的部位分布情况大致与 911 罐基相同。但 910 罐基在东北象限内部的局部下沉特征更为突出，说明基础的破坏首先由东北象限内桩承载力失效造成的（图 6-158）。

（2）底板诊断分析

1）作为大型储罐基础，其沉降的均匀性至关重要，直接影响储罐能否正常使用。本工程将饱和的由稍密到中密的粉细砂层作为夯扩桩持力层，并在 18～20 m 处进行深层夯击。夯击后的桩尖土承载力难以达到均匀，势必造成基础某一局部范围下沉过多，使上部荷载在基础群桩内部转移，单桩受力发生不均匀性分布，最终导致基础不均匀下沉。

地质报告中桩尖深度范围内的标贯击数分布表明，细砂层顶面向下 2.0～3.0 m 内标贯击数低且差异性很大，这反映出桩尖处细砂层密度很不均匀，客观地表明桩端持力层基本上处在疏松到稍密的细粉砂层上。

2）无论是由于桩尖不均匀下沉还是桩本身断坏，基础破坏的特点基本上是一致的。都显示出某个范围的局部性下沉，最终发展成整个基础的不均匀沉降。因此，在设计软土地基上的大型储罐时，有以下两点值得注意：

① 当采用以端承载为主的设计时，桩身钢筋应通长配置以防止桩身局部压碎。本工程只在桩上部 6.0 m 配有钢筋。

② 当桩尖土并非坚硬的地质土层时，在大面积荷载作用下基础的整体协调性差，最易引起基础不均匀沉降。因此，在基础设计中除按单桩承载力确定桩数外，还应考虑基础必须具有一定的整体刚度。根据圆形底板受力是中间大、边缘小的特点，适当增加罐中间的桩数比例，以形成复合地基。这样将可提高基础抵抗不均匀下沉的能力。

6. 储罐基础实测沉降分析

储罐基础沉降观测曲线的绘制与充水试压同步进行。在试压过程中以沉降曲线 t-s 监控基础变化（见图 6-155、图 6-156、图 6-157）。充水荷载与沉降曲线分析如下。

（1）909 罐基

充水试压曲线有如下特点：

1）充水加荷至 14 m 之前沿罐基圆周分布的各点的沉降均匀，各曲线同步变化。当加荷至 15 m 水位时，基础西北象限的 10#、13#、14#、15# 沉降观测点曲线斜率明显大于其他曲线。经过两天恒压则 14#、15# 点脱离环墙各点曲线（见图 6-155），此时西北象限发生不均匀沉降。

2）由图 6-155 容易发现基础各个象限之间的沉降关系。充水至 15 m 之前 3# 曲线位于最下方，当 15 m 水位经过恒压并升至 16 m 时，代表西北象限各点的曲线迅速下滑。可见，整个储罐基础发生不均匀下沉的顺序是：西北象限→西南象限→东北象限→东南象限。

3）按照规范考察 t-s 曲线（图 6-155），可看到当充水至 16 m 时，12#～16# 各点曲线出现明显的陡降，此部位已不能再继续加荷。其中西北象限 45°方向的 14#、15# 点沉降幅度最大，是基础边缘破坏的中心点，并由此向两边延伸，使整个象限丧失承载力。

显然，15 m 水位为沉降曲线的第二拐点。因此，909 罐基的破坏首先出现在西北象限 45°方向，其极限充水荷载为 15 m。

（2）910、911 罐基

由图 6-156、图 6-157 中 t-s 曲线可见，910、911 罐基具有相似之处，沉降特征如下：

1）基础环墙一周均匀下沉的荷载都比较小。充水加荷至 9.0 m 之前环基各点曲线同步变化。经过 5 d 以上恒压，基础薄弱部位沉降开始加速，从而较早地出现了基础不均匀沉降。

2）由沉降曲线可知，基础各个部位的承载能力极不均匀，强弱分明。两台基础的不均匀下沉都发生在东北象限。

3）由于以上原因，造成了二台基础的极限加荷水位都很低。910 罐基础极限荷载为充水 10.3 m 高；911 罐基础极限加荷水位为 9.5 m。

7. 小结

3 台 5 万 m^3 储罐基础采用夯扩桩处理地基后产生突发性沉降。经过桩的极限承载力、储罐底板变形和储罐基础沉降等方面的分析与诊断，发现主要原因是夯扩桩桩端持力层设计在细砂层内，砂的不稳定性直接影响桩的承载力；其次是夯扩桩承载能力取值偏大。为此采用了旋喷桩围护和深层注浆加固处理。目前，该罐区储罐已投用生产多年，未发现异状情况。说明诊断分析正确，加固效果合理。

二十二、山东黄岛某油库储罐基础采用 CFG 桩的事故处理

1994 年用于山东黄岛某油库 10 万 m^3 储罐基础，山东黄岛油库是我国北方地区的一个大型原油和成品油储运设施。库内第一期工程建设 3 台 10 万 m^3 原油罐和 10 台 1 万 m^3 成品油罐及配套工程。库区占地 46 公顷，输油外管占地 2.3 公顷，共占地 48.3 公顷。

场地地貌单元属海岸平原，地势较平坦，微向海岸倾斜，西侧有剥蚀性堆积残丘，断续分布。场地地面标高一般在 1.6～4.5 m 之间，库址西部为农田，沟渠较多，东部为海岸潮间带，多为养虾池。

1. 工程地质概况

场地工程地质勘察揭露地层如下：第 1 层（表土层）为第四纪全新洪积、海积的粉质黏土混沙，砂混黏性土层；第 2 层海相沉积的淤泥层；第 3 层为花岗岩内风化残积层；第 4 层～第 6 层为强风化、微风化～花岗岩层，并有中性—基性脉岩侵入体，基岩起伏变化较大。

场地上部第 1 层、第 2 层广泛分布的海相淤泥或淤泥质粉黏土，多为饱和流塑状态，灵敏度高，具有触变性，在振动荷载作用下，强度急骤下降，为典型不良地基，其地基承载力标准值 $f_k=46$ kPa，压缩模量 $E_s=8$ MPa，其土层厚度为 2.5～5 m；第 3 层为花岗岩风化残积土，矿物结晶，结构构造全部破坏，岩石全部风化成土及碎屑状松散体，性质完全改变，其地基土承载力标准值 $f_k=170$ kPa，压缩模量 $E_s=8$ kPa，其土层厚度为 1.0～4.5 m；第 3 层中的砂质黏性土，其地基土承载力标准值 $f_k=190$ kPa，压缩模量 $E_s=15$ kPa，其土层厚度为 4～6 m；第 3 层中的砂质黏性土，其地基土承载力标准值 $f_k=300$ kPa，压缩模量 $E_s=25$ kPa，其土层厚度为 2～12.5 m；第 4 层为花岗岩强风化层，可见原岩结构、裂隙、节理，岩块易破碎，局部为岩脉侵入体，其地基土承载力标准值 $f_k=500$ kPa，其厚度约为 1.5～30.2 m。地下水属潜水，地表下 0.5 m 可见。

2. 储罐的基础设计与地基处理

本库区是共 40 万 m^3 油品储量的油库，其中原油罐区 3 台 10 万 m^3 浮顶罐，成品油罐区有 4 台 1 万 m^3 内浮顶罐和 6 台 1 万 m^3 浮顶罐，其储罐尺寸与基础设计见表 6-108。

表 6-108　储罐尺寸与基础设计一览表

序号	储罐容积/m^3	数量/台	储罐尺寸/m		充水总重/t	环墙基础/m		备　注
			直径 D	高度 H		高度 H	厚度 b	
1	10 万	3	81.75	22	105 090	2.6	1.1	最高液位 20.2 m
2	1 万	4	31.38	14.27	11 044	2.3	0.4	最高液位 13.5 m
3	1 万	6	28.0	17.86	10 590	2.5	0.45	最高液位 16 m

在软弱地基上建造 10 万 m^3 大型储罐，目前在国内已大量采用。通过调查研究，最后确定了地基处理方案。

(1) 10 万 m^3 储罐基础地基处理

A 号储罐采用粉喷桩复合地基处理地基，利用水泥粉做固化剂，进行深层搅拌，对软土产生物理化学反应，使软土硬结成具有一定强度的水泥土桩，水泥土桩与桩间土共同作用形成复合地基。粉喷桩采

用柱状布置，桩径 $D=50$ cm，正方形布桩，桩心距 65 cm。设计要求粉喷桩单桩承载力标准值 $R_k=140$ kN，复合地基承载力标准值 $f_k\geqslant300$ kPa，压缩模量 $E_s\geqslant15$ MPa，桩端持力层为强风化岩。柔性垫层采用 50 cm 碎石，粒径为 5～40 mm，碎石压实系数为 $\lambda_c\geqslant0.95\sim0.97$。

B 号、C 号储罐采用碎石挤密与 CFG 桩双重复合地基，先用碎石密桩处理花岗岩风化的残积土以上的淤泥土层，使上部土层挤密形成排水通道，减小孔隙水压，提高软土承载力，然后用沉管法施工 CFG 桩，其桩端持力层为强风化岩，CFG 桩直径 $D=40$ cm　桩心距 130 cm，桩体强度相当于 C18。由于 B 号储罐所在位置基岩顶标高差异较大(西高东低)，桩的布置分二个区，东区为无筋桩区，纵横间隔 3.9 m 设一根配筋桩，以抵抗起伏岩面的滑移。桩顶上设碎石垫层，厚度 50 cm。

(2) 10 台 1 万 m^3 储罐基础地基处理

采用碎石挤密桩，桩径 $D=40$ cm，桩心距 1.3 m，桩端持力层为花岗岩强风化残积土以上的淤泥土层，经碎石挤密的碎石桩与土的复合地基承载力 $f_k=80$ kPa，CFG 桩用桩径 $D=40$ cm，桩心距 1.3 m，桩端持力层为花岗岩强风化残积土，桩体强度 C15，CFG 桩单桩承载力标准值 $R_k=450$ kN，复合地基承载力标准值 $f_k\geqslant260$ kPa，压缩模量 $E_s\geqslant15$ MPa，桩顶以上采用 50 cm 厚碎石垫层。

(3) CFG 桩施工与质量事故处理

10 万 m^3C 号罐地基处理先施工碎石桩，采用活瓣桩尖，振动沉管成孔，桩长约 5.5 m。为达到 12% 的置换率需二次沉管，第一次沉管灌小粒径石子，拔管速度控制为 1.5 m/min，第二次沉管灌级配碎石，每拔管 1 m 留振 5～10 s，碎石桩施工完成后停歇两周，以利于孔隙水消散。CFG 桩采用隔排连打，当成桩 3 344 根时，罐基南部开挖修整桩头至设计标高时，发现 CFG 桩有普遍断桩及严重缩颈现象，经检测 CFG 桩单桩承载力及复合地基的承载力均未到设计要求，最后采用在桩间增补水泥粉喷桩，加固后满足了设计要求。

10 万 m^3B 号罐基础碎石桩施工同 C 号罐，但桩的施工中西部设有嵌岩桩，为保证嵌岩桩的入岩深度，成孔前需先“引孔”再行沉管。由于 C 号罐出现缩颈和断桩，因此 B 号罐将 CFG 桩无筋改为配筋桩，钢筋按构造配置。第一遍桩配通长筋，第二遍桩配置穿透淤泥层的短筋。通过以上施工措施，经检测消除了缩颈和断桩现象，通过静载试验，单桩承载力标准值和复合地基承载力标准值均满足设计要求。

10 台 1 万 m^3 成品罐的桩基础施工，也由 GFG 桩改为配筋桩，也分为通长筋和短筋两种，经检测均满足设计要求。

3. 储罐基础沉降实测

3 台 10 万 m^3 大型储罐和 10 台 1 万 m^3 储罐在充水试压阶段对基础沉降进行实测，其实测数据见表 6-109。

表 6-109　储罐基础实测沉降表

序号	储罐编号		储罐容积/m^3	最大沉降/mm	最大沉降差/mm	倾斜/‰
1	A 号		10 万	48	31	3.8
2	B 号		10 万	74	18	2.2
3	C 号		10 万	41	37	4.5
4	成品罐	4 台	1 万	35	5	1.8
5		6 台		42	20	7.1

4. 小结

在饱和软土中成桩，当桩机的振动力较小时，在采用连打作业时，新打桩对已施工桩的作用主要表现为挤压，使已打桩被挤扁成椭圆形或不规则形，严重的产生缩颈和断桩。C 号储罐出现的质量事故，经分析同拔管速率的快慢也有直接关系，拔管速率太快将造成桩径变小或缩颈断桩，拔管速度很慢，会使桩端石子没能被水泥浆包住，使强度降低。经工程实践证明，拔管速率为 1.2～1.5m/min 是适宜的。

另外，罐区共成桩63 498根，处理面积达23 788 m²，每平方米设桩2.67根，桩密度太高说明桩距不能太小。试验与实践表明，当其他条件同时，桩距越小，复合地基承载力越大，当桩距小于4倍桩径后，随桩距的减少，复合地基承载力的增长率明显下降。另外桩距太小，新打桩对已打桩是否产生不良影响，在经济上是否合理，都值得分析和讨论，第二期工程又上1台10万 m³ 原油罐结果又出现断桩质量事故。

该项工程地基处理中的教训提醒人们，对于大型储罐基础的地基处理，设计一定要采取慎重态度，在设计前一定要对工程地质以及场地实况进行反复研究，设计方案一定要认真论证，CFG桩本来是成功处理地基的方法，结果出了事故，今后要严禁杜绝为了市场竞争，采用压低工程造价办法确定施工队伍。大量工程实践证明，这样做不仅不会降低工程造价，反而还会给工程造成更大的经济损失，后果是严重的。

二十三、上海金山石化白沙湾油库储罐桩筏基础

1. 概述

(1) 工程概况

拟建白沙湾油库一期工程位于金山石化卫九路西海滩滩地，该工程包括8座10万 m³ 储罐(高21 m，直径80 m)和1座5万 m³ 储罐(高21 m，直径60 m)和1座2万 m³ 储罐(高28 m，直径30.8 m)，以及办公楼、泵房等建筑。其中10万 m³ 储罐采用环墙基础，底板附加压力250～270 kPa，根据勘察报告，地基持力层土质松软，不能满足设计要求，需进行处理。

(2) 工程地质和水文地质条件

根据浙江省工程勘察院《岩土工程勘察报告》，场地地形较平坦，场地地面标高3.92～4.30 m，地貌单元属滨海滩涂地带。场地地层自上而下分述如表6-110：

表6-110 各层土物理力学性质表

土层名称	岩性特征	土层厚度	湿重度 $\gamma/(g/cm^3)$	含水量 $W/\%$	孔隙比 e	液限 W_L	塑性指数 I_p	液性指数 I_t
淤泥质黏土1-2	流塑	2.99	16.4	57.4	1.59	47.5	21	1.43
黏质粉土1-3	稍密	0.71	18.8	28.9	0.81			
砂质粉土夹粉质黏土3-1	稍密	5.7	18.3	33.9	0.96	36.1	15.4	1.1
粉砂3-2	稍密	4.64	18.7	28.1	0.81			
淤泥质粉质黏土3-3	流塑	9.98	18	37.8	1.04	37.4	16.5	1.02
黏土4	流塑	10.11	18.4	38.3	1.05	38.7	17.6	0.95
黏土5-1	流塑	5.73	17.6	45.5	1.22	42.7	19	1.09
砂质粉土5-2	稍密，中密	3.03	18.5	31.2	0.88			
黏土5-3	流塑	8.56	18	40.4	1.12	38.6	17.1	1.1
砂质粉土夹粉质黏土7-1	稍密	6.27	18.6	30.1	0.85	36.4	16	0.83
砂质粉土7-1	中密～密实	6.68	19	27.4	0.78			
粉砂7-2	密实	10.77	19.3	24.8	0.71			
粉质黏土夹黏质粉土8-1	可塑	10.98	19	27.8	0.8	36.6	16.5	0.53
砂质粉土夹粉质黏土8-2	中密	8.28	18.8	29	0.82	35	15.2	0.67
黏土8-3	可塑	4.73	18.9	28.8	0.83	36.8	16.8	0.53

续表 6-110

土层名称	岩性特征	土层厚度	湿重度 $\gamma/(g/cm^3)$	含水量 $W/\%$	孔隙比 e	液限 W_L	塑性指数 I_p	液性指数 I_t
粉砂 9	密实	15.6	19	26	0.75			
粉质黏土 10	可塑	5.05	19.4	24.6	0.73	36.2	16.6	0.3
粉砂 11	密实	未穿	19.3	25.1	0.71			

2. 储罐基础设计

白沙湾油库储罐基础设计见表 6-111。

表 6-111　白沙湾油库储罐基础设计一览表

<table>
<tr><th>序号</th><th>储罐容积/m³</th><th>罐径/m</th><th>罐高/m</th><th>基底荷载/kPa</th><th>桩基</th><th>桩入土深度/m</th><th>底板厚度/m</th><th>试水实测沉降/cm</th></tr>
<tr><td>1</td><td>50 000</td><td>60</td><td>21</td><td>250</td><td>45×45 预制方桩</td><td>33</td><td>1.0</td><td>5.7</td></tr>
<tr><td>2</td><td>20 000</td><td>30.8</td><td>28</td><td>300</td><td>ϕ60 预应力管桩</td><td>37</td><td>1.0</td><td>2.18</td></tr>
<tr><td rowspan="6">3</td><td rowspan="6">100 000
（8 台）</td><td rowspan="6">80</td><td rowspan="6">21.8</td><td rowspan="6">250～270</td><td rowspan="6">ϕ60 预应力管桩</td><td rowspan="6">45</td><td rowspan="6">1.0</td><td></td></tr>
<tr><td></td></tr>
<tr><td>3.67</td></tr>
<tr><td>3.10</td></tr>
<tr><td>3.85</td></tr>
<tr><td>3.097</td></tr>
<tr><td>4</td><td>150 000
（1 台）</td><td>100</td><td>21.8</td><td>250～270</td><td>ϕ60 预应力管桩</td><td>42</td><td>0.9</td><td></td></tr>
</table>

3. 小结

该库区储罐基础全部采用桩筏基础，储罐试水预压后实测沉降最大为 5.7 cm，最小为 2.18 cm，8 台 10 万 m^3 储罐实测沉降均小于 4 cm，满足规范的要求，说明储罐基础采用桩筏基础偏于安全，可基础造价较高值得探讨。

二十四、镇海石油储备基地储罐基础设计

1. 工程概况

拟建镇海石油储备基地工程位于浙江省宁波市镇海区岚山水库南面，镇海炼油化工股份有限公司海达公司蔬菜基地及鱼塘，共建 10 万 m^3 储罐 52 台，储罐直径均为 80 m，储罐容量为 100 000 m^3，储罐高度 21.8 m，为立式圆筒形外浮顶钢罐，储罐基础拟采用钢筋混凝土整体大板式环梁承台基础加桩基，承台底板处的最大压力为 240 kPa 左右，桩型拟选用预制钢筋混凝土方桩，桩身截面尺寸 450 mm×450 mm。储罐基础见图 6-159 和图 6-160。储罐采用桩筏基础，每台储罐布桩约 150 根，筏板厚度为 50 cm。

2. 地形地貌与工程地质层

拟建场地位于宁波市镇海区岚山水库南侧，该场地原为镇海炼油化工股份有限公司海达公司蔬菜基地及鱼塘，地形平坦，自然地面标高一般为 2.37～3.27 m（吴淞高程，下同），场地地表种植蔬菜和果树等作物，东侧为镇海炼化鱼塘；地貌类型属全新世晚期滨海淤积平原。

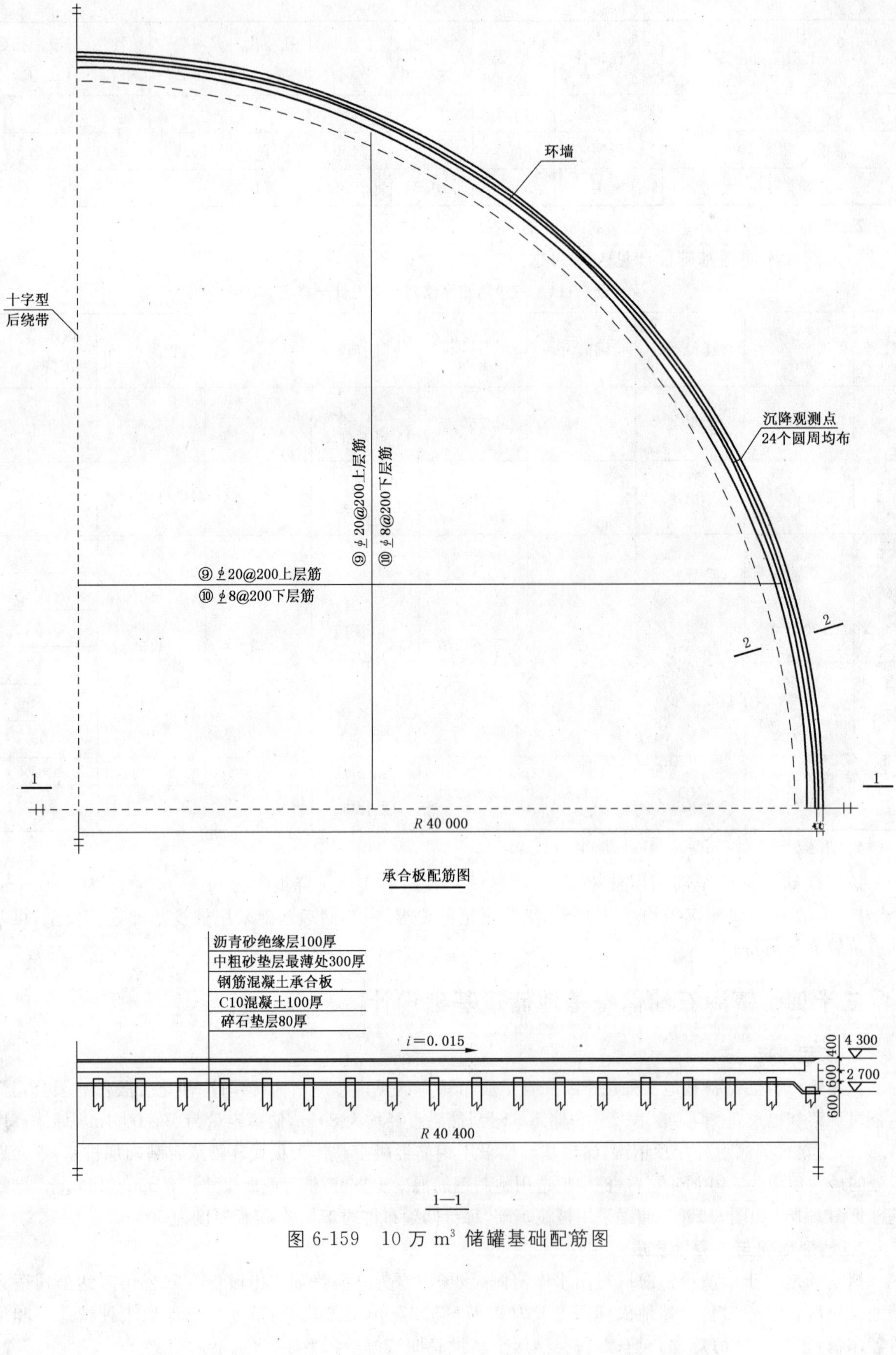

环墙

十字型
后绕带

沉降观测点
24个圆周均布

⑨ ϕ20@200上层筋
⑩ ϕ8@200下层筋

2

2

1

1

R 40 000

承合板配筋图

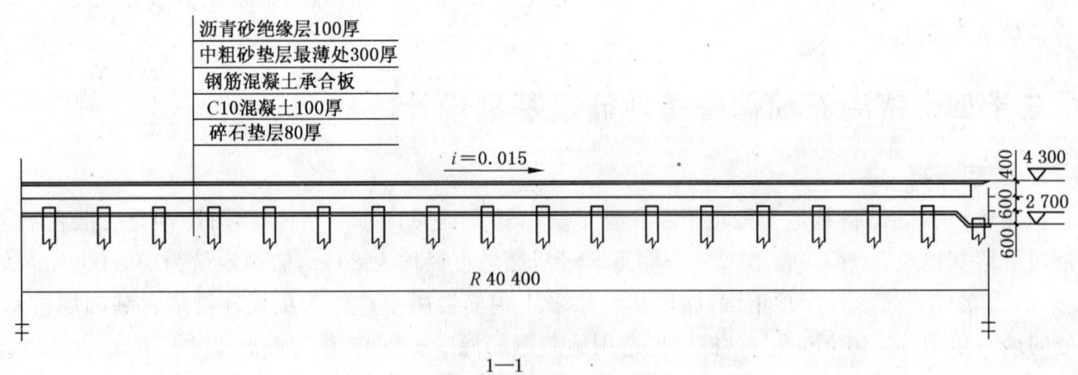

1—1

图 6-159　10 万 m^3 储罐基础配筋图

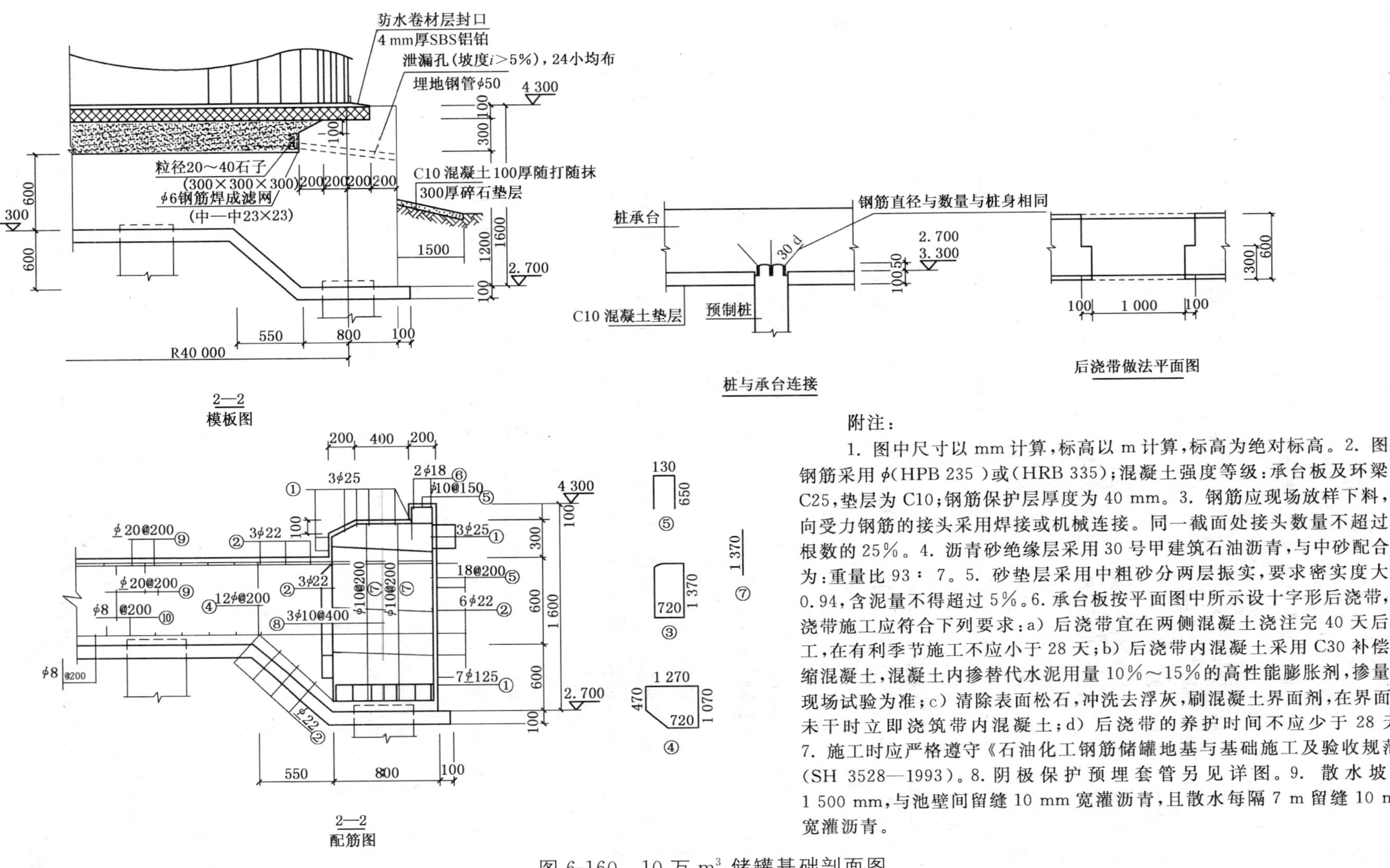

附注：

1. 图中尺寸以 mm 计算，标高以 m 计算，标高为绝对标高。2. 图中钢筋采用 ϕ(HPB 235)或(HRB 335)；混凝土强度等级：承台板及环梁为 C25，垫层为 C10；钢筋保护层厚度为 40 mm。3. 钢筋应现场放样下料，环向受力钢筋的接头采用焊接或机械连接。同一截面处接头数量不超过总根数的 25%。4. 沥青砂绝缘层采用 30 号甲建筑石油沥青，与中砂配合比为：重量比 93 ∶ 7。5. 砂垫层采用中粗砂分两层振实，要求密实度大于 0.94，含泥量不得超过 5%。6. 承台板按平面图中所示设十字形后浇带，后浇带施工应符合下列要求：a）后浇带宜在两侧混凝土浇注完 40 天后施工，在有利季节施工不应小于 28 天；b）后浇带内混凝土采用 C30 补偿收缩混凝土，混凝土内掺替代水泥用量 10%～15%的高性能膨胀剂，掺量以现场试验为准；c）清除表面松石，冲洗去浮灰，刷混凝土界面剂，在界面剂未干时立即浇筑带内混凝土；d）后浇带的养护时间不应少于 28 天。7. 施工时应严格遵守《石油化工钢筋储罐地基与基础施工及验收规范》(SH 3528—1993)。8. 阴极保护预埋套管另见详图。9. 散水坡宽 1 500 mm，与池壁间留缝 10 mm 宽灌沥青，且散水每隔 7 m 留缝 10 mm 宽灌沥青。

图 6-160　10 万 m^3 储罐基础剖面图

根据地层的沉积年代、沉积环境、岩性特征、埋藏条件及室内土工试验指标，并结合静力触探曲线线型、阻力大小、将场地内 80 m 以浅地层划分为 5 个工程地质层，22 个工程地质亚层。

各土层的埋藏分布条件详见工程地质剖面描述。

根据上述原则划分的工程地质亚层地基土工程地质特征自上而下评述如下：

(1) $①_0$ 层：素填土(aQ)

灰黄色，松散，岩性以碎块石为主，直径一般为 5～50 cm，大者可达 50 cm，棱角状。

本层为新近堆填塘渣，厚度 0.2～0.8 m。

(2) $①_1$ 层：吹填土(meQ)

浅灰色，松散，岩性以电厂粉煤灰为主。

本层主要分布于场地东侧鱼塘，为新近吹填，厚度 0.20～2.20 m。

(3) $①_2$ 层：黏土(mQ_4^3)

灰黄色，可塑，局部为软塑，厚层状构造，黏塑性好，土质均一。

本层普遍分布于整个场地，场地东侧鱼塘内缺失，地面标高 2.47～2.85 m，厚度 0.40～2.00 m，物理力学性质较差，中～高压缩性。

(4) $①_3$ 层：淤泥质粉质黏土(mQ_4^3)

褐灰色，灰色，流塑，厚层状构造，局部含有机质，黏塑性较好，土质较均一。

本层分布于整个场地，顶板标高－0.69～1.65 m，厚度 1.20～6.90 m，物理力学性质差，高压缩性。

(5) $②_1$ 层：淤泥质粉质黏土(mQ_4^2)

灰色，流塑，薄层状构造，单层厚 2～10 mm，层面夹少量粉土，黏塑性较好。

本层分布于整个场地，顶板标高－3.88～－0.91 m，厚度 2.90～6.20 m，物理力学性质差，高压缩性。

(6) $②_2$ 层：淤泥质黏土(mQ_4^2)

灰色，流塑，厚层状构造，局部为薄层状，单层厚 2～8 mm，黏塑性好，土质均一，局部相变为淤泥。

本层分布于整个场地，顶板标高－7.87～－4.32m，厚度 3.20～7.30 m，物理力学性质差，高压缩性。

(7) $②_3$ 层：粉砂($al\text{-}mQ_4^2$)

灰绿色，绿灰色，饱和，稍密，厚层状构造，局部夹粉质粘土薄层为含黏性土粉砂，土质不均一。

本层分布于整个场地，顶板标高－11.91～－9.90 m，厚度 1.00～3.10 m，物理力学性质较好，中等偏低压缩性。

(8) $②_{4a}$层：粉质黏土(mQ_4^2)

灰色，流塑，厚层状构造，夹较多粉砂薄层或团块，局部为含黏性土粉砂，黏塑性较差，土质不均一。

本层普遍分布于整个场地，顶板标高－14.72～－11.50 m，厚度 1.20～5.50 m，物理力学性质较差，中等压缩性。

(9) $②_4$ 层：淤泥质粉质粘土(mQ_4^2)

灰色，流塑，厚层状构造，局部显层理，层厚 5～15 mm，层面夹少量粉砂，土质较均一。

本层普遍分布于整个场地，顶板标高－18.12～－13.96 m，厚度 0.80～10.70 m，物理力学性质差，高压缩性。

(10) $③_{3a}$层：粉质黏土($al—lQ_3^2$)

灰黄色，褐黄色，可塑，厚层状构造，铁锰质渲染，黏塑性中等，土质较均一。

本层零星分布于场地内，顶板标高－20.33～－14.87 m，厚度 0.50～2.70 m，物理力学性质较好，中等压缩性。

(11) $③_3$ 层：粉砂 (alQ_3^2)

黄褐色，褐黄色，灰黄色，饱和，中密状为主，局部稍密，厚层状构造，局部夹黏性土及粉土薄层，砂质不很均一，局部相变为细砂、含黏性土粉砂及砂质粉土等。

本层普遍分布于场地内，仅 T-30 罐西南侧缺失，项板标高－21.30～－16.17 m，厚度 1.40～9.60 m，物理力学性质较好，中等偏低压缩性。

(12) ③$_{3b}$层：粉质黏土(al—lQ_3^2)

灰黄色，流塑，薄层状构造，单层理厚 2～20 mm，层面夹粉土及粉砂，黏塑性中等，土质较均一。

本层分布于整个场地，顶板标高－26.68～－16.52 m，厚度 1.00～9.00 m，物理性质稍差，力学性质中等，中等偏高压缩性。

(13) ③$_{3c}$层：粉砂夹粉质黏土(alQ_3^2)

灰黄色，褐黄色，饱和，中密，局部为稍密，层状构造，单层厚 2～10 cm，粉质黏土软塑状，层厚 2～4 cm，比例约 3：1～2：1，土质不均一，局部为砂质粉土或含黏性土粉砂。

本层普遍分布于整个场地，仅局部地段缺失，顶板标高－29.07～－23.32 m，厚度 0.50～4.50 m，物理力学性质较好，中等压缩性。

(14) ③$_{3d}$层：粉质黏土(al—lQ_3^2)

灰黄色，黄灰色，流塑，局部为软塑，薄层状构造，单层厚 2～15 mm，层面夹粉砂(土)薄膜，黏塑性较差。

本层零星分布于场地内，顶板标高－29.54～－25.35 m，厚度 0.50～4.50 m，物理性质稍差，力学性质中等，中等压缩性。

(15) ④$_4$ 层：粉质黏土(mQ_3^2)

灰色，流塑，局部为软塑，薄层状构造，单层厚 2～15 mm，层面夹粉砂或粉土，土质较均一。

本层分布于整个场地，顶板标高地－32.22～－25.60 m，厚度 4.10～18.70 m，物理力学性质较差，中偏高压缩性。

(16) ④$_6$ 层：粉质黏土(mQ_3^2)

灰色，褐灰色，软塑，局部达可塑，厚层状构造，局部夹粉砂或粉土薄层，黏塑性中等。

本层分布于整个场地，顶板标高－47.31～－37.65 m，厚度 2.50～11.00 m，物理力学性质稍好，中等压缩性。

(17) ④$_{7a}$层：粉砂(alQ_3^2)

灰色，饱和，中密，局部稍密，厚层状构造，局部夹粉质黏土薄层相变为砂质粉土或含黏性土粉砂，土质不均一。

本层仅零星分布于场地内，顶板标高－52.58～－44.31 m，厚度 0.40～4.10 m，物理力学性质好，中等偏低压缩性。

(18) ④$_{7b}$层：粉质黏土(mQ_3^2)

灰色，软塑，局部达可塑，厚层状构造，局部为薄层状，单层厚 5～20 mm，层面夹粉砂或粉土薄层，黏塑性中等。土质不均一。

本层分布于整个场地，顶板标高－54.70～－45.42m，钻入厚度 2.50～10.00 m，局部静力触探孔未钻穿，物理力学性质稍好，中等压缩性。

(19) ④$_{7c}$层：砂质粉土(mQ_3^2)

灰色，湿，稍密～中密，中厚层状构造，局部显层理，层面夹粉质黏土，部分地段呈互层状，土质不均一。

本层仅零星分布于场地内，顶板标高－51.17～－44.57 m，钻入厚度 2.40～6.80 m，物理力学性质较好，中等压缩性。

(20) ④$_8$ 层：粉砂(alQ_3^1)

灰色，浅灰色，灰黄色，饱和，中密，厚层状构造，分选性较好，局部夹粉质黏土或粉土薄层，砂质较均一，局部为细砂。

本层分布于整个场地，顶板标高－58.78～－49.52 m，钻入厚度 1.20～7.00 m，物理力学性质好，低压缩性。

(21) ④$_9$ 层：砾砂(alQ_3^1)

灰色，浅灰色，饱和，中密～密实，厚层状构造，砾径 0.2～1.5 cm 为主，亚圆状及圆状，含量约 40%～60%不等，中砂、粗砂占 30%～40%，余为少量黏性土，局部为圆砾。

本层分布于整个场地，顶板标高－60.68～－54.12 m，钻入厚度 6.00～13.30 m，物理力学性质好，低压缩性。

(22) ⑤$_1$ 层：粉质黏土($al—lQ_2^2$)

灰绿色，蓝绿色，可塑，局部达硬塑，厚层状构造，黏塑性较好，局部地段为黏土，局部约 75.0～76.0 m处有粉砂或砾砂夹层，层厚达 0.4～1.0 m。

本层分布于整个场地，顶板标高－69.14～－63.25 m，本次最大钻入该层厚度 14.90 m，未穿，物理力学性质较好，中等压缩性。

3. 各土层地基承载力特征值及桩基参数的确定

(1) 地基土承载力特征值确定

根据岩性特征、埋藏条件及物理力学性质等，按 DB J10—1—90《浙江省建筑软弱地基基础设计规范》，并结合该区建筑经验，综合确定地基土承载力特征值，见表 6-112。

(2) 桩端承载力、桩侧摩阻力确定

根据各土层的埋藏条件及物理力学性质等，按照 JG J94—1994《建筑桩基技术规范》及 2001 甬 DB J02—12《宁波市建筑桩基设计与施工细则》，并结合该区建筑经验，综合确定各土层沉管灌注桩、预制桩的极限端阻力标准值(q_{pk})和极限侧阻力标准值(q_{sik})，见表 6-112。

表 6-112 地基土承载力参数确定表

层号	岩土名称	地基土承载力特征值 f_{ak}	预制桩		沉管灌注桩	
			桩端土极限端阻力标准值 q_{pk}	桩周土极限侧阻力标准值 q_{sik}	桩端土极限端阻力标准值 q_{pk}	桩周土极限侧阻力标准值 q_{sik}
		kPa	kPa	kPa	kPa	kPa
①$_2$	黏土	70		38		30
①$_3$	淤泥质粉质黏土	50		20		16
②$_1$	淤泥质粉质黏土	55		21		17
②$_2$	淤泥质黏土	50		20		16
②$_3$	粉砂	150		40		32
②$_{4a}$	粉质黏土	90		34		27
②$_4$	淤泥质粉质黏土	75		28		22
③$_{3a}$	粉质黏土	180	1 800	60	1 450	48
③$_3$	粉砂	180	2 500～4 000	75	2 000～3 000	56
③$_{3b}$	粉质黏土	165	1 200	40	950	32
③$_{3c}$	粉砂夹粉质黏土	180	2 400	55	1 800	44
③$_{3d}$	粉质黏土	170	1 400	52		
④$_4$	粉质黏土	140	1 300	50		
④$_6$	粉质黏土	160	1 500	55		

续表 6-112

层号	岩土名称	地基土承载力特征值 f_{ak}	预制桩		沉管灌注桩	
			桩端土极限端阻力标准值 q_{pk}	桩周土极限侧阻力标准值 q_{sik}	桩端土极限端阻力标准值 q_{pk}	桩周土极限侧阻力标准值 q_{sik}
		kPa	kPa	kPa	kPa	kPa
④$_{7a}$	粉砂	170	2 000	65		
④$_{7b}$	粉质黏土	170	1 600	60		
④$_{7c}$	砂质粉土	180	2 000	70		
④$_{8}$	粉砂	250	6 000	80		
④$_{9}$	砾 砂	300	8 000	120		
⑤$_{1}$	粉质黏土	280		100		

注：表中③3 层 q_{pk} 值应根据持力层厚度大小取值，即当③$_3$ 层厚度≥3.0 m，且桩端进入持力层的深度为 1.5～2.0 m时，宜取大值，其余情况应取小值。

根据经验，储罐基础全部采用桩基，以 T-29、T-30、T-35、T-36 储罐基础为例选择③$_3$ 层粉砂作为持力层，桩端进入持力层深度为 2～4 倍桩径。

(3) 单桩竖向极限承载力估算

根据表 6-112 桩基承载力设计参数，选择代表性勘探孔的地层资料，按照 JGJ 94—1994《建筑桩基技术规范》中的公式进行单桩竖向极限承载力标准值估算，其结果见表 6-113。

表 6-113 单桩竖向承载力标准值估算表

代号	参考地层	桩基持力层			桩长/m	桩身横截面尺寸/mm	估算极限承载力标准值/kN
		层号	顶板标高/m	桩端进入持力层深度/m			
T-29 油罐	B90	③$_3$	−7.28	1.9	21.0	450×450	1 951
	B80	③$_3$	−17.78	1.6	19.0	450×450	1 865
	B96	③$_3$	−17.60	1.6	21.0	450×450	1 924
	B93	③$_3$	−18.68	1.6	20.0	450×450	1 889
	B87	③$_3$	−20.93	0.7	23.0	450×450	1 671
T-30 油罐	B107	③$_3$	−20.98	0.6	23.2	450×450	1 673
	B98	③$_3$	−19.85	1.4	23.0	450×450	1 722
	B115	③$_3$	−21.01	0.5	23.2	450×450	1 647
	B104	③$_{3c}$	−25.51	0.5	28.0	450×450	1 883
	B101	③$_{3c}$	−25.65	0.5	28.5	450×450	1 846
T-35 油罐	B118	③$_3$	−17.66	1.6	22.0	450×450	1 878
	B79	③$_3$	−17.80	2.2	20.0	450×450	2 009
	B39	③$_3$	−16.17	2.4	19.0	450×450	1 960
	B8	③$_3$	−17.58	2.0	21.5	450×450	2 080
	B46	③$_3$	−17.94	2.5	20.0	450×450	1 975

续表 6-113

代号	参考地层	桩基持力层			桩长/m	桩身横截面尺寸/mm	估算极限承载力标准值/kN
		层号	顶板标高/m	桩端进入持力层深度/m			
T-36 油罐	B124	③$_3$	−17.94	1.8	23.0	450×450	1 961
	B116	③$_3$	−18.29	2.0	22.0	450×450	2 039
	B69	③$_3$	−18.98	2.4	23.0	450×450	2 096
	B16	③$_3$	−19.84	1.9	23.5	450×450	2 095
	B76	③$_3$	−18.82	2.5	23.0	450×450	2 116

注：1. 桩基持力层顶板深度及桩长均从原始地面算起。
2. 当桩尖进入持力层深度小于 0.5 m 时，桩端土极限端阻力标准值按上伏土层考虑。

则 $\sigma_z+\gamma_i Z=228.5+217.1=445.6\ \text{kPa}<f_a$。

由此可见，下卧层强度能够满足设计要求，不致使桩基发生整体破坏或大量下沉。

(4) 桩基软弱下卧层强度复核及沉降变形估算

从场地工程地质条件出发，对以③$_3$ 层粉砂作为桩端持力层的中长桩方案进行计算，基本条件：储罐直径 $D=80.0$ m，罐壁高度 $H=24.0$ m，罐内充水高度 $H=20.2$ m，桩基承台基础板直径 $D_1=80.6$ m，基础板厚度（含中粗砂垫层、沥青砂）$h=1.3$ m，则

F＝罐内充水重量＋罐体自重＝1 014 848 kN＋19 000 kN＝1 033 848 kN

G＝基础承台板重量＝132 591 kN

桩基重要性系数 $\gamma_0=1.1$

以 T-36 罐中的 B76 号孔地层为例，对储罐采用中长桩方案的下卧层强度和沉降变形进行验算。计算时，假设地面回填塘碴 0.7 m，桩端进入③$_3$ 层 2.0 m。

软弱下卧层强度复核如下：

勘察资料表明，桩端持力层以下③$_{3b}$层性质较差，该层呈流塑状，压缩性较高，强度较低，其抗剪强度标准值 $\varphi_k=12°$，$C_k=21$ kPa，按土的抗剪强度指标计算的地基承载力设计值 $f_a=487.7$ kPa。

按照 2001 甬 DB J02—12《宁波市建筑桩基设计与施工细则》有关公式计算，③$_{3b}$层顶面处的附加应力 $\sigma_z=228.5$ kPa，土的自重压力 $\gamma_i Z=217.1$ kPa。

则 $\sigma_z+\gamma_i Z=228.5+217.1=445.6\ \text{kPa}<f_a$。

由此可见，下卧层强度能够满足设计要求，不致使桩基发生整体破坏或大量下沉。

经初步估算储罐中心的最终沉降量约为 47.5 cm。

4. 实测储罐基础沉降和技术经济分析

镇海石油储备库基地储罐基础，全部采用桩筏基础，桩长 25～30 m，间距为 2.4～2.5 m，每台储罐共设 45 cm×45 cm 预制桩约 150 根，筏板厚度 60～65 cm 和 76 cm～1.02 m 储罐充水实测沉降为 30～50 mm，沉降很小。而每台储罐基础的造价达 1 600 万元即 160 元/储罐每 m^3，相当于罐体造价的 53.3%，基础工程造价很高，值得商洽。

二十五、岙山石油储备基地储罐基础设计

建设中的舟山石油储备基地位于浙江省舟山市临城区，地处岙山岛的西南部，已建兴中公司岙山储油库东侧。其中储罐基桩均采用 ϕ800 钻孔灌注桩和 ϕ800 干取土桩，设计单桩竖向抗压承载力特征值为 5 000 kN。为检验单桩的实际承载力，委托我所对指定的 4 根桩进行单桩竖向抗压静载试验，要求的最大试验荷载为 10 000 kN。

1. 工程地质及基桩施工概况

（1）工程地质概况

根据浙江省工程勘察院提供的勘察报告，场地地基土在勘察深度范围内，可分为 8 层 20 亚层。各土层的物理力学性质指标及承载力推荐值见表 6-114。

表 6-114　地基土物理力学性质指标及承载力推荐值表

土层编号	土层名称	土状态	地基土承载力特征值 f_{ak}/kPa	桩侧阻力特征值 q_{sia}/kPa	桩端阻力特征值 q_{pa}/kPa
②$_1$	粉质黏土	软塑～可塑	75	13	
②$_2$	淤泥质黏土	流塑	50	4.5	
③$_1$	淤泥质黏土	流塑	55	5	
③$_2$	淤泥质粉质黏土	流塑	60	8	
③$_{2夹}$	含黏性土中砂	稍密～中密	150	13	
④$_1$	含黏性土砾砂	稍密～中密	200	23	
⑤$_1$	粉质黏土	可塑～硬塑	190	22	
⑤$_1$	含黏性土砾砂	稍密～中密	220	28	
⑥	黏土	软～软可塑	110	14	
⑦$_1$	黏土	可塑～硬塑	210	28	
⑦$_2$	黏土	软可塑	150	22	
⑦$_{2夹}$	含黏性土粗砂	密～中密	200	28	
⑦$_3$	含黏性土砾砂	稍密～中密	230	32	
⑦$_4$	块石	密实	350	45	
⑧$_1$	粉质黏土	可塑～硬塑	250	35	
⑧$_2$	含黏性土粗砂	中密～密实	290	38	1 300
⑧$_3$	含黏性土碎石	中密～密实	320	46	1 800
⑨$_1$	全风化晶屑熔结凝灰岩	砂状及土状	280	40	1 400
⑨$_2$	强风化晶属熔结凝灰岩	碎块状	400	45	2 000
⑨$_3$	中风化晶属熔结凝灰岩	短柱状	1 500	70	4 000～7 000

（2）基桩施工概况

每台储罐总桩数约 289 根，桩长 8.366～36.17 m，C35，商品混凝土浇注。静载试验桩为工程桩，试桩概况见下表 6-115。

表 6-115　试桩概况表

桩　　号		21	174	233	279
有效桩长/m		32.67	30.83	19.49	28.23
配筋	纵筋	12ϕ20	12ϕ22	12ϕ22	12ϕ22
	加强筋	ϕ16			
	螺旋筋	ϕ8			
混凝土强度等级	设计	C35			
	实际				
充盈系数		1.18	1.14	1.14	1.14

续表 6-115

桩　　号	21	174	233	279
塌落度/cm	17.5	8.4	8.5	9.2
沉渣厚度/cm	3.0			
成桩日期	7.5	8.1	8.2	6.2
试验日期	10.20～10.21	10.13～10.15	10.16～10.18	10.10～10.11

(3) 试验场地土的物理力学性指标(见表 6-116)

表 6-116　试验场地土的物理力学性指标

层次	土层厚度/m	土名	天然含水量 W/%	孔隙比 e	液性指数 I_1	内摩擦角 φ/(°)	内聚力 C/kPa	压缩模量 E_s/MPa	静力触探	
									q_c/MPa	f_s/kPa
2-1	1.00～5.60	黏土	34.8	0.972	0.72	13.8	31.0	4.70	0.60	31.94
2-2	1.00～3.50	黏土	39.9	1.107	0.84	13.3	20.2	3.10	0.54	21.71
3-1	1.10～13.9	淤泥质黏土	47.4	1.316	1.25	9.6	20.7	2.27	0.60	18.26
3-1 夹	1.70～2.00	粗砂								
3-2	2.40～4.60	粉质黏土	34.9	0.994	1.47			3.32	0.83	17.28
5-1	1.40～11.20	粉质黏土	25.2	0.718	0.46	19.1	41.8	6.14	0.70	33.27
5-1	0.60～5.90	含黏性土粉砂	21.2	0.590		31.1	20.0	7.23	3.05	151.28
6	0.80～2.80	黏土	42.0	1.179	0.81	9.6	20.0	2.99		
8-1	0.70～4.90	粉质黏土	19.7	0.605	0.54	24.5	30.3	6.42		
8-2	0.50-9.80	含黏性土砾砂	20.0	0.59Z	0.50	25.6	29.0	6.39	6.20	35.64
8-3	0.40～9.20	含黏性土碎石								
9-1	0.40～5.00	全风化凝灰岩								
9-2	0.20～7.70	强风化凝灰岩								
9-3		中风化凝灰岩								

工程名称:舟山石油储备项目(5 号罐组)

2. 试验成果

(1) 试验成果

试验成果见静载试验结果汇总表及经计算机绘制的 Q-s 曲线：s-lgt 曲线。见图 6-161 和表6-119～表 6-125。

(2) 成果评述

根据试验成果,综合判定试桩的竖向抗压承载力等参数见表 6-117、表 6-118。

表 6-117　试桩成果一览表

桩　　号	21	174	233	279
试验最大荷载/kN	10 000			
对应沉降量/mm	20.14	17.76	17.12	88.18
极限承载力/kN	10 000		3 000	
对应沉降量/mm	20.14	17.76	17.12	22.43
残余沉降量/mm	10.28	7.58	7.82	80.92
回弹量/mm	9.86	10.18	9.30	7.26
回弹率/%	48.96	57.32	54.32	8.23

1) 21^#^、174^#^、233^#^ 桩的累计沉降量均较小，回弹率较高。*Q-s* 曲线呈缓变型，邻级的 *s*-lg*t* 曲线间隔均匀且基本平行，最后一级的 *s*-lg*t* 曲线尾部未出现明显的下弯。表明各试桩的承载力尚有余量。

2) 279^#^ 桩在加载至 3 000 kN 时，沉降量明显增加，本级沉降量近 16 mm。

单桩竖向抗压静载试验成果汇总见表 6-118。

表 6-118　单桩承载力汇总表

桩号	用试验确定的单桩极限承载力/kN			极限承载力建议值/kN	对应沉降量/mm
	Q-s 曲线法	*s*-lg*t* 曲线法	*s*-lg*Q* 曲线法		
107	10 000	10 000	10 000	10 000	15.79
221	10 000	10 000	10 000	10 000	19.22
278	10 000	10 000	10 000	10 000	14.30

工程名称：舟山石油储备库 T2527 罐							试验桩号：278#		
测试日期：2006-11-20			桩长：22.41 m				桩径：800 mm		
荷载/kN	0	2 000	3 000	4 000	5 000	6 000	7 000	8 000	9 000	10 000
本级沉降/mm	0.00	1.32	0.89	1.20	1.35	1.49	1.73	1.94	2.13	2.25
累计沉降/mm	0.00	1.32	2.21	3.41	4.76	6.25	7.98	9.92	12.05	14.30

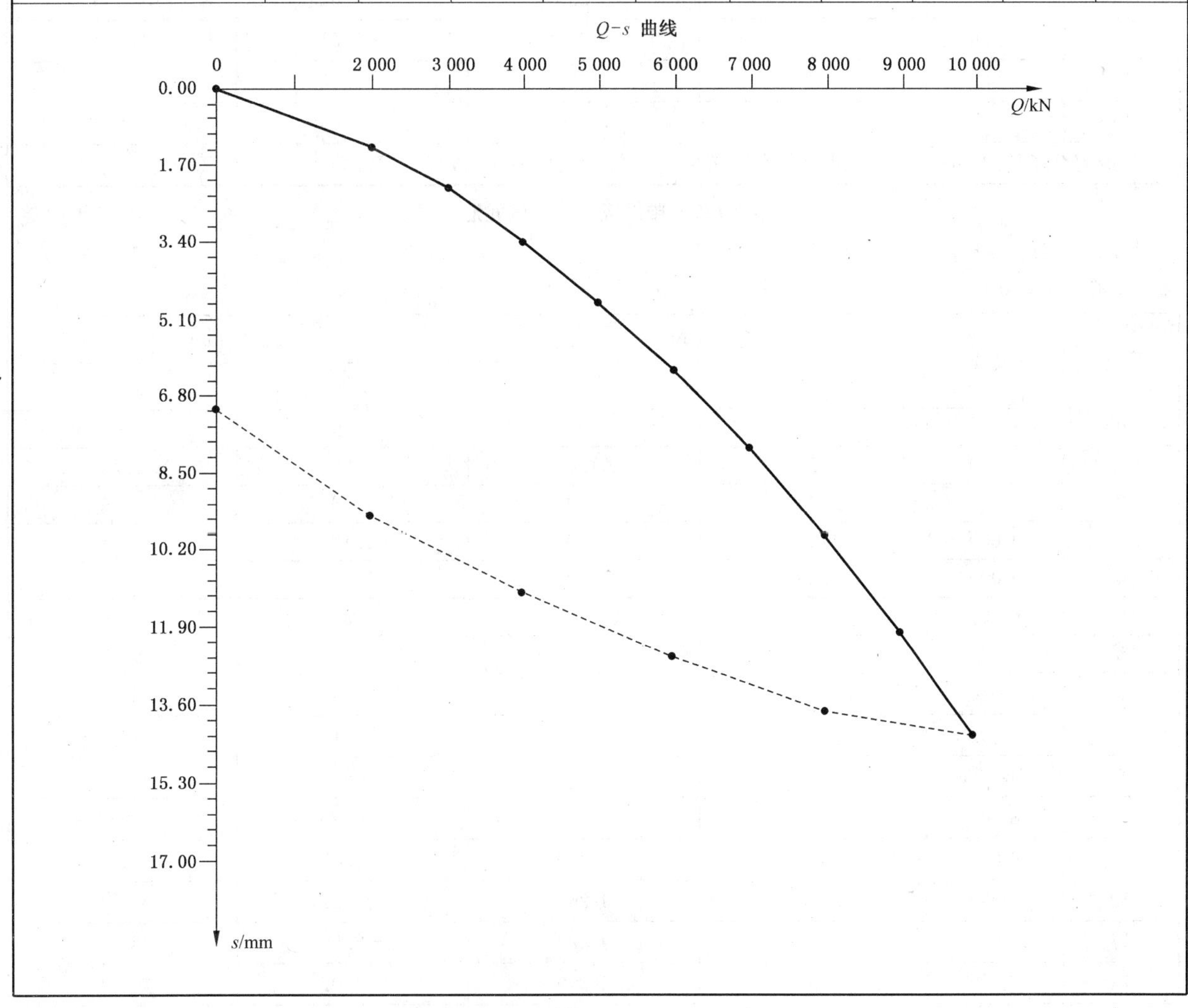

图 6-161

表 6-119　单桩竖向静载试验汇总表

工程名称:舟山石油储备库 T-2424 罐　　　　试验桩号:21

测试日期:2006-10-20　　　　桩长:32.67 m　　　　桩径:800 mm

序号	荷载/kN	历时/min		沉降/mm	
		本级	累计	本级	累计
0	0	0	0	0.00	0.00
1	2 000	L20	120	1.94	1.94
2	3 000	120	240	1.02	2.96
3	4 000	120	360	1.12	4.08
4	5 000	L20	480	1.29	5.37
5	6 000	120	600	1.67	7.04
6	7 000	120	720	2.39	9.43
7	8 000	120	840	2.67	12.10
8	9 000	120	960	3.58	15.68
9	10 000	150	1 110	4.46	20.14
10	8 000	60	1 170	−0.35	19.79
11	6 000	60	1 230	−0.81	18.98
12	4 000	60	1 290	−1.51	17.47
13	2 000	60	1 350	−2.75	14.72
14	0	180	1 530	−4.44	10.28
最大沉降量:20.14 mm　最大回弹量:9.86 mm　回弹率:48.96%					

表 6-120　单桩竖向静载试验汇总表

工程名称:舟山石油储备库 T-2424 罐　　　　试验桩号:174

测试日期:2006-10-14　　　　桩长:30.83 m　　　　桩径:800 mm

序号	荷载/kN	历时/min		沉降/mm	
		本级	累计	本级	累计
0	0	0	0	0.00	0.00
1	2 000	120	120	2.00	2.00
2	3 000	120	240	1.06	3.06
3	4 000	120	360	1.12	4.18
4	5 000	120	480	1.25	5.43
5	6 000	120	600	1.36	6.79
6	7 000	120	720	2.14	8.93
7	8 000	120	840	2.34	11.27
8	9 000	120	960	2.81	14.08
9	10 000	120	1 080	3.68	17.76
10	8 000	60	1 140	−0.45	17.31
11	6 000	60	1 200	−0.87	16.44
12	4 000	60	1 260	−1.89	14.55
13	2 000	60	1 320	−2.95	11.60
14	0	180	1 500	−4.02	7.58
最大沉降量:17.76 mm　最大回弹量:10.18 mm　回弹率:57.32%					

表 6-121　单桩竖向静载试验汇总表

工程名称：舟山石油储备库 T-2424 罐　　　　试验桩号：233

测试日期：2006-10-16　　　　桩长：1.49 m　　　　桩径：800 mm

序号	荷载/kN	历时/min		沉降/mm	
		本级	累计	本级	累计
0	0	0	0	0.00	0.00
1	2 000	120	120	2.28	2.28
2	3 000	120	240	1.09	3.37
3	4 000	120	360	1.70	5.07
4	5 000	120	480	1.89	6.96
5	6 000	120	600	1.90	8.86
6	7 000	120	720	1.78	10.64
7	8 000	120	840	1.97	12.61
8	9 000	120	960	2.05	14.66
9	10 000	120	1 080	2.46	17.12
10	8 000	60	1 140	−0.31	16.81
11	6 000	60	1 200	−0.64	16.17
12	4 000	60	1 260	−1.40	14.77
13	2 000	60	1 320	−2.29	12.48
14	0	180	1 500	−4.66	7.82
最大沉降量：17.12 mm　最大回弹量：9.30 mm　回弹率：54.32%					

表 6-122　单桩竖向静载试验汇总表

工程名称：舟山石油储备库 T-2424 罐　　　　试验桩号：279

测试日期：2006-10-11　　　　桩长：28.23 m　　　　桩径：800 mm

序号	荷载/kN	历时/min		沉降/mm	
		本级	累计	本级	累计
0	0	0	0	0.00	0.00
1	2 000	150	150	6.47	6.47
2	3 000	270	420	15.96	22.43
3	3 800	30	450	65.75	88.18
4	2 000	60	510	−0.23	87.95
5	0	180	690	−7.03	80.92
最大沉降量：88.18 mm　最大回弹量：7.26 mm　回弹率：8.23%					

表 6-123 单桩竖向静载试验汇总表

工程名称:舟山石油储备库 T-2527 罐　　试验桩号:107

测试日期:2006-11-30　　桩长:22.47 m　　桩径:800 mm

序号	荷载/kN	历时/min		沉降/mm	
		本级	累计	本级	累计
0	0	0	0	0.00	0.00
1	2 000	120	120	2.32	2.32
2	3 000	120	240	1.37	3.69
3	4 000	120	360	1.45	5.14
4	5 000	120	480	1.48	6.62
5	6 000	120	600	1.50	8.12
6	7 000	120	720	1.65	9.77
7	8 000	120	840	1.81	11.58
8	9 000	120	960	2.04	13.62
9	10 000	120	1 080	2.17	15.79
10	8 000	60	1 140	−0.53	15.26
11	6 000	60	1 200	−1.16	14.10
12	4 000	60	1 260	−1.46	12.64
13	2 000	60	1 320	−1.86	10.78
14	0	180	1 500	−2.75	8.03
最大沉降量:15.79 mm　最大回弹量:7.76 mm　回弹率:49.15%					

表 6-124 单桩竖向静载试验汇总表

工程名称:舟山石油储备库 T-2527 罐　　试验桩号:221

测试日期:2006-11-25　　桩长:22.86 m　　桩径:800 mm

序号	荷载/kN	历时/min		沉降/mm	
		本级	累计	本级	累计
0	0	0	0	0.00	0.00
1	2 000	120	120	2.22	2.22
2	3 000	120	240	1.50	3.72
3	4 000	120	360	1.76	5.48
4	5 000	120	480	1.92	7.40
5	6 000	120	600	2.19	9.59
6	7 000	120	720	2.32	11.91
7	8 000	120	840	2.33	14.24
8	9 000	120	960	2.41	16.65
9	10 000	120	1 080	2.57	19.22

续表 6-124

工程名称：舟山石油储备库 T-2527 罐　　试验桩号：221

测试日期：2006-11-25　　桩长：22.86 m　　桩径：800 mm

序号	荷载/kN	历时/min		沉降/mm	
		本级	累计	本级	累计
10	8 000	60	1 140	−0.59	18.63
11	6 000	60	1 200	−1.21	17.42
12	4 000	60	1 260	−1.54	15.88
13	2 000	60	1 320	−1.93	13.95
14	0	180	1 500	−2.74	11.21
最大沉降量：19.22 mm　最大回弹量：8.01 mm　回弹率：41.68%					

表 6-125　单桩竖向静载试验汇总表

工程名称：舟山石油储备库 T-2527 罐　　试验桩号：278

测试日期：2006-11-20　　桩长：22.41 m　　桩径：800 mm

序号	荷载/kN	历时/min		沉降/mm	
		本级	累计	本级	累计
0	0	0	0	0.00	0.00
1	2 000	120	120	1.32	1.32
2	3 000	120	240	0.89	2.21
3	4 000	120	360	1.20	3.41
4	5 000	120	480	1.35	4.76
5	6 000	120	600	1.49	6.25
6	7 000	120	720	1.73	7.98
7	8 000	120	840	1.94	9.92
8	9 000	120	960	2.13	12.05
9	10 000	120	1 080	2.25	14.30
10	8 000	60	1 140	−0.53	13.77
11	6 000	60	1 200	−1.20	12.57
12	4 000	60	1 260	−1.43	11.14
13	2 000	60	1 320	−1.68	9.46
14	0	180	1 500	−2.37	7.09
最大沉降量：14.30 mm　最大回弹量：7.21 mm　回弹率：50.42%					

3. 桩基施工与工程造价

储备库所处地貌和兴中储油库（表 6-97）相似，适当避开海边淤泥层深厚的地段，所以小部分储罐靠近山边，但大部分仍在海淤上。设计采用钻孔灌注桩，桩身平均长度接近 50 m。施工中采用两种方法，较浅的桩采用钢管护壁干取土法，桩身长度由数米至 20 多米，平均长度约 20 m；另一种泥浆护壁灌注桩，平均桩长接近 50 m，灌注桩采用 150 钻机，普通钻头。当桩直接落在滩涂礁石面上，钻头就难以钻进时，就用滚刀牙轮钻，将设备功率加大，配重加大，所以能直接将模管震压入风化岩，然后在桩底爆破，经检查效果很好，由于功率大，拔管力量加大，所以拔管顺利。桩身混凝土均为 C35，坍落度较小取 8～10 cm，而水下浇灌，坍落度为 16～18 cm，所以干取土混凝土质量较好。

T-2527 储罐基础，总桩数 289 根，全部用干取土法，桩长 4.89～30.14 m，单桩设计承载力为 5 000 kN，沉降 14.30 mm；T-2424 储罐基础总桩数 291 根，单桩设计承载力为 5 000 kN，沉降 17.76 mm，基础造价颇高，每台储罐基础总造价 1 500 万元，混凝土约 10 000 m^3，桩身单方造价约 1 300 元/m^3，第一批 12 个储罐基础总造价共 2 个亿，折合每台储罐基础的造价为 1 667 万元。

二十六、仪征 15 万 m^3 储罐基础采用振冲碎石桩

1. 工程概况

(1) 由中国石油化工集团公司工程建设管理部、股份公司发展计划部及科技部等单位并会同课题组成员各单位对仪征站油库 2×15 万 m^3 油罐扩建工程进行课题立项，并对工程建设的时间、课题组项目的安排、各单位负责的内容等做了详细的部署和具体的要求。

(2) 课题组对土建方面的内容：

土建设计的总结报告，地基处理方案比选及施工技术总结，地基监测和基础沉降观测等。

(3) 原 SH 3068—1995《石油化工企业钢储罐的地基与基础设计规范》中的储罐容积最大为 5 万 m^3，对 15 万 m^3 的储罐基础在规范中未包括，只能参考设计，因此课题组要求在本工程建设中积累经验，对储罐基础设计规范要进行完善与补充。

仪征油库新建两台 15 万 m^3 的原油储罐是中国石油化工股份有限公司组织开发的国内单罐容量最大的储罐。建造的油罐的直径 100 m，高 21.8 m，罐基础底面处平均压力设计值为 260 kPa。罐区平面布置见图 6-162，储罐基础设计见图 6-163。

2. 地质条件

建设场地的地质条件，根据仪征油库扩建工程(200 万 m^3)一期工程(2×15 万 m^3)的岩土工程勘察报告(江苏省地质工程勘察院，2003 年 8 月)，场地属于岗地堆积平原地貌，场地位于仪征市胥浦，场地原为菜地、荒地，且局部分布有小水塘。场地地势总体东高西低，勘察期间孔口高程在 27.14～30.65 m 之间。岩土体可划分以下 5 个工程地质层，共 10 个亚层：

第 1 层素填土：黄灰色～褐灰色，松散不均，以耕植土为主，局部偶夹少量碎石、砖块，普遍分布，层底埋深 0.30～2.50 m，层厚 0.30～2.50 m，E_s=5.43 MPa。

第 2-1 层粉质黏土：黄灰色，可塑，含少量铁锰质氧化浸斑，稍光滑，无摇振反应，韧性、干强度中等，层底埋深 1.00～4.70 m，层厚 0.50～4.30 m，f_{ak}=130 kPa，E_s=6.18 MPa。

第 2-2 层粉土夹粉质粘土：黄灰色～褐灰色，中密，具层理，摇振反应中等，韧性、干强度中等，层底埋深 2.60～7.50 m，层厚 0.60～4.70 m，f_{ak}=125 kPa，E_s=5.58 MPa。

第 3-1 层粉质黏土：褐黄色，可塑～硬塑，含较多铁锰质结核，无摇振反应，光滑，韧性、干强度高，普遍分布，层底埋深 2.50～7.50 m，层厚 0.60～6.00 m，f_{ak}=270 kPa，E_s=8.83 MPa。

第 3-2 层粉质黏土：棕黄色，硬塑，含铁锰质结核，无摇振反应，光滑，韧性、干强度高，普遍分布，层底埋深 5.70～11.00 m，层厚 1.70～5.80 m，f_{ak}=270 kPa，E_s=8.62 MPa。

第 3-3 层粉质黏土：棕黄色，可塑，含少量铁锰质结核，无摇振反应，光滑，韧性、干强度高，普遍分布，层底埋深 8.0～17.20 m，层厚 1.20～9.50 m，f_{ak}=170 kPa，E_s=5.90 MPa。

第 3-4 层粉质黏土：棕黄色，硬塑，含较多铁锰质结核，杂青灰色条纹，局部底部含有细小风化碎砾，无摇振反应，光滑，韧性、干强度高，普遍分布，层底埋深 12.50～25.00 m，层厚 1.10～15.60 m，f_{ak}=300 kPa，E_s=10.12 MPa。

第 4 层含卵石粉质黏土：黄灰色，密实，卵砾石含量 10%～25%，粒径一般 1～3 cm，个别较大，次圆

状，成分主要为石英质砂岩，普遍分布，层底埋深 20.30～29.30 m，层厚 1.00～6.30 m，f_{ak}=320 kPa。

第 5-1 层强风化岩(泥质粉砂岩)：棕红色，密实，取出岩芯呈砂土状，偶夹碎块状，手捏易碎，遇水易软化，普遍分布，层底埋深 25.80～33.30 m，层厚 0.50～5.50 m，f_{ak}=350 kPa。

第 5-2 层中风化岩(泥质粉砂岩)：棕红色，取出岩芯呈短柱状，趋下为长短柱状，泥质、碎屑结构，块状构造，局部呈水平层理，锤击断裂，未揭穿，最大揭露厚度 32.70 m，属中等强度岩基，普遍分布，层底埋深大于 61.30 m，f_{ak}=1 800 kPa。

场地地下水为孔隙潜水，主要赋存于地势较低的第 1 层、第 2 层土中，下部第 3 层粉质黏土、第 4 层含卵石粉质黏土、第 5 层基岩富水性、透水性差，基本不含水；地层渗透性评价为微透水；地下水质对混凝土无腐蚀性，对钢筋混凝土中的钢筋及钢结构具弱腐蚀性。

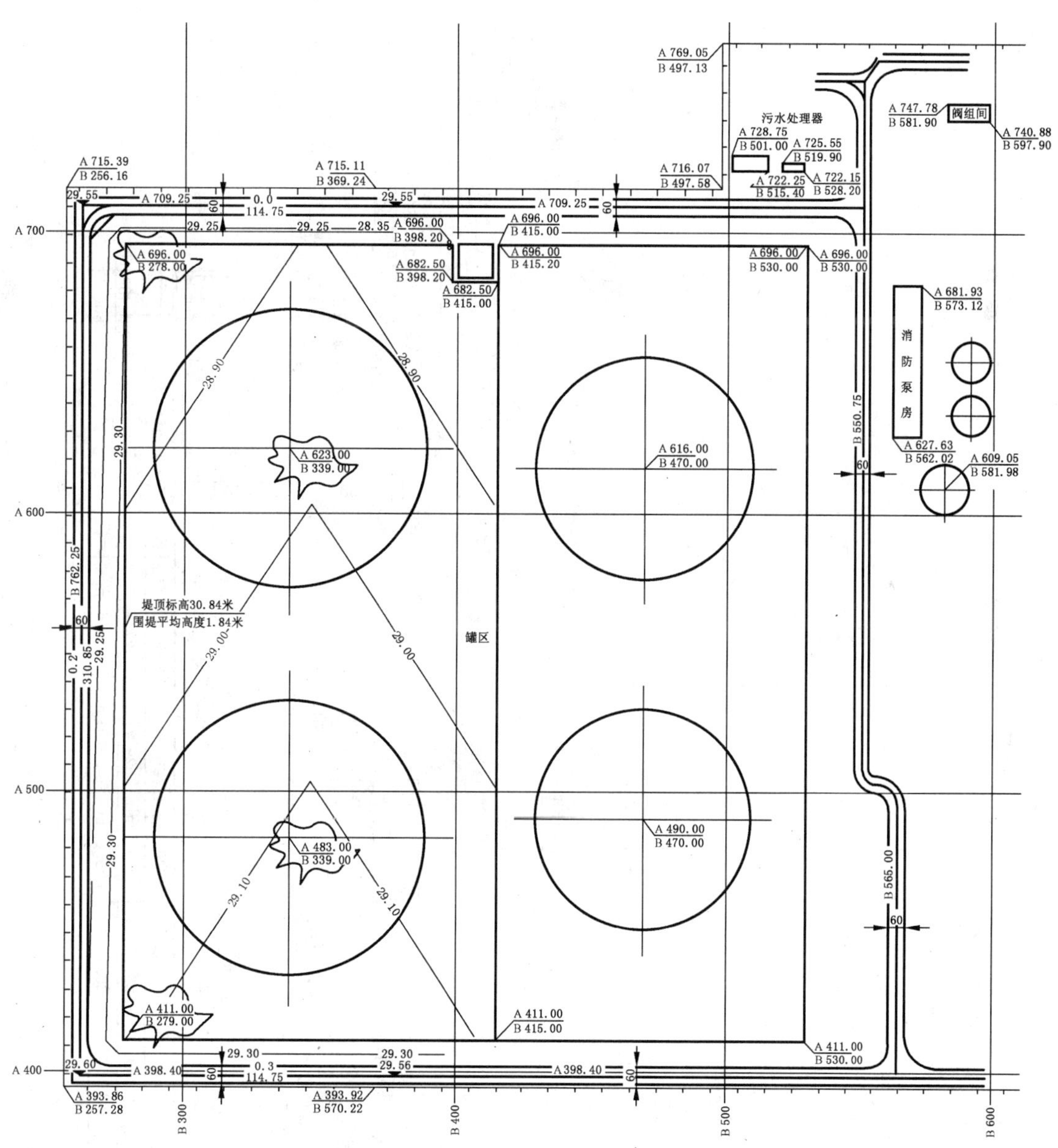

图 6-162　15 万 m^3 油罐平面布置图

根据 GB 50011—2001《建筑抗震设计规范》，仪征地区抗震设防烈度为 7 度，为设计地震第一组，设计基本地震加速度值为 0.10 *g*。场地类别为Ⅱ类。15 万立方米油罐基础的抗震设防类别为乙类。

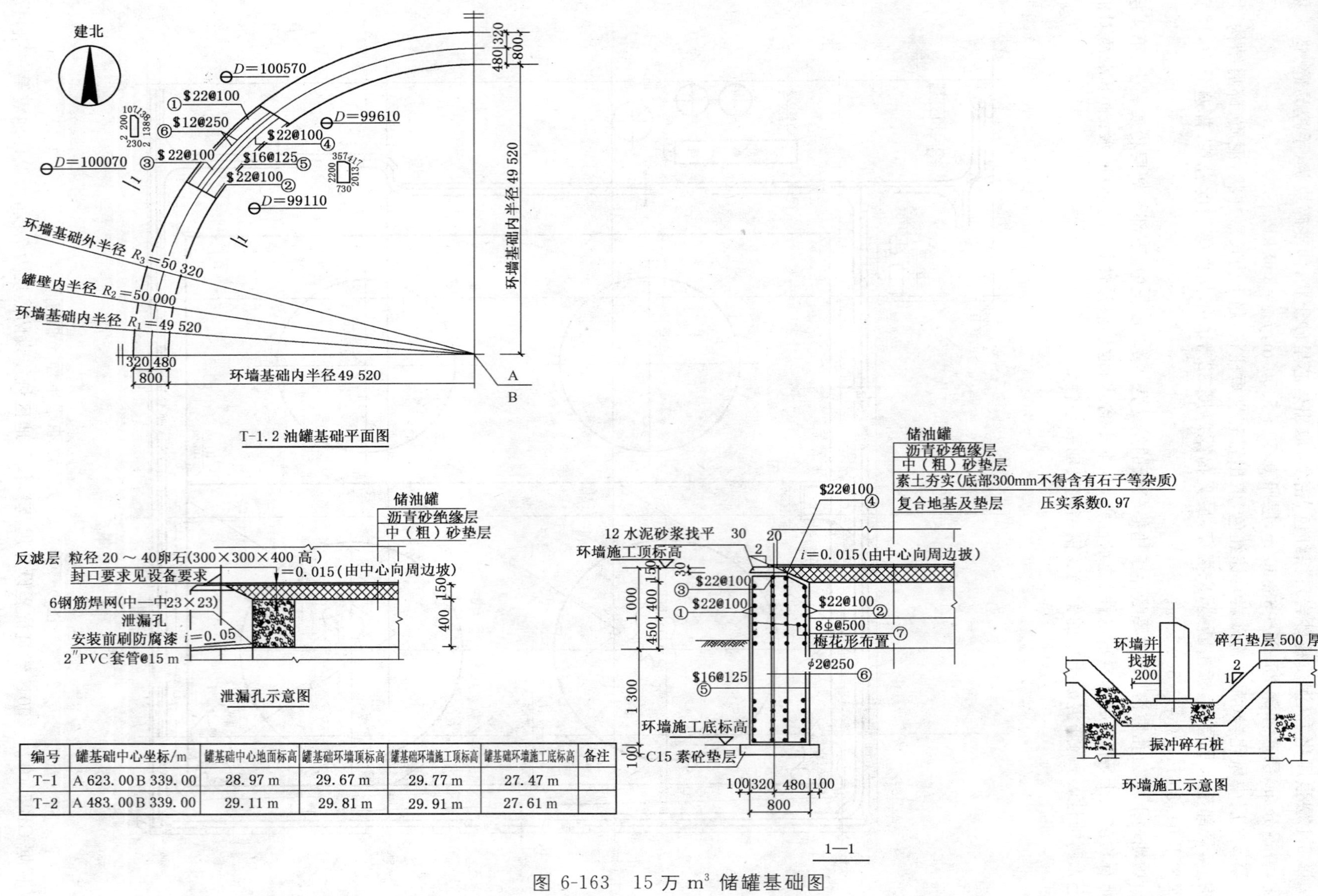

编号	罐基础中心坐标/m	罐基础中心地面标高	罐基础环墙顶标高	罐基础环墙施工顶标高	罐基础环墙施工底标高	备注
T-1	A 623.00 B 339.00	28.97 m	29.67 m	29.77 m	27.47 m	
T-2	A 483.00 B 339.00	29.11 m	29.81 m	29.91 m	27.61 m	

图 6-163　15 万 m^3 储罐基础图

3. 地基处理方案的选择：

(1) 储油罐对地基基础的承载力和变形的要求

1) 地基土要有足够的强度，充水预压后的地基土的承载力应不小于储罐的基底压力 260 kPa。

2) 地基沉降计算深度的要求，由于油罐的直径大，地基变形的计算深度亦大，根据本场地的情况，5-2 层中风化岩以上均为压缩层。

3) 地基沉降应满足罐底变形要求，油罐储油后罐中心沉降大于罐底边缘。因此，罐底中心与边缘沉降差必须控制在罐底结构允许变形的范围内，防止造成结构破坏。储罐设备要求圆锥面的坡度不能少于 8‰。

4) 油罐对沉降要求，油罐与其他构筑物相比，可承受比较大的沉降量。当地基有较大的沉降时可预先提高基础，通过充水预压达到设计标高，但油罐建成投入使用后，不能有过大的沉降，防止与管线系统连结产生破坏。

5) 不均匀沉降要求，油罐对不均匀沉降要求较严格。储罐设备要求沿罐壁圆周方向任意 10 m 弧长内的沉降差应不大于 25 mm。平面倾斜(任意直径方向)的沉降差允许值为 0.030 D_t(D_t 为储罐底圈内直径)，即沉降差允许值为 300 mm。

根据一期工程(2×15 万 m^3)岩土工程勘察报告，该建筑场地内的第 1 层、第 2-1 层、第 2-2 层的地基承载力特征值为 125 kPa、130 kPa，不能满足 15 m^3 油罐基础的要求；另外在自然地面以下 7 m 左右存在一软弱土层(即第 3-3 层)，地基承载力特征值为 170 kPa。按 GB 50007—2002《建筑地基基础设计规范》中的公式地基承载力特征值的修正 $f_a = f_{ak} + \eta_b \gamma(b-3) + \eta_d \gamma_m (d-0.5)$。

式中：f_a——修正后的地基承载力特征值；

f_{ak}——地基承载力特征值；

η_b、η_d——基础宽度和埋深的地基承载力修正系数；

γ——基础底面以下土的重度，地下水位以下取浮重度；

b——基础底面宽度(m)，当宽度小于 3 m 按 3 m 取值，大于 6 m 按 6 m 取值；

γ_m——基础底面以上土的加权平均重度，地下水位以下取浮重度；

d——基础埋深度(m)，按环墙基础底面埋深取值。

经验算，按规范公式修正后的下卧层地基承载力与实际的压力相差近 60 kPa 左右，该土层的强度不能满足 15 万 m^3 油罐基础的要求。因此需对第 1 层、第 2-1 层、第 2-2 层及下卧层第 3-3 层的地基进行处理。根据油罐的使用特点，通过对各种地基处理方法的适用性、可靠性、经济性及环境影响等方面进行分析、比较，将采用振冲碎石桩复合地基进行加固处理。

采用振冲碎石桩复合地基：平均置换率 $m=0.2$，处理深度 15 m 左右，桩径上部平均 1.0～1.1 m(对第 1、2-1、2-2 层)，中部平均 0.6～0.8 m(对第 3-1、3-2 层)，下部 0.8～1.0 m(对第 3-3 层)，采用变径桩，放射形变桩距布桩(桩距为平均 2 m 左右)，单罐处理面积直径 110 m。

根据行业标准 JGJ 79—2002《建筑地基处理技术规范》中的公式对振冲桩复合地基承载力特征值进行估算：

$$f_{spk} = m f_{pk} + (1-m) f_{sk} \text{及} m = \frac{d^2}{d_e^2}$$

式中：f_{spk}——振冲桩复合地基承载力特征值，kPa；

f_{pk}——桩体承载力特征值，kPa，按 500 kPa 取值；

f_{sk}——处理后桩间土承载力特征值，kPa；

m——桩土平均面积置换率，按 0.2 取值；

d——桩身平均直径，m；

d_e——一根桩身分担的处理地基面积的等效圆直径；按等边三角形布桩考虑，$d_e = 1.05S$，

S 为桩间距。

单桩竖向承载力特征值 R_a 的取值按行业标准 JGJ 79—2002《建筑地基处理技术规范》中的公式进行估算：

$$R_a = \mu_p \sum_{i=1}^{n} q_{si} l_i + q_p A_p$$

式中：R_a——单桩竖向承载力特征值，kN；

A_p——桩的截面积，m^2；

μ_p——桩的周长，m；

n——桩长范围内所划分的土层数；

q_{si}、q_p——桩周第 i 层土的侧阻力、桩端端阻力特征值，kPa；

l_i——第 i 层土厚度，m。

另外桩体试块抗压强度平均值应满足下式要求：

$$f_{cu} \geqslant \frac{R_a}{A_p}$$

式中：f_{cu}——桩体混合料试块(边长 150 mm 立方体)标准养护 28 d 立方体抗压强度平均值，kPa。

以上两数据中取较小值考虑。

另外对水泥粉煤灰碎石桩复合地基承载力特征值经验算得为 300 kPa，满足油罐基础地基承载力要求，同碎石桩的要求相同。

进行变形计算，其最终变形量最大为：储罐中心为 292 mm，储罐边缘为 134 mm。

CFG 桩的材料约为 14 710 m^3，按单价 740 元/m^3 计算共 1 089 万元。

(2) 地基方案的确定

在初步设计审批前，对地基处理方案进行了深入的论证，最后决定采用振冲碎石桩复合地基处理方案。

主要原因有：

1) 两种地基处理方案的费用基本相当；

2) 振冲碎石桩在 10 万 m^3 的储罐中应用较多，经验比较丰富，而 CFG 桩仅在 5 万 m^3 储罐中应用，数量也较少；

3) 在两种工法中，振冲碎石桩对土层的软、硬不同可进行调节，使不同土层之间趋于更均匀；而 CFG 桩则无此特性。

在中国石油化工股份有限公司发展计划部文件(石化股份计项[2003]104 号)(2003 年 10 月 27 日)的批复中批准了振冲碎石桩处理地基的方案，并要求在详细设计阶段进一步完善振冲碎石桩设计方案。

4. 振冲碎石桩复合地基的试验

在振冲碎石桩复合地基设计中，主要考虑处理第 3-3 层土的设计方案，平均置换率为 0.20，根据油罐的特征与地质条件情况，将 100 m 油罐分 3 个区域采用不同的置换率及每层土的桩径的不同进行设计。其中罐中心置换率为 0.22 左右，罐边缘置换率为 0.16 左右；并考虑对填土层、地表低强度的粉质黏土层(即第 2-1、2-2 层)的处理，加大振冲碎石桩的桩径，桩径均大于 1.0 m 或 1.1 m，置换率为 0.23～0.27 左右(罐中心部分)；考虑该土层的范围比较小，深度 4 m 左右，经过振冲碎石桩处理后，基本上能达到 230～240 kPa 左右，再加上油罐施工及充水试压过程中的稳步增长，均能满足设计对承载力的要求，用变形控制即可。因此振冲碎石桩复合地基的设计根据土层类型的不同而变化，采用变桩径，桩径最小应大于 600 mm，对填土层、地表低强度的粉质黏土层

(即第 2-1、2-2 层)及第 3-3 层,桩径均大于 1.0 m 或 1.1 m;桩距采用中心放射形变桩距布桩,桩距为 2.0～2.4 m。

根据试桩自检的结果分析,两次试桩分别采用 75 kW 和 130 kW 的振冲器,单桩的重力触探均提高了很大的幅度,并分析了桩体重 *P* 击数 *N* 与单桩及复合地基承载力之间的关系,根据对一期试桩检测结果的统计分析,顶部 1.0～3.0 m 范围内,桩体重 *P* 平均击数 *N* 与单桩及复合地基承载力间存在一定的对应关系,如图 6-164 所示:

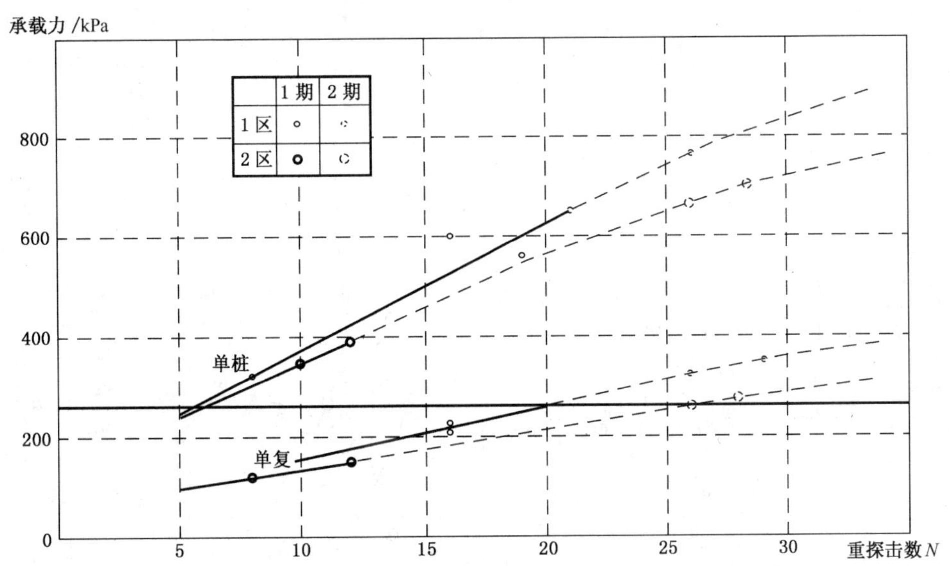

图 6-164　顶部 1.0～3.0 m 范围内桩体重力触探平均击数 *N* 与承载力(kPa)的关系

考虑到承载力与 *N* 之间并非线形关系,故用其延长的推测曲线以虚线表示。

根据上述统计数据曲线,结合两次施工的检测结果,对两次试桩结果评价如下:

(1) 对于一区,当 *N*≥20 时,复合地基承载力大于 260 kPa,相应单桩承载力大于 600 kPa。

(2) 对于二区,当 *N*≥26 时,复合地基承载力大于 260 kPa,相应单桩承载力大于 600 kPa。

(3) 第二次采用 130 kW 振冲器试桩,桩体重 *P* 平均击数 29,比第一次试桩的重 *P* 平均击数提高 10 击以上,桩体施工质量良好。

(4) 第二次 130 kW 振冲器试桩施工结果,桩顶部 1.0～3.0 m 范围内击数的平均值一区最小值为 26,二区最小值为 21,前期检测结果的趋势表明,第二次试桩结果基本满足设计要求。

(5) 考虑到桩间土承载力的后期恢复和提高,复合地基应存在一定的安全储备。

综上所述,振冲碎石桩复合地基在本工程中的使用,对处理第 3-3 层来说(即Ⅰ区),载荷试验结果满足设计要求;但对第 2-1、2-2 层来说(即Ⅱ区),载荷试验不理想,与设计要求有一定差距,究其原因,由于桩间土的恢复需要一定的时间,在桩间土未恢复前做载荷试验,难以达到一个理想的结果,但随着时间的延长,在桩间土恢复后,考虑土的围压,单桩与单复的承载力会有所提高,按桩、土的相对关系来说,Ⅱ区也能达到 240 kPa,满足设计要求。

需要解决的问题是,短时间内Ⅱ区的承载力较低,但根据振冲碎石桩的机理,随着时间的延长,承载力提高的幅度还是有的。T-1 罐碎石桩布置见图 6-165,T-2 罐碎石桩布置见图 6-166。

单桩复合地基静载荷试验,各检测点承载力特征值汇总如表 6-126。

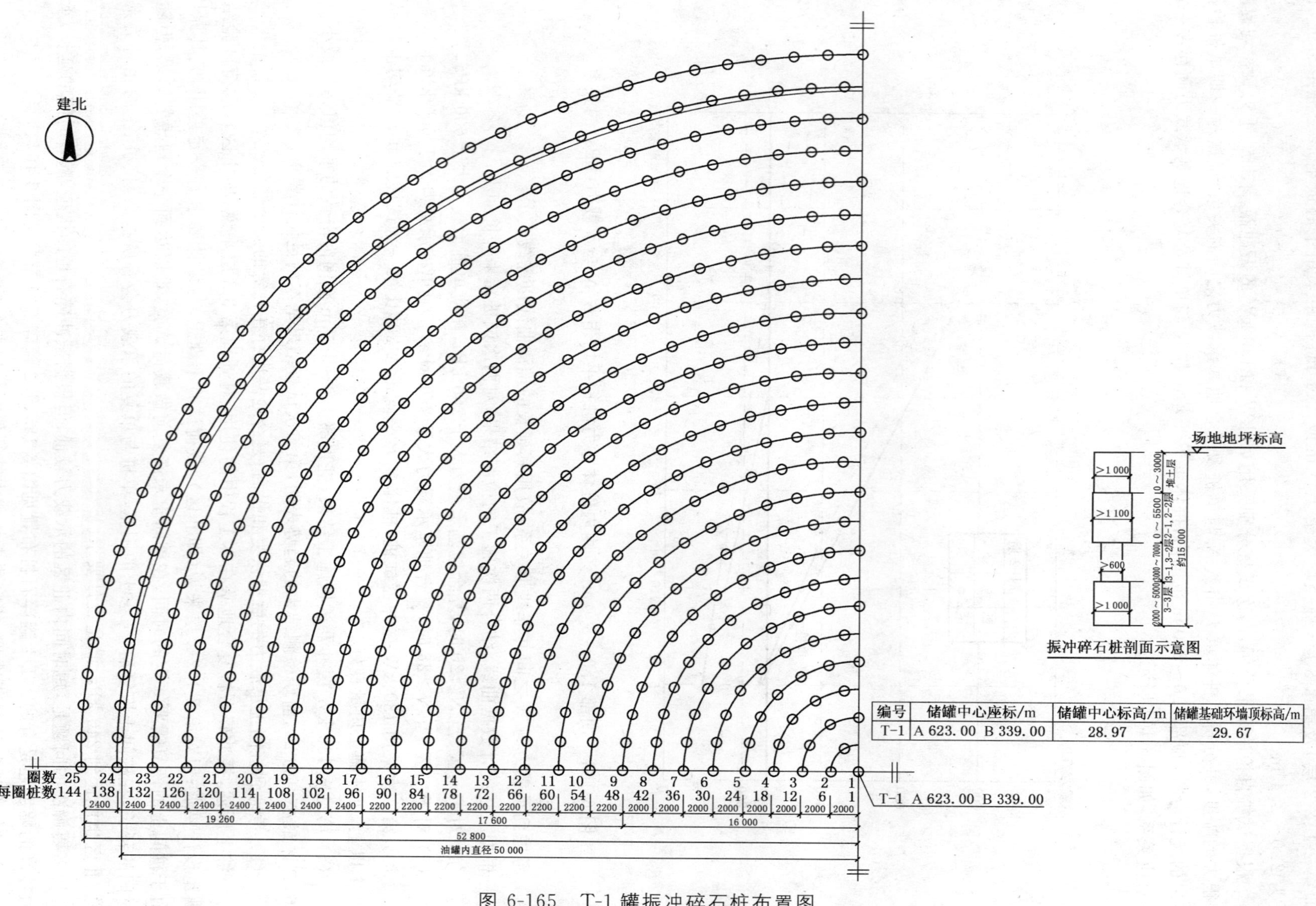

编号	储罐中心座标/m	储罐中心标高/m	储罐基础环墙顶标高/m
T-1	A 623.00 B 339.00	28.97	29.67

图 6-165 T-1 罐振冲碎石桩布置图

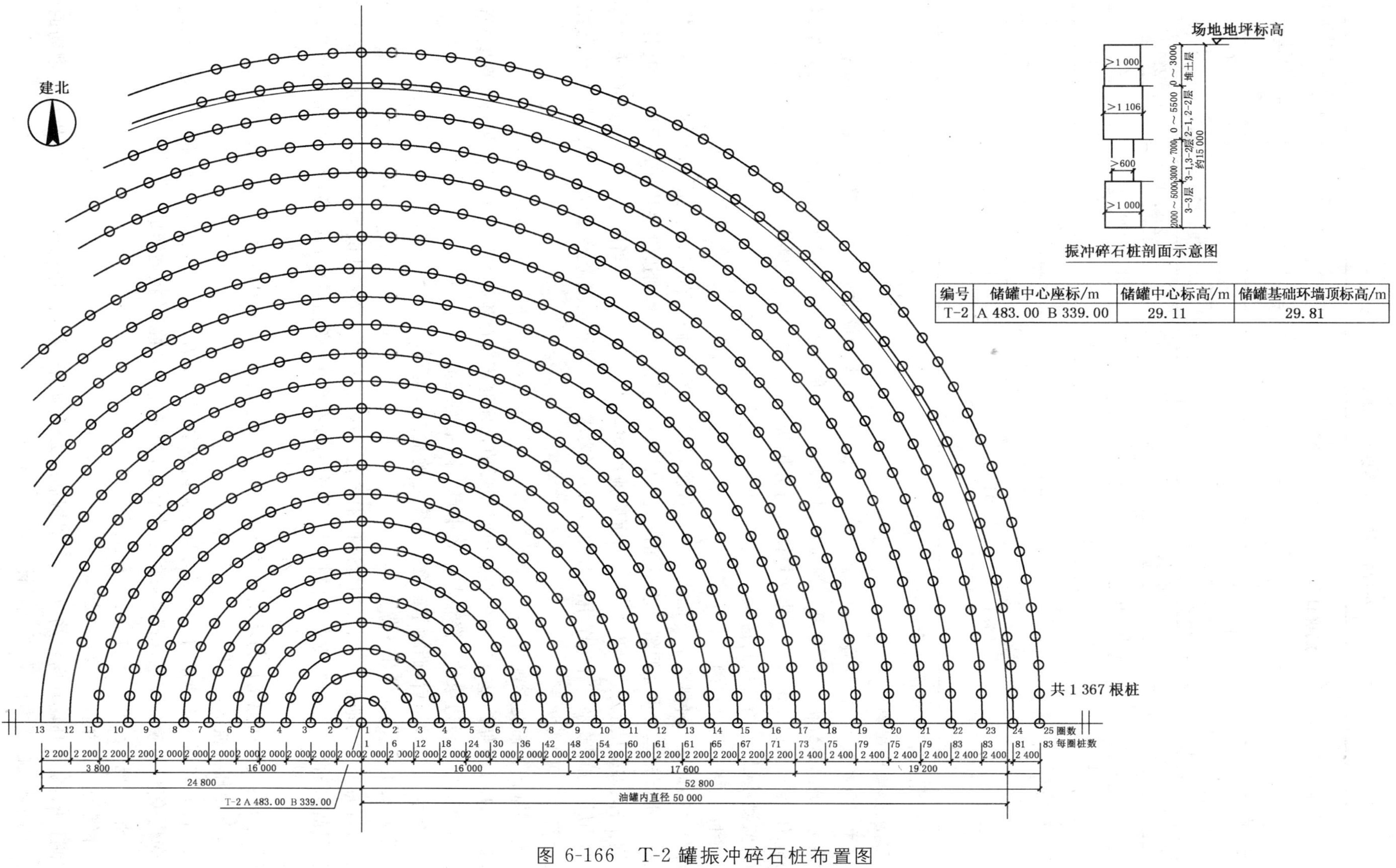

编号	储罐中心座标/m	储罐中心标高/m	储罐基础环墙顶标高/m
T-2	A 483.00 B 339.00	29.11	29.81

图 6-166 T-2 罐振冲碎石桩布置图

表 6-126　单桩复合地基静载荷试验汇总表

序号	检测点桩号	成桩日期	试验日期	最大加荷/kPa	最终沉降/mm	确定承载力特征值/kPa
1	11	04.4.24	04.5.5	520	81.82	260
2	320	04.4.16	04.5.6	520	105.55	260
3	947	04.5.2	04.5.9	520	61.77	260
4	1312	04.4.26	04.5.10	520	219.60	230
5	1382	04.4.7	04.5.7	520	63.72	260
6	1400	04.4.22	04.5.8	520	70.60	260
7	1460	04.4.6	04.4.29	520	65.41	260
8	1462	04.4.7	04.5.1	520	90.04	260
9	1470	04.4.8	04.4.27	520	61.00	260
10	1587	04.4.17	04.5.2	520	128.39	250

从以上结果来看均满足设计要求。

5. 储罐基础的检测

本工程 150 000 m^3 浮顶罐属国内首例单罐容积最大的大型储油罐。为了确保储罐地基充水预压的安全和正常使用，分析、评价地基的预压加固效果并为充水卸荷时间提供依据。同时还可对大型储罐地基的应力、变形及强度的动态变化和规律进行分析研究，为国内修建此类大型储罐积累经验。

(1) 监测项目、目的和控制指标

1) 竖向位移观测点观测

监测目的：此次沉降观测为基础边缘沉降观测，目的是实测罐基础的边缘沉降和不均匀沉降。根据实测数据分析储罐基础平面倾斜及非平面倾斜发展趋势，推算储罐基础边缘地基最终沉降量和固结度。

控制指标：加荷试水过程所有观测点的沉降速率均应≤15 mm/24 h；当所有观测点的沉降速率均≤1 mm/24 h后，方可放水。在整个沉降观测过程中，要求相邻观测点沉降差 $\Delta S/L \leqslant 0.0025$，任意直径方向沉降差＜0.001 5$D$。

2) 储罐基础锥面变形观测

监测目的：实测储罐基础锥面中心点相对变形值，(实测罐基础锥面直径方向各点相对变形值)通过变形分析，得出罐底板边缘的沉降量与罐底中点沉降量的比值。

控制指标：充水预压后，储罐基础沉降稳定后的锥面坡度应≥0.008。

3) 孔隙水压力监测(仅 T-2 罐)

监测目的：实测场地静止水位、加荷过程中的孔隙水压力变化，考察孔隙水压力随充水预压、时间的变化消散规律是否正常，分析地基土内孔隙水压力的分布情况、变化规律和趋势，为判定储罐地基稳定提供依据。

控制指标：超静孔隙水压力增量不超过预压荷载增量的 60%，且小于上覆有效应力。

4) 地基土压力监测(仅 T-2 罐)

监测目的：实测储罐地基的竖向受力与基础内侧的侧向受力，了解土压力(竖向与侧向)随预压荷载增加的变化关系，分析储罐地基或基础的受力状况，验证设计参数，监控储罐地基的稳定。

控制指标：地基土竖向压力小于地基土承载力。

5) 环墙钢筋应力监测(仅 T-2 罐)

监测目的：实测环墙环向钢筋应力，了解钢筋应力随预压荷载增加的变化关系，分析环向钢筋的受力状况，推断环墙的受力情况，验证设计参数。

控制指标：环墙钢筋实测应力值不超过设计值。

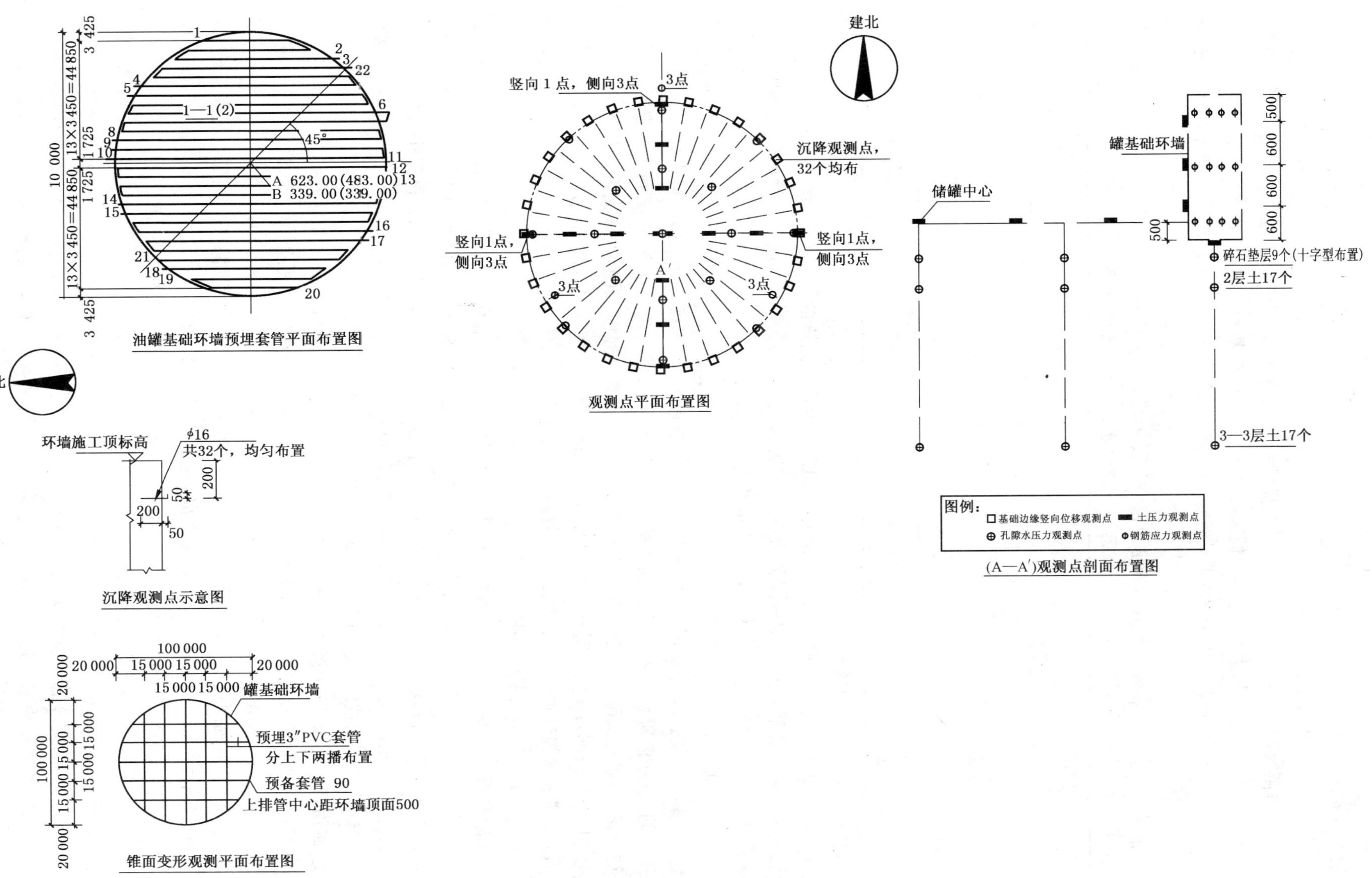

图 6-167　15 万 m^3 油罐检测项目布置图

(2) 各观测项目的观测点的布置

储罐测点布置见图 6-167。

(3) 在监测过程中,一旦发现测试数据有异常变化或超过控制指标时,应立即向有关责任单位发出警示通知,并会同有关人员进行研究,以便采取措施,确保储罐基础与罐体的安全。

(4) 观测仪器的埋设与安装等要求见行业标准 SH/T 3123—2001《石油化工钢油罐地基充水预压监测规程》。

充水试压,所有跟踪测试指标均满足规范与设计要求,见下表 6-127。

表 6-127 15 万 m^3 储罐充水试压时基础的沉降观测

mm

罐号 测试内容	T-1	T-2	备 注
最大沉降量	32.5	74.6	
最小沉降量	15.4	15.2	
相邻点沉降差	4.9	15.5	控制值<25 mm
任意直径方向最大沉降量	15.6	57.8	控制值<300 mm

(5) 基础工程的检测成果

胜利油田胜利工程设计咨询有限公司根据 SEI 提供的对储罐的检测要求,编制了检测方案。

胜利油田胜利工程设计咨询有限公司自 2004 年 5 月 9 日进入施工现场开始测试仪器的埋设与测试,并于 2005 年 3 月 25 日完成施工期间的全部现场测试工作。

1) 罐壁竖向位移观测

① 罐沿环墙均布 32 个沉降观测点,在整个充水过程中,观测点的日沉降量最大为 3.4 mm/d;充满水恒压期间,放水前所有观测点的日沉降量最大为 0.9 mm/d。在充水过程、充满水恒压期 2 个阶段,观测结果正常,各种沉降计算指标符合设计要求。整个观测过程中,观测点最大沉降量为 32.5 mm(观测点号 24,在罐西部);观测点最小沉降量为 15.4 mm(观测点号 15,在罐东南角);任意相邻点沉降差最大值为 4.9 mm,(观测点号:27—28,出现在罐西部);任意直径方向沉降差最大值为 15.6 mm,平面倾斜 $\Delta S/D=0.000\ 156$,(观测点号:9—25,基本为东西向)。

T-1 罐底板沉降观测点,利用浮船立柱孔洞在二条互相垂直直径上布置 2 圈,计 10 个测点(中心设 2 个)。放水前实测变形值分别为:距罐中心 2.15 m 两点(9、10)沉降平均值:69.7 mm;距中心 33.35 m,4 点(1、3、5、7)沉降平均值:60.7 mm;距中心 17.75 m,4 点(2、4、6、8)沉降平均值:58.9 mm。沉降最大点出现在距中心 2.15 m 的 10 号点:75.7 mm。最高水位时平均锥面坡度 13.92‰,放水末时(1 月 12 日)平均锥面坡度 14.05‰。底板观测结果符合设计要求。

② 罐沿环墙均布 32 个沉降观测点,在整个充水过程中,观测点的日沉降量最大为 4.4 mm/d;充满水恒压期间,放水前所有观测点的日沉降量最大为 0.7 mm/d;在充水过程、充满水恒压期 2 个阶段,观测结果正常,各种沉降计算指标符合设计要求。整个观测过程中,观测点最大沉降量为 74.6 mm,观测点号 25,在罐西部,观测点最小沉降量为 15.2 mm,观测点号 1,在罐北部;任意相邻点沉降差最大值为 15.5 mm,观测点号:28—29,出现在罐西北部,任意相邻点沉降差超过 10 mm 的另一组观测点号:19—20,沉降差为 14.7 mm,出现在罐西南部;任意直径方向沉降差最大值为 57.8 mm,平面倾斜 $\Delta S/D=0.000\ 576$,观测点号:8—24,为正东西向。

T-2 罐底板沉降观测点,利用浮船立柱孔洞在二条互相垂直直径上布置 2 圈,计 10 个测点(中心设 2 个)。放水前实测变形值分别为:距中心 2.15 m 两点(9、10)沉降平均值:91.4 mm;距中心 17.75 m,4 点(1、3、5、7)沉降平均值:77.9 mm;距中心 33.35 m,4 点(2、4、6、8)沉降平均值:80.9 mm。沉降最大点出现在距中心 17.75 m 的 8 号点(正西方向):117.4 mm。底板的观测结果正常。最高水位时平均锥面坡度 13.778‰,放水末时(2 月 1 日)平均锥面坡度 14.25‰。底板观测结果符合设计要求。

竖向位移观测结果表明，随充水试压过程中的荷载变化，实测环墙沉降、底板变形、环基内部土体锥面变形、地表土变形都相应呈有规律的变化，其变化规律符合线弹性理论，各项沉降与变形测试结果与工程勘察资料反映的地质条件差异、地基处理结果吻合，实测结果表明，在充水试压期间，碎石桩复合地基处于弹性压缩阶段。

根据环基沉降与底板变形观测结果、充水过程中环基沉降速率符合设计要求、平面与非平面倾斜的3项控制指标均小于设计限值。说明碎石桩对地基土起到了很好的加固效果，通过T-2罐西侧加大置换率，使最大点沉降速率、相邻点沉降差与、径点沉降差得到有效控制，同时两罐西侧的差异沉降也表明，桩顶土地质条件对碎石桩复合地基承载力影响较大。

分层总和法计算，得出罐周边沉降在180 mm～200 mm之间，相邻两点的沉降差在20 mm左右，中心沉降在400 mm。而监测的结果与设计结果的差别较大，在1/3～1/10之间。

其原因有以下几方面：

① 整个场地在施工过程中通过机具的碾压对表层土产生一定的影响，使其性能有所提高。

② 整个场地采用振冲碎石桩复合地基处理后，对场地土产生良好的挤密效果及顺畅的排水通道，对后期土质在荷载的变化下起到了良好的密实作用。而按行业规范JGJ 79—2002《建筑地基处理技术规范》中对振冲碎石桩的设计中的一些参数在该场地还有进一步提高的可能，像采用大功率的振冲器(130 kW)对桩体的密实度、对土体的挤密效果等，影响到承载力与压缩模量的提高幅度的取值。

③ 通过试桩过程中对设计根据不同区域地基的地质条件的差异，做了一些修改，主要是局部加大了对第2层土的处理，提高了置换率，对沉降也产生一定影响。

④ 加荷在一定的时间内完成，对油罐的沉降还只是瞬间荷载，产生的沉降也有所不同，还需在相当长的使用过程中对沉降进行观测。

⑤ 在沉降计算过程中的各项参数的取值还有进一步提高并完善的可能，但幅度的把握要根据地层的情况具体分析。其中压缩模量的取值，对沉降的影响很大。这就要求地质勘察单位需比较准确的对场地土进行分析并提出接近合理的参数，才能保证设计的准确性。另外沉降计算的方法还有进一步优化的可能，也可通过试桩载荷试验过程中的沉降来辅助并预测出相应的沉降关系，使沉降的计算结果与实际更为接近。

2) T-2罐地表土竖向位移观测

T-2罐地表土竖向位移观测点共布置12个。布置在储罐环墙外侧，距离储罐环墙间距为3 m，6 m，9 m，沿直径方向90°交叉布置。

在整个充放水过程中，距离环墙9 m的4点：EW1、EW6、NS1、NS6变形量基本没有变化，说明罐基沉降并没有引起地表9 m处变形观测点产生沉降。

距离环墙6 m、3 m的8点随充水加荷的进行，沉降量逐渐增加，西侧受地基条件的影响，沉降量明显大于其他3侧沉降。过程沉降坡度在达到最高水位前较陡，恒压期坡度变缓，在放水前，8条线的沉降量达到峰值，泄水均出现反弹，除西侧EW4、EW5两点尚残余部分沉降量外，其余3侧各点沉降量全部反弹。

在整个充水过程中，地表土的观测结果与对应侧环墙沉降观测结果完全吻合。观测点的沉降量最大值为28.5 mm，点号EW4，位于罐西侧距环墙3 m处，从整个观测结果看，地表土的沉降影响范围在环墙9 m范围之内。

3) T-2罐孔隙水压力监测

孔隙水压力监测点共布置8个断面计43只，孔隙水压力计主要埋设于储罐基础下10.0 m深度内。其中2层或3-2层(以下统称2～3.2层)埋设17个，3-3层埋设17个，碎石垫层分布厚度较厚处根据实际情况均布9个。

整体观测过程表明，在罐体施工期各测点孔隙水压力的变化趋势与地下水位的变化相对应，罐体施工期间因荷载较小，没有产生超静孔隙水压力，这与施工期间罐体沉降观测结果一致，随充水加荷进行，埋设于土层 2～3-1 层、3-3 层中的孔压计产生超静孔隙水压力，但其值不大，且消散速度较快，在泄水过程中，受泄水减荷影响，5～8 天超静孔压全部消散，随泄水的继续进行，超静孔压出现负值，泄水停止，超静孔压逐渐向零点恢复，充水试压结束后，不同测点分别在 1～4 天恢复至零点。其后继续与地下水位的变化保持一致，并反映地下水位的变化情况。

碎石垫层中的孔隙水压力计由于孔隙水泄路畅通，均未产生超静孔隙水压力，在整个观测期，其变化过程与地下水位的变化同步。部分碎石垫层中的孔隙水压力计埋设位置在地下水位以上，受外界因素影响，其过程线大体反映地下水位的变化，但变化趋势与地下水位的变化保持一致。

整体观测过程表明，孔隙水压力随充水荷载的增加而逐渐上升，荷载停止，孔隙水压力就消散，规律性很明显，孔隙水压力都出现了明显的消散，说明其消散速度较快，根据测点所在土层的室内渗透系数：$K_h=2.16\times10^{-7}\sim3.90\times10^{-6}$ cm/s，$K_v=2.17\times10^{-7}\sim3.70\times10^{-6}$ cm/s，属于微透水性土层，这说明碎石桩地基处理缩短了孔隙水的渗透路径，改善了地基土的排水固结条件。超静孔隙水压力在充水高度达到最高水位时相应达到其峰值，停载出现明显的孔隙水压力消散现象，放水前孔隙水压力消散平均达到 63%，消散最大值为 83%、最小值为 40%。在泄水过程中，孔隙水压力继续消散，受泄水减荷影响，消散速度没有出现减缓，随泄水的继续进行，超静孔压出现负值，泄水停止，超静孔压逐渐向零点恢复，与土体弹性反弹理论一致。

实测结果表明上部土层 2-1～3-2 层观测到的最大超静孔隙水压力大于下部 3-3 层。观测到的超静孔隙水压力，由于碎石垫层没有产生超静孔隙水压力，超静孔隙水压力在深度上呈中间大两头小的形状。

在同一断面与罐中心距离不同的测孔中，$R/2$ 处的超静孔压明显大于 R 处的超静孔压，与环基下基底附加应力的理论分布吻合；K7 与 K8 断面，因埋设于罐区西侧，$R/2$ 处与 R 处的最大超静孔压非常接近，除受井内水位回升的影响外，与该侧地基条件稍差关系较大，超静孔压的测试结果与基底变形的观测结果吻合。

各测点孔隙水压力荷载比 K_u 值在充水试压过程中趋向定值，且远小于 60%，说明 T-2 罐地基在充水试压条件下处于线弹性平衡状态，充水试压过程是安全的、地基是稳定的。通过实测得出的关于 $\Delta u/\Delta p$ 的规律对于该地区的后建罐，在采取类似的地基处理方式时，可以按照设计荷重或者所引起的地基应力，利用上述经验数值事先估计地基中可能发生的超静孔隙水压力，进行有效应力作用的安全分析。

4）土压力监测

① 垂直截面土压力监测

地基土垂直土压力监测观测点共布置 26 个。每点布置 2 个，桩顶与桩间土各 1 个。

各测点反力实测值与充水试压期间基底理论值表现出很好的相关性，尤其是恒压期、停载期间，过程线趋势的一致性尤其明显，从测试结果看，加荷过程中，桩间土反力与理论基底压力较为接近，其实测值一般略低于理论基底压力，其差值随基底压力的增大而增大。泄水结束后，桩间土压力与桩顶土压力非常接近理论基底压力，且桩间土压力略大于理论基底压力、桩顶土压力略低于理论基底压力。实测结果与弹性压缩理论及碎石桩的散体性材料桩体的实际吻合。在充水加荷过程中，桩顶与桩间土应力不断调整，加荷瞬间，桩顶受力较大，随桩顶刺入垫层量的增加，桩顶受力减小，桩间土应力增加，直至相对沉降量稳定，其应力比趋向定值。这种现象在恒压期间尤其明显。恒压期间桩顶应力随时间发展逐渐降低，恒压结束，最大降值 22.54 kPa，恒压期间桩间土应力随时间发展逐渐增加，恒压结束，最大增值 6.49 kPa，桩顶应力的降低幅度大于桩间土应力的增加幅度。桩间土反力分布形式接近基底压力分布，由于土压计埋设于位于罐基下，其测值与基底压力理论分布形式一致，说明整个加荷期间，各测点桩土应力比基本为定值。

从实测结果看，各测点土压力分布不均匀，其原因与环基刚度、罐基倾斜、地基处理采用不同的置换率以及土质条件等因素有关。

实测结果与弹性压缩理论及碎石桩的散体性材料桩体的实际吻合。

② 侧向土压力监测

环墙侧向土压力观测点共布置 12 个。监测点沿基础竖向布置 4 组，每组 3 个观测点，按上、中、下布设于基础内侧。

罐体基础施工结束，环基侧向压力已呈现较大值，罐体施工阶段由于上部荷载较小，侧向压力呈微弱的变化趋势，在上水前侧向压力的分布形式接近静止土压力的分布，侧压力随深度的增加而增大，在充水试压前，外荷载为罐底板与垫层自重，侧向压力之所以有这么大，完全是由于施工过程中对垫层分层碾压，使垫层处于压密状态过程中，垫层对环墙产生的径向扩张力。因此侧向压力一部分由上部荷重产生，另一部分为径向箍紧作用力。各测点的侧向压力随充水荷载的增加而增大，加荷开始，各测点的侧向压力表现为不同程度的迅速回落，尤其是中、上部，分析原因为施工过程中对垫层的反复碾压，在垫层上部形成一层密实度较大的硬壳层，当大面积预压荷载施加上去时，地基出现沉降、或部分区域垫层本身的压缩使硬壳层遭到破坏，侧压力值就迅速回落，其后再随荷载的增加呈上升趋势。许多罐体的测试结果也证实了这一规律。

在充水试压过程中，当新加一级荷载后，与地基有一个沉降发展和稳定的过程相类似，环基内侧的垫层对对环基的侧压力也有一个发展和稳定的过程。其规律为在荷载施加以后而保持不变情况下侧压力将随着时间推延而不断继续增长，最后达到稳定数值。达到稳定数值所需的时间称为稳定时间。在恒压期，稳定时间平均为 7 天左右。但上部土中测点表现为侧压力回落，主要原因为测试仪器本身刚度与素土垫层相差较大，应力集中明显，所以恒压期表现为集中应力的回落现象。

在泄荷过程中与预压加荷相类似的侧压力衰减也有一个时间上的滞后现象，称侧应力泄荷稳定时间，当外荷载卸载一级后，由于环墙垫层经过预压后，存在残余应力，虽然外荷载已经泄除，但因环墙变形有弹性回缩，对垫层有径向压缩作用，所以卸载后仍有较大的环墙侧压力存在。这种滞后现象在北、东、南三侧中、上部，1 月 29 日至 2 月 1 日立柱调整期间就有迹象，而下部因测点位置接近地面，受地基变形影响并不明显，西侧因地基变形最大，上、中、下 3 侧土压测试都表现了明显的稳定滞后现象，滞后时间平均为 7 天左右。这与沉降观测的稳定时间较为接近。

充水试压期间，侧压力的增加呈上、下部大中间小的“K”形分布，泄水完成后，加荷产生的侧向土压力并未完全消失，仍残余部分侧向压力。加荷过程中，侧压力系数很快趋向定值，素土垫层中的侧压力系数最大，为 0.68，石子垫层中受侧压力的分布形式的影响，不同埋设高程有所差异，综合平均值为 0.42。从素土、石子垫层的侧压力系数实测值看，实测侧向土压力较主动土压力大的多，接近静止土压力。

油罐基础的侧向土压力由环墙高度范围内的回填土及油罐本体和储油（充水）而产生，其中环墙高度范围内的回填土的性能有一定的关系，但主要是基础上部的荷载产生。与以上的测试结果基本吻合。

③ 环墙钢筋应力监测

环墙钢筋应力观测点共布置 36 个。环墙钢筋应力观测包括环墙内、外侧环向钢筋应力。在环墙顶部、中部、下部的内外侧 4 排上各布置一个应力观测断面为一组（12 个），沿环向共布置 3 个观测断面。

整个观测过程中，各测点实测钢筋计取最大值及相同位置进行分析，钢筋计最大值产生在 G3 组内，其上部最大值为 45.2 kN，位置为 G313 测点；中部最大值为 43.8 kN，位置为 G332 测点；底部最大值为 26.2 kN，位置为 G321 测点。

在观测前期各断面上部测点出现较小的压应力，压应力基本都出现于上部外侧钢筋，主要原因为施工前期上部侧向压力相对较小，侧向力影响不到外侧钢筋。内浮顶施工过程中，由于镇压层密实度较差，此时环墙侧向已开始产生侧向变形，钢筋拉应力开始明显，上水过程中，G1、G2 断面上部钢筋拉应力受充水放水荷载的变化较为明显，中、下部钢筋拉应力变化幅度不大；G3 断面中、上部钢筋拉应力受充水放水荷载的变化较为明显，下部钢筋拉应力变化幅度不大。各测点随充水加卸荷的规律比较明显，变化幅度 G3 断面最大，G2 断面次之，G1 断面最小，这基本与各断面处地基变形幅度一致。整个充水加荷过程中，最外侧中、上部实测应力曲线比较曲折，峰值相对明显，说明其受荷载变化影响明显。

各排钢筋应力测试平均值表明，垂直向：钢筋拉应力自上而下逐渐减少，且中、上部比较接近；水平向：各排钢筋拉应力差别不大，比较接近，略成内侧大外侧小。充水加、卸荷引起的各排钢筋应力变化平均值，垂直向：钢筋拉应力自上而下逐渐减少，且中、下部比较接近，类似侧向压力分布的"K"形；水平向：各排钢筋拉应力差别不大，比较接近。

在设计中，油罐环墙基础单位高度的环向钢筋应力受油罐的充水高度、环墙的高度及回填土的性能、油罐的直径、环墙侧压力系数等影响，其中由于15万m^3的油罐直径100 m，充水高度20.8 m。由此计算得出每个钢筋的受力为109 kN，实际配筋环墙基础1 m高度范围内为ϕ22@100 mm均匀分布，共4排，每个钢筋的实际最大受力为114 kN。

而本次是实侧结果最大为45.2 kN，几乎是设计值的一半，究其原因有油罐基础的整体的沉降量与沉降差偏小，即地基的处理效果很好，未完全发挥环墙基础的作用。而在其他工程实际情况中结果则差别不大，因此关于环墙的环向力的计算，不适宜做调整，采用一定的富裕量对油罐的使用是有好处的，在经济上也较为合理。但对于场地条件很好，整体的沉降量与沉降差也很小的油罐基础来说，可根据具体的情况对环墙的环向力的计算公式中的环墙侧压力系数做适当的调整。

6. 结论

该工程在总公司、仪征项目组及各施工单位的通力合作下，顺利的于2005年7月30日进油至今，一直正常运行。根据使用情况来看，说明在该场地采用振冲碎石桩处理地基是成功的，为以后在该地区的地基处理提供了一定的宝贵经验。对大型储罐基础的设计也积累了很多的经验，为以后的工程设计提供了帮助。总体来说本次15万m^3储罐的地基基础设计是成功的。

其地基处理的选择上，选择振冲碎石桩处理在施工、经济、效果中均满足场地、储罐、基础等要求，并首次采用大功率的振冲器穿过黏性土层处理软弱土层，其实践结果对今后的工程起到一定的借鉴作用。

地基土在经过振冲碎石桩处理后有明显变化，对表层的素填土层和粉土层复合地基的承载力特征值均达到了设计要求的220 kPa，提高幅度在1.7倍左右，并经过严格的充水预压使其完全达到设计要求的260 kPa。

地下水的变化在经过振冲碎石桩处理，使其土层形成了完善的上下排水通道，在储罐压力作用下，地下水能顺利的顺着碎石桩体排出，使其孔隙水压力消散速度较快，改善了地基土排水固结的条件。

储罐环墙基础钢筋应力随储罐荷载的加大而逐渐加大，基本上是对应的，最大荷载时环墙基础钢筋应力最大。但对应的关系在本工程中取得了一些数据，其竖向的钢筋应力测试中钢筋拉应力自上而下逐渐减少，且中上部比较接近；其环向的钢筋应力测试中钢筋拉应力差别不大，比较接近。但实际结果与设计要求的差别较大，其原因有本工程的储罐的整体沉降与沉降差偏小，未完全发挥环墙的作用；因此本次测试的结果有一定的局限性，但对相近条件下的工程的借鉴作用还是很大的。

本工程的储罐基础的最大沉降量为74.6 mm，最小沉降量为15.5 mm。对于15万m^3的储罐，其直径为100 m，对应的沉降很小，主要是在设计中根据土层的变化相应的对置换率也做了调整，并在施工过程中对碎石桩的成桩质量和局部的场地变化也适当的调整，使地基的均匀性与承载力均达到了比较满意的效果。

二十七、大型储罐基础地基处理的评述

1. 地基处理成效显著

从上述介绍的大型储罐基础中采用了多种地基处理方法，其中有充水预压、堆载预压、强夯加固地基、土工织物、柱锤冲扩桩处理地基以及柔性桩加固地基和刚性桩处理地基等。采用的多种地基处理方案，在工程实施中，绝大部分是成功的，为工程节省了不少投资，地基处理的成效显著（见表6-129）。这里特别强调采用充水预压法是地基处理方法中最经济的方案。而地基充水预压的时间可以同储罐安装同步进行，因而充水预压不会另外增加施工的工期，反而方便了储罐罐壁板的焊接和安装。其次地基处理采用柔性桩或强夯处理、柱锤冲扩桩等方案都是可取的。

但从表 6-128 中可见序号 18、序号 19 两例的地基处理中由于设计方案上考虑不周和施工质量等问题，致使储罐基础经过地基处理后，造成基础的突发沉降和 CFG 桩产生缩颈和断桩，但绝大部分地基处理方案在储罐基础中实施是成功的且成效显著。但是应该认识到任何地基处理技术都有它的适用范围，它与土的自然属性和土层构造有关，认识土的成因及力学特性是选取处理技术的依据。国家有关规范和相应的规程、工程手册中都对土的试验作出严格的规定，试验不仅在施工之前，在施工中还要解决大面积处理所带来的问题。如果处理的目的为建造大型储罐的地基，还要考虑沉降所带来的问题，这时需要进行沉降观测，只有沉降观测数据才能证明哪些地基处理在什么土质条件下是合适的，哪些是需要改进的。沉降观测还能为解决上部结构与人工处理地基的相互作用问题提供真实的资料。总之，大型储罐基础采用地基处理的成效显著。值得今后推广应用。

2. 储罐基础采用桩筏基础工程造价昂贵

近几年为了建设储备库建 10 万 m^3 大型储罐，不少设计部门采用了桩筏基础，桩的型式由预制方桩(450×450)、灌注桩(ϕ800 mm)和预应力管桩(ϕ600 mm 壁厚 100 mm)，筏板基础厚度为 450 mm、500 mm、800 mm 和 1 000 mm，储罐基础的总造价达到 1 500 万元/台～1 760 万元/台占储罐造价的 50%～58.6%工程造价很高，而储罐基础充水后的实测沉降很小(一般为 30～50 mm)。实践说明"高价格买来小沉降"。表 6-129 以10 万 m^3储罐基础进行工程造价分析，说明桩基方案工程造价很高。

当地基构造必须采用打桩时，也应该有限采用预应力管桩，从表 6-131 各种刚性桩截面对比中 ϕ800 的灌注桩是预应力管桩的 3.2 倍，是预制方桩的 1.29 倍，总之，储罐基础设计应该考虑优化的问题。

表 6-128　储罐基础采用地基处理一览表

序号	地基处理方法	储罐容积/m^3	数量/台	储罐基础设计	工程使用单位
1	充水预压	20 000※ 10 000 3 000 2 000 1 000	1 1 2 10 8	砂垫层钢筋混凝土环墙，充水预压后地基承载力从原 50 kPa 提高到 174 kPa	上海高桥石化
2	堆土预压	50 000※	6	用塑料板排水板结合堆土预压，使地基承载力从原 70 kPa 提高到 310 kPa，固结度达到 90%	南京金陵石化
3	充水预压	10 000 5 000 3 000 1 000	7 13 6 9	砂垫层钢筋混凝土环墙，根据实测地基预压前后土的强度增长 2～8 倍	上海金山石化
4	砂井预压	10 000	10	砂垫层与加筋土钢筋混凝土环墙，砂井直径 d=40 cm@2.5 m 深度 h=18 m。每台储罐砂井总数 253 根。地基经过充水预压后，承载力满足了设计要求，而基础的沉降加大	浙江镇海石化
5	土工织物与袋装砂井	20 000※	5	1～4 号储罐采用土工织物垫厚度 3.8 m 及袋装砂井 d=7 cm@1.2 m 深度 h=15～17 m。5 号储罐采用土工袋垫层 2 层，土工袋直径 0.3 m，垫层厚度 4 m，环墙基础通过垫层作用，均化了应力分布，使表层应力降低至 73%～77%，沉降比较平缓	南京金陵石化
6	预堆土反压	10 000	4	在钢筋混凝土环墙外侧预堆土反压，缩短了充水预压时间，减少了基础的沉降量	上海高桥石化

续表 6-128

序号	地基处理方法	储罐容积/m^3	数量/台	储罐基础设计	工程使用单位
7	强夯法与 大能量强夯	3 000※ 5 000※	7 9	钢筋混凝土环墙，地基采用 8 t 锤，落距为 9 m，夯击能 700 kN·m	湖南长岭石化
		100 000※	2	大能量 8 000 kN 强夯，加固深度 8～10 m，f_k＞250 kPa。强夯加固亚黏土夹风化千枚岩块组成的回填土和大块抛石填海的效果都很好，地基承载力可达 250 kPa～500 kPa，沉降比较均匀	大连西太平洋炼油厂
		100 000※	2		秦皇岛泵站
		20 000※	4		大连石化公司石油七厂
		10 000	4		
		50 000※	8		广东惠州马鞭州输油站
		5 000 10 000※	6 4		广东惠州威宏石化仓储油库
8	填海区采用强夯处理抛石地基	50 000※	4	钢筋混凝土环墙，采用 20 t 夯锤，采用 3 000 kN·m夯击能。抛石填海地基采用强夯不仅解决了地基承载力，而且成功地解决基础的沉降和不均匀沉降问题	大连石化公司石油七厂
9	柱锤冲扩桩法	100 000※	3	场地位于山地与平原接壤处地形起伏较大通过 120～150 kN 的锥形锤冲击消纳工业废料碎石 8 万 m^3 用柱锤冲扩桩法加固深度达 15～25 m，桩成孔直径 1.7 m，桩间距 3.3 m，复合地基承载力达到 600 kPa	北京燕山石化
10	爆扩挤密加固湿陷性黄土	50 000※	2	采用跳瀑方法和多次挤密湿陷性黄土和坑穴土，并用橄榄锤击挤密，环墙基础设置在碎石垫层上，挤密桩采用 d=45 cm@1.4 m，桩长 12 m 采用 2∶8 灰土夯实。消除了原土质的湿陷性和地基产生不均匀沉降	河南洛阳炼油厂
11	振冲挤密碎石桩	50 000※	2	在软弱地基上采用挤密碎石桩直径 60 cm，桩距 1.5～1.8 m，桩长由北向南为 15～27 m。加固后的饱和软土承载力从 65 kPa 提高到 230 kPa。使基础沉降减少，倾斜满足规范的要求	上海金山石化陈山储罐区
12	沉管挤密碎石桩	20 000	6	在淤泥质粉质黏土地基上采用沉管挤密碎石桩，桩径为 40～45 cm，桩长 h=18 m，桩距采用变置换率，平均为 14.4%，挤密碎石桩复合地基其承载力为 120 kPa 经过储罐内充水预压地基，实测地基承载力达到 250 kPa	天津大港
		50 000※	1		
13	水泥搅拌桩	50 000※	2	超深水泥搅拌桩加固饱和软黏土地基，使地基承载力由 70 kPa 提高到 250 kPa，压缩模量由 2.8 MPa 提高到 92 MPa 并大大减少了基础沉降	南京金陵石化
14	振冲碎石桩	300 000※ 100 000※ 10 000 1 000 4	4 4 4 3	采用变径碎石桩和变置换率布桩处理软弱土层使土的承载力提高到 250 kPa，并使基础沉降减少，有效地控制基础的不均匀沉降	福建炼油厂鲤鱼尾油库
15	振冲碎石桩	5 000※	1	振冲碎石桩、桩径 800 mm，桩间距 1.5 m，桩长 6～8 m，复合地基承载力达到 180 kPa	江苏仪征化纤厂 PTA 装置中间储罐

续表 6-128

序号	地基处理方法	储罐容积/m^3	数量/台	储罐基础设计	工程使用单位
16	桩基	5 000	4	场地土层为淤泥质粉质黏土，采用预压力管桩 D=500 mm，壁厚 100 mm，桩长采用静压法沉桩，每个储罐布桩 57 根，桩长约 40 m，承台厚度 75 cm	浙江绍兴市
		50 000※	10	二期工程为 5 万 m^3 原油罐 10 台，其中 4 台直接建在中风化岩上，5 台建在软土地基上，基础采用嵌岩灌注桩，桩直径 D=80 cm，间距 4.8 m，桩长约 40 m，采用钢筋混凝土无梁楼盖，承台板厚度 55 cm，另一台基础有 1/3 建在基岩上，其余罐基采用灌注桩，承台改为梁板式，梁为 45 cm×150 cm，板厚为 15 cm	浙江兴中公司储油库岙山基地
17	强夯处理残坡积土层与孤石不均匀分布	100 000	6	采用 3 000 kN·m、4 000 kN·m 和 6 000 kN·m 夯击能，满足了 f_{ak}≥250 kPa 和 E_s≥11 MPa 储罐基础要求，同时解决了地基的不均匀影响	海南炼化续建项目
		50 000	2		
18	处理夯扩桩基础产生的突发沉降	50 000	4	石埠桥原油码头，其中 3 台储罐基础采用夯扩桩处理地基，由于桩端持力层在细砂层内，由于砂的不稳定性直接影响桩的承载力，采用旋喷桩围护和深层注浆加固处理，满足了生产使用要求	南京金陵石化
19	碎石挤密与 CFG 桩双重复合地基	100 000	4	A 号储罐采用水泥搅拌桩；B、C 号储罐采用碎石挤密桩与 CFG 桩，由于桩的密度太高（2.67 根/m^2）产生缩颈和断桩在二期工程 1 台 D 号储罐基础又出现断桩质量事故	山东黄岛华润储油库
		10 000	10		
20	灌注桩基础	50 000	2	冲孔灌注桩 ϕ800 桩长 6～40 m 桩@2.3～3.4 m，底板厚 1～1.2 m	深圳光汇石油化工股份有限公司
		25 000	8		
21	桩筏基础	100 000	8	桩采用 45×45 预制桩和 ϕ60 预应力管桩，桩入土深度 33～45 m，底板厚度 90～100 cm，储罐试水后沉降很小	上海金山石化白沙湾油库
		50 000	1		
		20 000	1		
		150 000	1		
22	桩筏基础	100 000	52	桩采用 45×45 预制桩，桩入土深度 25～30 m，桩间距为 2.4～2.5 m，每台储罐布桩约 900 根，筏板厚度为 50 cm，充水后基础沉降为 30～50 mm	浙江镇海储油库
23	桩筏基础	100 000	50	桩采用 ϕ800 的灌注桩，桩长 20～50 m，每台储罐基础布桩约 280 根，试水后沉降很小，基础造价每台约 1 600 万元	浙江岙山储油库
24	振冲碎石桩	150 000	2	采用振冲碎石桩复合地基，平均置换率 m=0.2，处理深度 15 m 左右，桩径上部平均 1.0～1.1 m，中部平均 0.6～0.8 m，下部平均 0.8～1.0 m，采用变径桩，放射形变桩距布桩，每台罐桩数量约为 1 800 根，单罐处理面积直径 110 m	江苏仪征油库

注：表中有※者为充水预压地基的储罐。

表 6-129　储罐基础各种地基处理的工程造价比较表

地基处理方案	充水预压	强夯	桩锤冲扩桩	砂石桩	振冲碎石桩	CFG 桩	素混凝土桩	搅拌桩	灌注桩	预制桩
造价/万元	68	420	350	711	671.5	782	825	824	1 709	1 854
工期/天	90	120	120	280	180	160	160	260	300	320
桩径/mm				500	1 000	500	500	400	600	450×450
桩数量				2 071	2 600	711	711	2 658	700	820
置换率/%				28	30	10	10	23		

表 6-130　各种刚性桩截面和承载力对比表

名称	预应力管桩	灌注桩	预制方桩
桩截面尺寸/cm	ϕ60 壁厚 10	ϕ80	45×45
桩截面积/cm^2	1 570	5 024	2 025
比值	1	3.2	1.29
桩承载力/kN	3 300	4 000	2 250
比值	1	1.33	0.68
注：桩承载力是在上海同一地点进行的对比实验。			

3. 储罐底板变形实测

根据不同地质条件，不同容积的储罐底板进行实测，储罐底板的变形是中心大，而边缘小(见图 6-168)。底板变形似一个锅底，根据分析底板边缘沉降与中心沉降的比值一般在 0.64～0.67 左右，这与弹性理论计算在均布荷载作用下圆形柔性板的变形曲线甚为接近(见图 6-168)。即使我们采用筏板基础，但底板变形的规律不会改变，而底板边缘沉降与中心沉降的比值会有一定的减少。

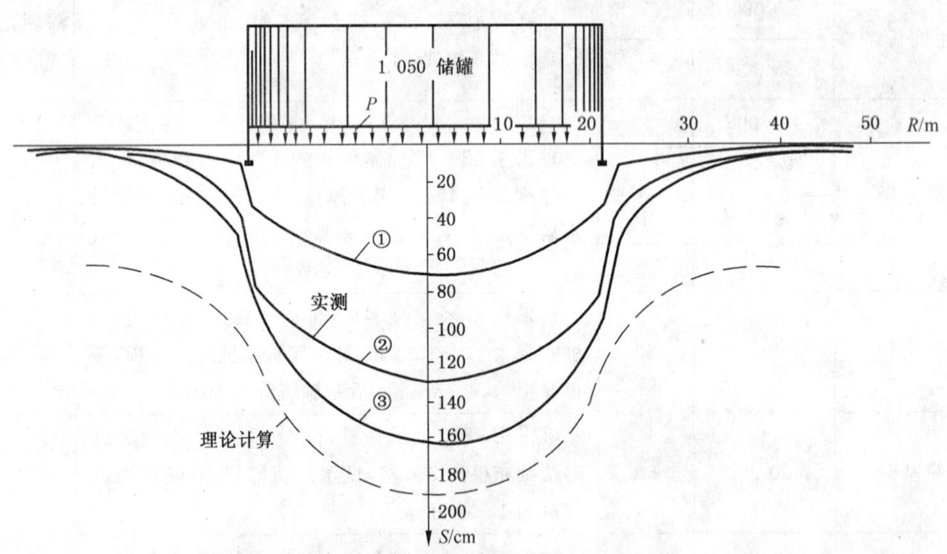

①—储罐充水试压；②—投产进油 10 个月；③—装油 9 年后实测

图 6-168　储罐底板变形实测与理论计算对比图

设计中采用的筏板厚度一般是 45～80 cm，而对于 80 m(10 万 m^3)和 100 m(15 万 m^3)储罐直径来说，筏板还是一块柔性板，如果加大筏板厚度满足刚性板的设计要求，底板变形特性才会改变。但储罐基础的工程造价还会激增。

解放初期我们对上海软土地基国外石油公司在中国设计的储罐基础底板进行调查，发现 $D=30$ m

直径的储罐，罐底板下铺设 20 cm 厚的钢筋混凝土薄板，使用多年已出现网状可见不规则裂缝。这同储罐柔性底板的反复变形的影响所造成的。为此我们根据储罐底板变形实测，提出桩筏基础空间变刚度群桩等沉降设计的理念。

储罐基础筏板底面的桩，根据底板变形特性采用长短桩。变形大采用长桩，变形小采用短桩，实现空间变刚度群桩等沉降设计。

4. 空间变刚度群桩等沉降设计

大型储罐根据地基处理和桩基设计方法以及群桩应力、沉降规律，得到如下重要启示：

1）不管任何形式的摩擦桩，均要考虑桩、土共同作用、共同承担上部荷载。

2）长桩或超长桩对减少基础沉降明显；短桩或中长桩的优点是承担荷载，对减少基础沉降影响不大。

3）桩的长度增加，对减少基础沉降明显。

4）桩径小的桩与桩径大的桩相比较，其单位立方米混凝土所承担的荷载要大。

5）采用 Mindlin 解或 Boussinesq 解计算基础的附加应力。

这些规律已为理论研究和实测数据证实。

另外，我们进行桩基设计时，按静力平衡原理，考虑安全系数来设计，很难达到单桩的极限承载力。实际上既没有利用土的承载力，也未用足桩的承载力，所以桩基础的设计承载力潜力还很大。由此可见，空间变刚度群桩等沉降设计不仅有理论根据，工程设计可行，而且还有很大的技术经济效益。

（1）空间变刚度群桩基础的设计条件

空间变刚度群桩等沉降的设计条件归纳起来为：

1）假定地基软土为均质的连续体。

2）大型储罐基础直径一般都超过 60 m，地基承载力在 200 kPa 以上。由于抗震、抗风和人防要求，基础的刚度较大。上部结构刚度对基础沉降的影响甚微。因此，可忽略上部结构刚度的影响。

3）桩土共同作用，共同承担建筑的全部荷载，并充分利用地基土的承载力。

4）所有桩基均为摩擦桩，并按现行规范设计，群桩的承载力满足设计要求。

（2）空间变刚度群桩等沉降设计理论

经过国内外的专家长期探索和工程实践，除了上述重要启示外，群桩效应（群桩效率系数和沉降比）主要取决于群桩自身的几何特征，即基础底板的设置方式 、桩距、桩长、桩径、桩长与承台宽度比、桩的布置形式、桩数；当然也取决于桩侧、桩端地基土的物理力学性质、地基土的分层特性和成桩工艺（挤土或非挤土桩）。后者是自然条件（除成桩工艺外）很难改变。前者完全可以根据工程要求在满足承载力的条件下进行优化组合，打破传统的桩基设计方法。传统的桩基设计有两个明显的特点：

1）建构筑物荷载完全由群桩承担。

2）布桩设计为等长度、等直径、等距离。

上述第一个传统设计原则已打破，桩土共同承担建构筑物荷载，如沉降控制设计、疏桩设计、减桩设计等。第二个传统设计原则还没有打破。前面几种设计方法都是从桩土共同承担荷载作为出发点，而没有从群桩应力—应变关系出发，考虑桩土综合刚度，充分利用群桩的性质，使群桩基础达到能承载、少沉降或等沉降、投资省、工期短的综合效果。这就是空间变刚度群桩等沉降的设计原则。根据以上分析，空间变刚度群桩的理论具体可表述为：

——群桩基础静力平衡原理，确保群桩基础有足够的承载力。

——群桩基础中，桩土共同承载原理，不是人为地给桩土分担承载比例。

——群桩基础满足弹性力学中的一般原理和基本假设，符合应力-应变关系的一般规律，如采用 Boussinesq 或 mindlin 方法计算附加应力。

——充分发挥长短桩各自工作能力的优势，把长桩控制沉降的优点和短桩承担荷载的优点结合起来，优化组合即达到能承载、等沉降的目的。长短桩的应力和变形有限元计算单桩沉降明显与桩长成反比。

——根据一般刚性板下或群桩基础下地基的竖向应力和变形规律，即逐渐远离基底下的地基，其应力逐渐变小，地基应变也逐渐变小，所需“地基刚度”也逐渐变小（不是地基本身刚度）。反之，“地基刚度”逐渐增大。把群桩基础视为一个整体地基，形成空间变刚度群桩的综合刚度基础。

以上五条就是空间变刚度群桩设计方法的理论基础。

（3）空间变刚度群桩等沉降的设计方法

一般大型储罐桩基础设计若采用空间变刚度群桩设计时，可以按地基处理方法进行设计。按上述地基处理方法，在基础底板下设垫层，根据工程结构条件进行空间变刚度群桩设计，采用长短桩、刚柔桩、大小直径桩的设计方案均可。但是，根据设计施工经验，同时要考虑施工方便和可行，一般采用水泥土短桩和混凝土长桩方案比较好。

大型储罐空间变刚度等沉降设计方法同上述方法有根本区别，要复杂得多，其设计步骤为：

1）桩型和成桩工艺选择。

2）平面布桩方案研究，初步确定平面布桩方案。

3）空间变刚度桩方案研究，初步确定空间长短桩方案。

4）按规范进行承载力计算，使桩的总反力满足承载要求（含安全系数）。

5）根据桩顶反力和桩的沉降，重新修改平面布桩方案和空间变刚度群桩，反复几次，使各桩桩顶沉降差控制在一定范围内（等沉降），并使桩基总沉降控制在允许范围内。

在第一轮设计时，可以选用一些经验的、简化的、可靠方法进行计算分析，确定平面布桩方案和空间变刚度群桩方案后，再选择计算机软件做分析。

5. 基于差异沉降控制的储罐桩筏基础设计实例[25]

（1）桩筏基础差异沉降分析

针对大型储罐地基独特的工程特性和复杂的地质条件，如何合理的进行大型储罐地基处理，已经引起了岩土工程界的高度重视。桩筏基础是建构筑物常用的基础形式，在大型储罐地基处理中也得到了大量的应用。在桩基础中因为群桩效应，即由于群桩中各桩所引起的土中应力的重叠，使得内部桩桩尖平面处土中的附加应力大于角桩或边桩桩尖平面处的土的附加应力。桩尖平面处土中应力的这种分布，使得在均匀荷载的柔性基础板下，内部桩的沉降将大于边桩或角桩的沉降，整个建筑物基础的沉降呈下凹的碟形分布。

针对桩筏基础沉降下凹的碟形分布特性，运用结构力学的知识可以这样进行分析：地基局部沉降较小（基础角部和边部），可以认为是该处的支承刚度过大导致的；地基局部反力过大，由超静定结构的承载性能分析，也是由于该处的刚度过大造成的。因此可以认为，基础下部边角部分的支承刚度过大，是造成差异沉降的主要原因。解决这一问题的方法就是人为调整基础的刚度分布特征。有的文献中提出了通过调整桩筏支承刚度的分布来控制桩筏基础的差异沉降，有如图 6-169 所示的 6 种基本情况。本例是从这个角度来分析采用人为调整单桩支承刚度来控制桩筏基础的差异沉降。

JGJ 94—2008《建筑桩基技术规范》（修订），对变刚调平概念设计，作了规定，结合桩基共同作用分析进一步优化概念设计及较准确地计算变形和内力。

（2）工程概况

在印度尼西亚西部的寥内群岛，修建了一座棕榈油的炼油厂，同时配套修建了 7 个储油罐。每个储罐结构高 12.2 m，直径为 17.5 m，采用厚度为 8 mm 的钢板制成。在装满油的时候，该储罐基础的基底均布压力为 113 kPa；充满水的时候，其基底均布压力为 150 kPa。

（3）地质条件

该工程位于马六甲海峡西南入海口，场地地势平坦，为软弱的冲积土层，属于第四纪滨海相沉积软黏土。根据野外钻探、现场原位测试和土工试验综合成果分析，场地土层性质如表 6-131 所示。

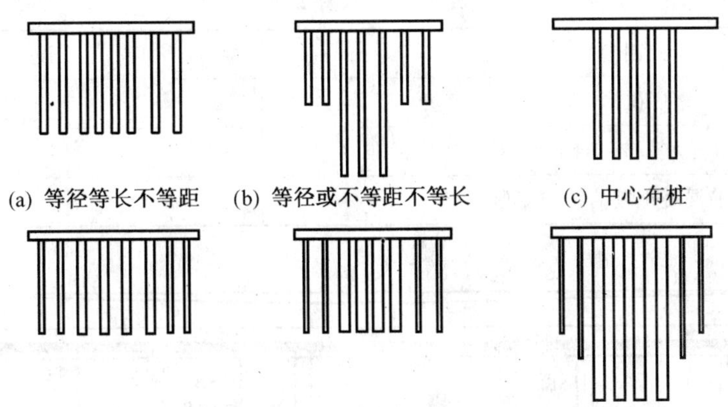

图 6-169　桩基支承刚度分布的人为调整方式

表 6-131　各土层参数

土层编号	土名	厚度/m	γ/kN/m³	C'	ϕ'/(°)
①	有机质土	1	10.0	0	26
②	软土	34	13.58+0.097 2Z	0	20
③	粉土	12	17.0	0	20
④	黏土	—	19.0	0	32

(4) 基础设计方案

1) 设计要求

在软弱地基上建造大型储罐基础的大量工程实例表明，直接影响大型储罐正常使用的主要因素是过大的基础不均匀沉降和倾斜。因此国内外在储罐设计和使用时，一般对地基变形提出了安全使用容许值。但是各个国家的标准存在一些差异。根据当地规范的要求，该罐结构的设计标准主要满足以下几个要求，如表 6-132 和图 6-170 所示。

2) 设计方案

由于该处地基土为深厚层软土，如果采用端承桩，桩长至少要 70 m 才能达到基岩，这样既不经济也不合理，于是考虑采用摩擦桩。但是如果采用常规的桩基，能满足承载力的要求，但不能有效地满足差异沉降的要求。考虑控制差异沉降对储罐结构的影响，必须尽可能地减小差异沉降，采用了本例前面所述的调整单桩支承刚度的设计方案，即筏板下采用了不等长的桩基础，中心处采用较长的桩，边角处采用较短的桩，从而削弱筏板边角处的刚度，达到减小差异沉降的目的。经过设计计算和现场充水试验后的反算，最终采用了下述变桩长筏基础。筏板厚度为 0.5 m，共采用了 137 根桩，直径为 350 mm，桩距为 1 500 mm，其中，24 m 长的桩 68 根，30 m 长的桩 48 根，36 m 长的桩 21 根。桩筏基础布置的剖面和平面如图 6-165、图 6-166 所示。

(5) 实测和数值模拟分析对比

为了监测储罐基础的变形情况，埋设了大量的测试仪器。挑选了其中 3 根工程桩 G6，G10 和 G12 用来测试单桩的荷载传递情况和在充水试验过程中群桩的工作性能。13 个应变计(SG1～ SG13)安装在 7 根工程桩的桩周，其中包括对上述 3 根工程桩安装的多级应变计，用来监测桩身的轴力分布情况。为了测量筏板的应力和变形情况，在筏板里安装了 5 对应变计(ST1～ST5 在筏板顶部；SB1～SB5 在筏板底部)。同时在筏板的中心轴线上筏板厚度中间埋设了一个水平测斜计，用来测量应力。在筏板的周围，装了 8 个沉降观测仪(SM1～SM8)；钢储罐周围装了 4 个沉降观测仪(B1～B4)。所有这些仪器的埋设详见图 6-170 和图 6-171 所示。

表 6-132　设计要求

控制参数	设计要求
罐底碟形沉降	1/75
初始圆锥型倾斜度为 1/39 时的罐底超限应力标准	1/152
钢筋混凝土筏的结构变形	1/150

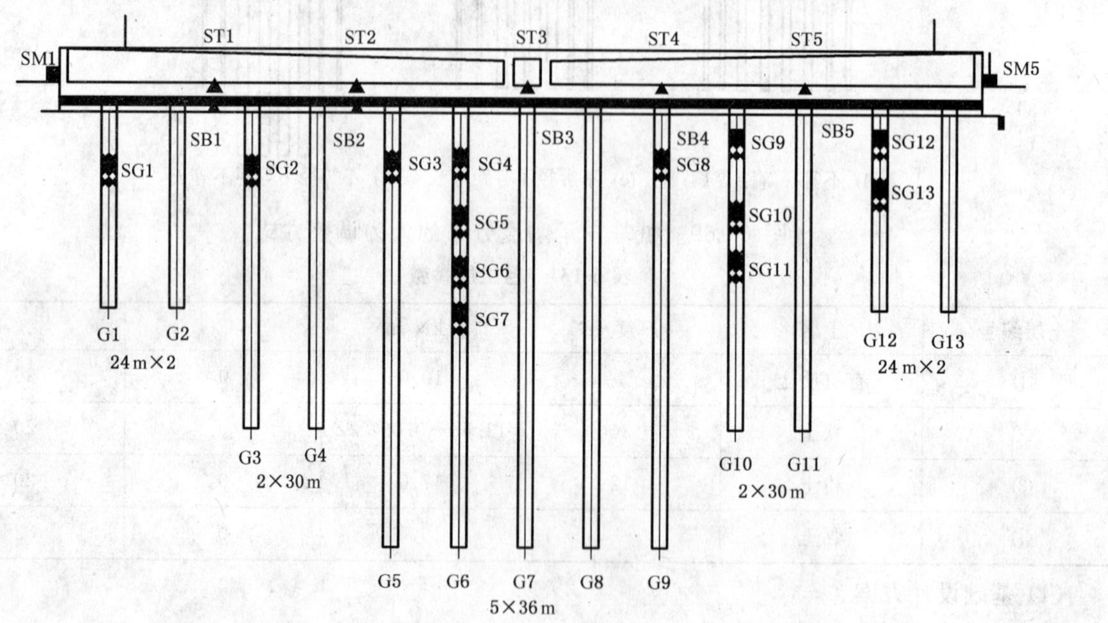

图 6-170　桩筏的剖面

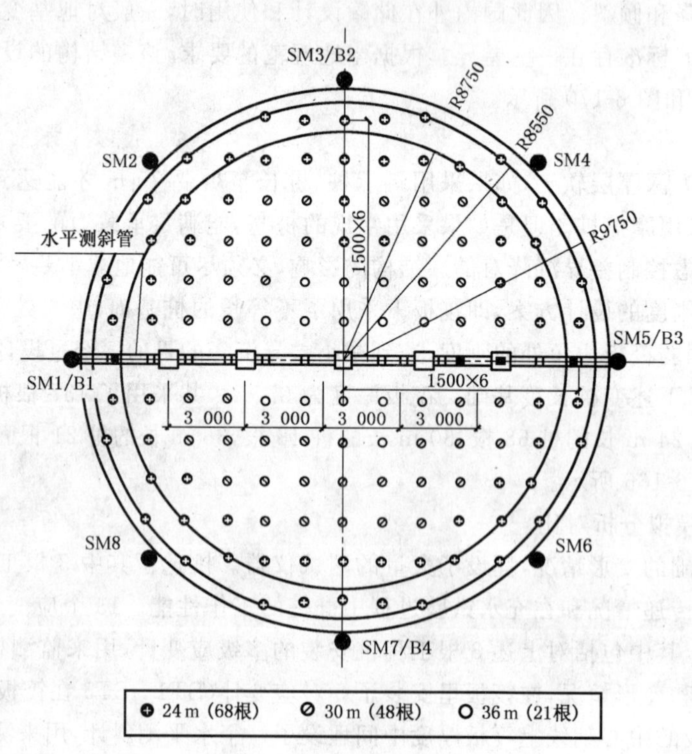

图 6-171　桩筏的平面

(6) 充水试验

在这种软弱的地基上建造储罐结构，为了满足上部储罐较大荷载对地基的要求，需要通过充水预压加快地基土排水固结的速度。在修建该工程的过程中，为了确认该基础的设计方案，也是为了检验该储罐结构的渗漏情况，对埋设有测量仪器的储罐进行了充水试验，最大的水荷载加到了 3 000 t。图 6-172 显示了在充水试验过程中，不同加载阶段筏板的挠曲的发展情况。从图中可以看出，随着充水荷载的增加，筏板不仅存在差异沉降，而且差异沉降有增大的趋势。

(7) 实测和数值模拟分析

为了评估该基础中桩土共同作用的情况，本例中采用了 Randolph 的有限元程序 PIGLET 用来模拟该桩筏基础。Randolph(1987)编制了弹性有限元程序 PIGLET 来分析桩土共同作用，但是该程序不能考虑桩基础中桩长变化的情况，于是该文作者分别采用了三种独立的群桩基础(桩长分别为 24 m，30 m和 36 m)，导出了每种桩长下群桩基础下单桩的竖向支承刚度，然后再反算该工程的情况，得出了一些计算结果。

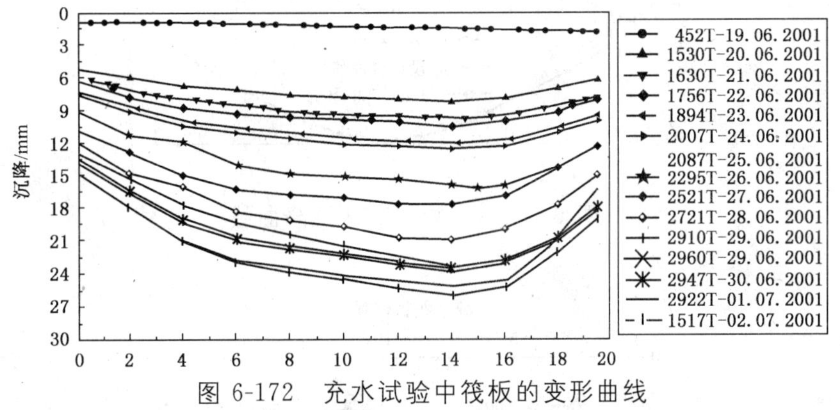

图 6-172　充水试验中筏板的变形曲线

储罐基础是一个典型的轴对称问题，本例采用轴对称的非线性有限元模型对该结构进行了数值模拟和分析，分别模拟计算了单桩和群桩的情况，并与实测结果和 Randoloh 的计算结果进行了对比。

1) 单桩 p-s 曲线

本例中给出了试验桩各桩长共 6 根桩的试桩资料，本选取了不同桩长的各 1 根，并对各单桩进行了有限元模拟，计算结果如图 6-173 所示。

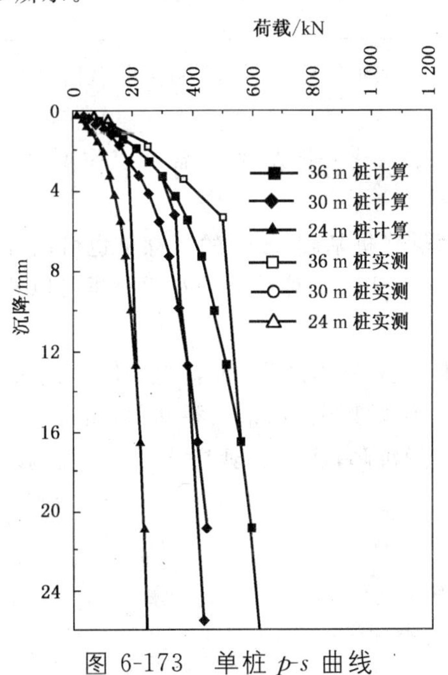

图 6-173　单桩 p-s 曲线

2）筏板的差异沉降

图 6-174 为充水试验中，水荷载为 2 500 t 时，也就是该储罐在设计工作荷载下的沉降曲线。从实测资料可以看出，筏板的最大差异沉降仅为 6.4 mm，差异沉降小于设计容许值，也远小于采用 Randolph 数值方法计算的结果。本例采用轴对称模型也对该桩筏基础进行了数值模拟分析，分别计算水荷载为 2 500 t 和 2 947 t 两种情况，如图 6-175 所示，计算结果和实测资料进行了对比，可发现二者较为吻合，并且优于 Randolph 的弹性计算结果，可见在桩土共同作用中引入地基土非线性的重要性。从实测资料还可看出该结构的差异沉降很小，完全满足使用要求。由此，采用变支承刚度桩筏基础是减小差异沉降的有效方法。

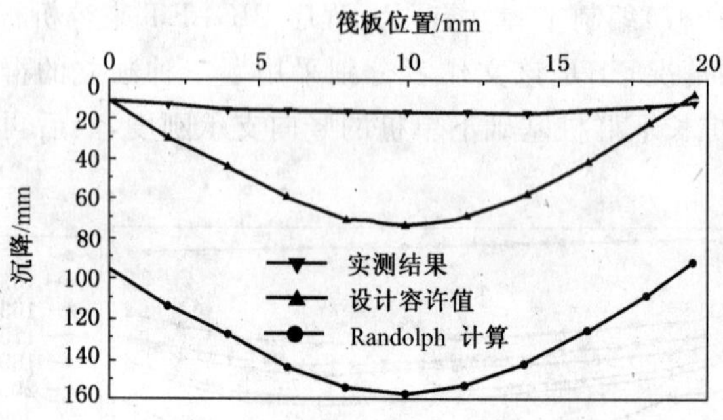

图 6-174 计算和实测沉降曲线

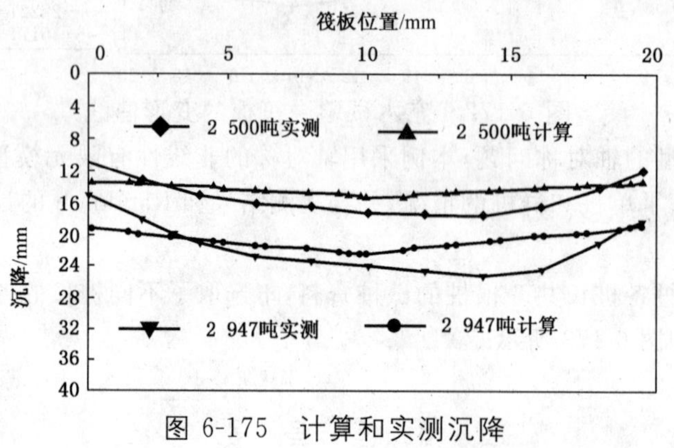

图 6-175 计算和实测沉降

（8）小结

该工程竣工后，通过实测结果的对比分析发现，该储罐工作正常。通过对该工程的实测结果和数值模拟分析，可以得出以下结论。

1）在软弱地基土上建造大型储罐桩基础，较短的摩擦桩也可以有效的支承上部结构的荷载。

2）通过本文的模拟结果和 Randolph 计算结果的对比分析可以看出在桩土共同作用中引入地基土非线性的重要性。

3）采用不同桩长的单桩变刚度法，具体来说，也就是中间采用长桩，边角上采用较短的桩，可以有效的减少差异沉降；同时还能节省不少费用。所谓一举两得，值得进一步的研究和推广应用。如果进一步的调整桩长，甚至可以产生零差异沉降，从而实现差异沉降的控制。

第七章

储罐基础的纠偏调正

在石油库、配气站和炼油化工厂中建有数量众多的各类储罐，往往因限定建于一定范围内，故其地基的选择余地较小，非理想地基，开山建罐、填海造地、沟谷暗浜、软弱土层等并非罕见。另外储罐的大型化以后，储罐基础所占的面积很大，许多储罐基础的直径在 50～100 m 以上，在这样大的面积上，要找到完全均匀的工程地质，往往比较困难。因此，现有的工程实践中除了使用效果良好的储罐地基之外，由于储罐场地选择不妥，罐址地基情况复杂，土层的不均匀，基础结构形式选择不当，以及充水加荷速度太快或发生其他不可抗力等原因，使储罐基础发生不均匀沉降，而造成罐体与基础的倾斜较大，影响储罐的正常使用，浮顶盖变形、卡住、罐体扭曲等事故也时有所见。详细事例已在本书第二章作了叙述。目前国内外有关储罐基础倾斜校正常用的几种方法有预压法、排水法、挖沟法、顶升调正法、压力注浆纠偏法及其他纠偏调正法等多种，通过基础倾斜的校正与修复，使储罐基础倾斜符合正常使用的要求。

在软土地基上建造大型储罐，即使在设计中采用了一些地基处理的方法，但都有可能在储罐充水加荷过程中出现基础的差异沉降，使储罐产生不同程度的倾斜，严重的可直接影响储罐的正常使用。由此可见，处理大型储罐基础不均匀沉降这类问题，是急待研究的课题。当前在实际工程中已经采用了不少行之有效的基础倾斜调正的方法，现将这些方法的施工要点介绍如下。

一、预压纠偏法

预压纠偏法是采用钢锭或其他混凝土预制块作压重，在基础周边进行堆载预压，使基础倾斜得到局部的调正，这个方法的优点是设备简单，预压纠偏有一定的效果。如意大利世界著名景点比萨斜塔，建于 1174 年～1350 年，共分 8 层，总高 54.5 m，总重 142 00 kN。该塔建至第 3 层时开始倾斜，建成时，塔顶中心已偏离垂直中心线 2.1 m，此后，平均每年继续偏离 1 mm。1990 年 1 月 7 日起，比萨斜塔首次关闭，不对游人开放，在塔身倾斜的反面，即北面，安放 64 块共 6 000 kN 钢锭进行预压纠偏，从 1992 年 7 月开始到 1993 年 3 月，预压纠偏 8 个月，已收到一定效果，塔顶偏离矫正 9 mm。说明国外也采用预压纠偏的方法。

又如国内上海煤气公司在水电路建成的 4 台 54 000 m^3 储气柜，从 1958 年至 1964 年进行建设施工，由于上海地基属高压缩性淤泥质土层，在这类土层上要建造大型储气柜，势必要产生较大的沉降和倾斜，关键是如何控制或调正基础的不均匀沉降不超过储气柜上升或下降的生产使用要求。因而对基础的不均匀沉降要求较严，规定基础边缘两点的沉降差不得超过 75 mm，而实际上 4 台储气柜，均超过了上述要求，结果分别采用了三种不同的纠偏调正法进行了不均匀沉降的调正，其中二号储气柜是先采用预压纠偏法进行的，现介绍如下。

1. 储气柜与基础构造

二号储气柜底部直径 $D=44.01$ m，共有 5 级钟罩(见图 7-1)，气柜基础采用钢筋混凝土箱型环墙(见图 7-2)。

2. 地质构造

根据现场勘察的工程地质报告，气柜勘察范围内地层大致可分为 8 层，其土层的物理力学性质见表 7-1。

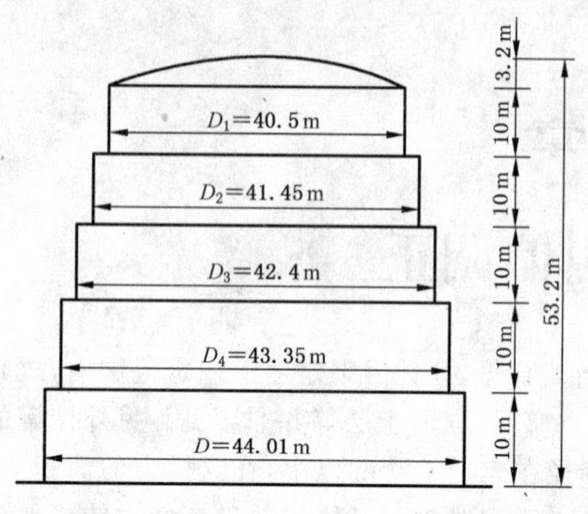

图 7-1　二号气柜外形尺寸图

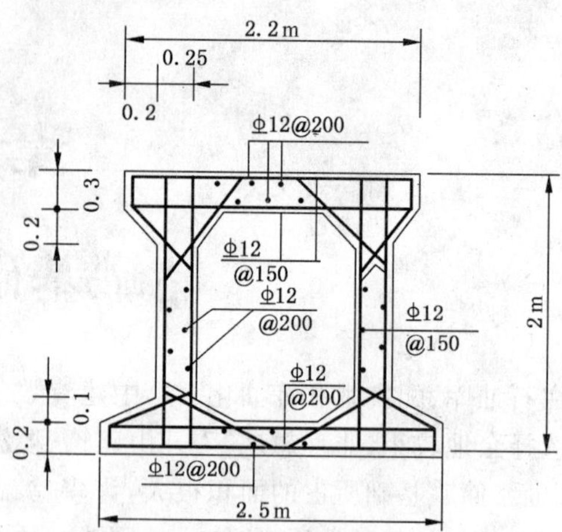

图 7-2　二号气柜箱型环墙

表 7-1　土层物理力学性能表

序号	土层名称	土层厚度/m	含水量 w/%	孔隙比 e	土的天然重度 γ/(kN/m³)	干重度 γ_0/(kN/m³)	塑性指数 I_p	压缩系数 α_v/MPa⁻¹	抗剪强度 Φ/(°)	抗剪强度 C/kPa	地基承载力/kPa
1	填土	2.9～3.9	30.2	0.91	18.6	14.3	11.1				
2	褐黄色亚黏土	2.4～3.5	29.4	0.90	18.8	14.3	11.8		18	0.6	120
3	褐黄色黏土	1.51～2.94	33.4	0.94	18.9	14.2	18.3	0.5	16	0.8	110
4	灰黄色亚黏土	0.4～1.9	35	1.01	18.4	13.6	11.9	0.44	18	0.3	100
5	灰色亚黏土	0.9～－3.4	38.4	1.07	18.2	13.1	8.7	0.41	18	0.2	90
6	灰色黏土夹砂	－2.2～－8.2	51.0	1.43	17.0	11.3	17.6	1.18	8	0.7	70
7	灰色黏土	－7.6～－15.3	52.0	1.52	16.8	11.0	21.2	1.27	7	0.8	70
8	灰色亚黏土	－15.3 以下	34.0	1.05	17.8	13.3	12.3	0.53	18	0.3	100

3. 气柜沉降观测

二号气柜基础于 1958 年 4 月 15 日开工至 1959 年 2 月 6 日完工，气柜安装从 1959 年 3 月至 8 月完工，当时没有采用充水预压地基，即进行投产使用。在水槽内进水高度达到 10 m 时，实测基础沉降见表 7-2。

表 7-2　二号气柜基础实测沉降表

mm

日　期	进水高度/m	测点编号 1	2	3	4	5	6	7	8
1959 年 8 月 26 日	2	6	3	4	5	5	4	6	6
1959 年 8 月 29 日	4.1	16	14	15	17	17	17	17	18
1959 年 9 月 5 日	6.0	55	60	68	91	83	70	66	61
1959 年 9 月 9 日	8.0	90	101	109	141	129	109	106	95
1959 年 9 月 14 日	10.0	160	176	188	229	216	187	182	169
1959 年 9 月 24 日	10.0	224	246	262	307	292	258	254	234
1959 年 10 月 24 日	10.0	299	319	344	410	389	343	339	318
1959 年 12 月 28 日		406	416	447	523	501	442	433	403

续表 7-2

mm

日　期	进水高度/m	测　点　编　号							
		1	2	3	4	5	6	7	8
1960 年 6 月 1 日		422	427	458	536	515	455	445	435
1960 年 7 月 6 日		595	603	624	670	662	606	622	609
1962 年 11 月 23 日	第一次预压结束	0	32	86	188	157	70	38	27
1963 年 7 月 4 日	第二次预压结束	0	47	154	153	46	7	10	29
注：表中最后两次测量数据为重新定基准点的相对值。									

从表 7-2 实测沉降可见，测点 1 和测点 4 的沉降差到 1960 年 6 月 1 日已达 114 mm(开始加压前)，沉降并在继续发展，为此，决定采用预压纠偏法进行加载。第一批先加钢锭 9 650 kN，加压范围在测点 1～2 之间，分三堆加钢锭，每堆 2 500～3 500 kN 左右，堆载高度达 2 m 左右；第二批预压又加钢锭 6 660 kN，预压堆载总重达 16 310 kN，历时 6 个月，取得纠偏效果，沉降差从 114 mm 减少到 75 mm，在气柜基础边预压钢锭，以后当搬走钢锭沉降又有回升。根据 1965 年 1 月 23 日实测沉降差达 225 mm，但气柜仍在照常进行，二号气柜基础总沉降已达到 1 434 mm，因此于 1965 年 4 月 19 日，对二号气柜又进行了顶升调正纠偏(详见本章第四节)。

4. 小结

(1) 二号气柜基础采用钢筋混凝土箱型环墙基础，刚度大，受力比较均匀，虽基础产生较大的不均匀沉降，但箱型环墙基础没有出现不正常现象。

(2) 单边预压纠偏有一定的效果，但因不均匀沉降较大，预压纠偏对其纠偏值不能完全达到满意，而且搬走预压钢锭后，沉降又有回弹。

(3) 在上海这类高压缩性的软土地基上建储罐，开始对地基的充水预压工作一定不能放松，否则容易造成"先天不足"，对后来的预压纠偏工作也会带来一定的困难。

(4) 预压纠偏是国内外在处理地基不均匀沉降中，经常采用的一种方法，对不均匀沉降不大的情况，有一定的效果，而对较大的不均匀沉降，效果就有一定限制。

二、排水纠偏法

1. 纠偏原理

地基变形特征包括基础沉降量、沉降差、倾斜、局部倾斜等内容，其中最基本的是基础沉降量，它可以由瞬时沉降、固结沉降、次固结沉降等三部分组成。在储罐基底压力作用下，地基中即产生剪切变形而造成瞬时沉降；固结沉降则是由于产生附加压力，使土粒骨架中孔隙水逐渐排出，土体压密而产生的沉降；而次固结沉降，则是由于地基中的土粒骨架在恒定的荷载持续作用下发生蠕变而形成的。目前的沉降计算，主要考虑的是固结沉降这一部分，对于瞬时沉降与次固结沉降常常是忽略不计的。在饱和软黏土中采用排水纠偏法，就是降低地下水的浮力，增加土的自重应力，使其产生瞬时沉降与次固结沉降，达到纠偏的目的。因此，排水纠偏法是在储罐基础沉降少的一侧，开挖排水沟，用泵定时抽水，使这部分基础下的地基加速压缩固结，加速沉降，从而使基础各部位的沉降统一平衡，达到基础纠偏的目的。

2. 排水纠偏实施方法

排水纠偏法实施前，详细了解储罐的沉降观测资料和土的性质，根据实测数据，决定在基础沉降少的一侧挖沟排水(见图 7-3) 也可采用钻孔设井点抽水。排水沟宽度为 0.8～1.0 m 左右，沟深超过储罐环墙基础底面 20～30 cm 为好，并在沉降最少部位设置集水井，用泵定时抽水，每天坚持观测基础沉降两次，直到基础不均匀沉降基本消除为止。如采用井点抽水，可先根据土的性质和土的渗透系数计算出降水量和降水梯度，然后确定井点的间距，一般井点的间距为 3～5 m 左右，井点的数量，根据沉降观测数据决定，一般也不得少于3个井点，做到连续抽水，定时观测(见图7-4)。但值得注意的是在排水纠偏时，储罐内必须保持有一定的水位，水位的高低同纠偏大小有关，但最少不得少于储罐内总存水量的60%～70%。

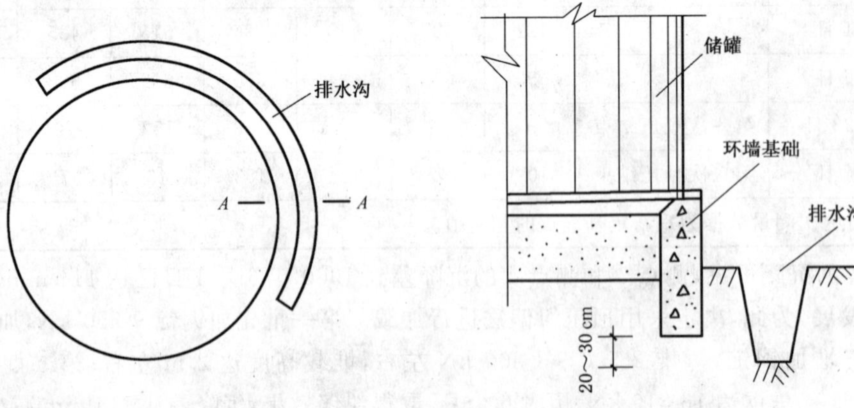

图7-3　排水纠偏法示意图

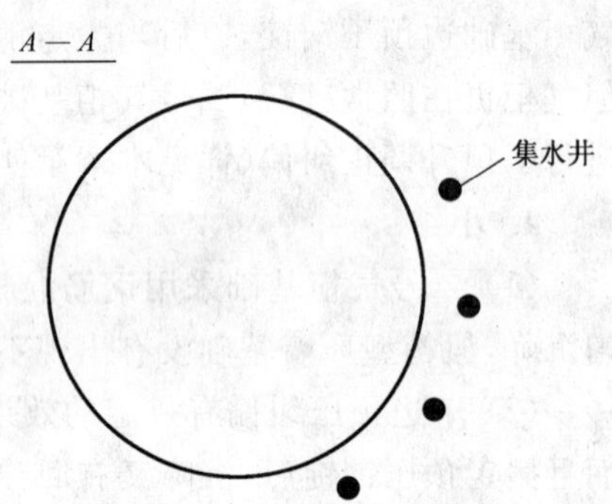

图7-4　储罐基础井点抽水平面布置图

3. 工程实例

湖北省某油田位于江汉平原的沼泽区和填土地带，地基均为软土层，地基的承载力低。1991年油田油建公司承建的两台5 000 m^3金属储罐，直径为23.6 m，罐高12 m，基础为钢筋混凝土环墙，环墙基础中间从上到下为沥青砂绝缘层、砂垫层、灰土层及素土夯实。储罐在充水预压时，基础出现不均匀沉降，一台储罐基础的不均匀沉降为49 mm，另一台储罐基础的沉降差为45 mm，超过了中国石油化工总公司安装标准的规定：沿罐壁圆周方向任意10 m周长的沉降差不应大于25 mm。为此对这两台基础采用排水预压的方法进行纠偏(简称排水纠偏法)。具体方法是在罐基础沉降少的一侧开挖排水沟，沟宽约1 m，沟深超过储罐环墙基底20 cm，并设置集水坑，用泵定时抽水，历时20天，纠偏获得成效，2台储罐基础的沉降差分别从49 mm、45 mm均降到25 mm以下。目前排水纠偏法已在储罐基础砂垫层中采用，但这种纠偏法同预压纠偏法相同，对少量的沉降差纠偏有效，对较大的沉降差纠偏不能完全达到目的。

4. 排水纠偏引起地基土沉降的分析

(1) 由于抽水和井点的作用，使原地下水位降低和地基土层中的水分被吸走，从而使黏性土内孔隙水压力转移消散，则有效应力相应增大，于是土体发生固结，排水纠偏使土沉降，实质是土体固结现象。土的固结分为主、次两个固结过程，主固结为渗透固结，是随着孔隙水从土中流出而发生的压缩过程，一般认为孔隙水压力消散完毕，渗透固结过程随之结束。孔隙水排出的快慢，取决于孔隙通道的微细程度，对于饱和黏性土，需要较长时间才能完成。次固结即为蠕变，是黏滞性的土骨架在应力下出现的蠕变变形。渗透固结与蠕变这两种变形在排水过程是同时发生的，在孔隙水压力消散过程中，土骨架在不断改变的有效应力作用下会发生蠕变，当孔隙水压力消散完毕后，在有效应力不变的情况下，蠕变仍在继续进行，应该说在排水纠偏范围内的土层的渗透固结已初步完成，但蠕变随着时间的延续而继续发展，直至停止排水拔除井点，回填好排水沟为止。

(2) 排水纠偏的另一个因素是井点抽水的真空作用。用泵定时抽水或井点管理入土中一定深度抽水，为真空-重力排水法，抽不时形成不同程度的真空度，即负压区，井点为多井抽水，则构成一个低于大气区的地带，使土体颗粒向负压区转移，土被压缩变形。目前国内外利用真空预压加固地基土就是这个原理。

(3) 地下水在动水压力作用下,同样能使土体产生变形,用泵抽水或井点降水,使排水沟外侧形成降水漏斗曲线。产生水头差,土体在动水压力影响下,土颗粒产生移动,改变原来的土体结构。

总之,上述三条的初步分析,是排水纠偏法获得成效的主要原因。

三、挖沟纠偏法

早在20世纪50年代上海已采用过挖沟纠偏法调正气柜的施工,该法是利用储罐的环墙基础刚度较好的特点,根据土力学原理,在储罐基础沉降小的一侧,沿环形基础外侧圆周挖一定深度和宽度的半圆形沟,使基底土体造成土的侧向挤出,使沉降小的基础部位加大沉降,达到纠偏的目的。

1. 工程实例

(1) 气柜设计概况。上海水电路,一号气柜,容积为54 000 m^3,气柜底部直径为44.5 m,总高度为52.0 m(同本章第一节二号气柜的工程实例),建于1957年7月到1958年9月完成整个气柜的施工。气柜安装在一个倒T型圆环基础上,基础高1.2 m,T型翼缘宽为1 m,肋板墙厚为40 cm(见图7-5)。气柜底板下采用一块现浇的钢筋混凝土的薄板,中间厚55 cm,边缘厚15 cm,薄板下填碎石和大块石再筑碎石三合土。

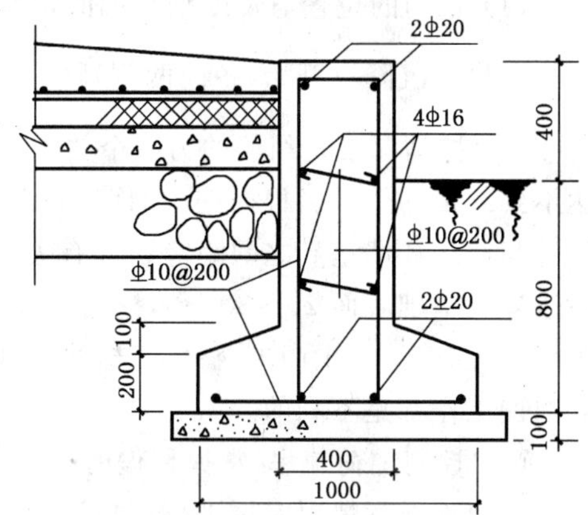

图7-5 二号气柜基础图

(2) 气柜基础沉降观测情况。气柜于1958年2月14日完工之后,即向气柜水槽内进水预压地基,开始时进水速度较快,在水深5 m以内,每天进水1 m,5~8 m高度,每天进水0.5 m,8 m以上每天进水20~30 cm,直到10 m高水槽水满为止,测量控制每24 h任何一点沉降差保持在1~2 mm之内,如沉降差超过此数,即停止向气柜水槽内进水,待沉降差稳定在1 mm左右时,继续进水。详细实测沉降见表7-3。

表7-3 一号气柜基础实测沉降表

mm

日期	加荷情况	测点编号							
		1	2	3	4	5	6	7	8
1958年4月8日	水槽10 m高加水完	217	240	252	259	236	252	259	248
1958年4月11日	水槽放水完	200	224	236	240	223	234	245	230
1959年3月2日	气柜投产	224	260	259	257	233	240	251	258
1959年5月25日	气柜投产	520	585	625	614	540	590	606	275
1959年6月15日	气柜投产	532	601	639	624	562	598	625	587
1959年7月29日	气柜投产	550	621	650	643	577	614	645	610
1961年3月12日	气柜投产	1 040	1 130	1 180	1 145	1 065	1 100	1 140	1 090
1961年3月29日~6月7日	第一次挖沟纠偏	29	19.5	16.5	21	29	17.5	15	22
1963年6月20日	第四次挖沟纠偏结束	0	57	89	56	17	9	29	21
注:表中最后二次测量数据,为重新定基准点的相对值。									

从表7-3中可见,气柜水槽内无水预压地基,基础平均沉降达245 mm,放水后平均回弹16.4 mm,沉降较少的是测点1和测点5,它受进出口管线的影响,因管线井很大,所占面积为3.3×3.9 m^2,伸出

气柜圆环基础达 3.3 m，井壁高超过圆环基础的高度，因此妨碍这二点的基础下沉。气柜投产 2 年时间实测基础的平均沉降达 1 111 mm，最大不均匀沉降达 140 mm 左右，而且影响到气柜导轮的正常运转，为此于 1961 年 3 月 29 日至 6 月 7 日对气柜基础进行第一阶段的挖沟纠偏工作，共进行四次挖沟纠偏工作，总共纠正了不均匀沉降 42 mm，此时的不均匀沉降还有 98 mm，这时，一号气柜的总平均沉降已达 1 583 mm，挖沟纠偏取得了一定成效，然后将沟进行回填。

总之，挖沟纠偏有一定效果，以后在浙江炼油厂 24 台大小储罐中，也进行过挖沟纠偏工作，同样也取得成功经验。

2. 挖沟纠偏工作的几点要求

(1) 挖沟的位置与长度是纠偏的重要条件，如果挖沟的长度不够，对纠偏工作起不到一定的作用，一般以最小沉降点开始，各向两侧延伸，挖沟总长$\frac{1}{3}$～$\frac{1}{2}$圆周长才能起一定的作用。

(2) 挖沟深度是纠偏的另一个关键，挖得太深，将使储罐地基产生剪切破坏乃至滑动，挖得太浅，就达不到纠偏的效果。根据挖沟纠偏的实地经验，挖沟深度与土质情况、荷载大小、荷载作用的时间长短、沟边与储罐环墙基础之间距等因素有关，一般沟边与环墙基础的距离为 50～100 cm 为宜，沟深一般不超过环墙基础底面 20～30 cm，挖沟宽度一般为 50～100 cm；挖沟与载荷时间的关系，主要同土的压密固结有关，若地基土尚未充分固结，沟宜浅挖，若地基土已经压密固结，则沟可深挖，过早挖沟，操之过急对纠偏工作都是不利的。

(3) 控制加荷速率，掌握纠偏时机。储罐基础的挖沟纠偏工作，一定要到储罐充水预压后，地基沉降没有出现异常情况时再进行。挖沟纠偏过程中，在储罐内一定要保持有适当的荷载。否则纠偏效果不佳，一般保持的荷载为充水预压总荷载的 60%～70%，如果保持的荷载太大，易使地基产生局部塌陷，这一点在挖沟纠偏中一定要特别注意。

(4) 挖沟纠偏法对中小型储罐和基础的不均匀沉降不大的情况有明显效果，但对大型储罐基础和较大的不均匀沉降，此纠偏法效果就不明显，应该选用其他方法，来进行基础的纠偏工作。

四、顶升调正纠偏法

顶升调正纠偏法，在 20 世纪 60 年代初已有成功的经验，它用数拾台千斤顶，将储罐整体逐步顶起，顶起高度根据基础偏沉情况而定，一般多沉多顶，少沉少顶，然后用压缩空气将砂吹入储罐基础底面。当偏沉较大时，也可分多次顶升调正，直至垫平储罐底板，调正好基础的不均匀沉降为止，此法设备简单、施工周期短、调正纠偏的幅度大，也比较经济，可以推广应用。

1. 顶升调正纠偏法的施工程序

(1) 顶升前的准备工作。首先将实测的储罐基础不均匀沉降值标记在罐壁上。顶升所需的油压千斤顶数量，由储罐自重决定，即：

$$\sum N_T \geqslant 1.2\ N_0 \tag{7-1}$$

式中：N_T——每台油压千斤顶额定起重能力并乘以 0.8；

N_0——储罐本身(包括附属设备)的总重。

千斤顶要沿储罐壁周围均匀布置。为了便了顶升罐体，在罐外壁千斤顶顶升位置，需焊上牛腿或钢板加强，随油罐、气柜等各类储罐的结构形式不同，顶升部位的加固方法也不同，具体见图 7-6 和图 7-7 所示。

要顶升调平储罐底面的标高，需准备大量的钢板作垫铁，尺寸为 15×20 cm^2，厚度为 6～14 mm；

准备用来填入罐底的黄砂，要求选用干燥的中粗砂，数量根据实际工程量计算；

移动式空气压缩机 1～2 台，型号为 VY—9/7 型，排气量 9.2 m^3/min，排气压力 0.7 MPa。

准备工作的重点是检查千斤顶顶升部位的加固质量。

(2) 顶升校正工作。由 1～2 人任现场指挥，负责整个储罐的顶升调正纠偏工作，2～3 人作联络工作，顶升纠偏时分 4～5 个小组，每组 5～6 人负责 4～5 个千斤顶的顶升纠偏工作。

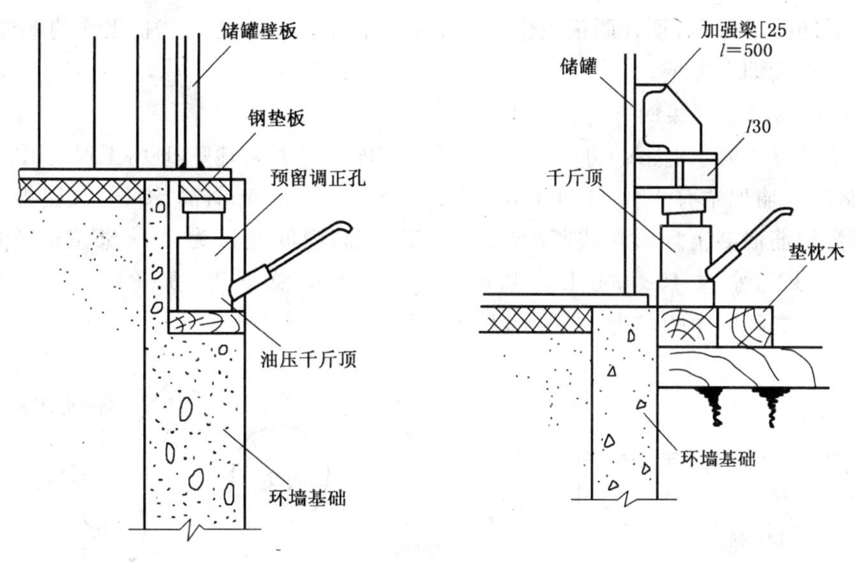

图 7-6 油罐顶升部位的加固

顶升调正纠偏工作一般分 2～3 次进行，如果基础的不均匀沉降较大，也可分多次进行。这主要是为了对储罐底板下能够分层喷入黄砂，这样便于达到密实的要求。

第一次顶升，纠偏主要是给千斤顶全部加上负荷，第二次才正式开始顶升调平。每台千斤顶的每次顶升量，分别根据预先测得的基础各点的沉降量分多次顶升纠偏。顶升调平后，即沿罐体四周（在千斤顶的左右两侧部位），将垫钢板垫平卡紧，必要时可点焊牢固，以防用压缩空气喷填砂时，吹动垫板。空压机工作压力一般≥0.5 MPa，其对黄砂吹填密实的作用半径约 3～5 m。储罐顶升调正纠偏时的设备布置见图 7-8。

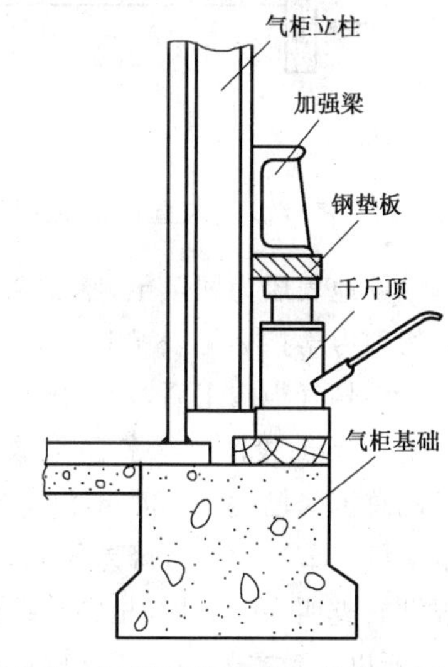

图 7-7 气柜顶升部位立柱的加固

对于大直径的储罐，由于顶升纠偏时底板的弯曲变形，会影响底板下面的喷砂填实，因此，在顶升纠偏前先沿罐体四周，均匀布置斜拉式角钢（见图 7-9），进行点焊加固，然后再顶升纠偏调止，待整

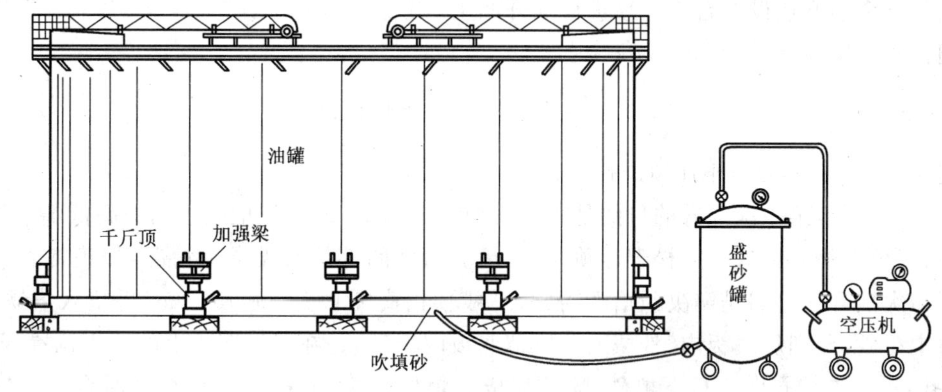

图 7-8 储罐顶升调正纠偏的设备布置示意图

个顶升调正纠偏工作完毕后即可拆去斜拉角铁。当储罐直径很大时，还可在底板上开出直径25～30 cm的孔洞，以吹填砂用，待空压机将砂吹填密实后，再焊好底板，并用真空泵试漏检查焊缝质量，经试漏合格后，最后卸除千斤顶，顶升调正工作宣告结束。整个顶升调正的准备工作约3～5天，正式调平工作一般也是3～5天即可完成。

2. 顶升调正纠偏的工程实例

顶升调正法曾用于上海水电路54 000 m^3 4台储气柜的软弱不均匀地基，现将工程应用实例介绍如下：

上海水电路煤气输配站有4台54 000 m^3的储气柜，直径44.5 m，高52 m，底层为10 m高的钢制水槽，基础四周为钢筋混凝土环形箱式基础或倒T型基础，中间底板为15～55 cm厚的钢筋混凝土。储气柜自重8 000 kN，水重152 000 kN，基础重6 240 kN，总重达166 240 kN，基底平均压力为107 kPa。气柜相邻之间的净距均为44.5 m，见图7-10。

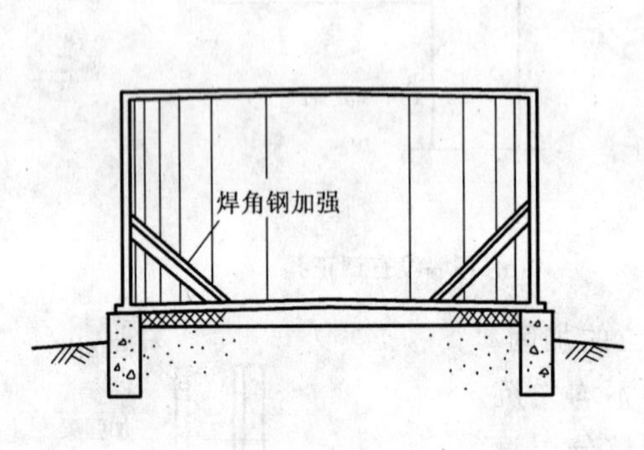

图7-9 大直径储罐焊斜拉角钢

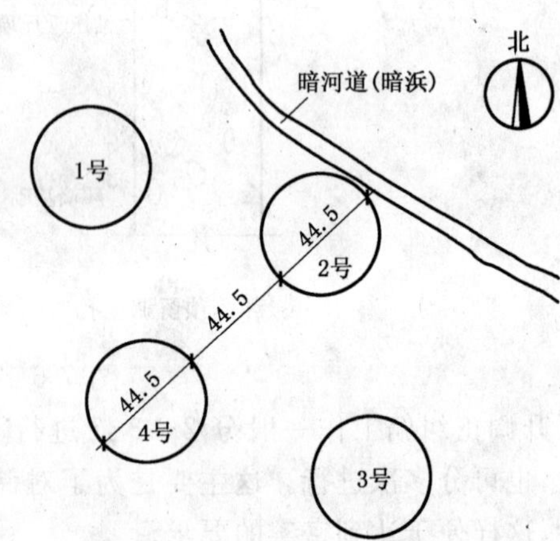

图7-10 储气柜平面布置图

场地表层为回填土，厚度2.9～3.9 m；其余各层均属中、高压缩性土，土层分布比较均匀。各层土的物理力学指标见表7-1。

二号气柜竣工后，对水槽充水预压地基，实测基础平均沉降44.6 cm，基础最大沉降52.3 cm，基础倾斜12 cm；投产2年多后，实测基础平均沉降92.6 cm，基础最大沉降107 cm，基础倾斜18.8 cm；以后基础总沉降已达1.434 m，沉降差较大，不均匀沉降达20.2 cm，并在1960年初进行过预压纠偏之后（见本章第一节），由于沉降差较大，已影响气柜正常使用，所以决定对二号气柜进行顶升调正纠偏。根据工程勘察查明，在二号气柜的东北侧，原先有一条暗河道存在（见图7-10），使地基抵抗变形的能力大大降低，所以导致二号储气柜基础向东北侧倾斜较多。

顶升调正纠偏时，考虑到当时二号气柜下部水槽内尚有1 m多高的水，确定用24个顶升点进行顶升调正纠偏。每个顶升点设2台千斤顶进行顶升调正。

顶升调正时的实际重量为23 200 kN，按公式(7-1)计算得：

$$\frac{1.2\times 23\ 200}{48}\times 0.8=464\ \text{kN}$$

实际用48台50 t的油压千斤顶进行顶升。

顶升分二次进行，第一次顶升的目的是将储气柜调成水平，改变气柜底板四周高低不平的情况。顶升调平后，向底板下垫入垫铁再放松千斤顶，检查承受荷载的部位有无异常情况，如正常才可进行下一次顶升。第二次顶升的目的是解决预抬高问题，一般预抬高需顶升30～50 cm，再垫入垫铁，并用空气压缩机喷填中粗砂，分别从底板内、外填入。所谓底板内填砂，是在气柜底板上的适当位置开24个直径300 mm的孔，再由这些孔向底板下填砂，喷砂完毕后焊好底板，并用真空检查试漏合格。然后卸除千斤顶，使气柜底板同新填砂接触紧密，整个顶升调正工作就顺利完成。

二号气柜各点顶升高度见表7-4。从表中可见，二号气柜最大顶升高度为21.7 cm，最小顶升高度为 2 mm。顶升调正纠偏后，气柜运行至今已有 30 余年，运行一直正常。另外同时也对三号气柜、四号气柜进行过顶升调正纠偏，其记录见表 7-4 中。在 20 世纪 80 年代初上海金山石化总厂 124 号储罐也采用这种方法，进行基础纠偏的校正工作，都取得了成效，说明采用顶升调正纠偏法具有设备简单、施工方便、工期短、费用省、效果好等优点，可以在今后基础纠偏工作中应用。

表 7-4　54 000 m³ 气柜顶升调正纠偏记录

mm

名称	顶升内容	顶升调正点编号																							
		1	2	3	4	5	6	7	8	9	10	11	12	13	14	15	16	17	18	19	20	21	22	23	24
二号气柜	顶升调正高度/mm	3	15	17	16	18.5	35	50	61.5	81	110	152	167	211	217	201	169	134	80	62	41	21	9	2	0
三号气柜	未调正前	5	0	0	0	9	8	12	12	17	18	27	42	52	53	50	45	34	28	22	26	26	26	18	11
	第一次调正	3	锁紧	锁紧	锁紧	7	4	7	5	7	5	12	25	34	33	30	25	16	11	7	13	16	19	13	7
	第二次调正	2	不动	不动	不动	2	4	5	7	10	13	15	17	18	20	20	20	18	17	15	13	10	7	5	4
四号气柜	未调正前	23	21	26	28	19	3	0	3	19	37	54	62	68	67	67	67	51	51	54	49	44	36	26	18
	调正后	0	4	5	0	0	4	2	0	0	0	0	0	1	0	0	0	6	4	0	0	1	0	0	1

3. 小结

通过对大型储罐基础顶升调正纠偏的实践，说明不论是气柜、固定顶罐、还是浮顶罐、内浮顶罐，都可以采用。对这类储罐的基础设计，完全可以不采用人工加固地基的方案，即使这类大型储罐的基础发生了不均匀沉降和倾斜，影响了上部储罐的正常使用，也完全可以采用顶升调正纠偏法这一专门技术来处理。

但必须强调，在大型储罐试水阶段，也一定要严格控制储罐内的充水速度和地基的沉降速率，以达到储罐内分层充水，对地基进行预压加固的目的，使基础的沉降和不均匀沉降，都可以比不控制加荷速度时小得多。

如将预压加固法和顶升调正纠偏法结合起来在工程中应用，不仅可以节省大量的基础费用，还可以加速工程进度，值得今后在这类大型储罐基础的设计中广泛应用。

五、压力注浆纠偏法

本节以工程实例为背景，分析上海和广东二例油罐基础在经地基处理后的软土地基上发生基础倾斜，以及采用压力注浆方法对油罐基础进行纠偏加固处理，通过工程实践，取的了较好的技术效果，现分述介绍如下。

【工程实例 1】油罐基础经地基强夯处理后的纠倾加固

本例以某工程实例为背景，分析讨论了某油罐基础在经地基强夯处理后的软土地基上发生倾斜的原因，以及如何采用局部压密注浆的方法对此类油罐基础的倾斜进行加固纠倾。通过工程实践，取得了较好的技术经济效果。

1. 工程概况

在建的某油料仓储油库 G201 号油罐位于某港区，油罐满载后总重约 21 000 t，油罐自重约 400 t，直径 38 m。其基础采用高能级强夯置换法进行地基处理，处理范围直径为 50 m，能级 6 000 kN・m，要求地基处理深度不小于 12 m，加固后地基承载力不小于 300 kPa，变形模量不小于 20 MPa。按上述处理方案施工后，韶关地质工程勘察院对该区进行了质量检测，质量检测钻孔平面布置图如图 7-11 所示，从检测结果显示，该区域局部范围未达到上述处理要求，但没有再对地基进行处理。

当油罐试水高度达到 13 m 时，根据油罐沉降观测结果可知，最大沉降量已有 421 mm，最大不均匀沉降已有 424 mm，油罐加载、沉降与时间的关系图如图 7-12 所示；而且根据现场踏勘了解到，油罐下的环梁局部已有裂缝，距离油罐一定距离处四周土有隆起现象。

对该油罐下地基若不进行处理是否可行？若该油罐下地基不进行处理就影响正常使用，那么对该地基如何进行处理？地基处理完后，油罐是否还需要进行顶升纠倾，应如何进行纠倾？这些都是大家共同关心的主要问题。现受甲方和施工单位委托，对上述问题进行分析处理如下。

2. 地质概况

根据韶关地质工程勘察院对该区域进行的质量检测和地质钻探可知，岩上层类别从上至下分别为第四系人工堆积层、海陆交互沉积层和冲洪积层、残积层以及侏罗系基岩，现分述如下：

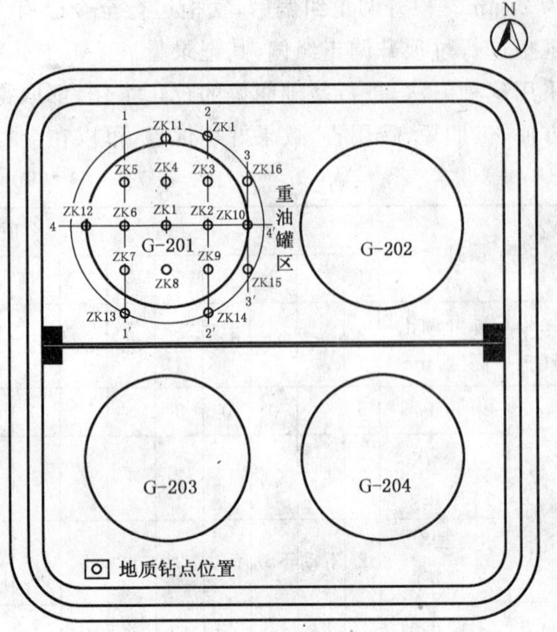

图 7-11　201 号油罐钻点和平面布置图

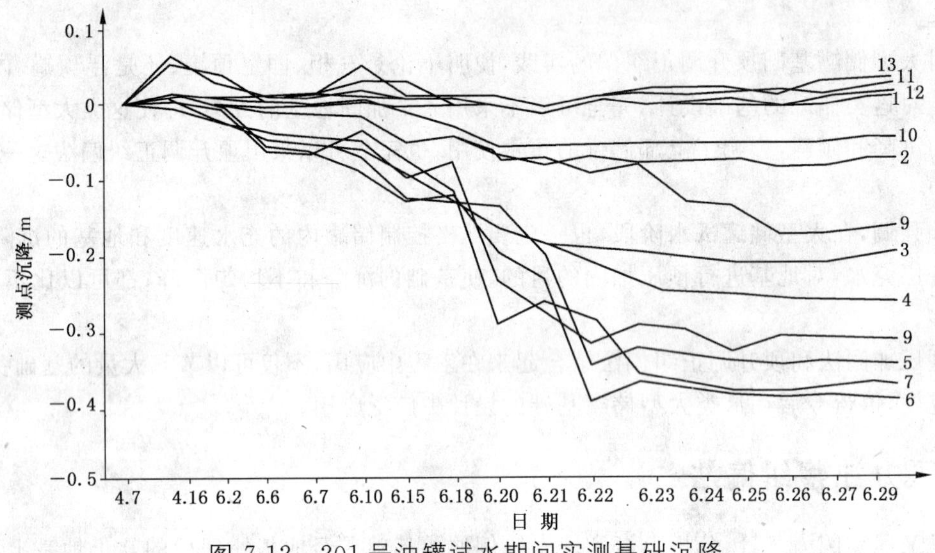

图 7-12　201 号油罐试水期间实测基础沉降

(1) 第四系人工堆积层

人工填石：为强夯地基土，灰色，灰黄色，稍湿，上部呈中-密实状，下部呈稍密状，碎石大小混杂。土层厚度 9.4～17.9 m。

(2) 第四系海陆交互沉积层

共分为淤泥中粗砂和淤泥两个亚层：

淤泥质中粗砂：灰色，湿，松散状，主要成分为石英砂。

淤泥：灰绿色，湿，软塑状，微臭，含少量贝壳小碎片。土层厚度 2～13.3 m。

(3) 冲洪积层

粉质黏土：顶部为灰色，底部为灰黄色，湿，可塑状，含少许的中细砂。厚度 1.6 m 左右。

(4) 残积层

残积粉质黏土：褐红色，紫红色，湿，硬塑状，原岩结构清晰可辨，为凝灰质砾岩风化残积而成。

(5) 侏罗系基岩

强风化凝灰质砂砾岩:紫红色,凝灰质胶结,岩芯呈半岩半土状,手可折断,裂隙稍发育,遇水易软化。

质量检测钻孔平面布置图见图 7-11 所示,典型的地质剖面图如图 7-13(a)、图 7-13(b)所示。

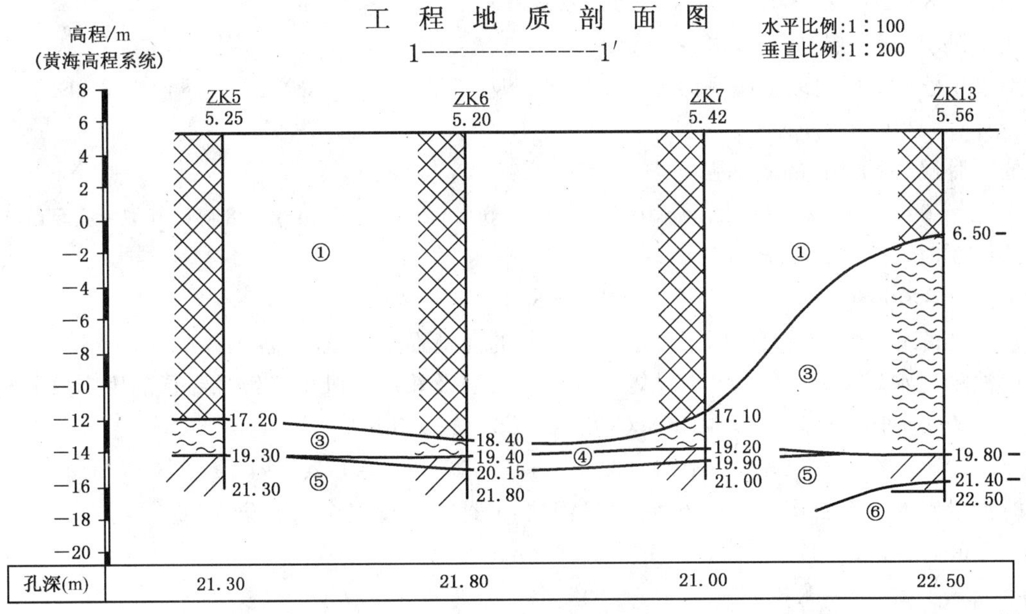

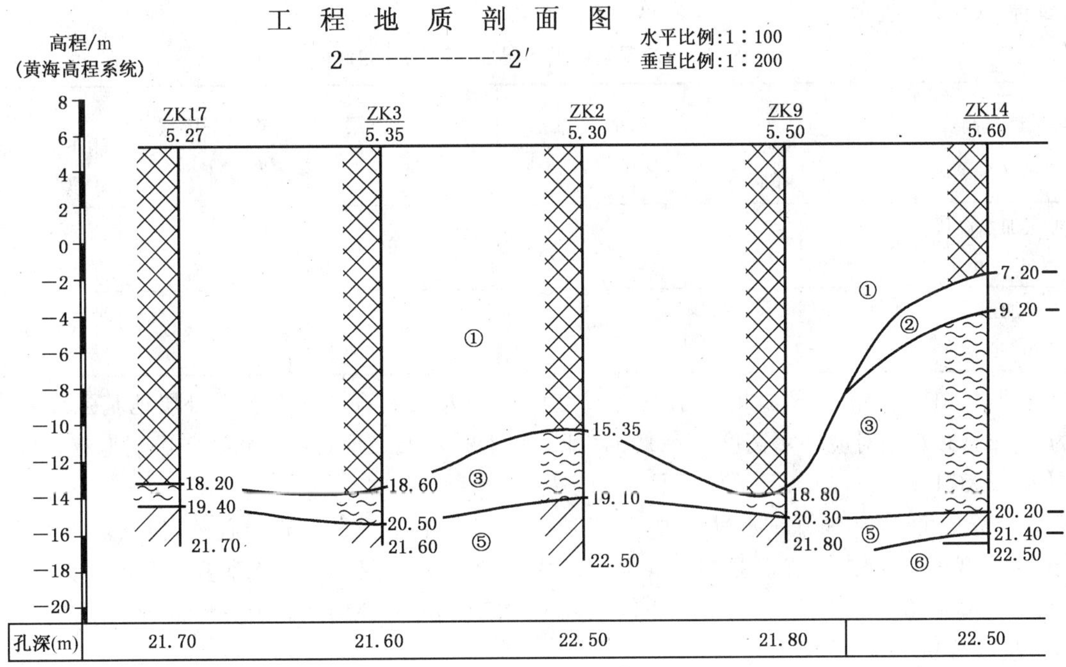

图 7-13 工程地质剖面图

3. 设计分析

根据工程勘察提供的《储运公司一期工程 G-201 号油罐强夯地基处理质量检测报告》,和广东省第八建筑公司提供的油罐基础沉降检查记录,进行计算与分析。

(1) 地基强度分析

参考《G-201 号油罐强夯地基处理质量检测报告》,在 G-201 号油罐区内取油罐底人工填石层 $\gamma=18\ \text{kN/m}^3$,$\phi=26°$,$c=50$ kPa。

油罐底人工填石层的地基强度 $P_{\lambda=1}=A_\lambda\gamma 2a+B_\lambda\gamma_0 h+D_\lambda c$

其中：$\gamma=8\ kN/m^3$，$2a=38\ m$，$h=0$，$c=50\ kPa$

当 $\phi=26°$时，$A_\lambda=4.07$，$B_\lambda=11.85$，$D_\lambda=22.25$

则 $P_{\lambda=1}=8\times4.07\times38+0+22.25\times50=2\ 350\ kPa$

软弱下卧层（淤泥层）的地基强度计算：

在 G-201 号油罐区内取油罐底淤泥层 $\gamma=16\ kN/m^3$，$\phi=10°$，$c=10\ kPa$。下面以 ZK13 孔对其地基强度进行计算，具体如下所示：

软弱下卧层（淤泥层）的地基强度 $P_{\lambda=1}=A_\lambda\gamma'2a+B_\lambda\gamma_0h+D_\lambda c$

其中：$\gamma'=6\ kN/m^3$，$2a=D+2h\tan20°=38+2\times6.5\tan20°=42.7\ m$，$\gamma_0=8\ kN/m^3$，$h=6.5\ m$，$c=10\ kPa$

当 $\phi=10°$时，$A_\lambda=0.36$，$B_\lambda=2.47$，$D_\lambda=8.35$

则 $P_{\lambda=1}=8\times0.36\times42.7+2.47+6\times6.5+8.35\times10=225.4\ kPa$

(2) 油罐底人工填石层及软弱下卧层（淤泥层）的地基强度校核

目前油罐充水高度为 13 m，此时油罐底人工填石层及软弱下卧层（淤泥层）顶的压应力分别为：

$P_1=(4\ 000+10\times3.14\times13\times19^2)/(3.14\times19^2)=133.5\ kPa$

$P_2=(4\ 000+10\times3.14\times13\times19^2)/(3.14\times19^2)+6\times6.5=172.5\ kPa$

此时油罐底人工填石层及软弱下卧层（淤泥层）的地基强度安全系数分别为：

$K_1=2\ 350/133.5=17.6$

$K_2=225.4/172.5=1.31$

同理可得到油罐充满水后油罐底人工填石层及软弱下卧层（淤泥层）顶的压应力及其地基强度安全系数，具体如表 7-5 表示。

表 7-5　油罐基础下各层土地基强度的计算

油罐进水高度/m	人工填石层顶压应力/kPa	软弱下卧层顶压应力/kPa	人工填石层 $P_\lambda=1$ kPa	软弱下卧层 $P_\lambda=1$ kPa	人工填石层及软弱下卧层地基强度安全系数
对应加水高度 $H=13$ m 时	133.5	172.5	2 350	225.4	17.6/1.31
对应加水高度 $H=18$ m（即罐满水时）	183.5	222.5	2 350	225.4	12.8/1.01

由此可知：在目前情况下（此时加水高度 $H=13$ m），人工填石层及软弱下卧层地基强度安全系数分别为 17.6、13.1；当对应加水高度 $H=18$ m（即罐满水时），人工填石层及软弱下卧层地基强度安全系数分别为 12.8，1.01。

由以上分析可知：在油罐试水过程中，人工填石层的地基强度是没有问题的，但软弱下卧层（淤泥层）的地基强度还是比较小，尤其是当罐满水时，软弱下卧层（淤泥层）已将近达到极限承载力状态，对于淤泥而言，这是危险的。因此，油罐应停止进水，而应对地基进行处理加固后方可进行后续工作。

(3) 沉降分析与计算

1) 沉降固结时间计算

目前加水高度为 13 m，从开始加水到现在共计 1 月左右，此时可认为人工填石层在目前荷载作用下的沉降已完成。对于软弱下卧层（淤泥层），其沉降时间可按一维固结理论进行计算。

取淤泥渗透系数 $K=10^{-7}$ cm/s，压缩模量 $E_s=1.0$ MPa，平均排水距离约为 $H=8.5$ m（按双面排水考虑），则

$$C_v=\frac{KE}{\gamma_w}=\frac{10^{-7}\times1.0\times10^3}{1.0\times10}=3\ 000\ cm^2/y$$

$$T_v=\frac{C_vt}{H^2}=\frac{30\ 000\ t}{425^2}=0.17\ t$$

$$U=1-\frac{8}{\pi^2}\cdot e^{\frac{\pi^2}{4}Tr}=1-\frac{8}{3.14^2}\cdot e^{\frac{\pi^2}{4}Tr}=1-0.81\ e^{-0.42t}$$

当 $t=0.083$ 年(即 1 个月)时,$U=0.22$。

当 $t=10$ 年时,$U=0.97$。

由上述计算可知,此进淤泥层固结度约为 0.22,整个场地在自重作用下的压缩沉降要历进 10 年之久方可稳定。

2) 沉降量计算

油罐底沉降采用分层总和法进行计算,具体如下所示:

$$s=\sigma\cdot\sum\frac{\alpha''_i h''_i}{E''_i}=\frac{N'}{A\times B}\sum\frac{\alpha''_i H''_i}{E''_i}$$

式中:s——油罐底沉降值;

α''_i——油罐底第 i 层土的附加应力系数;

σ——油罐底的地基反力值;

h''_i——油罐底下第 i 层土厚度;

E''_i——油罐底第 i 层土的变形模量值;

$A\times B$——油罐底的长度×宽度,即面积;

N'——$A\times B$ 范围内的荷载值。

如目前 G201 号油罐的地基不进行处理,即认为其地基强度可以满足要求,则当油罐试水装满到($H=18$ m)时,按上述公式,考虑上部构筑物与地基的共同作用,其最终沉降计算结果如图 7-14 所示。

如图 7-14 可知,若目前 G201 号油罐的地基不进行处理,其最终最大绝对沉降值约为 709.6 mm,最大不均匀沉降值约为 693 mm,很显然,发生这么大的沉降(包括绝对沉降和不均匀沉降)已影响油罐的正常使用功能,故有必要对其地基进行加固处理,以减小其沉降(包括绝对沉降和不均匀沉降)否则对其使用功能有一定的影响。

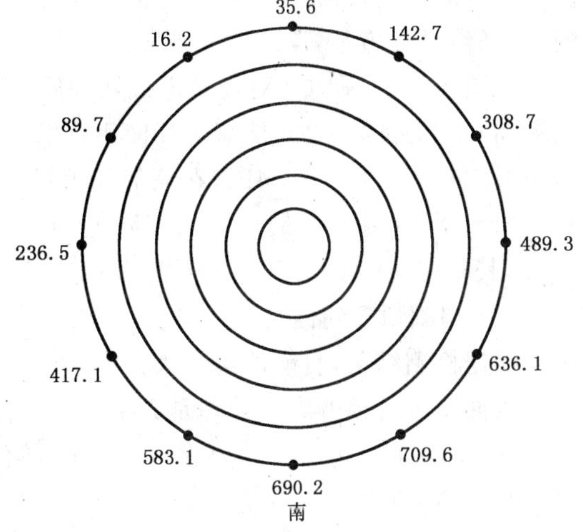

图 7-14　油罐地基未加固前的计算沉降

4. 地基加固与油罐顶升纠倾

由已监测结果及前述分析可知,2# ~10# 观测点的沉降值较大,主要是由于软弱下卧层(淤泥层)较厚的影响,因此其地基加固方案就是对软弱下卧层(淤泥层)进行处理,使其固化以提高其变形模量值。

(1) 具体加固方案

根据上述加固思路及本工程现场实际情况,现拟采用压力灌浆对软弱下卧层(淤泥层)进行处理。具体处理方案如图 7-15 所示。

处理时:先采用袖阀管静压注浆法对强夯地基土地面以下至淤泥层底之间的上层进行加固;然后,沿沉降较大的油罐周边设置千斤顶将油罐纠倾扶正。

袖阀管静压注浆设计参数:①注浆孔布置:在油罐外面且距离油罐 500 mm 布置一排注浆孔,孔间距 1 500 mm,共布置 40 个注浆孔:②注浆孔孔径 89~110 mm,钻孔略向罐底方向倾斜,倾斜度为2.5%~3.0%,孔深约 20 m,累计钻孔长度达 800 m,其中人工填石强夯地基钻孔达约 400 m;③注浆材料:32.5 R 普通硅酸盐水泥,水灰比为 1∶1~0.6∶1,水泥浆中掺入 3%外加剂:④注浆参数:每孔注浆段长度约 10 m,袖阀管注浆分 2~3 次进行,每次间隔时间为 12~24 h,水泥用量为 150~180 kg/ m,袖阀管每组射浆孔间距为 33 cm,每组射浆孔数为 4~6 个,注浆压力 0.3~2 MPa;⑤注浆顺序:先两端后中部进行跳孔注浆。

施工步骤:标记注浆孔位置→钻机和注浆设备就位→钻孔→浇注套壳料→插入袖阀管→注浆→清

洗管路。视注浆情况可调节水泥浆的稀、浓情况，调整水灰比。

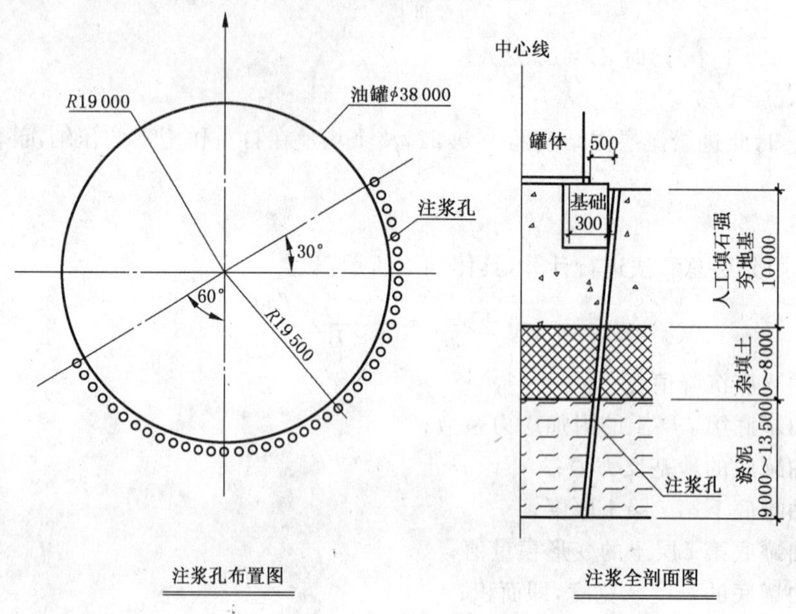

图 7-15　注浆加固油罐基础

注浆过程中，须做好准确无误而详细的施工记录，须有注浆压力，注浆时间、注浆量、同孔同一注浆段相邻两次注浆时间间隔等记录，以便分析和资料整理工作，经常对比相邻注浆孔的流量、压力和注浆量等参数的变化，分析注浆中存在的问题并及时予以解决。注浆加固期间，布置沉降观测点进行沉降监测，做好信息化施工，保证工程质量。

按图 7-15 所示方案对地基进行处理后，其地基强度肯定是没有问题的，关键是看其沉降（包括绝对沉降和不均匀沉降）是否能满足其使用要求。按上述处理方案对地基进行处理后，认为处理区域内土层的变形模量可达到 120 MPa，在地基处理后的实测基础沉降如图 7-16 所示，由图 7-16 可知，地基处理后再加水至 18 m 高其最终最大沉降值约为 139 mm，最终最大不均匀沉降约为 98 mm，这对直径为 38 m，其基础倾斜 0.0026，小于规范规定，对油罐来说都是允许的，是不会影响其后期使用功能的。

（2）储罐顶升纠倾

根据检测结果，目前油罐最大的倾斜已达到 1.4%，因此对该油罐进行顶升纠倾处理是必要的。当地基加固完毕后，加固体的强度达到设计要求，即进行纠倾调正，在油罐四周共布置 20 个千斤顶进行顶升，千斤顶选用 50～100 t 共 20 台直接对油罐进行顶升纠倾。共分 30 级进行顶升，即（总顶升量/30）顶升过程中，还应在油罐四面设置吊锤，观察油罐倾斜的回复情况，并派专人负责观察混凝土支墩及型钢梁有否出现裂缝，以及时处理。

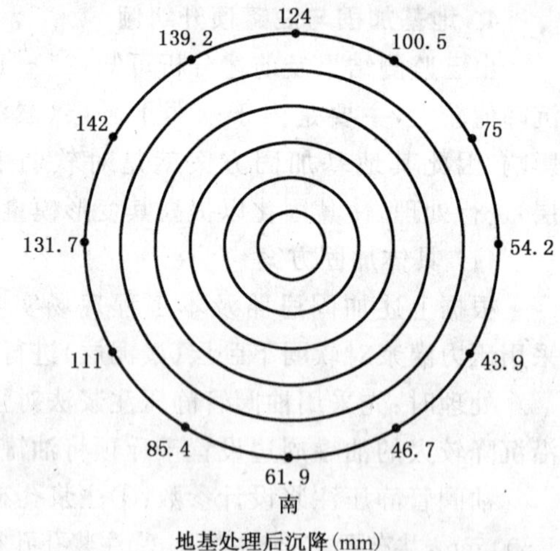

图 7-16　201 号储罐地基处理后的实测沉降

5. 小结

通过对本工程的地基加固纠倾实践，得出以下几点体会：

（1）G201 号油罐产生倾斜的主要原因是处理区域内局部范围内的淤泥较深，还没有达到所要求的处理标准即进行后续施工。当在油罐试水过程中，淤泥层中产生较大的压缩沉降，同时由于淤泥层的侧向移动，导致地表隆起；环梁的开裂则是由于环梁发生了过大的不均匀沉降引起的。

（2）采用压力灌浆对软弱下卧层（淤泥层）进行处理后，根据分析可知，其地基强度没有问题；地基处理后其最终最大沉降值约为 139 mm，最终最大不均匀沉降约为 98 mm，这对直径为 38 m 的油罐来说是允许的。

(3) 根据实测结果，目前油罐最大的倾斜已达到1.4%，因此对该油罐进行顶升纠倾处理是必要的。

(4) 压密注浆是一种快速有效的加固方法。通过挤压、密实、充填和置换，改变了原有土体的物理力学性状，起到基础的加固和纠倾作用。而随着充水预压荷载的作用，使未被加固的土体另一侧发生沉降变形，从另一方面也起到调整罐基础不均匀沉降，良好的施工质量管理是注浆加固成功与否的关键。

【工程实例2】经地基处理后的油罐基础的纠偏加固

本文以一工程实例为背景，分析讨论了某一油罐基础在经地基处理后的软土地基上发生倾斜的原因，以及如何采用局部压密注浆的方法对此类油罐基础的倾斜进行加固纠偏。通过工程实践，取得了较好的技术经济效果。

1. 工程概况

TK—740A油罐建在上海金山石化股份公司2#储运区罐区内，是一台7 000 m^3 柴油拱顶罐，1998年完成设计和施工，并于当年投入生产。与该罐同时建设的同一罐区内的罐共有8台，紧靠的是3台相同容积的柴油储罐，见图7-17，由于建设场地为软土地基，所以均采用了环墙砂垫层并用水泥搅拌桩进行地基处理的基础形式，罐体施工完毕随即进行充水预压，时间1个月，投产前的沉降观测资料反映出T740A罐的绝对沉降已达19 cm，且基础有向北方向的5‰不均匀沉降，但沉降速率≤0.1 mm/d，符合验收规范要求，因而可以投入生产。考虑到基础已出现一定的偏心，因而进行了长期跟踪观测。2001年10月左右发现该罐出现倾斜加剧趋势，2002年底发现该罐基础的差异沉降值开始超规范允许指标，且沉降速率也有明显的扩大趋势，因此，应尽快采取措施对该罐基础进行加固纠偏处理，以保证正常生产。

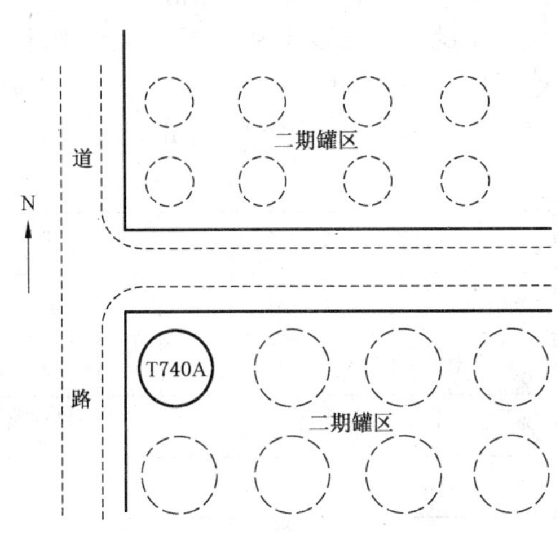

图7-17　罐平面位置

2. 原场地地质情况

根据上海金山石化勘察设计所1998年所完成的工程地质勘察报告，建罐前的原场地紧邻杭州湾北侧，系围海造田而成，地下水位常年埋深约0.5 m。各土层按其成因及地质特性分为十层(包括亚层)，相应的物理力学指标见表7-6。

表7-6　土层的物理力学指标

土层编号	土层名称	厚度/m	含水量/%	I_p	I_L	P_s	α	$E_{s0.1-0.2}$	c/kPa	φ/(°)	$N_{63.5}$	C_v/(cm²/s)	C_u/kPa	三轴 C_u/kPa	承载力 D=1.0 m F_0/kPa
①1	灰黄色杂填土	1.70	45.2	17.1	＞1		0.82	2.90	13.5	18.2					
①3	灰色砂质粉土	0.85	29.1			2.00	0.12	15.00	7.0	40.0	5				90～110
④	灰色黏土	10.20	38.5	20.0	0.90	0.65	0.60	3.10	12.0	17.5		4.0×10^{-3}	23.2	17	80
⑤1	灰色淤泥质黏土	6.40	45.5	21.0	＞1	0.92	0.92	2.75	14.0	15.6		3.0×10^{-3}	30.0	23	75
⑤2	灰色砂质粉土	2.20	34.2			3.69	0.32	12.0	7.5	27.0	23				120～130
⑤3	灰色淤泥质粉质黏土	8.30	41.1	15.9	＞1	1.17	0.57	3.85	14.2	17.5		4.0×10^{-3}			75
⑤5	灰绿色粉质黏土	2.40	29.2	16.1	0.55	1.67	0.24	7.67	23.5	27.7					
⑤6	灰绿色黏质粉土	2.30	29.0			4.89	0.20	10.48	14.0	34.3	17				
⑤7	灰色粉质黏土夹粉土	5.10	31.5	15.8	0.73	2.85	0.31	5.90	11	24					
⑦	灰色粉砂	未穿	28.4			12.09	0.19	14.00	9.0	35.0	27				

从表7-6可以看出，该场地为沿海典型软土地基，强度低，高压缩性，含水量较高，主要压缩层厚度达30 m。从本地区积累的工程实例来看，建造1 000 m^3 以上的油罐一般都采用了充水预压或其他地基处理方法进行基础处理。较常用的有碎石桩法、水泥搅拌桩和微型预制桩复合地基方法等，其中水泥搅拌桩加充水预压这一处理方法采用较多。

3. 罐基础原设计条件

(1) 工艺条件

罐体容积7 000 m^3，储存介质为柴油(比重约0.82)，拱顶罐，罐体尺寸为25 700 mm(直径)×12 679 mm(储存介质高度)×15 167 mm(罐顶高度)。

(2) 原罐基础地基处理情况

原设计基础形式为环墙砂垫层，地基处理采用水泥搅拌桩复合地基方案并进行充水预压。搅拌桩地基处理深度10.5 m，桩径500 mm，水泥掺入量10%，同心圆环向布置，最外圈直径30 400 mm(见表7-7)，环墙中心直径25.5 m，环墙截面350 mm×2 000 mm，设计预抬高300 m，见图7-18。

表7-7 水泥搅拌桩布置参数

布桩中心线直径	周　长	沿圆周均布桩数量	沿圆周桩间距
0			
D_1=2 200	6 911.5	6	1 152
D_2=4 400	13 823.0	12	1 152
D_3=6 600	20 734.5	18	1 152
D_4=8 800	27 646.0	24	1 152
D_5=11 000	34 557.5	30	1 152
D_6=13 600	42 725.7	32	1 335
D_7=16 200	50 893.8	36	1 414
D_8=18 800	59 061.9	40	1 477
D_9=21 400	67 230.1	44	1 528
D_{10}=24 400	76 654.9	48	1 597
D_{11}=27 400	86 079.6	54	1 594
D_{12}=30 400	95 504.4	60	1 592

根据原设计可复算出搅拌桩复合地基的平均置换率为0.08，处理后的复合地基承载力为30 kPa，压缩模量为4.22 MPa，其处理的土层为第④层灰色黏土层。可以看出，原地基处理的目的虽然是为了满足地基强度和稳定的要求，并减少基础的变形沉降。

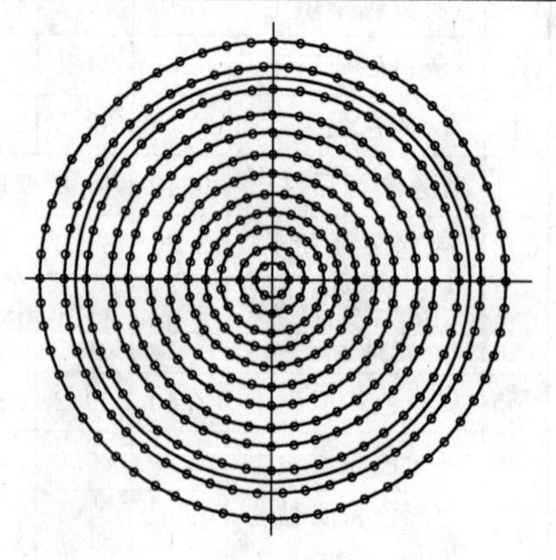

图7-18 原搅拌桩布置

(3) 基础沉降观测情况

罐基础施工于1998年完成并同年投入生产，长期沉降观测表明，基础始终处于缓慢的沉降变形之中，且无收敛迹象，但各变形控制指标均尚在正常范围内。至2001年10月，罐基础开始出现倾斜加剧趋势，沉降观测数据也显示出变异，故立即加大观测密度。经连续几个月的观测，其主要数据见表7-8，观测点位置见图7-19。

表 7-8　各测点累计沉降和平均沉降速率

点号	累计沉降量 mm	本次观测沉降量 mm	日均沉降量 mm/d	径向相对倾斜 Δ/L	周边相对倾斜 δ/L
1	814.4	214.7	0.19		0.001 1
2					
3	656.8	191.0	0.17		0.008 7
4	595.2	183.3	0.16		0.006 3
5	580.5	180.2	0.16	0.009 1	0.001 5
6	643.8	190.4	0.17		0.006 4
7	730.8	203.9	0.18	0.002 9	0.008 9
8	803.8	213.4	0.19	0.008 1	0.007 4
			0.01	0.010 0	0.004 0

从表 7-8 的观测结果可以发现，差异沉降已接近规范临界值，沉降变形明显增大，而沉降速率已大于规范限值，说明差异沉降呈扩大趋势。

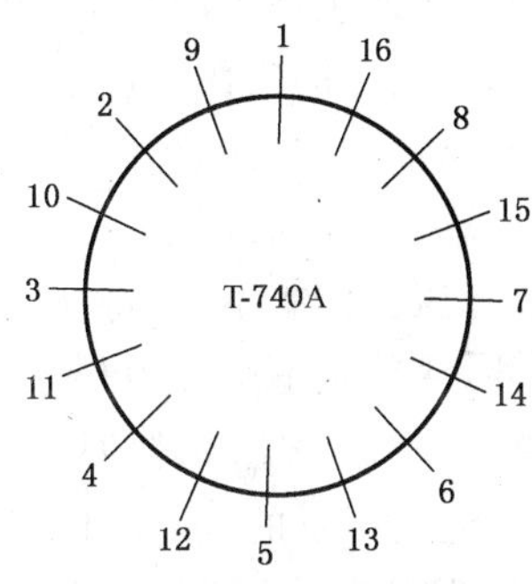

图 7-19　油罐监测点布置

4. 倾斜原因分析

引起油罐基础不均匀沉降的原因是多方面的，场地土质的不均匀（如厚薄不一致、土质变化、地质缺陷、地下存在局部渗流等）、相邻基础或地面荷载的影响以及地基土受到各种因素的扰动（如邻近场地施工作业等），都将引起基础压缩层范围内土的各向应力状态的改变而导致基础不均匀沉降。而基础的沉降速率一般来说与土的性状和加荷速率有关，特别是与土体中孔隙水压力的消散速率和消散条件有关。而从业主提供的各项竣工资料和使用状况来看，要找出问题的所在似乎较为困难。

综合原设计、施工和现有的观测成果，有几点是值得引起注意的：

(1) 原设计采用水泥搅拌桩处理软弱地基，方案选择是正确的。直径 25.7 m、7 000 m^3 油罐基础变形的影响深度一般为 0.7 d，即 18 m 左右，因而从处理的深度来看（桩长 10.5 m），仅对④层灰色黏土层进行处理应是不充分的。从充水预压开始至生产后的相当长时间内沉降不稳定，与下层厚达 6 m 多的⑤1 灰色淤泥质黏土层和⑤3 灰色淤泥质粉质黏土层有关。

(2) 本场地相似容量的罐基础，在未经地基处理而仅采用充水预压处理时的沉降一般不大于 300～500 mm。而本油罐的实测数据表明，目前的沉降已达 600～800 mm，因而可以粗略地推测除④层以下软弱夹层的压缩变形以外，搅拌桩处理深度范围内的④层复合地基很有可能已经出现局部土体的强度破坏，其原因或是充水速度过快，或者当时复合地基施工过程中存在某些缺陷。

(3) 本地区的许多试验结果表明，采用水泥土搅拌桩加固油罐基础地基时的实测沉降值要大于理论计算值。在置换率和水泥掺入量不是很高的情况下，上海市标准规定水泥土桩群体的压缩变形经验地定为 20～40 m 似乎偏小。

(4) 水泥土搅拌桩加固油罐基础地基时，其应力重叠产生的群桩效应比较明显，尤其桩端下存在较软弱的土层时，应将桩与桩间土视为一假想的实体基础，并考虑软弱下卧层的地基强度及其变形。计算表明，充水预压结束时的理论计算中心沉降值为 22 cm，边缘沉降值 13 cm，均与当时的实测误差较大。

(5) 油罐基础对地基的不均匀沉降是十分敏感的。如果存在相对较大的基础初始倾斜，荷载重心也势必长期处于偏心状态，那么必然加剧地基不均匀沉降的发展。当这一变形发展到某一临界状态，即地基土产生局部塑性破坏时，将导致基础的整体失稳破坏。显然，沉降呈发散式增长，体现出这类失稳的特征现象。

5. 注浆加固设计

对于本工程出现的倾斜加剧情况，综合比较其他各类加固措施，采用注浆加固是较为快速可靠而有效的加固方法，同时也能达到纠偏的效果。

(1) 加固机理

上海软土地区常用的注浆处理地基，按浆液在土中的流动方式，可分为渗透注浆、劈裂注浆和压密注浆。对于不同的注浆目的和不同的土层特性，应选用不同的注浆方式。通过提高土体力学强度和抗变形能力来达到对既有基础的纠偏矫正的目的，通常只能采用压密注浆的方式。所谓压密注浆，即通过钻孔向土中压入稠度较高的悬浮浆液，随着土体的压密和浆液的深入，在压浆点周围形成球形或圆柱形浆泡，它能起到两个方面的作用，一是由浆泡的挤压作用而产生一定的辐射状上抬力，在引起地层局部隆起的同时起到对基础的纠偏作用；二是在控制一定的灌注压力条件下，通过对地基土的挤压、密实、充填，达到改善土的物理力学性能(对桩基时尚可提高侧阻和端阻)，从而在短时间内迅速提高土的承载力和加速土的固结，阻止土的变形增长。

(2) 加固纠偏方案

基础的纠偏一般分为扶正和偏斜控制。从本工程的现有基础情况来看，主要压缩层范围内的土层(④层灰色黏土层)经水泥搅拌桩处理并经油罐长时间的荷载作用后，其含水率较低，强度相对较高，桩与桩间土的实体作用明显。如果采用常规的压密注浆方法，直接加固该"实体"基础和其下卧层，利用基础抬高的同时达到纠偏目的，这势必需要很高的注浆压力和较多的注浆量。然而，这一加固思路并不是合理的方案。因为，④层和⑤1 层需要的注浆压力是不同的，对④层土体，需要很高的注浆压力才能注入，压力控制不当，将破坏原水泥搅拌桩基础，土体也因此极可能出现短时间内的较大"顺带沉降"；另外，注浆施工十分困难，需要进入罐体内，并损坏部分罐体底板，注浆后尚需修复底板。

根据油罐基础的特点，在一定的倾斜度容许范围内并能满足正常生产的条件下，直接采用偏斜度控制应是可行的，因此可以将扶正罐体和控制不均匀沉降分开考虑。扶正罐体利用原有环墙内预留的顶升孔直接抬升罐体并在罐底灌砂或注浆方法进行(基础处理完成后进行)；控制不均匀沉降则利用原有已加固"实体"基础承载力已经充分这一有利条件，对下卧层⑤1 灰色淤泥质黏土层和"实体"基础外侧进行加固，达到阻止"实体"基础的进一步沉降和侧向变形，以及增加"实体"基础的侧阻等目的。由于注浆仅以控制不均匀沉降发展趋势为出发点，因此只需对该基础局部处理即可。

目前基础不均匀沉降和沉降速率分别为 9‰和 0.135 mm/d，通过加固纠偏，控制基础不均匀沉降≤8‰，沉降速率≤0.1 mm/d，并使基础在已有变形条件下沉降稳定在规范容许范围内。

(3) 加固设计

结合原地基基础处理平面和搅拌桩深度，采用局部扇形环带状布置 5 排压密注浆孔，见图 7-20。环墙里侧(A，B 两排)为斜孔，外侧布置三排注浆孔(C，D，E)。

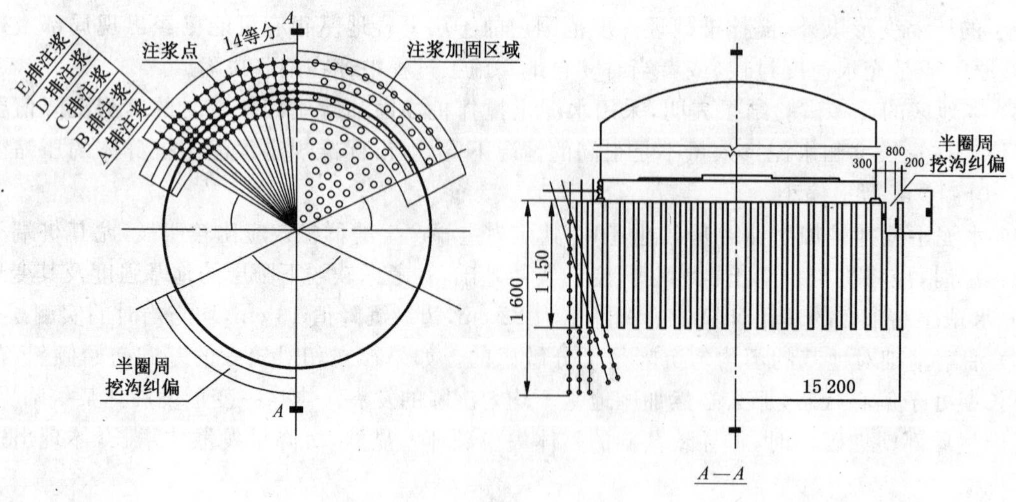

图 7-20　压密注浆加固平面图

注浆压力：原搅拌桩桩端下 5～6 m 范围，0.8～1.0 MPa；搅拌桩桩身长度范围，0.2～0.5 MPa，浆液注入量 150～160 kg/ m。

注浆浆料：采用水泥——水玻璃双液快凝浆液，比例(体积)1∶1，水泥浆水灰比 0.5∶1，水玻璃浓度(Be′)∶40。

注浆顺序：水平向——跳孔间隔注浆(先外排后里排)；垂直向——自下而上，并注意最上层封顶注浆点覆盖土层厚度保证大于 2 m。

在采用压密注浆处理的同时，考虑到设计和施工中可能出现的多种不确定因素，采用了未沉降一侧用半圆周挖沟作为加固纠偏的辅助措施，视实际加固效果而定。

注浆处理结束 28 d 后，要求进行充水预压并实施检验和观测。

充水预压分三级进行，分别为 1/2 罐高、3/4 罐高和满罐，相应稳压天数为 3 d，3 d 和 20 d，充水速率控制在 2.5～3 m/d 左右。充水预压开始至结束进油，必须全过程跟踪沉降观测，每 3 d 一次：投产 3 个月内每 10 d 一次，以后每月一次，半年后一季度一次，连续 1 年。

6. 处理效果

该灌浆加固工程前后历时 3 周(中间国庆假日休息 5 d，造成后期注浆困难)，从充水预压结束后进行的各项原位测试和沉降观测结果中发现，各项指标均满足了设计要求。表 7-9 列出了各观测点(见图 7-19)的实测沉降值。该表反映了经过注浆处理后，原沉降较大的北面一侧出现基础抬高，而径向另一侧出现沉降现象，沉降速度≤0.1 mm/d，与加固设计设想要求一致。

表 7-9　各测点注浆后累计沉降和倾斜值

<table>
<tr><th>点号</th><th>注浆后累计沉降量/mm</th><th>最终累计沉降量/mm</th><th>最终径向相对倾斜 Δ/L</th></tr>
<tr><td>1</td><td>−5</td><td>809.4</td><td rowspan="2">0.007 4</td></tr>
<tr><td>5</td><td>38</td><td>618.5</td></tr>
<tr><td>9</td><td>−2</td><td></td><td rowspan="6">原数据缺失</td></tr>
<tr><td>13</td><td>63</td><td></td></tr>
<tr><td>2</td><td>3</td><td></td></tr>
<tr><td>6</td><td>75</td><td>718.8</td></tr>
<tr><td>10</td><td>−3</td><td></td></tr>
<tr><td>14</td><td>17</td><td></td></tr>
<tr><td>3</td><td>−2</td><td>654.8</td><td rowspan="2">0.003 5</td></tr>
<tr><td>7</td><td>15</td><td>745.9</td></tr>
<tr><td>11</td><td>8</td><td></td><td rowspan="2"></td></tr>
<tr><td>15</td><td>7</td><td></td></tr>
<tr><td>4</td><td>20</td><td>615.2</td><td rowspan="2">0.007 6</td></tr>
<tr><td>8</td><td>9</td><td>812.8</td></tr>
<tr><td>12</td><td>12</td><td></td><td rowspan="2"></td></tr>
<tr><td>16</td><td>3</td><td></td></tr>
</table>

7. 小结

通过对本工程的加固纠偏实践，得出以下几点体会：

(1) 从本工程地基初始加固状态可以看出，软土地基上的油罐基础如果长期处于临界 8‰的微倾斜临界状态下，随着荷载重心的偏心作用，基础仍将是不安全的。

(2) 压密注浆是一种快速有效的加固方法。通过挤压、密实、充填和置换，改变了原有土体的物理力学性状，起到基础的加固和纠偏作用。而随着充水预压荷载的作用，使未被加固的土体另一侧发生沉降变形，从另一方面也起到调整罐基础沉降的均匀平衡。

(3) 与本工程类似的在已经处理过的地基上，采用压密注浆再处理油罐基础的倾斜问题，必须充分分析罐基础出现问题的原因，合理选择注浆方式，控制注浆压力和注浆量。反之，地基处理的效果不明显，不仅造成材料浪费，甚至还有可能起到反作用。

(4) 良好的施工质量管理是注浆加固成功与否的关键。

(何国富　张连中)

【工程实例3】静压注浆处理油罐基础不均匀沉降

1. 工程概况

某炼油厂原料油罐区，共建有 $V=500\sim1\ 000\ m^3$ 油罐十台。此工程地处京杭大运河南岸，该地区气候湿润多雨，年降雨量达 1 400～1 500 mm 以上，地下水位较高。场地土质情况为：耕土层：淤泥质黏土；粉质黏土：黏土等。场地特点是土体含水量高；孔隙比大；压缩性强；承载能力低（$f=100$ kPa 左右）。原设计为钢筋混凝土环墙，（$H=1.8\sim2.0$ m）水泥粉喷桩进行地基处理。（水泥粉喷桩桩长 $H=6\sim7$ m）中间部分从上到下分别为：沥青砂绝缘层（最薄处 80 厚，以 $i=2\%$ 从中间向四周找坡）；砂垫层 500 厚；素土夯填（$H=1.2\sim1.4$ m）。当油罐施工完毕进行充水试压后，发现油罐中间部分发生局部沉陷，致使油罐底板呈不规则形状，原有预抬高找坡已基本平缓。即环墙沉降小，中间沉降大，过早形成明显的“锅底”。以 $D=10.0$ m 直径：$V=1\ 000\ m^3$ 油罐为例，中间最大沉降达 170 mm，（由于沉降值是用靠尺测量，实际数值可能比此更大）环墙边缘最大沉降 37 mm，显然已超出了《石油化工企业钢储罐地基与基础设计规范》规定的罐基础锥面坡度≥0.008 的要求。如不进行加固处理，则影响正常使用。

2. 加固方案的选择

针对以上沉降特点，分析认为在总沉降中，地基的沉降占 15%～20%左右，这是由于，粉喷桩桩长 $H=6\sim7$ m，正好处于油罐有效影响深度之内，地基的沉降已经大部分完成。沉降的 70%～80%是环墙内回填土造成。回填土不密实是造成环墙内沉降大，环墙处沉降小的根本原因。由于该地区淤泥质黏土在干燥情况下，固结成块体状，且非常坚硬：但是如遇雨水浸泡，则很快丧失强度，压缩性极强。由于油罐内基础回填土“素土夯填”在施工时夯实不够，（只人工夯实）回填土在充水试压后，随着上面荷载的增加，原有土体被压缩，引起基础顶部沥青砂绝缘层的破坏，出现局部凹陷。因此，加固的重点一是对基础内回填土层局部空洞的填充，二是对地基土层的渗透加固。

一般来说，油罐基础的修复应遵循加固设计安全可靠，方便施工，节约投资的原则进行。目前国内对油罐基础的修复，常用三种方法：

(1) 将罐体整体或局部顶起（吊起），罐底板下喷射或灌注施工法。

(2) 整体移位修复法。

(3) 基础半圆周挖沟纠偏法。

根据现场具体情况，方法(1)将罐体整体顶起或吊起，然后垫上道木或其他物质，在罐底板下喷射或灌注施工，这将需要大型起重设备起吊或千斤顶，需要处理的 10 台油罐基础工作量巨大，工期长，投资较多而且安全性差。方法(2)整体移位修复，施工质量高，安全性好，罐基础沉降处理彻底。但也需要大型起重设备起吊，而且装置现场罐体周围管线、阀门、机泵等附属设施都已安装就位，没有空地。方法(3)是在罐基础周围半圆周挖沟，此方法只能处理基础倾斜纠偏，不能对罐底凹陷进行修复。

综合考虑现场实际情况，场地，工期，投资等诸多因素，上述三种方法都难以实施。经过多方案对比，最后决定采用在油罐内设立三角支架提拉油罐底板，使其基本复原，然后利用静压注浆对基础进行填充和渗透，使其不均匀沉陷得到处理。

3. 静压注浆

静压注浆就是利用压浆泵，在一定的压力下，通过注浆管把浆液均匀地注入地层中，浆液克服地层的初始应力和抗拉强度，使地层中原有的裂隙或孔隙张开，形成新的裂隙或孔隙，促使浆液的可灌性和扩散距离增大。由于脉状浆液固化后在地层中起承受应力的骨架作用，和注浆压力对地层的挤密，及对原有孔洞的填塞作用，因而使地基土强度得到提高，防渗性能得到改善。浆液使原来松散的土粒或裂隙胶结成一个整体，形成一个强度大、防水防渗性能高的"结石体"。在注浆的过程中，浆液的流动总是朝地基土较软弱，力学强度较低的地方，这些地方土层首先承受不住浆液的压力而产生劈裂，在这一过程中，地基土的薄弱位置首先得到加强，从而起到调整地基土不均匀性的目的。

静压注浆材料一般以水泥砂浆为主，在地下水无侵蚀性条件下，采用普通硅酸盐水泥即可，它取材容易，配方简单，价格便宜，又不污染环境，故成为国内外常用的注浆材料。

水泥浆的水灰比一般变化范围为 0.6～2.0，常用的水灰比是 1∶1。为了调节水泥浆的性能，有时可加入速凝剂或缓凝剂等附加剂。

4. 基础处理方案

基础处理程序：充水试压→罐底板复原→罐底板开孔→加注水泥浆→扫尾工作。各项具体施工方法如下：

(1) 充水试压

由于个别油罐充水时间较短，考虑到基础内填土可能未达到最后稳定，故要对个别油罐继续进行充水试压，充水加载时间根据基础沉降情况决定。在充水加载过程中，要进沉降观测，并记录在案。要求每台油罐做出沉降曲线，充水方法要严格按规范要求进行。

(2) 罐底板复原

基础处理前，罐底板为凹形状，为使底板尽量恢复到原来位置，采用以下方法对底板进行复原：先立钢管架，三根 ϕ159×6 钢管间隔 120 度均匀布置（避开排污口），生根于外环梁之上（见图 7-21）。钢管支架顶端连接处，作成活动连接，以利于下个油罐使用。在排污口的外侧用千斤顶顶住罐底板，施加支撑力，帮助其复位。在油罐内利用吊环和若干只手拉葫芦（不均匀分布；视底板凹陷情况定），及钢索进行手工提拉，使其底板起拱复原。此时操作要注意各吊点用力均匀，底板提拉程度不能超过原底板起拱度，（即 $i=2\%$坡度）。另外，提拉时视提拉情况，在底板中间开一个 ϕ150 mm 的孔洞，以释放应力。

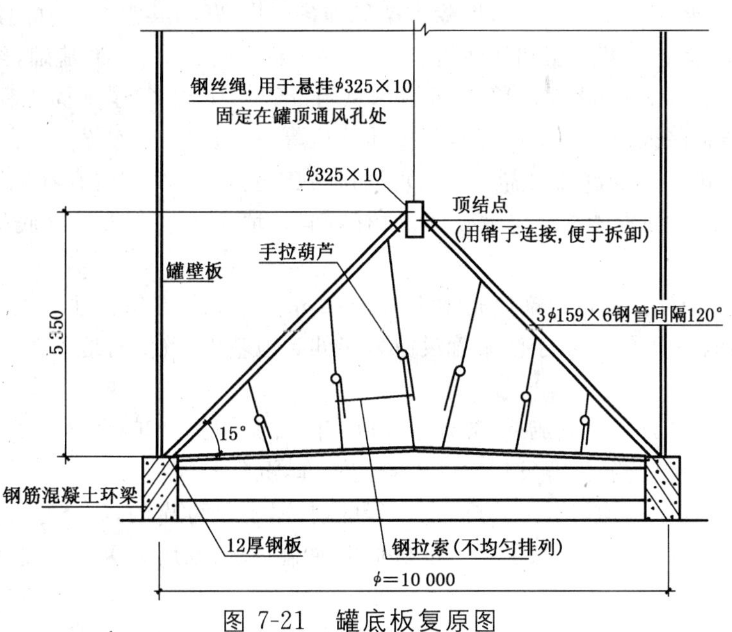

图 7-21　罐底板复原图

(3) 罐底板开孔

在罐底板吊拉后，在上面用气割割出若干个孔洞，然后焊接注浆钢管（长 10～15 mm），管径根据注浆机软管内径决定：开孔间距根据油罐内基础沉降具体情况确定，一般相隔 1.5～2.0 m 左右开孔。

(4) 加注水泥砂浆

完成以上各项工作之后，在注浆前，需要对罐四周环墙与罐底板间的缝隙用水泥砂浆封堵，（可留若干个排气孔），水泥砂浆的水灰比采用 1∶1，其和易性、流动性都比较好；（采用一般 425# 普通硅酸盐水泥)塌落度控制在 11～17 cm 左右。为了防止注浆机塞管,所用砂子要用细度模数小于 2 的中砂。处理施工前,经现场试验,没有加缓凝剂或速凝剂。

所用施工机械:

挤压式泥浆泵　SBJ-2 型

工作压力　1.5 MPa

最大工作压力　2.0 MPa

最大水平输送距离　80 m

最大垂直输送距离　20 m

输送管内径　ϕ50 mm

水泥砂浆配制后,倒入注浆机,对罐底板的每个开孔处,逐个进行加压注浆,注浆顺序为从外侧向中间进行,直到排气孔排出浆液。在注浆过程中,要对底板随时观察,敲击底板和四周的环墙边缘处,看是否有空鼓声,以此来判断充盈程度,以确定注浆是否饱和。确认底板下的每个部位完全填满,并停止渗透后方可停止注浆。

(5) 收尾工作

以上各项工作完成后,即可拆除提拉葫芦、钢索吊环和钢管支架。开孔处割掉管子并堵孔并对钢罐底板进行二次防腐处理。静压注浆后自然养护 5 天即可加载使用。

(6) 施工质量监督

整个处理过程要由工作责任心强,质量意识高的技术人员进行现场质量监督。首先要保证水灰比的一致性。如水灰比过小,则施工困难,容易堵孔;水灰比太大时,容易施工但影响加固效果。另外加固作业要持续进行,中间不能停顿,还必须要保持一定的灌浆速度,即单位时间内注入的浆液量,注浆速度宜控制在 20～40 L/min之间,否则影响加固效果。

5. 经济效果与存在问题

每台油罐实际注浆时间 1 天,安装,拆除支架等准备工作 2 天,共需 3 天时间即可完成。投入人工:每班 9 人;投入设备:运送浆液铲车和注浆机各 1 台。需要处理的 10 台罐基础,经 30 多天左右即处理完毕。每台油罐基础实际灌入水泥砂浆 6～7 m^3,总用量约 77 m^3。整个加固工程共需投资 3.0 万元左右。由此看出,静压注浆处理油罐基础沉陷与整体移位等方法比较起来,省工、省时、节约投资,不用投入大型机械设备(如吊车一个台班就需上千元)。而且施工安全简单,但也存在以下缺点:

(1) 由于基础下沉,沥青砂绝缘层被破坏,原有空洞处填充的水泥浆与罐底板接触,对底板防腐有一定影响。

(2) 根据下沉量计算。每台油罐填充体积约 3～4 m^3,但实际上每台注入约 6～7 m^3,说明有一部分水泥浆已渗透到地基中了,但由于注浆管没有直接伸到地基中,致使对地基土的加固效果不明显。

6. 结束语

本工程自 1999 年 8 月加固完成后,装置于 1999 年 12 月正式开工,投入使用至今已连续安全运行了多年,经厂方定期沉降观测,没有发现大的不均匀沉降,沉降差很小,完全满足规范及生产要求。说明用静压注浆加固油罐基础不均匀沉降,方法是可行的,技术上是可靠的,经济上是合理的。特别是利用三角支架在油罐内提拉罐底板,免除了用起重机械把油罐吊起,或用起重机械把油罐移位的工作,这也是本次加固处理地基中新的尝试。

(夏景和)

六、其他纠偏调正法

【工程实例 4】油罐基础采用追降法纠倾扶正及地基加固处理技术

本文以辽河油田金宇公司燃料油厂 2# 储油罐纠倾扶正工程为例,介绍了圆形的纠倾及防复倾技术,阐述了此工程的设计思路及施工方法,提出了卸载—射水,取土—加载的追降纠倾方法,并介绍了防复倾加固的技术措施。

1. 工程概况

辽河油田金宇公司燃料油厂，位于盘锦市辽河油田曙光采油厂南约 1.5 km，厂内共有三座储油罐。油罐罐体为圆柱形，罐体直径为 15.93 m，高 11.5 m，容积近 2 300 m^3。油罐体采用钢板焊接而成，罐体安装在 53 mm 厚沥青砂垫层上。由于场地填土厚薄不均，三座储油罐有不同程度的倾斜。经有关部门检测，2# 储油罐沉降最大，倾斜量为 92 mm，主倾方向北西 24°。

2. 场地工程地质条件

场地原为低洼地，经人工回填整平。原对油罐地基采用置换法处理。场地地层自上而下依次为：

① 中砂层，厚度 2 650 mm，中间夹一层厚 100 mm 的沥青砂垫层，该中砂垫层经水夯处理。垫层地面以上部分呈圆台形，圆台直径 18 m，高度约 800 mm。

② 粉质黏土，灰褐色，饱和软塑，地基承载力标准值为 80 kPa。场地地下水埋深约 300 mm。

3. 构筑物结构

油罐体直径为 15.93 m，高 11.5 m，罐体采用钢板单面搭接焊接而成，罐底钢板厚度 6 mm，侧壁钢板厚度 9 mm。罐体西部距地面 400 mm 处有输油管道四根，管道直径 325 mm，另有 2 条供暖蒸汽管道，管道距罐约 2.0 m 处有软连接。管道内为蒸汽管道及支架等。

4. 纠倾方案的选择及确定

根据倾斜测量报告，罐体向西北方向倾斜，目视可见西北方向处罐体压入散水坡，管道受压弯曲变形。油罐一直处于使用中，且罐体材料强度有限，故采用罐体吊移重新处理地基、顶升纠偏等方法不适合，研究决定采用迫降-高压射水取土法进行纠倾。

该方法使用高压射水枪在油罐反倾向侧地基土中水平均匀射孔，利用高压水流破坏土体结构，使孔洞内土体随水排出。在罐体自重作用下，孔洞之间的土体压应力增大，造成孔洞周围土体挤密、缩径、坍塌，从而使其反倾向侧下沉，整体回倾，直至其倾斜状况满足设计及规范要求。

本工程采用迫降法施工，人员可直接在罐外侧操作，施工简便且易操作控制。

5. 纠倾设计

本工程高压射水孔平面布置设计如图 7-22。

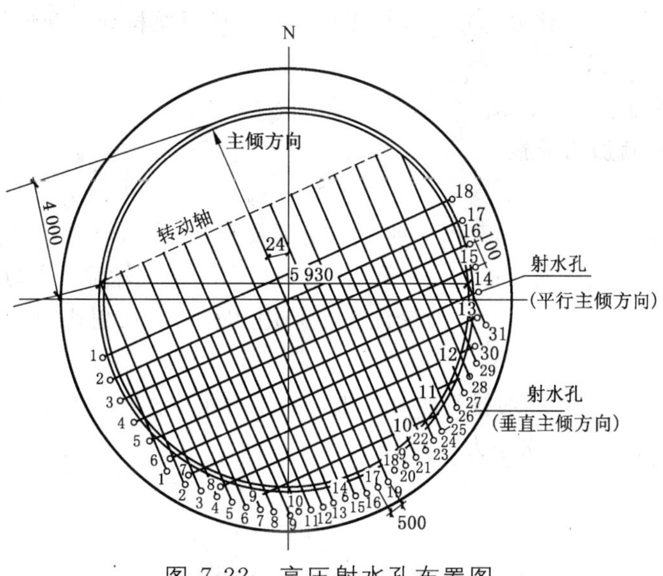

图 7-22　高压射水孔布置图

设计步骤及参数如下：

(1) 罐体回倾转动轴确定

回倾转动轴方向一般为构筑物主倾方向的法线方向，其位置处于构筑物重心至构筑物反倾向侧外缘之间，具体位置依据构筑物基础型式、地基土性质及结构情况而定。

本工程回倾转动轴确定为距构筑物倾斜侧外边缘 4.0 m 处。

(2) 高压射水孔长度及方向确定

高压射水孔长度原则上以不超过转动轴为宜，在转动轴较靠近构筑物重心时，射水孔长度一般可超过转动轴，具体长度常根据构筑物结构强度、取土量及经验等确定。

本工程确定射水孔长度为 12 m，加密孔长度为 8.0 m。射水孔方向为平行于垂直主倾方向，平面上呈网格状分布。该布孔方法优点是能使基底应力分布更均匀，达到均匀取土的目的。

(3) 高压射水取土纠倾法施工取土量计算

高压射水取土量的确定直接关系高压射水纠倾效果，是确定射水孔间距、射水次数的重要依据。其计算过程如下：

1) 基础倾角

$$d=\mathrm{arc\ tan}L/H$$

式中：d——为构筑物倾斜量；

H——构筑物垂直高度。

2) 取土量

$$V=\frac{1}{2}S\cdot D\cdot\sin\alpha$$

式中：S——构筑物基础底面积；

D——主倾方向上的基础长度(可近似取反倾向侧至转动轴距离)。

(4) 高压射水孔间距 D_k 的确定

$$D_k=\frac{V}{S_k\cdot L_k\cdot N}$$

式中：S_k——射水孔截面积；

L_k——射水孔长度；

N——射水成孔次数。

由于本工程为一次完成取土纠倾法，对于射水成孔次数不予考虑，因此射水孔截面积的计算主要与射水取土孔最终孔径有关，而最终成孔孔径取决于构筑物基础及结构允许变形能力，还要考虑地基土性质、相邻孔的成孔影响等因素。

本工程射水孔间距确定为 0.5 m。

6. 纠倾施工及防复倾加固措施

(1) 纠倾施工

由于连接罐体的输油管道及罐体已产生明显的受压及受拉变形，若在储油状态下直接进行高压射水取土纠倾施工，可能会出现因回倾速度过快和沉降速率不均，造成输油管与罐体连接处焊口或罐侧壁与底板处焊口开裂，引起燃油泄漏后果。经论证决定采用卸载—高压射水取土—加载的施工方法。施工步骤如下：

1) 首先，利用该厂将油罐内储油排空的时机进行高压射水取土，直至达到计算回倾所需取土量。

平行主倾方向的射水孔成孔次序为：

16# →18# →20# →…→30#

14# →12# →10# →…→2#

17# →19# →21# →…→31#

15# →13# →11# →…→1#

垂直主倾方向的射水孔成孔次序为：

10# →11# →12# →…→18#

$9^{\#} \rightarrow 8^{\#} \rightarrow 7^{\#} \rightarrow \cdots \rightarrow 1^{\#}$

2）采取预防性基础加固措施，避免过倾现象发生。

3）逐步加载，即分次向罐内注油。

4）每次注油加载后均予跟踪沉降倾斜监测。

5）每次注油加载后，回倾速度减慢至一定程度或稳定后再进行下次注油。

6）重复 3）、4）、5）步，直至整个油罐内注满燃料油。

7）最后根据注满油后油罐的倾斜状况，在局部增加射水孔数或加强射水取土力度，使油罐回倾至设计要求。

本工程高压射水取土纠倾施工工艺的关键是必须使罐下地基土的取出量准确，取土力度均匀。因此对每个孔的方向和射水时间要严格控制。

（2）沉降及倾斜监测

全部纠倾过程中，射水孔间距、射水孔长度、射水取土量是构筑物回倾的技术要点；对构筑物沉降及倾斜的监测是指导纠倾施工的依据。由于地基土在不同部位性质存在差异，射水孔成孔不同位置孔径亦有差异，这使构筑物各部位回倾速率不同或造成基础应力集中，进而能造成构筑物结构损害。而消除这些差异的方法就是依据沉降、倾斜监测信息来调整纠倾施工的相关技术参数。

本工程倾斜测量方法为以 A、B 两点设站，分别观测油罐切线方向上下两点，计算出各自的倾斜量，经矢量计算求出最大倾斜量及倾斜方向如表 7-10。

（3）纠倾设计调整

根据倾斜观测结果，该构筑物加载完成后，主倾方向由北西转向北东，参考沉降观测，可确定西南部沉降回倾阻力较大。经分析阻力来源有两个方面：

1）该油罐此方向处底部有输油管道连接，管道对罐体的拉力影响着罐体在该方向上的回倾。

2）由于管道处作业空间狭小，在该处布设的射水孔数少于其他部位，使该位置上射水取土力度较小，从而使罐体在该方向上的回倾量较小及主倾方向改变。

因此，决定增大油罐西部—西南部射水取土力度。由于罐下油浸沥青受热融化坍塌，造成射水孔位置堵塞，且沥青砂不能随水流排出，因此，采取在原射水孔下 800 mm 处增设第二排射水孔的方案。该方案实施后，罐体按预想方向回倾，证实该方法切实有效。

根据倾斜测量监测结果，罐体最终倾斜量为 10 mm，倾斜率 0.87‰，满足相关规范及设计要求。

表 7-10　倾斜观测记录表

观测日期	倾斜量/cm		
	A	B	最大倾斜量
2001.09.18	4.4	8.1	9.2
2001.09.27	3.5	1.9	3.9
2001.09.29	3.7	1.5	4.0
2001.10.02	3.5	1.2	3.7
2001.10.10	1.1	0.5	1.2
2001.10.12	1.0	0.1	1.0

（4）防覆倾加固（见图 7-23）

根据场地勘察资料，该构筑物倾斜的主要原因是西北侧回填土较厚，且地基土侧向挤出原因造成。针对这种情况，防覆倾的重点是增大两侧地基土的承载力，防止地基土侧向挤出并提高土的密实度。经研究采用防覆倾方案如下：

1）对油罐西北—东侧地基进行静压注浆加固处理，参数如下：

注浆孔间距 1.0 m，孔深 3.0 m；套管长度 1.5 m，套管下部 500 mm 长度做成花眼，网眼规格

ϕ15 mm@60 mm；注浆浆材为纯水泥浆，配合比(重量比)为：水∶水泥＝1∶1，注浆压力 1.0 MPa。

2）在罐周侧壁下进行砖梁托换加固，梁宽度 24 cm，高度 37 cm，采用 MU10 红砖 M7.5 砂浆砌筑，并采取水泥浆灌缝处理。

3）罐基圆台周边加砌 240 mm 厚砖墙，墙内填土夯实，防止罐基砂土侧向挤出。

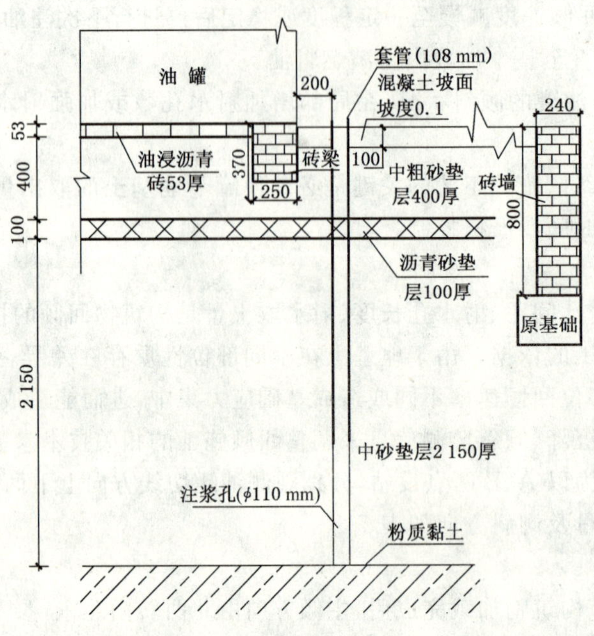

图 7-23　防覆倾地基加固剖面图

7. 结语

(1) 采用辐射井射水取土法对油罐基础进行迫降纠倾，必须做好前期勘察及对建筑物情况的调查工作，找出油罐倾斜原因。

(2) 必须仔细研究构筑物沉降及回倾监测情况，分析产生阻力的原因，发现问题及时采取有效办法加以解决。

(3) 对类似的圆形构筑物由于其破坏具有突然性，且造成危害较大，因此必须做到均匀取土、稳步回倾，确保其结构安全。

(4) 防覆倾措施必须保证油罐基础倾斜不再发展，应针对倾斜产生原因对建筑物的地基进行处理。

第八章

环墙式基础的内力分析与配筋

在 SH 3068《石油化工企业钢储罐地基与基础设计规范》中已明确规定：当地基土为软土，地基不能满足承载力设计值要求，且计算沉降差不能满足规范规定的允许值或地震作用地基土有液化时，宜采用环墙式（钢筋混凝土）罐基础。环墙可用来抵抗和调节地基局部差异沉降，其能力取决于环墙的刚度大小和地基土的好坏，并同储罐的重要性程度以及储罐结构类型等因素有关。因此在大型储罐基础设计中，为了防止基础边缘的局部剪切破坏或冲切破坏，增加整体刚度，减少罐基础边缘的不均匀沉降，需要控制、调整罐周的不均匀沉降，所以大多数储罐是把储罐壁板直接放置在环墙基础上。

1. 罐壁直接放置在环墙基础上的优点

经几十年的实践，把储罐的罐壁直接放置在环墙基础上有以下的优点：

(1) 储罐在充水预压和使用过程中，环墙能将罐壁的集中荷载均布传递到土中，使环墙底端的地基土应力分布均匀，可以防止罐壁过大的不均匀变形。

(2) 环墙能保持罐底下的回填土不致于流散冲失，即防止基础内砂垫层的侧向变形，增强地基抵抗塑性区开展的能力，调整其中心与边缘的差异沉降。

(3) 在软土地基上建造储罐，一般都有很大的下沉量，因此在基础设计时将罐底安装标高作预抬高，预抬高的数值根据工艺对罐底标高的设计要求及储罐的沉降量的估算值而定。设置环墙可以大量节省为了满足场地预抬高所需的土方量，使环墙外侧可以不必填土石方，减轻了储罐场地的外加荷载，从而也可以适当地减少储罐的下沉，这在沿海低洼地区且土方来源短缺的情况下更能体现其技术经济价值。

(4) 在储罐下沉稳定以后，若罐壁出现较大的倾斜或差异下沉需要进行调整时，则环墙可作为刚性垫块用来安放千斤顶，将储罐顶起进行调整。

(5) 正常的储罐安装，沿着周边对表面不平度有一定要求，设置环墙便于解决这个问题。由于环墙高出罐区设计地坪，储罐的腐蚀和维修费用将大大减少。

(6) 环墙基础可以比护坡式基础减少基础的占地面积，本书在几个实例的实测数据也说明了基础设置环墙后，由于环墙刚度的影响，地面沉降减少，地面沉降的相邻影响范围缩小了，储罐基础之间的相互影响的距离也可减少。所以储罐基础设置环墙后可以缩小储罐之间平面布置的间距，减少占地面积，减少基础之间由于地面变形产生的相互影响。

2. 储罐基础中环墙的作用

人们通过储罐在软土地基的充水预压试验研究，对储罐基础中环墙的作用进行了分析，其主要作用有以下几点：

(1) 储罐环墙与一般房屋建筑条形基础的作用是有区别的，一般房屋建筑条形基础是房屋中必不可少的组成部分，整个上部结构的荷载都是靠基础来传递和扩散到地基上去的。但是储罐的环墙则不然，它不是储罐本体的组成部分，储罐上的荷重极大部分也不是靠环墙传递和扩散的，只有在沿储罐罐壁下的地基有可能出现不均匀下沉的情况时，设置环墙才能发挥其作用。因为大型钢储罐全部是由钢板焊接成的薄壁结构，这种结构物具有柔性大、刚度小的特点，因此它能经受起与一般房屋建筑所不能经受的地基的变形，特别是储罐的底板，它能经受起地面很大的不均匀下沉，但是储罐壁板相对于底板比较而言，适应地基不均匀下沉的能力就小得多了。因此，如果在储罐罐壁下地基出现过大的沉降差，那么对于固定顶储罐则可以造成储罐壁板的局部失稳，罐壁产生翘曲，或使罐壁产生过大的局部应力集中现象，威胁储罐的安全；而对浮顶储罐往往会出现罐壁圆度的改变，使呈椭圆形，影响浮顶的升降。

如果在罐壁下设置钢筋混凝土环墙，那么，环墙作为罐壁和地基土之间的中间过渡体，使地基的局部变形不直接反映到罐壁上来，而是通过环墙的调整缓解以后再反映到罐壁，而环墙自身也具有一定的刚度，对地基的集中变形也具有制约作用。实际上环墙是处在弹性地基上的一个弹性封闭圆环，一旦在圆环上某点位处出现较大的竖向局部沉降或过快的沉降速率，由于环墙刚度的影响迫使地基土的变形与环墙的弹性变形保持协调一致，其结果就能使该处沉降减少，或使该点土的沉降速率减慢。所以，由于有着环墙的存在，就出现储罐基础在充水预压地基的过程中，基础的沉降出现前后左右摇摆下沉的现象，这种摇摆下沉实际上是地基、环墙、罐壁三者不断取得变形协调一致的过程，通过这一协调过程，将环墙基础下面可能出现威胁罐壁安全的集中变形不断向环墙基础两侧方向扩散，使集中变形扩散为环墙上的分布变形，使储罐壁板避免了局部应力集中的现象。

(2) 对某些变形特性差异较大的地基或对地基产生不均匀沉降比较敏感的储罐(如浮顶储罐)，通过环墙可以逐步调整基础的不均匀沉降，但是环墙调节地基局部变形的能力，主要取决于环墙截面刚度的大小和地基土的好坏。一般当土质均匀性很差时，环墙高度宜适当加大；当沉降量很大时，环墙刚度也宜适当加大。反之，环墙刚度可取小些。

(3) 环墙与内侧砂垫层经过压密后共同组成一个与储罐直径相同的圆柱形的组合弹性块体，作为储罐的基础，如果环墙高度较大，则整个圆柱形的组合弹性块体也就具有较大的空间刚度，足以影响和调整储罐范围内软土地基的差异沉降，起到了减少储罐基础中心点与边缘点之间的沉降差，减少储罐底板的挠曲变形。若环墙高度越高，地基变形模量越低，使弹性块体与地基的刚度也越大，则影响和调整储罐基础差异沉降的作用就越显著。

总之，环墙的作用是明显的，但是这种作用主要体现在储罐充水预压过程中地基产生很大的下沉，并限制基础产生差异沉降的条件下，环墙才能充分发挥其作用，一旦储罐基础的大量沉降已基本完成，地基土的强度已经获得增长与提高，这时环墙的主要使命也就基本完成了。

环墙基础一般可按照环墙采用的材料分为钢筋混凝土环墙或砖砌环墙二种。当储罐容积较小，在 1 000 m^3 和 1 000 m^3 以下，而地基土又较好，设计可采用砖砌环墙，但在环墙顶面要设置钢筋混凝土环形圈梁；钢筋混凝土环墙如按施工方法的不同进行分类，也可分为现浇钢筋混凝土环墙或预制装配式环墙(先预制成弧形梁，二端预留后浇缝接头，进行二次浇灌成整体环墙)两类。

设计环墙究竟采用何种材料，考虑采用何种方法施工，均应根据储罐的重要性程度、储罐的结构类型和容积大小，地基土质的好坏，施工条件及技术经济分析等因素综合考虑确定。

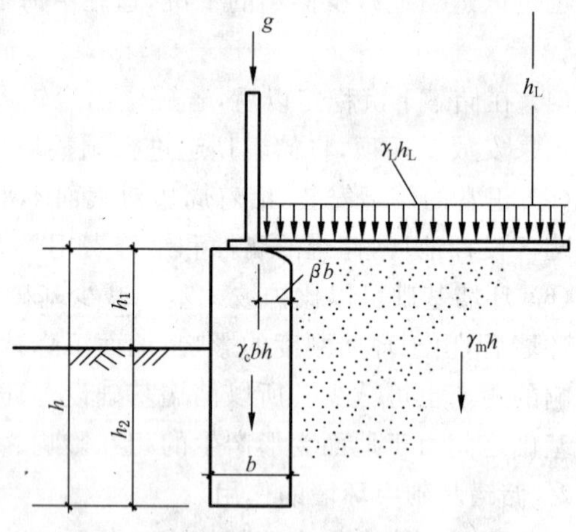

h—环墙高度，m；h_1—环墙露出地面高度，m；
h_2—环墙埋置深度，m；b—环墙厚度 m；
β—罐壁伸入环墙顶面厚度系数，一般可取 0.3～0.6，宜取 0.5；
γ_L—罐内使用阶段储存介质的重度，kN/m^3；
γ_c—环墙的重度，kN/m^3；
γ_m—环墙内各层介质的平均重度，kN/m^3；
h_L—环墙顶面至罐内最高储液面高度，m

图 8-1 环墙上作用的荷载图

一、荷载计算和地震作用

环墙上的荷载，常见的有垂直荷载、水平荷载和温差引起的温度变形以及材料性质引起的收缩和徐变等，在地震设防区，还应考虑地震作用对环墙的影响，现分述如下。

1. 垂直荷载(见图 8-1 环墙上作用荷载图)

(1) 罐体自重及保温重。储罐罐壁底端传给环墙顶端的线分布荷载 g，可按下式计算：

$$g=\frac{G_t+G_I-G_{t,B}}{\pi} \tag{8-1}$$

式中：g——罐壁板底端传给环墙顶端的线分布荷载，kN/m；

G_t——储罐总重，kN；

G_I——有保温层时，应包括保温层的重量，kN；

$G_{t,B}$——储罐底板自重，kN；

D——储罐的直径，m。

现将常用的拱顶储罐、浮顶储罐及内浮顶储罐的有关数据列于表 8-1、表 8-2 和表 8-3 中。

表 8-1　拱顶储罐系列

序号	公称容积/m^3	计算容积/m^3	底圈罐壁内径/mm	罐壁高度/mm	储罐罐体总重量 G_t/kN	罐壁底端传给环墙顶端的线分布荷载标准值 g/(kN/m)
1	100	110	5 172	5 300	42.4	2.5
2	200	220	6 620	6 470	67.2	3.0
3	300	330	7 750	7 070	88.2	3.3
4	400	440	8 288	8 270	105.9	3.7
5	500	550	8 983	8 810	138.6	4.4
6	700	770	10 263	9 410	173.9	4.7
7	1 000	1 100	11 580	10 580	254.9	6.1
8	2 000	2 200	15 781	11 370	438.8	7.5
9	3 000	3 300	18 992	11 760	615.1	8.6
10	5 000	5 500	23 760	12 530	1 102.8	11.9
11	10 000	10 700	31 282	14 070	2 104.5	17.5

注：1. 表中 g 为罐壁底端单位周长传给环墙顶面重量(未包括保温重)，kN/m；

2. 本表罐体总重未包括盘梯金属重在内；

3. 表中为石化总公司系列。

表 8-2　浮顶储罐系列

序号	公称容积/m^3	计算容积/m^3	储罐内径/m	罐壁高度/mm	储罐罐体总质量 G_t/kN	罐壁底端传给环墙顶端的线分布荷载标准值/(kN/m)
1	1 000	1 077	12	9 520	369	3.9
2	2 000	2 095	14.5	12 690	549	5.5
3	3 000	3 051	16.5	14 270	744	7.0
4	5 000	5 424	22	14 270	1 236	8.7
5	10 000	10 111	28.5	15 850	1 988	12.3
6	20 000	20 419	40.5	15 850	3 277	12.9
7	30 000	32 158	46	19 350	5 087	20.6

续表 8-2

序号	公称容积/m³	计算容积/m³	储罐内径/m	罐壁高度/mm	储罐罐体总质量 G_t/kN	罐壁底端传给环墙顶端的线分布荷载标准值/(kN/m)
8	50 000	54 711	60	19 350	8 995	27.1
9	100 000	107 000	80	21 000	19 600	29.6
10	1 500 000	167 000	100	21 800	29 000	29.6

注：1. 表中 g 为罐壁底端单位周长传给环墙顶面重量(未包括保温重)，kN/m；

2. 系列中还有 70 000 m³ 容积储罐，因国内标准未经颁布，本表暂不列入。目前国内投产的 100 000 m³ 储罐，大部分是国外进口的钢材；

3. 表中为石化总公司系列。

表 8-3　内浮顶储罐系列

序号	公称容积/m³	计算容积/m³	储罐内径/mm	罐壁高度/mm	总高/mm	储罐总重 G_t/kN	罐壁底端传给环墙顶端的线分布荷载标准值/(kN/m)
1	100	110	4 500	7 850	8 327	81.70	5.25
2	200	220	5 500	10 260	10 847	126.20	6.66
3	300	320	6 500	10 650	11 345	159.80	7.06
4	400	430	7 500	10 650	11 455	192.80	7.30
5	500	530	8 200	11 000	11 881	222.20	7.66
6	600	635	9 000	11 000	11 969	258.35	8.08
7	700	764	9 200	12 500	13 491	287.20	8.85
8	800	864	10 000	12 000	13 078	319.25	8.98
9	1 000	1 140	11 500	12 000	13 254	394.30	10.9
10	1 500	1 650	13 000	13 500	14 905	514.25	12.59
11	2 000	2 186	14 500	14 350	15 919	609.50	13.38
12	3 000	3 360	17 000	15 850	17 691	894.85	16.75
13	5 000	5 360	21 000	16 500	18 778	1 344.35	20.30
14	10 000	10 700	30 000	16 500	19 760	2 865.20	30.4
15	20 000	22 400	42 000	17 500	22 046	5 108.85	38.7
16	30 000	31 300	44 000	22 000	26 788	6 902.70	49.9

注：1. 计算容积按罐底上表面到罐壁气孔下沿的圆筒几何容积；

2. 表中为化学工业部系列。

(2) 罐内介质重。根据罐内储存介质的重度 γ_L 和储存介质的高度 h_L，可以求出介质作用于罐底板上的均布荷重：

$$g_L = \gamma_L h_L \tag{8-2}$$

式中：g_L——罐内介质作用于罐底板上的均布荷重，kN/m²。

γ_L——储罐内的介质重度，kN/m³；

h_L——储罐内储存的介质高度，m。

表 8-4 列出石油化工、轻工等行业常用罐内储存的介质重度 γ_L，仅供设计参考。

表 8-4　储罐内的介质重度 γ_L

介质名称	介质重度 $\gamma_L/(kN/m^3)$	介质名称	介质重度 $\gamma_L/(kN/m^3)$
煤油	7.8～8.1	尾 油	7.8
汽 油	7.4～7.8	抽余油	8.4
轻柴油	8.1～8.4	脂肪酸	8.5～9.0
重柴油	8.4～8.6	酒精(乙醇)	8.04(浓度 95%)
原油	8.6～8.9	甲 醇	
重油	9.2～9.6	甘油	12.6
渣油	9.2～9.8	甲脂	
皂用蜡	7.6～7.8		13.4～14.1(中性)
轻蜡	7.5	泡花碱	
苯	8.8		17.1(碱性)
烷基苯	8.7	液碱	14.5(浓度 42%)
裂解蜡	8.3		13.3(浓度 30%)
脂肪醇	8.3	润滑油	7.4
头油	7.8	食用油	9.3

(3) 环墙自重。环墙自重 G_C 可按环墙的实际尺寸进行计算。

2. 环墙上水平荷载

第一种计算方法：由储罐内介质或充水时产生的环墙侧压力，类似于土体超载时对挡土墙产生的侧向土压力，习惯上按主动土压力计算。

根据朗金土压力理论，可得以下公式：

$$q_2=\gamma_L h_L \tan^2(45°-\varphi)$$
$$q_1=\gamma_m h \tan^2\left(45°-\frac{\varphi}{2}\right)+q_2 \tag{8-3}$$

式中：h_L——储罐内储存介质或水的高度，m；

γ_L——储罐内储存介质或水的重度，kN/m³；

h——环墙的高度，m；

γ_m——环墙内填料(砂或土)的平均重度，kN/m³；

φ——环墙内填料(砂或土)的内摩擦角，(°)；

q_2、q_1——在深度 $h=0$ 及 h 处，填料的侧向压力。

实际上环墙外侧还应考虑被动土压力，但是被动土压力只有当土体产生较大变形时，方能达到被动土压力的计算公式中所得的数值，因此，在一般情况下被动土压力要比公式计算所得的数值要小得多，故在环墙设计中可不予考虑。

对于计算环墙内侧的土压力，目前有不同的看法，根据国外文献资料介绍，砂土达到主动土压力状态，必需有一定的位移，但是储罐在试水和使用过程中，环墙实际变位还远远没有达到朗金主动土压力条件，这说明环墙的变形特征和主动土压力条件是不一致的，应用朗金主动土压力公式计算结果会产生比实际侧压力小的可能，这在工程上是偏于不安全的。

第二种计算方法：根据实测和调查分析，认为环墙内力按以往理论公式计算结果是偏大的，实测环墙内侧土压力分布是上部小、中间大(约 2/3 环墙高度处)、下部小，类似于半无限体内应力扩散的分布规律，不同于理论计算中的主动土压力或静止土压力的分布规律。

3. 施工季节温差产生的温度作用

在某些工程实例中，环墙在储罐尚未投产使用前，就出现环墙裂缝。上述现象经分析认为，引起这种开裂的主要原因是由于大气温度的变化使环墙产生温度变形，当变形受到阻碍时，环墙就产生温度应力。这一点，对于露出地面较高部分的钢筋混筋土环墙，特别要引起注意。经计算分析，温度作用产生的内力，要比朗金公式计算的土压力产生的应力大 1.5～2.4 倍，可见温差产生的温度应力是不容忽视的。

4. 混凝土收缩、徐变产生的作用

混凝土具有湿胀干缩的物理特性，储罐现浇环墙在施工期间的湿度变化会引起体积变化。它与温度变化相似，当这种体积变化受到约束时，混凝土便会产生湿度应力。

当储罐直径较大时，环墙周长超过 20～30 m，达到 120～310 m，属超长薄壁混凝土结构。环墙混凝土的收缩变化规律及裂缝开展，与施工质量和养护条件等因素有关。储罐环墙遭受最大湿度变形是在施工期间，在这之后的湿度变形就比较小，只剩余一部分收缩。工程实践说明，现浇环墙大多在早期出现裂缝，特别是在施工条件多变，环墙内回填砂土不及时，养护较差等情况下，更容易在储罐未投入使用或刚投入使用时，就出现裂缝的现象(如上海金山油罐基础环墙出现大量裂缝)。

5. 地震作用

在我国辽宁海城和唐山等地发生地震后，调查了各类钢储罐的环墙和圆形钢筋混凝土储罐共 100 多个。这些圆形结构都是地下或半地下式的，地震时储罐内储存的液体深度不一。调查表明，其中绝大部分经受住了地震考验，没有损坏，只有少数有轻微开裂，但仍能继续使用。对圆形结构进行动态作用下的模型试验表明，它所受动土压力值要比直墙上的动土压力低。在动土压力或动液体压力作用下，圆形结构的最大环向应力为 0.1～0.3 MPa 的数量级，不至于使圆形结构破坏。在几次地震作用中也证实了这一点，说明经过正规静力设计的圆环结构的抗震性能很好。一般抗震设防烈度为 6 度、7 度或 8 度(容积较小的储罐)，可不进行抗震强度验算，仅作构造处理即可。但抗震设防烈度 8 度区，容积较大储罐(大于或等于 50 000 m^3)及抗震设防烈度 9 度区的环墙，仍需进行抗震验算。

在上述各项荷载计算中，根据 GB 50009—2001《建筑结构荷载规范》规定，按承载力极限状态和正常使用极限状态分别进行荷载效应组合，并取最不利组合进行设计。荷载分项系数可按下列规定采用：

——储罐永久荷载分项系数 γ_{Qt} 取 1.2；

——填料自重分项系数 γ_{Qm} 取 1.0；

——水自重的分项系数 γ_{Qw} 取 1.1；

——重要性系数 γ_0 取 1.0。

二、环墙尺寸的确定

钢筋混凝土环墙尺寸的确定，主要依据场地上地质情况、储罐的结构特征、容积的大小等因素综合考虑来确定。环墙的作用已在本章前面加以叙述，环墙主要是用来抵抗和调节地基的差异沉降，其抵抗和调节能力取决于环墙刚度的大小和地基土的好坏。所以，合理选择环墙截面尺寸，是个很关键的问题。在确定环墙截面尺寸时，应考虑以下几个因素：

(1) 在确定环墙高度时，除了考虑工艺上安装标高和储罐基础周边高出设计地面至少不小于 30 cm，以及根据基础的沉降计算，考虑最终沉降量而采取的预抬高安装的高度要求外，环墙的埋置深度还应满足规范的规定。在《石油化工企业钢储罐地基与基础设计规范》中规定，环墙基础的埋置深度(以沉降基本稳定为准)不宜小于 0.6 m，在寒冷地区应考虑冻结深度。在地震区当地基土又有液化可能性时，埋置深度不宜小于 1 m。

(2) 环墙的厚度确定，应考虑储罐容积的大小和地基土的好坏及环墙设计的总高度 h 这三个因素来决定。一般容积大的储罐，环墙的厚度应厚一些，对容积小的储罐，环墙的厚度可以薄一些；另外土质好的地基，环墙的厚度可以小一些，土质不好的地基，考虑基础沉降量大，环墙刚度要适应基础的大沉降，所以环墙的厚度也应加大一些；另外如果环墙的总高度较高，环墙应设计厚一些，以便满足基本刚度的要求。国内外一些规范和标准，对环墙最小厚度也作了具体的规定，见表 8-5，表中的规定主要是针对大型储罐而言，如果储罐的容积小，地基的土质又好，可按表 8-5 中序号 5 建议值选用。

表 8-5　环墙的最小厚度 b

序 号	标　准　规　定	环墙最小厚度/mm
1	美国(API-650—73)	300
2	英国(BS-2654—73)对不良地基	456
3	日本(JZS B-8501—76)	300
4	石油化工企业钢储罐地基与基础设计规范	250
5	本书建议[1)]	200
1) 2 000 m^3 以下的储罐环墙绝大部分用 200 mm 厚，见表 8-6。		

(3) 在选择环墙截面的厚度时，还应考虑环墙刚度能否适应可能出现的基础不均匀沉降情况，对于地基土软弱、土质均匀性差或基础沉降又较大时，环墙的刚度应适当加大；对地基较好，土质又比较均匀，或基础的沉降又较小时，环墙的刚度可以取得小一些。

(4) 除考虑上述三条因素外，还应根据储罐的重要性程度和储罐结构的类型不同来确定环墙截面尺寸。如对浮顶储罐，因顶盖是活动的，当顶盖下落时因顶部敞开，整个储罐的刚度较差，当储罐基础出现不均匀沉降，往往会出现罐壁圆度的改变，形成椭圆形，会影响浮顶的升降，严重的直接使储罐不能正常工作，因此，对控制其地基沉降和不均匀沉降要求较严，所以对设计环墙的刚度应当大一些。而对固定顶储罐相对来说其环墙的刚度可以设计小一些。

以上是设计环墙截面尺寸的一般原则，但决不是绝对的，因为环墙的刚度对直径很大的储罐来说毕竟是有限的，而调整差异沉降的能力也是有限的，利用它来调整基础的差异沉降量很大的局部地基变形也是不经济的，因此，不应盲目增大环墙截面或盲目加大钢筋截面。

环墙厚度一般依据下列假定来确定。为了使储罐基础的不均匀沉降尽可能减少，假定环墙底面 a 点的地基承压力与环墙内侧同一深度储罐底面 b 点的地基承压力相等的条件求得环墙厚度见图 8-2。

假设 a 点和 b 点上的地基承压力相等，即

$$P_a = P_b \tag{8-4}$$

$$\frac{\gamma_L h_L \beta b + g - \gamma_C h b}{b} = \gamma_L h_L + \gamma_m h \tag{8-5}$$

式中：h——环墙高度，m；

b——环墙厚度，m；

g——储罐壁板底端传给环墙顶端的线分布荷载标准值(当有保温层时，应包括保温层的荷载标准值)，kN/m；

γ_L——储罐内使用阶段储存介质的重度，kN/m^3；

γ_C——环墙的重度，kN/m^3；

γ_m——环墙内填料的平均重度，kN/m^3；

h_L——环墙顶面至储罐内最高储存介质面的高度，m；

β——储罐壁板伸入环墙顶面厚度系数。

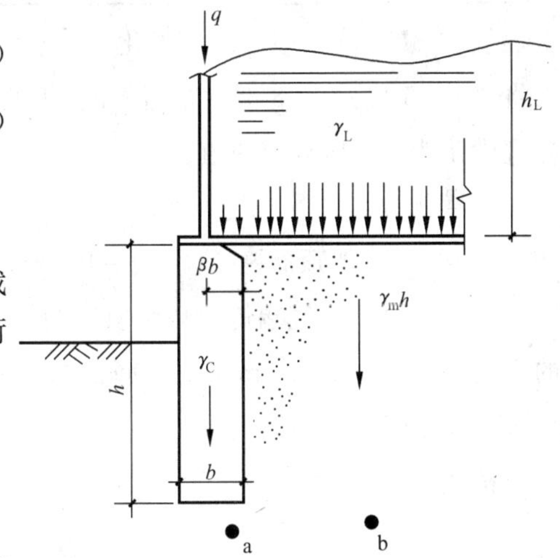

图 8-2　环墙设计简图

将式(8-5)整理后得：

$$b = \frac{g}{(1-\beta)\gamma_L h_L - (\gamma_C - \gamma_m)h} \tag{8-6}$$

$$\beta = 1 - \frac{g}{\gamma_L h_L b} - \left(\frac{\gamma_C}{\gamma_L} - \frac{\gamma_m}{\gamma_L}\right)\frac{h}{h_L} \tag{8-7}$$

如环墙为钢筋混凝土构件取 $\gamma_C=25\ kN/m^3$，环墙内填料平均重度取 $\gamma_m=18\ kN/m^3$，式(8-6)可简化为：

$$b=\frac{g}{(1-\beta)\gamma_L h_L-0.7\,h} \tag{8-8}$$

如储罐内储存介质的重度 γ_L 为 $7.5\ kN/m^3$，式(8-7)可简化为：

$$\beta=1-1.333\frac{g}{h_L b}-0.933\frac{h}{h_L} \tag{8-9}$$

式(8-5)中 β、b 均为待定变数，b 取决于储罐的重要性程度、储罐的结构类型、储罐的容积大小、地基土的好坏，以及环墙的高度等因素，并非式(8-5)所能确定的。根据以往的设计经验，常用的储罐系列的环墙厚度不宜小于表 8-6 所规定。因此式(8-5)中 β 宜取为应变数，将 b 值代入式(8-7)求得 β 值，一般 β 为 0.3～0.6，宜取 0.5。

表 8-6 环墙厚度 *b* 值表

储罐的结构类型	储罐容积/m³										
	≤800	1 000	2 000	3 000	5 000	10 000	20 000	30 000	50 000	100 000	150 000
浮顶储罐 内浮顶储罐	0.20 0.25 —	0.20 0.25 0.30	0.20 0.25 0.30	0.25 0.30 0.35	0.25 0.30 0.35	0.30 0.35 0.40	0.30 0.35 0.40	0.30 0.35 0.40	0.35 0.40 0.45	0.40 0.45 0.50	0.50 0.55 0.60
固定顶储罐	0.20 0.25	0.20 0.25	0.20 0.25	0.20 0.25	0.25 0.30	0.30 0.35	—	—	—	—	—

注：1. 表中 b 值单位为 m；

2. 表中 b 值由环墙高度大小和地基土的好坏确定。高度大、地基土不好取大值，反之，取小值。

但在 SH 3068—1995《石油化工企业钢储罐地基与基础设计规范》中，明确 β 值宜取 0.5，因此也可以将 $\beta=0.5$ 代入式(8-6)中求得 b 值，所求的 b 值应取一个整数，以 50 mm 为模数，直接确定环墙厚度，并宜满足表 8-6 所规定的值。

现举例计算：

20 000 m³ 浮顶储罐，直径 $D=40.5$ m，储罐内储存介质的高度 $h_L=13.0$ m，取 $\beta=0.5$，设计环墙高度 $h=2.0$ m，罐壁底端传给环墙顶端的线分布荷载(考虑保温层重)$g=13.50$ kN/m，储罐内储存介质的重度 $\gamma_L=7.50\ kN/m^3$，取钢筋混凝土环墙的重度 $\gamma_C=25\ kN/m^3$，环墙内填料的平均重度 $\gamma_m=18\ kN/m^3$，试求环墙厚度 b。

按式(8-6)计算

$$b=\frac{13.50}{(1-0.5)\times7.5\times13-(25-18)\times2}=0.285\ m$$

取 $b=0.30$ m。

三、环墙设计调查

环墙厚度和环墙配筋的设计经过调查，设计很不一致，特别是环墙的配筋的大小有很大出入。我们对 100 台储罐基础作了调查，并进行了分析。其结果见表 8-7、图 8-3 和图 8-4。

表 8-7　100 台储罐基础环墙内力、配筋计算比较表

序号	储罐编号	地点	储罐型式	容积/m^3	储罐尺寸/m		环墙尺寸/m		环向配筋		实际配筋承受的环向力/(kN/m)	按 1984 规范计算环向力/(kN/m)	按 1984 规范计算环向配筋		按 1995 规范计算环向力/(kN/m)	按 1995 规范计算环向配筋		⑬/⑫	⑮/⑪	⑯/⑫	⑱/⑪	实测基础平均沉降/cm
					直径 D	高度 H	厚度 b	高度 h	数量	mm^2/m			数量	mm^2/m		数量	mm^2/m					
①	②	③	④	⑤	⑥	⑦	⑧	⑨	⑩	⑪	⑫	⑬	⑭	⑮	⑯	⑰	⑱	⑲	⑳	㉑	㉒	㉓
1	1050	上海	浮顶	20 000	40.63	15.89	0.45	3.3	ϕ16 @135	1 490	715.2	1928	ϕ16 @42	4 820	2 169.3	ϕ16 @46	4 338	2.70	3.23	3.03	2.91	111.7
2	235	浙江	固定顶	10 000	31.28	14.07	0.50	2.3	∅18 @175	1 454	498.5	1 123	∅18 @78	3 275	1 391.2	∅18 @77	3 312	2.25	2.25	2.79	2.28	167.2
3	234	浙江	固定顶	10 000	31.28	14.07	0.50	2.3	∅18 @175	1 454	498.5	1 123	∅18 @78	3 275	1 391.2	∅18 @77	3 312	2.25	2.25	2.79	2.28	169.1
4	239	浙江	固定顶	10 000	31.28	14.07	0.50	2.3	∅18 @175	1 454	498.5	1 123	∅18 @78	3 275	1 391.2	∅18 @77	3 312	2.25	2.25	2.79	2.28	157.3
5	237	浙江	固定顶	10 000	31.28	14.07	0.50	2.3	∅18 @175	1 454	498.5	1 123	∅18 @78	3 275	1 391.2	∅18 @77	3 312	2.25	2.25	2.79	2.28	162.1
6	238	浙江	固定顶	10 000	31.28	14.07	0.50	2.3	∅18 @175	1 454	498.5	1 123	∅18 @78	3 275	1 391.2	∅18 @77	3 312	2.25	2.25	2.79	2.28	160.8
7	236	浙江	固定顶	10 000	31.28	14.07	0.50	2.3	∅18 @175	1 454	498.5	1 123	∅18 @78	3 275	1 391.2	∅18 @77	3 312	2.25	2.25	2.79	2.28	145.7
8	201	浙江	固定顶	10 000	31.28	14.07	0.50	2.3	∅18 @175	1 454	498.5	1 123	∅18 @78	3 275	1 391.2	∅18 @77	3 312	2.25	2.25	2.79	2.28	161.4
9	202	浙江	固定顶	10 000	31.28	14.07	0.50	2.3	∅18 @175	1 454	498.5	1 123	∅18 @78	3 275	1 391.2	∅18 @77	3 312	2.25	2.25	2.79	2.28	157.4
10	203	浙江	固定顶	10 000	31.28	14.07	0.50	2.3	∅18 @175	1 454	498.5	1 123	∅18 @78	3 275	1 391.2	∅18 @77	3 312	2.25	2.25	2.79	2.28	161.9

续表 8-7

序号	储罐编号	地点	储罐型式	容积/m³	储罐尺寸/m		环墙尺寸/m		环向配筋		实际配筋承受的环向力/(kN/m)	按1984规范计算环向力/(kN/m)	按1984规范计算环向配筋		按1995规范计算环向力/(kN/m)	按1995规范计算环向配筋		⑬/⑫	⑮/⑪	⑯/⑫	⑱/⑪	实测基础平均沉降/cm
					直径 D	高度 H	厚度 b	高度 h	数量	mm²/m			数量	mm²/m		数量	mm²/m					
①	②	③	④	⑤	⑥	⑦	⑧	⑨	⑩	⑪	⑫	⑬	⑭	⑮	⑯	⑰	⑱	⑲	⑳	㉑	㉒	㉓
11	204	浙江	固定顶	10 000	31.28	14.07	0.5	2.3	∅18 @175	1 454	498.5	1 123	∅18 @78	3 275	1 391.2	∅18 @77	3 312	2.25	2.25	2.79	2.28	158.4
※ 12	101	金山	固定顶	10 000	31.28	14.07	0.425	1.8	∅18 @150	1 697	581.8	1 165.2	∅18 @75	3 398	1 320.9	∅18 @81	3 145	2.0	2.0	2.27	1.85	84.2
13	102	金山	固定顶	10 000	31.28	14.07	0.425	1.8	∅18 @150	1 697	581.8	1 165.2	∅18 @75	3 398	1 320.9	∅18 @81	3 145	2.0	2.0	2.27	1.85	87.2
※ 14	121	金山	固定顶	10 000	31.28	14.07	0.425	1.8	∅18 @150	1 697	581.8	1 165.2	∅18 @75	3 398	1 320.9	∅18 @81	3 145	2.0	2.0	2.27	1.85	72.4
15	123	金山	固定顶	10 000	31.28	1.407	0.425	1.8	∅18 @150	1 697	581.8	1 165.2	∅18 @75	3 398	1 320.9	∅18 @81	3 145	2.0	2.0	2.27	1.85	55.8
16	124	金山	固定顶	10 000	31.28	1.407	0.425	1.8	∅18 @150	1 697	581.8	1 165.2	∅18 @75	3 398	1 320.9	∅18 @81	3 145	2.0	2.0	2.27	1.85	41.8
17	131～136 141～147	金山	固定顶	5 000	22.72	13.63	0.425	1.46	∅16 @150	1 341	459.8	792.5	∅16 @87	2 311	900.4	∅16 @94	2 144	1.72	1.72	1.96	1.6	—
※ 18	151～156	金山	固定顶	3 000	18.58	12.3	0.425	1.43	∅14 @200	770	264	593.7	∅14 @89	1 732	673.9	∅14 @96	1 605	2.25	2.25	2.55	2.08	—
19	157～158 161～167	金山	固定顶	1 000	12.05	9.6	0.35	1.28	∅12 @250	452	154.9	308.9	∅12 @126	901	350	∅12 @136	833	1.99	1.99	2.26	1.84	—

续表 8-7

序号	储罐编号	地点	储罐型式	容积/m^3	储罐尺寸/m		环墙尺寸/m		环向配筋		实际配筋承受的环向力/(kN/m)	按1984规范计算环向力/(kN/m)	按1984规范计算环向配筋		按1995规范计算环向力/(kN/m)	按1995规范计算环向配筋		⑬/⑫	⑮/⑪	⑯/⑫	⑱/⑪	实测基础平均沉降/cm
					直径 D	高度 H	厚度 b	高度 h	数量	mm^2/m			数量	mm^2/m		数量	mm^2/m					
①	②	③	④	⑤	⑥	⑦	③	⑨	⑩	⑪	⑫	⑬	⑭	⑮	⑯	⑰	⑱	⑲	⑳	㉑	㉒	㉓
20	—	金山	固定顶	30 000	44.66	19.07	0.45	0.80	∅18 @80	3 181	1 091	1 943.5	∅18 @45	5 669	2 226.5	∅18 @48	5 301	1.78	1.78	2.04	1.67	—
21	330	高桥	无力矩	1 000	12.01	9.6	0.20	2.1	∅12 @100	1 131	387.8	349.7	∅12 @111	1 020	393.1	∅12 @121	936	0.9	0.9	1.01	0.83	51
22	331	高桥	无力矩	1 000	12.01	9.6	0.20	2.1	∅12 @100	1 131	387.8	349.7	∅12 @111	1 020	393.1	∅12 @121	936	0.9	0.9	1.01	0.83	45.6
23	176	高桥	无力矩	3 000	19.18	11.74	0.30	1.4	∅16 @100	2 011	689.5	587.8	∅16 @117	1 714	667	∅16 @127	1 588	0.85	0.85	0.97	0.79	56.9
24	177	高桥	无力矩	3 000	19.18	11.74	0.30	1.4	∅16 @100	2 011	689.5	587.8	∅16 @117	1 714	667	∅16 @127	1 588	0.85	0.85	0.97	0.79	59.1
25	178	高桥	固定顶	2 000	15.97	11.74	0.3	1.5	ϕ10 @100	785	314	496.2	ϕ10 @63	1 241	562.5	ϕ10 @70	1 125	1.58	1.58	1.79	1.43	64.2
26	179	高桥	固定顶	2 000	15.97	11.74	0.3	1.5	ϕ10 @100	785	314	496.2	ϕ10 @63	1 241	562.5	ϕ10 @70	1 125	1.58	1.58	1.79	1.43	66.4
27	180	高桥	固定顶	2 000	15.97	11.74	0.3	1.8	ϕ16 @145	1 387	554.8	516.6	ϕ16 @156	1 292	58.41	ϕ16 @172	1 168	0.93	0.93	1.05	0.84	52.7
28	181	高桥	固定顶	2 000	15.97	11.74	0.3	1.8	ϕ16 @145	1 387	554.8	516.6	ϕ16 @156	1 292	584.1	ϕ16 @172	1 168	0.93	0.93	1.05	0.84	60.8
29	342	高桥	固定顶	1 000	12.08	9.6	0.25	1.7	ϕ12 @100	1 131	452.4	331.2	ϕ12 @137	828	373.7	ϕ12 @151	747	0.73	0.73	0.83	0.66	27.5
30	343	高桥	固定顶	1 000	12.08	9.6	0.25	1.7	ϕ12 @100	1 131	452.4	331.2	ϕ12 @137	828	373.7	ϕ12 @151	747	0.73	0.73	0.83	0.66	51.7

续表 8-7

序号	储罐编号	地点	储罐型式	容积/m^3	储罐尺寸/m		环墙尺寸/m		环向配筋		实际配筋承受的环向力/(kN/m)	按 1984 规范计算环向力/(kN/m)	按 1984 规范计算环向配筋		按 1995 规范计算环向力/(kN/m)	按 1995 规范计算环向配筋		⑬/⑫	⑮/⑪	⑯/⑫	⑱/⑪	实测基础平均沉降/cm
					直径 D	高度 H	厚度 b	高度 h	数量	mm^2/m			数量	mm^2/m		数量	mm^2/m					
①	②	③	④	⑤	⑥	⑦	⑧	⑨	⑩	⑪	⑫	⑬	⑭	⑮	⑯	⑰	⑱	⑲	⑳	㉑	㉒	㉓
31	350	高桥	固定顶	2 000	15.97	11.74	0.3	2.1	ø10 @125	628	251.2	537	ø10 @58	1 343	605.7	ø10 @65	1 211	2.14	2.14	2.41	1.93	31.2
32	351	高桥	固定顶	2 000	1 597	11.74	0.3	2.1	ø10 @125	628	251.2	537	ø10 @58	1 343	605.7	ø10 @65	1 211	2.14	2.14	2.41	1.93	34.2
33	354	高桥	无力矩	2 000	15.97	11.74	0.3	1.4	ø10 @100	785	314	489.4	ø10 @64	1 224	555.4	ø10 @71	1 110.8	1.56	1.56	1.77	1.41	45.3
34	355	高桥	无力矩	2 000	15.97	11.74	0.3	1.4	ø10 @100	785	314	489.4	ø10 @6	1 224	555.4	ø10 @71	1 110.8	1.56	1.56	1.77	1.41	43.9
35	356	高桥	无力矩	2 000	15.97	11.74	0.3	1.4	ø10 @100	785	314	489.4	ø10 @64	1 224	555.4	ø10 @71	1 110.8	1.56	1.56	1.77	1.41	48.9
36	357	高桥	无力矩	2 000	15.97	11.74	0.3	1.4	ø10 @100	785	314	489.4	ø10 @64	1 224	555.4	ø10 @71	1 110.8	1.56	1.56	1.77	1.41	42.1
37	516	高桥	无力矩	1 000	12.08	9.6	0.25	2.5	ø12 @100	1 131	452.4	372.3	ø12 @121	931.3	417.2	ø12 @135	834.4	0.82	0.82	0.92	0.74	19.1
38	517	高桥	无力矩	1 000	12.08	9.6	0.25	2.5	ø12 @100	1 131	452.4	372.3	ø12 @121	931.3	417.2	ø12 @135	834.4	0.82	0.82	0.92	0.74	29.5
39	518	高桥	无力矩	1 000	12.08	9.6	0.25	2.5	ø12 @100	1 131	452.4	372.3	ø12 @121	931.3	417.2	ø12 @135	834.4	0.82	0.82	0.92	0.74	14.5
40	519	高桥	无力矩	1 000	12.08	9.6	0.25	2.5	ø12 @100	1 131	452.4	372.3	ø12 @121	931.3	417.2	ø12 @135	834.4	0.82	0.82	0.92	0.74	35.4
41	196	高桥	固定顶	20 000	40.63	15.89	0.45	3.2	Φ22 @135	2 816	1 367.7	1 910.8	Φ22 @97	3 934	2 151	Φ22 @110	3 469	1.4	1.4	1.57	1.23	63.85

续表 8-7

序号	储罐编号	地点	储罐型式	容积/m³	储罐尺寸/m		环墙尺寸/m		环向配筋		实际配筋承受的环向力/(kN/m)	按 1984 规范计算环向力/(kN/m)	按 1984 规范计算环向配筋		按 1995 规范计算环向力/(kN/m)	按 1995 规范计算环向配筋		⑬/⑫	⑮/⑪	⑯/⑫	⑱/⑪	实测基础平均沉降/cm
					直径 D	高度 H	厚度 b	高度 h	数量	mm²/m			数量	mm²/m		数量	mm²/m					
①	②	③	④	⑤	⑥	⑦	③	⑨	⑩	⑪	⑫	⑬	⑭	⑮	⑯	⑰	⑱	⑲	⑳	㉑	㉒	㉓
42	197	高桥	固定顶	2 000	40.63	15.89	0.45	342	Φ 22 @135	2 816	1 367.7	1 910.8	Φ 22 @97	3 934	2 151	Φ 22 @110	3 469	1.4	1.4	1.57	1.23	61.95
43	198	高桥	固定顶	20 000	40.63	15.89	0.45	342	Φ 22 @135	2 816	1 367.7	1 910.8	Φ 22 @97	3 934	2 151	Φ 22 @110	3 469	1.4	1.4	1.57	1.23	71.2
44	131～139	湖南	浮顶	5 000	21	18.15	0.30	1.5	∅14 @200	770	374	770.6	∅14 @97	1 587	1 066.2	∅14 @89	1 720	2.06	2.06	2.85	2.23	0.66～4.01
45	141～147	湖南	浮顶	3 000	17	17.7	0.30	1.5	∅14 @200	770	374	610.6	∅14 @122	1 257	844.6	∅14 @113	1 362	1.63	1.63	2.26	1.77	0.96～4.57
46	803～806	湖南	固定顶	5 000	21	15.86	0.30	1.8	∅12 @150	754	258.5	709.2	∅12 @55	2 069	977.8	∅12 @49	2 328	2.74	2.74	3.78	3.09	—
47	801～802	湖南	浮顶	10 000	28.5	15.86	0.35	1.8	∅12 @150	754	258.5	962.7	∅12 @40	2 808	1 327.2	∅12 @36	3 160	3.72	3.72	5.13	4.19	—
48	14	湖南	浮顶	10 000	28.5	15.86	0.35	2.0	Φ 14 @150	1 026	498.3	982.6	Φ 14 @76	2 023	1 352.9	Φ 14 @71	2 182	1.97	1.97	2.72	2.13	0.98
49	15	湖南	浮顶	10 000	28.5	15.86	0.35	2.0	Φ 14 @150	1 026	498.3	982.6	Φ 14 @76	2 023	1 352.9	Φ 14 @71	2 182	1.97	1.97	2.72	2.13	2.06
※50	—	天津	固定顶	10 000	31.28	14	0.4	2.5	Φ 18 @140	1 818	883	1 143	Φ 18 @108	2 353	1 414.1	Φ 18 @112	2 281	1.29	1.29	1.6	1.25	57.6
51	—	天津	浮顶	50 000	60	19.35	0.5	1.1	Φ 18 @100	2 545	1 236.6	1 499.2	Φ 18 @82	3 085	2 054.6	Φ 18 @77	3 314	1.21	1.21	1.66	1.30	12.2
52	—	丹东	浮顶	20 000	40.5	15.89	0.4	1.8	∅20 @180	1 746	598.5	892.5	∅20 @121	2 603	1 246.7	∅20 @106	2 968	1.49	1.49	2.08	1.70	—

续表 8-7

序号	储罐编号	地点	储罐型式	容积/m^3	储罐尺寸/m		环墙尺寸/m		环向配筋		实际配筋承受的环向力/(kN/m)	按 1984 规范计算环向力/(kN/m)	按 1984 规范计算环向配筋		按 1995 规范计算环向力/(kN/m)	按 1995 规范计算环向配筋		$\frac{⑬}{⑫}$	$\frac{⑮}{⑪}$	$\frac{⑯}{⑫}$	$\frac{⑱}{⑪}$	实测基础平均沉降/cm
					直径 D	高度 H	厚度 b	高度 h	数量	mm^2/m			数量	mm^2/m		数量	mm^2/m					
①	②	③	④	⑤	⑥	⑦	⑧	⑨	⑩	⑪	⑫	⑬	⑭	⑮	⑯	⑰	⑱	⑲	⑳	㉑	㉒	㉓
53	1～5	南京	浮顶	20 000	40.5	15.9	0.5	2.7	Φ 22 @100	3 801	1 847	1 819.4	Φ 22 @102	3 744	2 054	Φ 22 @115	3 313	0.98	0.98	1.11	0.87	(4 号) 161.9 (5 号) 174.5

注：1. 表中序号标有※者，是环墙出现裂缝。

2. 钢筋符号说明：

∅表示Ⅰ级钢筋；

ø表示 5 号钢筋；

Φ表示Ⅱ级钢筋。

3. 1995 规范系指《石油化工企业钢储罐地基与基础设计规范》；1984 规范系指《炼油厂钢油罐基础设计技术规范》(SHJ 1058—1984)。

4. 实际配筋承受环向力的计算公式：

(1) 序号 1 实际配筋承受环向力的计算公式：

$$F_t = n \cdot R_g \cdot A_g$$

式中：F_t——实际配筋承受的环向力，kN/m；

A_g——受拉钢筋的截面积，mm^2；

R_g——钢筋的抗拉计算强度，(N/mm^2)，此处 5 号钢筋(Φ)Rg＝240 N/mm^2；

n——环向钢筋的竖向排数，此处 $n=2$。

(2) 序号 2～53 实际配筋承受环向力的计算公式：

$$F_t = \frac{n \cdot R_g A_g}{1.4}$$

式中：F_t——实际配筋承受的环向力(kN/m)；

R_g——钢筋的抗拉设计强度(N/mm)，

此处：Ⅰ级钢筋(∅)$R_g=240\ N/mm^2$，

5 号钢筋(ø)$R_g=280\ N/mm^2$，

Ⅱ级钢筋(Φ)$R_g=340\ N/mm^2$；

A_g——钢筋的截面积，mm^2；

n——环向钢筋的竖向排数，此处 $n=2$；

5. 1984 规范计算环向配筋的计算公式：

$$A_g = \frac{1.4F_t}{nR_g}$$

式中：F_t——按 1984 规范计算得到的环向力，kN/m；

R_g——钢筋的抗拉设计强度，

此处：Ⅰ级钢筋(∅)$R_g=240\ N/mm^2$，

5 号钢筋(ø)$R_g=280\ N/mm^2$，

Ⅱ级钢筋(Φ)$R_g=340\ N/mm^2$；

A_s、n——符号意义同前。

6. 1995 规范计算环向配筋的计算公式：

$$A_s = \frac{\gamma_0 F_t}{nf_y}$$

式中：F_t——按 1995 规范计算得到的环向力设计值，kN/m；

γ_0——重要性系数，取 $\gamma_0=1.0$；

f_y——钢筋的抗拉强度设计值，N/mm^2，

此外：Ⅰ级钢筋(∅)，$f_y=210\ N/mm^2$，

5 号钢筋(ø)，$f_y=250\ N/mm^2$，

Ⅱ级钢筋(Φ)，$f_y=310\ N/mm^2$；

n——符号意义同前。

5 号钢筋(ø)自 20 世纪 70 年代以后，国家已不生产，根据冶金建筑研究院提供，5 号钢筋抗拉强度设计值可取 $f_y=250\ N/mm^2$，表中分析时采用此值。

7. 表中环墙顶面至储罐内最高储存介质面的高度按储罐壁高度的 90%计算。

8. 表中序号 17 为 13 台；序号 18 为 6 台；序号 19 为 9 台；序号 44 为 9 台；序号 45 为 7 台；序号 46 为 4 台；序号 47 为 2 台；序号 53 为 5 台；其他序号均为 1 台，总共为 100 台。

9. 为了便于比较，表中环向配筋的数量没有取 5 的倍数。

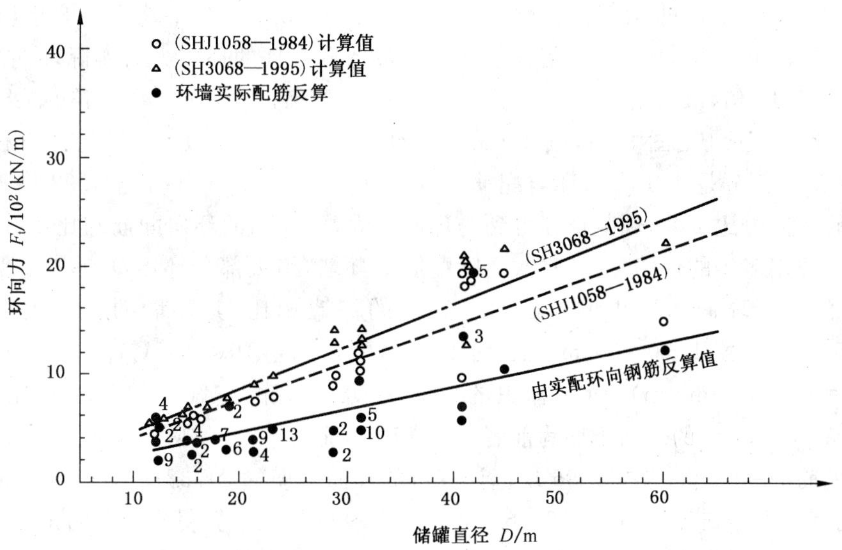

注：图中●边的数字为储罐的数量，未写数字的为一个储罐。

图 8-3　环墙环向力计算值与实际配筋反算值的对比图

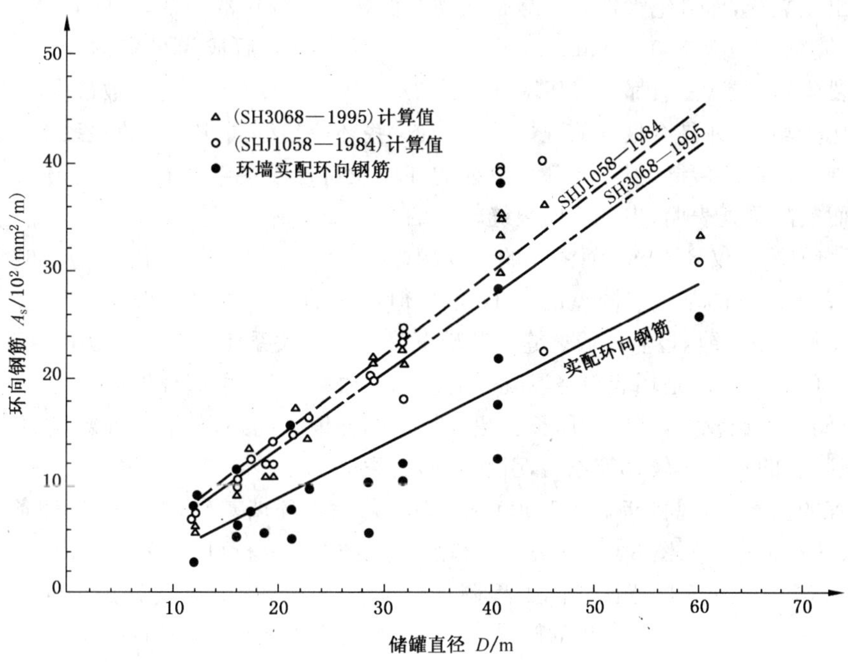

图 8-4　环墙环向钢筋计算值与实际配筋的对比图

从表 8-7 和图 8-3 可见，根据以往设计的不同容积储罐的环墙基础，环向实际配筋少的为ϕ 10@100(A_g=785 mm²/m)(序号 33)，最多的实际环向配筋达ϕ 22@100(A_g=3 801 mm²/ m)(序号 53)，由实际环向配筋截面反算得到的环向力分别为 314 kN/m 和 1 847 kN/m；如按 84 规范计算得到的环向力分别为 489.4 kN/m 和 1 819.4 kN/m，相应的环向配筋分别为ϕ 10@64(A_g=1 224 mm²/m)和ϕ 22@102(A_g=3 744 mm²/m)；如按 1995 规范计算得到的环向力分别为 555.4 kN/m 和 2 054 kN/m，相应的环向配筋分别为ϕ 10@71(A_s=1 110.8 mm²/m)和ϕ 22@115(A_s=3 313 mm²/m)。从以上分析比

较，说明了按 1984 规范和 1995 规范计算得到的环向力和环向配筋均有较大的安全度。按 1984 规范计算得到的环向力为实际环向配筋反算得到的环向力的 0.73～3.72 倍，平均在 1.8 倍以上，其计算的环向配筋为实际环向配筋的 0.73～3.72 倍；而 1995 规范计算得到的环向力为实际环向配筋反算得到的环向力的 0.83～5.13 倍，其计算的环向配筋为实际环向配筋的 0.66～4.19 倍，如果以 1995 规范与 1984 规范进行比较的话（见图 8-4），按 1995 规范计算得环向力为 1984 规范计算得到的环向力的 1.13～1.38 倍，绝大部分是 1.13 倍；环向配筋是 0.9～1.14 倍，绝大部分是 0.92 倍。这说明按 1995 规范计算得到的环向力比 1984 规范计算得到的环向力大，而环墙的环向配筋却比 1984 规范约小 10% 左右。但从投产使用多年的环墙基础来看，实际配筋的环墙，绝大部分环墙没有出现裂缝，说明环墙的实际配筋是符合承受环向力要求的。在同一容积的储罐相比，其环墙的环向配筋相差很大。如表 8-7 中的 1050 罐（序号 1，20 000 m^3 储罐）的环向配筋为ϕ 16@135（A_g＝490 mm^2/m），换算成ϕ 16@160（A_g＝1 257 mm^2/m），而同容积的 196～198 罐（序号 41～43），环向配筋是ϕ 22@135（A_g＝2 816 mm^2/m），后者的环向配筋为前者的 2.24 倍，而 1050 罐实际环向配筋仅为按 1984 规范计算得到的环向配筋的 30.9%，为按 1995 规范计算得的环向配筋的 34.3%。196～198 罐实际环向配筋仅为按 1984 规范计算得到环向钢筋的 71.6%，仅为按 1995 规范计算得到的环向钢筋的 81.2%。即使这样，1050 罐、196～198罐环墙都没有出现裂缝。又如表 8-7 中的 10 000 m^3 储罐，金山的 101、102、121、124 罐（序号 12～16）的环向配筋为 ϕ18@150（A_g＝1 697 mm^2/m），而浙江的 201～204、234～239 罐（序号 2～11）环向配筋为 ϕ18@175（A_g＝1 454 mm^2/m），湖南的 801、802 罐（序号 47）环向配筋为 ϕ12@150（A_g＝754 mm^2/m）。金山的环向配筋为浙江的 1.17 倍，为湖南的 2.25 倍。但金山储罐的环墙反而普遍出现裂缝，而且绝大部分裂缝是出现在储罐充水预压的初期，有的储罐内还没有进水就出现初见裂缝，裂缝宽度一般在 0.05 mm 以下。这些早期裂缝最后成为最宽的裂缝，一般裂缝宽度为 1.2 mm，竖向裂缝的位置，一般都在离环墙顶面约 3/5～4/5 高度处，出现次数最多的裂缝间距为 20～30 cm，分布都比较均匀，并具有良好的规律性，显然这些环墙裂缝同外荷载的关系不大。天津石油化工厂的储罐也出现过类似的裂缝，但绝大部分设计的环墙没有出现裂缝。有人认为环墙裂缝同基础沉降的大小有关。而实际调查表明，出现环墙裂缝较多的金山 101 罐（序号 12），在试水期间，基础平均沉降仅 84.2 cm，不均匀沉降仅 8.1 cm；而浙江的 235 罐（序号 2）基础实测平均沉降达 167.2 cm，不均匀沉降达 33.7 cm，为 101 罐的基础沉降差的 4.16 倍。但浙江的 235 罐的环墙没有出现裂缝，反而金山的 101 罐的环墙出现较多裂缝，显然环墙裂缝同基础沉降的大小关系也不大。经实际调查和计算分析，发现影响环墙内力的主要原因是环墙现浇混凝土的温差和收缩变形，引起环墙内力变化，这种因素是不容忽视的，特别是储罐直径较大，环墙的周长已超过规定的伸缩缝间距，又加上外露地面较高，以及配筋不恰当、施工时混凝土的水灰比较大等原因，引起环墙的裂缝。

在实际调查的基础上，现将储罐从 1 000～2 000 m^3 六种环墙基础，在同等设计条件下进行对比分析，其结果见表 8-8 和图 8-5、图 8-6。从表 8-8 和图 8-5、图 8-6 分析可见，环向力计算 1995 规范比 1984 规范大 1.33～1.57 倍；1995 规范比实际工程调查大 1.36～2.59 倍；环向钢筋 1995 规范与 1984 规范比较接近，差额是 1.04～1.24，小容积的储罐差额大，而大容积的储罐差额小；1995 规范与实际工程调查差额在 1.02～1.55 左右。小容积储罐的差额小，大容积储罐的差额大，而实际工程已投产使用多年，环向钢筋也没有出现问题，绝大部分环墙是安全可靠的。

综上分析，造成上述计算结果与实际配筋相差较大的原因，主要是环墙的侧压力取值、环墙的边界条件等，为了使计算理论符合实际，应从现场实测着手，从而根据实测资料，推导出符合实际的环向力计算理论，供设计使用。

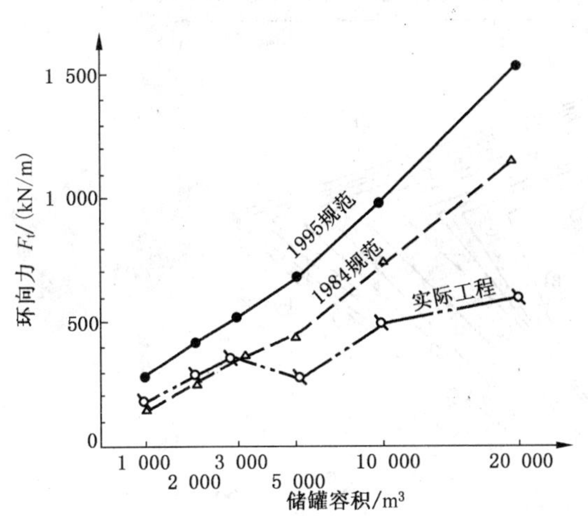

图 8-5　环向力与储罐容积关系线

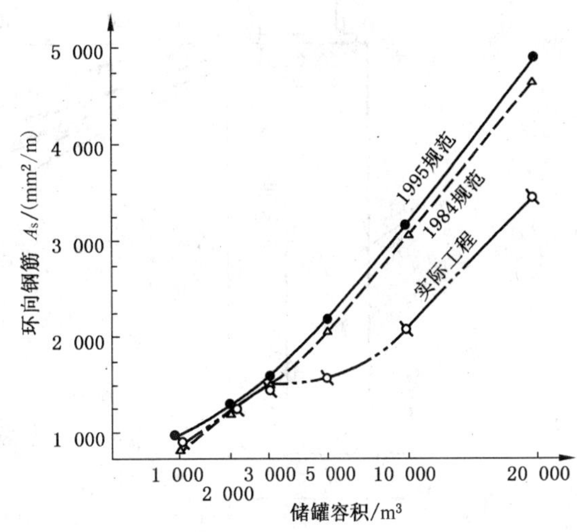

图 8-6　环向钢筋与储罐容积关系线

表 8-8　1 000～2 000 m³ 储罐环向力与配筋对比表

储罐容积 m³	1995 规范		1984 规范		实际工程调查		对比分析			
	环向力/(kN/m)	配筋/(mm²/m)	环向力/(kN/m)	配筋/(mm²/m)	环向力/(kN/m)	配筋/(mm²/m)	环向力		配　筋	
							95/84	95/实际	95/84	95/实际
1 000	286.16	924	181.6	748	154.9	904	1.57	1.85	1.24	1.02
2 000	412.87	1 332	296.9	1 223	251.2	1 256	1.39	1.64	1.09	1.06
3 000	507.61	1 638	364.9	1 503	374	1 540	1.39	1.36	1.09	1.06
5 000	668.98	2 158	493.10	2 030	258.5	1 508	1.36	2.59	1.06	1.43
10 000	988.08	3 188	745.41	3 069	498.3	2 052	1.33	1.98	1.04	1.55
20 000	1 519.47	4 902	1 144.41	4 712	598.5	3 491	1.33	2.54	1.04	1.40

四、环墙侧向压力实测与分析

以往环墙基础内侧的侧向压力通常按朗金主动土压力公式进行计算。为了探讨在软土地基上建造储罐，环墙侧向压力及其分布规律，因而对不少环墙进行过钢筋应力实测和环墙的侧向压力实测。现将其实测结果综合分析如下。

（1）环墙内侧的侧向压力。从图 8-7、图 8-8 实测环墙的侧向压力曲线可以看出，在充水预压荷载作用下，侧向压力图形在竖向呈曲线分布，环墙的侧向压力是上部小、中部大（约从底部 2/3 高度处）、下部小，类似于半无限体内应力扩散的分布规律，与理论计算中的主动土压力或静止土压力的分布规律不同。在土体大量超载压力作用下挡土墙土压力的实测也是类似的侧压力分布。

从实测中可见（见图 8-8），环墙内侧在第一级、第二级荷载作用之后，侧向压力的分布近似于矩形，当储罐内充水加荷到第六级，便出现三角形的侧向压力，随着罐内充水荷载的增加，三角形侧向压力不断增加。环墙外侧的埋土部分，实测到被动土压力的分布，是上部小、下部大的梯形压力分布图。

（2）在储罐内充水预压时，当新加一级荷载后，与地基沉降有一个发展和稳定的过程相适应，环墙内侧的砂垫层对环墙的侧向压力，也有一个发展和稳定的过程。其规律为在充水预压荷载保持稳定之后，侧压力将随着时间推延而不断继续增长，最后达到稳定值。达到稳定值所需时间称之为稳定时间。

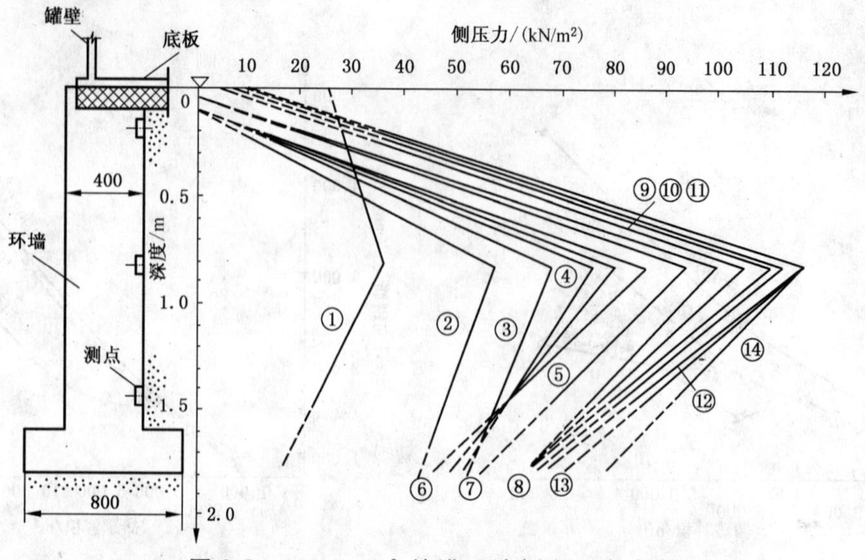

图 8-7　10 000 m^3 储罐环墙侧向压力实测

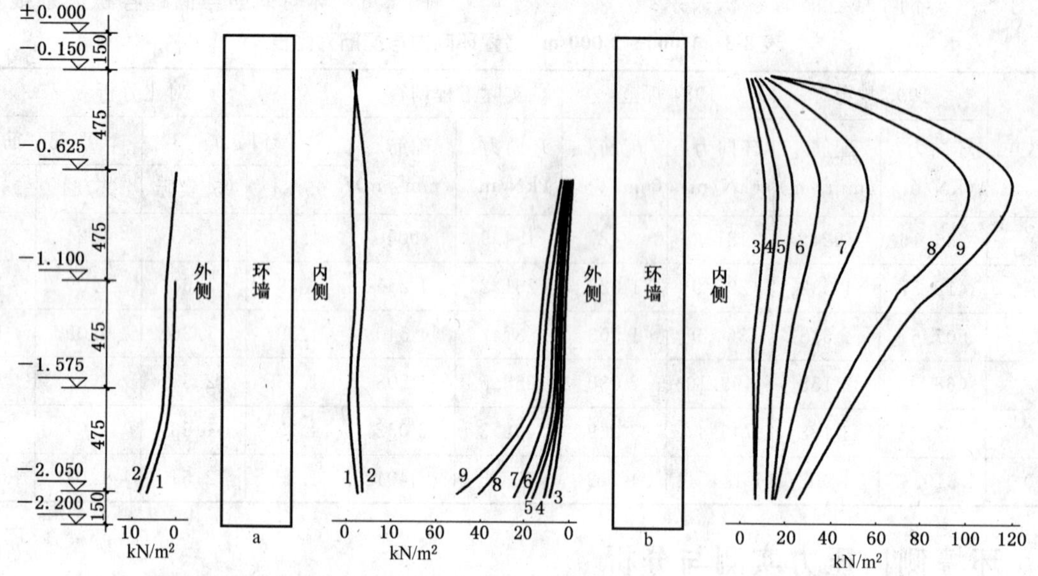

1—环墙内填砂产生的侧压力；2—储罐内 1.8m 高水位；3—储罐内 3.8m 高水位；
4—储罐内 5.4m 高水位；5—储罐内 7.05m 高水位；6—储罐内 8.6m 高水位；
7—储罐内 10.2m 高水位；8—储罐内 13.12m 高水位；9—储罐内 13.2m 高水位

图 8-8　20 000 m^3 储罐环墙侧向压力实测

(3) 侧压力根据测点所在位置、预压荷载的大小及沉降发展的情况不同而不同。例如，图 8-7 中预压荷载⑪～⑭级均为 135.4 kN/m^2，历时 9 d 后测得环墙中部的测点侧压力已经达到稳定值 116 kN/m^2，而在环墙底部的测点，还没有达到稳定值，环墙顶面的测点则还未见动静，历时 15 d 后测得其接近稳定。为什么环墙顶面测点的稳定时间那么长呢？原因是其测点位置接近地面，受地基变形影响比较不明显之故。

(4) 根据实测资料计算，按环墙全高的平均侧压力系数 $\overline{K}$ 值，在各级预压荷载下是不完全相同的，一般都在 $\overline{K}=0.52\sim0.65$ 范围之内，而最大充水预压荷载下的平均侧压力系数 $\overline{K}=0.54$（平均侧压力系数 $\overline{K}$ 由平均侧压力除以相应竖向外荷载求得）。

(5) 在卸荷过程中与预压加荷相类似的侧压力的衰减也有一个时间上的滞后现象，称侧压力卸荷稳定时间。当外荷载卸载一级以后，由于环墙内砂垫层经过预压后，存在着残余应力，虽然外荷载已卸除，但因环墙变形有弹性回缩，对砂垫层也有径向压缩作用，所以卸载后仍有较大的环墙侧压力存在，滞后时间一般 3～7 d。

(6) 环墙外侧被动土压力，在储罐充水预压过程中，其实测环墙外侧土压力变化随预压充水荷重的增加而增加，其土压力分布特点是上部小下部大与被动土压力分布基本一致。

有时当储罐基础为了解决底板的大挠度变形，往往在环墙内侧，砂垫层内做一层 50～100 cm 的加筋土或加筋灰土，有的采用 20～30 cm 的钢筋混凝土柔性薄板，这类做法的主要目的是减少储罐底板的大挠度变形。对于这种做法的环墙侧压力分布形成 K 字型，在加筋灰土层侧压力明显减小，而环墙上部的侧压力明显比下部要大。

最后必须指出，随着外加荷载作用时间的增加以及储罐内反复加荷与卸荷，环墙内土体不断压密，静止土压力不断减小，随着基础沉降的逐步减小，环墙的环向力也逐渐变小。目前采用的计算参数均是开始充水预压时的数值，所以用这些参数计算出的环墙环向力是最大，在实测环墙侧向压力时证实了上述情况。

五、环墙内力分析与计算

众所周知，目前环墙内力计算公式有多种，其计算结果出入很大。但从分析环墙内力公式建立的理论根据看，环墙内力计算公式可以归纳为两类：

第一类为采用朗金主动土压力公式或根据一定的侧压力系数计算土的侧压力，建立环墙环向力计算公式，1995 年《石油化工企业钢储罐地基与基础设计规范》中规定的环墙环向力计算公式就属于这类。

第二类为根据圆柱壳的有矩理论，在轴对称荷载作用下，建立环墙弹性曲面基本微分方程，解出在不同边界条件下环墙的竖向弯矩和环向力计算公式。SHJ 1058—1984《炼油厂钢油罐基础设计技术规范》中规定的环墙环向力和竖向弯矩计算公式是属于这类。

现就各类环墙内力计算公式分述如下：

1. 利用朗金土压力理论建立环墙内力计算公式

(1) 纯属利用朗金主动土压力公式建立环墙的环向力公式

考虑到被动土压力只有当土体产生很大变形时，方能达到利用朗金被动土压力公式所得的数值，因此在一般情况下被动土压力要比按朗金被动土压力公式计算所得的数值小得多，所以环墙的设计可以不予考虑。环墙的环向力设计值可按下式计算：

$$F_t=(\gamma_{QW}\gamma_W h_W+\gamma_{Qm}\gamma_m h_x)\tan^2(45°-\varphi/2)R \tag{8-10}$$

式中：F_t——环墙单位高环向力设计值，kN/m；

γ_{QW}——水的分项系数，γ_{QW} 可取 1.1；

γ_W——水的重度，kN/m^3；

h_W——环墙顶面至储罐内最高储水面的高度，m；

γ_{Qm}——环墙内填料的分项系数，γ_{Qm} 可取 1.0；

γ_m——环墙内填料的平均重度，kN/m^3

h_x——环墙顶面至计算截面 z 处的高度(m)，计算时，可取 $h_x=h$ (h 为环墙的高度)。

φ——环墙内填料的平均内摩擦角，(°)；

R——环墙中心线半径，m。

(2) 1995 年《石油化工企业钢储罐地基与基础设计规范》中规定的环向力计算公式

规范中环墙环向力所采用的计算公式，是根据特定土的侧压力系数计算土的侧压力，所以环墙环向力设计值可按下式计算：

$$F_t=(\gamma_{QW}\gamma_W h_W+\gamma_{Qm}\gamma_m h)KR \tag{8-11}$$

式中：F_t——按 1995 规范计算得到的环墙单位高环向力设计值，kN/m；

γ_{QW}——水的分项系数，γ_{QW} 可取 1.1；

γ_W——水的重度，γ_W 可取 9.80 kN/m^3；

h_W——环墙顶面至储罐内最高储水面的高度，m；

γ_{Qm}——环墙内填料的分项系数，γ_{Qm} 可取 1.0；

γ_m——环墙内填料的平均重度，γ_m 可取 18 kN/m^3；

h——环墙的高度。

R——环墙中心线半径，m。

K——环墙内侧压力系数，一般地基可取 0.33；软土地基可取 0.50。

(3)《软土地基大型油罐环基试验研究》一文中提出的计算公式

以往环墙设计中，环墙内侧土压力一般借用朗金(Rankine)主动土压力公式计算，但是根据国外文献资料介绍，砂土达到主动土压力状态必需有一定的位移，而储罐在试水或使用过程中，环墙实际变位远远没有达到朗金主动土压力条件，这说明环墙的变形特征和主动土压力条件不一致的。应用朗金主动土压力计算结果往往比实际侧压力小，这在工程上偏于不安全的。

过去，环墙计算时，一般侧压力系数 K 取值在 0.33～0.35，而 235 号罐实测压力系数 K 为 0.58～0.889。从其他沿海软土地基上建造的环墙基础来看，其实测土侧压力系数均大于主动土压力系数，见表 8-9。因此本文建议环墙顶端和底端内侧土压力可按图 8-9 及表 8-10。

表 8-9　环墙侧向压力实测

实测曲线序号	观测 13 期	充水高度/m	相应外荷载/(kN/m^2)	平均侧压力/(kN/m^2)	考虑砂垫层影响的平均侧压力系数
①	1974 年 10 月 23 日	0	1.44	29	
②	11.2	4.49	44.9	36.6	0.618
③	11.3	6.04	60.4	45	0.601
④	11.20	6.04	60.4	48.4	0.618
⑤	11.22	7.46	74.6	50	0.562
⑥	11.23	7.46	74.6	52.5	0.590
⑦	11.27	8.98	89.8	60.3	0.580
⑧	12.3	10.47	104.7	65	0.548
⑨	12.5	12.09	120.9	70.6	—
⑩	12.7	12.09	120.9	73.5	—
⑪	12.9	13.54	135.4	76	—
⑫	12.18	13.54	135.4	78	0.528
⑬	1975 年 1 月 29 日	13.54	135.4	78.6	0.525
⑭	3.4	13.54	135.4	80.4	0.540

表 8-10　环墙内侧压力系数建议值

工程试验地点	油罐容积/m^3	基础型式与地基处理方案	环墙内填料土的特性	按朗金(Rankine)主动土压力公式计算	实测值	建议值	说　明
上海高桥 196#、197#、198#	20 000	钢筋混凝土环墙天然地基	石屑分层夯实顶层 10t 压路机碾压 3 遍	0.33	0.5～0.64		3 座 20 000 m^3 油罐埋设 64 只压力盒 20 只钢筋应力计
上海金山 101#	10 000	钢筋混凝土环墙天然地基	中粗砂分层夯实碾压	0.35	0.5～0.7		1 座 10 000 m^3 油罐埋设 5 只压力盒

续表 8-10

工程试验地点	油罐容积/m^3	基础型式与地基处理方案	环墙内填料土的特性	按朗金(Rankine)主动土压力公式计算	实测值	建议值	说　明
上海高桥 1050#	20 000	钢筋混凝土环墙天然地基	中粗砂分层夯实，顶层12t压路机碾压3遍	0.33	0.6	0.5～0.8	1座10 000 m^3 油罐埋设7只压力盒
浙江镇海 235#	10 000	钢筋混凝土环墙砂井预压	中粗砂分层夯实碾压	0.33	0.58～0.889		1座10 000 m^3 油罐埋设24只压力盒6只钢筋应力计

$$\left.\begin{aligned} q_{2k} &= K\gamma_W h_W \\ q_{1k} &= q_{2k} + K\gamma_m h \end{aligned}\right\} \tag{8-12}$$

式中：q_{1k}、q_{2k}——分别为环墙底端、顶端内侧土压力标准值(kN/m^2)；

K——侧压力系数，对于砂土一般取 $K=0.5\sim0.8$；其余符号意义同前。

故环墙的环向力标准值可按下式计算：

$$\left.\begin{aligned} F_k &= \left[q_{1k} - \frac{q_{1k}-q_{2k}}{h}(h-h_x)\right]R \\ \text{或}\quad F_k &= (\gamma_W h_W + \gamma_m h_x)kR \end{aligned}\right\} \tag{8-13}$$

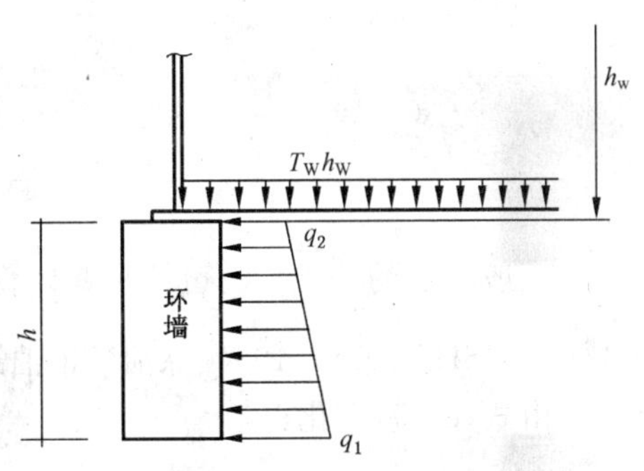

图 8-9　环墙计算简图

如考虑荷载的分项系数，环墙的环向力设计值可按下式计算：

$$F_t = (\gamma_{QW}\gamma_W h_W + \gamma_{Qm}\gamma_m h_x)kR \tag{8-14}$$

根据实测数据表明，环墙内侧的土侧压力最大值在环墙中间位置，所以计算环墙的环向力设计值时宜取 $h_x = h$。

2. 根据圆柱壳在轴对称荷载作用下有矩理论，建立环墙内力计算公式

可视储罐的环墙为等刚度旋转圆柱壳，计算时，从环墙中割取一微分体 ABCD，并取流动坐标 x、y、z 在微分体中面的中心，在轴对称荷载 q_x 作用下，在微分体上将产生竖向弯矩 M_x、环向弯矩 M_θ、竖向力 N_x、环向力 F_θ 以及剪力 V_x（见图 8-10）。

根据圆柱壳壳体内力计算方法，从考虑环墙的微分体的平衡条件、几何条件和物理条件入手，并假定环墙的竖向力为零，得到环墙的弹性曲面的基本微分方程为：

$$\frac{d^4\omega}{dx^4} + \frac{Eb}{DR^2}\omega = \frac{q_x}{D} \tag{8-15}$$

式中：ω——环墙的径向位移；

E——环墙材料的弹性模量；

b——环墙的厚度；

R——环墙的中面半径；

D——环墙的圆柱刚度：

$$D = EI = \frac{Eb^3}{12(1-\mu^2)} \tag{8-16}$$

μ——环墙材料的泊桑比；

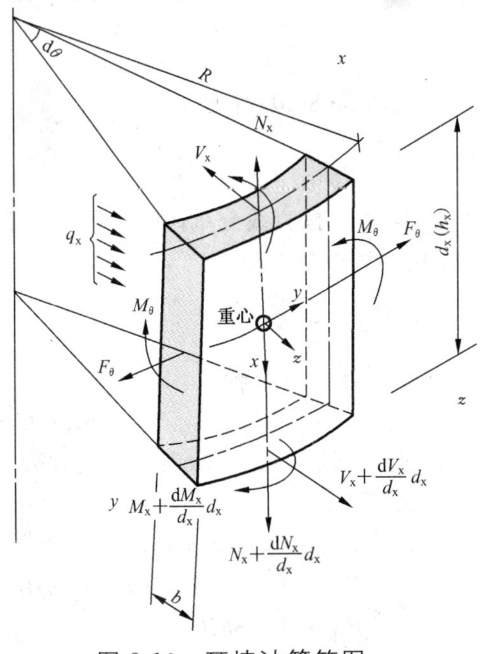

图 8-10　环墙计算简图

q_x——环墙在 z 处的径向均布荷载（环墙内侧土压力）。

令

$$S=\sqrt[4]{\frac{4DR^2}{Eb}} \tag{8-17}$$

将式(8-17)代入式(8-15)中得：

$$\frac{d^4\omega}{dx^4}+\frac{4}{S^4}\omega=\frac{q_x}{D} \tag{8-18}$$

将式(8-16)代入式(8-17)，并取钢筋混凝土泊桑比 $\mu=\frac{1}{6}$，故式(8-17)可简化为：

$$S=\sqrt{\frac{b^2R^2}{3(1-\mu^2)}}\approx 0.76\sqrt{bR} \tag{8-19}$$

S 称为环墙刚性特征值。

根据环墙计算高度 h 与刚性特征值 S 的比值，确定环墙壁板是属短壳还是长壳，凡认为能够忽略远端影响的环墙称为长壁；认为不能够忽略远端影响的环墙称为短壁。长壁与短壁一般按下列划分：

$\frac{h}{S}<1.0$ 按环墙垂直单向计算；

$1.0\leqslant\frac{h}{S}<2.5$ 按短壁环墙计算；

$2.5\leqslant\frac{h}{S}<10$ 按长壁环墙计算；

$\frac{h}{S}>10$ 按环墙水平单向计算。

一般环墙的 $\frac{h}{S}>1.0$，可按短壁计算。

(1) SHJ 1058—1984《炼油厂钢油罐基础设计技术规定》中规定的环墙内力计算公式

由式(8-15)简化得：

$$D\frac{d^4\omega}{dx^4}=q_x-\frac{Eb}{R^2}\omega \tag{8-20}$$

利用材料力学中梁挠曲线微分方程式

$$D\frac{d^2\omega}{dx}=-M_x \tag{8-21}$$

可将式(8-20)改为：

$$-\frac{d^2M_x}{dx^2}=q_x-\frac{Eb}{R^2}\omega \tag{8-22}$$

假设 q_x 按直线分布，将式(8-22)再行两次求导，把式(8-21)代入求导后的微分程，便可得竖向弯矩 M_x 的曲线微分方程：

$$\frac{d^4M_x}{dx^4}-4\beta^4M_x=0 \tag{8-23}$$

微分方程的全解：

$$M_x=C_1F_{1Bx}+C_2F_{2Bx}+C_3F_{3Bx}+C_4F_{4Bx}$$

式中：C_1、C_2、C_3、C_4 为积分泛常数；F_{1Bx}、F_{2Bx}、F_{3Bx}、F_{4Bx} 为克雷洛夫斯基函数。

其值为：

$F_{1Bx}=ChBx\cos Bx$；

$F_{2Bx}=1/2(ChBx\sin Bx+ShBx\cos Bx)$；

$F_{3Bx}=1/2ShBx\sin Bx$；

$F_{4Bx}=1/4(ChBx\sin Bx)$

而 $ChB_x=1/2(e^{Bx}+e^{-Bx})$；

$ShBx=1/2(e^{Bx}-e^{-Bx})$。

为便于书写，取克雷洛夫斯基函数组合值为：

$N_1=F_{3Bx}^2-F_{2Bh}F_{4Bh}$；

$N_2=4F_{4Bh}^2+F_{1Bh}F_{3Bh}=F_{2Bh}^2-F_{1Bh}F_{3Bh}$；

$N_3=F_{1Bh}F_{2Bh}+4F_{3Bh}F_{4Bh}$；

$N_4=F_{2Bh}F_{3Bh}-F_{1Bh}F_{4Bh}$。

设坐标原点在环墙的底端，利用初参数 ω_0（相对位移），φ_0（相对转角）、M_0（弯矩）和 V_0（剪力）诸量表示积分常数 $C_1\sim C_4$，并根据虎克定律，略去泊桑比，可得环墙任一点的 M_x、U_x、ω_x、φ_x 和 F_x（环向力）即：

$$M_x=M_0F_{1Bx}+\frac{V_0}{B}F_{2Bx}+\left(\frac{q_1}{B^2}-4B^2\omega_0\right)F_{3Bx}+\left(\frac{1}{B^3}\frac{dq_x}{dx}-4B\varphi_0\right)F_{4Bx} \tag{8-24}$$

$$V_x=B\left[-4M_0F_{4Bx}+\frac{V_0}{B}F_{1Bx}+\left(\frac{q_1}{B_2}-4B^2\omega_0\right)F_{2Bx}+\left(\frac{1}{B^3}\frac{dg_x}{dx}-4B\varphi_0\right)F_{3Bx}\right] \tag{8-25}$$

$$W_x=\frac{q_x}{4B^4}-\frac{1}{4B^2}\left[-4M_0F_{3Bx}-\frac{4V_0}{B}F_{4Bx}+\left(\frac{q_1}{B}-4B^2\omega_0\right)F_{1Bx}-\left(4B\varphi_0-\frac{1}{B^3}\frac{dq_x}{dx}\right)F_{2Bx}\right] \tag{8-26}$$

$$\varphi_x=\frac{1}{4B^4}\frac{dq_x}{dx}+\frac{M_0}{B}F_{2Bx}+\frac{V_0}{B^2}F_{3Bx}+\left(\frac{q_1}{B^3}-4B\omega_0\right)F_{4Bx}+\left(x\varphi_0-\frac{1}{4B^4}\frac{dq_x}{dx}\right)F_{1Bx} \tag{8-27}$$

$$F_x=q_xR+B^2R\left[4M_0F_{3Bx}+\frac{4V_0}{B}F_{4Bx}-\left(\frac{q_1}{B^2}-4B^2\omega_0\right)F_{1Bx}+\left(4B\varphi_0-\frac{1}{B^3}\frac{dq_x}{dx}\right)F_{2Bx}\right] \tag{8-28}$$

当外荷载为直线梯形时

$$q_x=q_1-(q_1-q_2)\frac{x}{h}$$

$$\frac{dq_x}{dx}=\frac{q_1-q_2}{h}$$

根据储罐搁支在环墙的实际情况，环墙的上端在壁板垂直力和摩擦力作用下，接近于铰接；环墙的下端土壤与环墙之间产生摩擦力，其下端属于半铰接的边界条件。

当边界条件为铰接时，按图 8-11 考虑环向力 T_x。符号与图一致者为正，反之为负。

当 $x=0$ 时，$M_0=0$，$V_0=V_1$；

当 $x=\mathrm{h}$ 时，$M_{x=h}=0$，$V_{x=h}=V_2$。

由式(8-24)、(8-25)联解得：

$$\frac{q_1}{B^2}-4B^2\omega_0=\frac{N_4V_1+F_{4Bh}V_2}{BN_1}$$

$$4B\varphi_0-\frac{1}{B^3}\frac{dq_x}{dx}=-\frac{N_2V_1+F_{3Bx}V_2}{BN}$$

由解得的 ω_0、φ_0 代入式(8-28)简化得：

$$F_x=q_xR+\left(\frac{N_4}{N_1}F_{1Bx}-\frac{N_2}{N_1}F_{2Bx}+4F_{4Bx}\right)\times$$

$$1.8612\sqrt{\frac{h^2}{Db}}\frac{RV_1}{h}+\left(\frac{F_{4Bh}}{N_1}F_{1Bx}-\frac{F_{2Bh}}{N_1}F_{2Bh}\right)1.8612\sqrt{\frac{h^2}{Db}}\frac{RV_2}{h}$$

$$=\left[q_1-(q_1-q_2)\frac{x}{h}\right]R+K_{1T}\frac{RV_1}{h}+K_{2T}\frac{RV_2}{h} \tag{8-29}$$

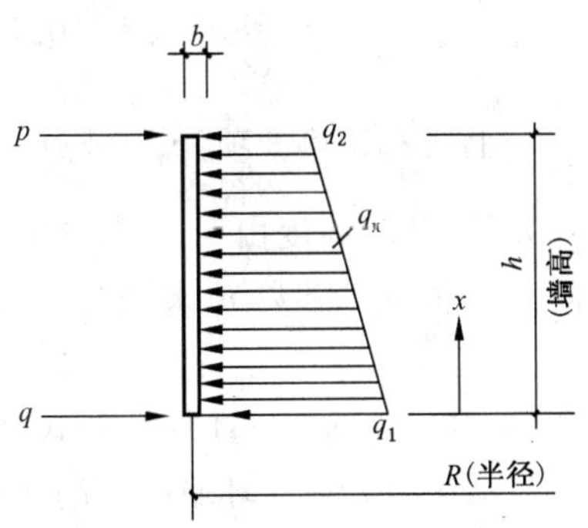

图 8-11　环向力计算简图

式中：

$$K_{1T}=\left(\frac{N_4}{N_1}F_{1Bx}-\frac{N_2}{N_1}F_{2Bx}+4F_{4Bx}\right)1.8612\sqrt{\frac{h^2}{Db}}$$

$$K_{2T}=\left(\frac{F_{4Bh}}{N_1}F_{1Bx}-\frac{F_{2Bh}}{N_1}F_{2Bx}\right)1.8612\sqrt{\frac{h^2}{Db}}$$

因环墙上端接近于铰接，可取

$M_{x\to h}=0;\omega_{x\to h}=0$

由式(8-24)、式(8-26)联解，并代入式(8-25)

$$V_2=m\left[-\frac{\dfrac{F_{4Bh}}{N_4}V_1+\dfrac{N_1}{N_4}q_2h}{\left(1.8612\sqrt{\dfrac{h^2}{Db}}\right)}\right]=m(k_{1q}V_1-k_{2q}q_2h)$$

式中：

$$k_{1q}=-\frac{F_{4Bh}}{N_4}$$

$$k_{2q}=-\frac{\dfrac{N_1}{1.8612}}{\sqrt{\dfrac{h^2}{Db}}N_4}$$

m 为铰接系数。

K_{1q}、K_{2q}是收敛较快的系数。当$\dfrac{h^2}{Db}\geqslant2.6$时可略去$k_{1q}$的影响；当$\dfrac{h^2}{Db}\geqslant4.2$时可略去$V_2$的影响。

而环墙下端土壤与环墙之间摩擦力可按下式表示：

$V_1=-\Sigma Nf=-0.3\Sigma N=-7.355(0.40h_w+h)b$

根据现行储罐系列和上述边界条件，式(8-29)可改写为：

$$F_0=q_1R+1.8612\frac{N_4}{N_1}\sqrt{\frac{h^2}{Db}}\frac{RV_1}{h}+1.8612\frac{F_{4Bh}}{N_1}\sqrt{\frac{h^2}{Db}}\frac{RV_2}{h} \tag{8-30}$$

不考虑荷载分项系数时，

$$q_1=(9.8665h_w+17.652h)\tan^2\left(45°-\frac{\varphi}{2}\right)=5.88(0.55h_w+h) \tag{8-31}$$

将式(8-31)代入式(8-30)得：

$$F_0=5.88(0.55h_w+h)R+1.8612R\sqrt{\frac{h^2}{Db}}\cdot\frac{1}{N_1h}(N_4V_1+F_{4Bh}V_2) \tag{8-32}$$

上式右边第2项为$\dfrac{h^2}{Db}$函数，根据石油化工总公司标准油罐系列(浮顶罐)，取容积1 000～50 000 m^{3}等8种，环墙高度由0.9～2.4 m等6种尺寸，总计48组不同尺寸的环墙进行计算分析，其结果表明环向力可用单一系数K来表达环向力，因此，式(8-32)可改写为：

$$F_{tK}=(0.55h_w+h)K_tR \tag{8-33}$$

式(8-33)为1984规范公式。

式中：F_{tK}——环墙单位高环向力标准值，kN/m；

R——环墙中心线半径，m；

K_t——中等密实地基，边界为半铰的环向力计算系数，按表8-11取值；

h_w——环墙顶面至储罐内最高液面高度，m；

h——环墙高度，m。

表8-11 环墙环向力计算系数 K_t

储罐公称容积/m^3	500～1 000	2 000～3 000	5 000	10 000～30 000	50 000
K_t/(kN/m^3)	3.942	4.472	4.590	4.707	5.060

如考虑荷载分项系数，储罐内储存介质的荷载分项系数取 $\gamma_{Qw}=1.1$，环墙内填料的荷载分项系数取 $\gamma_{Qm}=1.0$。式(8-33)可改写为：

$$F_t=(0.611h_w+h)K_tR \tag{8-34}$$

式中：F_t——环墙单位高环向力设计值，kN/m；其余符号意义同前。

当地基为饱和软弱土，且罐容积等于或小于 50 000 m^3 时，环向力可按下式计算：

$$F_{tK}=(0.55\,h_w+h)K_SR \tag{8-35}$$

式(8-35)为 1984 规范公式。

式中：F_{tK}——环墙单位高环向力标准值，kN/m；

h_w——环墙顶面至储罐内最高液面高度，m；

h——环墙高度，m；

K_S——饱和软弱土地基环墙环向力计算系数，kN/m^3：

当地基承载力为 60 kPa 时，取 8.34；当地基承载力为 100 kPa 时，取 6.86，中间值可用内插法取值。

R——环墙中线半径，m。

如考虑荷载分项系数，储罐内储存介质的荷载分项系数取 $\gamma_{Qw}=1.1$，环墙内填料的荷载分项系数取 $\gamma_{Qm}=1.0$。式(8-35)可改写为：

$$F_t=(0.611\,h_w+h)K_SR \tag{8-36}$$

式中：F_t——环墙单位高环向力设计值(kN/m)；其余符号意义同前。

环墙的竖向弯矩标准值，可按下式计算：

$$M_K=(h_w+h)K_mh^2 \tag{8-37}$$

式(8-37)为 1984 规范公式。

式中：M_K——环墙单位周长竖向弯矩标准值，kN・m/m；

K_m——环墙竖向弯矩计算系数，按表 8-12 取值；

其余符号意义同前。

表 8-12　环墙竖向弯矩计算系数 K_m

$\frac{h^2}{Db}$	0.01 ~0.2	0.3	0.6	0.8	1.0	1.2	1.4	1.6	20	2.2
K_m/(kN/m^3)	0.409	0.391	0.345	0.307	0.270	0.233	0.201	0.148	0.129	0.112
注：b—环墙厚度，m；D—环墙中心线直径，m；h—环墙高度，m。										

如考虑荷载分项系数，储罐内储存介质的荷载分项系数取 $\gamma_{Qw}=1.1$，环墙内填料的荷载分项系数取 $\gamma_{Qm}=1.0$。环墙竖向弯矩设计值，可按下式计算：

$$M_K=(0.611\,h_w+h)K_mh^2 \tag{8-38}$$

式中：M_t——环墙单位周长竖向弯矩设计值，kN・m/m；

K_m——环墙竖向弯矩计算系数，按表 8-13 取值；

其余符号意义同前。

表 8-13　环墙竖向弯矩计算系数 K_m

$\frac{h^2}{Db}$	0.01	0.1	0.2	0.3	0.4	0.5	0.6	0.8
K_m/(kN/m^3)	0.735	0.731 5	0.720 9	0.702 1	0.679 7	0.651 5	0.620 9	0.552 7

续表 8-13

$\frac{h^2}{Db}$	1.0	1.2	1.4	1.6	1.8	2.0	2.2	2.4
K_m/(kN/m³)	0.467 8	0.419 8	0.362 2	0.269 3	0.265 8	0.229 5	0.201 1	0.175 2
注：D—环墙中心线直径，m； h—环墙高度，m； b—环墙厚度，m。								

(2)《大型储油钢罐环梁基础的内力分析》一文中提出的计算公式

由式(8-15)简化得：

$$D\frac{d^4\omega}{dx^4}=q_x-\frac{Eb}{R^2}\omega \tag{8-39}$$

式中：q_x——环墙在 x 处内外侧土压力之和；其余符号意义同前。

环墙在 x 处产生的向外位移为 ω_x 时(见图 8-12)：

$$\left.\begin{aligned}P_{1x}=K_{01x}q_{1x}-R_{1x}\omega_x\\P_{2x}=K_{02x}q_{2x}-R_{2x}\omega_x\end{aligned}\right\} \tag{8-39}$$

式中：P_{1x}、P_{2x}——分别为环墙在高度为 x 处的内侧土压力和外侧土压力；

K_{01x}、K_{02x}——分别为环墙在高度为 x 处的静止土压力系数；

q_{1x}、q_{2x}——分别为环墙在高度为 x 处的竖向压力；

K_{1x}、K_{2x}——分别为环墙在高度为 x 处土的基床系数。

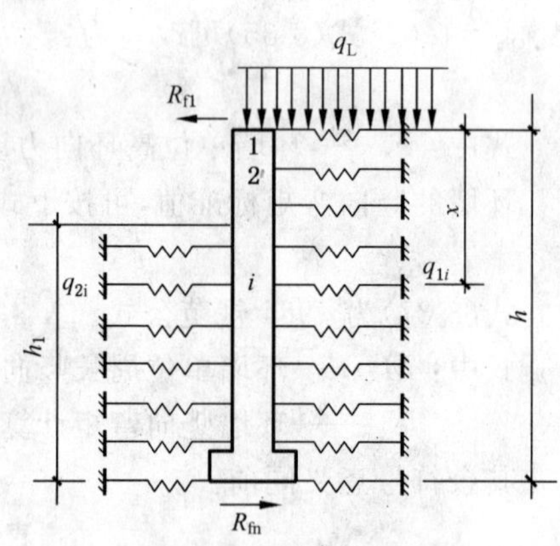

图 8-12　环墙计算简图

所以，作用在环墙 x 处的土侧压力为：

$$q_x=P_{1x}-P_{2x}=K_{01x}q_{1x}-K_{02x}q_{2x}-(K_{1x}+K_{2x})\omega_x \tag{8-40}$$

将式(8-40)代入式(8-20)：

$$D\frac{d^4\omega}{dX}=K_{01x}q_{1x}-K_{02x}q_{2x}-\left[\frac{Eb_x}{R^2}+R_{1x}+R_{2x}\right]\omega \tag{8-41}$$

计算时将环墙高度 h 分为 n 等分，每等分为 $\lambda=\frac{h}{n}$。

利用泰勒级数将函数 $\omega=f(x)$ 展开，并进行数学运算，略去 λ 的高阶微量，可得四阶有限差分。

$$\frac{d^4\omega}{dx}=\frac{\omega_{i+x}-4\omega_{i+1}+6\omega_i-4\omega_{i-1}+\omega_{i-2}}{\lambda^4} \tag{8-42}$$

将式(8-16)、式(8-42)代入式(8-41)，可得任意点 i 处的差分方程为：

$$\frac{E}{\lambda^4(1-\mu^2)}\left\{I_{i-1}[-2(I_{i-1}+I_i)]I_{i-1}+4I_i+I_{i+1}+\frac{\lambda^4(1-\mu^2)}{E}\left(\frac{Eb_i}{R^2}+R_{1i}+R_{2i}\right)\right.$$

$$\left.-2(I_i+I_{i+1})]I_{i+1}\right\}\begin{Bmatrix}\omega_{i-2}\\\omega_{i-1}\\\omega_i\\\omega_{i+1}\\\omega_{i+2}\end{Bmatrix}=K_{01i}q_{1i}-K_{02i}\cdot q_{2i} \tag{8-43}$$

式中：I_i——i 点截面处单位宽度的惯性矩。

如环墙为等截面时，i 点的差分方程可写为：

$$\left[1 \quad -4 \quad b+\frac{\lambda^4(1-\mu^2)}{EI}\left(\frac{Eb}{R^2}+R_{1i}+R_{2i}\right)-4 \quad 1\right]\{\omega\}=\frac{\lambda^3(1-\mu^2)}{EI}Q_i \tag{8-44}$$

式中：$Q_i=(K_{01i}q_{1i}-K_{02i}q_{2i})\lambda$，$Q_i$ 称为等效集中荷载。

因此，环墙二端为自由端和具有摩擦力时每一点的差分方程可写成：

$$\begin{bmatrix} I_2+f_1 & -2I_2 & I_2 & & & & \\ -2I_2 & 4I_2+I_3+f_2 & -2(I_2+I_3) & I_3 & & & \\ I_2 & -2(I_2+I_3) & I_2+4I_3+I_4+f_3 & -2(I_3+I_4) & I_4 & & \\ & \vdots & \vdots & \vdots & \vdots & & \\ & I_{n-3} & -2(I_{n-3}+I_{n-2}) & I_{n-3}+4I_{n-2}+I_{n-1}+f_{n-2} & -2(I_{n-2}+I_{n-1}) & I_{n-1} \\ & & I_{n-2} & -2(I_{n-2}+I_{n-1}) & I_{n-2}+4I_{n-1}+f_{n-1} & -2I_{n-1} \\ & & & I_{n-1} & 2I_{n-1} & I_{n-1}+f_n \end{bmatrix}$$

$$\times\begin{Bmatrix}\omega_1\\ \omega_2\\ \omega_3\\ \vdots\\ \omega_{n-2}\\ \omega_{n-1}\\ \omega_n\end{Bmatrix}=\frac{\lambda^3(1-\mu^2)}{E}\begin{Bmatrix}Q_1+R_{f1}\\ Q_2\\ Q_3\\ \vdots\\ Q_{n-2}\\ Q_{n-1}\\ Q_n-R_{fn}\end{Bmatrix} \tag{8-45}$$

式中：R_{f1}、R_{fn}——为作用在环墙顶端、底端的摩擦力。

$$f_i=\frac{\lambda^4(1-\mu^2)}{E}\left(\frac{Eb_i}{R^2}+R_{1i}+R_{2i}\right)$$

式(8-45)可写成如下简化形式：

$$[K]\{R\}=\frac{\lambda^3(1-\mu^2)}{E}\{Q\} \tag{8-46}$$

式中：$[K]$——环墙总刚度矩阵。

环墙上每一点的径向位移可按下式计算：

$$\{\omega\}=[K]^{-1}\frac{\lambda^3(1-\mu^2)}{E}\{Q\} \tag{8-47}$$

求得径向位移 ω 值后，代入式(8-39)求得环墙内外侧上的土的侧压力。

i 区段的环向力为：

$$F_i=\frac{Eb_i}{R}\lambda\omega_i \tag{8-48}$$

每个区段的环向力求得后，可作配筋计算。

为了简化计算，对等截面环墙不分段，可采用加权平均的基床系数和平均土侧压力。根据式(8-45)计算，可求得环墙的平均径向位移：

$$\omega=\frac{\dfrac{h^3(1-\mu^2)(K_{01}q_1h-K_{02}q_2h_1+R_{f1}-R_{fn})}{4EI+h^4(1-\mu^2)}}{\left(\dfrac{Eb}{R^2}+R_1+R_2\right)} \tag{8-49}$$

式中：$K_{01}q_1$——环墙内侧的平均侧压力；

$K_{02}q_2$——环墙外侧的平均侧压力；

K_{01}、K_{02}——分别为环墙内外侧平均静止土压力系数；

q_1、q_2——分别为环墙内外侧平均竖向压力；

R_1、R_2——分别为环墙内外侧加权平均的基床系数；

h_1——环墙的埋置深度；

其余符号意义同前。

因此，环墙的总环向力为：

$$F_t=\frac{Eb}{R}h\omega \tag{8-50}$$

环墙正式设计时，首先须用试验方法确定土的重度、静止土压力系数和基床系数这3个反映土的特性的参数。一般静止土压力系数宜用压缩仪或三轴剪切仪直接测定土的侧压力系数。基床系数可采用室内三轴压缩试验或野外载荷试验来测定，或根据基床系数的概念，用土的压缩-变形曲线直接求得。最好用旁压试验所得变形模量来计算基床系数，可按以下公式求得：

$$R=0.65\sqrt{\frac{E_s b^4}{EI}}\cdot\frac{E_s}{(1-\mu_0^2)b} \tag{8-51}$$

式中：EI——环墙的刚度，可取环墙单位宽度计算；

E_s、μ_0——分别为土的变形模量和泊桑比；

b——环墙单位宽度。

现以浙江炼油厂内径为31.28 m、容积为10 000 m^3 的G235油罐的实测资料为例说明：G235油罐基础剖面图见图8-13，其计算结果见图8-14。

(3)《建造大型油罐的试验研究》一文中提出的计算公式

根据环墙受力特点和土压力实测数据，并经过数理统计分析，该文建议控制最大环向力方法设计环墙，其环向力标准值可按下式简化计算：

$$F_K=m_d K_0(h+0.6\,h_w)R \tag{8-52}$$

式中：F_K——环墙单位高环向力标准值，kN/m；

K_0——环墙内侧砂垫层平均侧压力系数。

从实测数据发现：环墙侧压力系数与环墙高度 h 和储罐内充水高度 h_w 有很好相关性，经过二元回归分析后得到以下的经验公式：

$$K_0=0.22+0.05\,h+0.01\,h_w \tag{8-53}$$

式中：h——环墙高度，m；

h_w——储罐内充水高度，m；

m_d——对中粗砂取15.69 kN/m^3(1.6 t/m^3)；

R——环墙中心线半径，m。

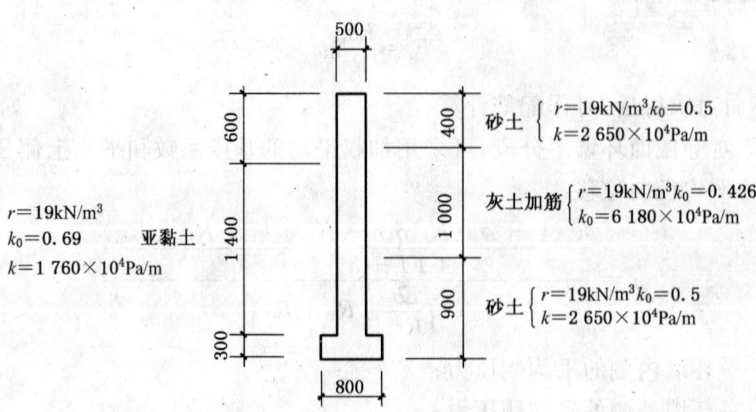

图8-13 G235油罐基础剖面图

如考虑荷载的分项系数，储罐内储存介质的荷载分项系数取 $\gamma_{Qw}=1.1$，环墙内填料的荷载分项系数取 $\gamma_{Qm}=1.0$。式(8-52)可改写为：

$$F_t=m_d K_0(h+0.66\,h_w)R \tag{8-54}$$

式中：F_t—环墙单位高度环向力设计值，kN/m；

其余符号意义同前。

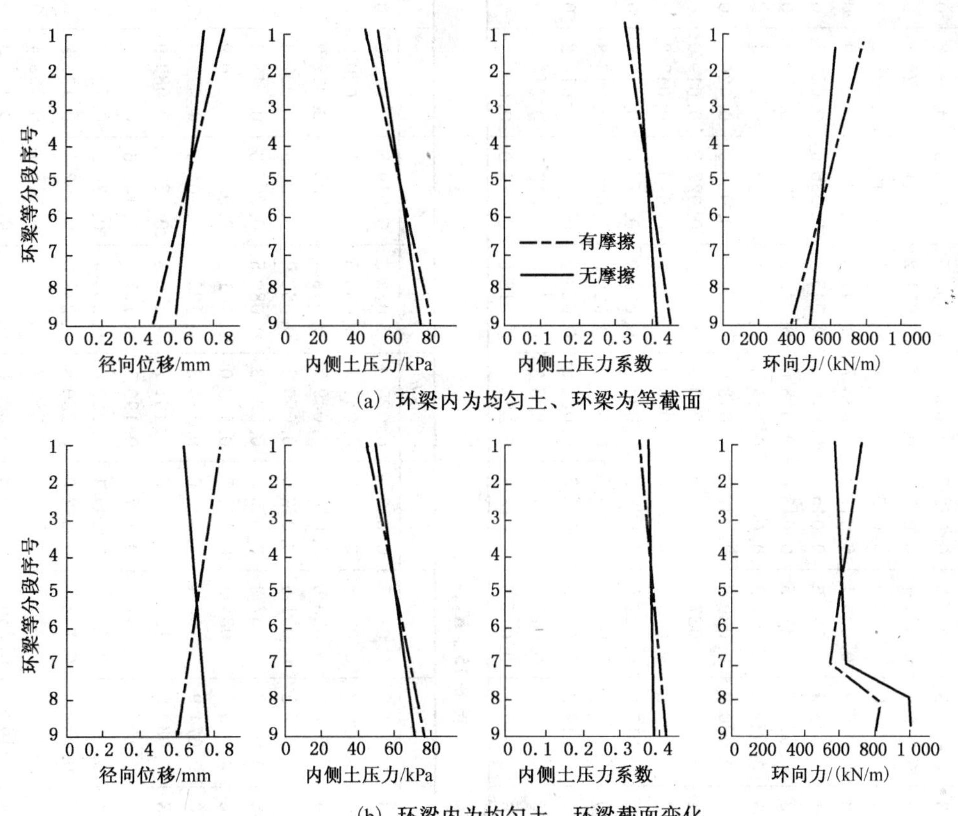

图 8-14　环墙的径向位移、内侧土压力、土压力系数和环向力

(4) 表格计算法

根据实测环墙的侧向压力，不是朗金的主动土压力，从实测分析表明：环墙的边界条件对环墙土压力分布影响很大。根据实测环墙的上端与下端接近铰接，侧压力分布是中间大、两端为零(见图 8-15)。根据实测统计分析，并经过数理统计分析，用壳体弹性曲面的基本微分方程，进行求解，得到在不同荷载与边界条件下的环向力与竖向弯矩的计算公式。为了使用方便，特编制了计算表(见表8-14～表 8-21)。

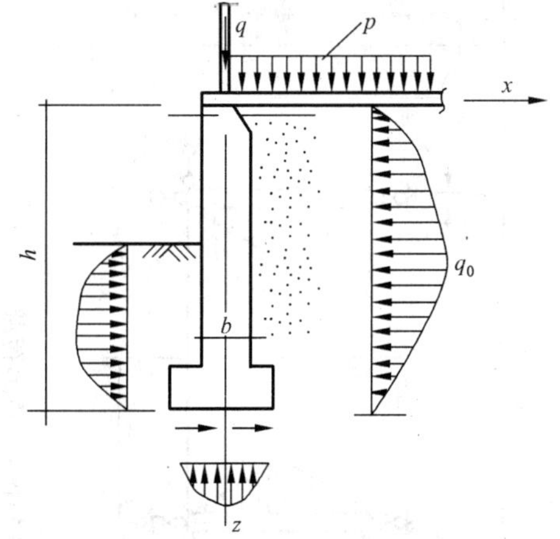

图 8-15　储罐环墙的外荷载作用图

利用表格计算环向力和竖向弯矩，有以下几点说明：

1) 储罐内充水预压或装油时，计算简图按两端铰接，计算表格按表 8-14、表 8-15，其环墙内侧的最大侧压力：

$$q_0=K_0\cdot\eta\cdot q\cdot m \tag{8-55}$$

式中：q_0——环墙内侧的最大侧压力；

K_0——侧压力系数取 0.4～0.5；

q——环墙内侧储罐底板的均布荷载；

η——侧压力扩散系数见表 8-22；

m——环墙环向力计算系数见表 8-23。

表 8-14　K_{2M}

荷载情况：三角形荷载 q_0
支承条件：两端铰接
底端为 0.0 h
$M_x=K_{2M}\cdot q_0\cdot h^2$

h/S	0.0 h	0.1 h	0.2 h	0.3 h	0.4 h	0.5 h	0.6 h	0.7 h	0.8 h	0.9 h	1.0 h
1.0	0.000 0	0.015 7	0.030 5	0.043 4	0.053 5	0.059 9	0.053 5	0.043 4	0.030 5	0.015 7	0.000 0
1.1	0.000 0	0.015 3	0.029 8	0.042 5	0.052 5	0.058 8	0.052 5	0.042 5	0.029 8	0.015 3	0.000 0
1.2	0.000 0	0.014 9	0.029 0	0.041 4	0.051 2	0.057 4	0.051 2	0.041 4	0.029 0	0.014 9	0.000 0
1.3	0.000 0	0.014 4	0.028 0	0.040 0	0.049 5	0.055 7	0.049 5	0.040 0	0.028 0	0.014 4	0.000 0
1.4	0.000 0	0.013 8	0.026 9	0.038 4	0.047 6	0.053 7	0.047 6	0.038 4	0.026 9	0.013 8	0.000 0
1.5	0.000 0	0.013 1	0.025 5	0.036 6	0.045 5	0.056 4	0.045 5	0.036 6	0.025 5	0.013 1	0.000 0
1.6	0.000 0	0.012 3	0.024 0	0.034 5	0.043 0	0.048 8	0.043 0	0.034 5	0.024 0	0.012 3	0.000 0
1.7	0.000 0	0.011 5	0.022 4	0.032 3	0.040 4	0.046 0	0.040 4	0.032 3	0.022 4	0.011 5	0.000 0
1.8	0.000 0	0.010 6	0.020 7	0.029 9	0.037 6	0.043 0	0.037 6	0.029 9	0.020 7	0.010 6	0.000 0
1.9	0.000 0	0.009 6	0.019 0	0.027 5	0.034 7	0.040 0	0.034 7	0.027 5	0.019 0	0.009 6	0.000 0
2.0	0.000 0	0.008 7	0.017 2	0.025 1	0.031 8	0.036 9	0.031 8	0.025 1	0.017 2	0.008 7	0.000 0
2.1	0.000 0	0.007 8	0.015 5	0.022 6	0.028 9	0.033 8	0.028 9	0.022 6	0.015 5	0.007 8	0.000 0
2.2	0.000 0	0.006 9	0.013 8	0.020 3	0.026 2	0.030 9	0.026 2	0.020 3	0.013 8	0.006 9	0.000 0
2.3	0.000 0	0.006 1	0.012 2	0.018 0	0.023 5	0.028 0	0.023 5	0.018 0	0.012 2	0.006 1	0.000 0
2.4	0.000 0	0.005 3	0.010 7	0.015 9	0.021 0	0.025 3	0.021 0	0.015 9	0.010 7	0.005 3	0.000 0
2.5	0.000 0	0.004 6	0.009 3	0.014 0	0.018 6	0.022 8	0.018 6	0.014 0	0.009 3	0.004 6	0.000 0

表 8-15　K_{2T}

荷载情况：三角形荷载 q_0
支承条件：两端铰接
底端为 0.0 h
$F_x=K_{2T}\cdot q_0\cdot R$

h/S	0.0 h	0.1 h	0.2 h	0.3 h	0.4 h	0.5 h	0.6 h	0.7 h	0.8 h	0.9 h	1.0 h
1.0	0.000 0	0.007 3	0.014 0	0.019 5	0.023 3	0.025 0	0.023 3	0.019 5	0.014 0	0.007 3	0.000 0
1.1	0.000 0	0.010 5	0.020 2	0.028 1	0.033 5	0.035 9	0.033 5	0.028 1	0.020 2	0.010 5	0.000 0
1.2	0.000 0	0.014 5	0.027 9	0.038 8	0.046 4	0.049 7	0.046 4	0.038 8	0.027 9	0.014 5	0.000 0
1.3	0.000 0	0.019 4	0.037 3	0.051 9	0.062 0	0.066 5	0.062 0	0.051 9	0.037 3	0.019 4	0.000 0
1.4	0.000 0	0.025 2	0.048 3	0.067 3	0.080 5	0.086 3	0.080 5	0.067 3	0.048 3	0.025 2	0.000 0
1.5	0.000 0	0.031 8	0.060 9	0.084 9	0.101 5	0.109 0	0.101 5	0.084 9	0.060 9	0.031 8	0.000 0
1.6	0.000 0	0.039 0	0.074 9	0.104 4	0.125 0	0.134 3	0.125 0	0.104 4	0.074 9	0.039 0	0.000 0
1.7	0.000 0	0.046 8	0.089 9	0.125 5	0.150 3	0.161 7	0.150 3	0.125 5	0.089 9	0.046 8	0.000 0
1.8	0.000 0	0.055 0	0.105 6	0.147 6	0.177 0	0.190 7	0.177 0	0.147 6	0.105 6	0.055 0	0.000 0
1.9	0.000 0	0.063 4	0.121 7	0.170 2	0.204 4	0.220 6	0.204 4	0.170 2	0.121 7	0.063 4	0.000 0
2.0	0.000 0	0.071 7	0.137 8	0.192 9	0.232 0	0.250 8	0.232 0	0.192 9	0.137 8	0.071 7	0.000 0
2.1	0.000 0	0.079 7	0.153 4	0.215 1	0.259 1	0.280 7	0.259 1	0.215 1	0.153 4	0.079 7	0.000 0
2.2	0.000 0	0.087 4	0.168 3	0.236 3	0.285 3	0.309 8	0.285 3	0.236 3	0.168 3	0.087 4	0.000 0
2.3	0.000 0	0.094 5	0.182 2	0.256 2	0.310 0	0.337 6	0.310 0	0.256 2	0.182 2	0.094 5	0.000 0
2.4	0.000 0	0.101 0	0.194 9	0.274 6	0.333 1	0.363 8	0.333 1	0.274 6	0.194 9	0.101 0	0.000 0
2.5	0.000 0	0.106 7	0.206 2	0.291 2	0.354 3	0.3883	0.354 3	0.291 2	0.206 2	0.106 7	0.000 0

表 8-16　K_{6M}

荷载情况：矩形荷载 q
支承条件：两端铰接
底端为 0.0 h
$M_x = K_{6M} \cdot p \cdot h^2$

h/S	0.0 h	0.1 h	0.2 h	0.3 h	0.4 h	0.5 h	0.6 h	0.7 h	0.8 h	0.9 h	1.0 h
1.0	0.000 0	0.043 4	0.077 0	0.100 8	0.115 1	0.119 9	0.115 1	0.100 8	0.077 0	0.043 4	0.000 0
1.1	0.000 0	0.042 7	0.075 6	0.099 0	0.113 0	0.117 6	0.113 0	0.099 0	0.075 6	0.042 7	0.000 0
1.2	0.000 0	0.041 8	0.074 0	0.096 8	0.110 3	0.114 8	0.110 3	0.096 8	0.074 0	0.041 8	0.000 0
1.3	0.000 0	0.040 8	0.072 0	0.094 0	0.107 1	0.111 4	0.107 1	0.094 0	0.072 0	0.040 8	0.000 0
1.4	0.000 0	0.039 5	0.069 6	0.090 7	0.103 2	0.107 4	0.103 2	0.090 7	0.069 6	0.039 5	0.000 0
1.5	0.000 0	0.038 1	0.066 9	0.087 0	0.098 8	0.102 8	0.098 8	0.087 0	0.066 9	0.038 1	0.000 0
1.6	0.000 0	0.036 5	0.063 9	0.082 8	0.093 9	0.092 6	0.093 6	0.082 8	0.063 9	0.036 5	0.000 0
1.7	0.000 0	0.034 8	0.060 6	0.078 3	0.088 6	0.093 0	0.088 6	0.078 3	0.060 6	0.034 8	0.000 0
1.8	0.000 0	0.032 9	0.057 1	0.073 5	0.083 0	0.086 1	0.083 0	0.073 5	0.057 1	0.032 9	0.000 0
1.9	0.000 0	0.031 0	0.053 5	0.068 6	0.077 2	0.080 0	0.077 2	0.068 6	0.053 5	0.031 0	0.000 0
2.0	0.000 0	0.029 1	0.049 8	0.063 6	0.071 3	0.073 8	0.071 3	0.063 6	0.049 8	0.029 1	0.000 0
2.1	0.000 0	0.0272	0.046 2	0.058 6	0.065 5	0.067 7	0.065 5	0.058 6	0.046 2	0.0272	0.000 0
2.2	0.000 0	0.025 4	0.042 7	0.053 8	0.059 8	0.061 8	0.059 8	0.053 8	0.042 7	0.025 4	0.000 0
2.3	0.000 0	0.023 6	0.039 3	0.049 1	0.054 4	0.056 0	0.054 4	0.049 1	0.039 3	0.023 6	0.000 0
2.5	0.000 0	0.020 3	0.033 2	0.040 6	0.044 4	0.0456	0.044 4	0.040 6	0.033 2	0.020 3	0.000 0

表 8-17　K_{6T}

荷载情况：矩形荷载 q
支承条件：两端铰接
底端为 0.0 h
$F_x = K_{6T} \cdot p \cdot R$

h/S	0.0 h	0.1 h	0.2 h	0.3 h	0.4 h	0.5 h	0.6 h	0.7 h	0.8 h	0.9 h	1.0 h
1.0	0.000 0	0.015 7	0.029 7	0.040 6	0.047 6	0.050 0	0.047 6	0.040 6	0.029 7	0.015 7	0.000 0
1.1	0.000 0	0.022 5	0.042 7	0.058 4	0.068 4	0.071 9	0.068 4	0.058 4	0.042 7	0.022 5	0.000 0
1.2	0.000 0	0.031 2	0.059 1	0.080 9	0.094 7	0.099 4	0.094 7	0.080 9	0.059 1	0.031 2	0.000 0
1.3	0.000 0	0.041 8	0.079 1	0.108 2	0.126 7	0.133 0	0.126 7	0.108 2	0.079 1	0.041 8	0.000 0
1.4	0.000 0	0.054 3	0.102 7	0.140 5	0.164 5	0.172 7	0.164 5	0.140 5	0.102 7	0.054 3	0.000 0
1.5	0.000 0	0.068 6	0.129 8	0.177 5	0.207 7	0.218 1	0.207 7	0.177 5	0.129 8	0.068 6	0.000 0
1.6	0.000 0	0.084 6	0.160 0	0.218 7	0.255 9	0.268 6	0.255 9	0.218 7	0.100 0	0.084 6	0.000 0
1.7	0.000 0	0.102 0	0.192 8	0.263 4	0.308 2	0.323 4	0.308 2	0.263 4	0.192 8	0.102 0	0.000 0
1.8	0.000 0	0.120 5	0.227 5	0.310 8	0.363 4	0.381 4	0.363 4	0.310 8	0.227 5	0.120 5	0.000 0
1.9	0.000 0	0.139 6	0.263 4	0.359 7	0.420 5	0.441 2	0.420 5	0.359 7	0.263 4	0.139 6	0.000 0
2.0	0.000 0	0.159 0	0.299 9	0.409 2	0.478 1	0.501 6	0.478 1	0.409 2	0.299 9	0.159 0	0.000 0
2.1	0.000 0	0.178 4	0.336 1	0.458 3	0.535 2	0.561 4	0.535 2	0.458 3	0.336 1	0.178 4	0.000 0
2.2	0.000 0	0.197 3	0.371 6	0.506 2	0.590 8	0.619 6	0.590 8	0.506 2	0.371 6	0.197 3	0.000 0
2.3	0.000 0	0.215 7	0.405 7	0.552 1	0.644 0	0.675 2	0.644 0	0.552 1	0.405 7	0.215 7	0.000 0
2.4	0.000 0	0.233 2	0.438 1	0.595 7	0.694 2	0.727 7	0.694 2	0.595 7	0.438 1	0.233 2	0.000 0
2.5	0.000 0	0.249 7	0.468 7	0.636 4	0.741 1	0.776 6	0.741 1	0.636 4	0.468 7	0.249 7	0.000 0

表 8-18　K_{9M}

荷载情况：两端作用力矩 M_0
支承条件：两端自由
底端为 0.0 h
$M_x = K_{9M} \cdot M_0$

h/S	0.0 h	0.1 h	0.2 h	0.3 h	0.4 h	0.5 h	0.6 h	0.7 h	0.8 h	0.9 h	1.0 h
1.0	−1.0000	−0.9986	−0.9957	−0.9927	−0.9904	−0.9896	−0.9904	−0.9927	−0.9957	−0.9986	−1.0000
1.1	−1.0000	−0.9980	−0.9938	−0.9893	−0.9861	−0.9849	−0.9861	−0.9893	−0.9938	−0.9980	−1.0000
1.2	−1.0000	−0.9972	−0.9912	−0.9850	−0.9804	−0.9787	−0.9804	−0.9850	−0.9912	−0.9972	−1.0000
1.3	−1.0000	−0.9962	−0.9880	−0.9794	−0.9731	−0.9709	−0.9731	−0.9794	−0.9880	−0.9962	−1.0000
1.4	−1.0000	−0.9949	−0.9840	−0.9725	−0.9642	−0.9611	−0.9642	−0.9725	−0.9840	−0.9949	−1.0000
1.5	−1.0000	−0.9934	−0.9792	−0.9642	−0.9533	−0.9493	−0.9533	−0.9642	−0.9792	−0.9934	−1.0000
1.6	−1.0000	−0.9915	−0.9733	−0.9542	−0.9402	−0.9351	−0.9402	−0.9542	−0.9733	−0.9915	−1.0000
1.7	−1.0000	−0.9893	−0.9665	−0.9424	−0.9248	−0.9185	−0.9248	−0.9424	−0.9665	−0.9893	−1.0000
1.8	−1.0000	−0.9868	−0.9585	−0.9287	−0.9070	−0.8992	−0.9070	−0.9287	−0.9585	−0.9868	−1.0000
1.9	−1.0000	−0.9839	−0.9494	−0.9131	−0.8867	−0.8772	−0.8867	−0.9131	−0.9494	−0.9839	−1.0000
2.0	−1.0000	−0.9806	−0.9392	−0.8956	−0.8639	−0.8524	−0.8639	−0.8956	−0.9392	−0.9806	−1.0000
2.1	−1.0000	−0.9770	−0.9277	−0.8761	−0.8385	−0.8249	−0.8385	−0.8761	−0.9277	−0.9770	−1.0000
2.2	−1.0000	−0.9730	−0.9152	−0.8547	−0.8107	−0.7949	−0.8107	−0.8547	−0.9152	−0.9730	−1.0000
2.3	−1.0000	−0.9686	−0.9016	−0.8315	−0.7807	−0.7623	−0.7807	−0.8315	−0.9016	−0.9686	−1.0000
2.4	−1.0000	−0.9639	−0.8870	−0.8067	−0.7486	−0.7276	−0.7486	−0.8067	−0.8870	−0.9639	−1.0000
2.5	−1.0000	−0.9589	−0.8716	−0.7805	−0.7147	−0.6910	−0.7147	−0.7805	−0.8716	−0.9589	−1.0000

表 8-19　K_{9T}

荷载情况：两端作用力矩 M_0
支承条件：两端自由
底端为 0.0 h
$F_x = K_{9T} \cdot \frac{R \cdot M_0}{h^2}$

h/S	0.0 h	0.1 h	0.2 h	0.3 h	0.4 h	0.5 h	0.6 h	0.7 h	0.8 h	0.9 h	1.0 h
1.0	0.3309	0.1520	0.0131	−0.0860	−0.1454	−0.1652	−0.1454	−0.0860	0.0131	0.1520	0.3309
1.1	0.4829	0.2217	0.0190	−0.1255	−0.2121	−0.2409	−0.2121	−0.1255	0.0190	0.2217	0.4829
1.2	0.6811	0.3125	0.0266	−0.1769	−0.2989	−0.3395	−0.2989	−0.1769	0.0266	0.3125	0.6811
1.3	0.9330	0.4277	0.0362	−0.2423	−0.4090	−0.4645	−0.4090	−0.2423	0.0362	0.4277	0.9330
1.4	1.2464	0.5707	0.0479	−0.3236	−0.5457	−0.6196	−0.5457	−0.3236	0.0479	0.5707	1.2464
1.5	1.6288	0.7448	0.0618	−0.4227	−0.7121	−0.8083	−0.7121	−0.4227	0.0618	0.7448	1.6288
1.6	2.0873	0.9528	0.0780	−0.5415	−0.9108	−1.0335	−0.9108	−0.5415	0.0780	0.9528	2.0873
1.7	2.6283	1.1972	0.0964	−0.6814	−1.1443	−1.2979	−1.1443	−0.6814	0.0964	1.1972	2.6283
1.8	3.2570	1.4800	0.1168	−0.8438	−1.4143	−1.0033	−1.4143	−0.8438	0.1168	1.4800	3.2570
1.9	3.9776	1.8021	0.1388	−1.0297	−1.7217	−1.9508	−1.7217	−1.0297	0.1388	1.8021	3.9776
2.0	4.7927	2.1640	0.1617	−1.2394	−2.0668	−2.3402	−2.0668	−1.2394	0.1617	2.1640	4.7927
2.1	5.7029	2.5647	0.1849	−1.4731	−2.4488	−2.7706	−2.4488	−1.4731	0.1849	2.5647	5.7029
2.2	6.7074	3.0027	0.2074	−1.7304	−2.8660	−3.2397	−2.8660	−1.7304	0.2074	3.0027	6.7074
2.3	7.8032	3.4751	0.2279	−2.0101	−3.3155	−3.7440	−3.3155	−2.0101	0.2279	3.4751	7.8032
2.4	8.9860	3.9782	0.2451	−2.3108	−3.7937	−4.2789	−3.7937	−2.3108	0.2451	3.9782	8.9860
2.5	10.2496	4.5073	0.2575	−2.6308	−4.2901	−4.8391	−4.2901	−2.6308	0.2575	4.5073	10.2496

表 8-20　$K_{14\,M}$

荷载情况：两端作用水平力 Q_0

支承条件：两端自由

底端为 0.0 h

$M_x = K_{14\,M} \cdot Q_0 \cdot h$

h/S	0.0 h	0.1 h	0.2 h	0.3 h	0.4 h	0.5 h	0.6 h	0.7 h	0.8 h	0.9 h	1.0 h
1.0	0.000 0	0.089 7	0.159 1	0.208 4	0.237 9	0.247 7	0.237 9	0.208 4	0.159 1	0.089 7	0.000 0
1.1	0.000 0	0.089 5	0.158 6	0.207 7	0.236 9	0.246 7	0.236 9	0.207 7	0.158 6	0.089 5	0.000 0
1.2	0.000 0	0.089 4	0.158 1	0.206 7	0.235 7	0.245 3	0.235 7	0.206 7	0.158 1	0.089 4	0.000 0
1.3	0.000 0	0.089 2	0.157 4	0.205 6	0.234 2	0.243 6	0.234 2	0.205 6	0.157 4	0.089 2	0.000 0
1.4	0.000 0	0.088 9	0.156 6	0.204 1	0.232 2	0.241 5	0.232 2	0.204 1	0.156 6	0.088 9	0.000 0
1.5	0.000 0	0.088 6	0.155 6	0.202 3	0.229 9	0.239 0	0.229 9	0.202 3	0.155 6	0.088 6	0.000 0
1.6	0.000 0	0.088 2	0.154 3	0.200 2	0.227 0	0.235 9	0.227 0	0.200 2	0.154 3	0.088 2	0.000 0
1.7	0.000 0	0.087 8	0.152 9	0.197 6	0.223 7	0.232 3	0.223 7	0.197 6	0.152 9	0.087 8	0.000 0
1.8	0.000 0	0.087 3	0.151 2	0.194 7	0.219 9	0.228 1	0.219 9	0.194 7	0.151 2	0.087 3	0.000 0
1.9	0.000 0	0.086 7	0.149 3	0.191 4	0.215 5	0.223 3	0.215 5	0.191 4	0.149 3	0.086 7	0.000 0
2.0	0.000 0	0.086 0	0.147 2	0.187 6	0.210 5	0.218 0	0.210 5	0.187 6	0.147 2	0.086 0	0.000 0
2.1	0.000 0	0.085 2	0.144 8	0.183 5	0.205 1	0.212 0	0.205 1	0.183 5	0.144 8	0.085 2	0.000 0
2.2	0.000 0	0.084 4	0.142 2	0.178 9	0.199 1	0.205 5	0.199 1	0.178 9	0.142 2	0.084 4	0.000 0
2.3	0.000 0	0.083 6	0.139 3	0.173 9	0.192 6	0.198 4	0.192 6	0.173 9	0.139 3	0.083 6	0.000 0
2.4	0.000 0	0.082 6	0.136 3	0.168 7	0.185 6	0.190 8	0.185 6	0.168 7	0.136 3	0.082 6	0.000 0
2.5	0.000 0	0.081 6	0.133 1	0.163 1	0.178 3	0.182 9	0.178 3	0.163 1	0.133 1	0.081 6	0.000 0

表 8-21　$K_{14\,T}$

荷载情况：两端作用水平力 Q_0

支承条件：两端自由

底端为 0.0 h

$F_x = K_{14\,T} \cdot \frac{R \cdot Q_0}{h}$

h/S	0.0 h	0.1 h	0.2 h	0.3 h	0.4 h	0.5 h	0.6 h	0.7 h	0.8 h	0.9 h	1.0 h
1.0	−2.066 1	−2.033 6	−2.004 7	−1.982 1	−1.967 7	−1.962 8	−1.967 7	−1.982 1	−2.004 7	−2.033 6	−2.066 1
1.1	−2.096 5	−2.049 1	−2.006 9	−1.973 8	−1.952 9	−1.945 7	−1.952 9	−1.973 8	−2.006 9	−2.049 1	−2.096 5
1.2	−2.136 0	−2.069 2	−2.009 7	−1.963 1	−1.933 6	−1.923 5	−1.933 6	−1.963 1	−2.009 7	−2.069 2	−2.136 0
1.3	−2.186 3	−2.094 8	−2.013 3	−1.949 6	−1.909 1	−1.895 3	−1.909 1	−1.949 6	−2.013 3	−2.094 8	−2.186 3
1.4	−2.248 7	−2.126 5	−2.017 7	−1.932 7	−1.878 8	−1.860 3	−1.878 8	−1.932 7	−2.017 7	−2.126 5	−2.248 7
1.5	−2.324 9	−2.165 1	−0.023 0	−1.912 1	−1.841 8	−1.817 7	−1.841 8	−1.912 1	−2.023 0	−2.165 1	−2.324 9
1.6	−2.416 0	−2.211 4	−2.029 4	−1.887 4	−1.797 6	−1.766 8	−1.797 6	−1.887 4	−2.029 4	−2.211 4	−2.416 0
1.7	−2.523 3	−2.265 7	−2.036 8	−1.858 4	−1.745 6	−1.707 0	−1.745 6	−1.858 4	−2.036 8	−2.265 7	−2.523 3
1.8	−2.647 8	−2.328 6	−2.045 3	−1.824 8	−1.685 4	−1.637 8	−1.685 4	−1.824 8	−2.045 3	−2.328 6	−2.647 8
1.9	−2.790 1	−2.400 4	−2.054 9	−1.786 3	−1.616 8	−1.558 9	−1.616 8	−1.786 3	−2.054 9	−2.400 4	−2.790 1
2.0	−2.950 5	−2.481 1	−2.065 5	−1.743 0	−1.539 7	−1.470 3	−1.539 7	−1.743 0	−2.065 5	−2.481 1	−2.950 5
2.1	−3.129 0	−2.570 7	−2.077 1	−1.694 8	−1.454 2	−1.372 1	−1.454 2	−1.694 8	−2.077 1	−2.570 7	−3.129 0
2.2	−3.325 2	−2.668 8	−2.089 5	−1.641 9	−1.360 6	−1.264 8	−1.360 6	−1.641 9	−2.089 5	−2.668 8	−3.325 2
2.3	−3.538 1	−2.774 9	−2.102 6	−1.584 4	−1.259 5	−1.148 9	−1.259 5	−1.584 4	−2.102 6	−2.774 9	−3.538 1
2.4	−3.766 6	−2.888 2	−2.116 2	−1.522 8	−1.151 6	−1.025 5	−1.151 6	−1.522 8	−2.116 2	−2.888 2	−3.766 6
2.5	−4.009 1	−3.007 7	−2.130 0	−1.457 5	−1.037 9	−0.895 6	−1.037 9	−1.457 5	−2.130 0	−3.007 7	−4.009 1

表 8-22 侧压力扩散系数 η 表

区段(底端为 0.h)	0 h	0.1 h	0.2 h	0.3 h	0.4 h	0.5 h	0.6 h	0.7 h	0.8 h	0.9 h	1.0 h
侧压力扩散系数 η	0.05	0.1	0.2	0.35	0.5	0.7	0.7	1.0	0.8	0.3	0.1
注：h 为环墙高度。											

表 8-23 环墙环向力计算系数 m

储罐容积/m^3	500～1 000	≤5 000	≤10 000	20 000	30 000	50 000	≤150 000
m	9.5	13.0	18.0	23.0	25.5	28.0	31.5

2) 考虑温差和混凝土的收缩徐变的计算。环墙的施工季节温差和混凝土的收缩徐变作用的荷载在环墙上假设为均布荷载，根据环墙的边界条件按图 8-16 和式(8-56)、式(8-57)计算。

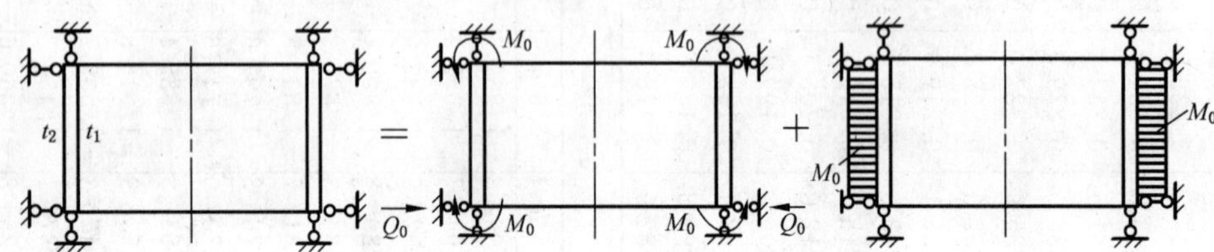

图 8-16 温差作用下环墙计算简图

$$M_t = M_0(K_{9M}+1)Q_0 HK_{14M} \tag{8-56}$$

$$T_t = \frac{RM_0}{h^2}K_{9T} + \frac{RQ_0}{h}K_{14T} \tag{8-57}$$

式中：M_0——附加弯矩，按下式计算：

$$M_0 = (1+\mu)B_b \frac{1}{\rho} \tag{8-58}$$

B_b——环墙刚度，$B_b = 0.85\ D_t$；

D_t——圆柱壳的抗弯刚度，其值为：

$$D_t = \frac{E_t b^3}{12(1-\mu^2)} \tag{8-59}$$

μ——钢筋混凝土泊桑比，$\mu = 1/6$；

$\frac{1}{\rho}$——环墙的温差曲率；

$$\frac{1}{\rho} = \frac{C_g t_g + C'_g t'_g}{b_0 - \alpha'} \tag{8-60}$$

式中：t_g、t'_g——分别为钢筋的季节温差，可近似取混凝土边缘处的温度；

C_g、C'_g——钢筋与混凝土的协调变形系数，按下式计算：

$$C_g = \alpha_t + (\alpha_g - \alpha_t)K_t \tag{8-61}$$

α_g——钢筋线膨胀系数 $\alpha_g = 11.4\times10^{-6}$；

α_t——混凝土的总变形系数，等于混凝土的膨胀系数与收缩系数之差，取 $\alpha_t = 10\times10^{-6}$；

K_t——钢筋和混凝土共同工作的影响系数，当 $\rho = 0.2$ 时，$K_t = 0.2$；当 $\rho = 0.4$ 时，$K_t = 0.55$。

试验资料说明，因荷载而产生的内力不论是拉力或压力，均能引起温差产生的弯矩降低。另外，混凝土的收缩徐变也会引起环墙内力衰减。因此在环墙内力组合时应考虑综合折减系数 0.7。计算公式如下：

环向力
$$T_{t2} = \frac{RM_0}{h^2}K_{9T} + \frac{RQ_0}{h}K_{14T} \tag{8-62}$$

竖向弯矩
$$M_{12} = M_0(K_{9M}+1)Q_0 HK_{14M} \tag{8-63}$$

式中：
$$Q_0 = \frac{K_1}{S}M_0 + \frac{4\ K_2}{S^2}D_t\alpha_t\Delta tR \tag{8-64}$$

K_{9M}、K_{14M}见表 8-18、表 8-20；

K_{9T}、K_{14T}见表 8-19、表 8-21；

K_1、K_2 见表 8-24。

表 8-24　K_1、K_2 系数表

$\frac{h}{s}$	1.5	1.8	2.0	2.2	2.4
K_1	0.467 0	0.683 4	0.812 1	0.916 9	0.940
K_2	0.645 2	0.679 8	0.679	0.661 6	0.637 2

3）地震作用。对圆柱形结构进行动态作用下的模型动力试验表明，它所受动土压力值要比直墙上的动土压力低。在动土压力作用下圆柱形结构的最大环向力为 0.1～0.3 MPa 的数量级，不致于使环墙开裂破坏，国内在几次地震中也证实了这一点，说明经过正常静力设计的环墙其抗震性能很好。根据 GB 50011—2001《建筑抗震设计规范》中确定大震、中震（基本烈度）、小震在进行抗震验算时 6、7、8 度地区，小震、中震可不进行抗震强度验算，仅作环墙的构造处理；但在 9 度地区或 8 度地区建大容积的储罐（大于或等于 50 000 m^3）的环墙基础，仍需进行抗震验算。

4）把环墙高度 h 分成十等分，以环墙下端为 0.0 h，上端为 1.0 h，根据外荷载情况。查表中的系数，即得环墙的竖向弯矩和环向力。若荷载作用的方向与表格中作用的荷载方向相反，可将表中系数变符号使用。

当环墙高度 h 小于 1 m 时，计算时均按 $h=1$ m 考虑。

表格计算法计算实例：

20 000 m^3 浮顶储罐直径 $D=40.63$ m，充水荷载设计值为 135.4 kN/m^2，环墙厚度 $b=0.35$ m，环墙高度 $h=2.23$ m，试求环墙环向力设计值。

解：$S=0.76\sqrt{bR}=0.76\sqrt{0.35\times20.315}=2.03$

$\frac{h}{S}=\frac{2.23}{2.03}=1.1$ 查表 8-15 得 $K_{2T}=0.035\ 9$

按式(8-55)计算：

$q_0=K_0 qm\eta=0.45\times135.4\times23.0\times1.0=1\ 401.4\ kN/m^2$

按表(8-15)计算：

$F_{max}=K_{2T}q_0R=0.035\ 9\times1\ 401.4\times20.315=1\ 022.05\ kN/m$

通过计算分析，环墙的径向位移沿竖向的分布趋于直线变形，所以环墙的竖向弯矩很小，设计其竖向钢筋可按构造设置。

储罐壁板的径向位移远比环墙顶端的径向位移大，环墙设计中必须考虑这种影响。一般来说，由于考虑这种影响，环墙顶部应作加强的钢筋配置，这种加强筋，也可适应施工时的季节温差和混凝土的收缩和徐变的影响等不利因素一并加以考虑。

最后还须指出，随着储罐内的反复加荷与卸荷，使环墙内土体不断压密，静止土压力不断减小，使环墙的环向力也逐渐变小。由于所采用的计算参数是开始加荷时的数值，所以用这参数计算出的环向力是最大的。

六、环墙基础环向钢筋的计算

根据上述环墙内力分析与计算可求得环墙环向力设计值，然后按下式算出环墙环向钢筋的面积。

$$A_s=\frac{\gamma_0 F_t}{f_y} \tag{8-65}$$

式中：A_s——环墙单位高度所需环向钢筋面积，mm^2；

γ_0——重要性系数，取 $\gamma_0=1.0$；

F_t——环墙单位高度环向力设计值，kN/m；

f_y——钢筋的抗拉强度设计值，kN/mm²。

七、薄壁超长结构混凝土裂缝控制

1. 裂缝产生机理

薄壁超长混凝土结构，截面较薄而环墙很长，混凝土一次浇筑量较大，浇筑时间短而集中，混凝土浇筑后，水泥与水发生化学反应产生大量的热量，由于混凝土的环墙很长，热传导性差（导温系数在0.003～0.005 m²/h 范围内），几乎是绝热的。在升温阶段，水化热大量积聚在结构内部，不易散发，导致混凝土内部温度不断升高（最高温度峰值通常出现在混凝土浇筑后 3.5 d 内，温度可达 45～60 ℃），而混凝土表面散热较快，表面温度低，从而形成了较大的内外温差。起初混凝土处于塑性状态，弹性模量低，变形变化所产生的应力较小，对混凝土不会引起裂缝破坏。此后由于水化作用减缓，放出的热量少于散失的热量；或受寒潮袭击，气温骤降，无适当的保温措施，混凝土表面散热快，造成温度陡降。混凝土内外部温差增大，中部混凝土温度高，发生体积膨胀，外部温度低产生体积收缩，约束了内部膨胀，因而在混凝土内部产生压应力，在混凝土表面产生拉应力。此时混凝土的抗拉强度很低，当超过该龄期的混凝土的极限抗拉强度和变形极限，便会在混凝土表面产生裂缝。这种因表面与内部温差引起的裂缝，又称内约束裂缝。这种裂缝一般产生很早，多呈不规则状态，深度较浅，属表面性质。

在混凝土降温阶段，热量逐渐散发，混凝土温度逐渐下降，而达到使用温度（最低温度）时产生内外温差，因降温使混凝土体积逐渐产生收缩；与此同时，混凝土在硬化过程中内部伴随着水泥水化和水分蒸发以及胶质的胶凝等作用，促使体积减小，也产生收缩变形；当结构受到地基等的约束或结构边界受到外部约束，将会产生很大的温度收缩应力——拉应力。特别是岩石地基外约束应力较大，基础愈长，拉应力愈大；如两种应力叠加超过混凝土的抗拉极限强度时，则在混凝土的底面交界处附近以至混凝土中产生收缩裂缝，又称外约束裂缝。这种裂缝特征是由交界面向上延伸，基本上与岩石、垫层成正交，靠近基底最大（图 8-17），而在上部较小，严重的会产生贯穿整个基础全面的裂缝（称贯穿性裂缝）。通常浇筑体的降温差较大，其形成的收缩变形也就很大，因此常使混凝土基础产生有害的贯穿性裂缝。

混凝土的开裂程度与温差大小、混凝土的收缩性、温度变化速度、约束程度、温度梯度高低、几何尺寸等有关。

钢筋混凝土环墙，壁厚在 30～60 cm，由于储罐直径在 40～100 m，周长达 120～310 m，结构属薄壁超长，在外约束应力引起的深度的和贯穿性裂缝最为严重。这类裂缝影响基础结构的整体性、耐久性、防水性以及正常使用，即使在基础内配置了相当数量的结构或构造钢筋，如不采取有效的防裂措施，也常难以阻止裂缝的出现。施工时应尽量避免出现表面裂缝，坚决控制贯穿性裂缝的出现。

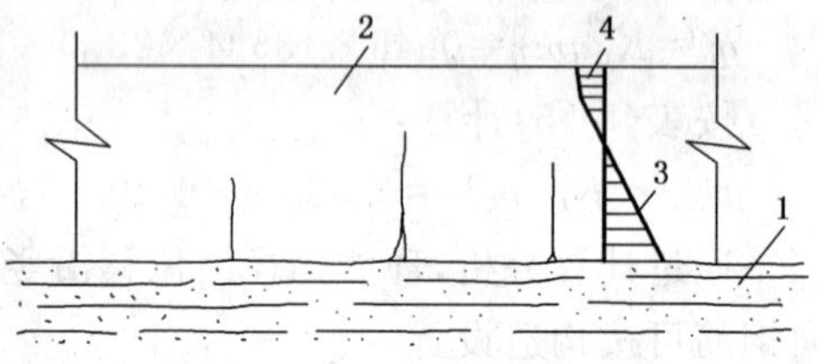

1—地基；2—薄壁超长混凝土；3—拉应力；4—压应力

图 8-17　外约束温度收缩裂缝

由于混凝土是一种脆性非匀质合成材料，抗拉强度只是抗压强度的十分之一，长期加荷的极限拉伸值也只有 $(1.2\sim2.0)\times10^{-4}$，因而由水化热引起的大体积混凝土结构的应力状态，极易使超长环墙基础产生裂缝，甚至严重的开裂。但应该指出，温度收缩等变形变化引起的裂缝，只会使结构应力松弛，裂缝虽较宽，钢筋中应力却很低，对承载能力往往无大影响，但会引起持久强度的降低，同时也减低抗渗性能，损害结构外形，降低耐久性，因此要采取有效的防裂措施预防裂缝的产生。要想使它不出现任何裂缝是不可能的，但应防止影响结构正常使用的有害裂缝的出现，即将裂缝控制在规范允许的范围内。

2. 裂缝控制技术措施

控制大体积混凝土温度收缩裂缝的关键是控制混凝土内外温差和产生较大的温度、收缩应力，而避免出现过大的温度、收缩应力的基本措施在于：控制混凝土的温升；降低混凝土的浇灌入模温度；延缓升温和降温速度；改善边界约束程度，削减温度收缩应力；提高混凝土的早期强度和极限拉伸强度；改进构造设计以及加强施工的温度控制和管理等方面。一般常用的技术措施有：

（1）降低水泥水化热温度

1）选用中低热水泥（如矿渣水泥、火山灰质水泥、粉煤灰水泥或硫酸盐水泥）配制混凝土，以减少混凝土凝结时的发热量。

2）合理配料，使用较粗骨料；掺加粉煤灰等掺合料；或掺加减水剂、缓凝型减水剂，改善和易性，降低水灰比，控制坍落度，减少水泥用量，降低水化热量。

3）利用混凝土后期（90 d、180 d）强度，降低水泥用量。

4）在基础内部预埋冷却水管，通入循环冷水，将水泥水化热导出，降低水化热温升。

5）在厚大无筋或稀筋的大块体积混凝土中，参加20%以下的块石吸热，并节省混凝土。

（2）降低混凝土浇灌入模温度

1）选择较低温度季节浇筑混凝土，避开炎热天浇筑混凝土，对浇筑量不大的块体安排在下午三时以后或夜间浇筑。

2）夏季采用低温水或冰水拌制混凝土；对骨料喷冷水雾或冷气进行预冷；或对骨料进行护盖或设置遮阳装置；运输工具加盖，防止日晒，降低混凝土拌合物的温度。

3）掺加缓凝型减水剂，采取薄层浇筑，每层厚200～300 mm，减缓浇筑强度，利用浇筑面散热。

4）在基础孔道内设通风机加强通风，加速热量散发。

（3）改善约束条件，削减温度收缩应力

1）合理分缝分块浇筑，适当设置水平或垂直施工缝或在适当位置设置后浇缝带，在环墙长度方向每隔20～30 m预留后浇缝或跳仓浇筑，以放松约束程度，减少每次浇筑长度和蓄热量，增加散热面，防止水化热的过大积聚，削减温度收缩应力。

2）在基础与岩石地基，或基础与厚大混凝土垫层之间设置滑动层（平面浇沥青玛碲脂铺砂或刷热沥青或铺贴卷材），在垂直面键槽部位设置缓冲层（铺贴30～50 mm厚沥青浸渍木丝板或聚苯乙烯泡沫塑料），以消除嵌固作用，释放约束应力。

（4）提高混凝土的极限拉伸强度

1）合理选择配合比，选择良好级配的粗细骨料，严格控制含泥量，加强混凝土的振捣，提高混凝土密实度和抗拉强度，减少收缩，保证施工质量。

2）采用二次投料法、二次振捣法；浇筑后及时排除表面泌水，以提高混凝土强度。

3）在结构内适当配置温度、构造钢筋（配筋要细而间距要密）；在结构截面突然变化、转折部位、底（顶）板与墙转折处，孔洞转角及周边，增加斜向构造配筋，以防应力集中。

4）在环墙基础与墙、地坑等接缝部位适当增大配筋率，设置暗梁，以减轻边缘效应，提高抗拉伸强度，控制裂缝开展。

5）加强混凝土的早期养护，提高早期相应龄期的抗拉强度和弹性模量。

（5）加强施工的温度控制

1）搞好混凝土的保温、保湿养护，缓慢降温，充分发挥徐变特性，减低温度收缩应力；夏季避免暴晒，冬季采取保温护盖，以减低混凝土表面的温度梯度，防止温度突变引起的降温冲击。

2）采取较长时间养护，规定合理的拆模时间，延缓降温时间和变形速度，充分发挥混凝土的“应力松弛效应”，以削减温度收缩应力。

3）加强测温和温度监测与管理，实行信息化施工，控制混凝土表面和内部温差不超过25 ℃，层面温差和基层底面温差均在20 ℃以内；随时调整保温和保湿养护措施，不使混凝土温度梯度和湿度过大。

4）合理安排施工程序，控制混凝土均匀上升，避免过大温差。

（6）其他控制技术措施

1）避免降温与干缩共同作用，导致应力累加；采取及时回填土，避免环墙基础侧面长期暴露，同时尽快搞好防水设施，使地下水位上升，预防在降温最危险期内产生过大的脱水干缩和湿度变化。

2）在混凝土中掺加水泥用量1%的UEA混凝土微膨胀剂，配制微膨胀补偿收缩混凝土，以抵消或部分抵消混凝土后期由于干缩和降温引起的混凝土收缩，避免或减轻混凝土开裂的可能性。

3）采取“双控计算”措施，控制基础温度收缩应力在允许安全范围以内，具体计算原理、步骤、方法参见下面一节的计算。

3. 裂缝控制施工计算

薄壁超长结构混凝土基础浇筑混凝土后，由于水泥水化热使混凝土温度升高、体积膨胀，达到峰值后(约3～5 d)将持续一段时间，因内部温度慢慢要与外界气温相平衡，以后温度将逐渐下降，从表面开始慢慢深入到内部，此时混凝土已基本结硬，弹性模量很大，降温时当温度收缩变形受到外部边界条件的约束，将引起较大的温度应力。一般混凝土内部温升值愈大，降温值也愈大，产生的拉应力也愈大，如通过施工计算采取措施控制过大的降温收缩应力的出现，即可控制裂缝的产生。超长薄壁混凝土裂缝控制主要是控制这种外约束裂缝，外约束裂缝控制的施工计算按不同时间和要求。分以下两个阶段进行。

(1) 混凝土浇筑前裂缝控制施工计算

在薄壁超长结构混凝土浇筑前，根据施工拟采取的施工方法、裂缝控制技术措施和已知施工条件，先计算混凝土的最大水泥水化热温升值、收缩变形值、收缩当量温差和弹性模量，然后通过计算，估量混凝土浇筑后可能产生的最大温度收缩应力。如小于混凝土的抗拉强度，则表示所采取的裂缝控制技术措施，能有效地控制裂缝的出现；如超过混凝土的允许抗拉强度，则应采取调整混凝土的浇筑温度，减低水化热温升值，降低内外温差，改善施工操作工艺和性能，提高混凝土极限拉伸强度或改善约束程度等技术措施，重新进行计算，直至计算的降温收缩应力，在允许范围以内为止，以达到预防温度收缩裂缝出现的目的。计算步骤和方法如下：

1）计算混凝土的绝热温升值混凝土的水化热绝热温升值

一般按下式计算：

$$T_{(t)}=\frac{m_c Q}{C\rho}(1-e^{-mt}) \tag{8-66}$$

$$T_{max}=\frac{m_c Q}{C\rho} \tag{8-67}$$

式中：$T_{(t)}$——浇完一段时间t，混凝土的绝热温升值，℃；

m_c——每立方米混凝土水泥用量，kg/m³；

Q——每千克水泥水化热，kJ/kg，可由表8-25查得；

表8-25 每千克水泥水化热量Q

品　种	水化热量口/(kJ/kg)		
	22.5级(325号)	32.5级(425号)	42.5级(525号)
普通硅酸盐水泥	289	377	461
矿渣硅酸盐水泥	247	335	—
注：火山灰水泥、粉煤灰硅酸盐水泥的发热量可参照矿渣硅酸盐水泥的数值。			

C——混凝土的比热，在0.84 kJ/kg·K～1.05 kJ/kg·K之间，一般取0.96 kJ/kg·K；

ρ——混凝土的质量密度，取2 400 kg/m³；

e——常数，为2.718；

t——混凝土浇筑后至计算时的天数，d；

m——与水泥品种、浇捣时温度有关的经验系数，一般取0.2～0.4；

T_{max}——混凝土最大水化热温升值，(°)。

实际环墙基础外表是散热的，计算值偏于安全。

2）计算各龄期混凝土收缩变形值

各龄期混凝土的收缩变形值 $\varepsilon_{y(t)}$ 随许多具体条件和因素的差异而变化，一般可按下式计算：

$$\varepsilon_{y(t)}=\varepsilon_y^{\circ}(1-e^{-0.1t})\times M_1\times M_2\times M_3\cdots\times M_n \tag{8-68}$$

式中：ε_y°——标准状态下的最终收缩值(即极限收缩值)，取 3.24×10^{-4}；

$\varepsilon_{y(t)}$——非标准状态下混凝土任意龄期(d)的收缩变形值；

e——常数，为 2.718；

t——混凝土浇筑后至计算时的天数，d；

M_1、M_2、$M_3\cdots M_n$——考虑各种非标准条件的修正系数，按表 8-26 取用。

表 8-26 混凝土收缩变形不同条件影响修正系数

水泥品种	M_1	水泥细度	M_2	骨 料	M_3	水灰比	M_4	水泥浆量/%	M_5
矿渣水泥	1.25	1 500	0.9	砂岩	1.9	0.2	0.65	15	0.9
快硬水泥	1.12	2 000	0.93	砾砂	1.0	0.3	0.85	20	1.0
低热水泥	1.10	3 000	1.0	无粗骨料	1.0	0.4	1.0	25	1.2
石灰矿渣水泥	1.0	4 000	1.13	玄武岩	1.0	0.5	1.21	30	1.45
普通水泥	1.0	5 000	1.35	花岗岩	1.0	0.6	1.42	35	1.75
火山灰水泥	1.0	6 000	1.68	石灰岩	1.0	0.7	1.62	40	2.1
抗硫酸盐水泥	0.78	7 000	2.05	白云岩	0.95	0.8	1.80	45	2.55
矾土水泥	0.52	8 000	2.42	石英岩	0.8	—	—	50	3.03
t/d	M_6	W/%	M_7	$\bar{r}$	M_8	操作方法	M_9	$\frac{E_aA_a}{E_bA_b}$	M_{10}
1	$\frac{1.11}{1}$	25	1.25	0	$\frac{0.54}{0.21}$	机械振捣	1.0	0.0	1.0
2	$\frac{1.11}{1}$	30	1.18	0.1	$\frac{0.76}{0.78}$	手工振捣	1.1	0.05	0.85
3	$\frac{1.09}{0.98}$	40	1.1	0.2	$\frac{1}{1}$	蒸气养护	0.85	0.1	0.76
4	$\frac{1.07}{0.96}$	50	1.0	0.3	$\frac{1.03}{1.03}$	高压釜处理	0.54	0.15	0.68
5	$\frac{1.04}{0.94}$	60	0.88	0.4	$\frac{1.2}{1.05}$			0.2	0.61
7	$\frac{1}{0.9}$	70	0.77	0.5	$\frac{1.13}{—}$			0.25	0.55
10	$\frac{0.96}{0.89}$	80	0.7	0.6	$\frac{1.4}{—}$				
14～180	$\frac{0.93}{0.84}$	90	0.54	$\frac{0.7}{0.8}$	$\frac{1.43}{1.44}$				

注：分子为自然状态下硬化；分母为加热状态下硬化；

t——混凝土浇灌后初期养护时间，d；

W——环境相对湿度，%；

$\bar{r}$——水力半径的衡数，为构件截面周长(L)与截面积(A)之比，$\bar{r}=\frac{L}{A}$，cm^{-1}；

$\frac{E_aA_a}{E_bA_b}$——配筋率；

E_a——钢筋的弹性模量，N/mm^2；

A_a——钢筋的截面面积，mm^2；

E_b——混凝土的弹性模量，N/mm^2；

A_b——混凝土的截面积，mm^2。

3）计算混凝土的收缩当量温差

混凝土收缩变形会在混凝土内引起相当大的应力，在温度应力计算时应把收缩变形这个因素考虑进去，为计算方便，把混凝土收缩变形合并在温度应力之中，换成“当量温差”按下式计算：

$$T_{y(t)} = -\frac{\varepsilon_{y(t)}}{\alpha} \tag{8-69}$$

式中：$T_{y(t)}$——各龄期(d)混凝土收缩当量温差(℃)，负号表示降温；

$\varepsilon_{y(t)}$——各龄期(d)混凝土的收缩相对变形值；

α——混凝土的线膨胀系数，取 1.0×10^{-5}。

4）计算各龄期混凝土的弹性模量

变形变化引起的应力状态随弹性模量的上升而显著增加，计算温度收缩应力应考虑弹性模量的变化，各龄期混凝土弹性模量可按下式计算：

$$E_{(t)} = E_c(1-e^{-0.09t}) \tag{8-70}$$

式中：$E_{(t)}$——混凝土从浇筑后至计算时的弹性模量，计算温度应力时，一般取平均值；

E_c——混凝土的最终弹性模量，N/mm^2；可近似取 28 d 的混凝土弹性模量，可按表 8-27 取用。

其他符号意义同前。

表 8-27　混凝土的弹性模量 E_c

混凝土强度等级/(N/mm^2)	弹性模量/(N/mm^2)	混凝土强度等级/(N/mm^2)	弹性模量/(N/mm^2)
C7.5	1.45×10^4	C35	3.15×10^4
C10	1.75×10^4	C40	3.25×10^4
C15	2.20×10^4	C45	3.35×10^4
C20	2.55×10^4	C50	3.45×10^4
C25	2.80×10^4	C55	3.55×10^4
C30	3.0×10^4	C60	3.60×10^4

5）计算混凝土的温度收缩应力

大体积混凝土基础(厚度大于 1 m)贯穿性或深进的裂缝，主要是由平均降温差和收缩差引起过大的温度收缩应力而造成的。混凝土因外约束引起的温度(包括收缩)应力(二维时)，一般用约束系数法来计算约束应力，按以下简化公式计算：

$$\sigma = -\frac{E_{(t)}\alpha\Delta T}{1-\nu}\cdot S_{(t)}\cdot R \tag{8-71}$$

其中：$\Delta T = T_0 + \frac{2}{3}T_{(t)} + T_{y(t)} - T_h$

式中：σ——混凝土温度(包括收缩)应力，N/mm^2；

$E_{(t)}$——混凝土从浇筑后至计算时的弹性模量，N/mm^2，一般取平均值；

α——混凝土的线膨胀系数，取 1.0×10^{-5}；

ΔT——混凝土的最大综合温差(℃)绝对值，如为降温取负值；当大体积混凝土基础长期裸露在室外，且未回填时，ΔT 值按混凝土水化热最高温升值（包括浇筑入模温度）与当月平均最低温度之差进行计算；计算结果为负值，则表示降温；

T_0——混凝土的浇灌入模温度，℃；

$T_{(t)}$——浇筑完一段时间 t 混凝土的绝热温升值；

$T_{y(t)}$——混凝土的收缩当量温差，℃；

T_h——混凝土浇筑完后达到稳定时的温度，一般根据历年气象资料取当年平均气温，℃；

$S_{(t)}$——考虑徐变影响的松弛系数，一般取 0.3～0.5；

R——混凝土的外约束系数，当为岩石地基时，$R=1$；当设可滑动垫层时，$R=0$；一般土地基取 0.25～0.50；

ν——混凝土的泊松比。

(2) 混凝土浇筑后裂缝控制施工计算

薄壁超长结构混凝土浇筑后，根据实测温度值和绘制的温度升降曲线，分别计算各降温阶段产生的混凝土温度收缩拉应力。其累计总拉应力值，如不超过同龄期的混凝土抗拉强度，则表示所采取的抗裂措施能有效地控制预防裂缝的出现，不致于引起基础出现贯穿性裂缝；如超过该阶段的混凝土抗拉强度，则应采取加强养护和保温（如覆盖保温材料、及时回填土等）措施，使缓慢降温和收缩，提高该龄期混凝土的抗拉强度、弹性模量和发挥徐变特性等，以控制裂缝的出现。计算步骤和方法如下：

1) 计算混凝土绝热温升值

绝热状态下混凝土的水化热绝热温升值按下式计算：

$$T_{(t)}=\frac{m_c Q}{C\rho}(1-e^{-mt}) \tag{8-72}$$

$$T_{max}=\frac{m_c Q}{C\rho} \tag{8-73}$$

式中：符号意义同式(8-66)和式(8-67)。

2) 求混凝土实际最高温升值

根据各龄期的实际温升后的降温值及升温曲线，按下式求各龄期实际水化热最高温升值：

$$T_d=T_n-T_0 \tag{8-74}$$

式中：T_d——各龄期混凝土实际水化热最高温升值，℃；

T_n——各龄期实测温度值，℃；

T_0——混凝土浇筑人模温度，℃。

3) 计算混凝土水化热平均温度

基础产生裂缝主要是由降温和收缩引起的，任意降温差（水化热温差加上收缩当量温差）均可分解为平均降温差和非均匀降温差。前者引起外约束，是导致产生贯穿性裂缝的主要原因；后者引起自约束，导致产生表面裂缝。因此，重要的是控制好两者的降温差，减少和避免裂缝的开展。非均匀降温差一般都采取控制混凝土内外温差在 20～30 ℃以内。在一般情况下，现浇大体积混凝土在升温阶段出现裂缝的可能性较小，在降温阶段，如平均降温差较大，则早期出现裂缝的可能性较大。在施工阶段早期降温主要是水化热降温（包括少量混凝土收缩），其水化热平均温度可按下式计算（图 8-18）：

$$T_{t(t)}=T_1+\frac{2}{3}T_4=T_1+\frac{2}{3}(T_2-T_1) \tag{8-75}$$

式中：$T_{t(t)}$——各龄期混凝土的综合温差，℃；

T_1——保温养护下混凝土表面温度，℃；

T_2——实测基础中心最高温度，℃。

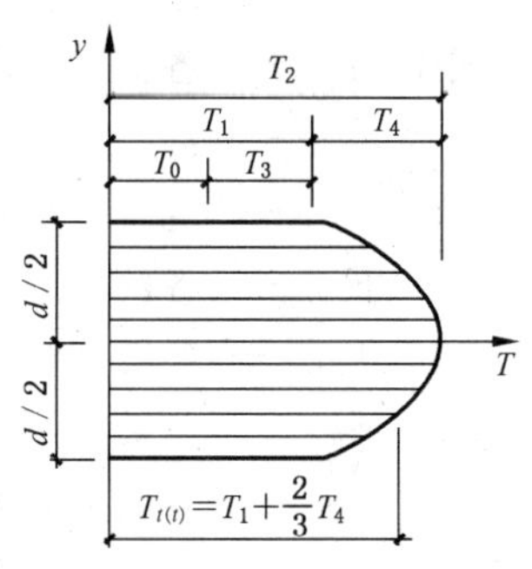

图 8-18　基础底板水化热引起的温升简图

4) 计算混凝土基础截面上任意深度的温差

混凝土基础截面上的温差，常假定呈对称抛物线分布，则基础截面上任意深度处的温度，可按下式计算：

$$T_y=T_1+\left(1+\frac{4\ y^2}{d^2}\right)T_4 \tag{8-76}$$

式中：T_y——基础截面上任意深度处的温度，℃；

d——基础的厚度；

y——基础截面上任意一点离开中心轴的距离；

T_1、T_4 符号意义同式(8-76)。

5) 计算各龄期混凝土收缩变形值、收缩当量温差及弹性模量

混凝土收缩变形值 $\varepsilon_{y(t)}$、收缩当量温差 $T_{y(t)}$ 及弹性模量 E_t 的计算同前(混凝土浇筑前裂缝控制施工计算)。

6) 计算各龄期混凝土的综合温差及总温差

各龄期混凝土的综合温差按下式计算:

$$T_{(t)}=T_{x(t)}+T_{y(t)} \tag{8-77}$$

式中:$T_{(t)}$——各龄期混凝土的综合温差,℃;

$T_{x(t)}$——各龄期水化热平均温差,℃;

$T_{y(t)}$——各龄期混凝土收缩当量温差,℃。

总温差为混凝土各龄期综合温差之和,即:

$$T=T_{(1)}+T_{(2)}+T_{(3)}+\cdots+T_{(n)} \tag{8-78}$$

式中: T——总温差,即各龄期混凝土综合温差之和,℃;

$T_{(1)}$、$T_{(2)}$、$T_{(3)}\cdots T_{(n)}$——各龄期混凝土的综合温差。

以上各种降温差均为负值。

7) 计算各龄期混凝土松弛系数

混凝土松弛程度同加荷时混凝土的龄期有关,龄期越早,徐变引起的松弛亦越大;其次同应力作用时的长短有关,时间越长,则松弛亦越大,混凝土考虑龄期及荷载持续时间影响下的应力松弛系数 $S_{(t)}$ 见表 8-28。

表 8-28 混凝土考虑龄期及荷载持续时间的应力松弛系数

时间 t/d	3	6	9	12	15	18	21	27	30
$S_{(t)}$	0.186	0.208	0.214	0.215	0.233	0.253	0.301	0.570	1.00

8) 计算最大温度应力值

弹性地基上大体积混凝土基础各降温阶段的综合最大温度收缩拉应力,按下式计算:

$$\sigma_{(t)}=-\frac{\alpha}{1-\nu}\left[1-\frac{1}{\cosh\cdot\beta\cdot\frac{1}{2}}\right]\sum_{n=i}^{n}E_{i(t)}\Delta T_{i(t)}S_{i(t)} \tag{8-79}$$

降温时,混凝土的抗裂安全度应满足下式要求:

$$K=-\frac{f_t}{\sigma_{(t)}}\geqslant 1.15 \tag{8-80}$$

式中:$\sigma_{(t)}$——各龄期混凝土基础所承受的温度应力,N/mm²;

α——混凝土线膨胀系数,取 1.0×10^{-5};

ν——混凝土泊松比,当为双向受力时,取 0.15;

$E_{i(t)}$——各龄期混凝土的弹性模量,N/mm²;

$\Delta T_{i(t)}$——各龄期综合温差,℃,均以负值代入;

$S_{i(t)}$——各龄期混凝土松弛系数;

cos$h$——双曲余弦函数,查函数表求得;

β——约束状态影响系数,按下式计算:

$$\beta=\sqrt{\frac{C_x}{H\cdot E_{(t)}}} \tag{8-81}$$

H——大体积混凝土基础的厚度,mm;

C_x——地基水平阻力系(地基水平剪切刚度),N/mm³,可由表 8-29 查得;

K——抗裂安全度,取 1.15;

f_t——混凝土抗拉强度设计值,N/mm²。

表 8-29 地基水平阻力系数

项 次	地 基 条 件	C_x/(N/mm³)	项 次	地 基 条 件	C_x/(N/mm³)
1	软黏土	0.01～0.03	4	风化岩、低强度混凝土垫层	0.60～1.00
2	一般砂质土	0.03～0.06	5	C_{10}以上混凝土垫层	1.00～1.50
3	坚硬黏土	0.06～0.10			

【计算实例】

某大型储罐基础环墙混凝土采用 C20，用强度等级 32.5 矿渣水泥配制，水泥用量为 275 kg/m³，水灰比为 0.6，$E_c=2.55\times10^4$ N/mm²，$T_y=9$ ℃，$S_{(t)}=0.3$，$R_{(t)}=0.32$，混凝土浇筑入模温度为 140 ℃，当地平均温度为 15 ℃，由天气预报知养护期间月平均最低温度为 3 ℃，试计算可能产生的最大温度收缩应力和露天养护期间(15 d)可能产生温度收缩应力及抗裂安全度。

【解】由表 8-25 知，$Q=335$ kJ/kg，$C=0.96$ kJ/kg·k，$\rho=2\ 400$ kg/m³

混凝土 15 d 水化热绝热温度及最大的水化热绝热温度为：

$$T_{(15)}=\frac{m_cQ}{C\rho}(1-e^{-mt})=\frac{275\times335}{0.96\times2\ 400}(1-2.718^{-0.3\times15})=39.54\ ℃$$

$$T_{max}=\frac{275\times335}{0.96\times2\ 400}(1-2.718^{-\infty})=39.98\ ℃$$

由表 8-26 知，$M_1=1.25$，M_2、M_3、M_5、M_8、M_9 均为 1，$M_4=1.42$，$M_6=0.93$，$M_7=0.7$，$M_{10}=0.95$

则混凝土的收缩变形值为：

$$\begin{aligned}\varepsilon_{y(15)}&=\varepsilon_y^o(1-e^{-0.01t})\times M_1\times M_2\times M_3\cdots\times M_n\\&=3.24\times10^{-4}(1-2.718^{-0.15})\times1.25\times1.42\times0.93\times0.7\times0.95\\&=0.498\times10^{-4}\end{aligned}$$

混凝土 15 d 收缩当量温差为：

$$T_{y(15)}=\frac{\varepsilon_{y(t)}}{\alpha}=\frac{0.498\times10^{-4}}{10\times10^{-5}}=4.98\approx5\ ℃$$

混凝土 15 d 的弹性模量为：

$$E_{(15)}=E_c(1-e^{-0.09t})=2.55\times10^4(1-2.718^{-0.09\times15})=1.89\times10^4$$

混凝土的最大综合温差为：

$$\Delta T=T_0+\frac{2}{3}T_{(t)}+T_{y(t)}-T_h=14+\frac{2}{3}\times39.98+9-15=34.65\ ℃$$

则环墙基础混凝土最大降温收缩应力为：

$$\begin{aligned}\sigma&=-\frac{E_{(t)}\alpha\Delta T}{1-\nu}\cdot S_{(t)}\cdot R\\&=-\frac{2.55\times10^4\times1\times10^5(-34.65)}{1-0.15}\times0.3\times0.32\\&=0.97<f_t=1.1(\text{N/mm}^2),\end{aligned}$$

$K=\frac{1.1}{0.97}=1.13\approx1.15$ 可以。

露天养护期间环墙基础混凝土产生的降温收缩应力为：

$$\Delta T=T_0+\frac{2}{3}T_{(t)}+T_{y(t)}-T_h=14+\frac{2}{3}\times39.54+5-3=42.36\ ℃$$

$$\begin{aligned}\sigma_{(15)}&=-\frac{1.89\times10^4\times1\times10^5(-42.36)}{1-0.15}\times0.3\times0.32\\&-0.90>75\%\times1.1\\&=0.83\ \text{N/mm}^2\end{aligned}$$

由计算知基础在露天养护期间混凝土有可能出现裂缝，在此期间混凝土表面应采取养护和保温措施，使养护温度加大(即 T_h 加大)，综合温差 ΔT 减小，使计算的 $\sigma_{(15)}$ 小于 0.83/1.15＝0.72 N/mm²。则可控制裂缝出现。

第九章

储罐基础的原位测试

20 世纪 60 年代开始，在一些工程中进行了储罐基础的原位测试工作，其中有上海高桥、浙江镇海和南京金陵石化，积累了一批宝贵的实测数据。这些数据，不仅已经成为改进储罐基础的设计的方案和制定储罐基础设计规范的重要依据，而且对于研究土力学理论和提高地基基础科学技术水平，将具有重要的作用。

对于新建的储罐来说，特别是在地质条件较差的地区建大型储罐，进行土的原位测试和储罐基础在充水预压期间对基础的原位测试，可以验证地基基础设计的正确性。当储罐基础产生不均匀沉降时，基础的沉降观测资料是分析基础产生不均匀沉降的原因，预计基础沉降发展的趋势以及研究采取地基处理或加固的重要根据。对于原有储罐的改建、扩建而增加荷载时，沉降观测资料是鉴定地基承载力能否提高的主要依据。对于在储罐使用期间，因某些特殊原因，如周边地下工程的施工，地下管线的开挖，邻近建筑物的打桩，以及地下水位的大幅度升降等，而可能引起储罐基础产生大量附加沉降时，而沉降观测资料可以判明这种附加下沉的危害程度，以便采取有效的防护措施。

目前，虽然对沉降观测工作的重要意义，已逐渐被广大工程技术人员所认识，但是，组织沉降观测工作，在各个项目工程中还很不平衡，有些项目中还很少开展沉降观测和原位测试工作，有些工程虽然作了工作，但因观测工作不能坚持长期观测，常常在储罐试水结束后就无人观测，有的因观测点或基准点保护不好，使观测资料质量不高，参考价值不大，因此，今后有待进一步从广度和深度两方面努力，将此项原位测试工作做好。

储罐基础在原位测试方面，它包括土的原位测试和储罐基础的原位测试这两方面的工作，现分析如下。

一、土的原位测试

作为储罐基础勘察已不再是单一的钻探取样手段，储罐基础设计和施工所需的某些参数单靠钻探取土是无法取得的。而原位测试有其独特之处。我国幅员辽阔，各地区地质条件不同，难以统一规定原位测试手段。因此，应根据地区经验和地质条件选择合适的原位测试手段与钻探配合进行。如上海等软土地基条件下，静力触探已成为基础勘察中必不可少的测试手段。砂土采用标准贯入试验也颇为有效，而成都、北京等地区的卵石层地基中，重型和超重型圆锥动力触探为选择持力层起到了很好的作用。

原位测试方法应根据岩土条件、设计对参数的要求、地区经验和测试方法的适用性等因素选用。

根据原位测试成果，利用地区性经验估算岩土工程特性参数和对岩土工程问题做出评价时，应与室内试验和工程反算参数作对比，检验其可靠性。原位测试的仪器设备应定期检验和标定。分析原位测试成果资料时，应注意仪器设备、试验条件、试验方法等对试验的影响，结合地层条件，剔除异常数据。

1. 载荷试验

(1) 载荷试验可用于测定承压板下应力主要影响范围内岩土的承载力和变形特性。浅层平板载荷试验适用于浅层地基土；深层平板载荷试验适用于埋深等于或大于 3 m 和地下水位以上的地基土；螺旋板载荷试验适用于深层地基土或地下水位以下的地基土。

(2) 载荷试验应布置在有代表性的地点，每个场地不宜少于 3 个，当场地内岩土体不均时，应适当增加。浅层平板载荷试验应布置在基础底面标高处。

(3) 载荷试验的技术要求应符合下列规定：

1) 浅层平板载荷试验的试坑宽度或直径不应小于承压板宽度或直径的 3 倍；深层平板载荷试验的试井直径应等于承压板直径；当试井直径大于承压板直径时，紧靠承压板周围土的高度不应小于承压板直径。

2) 试坑或试井底的岩土应避免扰动，保持其原状结构和天然湿度，并在承压板下铺设不超过 20 mm的砂垫层找平，尽快安装试验设备；螺旋板头入土时，应按每转一圈下入一个螺距进行操作，减少对土的扰动。

3) 载荷试验宜采用圆形刚性承压板，根据土的软硬或岩体裂隙密度选用合适的尺寸；土的浅层平板载荷试验承压板面积不应小于 0.25 m^2，对软土和粒径较大的填土不应小于 0.5 m^2；土的深层平板载荷试验承压板面积宜选用 0.5 m^2；岩石载荷试验承压板的面积不宜小于 0.07 m^2。

4) 载荷试验加荷方式应采用分级维持荷载沉降相对稳定法(常规慢速法)；地区有经验时，可采用分级加荷沉降非稳定法(快速法)或等沉降速率法；加荷等级宜取 10～12 级，并不应少于 8 级，荷载量测精度不应低于最大荷载的±1%。

5) 承压板的沉降可采用百分表或电测位移计量测，其精度不应低于±0.01 mm。

6) 对慢速法，当试验对象为土体时，每级荷载施加后，间隔 5 min、5 mm、10 min、10 mm、15 min、15 mm测读 1 次沉降，以后间隔 30 min 测读一次沉降，当连读两小时每小时沉降量小于等于 0.1 mm时，可认为沉降已达到相对稳定标准，施加下一级荷载；当试验对象是岩体时，间隔 1 min、2 min、2 min、5 min 测读 1 次沉降，以后每隔 10 min 测读一次，当连续三次读数差小于等于 0.01 mm 时，可认为沉降已达到相对稳定标准，施加下一级荷载。

7) 当出现下列情况之一时，可终止试验：

a) 承压板周边的土出现明显侧向挤出，周边岩土出现明显隆起或径向裂缝持续发展；

b) 本级荷载的沉降量大于前级荷载沉降量的 5 倍，荷载与沉降曲线出现明显陡降；

c) 在某级荷载下 24 h 沉降速率不能达到相对稳定标准；

d) 总沉降量与承压板直径(或宽度)之比超过 0.06。

(4) 根据载荷试验成果分析要求，应绘制荷载(Q)与沉降(s)曲线，必要时绘制各级荷载下沉降(s)与时间(t)或时间对数($\lg t$)曲线。

应根据 Q-s 曲线拐点，必要时结合 s-$\lg t$ 曲线特征，确定比例界限压力和极限压力。当 Q-s 呈缓变曲线时，可取对应于某一相对沉降值(即 s/d，d 为承压板直径)的压力评定地基土承载力。

(5) 土的变形模量应根据 Q-s 曲线的初始直线段，可按均质各向同性半无限弹性介质的弹性理论计算。

浅层平板载荷试验的变形模量 E_0(MPa)，可按式(9-1)计算：

$$E_0=I_0(1-\mu^2)\frac{Qd}{s} \tag{9-1}$$

深层平板载荷试验和螺旋载荷试验的变形模量 E_0(MPa)，可按式(9-2)计算：

$$E_0=\omega\frac{Qd}{s} \tag{9-2}$$

式中：I_0——刚性承压板的形状系数，圆形承压板取 0.785，方形承压板取 0.886；

μ——土的泊松比(碎石土取 0.27，砂土取 0.30，粉土取 0.35，粉质黏土取 0.38，黏土取 0.42)；

d——承压板直径或边长，m；

Q——Q-s 曲线线性段的压力，kPa；

s——与 Q 对应的沉降，mm；

ω——与试验深度和土类有关的系数，可按表 9-1 选用。

表 9-1　深层载荷试验计算系数 ω

土类 / d/z	碎石土	砂土	粉土	粉质黏土	黏土
0.30	0.477	0.489	0.491	0.515	0.524
0.25	0.469	0.480	0.482	0.506	0.514
0.20	0.460	0.471	0.474	0.497	0.505
0.15	0.444	0.454	0.457	0.479	0.487
0.10	0.435	0.446	0.448	0.470	0.478
0.05	0.427	0.437	0.439	0.461	0.468
0.01	0.418	0.429	0.431	0.452	0.459

注：d/z 为承压板直径和承压板底面深度之比。

(6) 基准基床系数 K，可根据承压板边长 30 cm 的平板载荷试验，按下式计算：

$$K_V=\frac{Q}{s} \tag{9-3}$$

2. 静力触探试验

(1) 静力触探试验适用于软土、一般黏性土、粉土、砂土和含少量碎石的土。静力触探可根据工程需要采用单桥探头、双桥探头或带孔隙水压力量测的单、双桥探头，可测定比贯入阻力(p_s)、锥尖阻力(q_c)、侧壁摩阻力(f_s)和贯入时的孔隙水压力(u)。

(2) 静力触探试验的技术要求应符合下列规定：

1) 探头圆锥锥底截面积应采用 10 cm^2 或 15 cm^2，单桥探头侧壁高度应分别采用 57 mm 或70 mm，双桥探头侧壁面积应采用 150～300 cm^2，锥尖锥角应为 60°；

2) 探头应匀速垂直压入土中，贯入速率为 1.2 m/min；

3) 探头测力传感器应连同仪器、电缆进行定期标定，室内探头标定测力传感器的非线性误差、重复性误差、滞后误差、温度漂移、归零误差均应小于 1%FS，现场试验归零误差应小于 3%，绝缘电阻不小于 500 MΩ；

4) 深度记录的误差不应大于触探深度的±1%；

5) 当贯入深度超过 30 m，或穿过厚层软土后再贯入硬土层时，应采取措施防止孔斜或断杆，也可配置测斜探头，量测触探孔的偏斜角，校正土层界线的深度；

6) 孔压探头在贯入前，应在室内保证探头应变腔为已排除气泡的液体所饱和，并在现场采取措施保持探头的饱和状态，直至探头进入地下水位以下的土层为止；在孔压静探试验过程中不得上提探头；

7) 当在预定深度进行孔压消散试验时，应量测停止贯入后不同时的孔压值，其计时间隔由密而疏合理控制，试验过程不得松动探杆。

(3) 静力触探试验成果分析应包括下列内容：

1) 绘制各种贯入曲线：单桥和双桥探头应绘制 p_s-z 曲线、q_c-z 曲线、f_s-z 曲线、R_f-z 曲线；孔压探头尚应绘制 u_i-z 曲线、q_t-z 曲线、f_t-z 曲线和孔压消散曲线：u_t-lg$t$ 曲线。

其中：R_f——摩阻比；

u_i——孔压探头贯入土中量测的孔隙水压力(即初始孔压)；

q_t——真锥头阻力(经孔压修正)；

f_t——真侧壁摩阻力(经孔压修正)；

B_q——静探孔压系数，$B_q=\dfrac{u_i-u_0}{q_t-\sigma_{V0}}$；

u_0——试验深度处静水压力，kPa；

σ_{V0}——试验深度处总上覆压力，kPa；

u_t——孔压消散过程时刻 t 的孔隙水压力。

2）根据贯入曲线的线型特征，结合相邻钻孔资料和地区经验，划分土层和判定土类；计算各土层静力触探有关试验数据的平均值，或对数据进行统计分析，提供静力触探数据的空间变化规律。

（4）根据静力触探资料，利用地区经验，可进行力学分层，估算土的塑性状态或密实度、强度、压缩性、地基承载力、单桩承载力、沉桩阻力，进行液化判别等。根据孔压消散曲线可估算土的固结系数和渗透系数。

3. 圆锥动力触探试验

（1）圆锥动力触探试验的类型可分为轻型、重型和超重型 3 种，其规格和适用土类应符合表 9-2 的规定。

表 9-2　圆锥动力触探类型

类　型		轻　型	重　型	超重型
落锤	锤的质量/kg	10	63.5	120
	落距/cm	50	76	100
探头	直径/mm	40	74	74
	锥角/(°)	60	60	60
探杆直径/mm		25	42	50～60
指标		贯入 30 cm 的读数 N_{10}	贯入 10 cm 的读数 $N_{63.5}$	贯入 10 cm 的读数 N_{120}
主要适用岩土		浅部的填土、砂土、粉土、黏性土	砂土、中密以下的碎石土、极软岩	密实和很密的碎石土、软岩、极软岩

（2）圆锥动力触探试验技术要求应符合下列规定：

1）采用自动落锤装置。

2）触探杆最大偏斜度不应超过 2%，锤击贯入应连续进行；同时防止锤击偏心、探杆倾斜和侧向晃动，保持探杆垂直度；锤击速率每分钟宜为 15～30 击。

3）每贯入 1 m，宜将探杆转动一圈半；当贯入深度超过 10 m，每贯入 20 cm 宜转动探杆一次。

4）对轻型动力触探，当 $N_{10}>100$ 或贯入 15 cm 锤击超过 50 时，可停止试验；对重型动力触探，当连续三次 $N_{63.5}>50$ 时，可停止试验或改用超重型动力触探。

（3）圆锥动力触探试验成果分析应包括下列内容：

1）单孔连续圆锥动力触探试验应绘制锤击数与贯入深度关系曲线；

2）计算单孔分层贯入指标平均值时，应剔除临界深度以内的数值、超前和滞后影响范围内的异常值；

3）根据各孔分层的贯入指标平均值，用厚度加权平均法计算场地分层贯入指标平均值和变异系数。

（4）根据圆锥动力触探试验指标和地区经验，可进行力学分层，评定土的均匀性和物理性质（状态、密实度）、土的强度、变形参数、地基承载力、单桩承载力，查明土洞、滑动面、软硬土层界面，检测地基处理效果等。应用试验成果时是否修正或如何修正，应根据建立统计关系时的具体情况确定。

（5）圆锥动力触探锤击数修正

1）当采用重型圆锥动力触探确定碎石土密实度时，锤击数 $N_{63.5}$ 应按下式修正：

$$N_{63.5}=\alpha_1 N'_{63.5} \tag{9-4}$$

式中：$N_{63.5}$——修正后的重型圆锥动力触探锤击数；

α_1——修正系数，按表 9-3 取值；

$N'_{63.5}$——实测重型圆锥动力触探锤击数。

表 9-3　重型圆锥动力触探锤击数修正系数 α_1

L/m \ $N'_{63.5}$	5	10	15	20	25	30	3S	40	≥50
2	1.00	1.00	1.00	1.00	1.00	1.00	1.00	1.00	
4	0.96	0.95	0.93	0.92	0.90	0.89	0.87	0.86	0.84
6	0.93	0.90	0.88	0.85	0.83	0.81	0.79	0.78	0.75
8	0.90	0.86	0.83	0.80	0.77	0.75	0.73	0.71	0.67
10	0.88	0.83	0.79	0.75	0.72	0.69	0.67	0.64	0.61
12	0.85	0.79	0.75	0.70	0.67	0.64	0.61	0.59	0.55
14	0.82	0.76	0.71	0.66	0.62	0.58	0.56	0.53	0.50
16	0.79	0.73	0.67	0.62	0.57	0.54	0.51	0.48	0.45
18	0.77	0.70	0.63	0.57	0.53	0.49	0.46	0.43	0.40
20	0.75	0.67	0.59	0.53	0.48	0.44	0.41	0.39	0.36
注：表中 L 为杆长。									

2）当采用超重型圆锥动力触探确定碎石土密实度时，锤击数 N_{120} 应按下式修正：

$$N_{120}=\alpha_2 N'_{120} \tag{9-5}$$

式中：N_{120}——修正后的重型圆锥动力触探锤击数；

α_2——修正系数，按表 9-4 取值；

N'_{120}——实测重型圆锥动力触探锤击数。

表 9-4　超重型圆锥动力触探锤击数修正系数 α_2

L/m \ N'_{120}	1	3	5	7	9	10	15	20	25	30	35	40
1	1.00	1.00	1.00	1.00	1.00	1.00	1.00	1.00	1.00	1.00	1.00	1.00
2	0.96	0.92	0.91	0.90	0.90	0.90	0.90	0.89	0.89	0.88	0.88	0.88
3	0.94	0.88	0.86	0.85	0.84	0.84	0.84	0.83	0.82	0.82	0.81	0.81
5	0.92	0.82	0.79	0.78	0.77	0.77	0.76	0.75	0.74	0.73	0.72	0.72
7	0.90	0.78	0.75	0.74	0.73	0.72	0.71	0.70	0.68	0.68	0.67	0.66
9	0.88	0.75	0.72	0.70	0.69	0.68	0.67	0.66	0.64	0.63	0.62	0.62
11	0.87	0.73	0.69	0.67	0.66	0.66	0.64	0.62	0.61	0.60	0.59	0.53
13	0.86	0.71	0.67	0.65	0.64	0.63	0.61	0.60	0.58	0.57	0.56	0.55
15	0.85	0.69	0.65	0.63	0.62	0.61	0.59	0.58	0.56	0.55	0.54	0.53
17	0.84	0.68	0.63	0.61	0.60	0.60	0.57	0.56	0.54	0.53	0.52	0.50
19	0.84	0.66	0.62	0.60	0.58	0.58	0.56	0.54	0.52	0.51	0.50	0.48
注：表中 L 为杆长。												

4. 标准贯入试验

（1）标准贯入试验适用于砂土、粉土和一般黏性土。

（2）标准贯入试验的设备应符合表 9-5 的规定。

表 9-5　标准贯入试验设备规格

落　锤		锤的质量/kg	63.5
		落距/cm	76
贯入器	对开管	长度/mm	>500
		外径/mm	51
		内径/mm	35

续表 9-5

落锤		锤的质量/kg	63.5
		落距/cm	76
贯入器	管靴	长度/mm	50～76
		刃口角度/(°)	18～20
		刃口单刃厚度/mm	2.5
钻杆		直径/mm	42
		相对弯曲	<1/1 000

(3) 标准贯入试验的技术要求符合下列规定：

1) 标准贯入试验孔采用回转钻进，并保持孔内水位略高于地下水位。当孔壁不稳定时，可用泥浆护壁，钻至试验标高以上 15 cm 处，清除孔底残土后再进行试验。

2) 采用自动脱钩的自由落锤法进行锤击，并减小导向杆与锤间的摩阻力，避免锤击时的偏心和侧向晃动，保持贯入器、探杆、导向杆联接后的垂直度，锤击速率应小于 30 击/min。

3) 贯入器打入土中 15 cm 后，开始记录每打入 10 cm 的锤击数，累计打入 30 cm 的锤击数为标准贯入试验锤击数 N。当锤击数已达 50 击，而贯入深度不达 30 cm 时，可记录 50 击的实际贯入深度，按下式换算成相当于 30 cm 的标准贯入试验锤击数 N，并终止试验。

$$N=30\times\frac{50}{\Delta s} \tag{9-6}$$

式中：Δs——50 击时的贯入度，cm。

4) 标准贯入试验成果 N 可直接标在工程地质剖面图上，也可绘制单孔标准贯入击数 N 与深度关系曲线或直方图。统计分层标贯击数平均值时，应剔除异常值。

5) 标准贯入试验锤击数 N 值，可对砂土、粉土、黏性土的物理状态，土的强度、变形参数、地基承载力、单桩承载力，砂土和粉土的液化，成桩的可能性等做出评价。应用 N 值时是否修正和如何修正，应根据建立统计关系时的具体情况确定。

5. 十字板剪切试验

在土的力学性质中所述几种剪切试验方法均为室内试验，室内试验存在着较严重的缺陷就是土样在采集、运送、保存和制备等过程中均要受到较严重的扰动，其含水量也难保持，所以室内试验的结果波动较大，其精度难于保证，尤其是对于含水量极高的难取样的软黏土，譬如上海地区淤泥质黏土含水量 w 达 50%、孔隙比 e 超过 1.5，其室内试验条件与天然状态差别较大。十字板剪切试验是一种用于测定土体抗剪强度的原位测试方法，试验时土样的应力状态和排水条件与天然状态比较接近，目前在国内运用十分广泛。

十字板剪力仪。试验时先将套管打入预定深度，将导管内土清除。将十字板安装于钻杆的下端后通过套管压入土中，压入深度为导管底以下约 750 mm。通过地面上的扭力设备对钻杆施加扭矩，使插入土中的十字板发生扭转直至土体剪切破坏，破坏面为一圆柱面。

假设土体发生剪切破坏时所施加的扭矩为 M，则它应该与剪切破坏圆柱面（包括其侧面和上下面）上土的抗剪强度所产生的抵抗力矩相等，则：

$$M=\frac{1}{2}\pi D^2 H\cdot S_V+\frac{1}{6}\pi D^3 S_H \tag{9-7}$$

式中：M——土体剪切破坏时的扭矩，kN·m；

S_V、S_H——分别为土体破坏时圆柱体侧面和上下面土的抗剪强度，kPa；

H——十字板高度，m；

D——十字板直径，m。

从严格意义上讲，圆柱体侧面和上下面的土体抗剪强度 S_V 和 S_H 是不同的，对于正常固结的饱和软黏土 S_H 略大于 S_V。但在目前常规的十字板剪切试验中一般假定 $S_H=S_V$，并统称为土的十字板抗剪强度 S_+，可按下式计算：

$$S_+=\frac{2M}{\pi D_2\left(H+\frac{D}{3}\right)} \tag{9-8}$$

式中：S_+——土的十字板抗剪强度，kPa。

由于十字板剪切试验简单易操作、不涉及取样问题且在均质软黏土中的测试结果有良好的规律性，所以在实际工程中普遍运用。图 9-1 为正常固结饱和软黏土采用十字剪切试验所测定的结果，可见在地表硬壳层以下的软土层中土体抗剪强度随土层深度呈线性增加：

$$S_+=C_0+\lambda Z \tag{9-9}$$

式中：C_0——抗剪强度分布线对应于地面处的抗剪强度值，kPa，即图中直线延伸线在强度轴上的截距；

λ——直线段的斜率，kN/m³；

Z——土层深度，m。

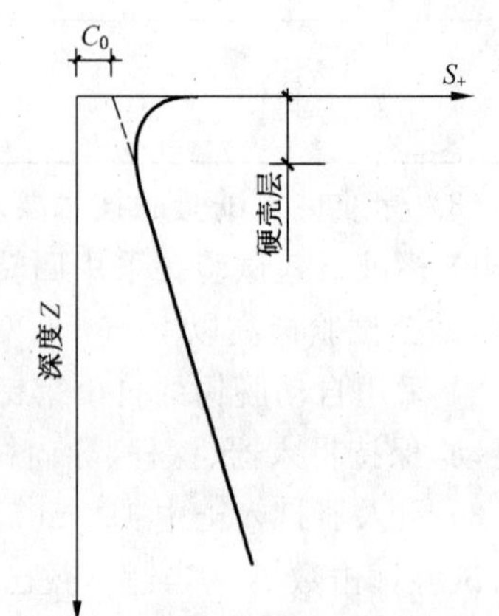

图 9-1　由十字板测定的土的抗剪强度随深度的变化

十字板剪切试验和无侧限抗压强度试验一样属于不排水剪切试验，所以两者的试验结果应比较接近，理论上有：

$$S_+=\frac{q_u}{2} \tag{9-10}$$

关于其他原位测试的项目，要根据勘察单位设备的具体情况。按岩土工程勘察规范（GB 50021—2001）要求，酌情进行试验，但一般均要求建立在大量测试和积累数据的基础上才能应用。

6. 单桩承载力的分析

目前在大型储罐基础中有采用预制桩与灌注桩的方案，这是一种很不经济的设计（在本书第六章中已有评述），为了确定单桩承载力现介绍如下。

（1）单桩垂直承载力

桩的垂直承载力，取决于桩材料的强度，或土对桩的支承能力。一般说来，桩的承载力是由后者决定的，材料强度往往不能充分利用。只有对端承桩（如支承在岩石、较密实碎石土和砂土以及坚硬的黏性土上的桩），由于土的承载力很高，才可能由材料强度控制桩的承载力。

1）桩土体系的荷载传递

当竖向荷载逐步施加于单桩桩顶时，桩身上部受到压缩而产生相对于土的向下位移，与此同时桩侧表面就会受到土的向上摩阻力。桩顶荷载通过所发挥出来的摩阻力传递到桩周土层中去，致使桩身轴力和桩身压缩变形随深度递减。在桩土相对位移等于零处，其摩阻力尚未开始发挥作用而等于零。随着荷载增加，桩身压缩量和位移量增大，桩身下部的摩阻力随之逐步调动起来，桩底土层也因受到压缩而产生桩端阻力。桩端土层的压缩加大了桩土相对位移，从而使桩身摩阻力进一步发挥出来。当桩身摩阻力全部发挥出来达到极限后，若继续增加荷载，其荷载增量将全部由桩端阻力承担。由于桩端持力层的大量压缩和塑性挤出，位移增长速度显著加大，直至桩端阻力达到极限，位移迅速增大而破坏，此时桩所受的荷载就是桩的极限承载力。

在竖向荷载下，单桩的沉降 s 由以下三部分组成：

a）桩身在轴向压力作用下的压缩变形 s_P，$s_P=\frac{1}{EA}\int_0^l N(l)\mathrm{d}l$，$E$ 弹性模量，A 为桩身横截面面积，l 为桩长，$N(l)$ 为桩身轴力。

b）桩侧荷载传递到桩端平面以下引起桩端平面以下的土体压缩，桩端随土体压缩而沉降的 s_b。

c）当桩端荷载较大时，桩端土产生剪切破坏或刺入破坏而引起的沉降 s_c。所以，

$$s = s_P + s_b + s_c \tag{9-11}$$

计算以上三部分沉降都必须知道桩侧、桩端各自分担的荷载，以及桩侧阻力沿桩身的分布。

但对挤扩支盘桩来分析，情况就有所不同，桩身除侧阻力外，还有支盘各自分担的荷载，一般是上盘开始，逐步自上而下各层支盘承载，最后到桩端底盘，它这种支盘承载力要比桩身侧阻大得多。

2）影响荷载传递的因素

马特斯（N. S. Mattes）和波洛斯（H. G. Poulos）运用线弹性理论进行分析的结果表明，影响桩土体系荷载传递的因素主要有：

① 桩端土与桩周土的刚度比 E_b/E_s。当 $E_b/E_s=0$ 时，荷载全部由桩侧摩阻力所承担。属纯摩擦桩。在均匀土层中的纯摩擦桩，摩阻力接近于均匀分布。当 $E_b/E_s=1$ 时，属均匀土层中的摩擦桩，其荷载传递曲线和桩侧摩阻力分布与纯摩擦桩相近。当 $E_b/E_s=\infty$ 且为中长桩（$l/d \approx 25$）时，桩身荷载上段随深度减小，下段近乎沿深度不变，即桩侧摩阻力上段可得到发挥，下段由于桩土相对位移很小（桩端无位移）而没法发挥出来。桩端由于土的刚度大，可分担 60%以上荷载，属端承桩。

② 桩与桩周土的刚度比 E_p/E_s。E_p/E_s 愈大，桩端阻力所分担的荷载比例愈大；反之，桩端阻力分担的荷载比例降低，桩侧阻力分担的荷载比例增大。对于 $E_p/E_s \leqslant 10$ 的中长桩（$l/d \approx 25$），其桩端阻力接近于零。这说明对于砂桩、碎石桩、灰土桩等低刚度桩组成的基础。应按复合地基工作原理进行设计。

③ 桩底扩大头与桩身直径之比 D/d。D/d 愈大，桩端阻力分担的荷载比例愈大。

④ 桩的长径比 l/d。l/d 对荷载传递的影响较大。在均匀土层中的钢筋混凝土桩，其荷载传递性状主要受 l/d 的影响，l/d 越大，桩身压缩变形量 s_p 越大，允许桩端以下的地基上的压缩变形量就越小，受桩顶总沉降量的限制，桩端土所能发挥的端承力就越小。当 $l/d \geqslant 100$ 时，桩端土的性质对荷载传递不再有任何影响。可见，长径比很大的桩都属于摩擦桩或纯摩擦桩，在此种情况下显然无需采用扩底桩。

⑤ 对于挤扩支盘桩来说，主要影响是支承盘。上部支承盘受力最大，各支承盘逐层往下传递，超过四层承力盘受力就不明显，因此多设支盘并不是最好的办法。

（2）单桩破坏模式与极限承载力

单桩在竖向荷载下的破坏由以下两种强度破坏之一而引起：地基土强度破坏和桩身材料强度破坏。通常桩的破坏是由于地基土强度破坏而引起。

充分发挥桩端阻力所需的桩端位移要比侧阻力所需的大得多，根据小直径桩的试验结果，一般黏性土约为 $d/4$，硬黏土约为 $d/10$，砂土约为 $d/12 \sim d/10$。对于钻孔桩由于孔底虚土、沉渣压缩的影响，发挥桩端极限值所需位移更大。

由于桩侧阻力先于桩端阻力发挥出来（支承于坚实基岩的短桩除外），因此单桩承载力的极限状态一般由桩端阻力的破坏所制约（纯摩擦桩除外）。挤扩支盘桩的破坏也是从支盘支承面破坏所造成的。

单桩的荷载-沉降特性是同桩的破坏模式联系在一起的。

目前对桩的极限承载力确定，绝大部分是根据静载试验后的分析资料所提出来的。对分析方法一般是采用几种方法同时来分析确定，目前常用的分析方法见表 9-6。

表 9-6　单桩极限承载力确定方法综述表

序号	名　称	说　明	备　注
1	建筑地基基础设计规范（GB 50007—2001）	1. 在 Q-s 曲线上，当陡降段明显时，取相应于陡降段起点的荷载值； 2. 当出现 $\frac{\Delta s_{n+1}}{\Delta s_n} \geqslant 2$ 的情况，取前一级荷载值； 3. Q-s 曲线呈缓变型时，取桩顶总沉降量 $s=40$ mm 所对应的荷载值，当桩长大于 40 m 时，宜考虑桩身的弹性压缩	Δs_n——第 n 级荷载的沉降量； Δs_{n+1}——第 $n+1$ 级荷载的沉降量

续表 9-6

序号	名　称	说　明	备　注
2	建筑桩基技术规范（JGJ 94—1994）	1. 根据沉降随荷载的变化特征确定极限承载力：对于陡降型 Q-s 曲线取 Q-s 曲线发生明显陡降的起始点； 2. 根据沉降量确定极限承载力：对于缓变型 Q-s 曲线一般可取 $s=40\sim60$ mm 对应的荷载，对于大直径桩可取 $s=0.03\sim0.06D$（D 为桩端直径，大桩径取低值，小桩径取高值）所对应的荷载值；对于细长桩（$l/d>80$）可取 $s=60\sim80$ mm对应的荷载； 3. 根据沉降随时间的变化特征确定极限承载力：取 s-lg$t$ 曲线尾部出现明显向下弯曲的前一级荷载值	
3	北京地区大直径灌注桩技术规范（DB J01-502—1999）	1. 当荷载—沉降曲线出现可确定单桩极限承载力的陡降段，且桩顶总沉降量超过 40 mm； 2. 本级下沉量大于前级下沉量的 2 倍，且 24 h 不稳定； 3. 本级下沉量大干前级下沉量的 5 倍，且荷载不少于所取允许沉降对应荷载的 2 倍； 4. 总沉降量大于 70～80 mm； 5. 受试桩设备的限制，不能加荷至出现极限承载力时，可加到最大试验荷载不小于 2 倍设计荷载为止	
4	明显拐点法	在试桩的 Q-s 曲线上，通常可以分为三个阶段。第一段为直线或近似于直线，沉降与荷载呈线性关系；第二段是曲线段，沉降的增长率不断增加；第三段是平行或接近于平行沉降轴的直线，表明荷载不增加（或者荷载增加得很微小，而沉降却急骤增长，以致沉降不能稳定下来）（见图 9-2）。 从试桩 Q-s 曲线上确定极限承载力，是根据桩顶沉降开始急骤增长的特征点来确定的。此法在 Q-s 曲线比较平缓的情况下不宜应用，因其拐点不明显；另外。由于 Q-s 曲线图所用的纵横坐标比例不同，会改变拐点的位置，所以必须选择适当的比例	见图 9-2
5	沉降速率法（s-lg$t$）法	此法也叫 s-lg$t$ 法。将各级荷载下沉降与时间的关系画在半对数纸上，图中斜率开始剧增的曲线，其对应的荷载即为桩的极限荷载。从试桩资料的分析发现，达到极限荷载之前。在各级荷载作用下，桩的下沉量近似地与时间的对数保持线性关系，如图 9-3 中的曲线 1～4。而当桩达到破坏时，曲线的坡度变陡，沉降速率骤增，同时曲线也出现明显的向下曲折，如图 9-3 的曲线 5～8。其中 5 所对应的荷载作为极限荷载	见图 9-3
6	指数方程法 $\left[s-\lg\left(1-\frac{P}{P_{np}}\right)\right]$	此法也叫极限荷载百分率法。其具体方法是在 $\left[s-\lg\left(1-\frac{P}{P_{np}}\right)\right]$ 坐标上，以假设的极限荷载绘制关系曲线图。当 s 为纵坐标时，如假设的 P_{np} 值偏小时，关系曲线向上弯，反之，便向下弯。当出现直线时，假设的极限荷载便为真正的极限荷载（见图 9-4）	见图 9-4

续表 9-6

序号	名 称	说 明	备 注
7	全对数法 lg*s*-lg*Q* 法	这种方法是在全对数坐标纸上绘制 lg*s*-lg*Q* 关系线，两折线的交点即为极限荷载(见图 9-5)。此法简便，不带人为因素，所以也是一种较好的分析方法	见图 9-5
8	斜率倒数法及最小曲率半径法	是马来西亚的 F. KChin(1970 年)在研究了一些试桩资料以后，提出 *Q*-*s* 曲线可用以下的双曲线方程表达： $\frac{s}{Q}=ms+C$ 式中：*s* 是荷载为 *Q* 时的桩顶沉降量，mm。若将 *s*/*Q* 作为纵坐标，*s* 作为横坐标，则得出的是一条直线(见图 9-6)，在纵轴上的截距为 *C*。定义这条直线的斜率 *m* 的倒数为 *P* 的极限值。 当桩上的荷载增量很小，而桩的沉降增量趋于无限大时，此荷载定义为破坏荷载。据此对上式微分，并令 $\frac{dQ}{ds}=0$，得桩的破坏荷载为：*C*-*s*/*Q* 轴上的截距，mm/kN。 从上式着出，按最小曲率半径法所确定的极限承载力 Q_{min} 等于斜率倒数法所确定的破坏荷载(Y_m)乘以一个小于 1 的系数	见图 9-6

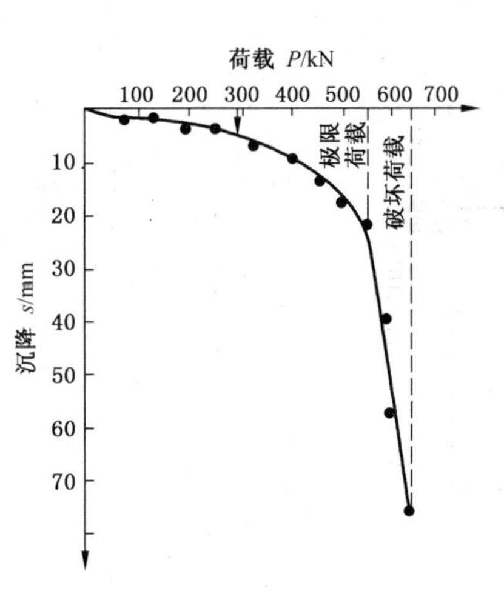

图 9-2 明显拐点

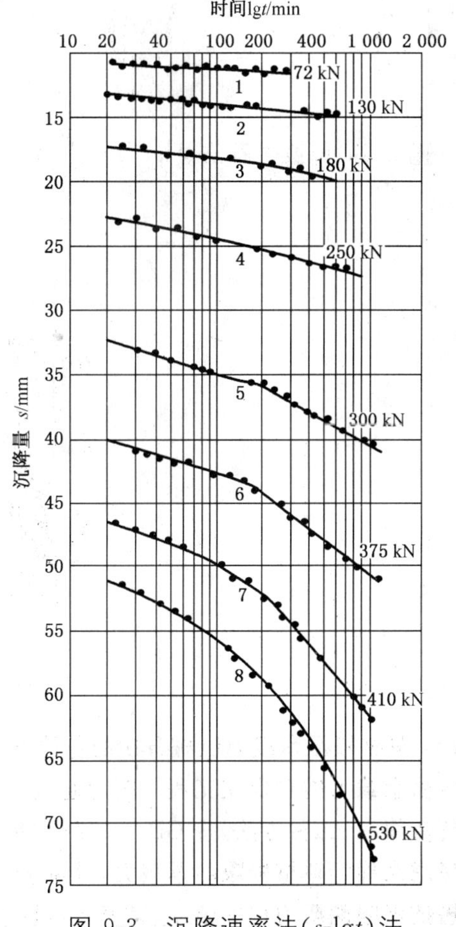

图 9-3 沉降速率法(*s*-lg*t*)法

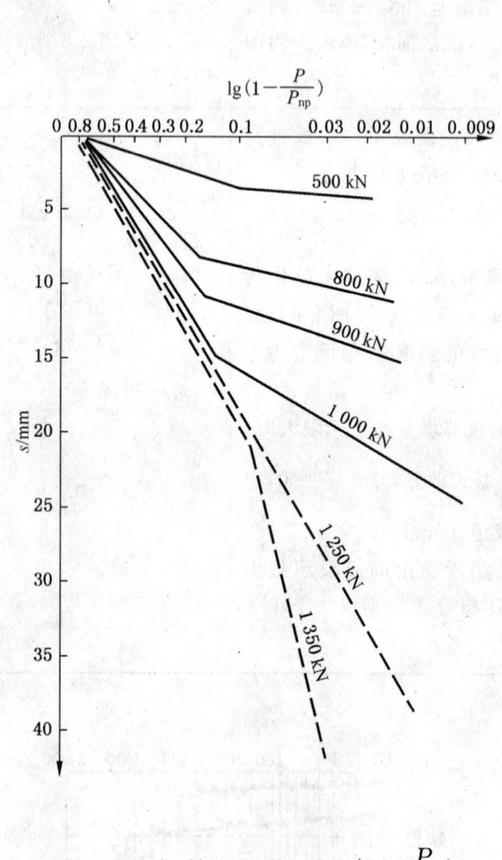

图 9-4　指数方程法 $s\text{-}\lg t\left(1-\dfrac{P}{P_{\mathrm{np}}}\right)$

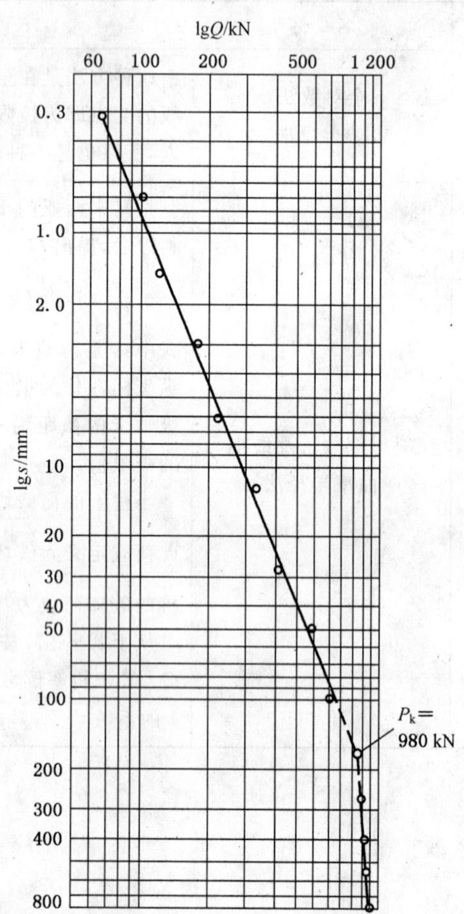

图 9-5　全对数法($\lg s\text{-}\lg Q$)法

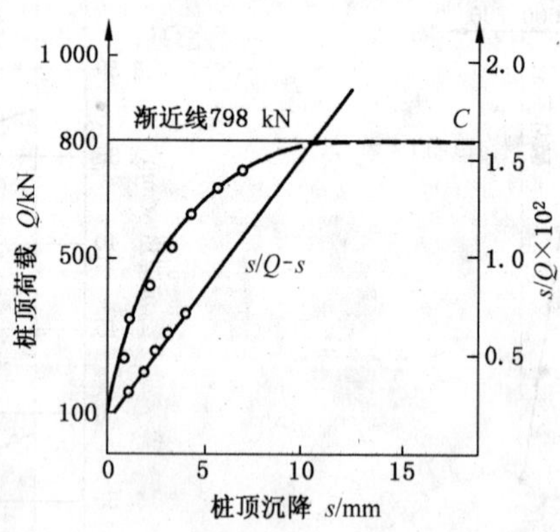

图 9-6　斜率倒数法

(3) 单桩极限承载力试桩分析的各种方法

单桩承载力的确定在工程一般均通过试桩确定其极限承载力，分析试桩确定极限承载力的方法不能单纯依靠一、二种方法，按 GB 50007—2002《建筑地基基础设计规范》说明，常常要采用多种分析方法综合考虑来确定单桩极限的承载力，目前常用的单桩极限承载力确定方法可参考表 9-6。

桩的极限侧阻力标准值 q_{sik} 见表 9-7，桩的极限端阻力标准值 q_{pk} 见表 9-8。

表 9-7 桩的极限侧阻力标准值"建筑桩基技术规范" kPa

土的名称	土的状态	水下钻(冲)孔桩	沉管灌注桩	干作业钻孔桩
填土		18～26	15～22	18～26
淤泥		10～16	9～13	10～16
淤泥质土		18～26	15～22	18～26
黏性土	$I_L>1$	20～34	16～28	20～34
	$0.75<I_L\leqslant1$	34～48	28～40	34～48
	$0.50<I_L\leqslant0.75$	48～64	40～52	48～62
	$0.25<I_L\leqslant0.5$	64～78	52～63	62～76
	$0<I_L\leqslant0.25$	78～88	63～72	76～86
	$I_L\leqslant0$	88～98	72～80	86～96
红黏土	$0.7<a_w\leqslant1$	12～30	10～25	12～30
	$0.5<a_w\leqslant0.7$	30～70	25～68	30～70
粉土	$e>0.9$	22～40	16～32	20～40
	$0.7\leqslant e\leqslant0.9$	40～60	32～50	40～66
	$e<0.7$	80～80	50～67	60～80
粉细砂	稍密	22～40	16～32	20～40
	中密	40～60	32～50	40～60
	密实	60～80	50～67	60～80
中砂	中密	50～72	42～58	50～70
	密实	72～90	58～75	70～90
粗砂	中密	74～95	58～75	70～90
	密实	95～116	75～92	90～110
砾砂	中密、密实	116～135	92～110	110～130

注：1. 对于尚未完成自重固结的填土和以生活垃圾为主的杂填土，不计算其侧阻力；

2. a_w 为含水量，$a_w=w/wL$；

3. 对于预制桩，根据土层埋深 h，将 q_{sik} 乘以下表修正系数。

土层埋深 h/m	≤5	10	20	≥30
修正系数	0.8	1.0	1.1	1.2

4. 表中数据引自 JGJ 94—1994《建筑桩基技术规范》。

表 9-8 桩的极限端阻力标准值 q_{pk} kPa

土名称	桩型 土的状态	水下钻(冲)孔桩入土深度/m				沉管灌注桩入土深度/m				干作业钻孔桩入土深度/m		
		5	10	15	$h>30$	5	10	15	>15	5	10	15
黏性土	$0.75<I_L\leqslant1$	100～150	150～250	250～300	300～450	400～600	600～750	750～1 000	1 000～1 400	200～400	400～700	700～950
	$0.50<I_L\leqslant0.75$	200～300	350～450	450～550	550～750	670～1 100	1 200～1 500	1 500～1 800	1 800～2 000	420～630	740～950	950～1 200
	$0.25<I_L\leqslant0.50$	400～500	700～800	800～900	900～1 000	1 300～2 200	2 300～2 700	2 700～3 000	3 000～3 500	850～1 100	1 500～1 700	1 700～1 900
	$0<I_L\leqslant0.25$	750～850	1 000～1 200	1 200～1 400	1 400～1 600	2 500～2 900	3 500～3 900	4 000～4 500	4 200～5 000	1 600～1 800	2 200～2 400	2 600～2 800

续表 9-8

土名称	桩型 土的状态	水下钻(冲)孔桩入土深度/m				沉管灌注桩入土深度/m				干作业钻孔桩入土深度/m		
		5	10	15	$h>30$	5	10	15	>15	5	10	15
粉土	$0.7<e\leqslant1.0$	250～350	300～500	450～650	650～850	1 200～1 600	1 600～1 800	1 800～2 100	2 100～2 600	600～1 000	1 000～1 400	1 400～1 600
粉土	$e<0.7$	550～800	650～900	750～1 000	850～1 000	1 800～2 200	2 200～2 500	2 500～3 000	3 000～3 500	1 200～1 700	1 400～1 900	1 600～2 100
粉砂	稍密	200～400	350～500	450～600	600～700	800～1 300	1 300～1 800	1 800～2 000	2 000～2 400	500～900	1 000～1 400	1 500～1 700
粉砂	中密、密实	400～500	700～800	800～900	900～1 100	1 300～1 700	1 800～2 400	2 400～2 800	2 800～3 600	850～1 000	1 500～1 700	1 700～1 900
细砂	中密、密实	550～650	900 1 000	1 000～1 200	1 200～1 500	1 800～2 200	3 000～3 400	3 500～3 900	4 000～4 900	1 200～1 400	1 900～2 100	2 200～2 400
中砂	中密、密实	850～950	1 300～1 400	1 600 1 700	1 700～1 900	2 800～3 200	4 400～5 000	5 200～5 500	5 500～7 000	1 800～2 000	2 800～3 000	3 300～3 500
粗砂	中密、密实	1 400～1 500	2 000～2 200	2 300～2 400	2 300～2 500	4 500～5 000	6 700～7 200	7 700～8 200	8 400～9 000	2 900～3 200	4 200～4 600	4 900～5 200
砾砂	中密、密实	1 500～2 500				5 000～8 400				3 200～5 300		
角砾、圆砾	中密、密实	1 800～2 800				5 900～9 200						
碎石、卵石	中密、密实	2 000～3 000				6 700～10 000						

注：1. 砂土和碎石类土中桩的极限端阻力取值，要综合考虑土的密实度，桩端进入持力层的深度比 h_b/d，土愈密实，h_b/d 愈大，取值愈高。

2. 表中沉管灌注桩系指带预制桩尖沉管灌注桩。

3. 表中数据引自 JGJ 94—1994《建筑桩基技术规范》。

(4) 桩基中复合桩或基桩的竖向承载力设计值，应符合下列规定：

1) 桩数不超过 3 根的桩基，基桩的竖向承载力设计值为：

$$R=Q_{sk}/\gamma_s+Q_{pk}/\gamma_p \tag{9-12}$$

根据静载荷试验确定单桩竖向极限承载力标准值时，基桩的竖向承载力设计值为：

$$R=Q_{uk}/\gamma_{sp} \tag{9-13}$$

式中：γ_s——桩侧阻抗力分项系数，取 1.65；

γ_p——桩端阻抗力分项系数，取 1.65；

γ_{sp}——桩侧阻端阻综合抗力分项系数，取 1.65。

2) 桩数超过 3 根的非端承桩复合桩基，宜考虑桩群、土、承台的相互作用效应，其复合基桩竖向承载力设计值可按(GB 50007—2002)公式的规定计算；

根据静载荷试验确定单桩竖向极限承载力标准值时，其复合桩基的竖向承载力计值可按 GB 50007—2002 公式的规定计算。

(5) GB 50007—2002《建筑地基基础设计规范》的要求

1) 单桩竖向静载荷试验的加载方式见图 9-7，应按慢速维持荷载法。

2) 加载反力装置宜采用锚桩，当采用堆载时应遵守以下规定。

a) 堆载加于地基的压应力不宜超过地基承载力特征值。

b) 堆载的限值可根据其对试桩和对基准桩的影响确定。

c) 堆载量大时，宜利用桩(可利用工程桩)作为堆载的支点。

d) 试验反力装置的最大抗拔或承重能力应满足试验加荷的要求。

3）试桩、锚桩（压重平台支座）和基准桩之间的中心距离应符合表9-9的规定。

表9-9 试桩、锚桩和基准桩之间的中心距离

反力系统	试桩与锚桩（或压重平台支座墩边）	试桩与基准桩	基准桩与锚桩（或压重平台支座墩边）
锚桩横梁反力装置 压重平台反力装置	≥4d且>2.0 m	≥4d且>2.0 m	≥4d且>2.0 m
注：d——试桩或锚桩的设计直径，取其较大者（如试桩或锚桩为扩底桩时，试桩与锚桩的中心距尚不应小于2倍扩大端直径）。			

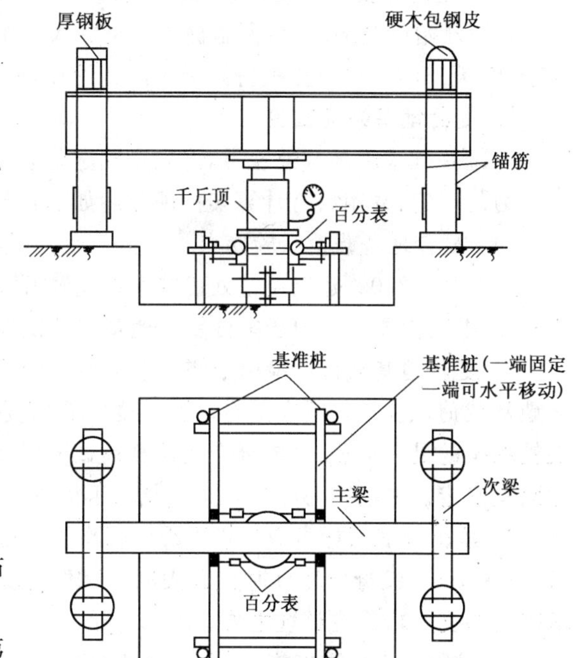

图9-7 竖向抗压静载荷试验装置

4）加荷分级不应小于8级，每级加载量宜为预估极限荷载的1/8～1/10。

5）测读桩沉降量的间隔时间：每级加载后，每第5 min、10 min、15min时各测读一次，以后每隔15 min读一次，累计一小时后每隔半小时读一次。

6）稳定标准：在每级荷载作用下，桩的沉降量连续两次在每小时内小于0.1 mm。

7）中止加载条件：

a）当荷载-沉降（Q-s）曲线上有可判定极限承载力的陡降段，且桩顶总沉降量超过40 mm；

b）$\frac{\Delta s_{n+1}}{\Delta s_n}\geqslant 2$，且经24 h尚未达到稳定标准；

c）25 m以上的非嵌岩桩，Q-s曲线呈缓变型时，加载至$s\geqslant 60\sim 80$ mm；

d）在特殊条件下，可根据具体要求加载至$s\geqslant 100$ mm。

注：1. Δs_n——第n级荷载的沉降量；Δs_{n+1}——第$n+1$级荷载的沉降量；

2. 桩底支承在坚硬岩（土）层上，桩的沉降量很小时，最大加载量不应小于设计荷载的两倍。

8）卸载观测的规定：每级卸载值为加载值的两倍。卸载后隔15 min测读一次，读两次后，隔半小时再读一次，即可卸下一级荷载。全部卸载后，隔3～4 h再测读一次。

9）单桩竖向极限承载力的确定：

作荷载-沉降（Q-s）曲线和其他辅助分析所需的曲线。

a）当陡降段明显时，取相应于陡降段起点的荷载值。

b）当出现$\frac{\Delta s_{n+1}}{\Delta s_n}\geqslant 2$的情况，取前一级荷载值。

c）Q-s曲线呈缓变型时，取桩顶总沉降量$s=40$ mm所对应的荷载值，当桩长大于40 m时，宜考虑桩身的弹性压缩。

d）按上述方法判断有困难时，可结合其他辅助分析方法综合判定。对桩基沉降有特殊要求者，应根据具体情况选取。

参加统计的试桩，当满足其极差不超过平均值的30%时，可取其平均值为单桩竖向极限承载力。极差超过平均值的30%时，宜增加试桩数量并分析离差过大的原因，结合工程具体情况确定极限承载力。

注：对桩数为3根及3根以下的柱下桩台，取最小值。

将单桩竖向极限承载力除以安全系数 2,为单桩竖向承载力特征值 R_a。

10）开始试验的时间:预制桩在砂土中入土 7 天后。黏性土不得小于 15 天。对于饱和软黏土不得少于 25 天。灌注桩应在桩身混凝土达到设计强度后,才能进行。

7. 复合地基载荷试验

储罐基础采用地基处理后,首先要确定复合地基的承载力,现将复合地基载荷试验要点;复合地基承载力的确定;并附有有计算实例现分述如下：

(1) 复合地基载荷试验要点

JGJ 79—2002《建筑地基处理技术规范》中附录 A 规定的复合地基载荷试验要点为：

1）本试验要点适用于单桩复合地基载荷试验和多桩复合地基载荷试验。

2）复合地基载荷试验用于测定承压板下应力主要影响范围内复合土层的承载力和变形参数。复合地基载荷试验承压板应具有足够刚度。单桩复合地基载荷试验的承压板可用圆形或方形,面积为一根桩承担的处理面积;多桩复合地基载荷试验的承压板可用方形或矩形,其尺寸按实际桩数所承担的处理面积确定。桩的中心(或形心)应与承压板中心保持一致,并与荷载作用点相重合。

3）承压板底面标高应与桩顶设计标高相适应。承压板底面下宜铺设粗砂或中砂垫层,垫层厚度取 50～150 mm,桩身强度高时宜取大值。试验标高处的试坑长度和宽度,应不小于承压板尺寸的 3 倍。基准梁的支点应设在试坑之外。

4）试验前应采取措施,防止试验场地地基土含水量变化或地基土扰动。以免影响试验结果。

5）加载等级可分为 8～12 级。最大加载压力不应小于设计要求压力值的 2 倍。

6）每加一级荷载前后均应各读记承压板沉降量一次,以后每半个小时读记一次。当 1 小时内沉降量小于 0.1 mm 时,即可加下一级荷载。

7）当出现下列现象之一时可终止试验：

① 沉降急剧增大,土被挤出或承载板周围出现明显的隆起;

② 承压板的累计沉降量已大于其宽度或直径的 6%;

③ 当达不到极限荷载,而最大加载压力已大于设计要求压力值的 2 倍。

8）卸载级数可为加载级数的一半,等量进行,每卸一级,间隔半小时,读记回弹量,待卸完全部荷载后间隔三小时读记总回弹量。

9）复合地基承载力特征值的确定：

① 当压力-沉降曲线上极限荷载能确定,而其值不小于对应比例界限的 2 倍时,可取比例界限;当其值小于对应比例界限的 2 倍时,可取极限荷载的一半。

② 当压力-沉降曲线是平缓的光滑曲线时,可按相对变形值确定：

a）对砂石桩、振冲桩复合地基或强夯置换墩:当以黏性土为主的地基,可取 s/b 或 s/d 等于 0.015 所对应的压力(s 为载荷试验承压板的沉降量;B 和 D 分别为承压板宽度和直径,当其值大于 2 m 时,按 2 m 计算);当以粉土或砂土为主的地基,可取 s/b 或 s/d 等于 0.01 所对应的压力。

b）对土挤密桩、石灰桩或柱锤冲扩桩复合地基,可取 s/b 或 s/d 等于 0.012 所对应的压力。对灰土挤密桩复合地基,可取 s/b 或 s/d 等于 0.008 所对应的压力。

c）对水泥粉煤灰碎石桩或夯实水泥土桩复合地基,当以卵石、圆砾、密实粗中砂为主的地基,可取 s/b 或 s/d 等于 0.008 所对应的压力;当以黏性土、粉土为主的地基,可取 s/b 或 s/d 等于 0.01 所对应的压力。

d）对水泥土搅拌桩或旋喷桩复合地基,可取 s/b 或 s/d 等于 0.006 所对应的压力。

e）对有经验的地区,也可按当地经验确定相对变形值。

按相对变形值确定的承载力特征值不应大于最大加载压力的一半。

10）试验点的数量不应少于 3 点,当满足其极差不超过平均值的 30%时,可取其平均值为复合地基承载力特征值。

(2) 复合地基承载力的确定

1) 低强度桩复合地基(CFG 桩)地基承载力的确定

根据行业标准 JGJ 79—2003(J 220—2002)《建筑地基处理技术规范》,CFG 桩质量检验主要应检查施工记录、混合料坍落度、桩数、桩位偏差,褥垫层厚度、夯填度和桩体试块抗压强度等。水泥粉煤灰碎石桩地基竣工验收时,承载力检验应采用复合地基载荷试验。复合地基载荷试验应在桩身强度满足试验荷载条件时,并宜在施工结束 28 d 后进行。试验数量宜为总桩数的 0.5%～1%。且每个单体工程的试验数量不应少于 3 点。

2) 水泥土搅拌法(搅拌桩)地基承载力的确定

根据行业标准《建筑地基处理技术规范》(JGJ 79—2002)(J 220—2002),搅拌桩的质量控制应贯穿在施工的全过程。

竖向承载水泥土搅拌桩地基竣工验收时,承载力检验应采用复合地基载荷试验和单桩载荷试验。且必须在桩身强度满足试验荷载条件时,并宜在成桩 28d 后进行。检验数量为桩总数的 0.5%～1%,且每项单体工程不应少于 3 点。

3) 复合地基载荷试验要点

根据行业标准 JGJ 79—2002(J 220—2002)《建筑地基处理技术规范》附录 A 复合地基载荷试验要点第 9 条复合地基承载力特征值的确定,对于低强度桩复合地基,当以卵石、圆砾、密实粗中砂为主的地基,可取 s/b 或 s/d 等于 0.008 所对应的压力;当以黏性土、粉土为主的地基,可取 s/b 或 s/d 等于0.01 所对应的压力。

对水泥土搅拌桩可取 s/b 或 s/d 等于 0.006 所对应的压力。

(3) 计算实例

复合地基载荷试验目的是求得单个载荷压板试验求得复合地基承载力特征值的基本值,再由多个基本值求得场地复合地基承载力特征值。

试验时,首先应考虑复合地基载荷试验其承压板面积应与单桩(水泥土搅拌桩、CFG 桩)或实际桩数所承担的处理面积相等,考虑实际试验时的压板一般为 $1\times1\ \text{m}^2$ 或 $2\times2=4\ \text{m}^2$ 大压板,往往与实际桩数所承担的处理面积不等,不匹配。怎么办?即载荷试验时要求得最大实验荷载,确定分级(10 级)荷载。

下面以深圳龙岗××××村综合楼搅拌桩载荷试验最大试验荷载的设计实例:

采用复合地基(水泥土搅拌桩、CFG 桩)承载力特征值计算公式为:

$$f_{sp,k}=m\frac{R_k^d}{A_p}+\beta(1-m)f_{s,k}$$

复合地基载荷实验其承压板面积应与单桩或实际桩数所承担的处理面积相等,考虑实际检测的可操作性,一般采用 1 m×1 m 小压板或 2 m×2 m 大压板,采用 1 m×1 m 小压板覆盖一根桩(550),采用 2 m×2 m 大压板覆盖四根桩,其压板复合地基置换率均为 23.75%。

依设计计算书,厂房及宿舍要求加固后复合地基承载力标准值 $f_{sp,k}$均为 200 kPa,①-②轴基底桩间土为人工填土层部分:处理基础面积为 84.44 m^2,设计布桩 116 根,布桩桩土平均面积置换率 $m\geqslant$ 31.8%,单桩承载力标准值 R_k^d 为 140 kN,$\beta=0.3$,$f_{s,k}=60$ kPa。

③-⑦轴桩间土为粉质黏土层部分:处理基础面积为 404.46 m^2,设计布桩 478 根,布桩桩土平均面积置换率 $m\geqslant27.5\%$,单桩承载力标准值 R_k^d 为 140 kN,$\beta=0.4$,$f_{s,k}=130$ kPa。

1) ①-②轴基底桩间土为人工填土层部分:

1 m×1 m 小压板单桩复合地基承载力标准值

$$f_{sp,k}=m\frac{R_k^d}{A_p}+\beta(1-m)f_{s,k}$$

上式表达为　$f_{sp,k}=0.237\,5\cdot\dfrac{140}{0.237\,5}+0.3(1-0.237\,5)\times60\approx154$ kPa

1 m×1 m 小压板下单桩复合地基设计对应的加载荷载量为：

$$P=f_{sp,k}\cdot A=154\ kPa\times 1\ m^2=154\ kN$$

最大加载荷载量为： 154 kN×2 倍=308 kN

同理 2 m×1 m 大压板下四根桩设计对应的加载荷载量为：

$$P=f_{sp,k}\cdot A=154\ kPa\times 4\ m^2=616\ kN$$

最大加载荷载量为： 616 kN×2 倍=1 232 kN

2) ③-⑦轴桩间土为粉质黏土层部分：

1 m×1 m 小压板下单桩复合地基承载力标准值

$$f_{sp,k}=m\frac{R_k^d}{A_p}+\beta(1-m)f_{s,k}$$

上式表达为 $f_{sp,k}=0.237\,5\cdot\frac{140}{0.237\,5}+0.4(1-0.237\,5)\times 130\approx 180\ kPa$

1 m×1 m 小压板下单桩复合地基设计对应的加载荷载量为：

$$P=f_{sp,k}\cdot A=180\ kPa\times 1\ m^2=180\ kN$$

最大加载荷载量为： 180 kN×2 倍=360 kN

同理 2 m×2 m 大压板下四根桩设计对应的加载荷载量为：

$$P=f_{sp,k}\cdot A=180\ kPa\times 4\ m^2=720\ kN$$

最大加载荷载量为： 720 kN×2 倍=1 440 kN

分析该例最大试验荷载的设计，公式中参数的取值不同，计算结果差异大。其中，m 为面积置换率，试验时要测量桩数、桩径、桩中心桩、基槽面积。

R_k^d 搅拌桩(或 CFG 桩)单桩承载力决定于桩长，桩径及施工质量。上例中 R_k^d 取值偏大。

β 桩周土承载力折减系数，是经验系数，软土 0.5～1.0，硬土为 0.1～0.4，上例中 β 取值偏小。

所以参数定值时，应选择偏于安全的参数，使最大试验荷载设计确有把握，以便保证单个复合地基承载力特征值的基本值可靠，尔后，依多个复合地基承载力特征值的基本值按规范求得场地复合地基承载力特征值。

二、储罐基础的原位测试

对于新建储罐特别是大型储罐来说对储罐基础进行原位测试，可以验证地基基础设计的正确性，意义较大。

储罐具有体形简单、荷载明确，在储罐内充水或充油过程中荷载可以较正确的进行计算，不像房屋建筑类的高层建筑正确计算上部荷载比较困难。为此对储罐基础进行原位测试有它独特的优点。

建设部已颁布了行业标准 JGJ/T 8—1997《建筑变形测量规程》，各地遵照规程对重要的建构筑工程开展了建构筑物的沉降观测工作。石油化工企业也颁布了 SH 3068—1995《钢储罐地基与基础设计规范》也提出了储罐基础的沉降观测的要求。

为保证观测资料的完整性，一般应在储罐基础施工前做好观测的一切准备工作，这样在储罐基础施工时，就可立即进行观测。沉降观测工作的内容，大致包括下列五个方面：

1. 资料的收集和观测计划的编制

在确定观测对象后，应了解该工程的特点，以及所在地区的工程地质情况，并收集有关勘察设计资料：

(1) 该地区的工程地质勘察资料，包括钻孔布置图、地质剖面图、土的室内外试验分析资料等；

(2) 观测对象储罐的总平面图、立面图、剖面图与基础平面图、剖面图；

(3) 储罐的荷载和地基基础的设计计算资料；

(4) 观测点的布置、设计和编号；

(5) 观测资料的整理、分析并绘制沉降曲线图、荷载与沉降图等。

沉降观测测量点可分为控制点和观测点(变形点)。控制点包括基准点、工作基点以及联系点、检核点、定向点等工作点。各种测量点的选设及使用,应符合下列要求:

——基准点应选设在变形影响范围以外便于长期保存的稳定位置。使用时,应作稳定性检查或检验,并应以稳定或相对稳定的点作为测定变形的参考点。

——工作基点应选设在靠近观测目标且便于联测观测点的稳定或相对稳定位置。测定总体沉降观测的工作基点,当按两个层次布网观测时,使用前应利用基准点或检核点对其进行稳定性检测。测定区段沉降观测的工作基点可直接用作起算点。

——当基准点与工作基点之间需要进行连接时应布设联系点,选设其点位时应顾及连接的构形,位置所在处应相对稳定。

——对需要单独进行稳定性检查的工作基点或基准点应布设检核点,其点位应根据使用的检核方法成组地选设在稳定位置处。

——对需要定向的工作基点或基准点应布设定向点,并应选择稳定且符合基准要求的点位作为定向点。

——观测点应选设在沉降观测体上能反映沉降观测特征的位置,可从工作基点或邻近的基准点和其他工作点对其进行观测。

注:1. 总体沉降观测系指观测目标均为动点的沉降观测,包括地基与基础的绝对沉降观测与相对沉降观测。

2. 区段沉降观测系指观测目标具有相对定点的沉降观测,包括独立的局部地基沉降观测、建筑物整体沉降观测和结构段沉降观测等。

储罐基础的原位观测其沉降观测测量的等级划分及其精度要求应符合表 9-10 的规定。

表 9-10 储罐基础原位观测沉降观测的等级及其精度要求

变形测量等级	沉降观测	位移观测	适用范围
	观测点测站高差中误差/mm	观测点坐标中误差/mm	
特级	≤0.05	≤0.3	特高精度要求的特种精密工程和重要科研项目变形观测
一级	≤0.15	≤1.0	高精度要求的大型储罐基础和科研项目变形观测
二级	≤0.00	≤3.0	中等精度要求的建筑物和科研项目变形观测;重要建筑物主体倾斜观测、场地滑坡观测
三级	≤1.50	≤10.0	低精度要求的建筑物变形观测;一般建筑物主体倾斜观测、场地滑坡观测

注:1. 观测点测站高差中误差,系指几何水准测量测站高差中误差或静力水准测量相邻观测点相对高差中误差。

2. 观测点坐标中误差,系指观测点相对测站点(如工作基点等)的坐标中误差、坐标差中误差以及等价的观测点相对基准线的偏差值中误差、建筑物(或构件)相对底部定点的水平位移分量中误差。

2. 水准基点的设置

水准基点的设置,是沉降观测工作中十分重要的环节,沉降观测资料的可靠性,在很大程度上是取决于水准基点的稳定性,而基点的合理构造和正确的安设方法,则是保证水准基点稳定可靠的前提,因此,对于基点的构造和安设,应引起足够的重视。在设置水准基点时,应根据当地工程地质和水文地质条件、土的压缩性和膨胀收缩特性、地基冻结深度、附近建筑物荷载大小和影响范围,以及受外力破坏的可能性等因素，确定水准基点的位置和埋设深度。在基岩埋置较浅的地区，水准基点一般应设置在基岩上。在上覆土层厚度较大，基岩埋置较深的地区，应尽可能将基点设置在压缩性较低的土层上。在沿海、沿江、沿河地区，常分布有很厚的压缩性很高的软黏土层，基岩埋深往往达数百米，而压缩性较低的土层也常达数十米深，在这种情况下，水准基点设在基岩或坚实土层上，一般不易做到，所以常根据现实可能性，确定基点的埋设深度。在膨胀土地区，由于地基土具有得水膨胀、失水收缩的特性，故基点的埋设深度，除了应超过大气影响深度外，对于基点构造和安设，尚需考虑防止基点附近土中含水量增加或减少的可能性。

水准基点的型式，根据埋置深度的不同，可分为深式和浅式两种。见图 9-8①、②所示，为一种浅式和深式水准基点，其构造分上、下两部分，下部为木桩、钢管桩或现浇混凝土桩，上部为带有套管的预制金属标点。浅式水准基点型式很多，可根据当地具体情况，选择合理的型式。

为提高水准测量的精度，水准基点的位置应尽量靠近观测对象，但必须在储罐所产生的压力影响范围以外。在一个观测地区，设置的水准基点数量，一般应不少于 3 个，以便进行相互校核。

3. 观测点的设置

观测点的布置，应根据建筑物平面和立面设计，并结合地质情况，尽量将其设置在储罐基础具有代表性的部位，以便能够全面反映储罐的沉降情况。对于储罐，由于大型储罐制造一般要 2～3 个月工期，因等待储罐制作完工后，将沉降观测点转到罐壁上焊成观测的角钢。观测点开始应设置在环墙基础上。其观测点的数量，可根据储罐大小的重要性而定(见表 9-11)。

表 9-11　储罐基础沉降观测点设置数量

序号	储罐类型	储罐容积/m^3	沉降观测点数量
1	大型	2 万～15 万	16～24
2	中型	<2 万～1 千	8～12
3	小型	<1 千	4～6

观测点的构造，取决于储罐基础环墙的类型和所采用的建筑材料情况。对于砖砌墙环墙，可采用角钢和细石混凝土制成的预制观测点，在施工时砌入环墙内，如图 9-8④所示。储罐钢筋混凝土环墙上的观测点，可在施工环墙时埋入角钢，或在现场凿洞，埋入角钢，灌注水泥砂浆。钢储罐上的观测点，可采用角钢焊接在钢储罐壁板上。为了避免沉降观测点遭受施工阶段的破坏，可设置装卸式墙面沉降观测点(见图 9-8⑤)。

为测定基础下不同土层的变形，常在地基内埋设不同深度的深层变形标点，深层变形标点最好能设置在基础中心位置上，若有困难也可设在基础边缘处，各标点的深度可根据土层情况决定，若土质较均匀，也可按基础，宽度的倍数决定其深度。考虑到上部土层变形较大，故上部标点的竖向间距应小些，下部标点的竖向间距可大些。最深的一个标点，其埋置深度一般应超过理论上的基础压缩层厚度。

图 9-9 为适用于中、高压缩性土的深层变形标点的构造示意，其上部为带有套管的金属标点，下部为螺纹底靴，埋设时用钳子夹住标点上部，作顺时针方向转动，使底靴部分埋入土中。

为了及时了解储罐基础在罐内试水预压时的地基沉降速率，并控制基础的不均匀沉降，需要在罐充水试压和投产使用时，对罐基础的地基变形和土中应力进行观测。对一般罐的基础，都进行了原位测试工作，具体原位测试项目见表 9-12。

某工程储罐基础变形观测及罐底板变形观测其测点平面布置见图 9-9，深层土变形观测其测点埋设剖面见图 9-10，土侧向位移、孔隙水压力和基础反力观测，其测点埋设平面布置见图 9-11，剖面见图 9-12。

C15混凝土盖板
φ8 拉手
270
80
4φ4钢筋网
φ230 水泥管
125
600
填砂
φ16铜头(或不锈钢)长60
柱 150×150
φ6@200
C15 混凝土基础，600×600
四角φ10
φ8@200双向
(a) 水准点一
C15 混凝土盖板 φ450
φ16铜头(或不锈钢)长60
四角4φ8筋 5φ6箍C15 混凝土250×250
削去少许外绕 φ6螺旋箍
φ380水泥管
φ150中径木桩 外涂沥青三道
(b) 水准点二
1 浅式水准点
C15混凝土盖板
φ8拉手
150
焊接
C15 混凝土，150×150
φ230 水泥管
束节
φ16铜头(或不锈钢)与10厚钢板丝扣连接或焊缝
10厚φ80 钢板
φ50钢管每节长3 000～4 000 外涂红丹二道
注：
水准点的埋设深度应与被测建构筑物的基础埋深相一致。埋设要坚固，回填土要夯实。深式水准点适用于桩基础的建筑物。
锥形底端
2 深式水准点
磨圆
φ20钢筋端部打扁开脚
60
100
(a) 环墙面观测点一
∟40×4×160
60°
注：
所有外露铁件均需涂红丹二度，油漆一道。
(b) 环墙面观测点二
1—1
3 环墙面沉降观测点
C10混凝土块 120×120×240
120
φ20 钢筋端部打扁开脚
注：
沉降观测点的埋设标高一般在室外地坪以上500～700 mm，测点上方净空高度不宜小于2.2 m(木尺测时)或3.2 mm(钢尺测时)。
∟30×4×160
2—2
(a) 墙面观测点一
(b) 墙面观测点二
4 砖砌环墙面沉降观测点

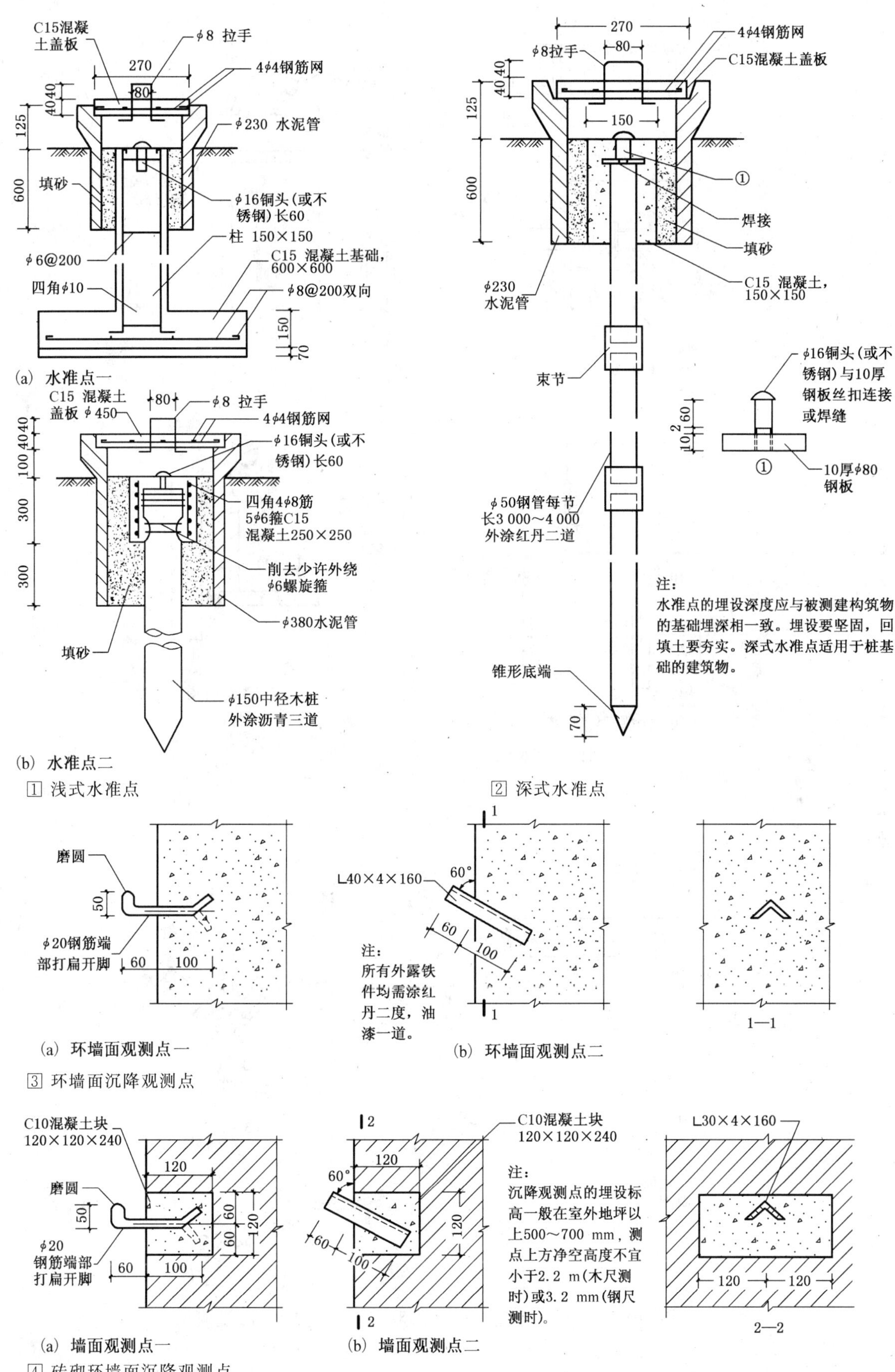

图 9-8　水准基点的设置

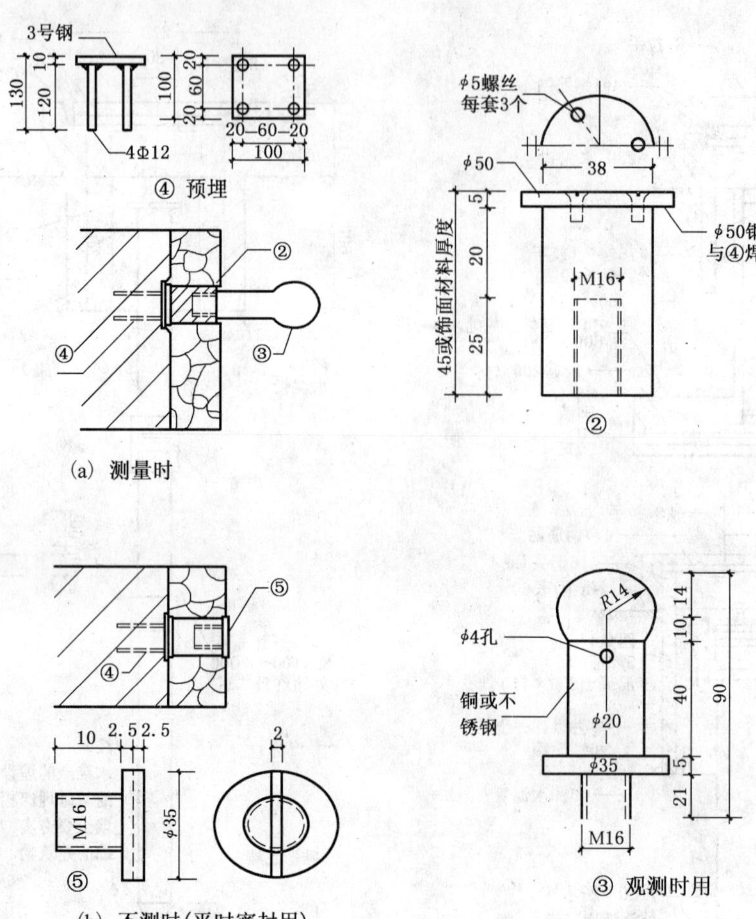

5 装卸式墙面沉降观测点

续图 9-8

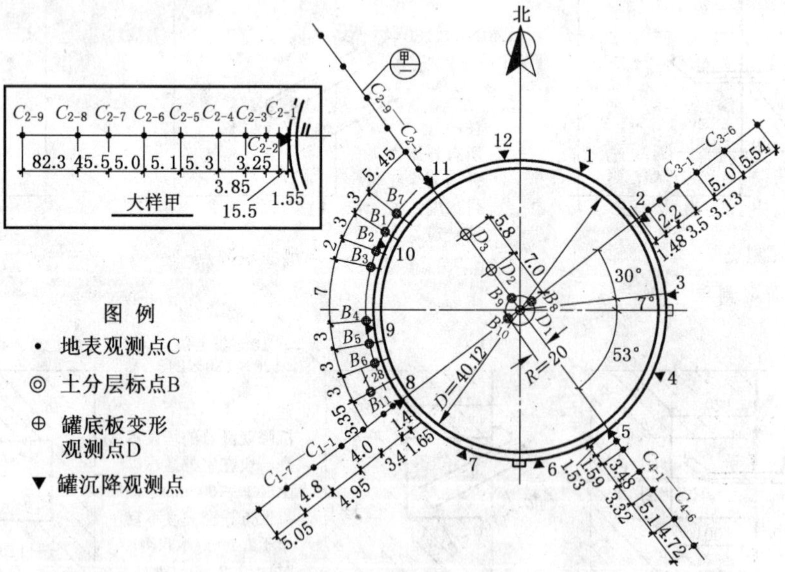

图 9-9 某工程油罐基础变形观测和罐底板变形观测及地表土变形观测的测点平面布置图

表 9-12 储罐基础原位测试项目表

序　　号	原位测试项目	备　　注
1	基础边缘沉降观测	见图 9-8(3)、(4),图 9-9
2	基础周围地表土变形观测	见图 9-9
3	基础的深层土变形观测	见图 9-9、图 9-13、图 9-14
4	基础底板变形观测	见图 9-9
5	地基土孔隙水压力量测	见图 9-9
6	地基土侧向位移观测	见图 9-9
7	环墙基础侧压力观测	见图 9-9
8	环墙基底接触压力量测	见图 9-9

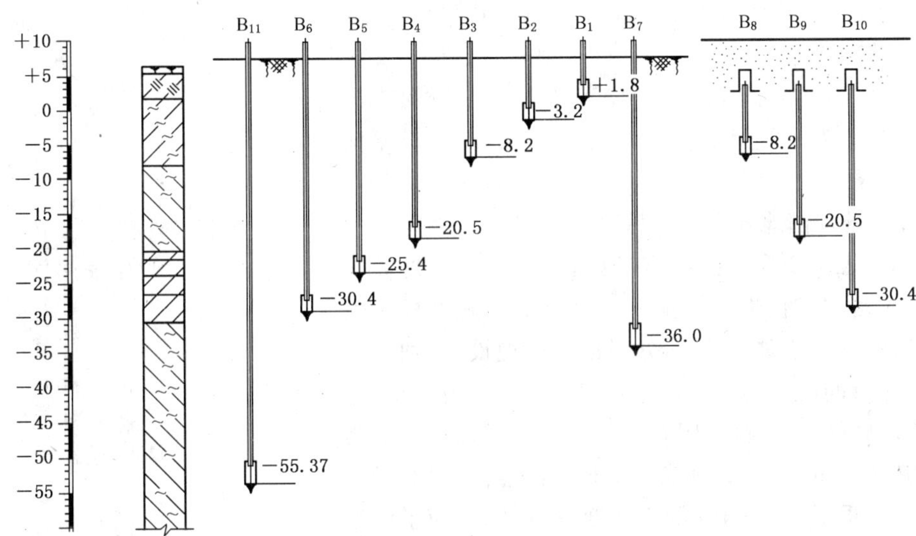

图 9-10　深层土变形观测点埋设剖面图

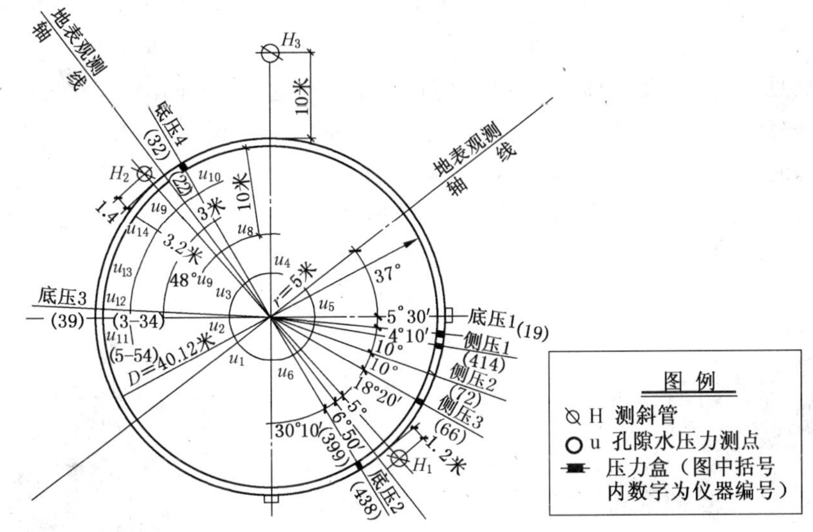

图 9-11　某工程储罐土侧向位移、孔隙水压力观测及压力盒埋设平面布置图

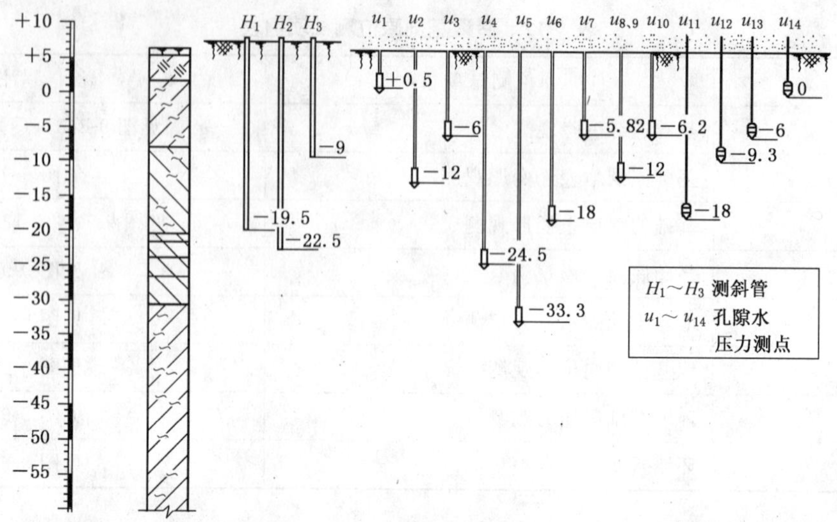

图 9-12　土侧向位移及孔隙水压力观测点埋设剖面图

(1) 储罐基础边缘沉降观测

目的是实测罐基础的边缘沉降和不均匀沉降。在罐基础钢筋混凝土环墙上对称等距布置了 12 个沉降观测点，其平面布置见图 9-9。

(2) 储罐基础周围地表土变形观测

罐基础周围表土变形，是通过在地表土上安设的地表变形观测点，用精密水准仪进行测量。地表土变形观测标点安设在罐基础周围的二条对角线上，分四排对称埋设，共埋设标点 28 个。各标点间的距离不等，靠近罐基础边缘处标点布置较密，远离罐基础就较稀疏(见图 9-9)。标点的埋设深度约为 1.5 m，其构造见图 9-13，埋设地表土变形观测点的目的，是为了研究在各级荷重下，罐基础四周土的变形特性，从而了解地基变形的影响范围。

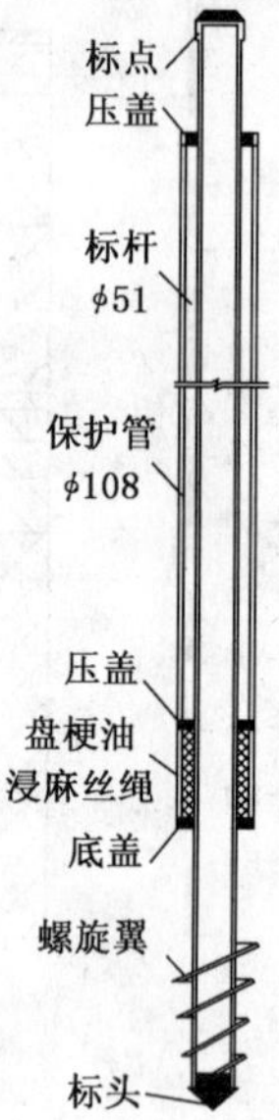

标点
压盖
标杆
ϕ51
保护管
ϕ108
压盖
盘梗油
浸麻丝绳
底盖
螺旋翼
标头

图 9-13　地表土变形观测标点构造图

(3) 罐基础的深层土变形观测

根据某工程储罐基础处的土层情况，在基础的周围安设了 8 根深度不同的深层观测标点，在油罐基础的中心，安设了 3 根深度不同的深层观测标点，标点的平面位置见图 9-9，埋设剖面见图 9-10。深层标点的作用，是通过标杆将地面下不同深度处各层土的垂直变形反映到地面上来，以了解深层土层的变形分布规律，以及在外荷重作用下土层受到压缩的实际影响深度。因此标杆在传导其端部的变形时，应不受其他因素的影响。深层标杆的端部一般都设计成螺旋形叶片，使能与土层结合得很紧密，见照片 1。标杆是用空心的旧钢管连接而成，为避免标杆与所通过的土层发生摩擦，在标杆外需加置保护管，见图 9-14，保护管的底端与标杆闷，必须加置油封:(或“盘根”)及防砂套，以防泥砂挤入套管与标杆之间。深层标点按装后的外形见照片 2。

照片 1　安装后的深层标杆端部螺旋形叶片外形

照片 2　深层标杆安装后的外形

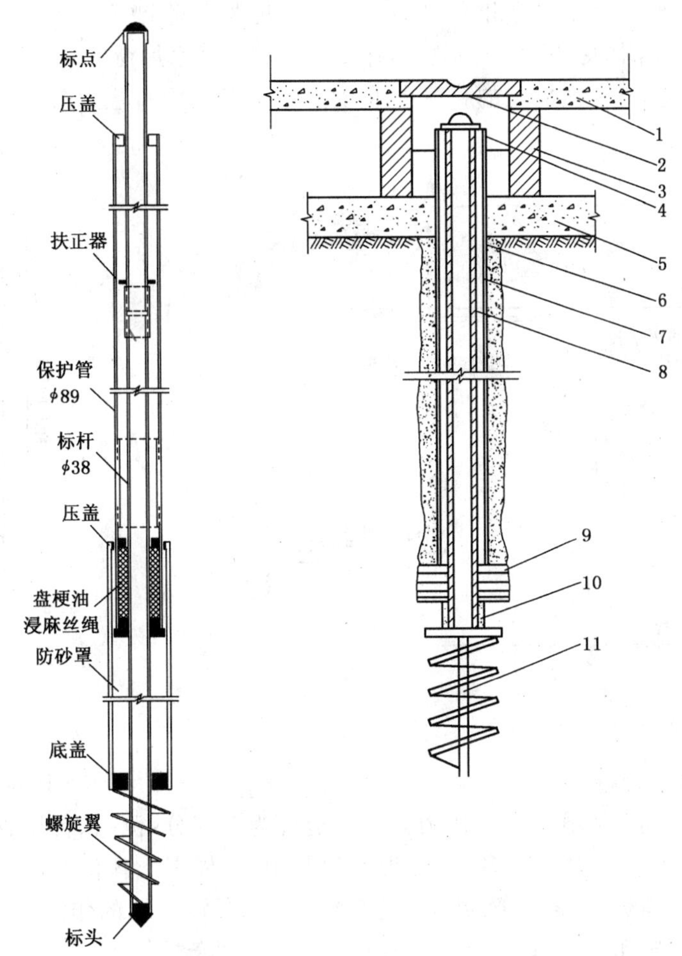

1—混凝土地坪；2—盖板；3—砖砌护井；4—标点头部；5—基础板；6—套管；
7—填充细料；8—金属内管；9—软橡皮垫圈；10—管箍；11—螺纹底靴

图 9-14　深层变形标点构造示意图

(4) 储罐底板变形及罐基础中心深层土变形观测

罐底板系采用 6～9 mm 的薄钢板焊接而成，而某工程储罐的直径又相当大，因此底板的相对刚度很小，可以作为圆形柔性基础考虑。由于储罐底板是一种大面积的隐蔽工程，测量底板和底板下深层土的变形，使用通常水准仪进行测量比较困难。为此，设计试制一种遥测式沉降仪，根据连通的原理，利用液面压力平衡来测量沉降，仪器定名为远视沉降仪。这种仪器是根据静水力学的方法，把储罐基础的沉降转化为仪器内的液面量测，用电学方法指示仪器内液面的位置，这样就可以用遥控方法测量罐底板变形及罐中心的深层土变形。

远视沉降仪应用于某工程储罐底板变形及深层土变形实测的原理如图 9-15 所示。在油罐底板下，设有浅埋测头(图 9-15②)及深层标顶上的测头(图 9-15①)；测头内各设有一定的量测面。管线内各设有水管、气管和电线，连接到电指示系统。在气管内施加气压，可使测头内的水面升降；当水面达到上述的量测面时，即可由电指示系统作出指示。由此即可推算出测头的沉降，即罐底板变形或深层土变形。

这次由于远视沉降仪是初次采用，所测得的数值精度不够，故分析中未作参考，为了弥补这个缺点，我们采用直接测量的方法作了补充，在第一次、第二次试水前后，用水准仪在罐内实测底板的变形，在试水期间则利用储罐顶板上的检查孔，直接用量油钢尺测得罐底板的变形。

(5) 孔隙水压力量测

在软弱的吹填土地基上建造储罐，在试水预压时土中孔隙水所承受的压力，叫做孔隙水压力，它会随着时间而消散。孔隙水压力的大小，是影响地基稳定性因素之一。由于影响土中孔隙水压力韵因素很多，现场情况可能与理论计算有所出入，所以有必要在现场实测土中所产生的孔隙水压力的数值及其消散过程，这样可根据实测的孔隙水压力数据，作为控制储罐充水加荷的施工速率。这次在某工程储罐基础内埋入 4 个钢弦式，10 个水管式的孔隙水压力的测头，其平面布置见图 9-11，埋设在土层内的剖面见图 9-12、图 9-16。

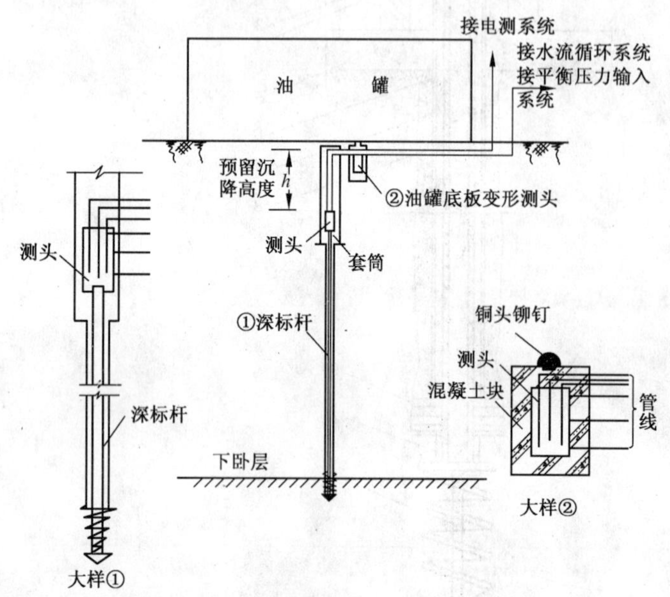

图 9-15　远视沉降仪量测罐底板变形及深层土变形示意图

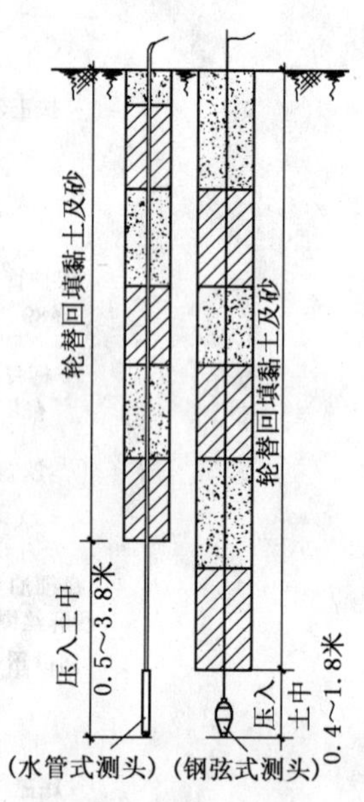

图 9-16　孔隙水压力计埋设示意图

本次实测所用的封闭双管式孔隙水压力计的构造分为三部分：测头、传压管和量测系统见照片 3、照片 4。测头主要由圆锥头和透水石环组成，埋入地基中后，周围土体的孔隙水压力通过透水石环传入。传压管由二根细塑料管（聚乙烯管）组成，起连系测头和量测系统的作用，管路中充满水，由测头传入的压力经水传递而反映于量测系统中，采用双管式是为了便于排气。

照片 3　双管式孔隙水压力计测头

照片 4　孔隙水压力量测装置

量测系统与室内三轴仪的孔隙水压力测量装置相仿。由零位计、调压筒和测压计等组成，经传压管传来的压力首先作用在零位计左端水银面上，使水银面上升或下降，随即调节调压活塞使零位计水银面始终保持在起始位置上，待稳定后记录 U 型水银测压计读数，即为该时的孔隙水压力值。

使用表明，双管式孔隙水压力计的灵敏度和耐久性都较钢弦式的好，但是测量系统的基准面不能高出所测压力水头零面线以上太多，即测量系统中反映出来的负压力不能太大，否则容易在各接头处发生漏气，并使传压水中逸出大量气泡。此外，还应考虑低温时防止传压水冰冻的问题等。这次使传压管绝大部分埋于地下，外露部分及开关部分覆盖东西防冻，故在最低温度达－6 ℃左右时，也没有产生冰冻问题。

(6) 土的侧向位移观测

某工程储罐基础边缘埋设了二根深 25.3 m 和 28.3 m 测斜管，在距基础边缘上 10 m 处埋设了一根深 14.8 m 的测斜管，应用测斜仪测定储罐基础在试水预压荷重作用下，地基土内的侧向位移。

测斜仪由安装于宝石轴承上的摆作成，摆尖与一精细地绕成的线圈相接触，仪器的倾斜从摆与线圈组成的电路的电阻读数得出，精度可达 2′，整个仪器置于密封的铜管中，测量时将仪器沿预先埋入土中的测斜管内的导向板放下，(仪器上有弹簧片将仪器紧压于导向板上，仪器下挂重锤，使在自重下能沿导向板下滑)，每隔 1 m 测取读数一次。见图 9-17 及照片 5。

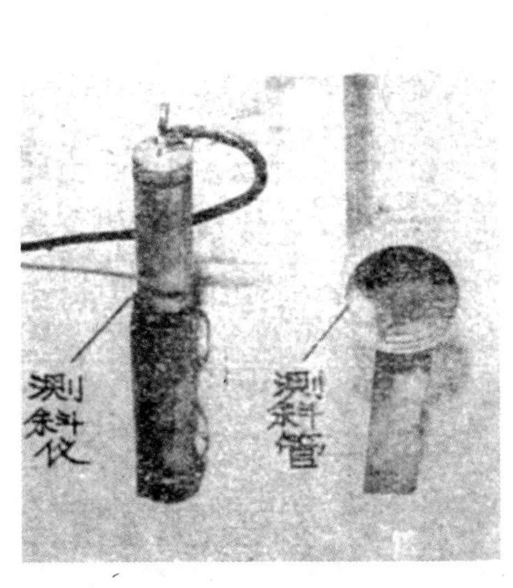

照片 5　测斜仪及测斜管外形

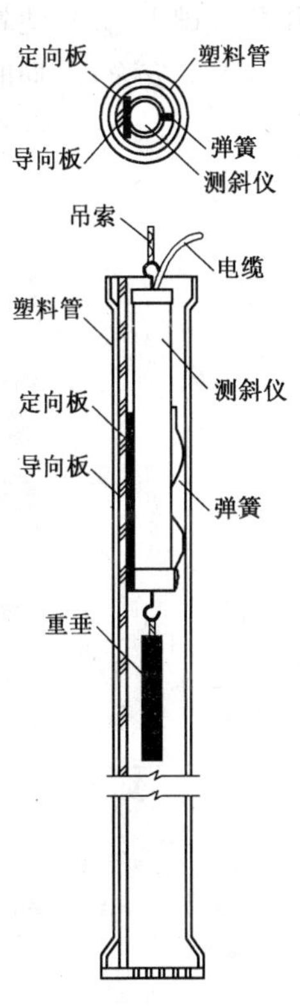

图 9-17　测斜仪及导向装置的示意图

测斜管由每节长 1 m，ϕ 90×7 的硬塑料管作成，其间用橡皮接头连接，塑料管中有平面的导向板控制仪器的方向，接管时用导向木塞保证接头上下的导向板方向一致。

此次试验中，由于处于摸索阶段，因而在观测孔的构造和平面布置方面以及仪器与观测孔导向板接触配合等方面，均还存在一些问题，特别是测斜孔 H_1 和 H_2 两孔过于靠近储罐基础(距基础边缘 1 m 左右)，受到储罐基础的沉降影响，使各节塑料管发生曲折。

4. 水准测量

水准测量是沉降观测的一项主要工作，测量精度的高低，将直接影响资料的可靠性。为保证测量的精度要求，水准基点的导线测量与观测点的水准测量，一般均应采用带有平行玻璃板的高精度水准仪和因瓦基线尺。测量精度一般应满足Ⅰ等水准测量的要求。

水准基点的导线测量，一般在基点安设完毕一周后进行。在储罐基础沉降观测过程中(即从储罐基础开始施工到基础沉降稳定为止)，各水准基点要定期进行相互校核，以判断各基点的稳定性，若有变动，应进行标高的修正。观测点原始标高的测量，一般应在水泥砂浆凝固后立即进行。在建筑物施工过程中，随着储罐荷载的逐级增加，逐次进行测量，待储罐荷载全部加完后，和储罐使用前，也应分别测量一次。以后，可定期进行测量，每次测量的间隔时间，可随着时间推移而加大。建在膨胀土地区的储罐，应根据当地季节性气候变化情况(如旱季和雨季),确定测量时间。沉降观测期限,一般随地基土的性质而异,原则上应待沉降稳定后,观测工作才告结束。在每次测量时,均应记录建筑物使用情况,并检查各部位有无异常出现,以便及时采取措施。

5. 观测资料的整理

沉降观测资料应及时整理,每次水准测量后,应立即算出各观测点的标高、沉降量和累计沉降量,随时掌握施工期间储罐基础的沉降情况,以便及早发现和处理施工过程中出现的地基问题。根据沉降观测结果,可绘制沉降量与压力关系曲线,和沉降量与时间关系曲线,以及沉降量展开曲线和地基各土层实测变形曲线(见本书第六章工程实例中的实测图)。

在上述工作的基础上,计算建筑物的各项地基变形特征值,与相应的允许值进行比较,以判断储罐出现裂缝的可能性及其安全度,同时编写阶段性的沉降观测报告,待储罐沉降稳定后,应编写沉降观测分析报告,并连同全部原始资料存档长期保存。

第十章

储罐区防火堤设计

储罐储存甲、乙、丙类液体，一旦发生爆炸起火时，往往是罐体破裂，油品流淌到哪里，火灾就烧到哪里，殃及范围很大。从火灾发生的实例证明，采用防火堤对阻止火灾蔓延起很大作用。为此GB 50016—2006《建筑设计防火规范》、GB 50074—2002《石油库设计规范》及其局部修订条文和GB 50351—2005《国家标准储罐区防火堤设计规范》中明确规定按各类储存液体的性质划分罐组或罐区。在罐组之间或罐区之间设防火堤或隔堤将各类储罐分开，可防止火势蔓延扩大，有利于消防扑救。

例如某厂 3 000 m^3 的液体储罐爆炸起火，由于有防火堤保护隔离，未使燃烧的液体流散，只是在围堤内燃烧，给消防扑救创造了有利条件，避免了邻近储罐遭受火灾的危害，与此相反，某厂 4 000 m^3 的液体储罐爆炸起火，由于没有设置防火堤，致使液体向四周流散，猛烈燃烧，形成一片大火，造成很大的损失。

国内外有关甲、乙、丙类液体的防火技术规范中，都有设置防火堤的规定，如美国、英国、前苏联、日本等国就有这类具体的规定。至于对一个防火堤内液体储罐的布置和容积所作出的规定，其目的是一旦发生火灾，不致出现大面积的灾情，造成严重火灾的损失。现将防火堤的布置、种类、防火堤强度计算与稳定性验算及防火堤断面、设计等内容分述如下。

一、储罐区防火堤布置

防火堤是用以阻止地上储罐一旦发生爆炸破罐事故，可燃液体便会流出罐区外，造成火灾蔓延扩大，同时，也为了阻止储罐区外的水或可燃液体流入储罐区内。设与不设防火堤，其作用是大不一样。所以防火规范中明确罐组应设防火堤。但位于丘陵地区的罐组，可利用地形设事故存液池，此时可不设防火堤。因为在罐组外设事故存液池，其作用与设防火堤是一样的。当事故发生跑油后，把流出的液体引出到罐组以外集存或燃烧比之滞留在防火堤内有更突出的优点。储罐附近残存的油品愈少，着火罐损失及相邻罐受威胁就愈小，对灭火和掩护相邻储罐就愈容易。但应注意，设存液池需要有一定的地形条件，不是任何情况下均可采用。现将防火堤和隔堤的布置要求和设计原则分述如下。

1. 一般规定

(1) 防火堤、隔堤的选用应根据储存液态介质的性质确定。防火堤主要用于储存油品各类储罐的储罐区；隔堤是将一个储罐组分隔成若干分区的构筑物亦称隔堰，主要用于减少防火堤内储罐发生少量泄漏事故时的污染范围，将一个储罐组分隔成若干分区而设置的隔堤。

(2) 防火堤、隔堤必须采用不燃烧材料建造，且必须密实、闭合。因为储罐区发生泄漏和火灾时，火场温度达到 1 000 多摄氏度，防火堤和隔堤只有采用不燃烧材料建造才能抵抗这种高温烧烤，便于消防灭火工作；防火堤的密封性要求，是对防火堤的功能提出的最基本要求。现场调研发现，许多储罐区的防火堤的堤身有明显的裂缝，或温度缝处理得不封闭，或管道穿堤处没有密封。这些现象导致防火堤不严密，一旦发生事故，后果不堪设想。

(3) 进出储罐组的各类管线、电缆宜从防火堤、防护墙顶部跨越或从地面以下穿过。当必须穿过防火堤、防护墙时，应设置套管并应采取有效的密封措施；也可采用固定短管且两端采用软管密封连接的形式。要保证防火堤、隔堤的严密性，防止渗漏。

(4) 沿无培土的防火堤内侧修建排水沟时，沟壁的外侧与防火堤内堤脚线的。距离不应小于

0.5 m;沿土堤或内培土的防火堤内侧修建排水沟时,沟壁的外侧与土堤内侧或培土堤脚线距离不应小于0.8 m,且沟内应有防渗漏的措施。沿防护墙修建排水沟时,沟壁的外侧与防护墙内堤脚线的距离不应小于0.5 m。主要为防止防火堤的基础受到沟内雨水的侵蚀。

(5) 每一储罐组的防火堤应设置不少于2处越堤人行踏步或坡道,并设置在不同方位上。防火堤内侧高度大于等于1.5 m时。应在两个人行踏步或坡道之间增设踏步或逃逸爬梯。隔堤、隔墙亦应设置人行踏步或坡道。踏步的设置不仅要满足日常巡检的需要,而且要满足事故状态下人员逃生及消防的需要。

2. 油罐区防火堤、隔堤的布置

根据GB 50351—2005《储罐区防火堤设计规范》(以下简称规范)对储罐组内储罐布置的要求,确定防火堤布置的范围和走向。防火堤、隔堤的布置有以下几点要求:

(1) 防火堤内储罐储存液体的火灾危险性的规定

1) 为了有利于储罐之间互相调配和统一考虑消防设置,便于生产操作和管理,又可以节约输送管道和消防管道,所以把火灾危险性相同或相近的甲、乙、丙A类液体储罐布置在同一个防火堤内;而丙B类液体的性质与甲、乙、丙A类液体的性质相差较大,消防要求也不同。所以他们不宜布置在同一防火堤内。

2) 为了避免一旦沸溢性液体储罐起火,液体容易沸腾,四处外溢,危及非沸溢性液体储罐的安全,所以不应把沸溢性液体储罐与非沸溢性液体储罐同组布置在同一个防火堤内。

(2) 防火堤内储罐类型的规定

因地上储罐、覆土储罐、高架储罐、卧式储罐的罐底标高、管道标高等均不相同,如果布置在同一储罐组内势必造成设计、施工、操作和管理等不方便。所以他们宜布置在同一防火堤内。

(3) 防火堤内储罐总容量的规定

随着我国石油化学工业的迅速发展,储罐的容量越来越大,浮顶储罐单罐容量已达150 000 m^3,固定顶储罐单罐容量也达到30 000 m^3。为了有利于采用大容量的储罐,以减少占地,规范适当地提高了储罐组内储罐的总容量。

1) 同一个防火堤内,固定顶储罐组及固定顶储罐和浮顶、内浮顶储罐的混合罐组,其总容量不应大于120 000 m^3。

2) 同一个防火堤内,浮顶、内浮顶储罐组,其总容量不应大于600 000 m^3。

(4) 防火堤内储罐数量的规定

1) 考虑到储罐组内储罐数量越多,发生火灾的机会就会越多;单个储罐的容量越大,火灾损失及危害性就越大。为了控制一定的火灾范围和火灾损失,所以规定在同一个防火堤内,单罐容量大于或等于1 000 m^3 时,不应多于12座。

2) 单罐容量小于1 000 m^3 的储罐,发生火灾时,较容易扑救;储存丙B类液体储罐,不易发生火灾,所以规定在同一个防火堤内,对这两种储罐的数量可以不加限制。

(5) 防火堤内储罐布置排数的规定

储罐的布置不允许超过两排,主要是考虑在储罐起火时,便于扑救。如果超过两排,中间一排的储罐起火,由于四周都有储罐,会给灭火工作带来一些困难,也可能导致火灾事故的扩大。对于单罐容量小于1 000 m^3,并储存丙B类液体的储罐,因储罐容量不大,又是储存丙B类液体,不易起火,即使起火,扑救也容易。为了节约占地和投资,所以规定在同一个防火堤内,上述储罐不应超过4排;其他储罐不应超过2排。立式储罐排与排之间的防火距离不应小于5 m。

(6) 防火堤内储罐之间防火距离的规定

储罐区占地大,约占石油库总面积的1/3~1/2,管道又长,因此在保证操作方便和生产安全的条件下,宜尽量减少防火堤内储罐之间的防火距离(以下简称储罐间距),以节约占地和投资。储罐间距主要根据下列因素确定:

1) 储罐着火几率。根据过去油罐火灾的统计资料,解放后至1976年8月,储罐年平均着火几率为

0.47‰,1982 年 2 月调查统计的油罐年平均着火几率为 0.448‰。从调查资料看,油罐着火的几率是很低的。绝大多数火灾事故是在操作不遵守安全防火规定或违反操作规程造成的。如果只为曾发生过若干次的油罐火灾事故而将储罐间距加大,这是绝对不可取的。

2) 着火罐能否引燃相邻罐爆炸起火,主要是由着火罐破裂情况决定的。一种情况是储罐爆炸只掀开顶盖,但罐体完好,可燃、易燃液体未流出罐外,这种火灾是不会引燃相邻罐的。如东北某厂一个轻柴油罐着火历时 5 h 才扑灭,相距 2 m 的相邻罐并未被引燃起火;上海某厂一个油罐起火后烧了 20 min,与其相距 2.3 m 的油罐也未被引燃起火。另一种情况是着火罐爆炸,罐体破裂,液体流出罐外,这种火灾才有可能引燃相邻罐。如某炼油厂添加剂车间的 20 号罐起火,罐底破裂油品大量流出,形成一片大火,对火灾又不及时进行扑救,经过长时间的烘烤,大多数敞口的相邻罐被引燃。实践证明,只要有冷却保护措施,储罐上又装有阻火器,相邻罐是很难引燃的。到目前为止,由着火罐辐射热烘烤而引燃相邻罐的事故是极少发生的,因此加大储罐间距也没有必要。

3) 储罐的类型。浮顶罐和内浮顶罐的浮盘直接浮在油面上,几乎不存在油气空间,散发出的油气很少,很少发生火灾,相对比较安全。即使着火,也只是在浮盘周围密封处燃烧,火势小,威胁范围也小,较易扑灭,无需冷却相邻罐,场地可以小些,其间距可以缩小至 0.4D(D 为相邻罐中较大储罐的直径)。国内的消防试验也证明,浮顶罐、内浮顶罐被引燃后火焰不大,热辐射强度不高,对扑灭人员在罐平台上的操作基本无威胁,所以浮顶罐、内浮顶罐的防火距离比固定顶罐小是合理的。

4) 消防操作场地的要求。当储罐发生火灾时,要考虑对着火罐的扑救和对着火罐或相邻罐的冷却保护等消防操作场地的要求。消防人员用水枪冷却储罐时,水枪喷射仰角一般为 50°～60°,水枪操作人员至被冷却储罐的距离,一般为 8～10 m;当泡沫发生器破坏时,消防人员需要有个往着火罐上挂泡沫管的场地。对于炼油厂或石油化工厂中常用的 1 000～5 000 m^3 储罐,有 0.4 D～0.6 D 的距离均能满足上述所需要的操作距离的要求。但考虑到当前实际操作水平,对于小于 1 000 m^3 的储罐,当采用移动式消防冷却时,储罐间距可适当增至 0.75 D。

5) 0.4 D～0.6 D 的储罐间距要求已在国内炼油厂和石油化工厂中执行多年,经过多年实践证明,现行的储罐间距是可行的。

6) 与外国规范中规定的储罐间距的比较,总体上,我国规定的储罐间距还是偏于安全。如美国储罐间距为 1/6～1/4(D_1+D_2),前苏联的新规定储罐间距为 0.75 D,英国储罐间距为 0.5 D,法国储罐间距为 1/4 D～1/2 D。

7) 对于直径大于 50 m 的大型浮顶罐或内浮顶罐,当其储罐区总图布置受限制于地理、地质条件或土地规划以及按 0.4 D 的储罐间距布置储罐,会大幅度增加工程投资等特殊情况时,可按表 1-35 注 5 的规定执行,即浮预罐或内浮顶罐之间的防火距离可小于 0.4 D,但最小值不能小于 20 m。此规定有利于减少占地,节省工程投资,对安全也有保障。其理由是:① 从各类储罐罐体本身火灾危险性比较,如100 000 m^3 浮顶罐罐顶密闭圈处可燃面积约为 250 m^2,而 10 000 m^3 固定顶罐可燃面积约为 615 m^2,可以看出 100 000 m^3 浮顶罐不比 10 000 m^3 固定顶罐更危险。10 000 m^3 固定顶罐不论储存丙 A 类油品或乙 B 类油品,按表 1-35 计算其防火距离均小于 20 m,所以 100 000 m^3 浮顶罐的防火距离取 20 m 是安全的。② 从国外有关机构统计看,浮顶罐和内浮顶罐发生整个罐表面火灾事故的几率很小,到目前为止,还没有发生着火浮顶罐和内浮顶罐引燃相邻浮顶罐和内浮顶罐的案例。所以直径大于 50 m 的大型浮顶罐和内浮顶罐的防火距离取 20 m,其安全也是有保障的。③ 英国、法国等国的标准,也有类似的规定。如英国有对直径大于 45 m 的浮顶油罐,建议储罐间距为 15 m 的规定;法国有对两座浮顶油罐中,其中一座的直径大于 40 m 时,最小储罐间距可为 20 m 的规定。④ 通过安全计算软件计算着火罐火焰辐射热对相邻罐安全影响看,计算结果表明,距着火罐越远处,火灾辐射热强度越小;在距着火罐等距离处,着火罐直径越大,火灾辐射热强度越大。但火灾辐射热强度并不随着着火罐直径增加而成比例增加,即着火罐直径增加的大,而火灾辐射热强度增加的小。如距 100 000 m^3 着火罐(D=80 m)罐壁 20 m 处的火灾辐射热强度为 7.685 kW/m^2,距 10 000 m^3 着火罐(D=28 m)罐壁 11.2 m

(按 0.4 D 计算,28×0.4=11.2 m)处的火灾辐射热强度为 8.72 kW/m^2,前者小于后者。计算结果表明,经过多年实践证明,10 000 m^3 浮顶罐的储罐间距取 0.4 D 是安全的,那么 100 000 m^3 浮顶罐的储罐间距取0.25 D也是安全的。

考虑以上各种因素后,确定储罐之间的防火距离,见表 1-35。

(7) 储罐至防火堤内堤脚线距离的规定

储罐罐壁至防火堤内堤脚线的距离,不应小于该罐壁高度的一半。其理由是:

1) 当储罐罐壁某处破裂或穿孔时,其最大喷散水平距离为罐壁高度的一半,所以留出罐壁高度一般的空地,可使储罐破损时,不至于将罐内液体喷散到防火堤以外;

2) 留出罐壁高度一半的空地,可以满足灭火操作的要求;

3) 日本对小储罐要求放宽,规定罐壁高度的 1/3,而我国取罐壁高度的一半,应该是比较安全的。

依山建储罐时,考虑到利用靠山一面可兼作防火堤,上述距离可适当减少,但不得小于 1.5 m。

(8) 相邻储罐组防火堤外堤脚线之间距离的规定

相邻储罐组防火堤外堤脚线之间应留有宽度不小于 7 m 的消防通道或称消防空地,有利于消防车辆的通行和调度,能及时转移到有利地点进行扑救。

储罐区设环形消防道路时,消防道路与防火堤外脚线之间的距离,不宜小于 3 m。一级石油库的油罐区消防道路的路面宽度不应小于 6 m,其他级别石油库的油罐区不应小于 4 m。

(9) 隔堤布置的规定

根据储罐破坏调查,储罐破裂事故极为少见,冒罐、泄漏等事故时有发生。为了将溢漏油品控制在较小的范围内,以减少事故的影响,规范规定用隔堤再把防火堤内一定数量的储罐分开。设有防火堤的储罐组内,应按以下要求设置隔堤:

1) 单罐容量等于或大于 20 000 m^3 的储罐,基本上是浮顶罐,破裂和泄漏的机会较固定顶罐少。虽然容量大,但每 2 座一隔,还是合理的。所以规定单罐容量等于或大于 20 000 m^3 时,隔堤内储罐数量不应多于 2 座。

2) 根据我国炼油厂和石油化工厂生产的储罐多以中型罐为主,1 000 m^3 至 5 000 m^3 的罐约占罐区总数的 60%,而汽油、柴油储罐大多在 3 000 m^3 至 10 000 m^3 之间,每 4 座至 6 座罐用隔堤隔开较合适。所以规定单罐容量等于或大于 5 000 m^3 且小于 20 000 m^3 的罐,隔堤内储罐数量不应多于 4 座。单罐容量小于 5 000 m^3 的储罐,隔堤内储罐数量不应多于 6 座。

3) 因为沸溢性油品储罐,着火时易向罐外沸溢出泡沫状油品,为了限制其影响范围,不管储罐容量大小,对沸溢性油品储罐,规定隔堤内储罐数量不应多于 2 座;对非沸溢性的丙 B 类油品储罐,可以不设置隔堤。

3. 防火堤、隔堤有效容积的规定

(1) 防火堤有效容积的规定

据调查,储罐破裂后,液体全部流出的情况是罕见的;在一个储罐组内,同时发生一个以上储罐破裂事故的几率极小。

1) 固定顶罐罐顶采用弱顶结构,装满半罐的储罐如果发生爆炸,大部分是从强度弱的罐顶炸开,而罐壁和罐底均不破坏。如上海某厂 1981 年一个储罐在满罐时爆炸,只把罐顶炸开 2 m 长的裂口;又如大连某厂 1978 年一个储罐爆炸,也是罐顶被炸开。以上事故,油品均未流出。因此按弱顶结构设计的储罐即使爆炸,只会使罐顶部分或全部掀开,油品也不会全部流出罐外。

储罐发生冒罐或泄漏事故时,溢漏的油品不会大于一个储罐的容量。

储罐内液面高度在 2/3 罐高度以下时,即储罐液面低时发生爆炸,有可能将罐底炸裂,如某炼油厂的 20 号罐,着火时油位为 1.9 m。因此即使罐底拉裂,油品全部流出也不可能大于一个罐的容量。

所以规范规定固定顶罐防火堤内的有效容积不应小于储罐组内一个最大储罐的容量。

因为浮顶罐、内浮顶罐在浮顶下面基本上没有气体的空间,不易发生爆炸,即使爆炸,也只能将浮盘掀掉，不会炸开储罐底部，发生油品流出罐外的可能性很小。在国内外储罐爆炸事故中，从未发生过浮顶罐、内浮顶罐罐底炸裂的事故。所以规范规定浮顶罐、内浮顶罐防火堤内的有效容积不应小于储罐组内一个最大储罐容量的一半。

2）规范还规定对固定顶罐与浮顶罐或内浮顶罐同组布置在一个储罐组内时，防火堤的有效容积应分别取上述规定储罐组中的较大储罐。

（2）防火堤实际高度的计算

为了不使液体漫溢过外溢的临界面，防火堤的实际高度应高出按防火堤内有效容积计算所得液面高度0.2 m。为了防止消防水及液体外溢和限制储罐组占地面积过大，防火堤的内侧高度（以防火堤内侧设计地面计算）不应小于1.0 m；为了方便消防操作的要求，防火堤外侧高度（以防火堤外侧设计路面计算）不应大于2.2 m。而防火堤内的隔堤高度宜为0.5～0.8 m。防火堤有效容积可按式(10-1)进行计算，如图10-1所示。

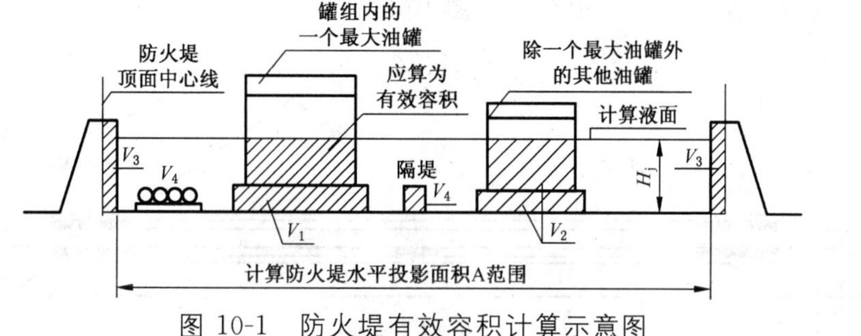

图10-1　防火堤有效容积计算示意图

$$V = AH_j - (V_1 + V_2 + V_3 + V_4) \tag{10-1}$$

式中：V——防火堤有效容积，m^3；

A——由防火堤内侧面围成的水平投影面积，m^2；

H_j——计算液面高度，m；

V_1——防火堤内计算液面高度内的一个最大储罐基础体积，m^3；

V_2——防火堤内除了一个最大的储罐以外的其他储罐在防火堤计算液面高度内的液体体积和储罐基础体积之和，m^3；

V_3——防火堤内侧面以内计算液面高度内的内培土体积，m^3；

V_4——防火堤内计算液面高度内的隔堤、配管、设备及其他构筑物体积之和，m^3；

从式(10-1)可解出计算液面高度H_j，从而可以算出防火堤内侧高度H_{int}和外侧高度H_{ext}，内侧高度H_{int}和外侧高度H_{ext}应满足以下条件：

$$H_{int} = H_j + 0.2 \geqslant 1.0 \text{ m} \tag{10-2}$$

$$H_{ext} = H_j + 0.2 + a \leqslant 2.2 \text{ m} \tag{10-3}$$

式中：a——防火堤内设计地面标高与堤外设计路面标高之差。

（3）防火堤、隔堤材质的规定

根据防火堤隔堤作用的要求，防火堤隔堤必须采用不燃烧材料建造。位于有抗震设防烈度的地区，防火堤必须采用具有足够抗震与防火能力的材料建造。建造防火堤必须密实，严禁渗漏，形成闭合的构筑物。

（4）越堤人行踏步或坡道或车辆通道设置的规定

为了满足工作人员日常进出防火堤和火灾事故时，工作人员能及时逃生以及消防的需要。在每一个防火堤不同方向上，应设置不少于两处越堤人行踏步或坡道。如果防火堤内侧高度大于或等于1.5 m时，还应在两个越堤人行踏步或坡道之间增设踏步或逃逸爬梯。隔堤也应设置人行踏步或坡道。

在大型储罐需要检修时，各种大型起重设备和车辆进出防火堤，为了不破坏防火堤，需要设置越堤车行通道。所以规范规定防火堤内单罐容量大于或等于50 000 m^3时，宜设置进出防火堤的越堤车行通道。该通道可为单行通道，应从防火堤顶部通过，直道纵坡不宜大于 12%，弯道纵坡不宜大于 10%。

(5) 防火堤开洞的规定

为了保证防火堤的严密性，防止事故状态下液体的渗漏，严禁在防火堤上开洞。进出防火堤的各类管线、电缆宜从防火堤顶部跨越或从地面以下穿过。当必须穿过防火堤时，应在堤身埋设钢套管，套管两端内的环形空间用非燃烧材料严密填实。一般可采用沥青麻丝、石棉沥青式防水油膏严密填实，见图 10-2。也可以在堤身埋设固定短管，在短管两端用软管密封连接。

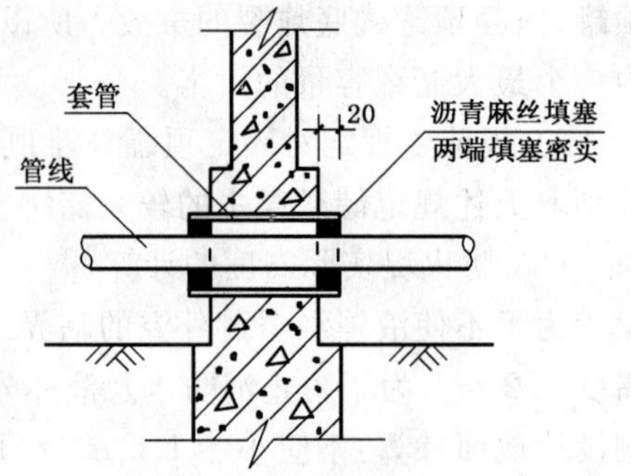

图 10-2　管线穿越钢筋混凝土防火堤

当管线穿越土筑防火堤(以下简称土堤)时，由于土堤断面较大，管线穿越防火堤时在土堤中部，管线与套管之间应设支撑，一般支撑可预先焊在管线外壁上，其做法见图 10-3。

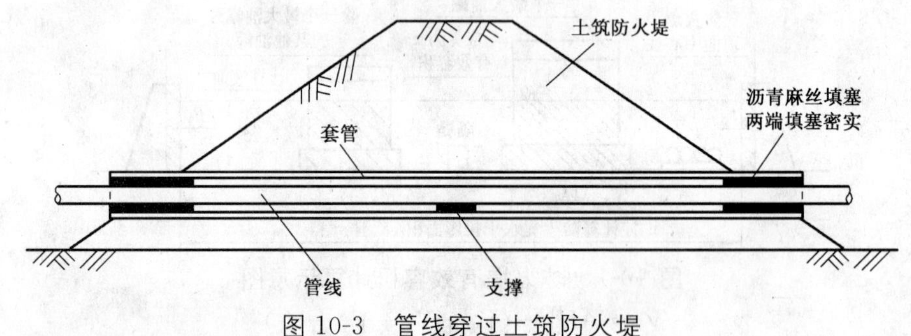

图 10-3　管线穿过土筑防火堤

(6) 防火堤内地面设计的规定

防火堤内设计地面宜高于堤外消防通道、消防空地或道路的路面。堤内场地上如为湿陷性黄土、膨胀土或盐渍土时，应根据其危险程度采取相应的措施，防止水害；如储罐储存有腐蚀液体，泄漏时有可能污染地下水或附近环境，堤内地面应采取防渗漏措施。为了及时排除雨水或消防用水，堤内设计地面坡度不小于 0.5%。堤内地面面积较小时，可采用混凝土地面；较大时，可铺设从越堤人行踏步或坡道至储罐的人行走道。在气温适宜的地区，堤内可以种植高度不超过 150 mm 的四季常绿草皮，但不应植树。

(7) 防火堤内排水设施设置的规定

为了防止防火堤的基础受到雨水的侵蚀，规范规定沿防火堤内侧修建排水沟，沟壁的外侧与无培土的防火堤内堤脚线的距离不应小于 0.5 m，或沟壁外侧与土堤或内培土的防火堤内堤脚线的距离不应小于 0.8 m，且沟内应有防渗漏的措施。防火堤内还应设置集水设施，连接集水设施的雨水排放管道应从防火堤内设计地面以下通出堤外，并应设置安全可靠的截油排水装置。

二、防火堤、隔堤选型与构造

1. 防火堤、隔堤的选型

防火堤、隔堤的选型原则归根结底就是要考虑技术因素、经济因素、环保因素和安全因素，即在满足安全要求的条件下因地制宜、合理选型综合考虑技术、经济、环保等要求。防火堤的技术、经济、环保和安全方面的性能分别简述如下。

(1) 从技术角度分析，土堤耐燃烧性能最好，不需要设伸缩缝，也没有管道穿堤肘密封不严的难题，但土堤占地多(例如，2 m 高的土堤基底宽度约 6～7 m)、维护工作量大；砖、砌块防火堤取材方便，施工简单，但不耐盐碱腐蚀，而且使用过程中难免出现温度裂缝或沉降裂缝；毛石防火堤在山区、半山区取材方便，施工简单，但整体性差，基础抗不均匀沉降能力低，抗震性能差；钢筋混凝土防火堤整体性、密封性好，强度高，抗震性能好，但造价高。

(2) 从经济角度分析，砖、砌块防火堤与毛石防火堤相差不大，而钢筋混凝土防火堤的自身价格较砖堤高；对于土堤，因土的来源不同，土堤本身的造价差别很大。实际上，罐区投资不仅决定于防火堤自身的造价，还包括土地征用费，在山区半山区还有土石方工程费等，对于土地资源紧缺的地区，即使土堤本身的造价较低，如果加上土堤多占土地而提高的其他费用后可能就不占优势，相反的，在8度抗震设防区，2 m高的钢筋混凝土防火堤，堤身厚度只有0.25 m(同样高的砖堤厚度为0.93 m)，由于占地面积小，在土地资源紧缺的地区钢筋混凝土堤就有经济优势了。所以，考虑防火堤的经济性应根据具体情况综合考虑，降低油罐区的总造价。

(3) 从环保角度分析，土堤占用土地资源，砖堤因取土烧砖，破坏土地资源，已经并继续受到限制，砖堤最终将被淘汰；毛石防火堤因整体性能差只能用于抗震设防烈度小于等于6度的地区。所以从环保角度看，钢筋混凝土防火堤将以其少占土地、保护资源而占主导地位，但也要考虑设置温度伸缩缝。

(4) 从安全角度分析，土堤耐燃烧性和密封性都是最好的，只要维护得当则其安全性是最好的；钢筋混凝土堤整体性好，强度高，抗震性能好，安全性能好，特别是当罐区下游地区为重要工业区或生活区时，采用强度和密实性皆佳的钢筋混凝土防火堤更具有明显的安全意义；砖、砌块防火堤和毛石防火堤由于均属脆性材料，使用中容易出现裂缝，耐久性、安全性较差，使用上必然受到限制。储存酸、碱等腐蚀性介质的储罐组，防火堤堤身内侧要作防腐蚀处理。

(5) 由于油罐区发生火灾时，火场温度很快达到1 000 ℃以上，砖、砌块防火堤和毛石防火堤如果没有保护，非常容易发生扭曲、崩裂而破坏，1989年8月黄岛油库特大火灾现场证明了这种情况确实会发生；混凝土防火堤同样无法抵抗这种高温的烘烤。因此规定，防火堤(土堤除外)应采取在堤内侧培土或喷涂隔热防火涂料等保护措施。

防火堤内侧培土可以满足防火需要，而且提高了防火堤密封性。但是由于防火堤内侧培土仍然要使用大量的黏性土并且占地较多，特别是对旧有油罐区防火堤进行改造时，增加内培土还会减少防火堤的有效容积。故近年来各地比较普遍采用在防火堤内侧喷涂专用的高温隔热防火涂料，取代内培土，并取得了成功的经验。如1994年北京输油公司石楼泵站油罐区改造时涂刷的高温隔热防火涂料，经过10个年头的风吹日晒，本次调研时涂料层基本完好；南疆的轮库线库尔勒末站油库毛石防火堤内侧涂刷的高温隔热防火涂料经过9年的强烈日晒和高温气候考验，至今完好。可见以目前掌握的技术生产出来的高温隔热防火涂料，其黏结强度和耐久性是能够满足使用要求。

2. 防火堤的选型应符合的规定

(1) 土筑防火堤，在占地、土质等条件能满足需要的地区应选用。

(2) 钢筋混凝土防火堤，一般地区均可采用。在用地紧张地区、大型油罐区及储存大宗化学品的罐区可优先选用。

(3) 浆砌毛石防火堤，在抗震设防烈度不大于6度且地质条件较好、不易造成基础不均匀沉降的地区可选用。

(4) 砖、砌块防火堤和夹芯式中心填土砖、砌块防火堤，一般地区均可采用。

在保证防火堤安全要求的条件下，应通过对防火堤的技术、经济、环保等因素综合考虑后，选用合适的防火堤类型。根据目前常用的防火堤，可按照使用的非燃烧材料分类，大致有以下4种类型。

1) 土筑防火堤

土筑防火堤(以下简称土堤)的耐燃烧性和密封性均最好，如维护得当，其安全性也是最好，也不需要设置伸缩缝，可以就地取土，造价较低，但占地面积大，从而提高其他费用。土堤表面容易生长杂草，日常的维护管理工作量大。因此，土堤只有在占地、土质等条件能满足要求时，才可选用。

土堤材料应为黏性土，在堤地面以下0.5 m深度范围内的地基土应夯实，压实系数不应小于0.95。堤顶宽度不应小于500 mm，两侧可按1：1.5放坡，筑堤土应分层夯实，坡面应拍实，压实系数不应小于0.94。堤的表面应设面层。为了防止雨水冲刷，杂草生长和动物的破坏，面层可用砖或预制混凝土块铺砌，见图10-4。在四季常青的地区，也可在土堤面层上种植高度不超过150 mm的人工草皮，但要防止杂草生长。

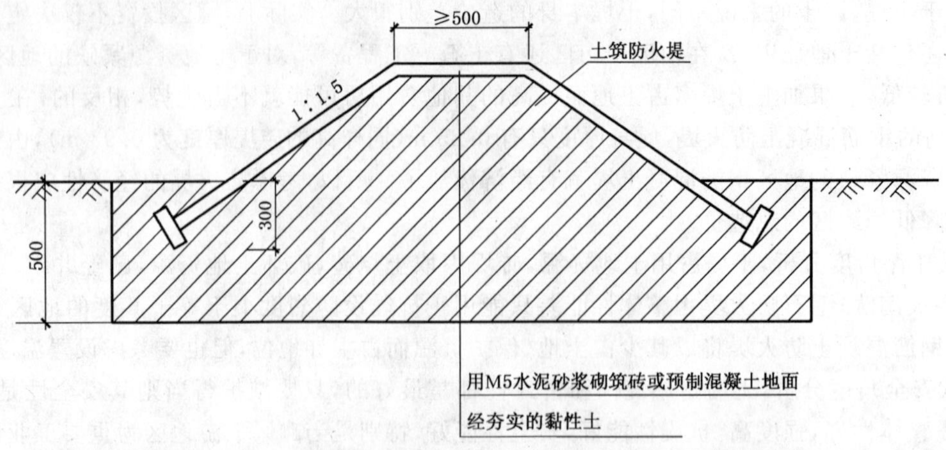

图 10-4　用砖或预制混凝土块铺砌土堤面层的剖面图

2）砖、砌块防火堤和夹芯式中心填土砖、砌块防火堤、隔堤砖、砌块防火堤

这类防火堤取材方便，施工简单，其造价较钢筋混凝土防火堤低，但耐久性、安全性较差，使用时易出现裂缝。取土烧砖，破坏土地资源，目前黏土砖已经被禁止使用，可用非黏土砖替代黏土砖砌筑防火堤。砖、砌块防火堤和夹芯式中心填土砖、砌块防火堤适用于一般地区采用。

砖、砌块防火堤堤身不应小于 300 mm，堤外侧宜用水泥砂浆抹面，所采用砖、砌块的强度等级不应低于 MU10，不得采用空心砖、砌块；砌筑砂浆强度等级不宜低于 M7.5，砌筑砂浆必须饱满密实。当基础采用毛石砌体时，毛石强度等级不应低于 MU30。堤顶应做现浇钢筋混凝土压顶，压顶在变形缝处应断开，压顶厚度不宜小于 100 mm，混凝土强度等级不宜低于 C20，压顶内的纵向钢筋直径不宜小于 $\phi 10$，钢筋间距不宜大于 200 mm，见图 10-5。

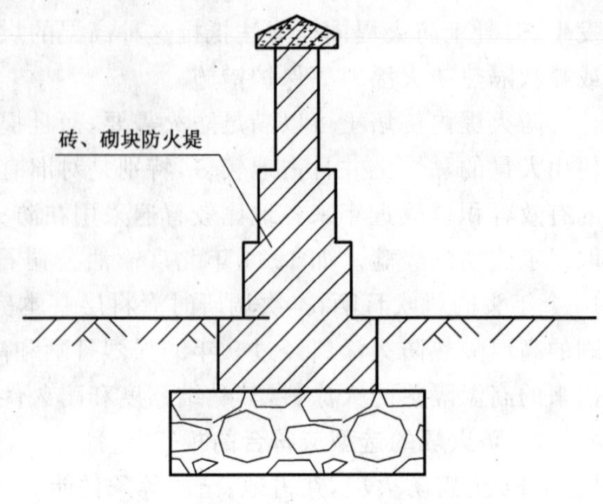

图 10-5　砖、砌块防火堤示意图

夹芯式中心填土砖、砌块防火堤两侧墙厚度不宜小于 200 mm，沿堤长每隔 1.5～2.0 m 设不小于 200 mm厚拉结墙与两侧墙咬槎砌筑；中间填土厚度 300～500 mm，并分层夯实；堤顶应设厚度不小于 100 mm的现浇钢筋混凝土压顶，混凝土强度等级不宜低于 C20，压顶内的纵向钢筋直径不宜小于 $\phi 10$，钢筋间距不宜大于 200 mm。见图 10-6。

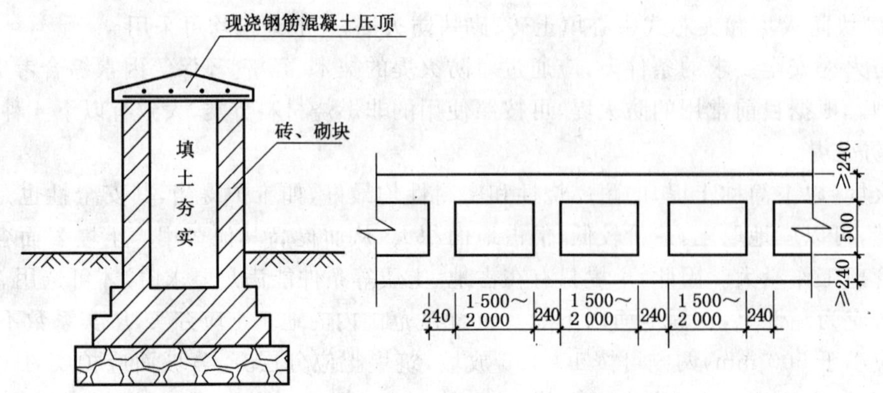

图 10-6　夹芯式中心填土砖、砌块防火堤示意图

砖、砌块隔堤的厚度不宜小于 200 mm，双面宜用水泥砂浆抹面，堤顶宜设钢筋上压顶，压顶构造应符合上述的规定。

3）毛石防火堤、隔堤

毛石防火堤在山区、半山区取材方便，施工筛单，价格较钢筋混凝土防火堤低，但整体性差，抵抗基础不均匀沉降能力低，抗震性能差，使用中易出现裂缝，因此毛石防火堤在抗震设防烈度不大于 6 度且地质条件较好的地区，不宜在基础不均匀沉降的地区选用。

毛石防火堤堤身厚度不应小于 500 mm，毛石强度等级不应低于 MU30，砂浆强度等级不宜低于 M10，砌筑砂浆必须饱满密实，堤身用 1∶1 水泥砂浆勾缝。堤身应做钢筋混凝土压顶，压顶在变形缝处断开，压顶厚度不宜小于 100 mm，混凝土强度等级不宜低子 C20，压顶内的纵向钢筋直径不宜小于 $\phi10$，钢筋间距不宜大于 200 mm。

毛石隔堤的厚度不宜小于 400 mm，双面宜用水泥砂浆勾缝，堤顶宜设钢筋混凝土压顶，压顶构造配筋应符合上述规定。

4）钢筋混凝土防火堤、隔堤

钢筋混凝土防火堤整体性、密封性好，强度高，抗震性能和安全性能都好，占地面积小，但造价较其他类型的防火堤高，因此，钢筋混凝土防火堤在用地紧张地区、抗震设防烈度较高地区、大型储罐区以及储存大量化学品的罐区优先采用，一般地区也可采用。

钢筋混凝土防火堤堤身和基础底板的厚度不应小于 200 mm，应双向双面配筋，竖向钢筋直径不宜小于 $\phi12$，水平钢筋直径不宜小于 $\phi10$，钢筋间距不宜大于 200 mm，防火堤堤身和基础底板的混凝土强度等级、最小配筋率、钢筋保护层厚度等应符合现行国家标准混凝土设计规范、混凝土耐久性规范的规定。

钢筋混凝土隔堤的厚度不宜小于 100 mm，可按单层钢筋网构造配筋。

3. 防火堤变形缝设置的规定

防火堤变形缝的间距需根据所采用建筑材料、气候特点、施工方法以及地质条件等因素按有关的结构设计规范确定。变形缝的宽度宜为 30～50 mm，缝内填以不燃烧的柔性材料或采用可靠的构造措施。变形缝不应在防火堤的交叉处或转弯处设置。

4. 防火堤、隔堤的构造

（1）防火堤堤身必须密实、不渗漏。

（2）防火堤、防护墙埋置深度应根据工程地质、建筑材料、冻土深度和稳定性计算等因素确定。除岩石地基外，基础埋深不宜小于 0.5 m；对于土堤，地面以下 0.5 m 深度范围内的地基土的压实系数不应小于 0.95。

（3）防火堤、隔堤变形缝的设置应符合下列规定：

1）变形缝的间距应根据建筑材料、气候特点和地质条件按有关结构设计规范确定。

2）变形缝缝宽宜为 30～50 mm，采用非燃烧的柔性材料填充或采取可靠的构造措施。

3）变形缝不应设在防火堤及防护墙的交叉处或转角处。

（4）防火堤内侧培土应符合下列规定：

1）防火堤内侧培土高度与堤同高；培土顶面宽度不应小于 300 mm；培土应分层压实，坡面应拍实，压实系数不应小于 0.85。

2）培土表面应做面层，面层应能有效地防止雨水冲刷、杂草生长和小动物破坏，面层可采用砖或预制混凝土块铺砌，在南方四季常青地区，可用高度不超过 150 mm 的人工草皮做面层。

（5）防火堤内侧喷涂隔热防火涂料应符合下列规定：

1）防火涂层的抗压强度不应低于 1.5 MPa，与混凝土的粘结强度不应小于 0.15 MPa，耐火极限不应小于 2 h，冻融实验 15 次强度无变化。

2）防火涂层应耐雨水冲刷并能适应潮湿工作环境。

（6）土筑防火堤的构造应符合下列规定：

1）堤顶宽度不应小于500 mm。

2）筑堤材料应为黏性土。

3）筑堤土应分层夯实，坡面应拍实，压实系数不应小于0.94。

4）土筑防火堤应设面层并应符合规范的规定。

（7）钢筋混凝土防火堤的构造应符合下列规定：

1）堤身及基础底板的厚度应由强度及稳定性计算确定且不应小于200 mm。

2）受力钢筋应由强度计算确定并满足下列要求：

a）钢筋混凝土防火堤应双向双面配筋；竖向钢筋直径不宜小于$\phi 12$，水平钢筋直径不宜小于$\phi 10$；钢筋间距不宜大于200 mm。

b）竖向钢筋的保护层厚度不应小于30 mm；基础底板受力钢筋的保护层厚度当有垫层时不应小于40 mm，无垫层时不应小于70 mm。

c）堤身的最小配筋率和耐久性要球应按现行国家标准GB 50010—2002《混凝土结构设计规范》。

（8）浆砌毛石防火堤的构造应符合下列规定：

1）堤身及基础最小厚度应由强度及稳定性计算确定且不应小于500 mm；基础构造应符合现行国家标准GB 50007—2002《建筑地基基础设计规范》的规定。

2）毛石强度等级不应低于MU30，砂浆强度等级不宜低于M10，浆砌必须饱满密实。

3）堤顶应做现浇钢筋混凝土压顶，压顶在变形缝处应断开。压顶厚度不宜小于100 mm，混凝土强度等级不宜低于C20，压顶内纵向钢筋直径不宜小于$\phi 10$，钢筋间距不宜大于200 mm。

4）堤身应做1∶1水泥砂浆勾缝。

（9）砖、砌块防火堤的构造应符合下列规定：

1）防火堤堤身厚度应由强度及稳定性计算确定，且不应小于300 mm，堤外侧宜用水泥砂浆抹面。

2）砖、砌块的强度等级不应低于MU10，砌筑砂浆强度等级不宜低于M7.5；基础为毛石砌体时，毛石强度等级不应低于MU30；浆砌必须饱满密实并不得采用空心砖砌体。

3）堤顶应做现浇钢筋混凝土压顶，压顶在变形缝处应断开。压顶厚度不宜小于100 mm，混凝土强度等级不宜低于C20，压顶内宜配置不少于$3\phi 10$纵向钢筋。

4）抗震设防烈度大于或等于7度的地区或地质条件复杂、地基沉降差异较大的地区宜采取加强整体性的结构措施。

5）夹芯式中心填土砖砌防火堤的构造要求：两侧砖墙厚度不宜小于200 mm；沿堤长每隔1.5～2.0 m设不小于200 mm厚拉结墙与两侧墙咬槎砌筑；中间填土厚度300～500 mm，并分层夯实；堤顶应设厚度不小于100 mm的现浇钢筋混凝土压顶，混凝土强度等级不宜低于C20，压顶内纵向钢筋直径不宜小于$\phi 10$，钢筋间距不宜大于200 mm。

（10）防护墙的构造应符合下列规定：

1）砖、砌块防护墙厚度不宜小于200 mm，双面抹水泥砂浆。

2）毛石防护墙厚度不宜小于400 mm，双面水泥砂浆勾缝。

（11）隔堤、隔墙的构造应符合下列规定：

1）砖、砌块隔堤、隔墙的厚度不宜小于200 mm，宜双面用水泥砂浆抹面，堤顶宜设钢筋混凝土压顶，压顶构造应符合规范的规定。

2）毛石隔堤、隔墙的厚度不宜小于400 mm，宜双面水泥砂浆勾缝，堤顶宜设钢筋混凝土压顶，压预构造应符合规范的规定。

3）钢筋混凝土隔堤、隔墙的厚度不宜小于100 mm，可按构造配单层钢筋网。

三、防火堤的强度计算及稳定性验算

防火堤的作用是，一旦储罐爆炸破裂起火，防止液体外流和火灾蔓延出堤外。所以防火堤应具有防止液体外流和火灾蔓延这两项功能。为满足第一项功能的要求，防火堤需通过计算解决；为满足第二项功能的要求，防火堤必须采用不燃烧材料建造，并在堤内侧培土或喷涂隔热防火涂料等保护措施来实现。而隔堤是用于分隔防火堤内的储罐形成若干个分区，一旦储罐发生如冒罐、泄漏等事故时，把污染液体控制在较小的范围内，便于收集、清洁和处理，以减少损失，所以没有赋予隔堤以上的功能。隔堤只需通过构造措施解决。

1. 受力分析

防火堤内一旦储罐破裂时，易燃、可燃液体往罐外流散，防火堤就受到液体压力的作用，防火堤就类似四周无填土水池的壁板承受液体压力。计算时一般按下部固端的悬臂板考虑。过去对防火堤的设计一直按静液压力计算，这主要是针对小型储罐出现“跑、冒、滴、漏”等一般事故考虑，是可以的；但对大型储罐的恶性事故及地震作用，不考虑液体的水平动液压力、堤身的水平地震作用和的水平动土压力，显然是不合理的。所以在防火堤内力计算时，除了考虑防火堤内静液压力引起的弯矩、培土静土压力引起的弯矩外，还应考虑防火堤自重引起的轴向力、防火堤内水平动液压力、堤身水平地震作用和水平动土压力引起的弯矩，并对防火堤堤身截面强度、地基承载力、基础强度等验算，最后还要进行防火堤稳定性验算。

2. 内力计算

(1) 防火堤自重荷载标准值可采用下式计算：

$$G_{1k} = \gamma B_1 H_1 \tag{10-4}$$

式中：G_{1k}——每米堤长计算截面以上堤身自重荷载标准值，kN/m³；

H_1——计算截面至堤顶面的距离，m；

B_1——计算截面以上堤身的平均厚度，m；

γ——防火堤材料的重度，kN/m³。

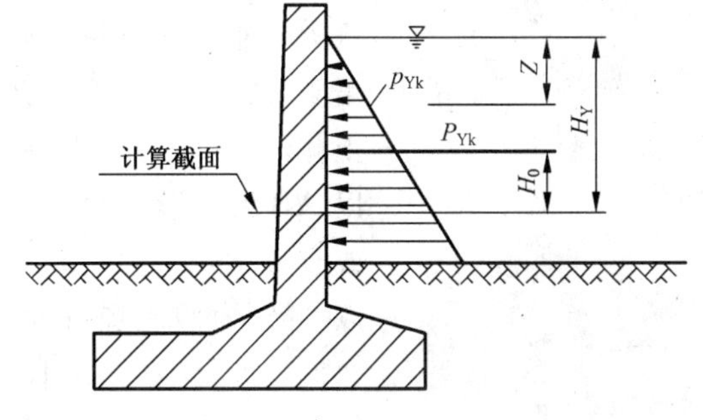

图 10-7　静液压力计算示意图

(2) 防火堤内侧在静液压力作用下，地面以上或地面以上的计算截面弯矩标准值可通过下列公式计算（见图 10-7）。

$$p_{Yk} = \gamma_y Z \tag{10-5}$$

$$P_{Yk} = \frac{1}{2}\gamma_y H_Y^2 \tag{10-6}$$

$$M_{Yk} = P_{Yk} H_0 \tag{10-7}$$

$$H_0 = \frac{1}{3}H_Y \tag{10-8}$$

式中：p_{Yk}——每米堤长静压力沿液体深度分布的水平荷载标准值，kN/m²；

γ_y——堤内液体的重度，取 10 kN/m³；

Z——液体的深度，m；

P_{Yk}——计算截面以上每米堤长静液压力合力标准值，kN/m；

H_Y——计算截面至液面的距离，m；

M_{Yk}——计算截面以上每米堤长静液压力合力对计算截面的弯矩标准值，kN·m/m；

H_0——计算截面以上每米堤长静液压力合力作用点至计算截面的距离，m。

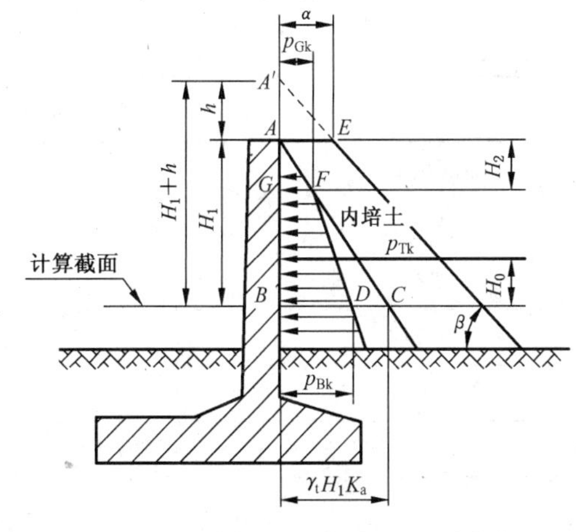

图 10-8　内培土压力计算示意图

(3) 防火堤在内培土的静土压力作用下，在地面以上或地面以上的计算截面弯矩标准值可通过下列公式计算（见图 10-8）。

1) 图 10-8 中计算截面以上的折线 AFD 为土压力分布曲线，F 为转折点，其压力分布可采用下列公式计算：

$$p_{Ak} = 0 \tag{10-9}$$

$$p_{Gk} = \gamma_t H_2 K_a \tag{10-10}$$

$$H_2 = \frac{K'_a h}{K_a - K'_a} \tag{10-11}$$

$$h = a\tan\beta \tag{10-12}$$

当 $H_1 < H_2$ 时 $p_{Bk} = \gamma_t H_1 K_a$ (10-13)

当 $H_1 \geqslant H_2$ 时 $p_{Bk} = \gamma_t (H_1 + h) K'_a$ (10-14)

$$K_a = \tan^2\left(45° - \frac{\phi}{2}\right) \tag{10-15}$$

$$K'_a = \frac{\cos^2\phi}{\left(H\sqrt{\frac{\sin\phi\sin(\phi+\beta)}{\cos\beta}}\right)^2} \tag{10-16}$$

式中：p_{Ak}、p_{Bk}——堤顶和计算截面处每米堤长静土压力分布荷载标准值，kN/m^2；

p_{Gk}——土压力分布曲线转折处的每米堤长静土压力分布荷载标准值，kN/m^2；

h——培土坡线与堤背延长线的交点 A' 至堤顶的距离，m；

a——培土顶面宽度，m；

H_1——计算截面以上培土的高度，m；

H_2——压力分布曲线转折点至堤顶的距离，m；

β——培土坡面与水平面的夹角，(°)；

γ_t——土体的重度，可取 16 kN/m^3～18 kN/m^3；

K_a——以 AB 为光滑堤背面而培土面为水平时的主动土压力系数，可按式(10-15)计算或查表 10-1。

K'_a——以 $A'B$ 为假想堤背而培土坡面与水平面成 β 角时的主动土压力系数，可按式(10-16)计算或查表 10-2；

ϕ——培土的内摩擦角(°)，当无试验资料时，可根据土的性质 35°～45°。

表 10-1 主动土压力系数 K_a($\alpha=0$，$\delta=0$)

ϕ/(°)	20	22	25	28	30	32	34
K_a	0.490	0.455	0.406	0.417	0.333	0.307	0.283
ϕ/(°)	36	38	40	42	45	48	50
K_a	0.260	0.238	0.217	0.198	0.172	0.147	0.132

表 10-2 主动土压力系数 K'_a($\alpha=0$，$\delta=0$)

内摩擦角/(°)	培土坡度 β/(°)			
	30	35	40	45
22	0.343	0.328	0.313	0.298
25	0.308	0.295	0.282	0.268
28	0.276	0.265	0.253	0.241
30	0.257	0.247	0.236	0.225
32	0.239	0.229	0.219	0.209
34	0.221	0.213	0.204	0.194

续表 10-2

内摩擦角/(°)	培土坡度 β/(°)			
	30	35	40	45
36	0.205	0.197	0.189	0.180
38	0.189	0.182	0.174	0.167
40	0.174	0.168	0.161	0.154
42	0.160	0.154	0.148	0.151
45	0.140	0.135	0.130	0.125
48	0.122	0.118	0.114	0.109

2）当 $H_1 < H_2$ 时，计算截面的弯矩标准值可采用下列公式计算：

$$P_{Tk} = \frac{1}{2} p_{Bk} H_1 \tag{10-17}$$

$$M_{Tk} = P_{Tk} H_0 \tag{10-18}$$

$$H_0 = \frac{1}{3} H_1 \tag{10-19}$$

式中：P_{Tk}——计算截面以上每米堤长静土压力合力标准值，kN/m；

M_{Tk}——计算截面以上每米堤长静土压力合力对计算截面的弯矩标准值，kN·m/m；

H_0——计算截面以上每米堤长静土压力合力作用点至计算截面的距离，m。

3）当 $H_1 \geqslant H_2$ 时，计算截面的弯矩标准值可采用下列公式计算：

$$P_{Tk} = \frac{1}{2} p_{Gk} H_1 + \frac{1}{2} p_{Bk}(H_1 - H_2) \tag{10-20}$$

$$M_{Tk} = P_{Tk} H_0 \tag{10-21}$$

$$H_0 = \frac{p_G H_1 (2H_1 - H_2) + p_B (H_1 - H_2)^2}{3[p_G H_1 + p_B (H_1 - H_2)]} \tag{10-22}$$

（4）防火堤在堤身水平地震作用下，基础顶面以上或基础顶面上计算截面的弯矩标准值的计算：

1）在堤身水平地震作用下，钢筋混凝土防火堤的弯矩标准值可通过下列公式计算（见图 10-9）。

$$p_{EGk} = \eta_1 \alpha_{max} \gamma B_1 \left(1 - \cos\frac{\pi x}{2H}\right) \tag{10-23}$$

$$P_{EGk} = \eta_1 \alpha_{max} \alpha_1 \gamma B_1 H \tag{10-24}$$

$$M_{EGk} = P_{EGk} H_0 \tag{10-25}$$

$$H_0 = \alpha_2 H \tag{10-26}$$

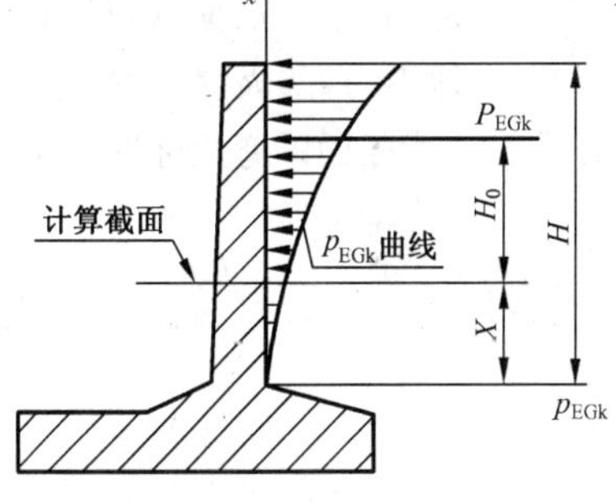

图 10-9　钢筋混凝土防火堤水平地震作用计算示意图

式中：p_{EGk}——每米堤长水平地震作用分布值，kN/m²；

P_{EGk}——计算截面以上每米堤长水平地震作用合力标准值，kN/m；

M_{EGk}——计算截面以上每米堤长水平地震作用合力对计算截面的弯矩标准值，kN·m/m；

α_{max}——水平地震影响系数最大值，当设防烈度为 6 度、7 度、8 度和 9 度时分别取 0.04，0.08(0.12)、0.16(0.24) 和 0.32，括号内数值分别用于设计基本地震加速度为 0.15 g和 0.30 g 的地区；

η_1——钢筋混凝土防火堤基本振型参与系数，取 1.6；

X——计算截面至基础顶面的距离，m；

α_1、α_2——根据 X/H 比值求得的相应系数，见表 10-3；

H_0——计算截面以上每米堤长水平地震作用合力作用点至计算截面的距离；

H——基础顶面至堤顶的高度，m；

B_1——计算截面以上堤身平均厚度，m。

表 10-3　系数 α_1、α_2、α_3、α_4 数值表

X/H	α_1	α_2	α_3	α_4	X/H	α_1	α_2	α_3	α_4
0.00	0.363 4	0.739 3	0.636 6	0.687 8	0.50	0.313 5	0.359 1	0.450 2	0.263 6
0.05	0.363 3	0.689 5	0.634 7	0.588 5	0.55	0.297 5	0.262 1	0.413 5	0.234 8
0.10	0.363 0	0.639 4	0.628 8	0.543 7	0.60	0.278 4	0.228 4	0.374 2	0.206 9
0.15	0.362 0	0.591 7	0.619 0	0.501 9	0.65	0.256 2	0.195 9	0.332 6	0.179 7
0.20	0.360 1	0.544 7	0.605 5	0.462 5	0.70	0.230 6	0.164 9	0.289 0	0.152 9
0.25	0.357 0	0.499 2	0.588 2	0.425 3	0.75	0.201 5	0.135 1	0.243 6	0.126 8
0.30	0.352 4	0.455 4	0.567 2	0.390 2	0.80	0.168 8	0.106 3	0.196 7	0.101 0
0.35	0.346 0	0.413 3	0.542 8	0.356 6	0.85	0.132 4	0.078 4	0.148 6	0.075 5
0.40	0.337 6	0.372 9	0.515 0	0.324 5	0.90	0.092 2	0.051 0	0.099 6	0.050 0
0.45	0.326 8	0.334 5	0.484 1	0.293 5	0.95	0.048 0	0.026 1	—	—

2）在堤身水平地震作用下，砖、砌块防火堤及毛石防火堤的弯矩标准值可通过下列公式计算（见图 10-10）。

$$p_{\mathrm{EGk}} = \eta_2 \alpha_{\max} \gamma B_1 \sin \frac{\pi x}{2H} \tag{10-27}$$

$$P_{\mathrm{EGk}} = \eta_2 \alpha_{\max} \alpha_3 \gamma B_1 H \tag{10-28}$$

$$M_{\mathrm{EGk}} = P_{\mathrm{EGk}} H_0 \tag{10-29}$$

$$H_0 = \alpha_4 H \tag{10-30}$$

式中：η_2——砖、砌块防火堤及毛石防火堤基本振型的参与系数，取 1.27；

α_3、α_4——根据 X/H 比值求得的相应系数，见表 10-3。

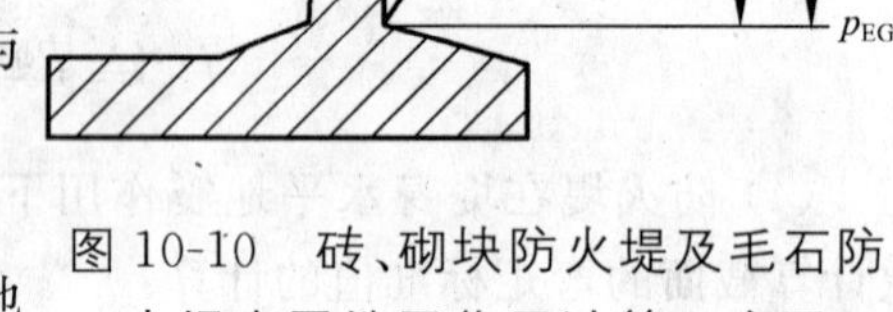

图 10-10　砖、砌块防火堤及毛石防火堤水平地震作用计算示意图

3）地震时，防火堤在水平动液压力作用下，地面线以上或地面线上计算截面的弯矩标准值可通过下列公式计算（见图 10-11）。

$$p_{\mathrm{EYk}} = 1.25 \alpha_{\max} \gamma_{\mathrm{Y}} H_{\mathrm{d}} f_{\mathrm{d}} \tag{10-31}$$

$$P_{\mathrm{EYk}} = p_{\mathrm{EYk}} H_{\mathrm{Y}} \tag{10-32}$$

$$M_{\mathrm{EYk}} = \frac{1}{2} P_{\mathrm{EGk}} H_{\mathrm{Y}} \tag{10-33}$$

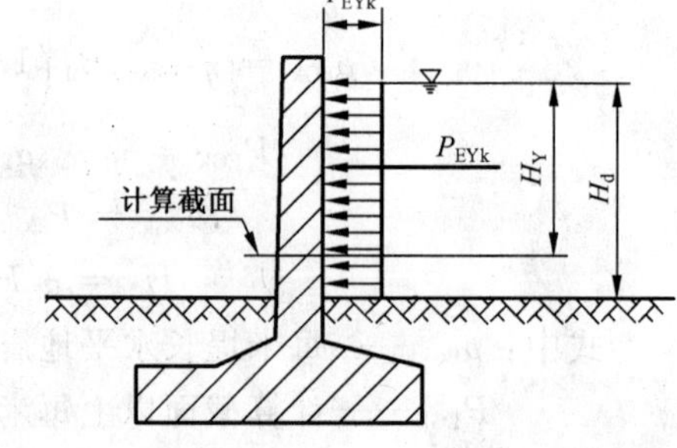

图 10-11　水平动液压力计算示意图

式中：p_{EYk}——每米堤长水平动液压力标准值，kN/m²；

f_{d}——水平动液压力系数，取 0.35；

H_{d}——液体深度，m；

P_{EYk}——计算截面以上每米堤长水平动液压力合力标准值，kN/m；

M_{EYk}——计算截面以上每米堤长水平动液压力合力对计算截面的弯矩标准值，kN·m/m；

H_{Y}——计算截面至液面的距离，m。

4）地震时，防火堤在内培土的水平动土压力作用下，地面线上或地面线以上的计算截面的弯矩标准值可通过下列公式计算。

$$P_{\mathrm{ETk}} = 1.25 \alpha_{\max} P_{\mathrm{Tk}} \tan\varphi \tag{10-34}$$

$$M_{\mathrm{ETk}} = 0.4H_{\mathrm{T}}P_{\mathrm{ETk}} \tag{10-35}$$

式中：P_{ETk}——计算截面以上每米堤长水平动土压力合力标准值，kN/m；

M_{ETk}——计算截面以上每米堤长水平动土合力对计算截面的弯矩标准值，kN·m/m；

P_{Tk}——土压力合力，kN/m，可按式(10-16)或式(10-19)计算确定；

H_{T}——计算截面以上内培土高度，m。

3. 荷载效应和地震作用效应的组合

由于规范已对各类防火堤的构造提出了要求，因此能满足其刚度要求，就不需要进行防火堤的变形计算，防火堤正常使用极限状态的验算就没有必要了；考虑到大型储罐破裂时，液体对防火堤冲击力出现的几率非常小，GB 50351—2005《储罐区防火堤设计规范》也没有考虑偶然组合。因此规范只要求防火堤按承载能力极限状态的效应基本组合进行计算即可。

防火堤按承载能力极限状态的效应基本组合进行计算时，可分为以下两种效应基本组合。

(1) 在非抗震设防的地区，防火堤设计应进行堤内满液工况荷载效应基本组合计算，其荷载效应基本组合设计值 S 应按下式采用：

$$S = \gamma_{\mathrm{G}}S_{\mathrm{Gk}} + \gamma_{\mathrm{Y}}S_{\mathrm{Yk}} + \gamma_{\mathrm{T}}S_{\mathrm{Tk}} \tag{10-36}$$

式中：γ_{G}——堤身自重荷载分项系数，见表 10-4；

γ_{Y}——静液压力荷载分项系数，见表 10-4；

γ_{T}——静土压力荷载分项系数，见表 10-4；

S_{Gk}——按堤身自重荷载标准值计算的效应值；

S_{Yk}——按静液压力荷载标准值计算的效应值；

S_{Tk}——按静土压力荷载标准值计算的效应值。

(2) 在抗震设防的地区，防火堤设计应进行地震作用效应和其他荷载效应基本组合计算，其荷载效应和地震作用效应基本组合设计值 S 应按下式采用：

$$S = \gamma_{\mathrm{G}}S_{\mathrm{GE}} + \gamma_{\mathrm{Y}}S_{\mathrm{GY}} + \gamma_{\mathrm{T}}S_{\mathrm{GT}} + \psi\gamma_{\mathrm{Eh}}(S_{\mathrm{EGk}} + S_{\mathrm{EYk}} + S_{\mathrm{ETk}}) \tag{10-37}$$

式中：γ_{G}——堤身自重荷载分项系数，见表 10-4；

γ_{Y}——静液压力荷载分项系数，见表 10-4；

γ_{T}——静土压力荷载分项系数，见表 10-4；

γ_{Eh}——水平地震作用分项系数，见表 10-4；

S_{GE}——按堤身自重荷载代表值计算的效应值；

S_{GY}——按静液压力荷载代表值计算的效应值；

S_{GT}——按静土压力荷载代表值计算的效应值；

S_{EGk}——按堤身水平地震作用标准值计算的效应值；

S_{EYk}——按水平动液压力标准值计算的效应值；

S_{ETk}——按水平动土压力标准值计算的效应值；

ψ——组合值系数，一般可取 0.6。

GB 50351—2005《储罐区防火堤设计规范》规定，7 度及 7 度以上地震区应进行地震作用效应和其他荷载效应基本组合计算，就是说，6 度设防地区允许不进行地震作用的计算，但应符合有关的抗震构造措施要求。但从式(10-37)和式(10-39)与式(10-36)和式(10-38)的比较，可以看出，6 度设防地区砖砌块防火堤的截面验算是由地震作用控制的，而钢筋混凝土防火堤的截面验算需经比较后而定。我们认为 6 度设防地区是否需要进行地震作用效应和其他荷载效应基本组合计算应视防火堤的类型而定。

(3) 荷载效应和地震作用效应的基本组合中分项系数按以下规定采用：

1) 当进行截面强度验算时，分项系数应按表 10-4 采用。当结构自重荷载效应对结构承载力有利时，表 10-4 中 γ_{G} 取 1.0。

表 10-4　荷载效应和地震作用效应基本组合中的分项系数

所考虑的基本组合	γ_G	γ_Y	γ_T	γ_{Eh}
堤内满液工况荷载效应基本组合	1.2	1.0	1.2	—
地震作用和其他荷载效应基本组合	1.2	1.2	1.2	1.3

2) 进行稳定性验算时，各分项系数均取 1.0。

4. 防火堤截面强度验算

(1) 在非抗震设防的地区，防火堤截面强度验算，按下式采用：

$$\gamma_0 S \leqslant R \tag{10-38}$$

式中：γ_0——结构重要性系数，取 1.0；

S——荷载效应基本组合值，按式(10-36)计算；

R——防火堤抗力设计值，按各有关规范确定。

(2) 在抗震设防的地区，防火堤截面强度验算，按下式采用：

$$S \leqslant R/\gamma_{RE} \tag{10-39}$$

式中：γ_{RE}——防火堤承载力抗震调整系数，对于钢筋混凝土防火堤，取 0.85；对于其他防火堤，取 1.0。

S——荷载效应和地震作用效应组合设计值，按式(10-37)计算。

5. 基础强度和地基承载力验算

基础强度和地基承载力计算应按现行国家标准 GB 50007—2002《建筑地基基础设计规范》的规定执行。

6. 稳定性验算

防火堤的稳定性验算应包括抗滑验算和抗倾覆验算。

(1) 抗滑验算

防火堤抗滑验算可采用下式计算：

$$(R_H + P_P)/P \geqslant 1.3 \tag{10-40}$$

式中：P——防火堤每米堤长所承受的总水平荷载设计值，kN/m，按式(10-36)和式(10-37)计算；

R_H——防火堤每米堤长基础地面摩阻力设计值，kN/m，按下式计算：

$$R_H = \mu G \tag{10-41}$$

G——防火堤每米堤长自重及覆土传至基础底面的垂直荷载合力设计值，kN/m；

μ——基础与地基之间的摩擦系数，应根据试验资料取值；当无试验资料时可按表 10-5 取值。

P_P——防火堤每米堤长被动土压力设计值，kN/m；

按下式计算：

$$P_P = \frac{1}{2}\eta\gamma_t d^2 K_p + 2\eta C d\sqrt{K_p} \tag{10-42}$$

$$K_p = \tan^2\left(45 + \frac{\phi}{2}\right) \tag{10-43}$$

η——被动土压力折减系数，取 0.3；

d——基础埋置深度，m；

K_p——被动土压力系数，按式(10-43)计算或查表 10-6；

C——黏性地基土的黏结力，kN/m²；

ϕ——黏性地基土的内摩擦角，(°)；

表 10-5 土对防火堤基底的摩擦系数 μ

土的类别		摩擦系数 μ
黏性土	可塑	0.25～0.30
	硬塑	0.30～0.35
	坚硬	0.35～0.45
粉土		0.30～0.40
中砂、粗砂、砾砂		0.40～0.50
碎石土		0.40～0.60
软质岩		0.40～0.60
表面粗糙的硬质岩		0.65～0.75

注：1. 对易风化的软质岩和塑性指数 $I_p>22$ 的黏性土，μ 值应经试验确定；
2. 对碎石土，可根据其密实度、填充物状况、风化程度等确定。

表 10-6 被动土压力系数

ϕ/(°)	22	24	26	28	30	32	34	36	38	40	42
K_p	2.20	2.37	2.56	2.77	3.00	3.25	3.54	3.85	4.20	4.60	5.04

(2) 抗倾覆验算

防火堤抗倾覆验算可采用下式计算：

$$M_w/M \geqslant 1.6 \tag{10-44}$$

式中：M——各倾覆力矩换算至基础地面并按式(10-36)和式(10-37)进行组合后的每米堤长总力矩设计值，kN·m/m；

M_w——防火堤每米堤长垂直荷载合力产生的稳定力矩设计值，kN·m/m，可按下式计算(见图 10-12)：

$$M_w = eG \tag{10-45}$$

式中：e——垂直荷载合力作用线至基础前端的水平距离，m。

G 符号意义见式(10-41)。

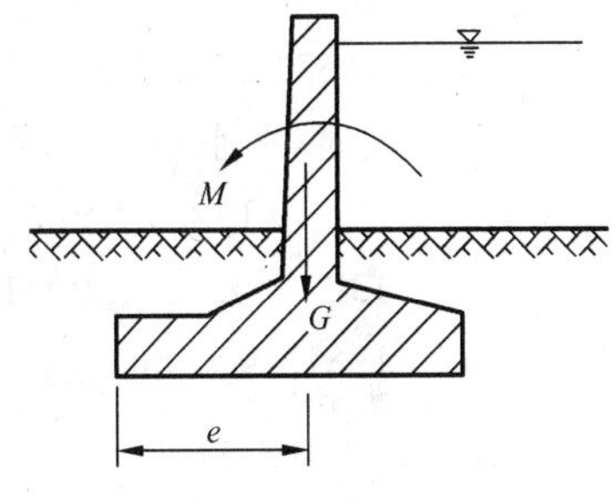

图 10-12 抗倾覆验算简图

四、防火堤计算实例

【计算实例 1】

某储罐区防火堤，处于抗震设防烈度为 8 度地区，堤高 1.6 m，液面高 1.4 m，堤内侧采用喷涂隔热防火涂料，试设计防火堤。

解：因储罐区防火堤处于抗震设防烈度为 8 度地区，所以采用钢筋混凝土防火堤。堤内无培土，钢筋混凝土防火堤见图 10-13。

根据环境类别，并满足混凝土耐久性的要求，该防火堤混凝土强度等级采用 C25，钢筋采用 HPB235，堤身厚度为 200 mm，钢筋保护层厚度为 20 mm，基础底板厚度为 300 mm，钢筋保护层厚度为 40 mm。

根据防火堤内排水设施设置的要求，防火堤宜埋深－1.30 m。从岩土工程勘察报告资料看，经修正后的地基承载力特征值为 100 kPa，内聚力 C 为 17 kPa，内摩擦角为 22°，土的重力密度为 18 kN/m^3。

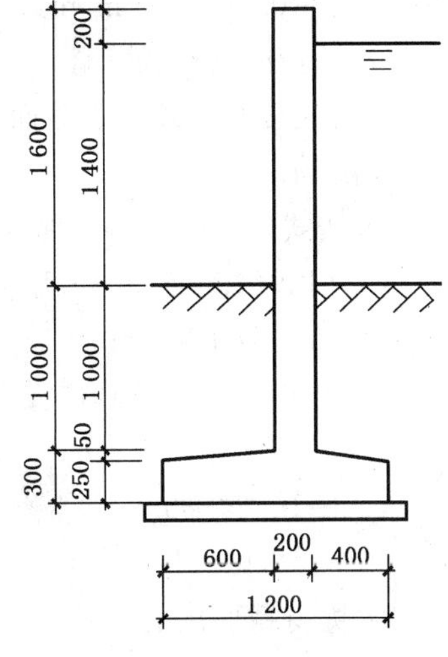

图 10-13 堤内无培土钢筋混凝土防火堤计算示意图

(1) 内力计算

① 在堤身自重作用下，地面线上防火堤的轴向力标准值

$G_{1k}=\gamma B_1 H_1$

$=25\times0.200\times1.6$

$=8\ \text{kN/m}$

② 地震时，在堤身水平地震作用下，基础顶面上防火堤的剪力和弯矩标准值

$Q_{EG}=P_{EGk}=\eta_1\alpha_{max}\alpha_1\gamma B_1 H$

$=1.6\times0.16\times0.363\,4\times25\times0.200\times2.6$

$=1.209\ \text{kN/m}$

$M_{EGk}=P_{EGk}\cdot\alpha_2 H$

$=1.209\times0.739\,3\times2.6$

$=2.32\ \text{kN}\cdot\text{m/m}$

③ 在静液压力作用下，地面线上防火堤的剪力和弯矩标准值

$Q_Y=P_{Yk}=\frac{1}{2}Y_y H_Y^2$

$=\frac{1}{2}\times10\times1.4^2$

$=9.8\ \text{kN/m}$

$M_{Yk}=\frac{1}{3}P_{Yk}H_Y^2$

$=\frac{1}{3}\times9.8\times1.4$

$=4.57\ \text{kN}\cdot\text{m/m}$

④ 地震时，在水平动液压力作用下，地面线上防火堤的剪力和弯矩标准值

$Q_{EY}=P_{EYk}=1.25\alpha_{max}\gamma_Y H_d H_Y$

$=1.25\times0.16\times10\times1.4\times0.35\times1.4$

$=1.372\ \text{kN/m}$

$M_{EYk}=\frac{1}{2}P_{EYk}H_Y$

$=\frac{1}{2}\times1.372\times1.4$

$=0.96\ \text{kN}\cdot\text{m/m}$

(2) 堤身截面配筋计算

取防火堤基础顶面的截面分别按荷载效应基本组合和荷载效应与地震作用效应基本组合计算堤身截面的配筋。

1) 按式(10-35)计算无抗震设防时，防火堤在基础顶面上的弯矩设计值为：

$M=1.0(4.57+9.8\times1.0)$

$=14.37\ \text{kN}\cdot\text{m/m}$

2) 按式(10-36)计算抗震设防烈度为8度时，防火堤在基础面上的弯矩设计值为：

$M_E=1.0(4.57+9.8\times1.0)+0.6\times1.3[2.32+(0.96+1.372\times1.0)]$

$=14.37+3.63$

$=18.00\ \text{kN}\cdot\text{m/m}$

3) 堤身截面配筋计算

因 $\gamma_0 M=1.0\times14.37=14.37\ \text{kN}\cdot\text{m/m}<\gamma_{RE}M=0.85\times18.00=15.30\ \text{kN}\cdot\text{m/m}$

故按抗震设防烈度为8度时的防火堤在基础顶面上弯矩设计值计算堤身截面配筋。

从混凝土结构计算手册查得：$A_s=426\ \text{mm}^2$，故堤身竖向钢筋为$\phi12@200$（双面配筋），水平钢筋

$\phi10@200$（双面配筋）。

(3) 地基承载力和基础底板配筋计算(见图 6-14)

1) 地基承载力按荷载效应标准组合进行计算

$G_{1k}=8\ kN/m$

$G_{Yk}=10\times1.4\times0.4$
$=5.6\ kN/m$

$F_k=G_{1k}+G_{Yk}$
$=8+5.6$
$=13.6\ kN/m$

$G_k=20\times1.3\times1.2$
$=31.2\ kN/m$

$M=4.57+9.8\times1.3-8\times0.1-5.6\times0.4$
$=17.31-0.8-2.24$
$=14.27\ kN\cdot m/m$

$$e=\frac{M}{F_k+G_k}=\frac{14.27}{13.6+31.2}=\frac{14.27}{44.8}=0.318\ m>\frac{1}{6}b=\frac{1}{6}\times1.2=0.2\ m$$

$$p_{max}=\frac{2(F_k+G_k)}{3la}=\frac{2(13.6+31.2)}{3\times1.2(0.6-0.318)}=88.26\ kPa<1.2\times100=120\ kPa$$

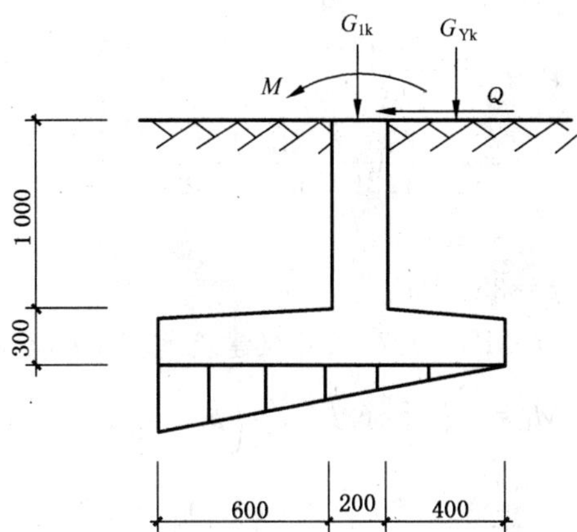

图 10-14 偏心荷载下地基反力计算示意图

2) 基础底板配筋计算

基础底板按荷载效应基本组合进行配筋计算。

$G_1=1.2\times8k=9.6\ N/m$

$G_Y=1.0\times1.0\times1.4\times0.4$
$=5.6\ kN/m$

$F=G_1+G_Y$
$=9.6+5.6$
$=15.2\ kN/m$

$G=1.2\times20\times1.3\times1.2$
$=37.44\ kN/m$

$M=1.0(4.57+9.8\times1.3)-9.6\times0.1-5.6\times0.4$
$=17.31-0.96-2.24$
$=14.11\ kN\cdot m/m$

$$e=\frac{M}{F+G}=\frac{14.11}{15.2+37.44}=\frac{14.11}{52.64}$$

$=0.268\ \text{m}>\frac{1}{6}b=\frac{1}{6}\times1.2=0.2\ \text{m}$

$$p_{\max}=\frac{2(F+G)}{3la}$$

$$=\frac{2(15.2+37.44)}{3\times1.2(0.6-0.268)}$$

$=88\ \text{kPa}$

$p=35\ \text{kPa}$

按 GB 50007—2002《建筑地基基础设计规范》中公式计算

$$M_{\text{I}}=\frac{1}{12}a_1{}^2\left[(2l+a')\left(p_{\max}+p_{\text{a}}-\frac{2G}{A}\right)+(p_{\max}-p)l\right]$$

$$=\frac{1}{12}0.60^2\left[(2\times1+1)\left(88+35-\frac{2\times37.44}{1.0\times1.2}\right)+(88-35)\times1\right]$$

$=7.044\ \text{kN}\cdot\text{m/m}$

$$A_{\text{s}}=\frac{7.044\times10^6}{0.9\times210\times255}=147\ \text{mm}^2$$

$A_{\text{s}}=0.001\,5\times1\,000\times255=383\ \text{mm}^2$

故防火堤基础底板受力钢筋 ϕ10@200(构造),分布钢筋 ϕ8@250。

(4) 稳定性计算

1) 抗滑移验算

按式(10-40)进行防火堤的抗滑验算

① 无抗震设防时

$R_{\text{H}}=\mu G$

$=0.3(1.0\times8+1.0\times20\times1.3\times1.2+1.0\times10\times1.4\times0.4)$

$=0.3(8+31.2+5.6)$

$=13.44\ \text{kN/m}$

$$P_{\text{P}}=\frac{1}{2}\eta\gamma_{\text{t}}d^2K_{\text{P}}+2\eta cd\sqrt{K_{\text{P}}}$$

$$=\frac{1}{2}\times0.3\times18\times1.3^2\times2.2+2\times0.3\times17\times1.3\sqrt{2.2}$$

$=29.64\ \text{kN/m}$

$P=1.0\times9.8=9.8\ \text{kN/m}$

$\frac{R_{\text{H}}+P_{\text{P}}}{P}=\frac{13.44+29.64}{9.8}=4>1.3$ (满足要求)。

② 抗震设防烈度为 8 度时

$R_{\text{H}}=\mu G$

$=0.3(1.0\times8+1.0\times20\times1.3\times1.2+1.0\times10\times1.4\times0.4)$

$=0.3(8+31.2+5.6)$

$=13.44\ \text{kN/m}$

$$P_{\text{P}}=\frac{1}{2}\eta\gamma_{\text{t}}d^2K_{\text{P}}+2\eta cd\sqrt{K_{\text{P}}}$$

$$=\frac{1}{2}\times0.3\times18\times1.3^2\times2.2+2\times0.3\times17\times1.3\sqrt{2.2}$$

$=29.64\ \text{kN/m}$

$P=0.85\times[1.0\times9.8+0.6\times1.0(1.0\times1.209+1.0+1.372)]$

$=9.65\ \text{kN/m}$

$$\frac{R_H+P_P}{P}=\frac{13.44+29.64}{9.65}=4.46>1.3$$　（满足要求）

2）抗倾覆验算

按式(10-44)进行防火堤的抗倾覆验算。

① 无抗震设防时

$M=1.0\times4.57+1.0\times9.8\times1.3$

$=17.31\ \text{kN}\cdot\text{m/m}$

$M_W=e\cdot G$

$=1.0\times8\times0.7+1.0\times10\times1.4\times0.4\times1.0+1.0\times20\times1.3\times1.2\times0.6$

$=29.92\ \text{kN}\cdot\text{m/m}$

$$\frac{M_W}{M}=\frac{29.92}{17.31}=1.72>1.6$$　（满足要求）

② 抗震设防烈度为 8 度时

$M=0.85[1.0\times4.57+1.0\times9.8\times1.3+0.6\times1.0(1.0\times2.32+1.0\times1.209\times0.3+1.0\times0.96+1.0\times1.372\times1.3)]$

$=17.48\ \text{kN}\cdot\text{m/m}$

$M_W=e\cdot G$

$=1.0\times8\times0.7+1.0\times10\times1.4\times0.4\times1.0+1.0\times20\times1.3\times1.2\times0.6$

$=29.92\ \text{kN}\cdot\text{m/m}$

$$\frac{M_W}{M}=\frac{29.92}{17.48}=1.71>1.6$$　（满足要求）

【计算实例 2】

某储罐区防火堤，处于抗震设防烈度为 8 度地区，堤高 1.6 m，液面高 1.4 m，堤内侧采用培土防火，试设计防火堤。

解：因储罐区防火堤处于抗震设防烈度为 8 度地区，所以采用钢筋混凝土防火堤。堤内有培土，钢筋混凝土防火堤见图 10-15。

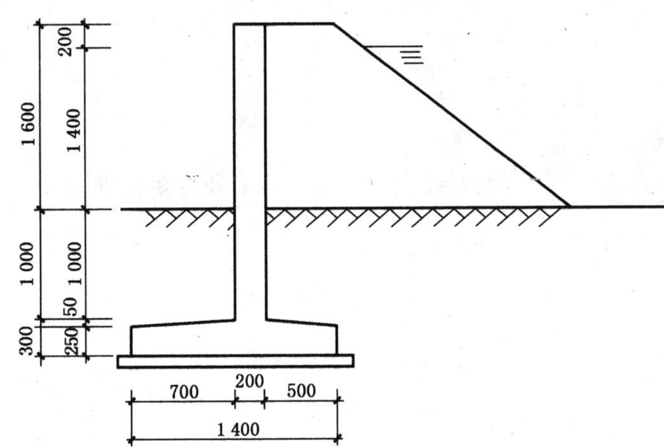

图 10-15　堤内有培土钢筋混凝土防火堤计算示意图

根据环境类别，并满足混凝土耐久性的要求，该防火堤混凝土强度等级采用 C25，钢筋采用 HPB235，堤身厚度为 200 mm，钢筋保护层厚度为 20 mm，基础底板厚度为 300 mm，钢筋保护层厚度为 40 mm。

根据防火堤内排水设施设置的要求，防火堤宜埋深－1.30 m。从岩土工程勘察报告资料看，经修正后的地基承载力特征值为 100 kPa，内聚力 C 为 17 kPa，内摩擦角为 22°，土的重力密度为 18 kN/m³。

(1) 内力计算

1）在堤身自重作用下，地面线上防火堤的轴向力标准值：

$$G_{1k}=\gamma B_1 H_1$$
$$=25\times 0.200\times 1.6$$
$$=8\ \text{kN/m}$$

2）地震时，在堤身水平地震作用下，基础顶面上防火堤的剪力和弯矩标准值

$$Q_{EG}=P_{EGk}=\eta_1\alpha_{max}\alpha_1\gamma B_1 H$$
$$=1.6\times 0.16\times 0.363\,4\times 25\times 0.200\times 2.6$$
$$=1.209\ \text{kN/m}$$
$$M_{EGk}=P_{EGk}\cdot\alpha_2 H$$
$$=1.209\times 0.739\,3\times 2.6$$
$$=2.32\ \text{kN}\cdot\text{m/m}$$

3）在静液压力作用下，地面线上防火堤的剪力和弯矩标准值：

$$Q_Y=P_{Yk}=\frac{1}{2}Y_y H_Y{}^2$$
$$=\frac{1}{2}\times 10\times 1.4^2$$
$$=9.8\ \text{kN/m}$$
$$M_{Yk}=\frac{1}{3}P_{Yk}H_Y{}^2$$
$$=\frac{1}{3}\times 9.8\times 1.4$$
$$=4.57\ \text{kN}\cdot\text{m/m}$$

4）地震时，在水平动液压力作用下，地面线上防火堤的剪力和弯矩标准值：

$$Q_{EY}=P_{EYk}=1.25\alpha_{max}\gamma_Y H_d H_Y$$
$$=1.25\times 0.16\times 10\times 1.4\times 0.35\times 1.4$$
$$=1.372\ \text{kN/m}$$
$$M_{EYk}=\frac{1}{2}P_{EYk}H_Y$$
$$=\frac{1}{2}\times 1.372\times 1.4$$
$$=0.96\ \text{kN}\cdot\text{m/m}$$

5）在内培土的静土压力作用下，地面线上防火堤的剪力和弯矩标准值：

$$K_a=\tan^2(45^\circ-\frac{\phi}{2})$$
$$=\tan^2(45^\circ-\frac{35^\circ}{2})$$
$$=0.271$$
$$K_a{}'=\frac{\cos^2\phi}{\left(1+\sqrt{\dfrac{\sin\phi\sin(\phi+\beta)}{\cos\beta}}\right)}$$
$$=\frac{\cos^2 35^\circ}{\left(1+\sqrt{\dfrac{\sin 35^\circ\sin(35^\circ+45^\circ)}{\cos 45^\circ}}\right)}$$
$$=0.187$$
$$H_2=\frac{K_a{}'h}{K_a-K_a{}'}$$

$$=\frac{K_a{}' \cdot a \cdot \tan\beta}{K_a-K_a{}'}$$

$$=\frac{0.187\times0.5\times\tan45^\circ}{0.271-0.187}$$

$$=1.113\ \text{m}<H_1=1.6\ \text{m}$$

$$p_{Gk}=\gamma_t H_2 K_a$$

$$=18\times1.113\times0.271$$

$$=5.43\ \text{kN/m}^2$$

$$p_{Bk}=\gamma_t(H_1+H)K_a{}'$$

$$=18\times(1.6+0.5)\times0.187$$

$$=7.07\ \text{kN/m}^2$$

$$Q_T=P_{Tk}=\frac{1}{2}p_{Gk}H_1+\frac{1}{2}p_{Bk}(H_1-H_2)$$

$$=\frac{1}{2}\times5.43\times1.6+\frac{1}{2}\times7.07\times(1.6-1.113)$$

$$=6.07\ \text{kN/m}$$

$$H_0=\frac{p_G H_1(2H_1-H_2)+p_B(H_1-H_2)^2}{3[p_G H_1+p_B(H_1-H_2)]}$$

$$=\frac{5.43\times1.6(2\times1.6-1.113)+7.07(1.6-1.113)^2}{3[5.43\times1.6+7.07(1.6-1.113)]}$$

$$=0.544\ \text{m}$$

$$M_{Tk}=P_{Tk}H_0$$

$$=6.07\times0.544$$

$$=3.30\ \text{kN}\cdot\text{m/m}$$

6）地震时，在水平动土压力作用下，地面线上防火堤的剪力和弯矩标准值：

$$Q_{ET}=P_{ETk}=1.25\alpha_{max}\cdot p_{Tk}\cdot\tan\phi$$

$$=1.25\times0.16\times6.07\times\tan35^\circ$$

$$=0.85\ \text{kN/m}$$

$$M_{ETk}=0.4H_T P_{ETk}$$

$$=0.4\times1.6\times6.07\times0.85$$

$$=0.544\ \text{kN}\cdot\text{m/m}$$

（2）堤身截面配筋计算

取防火堤基础顶面的截面分别按荷载效应基本组合和荷载效应与地震作用效应基本组合计算堤身截面的配筋。

1）计算无抗震设防时，防火堤在基础顶面上的弯矩设计值为：

$$M=1.0(4.57+9.8\times1.0)+1.2\times(3.30+6.09\times1.0)$$

$$=14.37+1.2\times9.37$$

$$=25.61\ \text{kN}\cdot\text{m/m}$$

2）计算抗震设防烈度为 8 度时，防火堤在基础面上的弯矩设计值为：

$$M_E=1.0(4.57+9.8\times1.0)+1.2\times(3.30+6.07\times1.0)+0.6\times1.3[2.32+(0.96+1.372\times1.0)+(0.544+0.85\times1.0)]$$

$$=30.33\ \text{kN}\cdot\text{m/m}$$

3）堤身截面配筋计算

因 $\gamma_0 M=1.0\times25.61=25.61\text{kN}\cdot\text{m/m}<\gamma_{RE}M=0.85\times30.33=25.78\text{kN}\cdot\text{m/m}$

故按抗震设防烈度为 8 度时的防火堤在基础顶面上弯矩设计值计算堤身截面配筋。

从混凝土结构计算手册查得：$A_s=729\ \text{mm}^2$，故堤身竖向钢筋为 $\phi12@150$（双面配筋），水平钢筋 $\phi10@200$（双面配筋）。

(3) 地基承载力和基础底板配筋计算

1) 地基承载力按荷载效应标准组合进行计算（见图 10-16）

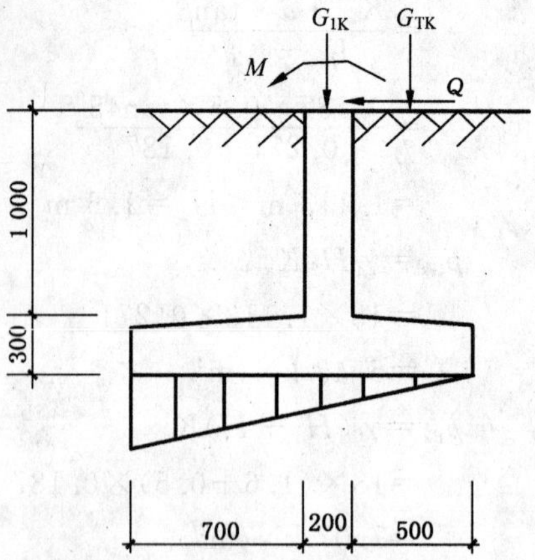

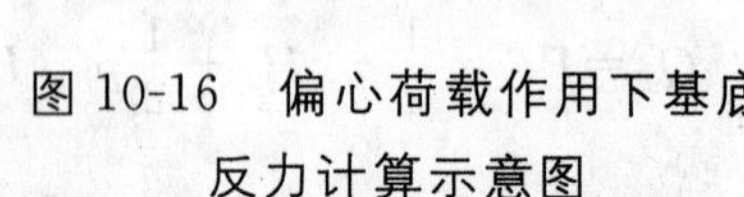

图 10-16 偏心荷载作用下基底反力计算示意图

$G_{1k}=8\ \text{kN/m}$

$G_{Tk}=18\times1.6\times0.5$

$\quad=14.4\ \text{kN/m}$

$F_k=G_{1k}+G_{Tk}$

$\quad=8+14.4$

$\quad=22.4\ \text{kN/m}$

$G_k=20\times1.3\times1.3$

$\quad=36.4\ \text{kN/m}$

$M=(4.57+9.8\times1.3)+(3.30+6.07\times1.3)-8\times0.1-14.4\times0.45$

$\quad=21.22\ \text{kN}\cdot\text{m/m}$

$$e=\frac{M}{F_k+G_k}=\frac{21.22}{22.4+36.4}=\frac{21.22}{58.8}=0.361\ \text{m}>\frac{1}{6}b=\frac{1}{6}\times1.4=0.233\ \text{m}$$

$$P_{max}=\frac{2(F_k+G_k)}{3la}=\frac{2(22.4+36.4)}{3\times1.4(0.7-0.361)}=82.60\ \text{kPa}<1.2\times100=120\ \text{kPa}$$

2) 基础底板配筋计算

基础底板按荷载效应基本组合进行配筋计算。

$G_1=1.2\times8k=9.6\ \text{N/m}$

$G_T=1.2\times18\times1.6\times0.5$

$\quad=17.28\ \text{kN/m}$

$F=9.6+17.28$

$\quad=26.88\ \text{kN/m}$

$G=1.2\times20\times1.3\times1.4$

$\quad=43.68\ \text{kN/m}$

$M=1.0(4.57+9.8\times1.3)+1.2(3.30+6.07\times1.3)$

$\quad=22\ \text{kN}\cdot\text{m/m}$

$$e=\frac{M}{F+G}=\frac{22}{26.88+43.68}=0.31\ \text{m}>\frac{1}{6}b=\frac{1}{6}\times1.2=0.233\ \text{m}$$

$$p_{max}=\frac{2(F+G)}{3la}$$
$$=\frac{2(26.88+43.68)}{3\times1.4(0.7-0.31)}$$
$$=86\ \text{kPa}$$

$p=34.5$ kPa

GB 50007—2002 按《建筑地基基础设计规范》中公式计算：

$$M_{\mathrm{I}}=\frac{1}{12}a_1{}^2\left[(2l+a')\left(p_{max}+p_a-\frac{2G}{A}\right)+(p_{max}-p)l\right]$$
$$=\frac{1}{12}\times0.70^2\left[(2\times1+1)\left(86+34.5-\frac{2\times43.68}{1.0\times1.4}\right)+(86-34.5)\times1\right]$$
$$=9.22\ \text{kN}\cdot\text{m/m}$$

$$A_s=\frac{9.22\times10^6}{0.9\times210\times255}=192\ \text{mm}^2$$

$A_s=0.0015\times1000\times255=383\ \text{mm}^2$

故防火堤基础底板受力钢筋 ϕ10@200(构造)，分布钢筋 ϕ8@250。

(4) 稳定性计算

1) 抗滑移验算

对进行防火堤的抗滑验算

① 无抗震设防时

$$R_H=\mu G$$
$$=0.3(1.0\times8+1.0\times20\times1.3\times1.4+1.0\times18\times1.6\times0.5)$$
$$=0.3(8+36.4+14.4)$$
$$=17.64\ \text{kN/m}$$

$$P_P=\frac{1}{2}\eta\gamma_t d^2K_P+2\eta cd\sqrt{K_P}$$
$$=\frac{1}{2}\times0.3\times18\times1.3^2\times2.2+2\times0.3\times17\times1.3\sqrt{2.2}$$
$$=29.64\ \text{kN/m}$$

$P=1.0\times9.8+1.0\times6.09=15.8$ kN/m

$$\frac{R_H+P_P}{P}=\frac{17.64+29.64}{15.8}=2.99>1.3\qquad(\text{满足要求})$$

② 抗震设防烈度为 8 度时

$$R_H=\mu G$$
$$=0.3(1.0\times8+1.0\times20\times1.3\times1.4+1.0\times18\times1.6\times0.5)$$
$$=13.44\ \text{kN/m}$$

$$P_P=\frac{1}{2}\eta\gamma_t d^2K_P+2\eta cd\sqrt{K_P}$$
$$=\frac{1}{2}\times0.3\times18\times1.3^2\times2.2+2\times0.3\times17\times1.3\sqrt{2.2}$$
$$=29.64\ \text{kN/m}$$

$$P=0.85\times[1.0\times9.8+1.0\times6.07+0.6\times1.0(1.0\times1.209+1.0+1.372+1.0\times0.85)]$$
$$=15.24\ \text{kN/m}$$

$$\frac{R_H+P_P}{P}=\frac{13.44+29.64}{15.24}=2.82>1.3\qquad(\text{满足要求})$$

2) 抗倾覆验算

对进行防火堤的抗倾覆验算

① 无抗震设防时

$M=1.0\times4.57+1.0\times9.8\times1.3+1.0\times3.30+1.0\times6.07\times1.3$

$=28.5\ \mathrm{kN\cdot m/m}$

$M_W=e\cdot G$

$=1.0\times8\times0.8+1.0\times18\times1.6\times0.5\times1.15+1.0\times20\times1.3\times1.4\times0.7$

$=48.44\ \mathrm{kN\cdot m/m}$

$\frac{M_W}{M}=\frac{48.44}{28.5}=1.7>1.6$　（满足要求）

② 抗震设防烈度为8度时

$M=0.85[1.0\times4.57+1.0\times9.8\times1.3+1.0\times6.09\times1.3+1.0\times3.30+0.6\times1.0(1.0\times2.32+1.0\times1.209\times0.3+1.0\times0.96+1.0\times1.372\times1.3+0.544+0.85\times1.3+1.0\times6.09\times1.3)]$

$=27.83\ \mathrm{kN\cdot m/m}$

$M_W=e\cdot G$

$=1.0\times8\times0.8+1.0\times18\times1.6\times0.5\times1.15+1.0\times20\times1.3\times1.4\times0.7$

$=48.44\ \mathrm{kN\cdot m/m}$

$\frac{M}{M_W}=\frac{48.44}{27.83}=1.74>1.6$　（满足要求）

储罐环墙基础通用图

（现浇钢筋混凝土式）

2008 年

目　　次

总　说　明							
审核		校对		设计		页	1

(一)总 说 明

一、适用范围

1. 本图集适用于大型储罐的环墙基础。
2. 储罐包括固定顶储罐、内浮顶储罐和浮顶储罐,但不包括煤气储罐。
3. 本图集适用于非抗震设计及抗震设防烈度为6～8度的环墙基础。
4. 在软弱地基上设计环墙基础,应在环墙上设置纠偏用的千斤顶预留位置,可根据单体设计中预留。

二、设计依据

1. 混凝土结构设计规范(GB 50010—2002)
2. 建筑地基基础设计规范(GB 50007—2002)
3. 建筑结构荷载规范(GB 50009—2001)
4. 建筑抗震设计规范(GB 50011—2001)
5. 石油化工钢储罐地基与基础设计规范(SH 3068—1995)
6. 石油化工钢储罐地基与基础施工及验收规范(SH/T 3528—2005)

三、采用材料

1. 混凝土强度等级不小于C20。
2. 钢材:HPB235(Q235)钢筋(ϕ)和HRB335(20MnSi)钢筋(ϕ);箍筋与架立筋HPB235(Q235)钢筋。

四、计算与选用

1. 石油化工企业钢储罐地基与基础设计规范按一般地基和软土地基分别计算环向力。计算环向钢筋时,环墙安全等级为二级,重要性系数取1.0;竖向按构造配筋,每侧配筋率不小0.15%。

总 说 明							
审核		校对		设计		页	2

2. 本图集环墙式基础编号。

(1) 固定顶储罐环墙式基础：

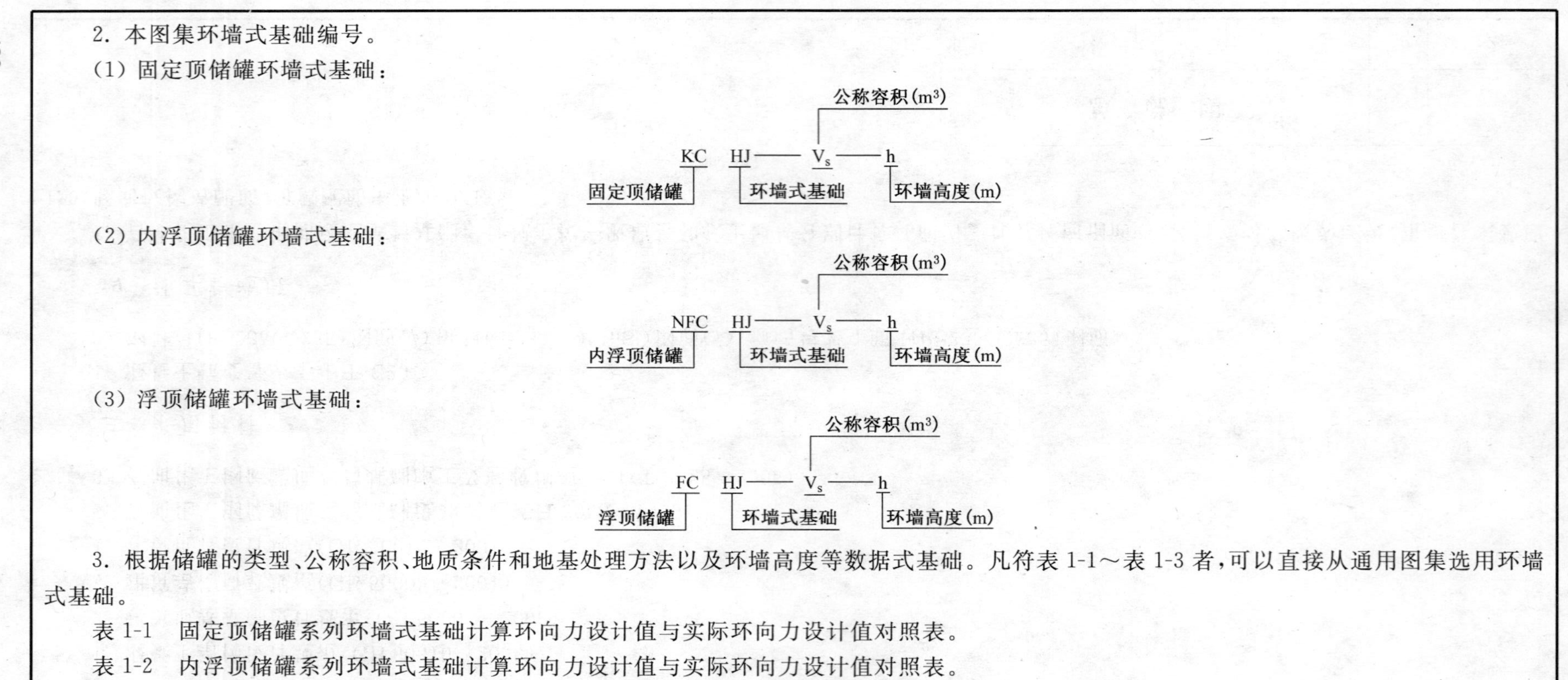

(2) 内浮顶储罐环墙式基础：

(3) 浮顶储罐环墙式基础：

3. 根据储罐的类型、公称容积、地质条件和地基处理方法以及环墙高度等数据式基础。凡符表 1-1～表 1-3 者，可以直接从通用图集选用环墙式基础。

表 1-1　固定顶储罐系列环墙式基础计算环向力设计值与实际环向力设计值对照表。

表 1-2　内浮顶储罐系列环墙式基础计算环向力设计值与实际环向力设计值对照表。

表 1-3　浮顶储罐系列环墙式基础计算环向力设计值与实际环向力设计值对照表。

如果储罐的有关数据与表 1-1～表 1-3 储罐系列中的数据不符时，选用者可根据“石油化工企业钢储罐地基与基础设计规范”中有关公式进行验算，如果满足要求则仍可以从通用图集中选用。通用图集如下：

(1) 固定顶储罐现浇环墙材料明细表　(页次 21～50)

(2) 内浮顶储罐现浇环墙材料明细表　(页次 51～80)

(3) 浮顶储罐现浇环墙材料明细表　(页次 81～100)

总　说　明							
审核		校对		设计		页	3

表 1-1 固定顶储罐系列环墙式基础计算环向力设计值与实际环向力设计值对照表

序号	公称容积 V_s/m^3	储罐内径 D_t/m	罐壁高度 h_1/m	储罐总高度 h_t/m	储罐自重 G_t/kN	基础底面附加压力标准值 p_0/kPa	环墙式基础编号	环墙厚度 b_w/m	计算环向力设计值 $F_t/(kN/m)$		实际环向力设计值 $F_{ta}/(kN/m)$	
1	100	5.2	5.2	5.754	60.16	53.83	KCHJ-100-1.0	0.20	63.54	**96.27**	243.66	**243.66**
							KCHJ-100-1.2		66.63	**100.95**	243.66	**243.66**
							KCHJ-100-1.4		69.72	**105.63**	243.66	**243.66**
							KCHJ-100-1.6		72.81	**110.31**	243.66	**243.66**
							KCHJ-100-1.8	0.25	75.90	**114.99**	243.66	**243.66**
							KCHJ-100-2.0		78.98	**119.67**	243.66	**243.66**
							KCHJ-100-2.2		82.07	**124.35**	243.66	**243.66**
							KCHJ-100-2.4		85.16	**129.03**	243.66	**243.66**
2	200	6.55	6.55	7.25	95.71	67.07	KCHJ-200-1.0	0.20	95.76	**145.10**	243.66	**243.66**
							KCHJ-200-1.2		99.65	**150.99**	243.66	**243.66**
							KCHJ-200-1.4		103.55	**156.89**	243.66	**243.66**
							KCHJ-200-1.6		107.44	**162.78**	243.66	**243.66**
							KCHJ-200-1.8	0.25	111.33	**168.68**	243.66	**243.66**
							KCHJ-200-2.0		115.22	**174.57**	243.66	**243.66**
							KCHJ-200-2.2		119.11	**180.47**	243.66	**243.66**
							KCHJ-200-2.4		123.00	**186.36**	243.66	**243.66**
3	300	7.50	7.50	8.305	125.13	76.38	KCHJ-300-1.0	0.20	122.33	**185.34**	243.66	**243.66**
							KCHJ-300-1.2		126.78	**192.09**	243.66	**243.66**
							KCHJ-300-1.4		131.24	**198.84**	243.66	**243.66**
							KCHJ-300-1.6		135.69	**205.59**	243.66	**243.66**
							KCHJ-300-1.8	0.25	140.15	**212.34**	243.66	**243.66**
							KCHJ-300-2.0		144.60	**219.09**	243.66	**243.66**
							KCHJ-300-2.2		149.06	**225.84**	243.66	**243.66**
							KCHJ-300-2.4		153.51	**232.59**	243.66	**243.66**

总 说 明							
审核		校对		设计		页	4

续表 1-1

序号	公称容积 V_s/m^3	储罐内径 D_t/m	罐壁高度 h_1/m	储罐总高度 h_t/m	储罐自重 G_t/kN	基础底面附加压力标准值 p_0/kPa	环墙式基础编号	环墙厚度 b_w/m	计算环向力设计值 $F_t/(kN/m)$		实际环向力设计值 $F_{ta}/(kN/m)$	
4	400	8.25	8.25	9.137	149.94	83.71	KCHJ-400-1.0	0.20	145.57	**220.55**	243.66	**243.66**
							KCHJ-400-1.2		150.47	**227.98**	243.66	**243.66**
							KCHJ-400-1.4		155.37	**235.40**	243.66	**243.66**
							KCHJ-400-1.6		160.27	**242.83**	243.66	**243.66**
							KCHJ-400-1.8	0.25	165.17	**250.25**	243.66	**256.06**
							KCHJ-400-2.0		170.07	**257.68**	243.66	**270.32**
							KCHJ-400-2.2		174.97	**265.10**	243.66	**270.32**
							KCHJ-400-2.4		179.87	**272.53**	243.66	**286.44**
5	500	8.92	8.92	9.892	174.02	90.26	KCHJ-500-1.0	0.20	168.02	**254.57**	243.66	**256.06**
							KCHJ-500-1.2		173.32	**262.60**	243.66	**270.32**
							KCHJ-500-1.4		178.61	**270.63**	243.66	**286.44**
							KCHJ-500-1.6		183.91	**278.66**	243.66	**286.44**
							KCHJ-500-1.8	0.25	189.21	**286.68**	243.66	**286.44**
							KCHJ-500-2.0		194.51	**294.71**	243.66	**304.42**
							KCHJ-500-2.2		199.81	**302.74**	243.66	**304.42**
							KCHJ-500-2.4		205.11	**310.77**	243.66	**324.26**
6	600	9.50	9.315	10.338	214.18	94.37	KCHJ-600-1.0	0.20	185.62	**281.24**	243.66	**286.44**
							KCHJ-600-1.2		191.26	**289.79**	243.66	**304.42**
							KCHJ-600-1.4		196.90	**298.34**	243.66	**304.42**
							KCHJ-600-1.6		202.55	**306.89**	243.66	**324.26**
							KCHJ-600-1.8	0.25	208.19	**315.44**	243.66	**324.26**
							KCHJ-600-2.0		213.83	**323.99**	243.66	**324.26**
							KCHJ-600-2.2		219.47	**332.54**	243.66	**347.82**
							KCHJ-600-2.4		225.12	**341.09**	243.66	**347.82**

总 说 明							
审核		校对		设计		页	5

续表 1-1

序号	公称容积 V_s/m^3	储罐内径 D_t/m	罐壁高度 h_1/m	储罐总高度 h_t/m	储罐自重 G_t/kN	基础底面附加压力标准值 p_0/kPa	环墙式基础编号	环墙厚度 b_w/m	计算环向力设计值 $F_t/(kN/m)$		实际环向力设计值 $F_{ta}/(kN/m)$	
7	700	10.200	9.425	10.537	227.12	95.21	KCHJ-700-1.0	0.20	201.29	**304.98**	243.66	**324.26**
							KCHJ-700-1.2		207.35	**314.16**	243.66	**324.26**
							KCHJ-700-1.4		213.41	**323.34**	243.66	**324.26**
							KCHJ-700-1.6		219.47	**332.52**	243.66	**347.82**
							KCHJ-700-1.8	0.25	225.52	**341.70**	243.66	**347.82**
							KCHJ-700-2.0		231.58	**350.88**	243.66	**374.48**
							KCHJ-700-2.2		237.64	**360.06**	243.66	**374.48**
							KCHJ-700-2.4		243.70	**369.24**	243.66	**374.48**
8	800	10.500	10.165	11.297	247.62	102.54	KCHJ-800-1.0	0.20	221.03	**334.89**	243.66	**347.82**
							KCHJ-800-1.2		227.27	**344.34**	243.66	**347.82**
							KCHJ-800-1.4		233.50	**353.79**	243.66	**374.48**
							KCHJ-800-1.6		239.74	**363.24**	243.66	**374.48**
							KCHJ-800-1.8	0.25	245.98	**372.69**	256.06	**374.48**
							KCHJ-800-2.0		252.22	**382.14**	256.06	**389.36**
							KCHJ-800-2.2		258.45	**391.59**	270.32	**405.48**
							KCHJ-800-2.4		264.69	**401.04**	270.32	**405.48**
9	1 000	11.500	10.650	11.891	296.16	107.29	KCHJ-1000-1.0	0.25	252.00	**381.82**	256.06	**389.36**
							KCHJ-1000-1.2		258.83	**392.17**	270.32	**412.30**
							KCHJ-1000-1.4		265.66	**402.52**	270.32	**412.30**
							KCHJ-1000-1.6		272.49	**412.87**	286.44	**438.34**
							KCHJ-1000-1.8		279.33	**423.22**	286.44	**438.34**
							KCHJ-1000-2.0		286.16	**433.57**	286.44	**438.34**
							KCHJ-1000-2.2		292.99	**443.92**	304.42	**467.48**
							KCHJ-1000-2.4		299.82	**454.27**	304.42	**467.48**

总 说 明							
审核		校对		设计		页	6

续表 1-1

序号	公称容积 V_s/m^3	储罐内径 D_t/m	罐壁高度 h_1/m	储罐总高度 h_t/m	储罐自重 G_t/kN	基础底面附加压力标准值 p_0/kPa	环墙式基础编号	环墙厚度 b_w/m	计算环向力设计值 F_t/(kN/m)		实际环向力设计值 F_{ta}/(kN/m)	
10	1 500	13.500	11.500	12.968	395.64	115.54	KCHJ-1500-1.0	0.25	316.24	**479.15**	350.30	**500.96**
							KCHJ-1500-1.2		324.26	**491.30**	350.30	**500.96**
							KCHJ-1500-1.4		332.28	**503.45**	350.30	**539.40**
							KCHJ-1500-1.6		340.30	**515.60**	350.30	**539.40**
							KCHJ-1500-1.8		348.31	**527.75**	350.30	**539.40**
							KCHJ-1500-2.0		356.33	**539.90**	368.90	**561.10**
							KCHJ-1500-2.2		364.35	**552.05**	368.90	**561.10**
							KCHJ-1500-2.4		372.37	**564.20**	389.36	**584.04**
11	2 000	15.780	11.370	13.091	516.71	114.14	KCHJ-2000-1.0	0.25	366.00	**554.54**	368.90	**561.10**
							KCHJ-2000-1.2		375.37	**568.75**	389.36	**584.04**
							KCHJ-2000-1.4		384.75	**582.95**	389.36	**584.04**
							KCHJ-2000-1.6		394.12	**597.15**	412.30	**637.36**
							KCHJ-2000-1.8		403.49	**611.35**	412.30	**637.36**
							KCHJ-2000-2.0		412.87	**625.55**	438.34	**637.36**
							KCHJ-2000-2.2		422.24	**639.76**	438.34	**701.22**
							KCHJ-2000-2.4		431.61	**653.96**	438.34	**701.22**
12	3 000	18.900	11.760	13.809	753.00	118.01	KCHJ-3000-1.0	0.30	451.47	**684.05**	467.48	**734.08**
							KCHJ-3000-1.2		462.70	**701.06**	467.48	**734.08**
							KCHJ-3000-1.4		473.93	**718.07**	500.96	**734.08**
							KCHJ-3000-1.6		485.15	**735.08**	500.96	**763.84**
							KCHJ-3000-1.8		496.38	**752.09**	500.96	**763.84**
							KCHJ-3000-2.0		507.61	**769.10**	539.40	**795.46**
							KCHJ-3000-2.2		518.83	**786.11**	539.40	**795.46**
							KCHJ-3000-2.4		530.06	**803.12**	539.40	**867.38**

总 说 明							
审核		校对		设计		页	7

续表 1-1

序号	公称容积 V_s/m^3	储罐内径 D_t/m	罐壁高度 h_1/m	储罐总高度 h_t/m	储罐自重 G_t/kN	基础底面附加压力标准值 p_0/kPa	环墙式基础编号	环墙厚度 b_w/m	计算环向力设计值 $F_t/(kN/m)$		实际环向力设计值 $F_{ta}/(kN/m)$	
13	5 000	23.700	12.530	15.103	1 237.55	125.68	KCHJ-5000-1.0	0.30	598.59	**906.96**	637.36	**954.18**
							KCHJ-5000-1.2		612.67	**928.29**	637.36	**954.18**
							KCHJ-5000-1.4		626.75	**949.62**	637.36	**954.18**
							KCHJ-5000-1.6		640.83	**970.95**	701.22	**1 004.40**
							KCHJ-5000-1.8		654.90	**992.28**	701.22	**1 004.40**
							KCHJ-5000-2.0		668.98	**1 013.61**	701.22	**1 060.20**
							KCHJ-5000-2.2		683.06	**1 034.94**	701.22	**1 060.20**
							KCHJ-5000-2.4		697.14	**1 056.27**	701.22	**1 060.20**
14	10 000	31.000	14.580	17.984	2 275.49	146.00	KCHJ-10000-1.0	0.35	896.00	**1 357.59**	959.14	**1 434.06**
							KCHJ-10000-1.2		914.42	**1 385.49**	959.14	**1 434.06**
							KCHJ-10000-1.4		932.83	**1 413.39**	959.14	**1 434.06**
							KCHJ-10000-1.6		951.25	**1 441.29**	959.14	**1 577.90**
							KCHJ-10000-1.8		969.66	**1 469.19**	996.96	**1 577.90**
							KCHJ-10000-2.0		988.08	**1 497.09**	996.96	**1 577.90**
							KCHJ-10000-2.2		1 006.49	**1 524.99**	1 039.12	**1 577.90**
							KCHJ-10000-2.4		1 024.90	**1 552.89**	1 039.12	**1 577.90**
15	20 000	42.000	17.000	21.546	4 642.76	170.06	KCHJ-20000-1.2	0.40	1 394.73	**2 113.23**	1 434.06	**2 142.10**
							KCHJ-20000-1.2		1 419.68	**2 151.03**	1 434.06	**2 356.62**
							KCHJ-20000-1.4		1 444.63	**2 188.83**	1 577.90	**2 356.62**
							KCHJ-20000-1.6		1 469.58	**2 226.63**	1 577.90	**2 356.62**
							KCHJ-20000-1.8		1 494.52	**2 264.43**	1 577.90	**2 356.62**
							KCHJ-20000-2.0		1 519.47	**2 302.23**	1 577.90	**2 356.62**
							KCHJ-20000-2.2		1 544.42	**2 340.03**	1 577.90	**2 356.62**
							KCHJ-20000-2.4		1 569.37	**2 377.83**	1 577.90	**2 480.62**

总　说　明							
审核		校对		设计		页	8

续表 1-1

序号	公称容积 V_s/m^3	储罐内径 D_t/m	罐壁高度 h_1/m	储罐总高度 h_t/m	储罐自重 G_t/kN	基础底面附加压力标准值 p_0/kPa	环墙式基础编号	环墙厚度 b_w/m	计算环向力设计值 $F_t/(kN/m)$		实际环向力设计值 $F_{ta}/(kN/m)$	
16	30 000	44.000	20.600	25.388	6 300.04	206.16	KCHJ-30000-1.0	0.40	1 742.89	**2 640.75**	1 770.72	**2 766.44**
							KCHJ-30000-1.2		1 769.03	**2 680.35**	1 770.72	**2 766.44**
							KCHJ-30000-1.4		1 795.17	**2 719.95**	1 948.04	**2 766.44**
							KCHJ-30000-1.6		1 821.30	**2 759.55**	1 948.04	**2 766.44**
							KCHJ-30000-1.8		1 847.44	**2 799.15**	1 948.04	**3 043.58**
							KCHJ-30000-2.0		1 873.57	**2 838.75**	1 948.04	**3 043.58**
							KCHJ-30000-2.2		1 899.71	**2 878.35**	1 948.04	**3 043.58**
							KCHJ-30000-2.4		1 925.85	**2 917.95**	1 948.04	**3 043.58**

表 1-2　内浮顶储罐系列环墙式基础计算环向力设计值与实际环向力设计值对照表

序号	公称容积 V_s/m^3	储罐内径 D_t/m	罐壁高度 h_1/m	储罐总高度 h_t/m	储罐自重 G_t/kN	基础底面附加压力标准值 p_0/kPa	环墙式基础编号	环墙厚度 b_w/m	计算环向力设计值 $F_t/(kN/m)$		实际环向力设计值 $F_{ta}/(kN/m)$	
1	100	4.500	7.850	8.327	80.12	74.32	NFCHJ-100-1.0	0.20	69.91	**105.93**	243.66	**243.66**
							NFCHJ-100-1.2		72.59	**109.98**	243.66	**243.66**
							NFCHJ-100-1.4		75.26	**114.03**	**243.66**	**243.66**
							NFCHJ-100-1.6		77.93	**118.08**	243.66	**243.66**
							NFCHJ-100-1.8	0.25	80.16	**122.13**	243.66	**243.66**
							NFCHJ-100-2.0		83.28	**126.18**	243.66	**243.66**
							NFCHJ-100-2.2		85.95	**130.23**	243.66	**243.66**
							NFCHJ-100-2.4		88.63	**134.28**	243.66	**243.66**
2	200	5.500	10.260	10.847	123.76	95.76	NFCHJ-200-1.0	0.20	106.67	**161.62**	243.66	**243.66**
							NFCHJ-200-1.2		109.94	**166.57**	243.66	**243.66**
							NFCHJ-200-1.4		113.20	**171.52**	243.66	**243.66**
							NFCHJ-200-1.6		116.47	**176.47**	243.66	**243.66**
							NFCHJ-200-1.8	0.25	119.74	**181.42**	243.66	**243.66**
							NFCHJ-200-2.0		123.00	**186.37**	243.66	**243.66**
							NFCHJ-200-2.2		126.27	**191.32**	243.66	**243.66**
							NFCHJ-200-2.4		129.54	**196.27**	243.66	**243.66**

总　说　明							
审核		校对		设计		页	9

续表 1-2

序号	公称容积 V_s/m^3	储罐内径 D_t/m	罐壁高度 h_1/m	储罐总高度 h_t/m	储罐自重 G_t/kN	基础底面附加压力标准值 p_0/kPa	环墙式基础编号	环墙厚度 b_w/m	计算环向力设计值 $F_t/(kN/m)$		实际环向力设计值 $F_{ta}/(kN/m)$	
3	300	6.500	10.650	11.345	156.71	98.72	NFCHJ-300-1.0	0.20	130.12	**197.16**	243.66	**243.66**
							NFCHJ-300-1.2		133.98	**203.01**	**243.66**	**243.66**
							NFCHJ-300-1.4		137.84	**208.86**	243.66	**243.66**
							NFCHJ-300-1.6		141.71	**214.71**	243.66	**243.66**
							NFCHJ-300-1.8	0.25	145.57	**220.56**	243.66	**243.66**
							NFCHJ-300-2.0		149.43	**226.41**	243.66	**243.66**
							NFCHJ-300-2.2		153.29	**232.26**	243.66	**243.66**
							NFCHJ-300-2.4		157.15	**238.11**	243.66	**243.66**
4	400	7.500	10.650	11.455	189.07	98.28	NFCHJ-400-1.0	0.20	150.14	**227.49**	243.66	**243.66**
							NFCHJ-400-1.2		154.60	**234.24**	243.66	**243.66**
							NFCHJ-400-1.4		159.05	**240.99**	243.66	**243.66**
							NFCHJ-400-1.6		163.51	**247.74**	243.66	**256.06**
							NFCHJ-400-1.8	0.25	167.96	**254.49**	243.66	**256.06**
							NFCHJ-400-2.0		172.42	**261.24**	243.66	**270.32**
							NFCHJ-400-2.2		176.87	**267.99**	243.66	**270.32**
							NFCHJ-400-2.4		181.33	**274.74**	243.66	**286.44**
5	500	8.200	11.000	11.881	217.90	101.21	NFCHJ-500-1.0	0.20	168.75	**255.68**	243.66	**256.06**
							NFCHJ-500-1.2		173.62	**263.06**	243.66	**270.32**
							NFCHJ-500-1.4		178.49	**270.44**	243.66	**270.32**
							NFCHJ-500-1.6		183.36	**277.82**	243.66	**286.44**
							NFCHJ-500-1.8	0.25	188.23	**285.20**	243.66	**286.44**
							NFCHJ-500-2.0		193.10	**292.58**	243.66	**304.42**
							NFCHJ-500-2.2		197.97	**299.96**	243.66	**304.42**
							NFCHJ-500-2.4		202.84	**307.34**	243.66	**324.26**

总 说 明							
审核		校对		设计		页	10

续表 1-2

序号	公称容积 V_s/m^3	储罐内径 D_t/m	罐壁高度 h_1/m	储罐总高度 h_t/m	储罐自重 G_t/kN	基础底面附加压力标准值 p_0/kPa	环墙式基础编号	环墙厚度 b_w/m	计算环向力设计值 $F_t/(kN/m)$		实际环向力设计值 $F_{ta}/(kN/m)$	
6	600	9.000	11.000	11.969	253.35	101.07	NFCHJ-600-1.0	0.20	185.21	**280.62**	243.66	**286.44**
							NFCHJ-600-1.2		190.56	**288.72**	243.66	**304.42**
							NFCHJ-600-1.4		195.90	**296.82**	243.66	**304.42**
							NFCHJ-600-1.6		201.25	**304.92**	243.66	**324.26**
							NFCHJ-600-1.8	0.25	206.60	**313.02**	243.66	**324.26**
							NFCHJ-600-2.0		211.94	**321.12**	243.66	**324.26**
							NFCHJ-600-2.2		217.29	**329.22**	243.66	**347.82**
							NFCHJ-600-2.4		222.63	**337.32**	243.66	**347.82**
7	700	9.200	12.500	13.491	281.65	114.56	NFCHJ-700-1.0	0.20	211.42	**320.33**	243.66	**324.26**
							NFCHJ-700-1.2		216.88	**328.61**	243.66	**347.82**
							NFCHJ-700-1.4		222.35	**336.89**	243.66	**347.82**
							NFCHJ-700-1.6		227.81	**345.17**	243.66	**347.82**
							NFCHJ-700-1.8	0.25	233.28	**353.45**	243.66	**374.48**
							NFCHJ-700-2.0		238.74	**361.73**	243.66	**374.48**
							NFCHJ-700-2.2		244.21	**370.01**	256.06	**374.48**
							NFCHJ-700-2.4		249.67	**378.29**	256.06	**389.36**
8	800	10.000	12.000	13.078	313.08	109.90	NFCHJ-800-1.0	0.20	221.80	**336.06**	243.66	347.82
							NFCHJ-800-1.2		227.74	**345.06**	243.66	**347.82**
							NFCHJ-800-1.4		233.68	**354.06**	243.66	**374.48**
							NFCHJ-800-1.6		239.62	**363.06**	243.66	**374.48**
							NFCHJ-800-1.8	0.25	245.56	**372.06**	256.06	**374.48**
							NFCHJ-800-2.0		251.50	**381.06**	256.06	**389.36**
							NFCHJ-800-2.2		257.44	**390.06**	270.32	**405.48**
							NFCHJ-800-2.4		263.38	**399.06**	270.32	**405.48**

总说明							
审核		校对		设计		页	11

续表 1-2

序号	公称容积 V_s/m^3	储罐内径 D_t/m	罐壁高度 h_1/m	储罐总高度 h_t/m	储罐自重 G_t/kN	基础底面附加压力标准值 p_0/kPa	环墙式基础编号	环墙厚度 b_w/m	计算环向力设计值 $F_t/(kN/m)$		实际环向力设计值 $F_{ta}/(kN/m)$	
9	1 000	11.500	12.000	13.254	386.68	109.63	NFCHJ-1000-1.0	0.25	255.07	**386.47**	256.06	**389.36**
							NFCHJ-1000-1.2		261.90	**396.82**	270.32	**412.30**
							NFCHJ-1000-1.4		268.73	**407.17**	270.32	**412.30**
							NFCHJ-1000-1.6		275.56	**417.52**	286.44	**438.34**
							NFCHJ-1000-1.8		282.39	**427.87**	286.44	**438.34**
							NFCHJ-1000-2.0		289.22	**438.22**	304.42	**438.34**
							NFCHJ-1000-2.2		296.06	**448.57**	304.42	**467.48**
							NFCHJ-1000-2.4		302.89	**458.92**	304.42	**467.48**
10	1 500	13.000	13.500	14.905	504.31	122.95	NFCHJ-1500-1.0	0.25	319.56	**484.18**	350.30	**500.96**
							NFCHJ-1500-1.2		327.28	**495.88**	350.30	**500.96**
							NFCHJ-1500-1.4		335.00	**507.58**	350.30	**539.40**
							NFCHJ-1500-1.6		342.72	**519.28**	**350.30**	**539.40**
							NFCHJ-1500-1.8		350.44	**530.98**	350.30	**539.40**
							NFCHJ-1500-2.0		358.17	**542.68**	368.90	**561.10**
							NFCHJ-1500-2.2		365.89	**554.38**	368.90	**561.10**
							NFCHJ-1500-2.4		373.61	**566.08**	389.36	**584.04**
11	2 000	14.500	14.350	15.919	597.72	130.27	NFCHJ-2000-1.0	0.25	376.16	**569.94**	389.36	**584.04**
							NFCHJ-2000-1.2		384.77	**582.99**	389.36	**584.04**
							NFCHJ-2000-1.4		393.38	**596.04**	412.30	**637.36**
							NFCHJ-2000-1.6		402.00	**609.09**	412.30	**637.36**
							NFCHJ-2000-1.8		410.61	**622.14**	412.30	**637.36**
							NFCHJ-2000-2.0		419.22	**635.19**	438.34	**637.36**
							NFCHJ-2000-2.2		427.84	**648.24**	438.34	**701.22**
							NFCHJ-2000-2.4		436.45	**661.29**	438.34	**701.22**

总 说 明							
审核		校对		设计		页	12

续表 1-2

序号	公称容积 V_s/m^3	储罐内径 D_t/m	罐壁高度 h_1/m	储罐总高度 h_t/m	储罐自重 G_t/kN	基础底面附加压力标准值 p_0/kPa	环墙式基础编号	环墙厚度 b_w/m	计算环向力设计值 $F_t/(kN/m)$		实际环向力设计值 $F_{ta}/(kN/m)$	
12	3 000	17.000	15.850	17.691	877.55	143.76	NFCHJ-3000-1.0	0.30	481.83	**730.05**	500.96	**734.08**
							NFCHJ-3000-1.2		491.93	**745.35**	500.96	**763.84**
							NFCHJ-3000-1.4		502.03	**760.65**	539.40	**763.84**
							NFCHJ-3000-1.6		512.13	**775.95**	539.40	**795.46**
							NFCHJ-3000-1.8		522.23	**791.25**	539.40	**795.46**
							NFCHJ-3000-2.0		532.32	**806.55**	539.40	**867.38**
							NFCHJ-3000-2.2		542.42	**821.85**	561.10	**867.38**
							NFCHJ-3000-2.4		552.52	**837.15**	561.10	**867.38**
13	5 000	21.000	16.500	18.778	1 318.36	149.44	NFCHJ-5000-1.0	0.30	617.06	**934.94**	637.36	**954.18**
							NFCHJ-5000-1.2		629.53	**953.84**	637.36	**954.18**
							NFCHJ-5000-1.4		642.01	**972.74**	701.22	**1 004.40**
							NFCHJ-5000-1.6		654.48	**991.64**	701.22	**1 004.40**
							NFCHJ-5000-1.8		666.95	**1 010.54**	701.22	**1 060.20**
							NFCHJ-5000-2.0		679.43	**1 029.44**	701.22	**1 060.20**
							NFCHJ-5000-2.2		691.90	**1 048.34**	701.22	**1 060.20**
							NFCHJ-5000-2.4		704.38	**1 067.24**	737.80	**1 122.82**
14	10 000	30.000	16.500	19.760	2 809.80	149.60	NFCHJ-10000-1.0	0.35	881.51	**1 335.62**	890.32	**1 434.06**
							NFCHJ-10000-1.2		899.33	**1 362.62**	959.14	**1 434.06**
							NFCHJ-10000-1.4		917.15	**1 389.62**	959.14	**1 434.06**
							NFCHJ-10000-1.6		934.97	**1 416.62**	959.14	**1 434.06**
							NFCHJ-10000-1.8		952.79	**1 443.62**	959.14	**1 577.90**
							NFCHJ-10000-2.0		970.61	**1 470.62**	996.96	**1 577.90**
							NFCHJ-10000-2.2		988.43	**1 497.62**	996.96	**1 577.90**
							NFCHJ-10000-2.4		1 006.25	**1 524.62**	1 039.12	**1 577.90**

总　说　明							
审核		校对		设计		页	13

续表 1-2

序号	公称容积 V_s/m^3	储罐内径 D_t/m	罐壁高度 h_1/m	储罐总高度 h_t/m	储罐自重 G_t/kN	基础底面附加压力标准值 p_0/kPa	环墙式基础编号	环墙厚度 b_w/m	计算环向力设计值 $F_t/(kN/m)$		实际环向力设计值 $F_{ta}/(kN/m)$	
15	20 000	42.000	17.500	22.046	5 010.07	158.07	NFCHJ-20000-1.0	0.40	1 301.35	**1 971.74**	1 314.40	**2 028.64**
							NFCHJ-20000-1.2		1 326.30	**2 009.54**	1 434.06	**2 028.64**
							NFCHJ-20000-1.4		1 351.25	**2 047.34**	1 434.06	**2 173.72**
							NFCHJ-20000-1.6		1 376.19	**2 085.14**	1 434.06	**2 173.72**
							NFCHJ-20000-1.8		1 401.14	**2 122.94**	1 434.06	**2 173.72**
							NFCHJ-20000-2.0		1 426.09	**2 160.74**	1 434.06	**2 173.72**
							NFCHJ-20000-2.2		1 451.04	**2 198.54**	1 577.90	**2 341.12**
							NFCHJ-20000-2.4		1 475.99	**2 236.34**	1 577.90	**2 341.12**
16	30 000	44.000	22.000	26.788	6 769.24	198.62	NFCHJ-30000-1.0	0.40	1 680.28	**2 545.88**	1 770.72	**2 766.44**
							NFCHJ-30000-1.2		1 706.42	**2 585.48**	1 770.72	**2 766.44**
							NFCHJ-30000-1.4		1 732.56	**2 625.08**	1 770.72	**2 766.44**
							NFCHJ-30000-1.6		1 758.69	**2 664.68**	1 770.72	**2 766.44**
							NFCHJ-30000-1.8		1 784.83	**2 704.28**	1 948.04	**2 766.44**
							NFCHJ-30000-2.0		1 810.96	**2 743.88**	1 948.04	**2 766.44**
							NFCHJ-30000-2.2		1 837.10	**2 783.48**	1 948.04	**3 043.58**
							NFCHJ-30000-2.4		1 863.24	**2 823.08**	1 948.04	**3 043.58**

总 说 明							
审核		校对		设计		页	14

表 1-3　浮顶储罐系列环墙式基础计算环向力设计值与实际环向力设计值对照表

序号	公称容积 V_s/m^3	储罐内径 D_t/m	罐壁高度 h_1/m	储罐总高度 h_t/m	储罐自重 G_t/kN	基础底面附加压力标准值 p_0/kPa	环墙式基础编号	环墙厚度 b_w/m	计算环向力设计值 $F_t/(kN/m)$		实际环向力设计值 $F_{ta}/(kN/m)$	
1	1 000	12.000	9.520		361.87	87.22	FCHJ-1000-1.0	0.25	218.52	**331.09**	243.66	**350.30**
							FCHJ-1000-1.2		225.65	**341.89**	243.66	**350.30**
							FCHJ-1000-1.4		232.77	**352.69**	243.66	**368.90**
							FCHJ-1000-1.6		239.90	**363.49**	243.66	**368.90**
							FCHJ-1000-1.8		247.03	**374.29**	256.06	**389.36**
							FCHJ-1000-2.0		254.16	**385.09**	256.06	**389.36**
							FCHJ-1000-2.2		261.29	**395.89**	270.32	**412.30**
							FCHJ-1000-2.4		268.41	**406.69**	270.32	**412.30**
2	2 000	14.500	12.690		538.39	115.26	FCHJ-2000-1.0	0.25	337.63	**511.55**	350.30	**539.40**
							FCHJ-2000-1.2		346.24	**524.60**	350.30	**539.40**
							FCHJ-2000-1.4		354.85	**537.65**	368.90	**539.40**
							FCHJ-2000-1.6		363.46	**550.70**	368.90	**561.10**
							FCHJ-2000-1.8		372.08	**563.75**	389.36	**584.04**
							FCHJ-2000-2.0		380.69	**576.80**	389.36	**584.04**
							FCHJ-2000-2.2		389.30	**589.85**	389.36	**637.36**
							FCHJ-2000-2.4		397.92	**602.90**	412.30	**637.36**
3	3 000	16.500	14.270		729.61	129.36	FCHJ-3000-1.0	0.30	425.93	**645.35**	438.34	**682.00**
							FCHJ-3000-1.2		435.73	**660.20**	438.34	**682.00**
							FCHJ-3000-1.4		445.53	**675.05**	467.48	**682.00**
							FCHJ-3000-1.6		455.33	**689.90**	467.48	**734.08**
							FCHJ-3000-1.8		465.13	**704.75**	467.48	**734.08**
							FCHJ-3000-2.0		474.93	**719.60**	500.96	**734.08**
							FCHJ-3000-2.2		484.73	**734.45**	500.96	**763.84**
							FCHJ-3000-2.4		494.54	**749.30**	500.96	**763.84**

总　说　明							
审核		校对		设计		页	15

续表 1-3

序号	公称容积 V_s/m^3	储罐内径 D_t/m	罐壁高度 h_1/m	储罐总高度 h_t/m	储罐自重 G_t/kN	基础底面附加压力标准值 p_0/kPa	环墙式基础编号	环墙厚度 b_w/m	计算环向力设计值 $F_t/(kN/m)$		实际环向力设计值 $F_{ta}/(kN/m)$	
4	5 000	22.000	14.270		1 212.10	129.14	FCHJ-5000-1.0	0.30	567.90	**860.46**	584.04	**867.38**
							FCHJ-5000-1.2		580.97	**880.26**	584.04	**954.18**
							FCHJ-5000-1.4		594.04	**900.06**	637.36	**954.18**
							FCHJ-5000-1.6		607.11	**919.86**	637.36	**954.18**
							FCHJ-5000-1.8		620.18	**939.66**	637.36	**954.18**
							FCHJ-5000-2.0		633.24	**959.46**	637.36	**1 004.40**
							FCHJ-5000-2.2		646.31	**979.26**	701.22	**1 004.40**
							FCHJ-5000-2.4		659.38	**999.06**	701.22	**1 004.40**
5	10 000	28.500	15.850		1 949.56	142.95	FCHJ-10000-1.0	0.35	807.78	**1 223.91**	830.80	**1 262.32**
							FCHJ-10000-1.2		824.71	**1 249.56**	830.80	**1 262.32**
							FCHJ-10000-1.4		841.64	**1 275.21**	890.32	**1 314.40**
							FCHJ-10000-1.6		858.57	**1 300.86**	890.32	**1 314.40**
							FCHJ-10000-1.8		875.50	**1 326.51**	890.32	**1 434.06**
							FCHJ-10000-2.0		892.42	**1 352.16**	959.14	**1 434.06**
							FCHJ-10000-2.2		909.35	**1 377.81**	959.14	**1 434.06**
							FCHJ-10000-2.4		926.28	**1 403.46**	959.14	**1 434.06**
6	20 000	40.500	15.850		3 213.64	142.39	FCHJ-20000-1.0	0.35	1 147.90	**1 739.24**	1 213.34	**1 770.72**
							FCHJ-20000-1.2		1 171.95	**1 775.69**	1 213.34	**1 948.04**
							FCHJ-20000-1.4		1 196.01	**1 812.14**	1 213.34	**1 948.04**
							FCHJ-20000-1.6		1 220.07	**1 848.59**	1 262.32	**1 948.04**
							FCHJ-20000-1.8		1 244.13	**1 885.04**	1 262.32	**1 948.04**
							FCHJ-20000-2.0		1 268.18	**1 921.49**	1 314.40	**1 948.04**
							FCHJ-20000-2.2		1 292.24	**1 957.94**	1 314.40	**2 050.34**
							FCHJ-20000-2.4		1 316.30	**1 994.39**	1 434.06	**2 050.34**

总说明							
审核		校对		设计		页	16

续表 1-3

序号	公称容积 V_s/m^3	储罐内径 D_t/m	罐壁高度 h_1/m	储罐总高度 h_t/m	储罐自重 G_t/kN	基础底面附加压力标准值 p_0/kPa	环墙式基础编号	环墙厚度 b_w/m	计算环向力设计值 $F_t/(kN/m)$		实际环向力设计值 $F_{ta}/(kN/m)$	
7	30 000	46.000	19.350		4 988.64	173.78	FCHJ-30000-1.0	0.40	1 561.52	**2 365.94**	1 623.16	**2 434.74**
							FCHJ-30000-1.2		1 588.84	**2 407.34**	1 623.16	**2 434.74**
							FCHJ-30000-1.4		1 616.17	**2 448.74**	1 623.16	**2 535.80**
							FCHJ-30000-1.6		1 643.49	**2 490.14**	1 770.72	**2 535.80**
							FCHJ-30000-1.8		1 670.81	**2 531.54**	1 770.72	**2 535.80**
							FCHJ-30000-2.0		1 698.14	**2 572.94**	1 770.72	**2 766.44**
							FCHJ-30000-2.2		1 725.46	**2 614.34**	1 770.72	**2 766.44**
							FCHJ-30000-2.4		1 752.79	**2 655.74**	1 770.72	**2 766.44**
8	50 000	60.000	19.350		8 821.08	173.90	FCHJ-50000-1.0	0.45	2 036.76	**3 086.01**	2 142.10	**3 178.74**
							FCHJ-50000-1.2		2 072.40	**3 140.01**	2 142.10	**3 178.74**
							FCHJ-50000-1.4		2 108.04	**3 194.01**	2 142.10	**3 467.66**
							FCHJ-50000-1.6		2 143.68	**3 248.01**	2 356.62	**3 467.66**
							FCHJ-50000-1.8		2 179.32	**3 302.01**	2 356.62	**3 467.66**
							FCHJ-50000-2.0		2 214.96	**3 356.01**	2 356.62	**3 467.66**
							FCHJ-50000-2.2		2 250.60	**3 410.01**	2 356.62	**3 467.66**
							FCHJ-50000-2.4		2 286.24	**3 464.01**	2 356.62	**3 467.66**
9	100 000	80	21.80		18 309.02	201.74	FCHJ-100000-1.0	0.50	3 111.98	**4 715.12**	3 203.54	**4 869.48**
							FCHJ-100000-1.2		3 159.50	**4 787.12**	3 203.54	**4 869.48**
							FCHJ-100000-1.4		3 207.02	**4 859.12**	3 381.48	**4 869.48**
							FCHJ-100000-1.6		3 254.54	**4 931.12**	3 381.48	**5 155.92**
							FCHJ-100000-1.8		3 302.06	**5 003.12**	3 381.48	**5 155.92**
							FCHJ-100000-2.0		3 349.58	**5 075.12**	3 381.48	**5 155.92**
							FCHJ-100000-2.2		3 397.10	**5 147.12**	3 580.50	**5 155.92**
							FCHJ-100000-2.4		3 444.62	**5 219.12**	3 580.50	**5 478.32**

总　说　明							
审核		校对		设计		页	17

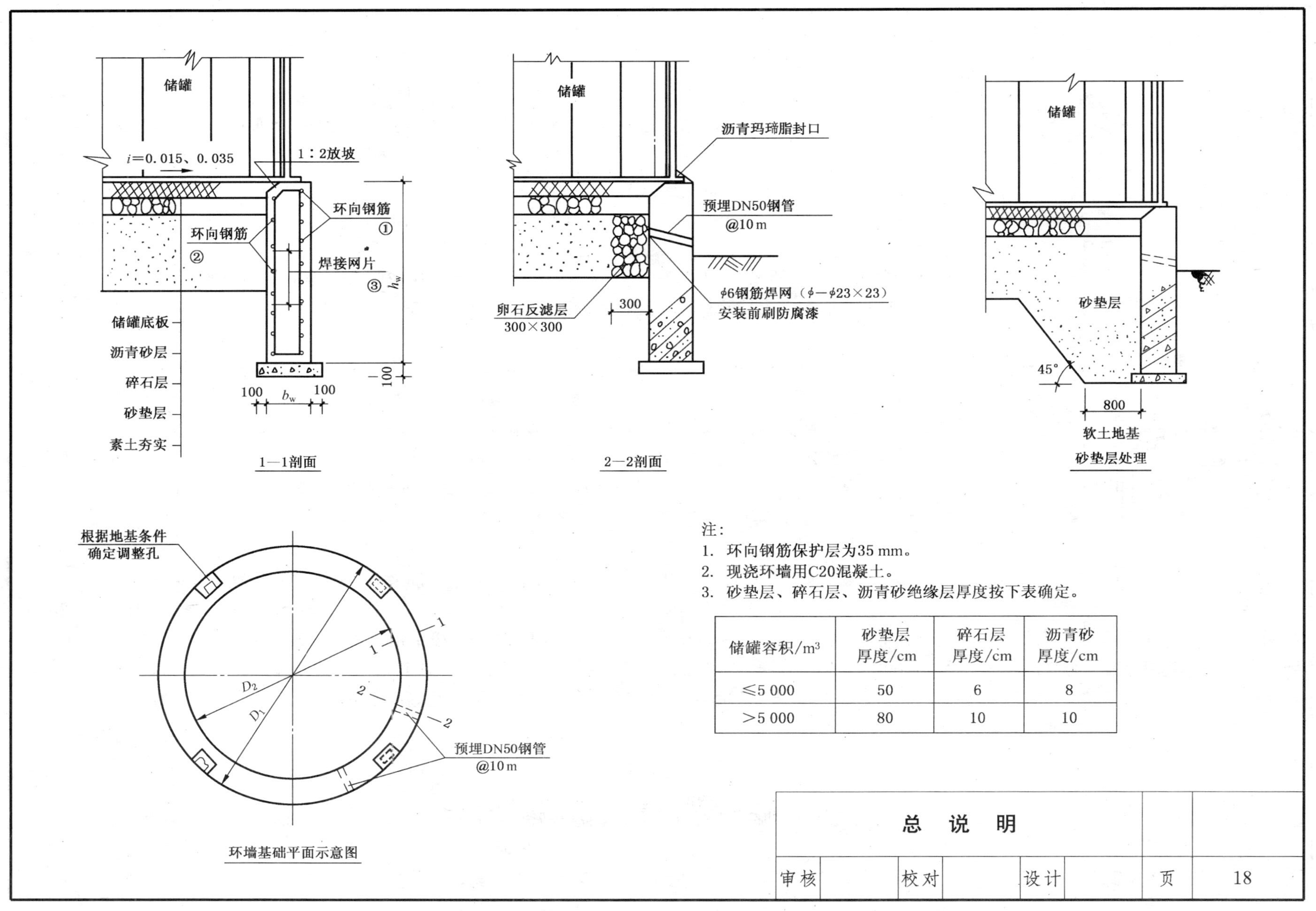

注：
1. 环向钢筋保护层为35 mm。
2. 现浇环墙用C20混凝土。
3. 砂垫层、碎石层、沥青砂绝缘层厚度按下表确定。

储罐容积/m³	砂垫层厚度/cm	碎石层厚度/cm	沥青砂厚度/cm
≤5 000	50	6	8
>5 000	80	10	10

总　说　明							
审核		校对		设计		页	18

4. 环墙高度是由工艺要求的安装高度 h_i（扣除考虑沉降预接抬高的数值）和基础埋置深度 z 所组成。基础埋置深度考虑冰冻线的影响，且不小于 0.6 m。在地震区，当地基土液化时，埋深不小于 1.0 m。

5. 预抬高的数值可根据 GB 50007—2002《建筑地基基础设计规范》中的分层总和法计算。

6. 环墙式基础的位置、标高等由个体设计确定。

五、施工要求

1. 环墙式基础范围内的耕土层，有机物含量超过 5%等不适合作地基的土均应全部挖除。

2. 施工环墙时应注意养护混凝土。当环墙圆周长度大于 40 m 时，宜留后浇缝，缝宽为 300～500 mm，在钢筋连续的原则下分段浇灌。待环墙混凝土养护 28 天后，将混凝土表面凿毛后再支摸，清扫干净混凝土接缝处，并用水充分润湿，再用水灰比大于 0.6 的原配比材料或提高一个强度等级膨胀混凝土填塞捣实，并认真洒水养护。

3. 环墙式基础顶面应在环墙做成 1∶2 的坡度见附图 1-2。

4. 环墙的竖向钢筋，通用图中采用焊接网片。

5. 当储罐容积大于 5 000 m^3 时，为了防止环墙顶由于混凝土的收缩徐变和温差变形产生裂缝和环墙基础的不均匀沉降，设计中加强构造措施在环墙顶端和底端各增加了两圈附加环向钢筋，其直径同环墙环向钢筋。

6. 在软土地区建储罐时，考虑顶升调整基础不均匀沉降的需要。施工环墙时，在环墙顶部预留出安装千斤顶的缺口，缺口数量及大小根据各有千斤顶数量及尺寸预留、一般均匀地布置在储罐的环墙式基础上。

7. 根据工艺提供的排污井位置，在环墙施工时应预留出位置，待储罐充水预压后再施工排污井。

8. 环墙混凝土达到设计强度 80%后，立即在环墙内进行素土夯填，砂垫层、碎石层以及沥青绝缘层的施工。

9. 素土垫层每层虚铺厚度一般为 200～250 mm，逐层夯压密实，逐层质量检验，干密度应大于 1.6 t/m^3。

10. 砂垫层每层虚铺厚度视为设备振动力的大小而定，一般为 150～200 mm，逐层振压密实，逐层质量检验，干密度应大于 1.6 t/m^3。

11. 碎石层用碾压法或平振法进行压实，压实后干密度应大于 1.9 t/m^3。

12. 沥青砂绝缘层。

（1）配合比：中砂与石油沥青配合比按质量比宜为 93∶7。

（2）拌制：采用热法拌制，砂加热至 100～150 ℃后加入温度 160～180 ℃（冬期为 180～200 ℃）的石油沥青中，趁热未退，均匀拌和。

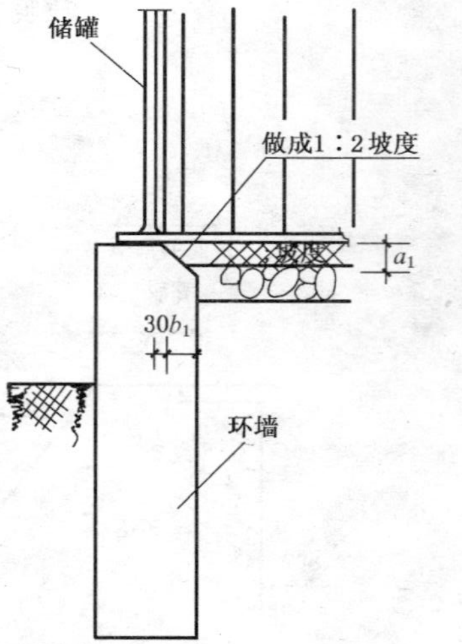

附图 1-2　环墙顶面坡度示意图

总　说　明							
审核		校对		设计		页	19

（3）铺设：铺设沥青砂时温度不应低于140 ℃，碾压前温度不得低于100 ℃。根据环墙基础尺寸和坡度条件选用平振法、夯实法或碾压法，压实完毕沥青砂的温度不应低于60 ℃。对于储罐容积≤5 000 m^3，沥青砂虚铺厚度为100 mm，压实到80 mm；对于储罐容积＞5 000 m^3，沥青砂虚铺厚度为125 mm，压实到100 mm。压实系数为1.25。整个环墙式基础的沥青砂绝缘层应一次施工完毕，不留施工缝。如工程量较大，需要分两次施工时，在接缝处涂一层热沥青，以利接合。沥青砂绝缘层不得在雨天施工。如施工过程遇到雨应严加覆盖。

13. 混凝土浇捣到环墙顶面后，应随打随抹，顶面标高应符合个体设计的要求。

六、基础验收

1. 储罐基础施工中应按SH/T 3528—2005《石油化工钢储罐地基与基础施工及验收规范》对素土垫层、砂垫层、碎石层、沥青砂绝缘层进行中间（隐蔽工程）验收，核对施工单位提供的检查记录，并填好中间验收记录。

2. 储罐基础施工完毕后，应按设计要求和SH/T 3528—2005《石油化工钢储罐地基础与基础施工及验收规范》规定检查验收，合格后方准交付安装。

（1）储罐基础的几何尺寸应符合下列规定：

直径允许偏差为$^{+30}_{0}$ mm；

基础中心坐标位置允许偏差为20 mm；

基础中心标高允许偏差为±20 mm；

环墙厚度允许偏差为$^{+20}_{0}$ mm；

在环墙顶面周长范围内每10 m周长内任意两点的高差不得大于7 mm，整个圆周长度任意两点的高差不得大于13 mm。

（2）沥青砂绝缘层表面应平整、密实无裂纹，无分层，沥青砂表面平整度应符合下列要求：

当储罐直径小于25 m时，可从基础中心向基础周边拉线测量，基础表面凹凸度不得大于25 mm，测点数为基础表面每100 m^2范围内不少于10点（小于100 m^2的基础按100 m^2计算）。

当储罐直径等于或大于25 m时，以基础中心为圆心，以不同半径作同心圆，在圆周等分点测量沥青砂层的标高，同一圆周上的测点，其测量标高与计算标高之差不得大于10 mm。同心圆的直径和圆周上最少测量点数应符合规范要求。

（3）钢筋混凝土环墙最大允许裂缝宽度不应超过0.3 mm。当超过0.3 mm时，必须进行处理。

3. 储罐基础沉降观测结束后，应根据SH/T 3528—2005《石油化工钢储罐地基与基础施工及验收规范》要求进行最终验收并提供以下技术条件：

（1）沉降观测成果记录；

（2）储罐基础变形纵、横剖面图；

（3）如果储罐基础需要修复时，应提供修复的施工技术方案和修复记录。

总　说　明							
审核		校对		设计		页	20

（二）固定顶储罐现浇环墙材料明细表（100 m^3～30 000 m^3）

公称容积 V_s/m^3	环墙式基础编号	环墙高度 h_w/m	环墙厚度 b_w/m	罐壁与环墙距离		钢筋部分								工程量部分				
				内侧 a_i/m	外侧 a_e/m	钢筋编号	简图	直径/mm	长度/mm	数量	总长/m	重量/kg	间距 a/mm	沥青砂绝缘层/m^2	碎石层/m^3	砂垫层/m^3	C20混凝土/m^3	C7.5混凝土/m^3
100	KCHJ-100-1.0	1.0	0.2	0.08	0.12	1	D_1=5 370	Φ10	16 870	6	101	63	200	20.9	1.2	10.0	3.9	0.65
						2	D_2=5 110	Φ10	16 054	6	96	59	200					
						3		Ø10	焊接	82	151	93	200					
								Ø6	网片		42	10						
100	KCHJ-100-1.2	1.2	0.2	0.08	0.12	1	D_1=5 370	Φ10	16 870	7	118	73	200	20.9	1.2	10.0	3.3	0.65
						2	D_2=5 110	Φ10	16 054	7	112	69	200					
						3		Ø10	焊接	82	114	70	200					
								Ø6	网片		56	13						
100	KCHJ-100-1.4	1.4	0.2	0.07	0.13	1	D_1=5 390	Φ10	16 933	8	136	84	200	20.9	1.2	10.1	4.6	0.65
						2	D_2=5 130	Φ10	16 116	8	129	80	200					
						3		Ø10	焊接	82	222	137	200					
								Ø6	网片		56	13						
100	KCHJ-100-1.6	1.6	0.2	0.06	0.14	1	D_1=5 410	Φ10	16 996	9	153	95	200	20.9	1.2	10.1	5.3	0.65
						2	D_2=5 150	Φ10	16 179	9	146	90	200					
						3		Ø10	焊接	82	250	154	200					
								Ø6	网片		70	16						
100	KCHJ-100-1.8	1.8	0.25	0.09	0.16	1	D_1=5 450	Φ10	17 122	10	171	106	200	20.9	1.2	9.9	7.4	0.74
						2	D_2=5 090	Φ10	15 991	10	160	99	200					
						3		Ø10	焊接	82	282	174	200					
								Ø6	网片		90	20						
100	KCHJ-100-2.0	2.0	0.25	0.08	0.17	1	D_1=5 470	Φ10	17 185	11	189	117	200	20.9	1.2	10.0	8.2	0.74
						2	D_2=5 110	Φ10	16 054	11	177	109	200					
						3		Ø10	焊接	82	315	194	200					
								Ø6	网片		90	20						

固定顶储罐现浇环墙材料明细表						图集号	
审核		校对		设计		页	21

公称容积 V_s/m^3	环墙式基础编号	环墙高度 h_w/m	环墙厚度 b_w/m	罐壁与环墙距离		钢筋部分								工程量部分				
				内侧 a_i/m	外侧 a_e/m	钢筋编号	简图	直径/mm	长度/mm	数量	总长/m	重量/kg	间距 a/mm	沥青砂绝缘层/m^2	碎石层/m^3	砂垫层/m^3	C20混凝土/m^3	C7.5混凝土/m^3
100	KCHJ-100-2.2	2.2	0.25	0.07	0.18	1	D_1=5 490	Φ10	17 247	12	207	128	200	20.9	1.2	10.1	9.0	0.74
						2	D_2=5 130	Φ10	16 116	12	194	120	200					
						3		Ø10 Ø6	焊接网片	82	348 108	215 24	200					
100	KCHJ-100-2.4	2.4	0.25	0.06	0.19	1	D_1=5 510	Φ10	17 310	13	225	139	200	20.9	1.2	10.1	9.8	0.74
						2	D_2=5 150	Φ10	16 179	13	210	130	200					
						3		Ø10 Ø6	焊接网片	82	380 108	235 24	200					
200	KCHJ-200-1.0	1.0	0.20	0.09	0.11	1	D_1=6 700	Φ10	21 049	6	126	78	200	33.3	1.9	15.9	4.1	0.82
						2	D_2=6 440	Φ10	20 232	6	122	75	200					
						3		Ø10 Ø6	焊接网片	103	191 53	118 12	200					
200	KCHJ-200-1.2	1.2	0.20	0.09	0.11	1	D_1=6 700	Φ10	21 049	7	147	91	200	33.3	1.9	15.9	4.9	0.82
						2	D_2=6 440	Φ10	20 232	7	142	88	200					
						3		Ø10 Ø6	焊接网片	103	231 70	143 16	200					
200	KCHJ-200-1.4	1.4	0.20	0.08	0.12	1	D_1=6 720	Φ10	21 112	8	169	104	200	33.3	1.9	16.0	5.7	0.82
						2	D_2=6 460	Φ10	20 295	8	162	100	200					
						3		Ø10 Ø6	焊接网片	103	272 70	168 16	200					
200	KCHJ-200-1.6	1.6	0.20	0.07	0.13	1	D_1=6 740	Φ10	21 174	9	190	117	200	33.3	1.9	16.1	6.6	0.82
						2	D_2=6 480	Φ10	20 358	9	183	113	200					
						3		Ø10 Ø6	焊接网片	103	313 88	193 20	200					

固定顶储罐现浇环墙材料明细表						图集号	
审核		校对		设计		页	22

公称容积 V_s/m^3	环墙式基础编号	环墙高度 h_w/m	环墙厚度 b_w/m	罐壁与环墙距离 内侧 a_i/m	罐壁与环墙距离 外侧 a_e/m	钢筋部分 钢筋编号	简图	直径/mm	长度/mm	数量	总长/m	重量/kg	间距 a/mm	工程量部分 沥青砂绝缘层/m^2	碎石层/m^3	砂垫层/m^3	C20混凝土/m^3	C7.5混凝土/m^3
200	KCHJ-200-1.8	1.8	0.25	0.11	0.14	1	$D_1=6\ 760$	Φ10	21 237	10	212	131	200	33.3	1.9	15.7	9.3	0.93
						2	$D_2=6\ 400$	Φ10	20 106	10	201	124	200					
						3		∅10 ∅6	焊接 网片	103	354 113	219 25	200					
200	KCHJ-200-2.0	2.0	0.25	0.10	0.15	1	$D_1=6\ 780$	Φ10	21 300	11	234	144	200	33.3	1.9	15.8	10.2	0.93
						2	$D_2=6\ 420$	Φ10	20 169	11	222	137	200					
						3		∅10 ∅6	焊接 网片	103	396 113	244 25	200					
200	KCHJ-200-2.2	2.2	0.25	0.09	0.16	1	$D_1=6\ 800$	Φ10	21 363	12	256	158	200	33.3	1.9	16.0	11.2	0.93
						2	$D_2=6\ 440$	Φ10	20 232	12	243	150	200					
						3		∅10 ∅6	焊接 网片	103	437 136	270 30	200					
200	KCHJ-200-2.4	2.4	0.25	0.08	0.17	1	$D_1=6\ 820$	Φ10	21 426	13	279	172	200	33.3	1.9	15.9	12.2	0.93
						2	$D_2=6\ 460$	Φ10	20 295	13	264	163	200					
						3		∅10 ∅6	焊接 网片	103	478 136	295 30	200					
300	KCHJ-300-1.0	1.0	0.20	0.10	0.10	1	$D_1=7\ 630$	Φ10	23 970	6	144	89	200	43.7	2.5	20.9	4.7	0.94
						2	$D_2=7\ 370$	Φ10	23 154	6	139	86	200					
						3		∅10 ∅6	焊接 网片	118	217 60	134 14	200					
300	KCHJ-300-1.2	1.2	0.20	0.09	0.11	1	$D_1=7\ 650$	Φ10	24 033	7	168	104	200	43.7	2.5	21.0	5.7	0.94
						2	$D_2=7\ 390$	Φ10	23 216	7	163	101	200					
						3		∅10 ∅6	焊接 网片	118	264 80	163 18	200					

固定顶储罐现浇环墙材料明细表						图集号	
审核		校对		设计		页	23

公称容积 V_s/m^3	环墙式基础编号	环墙高度 h_w/m	环墙厚度 b_w/m	罐壁与环墙距离		钢筋部分								工程量部分				
				内侧 a_i/m	外侧 a_e/m	钢筋编号	简图	直径/mm	长度/mm	数量	总长/m	重量/kg	间距 a/mm	沥青砂绝缘层/m^2	碎石层/m^3	砂垫层/m^3	C20混凝土/m^3	C7.5混凝土/m^3
300	KCHJ-300-1.4	1.4	0.20	0.09	0.11	1	$D_1=7\ 650$	⌀10	24 033	8	192	119	200	43.7	2.5	21.0	6.6	0.94
						2	$D_2=7\ 390$	⌀10	23 216	8	186	115	200					
						3		Ø10 Ø6	焊接 网片	118	312 80	193 18	200					
300	KCHJ-300-1.6	1.6	0.2	0.08	0.12	1	$D_1=7\ 670$	⌀10	24 096	9	217	134	200	43.7	2.5	21.2	7.5	0.94
						2	$D_2=7\ 410$	⌀10	23 279	9	210	130	200					
						3		Ø10 Ø6	焊接 网片	118	359 100	222 22	200					
300	KCHJ-300-1.8	1.8	0.25	0.11	0.14	1	$D_1=7\ 710$	⌀10	24 220	10	242	149	200	43.7	2.5	20.8	10.6	1.06
						2	$D_2=7\ 350$	⌀10	23 090	10	231	143	200					
						3		Ø10 Ø6	焊接 网片	118	406 130	251 29	200					
300	KCHJ-300-2.0	2.0	0.25	0.11	0.14	1	$D_1=7\ 710$	⌀10	24 220	11	266	164	200	43.7	2.5	20.9	11.8	1.06
						2	$D_2=7\ 350$	⌀10	23 090	11	254	157	200					
						3		Ø10 Ø6	焊接 网片	118	453 130	280 29	200					
300	KCHJ-300-2.2	2.2	0.25	0.10	0.15	1	$D_1=7\ 730$	⌀10	24 285	12	291	180	200	43.7	2.5	20.9	13.0	1.06
						2	$D_2=7\ 370$	⌀10	23 154	12	278	172	200					
						3		Ø10 Ø6	焊接 网片	118	500 156	309 35	200					
300	KCHJ-300-2.4	2.4	0.25	0.10	0.15	1	$D_1=7\ 730$	⌀10	24 285	13	316	195	200	44.2	2.7	22.1	14.1	1.06
						2	$D_2=7\ 370$	⌀10	23 154	13	301	186	200					
						3		Ø10 Ø6	焊接 网片	118	548 156	338 35	200					

固定顶储罐现浇环墙材料明细表						图集号	
审核		校对		设计		页	24

公称容积 V_s/m^3	环墙式基础编号	环墙高度 h_w/m	环墙厚度 b_w/m	罐壁与环墙距离		钢筋部分								工程量部分				
				内侧 a_i/m	外侧 a_e/m	钢筋编号	简图	直径/mm	长度/mm	数量	总长/m	重量/kg	间距 a/mm	沥青砂绝缘层/m^2	碎石层/m^3	砂垫层/m^3	C20混凝土/m^3	C7.5混凝土/m^3
400	KCHJ-400-1.0	1.0	0.20	0.10	0.10	1	$D_1=8\ 380$	Φ10	26 327	6	158	98	200	52.9	3.1	25.4	5.2	1.06
						2	$D_2=8\ 120$	Φ10	25 510	6	153	95	200					
						3		∅10 ∅6	焊接网片	130	239 66	148 15	200					
400	KCHJ-400-1.2	1.2	0.20	0.09	0.11	1	$D_1=8\ 400$	Φ10	26 389	7	185	114	200	52.9	3.1	25.6	6.2	1.04
						2	$D_2=8\ 140$	Φ10	25 573	7	179	111	200					
						3		∅10 ∅6	焊接网片	130	291 88	180 20	200					
400	KCHJ-400-1.4	1.4	0.20	0.09	0.11	1	$D_1=8\ 400$	Φ10	26 389	8	211	130	200	52.9	3.1	25.6	7.3	1.04
						2	$D_2=8\ 140$	Φ10	25 573	8	205	127	200					
						3		∅10 ∅6	焊接网片	130	330 88	204 20	200					
400	KCHJ-400-1.6	1.6	0.20	0.08	0.12	1	$D_1=8\ 420$	Φ10	26 452	9	238	147	200	52.9	3.1	25.7	8.3	1.04
						2	$D_2=8\ 160$	Φ10	25 635	9	231	143	200					
						3		∅10 ∅6	焊接网片	130	395 111	244 25	200					
400	KCHJ-400-1.8	1.8	0.25	0.12	0.13	1	$D_1=8\ 440$	Φ10	26 515	10 **11**	265 **292**	164 **180**	200 **190**	52.9	3.0	25.2	11.7	1.17
						2	$D_2=8\ 080$	Φ10	25 384	10 **11**	254 **280**	157 **173**	200 **190**					
						3		∅10 ∅6	焊接网片	130	447 143	276 32	200					

固定顶储罐现浇环墙材料明细表						图集号	
审核		校对		设计		页	25

公称容积 V_s/m^3	环墙式基础编号	环墙高度 h_w/m	环墙厚度 b_w/m	罐壁与环墙距离		钢筋部分								工程量部分				
				内侧 a_i/m	外侧 a_e/m	钢筋编号	简图	直径/mm	长度/mm	数量	总长/m	重量/kg	间距 a/mm	沥青砂绝缘层/m^2	碎石层/m^3	砂垫层/m^3	C20混凝土/m^3	C7.5混凝土/m^3
400	KCHJ-400-2.0	2.0	0.25	0.11	0.14	1	D_1=8 460	ф 10	26 578	11 **12**	292 **319**	180 **197**	200 **180**	52.9	3.0	25.3	12.9	1.17
						2	D_2=8 100	ф 10	25 447	11 **12**	280 **305**	173 **188**	200 **180**					
						3		∅10 ∅6	焊接网片	130	499 143	308 32	200					
400	KCHJ-400-2.2	2.2	0.25	0.11	0.14	1	D_1=8 460	ф 10	26 578	12 **13**	319 **346**	197 **214**	200 **180**	52.9	3.0	25.3	14.2	1.17
						2	D_2=8 100	ф 10	25 447	12 **13**	305 **332**	188 **205**	200 **180**					
						3		∅10 ∅6	焊接网片	130	551 172	340 39	200					
400	KCHJ-400-2.4	2.4	0.25	0.10	0.15	1	D_1=8 480	ф 10	26 640	13 **15**	346 **400**	214 **247**	200 **170**	52.9	3.1	25.4	15.5	1.17
						2	D_2=8 120	ф 10	25 510	13 **15**	332 **383**	205 **236**	200 **170**					
						3		∅10 ∅6	焊接网片	130	603 172	474 49	200					
500	KCHJ-500-1.0	1.0	0.2	0.10	0.10	1	D_1=9 050	ф 10	28 430	6 **7**	171 **199**	106 **123**	200 **190**	61.9	3.6	29.9	5.6	1.12
						2	D_2=8 790	ф 10	27 615	6 **7**	166 **193**	102 **119**	200 **190**					
						3		∅10 ∅6	焊接网片	141	260 72	161 16	200					

固定顶储罐现浇环墙材料明细表						图集号	
审核		校对		设计		页	26

公称容积 V_s/m^3	环墙式基础编号	环墙高度 h_w/m	环墙厚度 b_w/m	罐壁与环墙距离 内侧 a_i/m	罐壁与环墙距离 外侧 a_e/m	钢筋部分 钢筋编号	简图	直径/mm	长度/mm	数量	总长/m	重量/kg	间距 a/mm	工程量部分 沥青砂绝缘层/m^2	碎石层/m^3	砂垫层/m^3	C20混凝土/m^3	C7.5混凝土/m^3
500	KCHJ-500-1.2	1.0	0.2	0.10	0.10	1	$D_1=9\ 050$	Φ 10	28 430	7 **8**	199 **227**	123 **140**	200 **180**	61.9	3.6	29.9	6.7	1.12
						2	$D_2=8\ 790$	Φ 10	27 615	7 **8**	193 **221**	119 **136**	200 **180**					
						3		∅10 ∅6	焊接网片	141	316 96	195 22	200					
500	KCHJ-500-1.4	1.4	0.2	0.09	0.11	1	$D_1=9\ 070$	Φ 10	28 494	8 **9**	228 **256**	141 **158**	200 **170**	61.9	3.6	30.0	7.8	1.12
						2	$D_2=8\ 810$	Φ 10	27 678	8 **9**	221 **249**	137 **154**	200 **170**					
						3		∅10 ∅6	焊接网片	141	372 96	230 22	200					
500	KCHJ-500-1.6	1.6	0.2	0.09	0.11	1	$D_1=9\ 070$	Φ 10	28 494	9 **10**	257 **285**	159 **176**	200 **170**	61.9	3.6	30.0	9.0	1.12
						2	$D_2=8\ 810$	Φ 10	27 678	9 **10**	249 **277**	154 **171**	200 **170**					
						3		∅10 ∅6	焊接网片	141	429 120	265 27	200					
500	KCHJ-500-1.8	1.8	0.25	0.12	0.13	1	$D_1=9\ 110$	Φ 10	28 620	10 **11**	286 **315**	177 **194**	200 **170**	61.9	3.6	29.6	12.6	1.26
						2	$D_2=8\ 750$	Φ 10	27 490	10 **11**	275 **302**	170 **187**	200 **170**					
						3		∅10 ∅6	焊接网片	141	485 155	300 35	200					

固定顶储罐现浇环墙材料明细表						图集号	
审核		校对		设计		页	27

公称容积 V_s/m^3	环墙式基础编号	环墙高度 h_w/m	环墙厚度 b_w/m	罐壁与环墙距离		钢筋部分								工程量部分				
				内侧 a_i/m	外侧 a_e/m	钢筋编号	简图	直径/mm	长度/mm	数量	总长/m	重量/kg	间距 a/mm	沥青砂绝缘层/m^2	碎石层/m^3	砂垫层/m^3	C20混凝土/m^3	C7.5混凝土/m^3
500	KCHJ-500-2.0	2.0	0.25	0.12	0.13	1	$D_1=9\ 110$	Φ10	28 620	11 **13**	315 **372**	195 **230**	200 **160**	61.9	3.6	29.6	14.0	1.26
						2	$D_2=8\ 750$	Φ10	27 489	11 **13**	302 **357**	186 **220**	200 **160**					
						3		∅10 ∅6	焊接网片	141	541 155	334 35	200					
500	KCHJ-500-2.2	2.2	0.25	0.11	0.14	1	$D_1=9\ 130$	Φ10	28 683	12 **14**	344 **402**	212 **248**	200 **160**	61.9	3.6	29.7	15.4	1.26
						2	$D_2=8\ 770$	Φ10	27 552	12 **14**	331 **386**	204 **238**	200 **160**					
						3		∅10 ∅6	焊接网片	141	598 186	369 42	200					
500	KCHJ-500-2.4	2.4	0.25	0.11	0.14	1	$D_1=9\ 130$	Φ10	28 683	13 **17**	373 **488**	230 **301**	200 **150**	61.9	3.6	29.7	16.8	1.26
						2	$D_2=8\ 770$	Φ10	27 552	13 **17**	358 **468**	221 **289**	200 **150**					
						3		∅10 ∅6	焊接网片	141	654 186	404 42	200					
600	KCHJ-600-1.0	1.0	0.20	0.09	0.11	1	$D_1=9\ 650$	Φ10	30 316	6 **7**	182 **212**	113 **131**	200 **170**	70.3	4.1	34.1	6.0	1.20
						2	$D_2=9\ 390$	Φ10	29 500	6 **7**	177 **207**	109 **128**	200 **170**					
						3		∅10 ∅6	焊接网片	150	276 77	170 17	200					

固定顶储罐现浇环墙材料明细表						图集号	
审核		校对		设计		页	28

公称容积 V_s/m^3	环墙式基础编号	环墙高度 h_w/m	环墙厚度 b_w/m	罐壁与环墙距离		钢筋部分								工程量部分				
				内侧 a_i/m	外侧 a_e/m	钢筋编号	简图	直径/mm	长度/mm	数量	总长/m	重量/kg	间距 a/mm	沥青砂绝缘层/m^2	碎石层/m^3	砂垫层/m^3	C20混凝土/m^3	C7.5混凝土/m^3
600	KCHJ-600-1.2	1.2	0.20	0.09	0.11	1	D_1=9 650	Φ10	30 316	7 **8**	212 **243**	131 **150**	200 **160**	70.3	4.1	34.1	7.2	1.20
						2	D_2=9 390	Φ10	29 500	7 **8**	207 **236**	128 **146**	200 **160**					
						3		∅10 ∅6	焊接 网片	150	336 102	207 23	200					
600	KCHJ-600-1.4	1.4	0.20	0.08	0.12	1	D_1=9 670	Φ10	30 379	8 **9**	243 **273**	150 **168**	200 **160**	70.3	4.1	34.3	8.4	1.20
						2	D_2=9 410	Φ10	29 563	8 **9**	237 **266**	146 **164**	200 **160**					
						3		∅10 ∅6	焊接 网片	150	396 102	244 23	200					
600	KCHJ-600-1.6	1.6	0.20	0.08	0.12	1	D_1=9 670	Φ10	30 379	9 **11**	273 **334**	169 **206**	200 **150**	70.3	4.1	34.3	9.6	1.20
						2	D_2=9 410	Φ10	29 563	9 **11**	266 **325**	164 **201**	200 **150**					
						3		∅10 ∅6	焊接 网片	150	456 128	281 29	200					
600	KCHJ-600-1.8	1.8	0.25	0.12	0.13	1	D_1=9 690	Φ10	30 442	10 **13**	305 **396**	188 **244**	200 **150**	70.3	4.0	33.7	13.4	1.34
						2	D_2=9 330	Φ10	29 311	10 **13**	293 **381**	181 **235**	200 **150**					
						3		∅10 ∅6	焊接 网片	150	516 165	318 37	200					

固定顶储罐现浇环墙材料明细表						图集号	
审核		校对		设计		页	29

公称容积 V_s/m^3	环墙式基础编号	环墙高度 h_w/m	环墙厚度 b_w/m	罐壁与环墙距离		钢筋部分								工程量部分				
				内侧 a_i/m	外侧 a_e/m	钢筋编号	简图	直径/mm	长度/mm	数量	总长/m	重量/kg	间距 a/mm	沥青砂绝缘层/m^2	碎石层/m^3	砂垫层/m^3	C20混凝土/m^3	C7.5混凝土/m^3
600	KCHJ-600-2.0	2.0	0.25	0.11	0.14	1	$D_1=9\ 710$	⌀10	30 505	11 **14**	336 **427**	207 **264**	200 **150**	70.3	4.1	33.8	14.9	1.34
						2	$D_2=9\ 350$	⌀10	29 374	11 **14**	323 **411**	200 **254**	200 **150**					
						3		Ø10 Ø6	焊接网片	150	576 165	356 37	200					
600	KCHJ-600-2.2	2.2	0.25	0.11	0.14	1	$D_1=9\ 710$	⌀10	30 505	12 **16**	366 **488**	226 **301**	200 **140**	70.3	4.1	33.8	16.4	1.34
						2	$D_2=9\ 350$	⌀10	29 374	12 **16**	353 **470**	218 **290**	200 **140**					
						3		Ø10 Ø6	焊接网片	150	636 198	392 44	200					
600	KCHJ-600-2.4	2.4	0.25	0.10	0.15	1	$D_1=9\ 730$	⌀10	30 568	13 **18**	397 **550**	245 **340**	200 **140**	70.3	4.1	34.0	17.9	1.34
						2	$D_2=9\ 370$	⌀10	29 437	13 **18**	383 **530**	236 **327**	200 **140**					
						3		Ø10 Ø6	焊接网片	150	696 198	430 44	200					
700	KCHJ-700-1.0	1.0	0.20	0.10	0.10	1	$D_1=10\ 330$	⌀10	32 453	6 **7**	195 **227**	120 **140**	200 **150**	81.1	4.7	39.3	6.4	1.28
						2	$D_2=10\ 070$	⌀10	31 636	6 **7**	190 **221**	117 **137**	200 **150**					
						3		Ø10 Ø6	焊接网片	161	296 82	183 11	200					

固定顶储罐现浇环墙材料明细表						图集号	
审核		校对		设计		页	30

公称容积 V_s/m^3	环墙式基础编号	环墙高度 h_w/m	环墙厚度 b_w/m	罐壁与环墙距离 内侧 a_i/m	罐壁与环墙距离 外侧 a_e/m	钢筋部分 钢筋编号	简图	直径/mm	长度/mm	数量	总长/m	重量/kg	间距 a/mm	工程量部分 沥青砂绝缘层/m^2	碎石层/m^3	砂垫层/m^3	C20混凝土/m^3	C7.5混凝土/m^3
700	KCHJ-700-1.2	1.2	0.20	0.09	0.11	1	$D_1=10\ 350$	⌀10	32 516	7 **9**	228 **293**	141 **181**	200 **150**	81.1	4.7	39.4	7.7	1.28
						2	$D_2=10\ 090$	⌀10	31 700	7 **9**	222 **285**	137 **176**	200 **150**					
						3	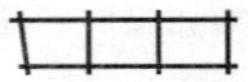	∅10 ∅6	焊接 网片	161	361 109	223 25	200					
700	KCHJ-700-1.4	1.4	0.20	0.09	0.11	1	$D_1=10\ 350$	⌀10	32 516	8 **10**	260 **325**	161 **201**	200 **150**	81.1	4.7	39.4	9.0	1.28
						2	$D_2=10\ 090$	⌀10	31 700	8 **10**	254 **317**	157 **196**	200 **150**					
						3	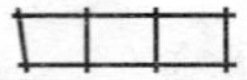	∅10 ∅6	焊接 网片	161	425 110	262 25	200					
700	KCHJ-700-1.6	1.6	0.20	0.08	0.12	1	$D_1=10\ 370$	⌀10	32 580	9 **12**	293 **391**	181 **241**	200 **140**	81.1	4.8	39.6	10.3	1.28
						2	$D_2=10\ 110$	⌀10	31 762	9 **12**	286 **381**	177 **235**	200 **140**					
						3	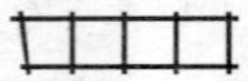	∅10 ∅6	焊接 网片	161	490 137	302 31	200					
700	KCHJ-700-1.8	1.8	0.25	0.12	0.13	1	$D_1=10\ 390$	⌀10	32 640	10 **14**	326 **457**	201 **282**	200 **140**	81.1	4.7	39.0	14.4	1.44
						2	$D_2=10\ 030$	⌀10	31 510	10 **14**	315 **441**	194 **272**	200 **140**					
						3	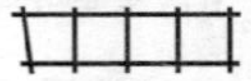	∅10 ∅6	焊接 网片	161	277 177	171 39	200					

固定顶储罐现浇环墙材料明细表						图集号	
审核		校对		设计		页	31

公称容积 V_s/m^3	环墙式基础编号	环墙高度 h_w/m	环墙厚度 b_w/m	罐壁与环墙距离		钢筋部分								工程量部分				
				内侧 a_i/m	外侧 a_e/m	钢筋编号	简图	直径/mm	长度/mm	数量	总长/m	重量/kg	间距 a/mm	沥青砂绝缘层/m^2	碎石层/m^3	砂垫层/m^3	C20混凝土/m^3	C7.5混凝土/m^3
700	KCHJ-700-2.0	2.0	0.25	0.12	0.13	1	$D_1=10\ 390$	⌀10	32 640	11 **16**	359 **522**	222 **322**	200 **130**	81.1	4.7	39.0	16.0	1.44
						2	$D_2=10\ 030$	⌀10	31 510	11 **16**	347 **504**	214 **311**	200 **130**					
						3		∅10 ∅6	焊接网片	161	618 177	381 39	200					
700	KCHJ-700-2.2	2.2	0.25	0.11	0.14	1	$D_1=10\ 410$	⌀10	32 704	12 **18**	392 **589**	242 **363**	200 **130**	81.1	4.7	39.1	17.6	1.44
						2	$D_2=10\ 050$	⌀10	31 573	12 **18**	379 **568**	234 **351**	200 **130**					
						3		∅10 ∅6	焊接网片	161	683 213	421 47	200					
700	KCHJ-700-2.4	2.4	0.25	0.11	0.14	1	$D_1=10\ 410$	⌀10	32 704	13 **20**	425 **654**	262 **404**	200 **130**	81.1	4.7	39.1	19.2	1.44
						2	$D_2=10\ 050$	⌀10	31 573	13 **20**	410 **631**	253 **389**	200 **130**					
						3		∅10 ∅6	焊接网片	161	747 213	461 47	200					
800	KCHJ-800-1.0	1.0	0.20	0.10	0.10	1	$D_1=10\ 630$	⌀10	33 395	6 **8**	200 **267**	123 **165**	200 **140**	85.9	5.0	41.7	6.6	1.32
						2	$D_2=10\ 037$	⌀10	31 532	6 **8**	189 **252**	117 **156**	200 **140**					
						3		∅10 ∅6	焊接网片	166	305 85	188 37	200					

固定顶储罐现浇环墙材料明细表						图集号	
审核		校对		设计		页	32

公称容积 V_s/m^3	环墙式基础编号	环墙高度 h_w/m	环墙厚度 b_w/m	罐壁与环墙距离		钢筋部分								工程量部分				
				内侧 a_i/m	外侧 a_e/m	钢筋编号	简图	直径/mm	长度/mm	数量	总长/m	重量/kg	间距 a/mm	沥青砂绝缘层/m^2	碎石层/m^3	砂垫层/m^3	C20混凝土/m^3	C7.5混凝土/m^3
800	KCHJ-800-1.2	1.2	0.20	0.09	0.11	1	$D_1=10\ 650$	Φ10	33 458	7 **10**	234 **335**	144 **207**	200 **140**	85.9	5.0	41.8	7.9	1.32
						2	$D_2=10\ 390$	Φ10	32 640	7 **10**	228 **326**	141 **201**	200 **140**					
						3		∅10 ∅6	焊接 网片	166	185 113	114 25	200					
800	KCHJ-800-1.4	1.4	0.20	0.09	0.11	1	$D_1=10\ 650$	Φ10	33 458	8 **12**	268 **402**	165 **248**	200 **130**	85.9	5.0	41.8	9.2	1.32
						2	$D_2=10\ 390$	Φ10	32 640	8 **12**	261 **392**	161 **242**	200 **130**					
						3		∅10 ∅6	焊接 网片	166	298 113	184 25	200					
800	KCHJ-800-1.6	1.6	0.20	0.09	0.11	1	$D_1=10\ 670$	Φ10	33 520	9 **14**	302 **469**	186 **289**	200 **130**	85.9	5.0	41.8	10.6	1.32
						2	$D_2=10\ 410$	Φ10	32 704	9 **14**	294 **458**	181 **283**	200 **130**					
						3		∅10 ∅6	焊接 网片	166	505 141	312 31	200					
800	KCHJ-800-1.8	1.8	0.25	0.12	0.13	1	$D_1=10\ 690$	Φ10	33 584	11 **15**	369 **504**	228 **311**	190 **130**	85.9	5.0	41.3	14.8	1.48
						2	$D_2=10\ 330$	Φ10	32 453	11 **15**	357 **487**	220 **300**	190 **130**					
						3		∅10 ∅6	焊接 网片	166	286 183	177 41	200					

固定顶储罐现浇环墙材料明细表						图集号	
审核		校对		设计		页	33

公称容积 V_s/m^3	环墙式基础编号	环墙高度 h_w/m	环墙厚度 b_w/m	罐壁与环墙距离		钢筋部分								工程量部分				
				内侧 a_i/m	外侧 a_e/m	钢筋编号	简图	直径/mm	长度/mm	数量	总长/m	重量/kg	间距 a/mm	沥青砂绝缘层/m^2	碎石层/m^3	砂垫层/m^3	C20混凝土/m^3	C7.5混凝土/m^3
800	KCHJ-800-2.0	2.0	0.25	0.12	0.13	1	$D_1=10\ 690$	Φ10	33 584	12 **17**	403 **571**	249 **352**	190 **125**	85.9	5.0	41.3	16.5	1.48
						2	$D_2=10\ 330$	Φ10	32 453	12 **17**	389 **552**	240 **341**	190 **125**					
						3		∅10 ∅6	焊接网片	166	637 183	393 41	200					
800	KCHJ-800-2.2	2.2	0.25	0.11	0.14	1	$D_1=10\ 710$	Φ10	33 647	13 **19**	437 **639**	270 **394**	180 **120**	85.9	5.0	41.5	18.2	1.48
						2	$D_2=10\ 350$	Φ10	32 516	13 **19**	423 **618**	261 **381**	180 **120**					
						3		∅10 ∅6	焊接网片	166	704 219	434 49	200					
800	KCHJ-800-2.4	2.4	0.25	0.11	0.14	1	$D_1=10\ 710$	Φ10	33 647	14 **21**	471 **707**	291 **436**	180 **120**	85.9	5.0	41.5	19.8	1.48
						2	$D_2=10\ 340$	Φ10	32 484	14 **21**	455 **682**	281 **421**	180 **120**					
						3		∅10 ∅6	焊接网片	166	770 219	475 49	200					
1 000	KCHJ-1000-1.0	1.0	0.25	0.14	0.11	1	$D_1=11\ 650$	Φ10 **Φ12**	36 600	6 **7**	220 **256**	136 **277**	190 **180**	103.1	5.9	49.4	9.1	1.63
						2	$D_2=11\ 290$	Φ10 **Φ12**	35 470	6 **7**	213 **248**	131 **220**	190 **180**					
						3		∅10 ∅6	焊接网片	182	335 120	207 27	200					

固定顶储罐现浇环墙材料明细表						图集号	
审核		校对		设计		页	34

公称容积 V_s/m^3	环墙式基础编号	环墙高度 h_w/m	环墙厚度 b_w/m	罐壁与环墙距离		钢筋部分								工程量部分				
				内侧 a_i/m	外侧 a_e/m	钢筋编号	简图	直径/mm	长度/mm	数量	总长/m	重量/kg	间距 a/mm	沥青砂绝缘层/m^2	碎石层/m^3	砂垫层/m^3	C20混凝土/m^3	C7.5混凝土/m^3
1 000	KCHJ-1000-1.2	1.2	0.25	0.14	0.11	1	$D_1=11\ 650$	Φ10	36 600	8	293	181	180	103.1	5.9	49.4	10.8	1.63
								Φ12		**8**	**293**	**260**	**170**					
						2	$D_2=11\ 290$	Φ10	35 470	8	284	175	180					
								Φ12		**8**	**284**	**252**	**170**					
						3		∅10	焊接	182	408	252	200					
								∅6	网片		160	36						
1 000	KCHJ-1000-1.4	1.4	0.25	0.13	0.12	1	$D_1=11\ 670$	Φ10	36 663	9	330	204	180	103.1	6.0	49.6	12.6	1.63
								Φ12		**9**	**330**	**293**	**170**					
						2	$D_2=11\ 310$	Φ10	35 532	9	320	197	180					
								Φ12		**9**	**320**	**284**	**170**					
						3		∅10	焊接	182	480	296	200					
								∅6	网片		160	36						
1 000	KCHJ-1000-1.6	1.6	0.25	0.13	0.12	1	$D_1=11\ 670$	Φ10	36 663	11	403	249	170	103.1	6.0	49.6	14.5	1.63
								Φ12		**11**	**403**	**358**	**160**					
						2	$D_2=11\ 310$	Φ10	35 532	11	391	241	170					
								Φ12		**11**	**391**	**247**	**160**					
						3		∅10	焊接	182	553	341	200					
								∅6	网片		200	45						
1 000	KCHJ-1000-1.8	1.8	0.25	0.12	0.13	1	$D_1=11\ 690$	Φ10	36 725	12	441	272	170	103.1	6.0	49.8	16.3	1.63
								Φ12		**12**	**441**	**392**	**160**					
						2	$D_2=11\ 330$	Φ10	35 594	12	427	264	170					
								Φ12		**12**	**427**	**379**	**160**					
						3		∅10	焊接	182	626	386	200					
								∅6	网片		200	45						

固定顶储罐现浇环墙材料明细表						图集号	
审核		校对		设计		页	35

公称容积 V_s/m^3	环墙式基础编号	环墙高度 h_w/m	环墙厚度 b_w/m	罐壁与环墙距离		钢　筋　部　分								工 程 量 部 分				
				内侧 a_1/m	外侧 a_2/m	钢筋编号	简　图	直径/mm	长度/mm	数量	总长/m	重量/kg	间距 a/mm	沥青砂绝缘层/m^2	碎石层/m^3	砂垫层/m^3	C20混凝土/m^3	C7.5混凝土/m^3
1 000	KCHJ-1000-2.0	2.0	0.25	0.12	0.13	1	D_1=11 690	Φ10 **Φ12**	36 725	13 **14**	478 **514**	295 **456**	170 **160**	103.1	6.0	49.8	18.1	1.63
						2	D_2=11 330	Φ10 **Φ12**	35 594	13 **14**	463 **498**	286 **442**	170 **160**					
						3		∅10 ∅6	焊接网片	182	699 200	432 45	200					
1 000	KCHJ-1000-2.2	2.2	0.25	0.11	0.14	1	D_1=11 710	Φ10 **Φ12**	36 788	15 **16**	552 **589**	341 **523**	160 **150**	103.1	6.0	50.0	19.9	1.63
						2	D_2=11 350	Φ10 **Φ12**	35 657	15 **16**	533 **571**	330 **507**	160 **150**					
						3		∅10 ∅6	焊接网片	182	772 240	476 54	200					
1 000	KCHJ-1000-2.4	2.4	0.25	0.11	0.14	1	D_1=11 710	Φ10 **Φ12**	36 788	16 **17**	589 **626**	363 **556**	160 **150**	103.1	6.0	50.0	21.7	1.63
						2	D_2=11 350	Φ10 **Φ12**	35 657	16 **17**	571 **606**	352 **538**	160 **150**					
						3		∅10 ∅6	焊接网片	182	845 240	521 54	200					
1 500	KCHJ-1500-1.0	1.0	0.25	0.14	0.11	1	D_1=13 650	Φ12 **Φ12**	42 883	6 **8**	257 **343**	228 **305**	200 **140**	142.3	8.2	68.6	10.6	1.91
						2	D_2=13 290	Φ12 **Φ12**	41 752	6 **8**	251 **334**	223 **297**	200 **140**					
						3		∅10 ∅6	焊接网片	213	390 141	241 32	200					

固定顶储罐现浇环墙材料明细表						图集号	
审核		校对		设计		页	36

公称容积 V_s/m^3	环墙式基础编号	环墙高度 h_w/m	环墙厚度 b_w/m	罐壁与环墙距离		钢筋部分								工程量部分				
				内侧 a_i/m	外侧 a_e/m	钢筋编号	简图	直径/mm	长度/mm	数量	总长/m	重量/kg	间距 a/mm	沥青砂绝缘层/m^2	碎石层/m^3	砂垫层/m^3	C20混凝土/m^3	C7.5混凝土/m^3
1 500	KCHJ-1500-1.2	1.2	0.25	0.13	0.12	1	$D_1=13\ 670$	ф12 **ф12**	42 946	7 **10**	301 **430**	267 **382**	200 **140**	142.3	8.3	68.8	12.7	1.91
						2	$D_2=13\ 310$	ф12 **ф12**	41 815	7 **10**	293 **418**	260 **371**	200 **140**					
						3		∅10 ∅6	焊接网片	213	475 187	293 42	200					
1 500	KCHJ-1500-1.4	1.4	0.25	0.13	0.12	1	$D_1=13\ 670$	ф12 **ф12**	42 946	8 **12**	344 **515**	305 **458**	200 **130**	142.3	8.3	68.8	14.8	1.91
						2	$D_2=13\ 310$	ф12 **ф12**	41 815	8 **12**	335 **502**	298 **446**	200 **130**					
						3		∅10 ∅6	焊接网片	213	560 187	346 42	200					
1 500	KCHJ-1500-1.6	1.6	0.25	0.13	0.12	1	$D_1=13\ 670$	ф12 **ф12**	42 946	9 **14**	387 **601**	344 **534**	200 **130**	142.3	8.3	68.8	17.0	1.91
						2	$D_2=13\ 310$	ф12 **ф12**	41 815	9 **14**	376 **585**	334 **520**	200 **130**					
						3		∅10 ∅6	焊接网片	213	645 234	398 52	200					
1 500	KCHJ-1500-1.8	1.8	0.25	0.12	0.13	1	$D_1=13\ 690$	ф12 **ф12**	43 009	10 **15**	430 **645**	382 **573**	200 **130**	142.3	8.3	69.0	19.1	1.91
						2	$D_2=13\ 330$	ф12 **ф12**	41 878	10 **15**	419 **628**	372 **558**	200 **130**					
						3		∅10 ∅6	焊接网片	213	733 234	453 52	200					

固定顶储罐现浇环墙材料明细表						图集号	
审核		校对		设计		页	37

公称容积 V_s/m^3	环墙式基础编号	环墙高度 h_w/m	环墙厚度 b_w/m	罐壁与环墙距离		钢筋部分								工程量部分				
				内侧 a_i/m	外侧 a_e/m	钢筋编号	简图	直径/mm	长度/mm	数量	总长/m	重量/kg	间距 a/mm	沥青砂绝缘层/m^2	碎石层/m^3	砂垫层/m^3	C20混凝土/m^3	C7.5混凝土/m^3
1 500	KCHJ-1500-2.0	2.0	0.25	0.12	0.13	1	D_1=13 690	ф12 **ф12**	43 009	12 **17**	516 **731**	450 **649**	190 **125**	142.3	8.3	69.0	21.2	1.91
						2	D_2=13 330	ф12 **ф12**	41 878	12 **17**	503 **712**	446 **632**	190 **125**					
						3		∅10 ∅6	焊接网片	213	818 234	505 52	200					
1 500	KCHJ-1500-2.2	2.2	0.25	0.11	0.14	1	D_1=13 710	ф12 **ф12**	43 071	13 **19**	560 **818**	497 **727**	190 **125**	142.3	8.3	69.3	23.3	1.91
						2	D_2=13 350	ф12 **ф12**	41 940	13 **19**	545 **797**	484 **708**	190 **125**					
						3		∅10 ∅6	焊接网片	213	903 281	557 63	200					
1 500	KCHJ-1500-2.4	2.4	0.25	0.11	0.14	1	D_1=13 710	ф12 **ф12**	43 071	14 **21**	603 **905**	536 **803**	180 **120**	142.3	8.3	69.3	25.5	1.91
						2	D_2=13 350	ф12 **ф12**	41 940	14 **21**	587 **881**	521 **702**	180 **120**					
						3		∅10 ∅6	焊接网片	213	988 281	610 63	200					
2 000	KCHJ-2000-1.0	1.0	0.25	0.13	0.12	1	D_1=15 950	ф12 **ф12**	50 109	7 **9**	351 **451**	312 **401**	190 **125**	194.6	11.4	94.6	12.4	2.23
						2	D_2=15 590	ф12 **ф12**	48 978	7 **9**	343 **441**	304 **392**	190 **125**					
						3		∅10 ∅6	焊接网片	249	456 164	281 37	200					

固定顶储罐现浇环墙材料明细表						图集号	
审核		校对		设计		页	38

公称容积 V_s/m^3	环墙式基础编号	环墙高度 h_w/m	环墙厚度 b_w/m	罐壁与环墙距离		钢筋部分								工程量部分				
				内侧 a_i/m	外侧 a_e/m	钢筋编号	简图	直径/mm	长度/mm	数量	总长/m	重量/kg	间距 a/mm	沥青砂绝缘层/m^2	碎石层/m^3	砂垫层/m^3	C20混凝土/m^3	C7.5混凝土/m^3
2 000	KCHJ-2000-1.2	1.2	0.25	0.12	0.13	1	D_1=15 970	ϕ12 **ϕ12**	50 171	8 **11**	401 **552**	356 **490**	180 **120**	194.6	11.4	94.8	14.9	2.23
						2	D_2=15 610	ϕ12 **ϕ12**	49 040	8 **11**	392 **539**	348 **479**	180 **120**					
						3		∅10 ∅6	焊接网片	249	558 219	344 49	200					
2000	KCHJ-2000-1.4	1.4	0.25	0.12	0.13	1	D_1=15 970	ϕ12 **ϕ12**	50 171	9 **13**	452 **652**	401 **579**	180 **120**	194.6	11.4	94.8	17.4	2.23
						2	D_2=15 610	ϕ12 **ϕ12**	49 040	11 **12**	539 **589**	479 **523**	180 **120**					
						3		∅10 ∅6	焊接网片	249	658 219	406 49	200					
2000	KCHJ-2000-1.6	1.6	0.25	0.12	0.13	1	D_1=15 970	ϕ12 **ϕ12**	50 171	11 **16**	552 **803**	490 **713**	170 **110**	194.6	11.4	94.8	19.8	2.23
						2	D_2=15 610	ϕ12 **ϕ12**	49 040	11 **16**	539 **785**	479 **697**	170 **110**					
						3		∅10 ∅6	焊接网片	249	757 274	467 61	200					
2000	KCHJ-2000-1.8	1.8	0.25	0.11	0.14	1	D_1=15 990	ϕ12 **ϕ12**	50 234	12 **18**	603 **904**	536 **803**	170 **110**	194.6	11.4	95.1	22.3	2.23
						2	D_2=15 630	ϕ12 **ϕ12**	49 103	12 **18**	589 **884**	523 **785**	170 **110**					
						3		∅10 ∅6	焊接网片	249	857 274	529 61	200					

固定顶储罐现浇环墙材料明细表						图集号	
审核		校对		设计		页	39

公称容积 V_s/m^3	环墙式基础编号	环墙高度 h_w/m	环墙厚度 b_w/m	罐壁与环墙距离		钢筋部分								工程量部分				
				内侧 a_i/m	外侧 a_e/m	钢筋编号	简图	直径/mm	长度/mm	数量	总长/m	重量/kg	间距 a/mm	沥青砂绝缘层/m^2	碎石层/m^3	砂垫层/m^3	C20混凝土/m^3	C7.5混凝土/m^3
2 000	KCHJ-2000-2.0	2.0	0.25	0.11	0.14	1	$D_1=15\ 990$	ф 12 **ф 12**	50 234	14 **19**	703 **955**	624 **848**	160 **110**	194.6	11.4	95.1	24.8	2.23
						2	$D_2=15\ 630$	ф 12 **ф 12**	49 103	14 **19**	688 **933**	611 **829**	160 **110**					
						3		Ø10 Ø6	焊接网片	249	956 274	590 61	200					
2 000	KCHJ-2000-2.2	2.2	0.25	0.10	0.15	1	$D_1=16\ 010$	ф 12 **ф 12**	50 297	15 **23**	754 **1 157**	670 **1 027**	160 **100**	194.6	11.4	95.3	27.3	2.23
						2	$D_2=15\ 650$	ф 12 **ф 12**	49 166	15 **23**	738 **1 131**	655 **1 004**	160 **100**					
						3		Ø10 Ø6	焊接网片	249	1 056 329	652 73	200					
2 000	KCHJ-2000-2.4	2.4	0.25	0.10	0.15	1	$D_1=16\ 010$	ф 12 **ф 12**	50 297	16 **25**	805 **1 257**	715 **1 117**	160 **100**	194.6	11.4	95.3	30	2.23
						2	$D_2=15\ 650$	ф 12 **ф 12**	49 166	16 **25**	787 **1 229**	699 **1 091**	160 **100**					
						3		Ø10 Ø6	焊接网片	249	1 155 329	713 73	200					
3 000	KCHJ-3000-1.0	1.0	0.30	0.16	0.14	1	$D_1=19\ 110$	ф 12 **ф 14**	60 036	8 **9**	480 **540**	426 **652**	150 **130**	279.4	16.3	135.6	17.8	2.97
						2	$D_2=18\ 650$	ф 12 **ф 14**	58 591	8 **9**	469 **527**	417 **637**	150 **130**					
						3		Ø10 Ø6	焊接网片	298	536 241	331 54	200					

固定顶储罐现浇环墙材料明细表						图集号	
审核		校对		设计		页	40

公称容积 V_s/m^3	环墙式基础编号	环墙高度 h_w/m	环墙厚度 b_w/m	罐壁与环墙距离		钢筋部分								工程量部分				
				内侧 a_i/m	外侧 a_e/m	钢筋编号	简图	直径/mm	长度/mm	数量	总长/m	重量/kg	间距 a/mm	沥青砂绝缘层/m^2	碎石层/m^3	砂垫层/m^3	C20混凝土/m^3	C7.5混凝土/m^3
3 000	KCHJ-3000-1.2	1.2	0.30	0.15	0.15	1	$D_1=15\ 970$	Φ12 **Φ14**	50 171	9 **10**	452 **502**	401 **606**	150 **130**	279.4	16.3	135.9	21.4	2.97
						2	$D_2=15\ 610$	Φ12 **Φ14**	49 040	9 **10**	441 **490**	392 **592**	150 **130**					
						3		∅12 ∅6	焊接 网片	298	656 608	583 135	200					
3 000	KCHJ-3000-1.4	1.4	0.30	0.15	0.15	1	$D_1=15\ 970$	Φ12 **Φ14**	50 171	11 **12**	552 **602**	490 **727**	140 **130**	279.4	16.3	135.9	24.9	2.97
						2	$D_2=15\ 610$	Φ12 **Φ14**	49 040	11 **12**	539 **589**	479 **710**	140 **130**					
						3		∅10 ∅6	焊接 网片	298	775 608	688 135	200					
3 000	KCHJ-3000-1.6	1.6	0.30	0.14	0.16	1	$D_1=15\ 970$	Φ12 **Φ14**	50 171	13 **14**	652 **703**	579 **849**	140 **125**	279.4	16.3	136.2	28.5	2.97
						2	$D_2=15\ 610$	Φ12 **Φ14**	49 040	13 **14**	638 **687**	566 **706**	140 **125**					
						3		∅12 ∅6	焊接 网片	298	894 402	794 90	200					
3 000	KCHJ-3000-1.8	1.8	0.30	0.14	0.16	1	$D_1=15\ 990$	Φ12 **Φ14**	50 234	14 **16**	703 **804**	625 **872**	140 **125**	279.4	16.3	136.2	32	2.97
						2	$D_2=15\ 630$	Φ12 **Φ14**	49 103	14 **16**	687 **786**	610 **808**	140 **125**					
						3		∅12 ∅6	焊接 网片	298	1 013 402	900 90	200					

固定顶储罐现浇环墙材料明细表						图集号	
审核		校对		设计		页	41

公称容积 V_s/m^3	环墙式基础编号	环墙高度 h_w/m	环墙厚度 b_w/m	罐壁与环墙距离		钢筋部分								工程量部分				
				内侧 a_i/m	外侧 a_e/m	钢筋编号	简图	直径/mm	长度/mm	数量	总长/m	重量/kg	间距 a/mm	沥青砂绝缘层/m^2	碎石层/m^3	砂垫层/m^3	C20混凝土/m^3	C7.5混凝土/m^3
3 000	KCHJ-3000-2.0	2.0	0.30	0.13	0.17	1	D_1=15 990	Φ12 **Φ14**	50 234	16 **18**	804 **904**	714 **1 092**	130 **120**	279.4	16.4	136.4	35.6	2.97
						2	D_2=15 630	Φ12 **Φ14**	49 103	16 **18**	786 **884**	698 **1 068**	130 **120**					
						3		∅12 ∅6	焊接网片	298	1 132 402	1 005 90	200					
3 000	KCHJ-3000-2.2	2.2	0.30	0.13	0.17	1	D_1=16 010	Φ12 **Φ14**	50 297	18 **19**	905 **956**	804 **1 155**	130 **120**	279.4	16.4	136.4	39.2	2.97
						2	D_2=15 650	Φ12 **Φ14**	49 166	18 **19**	885 **934**	786 **1 129**	130 **120**					
						3		∅12 ∅6	焊接网片	298	1 252 483	1 112 107	200					
3 000	KCHJ-3000-2.4	2.4	0.30	0.12	0.18	1	D_1=16 010	Φ12 **Φ14**	50 297	19 **23**	956 **1 157**	849 **1 398**	130 **110**	279.4	16.4	136.7	42.7	2.97
						2	D_2=15 650	Φ12 **Φ14**	49 166	19 **23**	934 **1 131**	830 **1 366**	130 **110**					
						3		∅12 ∅6	焊接网片	298	1 371 483	1 217 107	200					
5 000	KCHJ-5000-1.0	1.0	0.30	0.13	0.17	1	D_1=23 970	Φ12 **Φ14**	75 304	10 **11**	753 **828**	669 **1 001**	110 **100**	439.7	25.9	215.8	22.3	3.72
						2	D_2=23 510	Φ12 **Φ14**	73 859	10 **11**	739 **813**	656 **981**	110 **100**					
						3		∅12 ∅6	焊接网片	374	673 303	598 68	200					

固定顶储罐现浇环墙材料明细表						图集号	
审核		校对		设计		页	42

公称容积 V_s/m^3	环墙式基础编号	环墙高度 h_w/m	环墙厚度 b_w/m	罐壁与环墙距离		钢筋部分								工程量部分				
				内侧 a_i/m	外侧 a_e/m	钢筋编号	简图	直径/mm	长度/mm	数量	总长/m	重量/kg	间距 a/mm	沥青砂绝缘层/m^2	碎石层/m^3	砂垫层/m^3	C20混凝土/m^3	C7.5混凝土/m^3
5 000	KCHJ-5000-1.2	1.2	0.30	0.13	0.17	1	$D_1=23\ 970$	Φ12 **Φ14**	75 304	12 **13**	904 **979**	802 **1 183**	110 **100**	439.7	25.9	215.8	26.8	3.72
						2	$D_2=23\ 510$	Φ12 **Φ14**	73 859	12 **13**	886 **960**	787 **1 160**	110 **100**					
						3		∅12 ∅6	焊接网片	374	823 404	731 90	200					
5 000	KCHJ-5000-1.4	1.4	0.30	0.12	0.18	1	$D_1=23\ 990$	Φ12 **Φ14**	75 367	14 **15**	1 055 **1 131**	937 **1 366**	110 **100**	439.7	25.9	216.1	31.2	3.72
						2	$D_2=23\ 530$	Φ12 **Φ14**	73 922	14 **15**	1 035 **1 109**	919 **1 340**	110 **100**					
						3		∅12 ∅6	焊接网片	374	972 404	863 90	200					
5 000	KCHJ-5000-1.6	1.6	0.30	0.12	0.18	1	$D_1=23\ 990$	Φ12 **Φ14**	75 367	17 **18**	1 281 **1 357**	1 138 **1 639**	100 **95**	438.7	25.9	216.1	35.7	3.72
						2	$D_2=23\ 530$	Φ12 **Φ14**	73 922	17 **18**	1 257 **1 331**	1 116 **1 607**	100 **95**					
						3		∅12 ∅6	焊接网片	374	1 122 505	996 112	200					
5 000	KCHJ-5000-1.8	1.8	0.30	0.12	0.18	1	$D_1=23\ 990$	Φ12 **Φ14**	75 367	19 **20**	1 432 **1 507**	1 272 **1 821**	100 **95**	439.7	25.9	216.1	40.1	3.72
						2	$D_2=23\ 530$	Φ12 **Φ14**	73 922	19 **20**	1 405 **1 478**	1 247 **1 786**	100 **95**					
						3		∅12 ∅6	焊接网片	374	1 287 505	1 143 112	200					

固定顶储罐现浇环墙材料明细表						图集号	
审核		校对		设计		页	43

公称容积 V_s/m^3	环墙式基础编号	环墙高度 h_w/m	环墙厚度 b_w/m	罐壁与环墙距离		钢筋部分								工程量部分				
				内侧 a_i/m	外侧 a_e/m	钢筋编号	简图	直径/mm	长度/mm	数量	总长/m	重量/kg	间距 a/mm	沥青砂绝缘层/m^2	碎石层/m^3	砂垫层/m^3	C20混凝土/m^3	C7.5混凝土/m^3
5 000	KCHJ-5000-2.0	2.0	0.30	0.11	0.19	1	D_1=24 010	Φ12 **Φ14**	75 430	21 **23**	1 563 **1 735**	1 388 **2 096**	100 **90**	439.7	26.0	216.5	44.6	3.72
						2	D_2=23 550	Φ12 **Φ14**	73 985	21 **23**	1 554 **1 702**	1 380 **2 056**	100 **90**					
						3		∅12 ∅6	焊接网片	374	1 436 505	1 275 112	200					
5 000	KCHJ-5000-2.2	2.2	0.30	0.11	0.19	1	D_1=24 010	Φ12 **Φ14**	75 430	23 **25**	1 735 **1 886**	1 541 **2 278**	100 **90**	439.7	26.0	216.5	49.1	3.72
						2	D_2=23 550	Φ12 **Φ14**	73 985	23 **25**	1 702 **1 850**	1 511 **2 235**	100 **90**					
						3		∅12 ∅6	焊接网片	374	1 586 606	1 408 135	200					
5 000	KCHJ-5000-2.4	2.4	0.30	0.10	0.20	1	D_1=24 030	Φ12 **Φ14**	75 493	25 **27**	1 887 **2 038**	1 676 **2 462**	100 **90**	439.7	26.0	216.9	53.5	3.72
						2	D_2=23 570	Φ12 **Φ14**	73 048	25 **27**	1 851 **1 999**	1 644 **2 415**	100 **90**					
						3		∅12 ∅6	焊接网片	374	1 735 606	1 541 135	200					
10 000	KCHJ-10000-1.0	1.0	0.35	0.15	0.20	1	D_1=31 330	Φ16 **Φ18**	98 426	11 **12**	1 083 **1 181**	1 708 **2 360**	130 **100**	752.8	74.0	592.2	34.1	5.36
						2	D_2=30 770	Φ16 **Φ18**	96 667	11 **12**	1 063 **1 160**	1 678 **2 318**	130 **110**					
						3		∅12 ∅6	焊接网片	488	878 469	780 104	200					

固定顶储罐现浇环墙材料明细表						图集号	
审核		校对		设计		页	44

公称容积 V_s/m^3	环墙式基础编号	环墙高度 h_w/m	环墙厚度 b_w/m	罐壁与环墙距离 内侧 a_i/m	罐壁与环墙距离 外侧 a_e/m	钢筋部分 钢筋编号	简图	直径/mm	长度/mm	数量	总长/m	重量/kg	间距 a/mm	工程量部分 沥青砂绝缘层/m^2	碎石层/m^3	砂垫层/m^3	C20混凝土/m^3	C7.5混凝土/m^3
10 000	KCHJ-10000-1.2	1.2	0.35	0.15	0.20	1	$D_1=31\ 330$	⌀16 **⌀18**	98 426	12 **13**	1 182 **1 280**	1 865 **2 557**	130 **110**	752.8	74.0	592.2	41.0	5.36
						2	$D_2=30\ 770$	⌀16 **⌀18**	96 667	12 **13**	1 160 **1 257**	1 830 **2 512**	130 **110**					
						3		∅12 ∅6	焊接 网片	488	1 074 625	954 139	200					
10 000	KCHJ-10000-1.4	1.4	0.35	0.14	0.21	1	$D_1=31\ 350$	⌀16 **⌀18**	98 489	14 **15**	1 379 **1 477**	2 176 **2 952**	130 **110**	752.8	74.1	593.0	47.7	5.36
						2	$D_2=30\ 790$	⌀16 **⌀18**	96 730	14 **15**	1 354 **1 451**	2 137 **2 899**	130 **110**					
						3		∅12 ∅6	焊接 网片	488	1 269 625	1 127 139	200					
10 000	KCHJ-10000-1.6	1.6	0.35	0.14	0.21	1	$D_1=31\ 350$	⌀16 **⌀18**	98 489	15 **19**	1 477 **1 871**	2 331 **3 739**	130 **100**	752.8	74.1	593.0	54.6	5.36
						2	$D_2=30\ 790$	⌀16 **⌀18**	96 730	15 **19**	1 451 **1 838**	2 290 **3 672**	130 **100**					
						3		∅12 ∅6	焊接 网片	488	1 464 781	1 300 173	200					
10 000	KCHJ-10000-1.8	1.8	0.35	0.13	0.22	1	$D_1=31\ 370$	⌀16 **⌀18**	98 552	17 **21**	1 675 **2 070**	2 644 **4 136**	125 **100**	752.8	74.2	593.7	61.4	5.36
						2	$D_2=30\ 810$	⌀16 **⌀18**	96 793	17 **21**	1 646 **2 033**	2 597 **4 061**	125 **100**					
						3		∅12 ∅6	焊接 网片	488	1 659 781	1 473 173	200					

固定顶储罐现浇环墙材料明细表						图集号	
审核		校对		设计		页	45

公称容积 V_s/m^3	环墙式基础编号	环墙高度 h_w/m	环墙厚度 b_w/m	罐壁与环墙距离		钢筋部分								工程量部分				
				内侧 a_i/m	外侧 a_e/m	钢筋编号	简图	直径/mm	长度/mm	数量	总长/m	重量/kg	间距 a/mm	沥青砂绝缘层/m^2	碎石层/m^3	砂垫层/m^3	C20混凝土/m^3	C7.5混凝土/m^3
10 000	KCHJ-10000-2.0	2.0	0.35	0.13	0.22	1	$D_1=31\ 370$	Φ16 **Φ18**	98 552	19 **23**	1 873 **2 267**	2 955 **4 529**	125 **100**	752.8	74.2	593.7	68.2	5.36
						2	$D_2=30\ 810$	Φ16 **Φ18**	96 793	19 **23**	1 839 **2 226**	2 902 **4 448**	125 **100**					
						3		∅12 ∅6	焊接网片	488	1 854 781	1 646 173	200					
10 000	KCHJ-10000-2.2	2.2	0.35	0.12	0.23	1	$D_1=31\ 390$	Φ16 **Φ18**	98 615	21 **25**	2 071 **2 465**	3 268 **4 925**	120 **100**	752.8	74.3	594.5	75.0	5.36
						2	$D_2=30\ 830$	Φ16 **Φ18**	96 856	21 **25**	2 034 **2 421**	3 210 **4 838**	120 **100**					
						3		∅12 ∅6	焊接网片	488	2 050 937	1 820 208	200					
10 000	KCHJ-10000-2.4	2.4	0.35	0.12	0.23	1	$D_1=31\ 390$	Φ16 **Φ18**	98 615	23 **27**	2 268 **2 663**	3 579 **5 321**	120 **100**	752.8	74.3	594.5	81.8	5.36
						2	$D_2=30\ 830$	Φ16 **Φ18**	96 856	23 **27**	2 228 **2 615**	3 515 **5 225**	120 **100**					
						3		∅12 ∅6	焊接网片	488	2 245 937	1 994 208	200					
10 000	KCHJ-10000-1.0	1.0	0.40	0.14	0.26	1	$D_1=42\ 450$	Φ18 **Φ22**	133 361	12 **12**	1 600 **1 600**	3 182 **4 776**	110 **110**	1 382.8	136.7	1 093.6	52.8	7.92
						2	$D_2=41\ 790$	Φ18 **Φ22**	131 287	12 **12**	1 575 **1 575**	3 147 **4 770**	110 **100**					
						3		∅14 ∅6	焊接网片	661	1 190 734	1 440 163	200					

固定顶储罐现浇环墙材料明细表						图集号	
审核		校对		设计		页	46

公称容积 V_s/m^3	环墙式基础编号	环墙高度 h_w/m	环墙厚度 b_w/m	罐壁与环墙距离		钢筋部分								工程量部分				
				内侧 a_i/m	外侧 a_e/m	钢筋编号	简图	直径/mm	长度/mm	数量	总长/m	重量/kg	间距 a/mm	沥青砂绝缘层/m^2	碎石层/m^3	砂垫层/m^3	C20混凝土/m^3	C7.5混凝土/m^3
20 000	KCHJ-20000-1.2	1.2	0.40	0.14	0.26	1	$D_1=42\ 450$	Φ18 **Φ22**	133 361	14 **15**	1 867 **2 001**	3 730 **5 969**	100 **100**	1 382.8	136.7	1 093.6	63.3	7.92
						2	$D_2=41\ 790$	Φ18 **Φ22**	131 287	14 **15**	1 838 **1 969**	3 672 **5 876**	110 **100**					
						3	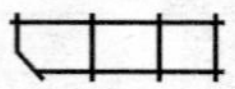	∅14 ∅6	焊接网片	661	1 454 978	1 759 217	200					
20 000	KCHJ-20000-1.4	1.4	0.40	0.13	0.27	1	$D_1=42\ 470$	Φ18 **Φ22**	133 424	17 **17**	2 268 **2 268**	4 532 **6 768**	100 **100**	1 382.8	136.8	1 094.7	74	7.92
						2	$D_2=41\ 810$	Φ18 **Φ22**	131 350	17 **17**	2 233 **2 233**	4 462 **6 663**	100 **100**					
						3	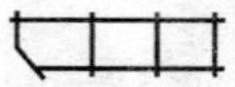	∅14 ∅6	焊接网片	661	1 719 978	2 080 217	200					
20 000	KCHJ-20000-1.6	1.6	0.40	0.13	0.27	1	$D_1=42\ 470$	Φ18 **Φ22**	133 424	19 **19**	2 535 **2 535**	5 065 **7 565**	100 **100**	1 382.8	136.8	1 094.7	84.5	7.92
						2	$D_2=41\ 810$	Φ18 **Φ22**	131 350	19 **19**	2 496 **2 496**	4 987 **7 447**	100 **100**					
						3	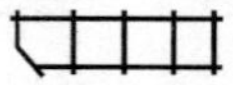	∅14 ∅6	焊接网片	661	1 983 1 223	2 399 272	200					
20 000	KCHJ-20000-1.8	1.8	0.40	0.13	0.27	1	$D_1=42\ 470$	Φ18 **Φ22**	133 424	21 **21**	2 802 **2 802**	5 598 **8 361**	100 **100**	1 382.8	136.8	1 094.7	95	7.92
						2	$D_2=41\ 810$	Φ18 **Φ22**	131 350	21 **21**	2 758 **2 758**	5 511 **8 230**	100 **100**					
						3	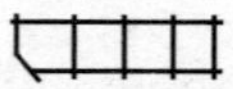	∅14 ∅6	焊接网片	661	2 247 1 223	2 719 272	200					

固定顶储罐现浇环墙材料明细表						图集号	
审核		校对		设计		页	47

公称容积 V_s/m^3	环墙式基础编号	环墙高度 h_w/m	环墙厚度 b_w/m	罐壁与环墙距离 内侧 a_i/m	罐壁与环墙距离 外侧 a_e/m	钢筋部分 钢筋编号	简图	直径/mm	长度/mm	数量	总长/m	重量/kg	间距 a/mm	工程量部分 沥青砂绝缘层/m^2	碎石层/m^3	砂垫层/m^3	C20混凝土/m^3	C7.5混凝土/m^3
20 000	KCHJ-20000-2.0	2.0	0.40	0.12	0.28	1	$D_1=42\ 490$	⌀ 18 **⌀ 22**	133 487	23 **23**	3 070 **3 070**	6 134 **9 161**	100 **100**	1 382.8	137.0	1 095.7	105.6	7.92
						2	$D_2=41\ 830$	⌀ 18 **⌀ 22**	131 413	23 **23**	3 023 **3 023**	6 040 **9 021**	100 **100**					
						3		Ø14 Ø6	焊接网片	661	2 512 1 223	3 040 272	200					
20 000	KCHJ-20000-2.2	2.2	0.40	0.12	0.28	1	$D_1=42\ 490$	⌀ 18 **⌀ 22**	133 487	25 **25**	3 337 **3 337**	6 667 **10 004**	100 **100**	1 382.8	137.0	1 095.7	116.2	7.92
						2	$D_2=41\ 830$	⌀ 18 **⌀ 22**	131 413	25 **25**	3 285 **3 285**	6 563 **9 802**	100 **100**					
						3		Ø14 Ø6	焊接网片	661	2 776 1 467	3 359 326	200					
20 000	KCHJ-20000-2.4	2.4	0.40	0.11	0.29	1	$D_1=42\ 510$	⌀ 18 **⌀ 22**	133 550	27 **28**	3 606 **3 739**	7 205 **11 158**	100 **95**	1 382.8	137.1	1 096.8	126.7	7.92
						1	$D_2=41\ 850$	⌀ 18 **⌀ 22**	131 476	27 **28**	3 550 **3 681**	7 093 **10 984**	100 **95**					
						3		Ø14 Ø6	焊接网片	661	3 041 1 467	3 680 326	200					
30 000	KCHJ-30000-1.0	1.0	0.40	0.12	0.28	1	$D_1=44\ 490$	⌀ 20 **⌀ 25**	139 770	12 **12**	1 677 **1 677**	4 136 **6 457**	100 **100**	1 517.8	150.4	1 203.2	55.3	8.3
						2	$D_2=43\ 830$	⌀ 20 **⌀ 25**	137 770	12 **12**	1 653 **1 653**	4 076 **6 365**	110 **110**					
						3		Ø14 Ø6	焊接网片	691	1 244 767	1 505 170	200					

固定顶储罐现浇环墙材料明细表						图集号	
审核		校对		设计		页	48

公称容积 V_s/m^3	环墙式基础编号	环墙高度 h_w/m	环墙厚度 b_w/m	罐壁与环墙距离		钢筋部分								工程量部分				
				内侧 a_i/m	外侧 a_e/m	钢筋编号	简图	直径/mm	长度/mm	数量	总长/m	重量/kg	间距 a/mm	沥青砂绝缘层/m^2	碎石层/m^3	砂垫层/m^3	C20混凝土/m^3	C7.5混凝土/m^3
30 000	KCHJ-30000-1.2	1.2	0.40	0.12	0.28	1	D_1=44 490	Φ20 **Φ25**	139 770	14 **14**	1 957 **1 957**	4 826 **7 534**	110 **110**	1 517.8	150.4	1 203.2	66.4	8.3
						2	D_2=43 830	Φ20 **Φ25**	137 770	14 **14**	1 929 **1 929**	4 757 **7 427**	110 **110**					
						3		∅14 ∅6	焊接网片	691	1 520 1 023	1 839 227	200					
30 000	KCHJ-30000-1.4	1.4	0.40	0.11	0.29	1	D_1=44 510	Φ20 **Φ25**	139 833	17 **16**	2 377 **2 237**	5 862 **8 614**	100 **110**	1 517.8	150.5	1 204.3	77.4	8.3
						2	D_2=43 850	Φ20 **Φ25**	137 760	17 **16**	2 342 **2 226**	5 775 **8 570**	100 **110**					
						3		∅14 ∅6	焊接网片	691	1 797 1 023	2 174 227	200					
30 000	KCHJ-30000-1.6	1.6	0.40	0.11	0.29	1	D_1=44 510	Φ20 **Φ25**	139 833	19 **18**	2 657 **2 517**	6 552 **9 690**	100 **100**	1 517.8	150.5	1 204.3	88.5	8.3
						2	D_2=43 850	Φ20 **Φ25**	137 760	19 **18**	2 617 **2 480**	6 454 **9 547**	100 **110**					
						3		∅14 ∅6	焊接网片	691	2 073 1 278	2 508 284	200					
30 000	KCHJ-30000-1.8	1.8	0.40	0.11	0.29	1	D_1=44 510	Φ20 **Φ25**	139 833	21 **21**	2 937 **2 937**	7 243 **11 306**	100 **100**	1 517.8	150.5	1 204.3	99.5	8.3
						2	D_2=43 850	Φ20 **Φ25**	137 760	21 **21**	2 893 **2 893**	7 134 **11 138**	100 **100**					
						3		∅14 ∅6	焊接网片	691	2 349 1 278	2 842 284	200					

固定顶储罐现浇环墙材料明细表						图集号	
审核		校对		设计		页	49

公称容积 V_s/m^3	环墙式基础编号	环墙高度 h_w/m	环墙厚度 b_w/m	罐壁与环墙距离		钢筋部分								工程量部分				
				内侧 a_i/m	外侧 a_e/m	钢筋编号	简图	直径/mm	长度/mm	数量	总长/m	重量/kg	间距 a/mm	沥青砂绝缘层/m^2	碎石层/m^3	砂垫层/m^3	C20混凝土/m^3	C7.5混凝土/m^3
30 000	KCHJ-30000-2.0	2.0	0.40	0.10	0.30	1	D_1=44 530	Φ20	139 895	23	3 218	7 936	100	1 517.8	150.7	1 205.4	110.6	8.3
								Φ25		**23**	**3 218**	**12 388**	**100**					
						2	D_2=43 870	Φ20	137 822	23	3 170	7 817	100					
								Φ25		**23**	**3 170**	**12 204**	**100**					
						3		Ø14	焊接网片	691	2 626	3 177	200					
								Ø6			1 278	284						
30 000	KCHJ-30000-2.2	2.2	0.40	0.10	0.30	1	D_1=44 530	Φ20	139 895	25	3 497	8 624	100	1 517.8	150.7	1 205.4	121.7	8.3
								Φ25		**25**	**3 497**	**13 465**	**100**					
						2	D_2=43 870	Φ20	137 822	25	3 446	8 498	100					
								Φ25		**25**	**3 446**	**13 267**	**100**					
						3		Ø14	焊接网片	691	2 902	3 511	200					
								Ø6			1 534	341						
30 000	KCHJ-30000-2.4	2.4	0.40	0.10	0.30	1	D_1=44 530	Φ20	139 895	27	3 779	9 319	100	1 517.8	150.7	1 205.4	133	8.3
								Φ25		**27**	**3 779**	**14 550**	**100**					
						2	D_2=43 870	Φ20	137 822	27	3 721	9 176	100					
								Φ25		**27**	**3 721**	**14 326**	**100**					
						3		Ø14	焊接网片	691	3 179	3 847	200					
								Ø6			1 534	341						

注：1. 表中黑体数字表示适用于软土地基。
2. 现浇钢筋混凝土环墙环向受力钢筋接头，应采用焊接连接或机械连接。
3. D_1 表示环墙中的外环向钢筋的直径；D_2 表示内环向钢筋的直径。
4. 表中钢筋部分和工程量部分的用量仅供参考。

固定顶储罐现浇环墙材料明细表						图集号	
审核		校对		设计		页	50

（三）内浮顶储罐现浇环墙材料明细表（100 m³～30 000 m³）

公称容积 V_s/m³	环墙式基础编号	环墙高度 h_w/m	环墙厚度 b_w/m	罐壁与环墙距离 内侧 a_i/m	罐壁与环墙距离 外侧 a_e/m	钢筋部分 钢筋编号	简图	直径/mm	长度/mm	数量	总长/m	重量/kg	间距 a/mm	工程量部分 沥青砂绝缘层/m²	碎石层/m³	砂垫层/m³	C20混凝土/m³	C7.5混凝土/m³
100	NFCHJ-100-1.0	1.0	0.20	0.09	0.11	1	D_1=4 650	Φ10	14 608	6	88	54	200	15.6	0.9	7.3	2.83	0.6
						2	D_2=4 390	Φ10	13 792	6	83	51	200					
						3		Ø10 Ø6	焊接网片	71	131 36.2	81 8.1	200					
100	NFCHJ-100-1.2	1.2	0.20	0.09	0.11	1	D_1=4 650	Φ10	14 608	7	102	63	200	15.6	0.9	7.3	3.4	0.6
						2	D_2=4 390	Φ10	13 792	7	965	60	200					
						3		Ø10 Ø6	焊接网片	71	159 48.3	98 10.7	200					
100	NFCHJ-100-1.4	1.4	0.20	0.08	0.12	1	D_1=4 670	Φ10	14 671	8	117	72	200	15.6	0.9	7.4	3.96	0.6
						2	D_2=4 410	Φ10	13 855	8	110	68	200					
						3		Ø10 Ø6	焊接网片	71	187.5 48.3	116 10.7	200					
100	NFCHJ-100-1.6	1.6	0.20	0.08	0.12	1	D_1=4 670	Φ10	14 671	9	132	81.5	200	15.6	0.9	7.4	4.53	0.6
						2	D_2=4 410	Φ10	13 855	9	125	77	200					
						3		Ø10 Ø6	焊接网片	71	216 60.4	133 13.4	200					
100	NFCHJ-100-1.8	1.8	0.25	0.11	0.14	1	D_1=4 710	Φ10	14 797	10	148	91	200	15.6	0.9	7.2	6.36	0.64
						2	D_2=4 350	Φ10	13 666	10	137	85	200					
						3		Ø10 Ø6	焊接网片	71	244 78	151 17.5	200					
100	NFCHJ-100-2.0	2.0	0.25	0.10	0.15	1	D_1=4 730	Φ10	14 860	11	163.5	101	200	15.6	0.9	7.3	7.07	0.64
						2	D_2=4 370	Φ10	13 729	11	151	93	200					
						3		Ø10 Ø6	焊接网片	71	273 78	168 17.5	200					

内浮顶储罐现浇环墙材料明细表				图集号	
审核		校对	设计	页	51

公称容积 V_s/m^3	环墙式基础编号	环墙高度 h_w/m	环墙厚度 b_w/m	罐壁与环墙距离		钢筋部分								工程量部分				
				内侧 a_i/m	外侧 a_e/m	钢筋编号	简图	直径/mm	长度/mm	数量	总长/m	重量/kg	间距 a/mm	沥青砂绝缘层/m^2	碎石层/m^3	砂垫层/m^3	C20混凝土/m^3	C7.5混凝土/m^3
100	NFCHJ-100-2.2	2.2	0.25	0.10	0.15	1	D_1=4 730	Φ10	14 860	12	178	110	200	15.6	0.9	7.3	7.78	0.64
						2	D_2=4 370	Φ10	13 729	12	165	102	200					
						3		∅10 ∅6	焊接网片	71	301 94	186 21	200					
100	NFCHJ-100-2.4	2.4	0.25	0.09	0.16	1	D_1=4 750	Φ10	14 923	13	194	120	200	15.6	0.9	7.3	8.48	0.64
						2	D_2=4 390	Φ10	13 792	13	179	111	200					
						3		∅10 ∅6	焊接网片	71	330 94	204 21	200					
200	NFCHJ-200-1.0	1.0	0.20	0.10	0.10	1	D_1=5 630	Φ10	17 687	6	106	65.5	200	23.4	1.3	11.0	3.46	0.69
						2	D_2=5 370	Φ10	16 870	6	101	62.5	200					
						3		∅10 ∅6	焊接网片	87	160 45	99 9.9	200					
200	NFCHJ-200-1.2	1.2	0.20	0.09	0.11	1	D_1=5 650	Φ10	17 750	7	124	77	200	23.4	1.3	11.1	4.14	0.69
						2	D_2=5 390	Φ10	16 933	7	119	73	200					
						3		∅10 ∅6	焊接网片	87	195 59	120 13	200					
200	NFCHJ-200-1.4	1.4	0.20	0.09	0.11	1	D_1=5 650	Φ10	17 750	8	142	88	200	23.4	1.3	11.1	4.84	0.69
						2	D_2=5 390	Φ10	16 933	8	136	84	200					
						3		∅10 ∅6	焊接网片	87	230 59	142 13	200					
200	NFCHJ-200-1.6	1.6	0.20	0.09	0.11	1	D_1=5 650	Φ10	17 750	9	160	99	200	23.4	1.3	11.1	5.54	0.69
						2	D_2=5 390	Φ10	16 933	9	153	94	200					
						3		∅10 ∅6	焊接网片	87	265 74	163 16.5	200					

内浮顶储罐现浇环墙材料明细表						图集号	
审核		校对		设计		页	52

公称容积 V_s/m^3	环墙式基础编号	环墙高度 h_w/m	环墙厚度 b_w/m	罐壁与环墙距离		钢筋部分								工程量部分				
				内侧 a_i/m	外侧 a_e/m	钢筋编号	简图	直径/mm	长度/mm	数量	总长/m	重量/kg	间距 a/mm	沥青砂绝缘层/m^2	碎石层/m^3	砂垫层/m^3	C20混凝土/m^3	C7.5混凝土/m^3
200	NFCHJ-200-1.8	1.8	0.25	0.12	0.13	1	D_1=5 690	Φ10	17 876	10	179	110	200	23.4	1.3	10.9	7.77	0.78
						2	D_2=5 330	Φ10	16 745	10	168	104	200					
						3		∅10 ∅6	焊接网片	87	299 96	185 21	200					
200	NFCHJ-200-2.0	2.0	0.25	0.12	0.13	1	D_1=5 690	Φ10	17 876	11	197	121	200	23.4	1.3	10.9	8.64	0.78
						2	D_2=5 330	Φ10	16 745	11	184	114	200					
						3		∅10 ∅6	焊接网片	87	334 96	206 21	200					
200	NFCHJ-200-2.2	2.2	0.25	0.11	0.14	1	D_1=5 710	Φ10	17 939	12	215	133	200	23.4	1.3	10.9	9.50	0.78
						2	D_2=5 350	Φ10	16 808	12	202	125	200					
						3		∅10 ∅6	焊接网片	87	369 115	228 26	200					
200	NFCHJ-200-2.4	2.4	0.25	0.11	0.14	1	D_1=5 710	Φ10	17 939	13	233	144	200	23.4	1.3	10.9	10.40	0.78
						2	D_2=5 350	Φ10	16 808	13	219	135	200					
						3		∅10 ∅6	焊接网片	87	404 115	249 26	200					
300	NFCHJ-300-1.0	1.0	0.20	0.10	0.10	1	D_1=6 630	Φ10	20 829	6	125	77	200	32.8	1.9	15.6	4.08	0.82
						2	D_2=6 370	Φ10	20 012	6	120	74	200					
						3		∅10 ∅6	焊接网片	102	188 52	116 12	200					
300	NFCHJ-300-1.2	1.2	0.20	0.09	0.11	1	D_1=6 650	Φ10	20 892	7	146	91	200	32.8	1.9	15.7	4.90	0.82
						2	D_2=6 390	Φ10	20 075	7	141	87	200					
						3		∅10 ∅6	焊接网片	102	229 69	141 16	200					

内浮顶储罐现浇环墙材料明细表						图集号	
审核		校对		设计		页	53

公称容积 V_s/m^3	环墙式基础编号	环墙高度 h_w/m	环墙厚度 b_w/m	罐壁与环墙距离		钢筋部分								工程量部分				
				内侧 a_i/m	外侧 a_e/m	钢筋编号	简图	直径/mm	长度/mm	数量	总长/m	重量/kg	间距 a/mm	沥青砂绝缘层/m^2	碎石层/m^3	砂垫层/m^3	C20混凝土/m^3	C7.5混凝土/m^3
300	NFCHJ-300-1.4	1.4	0.20	0.09	0.11	1	D_1=6 650	Φ10	20 892	8	167	103	200	32.8	1.9	15.7	5.71	0.82
						2	D_2=6 390	Φ10	20 075	8	161	99	200					
						3		∅10 ∅6	焊接网片	102	269 70	166 16	200					
300	NFCHJ-300-1.6	1.6	0.20	0.09	0.11	1	D_1=6 650	Φ10	20 892	9	188	116	200	32.8	1.9	15.7	6.53	0.82
						2	D_2=6 390	Φ10	20 075	9	181	112	200					
						3		∅10 ∅6	焊接网片	102	310 87	191 19.5	200					
300	NFCHJ-300-1.8	1.8	0.25	0.12	0.13	1	D_1=6 690	Φ10	21 017	10	210	130	200	32.8	1.9	15.4	9.19	0.92
						2	D_2=6 330	Φ10	19 886	10	199	123	200					
						3		∅10 ∅6	焊接网片	102	351 112	217 25	200					
300	NFCHJ-300-2.0	2.0	0.25	0.12	0.13	1	D_1=6 690	Φ10	21 017	11	231	143	200	32.8	1.9	15.4	10.21	0.92
						2	D_2=6 330	Φ10	19 886	11	219	135	200					
						3		∅10 ∅6	焊接网片	102	392 112	242 25	200					
300	NFCHJ-300-2.2	2.2	0.25	0.11	0.14	1	D_1=6 710	Φ10	21 080	12	253	156	200	32.8	1.9	15.5	11.23	0.92
						2	D_2=6 350	Φ10	19 949	12	240	148	200					
						3		∅10 ∅6	焊接网片	102	433 135	267 30	200					
300	NFCHJ-300-2.4	2.4	0.25	0.11	0.14	1	D_1=6 710	Φ10	21 080	13	274	169	200	32.8	1.9	15.5	12.25	0.92
						2	D_2=6 350	Φ10	19 949	13	259	160	200					
						3		∅10 ∅6	焊接网片	102	473 135	292 30	200					

内浮顶储罐现浇环墙材料明细表						图集号	
审核		校对		设计		页	54

公称容积 V_s/m^3	环墙式基础编号	环墙高度 h_w/m	环墙厚度 b_w/m	罐壁与环墙距离		钢筋部分								工程量部分				
				内侧 a_i/m	外侧 a_e/m	钢筋编号	简图	直径/mm	长度/mm	数量	总长/m	重量/kg	间距 a/mm	沥青砂绝缘层/m^2	碎石层/m^3	砂垫层/m^3	C20混凝土/m^3	C7.5混凝土/m^3
400	NFCHJ-400-1.0	1.0	0.20	0.09	0.11	1	$D_1=7\ 650$	Φ10	24 033	6	144	89	200	43.7	2.5	21.0	4.71	0.94
						2	$D_2=7\ 390$	Φ10	23 216	6	139	86	200					
						3		∅10 ∅6	焊接网片	118	217 60	134 14	200					
400	NFCHJ-400-1.2	1.2	0.20	0.09	0.11	1	$D_1=7\ 650$	Φ10	24 033	7	168	104	200	43.7	2.5	21.0	5.65	0.94
						2	$D_2=7\ 390$	Φ10	23 216	7	163	100	200					
						3		∅10 ∅6	焊接网片	118	264 80	163 18	200					
400	NFCHJ-400-1.4	1.4	0.20	0.09	0.11	1	$D_1=7\ 650$	Φ10	24 033	8	192	119	200	43.7	2.5	21.0	6.59	0.94
						2	$D_2=7\ 390$	Φ10	23 216	8	186	115	200					
						3		∅10 ∅6	焊接网片	118	312 80	192 18	200					
400	NFCHJ-400-1.6	1.6	0.20	0.08	0.12	1	$D_1=7\ 670$	Φ10 **Φ10**	24 096	9 **9**	217 **217**	134 **134**	200 **190**	43.7	2.5	21.1	7.54	0.94
						2	$D_2=7\ 410$	Φ10 **Φ10**	23 279	9 **9**	210 **210**	129 **129**	200 **190**					
						3		∅10 ∅6	焊接网片	118	359 100	221 22	200					
400	NFCHJ-400-1.8	1.8	0.25	0.12	0.13	1	$D_1=7\ 690$	Φ10 **Φ10**	24 159	10 **10**	242 **242**	150 **150**	200 **190**	43.7	2.5	20.7	10.6	1.06
						2	$D_2=7\ 330$	Φ10 **Φ10**	23 028	10 **10**	230 **230**	142 **142**	200 **190**					
						3		∅10 ∅6	焊接网片	118	406 130	251 29	200					

内浮顶储罐现浇环墙材料明细表						图集号	
审核		校对		设计		页	55

公称容积 V_s/m^3	环墙式基础编号	环墙高度 h_w/m	环墙厚度 b_w/m	罐壁与环墙距离		钢筋部分								工程量部分				
				内侧 a_i/m	外侧 a_e/m	钢筋编号	简图	直径/mm	长度/mm	数量	总长/m	重量/kg	间距 a/mm	沥青砂绝缘层/m^2	碎石层/m^3	砂垫层/m^3	C20混凝土/m^3	C7.5混凝土/m^3
400	NFCHJ-400-2.0	2.0	0.25	0.12	0.13	1	$D_1=7\ 690$	Φ10 **Φ10**	24 159	11 **12**	266 **290**	164 **179**	200 **180**	43.7	2.5	20.7	11.78	1.06
						2	$D_2=7\ 330$	Φ10 **Φ10**	23 028	11 **12**	253 **276**	156 **171**	200 **180**					
						3		∅10 ∅6	焊接网片	118	453 130	280 29	200					
400	NFCHJ-400-2.2	2.2	0.25	0.11	0.14	1	$D_1=7\ 710$	Φ10 **Φ10**	24 222	12 **13**	291 **315**	179 **194**	200 **180**	43.7	2.5	20.8	12.96	1.06
						2	$D_2=7\ 350$	Φ10 **Φ10**	23 091	12 **13**	277 **300**	171 **185**	200 **180**					
						3		∅10 ∅6	焊接网片	118	500 156	309 35	200					
400	NFCHJ-400-2.4	2.4	0.25	0.11	0.14	1	$D_1=7\ 710$	Φ10 **Φ10**	24 222	13 **15**	315 **363**	194 **224**	200 **170**	43.7	2.5	20.8	14.14	1.06
						2	$D_2=7\ 350$	Φ10 **Φ10**	23 091	13 **15**	300 **347**	185 **214**	200 **170**					
						3		∅10 ∅6	焊接网片	118	548 156	338 35	200					
500	NFCHJ-500-1.0	1.0	0.20	0.09	0.11	1	$D_1=8\ 350$	Φ10 **Φ10**	26 232	6 **6**	158 **158**	97 **97**	200 **190**	52.3	3.0	25.3	5.15	1.03
						2	$D_2=8\ 090$	Φ10 **Φ10**	25 416	6 **6**	153 **153**	94 **94**	200 **190**					
						3		∅10 ∅6	焊接网片	129	238 66	147 15	200					

内浮顶储罐现浇环墙材料明细表						图集号	
审核		校对		设计		页	56

公称容积 V_s/m^3	环墙式基础编号	环墙高度 h_w/m	环墙厚度 b_w/m	罐壁与环墙距离 内侧 a_i/m	罐壁与环墙距离 外侧 a_e/m	钢筋部分 钢筋编号	简图	直径/mm	长度/mm	数量	总长/m	重量/kg	间距 a/mm	工程量部分 沥青砂绝缘层/m^2	碎石层/m^3	砂垫层/m^3	C20混凝土/m^3	C7.5混凝土/m^3
500	NFCHJ-500-1.2	1.2	0.20	0.09	0.11	1	D_1=8 350	ф10 **ф10**	26 232	7 **8**	184 **210**	113 **130**	200 **180**	52.3	3.0	25.3	6.18	1.03
						2	D_2=8 090	ф10 **ф10**	25 416	7 **8**	178 **203**	110 **126**	200 **180**					
						3		∅10 ∅6	焊接网片	129	289 88	178 20	200					
500	NFCHJ-500-1.4	1.4	0.20	0.09	0.11	1	D_1=8 350	ф10 **ф10**	26 232	8 **9**	210 **236**	130 **146**	200 **180**	52.3	3.0	25.3	7.21	1.03
						2	D_2=8 090	ф10 **ф10**	25 416	8 **9**	203 **229**	126 **141**	200 **180**					
						3		∅10 ∅6	焊接网片	129	341 88	210 20	200					
500	NFCHJ-500-1.6	1.6	0.20	0.08	0.12	1	D_1=8 370	ф10 **ф10**	26 295	9 **11**	237 **289**	146 **178**	200 **170**	52.3	3.1	25.4	8.24	1.03
						2	D_2=8 100	ф10 **ф10**	25 478	9 **11**	229 **280**	141 **173**	200 **170**					
						3		∅10 ∅6	焊接网片	129	392 110	242 25	200					
500	NFCHJ-500-1.8	1.8	0.25	0.12	0.13	1	D_1=8 390	ф10 **ф10**	26 358	10 **12**	264 **316**	163 **195**	200 **170**	52.3	3.0	24.9	11.6	1.16
						2	D_2=8 030	ф10 **ф10**	25 227	10 **12**	252 **303**	156 **187**	200 **170**					
						3		∅10 ∅6	焊接网片	129	444 142	274 32	200					

内浮顶储罐现浇环墙材料明细表			图集号	
审核	校对	设计	页	57

公称容积 V_s/m^3	环墙式基础编号	环墙高度 h_w/m	环墙厚度 b_w/m	罐壁与环墙距离		钢筋部分								工程量部分				
				内侧 a_i/m	外侧 a_e/m	钢筋编号	简图	直径/mm	长度/mm	数量	总长/m	重量/kg	间距 a/mm	沥青砂绝缘层/m^2	碎石层/m^3	砂垫层/m^3	C20混凝土/m^3	C7.5混凝土/m^3
500	NFCHJ-500-2.0	2.0	0.25	0.12	0.13	1	$D_1=8\ 390$	Φ10 **Φ10**	26 358	11 **13**	290 **343**	179 **211**	200 **160**	52.3	3.0	24.9	12.9	1.16
						2	$D_2=8\ 030$	Φ10 **Φ10**	25 227	11 **13**	278 **328**	171 **202**	200 **160**					
						3	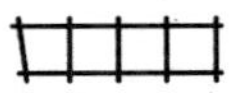	∅10 ∅6	焊接网片	129	495 142	306 32	200					
500	NFCHJ-500-2.2	2.2	0.25	0.11	0.14	1	$D_1=8\ 410$	Φ10 **Φ10**	26 421	12 **15**	317 **396**	196 **244**	200 **160**	52.3	3.0	25.0	14.17	1.16
						2	$D_2=8\ 050$	Φ10 **Φ10**	25 290	12 **15**	303 **379**	187 **234**	200 **160**					
						3	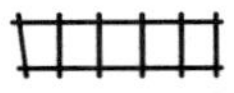	∅10 ∅6	焊接网片	129	547 170	338 38	200					
500	NFCHJ-500-2.4	2.4	0.25	0.11	0.14	1	$D_1=8\ 410$	Φ10 **Φ10**	26 421	13 **17**	343 **449**	212 **277**	200 **150**	52.3	3.0	25.0	15.46	1.16
						2	$D_2=8\ 050$	Φ10 **Φ10**	25 290	13 **17**	329 **430**	203 **265**	200 **150**					
						3	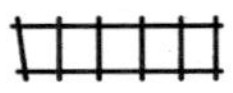	∅10 ∅6	焊接网片	129	599 170	369 38	200					
600	NFCHJ-600-1.0	1.0	0.20	0.09	0.11	1	$D_1=9\ 150$	Φ10 **Φ10**	28 746	6 **7**	173 **201**	107 **124**	200 **170**	63.1	3.7	30.5	5.66	1.13
						2	$D_2=8\ 890$	Φ10 **Φ10**	27 929	6 **7**	168 **196**	103 **121**	200 **170**					
						3		∅10 ∅6	焊接网片	141	260 72	160 16	200					

内浮顶储罐现浇环墙材料明细表						图集号	
审核		校对		设计		页	58

公称容积 V_s/m^3	环墙式基础编号	环墙高度 h_w/m	环墙厚度 b_w/m	罐壁与环墙距离		钢筋部分								工程量部分				
				内侧 a_i/m	外侧 a_e/m	钢筋编号	简图	直径/mm	长度/mm	数量	总长/m	重量/kg	间距 a/mm	沥青砂绝缘层/m^2	碎石层/m^3	砂垫层/m^3	C20混凝土/m^3	C7.5混凝土/m^3
600	NFCHJ-600-1.2	1.2	0.20	0.09	0.11	1	$D_1=9\ 150$	Φ10 **Φ10**	28 746	7 **8**	201 **230**	124 **142**	200 **160**	63.1	3.7	30.5	6.79	1.13
						2	$D_2=8\ 890$	Φ10 **Φ10**	27 929	7 **8**	196 **224**	121 **138**	200 **160**					
						3		Ø10 Ø6	焊接网片	141	316 96	195 22	200					
600	NFCHJ-600-1.4	1.4	0.20	0.08	0.12	1	$D_1=9\ 170$	Φ10 **Φ10**	28 808	8 **10**	231 **288**	142 **178**	200 **160**	63.1	3.7	30.7	7.92	1.13
						2	$D_2=8\ 910$	Φ10 **Φ10**	27 992	8 **10**	224 **280**	138 **173**	200 **160**					
						3		Ø10 Ø6	焊接网片	141	372 96	230 22	200					
600	NFCHJ-600-1.6	1.6	0.20	0.08	0.12	1	$D_1=9\ 170$	Φ10 **Φ10**	28 808	9 **12**	259 **346**	160 **213**	200 **150**	63.1	3.7	30.7	9.06	1.13
						2	$D_2=8\ 910$	Φ10 **Φ10**	27 992	9 **12**	252 **336**	156 **207**	200 **150**					
						3		Ø10 Ø6	焊接网片	141	429 120	265 27	200					
600	NFCHJ-600-1.8	1.8	0.25	0.12	0.13	1	$D_1=9\ 190$	Φ10 **Φ10**	28 871	10 **13**	289 **375**	178 **232**	200 **150**	63.1	3.6	30.1	12.72	1.27
						2	$D_2=8\ 830$	Φ10 **Φ10**	27 740	10 **13**	278 **361**	172 **223**	200 **150**					
						3		Ø10 Ø6	焊接网片	141	485 155	300 35	200					

内浮顶储罐现浇环墙材料明细表						图集号	
审核		校对		设计		页	59

公称容积 V_s/m^3	环墙式基础编号	环墙高度 h_w/m	环墙厚度 b_w/m	罐壁与环墙距离		钢筋部分								工程量部分				
				内侧 a_i/m	外侧 a_e/m	钢筋编号	简图	直径/mm	长度/mm	数量	总长/m	重量/kg	间距 a/mm	沥青砂绝缘层/m^2	碎石层/m^3	砂垫层/m^3	C20混凝土/m^3	C7.5混凝土/m^3
600	NFCHJ-600-2.0	2.0	0.25	0.11	0.14	1	$D_1=9\ 210$	Φ10 **Φ10**	28 934	11 **14**	318 **405**	197 **250**	200 **150**	63.1	3.6	30.3	14.14	1.27
						2	$D_2=8\ 850$	Φ10 **Φ10**	27 803	11 **14**	306 **389**	189 **240**	200 **150**					
						3		∅10 ∅6	焊接网片	141	541 155	334 35	200					
600	NFCHJ-600-2.2	2.2	0.25	0.11	0.14	1	$D_1=9\ 210$	Φ10 **Φ10**	28 934	12 **17**	347 **492**	214 **304**	200 **140**	63.1	3.6	30.3	15.56	1.27
						2	$D_2=8\ 850$	Φ10 **Φ10**	27 803	12 **17**	334 **473**	206 **292**	200 **140**					
						3		∅10 ∅6	焊接网片	141	598 186	369 42	200					
600	NFCHJ-600-2.4	2.4	0.25	0.10	0.15	1	$D_1=9\ 230$	Φ10 **Φ10**	28 997	13 **18**	377 **522**	233 **322**	200 **140**	63.1	3.7	30.4	16.97	1.27
						2	$D_2=8\ 870$	Φ10 **Φ10**	27 866	13 **18**	362 **502**	224 **310**	200 **140**					
						3		∅10 ∅6	焊接网片	141	654 186	404 42	200					
700	NFCHJ-700-1.0	1.0	0.20	0.10	0.10	1	$D_1=9\ 330$	Φ10 **Φ10**	29 311	6 **8**	176 **235**	109 **145**	200 **150**	65.9	3.8	31.8	5.78	1.16
						2	$D_2=9\ 070$	Φ10 **Φ10**	28 494	6 **8**	171 **228**	106 **141**	200 **150**					
						3		∅10 ∅6	焊接网片	145	267 74	165 17	200					

内浮顶储罐现浇环墙材料明细表						图集号	
审核		校对		设计		页	60

公称容积 V_s/m^3	环墙式基础编号	环墙高度 h_w/m	环墙厚度 b_w/m	罐壁与环墙距离		钢筋部分								工程量部分				
				内侧 a_i/m	外侧 a_e/m	钢筋编号	简图	直径/mm	长度/mm	数量	总长/m	重量/kg	间距 a/mm	沥青砂绝缘层/m^2	碎石层/m^3	砂垫层/m^3	C20混凝土/m^3	C7.5混凝土/m^3
700	NFCHJ-700-1.2	1.2	0.20	0.09	0.11	1	$D_1=9\ 350$	Φ10 **Φ10**	29 374	7 **10**	206 **294**	127 **182**	200 **140**	65.9	3.8	32.0	6.94	1.16
						2	$D_2=9\ 090$	Φ10 **Φ10**	28 557	7 **10**	200 **286**	123 **177**	200 **140**					
						3		Ø10 Ø6	焊接网片	145	325 99	200 22	200					
700	NFCHJ-700-1.4	1.4	0.20	0.09	0.11	1	$D_1=9\ 350$	Φ10 **Φ10**	29 374	8 **11**	235 **323**	145 **200**	200 **140**	65.9	3.8	32.0	8.10	1.16
						2	$D_2=9\ 090$	Φ10 **Φ10**	28 557	8 **11**	229 **314**	141 **194**	200 **140**					
						3		Ø10 Ø6	焊接网片	145	383 99	236 22	200					
700	NFCHJ-700-1.6	1.6	0.20	0.09	0.11	1	$D_1=9\ 350$	Φ10 **Φ10**	29 374	9 **13**	265 **382**	163 **236**	200 **140**	65.9	3.8	32.0	9.25	1.16
						2	$D_2=9\ 090$	Φ10 **Φ10**	28 557	9 **13**	257 **371**	159 **229**	200 **140**					
						3		Ø10 Ø6	焊接网片	145	441 123	272 28	200					
700	NFCHJ-700-1.8	1.8	0.25	0.13	0.12	1	$D_1=9\ 370$	Φ10 **Φ10**	29 437	10 **15**	295 **442**	182 **272**	200 **130**	65.9	3.8	31.4	13.0	1.30
						2	$D_2=9\ 010$	Φ10 **Φ10**	28 306	10 **15**	283 **425**	175 **262**	200 **130**					
						3		Ø10 Ø6	焊接网片	145	499 160	308 36	200					

内浮顶储罐现浇环墙材料明细表						图集号	
审核		校对		设计		页	61

公称容积 V_s/m^3	环墙式基础编号	环墙高度 h_w/m	环墙厚度 b_w/m	罐壁与环墙距离		钢筋部分								工程量部分				
				内侧 a_i/m	外侧 c_e/m	钢筋编号	简图	直径/mm	长度/mm	数量	总长/m	重量/kg	间距 a/mm	沥青砂绝缘层/m^2	碎石层/m^3	砂垫层/m^3	C20混凝土/m^3	C7.5混凝土/m^3
700	NFCHJ-700-2.0	2.0	0.25	0.12	0.13	1	$D_1=9\ 390$	Φ10 **Φ10**	29 500	11 **17**	325 **502**	200 **309**	200 **130**	65.9	3.8	31.8	14.45	1.30
						2	$D_2=9\ 030$	Φ10 **Φ10**	28 369	11 **17**	312 **482**	193 **298**	200 **130**					
						3		∅10 ∅6	焊接网片	145	557 160	344 36	200					
700	NFCHJ-700-2.2	2.2	0.25	0.12	0.13	1	$D_1=9\ 390$	Φ10 **Φ10**	29 500	13 **18**	384 **531**	237 **328**	190 **130**	65.9	3.8	31.8	15.90	1.30
						2	$D_2=9\ 030$	Φ10 **Φ10**	28 369	13 **18**	369 **511**	228 **315**	190 **130**					
						3		∅10 ∅6	焊接网片	145	615 191	379 43	200					
700	NFCHJ-700-2.4	2.4	0.25	0.11	0.14	1	$D_1=9\ 410$	Φ10 **Φ10**	29 563	14 **20**	414 **591**	255 **365**	190 **125**	65.9	3.8	31.7	17.34	1.30
						2	$D_2=9\ 050$	Φ10 **Φ10**	28 432	14 **20**	398 **569**	246 **351**	190 **125**					
						3		∅10 ∅6	焊接网片	145	673 191	415 43	200					
800	NFCHJ-800-1.0	1.0	0.20	0.09	0.11	1	$D_1=10\ 150$	Φ10 **Φ10**	31 887	6 **8**	191 **255**	118 **157**	200 **140**	77.9	4.5	37.9	6.28	1.26
						2	$D_2=9\ 890$	Φ10 **Φ10**	31 070	6 **8**	186 **249**	115 **153**	200 **140**					
						3		∅10 ∅6	焊接网片	157	289 80	178 18	200					

内浮顶储罐现浇环墙材料明细表						图集号	
审核		校对		设计		页	62

公称容积 V_s/m^3	环墙式基础编号	环墙高度 h_w/m	环墙厚度 b_w/m	罐壁与环墙距离 内侧 a_i/m	罐壁与环墙距离 外侧 a_e/m	钢筋部分 钢筋编号	简图	直径/mm	长度/mm	数量	总长/m	重量/kg	间距 a/mm	工程量部分 沥青砂绝缘层/m^2	碎石层/m^3	砂垫层/m^3	C20混凝土/m^3	C7.5混凝土/m^3
800	NFCHJ-800-1.2	1.2	0.20	0.09	0.11	1	D_1=10 150	Φ10 **Φ10**	31 887	7 **10**	223 **319**	138 **197**	200 **140**	77.9	4.5	37.9	7.54	1.26
						2	D_2=9 890	Φ10 **Φ10**	31 070	7 **10**	218 **311**	134 **192**	200 **140**					
						3		∅10 ∅6	焊接网片	157	352 107	217 24	200					
800	NFCHJ-800-1.4	1.4	0.20	0.09	0.11	1	D_1=10 150	Φ10 **Φ10**	31 887	8 **12**	255 **383**	157 **236**	200 **130**	77.9	4.5	37.9	8.79	1.26
						2	D_2=9 890	Φ10 **Φ10**	31 070	8 **12**	249 **373**	153 **230**	200 **130**					
						3		∅10 ∅6	焊接网片	157	415 107	256 24	200					
800	NFCHJ-800-1.6	1.6	0.20	0.08	0.12	1	D_1=10 170	Φ10 **Φ10**	31 950	9 **13**	288 **415**	177 **256**	200 **130**	77.9	4.6	38.0	10.05	1.26
						2	D_2=9 910	Φ10 **Φ10**	31 133	9 **13**	280 **405**	173 **250**	200 **130**					
						3		∅10 ∅6	焊接网片	157	477 134	295 30	200					
800	NFCHJ-800-1.8	1.8	0.25	0.12	0.13	1	D_1=10 190	Φ10 **Φ10**	32 013	11 **15**	352 **480**	217 **296**	190 **130**	77.9	4.5	37.4	14.14	1.42
						2	D_2=9 830	Φ10 **Φ10**	30 882	11 **15**	340 **483**	210 **286**	190 **130**					
						3		∅10 ∅6	焊接网片	157	540 173	333 39	200					

内浮顶储罐现浇环墙材料明细表						图集号	
审核		校对		设计		页	63

公称容积 V_s/m^3	环墙式基础编号	环墙高度 h_w/m	环墙厚度 b_w/m	罐壁与环墙距离		钢筋部分								工程量部分				
				内侧 a_i/m	外侧 a_e/m	钢筋编号	简图	直径/mm	长度/mm	数量	总长/m	重量/kg	间距 a/mm	沥青砂绝缘层/m^2	碎石层/m^3	砂垫层/m^3	C20混凝土/m^3	C7.5混凝土/m^3
800	NFCHJ-800-2.0	2.0	0.25	0.12	0.13	1	$D_1=10\ 190$	Φ10 **Φ10**	32 013	12 **17**	384 **544**	237 **336**	190 **125**	77.9	4.5	37.4	15.70	1.42
						2	$D_2=9\ 830$	Φ10 **Φ10**	30 882	12 **17**	371 **525**	229 **324**	190 **125**					
						3		∅10 ∅6	焊接网片	157	603 173	372 39	200					
800	NFCHJ-800-2.2	2.2	0.25	0.11	0.14	1	$D_1=10\ 210$	Φ10 **Φ10**	32 076	13 **19**	417 **609**	257 **376**	180 **120**	77.9	4.5	37.6	17.27	1.42
						2	$D_2=9\ 850$	Φ10 **Φ10**	30 945	13 **19**	402 **588**	248 **363**	180 **120**					
						3		∅10 ∅6	焊接网片	157	666 207	411 46	200					
800	NFCHJ-800-2.4	2.4	0.25	0.11	0.14	1	$D_1=10\ 210$	Φ10 **Φ10**	32 076	15 **21**	481 **674**	297 **416**	180 **120**	77.9	4.5	37.6	18.84	1.42
						2	$D_2=9\ 850$	Φ10 **Φ10**	30 945	15 **21**	464 **650**	286 **401**	180 **120**					
						3		∅10 ∅6	焊接网片	157	728 207	450 46	200					
1 000	NFCHJ-1000-1.0	1.0	0.25	0.13	0.12	1	$D_1=11\ 670$	Φ10 **Φ12**	36 662	6 **7**	220 **257**	136 **228**	190 **180**	103.1	6.0	49.6	9.1	1.63
						2	$D_2=11\ 310$	Φ10 **Φ12**	35 532	6 **7**	213 **249**	132 **221**	190 **180**					
						3		∅10 ∅6	焊接网片	182	335 120	207 27	200					

内浮顶储罐现浇环墙材料明细表						图集号	
审核		校对		设计		页	64

公称容积 V_s/m^3	环墙式基础编号	环墙高度 h_w/m	环墙厚度 b_w/m	罐壁与环墙距离		钢筋部分								工程量部分				
				内侧 a_i/m	外侧 a_e/m	钢筋编号	简图	直径/mm	长度/mm	数量	总长/m	重量/kg	间距 a/mm	沥青砂绝缘层/m^2	碎石层/m^3	砂垫层/m^3	C20混凝土/m^3	C7.5混凝土/m^3
1 000	NFCHJ-1000-1.2	1.2	0.25	0.13	0.12	1	D_1=11 670	⏀10 **⏀12**	36 662	8 **8**	293 **293**	181 **260**	180 **170**	103.1	6.0	49.6	10.8	1.63
						2	D_2=11 310	⏀10 **⏀12**	35 532	8 **8**	284 **284**	175 **252**	180 **170**					
						3		∅10 ∅6	焊接网片	182	408 160	252 36	200					
1 000	NFCHJ-1000-1.4	1.4	0.25	0.13	0.12	1	D_1=11 670	⏀10 **⏀12**	36 662	9 **9**	330 **330**	204 **293**	180 **170**	103.1	6.0	49.6	12.6	1.63
						2	D_2=11 310	⏀10 **⏀12**	35 532	9 **9**	320 **320**	197 **284**	180 **170**					
						3		∅10 ∅6	焊接网片	182	480 160	297 36	200					
1 000	NFCHJ-1000-1.6	1.6	0.25	0.12	0.13	1	D_1=11 690	⏀10 **⏀12**	36 725	11 **11**	404 **404**	249 **359**	170 **160**	103.1	6.0	49.8	14.5	1.63
						2	D_2=11 330	⏀10 **⏀12**	35 594	11 **11**	392 **392**	242 **348**	170 **160**					
						3		∅10 ∅6	焊接网片	182	553 200	341 45	200					
1 000	NFCHJ-1000-1.8	1.8	0.25	0.12	0.13	1	D_1=11 690	⏀10 **⏀12**	36 725	12 **12**	441 **441**	272 **392**	170 **160**	103.1	6.0	49.8	16.3	1.63
						2	D_2=11 330	⏀10 **⏀12**	35 594	12 **12**	427 **427**	264 **379**	170 **160**					
						3		∅10 ∅6	焊接网片	182	626 200	386 45	200					

内浮顶储罐现浇环墙材料明细表						图集号	
审核		校对		设计		页	65

公称容积 V_s/m³	环墙式基础编号	环墙高度 h_w/m	环墙厚度 b_w/m	罐壁与环墙距离		钢筋部分								工程量部分				
				内侧 a_i/m	外侧 a_e/m	钢筋编号	简图	直径/mm	长度/mm	数量	总长/m	重量/kg	间距 a/mm	沥青砂绝缘层/m²	碎石层/m³	砂垫层/m³	C20混凝土/m³	C7.5混凝土/m³
1 000	NFCHJ-1000-2.0	2.0	0.25	0.11	0.14	1	D_1=11 710	Φ10 **Φ12**	36 788	13 **14**	478 **515**	295 **475**	160 **160**	103.1	6.0	50.0	18.1	1.63
						2	D_2=11 350	Φ10 **Φ12**	35 657	13 **14**	464 **499**	296 **443**	160 **160**					
						3		∅10 ∅6	焊接网片	182	699 200	431 45	200					
1 000	NFCHJ-1000-2.2	2.2	0.25	0.11	0.14	1	D_1=11 710	Φ10 **Φ12**	36 788	15 **16**	552 **589**	341 **523**	160 **150**	103.1	6.0	50.0	19.9	1.63
						2	D_2=11 350	Φ10 **Φ12**	35 657	15 **16**	535 **571**	330 **507**	160 **150**					
						3		∅10 ∅6	焊接网片	182	772 240	476 54	200					
1 000	NFCHJ-1000-2.4	2.4	0.25	0.10	0.15	1	D_1=11 730	Φ10 **Φ12**	36 851	16 **17**	590 **626**	364 **556**	160 **150**	103.1	6.0	50.1	21.7	1.63
						2	D_2=11 370	Φ10 **Φ12**	35 720	16 **17**	572 **607**	353 **539**	160 **150**					
						3		∅10 ∅6	焊接网片	182	844 240	521 54	200					
1 500	NFCHJ-1500-1.0	1.0	0.25	0.13	0.12	1	D_1=13 170	Φ12 **Φ12**	41 438	6 **8**	248 **331**	220 **294**	200 **140**	131.9	7.7	63.9	10.21	1.84
						2	D_2=12 830	Φ12 **Φ12**	40 244	6 **8**	242 **321**	214 **286**	200 **140**					
						3		∅10 ∅6	焊接网片	204	375 135	232 30	200					

内浮顶储罐现浇环墙材料明细表						图集号	
审核		校对		设计		页	66

公称容积 V_s/m^3	环墙式基础编号	环墙高度 h_w/m	环墙厚度 b_w/m	罐壁与环墙距离		钢筋部分								工程量部分				
				内侧 a_i/m	外侧 a_e/m	钢筋编号	简图	直径/mm	长度/mm	数量	总长/m	重量/kg	间距 a/mm	沥青砂绝缘层/m^2	碎石层/m^3	砂垫层/m^3	C20混凝土/m^3	C7.5混凝土/m^3
1 500	NFCHJ-1500-1.2	1.2	0.25	0.13	0.12	1	$D_1=13\ 170$	Φ 12 **Φ 12**	41 375	7 **10**	290 **414**	257 **368**	200 **140**	131.9	7.7	63.9	12.25	1.84
						2	$D_2=12\ 810$	Φ 12 **Φ 12**	40 244	7 **10**	282 **403**	250 **358**	200 **140**					
						3		Ø10 Ø6	焊接 网片	204	457 180	282 40	200					
1 500	NFCHJ-1500-1.4	1.4	0.25	0.13	0.12	1	$D_1=13\ 170$	Φ 12 **Φ 12**	41 375	8 **12**	331 **497**	294 **441**	200 **130**	131.9	7.7	63.9	14.29	1.84
						2	$D_2=12\ 810$	Φ 12 **Φ 12**	40 244	8 **12**	322 **483**	286 **429**	200 **130**					
						3		Ø10 Ø6	焊接 网片	204	539 180	332 40	200					
1 500	NFCHJ-1500-1.6	1.6	0.25	0.12	0.13	1	$D_1=13\ 190$	Φ 12 **Φ 12**	41 375	9 **13**	373 **539**	331 **478**	200 **130**	131.9	7.7	63.9	16.34	1.84
						2	$D_2=12\ 810$	Φ 12 **Φ 12**	40 307	9 **13**	363 **524**	322 **465**	200 **130**					
						3		Ø10 Ø6	焊接 网片	204	620 224	383 50	200					
1 500	NFCHJ-1500-1.8	1.8	0.25	0.12	0.13	1	$D_1=13\ 190$	Φ 12 **Φ 12**	41 438	10 **15**	414 **622**	368 **552**	200 **130**	131.9	7.7	63.9	18.38	1.84
						2	$D_2=12\ 830$	Φ 12 **Φ 12**	40 307	10 **15**	403 **605**	358 **537**	200 **130**					
						3		Ø10 Ø6	焊接 网片	204	702 224	433 50	200					

内浮顶储罐现浇环墙材料明细表						图集号	
审核		校对		设计		页	67

公称容积 V_s/m^3	环墙式基础编号	环墙高度 h_w/m	环墙厚度 b_w/m	罐壁与环墙距离		钢筋部分								工程量部分				
				内侧 a_i/m	外侧 a_e/m	钢筋编号	简图	直径/mm	长度/mm	数量	总长/m	重量/kg	间距 a/mm	沥青砂绝缘层/m^2	碎石层/m^3	砂垫层/m^3	C20混凝土/m^3	C7.5混凝土/m^3
1 500	NFCHJ-1500-2.0	2.0	0.25	0.11	0.14	1	D_1=13 210	⏀12 **⏀12**	41 500	11 **17**	457 **706**	405 **626**	190 **125**	131.9	7.7	64.1	20.42	1.84
						2	D_2=12 850	⏀12 **⏀12**	40 370	11 **17**	444 **686**	394 **609**	190 **125**					
						3		∅10 ∅6	焊接网片	204	783 224	483 50	200					
1 500	NFCHJ-1500-2.2	2.2	0.25	0.11	0.14	1	D_1=13 210	⏀12 **⏀12**	41 500	12 **19**	498 **788**	442 **700**	190 **125**	131.9	7.7	64.1	22.46	1.84
						2	D_2=12 850	⏀12 **⏀12**	40 370	12 **19**	484 **767**	430 **681**	190 **125**					
						3		∅10 ∅6	焊接网片	204	865 270	534 60	200					
1 500	NFCHJ-1500-2.4	2.4	0.25	0.11	0.14	1	D_1=13 210	⏀12 **⏀12**	41 500	14 **21**	581 **872**	516 **774**	180 **120**	131.9	7.7	64.1	24.50	1.84
						2	D_2=12 850	⏀12 **⏀12**	40 370	14 **21**	565 **848**	502 **753**	180 **120**					
						3		∅10 ∅6	焊接网片	204	947 270	584 60	200					
2 000	NFCHJ-2000-1.0	1.0	0.25	0.13	0.12	1	D_1=14 670	⏀12 **⏀12**	46 087	6 **9**	277 **415**	246 **368**	180 **120**	164.2	9.6	79.6	11.39	2.05
						2	D_2=14 310	⏀12 **⏀12**	44 956	6 **9**	270 **404**	240 **360**	180 **120**					
						3		∅10 ∅6	焊接网片	228	420 151	259 34	200					

内浮顶储罐现浇环墙材料明细表						图集号	
审核		校对		设计		页	68

公称容积 V_s/m^3	环墙式基础编号	环墙高度 h_w/m	环墙厚度 b_w/m	罐壁与环墙距离 内侧 a_i/m	罐壁与环墙距离 外侧 a_e/m	钢筋部分 钢筋编号	简图	直径/mm	长度/mm	数量	总长/m	重量/kg	间距 a/mm	工程量部分 沥青砂绝缘层/m^2	碎石层/m^3	砂垫层/m^3	C20混凝土/m^3	C7.5混凝土/m^3
2 000	NFCHJ-2000-1.2	1.2	0.25	0.12	0.13	1	D_1=14 690	⌀12 **⌀12**	46 150	8 **11**	369 **508**	328 **451**	180 **120**	164.2	9.6	79.9	13.67	2.05
						2	D_2=14 330	⌀12 **⌀12**	45 019	8 **11**	360 **492**	320 **440**	180 **120**					
						3		Ø10 Ø6	焊接网片	228	551 201	315 45	200					
2 000	NFCHJ-2000-1.4	1.4	0.25	0.12	0.13	1	D_1=14 690	⌀12 **⌀12**	46 150	9 **14**	415 **646**	369 **574**	170 **110**	164.2	9.6	79.9	15.95	2.05
						2	D_2=14 330	⌀12 **⌀12**	45 019	9 **14**	405 **630**	360 **559**	170 **110**					
						3		Ø10 Ø6	焊接网片	228	556 201	343 45	200					
2 000	NFCHJ-2000-1.6	1.6	0.25	0.12	0.13	1	D_1=14 690	⌀12 **⌀12**	46 150	11 **16**	508 **738**	451 **656**	170 **110**	164.2	9.6	79.9	18.22	2.05
						2	D_2=14 330	⌀12 **⌀12**	45 019	11 **16**	495 **720**	440 **640**	170 **110**					
						3		Ø10 Ø6	焊接网片	228	693 251	428 56	200					
2 000	NFCHJ-2000-1.8	1.8	0.25	0.11	0.14	1	D_1=14 710	⌀12 **⌀12**	46 213	12 **17**	555 **786**	493 **698**	170 **110**	164.2	9.6	80.1	20.5	2.05
						2	D_2=14 350	⌀12 **⌀12**	45 082	12 **17**	541 **766**	480 **681**	170 **110**					
						3		Ø10 Ø6	焊接网片	228	784 251	484 56	200					

内浮顶储罐现浇环墙材料明细表						图集号	
审核		校对		设计		页	69

公称容积 V_s/m^3	环墙式基础编号	环墙高度 h_w/m	环墙厚度 b_w/m	罐壁与环墙距离		钢筋部分								工程量部分				
				内侧 a_i/m	外侧 a_e/m	钢筋编号	简图	直径/mm	长度/mm	数量	总长/m	重量/kg	间距 a/mm	沥青砂绝缘层/m^2	碎石层/m^3	砂垫层/m^3	C20混凝土/m^3	C7.5混凝土/m^3
2 000	NFCHJ-2000-2.0	2.0	0.25	0.11	0.14	1	D_1=14 710	Φ12 **Φ12**	46 213	14 **19**	647 **878**	575 **780**	160 **110**	164.2	9.6	80.1	22.8	2.05
						2	D_2=14 350	Φ12 **Φ12**	45 082	14 **19**	631 **857**	561 **761**	160 **110**					
						3		Ø10 Ø6	焊接网片	228	876 251	540 56	200					
2 000	NFCHJ-2000-2.2	2.2	0.25	0.11	0.14	1	D_1=14 710	Φ12 **Φ12**	46 213	15 **23**	693 **1 063**	616 **944**	160 **100**	164.2	9.6	80.1	25.06	2.05
						2	D_2=14 350	Φ12 **Φ12**	45 082	15 **23**	676 **1 037**	601 **921**	160 **100**					
						3		Ø10 Ø6	焊接网片	228	967 301	597 67	200					
2 000	NFCHJ-2000-2.4	2.4	0.25	0.10	0.15	1	D_1=14 730	Φ12 **Φ12**	46 276	16 **25**	740 **1 157**	658 **1 027**	160 **100**	164.2	9.6	80.3	27.34	2.05
						2	D_2=14 370	Φ12 **Φ12**	45 145	16 **25**	722 **1 129**	641 **1 002**	160 **100**					
						3		Ø10 Ø6	焊接网片	228	1 058 301	653 67	200					
3 000	NFCHJ-3000-1.0	1.0	0.30	0.16	0.14	1	D_1=17 210	Φ12 **Φ14**	54 067	8 **9**	433 **487**	384 **588**	140 **130**	225.9	13.1	109.3	16.02	2.67
						2	D_2=16 750	Φ12 **Φ14**	52 622	8 **9**	421 **474**	374 **573**	140 **130**					
						3		Ø10 Ø6	焊接网片	267	491 216	303 48	200					

内浮顶储罐现浇环墙材料明细表						图集号	
审核		校对		设计		页	70

公称容积 V_s/m^3	环墙式基础编号	环墙高度 h_w/m	环墙厚度 b_w/m	罐壁与环墙距离		钢筋部分								工程量部分				
				内侧 a_i/m	外侧 a_e/m	钢筋编号	简图	直径/mm	长度/mm	数量	总长/m	重量/kg	间距 a/mm	沥青砂绝缘层/m^2	碎石层/m^3	砂垫层/m^3	C20混凝土/m^3	C7.5混凝土/m^3
3 000	NFCHJ-3000-1.2	1.2	0.30	0.16	0.14	1	$D_1=17\ 210$	Φ12 **Φ14**	54 067	10 **11**	541 **595**	480 **719**	140 **125**	225.9	13.1	109.3	19.23	2.67
						2	$D_2=16\ 750$	Φ12 **Φ14**	52 622	10 **11**	526 **579**	467 **699**	140 **125**					
						3		∅12 ∅6	焊接网片	267	598 288	531 64	200					
3 000	NFCHJ-3000-1.4	1.4	0.30	0.16	0.14	1	$D_1=17\ 210$	Φ12 **Φ14**	54 067	12 **12**	649 **649**	576 **784**	130 **125**	225.9	13.1	109.3	22.4	2.67
						2	$D_2=16\ 750$	Φ12 **Φ14**	52 622	12 **12**	632 **632**	564 **763**	130 **125**					
						3		∅12 ∅6	焊接网片	267	705 288	626 64	200					
3 000	NFCHJ-3000-1.6	1.6	0.30	0.15	0.15	1	$D_1=17\ 230$	Φ12 **Φ14**	54 130	13 **14**	704 **758**	625 **916**	130 **120**	225.9	13.1	109.5	25.6	2.67
						2	$D_2=16\ 770$	Φ12 **Φ14**	52 685	13 **14**	685 **738**	608 **891**	130 **120**					
						3		∅12 ∅6	焊接网片	267	812 360	721 80	200					
3 000	NFCHJ-3000-1.8	1.8	0.30	0.15	0.15	1	$D_1=17\ 230$	Φ12 **Φ14**	54 130	15 **16**	812 **866**	721 **1 046**	130 **120**	225.9	13.1	109.5	28.84	2.67
						2	$D_2=16\ 770$	Φ12 **Φ14**	52 685	15 **16**	790 **843**	702 **1 018**	130 **120**					
						3		∅12 ∅6	焊接网片	267	918 360	815 80	200					

内浮顶储罐现浇环墙材料明细表						图集号	
审核		校对		设计		页	71

公称容积 V_s/m^3	环墙式基础编号	环墙高度 h_w/m	环墙厚度 b_w/m	罐壁与环墙距离		钢筋部分								工程量部分				
				内侧 a_i/m	外侧 a_e/m	钢筋编号	简图	直径/mm	长度/mm	数量	总长/m	重量/kg	间距 a/mm	沥青砂绝缘层/m^2	碎石层/m^3	砂垫层/m^3	C20混凝土/m^3	C7.5混凝土/m^3
3 000	NFCHJ-3000-2.0	2.0	0.30	0.14	0.16	1	$D_1=17\ 250$	⌀12 **⌀14**	54 193	16 **19**	867 **1 030**	770 **1 244**	130 **110**	225.9	13.2	109.8	32.04	2.67
						2	$D_2=16\ 790$	⌀12 **⌀14**	52 748	16 **19**	844 **1 002**	750 **1 211**	130 **110**					
						3		∅12 ∅6	焊接网片	267	1 025 360	910 80	200					
3 000	NFCHJ-3000-2.2	2.2	0.30	0.14	0.16	1	$D_1=17\ 250$	⌀12 **⌀14**	54 193	19 **21**	1 030 **1 138**	914 **1 375**	125 **110**	225.9	13.2	109.8	35.24	2.67
						2	$D_2=16\ 790$	⌀12 **⌀14**	52 748	19 **21**	1 002 **1 108**	890 **1 338**	125 **110**					
						3		∅12 ∅6	焊接网片	267	1 132 433	1 005 96	200					
3 000	NFCHJ-3000-2.4	2.4	0.30	0.14	0.16	1	$D_1=17\ 250$	⌀12 **⌀14**	54 193	20 **23**	1 084 **1 247**	963 **1 506**	125 **110**	225.9	13.2	109.8	38.45	2.67
						2	$D_2=16\ 790$	⌀12 **⌀14**	52 748	20 **23**	1 055 **1 213**	937 **1 466**	125 **110**					
						3		∅12 ∅6	焊接网片	267	1 239 433	1 100 96	200					
5 000	NFCHJ-5000-1.0	1.0	0.30	0.15	0.15	1	$D_1=21\ 230$	⌀12 **⌀14**	66 696	10 **11**	667 **734**	592 **886**	110 **100**	345.0	20.1	168.3	19.79	3.3
						2	$D_2=20\ 770$	⌀12 **⌀14**	65 251	10 **11**	653 **718**	580 **867**	110 **100**					
						3		∅12 ∅6	焊接网片	330	588 267	522 60	200					

内浮顶储罐现浇环墙材料明细表						图集号	
审核		校对		设计		页	72

公称容积 V_s/m³	环墙式基础编号	环墙高度 h_w/m	环墙厚度 b_w/m	罐壁与环墙距离 内侧 a_i/m	罐壁与环墙距离 外侧 a_e/m	钢筋部分 钢筋编号	简图	直径/mm	长度/mm	数量	总长/m	重量/kg	间距 a/mm	工程量部分 沥青砂绝缘层/m²	碎石层/m³	砂垫层/m³	C20混凝土/m³	C7.5混凝土/m³
5 000	NFCHJ-5000-1.2	1.2	0.30	0.15	0.15	1	D_1=21 230	Φ12 **Φ14**	66 696	12 **13**	800 **867**	711 **1 047**	110 **100**	345.0	20.1	168.3	23.75	3.3
						2	D_2=20 770	Φ12 **Φ14**	65 251	12 **13**	783 **848**	695 **1 025**	110 **100**					
						3		Ø12 Ø6	焊接网片	330	719 356	638 80	200					
5 000	NFCHJ-5000-1.4	1.4	0.30	0.14	0.16	1	D_1=21 250	Φ12 **Φ14**	66 759	15 **16**	1 001 **1 068**	889 **1 290**	100 **95**	345.0	20.2	168.6	27.7	3.3
						2	D_2=20 790	Φ12 **Φ14**	66 314	15 **16**	980 **1 045**	870 **1 262**	100 **95**					
						3		Ø12 Ø6	焊接网片	330	851 356	756 80	200					
5 000	NFCHJ-5000-1.6	1.6	0.30	0.14	0.16	1	D_1=21 250	Φ12 **Φ14**	66 759	17 **18**	1 135 **1 202**	1 008 **1 452**	100 **95**	345.0	20.2	168.6	31.7	3.3
						2	D_2=20 790	Φ12 **Φ14**	65 314	17 **18**	1 110 **1 176**	986 **1 420**	100 **95**					
						3		Ø12 Ø6	焊接网片	330	983 446	873 99	200					
5 000	NFCHJ-5000-1.8	1.8	0.30	0.13	0.17	1	D_1=21 270	Φ12 **Φ14**	66 822	19 **21**	1 270 **1 403**	1 128 **1 695**	100 **90**	345.0	20.3	168.9	35.6	3.3
						2	D_2=20 810	Φ12 **Φ14**	65 377	19 **21**	1 242 **1 373**	1 103 **1 659**	100 **90**					
						3		Ø12 Ø6	焊接网片	330	1 115 446	990 99	200					

内浮顶储罐现浇环墙材料明细表						图集号	
审核		校对		设计		页	73

公称容积 V_s/m^3	环墙式基础编号	环墙高度 h_w/m	环墙厚度 b_w/m	罐壁与环墙距离		钢筋部分								工程量部分				
				内侧 a_i/m	外侧 a_e/m	钢筋编号	简图	直径/mm	长度/mm	数量	总长/m	重量/kg	间距 a/mm	沥青砂绝缘层/m^2	碎石层/m^3	砂垫层/m^3	C20混凝土/m^3	C7.5混凝土/m^3
5 000	NFCHJ-5000-2.0	2.0	0.30	0.13	0.17	1	$D_1=21\ 270$	ф 12 **ф 14**	66 822	21 **23**	1 403 **1 537**	1 246 **1 857**	100 **90**	345.0	20.3	168.9	39.6	3.3
						2	$D_2=20\ 810$	ф 12 **ф 14**	65 377	21 **23**	1 373 **1 504**	1 219 **1 816**	100 **90**					
						3		∅12 ∅6	焊接网片	330	1 247 446	1 107 99	200					
5 000	NFCHJ-5000-2.2	2.2	0.30	0.13	0.17	1	$D_1=21\ 270$	ф 12 **ф 14**	66 822	23 **25**	1 537 **1 671**	1 365 **2 018**	100 **90**	345.0	20.3	168.9	43.5	3.3
						2	$D_2=20\ 810$	ф 12 **ф 14**	65 377	23 **25**	1 504 **1 634**	1 335 **1 975**	100 **90**					
						3		∅12 ∅6	焊接网片	330	1 380 535	1 225 119	200					
5 000	NFCHJ-5000-2.4	2.4	0.30	0.12	0.18	1	$D_1=21\ 290$	ф 12 **ф 14**	66 885	26 **29**	1 739 **1 940**	1 544 **2 343**	95 **85**	345.0	20.3	169.2	47.5	3.3
						2	$D_2=20\ 830$	ф 12 **ф 14**	65 440	26 **29**	1 701 **1 898**	1 511 **2 292**	95 **85**					
						3		∅12 ∅6	焊接网片	330	1 511 535	1 342 119	200					
10 000	NFCHJ-10000-1.0	1.0	0.35	0.15	0.20	1	$D_1=30\ 330$	ф 16 **ф 18**	95 285	10 **12**	953 **1 143**	1 504 **2 285**	140 **110**	705.0	69.3	554.2	32.98	5.18
						2	$D_2=29\ 770$	ф 16 **ф 18**	93 525	10 **12**	935 **1 122**	1 475 **2 242**	140 **100**					
						3		∅12 ∅6	焊接网片	471	838 452	744 100	200					

内浮顶储罐现浇环墙材料明细表						图集号	
审核		校对		设计		页	74

公称容积 V_s/m^3	环墙式基础编号	环墙高度 h_w/m	环墙厚度 b_w/m	罐壁与环墙距离		钢筋部分								工程量部分				
				内侧 a_i/m	外侧 a_e/m	钢筋编号	简图	直径/mm	长度/mm	数量	总长/m	重量/kg	间距 a/mm	沥青砂绝缘层/m^2	碎石层/m^3	砂垫层/m^3	C20混凝土/m^3	C7.5混凝土/m^3
10 000	NFCHJ-10000-1.2	1.2	0.35	0.14	0.21	1	$D_1=30\ 350$	Φ16 **Φ18**	95 348	12 **13**	1 144 **1 240**	1 806 **2 477**	130 **110**	705.0	69.4	555.0	39.58	5.18
						2	$D_2=29\ 790$	Φ16 **Φ18**	93 588	12 **13**	1 123 **1 217**	1 772 **2 431**	130 **110**					
						3		∅12 ∅6	焊接 网片	471	1 027 603	912 134	200					
10 000	NFCHJ-10000-1.4	1.4	0.35	0.14	0.21	1	$D_1=30\ 350$	Φ16 **Φ18**	95 348	14 **16**	1 335 **1 526**	2 106 **3 048**	130 **110**	705.0	69.4	555.0	46.17	5.18
						2	$D_2=29\ 790$	Φ16 **Φ18**	93 588	14 **16**	1 310 **1 497**	2 068 **2 992**	130 **110**					
						3		∅12 ∅6	焊接 网片	471	1 215 603	1 079 134	200					
10 000	NFCHJ-10000-1.6	1.6	0.35	0.13	0.22	1	$D_1=30\ 370$	Φ16 **Φ18**	95 410	15 **18**	1 431 **1 717**	2 258 **3 431**	130 **110**	705.0	69.5	555.7	52.77	5.18
						2	$D_2=29\ 810$	Φ16 **Φ18**	93 651	15 **18**	1 405 **1 686**	2 217 **3 368**	130 **110**					
						3		∅12 ∅6	焊接 网片	471	1 404 754	1 247 167	200					
10 000	NFCHJ-10000-1.8	1.8	0.35	0.13	0.22	1	$D_1=30\ 370$	Φ16 **Φ18**	95 410	17 **21**	1 622 **2 004**	2 560 **4 003**	130 **100**	705.0	69.5	555.7	59.36	5.18
						2	$D_2=29\ 810$	Φ16 **Φ18**	93 651	17 **21**	1 592 **1 967**	2 512 **3 929**	130 **100**					
						3		∅12 ∅6	焊接 网片	471	1 592 754	1 414 167	200					

内浮顶储罐现浇环墙材料明细表						图集号	
审核		校对		设计		页	75

公称容积 V_s/m^3	环墙式基础编号	环墙高度 h_w/m	环墙厚度 b_w/m	罐壁与环墙距离		钢筋部分								工程量部分				
				内侧 a_i/m	外侧 a_e/m	钢筋编号	简图	直径/mm	长度/mm	数量	总长/m	重量/kg	间距 a/mm	沥青砂绝缘层/m^2	碎石层/m^3	砂垫层/m^3	C20混凝土/m^3	C7.5混凝土/m^3
10 000	NFCHJ-10000-2.0	2.0	0.35	0.12	0.23	1	$D_1=30\ 390$	Φ16 **Φ18**	95 473	19 **23**	1 814 **2 196**	2 862 **4 387**	125 **100**	705.0	69.6	556.5	65.96	5.18
						2	$D_2=29\ 830$	Φ16 **Φ18**	93 714	19 **23**	1 781 **2 155**	2 810 **4 307**	125 **100**					
						3		∅12 ∅6	焊接网片	471	1 780 754	1 581 167	200					
10 000	NFCHJ-10000-2.2	2.2	0.35	0.12	0.23	1	$D_1=30\ 390$	Φ16 **Φ18**	95 473	21 **25**	2 005 **2 387**	3 164 **4 769**	125 **100**	705.0	69.6	556.5	72.56	5.18
						2	$D_2=29\ 830$	Φ16 **Φ18**	93 714	21 **25**	1 968 **2 343**	3 106 **4 681**	125 **100**					
						3		∅12 ∅6	焊接网片	471	1 969 904	1 748 201	200					
10 000	NFCHJ-10000-2.4	2.4	0.35	0.12	0.23	1	$D_1=30\ 390$	Φ16 **Φ18**	95 473	23 **27**	2 196 **2 578**	3 465 **5 150**	120 **100**	705.0	69.6	556.5	79.15	5.18
						2	$D_2=29\ 830$	Φ16 **Φ18**	93 714	23 **27**	2 155 **2 530**	3 401 **5 055**	120 **100**					
						3		∅12 ∅6	焊接网片	471	2 157 904	1 478 201	200					
20 000	NFCHJ-20000-1.0	1.0	0.40	0.16	0.24	1	$D_1=42\ 410$	Φ18 **Φ25**	133 235	11 **10**	1 466 **1 332**	2 928 **5 128**	120 **150**	1 382.8	136.4	1 091.5	52.8	7.92
						2	$D_2=41\ 750$	Φ18 **Φ25**	131 162	11 **10**	1 443 **1 312**	2 883 **5 051**	120 **150**					
						3		∅14 ∅6	焊接网片	661	1 177 734	1 424 163	200					

内浮顶储罐现浇环墙材料明细表						图集号	
审核		校对		设计		页	76

公称容积 V_s/m^3	环墙式基础编号	环墙高度 h_w/m	环墙厚度 b_w/m	罐壁与环墙距离 内侧 a_i/m	罐壁与环墙距离 外侧 a_e/m	钢筋部分 钢筋编号	简图	直径/mm	长度/mm	数量	总长/m	重量/kg	间距 a/mm	工程量部分 沥青砂绝缘层/m^2	碎石层/m^3	砂垫层/m^3	C20混凝土/m^3	C7.5混凝土/m^3
20 000	NFCHJ-20000-1.2	1.2	0.40	0.15	0.25	1	$D_1=42\ 430$	Φ18 **Φ25**	133 298	14 **11**	1 866 **1 466**	3 729 **5 645**	110 **150**	1 382.8	136.6	1 092.6	63.3	7.92
						2	$D_2=41\ 770$	Φ18 **Φ25**	131 225	14 **11**	1 837 **1 444**	3 671 **5 557**	110 **150**					
						3		∅14 ∅6	焊接网片	661	1 441 978	1 744 217	200					
20 000	NFCHJ-20000-1.4	1.4	0.40	0.15	0.25	1	$D_1=42\ 430$	Φ18 **Φ25**	133 298	15 **13**	2 000 **1 733**	3 996 **6 672**	110 **140**	1 382.8	136.6	1 092.6	74.0	7.92
						2	$D_2=41\ 770$	Φ18 **Φ25**	131 225	15 **13**	1 968 **1 706**	3 933 **6 568**	110 **140**					
						3		∅14 ∅6	焊接网片	661	1 705 978	2 063 217	200					
20 000	NFCHJ-20000-1.6	1.6	0.40	0.14	0.26	1	$D_1=42\ 450$	Φ18 **Φ25**	133 361	18 **14**	2 401 **1 867**	4 796 **7 188**	110 **140**	1 382.8	136.7	1 093.6	84.5	7.92
						2	$D_2=41\ 790$	Φ18 **Φ25**	131 288	18 **14**	2 363 **1 838**	4 722 **7 076**	110 **140**					
						3		∅14 ∅6	焊接网片	661	1 970 1 223	2 384 272	200					
20 000	NFCHJ-20000-1.8	1.8	0.40	0.14	0.26	1	$D_1=42\ 450$	Φ18 **Φ25**	133 361	19 **16**	2 534 **2 134**	5063 **8 215**	110 **140**	1 382.8	136.7	1 093.6	95	7.92
						2	$D_2=41\ 790$	Φ18 **Φ25**	131 288	19 **16**	2 495 **2 101**	4 984 **8 087**	110 **140**					
						3		∅14 ∅6	焊接网片	661	2 234 1 223	2 703 272	200					

内浮顶储罐现浇环墙材料明细表						图集号	
审核		校对		设计		页	77

公称容积 V_s/m³	环墙式基础编号	环墙高度 h_w/m	环墙厚度 b_w/m	罐壁与环墙距离		钢筋部分								工程量部分				
				内侧 a_i/m	外侧 a_e/m	钢筋编号	简图	直径/mm	长度/mm	数量	总长/m	重量/kg	间距 a/mm	沥青砂绝缘层/m²	碎石层/m³	砂垫层/m³	C20混凝土/m³	C7.5混凝土/m³
20 000	NFCHJ-20000-2.0	2.0	0.40	0.14	0.26	1	D_1=42 450	Φ18 **Φ25**	133 361	21 **17**	2 800 **2 267**	5 596 **8 729**	110 **140**	1 382.8	136.7	1 093.6	105.6	7.92
						2	D_2=41 790	Φ18 **Φ25**	131 288	21 **17**	2 757 **2 232**	5 509 **8 593**	110 **140**					
						3		∅14 ∅6	焊接网片	661	2 499 1 223	3 024 272	200					
20 000	NFCHJ-20000-2.2	2.2	0.40	0.13	0.27	1	D_1=42 470	Φ18 **Φ25**	133 424	25 **20**	3 336 **2 668**	6 665 **10 274**	100 **130**	1 382.8	136.8	1 094.7	116.2	7.92
						2	D_2=41 810	Φ18 **Φ25**	131 350	25 **20**	3 284 **2 627**	6 561 **10 114**	100 **130**					
						3		∅14 ∅6	焊接网片	661	2 763 1 467	3 343 326	200					
20 000	NFCHJ-20000-2.4	2.4	0.40	0.13	0.27	1	D_1=42 470	Φ18 **Φ25**	133 424	27 **22**	3 603 **2 935**	7 198 **11 301**	100 **130**	1 382.8	136.8	1 094.7	126.7	7.92
						2	D_2=41 810	Φ18 **Φ25**	131 350	27 **22**	3 547 **2 890**	7 086 **11 125**	100 **130**					
						3		∅14 ∅6	焊接网片	661	3 465 1 467	4 193 326	200					
30 000	NFCHJ-30000-1.0	1.0	0.40	0.14	0.26	1	D_1=44 450	Φ20 **Φ25**	139 644	12 **12**	1 676 **1 676**	4 132 **6 452**	110 **110**	1 517.8	150.1	1 201.0	55.3	8.3
						2	D_2=43 790	Φ20 **Φ25**	137 571	12 **12**	1 651 **1 651**	4 071 **6 356**	110 **110**					
						3		∅14 ∅6	焊接网片	692	1 232 768	1 491 171	200					

内浮顶储罐现浇环墙材料明细表						图集号	
审核		校对		设计		页	78

公称容积 V_s/m^3	环墙式基础编号	环墙高度 h_w/m	环墙厚度 b_w/m	罐壁与环墙距离		钢筋部分								工程量部分				
				内侧 a_i/m	外侧 a_e/m	钢筋编号	简图	直径/mm	长度/mm	数量	总长/m	重量/kg	间距 a/mm	沥青砂绝缘层/m^2	碎石层/m^3	砂垫层/m^3	C20混凝土/m^3	C7.5混凝土/m^3
30 000	NFCHJ-30000-1.2	1.2	0.40	0.14	0.26	1	$D_1=44\ 450$	Φ20 **Φ25**	139 644	14 **14**	1 955 **1 955**	4 821 **7 527**	110 **110**	1 517.8	150.1	1 201.0	66.4	8.3
						2	$D_2=43\ 790$	Φ20 **Φ25**	137 571	14 **14**	1 926 **1 926**	4 750 **7 415**	110 **110**					
						3	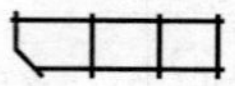	∅14 ∅6	焊接 网片	692	1 509 1 024	1 826 228	200					
30 000	NFCHJ-30000-1.4	1.4	0.40	0.13	0.27	1	$D_1=44\ 470$	Φ20 **Φ25**	139 707	16 **16**	2 235 **2 235**	5 512 **8 605**	110 **110**	1 517.8	150.3	1 202.1	77.4	8.3
						2	$D_2=43\ 810$	Φ20 **Φ25**	137 633	16 **16**	2 202 **2 202**	5 430 **8 478**	110 **110**					
						3	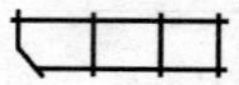	∅14 ∅6	焊接 网片	692	1 785 1 024	2 160 228	200					
30 000	NFCHJ-30000-1.6	1.6	0.40	0.13	0.27	1	$D_1=44\ 470$	Φ20 **Φ25**	139 707	18 **18**	2 515 **2 515**	6 201 **9 683**	110 **110**	1 517.8	150.3	1 202.1	88.5	8.3
						2	$D_2=43\ 810$	Φ20 **Φ25**	137 633	18 **18**	2 477 **2 477**	6 109 **9 537**	110 **110**					
						3	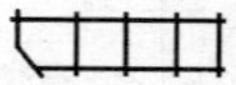	∅14 ∅6	焊接 网片	692	2 062 1 280	2 495 284	200					
30 000	NFCHJ-30000-1.8	1.8	0.40	0.13	0.27	1	$D_1=44\ 470$	Φ20 **Φ25**	139 707	21 **19**	2 934 **2 654**	7 235 **10 218**	100 **110**	1 517.8	150.3	1 202.1	99.5	8.3
						2	$D_2=43\ 810$	Φ20 **Φ25**	137 633	21 **19**	2 890 **2 615**	7 127 **10 068**	100 **110**					
						3	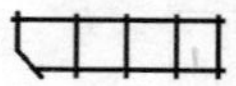	∅14 ∅6	焊接 网片	692	2 339 1 280	2 830 284	200					

内浮顶储罐现浇环墙材料明细表						图集号	
审核		校对		设计		页	79

公称容积 V_s/m³	环墙式基础编号	环墙高度 h_w/m	环墙厚度 b_w/m	罐壁与环墙距离		钢筋部分								工程量部分				
				内侧 a_i/m	外侧 a_e/m	钢筋编号	简图	直径/mm	长度/mm	数量	总长/m	重量/kg	间距 a/mm	沥青砂绝缘层/m²	碎石层/m³	砂垫层/m³	C20 混凝土/m³	C7.5 混凝土/m³
30 000	NFCHJ-30000-2.0	2.0	0.40	0.12	0.28	1	D_1=44 490	Φ20 **Φ25**	139 770	23 **21**	3 215 **2 935**	7 928 **11 300**	100 **110**	1 517.8	150.4	1 203.2	110.6	8.3
						2	D_2=43 830	Φ20 **Φ25**	137 696	23 **21**	3 167 **2 892**	7 810 **11 133**	100 **110**					
						3		∅10 ∅6	焊接网片	692	2 616 1 280	1 614 284	200					
30 000	NFCHJ-30000-2.2	2.2	0.40	0.12	0.28	1	D_1=44 490	Φ20 **Φ25**	139 770	25 **25**	3 494 **3 494**	8 617 **13 452**	100 **100**	1 517.8	150.4	1 203.2	121.7	8.3
						2	D_2=43 830	Φ20 **Φ25**	137 696	25 **25**	3 442 **3 442**	8 489 **13 252**	100 **100**					
						3		∅10 ∅6	焊接网片	692	2 893 1 536	1 785 341	200					
30 000	NFCHJ-30000-2.4	2.4	0.40	0.11	0.29	1	D_1=44 510	Φ20 **Φ25**	139 833	27 **27**	3 776 **3 776**	9 310 **14 538**	100 **100**	1 517.8	150.5	1 204.3	133	8.3
						2	D_2=43 850	Φ20 **Φ25**	137 759	27 **27**	3 720 **3 720**	9 172 **14 322**	100 **100**					
						3		∅10 ∅6	焊接网片	692	3 170 1 536	1 956 341	200					

注：1. 表中黑体数字表示适用于软土地基。

2. 现浇钢筋混凝土环墙向受力钢筋接头，应采用焊接连接。

3. D_1 表示环墙中的外环向钢筋的直径；D_2 表示内环向钢筋的直径。

4. 表中钢筋部分和工程量部分的用量仅供参考。

内浮顶储罐现浇环墙材料明细表						图集号	
审核		校对		设计		页	80

(四)浮顶储罐现浇环墙材料明细表(1 000 m^3～150 000 m^3)

公称容积 V_s/m^3	环墙式基础编号	环墙高度 h_w/m	环墙厚度 b_w/m	罐壁与环墙距离		钢筋部分								工程量部分				
				内侧 a_i/m	外侧 a_e/m	钢筋编号	简图	直径/mm	长度/mm	数量	总长/m	重量/kg	间距 a/mm	沥青砂绝缘层/m^2	碎石层/m^3	砂垫层/m^3	C20混凝土/m^3	C7.5混凝土/m^3
1 000	FCHJ-1000-1.0	1.0	0.25	0.15	0.10	1	D_1=12 130	Φ10 **Φ12**	38 108	6 **6**	229 **229**	141 **203**	200 **200**	112.3	6.5	53.8	9.42	1.7
						2	D_2=11 770	Φ10 **Φ12**	36 977	6 **6**	222 **222**	137 **197**	200 **200**					
						3		Ø10 Ø6	焊接网片	189	340 125	210 28	200					
1 000	FCHJ-1000-1.2	1.2	0.25	0.15	0.10	1	D_1=12 130	Φ10 **Φ12**	38 108	7 **7**	267 **267**	165 **237**	200 **200**	112.3	6.5	53.8	11.3	1.7
						2	D_2=11 770	Φ10 **Φ12**	36 977	7 **7**	259 **259**	150 **230**	200 **200**					
						3		Ø10 Ø6	焊接网片	189	416 166	257 37	200					
1 000	FCHJ-1000-1.4	1.4	0.25	0.15	0.10	1	D_1=12 130	Φ10 **Φ12**	38 108	8 **8**	305 **305**	188 **271**	200 **190**	112.3	6.5	53.8	13.2	1.7
						2	D_2=11 770	Φ10 **Φ12**	36 977	8 **8**	296 **296**	183 **263**	200 **190**					
						3		Ø10 Ø6	焊接网片	189	492 166	304 37	200					
1 000	FCHJ-1000-1.6	1.6	0.25	0.14	0.11	1	D_1=12 150	Φ10 **Φ12**	38 170	9 **10**	344 **382**	212 **339**	200 **190**	112.3	6.5	53.9	15.1	1.7
						2	D_2=11 790	Φ10 **Φ12**	36 977	9 **10**	333 **370**	206 **329**	200 **190**					
						3		Ø10 Ø6	焊接网片	189	567 208	350 46	200					

浮顶储罐现浇环墙材料明细表						图集号	
审核		校对		设计		页	81

公称容积 V_s/m³	环墙式基础编号	环墙高度 h_w/m	环墙厚度 b_w/m	罐壁与环墙距离		钢筋部分								工程量部分				
				内侧 a_i/m	外侧 a_e/m	钢筋编号	简图	直径/mm	长度/mm	数量	总长/m	重量/kg	间距 a/mm	沥青砂绝缘层/m²	碎石层/m³	砂垫层/m³	C20混凝土/m³	C7.5混凝土/m³
1 000	FCHJ-1000-1.8	1.8	0.25	0.14	0.11	1	D_1=12 150	Φ10 **Φ12**	38 170	11 **11**	420 **420**	259 **373**	190 **180**	112.3	6.5	53.9	17.0	1.7
						2	D_2=11 790	Φ10 **Φ12**	36 977	11 **11**	407 **407**	251 **361**	190 **180**					
						3		∅10 ∅6	焊接网片	189	643 208	397 46	200					
1 000	FCHJ-1000-2.0	2.0	0.25	0.13	0.12	1	D_1=12 170	Φ10 **Φ12**	38 233	12 **12**	459 **459**	283 **408**	190 **180**	112.3	6.5	54.1	18.84	1.7
						2	D_2=11 810	Φ10 **Φ12**	37 102	12 **12**	445 **445**	275 **395**	190 **180**					
						3		∅10 ∅6	焊接网片	189	718 208	443 46	200					
1 000	FCHJ-1000-2.2	2.2	0.25	0.13	0.12	1	D_1=12 170	Φ10 **Φ12**	38 233	13 **14**	497 **535**	307 **475**	180 **170**	112.3	6.5	54.1	20.7	1.7
						2	D_2=11 810	Φ10 **Φ12**	37 102	13 **14**	482 **519**	298 **461**	180 **170**					
						3		∅10 ∅6	焊接网片	189	794 250	490 55	200					
1 000	FCHJ-1000-2.4	2.4	0.25	0.12	0.13	1	D_1=12 190	Φ10 **Φ12**	38 296	14 **15**	536 **574**	331 **510**	180 **170**	112.3	6.5	54.3	22.6	1.7
						2	D_2=11 830	Φ10 **Φ12**	37 165	14 **15**	520 **558**	321 **496**	180 **170**					
						3		∅10 ∅6	焊接网片	189	870 250	536 55	200					

浮顶储罐现浇环墙材料明细表						图集号	
审核		校对		设计		页	82

公称容积 V_s/m^3	环墙式基础编号	环墙高度 h_w/m	环墙厚度 b_w/m	罐壁与环墙距离		钢筋部分								工程量部分				
				内侧 a_i/m	外侧 a_e/m	钢筋编号	简图	直径/mm	长度/mm	数量	总长/m	重量/kg	间距 a/mm	沥青砂绝缘层/m^2	碎石层/m^3	砂垫层/m^3	C20混凝土/m^3	C7.5混凝土/m^3
2 000	FCHJ-2000-1.0	1.0	0.25	0.15	0.10	1	$D_1=14\ 630$	Φ12 **Φ12**	45 962	6 **9**	276 **414**	245 **367**	200 **130**	164.2	9.5	79.2	11.4	2.1
						2	$D_2=14\ 270$	Φ12 **Φ12**	44 831	6 **9**	269 **404**	239 **358**	200 **130**					
						3		∅10 ∅6	焊接 网片	228	410 151	253 34	200					
2 000	FCHJ-2000-1.2	1.2	0.25	0.15	0.10	1	$D_1=14\ 630$	Φ12 **Φ12**	45 962	7 **11**	322 **506**	286 **449**	200 **130**	164.2	9.5	79.2	13.7	2.1
						2	$D_2=14\ 270$	Φ12 **Φ12**	44 831	7 **11**	314 **493**	279 **438**	200 **130**					
						3		∅10 ∅6	焊接 网片	228	502 201	310 45	200					
2 000	FCHJ-2000-1.4	1.4	0.25	0.15	0.10	1	$D_1=14\ 630$	Φ12 **Φ12**	45 962	9 **12**	414 **552**	367 **490**	190 **130**	164.2	9.5	79.2	16.0	2.1
						2	$D_2=14\ 270$	Φ12 **Φ12**	44 831	9 **12**	404 **538**	358 **478**	190 **130**					
						3		∅10 ∅6	焊接 网片	228	593 201	366 45	200					
2 000	FCHJ-2000-1.6	1.6	0.25	0.15	0.10	1	$D_1=14\ 630$	Φ12 **Φ12**	45 962	10 **14**	460 **644**	408 **572**	190 **125**	164.2	9.5	79.2	18.2	2.1
						2	$D_2=14\ 270$	Φ12 **Φ12**	44 831	10 **14**	448 **628**	398 **557**	190 **125**					
						3		∅12 ∅6	焊接 网片	228	684 201	422 45	200					

浮顶储罐现浇环墙材料明细表						图集号	
审核		校对		设计		页	83

公称容积 V_s/m^3	环墙式基础编号	环墙高度 h_w/m	环墙厚度 b_w/m	罐壁与环墙距离		钢筋部分								工程量部分				
				内侧 a_i/m	外侧 a_e/m	钢筋编号	简图	直径/mm	长度/mm	数量	总长/m	重量/kg	间距 a/mm	沥青砂绝缘层/m^2	碎石层/m^3	砂垫层/m^3	C20混凝土/m^3	C7.5混凝土/m^3
2 000	FCHJ-2000-1.8	1.8	0.25	0.15	0.10	1	D_1=14 630	ф 12 **ф 12**	45 962	11 **16**	506 **736**	449 **653**	180 **120**	164.2	9.5	79.2	20.5	2.1
						2	D_2=14 270	ф 12 **ф 12**	44 831	11 **16**	493 **717**	438 **637**	180 **120**					
						3		∅10 ∅6	焊接网片	228	775 251	478 56	200					
2 000	FCHJ-2000-2.0	2.0	0.25	0.14	0.11	1	D_1=14 650	ф 12 **ф 12**	46 024	12 **18**	552 **828**	490 **736**	180 **120**	164.2	9.5	79.4	22.8	2.1
						2	D_2=14 290	ф 12 **ф 12**	44 893	12 **18**	539 **808**	478 **718**	180 **120**					
						3		∅10 ∅6	焊接网片	228	866 251	535 56	200					
2 000	FCHJ-2000-2.2	2.2	0.25	0.14	0.11	1	D_1=14 650	ф 12 **ф 12**	46 024	13 **21**	598 **967**	531 **858**	180 **110**	164.2	9.5	79.4	25.1	2.1
						2	D_2=14 290	ф 12 **ф 12**	44 893	13 **21**	584 **943**	518 **837**	180 **110**					
						3		∅10 ∅6	焊接网片	228	958 301	591 67	200					
2 000	FCHJ-2000-2.4	2.4	0.25	0.14	0.11	1	D_1=14 650	ф 12 **ф 12**	46 024	15 **23**	690 **1 059**	613 **940**	170 **110**	164.2	9.5	79.4	27.4	2.1
						2	D_2=14 290	ф 12 **ф 12**	44 893	15 **23**	673 **1 033**	598 **917**	170 **110**					
						3		∅10 ∅6	焊接网片	228	1 049 301	647 67	200					

浮顶储罐现浇环墙材料明细表						图集号	
审核		校对		设计		页	84

公称容积 V_s/m^3	环墙式基础编号	环墙高度 h_w/m	环墙厚度 b_w/m	罐壁与环墙距离		钢筋部分								工程量部分				
				内侧 a_i/m	外侧 a_e/m	钢筋编号	简图	直径/mm	长度/mm	数量	总长/m	重量/kg	间距 a/mm	沥青砂绝缘层/m^2	碎石层/m^3	砂垫层/m^3	C20混凝土/m^3	C7.5混凝土/m^3
3 000	FCHJ-3000-1.0	1.0	0.30	0.20	0.10	1	$D_1=16\ 630$	Φ12 **Φ14**	52 245	7 **8**	366 **418**	325 **505**	160 **140**	212.8	12.2	101.8	15.6	2.6
						2	$D_2=16\ 170$	Φ12 **Φ14**	50 800	7 **8**	356 **406**	316 **491**	160 **140**					
						3		∅12 ∅6	焊接网片	260	468 211	416 47	200					
3 000	FCHJ-3000-1.2	1.2	0.30	0.20	0.10	1	$D_1=16\ 630$	Φ12 **Φ14**	52 245	9 **10**	470 **522**	418 **631**	160 **140**	212.8	12.2	101.8	18.7	2.6
						2	$D_2=16\ 170$	Φ12 **Φ14**	50 800	9 **10**	457 **508**	406 **614**	160 **140**					
						3		∅12 ∅6	焊接网片	260	572 281	508 62	200					
3 000	FCHJ-3000-1.4	1.4	0.30	0.20	0.10	1	$D_1=16\ 630$	Φ12 **Φ14**	52 245	10 **11**	522 **575**	464 **694**	150 **140**	212.8	12.2	101.8	21.8	2.6
						2	$D_2=16\ 170$	Φ12 **Φ14**	50 800	10 **11**	508 **559**	451 **675**	150 **140**					
						3		∅12 ∅6	焊接网片	260	676 281	600 62	200					
3 000	FCHJ-3000-1.6	1.6	0.30	0.19	0.11	1	$D_1=16\ 650$	Φ12 **Φ14**	52 308	12 **13**	628 **680**	558 **821**	150 **130**	212.8	12.3	102.0	25	2.6
						2	$D_2=16\ 190$	Φ12 **Φ14**	50 863	12 **13**	610 **661**	542 **799**	150 **130**					
						3		∅10 ∅6	焊接网片	260	775 351	688 78	200					

浮顶储罐现浇环墙材料明细表						图集号	
审核		校对		设计		页	85

公称容积 V_s/m^3	环墙式基础编号	环墙高度 h_w/m	环墙厚度 b_w/m	罐壁与环墙距离 内侧 a_i/m	罐壁与环墙距离 外侧 a_e/m	钢筋部分 钢筋编号	简图	直径/mm	长度/mm	数量	总长/m	重量/kg	间距 a/mm	工程量部分 沥青砂绝缘层/m^2	碎石层/m^3	砂垫层/m^3	C20混凝土/m^3	C7.5混凝土/m^3
3 000	FCHJ-3000-1.8	1.8	0.30	0.19	0.11	1	$D_1=16\ 650$	Φ12 **Φ14**	52 308	13 **15**	680 **785**	604 **948**	150 **130**	212.8	12.3	102.0	28.1	2.6
						2	$D_2=16\ 190$	Φ12 **Φ14**	50 863	13 **15**	661 **763**	587 **922**	150 **130**					
						3		∅12 ∅6	焊接网片	260	879 351	781 78	200					
3 000	FCHJ-3000-2.0	2.0	0.30	0.18	0.12	1	$D_1=16\ 670$	Φ12 **Φ14**	52 370	15 **16**	786 **838**	698 **1 012**	140 **130**	212.8	12.3	102.3	31.2	2.6
						2	$D_2=16\ 210$	Φ12 **Φ14**	50 925	15 **16**	764 **815**	678 **985**	140 **130**					
						3		∅12 ∅6	焊接网片	260	983 351	873 78	200					
3 000	FCHJ-3000-2.2	2.2	0.30	0.18	0.12	1	$D_1=16\ 670$	Φ12 **Φ14**	52 370	17 **19**	890 **995**	791 **1 202**	140 **125**	212.8	12.3	102.3	34.3	2.6
						2	$D_2=16\ 210$	Φ12 **Φ14**	50 925	17 **19**	866 **968**	769 **1 169**	140 **125**					
						3		∅12 ∅6	焊接网片	260	1 087 421	965 94	200					
3 000	FCHJ-3000-2.4	2.4	0.30	0.17	0.13	1	$D_1=16\ 690$	Φ12 **Φ14**	52 433	18 **20**	944 **1 049**	838 **1 267**	140 **125**	212.8	12.3	102.3	37.4	2.6
						2	$D_2=16\ 230$	Φ12 **Φ14**	50 988	18 **20**	918 **1 020**	815 **1 232**	140 **125**					
						3		∅12 ∅6	焊接网片	260	1 201 421	1 066 94	200					

浮顶储罐现浇环墙材料明细表						图集号	
审核		校对		设计		页	86

公称容积 V_s/m^3	环墙式基础编号	环墙高度 h_w/m	环墙厚度 b_w/m	罐壁与环墙距离		钢筋部分								工程量部分				
				内侧 a_i/m	外侧 a_e/m	钢筋编号	简图	直径/mm	长度/mm	数量	总长/m	重量/kg	间距 a/mm	沥青砂绝缘层/m^2	碎石层/m^3	砂垫层/m^3	C20混凝土/m^3	C7.5混凝土/m^3
5 000	FCHJ-5000-1.0	1.0	0.30	0.19	0.11	1	D_1=22 150	Φ12 **Φ14**	69 586	9 **10**	626 **696**	556 **841**	120 **110**	378.8	22.0	183.6	20.73	3.5
						2	D_2=21 690	Φ12 **Φ14**	68 141	9 **10**	613 **681**	545 **823**	120 **110**					
						3		∅12 ∅6	焊接 网片	346	612 280	543 63	200					
5 000	FCHJ-5000-1.2	1.2	0.30	0.18	0.12	1	D_1=22 170	Φ12 **Φ14**	69 649	11 **13**	766 **905**	680 **1 093**	120 **100**	378.8	22.1	183.9	24.9	3.5
						2	D_2=21 710	Φ12 **Φ14**	68 204	11 **13**	750 **887**	666 **1 072**	120 **100**					
						3		∅12 ∅6	焊接 网片	346	761 374	676 83	200					
5 000	FCHJ-5000-1.4	1.4	0.30	0.18	0.12	1	D_1=22 170	Φ12 **Φ14**	69 649	14 **15**	975 **1 045**	866 **1 262**	110 **100**	378.8	22.1	183.9	29	3.5
						2	D_2=21 710	Φ12 **Φ14**	68 204	14 **15**	955 **1 023**	848 **1 236**	110 **100**					
						3		∅12 ∅6	焊接 网片	346	900 374	799 83	200					
5 000	FCHJ-5000-1.6	1.6	0.30	0.17	0.13	1	D_1=22 190	Φ12 **Φ14**	69 712	16 **17**	1 116 **1 185**	990 **1 432**	110 **100**	378.8	22.1	184.2	33.2	3.5
						2	D_2=21 730	Φ12 **Φ14**	68 267	16 **17**	1 092 **1 161**	970 **1 402**	110 **100**					
						3		∅12 ∅6	焊接 网片	346	1 031 467	916 104	200					

浮顶储罐现浇环墙材料明细表						图集号	
审核		校对		设计		页	87

公称容积 V_s/m^3	环墙式基础编号	环墙高度 h_w/m	环墙厚度 b_w/m	罐壁与环墙距离		钢筋部分								工程量部分				
				内侧 a_1/m	外侧 a_2/m	钢筋编号	简图	直径/mm	长度/mm	数量	总长/m	重量/kg	间距 a/mm	沥青砂绝缘层/m^2	碎石层/m^3	砂垫层/m^3	C20混凝土/m^3	C7.5混凝土/m^3
5 000	FCHJ-5000-1.8	1.8	0.30	0.17	0.13	1	D_1=22 190	Φ12 **Φ14**	69 712	18 **19**	1 255 **1 325**	1 114 **1 600**	110 **100**	378.8	22.1	184.2	37.3	3.5
						2	D_2=21 730	Φ12 **Φ14**	68 267	18 **19**	1 229 **1 297**	1 091 **1 567**	110 **100**					
						3		∅12 ∅6	焊接网片	346	1 170 467	1 039 104	200					
5 000	FCHJ-5000-2.0	2.0	0.30	0.16	0.14	1	D_1=22 210	Φ12 **Φ14**	69 775	19 **22**	1 326 **1 535**	1 178 **1 854**	110 **95**	378.8	22.1	184.6	41.5	3.5
						2	D_2=21 750	Φ12 **Φ14**	68 330	19 **22**	1 299 **1 503**	1 153 **1 816**	110 **95**					
						3		∅12 ∅6	焊接网片	346	1 308 467	1 162 104	200					
5 000	FCHJ-5000-2.2	2.2	0.30	0.16	0.14	1	D_1=22 210	Φ12 **Φ14**	69 775	23 **24**	1 605 **1 675**	1 425 **2 023**	100 **95**	378.8	22.1	184.6	45.6	3.5
						2	D_2=21 750	Φ12 **Φ14**	68 330	23 **24**	1 572 **1 640**	1 396 **1 981**	100 **95**					
						3		∅12 ∅6	焊接网片	346	1 446 561	1 284 125	200					
5 000	FCHJ-5000-2.4	2.4	0.30	0.15	0.15	1	D_1=22 230	Φ12 **Φ14**	69 838	25 **26**	1 746 **1 816**	1 550 **2 194**	100 **95**	378.8	22.2	184.9	49.8	3.5
						2	D_2=21 770	Φ12 **Φ14**	68 393	25 **26**	1 710 **1 778**	1 518 **2 148**	100 **95**					
						3		∅12 ∅6	焊接网片	346	1 599 561	1 420 125	200					

浮顶储罐现浇环墙材料明细表						图集号	
审核		校对		设计		页	88

公称容积 V_s/m^3	环墙式基础编号	环墙高度 h_w/m	环墙厚度 b_w/m	罐壁与环墙距离		钢筋部分								工程量部分				
				内侧 a_i/m	外侧 a_e/m	钢筋编号	简图	直径/mm	长度/mm	数量	总长/m	重量/kg	间距 a/mm	沥青砂绝缘层/m^2	碎石层/m^3	砂垫层/m^3	C20混凝土/m^3	C7.5混凝土/m^3
10 000	FCHJ-10000-1.0	1.0	0.35	0.21	0.14	1	$D_1=28\ 710$	⌀16 **⌀18**	90 195	10 **11**	902 **992**	1 423 **1 982**	150 **125**	636.2	61.9	495.4	31.3	4.92
						2	$D_2=28\ 150$	⌀16 **⌀18**	88 436	10 **11**	884 **973**	1 395 **1 944**	150 **125**					
						3		Ø12 Ø6	焊接网片	448	797 430	708 96	200					
10 000	FCHJ-10000-1.2	1.2	0.35	0.21	0.14	1	$D_1=28\ 710$	⌀16 **⌀18**	90 195	11 **12**	992 **1 082**	1 566 **2 162**	150 **125**	636.2	61.9	495.4	37.6	4.92
						2	$D_2=28\ 150$	⌀16 **⌀18**	88 436	11 **12**	973 **1 061**	1 535 **2 120**	150 **125**					
						3		Ø12 Ø6	焊接网片	448	977 573	868 127	200					
10 000	FCHJ-10000-1.4	1.4	0.35	0.20	0.15	1	$D_1=28\ 730$	⌀16 **⌀18**	90 258	13 **15**	1 173 **1 354**	1 851 **2 705**	140 **120**	636.2	62.0	496.1	43.8	4.92
						2	$D_2=28\ 170$	⌀16 **⌀18**	88 499	13 **15**	1 151 **1 328**	1 816 **2 652**	140 **120**					
						3		Ø12 Ø6	焊接网片	448	1 156 573	1 027 127	200					
10 000	FCHJ-10000-1.6	1.6	0.35	0.20	0.15	1	$D_1=28\ 730$	⌀16 **⌀18**	90 258	14 **16**	1 264 **1 444**	1 994 **2 885**	140 **120**	636.2	62.0	496.1	50.1	4.92
						2	$D_2=28\ 170$	⌀16 **⌀18**	88 499	14 **16**	1 239 **1 416**	1 955 **2 829**	140 **120**					
						3		Ø12 Ø6	焊接网片	448	1 335 717	1 185 159	200					

浮顶储罐现浇环墙材料明细表						图集号	
审核		校对		设计		页	89

公称容积 V_s/m^3	环墙式基础编号	环墙高度 h_w/m	环墙厚度 b_w/m	罐壁与环墙距离		钢筋部分								工程量部分				
				内侧 a_1/m	外侧 a_2/m	钢筋编号	简图	直径/mm	长度/mm	数量	总长/m	重量/kg	间距 a/mm	沥青砂绝缘层/m^2	碎石层/m^3	砂垫层/m^3	C20 混凝土/m^3	C7.5 混凝土/m^3
10 000	FCHJ-10000-1.8	1.8	0.35	0.19	0.16	1	$D_1=28\ 750$	Φ16 **Φ18**	90 321	16 **19**	1 445 **1 716**	2 280 **3429**	140 **110**	636.2	62.1	496.8	56.3	4.92
						2	$D_2=28\ 190$	Φ16 **Φ18**	88 562	16 **19**	1 417 **1 683**	2 236 **3 362**	140 **110**					
						3		Ø12 Ø6	焊接网片	448	1 514 717	1334 159	200					
10 000	FCHJ-10000-2.0	2.0	0.35	0.19	C.16	1	$D_1=28\ 750$	Φ16 **Φ18**	90 321	18 **21**	1 626 **1 897**	2 566 **3 790**	130 **110**	636.2	62.1	496.8	62.6	4.92
						2	$D_2=28\ 190$	Φ16 **Φ18**	88 562	18 **21**	1594 **1 860**	2 516 **3 716**	130 **110**					
						3		Ø12 Ø6	焊接网片	448	1 693 717	1 503 159	200					
10 000	FCHJ-10000-2.2	2.2	0.35	0.18	0.17	1	$D_1=28\ 770$	Φ16 **Φ18**	90 384	20 **23**	1 808 **2 079**	2 853 **4 154**	130 **110**	636.2	62.2	497.5	68.9	4.92
						2	$D_2=28\ 210$	Φ16 **Φ18**	88 625	20 **23**	1 773 **2 038**	2 797 **4 073**	130 **110**					
						3		Ø12 Ø6	焊接网片	448	1 873 592	1 663 132	200					
10 000	FCHJ-10000-2.4	2.4	0.35	0.18	0.17	1	$D_1=28\ 770$	Φ16 **Φ18**	90 384	21 **25**	1 898 **2 260**	2 995 **4 515**	130 **110**	636.2	62.2	497.5	75.1	4.92
						2	$D_2=28\ 210$	Φ16 **Φ18**	88 625	21 **25**	1 861 **2 216**	2 937 **4 427**	130 **110**					
						3		Ø12 Ø6	焊接网片	448	2 052 592	1 822 132	200					

浮顶储罐现浇环墙材料明细表						图集号	
审核		校对		设计		页	90

公称容积 V_s/m^3	环墙式基础编号	环墙高度 h_w/m	环墙厚度 b_w/m	罐壁与环墙距离 内侧 a_i/m	罐壁与环墙距离 外侧 a_e/m	钢筋部分 钢筋编号	简图	直径/mm	长度/mm	数量	总长/m	重量/kg	间距 a/mm	工程量部分 沥青砂绝缘层/m^2	碎石层/m^3	砂垫层/m^3	C20混凝土/m^3	C7.5混凝土/m^3
20 000	FCHJ-20000-1.0	1.0	0.35	0.20	0.15	1	D_1=40 730	⌽18 **⌽20**	12 796	10 **12**	1 280 **1 536**	2 560 **3 787**	130 **110**	1 285.7	126.3	1 010.3	44.5	7.0
						2	D_2=40 170	⌽18 **⌽20**	12 620	10 **12**	1 260 **1 514**	2 520 **3 735**	130 **110**					
						3		∅12 ∅6	焊接 网片	636	1 132 611	1 005 136	200					
20 000	FCHJ-20000-1.2	1.2	0.35	0.20	0.15	1	D_1=40 730	⌽18 **⌽20**	12 796	12 **14**	1 536 **1 791**	3 068 **4 418**	130 **100**	1 285.7	126.3	1 010.3	53.4	7.0
						2	D_2=40 170	⌽18 **⌽20**	12 620	12 **14**	1 514 **1 767**	3 026 **4 357**	130 **100**					
						3		∅12 ∅6	焊接 网片	636	1 387 814	1 232 181	200					
20 000	FCHJ-20000-1.4	1.4	0.35	0.19	0.16	1	D_1=40 750	⌽18 **⌽20**	12 802	14 **17**	1 792 **2 176**	3 581 **5 367**	130 **100**	1 285.67	126.4	1 011.4	62.3	7.0
						2	D_2=40 190	⌽18 **⌽20**	12 626	14 **17**	1 768 **2 146**	3 532 **5 293**	130 **100**					
						3		∅12 ∅6	焊接 网片	636	1 641 814	1 457 181	200					
20 000	FCHJ-20000-1.6	1.6	0.35	0.19	0.16	1	D_1=40 750	⌽18 **⌽20**	12 802	16 **19**	2 048 **2 432**	4 097 **5 997**	125 **100**	1 285.7	126.4	1 011.4	71.2	7.0
						2	D_2=40 190	⌽18 **⌽20**	12 626	16 **19**	2 020 **2 399**	4 036 **5 916**	125 **100**					
						3		∅12 ∅6	焊接 网片	636	1 895 1 018	1 683 226	200					

浮顶储罐现浇环墙材料明细表						图集号	
审核		校对		设计		页	91

公称容积 V_s/m^3	环墙式基础编号	环墙高度 h_w/m	环墙厚度 b_w/m	罐壁与环墙距离		钢筋部分								工程量部分				
				内侧 a_i/m	外侧 a_2/m	钢筋编号	简图	直径/mm	长度/mm	数量	总长/m	重量/kg	间距 a/mm	沥青砂绝缘层/m^2	碎石层/m^3	砂垫层/m^3	C20混凝土/m^3	C7.5混凝土/m^3
20 000	FCHJ-20000-1.8	1.8	0.35	0.19	0.16	1	$D_1=40\ 750$	Φ18 **Φ20**	12 802	18 **21**	2 305 **2 688**	4 604 **6 630**	125 **100**	1 285.7	126.4	1 011.4	80.1	7.0
						2	$D_2=40\ 190$	Φ18 **Φ20**	12 626	18 **21**	2 273 **2 652**	4 541 **6 539**	125 **100**					
						3		∅12 ∅6	焊接网片	636	2 150 1 018	1 909 226	200					
20 000	FCHJ-20000-2.0	2.0	0.35	0.18	0.17	1	$D_1=40\ 770$	Φ18 **Φ20**	12 808	20 **23**	2 562 **2 946**	5 118 **7 265**	120 **100**	1 285.7	126.5	1 012.4	89.0	7.0
						2	$D_2=40\ 210$	Φ18 **Φ20**	12 632	20 **23**	2 526 **2 905**	5 048 **7 165**	120 **100**					
						3		∅12 ∅6	焊接网片	636	2 404 1 018	2 135 226	200					
20 000	FCHJ-20000-2.2	2.2	0.35	0.18	0.17	1	$D_1=40\ 770$	Φ18 **Φ20**	12 808	21 **26**	2 690 **3 330**	5 374 **8 212**	120 **95**	1 285.7	126.5	1 012.4	97.0	7.0
						2	$D_2=40\ 210$	Φ18 **Φ20**	12 632	21 **26**	2 653 **3 284**	5 300 **8 098**	120 **95**					
						3		∅12 ∅6	焊接网片	636	2 659 1 221	2 361 271	200					
20 000	FCHJ-20000-2.4	2.4	0.35	0.17	0.18	1	$D_1=40\ 790$	Φ18 **Φ20**	12 815	25 **28**	3 204 **3 588**	6 401 **8 849**	110 **95**	1 285.7	126.7	1 013.4	106.8	7.0
						2	$D_2=40\ 230$	Φ18 **Φ20**	12 639	25 **28**	3 160 **3 539**	6 314 **8 727**	110 **95**					
						3		∅12 ∅6	焊接网片	636	2 913 1 221	2 587 271	200					

浮顶储罐现浇环墙材料明细表						图集号	
审核		校对		设计		页	92

公称容积 V_s/m^3	环墙式基础编号	环墙高度 h_w/m	环墙厚度 b_w/m	罐壁与环墙距离 内侧 a_i/m	罐壁与环墙距离 外侧 a_e/m	钢筋部分 钢筋编号	简图	直径/mm	长度/mm	数量	总长/m	重量/kg	间距 a/mm	工程量部分 沥青砂绝缘层/m^2	碎石层/m^3	砂垫层/m^3	C20混凝土/m^3	C7.5混凝土/m^3
30 000	FCHJ-30000-1.0	1.0	0.40	0.22	0.18	1	$D_1=46\ 290$	Φ20 **Φ25**	14 543	11 **11**	1 600 **1 600**	3 945 **6 160**	120 **125**	1 659.0	163.0	1 304.2	57.8	8.7
						2	$D_2=45\ 630$	Φ20 **Φ25**	14 335	11 **11**	1 577 **1 577**	3 889 **6 072**	120 **125**					
						3		∅14 ∅6	焊接网片	723	1 287 738	1 557 164	200					
30 000	FCHJ-30000-1.2	1.2	0.40	0.21	0.19	1	$D_1=46\ 310$	Φ20 **Φ25**	14 549	13 **13**	1 892 **1 892**	4 664 **7 284**	120 **125**	1 659.0	163.2	1 305.4	69.4	8.7
						2	$D_2=45\ 650$	Φ20 **Φ25**	14 342	13 **13**	1 865 **1 865**	4 598 **7 180**	120 **125**					
						3		∅14 ∅6	焊接网片	723	1 598 1 070	1 934 238	200					
30 000	FCHJ-30000-1.4	1.4	0.40	0.21	0.19	1	$D_1=46\ 310$	Φ20 **Φ25**	14 549	15 **15**	2 182 **2 182**	5 382 **8 401**	120 **120**	1 659.0	163.2	1 305.4	81.0	8.7
						2	$D_2=45\ 650$	Φ20 **Φ25**	14 342	15 **15**	2 151 **2 151**	5 305 **8 281**	120 **120**					
						3		∅14 ∅6	焊接网片	723	1 865 1 070	2 257 238	200					
30 000	FCHJ-30000-1.6	1.6	0.40	0.20	0.20	1	$D_1=46\ 330$	Φ20 **Φ25**	14 555	18 **16**	2 620 **2 329**	6 461 **8 966**	110 **120**	1 659.0	163.3	1 306.5	92.5	8.7
						2	$D_2=45\ 670$	Φ20 **Φ25**	14 348	18 **16**	2 583 **2 296**	6 369 **8 840**	110 **120**					
						3		∅14 ∅6	焊接网片	723	2 155 1 338	2 608 297	200					

浮顶储罐现浇环墙材料明细表						图集号	
审核		校对		设计		页	93

公称容积 V_s/m^3	环墙式基础编号	环墙高度 h_w/m	环墙厚度 b_w/m	罐壁与环墙距离		钢筋部分								工程量部分				
				内侧 a_i/m	外侧 a_e/m	钢筋编号	简图	直径/mm	长度/mm	数量	总长/m	重量/kg	间距 a/mm	沥青砂绝缘层/m^2	碎石层/m^3	砂垫层/m^3	C20混凝土/m^3	C7.5混凝土/m^3
30 000	FCHJ-30000-1.8	1.8	0.40	0.20	0.20	1	$D_1=46\ 330$	Φ 20 **Φ 25**	14 555	19 **18**	2 766 **2 620**	6 820 **10 087**	110 **120**	1 659.0	163.3	1 306.5	104	8.7
						2	$D_2=45\ 670$	Φ 20 **Φ 25**	14 348	19 **18**	2 726 **2 583**	6 723 **9 943**	110 **120**					
						3		∅14 ∅6	焊接网片	723	2 444 1 338	2 957 297	200					
30 000	FCHJ-30000-2.0	2.0	0.40	0.20	0.20	1	$D_1=46\ 330$	Φ 20 **Φ 25**	14 555	21 **21**	3 057 **3 057**	7 538 **11 768**	110 **110**	1 659.0	163.3	1 306.5	115.6	8.7
						2	$D_2=45\ 670$	Φ 20 **Φ 25**	14 348	21 **21**	3 013 **3 013**	7 430 **11 600**	110 **110**					
						3		∅14 ∅6	焊接网片	723	2 733 1 338	3 307 297	200					
30 000	FCHJ-30000-2.2	2.2	0.40	0.19	0.21	1	$D_1=46\ 350$	Φ 20 **Φ 25**	14 561	23 **23**	3 349 **3 349**	8 259 **12 894**	110 **110**	1 659.0	163.5	1 307.6	127.2	8.7
						2	$D_2=45\ 690$	Φ 20 **Φ 25**	14 354	23 **23**	3 301 **3 301**	8 141 **12 705**	110 **110**					
						3		∅14 ∅6	焊接网片	723	3 022 1 605	3 657 356	200					
30 000	FCHJ-30000-2.4	2.4	0.40	0.19	0.21	1	$D_1=46\ 350$	Φ 20 **Φ 25**	14 561	25 **25**	3 640 **3 640**	8 977 **14 015**	110 **110**	1 659.0	163.5	1 307.6	138.7	8.7
						2	$D_2=45\ 690$	Φ 20 **Φ 25**	14 354	25 **25**	3 589 **3 589**	8 849 **13 818**	110 **110**					
						3		∅14 ∅6	焊接网片	723	3 311 1 605	4 006 356	200					

浮顶储罐现浇环墙材料明细表						图集号	
审核		校对		设计		页	94

公称容积 V_s/m³	环墙式基础编号	环墙高度 h_w/m	环墙厚度 b_w/m	罐壁与环墙距离 内侧 a_i/m	罐壁与环墙距离 外侧 a_e/m	钢筋部分 钢筋编号	简图	直径/mm	长度/mm	数量	总长/m	重量/kg	间距 a/mm	工程量部分 沥青砂绝缘层/m²	碎石层/m³	砂垫层/m³	C20混凝土/m³	C7.5混凝土/m³
50 000	FCHJ-50000-1.0	1.0	0.45	0.21	0.24	1	D_1=60 410	Φ22 **Φ28**	18 978	12 **11**	2 277 **2 088**	6 796 **10 085**	110 **120**	2 823.7	278.8	2 230.4	84.8	12.3
						2	D_2=59 650	Φ22 **Φ28**	18 740	12 **11**	2 249 **2 061**	6 711 **9 955**	110 **120**					
						3		∅14 ∅6	焊接网片	943	1 679 1 188	2 032 264	200					
50 000	FCHJ-50000-1.2	1.2	0.45	0.21	0.24	1	D_1=60 410	Φ22 **Φ28**	18 978	14 **13**	2 657 **2 467**	7 928 **11 916**	110 **120**	2 823.7	278.8	2 230.4	101.8	12.3
						2	D_2=59 650	Φ22 **Φ28**	18 740	14 **13**	2 624 **2 436**	7 829 **11 766**	110 **120**					
						3		∅14 ∅6	焊接网片	943	2 056 1 584	2 488 352	200					
50 000	FCHJ-50000-1.4	1.4	0.45	0.20	0.25	1	D_1=60 430	Φ22 **Φ28**	18 985	16 **16**	3 038 **3 038**	9 064 **14 664**	110 **110**	2 823.7	278.8	2 231.9	118.7	12.3
						2	D_2=59 670	Φ22 **Φ28**	18 746	16 **16**	2 999 **2 999**	8 950 **14 487**	110 **110**					
						3		∅14 ∅6	焊接网片	943	2 433 1 584	2 944 352	200					
50 000	FCHJ-50000-1.6	1.6	0.45	0.20	0.25	1	D_1=60 430	Φ22 **Φ28**	18 985	19 **18**	3 607 **3 417**	10 764 **16 504**	100 **110**	2 823.7	279.0	2 231.9	135.7	12.3
						2	D_2=59 670	Φ22 **Φ28**	18 746	19 **18**	3 562 **3 374**	10 628 **15 297**	100 **110**					
						3		∅14 ∅6	焊接网片	943	2 810 1 980	3 400 440	200					

浮顶储罐现浇环墙材料明细表				图集号	
审核	校对		设计	页	95

公称容积 V_s/m^3	环墙式基础编号	环墙高度 h_w/m	环墙厚度 b_w/m	罐壁与环墙距离		钢筋部分								工程量部分				
				内侧 a_i/m	外侧 a_e/m	钢筋编号	简图	直径/mm	长度/mm	数量	总长/m	重量/kg	间距 a/mm	沥青砂绝缘层/m^2	碎石层/m^3	砂垫层/m^3	C20混凝土/m^3	C7.5混凝土/m^3
50 000	FCHJ-50000-1.8	1.8	0.45	0.19	0.26	1	D_1=60 450	Φ22 **Φ28**	18 991	21 **19**	3 988 **3 608**	11 901 **17 428**	100 **110**	2 823.7	279.2	2 233.4	152.6	12.3
						2	D_2=59 690	Φ22 **Φ28**	18 752	21 **19**	3 938 **3 563**	11 751 **17 209**	100 **110**					
						3		∅14 ∅6	焊接网片	943	3 187 1 980	3 856 440	200					
50 000	FCHJ-50000-2.0	2.0	0.45	0.19	0.26	1	D_1=60 450	Φ22 **Φ28**	18 991	23 **21**	4 368 **3 988**	13 034 **19 263**	100 **110**	2 823.7	279.2	2 233.4	169.6	12.3
						2	D_2=59 690	Φ22 **Φ28**	18 752	23 **21**	4 313 **3 938**	12 870 **19 020**	100 **110**					
						3		∅14 ∅6	焊接网片	943	3 565 1 980	4 314 440	200					
50 000	FCHJ-50000-2.2	2.2	0.45	0.19	0.26	1	D_1=60 450	Φ22 **Φ28**	18 991	25 **23**	4 748 **4 368**	14 167 **21 097**	100 **110**	2 823.7	279.2	2 233.4	186.6	12.3
						2	D_2=59 690	Φ22 **Φ28**	18 752	25 **23**	4 688 **4 313**	13 989 **20 832**	100 **110**					
						3		∅14 ∅6	焊接网片	943	3 942 2 376	4 770 528	200					
50 000	FCHJ-50000-2.4	2.4	0.45	0.18	0.27	1	D_1=60 470	Φ22 **Φ28**	18 997	27 **25**	5 129 **4 749**	15 306 **22 939**	100 **110**	2 823.7	279.4	2 234.9	203.5	12.3
						2	D_2=59 710	Φ22 **Φ28**	18 759	27 **25**	5 065 **4 690**	15 114 **22 652**	100 **110**					
						3		∅14 ∅6	焊接网片	943	4 319 2 376	5 226 528	200					

浮顶储罐现浇环墙材料明细表						图集号	
审核		校对		设计		页	96

公称容积 V_s/m^3	环墙式基础编号	环墙高度 h_w/m	环墙厚度 b_w/m	罐壁与环墙距离		钢筋部分								工程量部分				
				内侧 a_i/m	外侧 a_e/m	钢筋编号	简图	直径/mm	长度/mm	数量	总长/m	重量/kg	间距 a/mm	沥青砂绝缘层/m^2	碎石层/m^3	砂垫层/m^3	C20混凝土/m^3	C7.5混凝土/m^3
100 000	FCHJ-100000-1.0	1.0	0.50	0.23	0.27	1	$D_1=80\ 470$	Φ 25 **Φ 30**	252 805	13 **14**	3 287 **3 539**	12 653 **19 643**	95 **90**	5 021.5	496.9	3 975.1	125.7	17.6
						2	$D_2=79\ 530$	Φ 25 **Φ 30**	249 851	13 **14**	3 248 **3 498**	12 505 **19 413**	95 **90**					
						3		Ø14 Ø6	焊接 网片	1 257	2 238 1 772	2 708 394	200					
100 000	FCHJ-100000-1.2	1.2	0.50	0.22	0.28	1	$D_1=80\ 490$	Φ 25 **Φ 30**	252 867	15 **17**	3 793 **4 299**	14 603 **23 860**	95 **90**	5 021.5	4 971.1	3 977.1	150.8	17.6
						2	$D_2=79\ 510$	Φ 25 **Φ 30**	249 789	15 **17**	3 747 **4 246**	14 425 **23 565**	95 **90**					
						3		Ø14 Ø6	焊接 网片	1 257	2 740 2 363	3 315 525	200					
100 000	FCHJ-100000-1.4	1.4	0.50	0.22	0.28	1	$D_1=80\ 490$	Φ 25 **Φ 30**	252 867	19 **19**	4 805 **4 805**	18 500 **26 665**	90 **90**	5 021.5	497.1	3 977.1	176	17.6
						2	$D_2=79\ 510$	Φ 25 **Φ 30**	249 789	19 **19**	4 746 **4 746**	18 272 **26 340**	90 **90**					
						3		Ø14 Ø6	焊接 网片	1 257	3 243 2 363	3 924 525	200					
100 000	FCHJ-100000-1.6	1.6	0.50	0.22	0.28	1	$D_1=80\ 490$	Φ 25 **Φ 30**	252 867	21 **22**	5 310 **5 563**	20 444 **30 875**	90 **85**	5 021.5	497.1	3 977.1	201.1	17.6
						2	$D_2=79\ 510$	Φ 25 **Φ 30**	249 789	21 **22**	5 246 **5 495**	20 195 **30 499**	90 **85**					
						3		Ø14 Ø6	焊接 网片	1 257	3 746 2 954	4 533 656	200					

浮顶储罐现浇环墙材料明细表						图集号	
审核		校对		设计		页	97

公称容积 V_s/m^3	环墙式基础编号	环墙高度 h_w/m	环墙厚度 b_w/m	罐壁与环墙距离		钢筋部分								工程量部分				
				内侧 a_i/m	外侧 a_e/m	钢筋编号	简图	直径/mm	长度/mm	数量	总长/m	重量/kg	间距 a/mm	沥青砂绝缘层/m^2	碎石层/m^3	砂垫层/m^3	C20混凝土/m^3	C7.5混凝土/m^3
100 000	FCHJ-100000-1.8	1.8	0.50	0.21	0.29	1	D_1=80 510	Φ25 **Φ30**	252 930	23 **24**	5 817 **6 070**	22 397 **33 690**	90 **85**	5 021.5	497.4	3 979.1	226.3	17.6
						2	D_2=79 490	Φ25 **Φ30**	249 726	23 **24**	5 744 **5 820**	22 113 **32 301**	90 **85**					
						3		∅14 ∅6	焊接网片	1 257	4 249 2 954	5 141 656	200					
100 000	FCHJ-100000-2.0	2.0	0.50	0.21	0.29	1	D_1=80 510	Φ25 **Φ30**	252 930	25 **27**	6 323 **6 829**	24 345 **37 902**	90 **85**	5 021.5	497.4	3 979.1	251.4	17.6
						2	D_2=79 490	Φ25 **Φ30**	249 726	25 **27**	6 243 **6 743**	24 036 **37 421**	90 **85**					
						3		∅14 ∅6	焊接网片	1 257	4 751 2 954	5 749 656	200					
100 000	FCHJ-100000-2.2	2.2	0.50	0.20	0.30	1	D_1=80 530	Φ25 **Φ30**	252 993	29 **29**	7 337 **7 337**	28 247 **40 720**	85 **85**	5 021.5	497.6	3 981.1	276.5	17.6
						2	D_2=79 470	Φ25 **Φ30**	249 663	29 **29**	7 240 **7 240**	27 875 **40 182**	85 **85**					
						3		∅14 ∅6	焊接网片	1 257	5 254 3 545	6 357 787	200					
100 000	FCHJ-100000-2.4	2.4	0.50	0.20	0.30	1	D_1=80 530	Φ25 **Φ30**	252 993	31 **33**	7 843 **8 349**	30 195 **46 337**	85 **80**	5 021.5	497.6	3 981.1	301.7	17.6
						2	D_2=79 470	Φ25 **Φ30**	249 663	31 **33**	7 740 **8 239**	29 797 **45 726**	85 **80**					
						3		∅14 ∅6	焊接网片	1 257	5 757 3 545	6 966 787	200					

浮顶储罐现浇环墙材料明细表						图集号	
审核		校对		设计		页	98

公称容积 V_s/m^3	环墙式基础编号	环墙高度 h_w/m	环墙厚度 b_w/m	罐壁与环墙距离		钢筋部分								工程量部分				
				内侧 a_i/m	外侧 a_e/m	钢筋编号	简图	直径/mm	长度/mm	数量	总长/m	重量/kg	间距 a/mm	沥青砂绝缘层/m^2	碎石层/m^3	砂垫层/m^3	C20混凝土/m^3	C7.5混凝土/m^3
150 000	FCHJ-150000-1.0	1.0	0.65	0.30	0.35	1	$D_1=100\ 320$	Φ 25 **Φ 30**	315 165	13 **14**	4 097 **4 412**	15 774 **24 487**	95 **90**	7 811	796	6 248	188.5	26.8
						2	$D_2=99\ 730$	Φ 25 **Φ 30**	313 312	13 **14**	4 073 **4 387**	15 681 **24 345**	95 **90**					
						3		∅14 ∅8	焊接 网片	1 571	2 985 **2 828**	3 606 **1 117**	200					
150 000	FCHJ-150000-1.2	1.2	0.65	0.30	0.35	1	$D_1=100\ 320$	Φ 25 **Φ 30**	315 165	15 **17**	4 727 **5 358**	18 199 **29 737**	95 **90**	7 811	796	6 248	226.2	26.8
						2	$D_2=99\ 730$	Φ 25 **Φ 30**	313 312	15 **17**	4 699 **5 326**	18 091 **29 559**	95 **90**					
						3		∅14 ∅8	焊接 网片	1 571	3 613 **3 770**	4 365 **1 489**	200					
150 000	FCHJ-150000-1.4	1.4	0.65	0.30	0.35	1	$D_1=100\ 320$	Φ 25 **Φ 30**	315 165	19 **19**	5 988 **5 988**	23 054 **33 233**	90 **90**	7 811	796	6 248	264	26.8
						2	$D_2=99\ 730$	Φ 25 **Φ 30**	313 312	19 **19**	5 953 **5 953**	22 919 **33 039**	90 **90**					
						3		∅14 ∅8	焊接 网片	1 571	4 242 **3 770**	5 124 **1 489**	200					
150 000	FCHJ-150000-1.6	1.6	0.65	0.30	0.35	1	$D_1=100\ 320$	Φ 25 **Φ 30**	315 165	21 **22**	6 618 **6 934**	25 489 **38 487**	90 **85**	7 811	796	6 248	302	26.8
						2	$D_2=99\ 730$	Φ 25 **Φ 30**	313 312	21 **22**	6 580 **6 893**	25 333 **38 256**	90 **85**					
						3		∅16 ∅10	焊接 网片	1 571	4 870 **4 710**	7 685 **2 906**	200					

浮顶储罐现浇环墙 材料明细表						图集号	
审核		校对		设计		页	99

公称容积 V_s/m^3	环墙式基础编号	环墙高度 h_w/m	环墙厚度 b_w/m	罐壁与环墙距离		钢筋部分								工程量部分				
				内侧 a_i/m	外侧 a_e/m	钢筋编号	简图	直径/mm	长度/mm	数量	总长/m	重量/kg	间距 a/mm	沥青砂绝缘层/m^2	碎石层/m^3	砂垫层/m^3	C20混凝土/m^3	C7.5混凝土/m^3
150 000	FCHJ-150000-1.8	1.8	0.65	0.35	0.30	1	D_1=100 320	Φ25 **Φ30**	315 165	23 **24**	7 249 **7 564**	27 909 **41 980**	90 **85**	7 811	796	6 248	339.5	26.8
						2	D_2=99 730	Φ25 **Φ30**	313 312	23 **24**	7 206 **7 520**	27 743 **41 736**	90 **85**					
						3		∅16 ∅10	焊接网片	1 571	5 500 **4 713**	8 679 **2 908**	200					
150 000	FCHJ-150000-2.0	2.0	0.65	0.35	0.30	1	D_1=100 320	Φ25 **Φ30**	315 165	25 **27**	7 879 **8 510**	30 334 **47 230**	90 **85**	7 811	796	6 248	377	26.8
						2	D_2=99 730	Φ25 **Φ30**	313 312	25 **27**	7 833 **8 460**	30 157 **46 953**	90 **85**					
						3		∅16 ∅10	焊接网片	1 571	6 127 **4 713**	9 668 **2 908**	200					
150 000	FCHJ-150000-2.2	2.2	0.65	0.35	0.30	1	D_1=100 320	Φ25 **Φ30**	315 165	29 **29**	9 140 **9 140**	35 190 **50 727**	85 **85**	7 811	796	6 248	415	26.8
						2	D_2=99 730	Φ25 **Φ30**	313 312	29 **29**	9 086 **9 086**	34 981 **50 423**	85 **85**					
						3		∅16 ∅10	焊接网片	1 571	6 755 **5 656**	10 660 **3 490**	200					
150 000	FCHJ-150000-2.4	2.4	0.65	0.35	0.30	1	D_1=100 320	Φ25 **Φ30**	315 165	31 **33**	9 770 **10 400**	37 615 **57 720**	85 **80**	7 811	796	6 248	452.4	26.8
						2	D_2=99 730	Φ25 **Φ30**	313 312	31 **33**	9 713 **10 340**	37 395 **57 387**	85 **80**					
						3		∅16 ∅10	焊接网片	1 571	7 379 **5 656**	11 486 **3 490**	200					

注：1. 表中黑体数字表示适用于软土地基。
2. 现浇钢筋混凝土环墙环向受力钢筋接头，应采用焊接连接或机械连接。
3. D_1 表示环墙中的外环向钢筋的直径；D_2 表示内环向钢筋的直径。
4. 表中钢筋部分和工程量部分的用量仅供参考。

浮顶储罐现浇环墙材料明细表						图集号	
审核		校对		设计		页	100

储罐环墙基础通用图

（预制装配式）

2007 年

目　次

总　说　明							
审核		校对		设计		页	1

（一）总　说　明

一、适用范围

1. 本图集适用于大型储罐的环墙基础。
2. 储罐包括固定顶储罐、内浮顶储罐和浮顶储罐，但不包括煤气储罐。
3. 本图集适用于非抗震设计及抗震设防烈度为 6～8 度的环墙基础。
4. 在软弱地基上设计环墙基础，应在环墙上设置纠偏用的千斤顶预留位置，可根据单体设计中预留。

二、设计依据

1. 混凝土结构设计规范（GB 50010—2002）
2. 建筑地基基础设计规范（GB 50007—2002）
3. 建筑结构荷载规范（GB 50009—2001）
4. 建筑抗震设计规范（GB 50011—2001）
5. 石油化工钢储罐地基与基础设计规范（SH 3068—1995）
6. 石油化工钢储罐地基与基础施工及验收规范（SH/T 3528—2005）

三、采用材料

1. 混凝土强度等级不小于 C20。
2. 钢材：HPB235（Q235）钢筋（ϕ）和 HRB335（20MnSi）钢筋（ϕ）；箍筋与架立筋 HPB235（Q235）钢筋。

总　说　明							
审核		校对		设计		页	2

四、计算与选用

1. 根据“石油化工企业钢储罐地基与基础设计规范”，按一般地基和软土地基分别计算环向力。计算环向钢筋时，环墙安全等级为二级，重要性系数取 1.0；竖向按构造配筋，每侧配筋率不于小 0.15％。

2. 本图集环墙式基础编号。

（1）固定顶储罐环墙式基础：

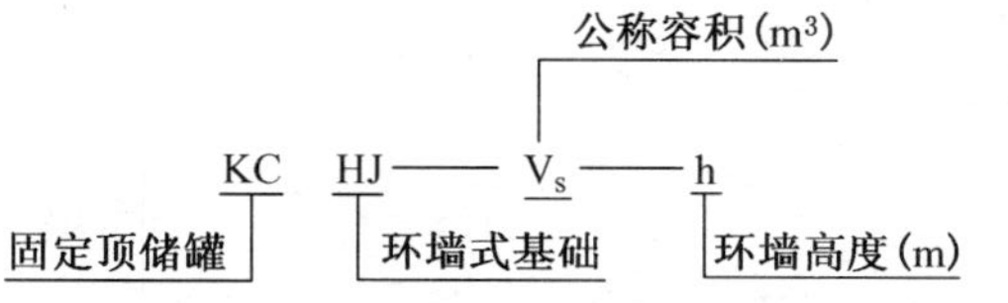

（2）内浮顶储罐环墙式基础：

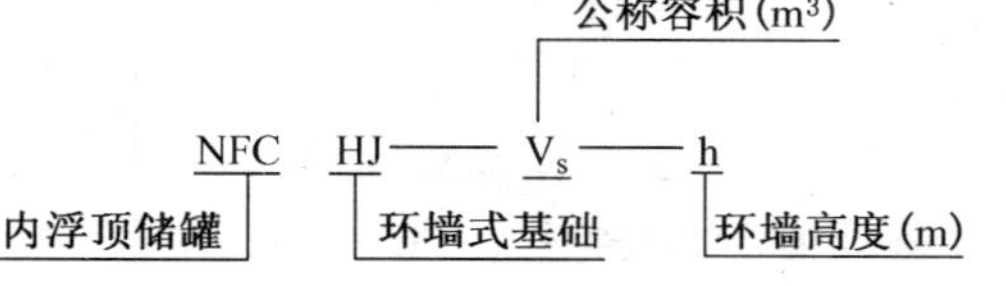

（3）浮顶储罐环墙式基础：

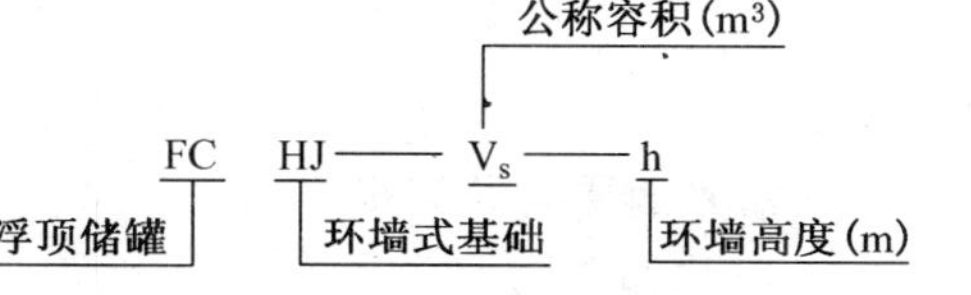

3. 根据储罐类型、名称容积、地质构造和地基处理方法以及环墙高度等数据选用预制装配式环墙基础。

（1）固定顶储罐预制装配式环墙基础（1 000 m^3～30 000 m^3）（页次 8～9）

（2）内浮顶储罐预制装配式环墙基础（1 000 m^3～30 000 m^3）（页次 10～11）

（3）浮顶储罐预制装配式环墙基础（1 000 m^3～150 000 m^3）（页次 12～14）

总　说　明							
审核		校对		设计		页	3

4. 环墙高度是由工艺要求的安装高度 h_i(扣除考虑沉降预接抬高的数值)和基础埋置深度 z 所组成。基础埋置深度考虑冰冻线的影响,且不小于 0.6 m。在地震区,当地基土液化时,埋深不小于 1.0 m。

5. 预招高的数值可根据"建筑地基基础设计规范"(GB 50007—2002)中的分层总和法计算。

6. 环墙式基础的位置、标高等由个体设计确定。

五、施工要求

1. 环墙式基础范围内的耕土层,有机物含量超过 5%等不适合作地基的土均应全部挖除。

2. 施工环墙时应注意养护混凝土。当环墙圆周长度大于 40 m 时,宜留后浇逢,缝宽为 300~500 mm,在钢筋连续的原则下分段浇灌。待环墙混凝土养护 28 天后,将混凝土表面凿毛后再支摸,清扫干净混凝土接逢处,并用水充分润湿,再用水灰比大于 0.6 的原配比材料或提高一个强度等级膨胀混凝土填塞捣实,并认真洒水养护。

3. 环墙式基础顶面应在环墙做成 1∶2 的坡度见附图 1-1。

4. 环墙的竖向钢筋,通用图中采用焊接网片。

5. 当储罐容积大于 5 000 m^3 时,为了防止环墙顶由于混凝土的收缩徐变和温差变形产生裂逢和环墙基础的不均匀沉降,设计中加强构造措施在环墙顶端和底端各增加了两圈附加环向钢筋,其直径同环墙环向钢筋。

6. 在软土地区建储罐时,考虑顶升调整基础不均匀沉降的需要。施工环墙时,在环墙顶部预留出安装千斤顶的缺口,缺口数量及大小根据各有千斤顶数量及尺寸预留、一般均匀地布置在储罐的环墙式基础上。

7. 根据工艺提供的排污井位置,在环墙施工时应预留出位置,待储罐充分预压后再施工排污井。

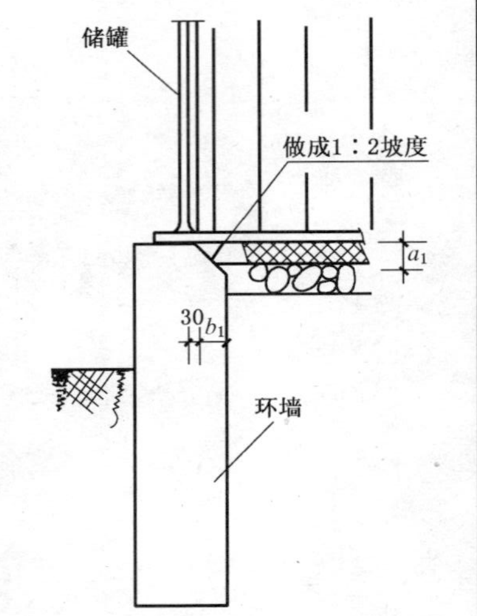

附图 1-1　环墙顶面坡度示意图

8. 环墙混凝土达到设计强度 80%后,立即在环墙内进行素土夯填,砂垫层、碎石层以及沥青绝缘层的施工。

9. 素土垫层每层虚铺厚度一般为 200~250 mm,逐层夯压密实,逐层质量检验,千密度应大于 1.6 t/m^3。

10. 砂势层每层虚铺厚度视为设备振动力的大小而定,一般为 150~200 mm,逐层振压密实,逐层质量检验,干密度应大于 1.6 t/m^3。

11. 碎石层用碾压法或平振法进行压实,压实后干密度应大于 1.9 t/m^3。

总　说　明							
审核		校对		设计		页	4

12. 对于预制装配式环墙式基础，将环墙预制成弧形板，根据储罐基础的直径 D_T 和预制环墙的最大质量(一般不大于 5 000 kg)，确定预制板的分块大小及数量。环墙制作时一般可集中在预制场内进行，也可在现场就地预制，但要选择地基较好的地方作为预制环墙的场地。预制时，根据环墙的设计尺寸及圆弧形状，设置砖胎模或土模，上面用水泥砂浆抹光。制作时可采用一个具有正确曲率半径的圆弧形桁架。该桁架一端与活动轴连接，另一端设置两个可滚动的小轮(见附图 1-2)，桁架既可沿轨道平行移动，又可绕中心轴转动，施工较方便。

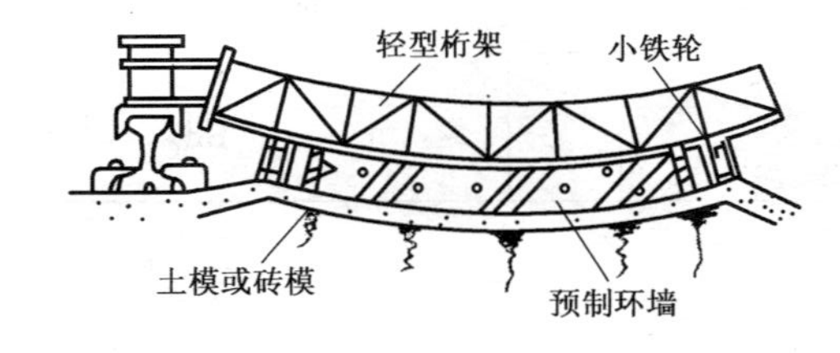

附图 1-2　环墙预制时地模示意图

13. 预制环墙板安装前，在基槽内应预先筑 C10 混凝土垫层厚 100 mm，垫层表面要求平整，以利环墙板安装。环墙预制板的接逢宽度一般约300 mm左右。接逢处施工要求同现浇钢筋混凝土环墙的后浇逢处理。

14. 砂垫层、碎石层和沥青砂绝缘层厚度按下表选用。

储罐容积/m³	砂垫层/cm	碎石层/cm	沥青砂绝缘层/cm
≤5 000	50	6	8
>5 000	80	10	10

15. 要求储罐内充水速度小于 0.6 m/d 进行，每次充水高度达到 2 m 时停止进水，定期进行基础的沉降观测，待沉降达到稳定控制标准后，可进行下一次充水，当充水高度接近最高操作液位 75%时，应放慢充水速度，加强基础的沉降观测和实测沉降的分析，通过实测和分析指导下一步的充水速度。

16. 在软弱地基上建大型储罐，其地基稳定标准的沉降速率可控制不大于 5 mm/d。在整个充水预压地基过程中，基础的不均匀沉降量均应小于规范的规定。

17. 储罐基础完成充水预压后，放水应有组织的排放，速度也不宜太快，否则会影响地基预压效果。一般放水每天不大于 2 m，每放一次水，停息一天后，再继续放水，在放水过程中，也要测定基础的沉降回弹数据。

总　说　明							
审核		校对		设计		页	5

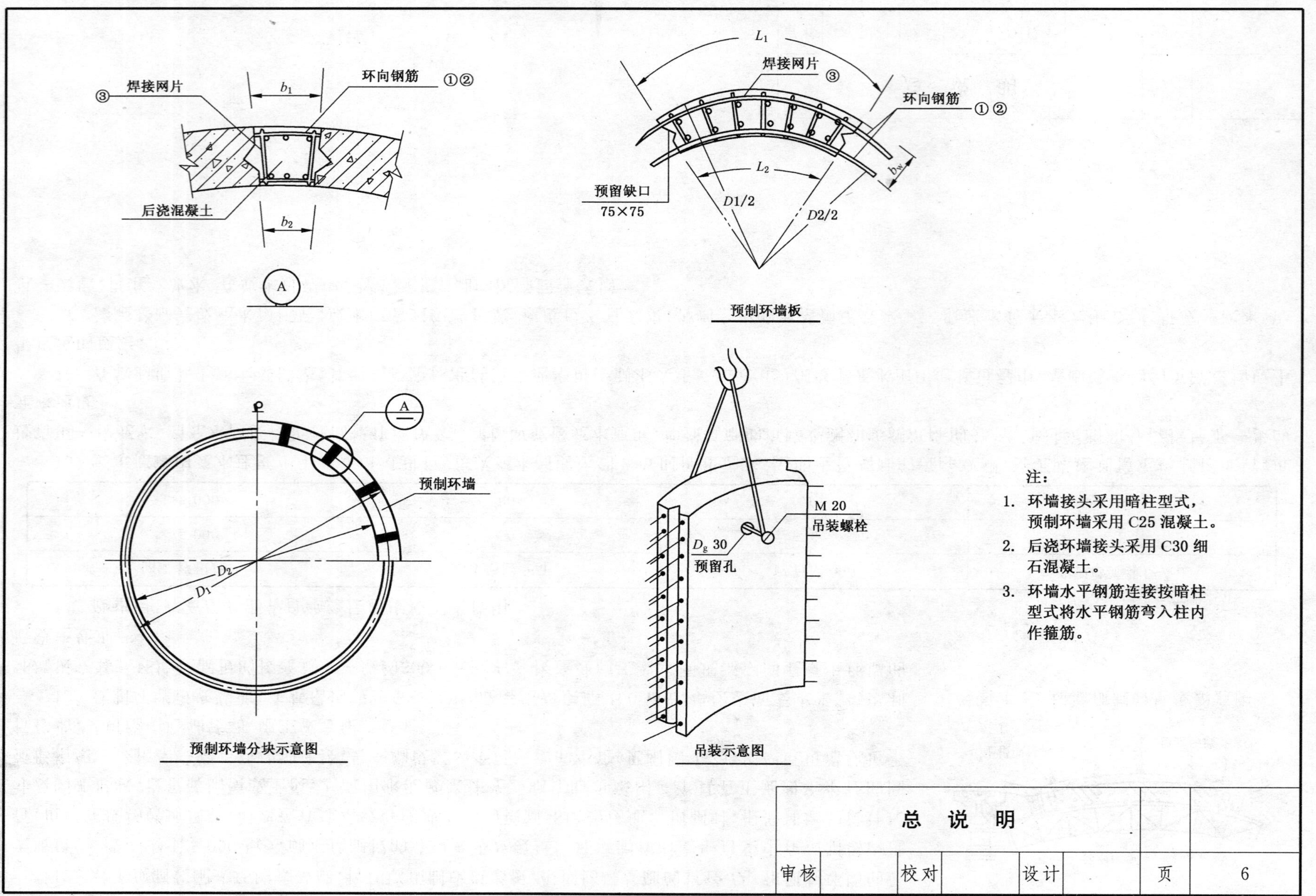

③ 焊接网片
环向钢筋 ①②
b_1
b_2
后浇混凝土
A
A
预制环墙
D_2
D_1
预制环墙分块示意图
L_1
焊接网片 ③
环向钢筋 ①②
b_w
L_2
预留缺口
75×75
D1/2
D2/2
预制环墙板
M 20
吊装螺栓
D_g 30
预留孔
吊装示意图
注：
1. 环墙接头采用暗柱型式，预制环墙采用C25混凝土。
2. 后浇环墙接头采用C30细石混凝土。
3. 环墙水平钢筋连接按暗柱型式将水平钢筋弯入柱内作箍筋。
总 说 明
审核
校对
设计
页
6

18. 沥青砂绝缘层。

(1) 配合比：中砂与石油沥青配合比按质量比宜为 93∶7。

(2) 拌制：采用热法拌制，砂加热至 100～150 ℃后加入温度 160～180 ℃（冬期为 180～200 ℃）的石油沥青中，趁热未退，均匀拌和。

(3) 铺设：铺设沥青砂时温度不应低于 140 ℃，碾压前温度不得低于 100 ℃。根据环墙基础尺寸和坡度条件选用平振法、夯实法或碾压法，压实完毕沥青砂的温度不应低于 60 ℃。对于储罐容积≤5 000 m^3，沥青砂虚铺厚度为 100 mm，压实到80 mm；对于储罐容积＞5 000 m^3，沥青砂虚铺厚度为 125 mm，压实到 100 mm。压实系数为 1.25。整个环墙式基础的沥青砂绝缘层应一次施工完毕，不留施工逢。如工程量较大，需要分两次施工时，在接逢处涂一层热沥青，以利接合。沥青砂绝缘层不得在雨天施工。如施工过程遇到雨应严加覆盖。

19. 混凝土浇捣到环墙顶面后，应随打随抹，顶面标高应符合个体设计的要求。

六、基础验收

1. 储罐基础施工中应按 SH/T 3528—2005《石油化工钢储罐地基与基础施工及验收规范》对素土垫层、砂垫层、碎石层、沥青砂绝缘层进行中间(隐蔽工程)验收，核对施工单位提供的检查记录，并填好中间验收记录。

2. 储罐基础施工完毕后，应按设计要求和 SH/T 3528—2005《石油化工钢储罐地基与基础施工及验收规范》规定检查验收，合格后方准交付安装。

(1) 储罐基础的几何尺寸应符合下列规定：

直径允许偏差为$^{+30}_{0}$ mm；

基础中心坐标位置允许偏差为 20 mm；

基础中心标高允许偏差为±20 mm；

环墙厚度允许偏差为$^{+20}_{0}$ mm；

在环墙顶面周长范围内每 10 m 周长内任意两点的高差不得大于 7 mm，整个圆周长度任意两点的高差不得大于 13 mm。

(2) 沥青砂绝缘层表面应平整、密实无裂纹，无分层，沥青砂表面平整度应符合下列要求：

当储罐直径小于 25 m 时，可从基础中心向基础周边拉线测量，基础表面凹凸度不得大于 25 mm，测点数为基础表面每 100 m^2 范围内不少于 10 点（小于 100 m^2 的基础按 100 m^2 计算）。

当储罐直径等于或大于 25 m 时，以基础中心为圆点，以不同半径作同心圆，在圆周等分点测量沥青砂层的标高，同一圆周上的测点，其测量标高与计算标高之差不得大于 10 mm。同心圆的直径和圆周上最少测量点数应符合规范要求。

(3) 钢筋混凝土环墙最大允许裂逢宽度不应超过 0.3 mm。当超过 0.3 mm 时，必须进行处理。

3. 储罐基础沉降观测结束后，应根据 SH/T 3528—2005《石油化工钢储罐地基与基础施工及验收规范》要求进行最终验收并提供以下技术文件：

(1) 沉降观测成果记录；

(2) 储罐基础变形纵、横剖面图；

(3) 如果储罐基础需要修复时，应提供修复的施工技术方案和修复记录。

总　说　明							
审核		校对		设计		页	7

（二）固定顶储罐预制装配式环墙基础（1 000 m^3～30 000 m^3）

序号	公称容积 V_s/m^3	环墙直径/m 外径 D_1	环墙直径/m 内径 D_2	环墙高度 h_w/m	环墙厚度 b_w/m	预制环墙尺寸/m 外弧长 $\widehat{L_1}$	预制环墙尺寸/m 内弧长 $\widehat{L_2}$	预制环墙数量/块	预制环墙重量/(kN/块)	环墙接头后浇缝尺寸/m 外弧长 $\widehat{b_1}$	环墙接头后浇缝尺寸/m 内弧长 $\widehat{b_2}$
1	1 000	11.72	11.22	1.0	0.25	1.5	1.44	20	9.2	0.341	0.322
		11.72	11.22	1.2					11.0	0.341	0.322
		11.74	11.24	1.4					12.9	0.344	0.326
		11.74	11.24	1.6					14.7	0.344	0.326
		11.76	11.26	1.8					16.6	0.347	0.329
		11.76	11.26	2.0					18.4	0.347	0.329
		11.78	11.28	2.2					20.2	0.350	0.332
		11.78	11.28	2.4					22.1	0.350	0.332
2	1 500	13.72	13.22	1.0	0.25	1.5	1.44	23	9.2	0.374	0.366
		13.74	13.24	1.2					11.0	0.377	0.368
		13.74	13.24	1.4					12.9	0.377	0.368
		13.74	13.24	1.6					14.7	0.377	0.368
		13.76	13.26	1.8					16.6	0.380	0.371
		13.76	13.26	2.0					18.4	0.380	0.371
		13.78	13.28	2.2					20.2	0.382	0.374
		13.78	13.28	2.4					22.1	0.382	0.374
3	2 000	16.02	15.52	1.0	0.25	1.5	1.45	27	9.2	0.364	0.356
		16.04	15.54	1.2					11.0	0.366	0.358
		16.04	15.54	1.4					12.9	0.366	0.358
		16.04	15.54	1.6					14.7	0.366	0.358
		16.06	15.56	1.8					16.6	0.369	0.360
		16.06	15.56	2.0					18.4	0.369	0.360
		16.08	15.58	2.2					20.2	0.371	0.363
		16.08	15.58	2.4					22.1	0.371	0.363
4	3 000	19.18	18.58	1.0	0.30	1.50	1.45	33	11.1	0.326	0.319
		19.20	18.60	1.2					13.3	0.328	0.321
		19.20	18.60	1.4					15.5	0.328	0.321
		19.22	18.62	1.6					17.7	0.330	0.322
		19.22	18.62	1.8					19.9	0.330	0.322
		19.24	18.64	2.0					22.2	0.332	0.325
		19.24	18.64	2.2					24.4	0.332	0.325
		19.26	18.66	2.4					26.6	0.333	0.326

固定顶储罐 预制装配式环墙基础							
审核		校对		设计		页	8

序号	公称容积 V_s/m^3	环墙直径/m		环墙高度 h_w/m	环墙厚度 b_w/m	预制环墙尺寸/m		预制环墙数量/块	预制环墙重量/(kN/块)	环墙接头后浇缝尺寸/m	
		外径 D_1	内径 D_2			外弧长 $\widehat{L_1}$	内弧长 $\widehat{L_2}$			外弧长 $\widehat{b_1}$	内弧长 $\widehat{b_2}$
5	5 000	24.04	23.44	1.0	0.30	1.50	1.46	42	11.1	0.298	0.293
		24.04	23.44	1.2					13.3	0.298	0.293
		24.06	23.46	1.4					15.5	0.300	0.295
		24.06	23.46	1.6					17.7	0.300	0.295
		24.06	23.46	1.8					19.9	0.300	0.295
		24.08	23.48	2.0					22.2	0.301	0.296
		24.08	23.48	2.2					24.4	0.301	0.296
		24.10	23.50	2.4					26.6	0.303	0.298
6	10 000	31.40	30.70	1.0	0.35	1.50	1.46	54	12.9	0.327	0.326
		31.40	30.70	1.2					15.5	0.327	0.326
		31.42	30.72	1.4					18.1	0.328	0.327
		31.42	30.72	1.6					20.6	0.328	0.327
		31.44	30.74	1.8					23.2	0.329	0.328
		31.44	30.74	2.0					25.8	0.329	0.329
		31.46	30.76	2.2					28.4	0.330	0.330
		31.46	30.76	2.4					31.0	0.330	0.330
7	20 000	42.52	41.72	1.0	0.40	1.50	1.47	74	14.9	0.305	0.301
		42.52	41.72	1.2					17.9	0.305	0.301
		42.54	41.74	1.4					20.9	0.306	0.302
		42.54	41.74	1.6					23.8	0.306	0.302
		42.54	41.74	1.8					26.8	0.306	0.302
		42.56	41.76	2.0					29.8	0.307	0.303
		42.56	41.76	2.2					32.8	0.307	0.303
		42.58	41.78	2.4					35.8	0.308	0.304
8	30 000	44.56	43.76	1.0	0.40	1.50	1.47	77	14.9	0.318	0.315
		44.56	43.76	1.2					17.9	0.318	0.315
		44.58	43.78	1.4					20.9	0.319	0.316
		44.58	43.78	1.6					23.8	0.319	0.316
		44.58	43.78	1.8					26.8	0.319	0.316
		44.60	43.80	2.0					29.8	0.320	0.317
		44.60	43.80	2.2					32.8	0.320	0.317
		44.60	43.80	2.4					35.8	0.320	0.317

固 定 顶 储 罐 预 制 装 配 式 环 墙 基 础							
审核		校对		设计		页	9

（三）内浮顶储罐预制装配式环墙基础（1 000 m^3～30 000 m^3）

序号	公称容积 V_s/m^3	环墙直径/m		环墙高度 h_w/m	环墙厚度 b_w/m	预制环墙尺寸/m		预制环墙数量/块	预制环墙重量/(kN/块)	环墙接头后浇缝尺寸/m	
		外径 D_1	内径 D_2			外弧长 $\widehat{L_1}$	内弧长 $\widehat{L_2}$			外弧长 $\widehat{b_1}$	内弧长 $\widehat{b_2}$
1	1 000	11.74	11.24	1.0	0.25	1.5	1.44	20	9.18	0.344	0.326
		11.74	11.24	1.2					11.02	0.344	0.326
		11.74	11.24	1.4					12.85	0.344	0.326
		11.76	11.26	1.6					14.69	0.347	0.328
		11.76	11.26	1.8					16.52	0.347	0.328
		11.78	11.28	2.0					18.36	0.350	0.332
		11.78	11.28	2.2					20.2	0.350	0.332
		11.80	11.30	2.4					22.03	0.353	0.335
2	1 500	13.24	12.74	1.0	0.25	1.5	1.44	23	9.18	0.308	0.300
		13.24	12.74	1.2					11.02	0.308	0.300
		13.24	12.74	1.4					12.85	0.308	0.300
		13.26	12.76	1.6					14.69	0.311	0.303
		13.26	12.76	1.8					16.52	0.311	0.303
		13.28	12.78	2.0					18.36	0.314	0.306
		13.28	12.78	2.2					20.2	0.314	0.306
		13.28	12.78	2.4					22.03	0.314	0.306
3	2 000	14.74	14.24	1.0	0.25	1.5	1.45	25	9.20	0.352	0.339
		14.76	14.26	1.2					11.04	0.355	0.342
		14.76	14.26	1.4					12.88	0.355	0.342
		14.76	14.26	1.6					14.72	0.355	0.342
		14.78	14.28	1.8					16.56	0.357	0.345
		14.78	14.28	2.0					18.4	0.357	0.345
		14.78	14.28	2.2					20.24	0.357	0.345
		14.80	14.30	2.4					22.08	0.359	0.347
4	3 000	17.28	16.68	1.0	0.30	1.5	1.45	30	11.06	0.309	0.297
		17.28	16.68	1.2					13.3	0.309	0.297
		17.28	16.68	1.4					15.5	0.309	0.297
		17.30	16.70	1.6					17.7	0.312	0.299
		17.30	16.70	1.8					19.9	0.312	0.299
		17.32	16.72	2.0					22.1	0.314	0.301
		17.32	16.72	2.2					24.3	0.314	0.301
		17.32	16.72	2.4					26.5	0.314	0.301

内 浮 顶 储 罐 预 制 装 配 式 环 墙 基 础							
审核		校对		设计		页	10

序　号	公称容积 V_s/m^3	环墙直径/m		环墙高度 h_w/m	环墙厚度 b_w/m	预制环墙尺寸/m		预制环墙数量/块	预制环墙重量/(kN/块)	环墙接头后浇缝尺寸/m	
		外径 D_1	内径 D_2			外弧长 $\widehat{L}_1$	内弧长 $\widehat{L}_2$			外弧长 $\widehat{b}_1$	内弧长 $\widehat{b}_2$
5	5 000	21.30	20.70	1.0	0.30	1.5	1.46	37	11.1	0.308	0.298
		21.30	20.70	1.2					13.3	0.308	0.298
		21.32	20.72	1.4					15.5	0.307	0.296
		21.32	20.72	1.6					17.8	0.307	0.296
		21.34	20.74	1.8					20.0	0.305	0.294
		21.34	20.74	2.0					22.2	0.305	0.294
		21.34	20.74	2.2					24.4	0.305	0.294
		21.36	20.76	2.4					26.6	0.303	0.293
6	10 000	30.40	29.70	1.0	0.35	1.5	1.46	52	12.9	0.336	0.334
		30.42	29.72	1.2					15.5	0.338	0.335
		30.42	29.72	1.4					18.1	0.338	0.335
		30.44	29.74	1.6					20.6	0.339	0.336
		30.44	29.74	1.8					23.2	0.339	0.336
		30.46	29.76	2.0					25.9	0.340	0.338
		30.46	29.76	2.2					28.4	0.340	0.338
		30.46	29.76	2.4					31.0	0.340	0.338
7	20 000	42.48	41.68	1.0	0.40	1.5	1.48	74	14.9	0.303	0.289
		42.50	41.70	1.2					17.9	0.304	0.290
		42.50	41.70	1.4					20.9	0.304	0.290
		42.52	41.72	1.6					23.8	0.305	0.291
		42.52	41.72	1.8					26.8	0.305	0.291
		42.52	41.72	2.0					29.8	0.305	0.291
		42.54	41.74	2.2					32.8	0.306	0.292
		42.54	41.74	2.4					35.8	0.306	0.292
8	30 000	44.52	43.72	1.0	0.40	1.5	1.47	77	14.9	0.316	0.314
		44.52	43.72	1.2					17.9	0.316	0.314
		44.54	43.74	1.4					20.9	0.317	0.315
		44.54	43.74	1.6					23.8	0.317	0.315
		44.54	43.74	1.8					26.8	0.317	0.315
		44.56	43.76	2.0					29.8	0.318	0.315
		44.56	43.76	2.2					32.8	0.318	0.315
		44.58	43.78	2.4					35.8	0.319	0.316

内浮顶储罐 预制装配式环墙基础							
审核		校对		设计		页	11

（四）浮顶储罐预制装配式环墙基础（1 000 m^3～150 000 m^3）

序号	公称容积 V_s/m^3	环墙直径/m		环墙高度 h_w/m	环墙厚度 b_w/m	预制环墙尺寸/m		预制环墙数量/块	预制环墙重量/(kN/块)	环墙接头后浇缝尺寸/m	
		外径 D_1	内径 D_2			外弧长 $\widehat{L_1}$	内弧长 $\widehat{L_2}$			外弧长 $\widehat{b_1}$	内弧长 $\widehat{b_2}$
1	1 000	12.2	11.7	1.0	0.25	1.50	1.44	21	9.2	0.325	0.310
		12.2	11.7	1.2					11.0	0.325	0.310
		12.2	11.7	1.4					12.9	0.325	0.310
		12.22	11.72	1.6					14.7	0.328	0.313
		12.22	11.72	1.8					16.6	0.328	0.313
		12.24	11.74	2.0					18.4	0.331	0.316
		12.24	11.74	2.2					20.2	0.331	0.316
		12.26	11.76	2.4					22.1	0.334	0.319
2	2 000	14.7	14.2	1.0	0.25	1.50	1.44	24	9.2	0.426	0.418
		14.7	14.2	1.2					11.0	0.426	0.418
		14.7	14.2	1.4					12.9	0.426	0.418
		14.7	14.2	1.6					14.7	0.426	0.418
		14.7	14.2	1.8					16.6	0.426	0.418
		14.72	14.22	2.0					18.4	0.427	0.421
		14.72	14.22	2.2					20.2	0.427	0.421
		14.72	14.22	2.4					22.1	0.427	0.421
3	3 000	16.7	16.10	1.0	0.30	1.50	1.45	29	11.1	0.309	0.294
		16.7	16.10	1.2					13.3	0.309	0.294
		16.7	16.10	1.4					15.5	0.309	0.294
		16.72	16.12	1.6					17.7	0.311	0.296
		16.72	16.12	1.8					19.9	0.311	0.296
		16.74	16.14	2.0					22.2	0.313	0.298
		16.74	16.14	2.2					24.4	0.313	0.298
		16.76	16.16	2.4					26.6	0.316	0.300
4	5 000	22.22	21.62	1.0	0.30	1.5	1.46	38	11.1	0.337	0.327
		22.24	21.64	1.2					13.3	0.338	0.329
		22.24	21.64	1.4					15.5	0.338	0.329
		22.26	21.66	1.6					17.7	0.340	0.331
		22.26	21.66	1.8					19.9	0.340	0.331
		22.28	21.68	2.0					22.2	0.342	0.332
		22.28	21.68	2.2					24.4	0.342	0.332
		22.30	21.70	2.4					26.6	0.343	0.334

浮 顶 储 罐 预制装配式环墙基础							
审核		校对		设计		页	12

序号	公称容积 V_s/m^3	环墙直径/m		环墙高度 h_w/m	环墙厚度 b_w/m	预制环墙尺寸/m		预制环墙数量/块	预制环墙重量/(kN/块)	环墙接头后浇缝尺寸/m	
		外径 D_1	内径 D_2			外弧长 $\widehat{L_1}$	内弧长 $\widehat{L_2}$			外弧长 $\widehat{b_1}$	内弧长 $\widehat{b_2}$
5	10 000	28.78	28.08	1.0	0.35	1.5	1.46	50	12.9	0.308	0.304
		28.78	28.08	1.2					15.5	0.308	0.304
		28.80	28.10	1.4					18.1	0.310	0.305
		28.80	28.10	1.6					20.6	0.310	0.306
		28.82	28.12	1.8					23.2	0.311	0.307
		28.82	28.12	2.0					25.8	0.311	0.307
		28.84	28.14	2.2					28.4	0.312	0.308
		28.84	28.14	2.4					31.0	0.312	0.308
6	20 000	40.80	40.10	1.0	0.35	1.5	1.47	70	12.9	0.331	0.330
		40.80	40.10	1.2					15.5	0.331	0.330
		40.82	40.12	1.4					18.1	0.332	0.331
		40.82	40.12	1.6					20.6	0.332	0.331
		40.82	40.12	1.8					23.2	0.332	0.331
		40.84	40.14	2.0					25.8	0.333	0.331
		40.84	40.14	2.2					28.4	0.333	0.331
		40.86	40.16	2.4					31.0	0.334	0.332
7	30 000	46.36	45.56	1.0	0.40	1.50	1.47	80	14.9	0.321	0.319
		46.38	45.58	1.2					17.9	0.321	0.320
		46.38	45.58	1.4					20.9	0.321	0.320
		46.40	45.60	1.6					23.8	0.322	0.321
		46.40	45.60	1.8					26.8	0.322	0.321
		46.40	45.60	2.0					29.8	0.322	0.321
		46.42	45.62	2.2					32.8	0.323	0.322
		46.42	45.62	2.4					35.8	0.323	0.322

浮顶储罐 预制装配式环墙基础							
审核		校对		设计		页	13

序号	公称容积 V_s/m^3	环墙直径/m		环墙高度 h_w/m	环墙厚度 b_w/m	预制环墙尺寸/m		预制环墙数量/块	预制环墙重量/(kN/块)	环墙接头后浇缝尺寸/m	
		外径 D_1	内径 D_2			外弧长 $\overset{\frown}{L_1}$	内弧长 $\overset{\frown}{L_2}$			外弧长 $\overset{\frown}{b_1}$	内弧长 $\overset{\frown}{b_2}$
8	5 000	60.48	59.58	1.0	0.45	1.50	1.475	105	16.7	0.309	0.308
		60.48	59.58	1.2					20.0	0.309	0.308
		60.50	59.60	1.4					23.4	0.310	0.309
		60.50	59.60	1.6					26.7	0.310	0.309
		60.52	59.62	1.8					30.1	0.311	0.310
		60.52	59.62	2.0					33.4	0.311	0.310
		60.52	59.62	2.2					36.7	0.311	0.310
		60.54	59.64	2.4					40.1	0.311	0.310
9	100 000	80.54	79.54	1.0	0.50	1.50	1.50	140	18.7	0.307	0.285
		80.56	79.56	1.2					22.5	0.308	0.285
		80.56	79.56	1.4					26.2	0.308	0.285
		80.56	79.56	1.6					29.9	0.308	0.285
		80.58	79.58	1.8					33.7	0.308	0.286
		80.58	79.58	2.0					37.4	0.308	0.286
		80.60	79.60	2.2					41.1	0.309	0.286
		80.60	79.60	2.4					44.9	0.309	0.286
10	150 000	100.60	99.40	1.0	0.60	1.40	1.40	178	21.0	0.375	0.350
				1.2					25.2		
				1.4					29.4		
				1.6					33.6		
				1.8					37.8		
				2.0					42.0		
				2.2					46.2		
				2.4					50.4		

浮顶储罐 预制装配式环墙基础							
审核		校对		设计		页	14

附录 C

大型储罐的技术经济分析

近年来，金属储罐向大型化发展已形成趋势，大型储罐的经济性能成为人们日益关注的课题。在油库建设中如何选择储罐类型，如何提高建设项目的投资效益和经济效益，是当今石油工程建设面临的一个重要问题，也是计划和实施建设项目的出发点和最终目标。因此，要求所有参与大型储罐建设的工程技术人员和管理人员树立牢固的经济观念、掌握技术经济专业知识，以寻求提高工程建设项目的投资效益和经济效益的正确途径与科学方法。

技术经济分析能帮助我们在一个投资项目尚未实施之前估算出它的经济效果，并通过对不同方案的比较，选出能最有效利用现有资源的方案，从而使投资决策建立在科学分析的基础之上。技术经济分析还能帮助我们在工业生产和工程建设活动中选择合理的技术方案，改进各种具体产品（工程）的设计和工艺，用最低的成本生产（建设）出符合要求的产品（工程），提高工业生产和工程建设的经济效益与社会效益。总之，技术经济分析是技术服务与生产活动和工程建设的一个重要的中间环节，在经济、技术决策中占有重要地位。

下面针对大型储罐进行技术经济分析。

一、建设工程造价的概念

建设工程作为社会产品也和其他商品一样，是使用价值和价值的统一体，其价值也是由社会必要劳动时间决定的。作为一种特殊的商品，其价值的货币表现就是它的价格，称为建设工程造价。

具体地说，建设工程造价是指进行某项工程所花费（指预期花费或实际花费）的全部费用，即该建设项目（工程项目）有计划地进行固定资产再生产和形成相应的无形资产和铺底流动资金的一次性费用的总和。它由设备、工器具购置费、建筑安装工程费用和工程建设其他费用构成。

设备、工器具费用是指按照项目设计文件要求，建设单位（或其委托单位）购置或自制达到固定资产标准的设备、为新建扩建项目配置的首套工器具及生产用具所需的费用，它由设备、工器具原价和包括设备成套公司服务费在内的运杂费构成。

建筑安装工程费用是指建设单位支付给从事建筑安装工程施工单位的全部生产费用，包括用于建筑物的建造及有关的准备、清理等工程的投资，用于需要安装设备的安置、装配工程的投资。它是以货币表现的建筑安装工程的价值。其特点是必须通过兴工动料、追加活劳动才能实现。

工程建设其他费用是指未纳入以上两项的、由项目投资支付的、为保证工程建设顺利完成和交付使用后能够正常发挥效用而发生的各项费用的总和。可分为五类：第一类为土地转让费，包括土地征用及迁移补偿费、土地使用权出让金；第二类是与项目建设有关的费用，包括建设单位管理费、勘察设计费、研究试验费、财务费用（如建设期贷款利息）等；第三类是与未来生产经营有关的费用，包括联合试运转费、生产准备费等；第四类是预备费，包括基本预备费和工程造价调整预备费；第五类是应交纳的固定资产投资方向调节税。

二、工程造价计价的特点

工程造价运动除具有一切商品运动的共同特点之外，同时又有其自身的特点，即单件性计价、多次性计价和按构成的分部计价。

1. 单件性计价

建设工程施工与工业生产不同，具有在“流动场地生产固定产品”的特点，每一项建设工程的使用要求和建设条件不同，也就有不同的结构、造型和装饰，不同的体积和面积，要采用不同的工艺和建筑材料。即使是用途相同的建设工程，其技术水平、建筑等级和建筑标准也有差别。建设工程还必须在结构、造型等方面适应工程所在地气候、地质、地震、水文等自然条件，适应当地的地区价格。这就使建设工程的实物形态千差万别。再加上不同地区构成投资费用的各种价值要素的差异，最终导致工程造价的千差万别。因此，对于建设工程就不能像对工业产品那样按品种、规格、质量成批地定价，只能是单件计价。也就是说，建设工程一般不能由国家或企业规定统一的造价，只能就各个项目（建设项目或工程项目）通过特殊的程序（编制估算、概算、预算、合同价、结算价及最后确定竣工决算价等）计算工程造价。

2. 多次性计价

建设工程的生产过程是一个周期长、数量大的生产消费过程，必须按基本建设程序分阶段进行。为适应工程建设过程中各方经济关系的建立，适应项目管理的要求，建设工程造价需要按照设计和建设阶段进行多次性计价。其过程如图 C-1 所示。

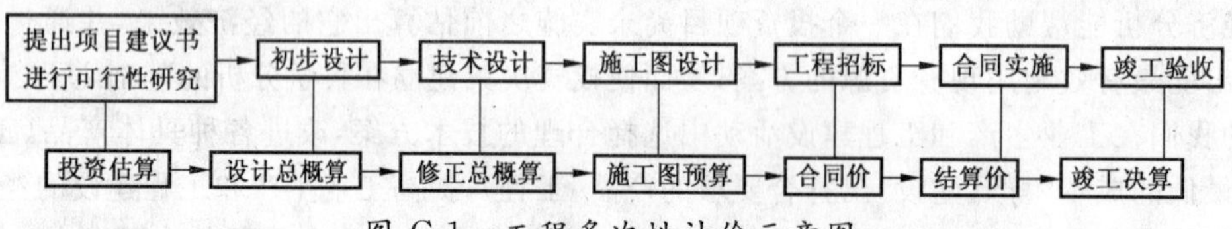

图 C-1　工程多次性计价示意图

(1) 在项目建议书、可行性研究阶段进行投资估算：这一阶段属于前期工作。估算的依据是产品方案、建设规模、库址方案以及带控制点的工艺流程图和主要设备一览表。一般可按规定的投资估算指标、类似工程的造价资料、现行的设备材料价格，结合实际情况进行投资估算。投资估算是指在可行性研究阶段对建设工程预期造价所进行的优化、计算、核定及相应文件的编制，所预计和核定的工程造价称为估算单价。投资估算是判定项目可行性和进行项目决策的重要依据之一，并作为工程造价的目标限额，为以后编制概预算做好准备。

(2) 在初步设计阶段编制设计概算：设计概算是根据初步设计的总体布置、工程项目、各单项工程的主要结构和设备清单，采用有关概算定额或概算指标等编制建设项目的设计概算或总概算。设计概算或总概算包括从筹建到竣工验收的全部建设费用，它是在初步设计阶段对建设工程预期造价所进行的优化、计算、核定及相应文件的编制，它所预计和核定的工程造价称为概算造价。经批准的设计概算或总概算是确定建设项目总造价、编制固定资产投资计划、签订建设项目承包合同的依据，也是控制基本建设拨款、贷款和施工图预算以及考核设计经济合理性的依据。

(3) 在施工图设计阶段编制施工图预算：在工程开工前，根据施工图设计图纸（包括采用的标准图、通用图等）确定的工程量，套用有关预算定额单价、间接费取费费率和计划利润率等编制施工图预算。施工图预算是在施工图设计阶段对建设工程预期造价所做的优化、计算、核定及相应文件的编制，它所预计和核定的工程造价称为预算造价。施工图预算经审查批准后，作为签订建筑安装工程承包合同、实行建筑安装工程造价包干和办理建筑安装工程价款结算的依据。在实行招标的工程中，施工图预算是确定招标标底的基础。

(4) 在招标投标阶段确定工程合同价：在签订建设项目或工程项目承包合同、建筑安装工程承包合同、设备材料采购合同时，要在对设备材料价格发展趋势进行分析和预测的基础上，通过招标投标，由发包方和承包方共同确定一致同意的合同价作为双方结算的基础。所谓合同价款，是指按有关规定或协议条款约定的各种取费标准计算的，用以支付给承包方按照合同要求完成工程内容的价款总额。

(5) 在工程实施阶段确定结算价：在工程实施阶段按照承包方式及完成的工程量，以承发包双方签订的协议条款所规定的合同价为基础，同时考虑因物价上涨所引起的造价提高，考虑到设计中难以预计的而在施工阶段实际发生的工程和费用，对于影响工程造价的设备、材料价差及设计变更等，按合同规定的调整范围及调价方法对合同价进行必要的修正，合理地确定结算价。

(6) 编制竣工决算：在工程项目竣工交付使用时，建设单位需编制竣工决算，用以反映工程项目的实际造价和建成交付使用的固定资产及流动资产的详细情况，作为财产交接之考核交付使用的财产成本以及使用部门建立财产明细表和登记新增财产价值的依据。通过竣工决算所显示的完成一个建设工程所实际花费的费用，是该建设工程的实际造价。

从上述分阶段编制的工程经济文件可以看到，从投资估算、设计概算、施工图预算到招标承包合同价、再到各项工程结算价和最后在结算价基础上编制的竣工决算，整个计价过程是一个由粗到细、由浅入深、最后确定工程实际造价的过程，计价过程各环节之间互相衔接，前者制约后者，后者补充前者。

3. 按工程构成的分部组合计价

每项建设工程就实物形态来说，都是由许多部分组成的，必须按构成内容分别计算、归纳汇总，才能确定工程总造价。一个建设项目按不同类别、不同层次划分为单项工程、单位工程、分部工程和分项工程。

(1) 单项工程：在一个建设项目中，具有独立设计文件，竣工后可以独立发挥生产能力或效益的工程，称为单项工程。也可将它理解为具有独立意义的完整的工程项目。如库区建设中的各个储罐、构筑物、仓库、公用工程等；生活区建设中的住宅楼、办公楼、商店等。一个建设项目可以是一个单项工程，也可以包括许多个单项工程。单项工程是个综合体，按其构成分为建筑工程、设备及其安装工程，并包括工器具、生产用具的购置等。

(2) 单位工程：单位工程是指具有独立施工条件的工程，是单项工程的组成部分，单位工程可以发包给建筑安装企业施工。单位工程分建筑单位工程和安装单位工程。如储备库工程是一个单项工程，每个储油罐是一个单位工程；炼油厂罐区工程是一个单项工程，每一座油罐是一个单位工程。每项单位工程又可分为若干分部工程。

(3) 分部工程：分部工程是单位工程的组成部分，按照不同的内容、不同的材料和不同的施工机械划分。如一般土建工程可分为土石方工程、打桩工程、混凝土工程、金属结构工程、屋面工程、装饰工程等。

(4) 分项工程：是分部工程的组成部分，通常按工程的不同规格、不同材料、不同施工方法、不同性能等因素进一步将分部工程科学地划分到便于计算的若干个分项工程。分项工程是能用较为简单的施工过程生产出来的，可以用适量的计算单位计算，并便于测定或计算的工程基本构造要素，是施工图预算最基本的计算单位。

建设工程具有按工程构成分部组合计价的特点。比如，为确定建设项目的总概算，要先计算各单位工程的概算，再计算各单项工程的综合概算，最后汇总成总概算。单位工程的施工图预算一般按分部工程、分项工程采用相应的定额、费用标准进行计算，这种方法称为单位估价法。另外还有实物法，即利用该预算定额，汇总计算单位工程或单项工程所需的人工、材料、施工机械台班量，然后再乘以当地的单价得出工程直接费，最后按费用标准计算间接费及利税。虽然单位估价法和实物法做法不同，但两者的共同特点是对工程建设项目进行分解，按构成的分部计价，也可以说是按构成的分部组合计价。

三、建设工程造价的构成和计价方法

和一般工业产品价格的构成不同，工程造价的构成具有某些特殊性，这是由工程建设的特点和工程建设内部生产关系的特殊性决定的。主要表现是：

(1) 工业产品一般需要通过产品——货币的流通才能进入消费领域，因而其价格中必然包含商品流通过程中支出的各种费用。建设工程则不然，它不发生空间上的运动而直接移交用户，立即进入生产或生活消费。因而其价格中不包含商品的生产性流通费用，即因生产过程在流通领域内继续进行而支出的商品包装费、运输费、保管费等。

(2) 建设工程必须固定在一个地方和土地连成一片，因而价格中还包括土地价格。另外，由于施工人员和施工机械要围绕建设工程流动，因而有的建设工程价格中还包含因施工企业远离基地施工或成建制地转移到新工地所增加的费用。

(3) 一般工业品的生产可由生产厂家独立完成，而建设工程的生产则需由参加该项目筹划、设计、建设的勘察设计单位、建筑安装企业、建设单位(包括工程承包公司、开发公司、咨询公司)等组成的总体劳动者共同完成。因此，工程造价中包含的劳动报酬和盈利是指包括建设单位在内的总体劳动者的劳动报酬和盈利。

图 C-2 表示了理论上的建设工程造价的基本构成。

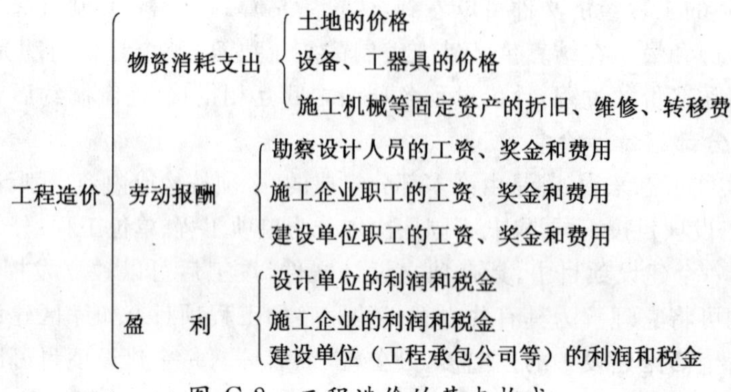

图 C-2　工程造价的基本构成

我国现行建设工程造价构成如表 C-1 所示。

表 C-1　工程造价构成及各项费用的计算方法

序号	费用项目		参考计算方法
1	建筑安装工程费用	直接工程费	∑(实物工程量×概预算定额基价)＋其他直接费
		间接费	直接工程费×取费定额或人工费×取费定额
		计划利润	(直接工程费＋间接费)×计划利润率或人工费×计划利润率
		税金	(直接费＋间接费＋计划利润)×规定的税率
2	设备、工器具费用	设备购置费(包括备品备件)	设备原价×(1＋设备运杂费率)
		工器具及生产家具购置费	设备购置费×费率
3	工程建设其他费用 1	土地使用费	按有关规定计算
		建设单位管理费	(1＋2)×费率或按规定的金额计算
		研究试验费	按批准的计划计算
		生产准备费	按有关定额计算
		办公和生活家具购置费	按有关定额计算
		联合试运转费	(1＋2)×费率或按规定的金额计算
		勘察设计费	按有关规定计算
		引进技术和设备进口项目的其他费用	按有关规定计算
		供电贴费	按有关规定计算
		施工机构迁移费	按有关规定计算
		临时设施费	按有关规定计算
		工程监理费	按有关规定计算
		工程保险费	按有关规定计算
		财务费用	按有关规定计算
		经营项目铺底流动资金	按有关规定计算

续表 C-1

序号		费用项目	参考计算方法
4	总预备费	基本预备费 价差预备费	(1+2+3)×费率 按有关规定计算
5	调节税、贷款利息	固定资产投资方向调节税 建设期贷款利息	建设项目总费用(不含贷款利息)×税率 按规定的利息率计算

四、建筑安装工程费

在工程建设中,建筑安装工程是创造价值的生产活动。建筑安装工程费作为建筑安装工程价值的货币表现,亦称为建筑安装工程造价。它由建筑工程费和安装工程费两部分组成。我国现行建筑安装工程造价的具体构成见表 C-2。

表 C-2 我国现行建筑安装工程造价的构成

	费用项目		参考计算方法
(一)直接工程费	直接费	人工费 材料费 施工机械使用费	Σ(人工工日概预算定额×日工资单价×实物工程量) Σ(材料概预算定额×材料预算价格×实物工程量) Σ(机械概预算定额×机械台班预算单价×实物工程量)
	其他直接费		土建工程:(人工费+材料费+机械使用费)×取费率 安装工程:人工费×取费率
	现场经费	临时设施费 现场管理费	
(二)间接费	企业管理费 财务费用 其他费用		土建工程:直接工程费×取费率 安装工程:人工费×取费率
(三)盈利	计划利润		土建工程:(直接工程费+间接费)×计划利润率 安装工程:人工费×计划利润率
	税金(含营业税、城市建设税、教育费附加)		(直接工程费+间接费+计划利润)×税率

(一)直接工程费

建筑安装工程直接工程费由直接费、其他直接费和现场经费构成。

1. 直接费(或称基本直接费)

施工过程中耗费的构成工程实体、有助于工程形成的各项费用,它包括人工费、材料费和施工机械使用费。

(1)人工费:指直接从事建筑安装工程施工的生产工人的基本工资、工资性津贴、生产工人辅助工资、职工福利费、劳动保护费及属于生产工人开支范围的各项费用。

(2)材料费:指施工过程中耗用的构成工程实体的原材料、辅助材料、构配件、零件、半成品及周转使用材料的摊销(或租赁)费用,以概预算定额用量乘以相应的材料预算价格计算其费用。材料预算价格的内容包括材料原价(或供应价),供销部门手续费,包装费,材料自来源地运至工地仓库或指定堆放地点的装卸费、运输费及途耗,采购保管费等。

(3)施工机械使用费:指使用施工机械作业所发生的机械使用费以及安装、拆除和进出场费用,以概预算定额的施工机械台班使用量乘以相应的机械台班使用费单价计算其费用。机械台班使用费单价的内容包括折旧费,大修理费,经常修理费,安装拆除费及场外运输费,机上人工费,运输机械养路费,车船使用税及保险费等。

2. 其他直接费

直接费以外的在施工过程中发生的其他费用。同材料费、人工费、施工机械使用费相比,其他直接费具有较大的弹性。就具体单位工程来讲,可能发生,也可能不发生,需要根据现场施工条件加以确定。其他直接费的内容包括:

(1) 冬、雨季施工增加费:指在冬季、雨季施工期间,为了确保工程质量而采取的保温、防雨措施所增加的材料费、人工费和设施费用,以及因工效和机械作业效率降低所增加的费用。一般多按定额费率常年计取,包干使用。

(2) 夜间施工增加费:指为确保工期和工程质量,需要在夜间连续施工或在白天施工需增加照明设施(如在炉窑、烟囱、地下室等处施工)及发放夜餐补助等发生的费用。

(3) 流动施工津贴:指施工企业派出人员离开公司驻地到当地一定距离以外的地点施工时,给予职工的生活补贴。

(4) 材料二次搬运费:指因施工场地狭小等特殊情况而发生的材料搬运费。

(5) 生产工具器具使用费:指施工、生产所需的不属于固定资产的生产工具和检验、试验用具等的购置、摊销和维修费,以及支付给工人自备工具的补贴费。

(6) 检验试验费:指对建筑材料、构件和建筑物进行一般鉴定、检查所发生的费用,以及技术革新和研究试验费等。

(7) 特殊工程培训费:是指工程采用新技术、新材料、新工艺,施工前必须对施工生产人员和技术人员、管理人员进行培训所发生的工资、差旅费、学习资料、检验试验、培训实习用材料费用、机械台班使用费以及代培费。

(8) 工程定位复测、工程点交、场地清理等费用。

(9) 有害身体健康环境中施工保健费:指承建工程在有害身体健康的环境中施工,施工人员应享受与生产人员同等保健待遇的费用。

(10) 大型机械租赁费:是指施工机械台班定额规定的大型机械与金属抱杆需租赁时所发生的费用。其费用按租赁的规定计算。

(11) 特殊技术措施费:是指在定额外技术上有特殊要求的措施费用,按建设单位同意的施工方案编制预算包干。

3. 现场经费

为施工准备、组织施工生产和管理所需的费用,包括临时设施费和现场管理费两方面内容。其中临时设施费是指施工企业为进行建筑安装工程施工所必须的生活和生产用的临时建筑物、构筑物和其他临时设施的搭设、维修、拆除费用或摊销费。

现场管理费包括以下几方面内容:

(1) 现场管理人员的基本工资、工资性补贴、职工福利费、劳动保护费等。

(2) 办公费:指现场管理办公用费和现场水、电、烧水和集体取暖用煤等费用。

(3) 差旅交通费:指现场职工办公出差期间的差旅费、探亲路费、劳动力招募费、工伤人员就医路费、工地转移费以及现场管理使用的交通工具的油料、燃料、养路费及牌照费等。

(4) 固定资产使用费:指现场管理及试验部门使用的属于固定资产的设备、仪器等的折旧、大修、维修费或租赁费等。

(5) 工具器具使用费:指现场管理使用的不属于固定资产的工具、器具、家具、交通工具和检验、试验、测绘、消防用具等的购置、维修和摊销费。

(6) 保险费:指施工管理用财产、车辆保险,高空、井下、海上作业等特殊工种安全保险等。

(7) 工程保修费:指工程竣工交付使用后,在规定保修期以内的修理费用。

(8) 工程排污费:指施工现场按规定交纳的排污费用。

(9) 其他费用。

（二）间接费

建筑安装工程间接费是指虽不直接由施工工艺过程所引起，但是与工程总体条件有关，建筑安装企业为组织施工和进行经营管理以及间接为建筑安装生产服务的各项费用。按现行规定，建筑安装工程间接费由企业管理费、财务费和其他费用组成。

1. 企业管理费

施工企业为组织施工生产经营活动所发生的管理费用。内容包括：

(1) 管理人员的基本工资、工资性补贴及按规定标准计提的职工福利费。

(2) 差旅交通费：指企业管理人员公出差旅费，探亲路费，劳动力招募费，离退休职工一次性路费及交通工具油料、燃料、牌照、养路费等。

(3) 办公费：指企业办公用费用水、电、燃煤(气)等费用。

(4) 固定资产折旧费、修理费：指企业的属于固定资产的房屋、设备、仪器等折旧费及维修费等费用。

(5) 工具用具使用费：指企业管理使用的不属于固定资产的工具、用具、家具、交通工具、检验、试验、消防等的摊销及维修费用。

(6) 工会经费：指企业按职工工资总额2%计提的工会经费。

(7) 职工教育经费：指企业为职工学习先进技术和提高文化水平，按职工工资总额的1.5%计提的费用。

(8) 劳动保险费：指企业支付离退休职工的退休金(包括提取的离退休职工劳保统筹基金)、价格补贴、医药费、易地安家补助费、职工退职金、六个月以上的病假人员工资、职工死亡丧葬补助费、抚恤费及按规定支付给离休干部的各项经费。

(9) 职工养老保险费及待业保险费：指职工退休养老金的积累及按规定标准计提的职工待业保险费。

(10) 保险费：指企业财产保险、管理用车辆等保险费用。

(11) 税金：指企业按规定交纳的房产税、车船使用税、土地使用税、印花锐及土地使用费等。

(12) 其他：包括技术转让费、技术开发费、业务招待费、排污费、绿化费、广告费、公证费、法律顾问费、审计费、咨询费等。

2. 财务费用

企业为筹集资金而发生的各项费用，包括企业经营期间发生的短期贷款利息净支出、汇兑损失、金融机构手续费，以及企业筹集资金发生的其他费用。

3. 其他费用

按规定支付工程造价(定额)管理部门的定额编制管理费及劳动定额管理部门的定额测定费，以及按有权部门规定支付的上级管理费。

（三）计划利润及税金

建筑安装工程费用中的盈利是建筑安装企业职工为社会所创造的价值在建筑安装工程造价中的体现，由计划利润和税金组成。

1. 计划利润

按规定应计入建筑安装工程造价的利润。依据不同投资来源或工程类别，计划利润实施差别利润率。施工企业实行计划利润，代替过去的法定利润，技术装备费按一定额度并入计划利润内。

2. 税金

按照国家税法规定的应计入建筑安装工程造价内的营业税、城市维护建设税及教育附加税等。

五、设备、工器具购置费

设备、工器具费用是由设备购置费和工器具、生产家具购置费组成的，是形成生产能力的物质基础，也是企业固定资产的重要组成部分。

设备购置费是指为工程建设项目购置或自制的达到固定资产标准的设备、工具、器具的费用。设备购置费由设备原价加运杂费组成。

设备购置费＝设备原价×(1＋运杂费费率)

工器具及生产家具购置费是指新建项目初步设计规定所必须购置的不够固定资产标准的设备、仪器、工卡模具、器具、生产家具和备品备件等的费用。

工器具及生产家具购置费＝设备购置费×定额费率

（一）设备原价的构成

1. 国产标准设备原价

国产标准设备是指按照主管部门颁布的标准图纸和技术要求，由我国设备生产厂批量生产的，符合国家质量检验标准的设备。国产标准设备原价一般是设备制造厂的交货价，即出厂价。如设备由成套公司供应，则以订货合同价为设备原价。有的设备有两种出厂价，即带有备件的出厂价和不带备件的出厂价，在计算设备原价时，一般按带有备件的出厂价计算。

2. 国产非标准设备原价

非标准设备是指国家尚无定型标准，各设备生产厂不可能在工艺过程中采用批量生产，只能按一次订货，并根据具体的设计图纸制造的设备。非标准设备原价有多种不同的计算方法，如成本计算估价法、系列设备插入估价法、分部组合估价法、定额估价法等。但无论哪种方法都应该使非标准设备计价接近实际出厂价，并且计算方法要简便。

3. 进口设备价格

进口设备价格由货价、国外运费、运输保险费、关税、增值税、银行财务费以及外贸手续费组成。即：

进口设备价格＝货价＋国外运费＋运输保险费＋银行财务费＋外贸手续费＋关税＋增值税

进口设备的交货方式可分为内陆交货类、目的地交货类、装运港交货类。

(1) 内陆交货类即卖方在出口国内陆的某个地点交货。

(2) 目的地交货类即卖方要在进口国的港口或内地交货，有目的港船上交货价、目的港船边交货价(F. O. S)、和目的港码头交货价(关税已付)及完税后交货价(进口国的指定地点)等几种交货价。

(3) 装运港交货类即卖方在出口国装运港完成交货任务，主要有装运港船上交货价(F. O. B)、运费在内价(C&F)和运费、保险费在内价(C. I. F)等几种价格。其中装运港船上交货价(F. O. B)是我国进口设备采用最多的一种货价。

进口设备的国际运费指从装运港(站)到我国抵达港(站)的运费。

（二）设备运杂费

设备运杂费是指从设备制造厂交货地点(进口设备则为我国到岸港口、边境车站)起至工地仓库或施工组织设计指定的设备堆放地点所发生的铁路、公路、水路运输的一切费用。包括运输费(基本运费、装卸费、搬运费、保险费等杂费)、货物包装费、运输支架费、设备采购供销手续费、仓库保管费等。但不包括超限设备运输的特殊措施费。

一般来讲，沿海和交通便利的地区，设备运杂费率相对低一些；内地和交通不便利的地区就要相对高一些，边远省份则要更高一些。对于非标准设备来讲，应尽量就近委托设备制造厂、施工企业或建设单位自行制作，以大幅度降低设备运杂费。进口设备由于原价较高，国内运距较短，因而运杂费比率应适当降低。

六、工程建设其他费用

工程建设其他费用是指从工程筹建起到工程竣工验收交付使用止的整个建设期间，除建筑安装工程费用和设备、工器具购置费以外的，为保证工程建设顺利完成和交付使用后能正常发挥效用而发生的各项费用的总和。

1. 土地使用费

土地使用费是指建设项目通过划拨或土地使用权出让方式取得土地使用权，所需土地征用及迁移的补偿费或土地使用权出让金。

(1) 土地征用及迁移补偿费：指建设项目通过划拨方式取得无限期的土地使用权，依照《中华人民共和国土地管理法》等规定所支付的费用。其内容包括：土地补偿费，青苗补偿费，被征用土地上的房屋、水井、树木等附着物补偿费，迁坟费，安置补助费，耕地占用税，城镇土地使用税，土地登记费，征地管理费，征地动迁费，水利电力工程水库淹没处理补偿费等。

(2) 土地使用权出让金：指建设项目通过土地使用权出让方式取得有限期的土地使用权，依照《中华人民共和国城镇国有土地使用权出让和转让暂行条例》规定支付的土地使用权出让金。城市土地的出让和转让可采用协议、招标、公开拍卖等方式。

2. 与项目建设有关的其他费用

(1) 建设单位管理费：指建设项目从立项、筹建、建设、联合试运转、竣工验收交付使用及后评估全过程管理所需的费用。包括建设单位开办费和建设单位经费两类费用。

建设单位开办费指新建项目为保证筹建和建设工作正常进行所需办公设备、生活家具、用具、交通工具等的购置费用；建设单位经费包括工作人员的基本工资、工资性补贴、职工福利费、劳动保护费、劳动保险费、办公费、差旅交通费、工会经费、职工教育经费、固定资产使用费、工具用具使用费、技术图书资料费、生产工人招募费、工程招标费、合同契约公证费、工程质量监督监测费、工程咨询费、法律顾问费、审计费、业务招待费、排污费、竣工交付使用清理及竣工验收费、后评估费，等等。但不包括应计入设备、材料预算价格的建设单位采购及保管所需的费用。

(2) 勘察设计费：指为本建设项目提供项目建议书、可行性研究报告、设计文件等所需的费用。内容包括：编制项目建议书、可行性研究报告及投资估算、工程咨询、……、评价以及为编制上述文件所进行的勘察、设计、研究试验所需费用；委托勘察、设计单位进行初步设计、施工图设计、概预算编制等所需的费用；在规定范围内由建设单位自行完成的勘察、设计工作所需的费用。

(3) 研究试验费：是指为本建设项目提供或验证设计参数、数据资料等进行必要的研究试验，以及设计规定在施工中必须进行的试验、验证所需的费用。包括自行和委托其他部门研究试验所需的人工费、材料费、试验设备及仪器使用费，支付的科技成果、先进技术的一次性技术转让费。

(4) 临时设施费：是指建设期间建设单位所需临时设施的搭设、维修、摊销费用或租赁费用。包括临时宿舍、文化福利及公用事业房屋与构筑物、仓库、办公室、加工以及规定范围内的道路、水、电、管线等临时设施和小型临时设施。

(5) 工程监理费：是指委托工程监理单位对工程实施监理工作所需的费用。

(6) 工程保险费：是指建设项目建设期间根据需要实施工程保险所需的费用。包括以各种建筑工程及其在施工过程中的物料、机器设备为保险标的建筑工程一切险，以安装工程中各种机器、机械设备为保险标的的安装工程一切险，以及机器损坏保险等。

(7) 供电贴费：是指建设项日按照国家规定应交付的供电工程贴费、施工临时用电贴费，是解决电力资金不足的临时对策。

(8) 施工机构迁移费：是指施工机构根据建设任务的需要，经有关部门决定成建制地（指公司或公司所属工程处、工区）由原驻地迁移到另一地区的一次性搬迁费用。包括职工及随同家属的差旅费、调迁期间的工资和施工机械、设备、工具、用具、周转性材料的搬运费。

(9) 引进技术和进口设备其他费用，包括：为引进技术和进口设备派出人员进行设计、联络、设备材料监检、培训等的差旅费、置装费、生活费用等；国外工程技术人员来华的差旅费、生活费和接待费用等；国外设计及技术资料费、专利和专有技术费、延期或分期付款利息；引进设备检验及商检费。

(10) 财务费用：是指为筹措建设项目资金而发生的各项费用，包括：建设期间投资贷款利息、企业债券发行费、国外借款手续费和承诺费、汇总净损失、金融机构手续费以及其他费用等。

3. 预备费

按我国现行规定，预备费包括基本预备费和价差预备费。

(1) 基本预备费：是指在初步设计及概预算内难以预料的工程费用。包括：在批准的初步设计范围内，技术设计、施工图设计及施工过程中所增加的工程费用；设计变更、局部地基处理等增加的费用；一般自然灾害造成的损失和预防自然灾害所采取的措施费用；竣工验收时为鉴定工程质量对隐蔽工程进行必要的挖掘和修复费用。

(2) 价差预备费(也称工程造价调整预备费)：是指建设项目在建设期间由于价格等变化引起工程造价变化的预测预留费用。包括：人工、设备、材料施工机械价差；建筑安装工程费及工程建设其他费用的调整，利率、汇率的调整等。

4. 固定资产投资方向调节税

为了贯彻国家产业政策，控制投资规模，引导投资方向，调整投资结构，加强重点建设，促进国民经济持续稳定协调发展，按《中华人民共和国固定资产投资方向调节税暂行条例》规定，对在我国境内进行固定资产投资的单位和个人(不含中外合资经营企业、中外合作经营企业和外商独资企业)征收固定资产投资方向调节税，简称投资方向调节税。

七、大型储罐安装工程概预算编制方法

1. 大型储罐建设工程的费用构成与前面所述建设工程造价的构成基本相似。但是，由于行业的特点，使得大型储罐设备安装工程在该类建设项目中处于核心地位，所以，大型储罐设备安装工程费用的正确确定与控制，就成为建设工程造价管理工作的重点。

(1) 大型储罐安装工程费用按《石油化工安装工程费用定额》中的取费标准和计算程序计算，见表C-3。大型储罐建设安装工程费用按表C-4所示大型储罐建设安装工程费率标准及其计算程序计算。

表 C-3 大型储罐安装工程费用计算程序及费率表

序号	费用类别		计算公式或方法	费率/%	备注
	安装工程费		一+二+三+四		
一、	直接工程费		(一)+(二)+(三)		
(一)	直接费		1+2+3		
1	人工费				根据概算指标预算定额计算
2	材料费				
3	施工机械使用费				
(二)	其他直接费		4+5+6+7+8+9+10+11+12+13+14+15		
4	冬、雨季施工增加费	Ⅰ类地区	1×费率	5.99	其中人工40%
		Ⅱ类地区		4.86	
		Ⅲ类地区		3.37	
5	夜间施工增加费			3.64	其中人工50%

续表 C-3

序号	费用类别		计算公式或方法	费率/%	备　注
6	材料二次搬运费		1×费率	3.23	其中人工 40%
7	生产工具用具使用费			3.77	
8	检验试验费			1.26	
9	工程定位复测、点交、场地清理费			0.26	
10	在有害身体健康环境中施工保健费		按有关规定计算		
11	特殊地区施工增加费				
12	特殊工种技术培训费				
13	特殊技术措施费				
14	大型机械进出场费				
15	大型工具租赁费				
(三)	现场经费		16+17		
16	临时设施费	离基地 25 公里以内	(直接费+其他直接费)中人工费×费率	13.52	
		离基地 25 公里以远		16.49	
		建加工厂增加（工程费用>2 000 万元）		1.76	
17	现场清理费	离基地 25 公里以内		27.16	
		离基地 25 公里以远		32.40	
		1 000 公里以远每增加 100 公里增加		0.70	
二、	间接费		(四)+(五)+(六)		
(四)	企业管理费		(直接费+其他直接费)中人工费×费率	71.63	
(五)	财务费用			5.56	
(六)	其他费用				
18	定额测定、编制、管理费			1.25	
19	上级管理费			2.69	
三、	计划利润	石油化工主要生产装置		36.13	
		炼油装置		34.41	
		其他		32.69	
四、	税金		按规定计算		

表 C-4　大型储罐建设安装工程费率标准及其计算程序表

序号	费用项目名称	取费基数及计算式	费率/%	
			站场工程	输送管道工程
一、	直接工程费			
(一)	基本直接费			
1	人工费			

续表 C-4

序号	费用项目名称	取费基数及计算式	费率/%	
			站场工程	输送管道工程
2	材料费			
3	施工机械使用费			
(二)	其他直接费		(16.9)	(31.8)
4	冬雨季施工增加费	1×费率	7.2	12.4
5	夜间施工增加费	1×费率	3.8	7.0
6	二次搬运费	1×费率	1.3	2.3
7	生产工具用具使用费	1×费率	3.2	5.4
8	检验试验费	1×费率	0.8	2.1
9	工程定位复测、交点、场地清理费	1×费率	0.6	2.6
(三)	现场经费			
10	临时设施费	1×费率	12.9	26.8
11～1	现场管理费(距企业基地、<25 km)	1×费率	24.5	34.6
11～2	现场管理费(距企业基地 25～250 km)	1×费率	35.2	52.7
11～3	现场管理费(距企业基地 250～1 000 km)	1×费率	28.1	43.3
11～4	现场管理费(距企业基地>1 000 km)	1×费率	32.2	49.8
二、	间接费		(62.4)	(86.5)
12	企业管理费	1×费率	57.1	79.8
13	财务费用	1×费率	5.3	6.7
三、	特定条件下计取的费用			
14	特殊工种培训费	(一)×费率	2	2
15	特殊地区施工增加费	(1+3)×费率		
16	预算包干费	(一+二)×费率	2	15
四、	计划利润	1 ×费率	35	45
五、	定额编制测定费	(一+二+三+四)×费率	0.13	0.13
六、	税金	(一+二+三+四)×费率	按工程所在地规定执行	

注：以六类地区人工工日单价 23.85 元作为取费基数，本费率为Ⅱ类工程取贯标准，Ⅰ类工程调整系数为 1.08，Ⅲ类工程调整系统为 0.86。

(2) 其他：为简化计算工程量，建筑、安装工程费用一般采用综合费率的方法计列，但特定条件下增加的各项费用一般单独列出。与石油化工建设项目配套的铁路、码头、邮电、电站的独立性工程，原则上执行各行业部规定的定额、指标和费用标准。

2. 大型储罐工程中的主要取费系数及规定

(1) 安装工程类别取费系数：大型储罐安装工程根据工程规模、技术难易、质量标准、施工条件及工期长短等综合划分为三个工程类别取费等级。安装工程费用定额以Ⅱ类工程费率为标准，Ⅰ、Ⅲ两类工程按Ⅱ类工程费率乘系数调整。安装工程类别取费调整系数见表 C-5。

表 C-5 安装工程类别取费调整系数表

类　　别	工　程　名　称	取费调整系数
Ⅰ类	≥10 万 t/年的联合站 ≥50 万 m^3/d 的气体处理装置 ≥100 km 的管道工程 ≥80 m 的管道穿跨越工程 油气加工装置	1.08
Ⅱ类	Ⅰ、Ⅲ类以外的所有工程	1.0
Ⅲ类	油井口、计量站 单井拉油装置 井口至计量站的低压集油管线 单独施工的 10 kV 以下(含 10 kV)输电线路	0.86

(2) 建设单位管理费费率:建设单位管理费以单项工程费用之和(总概算第一部分工程费用)为计算基数,按表 C-6 费率,使用插入方法计算。

表 C-6 建设单位管理费费率表

单项工程费用/万元	费率/%	单项工程费用/万元	费率/%
500 以下	2.6	30 000	1.4
2 000	2.2	50 000	1.1
5 000	2.0	80 000 及以上	0.8
10 000	1.8		

注:不设置独立的筹建机构或由常设的基建部门代替的工程项目,按取费标准的 40%计取;引进项目货价按 25%计取;实行工程监理的项目,建设单位管理费可乘以不超过 1.15 系数,具体监理费数额由建设单位根据监理工作范围和监理工程项目的性质确定,其建设单位管理费费率不变。

(3) 供电贴费:供电贴费按国家及各省、市、自治区电力部门规定标准进行计算。如没有具体规定时,可参考表 C-7 各级供电贴费收费标准估算。

表 C-7 各级供电贴费收费参考标准　　元/kVA

用户受电电压等级/kV	用户应交纳的贴费	其中		自建本级电压外部供电工程应交纳的贴费
		供电贴费	配电贴费	
0.38/0.22	500~550	190~210	310~340	400~450
10	400~450	220~250	180~200	300~330
35	300~330	300~330		150~180
63	200~220	200~220		
110	150~180	150~180		

(4) 联合试运转费:按联合试运转费用支出扣除联合试运转收入后计算。在没有收入的情况下,油气田建设工程按建安工程费用的 0.7%计取,长距离输送管道工程按建安工程费用的 0.5%计取。

(5) 基本预备费:工业项目的基本预备费以总概算中第一部分工程费用和第二部分其他费用之和为基数,按 8%计算;民用项目按 5%计算。

(6) 工程造价调整预备费:对于建设期大于一年的工程项目应计算工程造价调整预备费,其计算公式为:

$$P = \sum_{i=1}^{n} I_t[(I+f)^{t-1}-1]$$

式中:P——工程造价调整预备费;

n——建设期年数;

I_t——建设期第 t 年的工程费用;

t——建设期第 t 年；

f——投资价格指数(按 6%～8%计取)。

(7) 绿化费:绿化费一般按绿化面积每平方米 20 元计算。

(8) 建设期贷款利息按单利法计算的建设期贷款利息计算公式为:

$$建设期贷款利息=\sum(年初贷款本金累计+\frac{本年贷款额}{2})\times 年利率$$

(9) 铺底流动资金:可按 1～3 个月工程成本的 30%计列铺底流动资金,也可按概算投资的 1%～2%计列。

下面附表说明各类储罐及基础的实物工程量。

1) 油罐主体

表 C-8 10 万 m^3 浮顶储罐实物量表

序号	名称	位置	规　格	材质	数　量	总重量	备注
1	底板	中幅板	11×3 000×14 800	Q235－A.F	111 张/425.574 t	499.19 t	含垫板重量
		边板	20×1 600×6 300	SPV490Q	40 张/63.32 t		
2	壁板	第一圈	32×2 440×12 600.0	SPV490Q	16 张/123.568 t	780.063 t	
			32×2 440×12 600.0		1 张/7.723 t		
			32×2 440×6 300.0		6 张/23.172 t		
		第二圈	27×2 440×12 600.0		20 张/130.32 t		
		第三圈	21.5×2 440×12 600		20 张/103.78 t		
		第四圈	18.5×2 440×12 600		20 张/89.3 t		
		第五圈	15×2 440×12 600		20 张/72.4 t		
		第六七圈	12×2 440×12 600		40 张/115.84 t		
		第八九圈	12×2 440×12 600	Q235－A.F	40 张/113.96 t		
3	浮顶	底板	4.5×1 800×9 000	Q235－A.F	325 张/185.986 t	457.581 t	
		顶板	4.5×1 800×9 000		254 张/145.355 t		
			4.5×1 600×4 600		168 张/43.68 t		
		其他	P4.5～P9 型钢	Q235－A.F	82.56 t		
4	加强圈		P6～P12	Q235－A.F	34.435 t	34.435 t	
5	抗风圈		型钢		93.89 t	93.89 t	
6	加热器		ϕ89×6	10#	12.875 t	12.875 t	
7	劳动保护		盘梯、扶梯、斜梯、顶平台等	Q235－A.F	10.012 t	10.012 t	
8	其他		钢板、型钢	Q235－A.F		52.244 t	密封、刮蜡等
	合计					1 940.29 t	

2) 储罐附件

金属储罐罐体上安装的一些供特殊用途的附属配件,即储罐附件,以适应各种油品的贮存、发放、计量和维修等操作要求,确保金属储罐的正常工作。

储罐附件包括:人孔、透光孔、排污孔、放水管、量油孔、呼吸阀、安全阀、通气管、防火器、进料孔等。各类储罐成套附件实物量见表 C-9～表 C-12。

表 C-9　拱顶储罐成套附件实物量表(个/套)

附件品种＼数量＼容积/m³		≤2 000		3 000～5 000		10 000		20 000	
		储油品种							
		轻油	重、原油	轻油	重、原油	轻油	重、原油	轻油	重、原油
量油孔		1	1	1	1	1	1	1	1
透光孔 DN500		1	1	2	2	3	3	4	4
人孔 DN600		1	1	1	1	2	2	2	2
排污孔		1		1		2		2	
清扫孔			1		1		2		2
放水管	DN80	1	1		1		1		
	DN100			1		1		2	2
罐顶、壁接合管		4	4	4	4	4	4	4	4

表 C-10　单、双盘浮顶储罐成套附件实物量表(个/套)

附件品种＼数量＼容积/m³		≤2 000		3 000～5 000		10 000		20 000～30 000		50 000	
		储油品种									
		轻、重油	原油	轻、重油	原油	轻、重油	原油	轻、重油	原油	轻、重油	原油
人孔 DN600		1	1	1	1	2	2	2	2	3	3
排污孔		1		1		1		2		2	
清扫孔			1		1		2		2		2
放水管	DN80	1	1								
	DN100			1	1	1	1	2	2	2	2
罐顶、壁接合管		2	2	2	2	2	2	2	2	2	2

表 C-11　钢制内浮顶储罐成套附件实物量表(个/套)

附件品种＼数量＼容积/m³		≤2 000		3 000～5 000		10 000	
		储油品种					
		轻、重油	原油	轻、重油	原油	轻、重油	原油
静电导向管		1	1	1	1	1	1
量油导向管		1	1	1	1	1	1
带芯绞链人孔		1	1	1	1	1	1
罐顶人孔		1	1	1	1	2	2
罐顶量油孔		1	1	1	1	1	1
罐壁通气孔		1	1	2	2	2	2
入口扩散管		1	1	1	1	1	1
排污孔		1		1		2	
清扫孔			1		1		2
放水管	DN80	1	1				
	DN100			1	1	1	1

续表 C-11

附件品种＼数量＼容积/m³	≤2 000		3 000～5 000		10 000	
	储油品种					
	轻、重油	原油	轻、重油	原油	轻、重油	原油
接合管	2	2	2	2	2	2
透光孔	2	2	2	2	2	2

表 C-12　铝制内浮顶储罐成套附件实物量表(个/套)

附件品种＼数量＼容积/m³		≤2 000		3 000～5 000		10 000	
		储油品种					
		轻、重油	原油	轻、重油	原油	轻、重油	原油
罐顶人孔		1	1	1	1	2	2
罐顶量油孔		1	1	1	1	1	1
罐壁通气孔		1	1	2	2	2	2
入口扩散管		1	1	1	1	1	1
排污孔		1		1		2	
清扫孔			1		1		2
放水管	DN80	1	1				
	DN100			1	1	1	1
接合管		2	2	2	2	2	2
透光孔		2	2	2	2	2	2

注：静电导向管、量油导向管、带芯绞链人孔已包含在外购成套铝制内浮顶内。

3）工程量计算

① 金属储罐罐体工程量

工程量计算分别按不同容积、种类、结构形式，根据设计排板图(如果设计没有排板图，可按经过批准的制作下料配板图)所示的几何尺寸(不规则形按图示最长边和最宽边的矩形表面积)计算。不扣除人孔、手孔、接管孔等所占面积，以吨为计算单位。油罐的各种梯子、平台、栏杆的制作安装另行计算。金属油罐已有定型设计图，各类金属储罐质量见表 C-13，可作为计算工程量时参考。

表 C-13　金属储罐重量表(台)

序号	容积/m³	拱顶油罐	浮顶油罐	内浮顶罐	序号	容积/m³	拱顶油罐	浮顶油罐	内浮顶罐
1	100	4.84		6.30	10	5 000	111.65	122.20	107.54
2	200	7.40		9.22	11	10 000	212.10	197.21	219.50
3	300	9.55		11.59	12	20 000		324.89	
4	400	11.40			13	30 000		505.10	
5	500	14.72		17.00	14	50 000		894.97	
6	700	18.31		21.15	15	100 000		1 240.29	
7	1 000	26.40		30.20	16	150 000		2 900.00	
8	2 000	45.03		51.34					
9	3 000	62.83	73.51	72.21					

注：表中数量为各类储罐罐体及平台、梯子、栏杆的净重量之和。

② 制作、安装工程费用比例的划分

现行定额中对油罐的制作与安装的计价是计算在一个费用内的，在实际上有时要将制作与安装工程费用划分为两部分计算。各类储罐按系数比例划分的制作、安装工程费用见表C-14～表C-16。

表C-14 拱顶储罐制作、安装分列

容积/(m^3/台)		100	200	300	400	500	700	1 000	2 000	3 000	5 000	10 000	20 000
基价	制作/%	14	15	16	16	16	17	17	17	17	18	18	18
	安装/%	49	54	54	56	56	59	62	64	69	71	76	78
	胎具/%	37	31	30	28	28	24	21	19	14	11	6	4
制作	人工/%	39	38	38	38	37	35	36	28	29	25	25	24
	枕被/%	20	22	22	21	23	23	25	28	28	31	38	40
	机械/%	41	40	40	41	40	42	39	44	43	44	37	36
安装	人工/%	16	17	17	17	17	18	16	15	14	14	13	11
	材料/%	16	18	18	18	20	19	20	23	24	29	32	37
	机械/%	68	65	65	65	63	63	64	62	62	57	55	52
胎具	人工/%	9	9	10	10	10	12	19	20	22	26	35	25
	材料/%	79	79	77	78	76	75	68	64	61	55	40	23
	机械/%	12	12	13	12	14	13	13	16	17	19	25	52

表C-15 浮顶储罐制作、安装分列

容积/(m^3/台)		10 000以内	20 000	30 000	50 000
基价	制作/%	23	24	24	25
	安装/%	72	72	72	71
	胎具/%	5	4	4	4
制作	人工/%	28	25	24	21
	材料/%	34	39	43	47
	机械/%	38	36	33	32
安装	人工/%	13	12	12	12
	材料/%	31	33	35	35
	机械/%	56	55	53	53
胎具	人工/%	32	37	37	37
	材料/%	46	41	40	39
	机械/%	22	22	23	24

表C-16 浮顶储罐制作、安装分列

容积/(m^3/台)		100	200	300	500	700	1 000	2 000	3 000	5 000	10 000
基价	制作/%	18	18	19	19	20	20	20	20	21	21
	安装/%	57	62	61	64	65	68	70	73	73	74
	胎具/%	25	20	20	17	15	12	10	7	6	5
制作	人工/%	34	33	33	33	32	32	28	29	27	27
	材料/%	27	28	28	28	28	30	31	31	33	36
	机械/%	39	39	39	39	40	38	41	40	40	37

续表 C-16

容积/(m³/台)		100	200	300	500	700	1 000	2 000	3 000	5 000	10 000
安装	人工/%	15	15	15	15	16	15	14	14	14	14
	材料/%	24	25	25	26	25	26	27	28	30	32
	机械/%	61	60	60	59	59	59	59	58	56	54
胎具	人工/%	5	3	5	5	5	7	7	8	9	10
	材料/%	81	80	75	78	76	73	70	65	60	51
	机械/%	14	15	20	17	19	20	23	27	31	39

③ 表 C-17 为各类储罐基础的工程量计算，由于近几年材料费和人工费的大幅度变化，使各地区编制工程概预算定额价有较大出入，因此表中概算指标仅供参考使用时可按表中已有的工程量可按各省、市的概预算定额重新进行编制。

表 C-17　护坡式等各类基础工程量表

储罐容积/m³		200	300	400	500	700	1 000	2 000	3 000	5 000	10 000	20 000	30 000
储罐基础直径 D/mm		6 540	7 740	8 048	9 048	9 856	12 058	15 862	16 260	22 300	31 282	40 676	44 000
工程量	平整基础地基及夯实/m²	47.0	55.0	60.0	73.0	86.0	134.0	224.0	207.0	443.0	768.0	1432.0	1809.0
	毛石砌基础/m³	12.20	13.50	13.80	14.70	16.0	18.80	26.80			73.25		
	砂垫层/m³	8.02	10.93	14.70	18.30	21.50	37.70	67.0	76.42	114.0	276.0	520.0	608.20
	人工铺沥青砂/m³	2.94	4.07	4.38	5.50	8.10	12.0	20.56	25.47	38.0	65.88	129.0	181.0
	混凝土散水 C10 m²	19.47	22.67	23.50	24.76	26.79	34.0	45.48	46.49	68.75	102.50	130.90	151.77
	一道冷底子二道热沥青/m²	3.15	3.72	3.86	4.34	4.71	5.75	7.55	7.73	10.58	20.00		55.88
	钢筋混凝土环墙 C20/m³								5.52	7.56		109.71	124.38
	水泥砂浆抹面/m²								26.0	35.0		90.88	91.99
	M5 砂浆砌平砖/m³										132.60		
	1∶2 水泥砂浆找平/m²										818.0		
	混凝土垫层 C10/m³										1.05	8.66	9.85
	小型砖砌体/m³										1.10	4.28	4.28
	沥青木垫板/m³											0.32	
	砖砌踏步/m²											1.20	1.20
	混凝土小沟槽/m³											0.43	0.43
	预埋铁件/kg											27.0	27.0
材用量	钢材/t								0.63	0.86		12.54	14.21
	水泥/t	1.26	1.43	1.47	1.56	1.69	2.06	2.85	3.26	4.60	19.28	40.90	26.24
	木材/m³								0.93	1.28		18.97	23.48

注：表中储罐系列不是采用标准图编制的。

④ 储罐钢筋混凝土环墙基础主要工程量计算可参见表 C-18。

表 C-18　钢筋混凝土环墙基础工程量

	储罐容积/m^3	100	200	300	400	500	600	700	800	1 000	2 000	3 000	5 000	10 000	20 000	30 000	50 000	100 000	150 000
	底圈罐壁内径/mm	5 000	6 500	7 900	8 200	9 500	9 200	9 900	10 500	11 000	14 500	17 600	22 700	30 400	40 500	46 000	60 000	80 000	100 000
	罐壁高度/mm	6 350	6 350	6 350	7 930	7 930	9 510	9 510	9 510	11 060	12 640	12 640	12 640	14 250	15 850	19 350	19 350	21 800	21 800
	环墙高度 h/m	1.40	1.40	1.40	1.40	1.40	1.40	1.40	1.40	1.40	1.40	1.40	1.40	1.40	1.80	1.80	1.80	2.00	2.00
	环墙厚度 b/mm	0.20	0.20	0.20	0.20	0.20	0.20	0.20	0.20	0.25	0.25	0.30	0.30	0.35	0.35	0.35	0.40	0.50	0.60
主要工程量	沥青砂绝缘层/m^3	1.50	2.57	3.82	4.11	5.52	5.20	6.10	6.80	9.30	16.20	24.00	40	72	128.50	165.90	282.00	502.15	775
	碎石层/m^3	0.91	1.57	2.34	2.52	3.40	3.20	3.70	4.20	7.30	13.0	19.0	31.60	57	103.06	132.95	226.20	497.10	730
	砂垫层/m^3	9.14	15.72	23.50	25.20	33.90	31.90	37	42	45.20	80	117.20	198	356	380.00	491.90	839.60	3 977.10	5 310
	C20 混凝土/m^3	4.4	5.70	6.90	8.20	8.30	8.01	8.60	9.20	12.00	16	23	30	46.50	80.06	91.02	135.83	251.4	377
	钢筋/kg	340	440	530	550	630	615	660	700	910	1 510	1 780	2 780	5 250	10 260	13 638	32 037	54 886	73 436
	C7.5 混凝土垫层/m^3	0.65	0.85	1.0	1.05	1.20	1.20	1.30	1.40	1.60	2.10	2.50	3.60	5.30	7.00	7.95	11.31	17.60	31.40
材料用量	钢材/t	0.340	0.44	0.53	0.55	0.63	0.62	0.66	0.70	0.91	1.51	1.78	2.78	5.25	10.26	13.64	32.04	54.90	73.5
	水泥/t	1.83	2.07	2.34	2.66	2.25	2.5	2.9	3.4	4.7	6.9	9.12	10.49	15.89	25.16	28.64	42.82	86.00	130.7
	木材/m^3	0.7	0.85	0.97	1.02	1.35	1.00	1.54	1.89	2.43	2.91	3.28	3.54	3.77	4.16	4.73	7.06	14.78	20.8

参考文献

[1] GB 50007—2002 建筑地基基础设计规范[S]. 北京:中国建筑工业出版社,2002.

[2] 上海市工程建设规范 DBJ 08-11—1999 地基基础设计规范[S].

[3] 天津市工程建设标准 DB 29-20—2000 岩土工程技术规范[S]. 北京:中国建筑工业出版社,2000.

[4] 福建省工程建设地方标准 DBJ 13-07—2006 建筑地基基础技术规范[S]. 北京:中国建筑工业出版社,2006.

[5] JGJ 79—2003 建筑地基处理技术规范[S]. 北京:中国建筑工业出版社,2003.

[6] GB 50074—2002 石油库设计规范[S]. 北京:中国计划出版社,2002.

[7] GB 50128—2005 立式圆筒形钢制焊接油罐施工及验收规范[S]. 北京:中国计划出版社,2005.

[8] GB 50160—1992 石油化工企业设计防火规范(1999 年版)[S]. 北京:中国计划出版社,2000.

[9] SH/T 3068—2007 石油化工钢储罐地基与基础设计规范[S]. 北京:中国石化出版社,2008.

[10] JGJ 94—2008 建筑桩基技术规范[S]. 北京:中国建筑工业出版社,2008.

[11] 中国石化总公司. SH 3068—1995 石油化工企业钢储罐地基与基础设计规范[S]. 1995.

[12] 中华人民共和国国家发展和改革委员会发布. SH/T 3528—2005 石油化工钢储罐地基与基础施工及验收规范[S]. 2006.

[13] 徐至钧. 孔内深层强夯法处理大型油罐地基[J]. 地基处理,2001(3).

[14] 徐至钧. 强夯加固浮顶油罐地基[J]. 石油工程建设,1986(1).

[15] 徐至钧. 填海区采用强夯处理抛石地基[J]. 石油化工勘察,1998.

[16] 徐至钧主编. 强夯和强夯置换法加固地基[M]. 北京:机械工业出版社,2004.

[17] 徐至钧主编. 柱锤冲扩桩法加固地基[M]. 北京:机械工业出版社,2004.

[18] 徐至钧. 采用分层高夯击能强夯处理高填土地基[J]. 地基基础工程,1999(3).

[19] 徐至钧,许朝铨,沈珠江. 大型储罐基础设计与地基处理[M]. 北京:中国石化出版社,2000.

[20] 徐至钧,赵锡宏主编. 地基处理与工程实录[M]. 北京:科学出版社,2008.

[21] 徐至钧,赵锡宏编著. 深基坑支护设计理论与技术新进展逆作法设计与施工[M]. 北京:机械工业出版社,2002.

[22] 徐至钧,李智宇编著. 预应力混凝土管桩基础设计与施工[M]. 北京:机械工业出版社,2005.

[23] 徐至钧等编著. 新编建筑地基处理工程手册[M]. 北京:中国建材工业出版社,2005.

[24] 徐至钧. 大型储油罐基础的优化设计[J]. 石油库与加油站,2002(6).

[25] 徐至钧. 大型商业石油库的地基处理[J]. 石油库与加油站,2000(3).

[26] 徐至钧,燕一鸣. 大型立式圆柱形储液罐制造与安装[M]. 北京:中国石化出版社,2003.

[27] 朱永清. 5 万 m^3 油罐采用夯扩桩基础产生突发沉降后的诊断与处理[J]. 地基基础工程,2001(4),2002(1).

[28] 贾庆山. 大型储罐地基处理技术[J]. 地基基础工程,2002(1).

[29] 余闯,宰金珉,刘松玉. 基于差异沉降控制的油罐桩筏基础设计与分析[J]. 特种结构,2004(1).

[30] 黄志刚. 大型储罐振冲碎石桩复合地基设计[J]. 地基处理,2006(3).

[31] 曹云锋,王爱国. PHC 管桩在油罐基础工程中的应用[J]. 特种结构,2006(2).

[32] Liew, S. S. Gue, S. S. & Tan Y C. Design and instrumentation and results of a reinforcement concrete piled raft supporting 2 500 ton oil storage tank on very soft alluvium Deposits. Ninth inter-

national conference on piling and deep foundations, Nice, 3rd—5th, June, 2002, p263-269.
[33] Liew, S. S. Application of value engineering to geotechnical design for a factory Structures on soft alluvial flood plain Indonesia.
[34] GB 50351—2005 储罐区防火堤设计规范[S]. 北京:中国计划出版社, 2005.
[35] GB 50473—2008 钢制储罐地基基础设计规范(报批稿)[S]. 2008.

编 后 记

“石油是工业的血液”，建设工程的大发展也离不开石油。当今时代国际油价飙升，国内需求增长，所以建设国家石油储备库的任务是当务之急。

为此结合我们的工程实践，特编写了这本专著，奉献给从事石油储备库建设的广大工程技术人员。

但正当出版这本专著的前夕，行业标准JGJ 94—2008《建筑桩基技术规范》也已颁布与实施。

JGJ 94—2008《建筑桩基技术规范》自1994年颁布实施以来，经历了我国工程建设空前发展期，为修订该规范打下了扎实的技术基础。首先，在此期间，应用本规范进行设计施工积累了丰富的经验；其次，在此期间我国桩基工程技术进步显著，设计理念与方法有所创新，成桩工艺与设备的自主研发和引进交融生辉；再次，国家技术政策体现科学发展观，安全和科技更显突出，相关标准规范相继调整出台。建筑桩基技术规范在这样的背景下修订，彰显以下理念：概念为先，机理为本；先进可行，切合国情；质量可控，环保经济。现就JGJ 94—2008《建筑桩基技术规范》(以下简称新规范)有关内容介绍如下。

新规范根据建设部《关于印发〈二〇〇二～二〇〇三年度工程建设城建、建工行业标准制定、修订计划〉的通知》建标[2003]104号的要求，由中国建筑科学研究院会同有关设计、勘察、施工、研究和教学单位，对JGJ 94—1994《建筑桩基技术规范》修订而成。

在修订过程中，开展了专题研究，进行了广泛的调查分析，总结了近年来我国桩基础设计、施工经验，吸纳了该领域新的科研成果，以多种方式广泛征求了全国有关单位的意见，并进行了试设计，对主要问题进行了反复修改，最后经审查定稿。

新规范主要技术内容有：基本设计规定、桩基构造、桩基计算、灌注桩施工、混凝土预制桩与钢桩施工、承台施工、桩基工程质量检查和验收及有关附录。

规范修订增加的内容主要有：减少差异沉降和承台内力的变刚度调平设计；桩基耐久性规定；后注浆灌注桩承载力计算与施工工艺；软土地基减沉复合疏桩基础设计；考虑桩径因素的Mindtin解计算单桩、单排桩和疏桩基础沉降；抗压桩与抗拔桩身承载力计算；长螺旋钻孔压灌混凝土后插钢筋笼灌注桩施工方法；预应力混凝土空心桩承载力计算与沉桩等。调整的主要内容有：桩基和复合桩基承载力设计取值与计算；单桩侧阻力和端阻力经验参数；嵌岩桩嵌岩段侧阻力和端阻综合系数；等效作用分层总和法计算桩基沉降经验系数；钻孔灌注桩孔底沉渣厚度控制标准等。

新规范的出版无疑对我们大型储罐的桩基设计有着重要的指导作用。储罐基础如果采用变刚度调平设计，桩筏基础可按变桩距、变桩长布桩，以抵消因相互作用对中心区支承刚度的削弱效应，可使筏板减薄，部分桩长减短，减少桩的数量，因而其经济效益是可观的。

诚然，上述意见还只是初步的，尚需从理论到实践的不断检验、充实和完善，为此更期待着诤友们的指正与合作，在探索真理的长河中携手奋进。

编著者
2008年10月